国家林业公益性行业科研专项(编号:201404405)
国家林业科学技术推广项目(编号[2015]24号)
共同资助

药剂拌种对飞播造林的影响研究

韩崇选　李建春　王培新　韩翔　丁学利　等著

西北农林科技大学出版社

图书在版编目(CIP)数据

药剂拌种对飞播造林的影响研究/韩崇选等著.—杨凌:西北农林科技大学出版社,2016.12

ISBN 978-7-5683-0193-0

Ⅰ. ①药… Ⅱ. ①韩… Ⅲ. ①拌种-影响-飞机播种造林-研究 Ⅳ. ①S725.72

中国版本图书馆 CIP 数据核字(2016)第 295954 号

药剂拌种对飞播造林的影响研究

韩崇选等 著

出版发行	西北农林科技大学出版社		
地　　址	陕西杨凌杨武路 3 号	**邮　　编**:	712100
电　　话	总编室:029-87093105	发行部:	87093302
电子邮箱	press0809@163.com		
印　　刷	陕西天地印刷有限公司		
版　　次	2017 年 1 月第 1 版		
印　　次	2017 年 1 月第 1 次		
开　　本	787 mm × 1092 mm　1/16		
印　　张	52.25		
字　　数	1207 千字		

ISBN 978-7-5683-0193-0

定价:158.00 元

项目简介

承担单位:西北农林科技大学

陕西省飞机播种造林工作站

陕西省森林病虫害防治检疫总站

主 持 人:韩崇选(西北农林科技大学 教授)

李建春(陕西省飞机播种造林工作站 高级工程师)

王培新(陕西省森林病虫害防治检疫总站 教授级高工)

主要成员(以参加单位排列):

西北农林科技大学:韩崇选、胡忠朗、陈孝达、王明春、杨学军、张宏利、杨清娥、李锋、郑雪莉以及韩翔、张一贞、程明、辛晓辉、宋兵、刘惠萍、张放、刘竹乾、张浩、张磊、隋丹丹、吴景龙、周智敏、张冬辉、李昊等学术型硕士和在读学术型硕士研究生

陕西省飞机播种造林工作站:李建春、李玉善、孔绿玉、左明明

陕西省森林病虫害防治检疫总站:王培新、李健康

陕西师范大学:李金钢、何建平、余晓平

国家林业局森林病虫害防治总站:董晓波

宁夏回族自治区森林病虫害防治检疫总站:石建宁

西安交通大学:郭剑萍

洛阳职业技术学院:孙丹萍

宝鸡职业技术学院:李爱玲

宁夏治沙职业技术学院:张霞、丁学利

杨凌职业技术学院:吕宁

咸阳职业技术学院:李建国

延安市森林病虫害防治检疫站:张芳宝、吕保军、夏文辉

咸阳市森林病虫害防治检疫站:党齐域、孟惠荣

宝鸡市森林病虫害防治检疫站:蔡宗科、杨公昌

汉中市森林病虫害防治检疫站:张斌善

彬县森林病虫害防治检疫站:朱军、郭忠忠

吴起县森林病虫害防治检疫站:宗德禄、闫占文

安塞县森林病虫害防治检疫站：王维高、延喜军
延安市宝塔区森林病虫害防治检疫站：李廷瑞、郭永权
佛坪县森林病虫害防治检疫站：康积林
商洛市山阳县飞机播种工作站：黄海英

前言

PREFACE

飞播造林是一种主要造林方式，也是偏远山区宜林地和其他宜林地、疏林地以及低质低效有林地、灌木林地植被恢复的重要模式之一，在我国生态文明建设和林业生态恢复中发挥着重要作用。近年来，随着全球气候变暖，年间和月际间气温和降水变化剧烈，冰冻、暴雨、高温、干旱和风暴等气候灾害频发，直接影响飞播后种子在林地的存留状态和发芽进程，增加了被鸟兽取食的风险，使得飞播种子因鸟兽取食平均损失30%，局部高达70%以上，严重降低了飞播造林成效，甚至引起飞播失败。加之受飞播区立地条件的限制，幼苗适生空间收窄，使得飞播幼树在林地呈高度聚集的团块分布，严重降低了飞播林的整体生态效益和经济效益。

为了提高飞播造林质量，各地采取了多种措施。其中，利用驱避剂预防是一种有效的策略。但是由于各类驱避剂的作用效果和有效期差异很大，对环境的干扰程度也不同，直接或间接影响造林后林地害鼠种群密度和分布规律，导致不同林地害鼠发生规律的差异，进而引起林木被害程度和生长状况发生变化。认识这些规律，利用这些规律，对驱避剂的合理使用和评价以及制定科学的飞播林经营管理方案至关重要。但由于飞播造林在我国仅有50多年的历史，且多处于偏远山区，地形复杂、条件艰苦、人烟稀少、交通不便，因而缺乏系统性研究。为此，在研制飞播专用型多效抗旱驱鼠剂（RPA）和纳米型作物抗逆剂（NPA）基础上，以陕西汉中、安康、商洛和咸阳等地使用多效抗旱驱鼠剂（RPA）拌种的飞播油松（*Pinus tabulaeformis*）为研究对象，采用面上调查和定点研究相结合的方法，逐年调查研究了1997年以来的飞播油松成苗效果、空间格局和林木生长状况。同时，利用14年积累的资料，结合当地气象数据，使用SPSS17.0中的相关分析、方差检验、聚类分析、主成分分析、模型拟合和逐步回归模型分析等数据处理方法，对比分析了多效抗旱驱鼠剂（RPA）拌种和对照油松的成苗效果、空间格局和苗木生长的动态变化及差异，研究了多效抗旱驱鼠剂（RPA）拌种和对照油松对林地光热水资源的利用状况，探讨了降水、气温和光照等三大气象因子与飞播油松成苗效果、生长量和生物量的动态关系和地区变化，发现了飞播油松对三大气象因子响应的差异和独有规律，确定了各地影响飞播油松成苗效果和高生长的关键气象因子。以期通过研究为正确使用多效抗旱驱鼠剂（RPA）拌种飞播造林，制定科学合理的飞播造林方案及经营管理方案提供技术支撑。

全书分为四部分。第一部分主要论述了多效抗旱驱鼠剂(RPA)拌种对飞播油松成苗效果的作用,分析了多效抗旱驱鼠剂(RPA)拌种和对照飞播油松苗木生长量和空间格局的动态和差异。第二部分着重讨论了多效抗旱驱鼠剂(RPA)拌种和对照飞播油松成苗效果与三大气象因子的共性和差异,确定了各地影响飞播造林成苗效果关键气象因子。第三部分重点阐述了多效抗旱驱鼠剂(RPA)拌种和对照飞播油松树高、高年生长量及其高生长年增量对当年气象因子的响应,及其各生长期三大气象因子对树高生长的均值效应和累积效应。第四部分简要介绍了当年气象指标对多效抗旱驱鼠剂(RPA)拌种和对照飞播油松林分生物量及其年生物量的影响。

自从1992年开始涉足驱避剂研究以来,工作延续了20多年,现仍在持续开展。积累了大量飞播造林资料和数据,先后研制出了集抗旱、驱鼠、促长和抗逆性于一体的系列多效抗旱驱鼠剂(RPA)和纳米型作物抗逆剂(NPA),建立了两条中试生产线,取得了多项国际先进和国际领先水平的研究成果,先后获得了陕西省科学技术奖一等奖1项,陕西省科技进步奖一等奖1项,陕西省林业科技进步奖特等奖和一等奖各1项。1997~2001年,在陕西每年使用多效抗旱驱鼠剂(RPA)拌种飞播造林近百万亩;2012年以来,每年使用纳米型作物抗逆剂(NPA)拌种飞播造林超过了百万亩;同时在河北、河南、山西、甘肃和宁夏等省区飞播造林和直播造林中也得到了广泛使用,取得了良好的经济效益和生态效益;获得陕西省农业技术推广成果奖一等奖1项,二等奖2项,同期获陕西省林业技术推广成果奖特等奖3项。

项目由西北农林科技大学承担,参加单位15家;参加研究的主要成员69人,先后参与项目调查人员358人。研究过程中,得到了国家林业局、陕西省飞机播种造林工作站和陕西省森林病虫害防治检疫总站的大力支持和资助;在成果使用和推广中得到了国家林业局森林病虫害防治总站、各省区森防部门以及各地市林业部门的积极支持和协助。

本书数据分析和文稿起草工作持续近4年。书稿由项目主持人、西北农林科技大学韩崇选教授组织和起草,陕西省飞机播种造林工作站李建春高级工程师和陕西省森林病虫害防治检疫总站王培新教授级高工协助书稿的组织和起草;研究数据主要由西北农林科技大学学术型硕士研究生韩翔同学分析和制图。成书过程中,陕西省森林病虫害防治检疫总站李健康高级工程师,陕西省森林资源管理局郭俊荣研究员,陕西师范大学李金钢、余晓平教授,国家林业局森林病虫害防治总站董晓波教授级高工,宁夏回族自治区森林病虫害防治检疫总站石建宁教授,宁夏治沙防沙职业技术学院丁学利副教授,河南洛阳职业技术学院孙丹萍副教授,宝鸡职业技术学院李爱玲副教授,汉中市森林病虫害防治检疫站张斌善高级工程师等人,对书稿提出了宝贵的意见和建议,并参与了部分书稿的修订和校阅工作。谨在此书面世之际,对曾经为该项研究大力支持的单位和做出辛勤工作的人员表示衷心地感谢。

由于著者知识水平有限，加之数据庞杂，分析困难，且缺乏完整的飞播林周期的研究资料，书中一些观点只是一个初步的结论，还有待时间的检验，希望起到抛砖引玉的效果，因此恳请各位同行专家学者和广大读者提出宝贵意见和建议。

韩崇选

2016 年元月 9 日于杨凌

目录

CONTENTS

第一部分　多效抗旱驱鼠剂(RPA)拌种对油松飞播造林成效的作用

第一章　药剂拌种对飞播造林成效的作用

第一节　多效抗旱驱鼠剂（RPA）拌种对飞播成苗效果的影响

【内容提要】准确分析飞播造林后林地有苗样地频度和有效苗量的动态规律，是科学评价多效抗旱驱鼠剂使用效果和制合理制定飞播造林成效评价指标的前提。为此，选择陕西汉中、安康、商州和淳化播区 1997 年飞播油松为对象，1998～2003 年 10 月，在各播区的 RPA 和对照区随机抽取 50 块 1 m×2 m 样方调查苗木数量，以有苗样方频度、成苗量和增益指数为指标，采用 ANOVA－LSD 均值检验法和模型分析法，分析 RPA 和对照油松有苗样方频度和成苗量差异和动态，评价成苗效果，衡量 RPA 增益效果。按国标判定，RPA 处理区第 1 年有苗样方频度全优，5 年后均不合格；对照区第 1 年，汉中 4 优、1 良，安康 3 优、2 良，商州 1 优、4 良，淳化 1 优、2 良、2 合格，3 年后均不合格。飞播后第 1 年 RPA 和对照的苗木保存量均评定为优；第 5 年，RPA 为优，而对照区汉中判定为合格，安康、商州和淳化为不合格。有苗样方频度和和苗木保存量与飞播年限关系均符合 Inverse－模型，且 RPA 模型值明显大于对照；飞播后第 1 年至第 3 年有苗样方频度和和苗木保存量减少量占总减少量的 85.0%，不宜进行飞播造林成效评估。RPA 对有苗样方增益作用淳化最高，地区整体差异极显著（$p=0.005$）；而对有效苗增益作用相对稳定，地区差异不显著（$p=0.395$）。

【关 键 词】多效抗旱驱鼠剂，飞播造林，油松，有苗样地频度，有效苗量

飞播造林（Afforestation by aerial seeding）是根据森林植被自然演替规律，通过飞机模拟天然下种方式补充种源，并辅以适当的人工措施，在自然力的作用下使其形成森林或灌草植被，提高森林植被覆被率的技术措施。是偏远山区宜林地和其他宜林地、疏林地以及低质、低效有林地、灌木林地植被恢复重要模式之一。飞播油松（*Pinus tabulaeformis*）群落的形成是由飞籽侵入宜林地植被群落、竞争、定居的过程，其群落类型较为特殊，种群空间格局为聚集度较高的群团型，密度相对较大，郁闭较快，对其进行调查研究和经营管理应

与人工林有所区别,不宜直接用人工林经营技术指标。飞播针叶林密度过高引发的林分退化和生产力低问题已受到广大学者关注,抚育间伐是发挥飞播林最大生态效益的关键措施。但是目前多关注飞播林保留密度对其生长的影响,间伐强度的筛选仍以追求木材产量为目标。也有学者进行了飞播林地植被群落和土壤养分、微生物以及酶活性研究,灾害治理主要涉及松毛虫和火灾方面研究。这些研究对于提高飞播造林质量以及促进飞播油松林可持续经营奠定了一定基础,但缺乏对飞播后油松林分动态系统研究资料。该研究在陕西各地20个播区多效抗旱驱鼠剂(RPA)和对照油松14年的定点追踪调查资料的基础上,采用模型分析法和ANOVA－LSD均值检验,分析了油松有效苗量和有苗样方频度的年动态和地区差异,组建了系列模型,评估了RPA对飞播油松的增益效应。企图为制定合理的飞播造林技术规程和成效评价体系提高科学依据,同时也为制定飞播油松林可持续性经营方案提供科技支撑和理论依据。

一、资料来源与研究方法

研究在1997年陕西多效抗旱驱鼠剂(RPA)飞播种子拌种处理造林试验区进行。通过对飞播造林区立地条件和气象因子分析,选择对汉中、安康、商州和淳化试验区油松成苗量和有苗样方频度进行定点定期调查。每试验区选择5个RPA拌种播区和5个对照播区,根据播区立地,以“M”、“Z”或对角线抽样方法取样。飞播后前6年(1998～2003年),每年10月随机调查50块1 m×2 m样方同龄油松数量。按照单位面积有苗样方频度和成苗量评价RPA和对照油松成苗效果。用增益指数(Gain index,I_g)衡量RPA增益效果,其计算公式为:

$$I_{gas} = \frac{Q_{rpaas} - Q_{ckas}}{Q_{rpaas}} 100\%$$

$$I_{gf} = \frac{F_{rpa} - F_{ck}}{F_{rpa}} 100\%$$

公式中,I_{gas}和I_{gf}为有效苗增益指数和有苗样方增益指数,Q_{rpaas}和Q_{ckas}分别为RPA和对照苗木保存量或有效成苗量,F_{rpa}和F_{ck}为药剂与对照有苗样方频度。

二、成苗效果

1. ***有苗样方频度*** 有苗样地频度(Frequentness of sample plots with available seedling,F)指有苗样地占播区宜播面积范围内设置样地总数的百分比,是衡量飞播造林成效的主要指标。

(1)成苗效果差异 成苗效果调查显示,飞播造林后1年,各地播区有苗样地频度较高。从汉中、安康、商州和淳化成苗样方频度依次降低,多效抗旱驱鼠剂(RPA)拌种处理播区与对照差异程度依次扩大。RPA播区频度均在50%以上,按照国家飞播造林技术规程(GB/T 15162－2005)成苗等级划分标准判定均为优。其中,汉中播区频度最高,均值达(65.2±2.4)%，频度相对较低的淳化播区，均值也达(60.0±1.8)%；地区间频度差异不显著($p=0.384$)。对照区有苗样地频度较低，但均达合格标准以上；地区间频度总体差异极显著($p=0.001$)，但安康与汉中和商州地区间差异不显著($p=0.407$、0.145)。与对应的NPA播区比较，有苗样地频度分别降低了(14.0±2.3)%($p=0.002$)、(12.8±2.9)%($p=0.003$)、(15.2±0.5)%($p=0.000$)和(20.0±2.0)%($p=0.000$)，差异极显著(表1-1)。

表1-1　飞播造林后1年成苗效果调查

Tab.1-1 The effective grown-up seedling one year after afforestation by aerial seeding

处理 Treat	地点 Site	样方数/块 Plots	样地面积/ m^2 Plot area	各重复有苗样地频度/% Frequentness of sample plots with available seedling						成苗等级 Seedling rank
				Ⅰ	Ⅱ	Ⅲ	Ⅳ	Ⅴ	均值 Mean	
RPA	汉中 Hanzhong	50	2	68.0	72.0	66.0	58.0	62.0	65.2±2.4	优
	安康 Ankang	50	2	62.0	70.0	64.0	54.0	60.0	62.0±2.6	优
	商州 Shangzhou	50	2	64.0	62.0	64.0	54.0	60.0	60.8±1.9	优
	淳化 Chunhua	50	2	62.0	64.0	62.0	54.0	58.0	60.0±1.8	优
CK	汉中 Hanzhong	50	2	56.0	54.0	48.0	52.0	46.0	51.2±1.9	优、良
	安康 Ankang	50	2	54.0	50.0	48.0	50.0	44.0	49.2±1.6	优、良
	商州 Shangzhou	50	2	50.0	46.0	48.0	40.0	44.0	45.6±1.7	良、优
	淳化 Chunhua	50	2	42.0	38.0	40.0	36.0	44.0	40.0±1.4	良、可

备注：评定标准(Evaluation criterion)，有苗样频度≥50%，优；40%～49%，良；30%～39%，可；<30%，不合格

(2)有苗样方频度年动态模型　模型分析显示，有苗样方频度(F)与飞播年限(t)关系符合Inverse-模型：

$$F_{hzck}=1.235+\frac{49.548}{t}(n=30,R^2=0.928,F=359.967,p=0.000)$$

$$F_{hzrpa}=11.345+\frac{55.808}{t}(n=30,R^2=0.919,F=317.708,p=0.000)$$

$$F_{akck}=2.743+\frac{46.506}{t}(n=30,R^2=0.951,F=545.781,p=0.000)$$

$$F_{akrpa}=10.730+\frac{53.886}{t}(n=30,R^2=0.916,F=306.305,p=0.000)$$

$$F_{szkck}=1.001+\frac{45.386}{t}(n=30,R^2=0.964,F=750.365,p=0.000)$$

$$F_{szrpa}=12.060+\frac{50.302}{t}(n=30,R^2=0.935,F=404.655,p=0.000)$$

$$F_{chkck} = 1.843 + \frac{38.916}{t}(n = 30, R^2 = 0.866, F = 180.696, p = 0.000)$$

$$F_{chrpa} = 13.084 + \frac{48.611}{t}(n = 30, R^2 = 0.929, F = 365.042, p = 0.000)$$

模型中，$t = 1, 2, \cdots, 6$。模型导数为 $\partial F/\partial t = b/t^2$，$b$ 为 Inverse - 模型系数。即有苗样方频度随飞播年限递减速度为 b/t^2，降幅为 $b/t(t+1)$。说明有苗样方频度递减速度和降幅均随飞播年限迅速降低。模型极大值出现在飞播后 1 年，极小值是常数项。RPA 模型值大于对照，证明 RPA 有苗样方频度始终高于对照区。因为 RPA 模型系数大于对照模型，使处理的递减速度和降幅高于对照，两者间差异随飞播年限增加逐渐缩小，并渐趋稳定（图 1 - 1）。

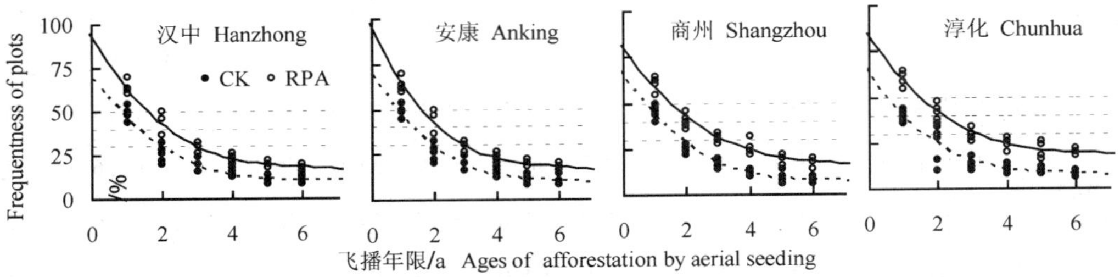

图 1 - 1　有苗样地频度年动态

Fig. 1 - 1 The annual dynamic state of plots frequentness

2. ***有效苗与苗木保存量***　有效苗（Available seedling）指播区宜播面积范围内，播种苗或天然更新的同一类型、同一苗龄（苗龄级）的目的树种生长趋于稳定的健壮苗，是衡量飞播造林苗木保存状况的重要指标。

（1）有效苗量与成苗等级　按国家飞播造林技术规程和造林技术规程（GB/T15776 - 2006）规定标准判定：飞播后 1 年，RPA 和对照区有效苗量均超过合格线，综合评定为优。飞播后 5 年，RPA 处理只有淳化播区 1 个重复低于造林合格标准，但也高于飞播造林成效标准，综合为优。对照区，汉中只有 2 个重复达标，综合判定为合格，安康、商州和淳化仅有 1 个重复合格，综合评定不合格（表 1 - 2）。

（2）RPA 和对照苗木保存量差异　飞播后 1 年，RPA 处理区有效苗量，汉中和安康相对较高，商州和淳化相对较低，地区总体差异极显著（$p = 0.000$），其中，汉中与安康、商州与淳化差异不显著（$p = > 0.05$）。对照也表现为相同变化规律，但地区差异仅达显著水平（$p = 0.014$），其中，安康与其他地区差异均不显著（$p = > 0.05$），商州与淳化差异也不显著（$p = 0.784$）。对照有效苗量比 RPA 分别减少（2 700.0 ± 70.7）株/hm^2、（2 540.0 ± 40.0）株/hm^2、（2 480.0 ± 86.0）株/hm^2 和（2 720.0 ± 222.3）株/hm^2，差异极显著（$p = 0.000$）。飞播后第 5 年，苗木保存率比第一年显著下降。RPA 处理苗木保存株数汉中与安康基本相同，而商州与淳化相对较少，地区差异不显著（$F = 0.400$，$p = 0.755$）；对照变化规律与 RPA 相似，地区差异也不显著（$p = 0.445$）。对照与 RPA 依次相差（1 000.0 ± 31.6）

株/hm²、(1 040.0 ±67.8)株/hm²、(1 020.0 ±86.0)株/hm²和(920.0 ±102.0)株/hm²,差异极显著($p=0.000$;表1－3)。

飞播后第2年,汉中、安康、商州和淳化油松保存量,RPA处理区依次为(3 720.0 ±97.0)株/hm²、(3 560.0 ±74.8)株/hm²、(3 220.0 ±115.8)株/hm²和(3 340.0 ±103.0)株/hm²,地区总体差异显著($p=0.011$),其中安康与汉中和淳化差异不显著($p>0.05$),商州与淳化差异不显著($p=0.403$);油松损失量占上年保存量的(34.1 ±3.4)%、(33.7 ±1.8)%、(34.6 ±4.2)%和(33.0 ±3.9)%,年间差异极显著($p=0.000$)。对照油松保存量依次为(1 660.0 ±150.3)株/hm²、(1 720.0 ±115.8)株/hm²、(1 560.0 ±67.8)株/hm²和(1 540.0 ±196.5)株/hm²,地区差异不显著($p=0.780$);苗木损失量占上年保存量比率为(44.5 ±3.9)%、(39.3 ±4.4)%、(36.8 ±3.5)%和(31.6 ±10.9)%,年间差异极显著($p<0.01$)。药剂处理与对照相比,油松保存率明显增加,差异极显著($p=0.000$;表1－3)。

表1－2　飞播造林后1年和5年有效苗量调查

Tab.1－2 The quantity of available seedling in one year and 5 years after afforestation by aerial seeding

处理 Treat	年限/a Ages	地点 Site	各重复有效苗量/株/hm² Quantity of available seedling in different replication						合格率 Qualified rate
			Ⅰ	Ⅱ	Ⅲ	Ⅳ	Ⅴ	均值 Mean	
RPA	1	汉中 Hanzhong	5 900	5 500	6 200	5 200	5 600	5 680.0 ±171.5	5/5,优
		安康 Ankang	5 600	5 300	5 600	5 100	5 300	5 380.0 ± 97.0	5/5,优
		商州 Shangzhou	5 100	4 800	5 500	4 600	4 800	4 960.0 ±156.8	5/5,优
		淳化 Chunhua	5 200	4 900	5 600	4 700	4 700	5 020.0 ±171.5	5/5,优
	5	汉中 Hanzhong	1 900	2 100	1 800	1 800	2 000	1 920.0 ± 58.3	5/5,优
		安康 Ankang	2 000	2 000	2 100	1 700	1 800	1 920.0 ± 73.5	5/5,优
		商州 Shangzhou	2 000	1 800	2 100	1 700	1 800	1 880.0 ± 73.5	5/5,优
		淳化 Chunhua	1 800	1 800	2 000	1 600	1 700	1 780.0 ± 66.3	5/5,优
CK	1	汉中 Hanzhong	3 100	2 900	3 300	2 700	2 900	2 980.0 ±102.0	5/5,优
		安康 Ankang	2 900	2 800	3 100	2 600	2 800	2 840.0 ± 81.2	5/5,优
		商州 Shangzhou	2 600	2 400	2 700	2 300	2 400	2 480.0 ± 73.5	5/5,优
		淳化 Chunhua	2 400	2 000	2 200	2 300	2 600	2 300.0 ±100.0	5/5,优
	5	汉中 Hanzhong	900	1 000	900	800	1 000	920.0 ± 37.4	2/5,合格
		安康 Ankang	800	1 000	900	800	900	880.0 ± 37.4	1/5,不合格
		商州 Shangzhou	1 000	900	800	900	700	860.0 ± 51.0	1/5,不合格
		淳化 Chunhua	1 000	900	700	900	800	860.0 ± 51.0	1/5,不合格

评定标准(Evaluation criterion):

飞播后 1 年有效苗量≥1 666 株/hm^2,合格;<1 666 株/hm^2,不合格;有苗样方频度≥50%,优;40% ~49%,良;30% ~39%,合格;<30%,不合格。

飞播后 5 年有效苗量≥1 000 株/hm^2,合格;<1 000 株/hm^2,不合格;成效面积≥41%,优;31% ~40%,良;21% ~30%,合格;<20%,不合格。

飞播后第 3 年,RPA 和对照油松保存量地区间差异均不显著($p>0.05$)。RPA 油松损失量占上年保存量比率依次为(30.9 ±3.3)%、(30.9 ±1.6)%、(26.5 ±3.4)% 和(32.8 ±1.9)%,年间差异极显著($p<0.01$);对照损失量占第 2 年保存率比率为(26.8 ±5.0)%、(30.1 ±6.3)%、(25.1 ±4.6)% 和(13.3 ±17.3)%,其中,安康和商州年间差异极显著($p<0.01$),汉中差异显著($p=0.032$),淳化年间差异不显著($p=0.142$)。对照保存率比 RPA 降低(1 380.0 ±243.7)株/hm^2、(1 280.0 ±80.0)株/hm^2、(1 200.0 ±122.5)株/hm^2和(1 040.0 ±40.0)株/hm^2,差异极显著($p=0.000$;表 1 -3)。

第 4 年,苗木保存量地区间差距缩小($p>0.05$)。RPA 油松损失量占第 3 年保存量比率依次为(16.6 ±4.7)%、(17.8 ±3.3)%、(12.1 ±3.6)% 和(19.9 ±7.6)%,其中安康年间差异极显著($p=0.007$),汉中和商州差异显著($F=5.750$、6.818,$p<0.05$),淳化差异不显著($p=0.059$)。对照苗木损失量占上年的比率为(11.9 ±9.7)%、(15.5 ±7.2)%、(17.1 ±3.7)% 和(19.9 ±7.6)%,汉中年间差异不显著($p=0.116$),其他地区差异显著($p<0.05$)。说明年间差异降低,但重复间变异增大。RPA 油松保存量比对照增加了(1 100.0 ±63.2)株/hm^2、(1 040.0 ±103.0)株/hm^2、(1 100.0 ±83.7)株/hm^2和(1 020.0 ±102.0)株/hm^2,差距有所收敛,但差异极显著($p=0.000$;表 1 -3)。

第 5 年,年间差距进一步缩小,重复间变异继续增强。RPA 油松损失量占第 4 年保存量比率降为(9.0 ±4.5)%、(3.6 ±7.7)%、(8.5 ±4.6)% 和(8.1 ±5.9)%,其中汉中年间差异显著($p=0.042$),安康、商州和淳化差异不显著($p>0.05$)。对照损失量占上年比率为(9.1 ±5.7)%、(9.5 ±5.9)%、(10.4 ±2.9)% 和(8.0 ±5.89)%,年间差异均不显著($p>0.05$;表 1 -3)。

第 6 年,油松保存量地区间差距降低,差异不显著($p>0.05$)。RPA 油松损失量占上年保存量比率有所增加,尤其是汉中和安康增量较大;比率均值为(15.3 ±4.1)%、(12.2 ±2.2)%、(8.9 ±4.6)% 和(8.8 ±3.7)%,其中汉中年间差异极显著($p=0.009$),安康差异显著($p=0.020$),商州和淳化差异不显著($p>0.05$)。对照比率依次为(8.4 ±4.1)%、(5.9 ±6.6)%、(8.7 ±4.1)% 和(4.9 ±11.1)%,重复间变异尤为明显,年间差异不显著($p>0.05$)。RPA 与对照差幅继续收敛,均值依次为(780.0 ±73.5)株/hm^2、(860.0 ±51.0)株/hm^2、(920.0 ±58.3)株/hm^2和(820.0 ±124.1)株/hm^2,但差异极显著($p=0.000$;表 1 -3)。

表 1－3 飞播苗木保存株数年动态

Fig. 1－3 The annual dynamic state of survival seedling quantity for afforestation by aerial seeding

处理 Treat	飞播年限/a Aerial seeding ages	有效苗量/株/50 样方(2 m^2) Available seedling quantity				苗木保存量/株/hm^2 Survival seedling quantity			
		汉中	安康	商州	淳化	汉中	安康	商州	淳化
RPA	1	56.8 ±1.7	53.8 ±1.0	49.6 ±1.6	50.2 ±1.7	5 680.0 ±171.5	5 380.0 ±97.0	4 960.0 ±156.8	5 020.0 ±171.5
	2	37.2 ±1.0	35.6 ±0.7	32.2 ±1.2	33.4 ±1.0	3 720.0 ±97.0	3 560.0 ±74.8	3 220.0 ±115.8	3 340.0 ±103.0
	3	25.8 ±1.8	24.6 ±0.7	23.6 ±1.1	22.4 ±0.7	2 580.0 ±182.8	2 460.0 ±74.8	2 360.0 ±107.7	2 240.0 ±74.8
	4	21.2 ±0.6	20.2 ±1.0	20.6 ±0.4	19.6 ±1.0	2 120.0 ±58.3	2 020.0 ±97.0	2 060.0 ±40.0	1 960.0 ±103.0
	5	19.2 ±0.6	19.2 ±0.7	18.8 ±0.7	17.8 ±0.7	1 920.0 ±58.3	1 920.0 ±73.5	1 880.0 ±73.5	1 780.0 ±66.3
	6	16.2 ±0.7	16.8 ±0.4	17.0 ±0.3	16.2 ±0.7	1 620.0 ±66.3	1 680.0 ±37.4	1 700.0 ±31.6	1 620.0 ±66.3
	均值 Mean	29.4 ±2.6	28.4 ±2.4	27.0 ±2.1	26.6 ±2.3	2 940.0 ±263.0	2 836.7 ±241.2	2 696.7 ±211.8	2 660.0 ±225.1
CK	1	29.8 ±1.0	28.4 ±0.8	24.8 ±0.7	23.0 ±1.0	2 980.0 ±102.0	2 840.0 ±81.2	2 480.0 ±73.5	2 300.0 ±100.0
	2	16.6 ±1.5	17.2 ±1.2	15.6 ±0.7	15.4 ±2.0	1 660.0 ±150.3	1 720.0 ±115.8	1 560.0 ±67.8	1 540.0 ±196.5
	3	12.0 ±0.9	11.8 ±0.7	11.6 ±0.5	12.0 ±0.7	1 200.0 ±94.9	1 180.0 ±66.3	1 160.0 ±51.0	1 200.0 ±70.7
	4	10.2 ±0.4	9.8 ±0.4	9.6 ±0.5	9.4 ±0.4	1 020.0 ±37.4	980.0 ±37.4	960.0 ±51.0	940.0 ±40.0
	5	9.2 ±0.4	8.8 ±0.4	8.6 ±0.5	8.6 ±0.5	920.0 ±37.4	880.0 ±37.4	860.0 ±51.0	860.0 ±51.0
	6	8.4 ±0.4	8.2 ±0.4	7.8 ±0.4	8.0 ±0.7	840.0 ±40.0	820.0 ±37.4	780.0 ±37.4	800.0 ±70.7
	均值 Mean	14.4 ±1.4	14.0 ±1.3	13.0 ±1.1	12.7 ±1.0	1436.7 ±141.2	1403.3 ±133.9	1300.0 ±110.8	1273.3 ±104.2

(3)苗木保存量模型　以苗木保存量进行模型分析，苗木保存量(Survival seedling quantity，Q_{ss})与飞播年限(t)关系满足 Inverse－模型要求：

$$Q_{hzckss} = 381.122 + \frac{2\,585.007}{t}(n = 30, R^2 = 0.945, F = 458.715, p = 0.000)$$

$$Q_{hzrpass} = 959.762 + \frac{4\,849.562}{t}(n = 30, R^2 = 0.960, F = 663.073, p = 0.000)$$

$$Q_{akckss} = 394.640 + \frac{2\,470.569}{t}(n = 30, R^2 = 0.960, F = 666.264, p = 0.000)$$

$$Q_{akrpass} = 1007.657 + \frac{4\,479.208}{t}(n = 30, R^2 = 0.972, F = 1\,001.475, p = 0.000)$$

$$Q_{szckss} = 465.267 + \frac{2\,044.243}{t}(n = 30, R^2 = 0.960, F = 681.793, p = 0.000)$$

$$Q_{szckss} = 1\,096.370 + \frac{3\,919.095}{t}(n = 30, R^2 = 0.966, F = 796.959, p = 0.000)$$

$$Q_{chckss} = 532.581 + \frac{1\,814.088}{t}(n = 30, R^2 = 0.856, F = 166.336, p = 0.000)$$

$$Q_{chrpass} = 966.970 + \frac{4\,146.195}{t}(n = 30, R^2 = 0.958, F = 631.675, p = 0.000)$$

模型显示，飞播后苗木损失量为 $b/t(t+1)$。也就是说，飞播后1年至第2年，苗木损失量占总损失量的50.0%，第2年至第3年占16.7%，以后各年依次占8.3%、5.0%、3.3%、……0.0%。损失量强度决定于模型飞播年限倒数项系数，其值愈大，损失量愈大(图1－2)。

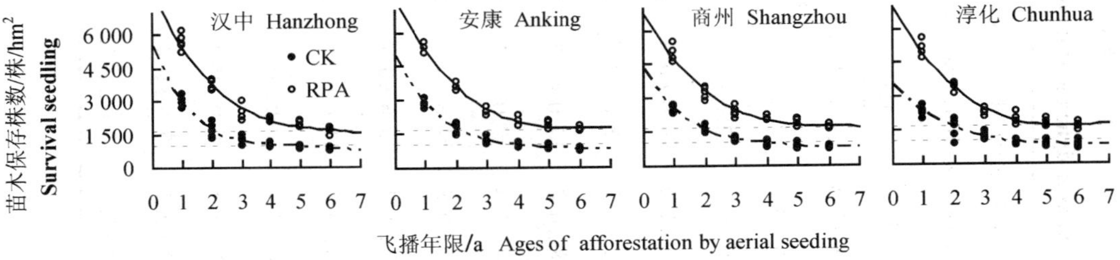

图1－2　飞播苗木保存量年动态

Fig. 1－2 The annual dynamic state of survival seedling quantity for afforestation by aerial seeding

三、RPA对成苗效果的增益作用

1. RPA ***对有苗样方频度增益作用***　RPA有苗样方增益指数均以淳化最高，多数年份安康数最低。均值淳化(49.9±2.6)%、商州(44.4±2.8)%、汉中(39.1±3.5)%、安康(35.6±2.9)%，地区整体差异极显著($p=0.005$)，其中汉中与安康和商州，商州与淳化差异不显著($p>0.05$)。汉中和安康增益指数年间差异总体不显著($p>0.05$)，其中，汉中仅第1年与第6年差异显著($p=0.019$)，安康第1年与第2、5、6年差异均显著($p<0.05$)；商州年间整体差异极显著($p=0.003$)，但第1年与第2年，第2年与第3、4、5年，

第 3 年与第 4、5、6 年，第 4 年与第 5、6 年，第 5 年与第 6 年差异均不显著($p>0.05$)；淳化年间整体差异显著($p=0.018$)，其中第 1 年与第 3 年差异显著($p=0.024$)，与第 4、5、6 年差异极显著($p<0.01$)；其余年间差异不显著($p>0.05$)。汉中和安康均值变异系数相对较大，商州和淳化相对较小，依次为 48.7%、45.1%、34.6% 和 28.2%，地区间总体差异极显著($p=0.001$)，其中汉中与安康、商州与淳化差异不显著($p>0.05$；表 1－4)。

表 1－4　RPA 飞播成苗效果增益作用

Tab. 1－4 The RPA gain effect on seedlings after aerial seeding

飞播年限/a Aerial seeding ages	增益指数/%　Gain index							
	汉中 Hanzhong		安康 Ankang		商州 Shangzhou		淳化 Chunhua	
	I_{gas}	I_{gf}	I_{gas}	I_{gf}	I_{gas}	I_{gf}	I_{gas}	I_{gf}
1	47.6 ±0.3	21.2 ±3.2	47.2 ±0.7	20.1 ±4.2	50.0 ±0.3	25.1 ±0.8	53.9 ±2.9	33.2 ±2.7
2	55.3 ±4.2	41.8 ±7.6	51.5 ±3.9	41.2 ±8.3	51.4 ±2.3	37.5 ±1.8	53.1 ±7.1	44.3 ±9.5
3	51.9 ±6.6	44.9 ±11.4	52.0 ±2.6	31.3 ±7.1	50.4 ±3.2	42.7 ±5.0	46.5 ±1.9	51.1 ±5.9
4	51.8 ±2.1	42.1 ±7.6	51.1 ±2.8	33.5 ±6.5	53.2 ±3.1	52.0 ±2.6	51.7 ±2.7	57.4 ±2.0
5	52.1 ±1.0	34.6 ±4.7	54.0 ±2.0	44.7 ±5.4	54.0 ±3.1	52.0 ±10.4	51.2 ±3.8	54.1 ±5.2
6	47.8 ±3.4	50.1 ±11.0	51.1 ±2.5	42.5 ±7.7	54.0 ±2.6	57.2 ±4.7	49.8 ±5.9	59.4 ±2.1
均值 Mean	51.1 ±1.4	39.1 ±3.5	51.1 ±1.0	35.6 ±2.9	52.2 ±1.0	44.4 ±2.8	51.0 ±1.7	49.9 ±2.6

飞播后第 1 年，RPA 有苗样方增益作用相对较弱，地区间仅商州与汉中差异显著($p=0.012$)，与安康差异极显著($p=0.007$)，其余地区间差异不显著($p>0.05$)。安康与汉中均值变异系数(Coefficient of variance，C_v)为 46.6% 和 33.6%，重复间增益指数变异较大，增益作用稳定性较差；商州变异系数为 7.5%，重复间增益作用相对稳定。第 2 年，增益指数相对提高，淳化最大，商州最小，汉中和安康基本相当，地区间差异不显著($p=0.932$)。淳化、安康和汉中均值变异程度增加，重复间差异扩大。第 3 年，增益指数淳化 > 汉中 > 商州 > 安康，地区差异不显著($p=0.361$)。汉中、安康、商州和淳化均值变异系数依次为 56.8%、50.4%、26.1% 和 25.7%，重复间差距逐渐缩小。第 4 年，增益指数地区差异总体显著($p=0.025$)，其中汉中与各地差异均不显著($p>0.05$)，商州与淳化差异也不显著($p=0.481$)；安康和汉中均值变异较大，系数为 43.5% 和 40.2%，商州和淳化相对较小，为 11.3% 和 7.8%。第 5 年和第 6 年，增益指数地区差异均不显著($p>0.05$；表 1－4)，变化规律与总趋势一致。

2. ***RPA 对有效苗增益作用***　NPA 对有效苗增益作用相对稳定，汉中、安康、商州和淳化增益指数均值依次为(51.1 ±1.4)%、(51.1 ±1.0)%、(52.2 ±1.0)% 和(51.0 ±1.7)%，地区差异不显著($p=0.395$)。第 1 年略小，但年间差异均不显著($p>0.05$)。均值变异系数比有苗样方增益指数明显减小，重复间变异程度降低。其中，淳化和汉中均值变异指数相对较高,分别为18.4%和15.3%,安康与商州相对较低,为11.0%和10.8%,地区整体差异不显著($p=0.162$),仅商州与淳化接近显著水平($p=0.050$);第1年汉中、安康和淳化商州变异系数最小,淳化第3年最小;汉中和商州第3年最大,安康和淳化低年最大;年间整体差异不显著($p=0.082$),仅第1年与第2年差异极显著($p=0.007$),与第3、6年差异显著($p>0.05$;表1-4)。

四、综合判断

按国家飞播造林技术规程规定标准判定:RPA处理区有苗样方频度第1年全优。第2年,汉中良,安康1优、3良、1合格,商州和淳化均为3良2合格。第3年,汉中格率为4/5,安康、商州和淳化均为3/5。第4年,仅商州1重复达合格标准,其余均在合格线以下。第5和第6年,有苗样方频度均低于合格线。对照区第1年,汉中4优、1良,安康3优、2良,商州1优、4良,淳化1优、2良、2合格。第2年,汉中和安康有苗样方频度仅有1合格,其余均低于合格线;商州均在合格线以下,淳化2合格、3不合格,最低仅为10.0%。第3~6年,有苗样方频度等级均降为不合格。飞播后第1年和第5年,按照国家飞播造林技术规程和造林技术规程(GB/T15776-2006)标准判定,RPA苗木保存量综合评定为优;飞播后第1年对照也综合评定为优,但第5年,汉中对照区只有2个重复达标,综合判定为合格,安康、商州和淳化仅有1个重复合格,综合评定不合格。

有苗样方频度和苗木保存量与飞播年限关系均符合Inverse-模型。证明有苗样方频度、有效苗量和苗木保存量随飞播年限降低,其中,飞播后第1年与第2年之间减少量,占整个减少量的50%,是决定飞播造林成败的关键时期。汉中、安康、商州和淳化RPA的有苗样方频度模型极小值依次为11.3%、10.7%、12.1%和13.1%,明显大于对照的1.2%、2.7%、1.0%和1.8%。四地RPA拌种处理的油松稳定保存量分别为952.762株/hm^2、1 007.657株/hm^2、1 096.370株/hm^2和966.970株/hm^2,能保证成林;而对照林木最终保存量仅为381.112株/hm^2、394.640株/hm^2、465.267株/hm^2和532.587株/hm^2,不能保障成林,或只能成为疏林或块状岛林。

汉中、安康、商州和淳化的RPA对有苗样方增益指数均值分别为(39.1±3.5)%、(35.6±2.9)%、(44.4±2.8)%和(49.9±2.6)%;均为淳化最高,地区整体差异极显著($p=0.005$)。而对有效苗增益指数均值依次为(51.1±1.4)%、(51.1±1.0)%、(52.2±1.0)%和(51.0±1.7)%,地区差异不显著($p=0.395$),增益作用相对稳定。

第二节　多效抗旱驱鼠剂(RPA)拌种对飞播油松幼林空间格局影响

【内容提要】空间格局反映了种群生物学特性、种内种间关系以及环境异质性等因素的综合作用。通过对陕西四个地市1997年飞播油松成苗期空间格局研究证明,RPA和对照区油松均呈聚集分布。其中,RPA处理油松聚集对密度依赖性较高,环境异质性对聚集度作用较小;而对照聚集对密度依赖性较低,环境异质性的影响较大。飞播造林初期,油松密度高,油松具有均匀分布的趋势;随着林木增长,油松密度降低,林内油松聚集度逐渐增强。但由于 RPA 促进了苗木抗逆性,有苗样方频度和苗木保存量明显提高,聚集度较低。而对照有苗样方大量减少,油松分布相对集中,聚集度增强,均匀度降低。表明 RPA 拌种可有效降低飞播后油松分布聚集程度,扩大油松在林地适宜生存范围,提高林地利用率。

【关 键 词】多效抗旱驱鼠剂,飞播造林,油松,空间格局

飞播造林是一种主要的造林方式,在我国林业生态建设过程中发挥着重要作用。截至 2012 年底,仅陕西就累积完成飞播造林面积 230.7 万 hm^2。其中,成林面积 150.0 多万 hm^2,有 40.7 余万 hm^2 高密度的飞播林亟待抚育。油松(*Pinus tabulaeformis*)是我国的特有树种,也是我国北方常规造林和飞播造林的主要树种。以往对油松空间格局的研究多限于现有人工林的林分结构、空间分布及植被动态等,很少涉及飞播油松林的空间格局研究;对飞播油松成苗期空间格局研究至今未见报道。而对飞播成苗期油松种群空间格局研究有助于了解油松苗木分布规律,掌握其演化过程,预测林分变化趋势;同时也有助于制定飞播造林技术方案和飞播林经营管理方案。因此,以陕西 4 地 1997 年 RPA 和对照飞播林成苗期油松调查资料为基础,运用空间点格局分析方法分析了飞播油松成苗期的空间分布及空间关系,以期为陕西飞播造林成效评估和管理提供科学依据。

一、研究地概况

按照 1996 年陕西省飞播造林作业设计方案,选择汉中、安康、商州和咸阳油松播区为研究基地。汉中播区位于汉中市宁强县,地处秦巴山交汇地带。北部秦岭山区海拔 1 000 ~ 1 600 m,南部巴山山区海拔 1 000 ~ 1 800 m。年均气温 13℃,极端最低气温 -10.3℃,极端最高气温 36.2℃,无霜期 247 d,年降水量最高达 1 812.2mm。播区面积 1.05 万 hm^2。安康播区位于安康市汉滨区,地处陕南秦巴山地丘陵沟壑区,以月河为界;北属秦岭山地,南沿巴山余脉。地势南北高、中间低,海拔 216 ~ 2 141 m,主要地貌有川道、丘陵和山地。属北亚热带大陆湿润性季风气候区,冬季寒冷干燥,夏季多雨有伏旱,春季温暖少雨,秋季凉爽多阴雨。主要气象灾害是伏旱、暴雨和连阴雨。年平均气温 15.7℃,降水量 540 ~ 1 109 mm,年均 799.3 mm,多集中夏季,无霜期 254 d,森林覆盖率 47.9%,其中,有林地 17.5 万 hm^2,灌林地约 0.6 万 hm^2,疏林地 1.6 万 hm^2。飞播区为疏林,面积 1.48 万 hm^2。商州播区位于商洛市商州区,地处陕西东南部,秦岭东段南麓,面积 2 672 km^2,林地 33.3 万 hm^2,其中有林地 13.3 多万亩 hm^2,森林覆盖率 58.7%。属暖温带半湿润季风气候,年均气温 7.8 ~ 13.9℃,极端最高温度 37 ~ 40.8℃,最低 -11.8 ~ -21.6℃。年均降水量 710 ~ 930 mm,日照 1 860 ~ 2 130 h,无霜期为 210 d。干旱、连阴雨、暴雨、冰雹、霜冻等灾害性天气时有发生。播区面积 1.69 万 hm^2,属灌木疏林改造。

咸阳播区位于咸阳市淳化县，淳化县位于咸阳市北部，地处渭北黄土高原沟壑区的南缘。土壤具有明显的由褐土带向黑土带过渡性质，95%的土壤有效土层厚度在100 cm 以上。海拔在630～1 809 m之间，相对高差1 200 m左右。海拔在630～1 809 m之间，相对高差1 200 m左右。年均温度8～10℃，7月均温22.0～23.2℃，1月均温-5.4～-6.0℃；年降水量610.7(409.5～822.6)mm，7～8月多暴雨，降水占年降水量的53%；日降水大于30 mm年年发生，最多1年3次，大于50 mm的暴雨平均2年1次，有时1年3次。无霜期183.0(170～190)d；日照时数2 249.1 h。播区面积0.98万hm^2，植被以菊科、蔷薇科等草本为主，另外还有一些人工刺槐林。

二、调查方法与数据处理

每试验区选择5个RPA拌种播区和5个对照播区，根据播区立地，以“M”、“Z”或对角线抽样方法取样。1998年至2003年10月随机调查50块1 m×2 m样方同龄油松数量，记录调查地植被、土壤、坡向和坡位等情况。对调查资料用Taylor的($\dot{m}$)和聚集块指标($\dot{m}/\bar{m}$)David & Moore的丛生指数(C_i)等方法，讨论RPA和对照油松空间分布格局的变化，分析密度和环境异质性对油松幼苗空间分布格局的影响。

三、空间格局动态

1. **Llody平均拥挤度和聚集块指标** 用Llody的平均拥挤度($\dot{m}$)方法，计算不同播区各年的指标值(表1-5，图1-3)。油松苗木聚集度随飞播年限增强，RPA处理聚集度低于对照，且随飞播年限延长两者的差距逐渐扩大。飞播后第1年，RPA 5个重复中，汉中和商州播区有2个重复、安康和淳化有1个为均匀分布($\dot{m}/\bar{m}<1$)，其余样方均为聚集分布($\dot{m}/\bar{m}>1$)，地区整体为聚集分布。而对照区，商州均为均匀分布，汉中和淳化有4个、安康有3个为均匀分布，整体表现为均匀分布。第2年，RPA只有安康播区有2个重复为均匀分布，对照区，汉中有2个，商州和淳化有1个为均匀分布，其余均为聚集分布；RPA和对照区整体均为聚集分布。第3年及以后各年，处理与对照均为聚集分布。

模型分析证明聚集块指标($\dot{m}/\bar{m}$)与飞播年限(t)和苗木密度($\bar{m}$)均符合Power-模型变化：

$$\frac{\dot{m}}{\bar{m}_{ckhz}} = 0.548t^{1.295} \quad (n = 30, R^2 = 0.619, F = 55.256, p = 0.000)$$

$$\frac{\dot{m}}{\bar{m}_{rpahz}} = 1.197t^{0.609} \quad (n = 30, R^2 = 0.736, F = 94.623, p = 0.000)$$

$$\frac{\dot{m}}{\bar{m}_{ckhz}} = 0.202\bar{m}^{1.785} \quad (n = 30, R^2 = 0.635, F = 59.299, p = 0.000)$$

$$\frac{\dot{m}}{\bar{m}_{rpahz}} = 1.352\bar{m}^{0.865} \quad (n = 30, R^2 = 0.762, F = 109.202, p = 0.000)$$

$$\frac{\dot{m}}{\bar{m}_{ckak}} = 0.606t^{1.272} \quad (n = 30, R^2 = 0.667, F = 68.449, p = 0.000)$$

$$\frac{\dot{m}}{\bar{m}_{rpaak}} = 0.942t^{1.272} \quad (n = 30, R^2 = 0.658, F = 65.290, p = 0.000)$$

$$\frac{\dot{m}}{\bar{m}_{ckak}} = 0.223\bar{m}^{-1.736} \quad (n = 30, R^2 = 0.671, F = 69.454, p = 0.000)$$

$$\frac{\dot{m}}{\bar{m}_{rpaak}} = 1.026\bar{m}^{-1.240} \quad (n = 30, R^2 = 0.684, F = 73.491, p = 0.000)$$

$$\frac{\dot{m}}{\bar{m}_{cksz}} = 0.347t^{-1.880} \quad (n = 30, R^2 = 0.889, F = 275.147, p = 0.000)$$

$$\frac{\dot{m}}{\bar{m}_{rpasz}} = 1.075t^{-0.688} \quad (n = 30, R^2 = 0.712, F = 83.973, p = 0.000)$$

$$\frac{\dot{m}}{\bar{m}_{cksz}} = 0.050\bar{m}^{-2.789} \quad (n = 30, R^2 = 0.887, F = 267.347, p = 0.000)$$

$$\frac{\dot{m}}{\bar{m}_{rpasz}} = 1.074\bar{m}^{-1.091} \quad (n = 30, R^2 = 0.672, F = 69.931, p = 0.000)$$

$$\frac{\dot{m}}{\bar{m}_{ckch}} = 0.661t^{-1.502} \quad (n = 30, R^2 = 0.766, F = 110.615, p = 0.000)$$

$$\frac{\dot{m}}{\bar{m}_{rpach}} = 1.088t^{-0.621} \quad (n = 30, R^2 = 0.7440, F = 96.912, p = 0.000)$$

$$\frac{\dot{m}}{\bar{m}_{ckch}} = 0.122\bar{m}^{-2.301} \quad (n = 30, R^2 = 0.744, F = 116.895, p = 0.000)$$

$$\frac{\dot{m}}{\bar{m}_{rpach}} = 1.104\bar{m}^{-0.927} \quad (n = 30, R^2 = 0.731, F = 92.765, p = 0.000)$$

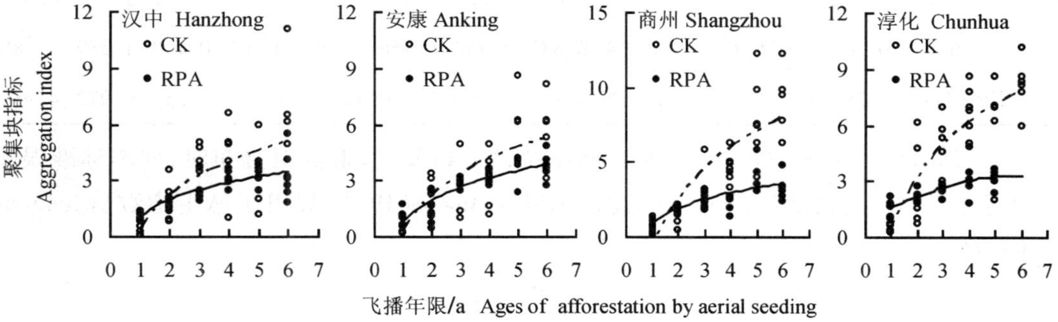

图 1-3　飞播苗木聚集块指标($\dot{m}/\bar{m}$)

Fig. 1-3 The aggregation index of seedling for aerial seeding afforestation

年限模型属增函数,模型值随飞播年限而增加(指数 >0)。RPA 苗木聚集度增加速度逐年递减，最终趋于稳定（1 > 指数 > 0）；而对照区增幅逐年递增（指数 > 1）。随着林木增长，处理和对照油松聚集块指标差距扩大。密度模型是一组减函数，随着密度增加，苗木聚集度随密度增加而减弱，强度依次降低（指数 < 0）。对照聚集度变化强度低于 RPA；随着密度增加，两者变化速率差距逐渐扩大。也就是说，飞播造林后，随着林木增长和林内油松密度降低，油松聚集度逐渐增加，处理与对照差距不断扩大，而且在飞播初期变化剧烈。

表 1 – 5　飞播苗木平均拥挤度与聚集度指标

Tab. 1 – 5 The mean crowding and aggregation index of seedling for aerial seeding afforestation

处理 Treat	飞播年限/aAerial seeding ages	聚集度指标 aggregation index											
		汉中 Hanzhong			安康 Ankang			商州 Shangzhou			淳化 Chunhua		
		$\bar{m}$	$\dot{m}$	$\dot{m}/\bar{m}$	$\bar{m}$	$\dot{m}$	$\dot{m}/\bar{m}$	$\bar{m}$	$\dot{m}$	$\dot{m}/\bar{m}$	$\bar{m}$	$\dot{m}$	$\dot{m}/\bar{m}$
APA	1	1.136	1.342	1.183	1.076	1.223	1.141	0.992	1.067	1.089	1.004	1.132	1.139
	2	0.744	1.334	1.785	0.712	0.903	1.291	0.644	1.171	1.813	0.668	1.139	1.693
	3	0.516	1.256	2.479	0.492	1.393	2.829	0.472	1.095	2.322	0.448	0.983	2.205
	4	0.424	1.305	3.091	0.404	1.333	3.293	0.412	1.078	2.598	0.392	1.011	2.581
	5	0.384	1.327	3.450	0.384	1.460	3.770	0.376	1.614	4.252	0.356	1.127	3.191
	6	0.324	1.048	3.286	0.336	1.280	3.796	0.340	1.126	3.305	0.324	1.051	3.227
	均值 Mean	0.588	1.269	2.546	0.567	1.265	2.686	0.539	1.192	2.563	0.532	1.074	2.339
CK	1	0.596	0.338	0.550	0.568	0.372	0.643	0.496	0.194	0.394	0.460	0.291	0.622
	2	0.332	0.572	1.826	0.344	0.797	2.369	0.312	0.453	1.430	0.308	0.693	2.694
	3	0.240	0.905	3.863	0.236	0.592	2.598	0.232	0.730	3.189	0.240	1.114	4.755
	4	0.204	0.819	4.011	0.196	0.574	2.957	0.192	0.882	4.675	0.188	1.281	6.874
	5	0.184	0.555	2.984	0.176	1.093	6.252	0.172	1.321	7.892	0.172	1.168	6.601
	6	0.168	1.075	6.331	0.164	0.883	5.462	0.156	1.491	9.661	0.160	1.289	8.186
	均值 Mean	0.287	0.711	3.261	0.281	0.719	3.380	0.260	0.845	4.540	0.255	0.972	4.956

2. David & Moore **的丛生指数**　概率统计分析发现，群随机分布时，样本标准误差（V）等于样本平均密度（$\dot{m}/\bar{m}$）。据此，David & Moore（1954）提出了丛生指数（Clumping index，C_i）：

$$C_i \frac{V}{\bar{m}} - 1$$

各地不同处理及重复丛生指数变化规律与 $\dot{m}/\bar{m}$ 指标变化相似（表 1 – 6，图 1 – 4）。飞播后第 1 年，汉中 5 个重复中，对照 3 个，RPA 1 个为均匀分布（C_i < 0）。安康仅对照有

1 个重复为均匀分布,商州和淳化均为聚集分布($C_i>0$)。但地区丛生指数较小,聚集程度相对较低;尤其是汉中 RPA 其值仅为 0.076,有随机分布趋势。对照聚集度,汉中和淳化高于 RPA,安康和商州低于 RPA。汉中、安康和商州对照与 RPA 差异不显著($F=0.211$、0.201、0.020,$p>0.05$),淳化差异显著($F=6.591$,$p=0.028$)。对照聚集度淳化>安康>商州>汉中,地区差异整体显著($F=3.333$,$p=0.040$),其中淳化与汉中差异极显著($p=0.006$),与安康差异显著($p=0.048$),其他地区间差异不显著($p>0.05$)。RPA 聚集度安康>淳化>商州>汉中,地区差异整体极显著($F=5.047$,$p=0.009$),但安康、商州和淳化地区间差异不显著($p>0.05$)。第 2 年,聚集度比第 1 年明显增强,均呈聚集分布。RPA 聚集水平均低于对照,且两者间差距扩大;汉中、安康和商州对照与 RPA 聚集度差异极显著($F=10.571$、16.445、31.538,$p<0.01$),淳化差异显著($F=6.281$,$p=0.031$)。对照聚集度,安康和淳化对照聚集度相对较高,汉中和商州相对较低;RPA 聚集度,安康和商州略高,汉中和淳化略低;但地区间差距缩小,差异均不显著($F=0.537$、0.731,$p>0.05$)。第 2 年与第 1 年丛生指数增量占 6 年总增量比率,对照安康最高,其次是淳化,商州最低,均值为 37.2% ±3.5%,陕南 3 地差异极显著($F=28.133$、45.213、87.812,$p=0.000$),淳化差异显著($F=8.947$,$p=0.014$);RPA 增量比率汉中和商州基本相当,分别为(32.5±3.5)%和(32.8±2.1)%,安康和淳化较低,分别为(28.1±4.8)%和(25.4±3.6)%,平均(29.7±1.8)%,年间差异均极显著($F=81.995$、16.608、124.985、25.008,$p<0.01$)。

第 3 年,聚集度持续增强。对照增量占总增量比率汉中最高,商州和淳化相同,但淳化均值变异程度高,安康最低,重复间差异较大,平均比率为(24.9±2.7)%;汉中和商州年间差异极显著($F=13.464$、23.051,$p<0.01$),安康与淳化差异不显著($F=3.293$、3.830,$p>0.05$)。安康、汉中和淳化 RPA 增量比率相对较大,差距很小,而商州比率相对较小,均值(31.2±2.3)%,年间差异均极显著($F=17.799$、37.158、24.630、34.304,$p<0.01$)。淳化对照聚集度相对较高,安康相对较低;RPA 聚集度安康相对较高,商州与淳化差距较小,汉中聚集度最低;地区间差异不显著($F=1.619$、0.957,$p>0.05$)。RPA 与对照相比聚集度明显降低,汉中、商州和淳化对照与 RPA 聚集度差异极显著($F=29.543$、27.419、38.22,$p=0.000$);安康差异显著($F=8.434$,$p=0.016$)。

第 4 年,聚集度增幅有所缩小,均值变异程度增大,年间差异性降低。丛生指数增量比率,对照以汉中、安康、商州和淳化次序增大,均值为(15.4±6.7)%,汉中和安康年间差异不显著($F=0.533$、1.704,$p>0.05$),商州和淳化差异显著($F=7.683$、9.092,$p<0.05$);RPA 增量比率依次降低,均值(18.6±6.4)%,安康年间差异极显著($F=24.065$,$p<0.01$),汉中与淳化差异显著($F=6.732$、8.489,$p<0.05$),商州差异不显著($F=1.596$,$p=0.235$)。对照聚集度,安康>汉中>淳化>商州,地区差异整体极显著($F=6.121$,$p=0.004$),其中仅淳化与汉中和安康差异极显著($p<0.01$),与商州差异显著($p<0.05$),其他地区间差异不显著。RPA 聚集度,商州>淳化>汉中>安康,地区整体差异不显著($F=1.884,p=0.165$),其中安康与商州差异显著($p=0.039$)。RPA 比对照聚集度低,差异极显著($F=18.111$、14.166、47.609、140.104,$p<0.01$)。

表 1-6 飞播苗木平均丛生指数

Tab. 1-6 The seedling clumping index for aerial seeding afforestation

处理 Treat	飞播年限/aAerial seeding ages	聚集度指标 aggregation index											
		汉中 Hanzhong			安康 Ankang			商州 Shangzhou			淳化 Chunhua		
		V^2	V	C_i	V^2	V	C_i	V^2	V	C_i	V^2	V	C_i
RPA	1	1.490	1.217	0.072	1.709	1.304	0.212	1.413	1.184	0.192	1.480	1.213	0.208
	2	1.189	1.086	0.459	1.197	1.088	0.527	0.988	0.991	0.539	0.989	0.989	0.478
	3	0.893	0.943	0.848	0.937	0.967	0.966	0.768	0.873	0.854	0.687	0.828	0.853
	4	0.796	0.892	1.108	0.784	0.882	1.187	0.690	0.824	0.996	0.637	0.796	1.036
	5	0.748	0.863	1.247	0.804	0.892	1.319	0.850	0.915	1.429	0.629	0.790	1.228
	6	0.555	0.742	1.304	0.655	0.807	1.400	0.608	0.777	1.286	0.563	0.747	1.307
	综合 Integration	0.945	0.957	0.839	1.014	0.990	0.935	0.886	0.927	0.883	0.830	0.894	0.852
CK	1	0.448	0.660	0.103	0.461	0.671	0.178	0.345	0.586	0.185	0.383	0.616	0.342
	2	0.403	0.633	0.952	0.496	0.701	1.063	0.358	0.595	0.907	0.400	0.631	1.187
	3	0.397	0.629	1.654	0.316	0.560	1.402	0.346	0.586	1.542	0.446	0.666	1.804
	4	0.330	0.570	1.796	0.270	0.517	1.648	0.323	0.568	1.980	0.393	0.626	2.343
	5	0.254	0.500	1.717	0.337	0.580	2.303	0.366	0.604	2.547	0.350	0.584	2.380
	6	0.324	0.563	2.350	0.281	0.529	2.242	0.363	0.601	2.874	0.342	0.582	2.678
	综合 Integration	0.359	0.592	1.429	0.360	0.593	1.473	0.350	0.590	1.672	0.385	0.617	1.789

第 5 年,聚集度继续增强,均值变异相对较大。对照丛生指数增量比率安康最大,商州其次,汉中为负增量,均值为(12.5 ± 5.6)%,与第 4 年基本相同。其中,汉中与淳化年间差异不显著($F=0.170$、0.055,$p>0.05$),安康极显著($F=16.806,p=0.002$),商州差异显著($p>0.05$)。RPA 增量比率商州最大,达(40.6 ± 10.3)%,为历年最高;汉中和安康基本相当,增量比率较小;均值为(20.4 ± 5.9)%,比上年略有增加。汉中、安康与淳化年间差异不显著($F=3.749$、4.940、3.206,$p>0.05$),商州差异极显著($F=13.366,p=0.004$)。对照聚集度商州 > 淳化 > 安康 > 汉中,地区整体差异极显著($F=6.746,p=0.003$),其中安康与商州和淳化、商州与淳化地区差异不显著($p>0.05$)。RPA 聚集度商州 > 安康 > 汉中 > 淳化,地区差异不显著($F=1.722,p=0.195$)。各地对照与 RPA 聚集度差异均极显著($F=18.111$、14.166、47.609、140.104,$p<0.01$)。

第 6 年,对照丛生指数增量占总增量比率,汉中为(26.1 ± 8.0)%,商州与淳化相当,安康为负值；比率均值为(11.0±6.8)%，均值变异程度高，重复间比率增量变化较大。汉中年间差异极显著($F=11.088,p=0.008$)，其他3地差异不显著($F=0.122$、1.771、3.001，$p>0.05$)。RPA增量比率地区变化较大，商州降低了(16.4±10.2)%，汉中几乎与上年无差异，平均降低了(1.2±8.8)%，均值变异很大，年间差异不显著($F=0.171$、1.278、2.092、0.559，$p>0.05$)。对照聚集度商州与淳化相对较高，汉中和安康相对较低，地区整体差异显著($F=4.294,p=0.017$)，其中汉中与安康和淳化，商州与淳化年间差异不显著($p>0.05$)；RPA聚集度安康最大，淳化其次，汉中和商州相当，地区差异也不显著($F=0.410,p=0.748$)。RPA与对照相比，RPA聚集度明显低于对照，差异极显著($F=27.958$、32.125、94.845、105.904，$p=0.000$)。

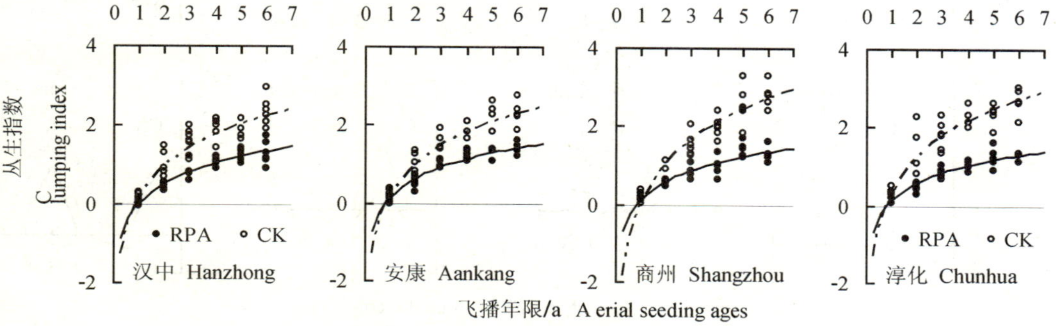

图1-4　飞播苗木从生指数变化

Fig. 1-4 The clumping index variation of seedling for aerial seeding

模型分析结果证明，从生指数(C_i)与飞播年限(t)的关系均遵从Logarithmic-模型：

$$C_{ickhz}=0.159+1.157\ln t\quad(n=30,R^2=0.817,F=151.535,p=0.000)$$
$$C_{irpahz}=0.038+0.731\ln t\quad(n=30,R^2=0.874,F=235.829,p=0.000)$$
$$C_{ickak}=0.176+1.182\ln t\quad(n=30,R^2=0.857,F=205.025,p=0.000)$$
$$C_{irpaak}=0.161+0.706\ln t\quad(n=30,R^2=0.925,F=422.238,p=0.000)$$
$$C_{icksz}=0.018+1.509\ln t\quad(n=30,R^2=0.916,F=294.277,p=0.000)$$
$$C_{irpasz}=0.139+0.678\ln t\quad(n=30,R^2=0.852,F=194.410,p=0.000)$$
$$C_{ickch}=0.335+1.326\ln t\quad(n=30,R^2=0.837,F=294.277,p=0.000)$$
$$C_{irpach}=0.142+0.647\ln t\quad(n=30,R^2=0.893,F=285.816,p=0.000)$$

模型导数为$\partial C_i/\partial t=b/t$($b\ln t$项参数)，表明油松从生指数随飞播年限按b/t速率增加，增加幅度逐年降低。由于对照模型b值大于RPA模型b值，所以对照从生指数增加速率大于RPA，说明随着飞播年限延长，对照与RPA聚集度差距逐渐扩大，但扩大幅度渐趋稳定。汉中与安康对照与RPA模型b值之比分别为1.584和1.675，相对较小；商州与淳化为2.225和2.050，相对较大；表明随着林木增长，商州和淳化对照与RPA聚集度差异程度，逐渐比汉中和安康的扩大。

3. **Taylor的$\lg V^2-\ln\bar{m}$回归指标**　Taylor从大量的生物资料中总结出方差(V^2)与种

群平均密度($\bar{m}$)的经验公式,发现两者之间呈幂指数关系。$V^2=am^b$ 两边同时取对数得线性化方程:

$$\lg V^2 = \lg a + b\lg\bar{m}$$

式中,a、b 为常数,b 的生物学意义为种群的聚集度对密度的依赖程度。将各地不同年份和不同处理资料进行分析,结果见表 1-7 和图 1-5。

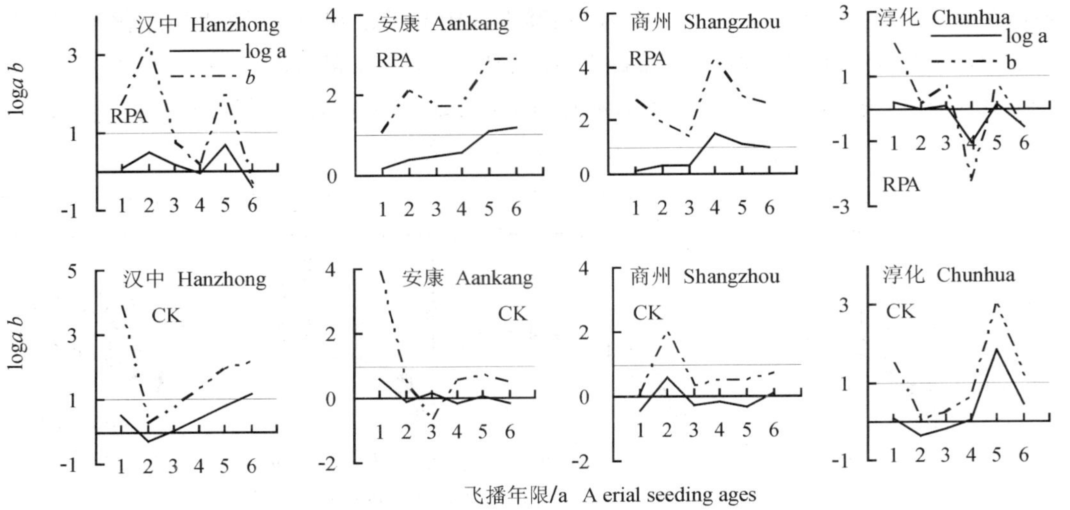

图 1-5 飞播苗木分布格局的 loga 与 b 变化

Fig. 1-5 The loga and b variation of seedling for aerial seeding

从表 1-7 和图 1-5 可看出飞播后油松空间格局存在明显的时空变化。飞播后第 1 年,汉中和安康对照油松属典型的密度依赖性聚集分布($\lg a>0, b>1$);b 值为 3.894 和 3.965,空间格局与油松有效苗量和有苗样方频度关系密切。淳化也属密度依赖性聚集分布,b 值为 1.538,对密度依赖程度相对较低;由于 $\lg a$ 值为 0.094,接近于零,使其又具有均匀分布的属性($\lg a>0$, b>1, $\bar{m}=0.460<1$)。商州方差(V^2)与平均密度($\bar{m}$)相关度低($r=0.011$),具有均匀分布的特征($\lg a<0, b<1, \bar{m}=0.496<1$);$b$ 值为 0.028,空间格局与密度依赖性小。RPA 油松均属密度依赖性聚集分布,汉中和安康油松空间格局密度依赖程度低于商州和淳化,也小于其对照;而商州与淳化依赖性高于其对照。其中,汉中 $\lg a$ 值为 0.075,接近于零,但因 $\bar{m}=1.490>1$,其仍然具有密度依赖性聚集分布的属性。

第 2 年,商州 V^2 和 $\bar{m}$ 相关性显著提高($r=0.746, p=0.049$),空间格局与密度依赖性增强,属密度依赖性聚集分布。而汉中、安康和淳化 V^2 和 $\bar{m}$ 相关度降低,尤其是淳化两者相关性几乎消失($r=0.057$),其空间格局具有低密度下聚集分布的特征($\lg a<0, b<1, \bar{m}<1$),空间格局对密度依赖性降低或消失。汉中和商州 RPA 油松属密度依赖性聚集分布,b 值为 3.256 和 1.906,前者比第 1 年和对照密度依赖性增强,后者消弱。安康油松空间格局与上年相同,但密度依赖性提高。淳化油松 V^2 和 $\bar{m}$ 相关性消失,空间格局属聚集分布($\lg a=0, b<1, \bar{m}=0.668<1, \bar{m}^{b-1}=1.454>1$);$b$ 值为 0.072,密度依赖性减弱;油松聚集分布原因主要由林地空间异质性决定。

表 1-7　飞播苗木 Taylor 回归指标

Tab. 1-7 Seedling Taylor regression index for aerial seeding afforestation

处理 Treat	飞播年限/a Aerial seeding ages	聚集度指标 aggregation index											
		汉中 Hanzhong			安康 Ankang			商州 Shangzhou			淳化 Chunhua		
		lg*a*	*b*	*r*	lg*a*	*b*	*r*	lg*a*	*b*	*r*	lg*a*	*b*	*r*
RPA	1	0.075	1.705	0.624	0.195	1.052	0.227	0.155	2.759	0.954**	0.173	2.038	0.709*
	2	0.489	3.256	0.884*	0.377	2.093	0.373	0.356	1.906	0.867*	0.000	0.072	0.022
	3	0.152	0.706	0.644	0.494	1.701	0.844*	0.321	1.351	0.655	0.072	0.721	0.844*
	4	-0.048	0.140	0.114	0.556	1.690	0.913*	1.495	4.336	0.606	-1.080	-2.282	-0.544
	5	0.687	1.963	0.727*	1.085	2.853	0.940**	1.135	2.859	0.874*	0.111	0.747	0.322
	6	-0.426	-0.333	-0.146	1.164	2.854	0.772*	0.968	2.537	0.546	-0.579	-0.689	-0.141
	综合 Integration	0.151	0.738	0.908**	0.206	0.804	0.913**	0.147	0.749	0.829**	0.157	0.899	0.899**
CK	1	0.506	3.894	0.755*	0.619	3.965	0.675	-0.457	0.028	0.011	0.094	1.538	0.664
	2	-0.294	0.219	0.216	-0.103	0.446	0.319	0.598	2.078	0.746*	-0.385	0.035	0.057
	3	0.024	0.689	0.687	0.150	-0.712	-0.219	-0.246	0.348	0.190	-0.209	0.235	0.184
	4	0.430	1.340	0.341	-0.189	0.544	0.216	-0.152	0.472	0.747*	0.056	0.638	0.542
	5	0.797	1.908	0.611	0.064	0.714	0.431	-0.313	0.503	0.127	1.840	3.024	0.946**
	6	1.152	2.137	0.702	-0.168	0.493	0.292	0.103	0.676	0.423	0.448	1.151	0.932**
	综合 Integration	-0.246	0.372	0.540**	-0.208	0.426	0.643**	-0.457	0.006	0.015	-0.304	0.190	0.329*

第 3 年，汉中对照属聚集分布（$\lg a>0, b<1, 10^{\lg a}\bar{m}^{b-1}=1.647>1$），$b$ 值 0.689，密度依赖性较低；安康也属聚集分布（$\lg a>0, b<1, 10^{\lg a}\bar{m}=16.733>1$），$b$ 值为 -0.712，聚集密度性消失，聚集主要受林地立地和水分异质性影响。商州和淳化油松分布相似，均有低密度下聚集分布的特征（$\lg a<0, b<1, \bar{m}<1$）；b 值为 0.348 和 0.235，分布与密度依赖性相对较低，其中前者密度依赖性比上年明显降低，而后者略有提高；证明环境异质性以及降水差异对油松空间格局作用增强。汉中 RPA 油松分布型与对照相似，也属聚集分布；$10^{\lg a}\bar{m}^{b-1}$值为 1.724，b 值为 0.706，较上年显著减小，聚集与密度依赖性显著降低。安康和商州属密度依赖性聚集分布，但密度依赖性比第 2 年减弱，而比对照显著提高；说明林地异质性与降水因素对其聚集度影响较小，但比上年有所增强。淳化油松 V^2 和 $\bar{m}$ 相关性较上年显著提高（$r=0.844, p=0.034$），$\lg a$ 为 0.072，b 值 0.721，$10^{\lg a}\bar{m}^{b-1}$为 1.477，属聚集分布；密度依赖性比第 2 年和对照提高，环境异质性作用相对降低。

第 4 年至第 6 年，随着林木的生长，抗逆性增强，汉中对照区油松空间格局均呈聚集分布（$\lg a>0,b>1$），b 值依次递增，聚集与密度关系逐渐增强，环境异质性以及其他生物和非生物因素对油松的影响逐渐减弱，聚集度随着飞播年限延长和油松密度降低逐渐增强，油松在林内逐渐呈散生状聚集分布，林窗增多，林地利用率仅为9.2%。安康第4年和第6年，对照油松具有低密度下聚集分布的特性（$\lg a<0,b<1,\bar{m}<1$），第5年也为聚集分布（$\lg a>0,b<1,10^{\lg a}\bar{m}^{b-1}=1.905>1$）；$b$ 值依次为0.544、0.714和0.493，聚集对密度依赖性较低，环境异质性作用较强，林地利用率为10.4%。油松逐渐从不适生境退出，呈块状聚集分布。商州对照油松 V^2 和 $\bar{m}$ 相关性显著的年间波动，第4、5年油松空间格局与第3年相同，均为低密度下的聚集分布（$\lg a<0,b<1,10^{\lg a}\bar{m}^{b-1}<1$），第6年也呈聚集分布（$\lg a>0,b<1,10^{\lg a}\bar{m}^{b-1}=2.314>1$）；$b$ 值依次减小，聚集主要由环境异质性和生物灾害以及年间降水量差异引起，林地利用率降至7.6%，油松呈核心团块状聚集分布。淳化对照，第4年为非密度依赖性聚集分布（$\lg a>0,b<1,10^{\lg a}\bar{m}^{b-1}=2.083>1$），环境异质性对聚集影响较大；第5、6年属典型的密度依赖性聚集分布（$\lg a>0,b>1$）；b 值为3.024和1.151，林内油松保存量和有苗样方频度对聚集度影响较大，林地利用率为8.0%，油松分布高度聚集，主要分布在梁峁、山顶、山脚和阴坡等坡度相对较小的宜林地。

第4年和第6年汉中 RPA 油松呈低密度下的聚集分布（$\lg a<0,b<1,\bar{m}<1$），b 值为0.140和-0.333，聚集程度和密度依赖性低于相应对照。第5年为密度依赖性聚集分布（$\lg a>0,b>1$），b 值略大于对照，表现出较强密度依赖性。林地利用率为20.4%，油松密度较大，在林内形成高密度团块分布，需要及时抚育管理。安康 RPA 油松均为密度依赖性聚集分布，聚集度逐年增强（$\lg a>0,b>1$）。前2年 V^2 和 $\bar{m}$ 相关度较低，分布型变化较大。第3、4年，聚集度比较稳定，b 值为1.701和1.690，密度依赖性变化不大；第5、6年，$\lg a$ 分别为1.085和1.164，b 值为2.853和2.854，油松聚集度相对较高，密度依赖性增强，空间格局在高聚集度下形成了动态平衡；林地利用率为18.4%，油松在林内呈散生状聚集分布，局部形成高密度，需要及时抚育管理和分苗移栽。商州 RPA 油松与安康一样，也均呈密度依赖性聚集分布（$\lg a>0,b>1$）。第4年聚集度最大，密度依赖性最强；之后聚集度及其与密度依赖性逐渐降低。第6年时，林地利用率为18.0%，油松呈散生状聚集分布。淳化 RPA 第3年 V^2 和 $\bar{m}$ 相关性最高，之后相关性逐渐降低。第4年和第6年油松呈低密度下的聚集分布（$\lg a<0,b<1,\bar{m}<1$），与汉中相似；第5年也属聚集分布（$\lg a>0,b<1,10^{\lg a}\bar{m}^{b-1}=1.677>1$）；$b$ 值依次为-2.282、0.111和-0.589，聚集密度依赖程度较小，环境异质性对分布作用较强。林地有效利用率为19.6%，比对照显著提高。第6年林内油松呈散生状聚集，分布规律与对照相同，但常在梁峁、阴坡山脚及其缓坡宜林地形成高密度。

四、最适抽样数

按照张连翔等（2006）Taylor 幂法则种群抽样设计方法，简单随机抽样调查最适抽样数（Q）可用如下公式计算。

$$Q = \frac{t_\alpha^2}{d^2} a \bar{m}^b$$

公式中，t_α 为置信水平 α 时 t 分布 α 分位数，$t_{0.005}$ 或 $t_{0.01}$，一般在大样东时 $t_{0.05}=1.96$，$t_{0.01}=2.58$；d 为允许绝对误差，a，b 为 Taylor 公式参数，$\bar{m}$ 为种群平均密度。当种群密度不同时，确定了 t_α 和 d 后，即可利用上式计算出应抽取的样本数量。从式中可看出，在允许误差一定的情况下，抽样数随着种群密度的增加而增加；在种群密度一定的条件下，抽样数随着允许误差的增大而减少，即，最适抽样数的确定与调查的对象及其目的有关，对于高精度调查，最适抽样数就大；而对于精度要求不高的调查，最适取样数就小。在置信水平 $t_{0.05}=1.96$ 时，油松调查的最适抽样数，不同飞播播区有所差异，而在同一播区表现为随油松密度的增加而增加（表 1－8）。

表 1－8 飞播油松调查理论抽样数

Tab. 1－8 The theories samples of *Pinus tabulaeformis* with aerial seeding

处理 Treat	播区 Aerial sowing compartment	不同密度下的最适抽样数/样方数量/1×2 m Optimum sampling numbers						
		0.2	0.4	0.6	0.8	1.0	1.2	1.4
RPA	汉中 Hanzhong	14	24	32	39	46	53	59
	安康 Ankang	13	24	33	41	49	57	64
	商州 Shangzhou	15	25	33	41	49	56	63
	淳化 Shunhua	13	24	34	44	54	63	73
CK	汉中 Hanzhong	27	35	40	45	49	52	55
	安康 Ankang	27	36	43	48	53	57	61
	商州 Shangzhou	30	30	30	30	30	30	30
	淳化 Shunhua	29	33	36	38	39	41	42

五、空间格局的异质性

高密度时，也就是在飞播造林初期，受飞播造林特性决定，苗木具有均匀分布的趋势。但由于林地环境和气候异质性，以及有害生物发生差异性的影响，加之 RPA 对种子发芽和苗木生长作用，使各样方苗木保存量发生差异，进而引起 RPA 处理与对照油松空间格局发生改变。随着飞播年限延长，油松密度逐渐降低，适宜区油松保存了下来，其他油松被相继淘汰，林内油松聚集度逐渐增强。但由于 RPA 促进了苗木抗逆性，有苗样方频度和苗木保存量明显提高，聚集度相应较低。而对照有苗样方大量减少，油松分布相对集中，聚集度增强，均匀度降低。

综合分析，RPA 与对照油松均为聚集分布（$C_i>0$），对照聚集度高于 RPA。其中，陕南 3 地 RPA 与对照聚集度差异不显著（$p>0.05$），淳化差异显著（$p=0.049$）。对照聚集

度淳化 > 商州 > 安康 > 汉中，RPA 聚集度安康 > 商州 > 淳化 > 汉中，地区差异均不显著（$p > 0.05$）。这是因为年间差异，掩盖了聚集度地区差异和对照与 RPA 差异。

从不同地区各飞播年限资料综合分析，V^2 和 $\bar{m}$ 相关性安康 > 汉中 > 淳化 > 商州，RPA > 对照。其中，RPA 相关性均极显著（$r = 0.908$、0.913、0.829、0.899，$p = 0.000$）；对照汉中和安康相关性极显著（$r = 0.540$、0.643，$p < 0.01$），淳化差异显著（$r = 0.329$，$p = 0.050$），商州不显著（$r = 0.015$，$p = 0.931$）。各地对照区油松均呈低密度下的聚集分布（$\lg a < 0$，$b < 1$，$\bar{m} < 1$）；b 值依次为 0.372、0.426、0.006、0.190，$10^{\lg a}\bar{m}^{b-1}$ 值为 1.243、1.284、1.332 和 1.502，聚集对密度依赖性较低，环境异质性对油松聚集度影响较大。RPA 的 $\lg a > 0$，$b = 0.738$、0.804、0.749 和 $0.899 < 1$，$10^{\lg a}\bar{m}^{b-1}$ 值 = 1.627、1.796、1.638 和 1.530，也为聚集分布。其 b 值和 $10^{\lg a}\bar{m}^{b-1}$ 值均大于对照，其聚集对密度依赖性高于对照，而环境异质性对油松聚集度的作用小于对照。表明各地环境异质性及其生物因子和非生物因子对飞播后油松保存量和分布作用强度不同。证明 RPA 拌种可明显消除这些不利因素影响，使重复间差距缩小，提高飞播后油松保存量和有苗样方率。同时也说明 RPA 拌种可有效降低油松分布聚集程度，扩大飞播后油松在林地适宜生存范围，提高林地利用率。

第三节　多效抗旱驱鼠剂（RPA）拌种对飞播油松高的影响

【内容提要】多效抗旱驱鼠剂（RPA）拌种是提高飞播造林成效的重要措施。为了正确评价 RPA 拌种飞播造林成效，为制定科学的飞播造林技术方案和飞播林营林方案提供依据，我们采用 ANOVA – LSD 均值检验法和模型分析法，利用陕西 4 个地区 14 年油松高生长资料，分析了 RPA 和对照飞播油松高生长的差异和年动态。结果显示：各地飞播油松的高生长表现为汉中 > 安康 > 淳化 > 商州。RPA 处理区 14 年生油松高比对照分别提高了（33.0 ± 1.6）%、（26.9 ± 2.3）%、（29.5 ± 3.6）% 和（31.7 ± 6.3）%；RPA 处理与对照间树高差异十分明显（$p < 0.01$），且差距逐年增大；但年间高生长量均值变异较大，增益作用有波动。理论上可将飞播油松林生活周期分为幼苗生长期、个体林木生长期和群体林木生长期。其中，幼苗生长期决定飞播造林的成败，个体林木生长期决定林木能否成林。汉中、安康和淳化 RPA 和对照油松林的理论更新周期分别为 42 年和 44 年，商州的为 43 年和 45 年。

【关 键 词】多效抗旱驱鼠剂；飞播造林；油松；高生长

飞播造林（afforestation by aerial seeding）是一种重要的造林方式，在我国已经使用了 50 多年。近年来，受立地条件限制，加之干旱和鸟兽危害严重，使得飞播造林成效有所下降。为了提高飞播造林质量，各地采取了多种措施；其中，利用驱避剂预防是一种有效的策略。但是由于各类驱避剂的作用效果和有效期差异很大，对环境的干扰程度也不同，直接或间接影响造林后林地害鼠种群密度和分布规律，导致不同林地害鼠发生规律的差异，进而引起林木被害程度和生长状况发生变化。认识这些规律,利用这些规律,对驱避剂的合理使用和评价以及制定科学的飞播林经营管理方案至关重要。

表 1-9 飞播油松高生长年动态(1998~2011 年)

Tab. 1-9 The annual dynamic height growth of *Pinus tabulaeformis* after aerial seeding (from 1998 to 2001)

树龄/a Tree ages	树高/ cm Tree height							
	汉中 Hanzhong		安康 Ankang		商州 Shangzhou		淳化 Chunhua	
	RPA	CK	RPA	CK	RPA	CK	RPA	CK
1	8.7±0.6	6.2±0.1	7.4±0.6	5.9±0.1	6.8±0.5	5.5±0.1	6.2±0.5	5.1±0.1
2	13.2±0.5	10.9±0.1	12.3±0.5	9.9±0.1	10.1±0.3	8.4±0.6	11.2±0.9	8.9±0.6
3	21.9±2.2	17.7±0.2	19.1±1.6	15.1±0.1	15.9±1.3	11.8±0.6	16.5±1.3	13.4±0.9
4	29.5±1.0	23.1±0.6	25.7±1.0	20.7±0.1	22.9±2.3	17.4±0.8	23.2±1.5	18.2±0.6
5	37.9±0.6	30.0±0.1	32.6±0.5	27.5±0.1	26.5±2.0	22.8±2.1	28.4±1.3	23.6±1.4
6	47.1±1.8	41.1±0.8	44.0±1.5	35.9±0.1	33.8±1.5	30.3±2.4	37.5±1.8	33.5±1.6
7	70.9±3.2	52.7±1.1	63.1±2.4	45.9±0.1	54.4±3.4	37.1±1.5	58.2±2.7	41.5±1.0
8	88.4±1.6	68.1±1.5	75.9±2.1	60.1±1.1	62.4±4.4	49.5±2.1	63.2±3.5	50.7±2.4
9	125.4±4.8	98.4±2.4	107.1±3.2	91.9±1.7	85.9±6.1	76.8±5.5	95.7±3.0	83.2±5.1
10	160.0±5.7	119.1±3.8	145.7±4.9	102.4±1.7	121.5±7.7	78.6±4.1	127.6±6.1	87.1±3.4
11	234.2±11.8	161.3±4.0	207.6±7.4	144.5±2.7	167.2±4.2	128.5±11.9	176.8±8.0	130.6±7.4
12	272.6±3.9	214.8±7.8	235.0±6.2	190.2±3.5	212.9±20.3	160.7±15.2	213.0±14.9	177.9±10.3
12	366.5±12.2	308.6±8.3	319.4±9.6	280.2±5.0	267.8±14.2	221.9±11.8	299.6±8.4	253.4±8.0
14	476.8±13.5	318.9±7.6	409.3±13.7	297.9±5.1	351.4±15.8	247.3±14.6	379.0±22.1	253.7±9.4
均值 Mean	139.5±17.0	105.1±12.5	121.7±14.7	94.9±11.4	102.8±12.7	78.3±9.5	109.7±13.7	84.3±10.2

一、研究方法

研究在 1997 年陕西多效抗旱驱鼠剂(RPA)飞播种子拌种处理造林试验区进行。通过对飞播造林区立地条件和气象因子分析,选择对汉中、安康、商州和淳化试验区油松生高长量进行定点定期调查。各地选择 5 个播区,在每播区 RPA 处理区选择 20m×20m 15 块,对照区选择 5 块具有代表性的宜林地作为固定调查样地。1998~2011 年,每年 9 月下旬至 10 月中旬,采用"M"形抽样法,在各样地随机 10 株同龄油松进行测量同龄油松苗木高,不足 10 株每木测量;以 20 块样地平均测量值代表各播区油松高,用 5 个播区均值反映油松高生长动态(表 1 –9)。采用 ANOVA – LSD 均值检验法和模型分析法探讨飞播后油松高生长的差异和动态。

二、油松树高动态

1. **苗高模型** 对苗高(H)与苗龄(t)进行模型分析,两者关系遵从 Exponential – 模型;以成年油松平均高度 30 m 对数据进行模拟分析,苗高与苗龄符合 Logistic – 模型规律。

$$H_{rpahz} = 7.912e^{0.300t} \quad (n = 70, R^2 = 0.989, F = 6205.051, p = 0.000)$$

$$H_{ckhz} = 6.387e^{0.294t} \quad (n = 70, R^2 = 0.988, F = 5550.643, p = 0.000)$$

$$H_{rpahz} = \frac{3\,000}{1 + 393.308 \times 0.733^t} \quad (n = 70, R^2 = 0.991, F = 7357.630, p = 0.000)$$

$$H_{ckhz} = \frac{3\,000}{1 + 481.865 \times 0.740^t} \quad (n = 70, R^2 = 0.989, F = 6371.479, p = 0.000)$$

$$H_{rpaak} = 7.037e^{0.298t} \quad (n = 70, R^2 = 0.989, F = 6094.535, p = 0.000)$$

$$H_{ckak} = 5.746e^{0.287t} \quad (n = 70, R^2 = 0.991, F = 7881.453, p = 0.000)$$

$$H_{rpaak} = \frac{3\,000}{1 + 439.319 \times 0.735'} \quad (n = 70, R^2 = 0.991, F = 7239.117, p = 0.000)$$

$$H_{rpasz} = 4.881e^{0.290t} \quad (n = 70, R^2 = 0.993, F = 9022.262, p = 0.000)$$

$$H_{ckak} = \frac{3\,000}{1 + 534.489 \times 0.740'} \quad (n = 70, R^2 = 0.983, F = 4032.845, p = 0.000)$$

$$H_{ckak} = 4.881e^{0.290t} \quad (n = 70, R^2 = 0.982, F = 3735.614, p = 0.000)$$

$$H_{rpasz}\frac{3\,000}{1 + 519.586 \times 0.737^t} \quad (n = 70, R^2 = 0.983, F = 3824.483, p = 0.000)$$

$$H_{cksz}\frac{3\,000}{1 + 626.452 \times 0.744^t} \quad (n = 70, R^2 = 0.808, F = 286.911, p = 0.000)$$

$$H_{rpach}6.023e^{0.302t} \quad (n = 70, R^2 = 0.984, F = 4102.212, p = 0.000)$$

$$H_{ckch} = 5.034e^{0.295t} \quad (n = 70, R^2 = 0.983, F = 3899.544, p = 0.000)$$

$$H_{rpach} = \frac{3\,000}{1 + 512.721 \times 0.733^t} \quad (n = 70, R^2 = 0.985, F = 4434.913, p = 0.000)$$

$$H_{ckch} = \frac{3000}{1 + 608.322 \times 0.740^t} \quad (n = 70, R^2 = 0.984, F = 4281.731, p = 0.000)$$

(1)Exponential – 模型 树高 Exponential – 模型是树高与树龄关系的实证模型(Empirical model;$t\{1,2,3\cdots,14\}$)。模型为增函数,导数 $\partial H/\partial t = (ab)e^{bt}$反映了树高年增长速率或者年生长量(Annual tree height increment,H_a)变化规律。模型 a,b 值的变化反应了林地立地质量(Site quality)的优劣,a,b 值乘积越大,树高和其年生长量越大,年增长速率递增幅度也随之增大,林地立地质量也就越高。对照区模型 a,b 值乘积汉中(1.878)>安康(1.689) > 淳化(1.485) > 商州(1.415),RPA 变化相同,依次为 2.374、2.097、1.819 和 1.761。说明汉中飞播林地立地质量较高,油松高生长较大;而商州立地质量相对较差,油松高生长相对较小。同时也证明 RPA 拌种可有效地降低立地质量对油松高生长的影响,提高油松的高生长量。模型同时也显示,随着林木生长,年间、地区间和药剂处理与对照间树高差距逐渐扩大(图 1 -6)。

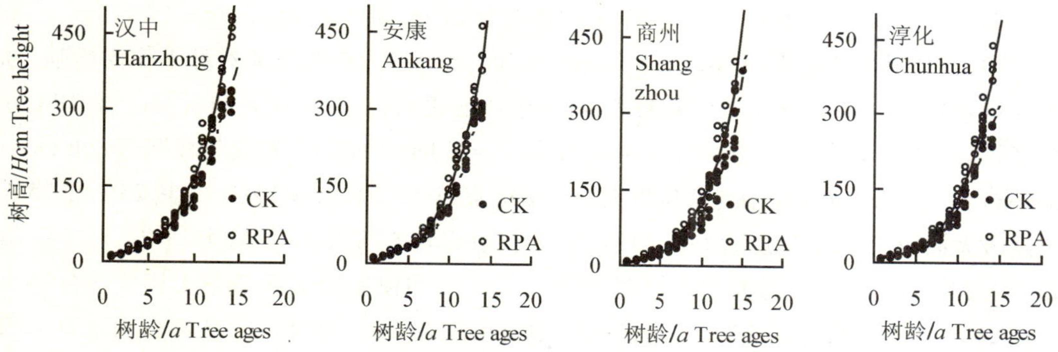

图 1 -6 油松树高与树龄的关系

Fig. 1 -6 The relationship between terr height and age for *pinrs tabulaeformis*

(2) Logistic - 模型 Logistic - 模型是飞播油松高与树龄的理论模型(Theoretical simulation model),反映了油松树高的期望值和年生长信息。属增函数,是一条渐近线(Asymptote line;图 1 -7)。据此可将油松飞播林生长过程从理论上划分为 3 个时期。

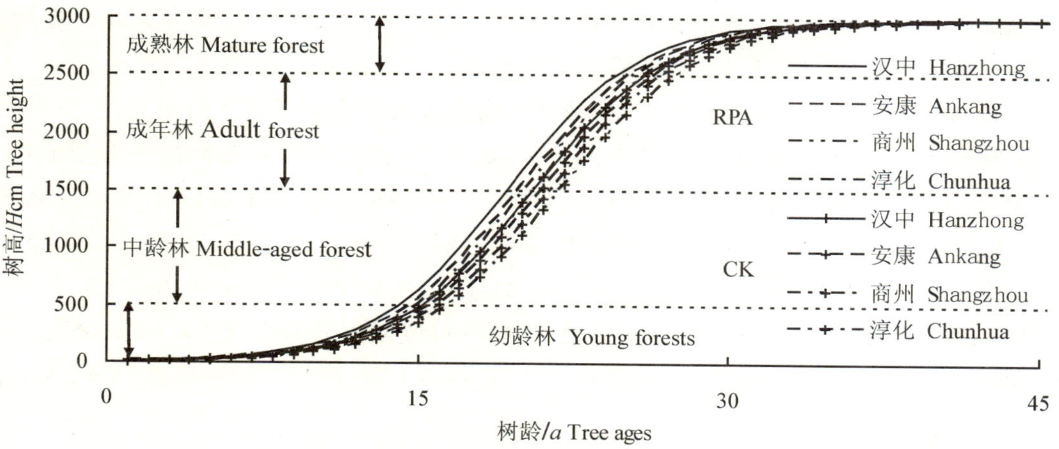

图 1 -7 油松树高与树龄 Longistic - 模型预测曲线

Fig. 1 -7 The preediction curve of *pinus tabulaeformis height and age by used Logisti - model*

①幼苗生长期(Young seedling period) 苗高小于 50 cm,极易受干旱和有害生物的干扰,死亡率高,生长缓慢,是决定飞播造林成败的关键时期。Logistic - 模型预测,汉中 RPA 和对照分别约需 6 年和 7 年,实测苗高分别为(47.1 ±1.8) cm 和(52.7 ±1.1) cm;安康两者均需 7 年左右,7 年生油松平均高分别为(63.1 ±2.4) cm 和(45.9 ±0.1) cm,差异极显著($F = 52.461$, $p < 0.01$)商州和淳化 RPA 和对照均为 7 年和 8 年左右,两地 RPA 处理

油松高分别为(54.4 ±3.4) cm 和(58.2 ±2.7) cm,对照为(49.5 ±2.1) cm 和(50.7 ±2.4) cm。

②个体林木生长期(Individual tree growth period) 树高小于 Logistic – 模型最大期望值的 25%,生长缓慢,树高年生长量增速较低,林木保存量损失较大,RPA 与对照林分差异逐渐显现,林分不稳定,郁闭度小,是飞播成林的关键时期。模型预测,汉中和安康对照约为 17 年,RPA 约为 16 年;商州和淳化对照均为 18 年,RPA 均为 17 年。

(3)群体林木生长期(Population forest growth period) 前期立地对林木作用增强,林木保存量相对稳定,高年生长渐趋最大,林分郁闭度逐渐稳定;地区间和对照区与 RPA 处理区林分差异逐渐扩大。与中龄林期(Middle – aged forest period)和成年林期(Adult forest period)对应,Logistic – 模型树高年最大生长量拐点(Inflexion point)发生在其 25% 和 75% 树高最大期望值出现年份。汉中对照区模型拐点出现在飞播后第 24 年,RPA 发生在第 23 年;安康对照和 RPA 分别出现在 25 年和 23 年;商州模型 75% 树高最大期望值分别出现在 26 年和 24 年;淳化 50% 树高最大期望值出现在 25 年和 24 年,依次保持 3 年和 2 年。后期林木年高生长量渐趋消失,树高逐渐稳定;对照与 RPA 林区差距相对平稳,差异稳定。与成熟林期(Mature forest period)对应,模型预测达到 99.9% 树高最大期望值,汉中和安康的对照和 RPA 均分别需 44 年和 42 年,商州为 45 年和 43 年,淳化需 44 年和 42 年。之后,林分进入成熟林期(Mature forest period),林木高生长停止,林分处于相对平衡状态,树势逐渐减弱,林内枯立木逐渐增多,林木保存量渐趋减少,但总生物量增加。模型预测汉中、安康、商州和对照油松林龄依次超过 89 年、90 年、92 年和 90 年高生长停滞,RPA 分别大于 86 年、87 年、88 年和 87 年高生长停止。

2. **苗高地区差异** 飞播后第 1 年,油松苗高依次为汉中 > 安康 > 商州 > 淳化;对照地区间整体差异极显著($F = 17.128, p = 0.000$),其中汉中与安康差异不显著($p = 0.100$);RPA 地区间整体差异显著($F = 3.928, p = 0.028$),但汉中与淳化差异极显著($p = 0.005$)。汉中、安康、商州和淳化 RPA 苗高分别比对照增加(2.5 ±0.7) cm、(1.5 ±0.6) cm、1(.3 ±0.5) cm 和(1.1 ±0.5) cm,增益率为(27.4 ±4.7)%、(18.7 ±5.7)%、(17.5 ±5.7)% 和(15.3 ±7.7)%;汉中 RPA 与对照间差异极显著($F = 16.067, p = 0.004$),安康和商州差异显著($F = 6.527$、$7.278, p < 0.05$),淳化差异不显著($F = 5.041, p = 0.055$)。

第 2 年,各地油松苗高变化与第 1 年基本相同,但淳化苗高 > 商州。对照地区整体差异极显著($F = 6.627, p = 0.004$),RPA 地区间总体差异显著($F = 5.042, p = 0.012$);其中,安康与汉中和淳化,商州与淳化差异均不显著($p > 0.05$)。汉中、安康和淳化 RPA 苗高增量差距不大,依次为(2.3 ±0.5) cm、(2.4 ±0.5) cm 和(2.2 ±0.7) cm,而商州相对较小,增量均值为(1.7 ±0.5) cm;增益率分别为(17.2 ±2.9)%、(18.9 ±3.1)%、(17.1 ±4.4)% 和(18.7 ±5.9)%。汉中和安康 RPA 与对照苗高差异极显著($F = 23.200$、$23.760, p = 0.001$),商州差异显著($F = 6.598, p = 0.033$),淳化差异不显著($F = 4.126, p = 0.077$)。

第3年，各地苗高变化与第2年相同，对照地区间苗高差异整体极显著（$F = 21.099$，$p = 0.000$），只有淳化与商州地区差异不显著（$p = 0.063$）；RPA 地区间差异总体不显著（$F = 2.857$，$p = 0.070$），但汉中与商州和淳化差异显著（$p < 0.05$）。汉中、安康、商州和淳化 RPA 处理苗高分别为（21.9 ±2.2） cm、（19.1 ±1.6） cm、（15.9 ±1.3） cm 和（16.5 ±1.3） cm，依次比对照提高了（16.3 ±7.2）%、（18.9 ±5.6）%、（23.6 ±7.1）% 和（17.9 ±6.8）%，增率均值变异较大，药剂与对照间差异降低，汉中和淳化差异不显著（$F = 3.666$、4.053，$p > 0.05$），安康与商州差异显著（$F = 6.306$、7.854，$p < 0.05$）。

第4年，各地油松苗高变化与上年相同。对照地区差异整体极显著（$F = 20.652$，$p = 0.000$），其中商州与淳化差异不显著（$p = 0.352$）；RPA 总体差异显著（$F = 3.904$，$p = 0.029$），但安康与其他各地，商州与淳化差异均不显著（$p > 0.05$）。RPA 处理苗高比对照增加（6.3 ±1.4） cm、（5.0 ±1.0） cm、（5.5 ±2.6） cm 和（5.1 ±1.2） cm，提高率分别为（21.0 ±3.8）%、（18.9 ±3.0）%、（20.4 ±9.7）% 和（20.8 ±4.7）%。汉中与安康 RPA 与对照差异极显著（$F = 28.327$、25.526，$p = 0.001$），淳化差异显著（$F = 9.948$，$p = 0.014$），商州差异不显著（$F = 5.203$，$p = 0.052$）。

第5年，对照与 RPA 苗高均以汉中最大，商州最小。对照与 RPA 苗高地区间整体差异均极显著（$F = 7.094$、16.473，$p < 0.01$），其中，对照汉中与安康和商州与淳化，RPA 商州与淳化差异不显著（$p > 0.05$）。汉中、安康、商州和淳化 RPA 苗高比对照依次增加（7.9 ±0.6） cm、（5.0 ±0.5） cm、（3.7 ±1.0） cm 和（4.9 ±1.8） cm，增率为（20.9 ±1.2）%、（15.4 ±1.2）%、（14.0 ±3.6）% 和（16.6 ±6.1）%。与上年相同，汉中和安康 RPA 与对照苗高差异极显著（$F = 191.273$、101.606，$p = 0.000$），淳化差异显著（$F = 6.667$，$p = 0.033$），商州不显著（$F = 1.608$，$p = 0.240$）。

第6年，各地苗高变化规律与上年相似，但地区差异程度不同。对照与 RPA 苗高地区间整体差异均极显著（$F = 8.864$、12.815，$p < 0.01$），其中前者淳化与安康和商州，后者汉中与安康和商州与淳化，地区间差异不显著（$p > 0.05$）。RPA 苗高比对照提高（6.0 ±2.3） cm、（8.1 ±1.4） cm、（3.6 ±3.6） cm 和（4.0 ±1.9） cm，增率为（12.1 ±4.0）%、（18.0 ±2.4）%、（9.0 ±10.7）% 和（10.0 ±5.3）%，均值尤其是商州变异程度较大，重复间增益效果不稳定，降低了 RPA 与对照的差异性。其中，安康 RPA 与对照差异极显著（$F = 29.297$，$p = 0.001$），汉中差异显著（$F = 8.652$，$p = 0.019$）。商州和淳化差异不显著（$F = 1.533$、2.612，$p > 0.05$）。

第7年，各地苗高变化与以前相同，地区间整体差异极显著（$F = 39.583$、5.935，$p < 0.01$）；其中 RPA 苗高安康与其他各地和商州与淳化地区间差异不显著（$p > 0.05$）。各地 RPA 苗高与对照差距相对稳定，比上年显著增加，增量分别为（18.2 ±3.7） cm、（17.1 ±2.4） cm、（17.2 ±3.8） cm 和（16.7 ±2.3） cm，提高了（25.0 ±4.0）%、（26.8 ±2.8）%、（30.4 ±5.8）% 和（28.2 ±2.7）%，RPA 与对照差异性增强，各地差异均极显著（$F = 28.854$、52.461、21.758、33.912，$p < 0.01$）。

第 8 年，地区间苗高变化规律与上年类似，差异整体极显著（$F=23.241$、15.611，$p=0.000$），其中商州与淳化差异不显著（$p>0.05$）。汉中 RPA 与对照差距略有扩大，其他地区明显就缩小；差幅均值依次为（20.3±1.6）cm、（15.8±2.1）%、（12.8±5.6）cm 和（12.5±4.2）cm，提高了（22.9±1.6）%、（20.6±2.3）%、（18.7±7.4）% 和（18.9±5.5）%；汉中和安康 RPA 与对照差异极显著（$F=85.327$、45.282，$p=0.000$），商州和安康差异显著（$F=6.986$、8.631，$p<0.05$）。

第 9 年，各地油松高生长明显增加，变化规律与第 8 年相似，但地区差异性有所降低。对照和 RPA 苗高地区间整体差异极显著（$F=5.579$、14.433，$p<0.01$），前者安康与汉中和淳化，商州与淳化，后者淳化与安康和商州，地区间差异均不显著（$p>0.05$）。RPA 与对照苗高差距依次为（27.0±4.2）cm、（15.2±2.2）%、（9.1±11.4）cm 和（12.5±4.2）cm，增加了（21.2±2.7）%、（14.0±1.7）%、（7.3±11.6）% 和（13.3±3.4）%；商州均值变异较大，药剂处理与对照差异性降低。汉中与安康差异极显著（$F=25.456$、17.459，$p<0.01$），商州与淳化差异不显著（$F=1.226$、4.401，$p>0.05$）。

第 10 年，苗高年生长量有所降低，地区差异整体极显著（$F=27.778$、8.025，$p<0.01$）。其中，对照商州与淳化，RPA 安康与汉中和淳化、商州与淳化地区差异均不显著（$p>0.05$）。苗高 RPA 与对照差距扩大，增量依次为（40.9±7.2）cm、（43.2±4.9）cm、（42.9±6.0）cm 和（40.5±9.1）cm，分别提高了（25.1±3.8）%、（29.4±2.3）%、（34.8±3.3）% 和（30.8±5.3）%，差异极显著（$F=35.969$、69.835、23.852、33.813，$p=0.000$）。

第 11 年，油松高年生长量持续增加，但对照地区间差异性整体降至显著水平（$F=4.175$，$p=0.023$），其中，安康与其他各地、商州与淳化差异不显著（$p>0.05$）；RPA 仅商州与淳化差异不显著（$p=0.427$），地区间整体差异极显著（$F=13.430$，$p=0.000$）。汉中、安康和淳化 RPA 与对照差距进一步扩大，商州略有缩小；增幅依次为（72.9±11.2）cm、（63.1±5.3）cm、（38.8±15.7）cm 和（46.2±10.8）cm，提高了（30.5±3.4）%、（30.2±1.5）%、（22.3±8.9）% 和（25.5±5.1）%；汉中、安康和淳化 RPA 与对照差异极显著（$F=34.155$、64.140、17.931，$p<0.01$），商州差异显著（$F=9.414$，$p=0.015$）。

第 12 年，地区间苗高变化与上年基本相同，年高生长持续增加，但地区间差异整体均降至显著水平（$F=5.047$、4.607，$p<0.05$）。其中，对照安康与汉中和淳化、商州与淳化，RPA 安康与各地、商州与淳化地区间差异均不显著（$p>0.05$）。汉中、安康和淳化 RPA 与对照苗高差距相对缩小，商州有所扩大，差幅为（57.8±8.5）cm、（44.7±5.5）cm、（52.2±11.6）cm和（35.2±9.5）cm，RPA 调高了（21.1±3.0）%、（18.9±2.0）%、（24.0±4.5）% 和（15.9±4.0）%。苗高 RPA 与对照间汉中和安康差异极显著（$F=44.070$、39.780，$p<0.01$），商州和淳化差异不显著（$F=4.227$、3.781，$p>0.05$）。

第 13 年，油松高年生长持续增加，地区间差距有所扩大。对照地区间差异极显著（$F=18.539$，$p=0.000$），RPA 地区间整体差异极显著（$F=13.284$，$p=0.000$），但淳化与安康和商州差异不显著（$p>0.05$）。汉中 RPA 与对照差距与上年相当，安康和商州明显缩小，淳化显著扩大；均值变异相对较大，尤其是商州变异系数达 89.8%，播区间 RPA 与对照差距变异较大。差幅依次为(57.9 ±11.2) cm、(39.2 ±6.5) cm、(45.9 ±18.4) cm 和(46.3 ±6.2) cm，增率为(15.6 ±2.6)%、(12.1 ±1.7)%、(16.3 ±5.6)% 和(15.4 ±2.0)%。汉中、安康和淳化 RPA 与对照苗高差异极显著($F = 15.372$、13.076、15.925，$p < 0.01$)，商州差异显著($F = 6.188$，$p = 0.038$)。

第 14 年，汉中、安康、淳化和商州 RPA 油松高达(476.8 ±13.5) cm、(409.3 ±13.7) cm、(379.0 ±22.1) cm 和(351.4 ±15.8) cm，比对照分别增加了(158.0 ±11.6) cm、(111.4 ±13.8) cm、(125.2 ±28.3) cm和(104.2 ±13.6) cm，提高率 33.0% ±1.6%、26.9% ±2.3%、29.5% ±3.6%和 31.7% ±6.3%。苗高地区间整体差异极显著($F = 12.393$、10.500，$p = 0.000$)，其中对照汉中和安康、商州与淳化，RPA 淳化与安康和商州苗高地区间差异不显著($p > 0.05$)。各地 RPA 与对照苗高差异均十分明显($F = 104.184$、58.031、23.476、27.081，$p < 0.01$)。

三、油松苗高年生长量变化

1. **油松高年生长动态**　汉中、安康、商州和淳化飞播后第 1 年苗高年生长量，对照区依次为(6.2 ±0.1) cm/a、(5.9 ±0.1) cm/a、(5.5 ±0.1) cm/a 和(5.1 ±0.1) cm/a，地区差异整体极显著($F = 17.128$，$p = 0.000$)，其中汉中与安康差异不显著($p = 0.100$)。RPA 苗高年生长量分别为(8.7 ±0.6) cm/a、(7.4 ±0.6) cm/a、(6.8 ±0.5) cm/a 和(6.2 ±0.5) cm/a，地区差异整体显著($F = 3.926$，$p = 0.028$)，其中仅汉中与商州和淳化差异显著($p = 0.029$、0.005)。比对照依次增加(2.5 ±0.7) cm/a、(1.5 ±0.6) cm/a、(1.3 ±0.5) cm/a 和(1.1 ±0.5) cm/a。汉中 RPA 与对照差异极显著($F = 16.067$，$p = 0.004$)，安康和商州差异显著($F = 6.527$、7.278，$p < 0.05$)，淳化差异不显著($F = 5.041$，$p = 0.055$)。飞播后第 1 年至 14 年，RPA 油松高年均生长(34.1 ±4.3) cm/a、(29.2 ±3.7) cm/a、(25.1 ±3.9) cm/a 和(27.1 ±3.9) cm/a，比对照分别提高(11.3 ±3.7) cm/a、(8.0 ±2.8) cm/a、(7.4 ±3.9) cm/a 和(8.9 ±3.4) cm/a，年均增益率为(20.6 ±8.6)%、(17.9 ±9.8)%、(15.1 ±11.6)% 和(16.6 ±12.4)%，增益作用十分明显。其均值变异较大，说明年间增益作用变动较大(图 1 – 8)。

2. **RPA 和对照油松高年生长地区变化**　飞播后 1 ~ 6 年，汉中油松高生长波动逐年降低，高年生长量均值为(7.8 ±0.7) cm/a {4.5，9.1}，年间变化较小；增量为(1.5 ±1.2) cm/a^2 {−4.2，8.7}，年间差异较大。高年生长量年间差异整体不显著($F = 1.193$，$p = 0.342$)，仅第 2 与第 6 年差异显著($p = 0.049$)。与对照相比年生长量增加了(1.0 ±0.8) cm/a，而增量降低了(0.3 ±1.2) cm/a^2，差异不显著($F = 1.601$，$p = 0.211$)。6 年以后，油松高年生长量逐渐提高，年间波动逐年增大，增量在高位上振荡，年间差距有所扩大。第 7、9、11 年高生长出现峰值，第 14 年油松高生长量最大，为(110.3 ±10.3) cm/a；年均高生长量为(53.7 ±5.9) cm/a{9.1，110.3}，增量均值为(12.6 ±6.0) cm/a^2{−35.7，55.5}；生长量年间差异整体极显著($F = 15.493$，$p = 0.000$)，其中第 7 年与后 3

年及第 12 年，第 8 年与后 2 年及第 12 年，第 9 年与后 1 年及第 12 年，第 10 与 12 年，第 11 与 13 年，第 13 与 14 年差异均不显著($p>0.05$)。比对照高生长量年均提高(19.0 ±6.2) cm/a，增量提高(12.8 ±7.9) cm/a^2，差异显著($F=5.049, p=0.027$)。第 4 ~7 年和第 12 ~14 年为油松高生长稳定增长期；年生长均值为(12.0 ±2.0) cm/a {7.5，23.8} 和(80.9 ±10.0) cm/a{38.4，110.3}，增量均值为(3.8 ±2.4) cm/a^2{ -1.2，14.7} 和(12.0 ±13.8) cm/a^2{ -35.7，55.5}；第 4 ~7 年高生长年间差异整体极显著($F=8.461, p=0.001$)，其中仅第 7 年与其他各年差异极显著($p=0.001$)，而其他各年年间差异不显著($p>0.05$)；第 12 ~14 年高生长年间差异整体极显著($F=12.402, p=0.001$)，其中第 13 与 14 年差异不显著($p=0.300$)。高生长比对照分别提高(3.2 ±2.0) cm/a 和(28.4 ±15.2) cm/a，增量提高(2.6 ±2.9) cm/a^2 和(22.7 ±19.7) cm/a^2；均值变异较大，与对照年间差异不稳定。

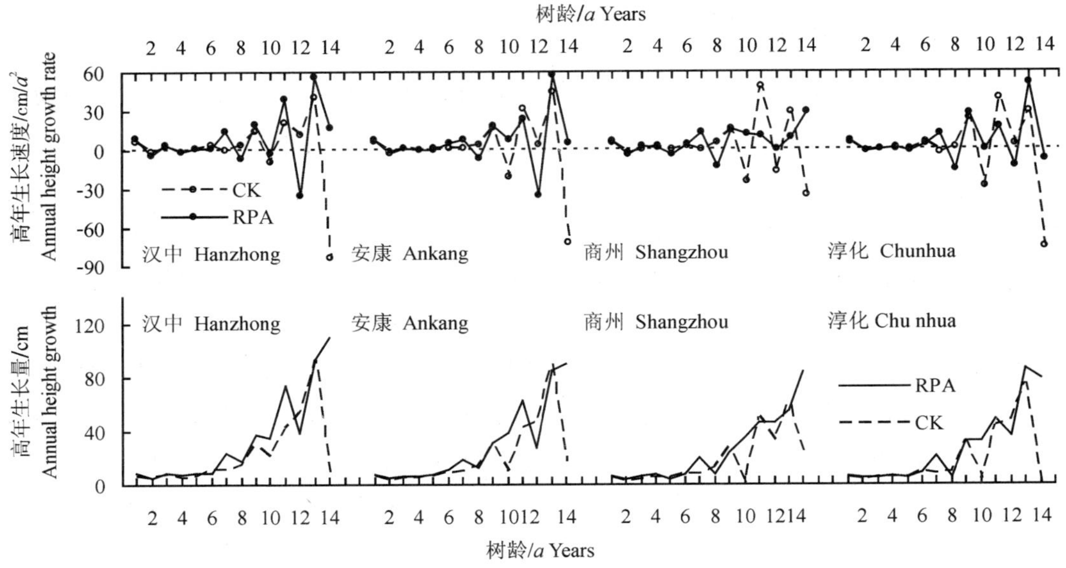

图 1 -8　油松高年生长量与生长速度

Fig. 1 -8 Annual height growth and annual height growth rate of *pinus tabulaeformis*

安康药剂处理区，飞播后 1 ~5 年，油松高生长增量降低，高年生长量基本稳定。油松高年生长量及其均值分别为(6.5 ±0.4) cm/a{4.9，7.4} 和(1.4 ±0.9) cm/a^2{ -2.6，7.4}，高生长年间差异不显著($F=1.157, p=0.359$)。与对照相较，高生长及其增量分别提高(1.0 ±0.4) cm/a 和(0.0 ±0.6) cm/a^2，差异显著($F=4.973, p=0.030$)。5 年以后，油松高生长逐渐加速，第 7 和第 11 年高年生长出现峰值，第 14 年高生长最大，为(89.9 ±12.7) cm/a。年生长量及其增量均值分别为(41.9 ±4.8) cm/a{11.4，89.9} 和(9.2 ±4.9) cm/a^2{ -24.6，57.0}，年间差异整体极显著($F=17.155, p=0.000$)；其中，第 6 和第 7 年与后 3 年及第 12 年、第 8 和第 9 年与后 1 年及第 12 年、第 10 与第 12 年和第 13 与第 14 年年间差异均不显著($p>0.05$)。年生长量及其增量均值比对照分别提高(11.8 ± 4.3) cm/a和(8.0 ± 5.7) cm/a^2,增益效果非常明显。飞播后第 4 ~ 7 年和第 9 ~ 11 年为油松高生长稳定增长期,12 年后又进入下一个稳定增长期。年生长量均值依次为(11.0 ± 1.5) cm/a{6.6,19.1}、(43.9 ± 5.1) cm/a{31.2,31.9}和(67.2 ± 9.3) cm/a{27.4,89.9},增量为(3.1 ± 1.6) cm/a^2{ −0.2,7.6}、(16.4 ± 5.2) cm/a^2{7.4,23.4}和(9.3 ± 13.5) cm/a^2{ −34.6,57.0};第 4 ~ 7 年高生长年间差异整体极显著($F=8.472, p=0.001$),其中第 4 和第 5 年与后 1 年差异不显著($p>0.05$);第 9 ~ 11 年年间差异整体显著($F=5.551, p=0.020$),其中第 9 与第 10 年差异不显著($p=0.456$);第 12 ~ 14 年年间差异整体极显著($F=11.862, p=0.001$),其中第 13 与第 14 年差异不显著($p=0.707$)。第 1 次稳定增长期比对照推迟缩短,但高生长及其增量年均提高了(3.3 ± 1.2) cm/a 和 1.9 ± 1.2 cm/a^2;第 2 次稳定增长期比对照提前,年高生长及其增量分别增加(15.8 ± 4.6) cm/a 和(7.1 ± 6.5) cm/a^2;第 3 次稳定增长期对照没有出现,同期相比高生长及其增量提高了(33.3 ± 14.9) cm/a和(45.3 ± 15.3) cm/a^2。高生长与对照差异均显著($F=4.678$、6.365、5.310,$p<0.05$),增益效果显著。

飞播后 1 ~ 5 年,商州 RPA 油松高生长在(5.3 ± 0.8) cm/a 上下波动{4.5,8.8},年间差异不显著($F=1.063, p=0.400$);年生长增量在(0.7 ± 1.4) cm/a^2上下振荡{ −3.6,6.8},均值变异程度高,年间波动较大。油松年高生长量及其增量比同期对照提高(0.7 ± 0.9) cm/a^2和(−0.4 ± 1.4) cm/a^2,均值变异程度高,播区与年间增益不稳定,高年生长与对照差异不显著($F=0.623, p=0.434$)。第 5 年后,生长增速,播区间林分分化,年间差距渐趋扩大。第 7 年出现第 1 次高生长峰值,为(20.5 ± 4.7) cm/a,第 8 年后进入第 2 次高生长稳定增长期,一直延续至第 14 年。油松高年生长及其增量均值为(36.1 ± 5.4) cm/a^2{7.3,83.6}和(8.8 ± 7.4) cm/a^2{ −12.5,28.7};高生长年间差异整体极显著($F=3.280, p=0.007$),其中第 11 和第 12 年与其他各年年间差异均不显著($p>0.05$),第 13 年仅与第 6 和 8 年差异显著($p<0.05$),第 14 年仅与第 11、12 和第 13 年差异不显著($p>0.05$);第 11 和 12 年几乎无差异($p=0.998$)。与对照同期相比,油松年高生长量及其增量提高(11.2 ± 6.0) cm/a 和 6.7 ± 10.0 cm/a^2,均值变异程度高,年间波动较大,增益显著。第 1 次高生长稳定增长期出现在第 5 ~ 7 年,比对照提前;高生长量及其增量均值为(10.5 ± 2.6) cm/a{3.6,20.5}和(4.5 ± 3.1) cm/a^2{ −3.4,13.2},年间整体差异极显著($F=7.391, p=0.008$),其中第 5 与第 6 年差异不显著($p=0.441$);比对照同期高生长量及其增量提高了(3.9 ± 3.2) cm/a 和(4.1 ± 4.7) cm/a^2,差异显著($F=4.369, p=0.046$)。第 2 次高生长稳定增长期发生在第 9 ~ 14 年,高生长量及其增量均值为(48.2 ± 6.9) cm/a{23.5,83.6}和(12.6 ± 10.9) cm/a^2{0.0,28.7},年间整体差异不显著($F=1.580, p=0.204$),仅第 14 年与第 9 和第 10 年差异显著($p=0.015$、0.047);高生长量及其增量比对照同期增加(15.2 ± 8.7) cm/a和(10.4 ± 14.8) cm/a^2,差异显著($F=5.149, p=0.027$)。RPA 对油松高生长增益增益显著。

淳化 RPA 处理区,飞播后 1 ~ 5 年油松高生长变化相对较小,高年生长量及其增量均值为(5.7 ±0.7) cm/a{5.0,6.7}和(1.0 ±14.8) cm/a^2{ -1.5,6.2},年间差异不显著(F=0.210,p=0.930);与对照同期相比,年生长量及其增量均值提高了(1.0 ±0.7) cm/a和(-0.0 ±1.1) cm/a^2,差异不显著(F=2.454,p=0.125)。5 年后,油松高生长逐渐增速,分别在第 7、9、11、13 年出现峰值,峰值逐年递增,依次为(20.7 ±2.8) cm/a、(32.5 ±5.3) cm/a、(49.2 ±9.4) cm/a 和(86.6 ±11.3) cm/a,增量分别为(11.6 ±4.2) cm/a^2、(27.5 ±10.5) cm/a^2、(17.2 ±12.8) cm/a^2和(50.4 ±26.8) cm/a^2;均值变异较大,林分分布严重;高年生长量及其增量均值为(38.9 ±5.2) cm/a{8.2,124.7}和(8.2 ±5.8) cm/a^2{ -15.7,50.4},年间差异整体极显著(F=6.807,p=0.000),其中第 6 年与后 4 年及第 12 年,第 7 年与后 5 年,第 8 年与后 2 年及第 12 年,第 9 年与后 3 年,第 10 年与后 2 年,第 11 年与第 12 和第 14 年,第 13 与第 14 年等,年间差异均不显著(p>0.05)。年生长量及其增量均值比对照同期增加了(13.4 ±5.2) cm/a 和(8.8 ±6.3) cm/a^2,差异显著(F=4.025,p=0.048)。

四、高生长模型的生物学解释

1. Exponential - 模型分析证明飞播油松高生长汉中 > 安康 > 淳化 > 商州,说明汉中飞播林地立地质量较高,而商州立地质量相对较差。同时也证明,RPA 处理与对照间树高生长差异明显,差距逐年增大。汉中、安康、淳化和商州 RPA 处理区 14 年生油松平均高依次为(476.8 ±13.5) cm、(409.3 ±13.7) cm、(379.0 ±22.1) cm 和(351.4 ±15.8) cm,年均生长量比对照分别提高(11.3 ±3.7) cm、(8.0 ±2.8) cm、(8.9 ±3.4) cm 和(7.4 ±3.9) cm,十分明显;但年间均值变异较大,增益作用有波动。结论与 RPA 蘸浆造林结果一致,充分说明了 RPA 对林木的抗旱促长作用。

2. 用 Logistic - 模型可将飞播油松林生活周期从理论上划分为 3 个时期。幼苗生长期决定飞播造林的成败,个体林木生长期决定飞播油松能否成林。飞播油松林理想的更新周期,汉中和安康的对照和 RPA 分别为 44 年和 42 年,商州为 45 年和 43 年,淳化为 44 年和 42 年。因为没有完整的飞播林研究资料,结论还有待进一步验证。

3. 飞播初期,油松高年生长量较小,具有年间波动性。汉中 RPA 和对照 6 年与 7 年后,安康两者 7 年后,商州和淳化 RPA 和对照 7 年与 8 年后,油松高年生长量增加较快,年间波动逐渐加剧,震荡上升,总体符合 $\partial H/\partial t=(ab)e^{bt}$变化。

第四节　多效抗旱驱鼠剂(RPA)拌种对飞播油松高生物量的影响

【内容提要】高生物量反映了林木保存量和生长量的综合信息,是评价飞播造林成效和效益的重要指标。为此,采用林地油松保存量与平均苗高乘积为高生物量指标,利用 ANOVA - LSD 均值检验法和模型分析法,研究了陕西飞播 14 年的 RPA 和对照油松林高生物量的差异和时序动态。结果显示:采用 RPA 拌种进行飞播造林,不仅能提高飞播油松林分的高生物量，而且能消弱油松高生物量生长的抑制周期。其高生物量可用 Exponential－模型和 Logistic－模型预测和分析。

【关 键 词】多效抗旱驱鼠剂；飞播造林；油松；高生物量

飞播造林（Afforestation by aerial seeding）是我国的三大造林方式之一，在偏远山区宜林地和其他宜林地、疏林地以及低质、低效有林地以及灌木林地植被恢复中发挥着重要作用。但是，由于造林区立地条件差，降水量小且集中，季节性或干旱频发，使得飞播后种子不能及时发芽，长期裸露，容易受到鸟兽取食；造成种子发芽难，成苗量少，苗木分布不均匀，有效成林面积率低。为了提高飞播造林的效果，各地采取了多种技术措施。其中，采用多效抗旱驱鼠剂（RPA）进行种子处理是最为有效的措施之一。如何评价药剂种子处理的飞播造林效果是合理使用 RPA 的前提，也是科学制定飞播造林方案的基础。

一、采用的指标与研究方法

通过对陕西飞播造林区立地条件和气象因子分析，选择汉中、安康、商州和淳化 1997 年的油松飞播林为研究对象。每试验区选择 5 个 RPA 拌种播区和 5 个对照播区，以"M"、"Z"或对角线抽样方法，每隔 10m 设定 1 个 1 m×2 m 样方。1998～2011 年，每年 9 月下旬至 10 月中旬，随机调查 50 块样方同龄油松数量。按照单位面积有苗样方频度和成苗量评价 RPA 和对照油松成苗效果。同时，在各试验区以同样的方法，固定 20 块 $1hm^2$ 样地，随机测量 10 株同龄油松苗高，不足 10 株每木检尺；以 20 块样地平均测量值代表各播区油松高，用 5 个播区均值反映油松高生长动态。用林地油松保存量（Survival seedling quantity，Qs）与平均苗高（Average seedling height，H_{as}）乘积间接反映飞播后油松林分高生物量（Forest biomass，B_f）的变化。采用 SPSS17.0 对数据进行方差分析和模型拟合，建立飞播油松高动态变化模型，分析 RPA 油松和对照油松的差异。

二、油松林分生物量变化

ANOVA－LSD 均值检验结果显示，飞播后油松林分高生物量年间差异极为显著，但地区间，RPA 和对照间存在变异（表 1－10）。

表 1－10 飞播油松林分高生物量年动态

Tab. 1－10 The annual dynamic biomass of *Pinus tabulaeformis* for aerial seeding

处理 Treatment	树龄/a Tree ages	油松高生物量 m/hm^2 Forest Biomass of *Pinus tabulaeformis* 汉中 Hanzhong	安康 Ankang	商州 Shangzhou	淳化 Chunhua
RPA	1	492.4±31.2	399.3±28.9	337.8±19.6	309.9±20.7
	2	490.5±22.9	438.8±24.3	325.3±16.0	373.5±33.3
	3	561.2±53.6	470.2±43.6	370.9±20.5	369.1±26.6

续表 1－10

处理 Treatment	树龄/a Tree ages	油松高生物量 m/hm² Forest Biomass of *Pinus tabulaeformis*			
		汉中 Hanzhong	安康 Ankang	商州 Shangzhou	淳化 Chunhua
RPA	4	625.1 ±28.4	518.6 ±31.6	473.5 ±53.6	455.3 ±39.6
	5	727.9 ±20.7	624.6 ±22.2	493.2 ±22.8	505.1 ±23.1
	6	758.9 ±20.1	737.9 ±19.2	574.3 ±22.8	610.5 ±49.2
	7	1 172.0 ±52.9	1 039.0 ±38.9	900.3 ±56.1	906.9 ±41.6
	8	1 384.6 ±25.7	1 190.1 ±32.3	989.5 ±69.8	938.1 ±52.6
	9	1 878.9 ±71.9	1 611.9 ±48.5	1 315.2 ±93.5	1 366.3 ±43.0
	10	2 311.9 ±82.0	2 120.2 ±70.9	1 808.3 ±115.3	1 763.5 ±84.1
	11	3 280.0 ±165.6	2 937.3 ±104.8	2 429.4 ±61.4	2 376.3 ±107.7
	12	3 718.2 ±53.3	3 244.9 ±85.2	3 029.8 ±288.9	2 796.1 ±195.4
	13	4 885.3 ±163.0	4 319.0 ±129.7	3 744.0 ±198.9	3 853.1 ±107.8
	14	6 228.3 ±176.3	5 433.9 ±181.9	4 836.6 ±216.8	4 786.8 ±279.6
	均值 Mean	2 036.8 ±213.6	1 791.8 ±187.8	1 544.9 ±169.8	1 529.3 ±167.2
CK	1	184.6 ±5.7	168.0 ±5.2	137.4 ±5.1	117.6 ±5.1
	2	180.5 ±17.2	171.1 ±13.1	130.5 ±10.0	138.1 ±20.5
	3	212.9 ±17.3	178.4 ±10.0	135.9 ±2.6	160.0 ±12.8
	4	235.9 ±9.9	202.9 ±6.9	168.1 ±16.0	170.1 ±6.0
	5	275.9 ±10.8	242.2 ±10.2	194.1 ±14.6	201.6 ±13.7
	6	345.8 ±19.8	294.5 ±13.5	237.4 ±25.0	266.3 ±22.8
	7	395.6 ±8.3	343.3 ±0.9	281.3 ±11.1	328.6 ±8.2
	8	479.9 ±10.3	423.0 ±7.9	357.1 ±14.8	384.7 ±17.9
	9	657.4 ±15.9	615.0 ±11.1	531.6 ±37.9	611.0 ±37.7
	10	762.0 ±24.2	657.2 ±11.2	526.6 ±27.6	621.9 ±24.3
	11	993.7 ±24.5	894.8 ±16.7	836.5 ±77.5	911.2 ±51.6
	12	1 281.5 ±46.4	1 142.4 ±21.0	1 021.6 ±96.9	1 216.3 ±70.1
	13	1 790.0 ±48.0	1 638.3 ±29.5	1 381.4 ±73.3	1 702.9 ±53.9
	14	1 804.0 ±42.9	1 701.5 ±29.2	1 511.5 ±89.4	1 680.0 ±62.5
	均值 Mean	685.7 ±66.8	619.5 ±62.0	532.2 ±56.1	607.9 ±65.5

汉中 RPA 与对照油松林分高生物量年间整体差异极显著($F = 429.931$、502.829，$p = 0.000$)；其中，飞播后第 1 年高生物量，RPA 与之后 4 年差异不显著，对照与后 3 年差异不显著($p > 0.05$)；第 2 年和第 3 年，RPA 与后 3 年，对照与后 2 年差异不显著($p > 0.05$)；第 4 年，RPA 与后 2 年，对照与后 1 年差异不显著($p > 0.05$)；第 5 年和第 7 年，RPA 与后 1 年差异不显著，第 7 年以后，年间差异极显著($p < 0.01$)；第 5 年和第 6 年对照与后 1 年差

异不显著，之后年间差异均极显著，但第 13 年与第 14 年差异不显著($p=0.700$)。

安康油松林分高生物量年间整体差异也极显著($F=436.595$、1 176.866，$p=0.000$)；其中。第 1 年油松林分高生物量，RPA 和对照均与后 3 年差异不显著；第 2 年，RPA 与后 3 年差异不显著，对照与后 2 年差异不显著；第 3 年，RPA 与对照分别于后 2 年和 1 年差异不显著；第 4 年，两者均与后 1 年差异不显著；第 4 年后，对照与以后年间差异显著或者极显著，但第 9 年与第 10 年差异不显著($p=0.060$)；第 5 年和第 7 年，RPA 与后 1 年差异不显著，之后，年间差异极显著。

飞播后初期，商州油松林分高生物量增长缓慢，年间差异较小，但年间整体差异极显著($F=139.319$、96.468，$p=0.000$)；飞播后第 1 ~3 年，RPA 与对照依次与后 5 年、4 年和 3 年差异不显著；第 4 年，RPA 和对照分别于后 2 年和 3 年差异不显著；对照第 5 ~6 年与后 2 年差异不显著，第 7、9、13 年与后 1 年差异不显著($p=0.271$、0.942、0.061)；RPA 第 5 ~8 年与后 1 年差异不显著。

淳化油松林分高生物量年间整体差异也极显著($F=177.750$、241.767，$p=0.000$)。飞播后第 1 ~4 年，RPA 当年高生物量分别于后 5、4、3、2 年差异不显著，对照依次与后 4、3、2、1 年差异不显著($p>0.05$)；第 5 ~7 年，均与后 1 年差异不显著；第 8 年后，RPA 年间差异极显著；而对照第 9 年和第 13 年与后 1 年差异也不显著($p=0.831$、0.655)。

三、油松林分高生物量的模型

对油松林分高生物量(B_f)与树龄(t)进行模型分析，两者关系遵从 Exponential – 模型；以成年油松平均树高和飞播后苗木保存率预测值乘积作为油松林分高生物量的最大期望值对数据进行模拟分析，生物量与树龄符合 Logistic – 模型规律。

$$B_{frpahz}=289.403e^{0.211t}\quad(n=70, R^2=0.962, F=1\ 747.723, p=0.000)$$

$$B_{frkhz}=115.756e^{0.195t}\quad(n=70, R^2=0.966, F=1\ 943.448, p=0.000)$$

$$B_{frpahz}=\frac{28792.860}{1+103.493\times 0.798^t}\quad(n=70, R^2=0.958, F=1\ 571.150, p=0.000)$$

$$B_{frkhz}=\frac{11433.660}{1+101.399\times 0.813^t}\quad(n=70, R^2=0.962, F=1\ 760.072, p=0.000)$$

$$B_{frpaak}=245.970e^{0.214t}\quad(n=70, R^2=0.970, F=2\ 168.956, p=0.000)$$

$$B_{fckak}101.493e^{0.197t}\quad(n=70, R^2=0.964, F=1\ 811.927, p=0.000)$$

$$B_{frpaak}=\frac{30229.710}{1+126.952\times 0.798'}\quad(n=70, R^2=0.964, F=1\ 973.059, p=0.000)$$

$$B_{fckak}=\frac{11839.200}{1+119.497\times 0.812'}\quad(n=70, R^2=0.960, F=1\ 649.512, p=0.000)$$

$$B_{frpasz}=193.723e^{0.222t}\quad(n=70, R^2=0.958, F=1\ 535.986, p=0.000)$$

$$B_{fcksz}=77.987e^{0.207t}\quad(n=70, R^2=0.964, F=1\ 123.895, p=0.000)$$

$$B_{frpasz}=\frac{32891.100}{1+174.489\times0.798^{t}}\quad(n=70,R^2=0.956,F=1\ 443.153,p=0.000)$$

$$B_{fcksz}=\frac{13958.010}{1+182.399\times0.807^{t}}\quad(n=70,R^2=0.941,F=1\ 075.205,p=0.000)$$

$$B_{frpach}=196.484e^{0.220t}\quad(n=70,R^2=0.962,F=1\ 697.389,p=0.000)$$

$$B_{fckch}=76.484e^{0.222t}\quad(n=70,R^2=0.960,F=1\ 615.868,p=0.000)$$

$$B_{frpach}=\frac{29009.100}{1+152.239\times0.793^{t}}\quad(n=70,R^2=0.958,F=1\ 569.717,p=0.000)$$

$$B_{fckch}=\frac{15977.430}{1+213.301\times0.794^{t}}\quad(n=70,R^2=0.958,F=1\ 551.106,p=0.000)$$

1. Exponential－**模型**　对照林分生物量 Exponential－模型 a 值,汉中(115.756)＞安康(101.493)＞商州(77.987)＞淳化(76.484)。说明飞播后初期,汉中和安康油松有效苗量较大,苗木相对较高,而商州和淳化有效苗量相对较少,苗木相对较低。间接反映出飞播当年汉中和安康降水较多,有利飞播后油松种子发芽和苗木生长。ab 值乘积,汉中(22.544)＞安康(20.006)＞淳化(16.994)＞商州(16.124)。说明汉中和安康生物量年增长率基数较大,飞播后初期油松林分高生物量增长率相对较大。而 b 值变化与 a 值相反,依次为0.195、0.197、0.207 和0.222(图1－9)。证明汉中和安康高生物量年增长率相对较低,而淳化和商州相对较高,随着林木生长,淳化油松高生物量有超越安康和商州的趋势。

RPA 模型 a 值,汉中(289.403)＞安康(245.970)＞淳化(196.484)＞商州(193.723);ab 值乘积变化与 a 值相同,依次为60.940、245.970、196.484 和193.723;b 值变化与 a 值相反,分别为0.211、0.214、0.220 和0.222,其 a 值和 ab 值乘积均明显大于对照(图1－9)。淳化和汉中油松林分高生物量基数比对照增长率相对较高,分别为61.1%和60.0%,商州与安康相对较低,为59.7%和58.7%。汉中高生物量年增长量基数比对照提高了63.0%,相对较高;商州和安康其次,提高率分别为62.5%和62.0%;淳化相对较低,提高率为60.6%。说明 RPA 对油松林分高生物量及其年增长量基数增益率地区间差异不大,效应相对稳定。汉中、安康和商州油松林分高生物量及其年生长量增长速率比对照相对较高,增益率分别为7.6%、7.9%和6.8%;淳化高生物量及其年生长量增长速率比对照略低,增益率为－0.9%。

2. Logistic－**模型**　幼林期(Young growth period)油松林分高生物量达到25%理论期望值,汉中、安康、商州和淳化对照区约历时分别为17、18、19 和19 年,RPA 历时16、17、18 和17 年。特点是林分高生物量积累缓慢,年增速较低,林木保存量递减速度较高,林分不稳定。对照地区差异发生变化,淳化油松高生物量依次超越了商州和安康,并逐渐接近汉中;商州与安康和汉中、安康和汉中的差距也逐渐缩小,并有超过的趋势(图1－10)。实现3.0%油松林分高生物量理论期望值,汉中对照和 RPA 各约需6 年和5 年,安康均需6 年左右,商州约均需 8 年,淳化各约需 8 年和 7 年。说明飞播初期油松高生物量有一个缓慢增长期。

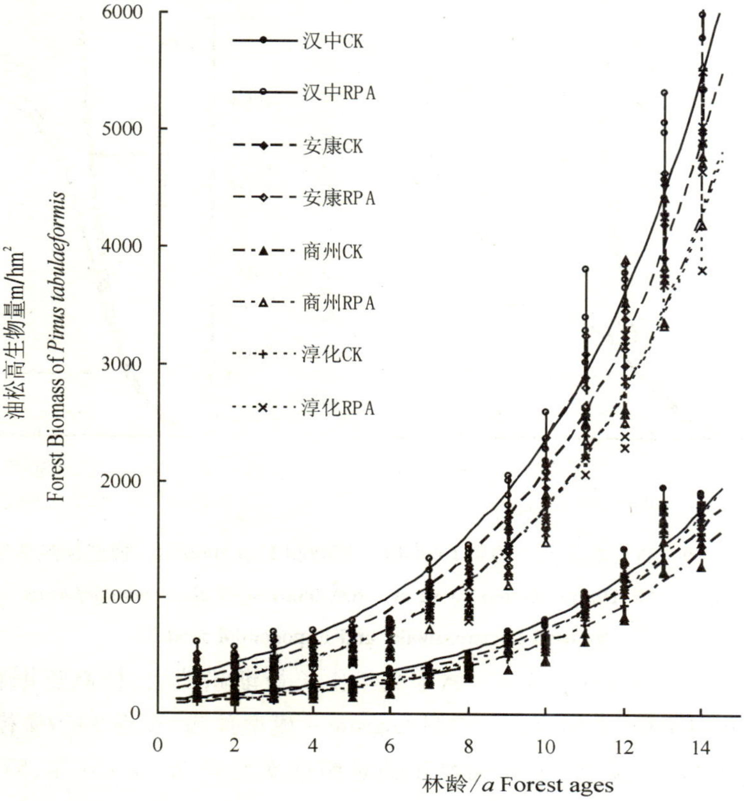

图 1－9　飞播油松林分年高生物量

Fig. 1－9 The annual biomass variation of *pinus tabulaeformis for aerial seeding*

进入中林龄期(Middle－aged forest period),油松保存量相对稳定,立地对林木作用增强,林分逐渐分化稳定,地区间和 RPA 与对照间差异更加明显。油松高生长速度渐趋最大,林分高生物量累积效应逐渐增强。汉中和安康对照区模型拐点分别出现在林龄 22 年和 23 年,RPA 分别为林龄 21 和 22 年;商州和淳化对照发生在林龄 24 和 23 年,RPA 在林龄 23 和 22 年;比树高出现林龄大。历期均为 5 年。对照地区间油松林分高生物量继续发生变化,淳化油松林分高生物量累积效益持续增强,与其他地区差距逐渐扩大;其他地区差距逐渐缩小,商州先后超过了安康和汉中,差异渐趋增强,而安康也逐渐超过了汉中,但差距较小。RPA 地区间高生物量变化趋势与幼林期相似,但淳化与商州差距逐渐扩大,而商州与安康和汉中的差距逐步缩小。地区间林分高生物量的变化规律揭示了林地立地条件的差异和油松对林地养分、水分和空间利用能力的差异,同时也反映了 RPA 消除立地差异效应的限度(图 1－10)。

成年林期(Adult forest period),油松年生长量大,增速逐渐降低,林木保存量相对稳定,郁闭度渐趋稳定;对照与 RPA 差异明显,但差距增量逐年降低。Logistic－模型林分高生物量年最大增长量拐点发生在其 75% 最大期望值出现的年份。汉中、安康、商州和淳化对照林龄依次为 28 年、28 年、29 年和 28 年,RPA 分别为 25 年、26 年、28 年和 26 年(图 1 - 10)。

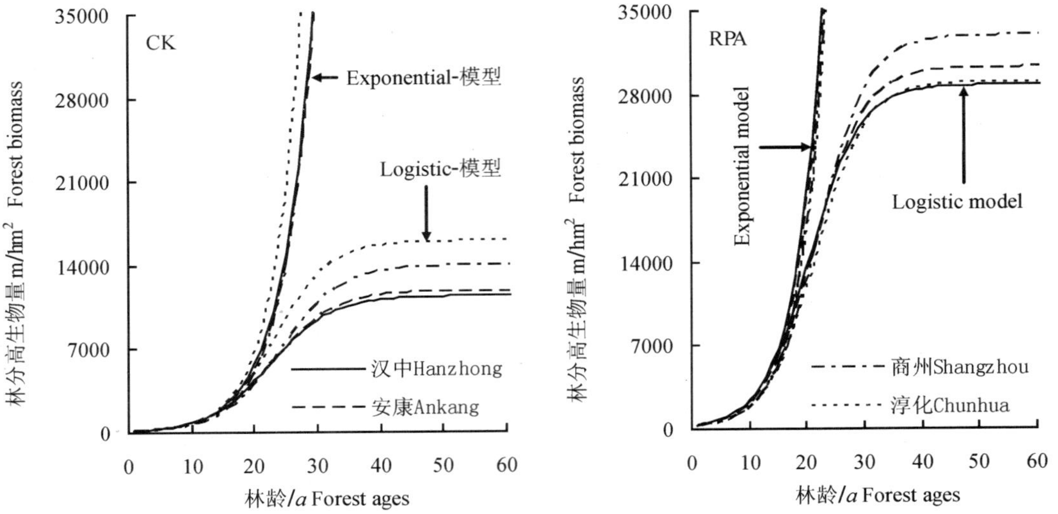

图 1 - 10　油松林分高生物量 Logistic - 模型和 Exponential - 模型预测曲线

Fig. 1 - 10 The prediction curve of forest biomass of *pinus tabulaeformis* by used Logistic model and Exponential model

成熟林期(Mature forest period),林木高年生长量渐趋消失,树高逐渐稳定;对照与 RPA 林区差距相对平稳,差异稳定。按照 Logistic - 模型预测,实现 99.9% 模型林分高生物量最大期望值,汉中、安康、商州和淳化的对照依次约需 56 年、56 年、57 年和 53 年,RPA 约需 51 年、52 年、54 年和 51 年(图 1 - 10)。

过熟林期(Over - mature forest period)　汉中、安康、商州和淳化的对照油松林龄分别超过 122 年、123 年、121 年和 113 年,RPA 油松林龄依次超过 112 年、113 年、115 年和 111 年,高生物量生长停止,林分进入过熟林期(Over - mature forest period)阶段。

四、高生物量模型的生物学意义

飞播后,RPA 处理区油松高生物量明显高于对照区,且差异随年限扩大。初期,油松高生物量有一个缓慢增长期,但不同地区和 RPA 与对照的周期长短存在差异;之后进入第 1 个增长高峰。汉中对照和 RPA 缓慢增长期分别为 6 年和 5 年,但对照第 13 ~ 14 年出现抑制现象。安康 RPA 和对照的缓慢增长期均为 6 年;对照第 9 年和 10 年油松高生物量年间差异不显著,呈现抑制现象。商州 RPA 和对照的缓慢增长期均为 8 年;之后对照呈现波动增长。淳化 RPA 和对照油松高生物量缓慢增长期分别为 8 年和 7 年;但对照第 9 年和第 10 年,第 13 年和第 14 年的年间差异不显著。其对照油松高生物量生长规律与前人研究结果类似,但抑制现象出现的年份存在差异;而 RPA 处理油松抑制现象不明显。说明使用 RPA 拌种飞播造林不仅能提高飞播油松林分的高生物量,而且能消弱油松高生物量生长的抑制周期。

林分高生物量 Exponential－模型是高生物量与树龄关系的实证模型（Empirical model；$t\{1,2,3\cdots,14\}$）。模型为增函数，导函数模型$\partial H/\partial t=(a\cdot b)e^{bt}$映了高生物量年增长速率或者高生物量年生长（Annual forest biomass increment，B_{fa}）变化规律。模型 ab 值关系反映了林分高生物量变化强度，同时也间接反映了林地立地条件质量的优劣和 RPA 拌种处理对飞播后油松林分高生物量的影响大小。a 值是高生物量基数指标，ab 值乘积是高生物量年增长率基数参数。其值越大，高生物量增长及其年增长率基数越大；b 值是高生物量增长指数，高生物量增长速率与其值成正比。对照林分生物量 Exponential－模型分析结果反映汉中和安康生物量年增长率相对较低，而淳化和商州相对较高，随着林木生长，淳化油松生物量有超越安康和商州的趋势。而 RPA 模型分析结果证明 RPA 对油松林分生物量及其年增长量基数增益率地区间差异不大，效应相对稳定。

油松高生物量 Logistic－模型是飞播油松林分生物量与树龄的理论模型，反映了油松林分高生物量期望值和年生长信息。属增函数，是一条渐近线。幼林期 Logistic－模型与 Exponential－模型重合，两者均可用于飞播幼林期油松林分高生物量预测和分析。汉中和安康水分条件相对优越，有利于飞播种子发芽和成苗，飞播初期有效成苗量大，苗高生长相对较大，林分高生物量高。随着油松生长，对土壤养分依赖性增强，汉中和安康土层瘠薄矛盾逐渐显露，油松生长相对减缓，高生物量积累效应相对较低。而商州和淳化，尤其是淳化情况恰好相反，其土壤水分相对较低，飞播种子发芽率低，飞播初期成苗量少，生长缓慢，生物量相对较低。而随着林木生长，油松对土壤深层水分利用率提高，淳化和商州土层深厚优势逐渐突出，油松生长增大，林分生物量累积效应增强。与对照相比，RPA 油松林分高生物量相对较高，地区间差异相对稳定，RPA 与对照差异逐年扩大。进一步说明 RPA 对飞播油松高生物量增长的增益效应。同时也说明 RPA 拌种可以促进种子发芽和苗木生长，有利于消除林地立地条件的差异，增加林分生物量积累。

第二部分　多效抗旱驱鼠剂（RPA）拌种飞播造林成效与主要气象因子的关系

第二章　飞播成苗效果与降水量的关系

第一节　降水量对汉中飞播油松成苗效果的作用

【内容提要】飞播油松成苗效果不仅取决于当地的年降水量，而且与当地降水量的分布密切相关。在不考虑飞播年限因素下，5 月降水量是决定对照飞播油松成苗效果的关键因子，对有苗样方频度和成苗量模型值贡献率分别为 96.9% 和 96.7%。而 7 月降水量对 RPA 油松有苗样方频度和成苗量作用最大，对模型值贡献率分别为 71.6% 和 69.8%。在飞播年限协同作用下，5 月降水量对对照和 RPA 油松成苗效果作用最强，贡献率均在 95% 以上。以飞播年限为权重，2 月降水量与对照油松成苗效果相关性强，但 5 月降水量对模型值贡献率最大，分别为 95.6% 和 96.2%。RPA 成苗量与降水量关系与对照相同；而有苗样方频度与 5 月降水量关系紧密，其中 7 月降水量贡献率为 63.9%，高于 5 月和 2 月的 32.3% 和 3.8%。在当地降水量范围内，RPA 模型值均大于对照，RPA 拌种飞播后单位降水量的油松有苗样方频度和成苗量高，提高了土壤水分利用率。

【关 键 词】飞播造林，降水量，油松，有苗样方频度，成苗量

降水是我国北方，尤其是干旱和半干旱地区林木赖以生存的主要水资源，干旱缺水严重制约了该地区林业生态工程的建设。随着全球变暖，极端气候频繁，季节性降水不足对造林成活率、保存率和林木生长以及对土地、光热资源利用等影响更甚。飞播造林是我国三大造林方式之一，降水因素决定了飞播后林地的有苗样方频度和成苗量；但研究很少，仅见降水量与飞播成苗关系的研究。汉中地处温带与亚热带的过渡地带，地貌地形要素极其复杂，自然环境和气候类型各异，是陕西省飞播造林重点地区。该研究利用 RPA 拌种和对照飞播区油松成苗期的有苗样方频度和成苗量资料，分析了汉中降水量与飞播成效的关系，以期为制定飞播造林技术方案提供科技支撑，同时也为合理评价 RPA 拌种飞播造林效果奠定基础。

一、汉中宁强飞播区概况

按照 1996 年汉中市飞播造林作业设计方案，选择汉中市宁强县油松播区为研究基地。宁强县地处秦岭和巴山两大山系的交汇地带，北属秦岭山系，大部分海拔 1 000 ~ 1 600 m；南属巴山山系，大部分海拔 1 000 ~ 1 800 m，分为谷坝、谷地、低山、中山和高中山五个地貌类型。属山地暖温带湿润季风气候类型，年均气温 12.9℃，极端最低气温 −11.6℃(1991 年 12 月 28 日)，极端最高气温 37.4℃(2002 年 7 月 5 日)。年降水量均值 1103.6(623.4 ~ 2 022.9) mm，7 ~ 9 月降水量占 52.6%，汛期 5 ~ 10 月占 82.4%；夏季多暴雨，秋季多连阴雨，冬季降水较少，占年降水量的 3.9%。年日照时数 1589.0 h。无霜期 247 d。播区面积 1.05 万 hm^2。

二、调查方法与数据处理

1997 年飞播后，选择 RPA 拌种与不拌种播区，每年 10 月按照"M"形取样，随机抽取 50 块 1 m × 2 m 样方调查样方油松株数。重复 5 次，连续调查 6 年。降水量资料来源于 1997 ~ 2003 年陕西省统计年鉴。按单位面积成苗量(Survival seedling quantity, Q_{ss})和有苗样方频度(Frequentness of sample plots with available seedling, F)表述飞播后油松成苗效果(表 2 − 1)。采用 SPSS17.0 中的相关分析法和逐步回归模型分析降水量指标与油松成苗效果的关系，以模型参数、相关系数和指标量综合分析各降水指标对成苗效果作用稳定性和影响强度。

三、成苗效果与降水量的相关性

对汉中飞播后第 1 ~ 6 年油松成苗指标与降水量指标进行相关分析显示，飞播后油松成苗效果与降水量相关度极高(表 2 − 2)。

表 2 − 1　汉中飞播油松成苗效果调查(1998 ~ 2003 年)

Tab. 2 − 1 Effective grown − up seedling of *Pinus tabulaeformis* for aerial seeding in Hanzhong city

项目	年限	RPA						CK					
		Ⅰ	Ⅱ	Ⅲ	Ⅳ	Ⅴ	$\bar{m}$	Ⅰ	Ⅱ	Ⅲ	Ⅳ	Ⅴ	$\bar{m}$
成苗量/株/hm^2 (Q_{ss})	1	5 900	5 500	6 200	5 200	5 600	5 680.0 ± 383.4	3 100	2 900	3 300	2 700	2 900	2 980.0 ± 228.0
	2	3 600	3 500	3 600	4 000	3 900	3 720.0 ± 216.8	1 600	1 300	2 100	1 400	1 900	1 660.0 ± 336.2
	3	2 500	2 300	2 100	3 000	3 000	2 580.0 ± 408.7	1 000	1 200	1 500	1 000	1 300	1 200.0 ± 212.1
	4	2 000	2 000	2 100	2 300	2 200	2 120.0 ± 130.4	1 100	1 000	900	1 100	1 000	1 020.0 ± 83.7
	5	1 900	2 100	1 800	1 800	2 000	1 920.0 ± 130.4	900	1 000	900	800	1 000	920.0 ± 83.7
	6	1 600	1 800	1 700	1 600	1 400	1 620.0 ± 148.3	700	900	900	800	900	840.0 ± 89.4

续表 2－1

项目	年限	RPA						CK					
		Ⅰ	Ⅱ	Ⅲ	Ⅳ	Ⅴ	$\bar{m}$	Ⅰ	Ⅱ	Ⅲ	Ⅳ	Ⅴ	$\bar{m}$
有苗样方频度/% F	1	68	72	66	58	62	65.2 ±5.4	56	54	48	52	46	51.2 ±4.1
	2	48	46	42	40	48	44.8 ±3.6	28	36	20	18	28	26.0 ±7.2
	3	30	32	20	30	36	29.6 ±5.9	14	16	20	12	14	15.2 ±3.0
	4	22	24	20	28	26	24.0 ±3.2	16	18	12	10	12	13.6 ±3.3
	5	20	24	20	22	18	20.8 ±2.3	12	14	16	16	12	13.6 ±2.6
	6	18	22	26	24	14	20.4 ±5.2	10	8	6	10	12	9.2 ±2.3

表 2－2　1998～2003 年汉中降水量变异与飞播油松成苗效果相关分析

Tab. 2－2 From 1998 to 2003, correlation analysis between rainfall variation and effective grown－up seedling of *Pinus tabulaeformis* for aerial seeding in Hanzhong city

指标 Index	降水量/mm Precipitation			比率/% Rate	变异系数/% Coefficient of variation	相关系数 Pearson correlations			
						苗木保存量 Q_{ss}		有苗样方频度 F	
	平均 Mean	最小 Min.	最大 Max.			RPA	CK	RPA	CK
年 Annual	798.8 ±30.2	586.3	1040.7	100.0	20.7	0.564**	0.602**	0.570**	0.553**
1 月 Jan.	6.1 ± 0.9	0.1	13.5	0.8	77.8	－0.689**	－0.639**	－0.694**	－0.658**
2 月 Feb.	5.2 ± 0.9	0.1	13.3	0.7	89.5	－0.760**	－0.674**	－0.742**	－0.663**
3 月 March	16.3 ± 1.7	0.4	28.2	2.0	58.2	0.687**	0.661**	0.694**	0.675**
4 月 April	53.7 ± 3.9	26.3	91.2	6.7	40.3	0.803**	0.800**	0.771**	0.821**
5 月 May	96.0 ± 8.6	50.2	192.6	12.0	49.1	0.819**	0.855**	0.798**	0.870**
6 月 June	92.3 ± 8.8	43.2	165.0	11.6	52.2	－0.417*	－0.398*	－0.454*	－0.384*
7 月 July	135.2 ±18.6	15.2	313.6	16.9	75.3	0.857**	0.855**	0.870**	0.831**
8 月 Aug	152.6 ± 8.4	100.7	214.6	19.1	30.0	0.482**	0.524**	0.458*	0.470**
9 月 Sep.	128.2 ±10.0	76.9	232.2	16.0	42.6	－0.620**	－0.562**	－0.577**	－0.603**
10 月 Oct.	80.9 ± 5.5	54.9	136.7	10.1	36.9	－0.254	－0.289	－0.223	－0.350
11 月 Nov.	22.7 ± 3.6	3.3	52.3	2.8	86.9	－0.336	－0.358	－0.274	－0.406*
12 月 Dec.	9.7 ± 1.1	2.8	18.8	1.2	63.9	－0.616**	－0.597**	－0.646**	－0.595**

备注：* 在 0.05 水平（双侧）上显著相关，** 在 0.01 水平（双侧）上极显著相关。

Remarks：* Correlation is significant at the 0.05 level (2－tailed). ** Correlation is significant at the 0.01 level (2－tailed).

四、成苗效果与降水量逐步回归模型

在不考虑时间因素条件下,对汉中油松单位面积保存量(Q_{ss})和有苗样方频度(F)与年降水量(Annual precipitation,P_a)和月降水量(Monthly precipitation,P_m)进行模型分析,对照油松单位面积保存量与5月、2月和9月降水量关系密切,RPA油松与7月、9月和12月降水量关系紧密;对照有苗样方频度与5月和2月降水量相关性强,而RPA与7月、9月和12月降水量关系密切(图2-1)。

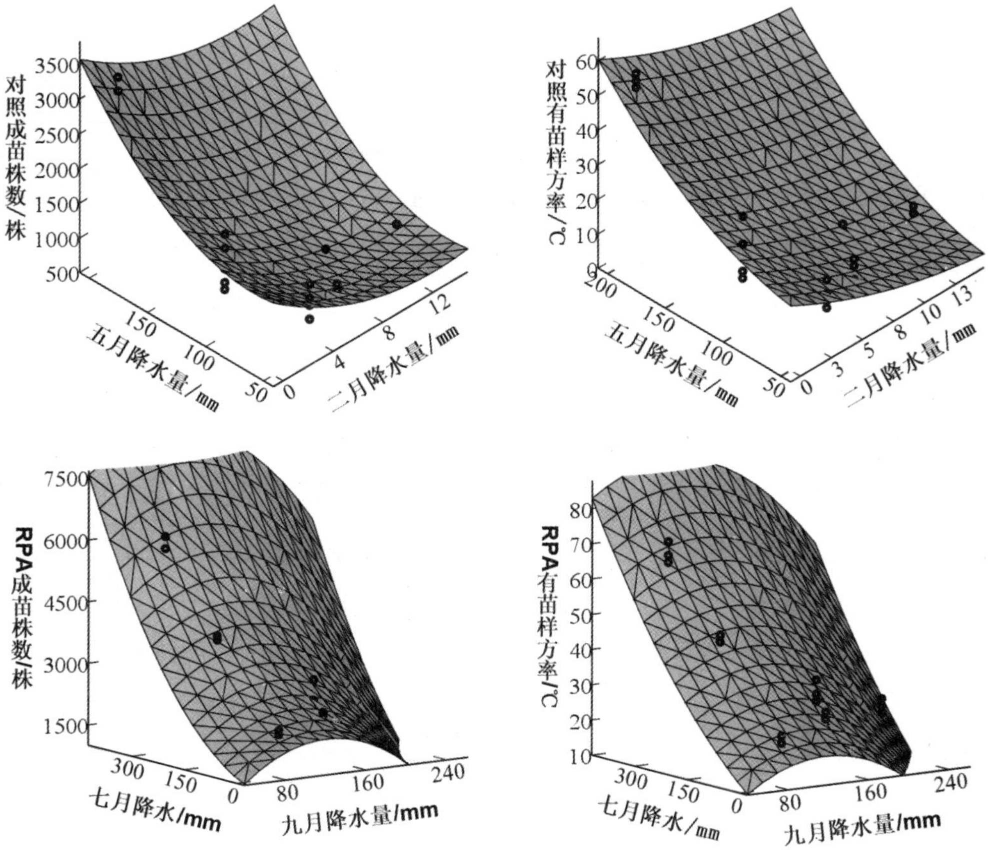

图2-1 汉中飞播油松成苗效果与降水量关系

Fig.2-1 The relationship between rainfall and effective grown-up of *pinus tabulaeformis for aerial seeding in Hanzhong city*

$$Q_{ssck}=91.095+14.019P_{m05}$$

$$(n=30, R^2=0.731, r_{m05}=0.855, F=76.078, p=0.000)$$

$$Q_{ssck}=701.343+11.681P_{m05}-73.975P_{m02}$$

$$(n=30, R^2=0.910, r_{m02}=-0.674, F=136.402, p=0.000)$$

$$Q_{ssck}=247.484+12.829P_{m05}-105.014P_{m02}+3.944P_{m09}$$

$$(n=30, R^2=0.939, r_{m09}=-0.562, F=134.153, p=0.000)$$

$$Q_{ssrpa}=1299.302+12.140P_{m07}$$

$$(n=30, R^2=0.735, r_{m07}=0.857, F=77.751, p=0.000)$$

$$Q_{ssrpa}=3022.270+10.736P_{m07}-11.978P_{m09}$$

$$(n=30, R^2=0.931, r_{m09}=-0.620, F=183.452, p=0.000)$$

$$Q_{ssrpa}=1654.373+14.955P_{m05}-11.978P_{m09}+82.481P_{m12}.$$

$$(n=30, R^2=0.969, r_{m12}=-0.616, F=268.089, p=0.000)$$

$$F_{ck}=-5.015+0.276P_{m05}$$

$$(n=30, R^2=0.756, r_{m05}=0.870, F=86.870, p=0.000)$$

$$F_{ck}=s6.345+0.232P_{m05}-1.377P_{m02}$$

$$(n=30, R^2=0.922, r_{m02}=-0.663, F=159.369, p=0.000)$$

$$F_{rpa}=14.548+0.145P_{m02}$$

$$(n=30, R^2=0.758, r_{m07}=0.870, F=87.575, p=0.000)$$

$$F_{rpa}=32.669+0.130P_{m07}-0.126P_{m09}$$

$$(n=30, R^2=0.915, r_{m09}=-0.577, F=144.790, p=0.000)$$

$$F_{rpa}=19.474+0.171P_{m07}-0.126P_{m09}+0.796P_{m09}$$

$$(n=30, R^2=0.940, r_{m12}=-0.646, F=135.216, p=0.000)$$

5 月降水量对汉中对照油松成苗效果影响很大，与飞播后油松保存量和有苗样方频度正相关极显著（$r=0.855$、0.870，$p=0.000$）。在控制 5 月降水作用下，2 月降水量与成苗效果呈极显著负相关（$r=-0.816$、-0.824，$p=0.000$）。消除 5 月和 2 月降水作用，9 月降水量与单位面积成苗量呈显著正相关（$r=0.571$，$p=0.002$）。5 月降水量对油松成苗量和有苗样方频度作用强度为 96.7% 和 96.9%，远大于 2 月的 3.3% 和 3.1%。从 RPA 模型分析，7 月降水对油松成苗效果影响最大，与油松保存量和有苗样方频度呈极显著正相关（$r=0.857$、0.870，$p=0.000$）。在控制模型中其他降水因素干扰下，成苗量和样方频度与 9 月降水量呈极显著负相关（$r=-0.928$、-0.850，$p=0.000$），与 12 月降水量呈极显著正相关（$r=0.737$、0.542，$p=0.000$、0.003）。7 月降水对油松成苗量和有苗样方频度模型贡献率为 69.8% 和 71.6%，远大于 9 月的 28.5% 和 26.9%，12 月降水贡献最小，仅为 1.7% 和 1.5%。

1. 飞播年限对逐步回归模型的影响 引入时间变量，5 月降水量和飞播年限依次进入对照油松保存量和有苗样方频度模型，接着 2 月降水指标进入油松保存量模型；飞播年限和 5 月降水量先后进入 RPA 油松模型，接着 9 月和 7 月降水量分别进入油松保存量和有苗样方频度模型（图 2－2）。5 月降水量与对照油松模型关系稳定，模型不变。

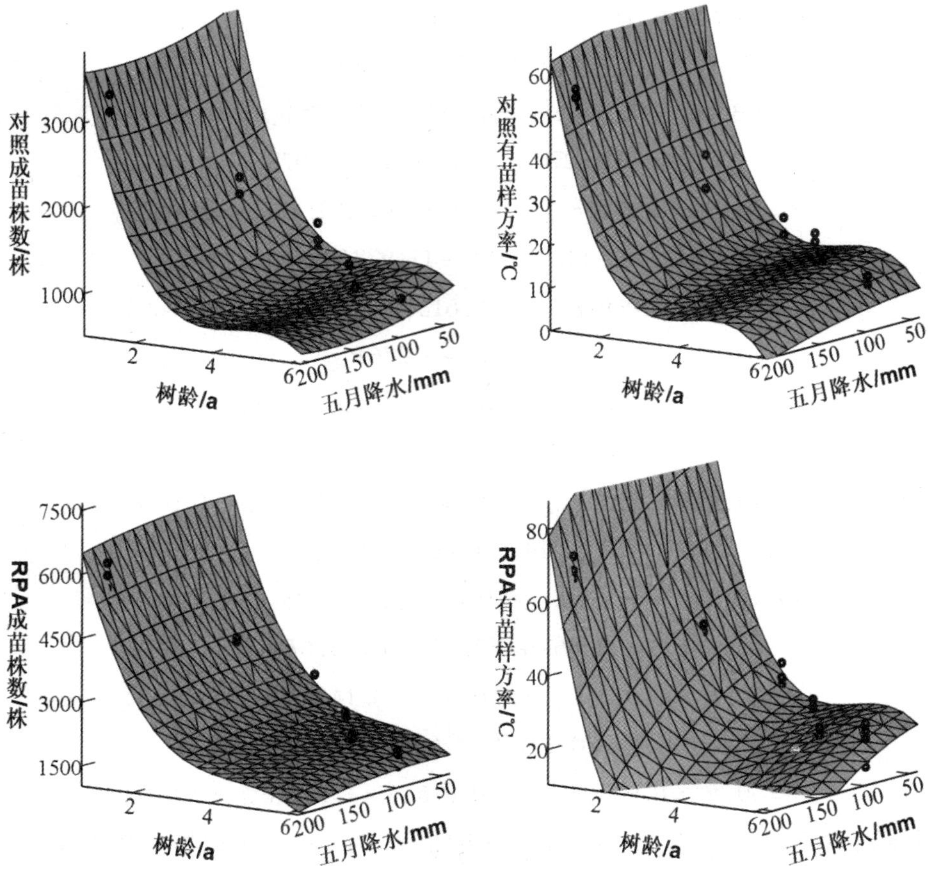

图 2-2　汉中飞播油松成苗效果与降水量和苗龄关系

Fig. 2-2 The relationship between rainfall and effective grown-up seeding of *Pinus tabulaeformis for* aerial seeding in Hanzhong city

$$Q_{ssck} = 1378.958 + 9.274P_{m05} - 237.848t$$

$$(n = 30, R^2 = 0.933, r_t = -0.841, r_{m05} = 0.803, F = 186.656, p = 0.000)$$

$$Q_{ssck} = 2312.396 + 5.978P_{m05} - 589.874t + 117.907P_{m02}$$

$$(n = 30, R^2 = 0.946, r_{m02} = -0.674, F = 150.781, p = 0.000)$$

$$Q_{ssrpa} = 3447.999 - 537.142t + 14.294P_{m05}$$

$$(n = 30, R^2 = 0.967, r_t = -0.901, r_{m05} = 0.819, F = 397.933, p = 0.000)$$

$$Q_{ssrpa} = 3260.699 - 587.932t + 14.667P_{m05} + 2.569P_{m09}$$

$$(n = 30, R^2 = 0.972, r_{m09} = -0.620, F = 300.664, p = 0.000)$$

$$F_{ck} = 18.356 + 0.190P_{m05} - 4.316t$$

$$(n = 30, R^2 = 0.934, r_t = -0.825, r_{m05} = 0.794, F = 189.723, p = 0.000)$$

$$F_{rpa} = 40.374 - 6.231t + 0.162P_{m05}$$

$$(n = 30, R^2 = 0.925, r_t = -0.884, r_{m05} = 0.798, F = 166.863, p = 0.000)$$

$$F_{rpa}=37.004-5.350t+0.104P_{m05}+0.043P_{m07}$$
$$(n=30, R^2=0.943, r_{m07}=0.870, F=142.208, p=0.000)$$

在飞播年限协同作用下，5 月降水对对照油松成苗效果仍然起着主导作用。在控制 5 月降水因素作用下，飞播年限与成苗量和有苗样方频度负相关极显著（$r=-0.866$、-0.853，$p=0.000$）。5 月降水对成苗量和有苗样方频度贡献率分别为 97.1% 和97.4%，远大于飞播年限贡献的 2.9% 和 2.6%。而对于 RPA 油松，飞播年限成为影响成苗量和有苗样方频度的关键因素。在控制其干扰下，5 月降水与成苗效果呈极显著正相关（$r=0.908$、0.811，$p=0.000$）。5 月降水对成苗量和有苗样方频度的贡献率分别为95.9% 和 95.8%，远大于飞播年限的 4.1% 和 4.2%，与对照油松作用强度相当。

2. **飞播年限权重下的逐步回归模型**　考虑飞播年限对分析结果的影响，以飞播年限为权重分析，2 月、5 月和 9 月降水量依次进入油松成苗量模型。2 月、5 月和 9 月降水先后进入对照油松有苗样方模型，而 5 月、2 月和 7 月降水量依次进入 RPA 油松有苗样方模型。

$$Q_{ssck}=1\,659.762-72.667P_{m02}$$
$$(n=30, R^2=0.440, r_{m02}=-0.663, F=22.020, p=0.000)$$
$$Q_{ssck}=775.892-70.596P_{m02}+10.374P_{m05}$$
$$(n=30, R^2=0.824, r_{m05}=0.639, F=63.075, p=0.000)$$
$$Q_{ssck}=337.646-106.107P_{m02}+12.151P_{m05}+3.762P_{m09}$$
$$(n=30, R^2=0.908, r_{m09}=-0.442, F=85.352, p=0.000)$$
$$Q_{ssrpa}=3\,533.581-165.234P_{m02}$$
$$(n=30, R^2=0.587, r_{m02}=-0.766, F=39.773, p=0.000)$$
$$Q_{ssrpa}=1\,986.311-161.607P_{m02}+18.162P_{m05}$$
$$(n=30, R^2=0.890, r_{m05}=0.574, F=109.078, p=0.000)$$
$$Q_{ssrpa}=1\,205.790-224.854P_{m02}+21.327P_{m05}+6.699P_{m09}$$
$$(n=30, R^2=0.959, r_{m09}=-0.518, F=200.982, p=0.000)$$
$$F_{ck}=2.881+0.220P_{m05}$$
$$(n=30, R^2=0.455, r_{m05}=0.674, F=23.348, p=0.000)$$
$$F_{ck}=7.626+0.214P_{m05}-1.355P_{m02}$$
$$(n=30, R^2=0.858, r_{m02}=-0.655, F=81.245, p=0.000)$$
$$F_{ck}=2.734+0.234P_{m05}-1.752P_{m02}+0.042P_{m09}$$
$$(n=30, R^2=0.885, r_{m09}=-0.524, F=66.773, p=0.000)$$
$$F_{rpa}=40.403+1.827P_{m02}$$
$$(n=30, R^2=0.496, r_{m02}=-0.704, F=27.561, p=0.000)$$
$$F_{rpa}=29.870-1.672P_{m02}+0.089P_{m07}$$

$$(n=30, R^2=0.833, r_{m07}=0.668, F=67.426, p=0.000)$$

$$F_{rpa}=23.012-1.663P_{m02}+0.063P_{m07}+0.117P_{m05}$$

$$(n=30, R^2=0.891, r_{m05}=0.553, F=70.677, p=0.000)$$

飞播年限权重下,2 月降水量对飞播成苗量起着重要作用。在控制模型中其他降水因子作用前提下,油松成苗量与 2 月降水量呈极显著负相关($r=-0.905$、-0.960,$p=0.000$),与 5 月降水量呈极显著正相关($r=0.913$、0.948,$p=0.000$),与 9 月正相关也极显著($r=0.691$、0.790,$p=0.000$)。在三者协同作用下,5 月和 4 月降水量对对照和 RPA 油松成苗量作用强度分别为 52.6%、43.6% 和 51.9%、43.6%,明显高于 2 月降水量贡献的 3.8% 和 4.5%。对照和 RPA 油松成苗量 2 月降水量模型在降水量为 20.1 mm/m 处相交,模型斜率比值为 2.3,交点值远大于 2 月正常降水水平。试验期内,RPA 模型值明显大于对照。说明 RPA 拌种处理可增加飞播后油松的成苗量,但差异有随 2 月降水量增加缩小的趋势;证明 RPA 油松对土壤水分的利用率较高,单位降水量成苗量增量较大。

从有苗样方频度模型分析,5 月降水对对照影响较大。在排除模型中其他降水因素干扰下,对照有苗样方频度与 5 月降水呈极显著正相关($r=0.893$,$p=0.000$),与 9 月降水正相关显著($r=0.440$,$p=0.019$),而与 2 月降水呈极显著负相关($r=-0.850$,$p=0.000$)。5 月降水对模型值贡献率为 70.3%,远大于 9 月和 2 月的 25.3% 和 4.4%。对于 RPA 油松,2 月降水最关键。在控制 2 月降水作用下,7 月降水与 RPA 油松有苗样方频度正相关极显著($r=0.818$,$p=0.000$);而在消除 2 月和 7 月降水干扰下,5 月降水与频度呈极显著正相关($r=0.588$,$p=0.001$)。7 月降水对 RPA 油松有苗样方频度作用强度为 63.9%,明显大于 5 月和 2 月的 32.3% 和 3.8%。

五、重要结论

汉中飞播有苗样方频度和有效成苗量与降水量相关程度很高。其中,与年降水量和 3 月、4 月、5 月、7 月、8 月降水量呈极显著的正相关($r>0$,$p<0.01$),与 1 月、2 月、9 月和 12 月降水量呈极显著负相关($r<0$,$p<0.01$),与 6 月降水量呈显著负相关($r<0$,$p<0.05$),而与 10 月和 11 月降水量多呈不显著负相关($r<0$,$p>0.05$),仅对照有苗样方频度与 11 月降水量负相关显著($r=0.406$,$p<0.05$)。说明,飞播油松成苗效果不仅取决于汉中的年降水量,而且与降水量的分布有关。

在不考虑飞播年限影响下,5 月降水量对对照油松成苗效果作用最大,对有苗样方频度和有效成苗量作用强度为 96.9% 和 96.7%,远大于 2 月降水量的 3.1% 和 3.3%。而 7 月降水量与 RPA 成苗效果呈极显著的正相关,对有苗样方频度和有效成苗量的贡献率为 71.6% 和 69.8%,远大于 9 月的 26.9% 和 28.5%,以及 12 月的 1.5% 和 1.7%,是决定 RPA 成苗效果的关键因子。

在飞播年限协同作用下,5 月降水量对对照和 RPA 油松成苗效果作用强度极强。其中,对对照有苗样方频度和有效成苗量作用强度分别为 97.4% 和 97.1%,对 RPA 分别为

95.8%和95.9%，远高于飞播年限的贡献率。在飞播年限权重下，2月降水量与对照飞播油松成苗效果关系最为紧密；但5月降水量对有苗样方频度和有效成苗量作用强度最高，贡献率分别为70.3%和52.6%；其次是9月降水量，贡献率为25.3%和43.6%。RPA油松有效成苗量与降水量关系与对照相同，5月和9月降水量贡献率依次为51.9%和43.6%；而RPA有苗样方频度与5月降水量关系最为紧密，呈极显著正相关；但7月降水量对有苗样方频度模型贡献率为63.9%，明显大于5月和2月的32.3%和3.8%。在当地降水量范围内，RPA模型值大于对照，说明RPA拌种飞播油松对土壤水分利用率高，单位降水量有苗样方频度和有效成苗量较大。

第二节 降水量与安康飞播油松成苗效果关联分析

【内容提要】安康飞播成苗效果与年降水量呈显著负相关，而汉中呈极显著的正相关。两地成苗效果均与1月、6月和9～12月降水量呈负相关，与3～5月和8月降水量呈正相关，但相关度有差异。安康成苗效果与2月和7月降水量相关不显著，而汉中与2月降水量呈极显著的负相关，与7月呈极显著的正相关。充分说明飞播油松成苗效果不仅取决于当地的年降水量，而且与当地降水量的分布密切相关。与汉中结果一致，在当地降水量范围内，RPA模型值均大于对照，证明RPA拌种能提高飞播后单位降水量的油松有苗样方频度和成苗量，且作用稳定。

【关 键 词】飞播造林，多效抗旱驱鼠剂，降水量，油松，成苗效果

安康地处陕西省最南部，与陕、川、鄂、渝四省市毗邻，是我国北亚热带动植物典型代表区，也是陕西主要的飞播造林区。因鸟兽对飞播种子取食，使得飞播种子平均损失30%，局部高达70%，加之伏旱、暴雨和连阴雨的影响，严重降低了飞播造林成效，甚至引起飞播失败。但由于飞播造林仅有50多年的历史，多在偏远山区，地形复杂、条件艰苦、人烟稀少、交通不便，研究缺乏系统性，且多集中在飞播造林影响因素、幼苗分布、林木生长和空间格局以及抚育间伐技术等方面，也有少量的飞播林地土壤养分、微生物以及酶活性和灾害治理研究，涉及降水与飞播关系研究很少。而降水是我国北方，尤其是干旱和半干旱地区林木赖以生存的主要水资源，干旱缺水严重制约了该地区林业生态工程的建设。在全球变暖背景下，极端气候频繁，研究降水与飞播造林造林成活率、保存率和林木生长以及对土地、光热资源利用等的关系，对制定造林技术方案和评估造林成果具有十分重要的意义。

一、安康汉滨飞播区自然概况

按照1996年陕西省安康飞播造林作业设计方案，选择安康市汉滨区飞播油松为研究对象。汉滨地处陕南秦巴山地丘陵沟壑区，以月河为界，北属秦岭山地，南沿巴山余脉。

地势南北高、中间低，海拔 216 ~2 141 m，主要地貌有川道、丘陵和山地。属北亚热带大陆湿润性季风气候区，冬季寒冷干燥，夏季多雨有伏旱，春季温暖少雨，秋季凉爽多阴雨。主要气象灾害是伏旱、暴雨和连阴雨。年平均气温 15.7℃，降水量 540 ~ 1 109 mm，年均 799.3 mm，多集中夏季，无霜期 254 d，森林覆盖率 47.9%，其中，有林地 17.5 万 hm^2，灌林地约 0.6 万 hm^2，疏林地 1.6 万 hm^2。飞播区为疏林，面积 1.48 万 hm^2，郁闭度介于 0.00 ~ 0.20 之间。

二、研究与数据处理方法

1997 年飞播后，根据播区立地，选择 5 个 RPA 拌种播区和 5 个对照播区，每年 10 月按照“M”或“Z”形取样方法，随机抽取 50 块 1 m × 2 m 样方，调查样方油松株数，记录调查地植被、土壤、坡向和坡位等情况。重复 5 次，连续调查 6 年。降水量资料来源于 1998 年至 2004 年陕西省统计年鉴。按单位面积成苗量（Survival seedling quantity，Q_{ss}）和有苗样方频度（Frequentness of sample plots with available seedling，F）表述飞播后油松成苗效果（表 2 - 3）。采用相关分析法和逐步回归模型分析降水量指标与油松成苗效果的关系，以模型参数、相关系数和指标量综合分析各降水指标对成苗效果作用稳定性和影响强度。

表 2 - 3　安康飞播油松成苗效果调查（1998 ~ 2003 年）

Tab. 2 - 3 Effective grown - up seedling of *Pinus tabulaeformis* for aerial seeding in Ankang city

项目	年限	RPA						CK					
		Ⅰ	Ⅱ	Ⅲ	Ⅳ	Ⅴ	$\bar{m}$	Ⅰ	Ⅱ	Ⅲ	Ⅳ	Ⅴ	$\bar{m}$
成苗量/株/hm^2 Q_{ss}	1	5 600	5 300	5 600	5 100	5 300	5 380.0 ±216.8	2 900	2 800	3 100	2 600	2 800	2 840.0 ±181.7
	2	3 600	3 600	3 400	3 400	3 800	3 560.0 ±167.3	1 400	1 500	2 000	1 900	1 800	1 720.0 ±258.8
	3	2 300	2 500	2 300	2 500	2 700	2 460.0 ±167.3	1 000	1 400	1 200	1 100	1 200	1 180.0 ±148.3
	4	2 100	1 800	1 800	2 100	2 300	2 020.0 ±216.8	1 100	1 000	900	1 000	900	980.0 ± 83.7
	5	2 000	2 000	2 100	1 700	1 800	1 920.0 ±164.3	800	1 000	900	800	900	880.0 ± 83.7
	6	1 800	1 700	1 700	1 600	1 600	1 680.0 ± 83.7	800	800	900	900	700	820.0 ± 83.7
有苗样方频度/% F	1	62	70	64	54	60	62.0 ±5.8	54	50	48	50	44	49.2 ±3.6
	2	46	50	46	36	46	44.8 ±5.2	20	22	28	32	26	25.6 ±4.8
	3	32	30	24	30	26	28.4 ±3.3	16	24	20	16	20	19.2 ±3.3
	4	22	24	20	26	24	23.2 ±2.3	18	16	16	14	12	15.2 ±2.3
	5	20	18	20	22	18	19.6 ±1.7	10	12	14	10	8	10.8 ±2.3
	6	20	16	18	20	18	18.4 ±1.7	10	14	10	10	8	10.4 ±2.2

三、成苗效果与降水量的相关性

与汉中降水量对飞播油松成苗效果影响不同，安康年降水量与油松成苗效果呈显著的负相关性。从月降水量分析，成苗效果与1月、6～7月和9～12月降水量呈负相关性；其中与1月相关显著，与6月和9～12月相关极显著。而与2～5月和8月降水量呈正相关。其中与3月和5月相关极显著，而与4月降水量相关性极低（表2－4）。

表2－4 1998年～2004年安康降水量变异与飞播油松成苗效果相关分析

Tab. 2－4 From 1998 to 2004, correlation analysis between rainfall variation and effective grown－up seedling of *Pinus tabulaeformis* for aerial seeding in Ankang city

指标 Index	降水量/mm Precipitation			比率/% Rate	变异系数/% Coefficient of variation	相关系数 Pearson correlations			
						苗木保存量 Q_{ss}		有苗样方频度 F	
	平均 Mean	最小 Min.	最大 Max.			RPA	CK	RPA	CK
年 Annual	758.7±36.0	525.8	1066.7	100.0	26.0	－0.408*	－0.371*	－0.428*	－0.330
1月 Jan.	3.6±0.5	0.0	8.8	0.5	80.0	－0.319	－0.271	－0.339	－0.210
2月 Feb.	10.9±1.6	1.0	22.8	1.4	81.1	0.202	0.253	0.136	0.260
3月 March	24.6±2.8	8.5	46.1	3.2	63.3	0.768**	0.733**	0.774**	0.664**
4月 April	51.1±3.4	20.2	79.0	6.7	35.9	0.033	0.074	0.006	0.053
5月 May	104.4±3.3	78.3	126.2	13.8	17.5	0.636**	0.610**	0.603**	0.541**
6月 June	123.0±17.1	26.6	297.9	16.2	76.3	－0.504**	－0.505**	－0.507**	－0.443*
7月 July	107.3±7.1	43.7	155.5	14.1	36.3	－0.196	－0.173	－0.165	－0.126
8月 Aug	134.9±16.3	22.2	250.2	17.8	66.2	0.207	0.254	0.154	0.295
9月 Sep.	85.1±12.5	29.9	224.9	11.2	80.3	－0.581**	－0.550**	－0.590**	－0.560**
10月 Oct.	84.3±5.0	36.1	125.8	11.1	32.2	－0.616**	－0.635**	－0.549**	－0.618**
11月 Nov.	18.9±2.8	0.3	47.4	2.5	80.0	－0.586**	－0.577**	－0.556**	－0.612**
12月 Dec.	11.0±0.9	4.2	16.8	1.4	42.5	－0.795**	－0.765**	－0.821**	－0.712**

备注：*在0.05水平（双侧）上显著相关，**在0.01水平（双侧）上显著相关。

Remarks: * Correlation is significant at the 0.05 level (2－tailed). ** Correlation is significant at the 0.01 level (2－tailed).

四、成苗效果与降水量的逐步回归模型

逐步回归模型分析显示，飞播油松单位面积成苗量与12月、11月和9月降水量关系密切，有苗样方频度与12月、11月和8月降水量相关性强（图2－3）。

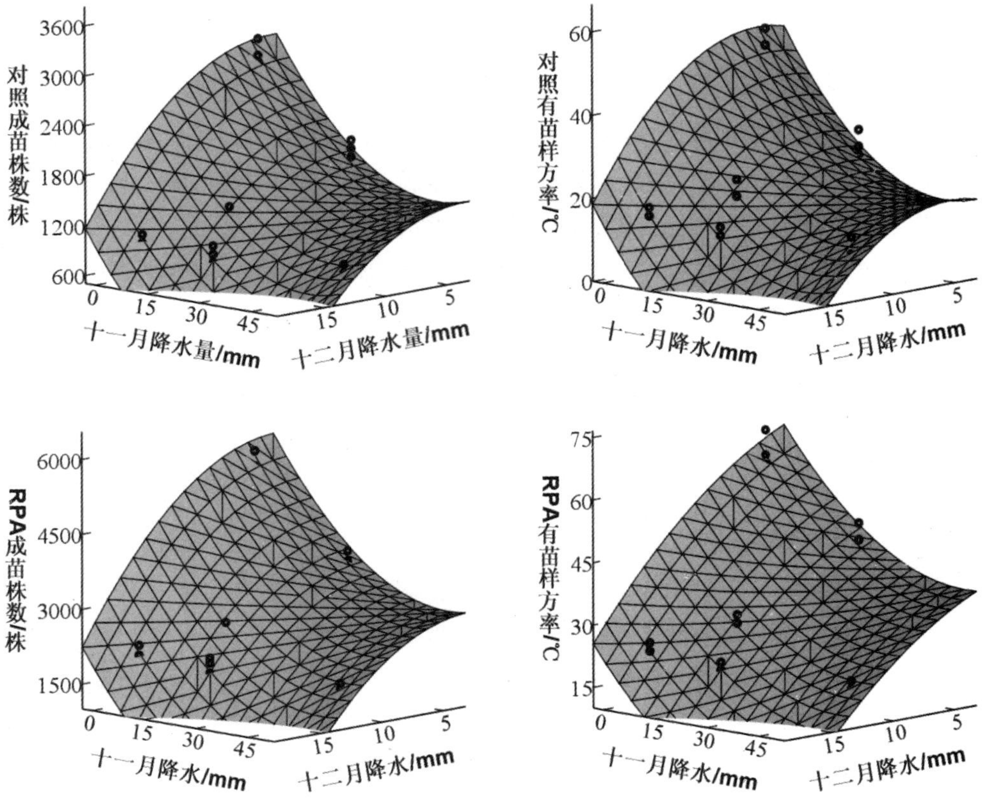

图 2－3　安康飞播油松成苗效果与降水量关系

Fig. 2－3 The relationship between rainfall variation and effective grown－up seedubg of *pinus tabulaeformis* for aerial seeding in Ankang city

$$Q_{ssck}=2\,724.484-120.278P_{m12}$$

$$(n=30, R^2=0.586, r_{m12}=-0.765, F=39.624, p=0.000)$$

$$Q_{ssck}=3\,131.210-113.892P_{m12}-25.258P_{m11}$$

$$(n=30, R^2=0.855, r_{m11}=-0.577, F=79.480, p=0.000)$$

$$Q_{ssck}=3\,347.625-140.826P_{m12}-64.886P_{m11}+6.730P_{m09}$$

$$(n=30, R^2=0.959, r_{m09}=-0.550, F=201.560, p=0.000)$$

$$Q_{ssrpa}=5\,309.303-225.126P_{m12}$$

$$(n=30, R^2=0.633, r_{m12}=-0.795, F=48.251, p=0.000)$$

$$Q_{ssrpa}=6\,051.418-213.458P_{m12}-46.087P_{m11}$$

$$(n=30, R^2=0.909, r_{m11}=-0.586, F=134.462, p=0.000)$$

$$Q_{ssck}=6\,382.602-254.677P_{m12}-106.730P_{m11}+1.355P_{m09}$$

$$(n=30, R^2=0.984, r_{m09}=-0.581, F=527.202, p=0.000)$$

$$F_{ck}=44.969-2.116P_{m12}$$

$$(n=30, R^2=0.507, r_{m12}=-0.712, F=28.779, p=0.000)$$

$$F_{ck}=53.248-1.985P_{m12}-0.514P_{m11}$$

$$(n=30, R^2=0.818, r_{m11}=-0.612, F=60.817, p=0.000)$$

$$F_{ck}=45.556-1.867P_{m12}-0.588P_{m11}+0.089P_{m08}$$

$$(n=30, R^2=0.949, r_{m08}=-0.550, F=160.877, p=0.000)$$

$$F_{rpa}=64.377-2.881P_{m12}$$

$$(n=30, R^2=0.674, r_{m12}=-0.821, F=58.006, p=0.000)$$

$$F_{rpa}=73.010-2.745P_{m12}-0.536P_{m11}$$

$$(n=30, R^2=0.918, r_{m11}=-0.556, F=150.136, p=0.000)$$

$$F_{ck}=68.191-2.671P_{m12}-0.583P_{m11}+0.036P_{m08}$$

$$(n=30, R^2=0.954, r_{m08}=0.154, F=180.810, p=0.000)$$

12 月降水对安康飞播油松成苗效果起着关键作用。在控制 12 月降水作用前提下，11 月降水与油松成苗量和有苗样方频度线性关系极为紧密，呈极显著负相关（$r=-0.806$、-0.867、-0.795、-0.864，$p=0.000$）。排除模型中其他降水干扰，油松成苗量与 9 月降水量正相关极显著（$r=0.846$、0.907，$p=0.000$），而有苗样方与 8 月降水量正相关极显著（$r=0.848$、0.668，$p=0.000$）。从对照和 RPA 油松 12 月降水模型分析，成苗量模型在降水量 30.3 mm/m 处交汇，有苗样方模型在 25.4 mm/m 处交汇，均超过当地 12 月降水量上限；模型斜率比值为 1.9 和 1.4。试验期内 RPA 模型值大于对照，两者差幅随 12 月降水量增加有缩小趋势。9 月降水对对照和 RPA 成苗量模型贡献率为 68.7% 和 66.5%，大于 11 月和 12 月的 22.5%、8.8% 和 23.4%、10.0%；8 月降水对有苗样方模型贡献率为 72.5% 和 59.0%，也大于 11 月和 12 月的 17.5%、10.0% 和 22.5%、18.5%。但从复相关系数分析，12 月降水作用效果相对稳定，而 9 月和 8 月，尤其 8 月降水对油松成苗效果作用稳定性较差。

1. 飞播年限对逐步回归模型的影响 引入时间变量，飞播年限首先进入油松成苗效果模型，接着 2 月和 5 月降水依次进入成苗量模型，2 月降水进入对照有苗样方模型，而 4 月、1 月和 2 月降水先后进入 RPA 有苗样方模型（图 2-4）。

$$Q_{ssck}=2\,414.779-404.264t+37.130P_{m02}$$

$$(n=30, R^2=0.943, r_t=-0.765, r_{m02}=0.253, F=223.392, p=0.000)$$

$$Q_{ssck}=1\,642.700-370.349t+33.659P_{m02}+6.618P_{m05}$$

$$(n=30, R^2=0.963, r_{m05}=0.610, F=227.655, p=0.000)$$

$$Q_{ssrpa}=4\,786.886-742.886t+58.805P_{m02}$$

$$(n=30, R^2=0.956, r_t=-0.896, r_{m02}=0.202, F=292.647, p=0.000)$$

$$Q_{ssck}=3\,121.075-669.712t+52.317P_{m02}+14.278P_{m05}$$

$$(n=30, R^2=0.985, r_{m05}=0.636, F=671.410, p=0.000)$$

$$F_{ck}=40.779-7.655t+0.713P_{m02}$$
$$(n=30, R^2=0.949, r_t=-0.867, r_{m02}=0.260, F=249.742, p=0.000)$$
$$F_{rpa}=50.549-9.645t+0.321P_{m04}$$
$$(n=30, R^2=0.928, r_t=-0.905, r_{m04}=0.006, F=174.090, p=0.000)$$
$$F_{rpa}=49.845-9.268t+0.367P_{m04}-0.968P_{m01}$$
$$(n=30, R^2=0.949, r_{m01}=-0.339, F=161.643, p=0.000)$$
$$F_{rpa}=53.071-9.074t+0.221P_{m04}-1.010P_{m01}+0.341P_{m02}$$
$$(n=30, R^2=0.957, r_{m04}=0.136, F=138.786, p=0.000)$$

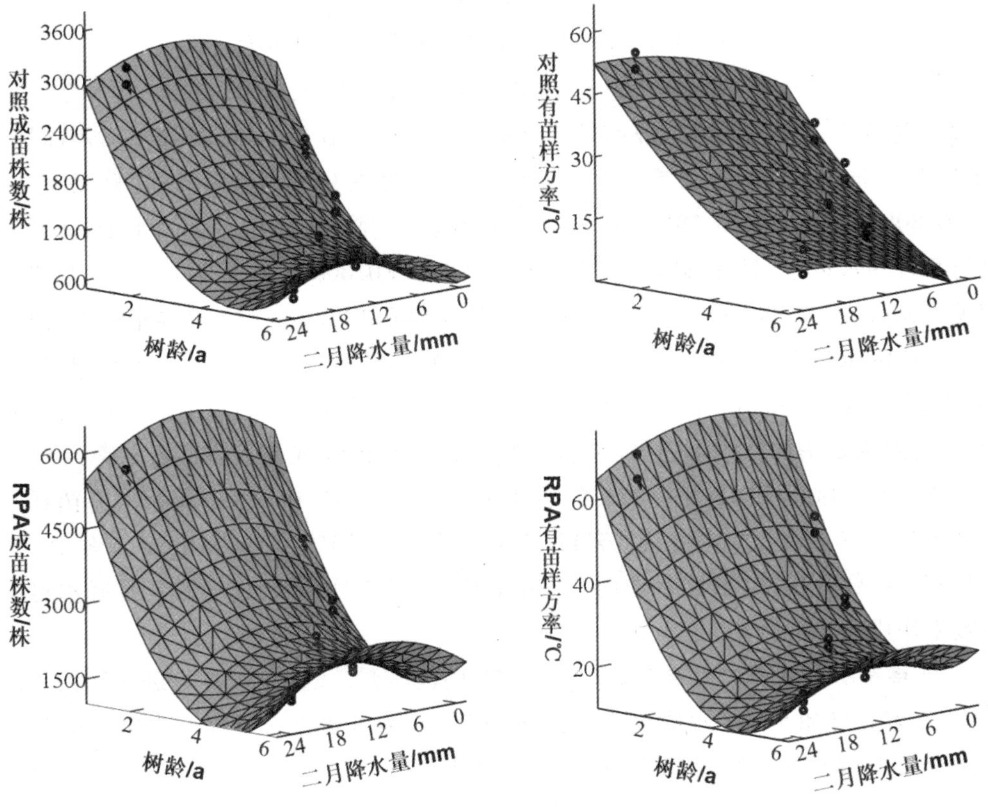

图 2-4　安康飞播油松成苗效果与降水量和树龄关系

Fig. 2-4 The relationship between rainfall and tree ages and effective grown-up seedubg of *pinus tabulaeformis* for aerial seeding in Ankang city

飞播年限是决定油松成苗效果的关键因素，与成苗效果呈极显著的负相关（$r=-0.765$，$p=0.000$）。在控制飞播年限对油松成苗效果作用下，对照成苗量和有苗样方与2月降水呈极显著的正相关（$r=0.878$、0.891，$p=0.000$），RPA成苗量也与2月降水正相关极显著（$r=0.881$，$p=0.000$），但有苗样方与4月降水正相关极显著（$r=0.775$，$p=0.000$）。在排除模型其他变量干扰下，成苗量与5月降水也称极显著正相关（$r=0.597$、

0.813,$p=0.001$、0.000);而RPA有苗样方与1月降水量呈极显著负相关($r=-0.543$,$p=0.003$),与2月降水呈显著正相关($r=0.391$,$p=0.044$)。从复相关系数分析,树龄和5月降水对成苗量作用相对稳定,而2月降水作用效果稳定性较差。在飞播年限主导下,5月降水对对照和RPA油松成苗量作用强度分别为71.1%和76.2%,大于树龄和2月降水贡献的10.8%、18.1%和9.8%、14.0%。从RPA有苗样方模型分析,树龄对有苗样方频度作用极其稳定,而4月降水作用稳定性极差,其复相关系数仅为0.006。但4月降水对有苗样方频度作用强度为69.7%,树龄和1月、2月降水贡献的15.9%、3.4%和11.0%。

2. **飞播年限权重下的逐步回归模型** 以飞播年限为权重分析,油松成苗效果与降水指标关系基本保持不变,只是在对照油松成苗量模型中增加了1月降水量指标。

$$Q_{ssck}=2\ 230.841-90.037P_{m12}$$

$$(n=30,R^2=0.477,r_{m12}=-0.691,F=25.531,p=0.000)$$

$$Q_{ssck}=2\ 965.556-105.557P_{m12}-18.271P_{m11}$$

$$(n=30,R^2=0.872,r_{m11}=-0.444,F=64.591,p=0.000)$$

$$Q_{ssck}=3\ 320.202-139.588P_{m12}-63.705P_{m11}+9.583P_{m09}$$

$$(n=30,R^2=0.932,r_{m09}=-0.492,F=118.092,p=0.000)$$

$$Q_{ssck}=3\ 338.116-148.738P_{m12}-61.495P_{m11}+9.091P_{m09}+24.416P_{m01}$$

$$(n=30,R^2=0.944,r_{m01}=-0.294,F=105.938,p=0.000)$$

模型显示,在控制模型中其他降水因子作用下,11月和12月降水与对照油松成苗量呈极显著负相关($r=-0.958$、-0.873,$p=0.000$),而9月降水与成苗量呈极显著正相关($r=0.789$,$p=0.000$),1月呈显著正相关($r=0.430$,$p=0.025$)。在12月降水量主导下,9月降水对模型值贡献率为70.3%,远大于11月和12月的22.2%和7.2%,1月降水贡献率最低,仅为0.3%。

五、降水量对成苗效果影响的季节性变化

安康雨量充沛,试验期内,年均降水量为(758.7±36.0) mm,对飞播造林成苗效果有利。但由于冬季寒冷干燥,山地土壤表层容易产生冰冻现象,且冻土层会随着降水量的增加而加剧,使得土壤表层水分不易被苗木吸收,加之飞播油松根系分布较浅,对土壤水分吸收能力差,容易产生生理缺水,造成苗木衰弱甚至死亡;所以冬季飞播油松成苗量和有苗样方频度会随降水量增加而减少,呈典型的负相关。春季随着气温回升,苗木开始生长,对水分需求增加,成苗效果与降水量呈正相关;其中,与3月降水量正相关极显著,且RPA的相关度高于对照($r_{RPA}=0.768$、0.774,$r_{ck}=0.733$、0.664,$p<0.01$);4月降水基本可以满足油松幼苗生长需求,与成苗效果关系不紧密($p>0.05$)。夏初温度适中,降水量增加,油松处于生长高峰,对水分需求量最大,成苗效果与5月降水量呈极显著的正相关

($r_{RPA}=0.636$、0.603，$r_{ck}=0.610$、0.541，$p<0.01$)。盛夏6月至8月，气温高，降水量大，暴雨伏旱交替，降水量超过了土壤最大持水量，容易产生径流，冲毁或掩埋种子及幼苗。其中，成苗效果与6月降水量呈极显著的负相关($r_{RPA}=-0.504$、-0.507，$r_{ck}=-0.505$、-0.443，$p<0.01$)；而与7月和8月降水量相关不显著($p>0.05$)。秋季气候凉爽，多阴雨天，土壤水分满足油松生长；成苗效果与降水量负相关极显著($r<0.0$，$p<0.01$)。

逐步回归分析证明，12月和11月降水量是成苗效果的关键因子，作用稳定；而9月降水量对成苗量模型贡献率最大，8月降水量对有苗样方频度贡献最大，但作用不稳定。在控制飞播年限作用下，对照成苗效果和RPA成苗量与2月降水量呈极显著的正相关，而RPA有苗样方频度与4月降水量呈极显著正相关。在当地降水量范围内，RPA成苗量和有苗样方频度模型值均大于对照，说明试验期内，RPA油松成苗量和有苗样方频度均高于对照，且差距有随降水量降低扩大的趋势。

第三节　降水量对商州飞播油松成苗效果影响

【内容提要】春夏连旱频发掩盖了年降水量的作用，使商州油松成苗效果与年降水量相关不显著。冬季土壤表层结冻导致油松幼苗生理缺水，是成苗效果与月降水量呈负相关的主要原因。春季林木开始生长，对水分需求增加，而降水量少，成苗效果与月降水量呈正相关；但植被和土壤类型差异，导致相关度产生地域变化。商州与安康，成苗效果与3月和5月降水量呈极显著正相关，与4月降水量相关不显著；汉中与3月至5月降水量均呈极显著正相关。暴雨和伏旱发生频次及强度是盛夏季节油松成苗效果与降水量关系变化的主要原因。三地成苗效果与6月降水量均呈极显著负相关，商州与8月降水量正相关极显著，汉中与7月和8月均呈极显著正相关。秋季多雨，土壤水分满足苗木生长，成苗效果与降水量多呈极显著负相关。说明飞播油松成苗效果不仅取决于年降水量，而且与当地降水量的分布密切相关。三地结果一致，在当地降水量范围内，RPA模型值均大于对照，证明RPA拌种能提高单位降水量的油松有苗样方频度和成苗量，且作用稳定。

【关 键 词】飞播造林，多效抗旱驱鼠剂，油松，成苗效果，降水量

飞播造林在商洛林业生态工程建设中发挥着重要作用，全区累计飞播造林48万hm^2，成林面积18.7万hm^2，森林覆盖率提高了9%[1]。其中，流岭山1976年～1985年飞播成林的7.3万hm^2油松，是我国北方林相最好，规模最大的飞播林区。但在全球气候变暖的大背景下，该区春夏旱情加剧，甚至出现冬春夏连旱现象，造成4月飞播种子遭遇伏旱和高温，难以发芽或成苗，严重降低飞播造林成效。但由于林地生态系统中的生物因子与非生物因子的交互作用很难控制，目的植物的生活状态是自身和外部环境综合作用的体现，所以很难对某一生态因子对目的植物的作用进行定量研究。为此，我们在汉中和安康降水量与油松飞播造林成苗效果关系研究的基础上，利用1997年商州RPA拌种和对照飞

播区油松成苗期的有苗样方频度和成苗量资料，分析了安康降水量与飞播油松造林成效的关系，探讨了三地降水量对飞播成苗效果影响的差异，以期为制定科学的飞播造林技术方案和评估评估 RPA 拌种飞播效果提供科技支撑。

一、商州飞播区自然概况

根据 1996 年陕西省商洛市飞播造林作业设计方案，选择商洛市商州区飞播油松为研究对象。播区面积 1.69 万 hm^2，属灌木疏林改造。浅山播区植被以草灌为主，盖度适中；山地播区以次生灌木林及栎类阔杂林为主，盖度较大；土石山播区为次生杂灌木，盖度低。属暖温带半湿润季风气候，干旱、连阴雨、暴雨、冰雹、霜冻等灾害性天气时有发生。海拔 800 ~1 100 m 的川道丘陵播区，年均温 11 ~13℃，7 月均温 22 ~24℃，1 月均温 -3 ~1℃，极端最低气温均值 -16 ~ -10℃；4 ~10 月干燥指数 1.0 左右，年降水量为 650 ~750 mm；年日照时数为 1 700 ~2 200 h。主要气象灾害是春旱和伏旱。海拔 1 100 ~1 500 m 的中浅山播区，具有中温带气候特征。年均温 8 ~ 11℃，7 月均温 20 ~23℃，1 月均温 -6 ~ -3℃，极端最低气温均值 -19 ~ -15℃；年降水量西北部山区为 800 ~900 mm，北部山区为 700 ~820 mm，4 ~10 月干燥指数为 0.5 ~0.7。主要气象灾害是秋季连阴雨和霜冻。海拔 1 500 m 以上中山播区。年均温 <8℃，7 月均温低于 20℃，1 月均温低于 -5℃，极端最低气温均值低于 -17℃；降水量 800 ~1 200 mm，4 ~10 月干燥指数低于 0.45。

表 2-5　商州飞播油松成苗效果调查(1998 ~2004 年)

Tab. 2-5 Effective grown-up seedling of *Pinus tabulaeformis* for aerial seeding in Shangzhou county

项目	年限	RPA						CK					
		Ⅰ	Ⅱ	Ⅲ	Ⅳ	Ⅴ	$\bar{m}$	Ⅰ	Ⅱ	Ⅲ	Ⅳ	Ⅴ	$\bar{m}$
成苗量/株/hm^2 Q_{ss}	1	5 100	4 800	5 500	4 600	4 800	4 960.0 ±350.7	2 600	2 400	2 700	2 300	2 400	2 480.0 ±164.3
	2	3 000	3 400	2 900	3 500	3 300	3 220.0 ±258.8	1 500	1 800	1 500	1 400	1 600	1 560.0 ±151.7
	3	2 300	2 100	2 200	2 500	2 700	2 360.0 ±240.8	1 300	1 200	1 000	1 200	1 100	1 160.0 ±114.0
	4	2 000	2 100	2 000	2 000	2 200	2 060.0 ±89.4	1 000	1 000	900	1 100	800	960.0 ±114.0
	5	2 000	1 800	2 100	1 700	1 800	1 880.0 ±164.3	1 000	900	800	900	700	860.0 ±114.0
	6	1 700	1 800	1 600	1 700	1 700	1 700.0 ±70.7	900	700	800	800	700	780.0 ±83.7
有苗样方频度/% F	1	64	62	64	54	60	60.8 ±4.1	50	46	48	40	44	45.6 ±3.8
	2	42	46	36	38	40	40.4 ±3.8	28	26	22	24	26	25.2 ±2.3
	3	30	28	32	28	34	30.4 ±2.6	20	18	16	18	14	17.2 ±2.3
	4	26	32	26	24	22	26.0 ±3.7	12	14	12	14	10	12.4 ±1.7
	5	16	22	20	22	20	20.0 ±2.4	14	8	10	8	6	9.2 ±3.0
	6	20	18	14	20	18	18.0 ±2.4	8	6	8	10	6	7.6 ±1.7

二、调查与数据处理方法

1997 年飞播后，根据播区立地，选择 5 个 RPA 拌种播区和 5 个对照播区，每年 10 月按照“M”或“Z”形取样方法，随机抽取 50 块 1 m×2 m 样方，调查样方油松株数，记录调查地植被、土壤、坡向和坡位等情况。重复 5 次，连续调查 6 年。降水量资料来源于 1998～2004 年陕西省统计年鉴。按单位面积成苗量（Survival seedling quantity，Q_{ss}）和有苗样方频度（Frequentness of sample plots with available seedling，F）表述飞播后油松成苗效果（表 2－5）。采用 SPSS17.0 的相关分析法和逐步回归模型分析法研究降水量指标与油松成苗效果的关系，以模型参数、相关系数和指标量综合分析各降水指标对成苗效果作用稳定性和影响强度；参考汉中和安康的研究结论，探讨降水量对飞播成苗效果作用的区域变化。

三、成苗效果与降水量的相关性

相关分析显示，与汉中和安康不同，商州飞播成苗效果与年降水量相关度很低，与 4 月、7 月和 11 月降水量相关性也不显著（$p>0.05$）。而与 1 月降水量呈显著负相关（$p<0.05$），与 2 月、6 月、9 月、10 月和 12 月降水量负相关极显著（$p<0.01$）；与 3 月、5 月和 8 月降水量呈极显著正相关（$p<0.01$；表 2－6）。

表 2－6　1998～2004 年商州降水量变异与飞播油松成苗效果相关分析

Tab. 2－6 From 1998 to 2004, correlation analysis between rainfall variation and effective grown－up seedling of *Pinus tabulaeformis* for aerial seeding in Shangzhou county

指标 Index	降水量/mm Precipitation			比率/% Rate	变异系数/% Coefficient of variation	相关系数 Pearson correlations			
						苗木保存量 Q_{ss}		有苗样方频度 F	
	平均 Mean	最小 Min.	最大 Max.			RPA	CK	RPA	CK
年 Annual	701.7±24.6	544.2	950.5	100.0	19.2	−0.059	−0.051	−0.102	−0.056
1 月 Jan.	7.5±1.0	0.0	16.3	1.1	73.8	−0.404*	−0.390*	−0.343	−0.366*
2 月 Feb.	8.6±1.7	0.1	26.1	1.2	105.3	−0.628**	−0.627**	−0.655**	−0.634**
3 月 March	16.2±2.1	2.6	31.5	2.3	69.3	0.552**	0.538**	0.500**	0.517**
4 月 April	47.2±3.2	21.7	74.8	6.7	37.5	0.006	−0.012	0.001	−0.025
5 月 May	82.4±7.7	40.3	156.7	11.7	51.3	0.640**	0.629**	0.588**	0.619**
6 月 June	88.4±10.2	24.6	183.0	12.6	63.1	−0.595**	−0.575**	−0.556**	−0.559**
7 月 July	99.9±5.5	43.3	138.5	14.2	30.4	0.144	0.153	0.159	0.163
8 月 Aug	167.7±11.3	111.3	285.1	23.9	36.9	0.621**	0.622**	0.562**	0.614**
9 月 Sep.	79.6±13.1	27.5	233.4	11.3	90.0	−0.535**	−0.530**	−0.574**	−0.541**

续表 2－6

指标 Index	降水量/mm Precipitation			比率/% Rate	变异系数/% Coefficient of variation	相关系数 Pearson correlations			
						苗木保存量 Q_{ss}		有苗样方频度 F	
	平均 Mean	最小 Min.	最大 Max.			RPA	CK	RPA	CK
10 月 Oct.	72.9 ±5.1	32.7	107.6	10.4	38.4	−0.503**	−0.497**	−0.455*	−0.490**
11 月 Nov.	13.5 ±2.0	2.2	26.5	1.9	79.2	−0.302	−0.291	−0.279	−0.289
12 月 Dec.	9.3 ±1.3	0.0	20.6	1.3	77.4	−0.595**	−0.600**	−0.599**	−0.601**

备注：* 在 0.05 水平（双侧）上显著相关，** 在 0.01 水平（双侧）上显著相关。

Remarks: * Correlation is significant at the 0.05 level (2－tailed). ** Correlation is significant at the 0.01 level (2－tailed).

四、秦巴山区成苗效果与降水量的相关性及时空变化

商州飞播油松成苗效果与年降水量相关不显著（$p>0.05$）；而汉中呈极显著的正相关（$p<0.01$），安康 RPA 油松成苗效果和对照油松成苗量与年降水量呈显著负相关（$p<0.05$），对照有苗样方频度相关不显著（$p>0.05$）。原因是商州春夏连旱频发，甚至冬春夏连旱，掩盖了其年降水量对油松飞播成苗效果的作用。秦巴山地，冬春季寒冷干燥，冬季容易产生土壤表层冻结，且冻土层会随降水量增加和气温下降而增厚，使得土壤表层水分不易被苗木吸收，加之飞播油松幼苗生长缓慢，根系主要分布于土壤表层，对土壤水分吸收能力差，容易产生生理缺水，造成苗木衰弱或枯死；所以商洛与汉中和安康一样，油松成苗效果有随冬季各月降水量增加下降的趋势。其中，商洛油松成苗效果与 12 月和 2 月降水量呈极显著的负相关（$p<0.01$），与 1 月负相关显著（$p<0.05$），而与 11 月相关不显著（$p>0.05$）。汉中与 12 月、1 月和 2 月降水量负相关均极显著（$p<0.01$），而 11 月降水量仅与对照有苗样方频度相关显著（$p<0.05$）。安康与 11 月和 12 月降水量负相关极显著（$p<0.01$），而与 1 月和 2 月降水量相关不显著（$p>0.05$）。

春季随着气温回升，苗木开始生长，对水分需求增加，成苗效果与降水量呈正相关；但因为各播区植被类型、立地条件和土壤类型差异，引起土壤温度和林木生长变化规律不同，导致飞播油松成苗效果与月降水量相关性产生区域变化。其中，商洛与安康一样，油松成苗效果与 3 月和 5 月降水量正相关极显著（$p<0.01$），与 4 月相关不显著（$p>0.05$）；而汉中与 3 月 ~5 月降水量均呈极显著的正相关（$p<0.01$）。盛夏季节，气温高，雨量大。各地暴雨、冰雹和伏旱等气象灾害发生频次和强度不同，如果降水量超过了土壤最大持水量，就容易产生径流，冲毁或掩埋种子及幼苗；而长时间缺雨，就会造成苗木的干枯。三地成苗效果均与 6 月降水量呈极显著负相关（$p<0.01$）；而商洛与 7 月相关不显著（$p>0.05$），与 8 月呈极显著的正相关（$p<0.01$）；安康与 7 月和 8 月相关均不显著（$p>0.05$）；汉中与 7 月和 8 月降水量均呈极显著的正相关（$p<0.01$）。

秋季气候凉爽，多阴雨天，土壤水分满足油松生长，成苗效果与降水量呈负相关。其中，三地成苗效果与9月降水量均呈极显著的负相关（$p<0.01$）；商洛除RPA有苗样方频度与10月降水量呈显著负相关外（$p<0.05$），其余负相关均极显著（$p<0.01$）；安康与10月降水量也均呈极显著负相关（$p<0.01$），而汉中相关不显著（$p>0.05$）。

五、成苗效果与降水量的逐步回归模型

1. 不考虑飞播年限下的逐步回归模型

（1）单位面积成苗量模型　5月降水是决定商州飞播油松单位面积成苗量的关键因子，首先进入成苗量模型，与成苗量正相关极显著（$r=0.628$、0.640，$p=0.000$）。接着12月、1月和4月降水量因子依次进入油松成苗量模型（图2－5）。

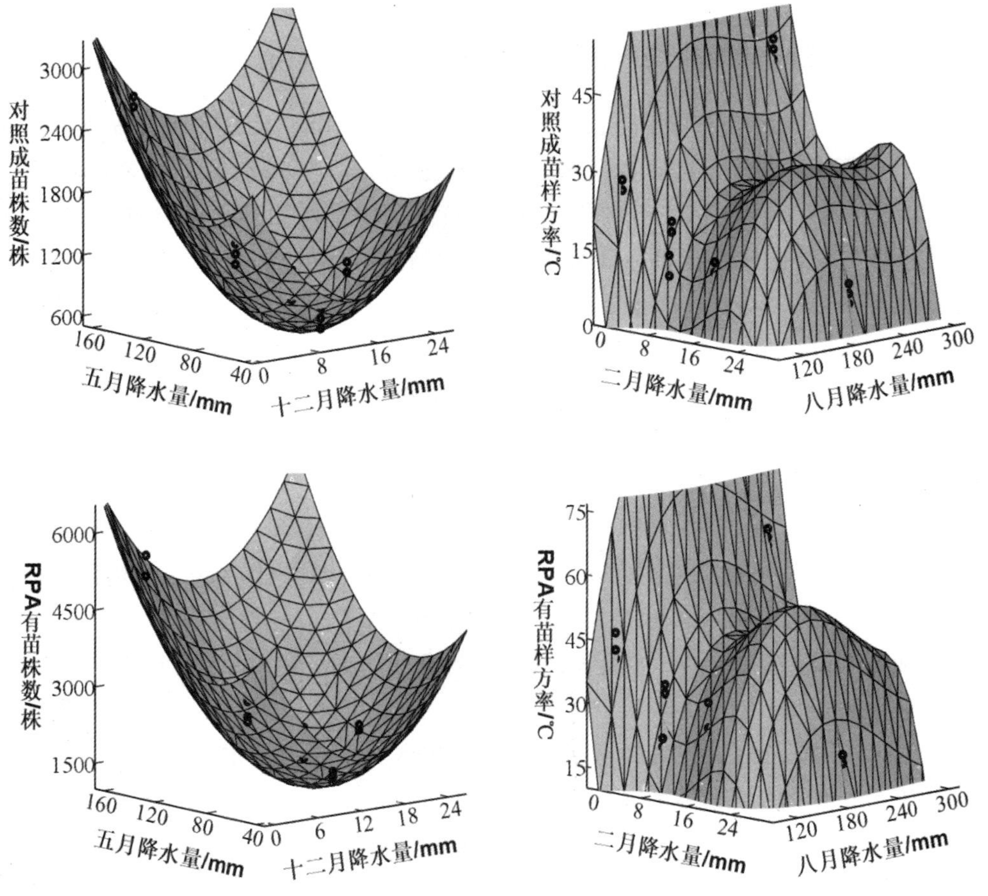

图2－5　商州飞播油松成苗效果与降水量关系

Fig. 2－5 The relationship between rainfall and effective grown－up seedubg of *pinus tabulaeformis* for aerial seeding in Shangzhou county

$$Q_{ssck}=556.419+9.028P_{m05}$$

$$(n=30, R^2=0.395, r_{m05}=0.629, F=18.285, p=0.000)$$

$$Q_{ssck}=998.867+10.132P_{m05}-57.559P_{m12}$$

$$(n=30, R^2=0.852, r_{m12}=-0.600, F=77.547, p=0.000)$$

$$Q_{ssck}=794.810+11.394P_{m05}-77.729P_{m12}+38.178P_{m01}$$

$$(n=30, R^2=0.914, r_{m01}=-0.390, F=91.964, p=0.000)$$

$$Q_{ssck}=84.406+13.238P_{m05}-84.919P_{m12}+60.505P_{m01}+9.686P_{m04}$$

$$(n=30, R^2=0.962, r_{m04}=-0.012, F=160.214, p=0.000)$$

$$Q_{ssrpa}=124.173+17.574P_{m05}$$

$$(n=30, R^2=0.410, r_{m05}=0.640, F=19.429, p=0.000)$$

$$Q_{ssrpa}=2\ 094.183+19.672P_{m05}-109.409P_{m12}$$

$$(n=30, R^2=0.861, r_{m12}=-0.595, F=83.724, p=0.000)$$

$$Q_{ssrpa}=1\ 732.661+21.884P_{m01}-144.748P_{m12}+66.890P_{m01}$$

$$(n=30, R^2=0.913, r_{m01}=-0.404, F=93.335, p=0.000)$$

$$Q_{ssrpa}=283.992+25.644P_{m05}-159.409P_{m12}+112.421P_{m01}+19.753P_{m04}$$

$$(n=30, R^2=0.969, r_{m04}=-0.006, F=192.978, p=0.000)$$

模型参数变化反映了飞播油松成苗量与降水因子的变化关系，也间接反映出各立地条件下油松对土壤水平的需求和利用差异。对照和 RPA5 月降水成苗量模型交点位于 −81.1 mm/m附近，斜率比值为 1.9，交点值远小于商州 6 月降水量下限。说明 RPA 种子处理后，5 月单位降水量增加的有效成苗量是对照的 1.9 倍，而且随着 5 月降水量增加，RPA 油松成苗量与对照差距有逐渐扩大趋势。从复相关系数分析，5 月、12 月和 1 月降水对成苗量作用效果相对稳定，而 4 月降水复相关系数仅为 −0.012 和 −0.006，作用效果稳定性极差。从成苗量的 4 变量模型分析，在控制模型中其他降水因子作用下，5 月、1 月和 4 月降水量与成苗量呈极显著正相关（$r_{ck}=0.969$、0.862、0.751，$r_{rpa}=0.974$、0.875、0.799，$p=0.000$），12 月降水与成苗量呈极显著负相关（$r=-0.963$、−0.968，$p=0.000$）。从模型参数和降水指标量总和分析，5 月降水对油松成苗量作用强度最大，对照和 RPA 贡献率分别为 73.95% 和 73.7%，远高于 12 月、1 月和 4 月的 9.0%、4.0%、13.0% 和 8.8%、3.9%、13.6%。

（2）有苗样方频度模型　2 月降水量与飞播后油松有苗样方频度关系最紧密，首先进入模型，呈极显著负相关（$r=-0.634$、−0.655，$p=0.000$）；接着 8 月、7 月和 6 月降水因子先后进入有苗样方模型（图 2－5）。

$$F_{ck}=27.629-0.941P_{m02}$$

$$(n=30, R^2=0.402, r_{m02}=-0.634, F=18.818, p=0.000)$$

$$F_{ck}=3.194-1.063P_{m02}+0.152P_{m08}$$

$$(n=30, R^2=0.883, r_{m08}=0.614, F=101.967, p=0.000)$$

$$F_{ck}=-3.194-1.320P_{m02}+0.113P_{m08}+0.159P_{m07}$$

$$(n=30, R^2=0.941, r_{m07}=0.163, F=138.021, p=0.000)$$

$$F_{ck}=4.237-1.253P_{m02}+0.097P_{m08}+0.140P_{m07}-0.047P_{m06}$$

$$(n=30, R^2=0.969, r_{m04}=-0.556, F=197.349, p=0.000)$$

$$F_{rpa}=42.010-1.094P_{m02}$$

$$(n=30, R^2=0.429, r_{m02}=-0.655, F=21.024, p=0.000)$$

$$F_{rpa}=416.503-1.221P_{m02}+0.159P\ m08$$

$$(n=30, R^2=0.843, r_{m08}=0.562, F=72.460, p=0.000)$$

$$F_{rpa}=7.012-1.567P_{m02}+0.106P\ m08+0.213P_{m07}$$

$$(n=30, R^2=0.926, r_{m07}=0.159, F=108.753, p=0.000)$$

$$F_{rpa}=16.982-1.486P_{m02}+0.086P_{m08}+0.919P_{m07}-0.058P_{m06}$$

$$(n=30, R^2=0.960, r_{m06}=-0.556, F=149.096, p=0.000)$$

RPA 与对照 2 月降水有苗样方模型交点位于 94.0 mm/m 附近，远高于当地 2 月降水量上限，斜率比值为 1.2。证明在商州 2 月降水量范围内，RPA 油松的有苗样方频度高于对照，但两者差距有随 2 月降水量增加缩小趋势。从复相关系数分析，2 月、8 月和 6 月降水与有苗样方频度关系相对密切，对模型值作用相对稳定，而 7 月降水复相关系数相对较低，对有苗样方作用效果稳定性较差。在控制模型中其他降水因子作用下，有苗样方与 2 月和 6 月降水呈极显著负相关（$r_{ck}=-0.967$、-0.693，$r_{rpa}=-0.962$、-0.674，$p=0.000$），而与 8 月和 7 月呈极显著正相关（$r_{ck}=0.886$、0.769，$r_{rpa}=0.798$、0.787，$p=0.000$）。8 月降水对对照和 RPA 有苗样方频度贡献率为 57.1% 和 47.7%，大于 7 月降水的 24.1% 和 31.0%；2 月降水对有苗样方作用相对较小，贡献率分别为 5.5% 和 6.2%。

2. **飞播年限对逐步回归模型的影响**　考虑到飞播年限对降水作用影响，引入时间变量后，首先飞播年限和 8 月降水因子进入油松成苗效果模型，接着 12 月和 1 月降水因子被引入对照成苗效果模型和 RPA 油松成苗量模型，而 6 月降水量进入 RPA 有苗样方频度模型（图 2-6）。

（1）单位面积成苗量模型　从成苗量模型分析，油松成苗量与飞播年限线性关系极为紧密，呈极显著负相关（$r=-0.883$、-0.882，$p=0.000$）。在排除飞播年限对成苗量影响下，8 月降水与成苗量正相关极显著（$r=0.851$、0.847，$p=0.000$）。从 4 变量模型分析，控制模型中其他因子干扰下，成苗量与飞播年限和 1 月降水呈负相关（$r_{ck}=-0.955$、-0.635，$r_{rpa}=-0.963$、-0.722，$p=0.000$），与 8 月和 12 月降水呈正相关（$r_{ck}=0.900$、0.411，$p=0.000$、0.033；$r_{rpa}=0.915$、0.523，$p=0.000$、0.005）。飞播年限对 RPA 和对照成苗量贡献率为 45.8% 和 46.8%，大于 8 月降水的 36.1% 和 37.3%，而 1 月和 12 月降水贡献率相对较小，分别为 10.8%、7.4% 和 9.7%、6.2%。

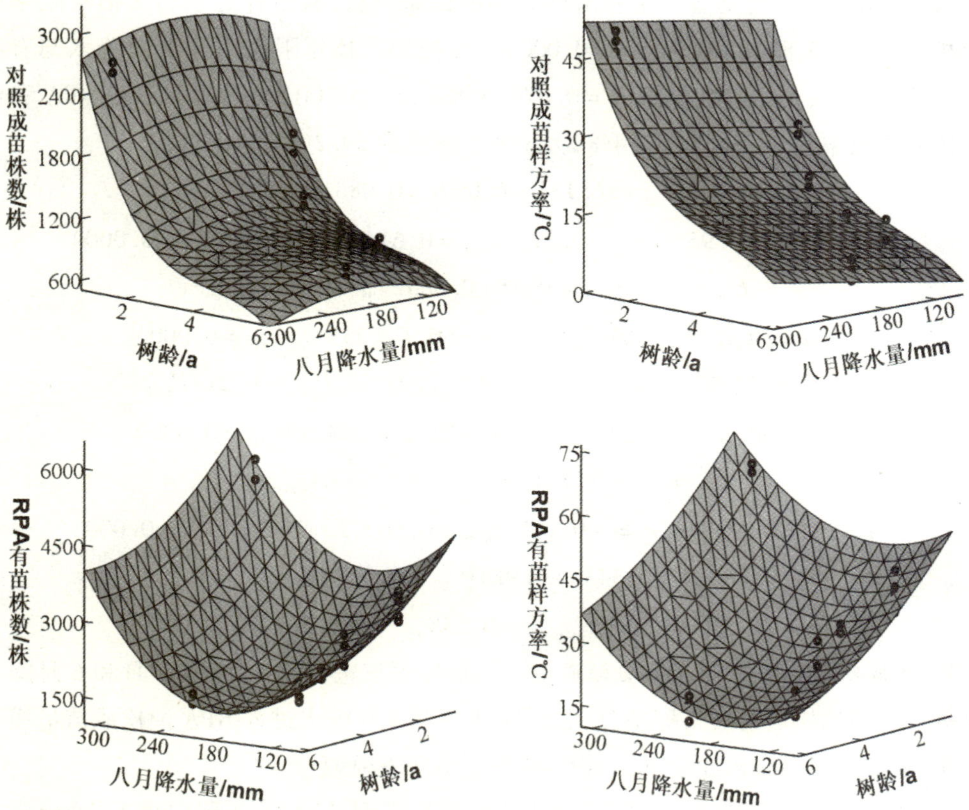

图 2-6　商州飞播油松成苗效果与降水量和树龄关系

Fig. 2-6 The relationship between rainfall and tree age and effective grown-up seedubg of *pinus tabulaeformis* for aerial seeding in Shangzhou county

$$Q_{ssck} = 1\,561.909 - 269.705t + 4.067P_{m08}$$

$$(n = 30, R^2 = 0.939, r_t = -0.883, r_{m08} = 0.622, F = 209.238, p = 0.000)$$

$$Q_{ssck} = 1\,655.832 - 258.527t + 3.9447P_{m08} - 14.959P_{m01}$$

$$(n = 30, R^2 = 0.957, r_{m01} = -0.390, F = 191.573, p = 0.000)$$

$$Q_{ssck} = 1\,674.206 - 271.973t + 4.021P_{m08} - 23.207P_{m01} + 12.612P_{m12}$$

$$(n = 30, R^2 = 0.964, r_{m12} = -0.600, F = 167.508, p = 0.000)$$

$$Q_{ssrpa} = 3\,194.516 - 514.832t + 7.775P_{m08}$$

$$(n = 30, R^2 = 0.937, r_t = -0.882, r_{m08} = 0.621, F = 202.419, p = 0.000)$$

$$Q_{ssrpa} = 3\,394.689 - 491.008t + 7.514P_{m08} - 31.883P_{m01}$$

$$(n = 30, R^2 = 0.959, r_{m01} = -0.404, F = 202.786, p = 0.000)$$

$$Q_{ssrpa} = 3\,438.147 - 546.462t + 7.697P_{m08} - 51.388P_{m01} + 28.386P_{m12}$$

$$(n=30, R^2=0.970, r_{m12}=-0.595, F=203.523, p=0.000)$$

(2)有苗样方频度模型　从有苗样方频度模型分析,有苗样方也与飞播年限呈极显著负相关($r=-0.896$、-0.917,$p=0.000$)。在控制飞播年限作用下,8 月降水与有苗样方线性关系密切,正相关极显著($r=0.874$、0.822,$p=0.000$)。飞播年限对 RPA 和对照有苗样方贡献率为 60.8% 和 55.4%,大于 8 月降水的 39.2% 和 44.6%。

$$F_{ck}=26.181-6.099t+0.088P_{m08}$$

$$(n=30, R^2=0.953, r_t=-0.896, r_{m08}=0.614, F=276.355, p=0.000)$$

$$F_{ck}=27.826-5.904t+0.085P_{m08}-0.262P_{m01}$$

$$(n=30, R^2=0.964, r_{m01}=-0.366, F=233.756, p=0.000)$$

$$F_{ck}=27.171-6.343t+0.087P_{m08}-0.417P_{m01}+0.228P_{m12}$$

$$(n=30, R^2=0.969, r_{m12}=-0.601, F=198.598, p=0.000)$$

$$F_{rpa}=73.791-7.192t+0.083P_{m08}$$

$$(n=30, R^2=0.948, r_t=-0.917, r_{m08}=0.562, F=248.340, p=0.000)$$

$$F_{ck}=47.304-6.343t+6.923P_{m08}-0.073P_{m01}+0.030P_{m12}$$

$$(n=30, R^2=0.957, r_{m06}=-0.556, F=193.563, p=0.000)$$

3. 飞播年限权重下的逐步回归模型　飞播年限权重下,2 月、8 月 7 月和 6 月降水量依次进入对照油松成苗效果模型,2 月、8 月、4 月和 7 月降水进入 RPA 油松成苗量模型,2 月、7 月、8 月和 6 月降水先后进入 RPA 油松有苗样方模型。

(1)对照成苗效果模型　从对照油松成苗效果模型分析,在年限权重下,油松成苗效果与 2 月降水量呈极显著负相关($r=-0.581$、-0.589,$p=0.001$)。在排除 2 月降水干扰下,8 月降水与对照成苗效果正相关极显著($r=0.822$、0.806,$p=0.000$);2 月和 8 月降水共同作用下,8 月降水对成苗量和有苗样方模型值贡献率为 93.8% 和 93.6%,远高于 2 月降水的 5.8% 和 5.9%。引入 7 月降水因子后,8 月降水对模型贡献率分别为 60.7% 和 56.7%,大于 7 月的 32.5% 和 36.4%,2 月降水贡献最低,仅为 6.8% 和 7.0%;但从复相关系数分析,8 月和 7 月降水与模型关系比较疏远,尤其是 7 月复相关系数仅为 -0.009 和 0.005,作用效果极为不稳定。从 4 变量模型分析,在消除模型中其他降水因子干扰下,对照成苗效果与 2 月和 6 月降水量呈极显著负相关($r_{Qss}=-0.962$、-0.688,$r_F=-0.969$、-0.677,$p=0.000$),与 8 月和 7 月降水呈极显著正相关($r_{Qss}=0.822$、0.763,$r_{Fa}=0.827$、0.827,$p=0.000$);8 月降水对成苗量与有苗样方贡献率为 50.7% 和 47.8%,大于 7 月的 28.5% 和 32.8%,2 月降水贡献率最小,仅为 6.6% 和 6.8%。但 2 月和 6 月降水作用效果相对稳定,而 8 月和 7 月,尤其是 7 月作用效果不稳定。

$$Q_{ssck}=1\,342.812-24.615P_{m02}$$

$$(n=30, R^2=0.337, r_{m02}=-0.581, F=14.248, p=0.001)$$

$$Q_{ssck}=443.512-43.720P_{m02}+7.087P_{m08}$$
$$(n=30,R^2=0.767,r_{m08}=0.212,F=44.517,p=0.000)$$
$$Q_{ssck}=249.227-55.425P_{m02}+5.336P_{m08}+6.184P_{m07}$$
$$(n=30,R^2=0.881,r_{m07}=-0.009,F=64.237,p=0.000)$$
$$Q_{ssck}=675.300-54.544P_{m02}+4.507P_{m08}+5.481P_{m07}-2.373P_{m06}$$
$$(n=30,R^2=0.937,r_{m06}=-0.325,F=93.633,p=0.000)$$
$$F_{ck}=20.576-0.560P_{m02}$$
$$(n=30,R^2=0.347,r_{m02}=-0.589,F=14.909,p=0.001)$$
$$F_{ck}=0.841-0.979P_{m02}+0.156P_{m08}$$
$$(n=30,R^2=0.760,r_{m08}=0.195,F=42.686,p=0.000)$$
$$F_{ck}=-4.028-1.273P_{m02}+0.112P_{m08}+0.155P_{m07}$$
$$(n=30,R^2=0.902,r_{m07}=0.005,F=79.784,p=0.000)$$
$$F_{ck}=4.496-1.255P_{m02}+0.095P_{m08}+0.141P_{m07}-0.047P_{m06}$$
$$(n=30,R^2=0.947,r_{m06}=-0.301,F=111.395,p=0.000)$$

(2)RPA 油松成苗效果模型　飞播年限权重下，RPA 油松成苗效果也与 2 月降水呈极显著负相关($r=-0.589$、-0.608，$p=0.001$、0.000)。其有苗样方与降水因子关系变化规律与对照类似，而在成苗量模型值中 4 月降水代替了对照模型中 6 月降水。从 4 变量模型分析，8 月和 7 月对成苗量贡献率为 63.6% 和 21.6%，对有苗样方贡献率为37.3% 和 41.0%，2 月贡献率分别为 6.7% 和 7.4%，4 月降水对成苗量贡献率为 8.2%，6 月对有苗样方贡献率为 14.4%，但 7 月和 4 月降水对油松成苗效果作用不稳定。

$$Q_{ssrpa}=2\ 779.914-47.121P_{m02}$$
$$(n=30,R^2=0.346,r_{m02}=-0.589,F=14.846,p=0.001)$$
$$Q_{ssrpa}=1\ 072.899-83.385P_{m02}+13.452P_{m08}$$
$$(n=30,R^2=0.781,r_{m08}=0.210,F=48.125,p=0.000)$$
$$Q_{ssrpa}=312.168-98.540P_{m02}+13.848P_{m08}+18.575P_{m04}$$
$$(n=30,R^2=0.901,r_{m04}=0.008,F=78.532,p=0.000)$$
$$Q_{ssrpa}=205.073-111.262P_{m02}+11.400P_{m08}+14.788P_{m04}+8.359P_{m07}$$
$$(n=30,R^2=0.954,r_{m07}=-0.024,F=129.318,p=0.000)$$
$$F_{rpa}=34.207-0.678P_{m02}$$
$$(n=30,R^2=0.370,r_{m02}=-0.608,F=16.443,p=0.000)$$
$$F_{rpa}=15.454-1.418P_{m02}+0.278P_{m07}$$
$$(n=30,R^2=0.780,r_{m07}=0.007,F=47.962,p=0.000)$$

$$F_{rpa} = 7.067 - 1.513P_{m02} + 0.211P_{m07} + 0.102P_{m08}$$

$$(n = 30, R^2 = 0.885, r_{m08} = 0.124, F = 66.535, p = 0.000)$$

$$F_{rpa} = 17.615 - 1.491P_{m02} + 0.194P_{m07} + 0.081P_{m08} - 0.059P_{m06}$$

$$(n = 30, R^2 = 0.935, r_{m06} = -0.288, F = 89.357, p = 0.000)$$

六、不同降水因素对成苗效果作用强度

模型参数变化反映了飞播油松成苗量与降水因子的变化关系，也间接反映出各立地条件下油松对土壤水平的需求和利用差异。

1. **排除时间因素干扰下的降水量作用** 从逐步回归模型分析，商州成苗量与5月、12月、1月和4月降水量关系密切。5月、12月和1月降水对成苗量作用效果相对稳定。其中，5月降水对对照和RPA油松成苗量模型值贡献率分别为73.95%和73.7%。而有苗样方频度与2月、8月、7月和6月降水量关系较为紧密。2月、8月和6月降水对有苗样方频度模型作用相对稳定。8月降水对对照和RPA有苗样方频度贡献率为57.1%和47.7%，大于7月降水的24.1%和31.0%。在当地降水量范围内，RPA模型值均大于对照。其中，随着5月降水量增加，RPA油松成苗量与对照差距有逐渐扩大趋势；但RPA油松有苗样方频度与对照差距有随2月降水量增加而缩小的趋势。

2. **考虑时间因素的降水量作用** 引入时间变量，成苗量与飞播年限、8月、12月和1月降水量相关。飞播年限对RPA和对照成苗量贡献率为45.8%和46.8%，大于8月降水的36.1%和37.3%。对照有苗样方频度与降水量关系与成苗量相同；而RPA有苗样方频度与8月和6月降水量关系紧密。飞播年限对RPA和对照有苗样方贡献率为60.8%和55.4%，也大于8月降水的39.2%和44.6%。

3. **飞播年限权重下的降水量作用** 以飞播年限为权重，对照成苗效果与2月、8月7月和6月降水量依次相关。其中，2月和8月降水量与成苗效果作用稳定；8月降水量对成苗量和有苗样方频度模型值贡献率分别为50.7%和47.8%，大于7月的28.5%和32.8%。2月、8月、4月和7月降水量依次进入RPA油松成苗量模型，2月、7月、8月和6月降水先后进入RPA油松有苗样方模型。2月和8月降水量对油松成苗量作用稳定，而2月和7月降水量对有苗样方频度作用稳定。其中，8月降水量对成苗量和有苗样方频度贡献率为63.6%和37.3%，7月为21.6%和41.0%，2月贡献率分别为6.7%和7.4%，4月降水对成苗量贡献率为8.2%，6月对有苗样方贡献率为14.4%。

第四节　降水量与淳化飞播油松成苗效果关系

【内容提要】降水分布不均造成的冬春季干旱、暴雨和伏旱等气象灾害频发掩盖了年

降水量对成苗效果的作用，导致淳化成苗效果与年降水量相关不显著。冬季少雨多风形成的冻土层和干土层导致幼苗处于生理缺水和绝对缺水状态，使淳化油松成苗效果与冬季月降水量呈极显著的负相关。春季气温回升，林木水分需求增加，成苗效果与月降水量呈正相关；但植被和土壤类型差异，导致相关度产生地域变化。其中，淳化、安康和商州表现为与 3 月和 5 月降水量呈极显著的正相关，与 4 月相关不显著；汉中与 3 ~ 5 月降水量均呈极显著的正相关。暴雨和伏旱发生频次及强度是盛夏季节油松成苗效果与降水量关系变化的主要原因，但各地成苗效果均与 6 月降水量呈极显著的负相关。秋季多雨，气温下降，树木水分需求降低，土壤水分满足幼苗需要，成苗效果与降水量呈负相关。说明飞播油松成苗效果不仅取决于年降水量，而且与当地降水量的分布密切相关。逐步回归模型分析证明，淳化成苗效果与 3 月、9 月和 7 月降水量相关度高。在当地降水量范围内，各地 RPA 模型值均大于对照，证明 RPA 拌种能提高单位降水量的油松有苗样方频度和成苗量，且作用稳定。

【关 键 词】飞播造林，多效抗旱驱鼠剂，油松，成苗效果，降水量

降水是重要的气象因子，也是我国黄土高原林木赖以生存的主要水资源，干旱缺水是该地区农林经济发展的主要障碍。以往人们多注重降水与天然林以及其他植被的关系研究，很少涉及降水与飞播林关系研究，其中降水对飞播造林成苗效果影响是研究的热点问题。为此，在秦巴山区降水与飞播造林成苗效果关系研究的基础上，利用 1997 年淳化 RPA 拌种和对照区飞播油松成苗期成苗量和有苗样方频度调查资料，分析了降水与淳化飞播成苗效果的关系；并通过与秦巴山区研究结果对比分析，探讨了降水对成苗效果作用的地域变化。以期为确定飞播期、制定飞播造林方案和评价 RPA 飞播造林效果提供技术支撑。

一、咸阳淳化飞播区自然概况

根据 1996 年陕西省咸阳市飞播造林作业设计方案，选择咸阳市淳化县飞播油松为研究对象[11]。播区位于咸阳市北部，地处渭北黄土高原沟壑区的南缘。境内南北山岭横贯，中部大沟纵切，山高沟深，塬面破碎，水土流失严重，自然灾害频繁。土壤具有明显的由褐土带向黑土带过渡性质，95% 的土壤有效土层厚度大于 100 cm。海拔 630 ~ 1 809 m，相对高差 1 200 m 左右。年均温度 8 ~ 10℃，7 月均温 22.0 ~ 23.2℃，1 月均温 −5.4 ~ −6.0℃。年降水量 610.7(405.1 ~ 822.6) mm，7 ~ 8 月多暴雨，降水占年降水量的 53%；日降水大于 25 mm 的大雨年年发生，最多 1 年 3 次，大于 50 mm 的暴雨平均 2 年 1 次。无霜期 183.0(170 ~ 190) d；日照时数 2249.1 h。播区面积 0.98 万 hm^2，植被以菊科、蔷薇科等草本为主，另外还有一些人工刺槐林。

表 2－7　淳化飞播油松成苗效果调查(1998～2004 年)

Tab. 2－7 Effective grown－up seedling of *Pinus tabulaeformis* for aerial seeding in Chunhua county

项目	年限	RPA						CK					
		Ⅰ	Ⅱ	Ⅲ	Ⅳ	Ⅴ	$\bar{m}$	Ⅰ	Ⅱ	Ⅲ	Ⅳ	Ⅴ	$\bar{m}$
成苗量/株/hm^2 Q_{ss}	1	5 200	4 900	5 600	4 700	4 700	5 020.0±383.4	2 400	2 000	2 200	2 300	2 600	2 300.0±223.6
	2	3 400	3 100	3 100	3 600	3 500	3 340.0±230.2	1 700	2 000	1 800	900	1 300	1 540.0±439.3
	3	2 100	2 200	2 100	2 300	2 500	2 240.0±167.3	1 200	1 100	1 000	1 300	1 400	1 200.0±158.1
	4	2 000	1 800	2 000	2 300	1 700	1 960.0±230.2	1 000	1 000	1 000	900	800	940.0±89.4
	5	1 800	1 800	2 000	1 600	1 700	1 780.0±148.3	1 000	900	700	900	800	860.0±114.0
	6	1 800	1 600	1 700	1 600	1 400	1 620.0±148.3	600	700	800	1 000	900	800.0±158.1
有苗样方频度/% F	1	64	62	54	58	44	56.4±7.9	38	40	36	44	30	37.6±5.2
	2	48	38	36	42	26	38.0±8.1	34	28	10	16	18	21.2±9.7
	3	30	28	30	34	28	30.0±2.4	12	10	14	18	12	13.2±3.0
	4	24	28	26	20	24	24.4±3.0	10	14	10	8	10	10.4±2.2
	5	26	24	18	16	20	20.8±4.1	8	12	8	10	8	9.2±1.8
	6	18	20	22	18	18	19.2±1.8	6	8	10	8	6	7.6±1.7

二、调查与数据处理方法

1997 年飞播后，根据播区立地，选择 5 个 RPA 拌种播区和 5 个对照播区，每年 10 月按照“M”或“Z”形取样方法，随机抽取 50 块 1 m×2 m 样方，调查样方油松株数，记录调查地植被、土壤、坡向和坡位等情况。重复 5 次，连续调查 6 年。降水量资料来源于 1998～2004 年陕西省统计年鉴。按单位面积成苗量(Survival seedling quantity，Q_{ss})和有苗样方频度(Frequentness of sample plots with available seedling，F)表述飞播后油松成苗效果(表 2－7)。采用 SPSS17.0 的相关分析法和逐步回归模型分析降水量指标与油松成苗效果的关系，以模型参数、相关系数和指标量综合分析各降水指标对成苗效果作用稳定性和影响强度；参考汉中、安康和商州的研究结果，探讨降水量对飞播成苗效果作用的区域变化。

三、成苗效果与降水量的相关性

与商州类似，淳化年降水量与油松成苗效果相关性也不显著($r<0$，$p>0.05$)。月降水量与成苗效果相关性具有汉中和商州油松的共性。成苗效果与 1～2 月、6 月和 8～12 月降水量呈极显著负相关($r<0$，$p<0.01$)，而与 3 月、5 月和 7 月降水量呈极显著正相关($r>0$，$p<0.01$)，与 4 月正相关不显著($r>0$，$p>0.05$；表 2－8)。

表 2－8 1998～2004 年淳化降水量变异与飞播油松成苗效果相关分析

Tab. 2－8 From 1998 to 2004, correlation analysis between rainfall variation and effective grown－up seedling of *Pinus tabulaeformis* for aerial seeding in Chunhua county

指标 Index	降水量/mm Precipitation			比率/% Rate	变异系数/% Coefficient of variation	相关系数 Pearson correlations			
						苗木保存量 Q_{ss}		有苗样方频度 F	
	平均 Mean	最小 Min.	最大 Max.			RPA	CK	RPA	CK
年 Annual	509.1±24.8	405.1	799.5	100.0	26.6	－0.193	－0.194	－0.223	－0.173
1 月 Jan.	7.0±0.7	0.0	12.2	1.4	57.7	－0.529**	－0.494**	－0.486**	－0.466**
2 月 Feb.	5.9±1.0	0.1	16.1	1.1	96.6	－0.696**	－0.671**	－0.681**	－0.640**
3 月 March	10.9±1.8	0.2	27.9	2.1	88.3	0.888**	0.815**	0.803**	0.827**
4 月 April	36.8±2.3	17.3	52.9	7.2	34.3	0.360	0.310	0.305	0.320
5 月 May	62.2±7.4	7.8	120.4	12.2	65.5	0.663**	0.601**	0.587**	0.600**
6 月 June	49.1±4.6	8.9	87.0	9.6	51.5	－0.720**	－0.654**	－0.664**	－0.671**
7 月 July	93.0±8.4	27.1	167.1	18.3	49.4	0.556**	0.519**	0.524**	0.537**
8 月 Aug	70.4±8.9	8.8	161.4	13.8	69.1	－0.238	－0.210	－0.237	－0.194
9 月 Sep.	85.5±9.8	27.6	194.9	16.8	63.1	－0.689**	－0.666**	－0.686**	－0.641**
10 月 Oct.	66.6±4.6	43.7	113.3	13.1	37.4	－0.307	－0.305	－0.322	－0.309
11 月 Nov.	14.7±2.2	0.4	35.3	2.9	81.8	－0.554**	－0.500**	－0.525**	－0.523**
12 月 Dec.	7.1±1.1	0.2	15.1	1.4	86.2	－0.741**	－0.717**	－0.714**	－0.678**

备注：* 在 0.05 水平（双侧）上显著相关，** 在 0.01 水平（双侧）上显著相关。

Remarks：* Correlation is significant at the 0.05 level (2－tailed). ** Correlation is significant at the 0.01 level (2－tailed).

四、成苗效果与降水量指标模型

1. **不考虑飞播年限下的逐步回归模型** 逐步回归模型分析显示，油松成苗效果与 3 月、9 月和 7 月降水量关系密切，与 3 月降水量呈极显著正相关（$r_{Qss}=0.815$、0.888，$r_{Fa}=0.827$、0.803，$p=0.000$）。在控制 3 月降水作用下，成苗效果与 9 月降水量呈极显著负相关（$r_{Qss}=-0.566$、-0.689，$p=0.001$；$r_F=-0.641$、-0.599，$p=0.004$、0.001）；在排除 3 月和 9 月因素干扰下，成苗效果与 7 月降水量呈正相关（$r_{Qss}=0.587$、0.833，$p=0.001$、0.000；$r_{Fa}=0.588$、0.640，$p=0.001$、0.000；图 2－7）。

$$Q_{ssck}=746.974+48.143P_{m03}$$

$$(n=30, R^2=0.664, r_{m03}=0.815, F=55.302, p=0.000)$$

$$Q_{ssck}=1191.061+38.100P_{m03}-3.912_{m09}$$

$$(n=30, R^2=0.771, r_{m09}=-0.666, F=45.577, p=0.000)$$

$$Q_{ssck}=1\ 050.863+24.815b6P_{m03}-5.231_{m09}+4.280P_{m07}$$

$$(n=30, R^2=0.850, r_{m07}=0.519, F=49.173, p=0.000)$$

$$Q_{ssrpa}=1\ 419.774+113.4353P_{m03}$$

$$(n=30, R^2=0.789, r_{m03}=0888, F=104.924, p=0.000)$$

$$Q_{ssrpa}=2\ 343.293+92.551P_{m03}-8.135P_{m09}$$

$$(n=30, R^2=0.889, r_{m09}=-0.689, F=108.145, p=0.000)$$

$$Q_{ssrpa}=2\ 043.450+64.141P_{m03}-10.956_{m09}+9.154P_{m07}$$

$$(n=30, R^2=0.966, r_{m07}=0.556, F=246.878, p=0.000)$$

$$F_{ck}=5.818+0.980P_{m03}$$

$$(n=30, R^2=0.683, r_{m03}=0.827, F=60.461, p=0.000)$$

$$F_{ck}=13.790+0.800P_{m03}-0.070P_{m09}$$

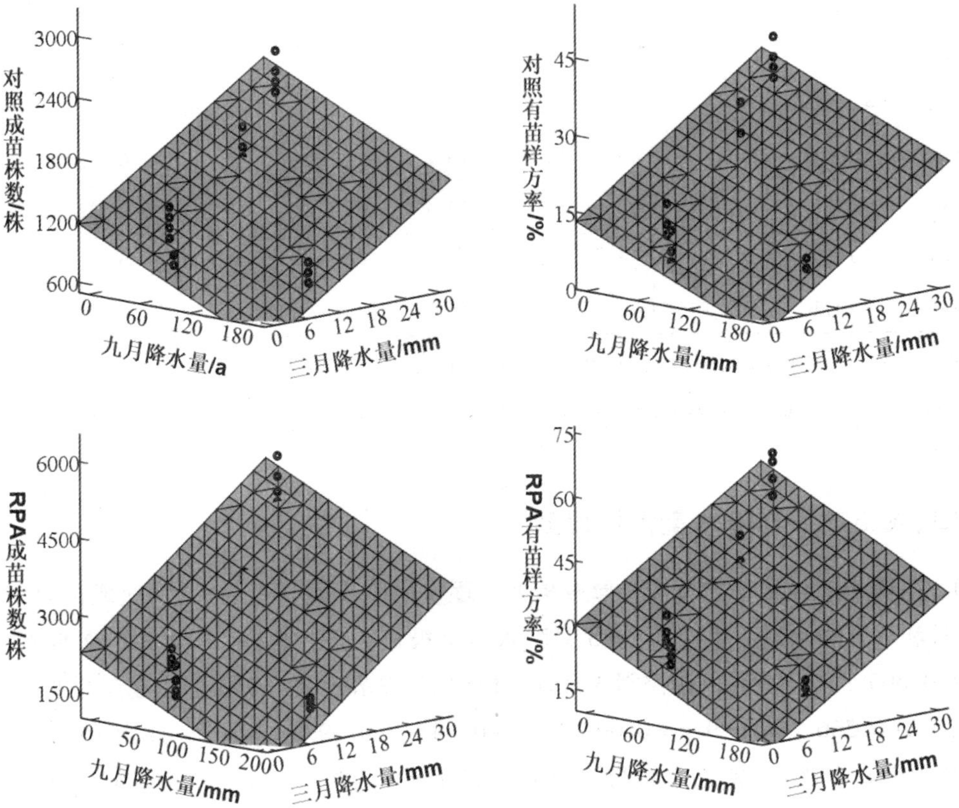

图 2－7　淳化飞播油松成苗效果与降水量关系

Fig. 2－7 The relationship between rainfall and effective grown－up seedling of *Pinus tabulaeformis* for aerial seeding in Chunhua County

$$(n=30, R^2=0.770, r_{m09}=-0.641, F=45.098, p=0.000)$$

$$F_{ck}=10.957+0.531P_{m03}-0.097P_{m09}+0.086P_{m07}$$

$$(n=30, R^2=0.849, r_{m07}=0.537, F=48.882, p=0.000)$$

$$F_{rpa}=18.872+1.152P_{m03}$$

$$(n=30, R^2=0.645, r_{m03}=0.803, F=50.939, p=0.000)$$

$$F_{rpa}=30.591+0.887P_{m03}+0.103P_{m09}$$

$$(n=30, R^2=0.770, r_{m09}=-0.641, F=45.098, p=0.000)$$

$$F_{ck}=26.888+0.536P_{m03}-0.138P_{m09}+0.113P_{m07}$$

$$(n=30, R^2=0.866, r_{m07}=0.524, F=55.862, p=0.000)$$

模型显示，在3月、9月和7月降水协同作用下，9月降水对油松成苗量与有苗样方频度作用强度最大，贡献率为53.5%、52.4%和51.2%、54.1%，明显大于7月降水的40.7%、40.6%和42.4%、41.1%，而3月降水作用强度最小，贡献率为5.8%、7.0%和6.4%、4.8%。但3月降水量的复相关系数明显大于9月和7月降水，说明3月降水对油松成苗效果作用相对稳定，而9月和7月降水作用稳定性相对较差。从成苗效果一元线性模型分析，RPA模型截距大于对照模型，其RPA与对照油松成苗量和有苗样方模型斜率比值为2.4和1.2。说明在当地3月降水量范围内，RPA模型值大于对照，两者差距有随3月降水量增加扩大趋势。证明RPA油松林分单位降水量提高的成苗效果大于对照，对土壤水分利用能力明显高于对照。

2. **飞播年限对逐步回归的影响** 引入时间变量分析，飞播年限首先进入对照油松成苗量和RPA有苗样方模型，接着3月和1月降水量依次进入模型；而对于RPA油松成苗量和对照油松有苗样方，3月降水量、飞播年限和1月降水量依次进入模型（图2-8）。

$$Q_{ssck}=1\,628.257-182.518t+31.477P_{m03}$$

$$(n=30, R^2=0.832, r_t=-0.853, r_{m03}=0.815, F=66.771, p=0.000)$$

$$Q_{ssck}=1\,429.652-28.246t+31.477P_{m33}+32.637P_{m11}$$

$$(n=30, R^2=0.861, r_{m01}=-0.494, F=53.464, p=0.000)$$

$$Q_{ssrpa}=1\,419.774-113.435P_{m03}$$

$$(n=30, R^2=0.789, r_{m03}=0.888, F=104.924, p=0.000)$$

$$Q_{ssrpa}=3\,209.346-68.402P_{m03}-370.630t$$

$$(n=30, R^2=0.938, r_t=-0.884, F=203.086, p=0.000)$$

$$Q_{ssrpa}=2\,762.244+80.809P_{m03}-42.589t+73.475P_{m01}$$

$$(n=30, R^2=0.969, r_{m01}=-0.529, F=269.179, p=0.000)$$

$$F_{ck}=5.818+0.980P_{m03}$$

$$(n=30, R^2=0.683, r_{m03}=0.827, F=60.461, p=0.000)$$

$$F_{ck}=21.043+0.597P_{m03}-3.153t$$

$$(n=30, R^2=0.808, r_t=-0.817, F=56.814, p=0.000)$$

$$F_{ck}=16.381+0.726P_{m03}-3.758+0.086P_{m01}$$

$$(n=30, R^2=0.847, r_{m01}=0.466, F=48.086, p=0.000)$$

$$F_{rpa}=42.169+4.825t+0.566P_{m03}$$

$$(n=30, R^2=0.845, r_t=-0.872, r_{m03}=0.803, F=73.343, p=0.000)$$

$$F_{rpa}=36.966-5.499t+0.710P_{m03}+0.855P_{m01}$$

$$(n=30, R^2=0.878, r_{m01}=-0.486, F=62.358, p=0.000)$$

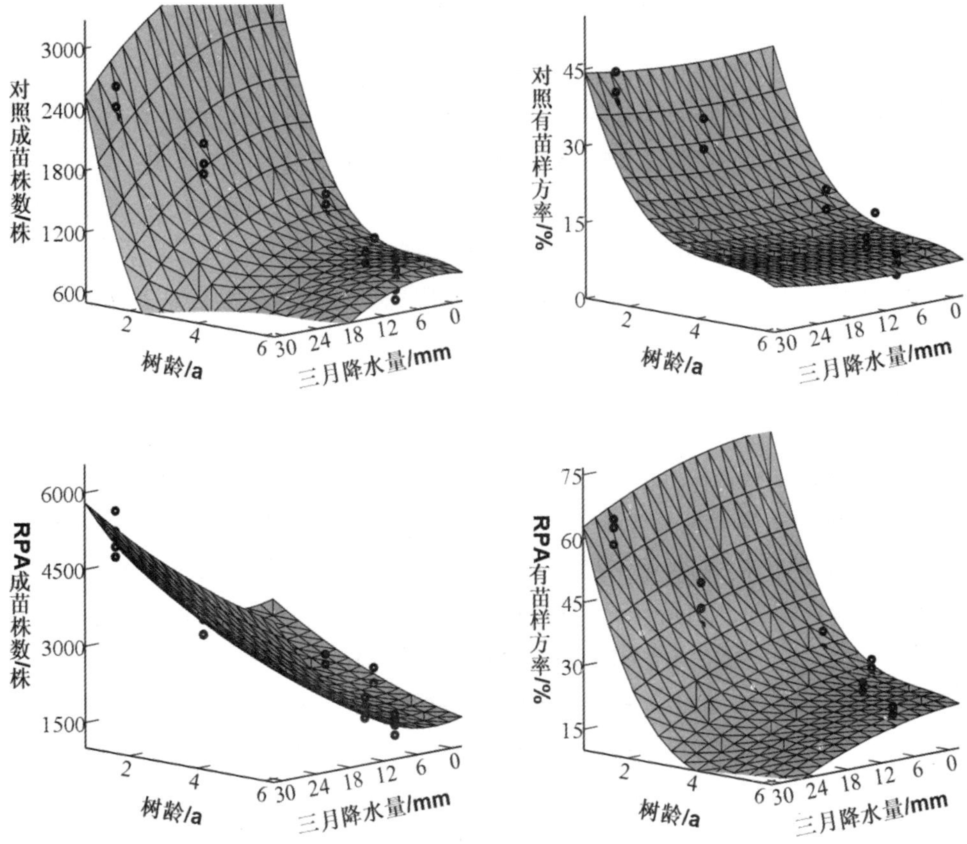

图 2-8 淳化飞播油松成苗效果与降水量和树龄关系

Fig. 2-8 The relationship between rainfall and tree age and effective grown-up seedubg of *pinus tabulaeformis* for aerial seeding in Chunhua county

从模型分析，3 月降水与成苗效果一元线性模型保持不变，与上述分析结果相同。从复相关系数分析，飞播年限与 3 月降水量与成苗效果关系密切，作用效果相对稳定；而 1 月降水量与成苗效果关系相对疏远，作用效果稳定性相对较低。从作用强度分析，飞播年限对对照和 RPA 油松成苗量贡献率为 79.9% 和 68.2%，远大于 3 月降水量的 12.7% 和 20.1%，1 月作用强度相对较低，贡献率为 8.0% 和 11.7%；同样，飞播年限对油松有苗样方频度作用强度也最大，贡献率为 66.2% 和 81.4%，远大于 3 月的 20.0% 和 10.5%。

3. 飞播年限权重下的逐步回归 以飞播年限为权重分析,3 月、9 月和 7 月降水量与对照油松成苗效果和 RPA 成苗量关系不变,只是在对照成苗量模型增加了 11 月降水指标,在 RPA 成苗量模型中加入了 12 月降水指标。而 RPA 油松有苗样方频度只与 3 月和 7 月降水指标有关。

$$Q_{ssck}=744.03+37.092P_{m03}$$

$$(n=30, R^2=0.406, r_{m03}=0.637, F=19.164, p=0.000)$$

$$Q_{ssck}=1\ 143.593+33.314P_{m03}-3.365\ P_{m09}$$

$$(n=30, R^2=0.632, r_{m09}=-0.572, F=23.199, p=0.000)$$

$$Q_{ssck}=11\ 004.859+25.711P_{m03}-5.161\ P_{m09}+4.554P_{m07}$$

$$(n=30, R^2=0.785, r_{m07}=0.184, F=31.589, p=0.000)$$

$$Q_{ssck}=1\ 025.733+21.048P_{m03}-7.446P_{m09}+5.321P_{m07}+10.792P_{m11}$$

$$(n=30, R^2=0.817, r_{m11}=-0.351, F=27.952, p=0.000)$$

$$Q_{ssrpa}=1\ 428.864+90.770P_{m03}$$

$$(n=30, R^2=0.543, r_{m03}=0.737, F=33.225, p=0.000)$$

$$Q_{ssrpa}=2\ 277.864+80.981P_{m03}-7.152P_{m09}$$

$$(n=30, R^2=0.780, r_{m09}=-0.600, F=47.979, p=0.000)$$

$$Q_{ssrpa}=1\ 977.540+64.523P_{m03}-11.039P_{m09}+9.859P_{m07}$$

$$(n=30, R^2=0.947, r_{m07}=0.210, F=155.194, p=0.000)$$

$$Q_{ssrpa}=2\ 317.613+54.985P_{m03}-10.902P_{m09}+8.826P_{m07}-20.911P_{m12}$$

$$(n=30, R^2=0.956, r_{m12}=-0.604, F=134.362, p=0.000)$$

$$F_{ck}=6.031+0.770P_{m03}$$

$$(n=30, R^2=0.452, r_{m03}=0.672, F=23.105, p=0.000)$$

$$F_{ck}=13.322+0.686P_{m03}+0.061P_{m09}$$

$$(n=30, R^2=0.655, r_{m09}=-0.553, F=25.652, p=0.000)$$

$$F_{rpa}=10.698+0.542P_{m03}-0.095P_{m09}+0.086P_{m07}$$

$$(n=30, R^2=0.849, r_{m07}=0.198, F=35.257, p=0.000)$$

$$F_{rpa}=34.282+1.056P_{m02}$$

$$(n=30, R^2=0.388, r_{m02}=-0.623, F=17.778, p=0.000)$$

$$F_{rpa}=24.282+1.866P_{m02}+0.193P_{m0.7}$$

$$(n=30, R^2=0.844, r_{m07}=0.191, F=73.101, p=0.000)$$

从对照油松成苗效果 3 变量模型分析,9 月降水对成苗量和有苗样方贡献率为 56.4% 和 55.5%,大于 7 月的 39.4% 和 39.7%,3 月贡献率最小,为 4.2% 和 4.7%;9 月降水对 RPA 油松成苗量贡献率为 55.7%,7 月和 3 月分别为 39.4% 和 4.9%;与上述结论相比,9 月贡献率略有增加,而 7 月和 3 月略有下降。从油松成苗量 4 变量模型分析,在控制模型中其他降水因子干扰下，成苗量与9月降水量呈极显著负相关（$r=-0.753$、-0.947，$p=0.000$），与3月和7月降水量呈极显著正相关（$r_{ck}=0.587$、0.708，$p=0.001$、0.000；$r_{rpa}=0.842$、0.844，$p=0.000$），另外对照成苗量与11月降水呈显著正相关（$r=0.389$，$p=0.045$），而RPA与12月呈显著负相关（$r=-0.400$，$p=0.039$）。9月降水对对照和RPA模型贡献率分别为60.1%和57.8%，大于7月的34.0%和37.0%，3月和11月对对照贡献率较小，为2.6%和3.3%，3月和12月对RPA贡献较小，为4.4%和0.9%。在控制2月降水作用下，7月降水与RPA有苗样方呈极显著正相关（$r=0.863$，$p=0.000$），两者对模型值贡献率分别为7.7%和92.3%，2月降水贡献远小于7月降水；但7月降水复相关系数仅为0.191，与模型值关系比较松散，作用不稳定。

五、成苗效果与降水量的相关性及时空变化

研究期内，淳化年降水量均值为（509.1±24.8）mm，低于（610.7±35.6）mm的多年统计均值。降水主要集中在7～9月，占年降水量的50.7%。汛期降水少于10 mm的月份出现了3次，大于100 mm发生了6次，其中，2003年9月降水量达194.9 mm；大雨暴雨频发，水土流失严重，伏旱现象时有发生。冬季降水最少，仅占年降水量3.9%。阳春3月和深秋11月降水也偏少，分别占2.1%和2.9%。年间降水变化较大，冬春干旱严重，其中1998年冬季降水量仅为0.3 mm。与商州相同，淳化飞播油松成苗效果也与年降水量呈不显著的负相关（$r<0$，$p>0.05$）。

淳化冬季多风，气候寒冷干燥。12月和1～2月月均温依次为（0.6±0.2）℃、（−0.3±0.2）℃和（3.9±0.2）℃，极端最低温度均值为（−13.2±0.7）℃；飞播造林区海拔高，冬季温度更低，容易产生冻土现象，其程度与土壤水分密切相关；而多风加快了土壤表层水分的挥发，在降水量极少时会造成表层土壤风化，形成干土层；同时多风也会加剧苗木体内水分的散失。加之飞播油松幼苗根系主要分布在土壤表层，对土壤水分利用力弱，会使幼苗处于生理缺水或相对无水状态，造成苗木衰弱或枯死。油松成苗效果与冬季月降水量呈极显著负相关（$p<0.01$）；与汉中、安康和商州的研究结果基本一致，只是与安康和商州相关程度有所差异。春季降水量逐渐增加，随着气温回升，林木开始生长，对水分需求增加，成苗效果与月降水量呈正相关。其中，淳化与安康和商州表现为与3月和5月降水量呈极显著的正相关（$p<0.01$），而与4月相关不显著（$p>0.05$）；汉中与3～5月降水量均呈极显著的正相关（$p<0.01$）。盛夏气温高，雨量大，各地暴雨、冰雹和伏旱等气象灾害发生频次和强度不同。汉中、安康、商州和淳化成苗效果与6月降水量均呈极显著负相关（$p<0.01$）；淳化和汉中与7月降水量呈极显著正相关（$p<0.01$），安康和商州相关不显著（$p>0.05$），但前者为负相关（$r<0$），后者为正相关（$r>0$）；淳化与8月降水量呈不显著的负相关，安康呈不显著正相关，商州正相关极显著（$p<0.01$），汉中除RPA有苗样方频度呈显著正相关外（$p<0.05$），其余正相关均极显著（$p<0.05$）。秋季随着气温下降，树木生长逐渐减慢，对水分需求降低，加之阴雨较多。土壤水分满足油松幼苗生长要求，成

苗效果与降水量呈负相关。其中，商州与安康有苗样方频度与9月～11月的月降水量均呈极显著负相关($p<0.01$)；商州与9月和10月相关极显著($p<0.01$)，与11月不显著($p>0.05$)；汉中与9月相关极显著($p<0.01$)，与10月不显著($p>0.05$)，仅有对照有苗样方频度与11月降水量相关显著($p<0.05$)。

六、不同降水因素对成苗效果的协同作用

1. **排除时间因素干扰下的降水量作用** 在不考虑飞播年限干扰下，淳化与3月、9月和7月降水量依次进入油松成苗效果逐步回归模型。9月和7月降水量对模型值贡献较大，其中对RPA成苗量贡献率为53.5%和40.7%，对有苗样方频度为52.4%和40.6%；对对照成苗量贡献率为51.2%和42.4%，对有苗样方频度为54.1%和41.1%。汉中对照油松成苗量与5月、2月和9月降水量关系密切，有苗样方频度与5月和2月降水量相关性强；RPA成苗量与7月、9月和12月降水量关系紧密，有苗样方频度与7月、9月和12月降水量关系密切。安康飞播油松单位面积成苗量与12月、11月和9月降水量关系密切，有苗样方频度与12月、11月和8月降水量相关性强。商州5月、12月、1月和4月降水量依次进入成苗量模型，2月、8月、7月和6月降水量与有苗样方频度相关度高。

2. **时间因子协同下的降水量作用** 引引入时间因子，飞播年限和3月、1月降水量组成了淳化对照成苗量和RPA有苗样方频度模型，而3月降水量、飞播年限和1月降水量淳化对照有苗样方频度和RPA成苗量模型。5月降水量、飞播年限和2月降水量组建了汉中对照油松成苗量，5月降水量和飞播年限构成对照有苗样方频度模型；飞播年限、5月降水量和9月降水量组建了汉中RPA油松成苗量模型，飞播年限、5月降水量和7月降水量组成了汉中RPA油松有苗样方频度模型。飞播年限首先进入安康油松成苗效果模型，接着2月和5月降水依次进入成苗量模型，2月降水进入对照有苗样方模型，而4月、1月和2月降水先后进入RPA有苗样方模型。商州对照成苗效果和RPA成苗量与飞播年限、8月、12月和1月降水量相关，而RPA有苗样方频度与8月和6月降水量关系紧密。

3. **飞播年限权重下的降水量作用** 以飞播年限为权重，3月、9月和7月降水量与淳化对照油松成苗效果和RPA成苗量关系不变，只是在对照成苗量模型增加了11月降水指标，在RPA成苗量模型中加入了12月降水指标。而RPA油松有苗样方频度只与3月和7月降水指标有关。2月、5月和9月降水量依次进入汉中油松成苗量模型。2月、5月和9月降水先后进入对照油松有苗样方模型，5月、2月和7月降水量依次进入RPA油松有苗样方模型。而安康油松成苗效果与降水指标关系基本保持不变，只是在对照油松成苗量模型中增加了1月降水量指标。商州对照成苗效果与2月、8月7月和6月降水量依次相关，2月、8月、4月和7月降水量依次进入商州RPA油松成苗量模型，2月、7月、8月和6月降水先后进入RPA油松有苗样方模型。

第三章 飞播成苗效果与气温的关系

第一节 气温对汉中飞播油松成苗效果的作用

【内容提要】气温是主要的气象指标,也是林业气候资源的重要组成要素。研究气温年际和月际变化与飞播成苗效果的关系,是科学制定飞播造林方案和合理评价 RPA 拌种飞播效果的前提。为此在汉中降水量与飞播油松成苗效果关系研究的基础上,利用 1997 年汉中飞播油松成苗期有苗样方频度和成苗量调查数据,采用相关分析法和逐步回归模型分析法研究了成苗效果与温度的关系,并通过与降水量研究结果对比分析,探讨了温度和降水量匹配协调作用对成苗效果的影响。结果显示:成苗效果与年均温和年降水量正相关,与年极端低温度和最高温度均呈负相关。与降水量相同,成苗效果不仅取决于年均温度,也与各月的均温密切相关。秋冬季节,成苗效果除与 1 月均温呈极显著负相关外,与其他各月呈正相关;而与各月降水量呈负相关。春季,与 3 月和 5 月均温负相关显著或极显著,与 4 月正相关极显著;而与各月降水量呈极显著正相关。夏季,与 6 月和 7 月均温呈显著或极显著负相关,与 8 月呈极显著正相关;而与 6 月降水量负相关显著,与 8 月和 9 月呈极显著正相关。其中,4 月均温对成苗效果作用最强,5 月降水量对对照成苗效果和 RPA 成苗量作用最大,7 月降水量对 RPA 有苗样方频度贡献率较高。使用 RPA 拌种能提高飞播油松对林地水热资源的利用率。

【关 键 词】飞播造林,温度,油松,多效抗旱驱鼠剂,成苗效果

全球变暖已经成为多数学者的共识。由于气温升高,引起年间和月际间气温和降水布发生剧烈变化,造成秦巴山区冬季寒冷干燥;夏季高温,暴雨频繁;秋季阴雨连绵,冬春季干旱和夏季伏旱时有发生。气象因子的变化直接影响飞播后种子在林地的存留状态和发芽进程,引起鸟兽对种子盗食量和种子损失程度的产生差异,进而造成飞播成苗量和有苗样方频度发生变化,决定飞播造林的成败,影响飞播林分的生长规律。为此,我们利用 1997 年汉中 RPA 拌种和对照飞播区油松成苗期的有苗样方频度和成苗量资料,分析了汉

中温度与飞播油松造林成效的关系，并通过降水量与飞播成苗效果关系研究结果对比分析，探讨了温度和降水量对飞播成苗效果影响的差异。以期为制定科学的飞播造林技术方案和评估评估 RPA 拌种飞播效果提供科技支撑。

一、研究地概况

按照 1996 年汉中市飞播造林作业设计方案，选择汉中宁强县油松播区为研究基地。宁强县地处秦岭和巴山两大山系的交汇地带，北属秦岭山系，大部分海拔 1 000 ~ 1 600 m；南属巴山山系，大部分海拔 1 000 ~ 1 800 m，分为谷坝、谷地、低山、中山和高中山五个地貌类型。属山地暖温带湿润季风气候类型，垂直分带明显。年均气温 12.9℃，极端最低气温 -11.6℃（1991 年 12 月 28 日），极端最高气温 37.4℃（2002 年 7 月 5 日）；1 月均温 1.8℃，7 月均温 23.7℃。年均地温 2.6℃，1 月 0.4℃，7 月 29.9℃；最大冻土层深度 11 cm。年降水量均值 1 103.6（623.4 ~ 2 022.9）mm，7 ~ 9 月降水量占 52.6%，汛期 5 ~ 10 月占 82.4%；夏季多暴雨，秋季多连阴雨，冬季降水较少，占年降水量的 3.9%。年日照时数 1589.0 h。无霜期 247 d。播区面积 1.05 万 hm^2。海拔 900m 以下主要树种为栓皮栎（*Quercus variabilis*）、油桐（*Vernicia fordii*）、核桃（*Juglans regia*）、马尾松（*Pinus massoniana*）、杉木（*Cunninghamia lanceolata*）、棕榈（*Trachycarpus fortunei*）、枫香（*Liquidambar formosana*）等；海拔 900 ~ 1 500m 主要树种有栎类（*Quercus* spp.）、槭类、千金榆（*Carpinus cordata*）和油松（*Pinus tabuliformis*）等；海拔 1500m 以上主要树种为华山松（*Pinus armandii*）和桦木（*Betula* spp.），林间有马棘（*Indigofera pseudotinctoria*）、胡枝子（*Lespedeza bicolor*）、苔草（*Carex tristachya*）和千金子（*Euphorbia lathyris*）等组成的山地灌木草丛。

二、调查方法与数据处理

1997 年飞播后，选择 RPA 拌种与不拌种播区，每年 10 月按照“M”或“Z”形取样方法，随机抽取 50 块 1 m×2 m 样方，调查样方油松株数。重复 5 次，连续调查 6 年。温度资料来源于 1998 ~ 2004 年陕西省统计年鉴。按单位面积成苗量（Survival seedling quantity，Q_{ss}）和有苗样方频度（Frequentness of sample plots with available seedling，F）表述飞播后油松成苗效果（表 2 -1）。采用 SPSS17.0 的相关分析法和逐步回归模型分析温度指标与油松成苗效果的关系，以模型参数、相关系数和指标量综合分析各温度指标对成苗效果作用稳定性和影响强度。并通过与降水量与成苗效果关系研究结果对比分析，探讨温度和降水因子对飞播油松成苗效果作用变化。

三、成苗效果与温度相关分析

对汉中飞播后第 1 ~ 6 年油松成苗指标与温度指标进行相关分析显示，温度与飞播后油松成苗效果相关度极高（表 3 -1）。油松成苗效果与年均温度呈显著正相关（$r>0, p<0.05$），与 7 月极端最高温度呈极显著负相关（$r<0, p<0.01$），与 1 月极端最低温度呈显

著负相关($r<0,p<0.05$)。从月均温分析,油松成苗效果与2月和12月月均温度呈一定正相关性,但相关性不显著($r>0,p>0.05$),与10月呈显著正相关,与4月、8月、9月和11月极显著正相关($r>0,p<0.01$);而与5月和6月均温呈显著负相关,与1月和7月呈极显著负相关(表3-1)。

表3-1　1998~2003年汉中气温变异与飞播油松成苗效果相关分析

Tab.3-1 From 1998 to 2004, correlation analysis between atmospheric temperature variation and effective grown-up seedling of *Pinus tabulaeformis* for aerial seeding in Hanzhong city

指标 Index	温度/℃ Temperature			变异系数/% Coefficient of variation	相关系数 Pearson correlations			
					苗木保存量 Q_{ss}		有苗样方频度 F	
	平均 Mean	最小 Min.	最大 Max.		RPA	CK	RPA	CK
年 Annual	15.1±0.0	14.7	15.4	1.5	0.461*	0.442*	0.405*	0.461*
极端最高 Max.	37.4±0.4	33.5	39.5	5.3	-0.880**	-0.840**	-0.851**	-0.880**
极端最低 Min.	-4.6±0.2	-11.9	-3.0	20.1	-0.377*	-0.323	-0.382*	-0.377*
1月 Jan.	3.3±0.1	2.3	4.1	18.1	-0.523**	-0.596**	-0.495**	-0.523**
2月 Feb.	6.6±0.1	5.3	7.5	10.5	0.151	0.113	0.165	0.151
3月 March	10.7±0.3	8.8	12.3	13.9	-0.685**	-0.670**	-0.718**	-0.685**
4月 April	15.8±0.2	14.6	17.9	7.2	0.935**	0.919**	0.922**	0.935**
5月 May	20.2±0.2	19.1	21.7	4.3	-0.432*	-0.469**	-0.406*	-0.432*
6月 June	24.0±0.1	23.1	25.1	2.6	-0.414*	-0.326	-0.446*	-0.414*
7月 July	26.3±0.2	25.1	27.4	3.7	-0.476**	-0.483**	-0.520**	-0.476**
8月 Aug	24.8±0.1	24.0	26.1	2.7	0.504**	0.399*	0.509**	0.504**
9月 Sep.	20.8±0.2	19.0	22.0	4.9	0.624**	0.589**	0.640**	0.624**
10月 Oct.	15.5±0.2	13.9	16.5	6.0	0.401*	0.404*	0.338	0.401*
11月 Nov.	9.0±0.2	7.3	10.7	12.1	0.625**	0.655**	0.593**	0.625**
12月 Dec.	3.9±0.2	2.7	5.1	23.4	0.320	0.399*	0.304	0.320

备注:*在0.05水平(双侧)上显著相关,**在0.01水平(双侧)上显著相关。

Remarks: * Correlation is significant at the 0.05 level (2-tailed). ** Correlation is significant at the 0.01 level (2-tailed).

四、成苗效果与温度的逐步回归模型

逐步回归模型分析显示,对照油松成苗效果与4月和11月月均温度关系密切,RPA油松成苗量与4月、11月和12月月均温度关系紧密,而RPA油松有苗样方频度与4月、1

月极端最低温度和9月月均温度相关性较强(图3－1)。引入时间因子,模型分析结果不变。

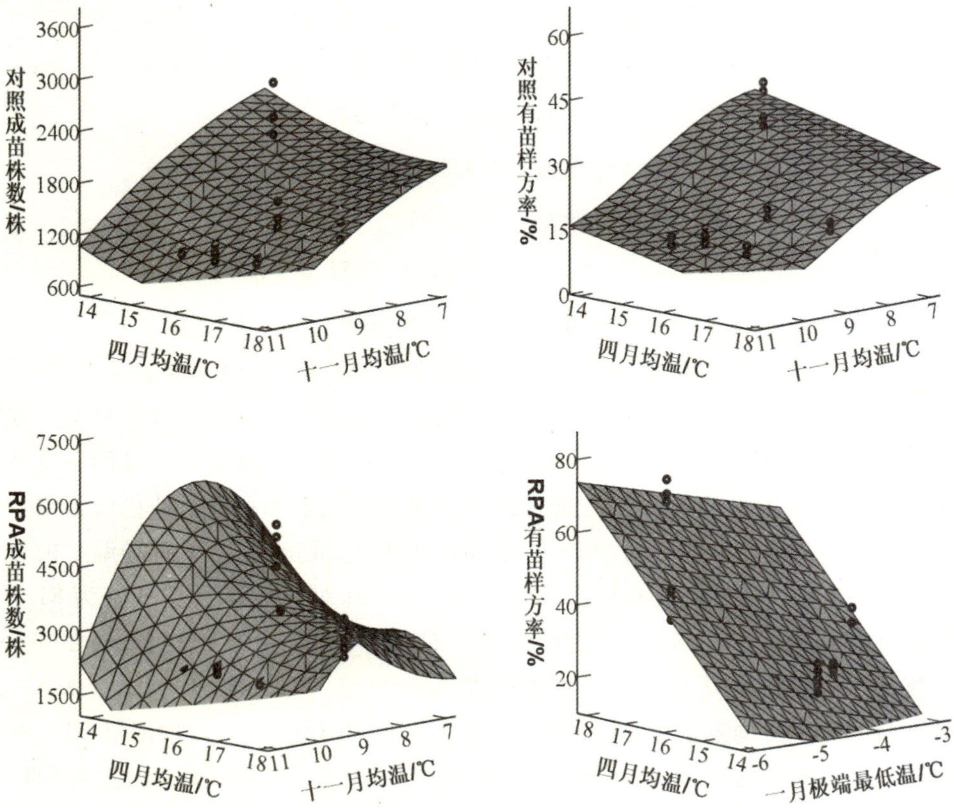

图3－1　汉中飞播油松成苗效果与气温关系

Fig. 3－1 The relationship between atmospheric temperature and effective grown－up seedubg of *pinus tabulaeformis* for aerial seeding in Hanzhong county

$$Q_{ssck} = -8\ 394.374 + 622.875\bar{T}_{m04}$$

$$(n=30, R^2=0.844, r_{m04}=0.919, F=151.463, p=0.000)$$

$$Q_{ssck} = -9\ 135.462 + 530.158\bar{T}_{m04} + 245.854\bar{T}_{m011}$$

$$(n=30, R^2=0.944, r_{m11}=0.655, F=225.912, p=0.000)$$

$$Q_{ssrpa} = -15\ 703.082 + 1\ 181.188\bar{T}_{m04}$$

$$(n=30, R^2=0.875, r_{m04}=0.935, F=196.204, p=0.000)$$

$$Q_{ssrpa} = -16\ 910.749 + 1\ 030.098\bar{T}_{m04} + 400.636\bar{T}_{m11}$$

$$(n=30, R^2=0.951, r_{m11}=0.625, F=264.288, p=0.000)$$

$$Q_{ssrpa} = -17\ 499.477 + 1\ 171.752\bar{T}_{m04} + 335.653\bar{T}_{m11} - 272.922\bar{T}_{m12}$$

$$(n=30, R^2=0.971, r_{m12}=0.320, F=286.321, p=0.000)$$

$$F_{kc} = -164.016 + 11.752\bar{T}_{m04}$$

$$(n = 30, R^2 = 0.802, r_{m04} = 0.896, F = 113.740, p = 0.000)$$

$$F_{kc} = -180.670 + 9.668\bar{T}_{m04} + 5.525\bar{T}_{m1}$$

$$(n = 30, R^2 = 0.937, r_{m11} = 0.692, F = 200.244, p = 0.000)$$

$$F_{rpa} = -181.850 + 13.684\bar{T}_{m04}$$

$$(n = 30, R^2 = 0.850, r_{m04} = 0.922, F = 158.058, p = 0.000)$$

$$F_{rpa} = -194.155 + 13.129\bar{T}_{m04} - 4.630T_{min}$$

$$(n = 30, R^2 = 0.911, r_{\min} = -0.382, F = 137.605, p = 0.000)$$

$$F_{rpa} = -152.314 + 15.488\bar{T}_{m04} - 63691T_{min} - 4.246\bar{T}_{m09}$$

$$(n = 30, R^2 = 0.934, r_{m09} = 0.640, F = 123.424, p = 0.000)$$

从成苗效果4月温度模型分析，RPA与对照油松成苗量和有苗样方模型交点在月均温度为13.1℃和9.2℃附近，模型斜率比值为1.9和1.2；在试验期4月月均温度范围内{14.9,17.9}，RPA模型值大于对照，差距随月均温度提高扩大；其中，油松成苗量扩大效果明显。从成苗量模型分析，在控制4月温度量作用下，成苗量与11月均温呈极显著正相关($r = 0.782$、0.799，$p = 0.000$)；4月均温对RPA和对照成苗量贡献率为81.9%和79.1%，明显大于11月的18.1%和20.9%。从油松有苗样方频度模型分析，在排除4月温度干扰小，RPA有苗样方与1月极端最低温度呈极显著负相关($r = -0.637$，$p = 0.000$)，对照与11月均温正相关极显著($r = 0.825$，$p = 0.000$)。4月均温对RPA和对照油松有苗样方贡献率为90.8%和75.5%，远大于1月极端最低温度和11月均温的9.2%和24.5%。在控制模型中其他温度因子作用下，9月均温与RPA油松有苗样方负相关极显著($r = -0.515$，$p = 0.005$)；4月均温贡献率为67.3%，大于9月和1月极端最低温度的24.3%和8.4%。从复相关系数分析，12月均温与RPA油松成苗量关系相对疏远，作用效果不稳定，而1月极端最低温度与RPA油松有苗样方频度关系相对松散，作用效果稳定性较低。

以飞播年限为权重分析，对照油松成苗效果和RPA油松成苗量与温度指标关系不变，仅模型参数有所改变；而RPA油松有苗样方与温度指标关系发生了较大改变，11月和6月均温的作用凸显。

$$Q_{ssck} = -6\,862.329 + 528.239\bar{T}_{m04}$$

$$(n = 30, R^2 = 0.731, r_{m04} = 0.855, F = 76.064, p = 0.000)$$

$$Q_{ssck} = -9\,170.201 + 532.2489\bar{T}_{m04} + 245.474\bar{T}_{m11}$$

$$(n = 30, R^2 = 0.910, r_{m11} = 0.410, F = 137.246, p = 0.000)$$

$$Q_{ssrpa} = -14\,008.441 + 1066.368\bar{T}_{m04} + 245.474T$$

$$(n = 30, R^2 = 0.768, r_{m04} = 0.876, F = 92.694, p = 0.000)$$

$$Q_{ssrpa} = -18\ 086.983 + 1\ 073.950\bar{T}_{m04} + 453.455\bar{T}_{m11}$$
$$(n = 30, R^2 = 0.926, r_{m11} = 0.384, F = 168.823, p = 0.000)$$

$$Q_{ssrpa} = -17\ 455.354 + 1\ 173.592\bar{T}_{m04} + 329.309\bar{T}_{m11} - 278.315\bar{T}_{m12}$$
$$(n = 30, R^2 = 0.955, r_{m12} = 0.006, F = 182.447, p = 0.000)$$

$$F_{ck} = -132.453 + 9.667\bar{T}_{m04}$$
$$(n = 30, R^2 = 0.645, r_{m04} = 0.803, F = 50.765, p = 0.000)$$

$$F_{ck} = -183.216 + 9.761\bar{T}_{m04} + 5.644\bar{T}_{m11}$$
$$(n = 30, R^2 = 0.894, r_{m11} = 0.487, F = 114.309, p = 0.000)$$

$$F_{rpa} = -164.769 + 12.523\bar{T}_{m04}$$
$$(n = 30, R^2 = 0.732, r_{m04} = 0.856, F = 76.591, p = 0.000)$$

$$F_{rpa} = -206.694 + 12.601\bar{T}_{m04} + 4.661\bar{T}_{m11}$$
$$(n = 30, R^2 = 0.848, r_{m11} = 0.326, F = 75.127, p = 0.000)$$

$$F_{rpa} = -86.626 + 11.069\bar{T}_{m04} + 5.059\bar{T}_{m11} - 4.142\bar{T}_{m06}$$
$$(n = 30, R^2 = 0.885, r_{m06} = -0.530, F = 66.522, p = 0.000)$$

从复相关系数和偏相关系数分析，在飞播年限权重下，油松成苗效果与温度指标相关性均有不同程度降低，但性质保持不变。对于成苗量，RPA 和对照 4 月温度模型交点在 13.1℃附近，斜率比值为 2.1；交点值与上述分析相同，斜率比值略大。说明在飞播年限权重下，RPA 与对照差异更明显。4 月和 11 月温度共同作用下，4 月温度对成苗量贡献率为 80.7% 和 79.2%，远大于 11 月的 19.3% 和 20.8%；与上述分析结果基本一致。对照 3 变量模型中，4 月温度贡献率为 82.1%，也远大于 11 月和 12 月的 13.1% 和 4.8%；与上述分析结果十分接近。对于有苗样方频度，4 月温度模型交点在 11.3℃附近，模型斜率比值为 1.3，略大于上述分析结果，但交点值仍然低于试验期 4 月均温范围下限。在 4 月和 11 月温度共同作用下，4 月温度对模型值贡献率为 82.6% 和 75.3%，大于 11 月的 17.4% 和 24.7%；4 月温度对对照油松有苗样方作用强度略有增强，而对 RPA 油松作用相对降低。从 3 变量模型分析，在控制模型中其他温度指标作用下，6 月温度与 RPA 油松有苗样方呈极显著负相关（$r = -0.493, p = 0.008$）；其中，4 月温度对模型贡献率为 54.7%，大于 6 月的 31.1%，11 月温度作用强度最低，贡献率仅为 14.2%；与上述分析结果相比，4 月温度作用程度明显降低。

五、成苗效果与温度相关性的变化

与降水量对成苗效果作用相同，油松成苗效果不仅取决于年均温度，也与各月均温有密切关系。但月均温和降水量与油松成苗效果关系不同，作用效果也有差异。年均温与飞播油松成苗效果关系和年降水量与成苗效果关系相同，也表现为正相关（$r > 0$）。但降水量相关性极显著($p<0.01$),年均温相关性显著($p<0.05$)。油松成苗效果与年极端最高温度和最低温度均呈负相关($r<0$),其中与前者极显著($p<0.01$),与后者显著($p<0.05$),仅与对照成苗量不显著($p>0.05$)。

冬季气温低,土壤表层容易结冻。成苗效果与1月均温呈极显著负相关,而与12月和2月均温呈正相关,但仅12月均温与对照成苗量相关显著;而与冬季月降水量均呈极显著负相关。

春季3月,月均温比2月提高(4.9±0.2)℃,气温回升较快,林木开始萌动,对水分需求增加,但3月降水量仅为(16.3±1.7) mm,满足不了林木要求,所以成苗效果与月均温呈极显著的负相关,而与月降水量呈极显著正相关。4月林木生长加快,对温度和水分需求增强,月均温和降水量分别为(15.8±0.2)℃和(53.7± 3.9) mm,也不能满足林木生长需求,成苗效果与月均温和降水量均呈极显著的正相关。5月均温为(20.2±0.2)℃,降水量为(96.0± 8.6) mm。月均温与成苗效果呈负相关,其中除与对照成苗量相关极显著外,其余相关仅为显著;而降水量与成苗效果呈极显著的正相关。

夏季6月,油松生长减缓,月均温和降水量为(24.0±0.1)℃和(92.3±8.8) mm,超过了油松苗木正常需求,与成苗效果呈负相关。其中,月均温除与对照成苗量相关不显著外,与其他相关显著,而月降水量与成苗效果呈显著负相关。7月均温最高,暴雨与伏旱交替发生,油松苗木生长停滞;成苗效果与月均温呈极显著的负相关,与月降水量呈极显著正相关。8月均温下降,月降水量全年最高,油松幼苗开始第二次生长。月均温和降水量与成苗效果均多呈极显著的正相关,其中仅月均温与对照成苗量和降水量与RPA有苗样方频度呈显著正相关。

秋季气温下降,连阴雨增多,降水量渐少。成苗效果与月均温正相关,其中与9月和12月相关极显著,与10月除RPA有苗样方频度相关不显著外,其余相关均显著;与月降水量均呈负相关,其中与9月负相关极显著,与10月相关不显著,与11月仅有对照有苗样方频度相关显著。

六、不同温度因子对成苗效果的协同作用

1. **排除时间因素下温度对成苗效果的协同作用**　对照成苗效果与4月和11月均温相关性强;RPA成苗效果与4月均温关系最紧密,其中,成苗效果也与11月和12月均温相关性强,有苗样方频度也与1月极端最低温度和9月均温相关度高。在2因子共同作用下,4月均温对对照成苗量和有苗样方频度模型值贡献率为79.1%和75.5%,明显大于11月均温的20.9%和24.5%。4月均温对RPA成苗效果贡献率为81.9%和90.8%,大于对应11月均温和1月最低温度的18.1%和9.2%。而5月降水量对对照成苗效果作用最大,贡献率为96.9%和96.7%,远大于2月降水量的3.1%和3.3%。7月降水量与RPA成苗效果关系密切,贡献率为71.6%和69.8%,远大于9月的26.9%和28.5%,以及12月的1.5%和1.7%。

2. 飞播年限协调作用下温度与成苗效果关系　引入时间变量，成苗效果与温度关系不变；而5月降水量对油松成苗效果作用强度极强。其中，对对照有苗样方频度和有效成苗量作用强度分别为97.4%和97.1%，对RPA分别为95.8%和95.9%，远高于飞播年限的贡献率。

3. 飞播年限权重下温度与成苗效果关系　在飞播年限权重下，4月均温也与成苗效果关系最为紧密，作用最大。其中，对照成苗效果和RPA成苗量与温度关系保持不变，而RPA有苗样方频度模型中，11月和6月均温指标代替了原模型中的1月极端最低温度和9月均温指标。而2月降水量与对照飞播油松成苗效果和RPA成苗量关系最为紧密，5月降水量贡献率最高；5月降水量与RPA有苗样方频度关系最为紧密，但7月降水量贡献率为63.9%，明显大于5月和2月的32.3%和3.8%。在当地温度和降水量范围内，RPA模型值大于对照，说明RPA拌种飞播油松对林地水热资源利用率高，单位有效积温和降水量有苗样方频度和有效成苗量较大。

第二节　安康飞播油松成苗效果与气温的关联分析

【内容提要】温度是反映林地热量的重要指标，也是影响林木生长的关键因子。为此利用1997年安康飞播油松成苗期有苗样方频度和成苗量调查数据，采用相关分析法和逐步回归模型分析法研究了成苗效果与温度的关系，并通过与安康和汉中降水量以及汉中温度研究结果对比分析，探讨了温度和降水量匹配协调作用对成苗效果的影响。结果显示：与汉中相同，成苗效果与年均温度呈极显著正相关；但安康成苗效果与1月最低温度和7月最高温度呈正相关，而汉中呈负相关。安康与年降水量呈极显著负相关，而汉中极显著正相关。春季，两地成苗效果与3月和5月均温负相关，与4月正相关；而与降水量均呈正相关。秋季成苗效果与月均温均呈正相关，与月降水量呈负相关。冬季，成苗效果与12月均温正相关，与1月负相关；安康成苗效果与12月降水量、汉中与各月降水量呈极显著负相关。在剔除时间因子的情况下，4月和11月均温对成苗效果影响最大，11月和12月降水量对安康成苗效果作用较强，5月和2月降水量与汉中对照相关性强，7月和9月降水量与汉中RPA关系紧密。在时间因子协同下，汉中模型不变；在控制时间因子作用下，3月、10月和11月均温与安康对照成苗量依次相关，5月均温、7月最高温度和4月均温依次进入RPA成苗量模型，7月最高温度和5月均温与对照有苗样方频度密切相关，3月和10月均温与RPA有苗样方频度相关度高。在飞播年限权重下，安康温度和降水以及汉中温度与成苗效果关系不变，但5月和2月降水量成为了影响汉中成苗效果的关键降水因子。

【关 键 词】飞播造林，多效抗旱驱鼠剂，油松，气温，成苗效果

影响飞播造林的主要气候资源要素包括光热水气，而温度和降水是反映林地气候资

源热量和水分的重要指标。合理利用林地现有水热资源,选择合适树种,确定最佳飞播期和飞播方式以及种子用量是科学制定飞播造林技术方案的基础。但是随着全球变暖,年间和月际间气温和降水变化剧烈,冰冻、暴雨、高温、干旱和风暴等气候灾害频发。大范围持续性的冬春季干旱直接导致飞播后种子发芽迟缓,甚至不发芽,增加了被鸟兽取食的风险。使成苗量减少,幼苗适生空间收窄,降低飞播造林成效,进而影响林木的分布和生长。为此,利用1997年汉中RPA拌种和对照飞播区油松成苗期的有苗样方频度和成苗量资料,分析了汉中温度与飞播油松造林成效的关系,并通过降水量与飞播成苗效果关系研究结果对比分析,探讨了温度和降水量对飞播成苗效果影响的差异。以期为制定科学的飞播造林技术方案和评估RPA拌种飞播效果提供科技支撑。

一、研究地概况

按照1996年安康市飞播造林作业设计方案,选择安康市汉滨区油松播区为研究基地。播区地处北亚热带北缘的秦巴山地丘陵沟壑区,主要分为川道、丘陵和山地三大自然地貌属北亚热带大陆湿润性季风气候。年均温度15.7℃;平均年降水量为796.6 mm,约60%分布在7~9月,汛期5~10月占全年降水量的82.2%,其他月份平均降水量都在60 mm以下,其中1月降水量不足5 mm;最少年降水量540.3 mm(1966年),最大年降水量为1 109.2 mm(1983年)。无霜期263 d。年日照时数1 811.5 h,年≥10℃积温为4 000~4 400℃,历时220 d。区内水热条件随海拔高度的变化,植物群落垂直变化明显,属亚热带与温带植物混交类型。亚热带植物主要有茶树(*Camellia sinensis*)、柑桔(*Citrus reticulata*)、柚(*Citrus maxima*)、橙(*Citrus aurantium*)、油桐(*Vernicia fordii*)、油茶(*Camellia oleifera*)、乌桕(*Chinese tallow*)和棕榈(*Trachycarpus fortunei*)等。毛白杨(*Populus tomentosa*)、旱柳(*Salix matsudana*)和榆树(*Ulmus pumila*)等温带植物分布很广。

二、调查方法与数据处理

1997年飞播后,选择RPA拌种与不拌种播区,每年10月按照"M"或"Z"形取样方法,随机抽取50块1 m×2 m样方,调查样方油松株数。重复5次,连续调查6年。温度资料来源于1998~2004年陕西省统计年鉴。按单位面积成苗量(Survival seedling quantity,Q_{ss})和有苗样方频度(Frequentness of sample plots with available seedling,F)表述飞播后油松成苗效果(表2-3)。采用SPSS17.0的相关分析法和逐步回归模型分析温度指标与油松成苗效果的关系,以模型参数、相关系数和指标量综合分析各温度指标对成苗效果作用稳定性和影响强度。并通过与降水量与成苗效果关系研究结果以及汉中的研究结果对比分析,探讨温度和降水因子对飞播油松成苗效果作用变化。

三、成苗效果与温度相关分析

与汉中比较，安康飞播油松成苗效果与年均温呈极显著正相关（$r>0,p<0.01$），而与1月极端最低温度和7月极端最高温度正相关不显著（$r>0,p>0.05$）。从月均温分析，成苗量与1月和5月均温呈不显著负相关（$r<0,p>0.05$），与3月均温负相关极显著（$r<0,p<0.01$）；而与2月、6月和7月正相关不显著，与8月正相关显著，与4月和9～12月均温正相关极显著。RPA有苗样方与5月和6月均温负相关不显著，与1月均温负相关显著，与3月负相关极显著；而与2月、7月和8月均温呈不显著正相关，与9月正相关显著，与4月和10～12月均温正相关极显著；对照有苗样方与1月、5月和6月均温负相关不显著，与3月负相关极显著；而与2月、7月和12月均温正相关不显著，与10月正相关显著，与4月、8～9月和11月均温呈极显著正相关（表3－2）。

表3－2　1998～2004年安康气温变异与飞播油松成苗效果相关分析

Tab. 3－2 10 From 1998 to 2004, correlation analysis between atmospheric temperature variation and effective grown－up seedling of *Pinus tabulaeformis* for aerial seeding in Ankang city

指标 Index	温度/℃ Temperature			变异系数/% Coefficient of variation	相关系数 Pearson correlations			
					苗木保存量 Q_{ss}		有苗样方频度 F	
	平均 Mean	最小 Min.	最大 Max.		RPA	CK	RPA	CK
年 Annual	16.2±0.1	15.5	16.6	2.4	0.664**	0.618**	0.569**	0.663**
极端最高 Max.	38.3±0.3	35.0	40.7	4.7	0.197	0.143	0.105	0.237
极端最低 Min.	－4.5±0.2	－6.1	－3.4	11.2	0.221	0.248	0.327	0.147
1月 Jan.	4.3±0.2	3.3	5.7	21.5	－0.250	－0.288	－0.375*	－0.199
2月 Feb.	7.6±0.2	5.9	8.9	12.7	0.184	0.155	0.069	0.206
3月 March	11.5±0.3	9.8	13.0	12.8	－0.553**	－0.560**	－0.517**	－0.560**
4月 April	16.8±0.2	15.3	18.5	7.8	0.828**	0.797**	0.795**	0.833**
5月 May	20.8±0.2	19.5	23.4	6.2	－0.138	－0.154	－0.103	－0.090
6月 June	25.1±0.1	24.1	26.4	2.8	0.019	0.011	－0.039	－0.042
7月 July	27.7±0.2	25.9	28.6	3.3	0.206	0.188	0.197	0.183
8月 Aug	26.1±0.2	25.2	28.2	3.8	0.413*	0.363*	0.287	0.483**
9月 Sep.	22.5±0.2	21.1	24.7	5.4	0.504**	0.463*	0.375*	0.543**
10月 Oct.	16.6±0.2	15.5	18.2	6.1	0.522**	0.540**	0.559**	0.441*
11月 Nov.	10.2±0.2	8.8	12.5	11.9	0.786**	0.793**	0.789**	0.743**
12月 Dec.	4.9±0.1	3.8	6.1	15.9	0.487**	0.508**	0.523**	0.407*

备注：*在0.05水平（双侧）上显著相关，**在0.01水平（双侧）上显著相关。

Remarks：* Correlation is significant at the 0.05 level (2－tailed). ** Correlation is significant at the 0.01 level (2－tailed).

四、成苗效果与温度模型分析

逐步回归模型分析显示，4月、11月和3月均温与RPA油松成苗效果关系密切，依次进入成苗效果模型。4月和11月均温与对照油松成苗效果关系也十分紧密，依次进入对照成苗效果模型，而7月均温与成苗量相关度也较高，最后也进入模型，7月极端最高温度与有苗样方相关度也较高，最终进入对照有苗样方模型（图3－2）。其他温度指标与成苗效果关系相对疏远被剔除。

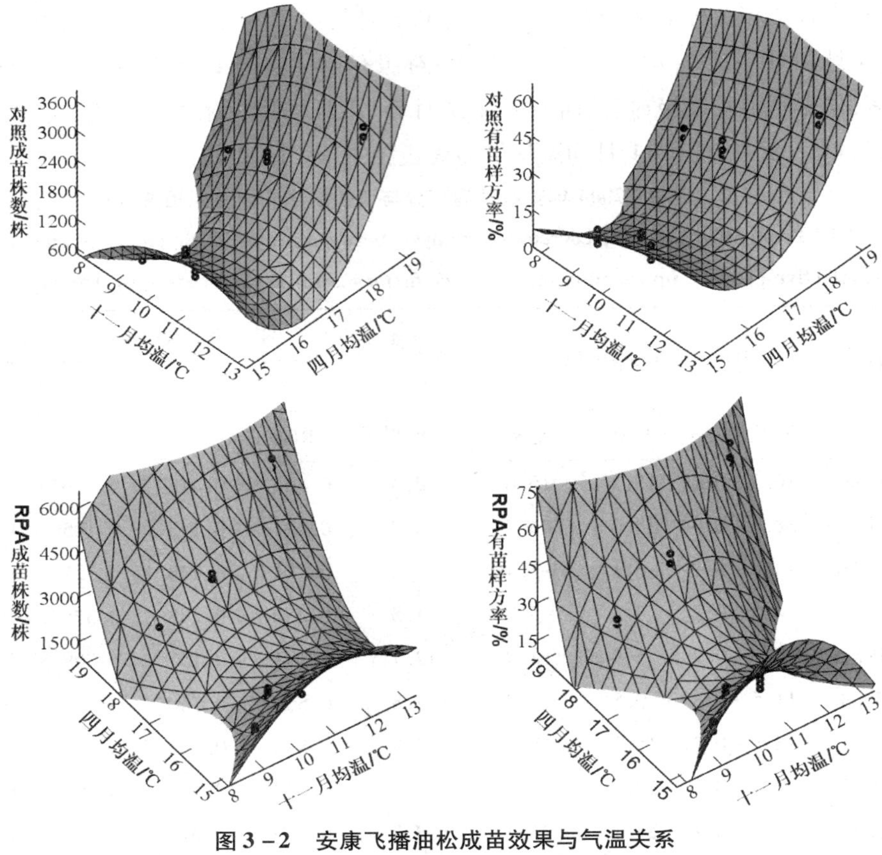

图3－2　安康飞播油松成苗效果与气温关系

Fig. 3－2 The relationship between atmospheric temperature and effective grown－up seedling of *Pinus tabulaeformis* for aerial seeding in Ankang city

$$Q_{ssck} = -6\,062.961 + 444.422\bar{T}_{m04}$$

$$(n = 30, R^2 = 0.635, r_{m04} = 0.797, F = 48.752, p = 0.000)$$

$$Q_{ssck} = -7\,638.961 + 325.454\bar{T}_{m04} + 349.252\bar{T}_{m11}$$

$$(n = 30, R^2 = 0.923, r_{m11} = 0.793, F = 161.996, p = 0.000)$$

$$Q_{ssck} = -3\,106.244 + 311.784\bar{T}_{m04} + 427.132\bar{T}_{m11} - 184.426\bar{T}_{m07}$$

$$(n = 30, R^2 = 0.962, r_{m07} = 0.188, F = 219.367, p = 0.000)$$

$$Q_{ssrpa} = -11\ 128.752 + 831.275\bar{T}_{m04}$$

$$(n = 30, R^2 = 0.685, r_{m04} = 0.858, F = 60.932, p = 0.000)$$

$$Q_{ssrpa} = -13\ 862.286 + 624\ 826\bar{T}_{m04} + 606.066\bar{T}_{m11}$$

$$n = 30, R^2 = 0.952, r_{m11} = 0.786, F = 270.345, p = 0.000)$$

$$Q_{ssrpa} = -10\ 588.007 + 590.896\bar{T}_{m04} + 538.966\bar{T}_{m11} - 175.907\bar{T}_{m03}$$

$$(n = 30, R^2 = 0.984, r_{m03} = -0.553, F = 545.245, p = 0.000)$$

$$F_{ck} = -119.159 + 8.396\bar{T}_{m04}$$

$$(n = 30, R^2 = 0.633, r_{m04} = 0.795, F = 48.197, p = 0.000)$$

$$F_{ck} = -148.721 + 6.154\bar{T}_{m04} + 6.554\bar{T}_{m11}$$

$$(n = 30, R^2 = 0.916, r_{m11} = 0.789, F = 147.286, p = 0.000)$$

$$F_{ck} = -100.886 + 6.759\bar{T}_{m04} + 6.734\bar{T}_{m11} - 1.564\mathrm{\bar{T}}_{\max}$$

$$(n = 30, R^2 = 0.953, r_{\max} = 0.105, F = 174.889, p = 0.000)$$

$$F_{rpa} = -141.424 + 10.367\bar{T}_{m04}$$

$$(n = 30, R^2 = 0.693, r_{m04} = 0.833, F = 63.331, p = 0.000)$$

$$F_{rpa} = -172.106 + 8.050\bar{T}_{m04} + 6.802\bar{T}_{m11}$$

$$(n = 30, R^2 = 0.913, r_{m11} = 0.743, F = 140.831, p = 0.000)$$

$$F_{rpa} = -126.542 + 7.577\bar{T}_{m04} + 5.868\bar{T}_{m11} - 2.449\bar{T}_{m03}$$

$$(n = 30, R^2 = 0.953, r_{m03} = -0.560, F = 174.714, p = 0.000)$$

与汉中相同,4 月均温对飞播油松成苗效果起着关键性作用。在排除 4 月温度干扰下,11 月均温对油松成苗效果也起着重要作用,与油松成苗量和有苗样方频度呈极显著正相关($r_{rpa} = 0.921$、0.845,$r_{ck} = 0.888$、0.878,$p = 0.000$);两者共同作用下,4 月均温对 RPA 油松成苗量和有苗样方贡献率为 62.9% 和 66.0%,明显大于 11 月的 37.1% 和 34.0%;4 月均温对对照贡献率为 60.5% 和 60.7%,也大于 11 月的 39.5% 和 39.4%。从油松成苗效果 4 月均温模型分析,RPA 与对照油松成苗量和有苗样方模型交汇点分别位于 13.1℃和 11.2℃附近,斜率比值为 1.9 和 1.2。在当地 4 月均温范围内{15.3℃,18.5℃},RPA 模型值大于对照,两者差幅有随 4 月均温升高扩大趋势。与汉中相比,模型斜率比值相同。说明 RPA 拌种处理对飞播油松成苗效果增益作用效果相对稳定。从 3 变量模型分析,在控制模型值中其他温度因子作用下,3 月均温与 RPA 油松成苗效果呈极显著负相关($r = -0.553$、-0.678,$p = 0.000$),7 月均温与对照成苗量负相关极显著($r = -0.711$,$p = 0.000$),7 月极端最高温度与对照油松有苗样方也呈极显著负相关($r = -0.662$,$p = 0.000$);从复相关系数分析,4 月和 11 月均温与油松成苗效果关系紧密,作用效果相对温度;而 7 月均温和其极端最高温度与对照成苗效果关系相对疏远,复相关系数仅为0.188和0.105,作用效果稳定性相对较低。从模型参数和指标量综合分析,4月均温对RPA油松成苗量和有苗样方贡献率为56.9%和59.1%,大于11月的31.6%和27.9%,3月作用强度最小,贡献率为11.6%和13.0%;而4月和7月均温对对照油松作用强度相当,贡献率为36.6%和34.7%,11月均温作用略小,贡献率为29.7%;4月均温对对照油松有苗样方贡献率为46.9%,11月均温和7月极端最高温度作用强度差异不大,贡献率分别为28.4%和24.7%。

1. **飞播年限对逐步回归模型的影响** 引入时间变量,飞播年限首先进入油松成苗效果模型。接着5月均温、7月极端最高温度和4月均温依次进入RPA成苗量模型,3月和10月均温进入RPA有苗样方模型;3月、10月和11月温度因子先后进入对照成苗量模型,7月最高温度和5月均温进入对照有苗样方模型。

$$Q_{ssck}=2\ 685.333-366.286t$$
$$(n=30, R^2=0.752, r_t=-0.867, F=84.932, p=0.000)$$
$$Q_{ssck}=4\ 525.383-325.794t-172.829\bar{T}_{m03}$$
$$(n=30, R^2=0.863, r_{m03}=-0.560, F=85.025, p=0.000)$$
$$Q_{ssck}=725.717-268.975t-199.471\bar{T}_{m03}+236.030\bar{T}_{m10}$$
$$(n=30, R^2=0.952, r_{m10}=0.540, F=170.234, p=0.000)$$
$$Q_{ssck}=418.221-311.538t-272.602\bar{T}_{m03}+470.947\bar{T}_{m10}-253.372\bar{T}_{m11}$$
$$(n=30, R^2=0.963, r_{m11}=0.793, F=164.271, p=0.000)$$
$$Q_{ssrpa}=5\ 222.667-681.714t$$
$$(n=30, R^2=0.803, r_t=-0.896, F=114.255, p=0.000)$$
$$Q_{ssrpa}=12\ 408.520-730.812t-336.942\bar{T}_{m05}$$
$$(n=30, R^2=0.906, r_{m05}=-0.138, F=130.207, p=0.000)$$
$$Q_{ssrpa}=21\ 394.580-834.216t-357.072\bar{T}_{m05}-214.419T_{max}$$
$$(n=30, R^2=0.973, r_{max}=0.197, F=313.764, p=0.000)$$
$$Q_{ssrpa}=15\ 053.135-592.799t-421.121\bar{T}_{m05}-185.239T_{max}+340.069\bar{T}_{m04}$$
$$(n=30, R^2=0.985, r_{m04}=0.828, F=420.827, p=0.000)$$
$$F_{ck}=45.973-6.926t$$
$$(n=30, R^2=0.752, r_t=-0.867, F=84.856, p=0.000)$$
$$F_{ck}=57.662-8.237t-2.799T_{max}$$
$$(n=30, R^2=0.856, r_{max}=0.105, F=80.313, p=0.000)$$
$$F_{ck}=237.251-80.819t-2.994T_{max}-3.366\bar{T}_{m05}$$
$$(n=30, R^2=0.949, r_{m05}=-0.103, F=160.439, p=0.000)$$
$$F_{rpa}=62.613-8.537t$$

$$(n=30, R^2=0.820, r_t=-0.905, F=127.307, p=0.000)$$

$$F_{rpa}=102.335-7.663t-3.73\bar{T}_{m03}$$

$$(n=30, R^2=0.923, r_{m03}=-0.560, F=162.781, p=0.000)$$

$$F_{rpa}=53.143-6.927t-4.076\bar{T}_{m03}+3.056\bar{T}_{m10}$$

$$(n=30, R^2=0.953, r_{m10}=0.441, F=176.539, p=0.000)$$

排除飞播年限作用前提下,5 月均温与 RPA 油松成苗量呈极显著负相关($r=-0.723, p=0.000$),而 3 月均温与 RPA 油松有苗样方呈极显著负相关($r=-0.758, p=0.000$);5 月均温复相关系数仅为 0.138,与成苗量关系相对疏远,作用效果稳定性相对较低。在飞播年限协同下,5 月均温对 RPA 成苗量贡献率为 76.2%,3 月均温对有苗样方贡献率为 65.0%,均大于飞播年限的 23.8% 和 35.0%。从 RPA 成苗效果 3 变量模型分析,在消除模型中其他变量干扰下,7 月极端最高温度与成苗量负相关极显著($r=-0.845, p=0.000$),而 10 月均温与有苗样方正相关极显著($r=0.624, p=0.000$);在飞播年限协同下,5 月均温和 7 月极端最高温度对成苗量贡献率为 41.% 和 15.2%,3 月和 10 月均温对有苗样方贡献率为 39.6% 和 42.8%,均大于飞播年限的 13.8% 和 17.6%。从四因子模型分析,4 月均温与 RPA 成苗量呈极显著正相关($r=0.675, p=0.000$);飞播年限和 4 月均温与成苗量关系紧密,复相关系数为 -0.896 和 0.828;而 5 月均温和 7 月极端最高温度与成苗量关系相对疏远,复相关系数仅为 -0.138 和 0.197。5 月均温、7 月极端最高温度和 4 月均温对成苗量贡献率依次为 37.5%、30.4% 和 24.4%,均大于飞播年限贡献的 7.6%。

从对照油松成苗效果模型分析,在控制飞播年限对成苗效果作用下,3 月均温与成苗量和 7 月极端最高温度与有苗样方均呈极显著负相关($r=-0.669$、-0.648, $p=0.000$),但 7 月极端最高温度复相关系数仅为 0.105,作用效果不稳定;两者对成苗效果贡献率分别为 67.0% 和 81.3%,大于飞播年限的 33.0% 和 18.7%。从 3 因子模型分析,排除模型中其他因子干扰下,10 月均温与成苗量正相关极显著($r=0.804, p=0.000$),而 5 月均温与有苗样方负相关极显著($r=-0.802, p=0.000$);10 月和 3 月均温对成苗量贡献率为 55.8% 和 32.7%,7 月极端最高温度和 5 月均温对有苗样方贡献率为 54.3% 和 33.2%,均大于飞播年限贡献的 11.5% 和 12.5%。从成苗量 4 因子模型分析,排除模型中其他因子干扰下,11 月均温与成苗量负相关极显著($r=-0.493, p=0.009$);在飞播年限协同下,10 月均温对成苗量作用最强,贡献率为 53.9%,明显大于 3 月和 11 月的 21.6% 和 17.9%,但均大于飞播年限贡献的 6.5%。

2. **飞播年限权重下的逐步回归模型** 以飞播年限权重分析,温度指标与油松成苗效果关系不变,但模型参数和相关系数发生相应变化。

$$Q_{ssck}=-4\ 177.797+325.290\bar{T}_{m04}$$

$$(n=30, R^2=0.582, r_{m04}=0.763, F=38.929, p=0.000)$$

$$Q_{ssck} = -6\ 489.358 + 297.116\bar{T}_{m04} + 280.457\bar{T}_{m11}$$

$$(n = 30, R^2 = 0.838, r_{m11} = 0.601, F = 69.892, p = 0.000)$$

$$Q_{ssck} = -3\ 134.797 + 310.068\bar{T}_{m04} + 420.980\bar{T}_{m11} - 180.100\bar{T}_{m07}$$

$$(n = 30, R^2 = 0.941, r_{m07} = 0.180, F = 137.305, p = 0.000)$$

$$Q_{ssrpa} = -7\ 961.807 - 630.763\bar{T}_{m04}$$

$$(n = 30, R^2 = 0.644, r_{m04} = 0.802, F = 50.559, p = 0.000)$$

$$Q_{ssrpa} = -12\ 149.002 + 579.729\bar{T}_{m04} + 508.024\bar{T}_{m11}$$

$$(n = 30, R^2 = 0.891, r_{m11} = 0.597, F = 110.609, p = 0.000)$$

$$Q_{ssrpa} = -10\ 470.214 + 588.358\bar{T}_{m04} + 528.390\bar{T}_{m11} - 173.196\bar{T}_{m03}$$

$$(n = 30, R^2 = 0.971, r_{m03} = -0.207, F = 286.571, p = 0.000)$$

$$F_{ck} = -85.084 + 6.230\bar{T}_{m04}$$

$$(n = 30, R^2 = 0.583, r_{m04} = 0.763, F = 39.120, p = 0.000)$$

$$F_{ck} = -128.368 + 5.703\bar{T}_{m04} + 5.252\bar{T}_{m11}$$

$$(n = 30, R^2 = 0.828, r_{m11} = 0.590, F = 65.216, p = 0.000)$$

$$F_{ck} = -96.093 + 6.79\bar{0}_{m04} + 6.826\bar{T}_{m11} - 1.728\bar{T}_{max}$$

$$(n = 30, R^2 = 0.920, r_{\max} = 0.266, F = 99.851, p = 0.000)$$

$$F_{rpa} = -106.256 + 8.131\bar{T}_{m04}$$

$$(n = 30, R^2 = 0.645, r_{m04} = 0.803, F = 50.777, p = 0.000)$$

$$F_{rpa} = -155.546 + 7.530\bar{T}_{m04} + 5.980\bar{T}_{m11}$$

$$(n = 30, R^2 = 0.851, r_{m11} = 0.555, F = 77.350, p = 0.000)$$

$$F_{rpa} = -132.185 + 7.650\bar{T}_{m04} + 6.264\bar{T}_{m11} - 2.410\bar{T}_{m03}$$

$$(n = 30, R^2 = 0.944, r_{m03} = -0.233, F = 146.370, p = 0.000)$$

从成苗效果 4 月均温模型分析，RPA 和对照油松成苗量和有苗样方模型分别在 12.4℃和 11.1℃附近相交，斜率比值为 1.9 和 1.3；与上述分析结果基本相同，复相关系数略小。说明在飞播年限权重下，4 月降水与油松成苗效果关系略显松散。从 4 月和 11 月均温模型分析，4 月均温对 RPA 油松成苗量和有苗样方贡献率为 65.2% 和 67.4%，略高于上述分析的 62.9% 和 66.7%；而 11 月均温贡献率为 34.8% 和 32.6%，比上述结果 37.1% 和 39.3% 略低；其复相关性比上述结果略有降低，而偏相关性 4 月均温明显增强，11 月均温明显消弱。对照油松成苗效果与 4 月和 11 月均温也有类似规律，4 月均温贡献率为 63.5% 和 64.1%，高于前面分析的 60.5% 和 60.7%。从 3 因子模型分析，4 月均温对 RPA 油松成苗量和有苗样方贡献率为 57.2% 和 58.4%，略高于上述的 58.9% 和 59.1%，而 11 月贡献率为 31.3% 和 29.1%，成苗量与上述的 31.6% 基本一致，而有苗样方高于上述的27.9%。4月和11月均温对对照油松成苗量贡献率为35.9%和29.7%，与上述的35.6%和29.7%基本持平；对有苗样方贡献率为45.6%和27.9%，比上述结果46.9%和28.4%略低。其复相关系数和偏相关系数变化规律与两因子模型一致。

五、成苗效果与温度和降水相关性的时空变化

安康油松成苗效果与年均温呈极显著的正相关（$r>0, p<0.01$），与汉中分析结果相同。但安康成苗效果与年降水量呈负相关（$r<0$），其中对照有苗样方频度相关不显著，汉中成苗效果与其年降水量呈极显著正相关（$r>0, p<0.01$）。与1月极端最低温度和7月极端最高温度正相关不显著（$r>0, p>0.05$）；而汉中除对照成苗量负相关不显著外，其余均呈显著负相关，与7月极端最高温度呈极显著负相关（$r<0, p<0.05$）。

春季3月和4月，安康和汉中成苗效果与月均温相关均极显著（$p<0.01$）。其中与3月负相关，与4月正相关；与5月均温为负相关，但安康相关不显著，汉中对照成苗量相关极显著，其余相关显著。而两地成苗效果与3～5月降水量均呈正相关。其中安康与3月和5月相关极显著，与4月相关不显著；汉中与各月相关均极显著。

夏季，安康成苗效果与6月和7月均温相关不显著，成苗量与8月均温呈显著正相关，RPA有苗样方频度与6月均温相关不显著，对照有苗样方频度相关极性显著。汉中成苗效果与6月均温呈负相关，其中对照成苗量相但关不显著，与7月均温负相关极显著，而与8月呈极显著的正相关 。安康成苗效果与6月降水量呈极显著负相关，与7月负相关不显著，与8月正相关不显著 。汉中成苗效果与6月降水量呈显著负相关，与7月和8月降水量对呈极显著正相关，其中只有对照成苗量与8月均温为显著负相关。

秋季，安康成苗效果与月均温正相关。其中，RPA成苗量和对照有苗样方频度与9月均温相关极显著，RPA有苗样方频度和对照成苗量与9月均温相关显著；成苗效果与10月和11月均温相关均极显著。汉中成苗效果多与9月和11均温正相关极显著，仅RPA有苗样方频度与10月均温相关不显著，其余相关显著。安康成苗效果与9～11月降水量均呈极显著的负相关；汉中也呈负相关，但仅与9月降水量相关极显著，与10月相关不显著，与11月也只有对照有苗样方频度相关显著。

冬季，安康RPA成苗效果和对照成苗量与12月均温正相关极显著，对照有苗样方频度相关显著；与1月呈负相关，但仅有RPA有苗样方频度相关显著；与2月均温相关不显著。汉中与12月和2月均温呈正相关，但仅有对照成苗量与2月均温相关显著；与1月均温负相关极显著。而安康与12月降水量呈极显著负相关，与1月负相关不显著，2月正相关不显著。汉中与各月均温均为极显著负相关。

六、不同温度和降水因子对成苗效果的协同作用

1. 排除时间因子的协同作用 逐步回归模型显示，安康成苗效果与4月和11月均温相关性强，均呈极显著正相关。在去除4月和11月均温作用下，RPA成苗效果与3月均

温、对照成苗量与7月均温、对照有苗样方频度与7月极端最高温度负相关极显著。其结果与汉中基本相同，但汉中对照成苗效果只与4月和11月均温相关，RPA成苗量还与12月均温呈极显著负相关，有苗样方频度除与4月均温正相关极显著外，与1月极端最低温度和9月均温负相关极显著。说明4月和11月均温与成苗效果关系紧密，影响较大。安康成苗效果与12月和11月降水量呈极显著的负相关，在消除11月和12月降水量作用下，成苗量也与9月降水量、有苗样方频度与8月降水量正相关也极显著。汉中对照成苗效果与5月和2月关系紧密，在控制其作用下，成苗量也与9月降水量正相关极显著；RPA成苗效果与7月、9月和12月降水量相关性较强。

2. **时间因子下的协同作用** 引入时间因子，汉中成苗效果与温度关系不变。在控制模型中其他因子作用下，安康RPA成苗量与5月和和7月极端最高温度负相关极显著，与4月均温呈极显著的正相关；有苗样方频度与3月均温负相关极显著，与10月均温正相关极显著。对照成苗量与3月和11月均温负相关极显著，与10月呈极显著正相关；有苗样方频度与5月均温和7月最高温度负相关极显著，与4月均温正相关极显著。安康成苗量与2月和5月降水量呈极显著正相关，对照有苗样方频度与2月降水量正相关极显著，RPA有苗样方频度与4月和2月降水量正相关极显著，与1月降水量呈极显著负相关。在控制模型中其他因子下，汉中成苗效果与5月降水量均呈极显著的正相关，对照成苗量与2月降水量、RPA成苗量与9月降水量、RPA有苗样方频度与7月降水量也呈极显著的正相关。

3. **飞播年限权重下的协同作用** 在飞播年限权重下，安康成苗效果与温度指标关系与排除时间因子相同。汉中也基本与相同，但RPA有苗样方频度模型中，11月和6月均温指标代替了原模型中的1月极端最低温度和9月均温指标。安康成苗效果与降水量指标关系也基本保持不变，只是对照成苗量模型中引进了1月降水量因子。而5月和2月降水量成为了影响汉中成苗效果的主要降水因子，9月降水量对成苗量和对照有苗样方频度作用也较大，7月降水量对RPA有苗样方频度也有一定的促进作用。

第三节　气温与商州飞播油松成苗效果关联分析

【**内容提要**】温度是衡量气温变化指标，也是影响飞播造林成苗效果的主要气象因子。为此利用1997年商州飞播油松成苗期有苗样方频度和成苗量调查数据，结合1997～2003年温度指标，采用相关分析法和逐步回归模型分析法研究了飞播成苗效果与温度的相关性及时域动态，并通过与汉中和安康研究结果对比分析，探讨了秦巴山区温度与成苗效果的相关性地域变化。结果显示：年均温与成苗效果正相关，其中商州和安康极显著，汉中显著。冬季，12月均温正相关显著或极显著，1月负相关。春季，3月负相关极显著，5月正相关极显著。夏季，各地月均温与成苗效果相关性变化大。秋季，月均温多数正相关极显著。剔除时间因子，11月、12月和3月～4月均温对商州成苗效果影响最大，4月和 11 月均温与安康成苗效果关系密切,4 月、11 月和 4 月均温对汉中成苗效果作用较强。在飞播年限权重下,4 月和 11 月均温对商州成苗效果作用最大,安康和汉中模型关系基本不变。在当地温度指标变化范围内,RPA 油松成苗效果模型值均高于对照。说明使用 RPA 拌种飞播能显著增强苗木对林地热量的适配能力,扩大油松幼苗在林地的适生范围,提高林地热能资源利用率和造林成苗效果。

【关 键 词】飞播造林,多效抗旱驱鼠剂,油松,气温,成苗效果

飞机播种是一种主要的植被恢复方式,对我国林业生态工程建设做出了重要贡献,发挥着不可替代的作用。随着全球气候变暖,极端气候出现频繁,高温、冰冻、暴雨、冰雹、飓风和干旱等气象灾害交替发生,严重威胁着人类的生存环境和粮食安全,也对我国飞播造林产生了很大影响。在全球气候变暖背景下,研究气候因子变化对生态环境、水资源和林业生态工程建设的影响已成为了热点问题。飞播造林在我国发展的历史较短,研究文献相对较少。大范围持续性的高温干旱直接导致飞播种子在林地滞留时间延长,加重了鸟兽取食风险,减少了成苗量,缩小了幼苗生存空间,导致飞播造林成效降低。为此,利用 1997 年商州 RPA 拌种和对照飞播区油松成苗期的有苗样方频度和成苗量资料,研究了温度与商州飞播油松造林成苗效果的相关性和时域变化规律。在此基础上,通过与汉中和安康研究结果对比分析,探讨了秦巴山区温度与飞播成苗效果相关性的地域差异。以期为制定飞播造林技术方案和评估 RPA 拌种飞播效果提供参数。

一、研究地概况

根据 1996 年陕西省商洛市飞播造林作业设计方案,选择商洛商州区飞播油松为研究对象。播区面积 1.69 万 hm^2,属灌木疏林改造。土壤分布自南向北随着纬度的变化呈现水平地带分布的规律,北部主要为褐土,南部为黄褐土,境内土壤多为微酸至中性。主要树种有油松(*Pinus tabuliformis*)、马尾松(*P. massoniana*)、侧柏(*Platycladus orientalis*)、栓皮栎(*Quercus variabilis*)、岩栎(*Q. acrodonta*)、青冈(*Cyclobalanopsis glauca*)和山杨(*Populus davidiana*)等。浅山播区植被以草灌为主,盖度适中;山地播区以次生灌木林及栎类阔杂林为主,盖度较大;土石山播区为次生杂灌木,盖度低。油松分布最广、数量最多,是飞播造林的主要树种。属暖温带半湿润季风气候,干旱、连阴雨、暴雨、冰雹、霜冻等灾害性天气时有发生。海拔 800 ~ 1 100 m 的川道丘陵播区,年均温 11 ~ 13℃,7 月均温22 ~ 24℃,1 月均温 -3 ~ 1℃,极端最低气温均值 -16 ~ -10℃;4 ~ 10 月干燥指数 1.0 左右,年降水量为 650 ~ 750 mm;年日照时数为 1 700 ~ 2 200 h。主要气象灾害是春旱和伏旱。海拔 1 100 ~ 1 500 m 的中浅山播区,具有中温带气候特征。年均温 8 ~ 11℃,7 月均温 20 ~ 23℃,1 月均温 -6 ~ -3℃,极端最低气温均值 -19 ~ -15℃;年降水量西北部山区为 800 ~ 900 mm,北部山区为 700 ~ 820 mm,4 ~ 10 月干燥指数为 0.5 ~ 0.7。主要气象灾害是秋季连阴雨和霜冻。海拔 1 500 m 以上中山播区。年均温 <8℃,7 月均温低于 20℃,

1 月均温低于 -5℃,极端最低气温均值低于 -17℃;年降水量 800 ~ 1 200 mm,4 ~ 10 月干燥指数低于 0.45。

二、调查与数据处理方法

1997 年飞播后,根据播区立地,选择 5 个 RPA 拌种播区和 5 个对照播区,每年 10 月按照"M"或"Z"形取样方法,随机抽取 50 块 1 m × 2 m 样方,调查样方油松株数,记录调查地植被、土壤、坡向和坡位等情况。重复 5 次,连续调查 6 年。温度资料来源于 1998 ~ 2004 年陕西省统计年鉴。按单位面积成苗量(Survival seedling quantity, Q_{ss})和有苗样方频度(Frequentness of sample plots with available seedling, F)表述飞播后油松成苗效果(表 2 -5)。采用相关分析法和逐步回归模型分析温度指标与油松成苗效果的关系,以模型参数、相关系数和指标量综合分析各温度指标对成苗效果作用稳定性和影响强度;参考汉中和安康的研究结论,探讨秦巴山区温度对飞播成苗效果影响的区域变化。

表 3 -3　1998 ~ 2004 年商州气温变异与飞播油松成苗效果相关分析

Tab. 3 -3 From 1998 to 2004, correlation analysis between atmospheric temperature variation and effective grown - up seedling of *Pinus tabulaeformis* for aerial seeding in Shangzhou county

指标 Index	温度/℃ Temperature			变异系数/% Coefficient of variation	相关系数 Pearson correlations			
					苗木保存量 Q_{ss}		有苗样方频度 F	
	平均 Mean	最小 Min.	最大 Max.		RPA	CK	RPA	CK
年 Annual	13.2 ±0.1	12.5	13.6	2.9	0.623**	0.613**	0.628**	0.612**
极端最高 Max.	36.8 ±0.2	35.3	38.2	3.0	0.553**	0.535**	0.528**	0.521**
极端最低 Min.	-10.2 ±0.3	-11.9	-8.4	13.5	-0.086	-0.069	-0.021	-0.041
1 月 Jan.	1.1 ±0.2	-0.4	3.0	127.3	-0.327	-0.345	-0.354	-0.366*
2 月 Feb.	4.4 ±0.2	2.6	5.5	22.1	0.104	0.078	0.041	0.049
3 月 March	8.6 ±0.3	6.7	10.2	17.5	-0.591**	-0.584**	-0.545**	-0.571**
4 月 April	14.3 ±0.2	12.8	15.7	8.0	0.801**	0.806**	0.814**	0.812**
5 月 May	18.1 ±0.2	16.7	20.4	7.0	-0.339	-0.316	-0.244	-0.287
6 月 June	22.5 ±0.1	21.8	23.4	2.4	0.062	0.046	-0.038	0.017
7 月 July	24.7 ±0.1	23.6	25.5	2.5	0.227	0.223	0.260	0.235
8 月 Aug	22.6 ±0.1	21.8	23.8	2.9	0.622**	0.614**	0.644**	0.614**
9 月 Sep.	18.9 ±0.2	17.8	20.5	5.1	0.523**	0.508**	0.484**	0.490**
10 月 Oct.	13.3 ±0.2	12.0	14.6	6.2	0.703**	0.693**	0.692**	0.693**

续表 3－3

指标 Index	温度/℃ Temperature			变异系数/% Coefficient of variation	相关系数 Pearson correlations			
					苗木保存量 Q_{ss}		有苗样方频度 F	
	平均 Mean	最小 Min.	最大 Max.		RPA	CK	RPA	CK
11 月 Nov.	7.3 ±0.2	5.8	9.6	16.9	0.865**	0.852**	0.842**	0.848**
12 月 Dec.	2.2 ±0.2	0.6	4.4	59.7	0.801**	0.813**	0.802**	0.822**

备注：* 在 0.05 水平（双侧）上显著相关，** 在 0.01 水平（双侧）上显著相关。

Remarks: * Correlation is significant at the 0.05 level (2 – tailed). ** Correlation is significant at the 0.01 level (2 – tailed).

三、成苗效果与温度的相关性

与汉中和安康相同，商州油松成苗效果与年均温呈极显著正相关（$r>0$，$p<0.01$）；但与汉中不同，其油松成苗效果与 7 月极端最高温度也呈极显著正相关；而与 1 月极端最低温度几乎没有相关性。从月均温分析，油松成苗效果与 1 月、2 月和 5～7 月均温有一定相关性，但相关性不显著（$p>0.05$）；与 3 月均温呈极显著负相关（$r<0$，$p<0.01$），而与 4 月和 8～12 月均温呈极显著正相关（$r>0$，$p<0.01$；表 3－3）。其中，与 11 月、12 月和 4 月均温相关性极高。

四、成苗效果与温度指标的逐步回归模型

逐步回归模型分析显示，商州飞播油松成苗量与 11 月、12 月、3 月和 6 月均温关系密切，依次进入 RPA 和对照油松成苗量模型。RPA 油松有苗样方频度与 11 月、12 月、3 月和 5 月均温相关性较强，而对照有苗样方与 11 月均温、4 月均温、7 月极端最高温度和 12 月均温相关性较强，先后进入有苗样方模型。其他温度指标与成苗效果关系相对疏远，没有进入油松成苗效果模型（图 3－3）。

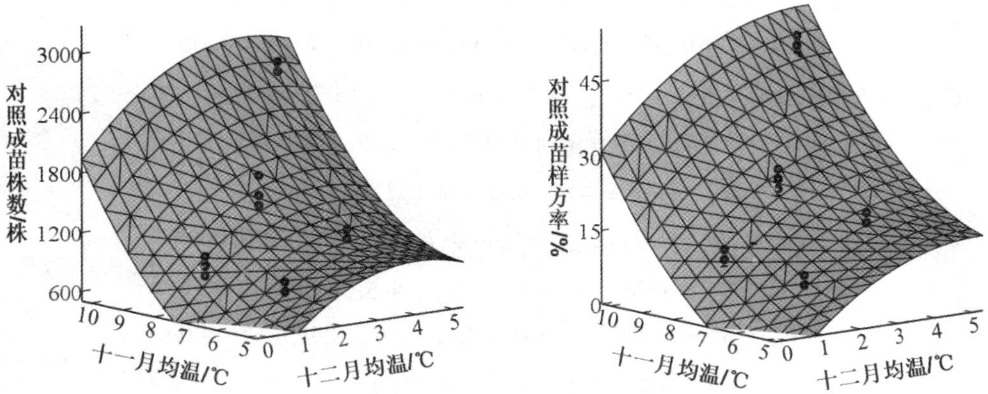

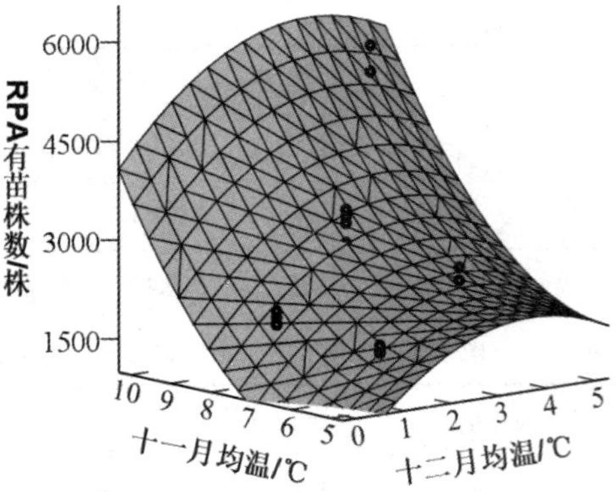

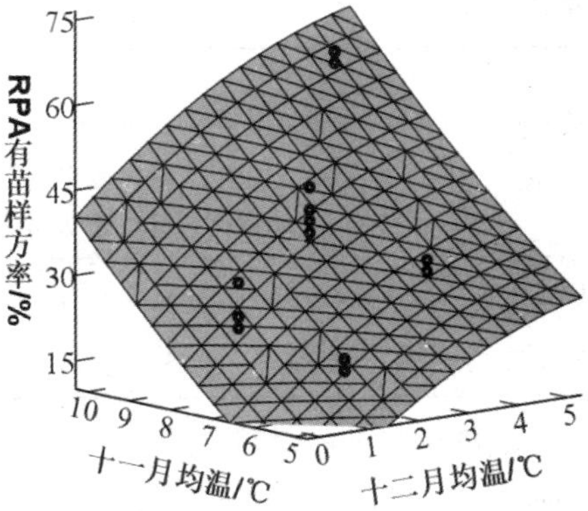

图 3-3　商州飞播油松成苗效果与气温关系

Fig. 3-3 The relationship between atmospheric temperature and effeetive grown-up seedling of *pinus tabulaeformis* for aerial seeding in Shangzhou county

$$Q_{ssck} = -1\ 758.938 + 417.128\bar{T}_{m11}$$

$$(n=30, R^2=0.726, r_{m11}=0.852, F=74.215, p=0.000)$$

$$Q_{ssck} = -1\ 354.465 + 290.637\bar{T}_{m11} + 234.236\bar{T}_{m12}$$

$$(n=30, R^2=0.924, r_{m12}=0.813, F=163.437, p=0.000)$$

$$Q_{ssck} = -530.458 + 275.174\bar{T}_{m11} + 203.840\bar{T}_{m12} - 74.840\bar{T}_{m03}$$

$$(n=30, R^2=0.950, r_{m03}=-0.584, F=165.868, p=0.000)$$

$$Q_{ssck} = -2\ 748.031 + 311.981\bar{T}_{m11} + 176.294\bar{T}_{m12} - 78.047\bar{T}_{m03} - 153.651\bar{T}_{m06}$$

$$(n=30, R^2=0.964, r_{m06}=0.046, F=167.373, p=0.000)$$

$$Q_{ssrpa} = -3\ 240.755 + 809.648\bar{T}_{m11}$$

$$(n=30, R^2=0.749, r_{m11}=0.865, F=83.345, p=0.000)$$

$$Q_{ssrpa} = -2\ 504.276 + 579.329\bar{T}_{m11} + 426.505\bar{T}_{m12}$$

$$(n=30, R^2=0.928, r_{m12}=0.801, F=173.554, p=0.000)$$

$$Q_{ssrpa} = -832.614 + 547.958\bar{T}_{m11} + 364.542\bar{T}_{m12} - 151.827\bar{T}_{m03}$$

$$(n=30, R^2=0.958, r_{m03}=-0.591, F=196.863, p=0.000)$$

$$Q_{ssrpa} = 5\ 198.490 + 615.670\bar{T}_{m11} + 314.638\bar{T}_{m12} - 157.727\bar{T}_{m03} - 282.657\bar{T}_{m06}$$

$$(n=30, R^2=0.970, r_{m06}=0.062, F=205.475, p=0.000)$$

$$F_{ck} = -47.909 + 9.197\bar{T}_{m11}$$

$$(n=30, R^2=0.719, r_{m11}=0.848, F=71.505, p=0.000)$$

$$F_{ck} = -38.684 + 6.312\bar{T}_{m11} + 5.343\bar{T}_{m12}$$

$$(n=30, R^2=0.928, r_{m12}=0.822, F=173.859, p=0.000)$$

$$F_{ck} = -22.367 + 6.005\bar{T}_{m11} + 4.738\bar{T}_{m12} - 1.482\bar{T}_{m03}$$

$$(n=30, R^2=0.949, r_{m03}=-0.571, F=161.984, p=0.000)$$

$$F_{ck}=-71.281+7.939\bar{T}_{m11}+3.373\bar{T}_{m12}-2.210\bar{T}_{m03}+2.435\bar{T}_{m05}$$

$$(n=30, R^2=0.969, r_{m05}=-0.287, F=198.595, p=0.000)$$

$$F_{rpa}=-42.796+10.281\bar{T}_{m11}$$

$$(n=30, R^2=0.709, r_{m11}=0.842, F=68.332, p=0.000)$$

$$F_{rpa}=-116.447+7.032\bar{T}_{m11}+6.824\bar{T}_{m04}$$

$$(n=30, R^2=0.906, r_{m04}=0.814, F=130.097, p=0.000)$$

$$F_{rpa}=18.191+9.681\bar{T}_{m11}+7.446\bar{T}_{m04}-4.434T_{max}$$

$$(n=30, R^2=0.954, r_{max}=0.528, F=179.065, p=0.000)$$

$$F_{rpa}=41.433+11.178\bar{T}_{m11}+11.044\bar{T}_{m04}-6.561T_{max}-3.327\bar{T}_{m12}$$

$$(n=30, R^2=0.961, r_{m12}=0.802, F=153.886, p=0.000)$$

从成苗量模型分析，RPA 和对照油松成苗量与 11 月均温呈极显著正相关（$r=0.865$、0.852，$p=0.000$）；两模型交点位于 3.8℃附近，斜率比值为 1.9；在试验期当地 11 月均温范围内（5.8℃，9.6℃），RPA 油松成苗量大于对照，差距随 11 月均温提高扩大。在控制 11 月温度作用下，成苗量与 12 月均温线性关系极为密切，呈极显著正相关（$r=0.844$、0.849，$p=0.000$）；11 月均温对 RPA 和对照油松成苗量贡献率为 81.7% 和 80.3%，作用强度远大于 12 月均温。在排除 11 月和 12 月温度干扰下，成苗量与 3 月均温呈极显著负相关（$r=-0.645$、-0.584，$p=0.000$、0.001）；3 个温度作用下，11 月均温对 RPA 和对照成苗量贡献率为 65.5% 和 64.8%，明显大于 3 月的 21.2% 和 20.6%，12 月均温作用相对较小，贡献率为 13.3% 和 14.6%；但 11 月和 12 月均温与成苗量关系相对紧密，复相关系数明显大于 3 月均温。排除以上温度因子作用，6 月均温与成苗量负相关极显著（$r=-0.548$、-0.524，$p=0.003$、0.005）；但其复相关系数仅为 0.062 和 0.046，与成苗量关系比较疏远，作用极其不稳定。4 因子共同作用下，6 月均温对油松成苗量作用强度最大，贡献率为 49.2% 和 50.8%，大于 11 月的 34.9% 和 33.6%；而 3 月和 12 月均温作用强度相对较弱，对 RPA 和对照贡献率为 10.5%、5.4% 和 9.8%、5.8%。

RPA 和对照油松有苗样方频度与 11 月均温关系也十分密切（$r=0.842$、0.848，$p=0.000$），模型交点在 -4.7℃附近，斜率比值为 1.1，小于成苗量模型斜率比值；变化规律与成苗量类似。在消除 11 月均温作用下，4 月均温与 RPA、12 月均温与对照均呈极显著正相关（$r=0.823$、0.863，$p=0.000$）；11 月均温对 RPA 和对照有苗样方贡献率为 77.2% 和 79.5%，作用强度远比 3 月和 12 月的 22.7% 和 20.5%。在控上述温度因子对有苗样方作用下，7 月极端最高温度与 RPA、3 月均温与对照负相关极显著（$r=-0.712$、-0.573，$p=0.000$、0.003）；但从复相关性分析，7 月极端高温对 RPA 有苗样方有明显促进作用，而 3 月均温对对照有苗样方有显著抑制作用。在 3 温度因子作用下，7 月极端最高温度对 RPA 有苗样方贡献率为 47.8%，大于 4 月和 11 月的 31.3% 和 20.9%；而 11 月均温对对照贡献率为65.4%，大于3月和12月的18.9%和15.7%。对油松有苗样方4个温度变量模型分析，在排除模型中其他因子干扰下，12月均温与RPA有苗样方负相关显著（$r=-0.393$，$p=0.043$），5月均温与对照有苗样方呈极显著正相关（$r=0.632$，$p=0.000$）；但两者复相关系数正好相反，分别为0.802和-0.287。3个温度因子共同作用下，7月极端最高温度和4月均温对RPA有苗样方作用强度相对较大，贡献率为49.4%和32.3%，12月作用强度最小，贡献率仅为1.5%；而11月和5月均温对对照有苗样方作用相对较强，贡献率分别为45.2%和34.2%，也是12月均温作用最小，贡献率仅为5.9%。

1. **飞播年限对逐步回归模型的影响**　引入时间变量，飞播年限首先进入成苗效果模型，接着5月均温和7月极端最高温度先后进入成苗量模型，3月、10月和12月均温依次进入有苗样方模型；最后1月极端最低温度和11月均温分别进入对照和RPA成苗量模型（图3-4）。其余温度因子与成苗效果关系相对疏远，被排除在模型以外。

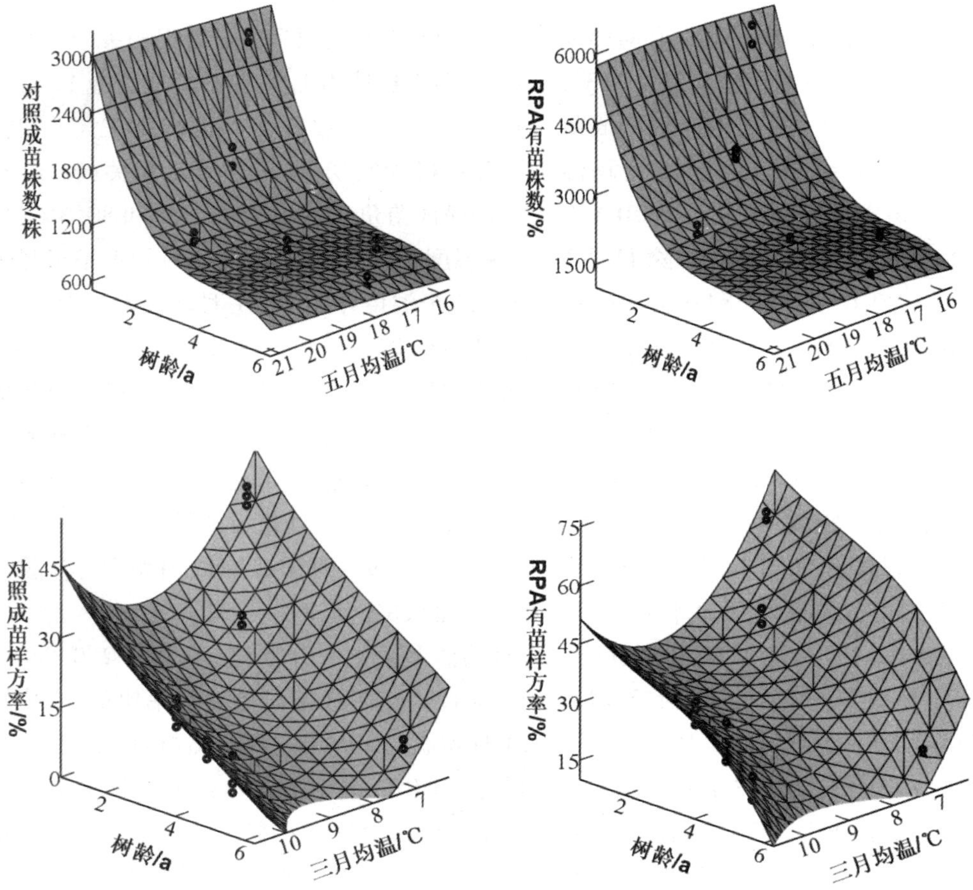

图3-4　商州飞播油松成苗效果与温度和树龄关系

Fig. 3-4 The relationship between rainfall and effective grown-up seeding of *pinus tabulaeformis* for aerial seeding in Shangzhou County

$$Q_{ssck} = 2\,380.00 - 308.571t$$
$$(n=30, R^2=0.780, r_t=-0.883, F=99.328, p=0.000)$$

$$Q_{ssck} = 5\,076.259 - 308.145t - 149.574\bar{T}_{m05}$$
$$(n=30, R^2=0.878, r_{m05}=-0.316, F=97.080, p=0.000)$$

$$Q_{ssck} = 16\,841.853 - 397.607t - 279.373\bar{T}_{m05} - 247.574T_{\max}$$
$$(n=30, R^2=0.946, r_{\max}=0.535, F=152.007, p=0.000)$$

$$Q_{ssck} = 21\,841.953 - 457.800t - 288.001\bar{T}_{m05} - 407.948T_{\max} - 118.112T_{\min}$$
$$(n=30, R^2=0.964, r_{\min}=-0.069, F=167.554, p=0.000)$$

$$Q_{ssrpa} = 4\,758.667 - 589.143t$$
$$(n=30, R^2=0778, r_t=-0.882, F=98.202, p=0.000)$$

$$Q_{ssrpa} = 10\,289.280 - 588.268t - 306.010\bar{T}_{m5}$$
$$(n=30, R^2=0.891, r_{m5}=-0.339, F=110.078, p=0.000)$$

$$Q_{ssrpa} = 31\,917.953 - 752.725t - 545.333\bar{T}_{m5} - 455.110T_{\max.}$$
$$(n=30, R^2=0.854, r_{\max}=0.553, F=178.802, p=0.000)$$

$$Q_{ssrpa} = 46\,628.132 - 1\,069.186t - 899.618\bar{T}_{m05} - 546.394T_{\max} - 523.804\bar{T}_{m11}$$
$$(n=30, R^2=0.970, r_{m11}=0.865, F=205.168, p=0.000)$$

$$F_{ck} = 43.813 - 6.937t$$
$$(n=30, R^2=0.803, r_t=-0.896, F=113.958, p=0.000)$$

$$F_{ck} = 64.969 - 6.149t - 2.789\bar{T}_{m03}$$
$$(n=30, R^2=0.889, r_{m03}=-0.571, F=108.218, p=0.000)$$

$$F_{ck} = -3.226 - 4.430t - 3.351\bar{T}_{m03} + 5.052\bar{T}_{m10}$$
$$(n=30, R^2=0.942, r_{m10}=0.693, F=139.922, p=0.000)$$

$$F_{ck} = -30.679 - 2.611t - 2.888\bar{T}_{m03} + 5.860\bar{T}_{m10} + 2.862\bar{T}_{m12}$$
$$(n=30, R^2=0.969, r_{m12}=0.693, F=195.555, p=0.000)$$

$$F_{rpa} = 60.560 - 7.989t$$
$$(n=30, R^2=0.841, r_t=-0.917, F=147.894, p=0.000)$$

$$F_{rpa} = 81.513 - 5.524t - 2.759\bar{T}_{m03}$$
$$(n=30, R^2=0.908, r_{m03}=-0.545, F=132.763, p=0.000)$$

$$F_{rpa} = 14.687 - 5.524t - 3.313\bar{T}_{m03} + 4.951\bar{T}_{m10}$$
$$(n=30, R^2=0.948, r_{m10}=0.692, F=156.676, p=0.000)$$

$$F_{rpa} = -5.786 - 4.167t - 2.968\bar{T}_{m03} + 5.554\bar{T}_{m10} + 2.134\bar{T}_{m12}$$

$$(n = 30, R^2 = 0.960, r_{m12} = 0.802, F = 148.451, p = 0.000)$$

从成苗量模型分析,在控制飞播年限影响下,5 月均温与成苗量负相关极显著($r = -0.712$、-0.667,$p = 0.000$)。其中,5 月均温对 RPA 和对照成苗量贡献率为 75.8% 和 74.5%,明显大于飞播年限的 24.2% 和 25.5%;但飞播年限与成苗量关系紧密,作用效果稳定,而 5 月均温复相关性较低,作用效果稳定性相对较低。排除飞播年限和 5 月均温干扰,7 月极端最高温度与成苗量呈极显著负相关($r = -0.759$、-0.747,$p = 0.000$),但复相关系数大于零;3 因子共同作用下,7 月极端最高温度对成苗量影响最大,贡献率为58.0% 和 59.3%,明显大于 5 月均温的 34.2% 和 32.9%;飞播年限作用最小,贡献率均为7.8%。排除上述因素作用下,11 月均温与 RPA 成苗量呈极显著负相关($r = -0.600$,$p = 0.001$),1 月极端最低温度与对照成苗量也呈极显著负相关($r = -0.577$,$p = 0.002$),但 11 月均温复相关系数为 0.865,与 RPA 成苗量关系极为密切;而 1 月极端最低温度复相关系数仅为 -0.069,与对照成苗量关系疏远,作用不稳定。4 因子共同作用下,7 月极端最高温度对 RPA 和对照成苗量贡献率为 46.3% 和 65.8%,远大于 5 月均温的 37.5% 和22.9%;飞播年限和 11 月均温对 RPA 成苗量作用相对较小,贡献率为 7.4% 和 8.9%;同样飞播年限和 1 月极端最低温度对对照成苗量影响也较小,贡献率为 6.0% 和 5.3%。

对于油松有苗样方频度,在控制飞播年限影响下,3 月均温与有苗样方负相关极显著($r = -0.648$、-0.662,$p = 0.000$);3 月均温对 RPA 和对照有苗样方贡献率为 52.3% 和 56.5%,明显大于 47.7% 和 43.5%;但飞播年限复相关系数为 -0.917 和 -0.896,与有苗样方关系较为密切,作用效果稳定。3 因子作用下,控制其他因子作用时,10 月均温与有苗样方正相关极显著($r = 0.657$、0.689,$p = 0.000$),对 RPA 和对照有苗样方贡献率为 59.3% 和 61.4%,大于 3 月均温的 25.7% 和 26.4%,飞播年限作用最小,贡献率仅为 15.0% 和 12.2%。在排除上述因子干扰下,12 月均温与 RPA 有苗样方呈显著正相关($r = 0.479$,$p = 0.012$),与对照有苗样方正相关极显著($r = 0.585$,$p = 0.000$)。4 因子共同作用下,10 月均温贡献率为 63.3% 和 66.6%,明显大于 3 月的 21.9% 和 21.2%,而 3 月和 12 月均温作用相对较小,贡献率为 10.7%、4.1% 和 6.7%、5.5%。

2. 飞播年限权重下的逐步回归模型 飞播年限权重下,凸显了 4 月和 11 月均温对油松成苗效果的作用,先后进入成苗效果模型;接着年积温(Annual accumulated temperature, T_{aa})进入油松成苗量模型,7 月极端最高温度进入油松有苗样方模型;最后,12 月均温进入 RPA 有苗样方模型。

$$Q_{ssck} = -3\,519.181 + 330.355\bar{T}_{m04}$$

$$(n = 30, R^2 = 0.591, r_{m04} = 0.769, F = 40.464, p = 0.000)$$

$$Q_{ssck} = -4\,166.250 + 266.857\bar{T}_{m04} + 221.472\bar{T}_{m11}$$

$$(n=30, R^2=0.839, r_{m11}=0.696, F=70.491, p=0.000)$$

$$Q_{ssck} = 1\ 544.027 + 339.288\bar{T}_{m04} + 401.021\bar{T}_{m11} - 1.666T_{aa}$$
$$(n=30, R^2=0.933, r_{aa}=0.564, F=120.997, p=0.000)$$

$$Q_{ssrpa} = -6\ 351.571 + 619.810\bar{T}_{m04}$$
$$(n=30, R^2=0.583, r_{m04}=0.764, F=39.195, p=0.000)$$

$$Q_{ssrpa} = -7\ 651.070 + 492.485\bar{T}_{m04} + 444.095\bar{T}_{m11}$$
$$(n=30, R^2=0.863, r_{m11}=0.724, F=85.150, p=0.000)$$

$$Q_{ssrpa} = 3\ 176.230 + 629.823\bar{T}_{m04} + 784.538\bar{T}_{m11} - 3.159T_{aa}$$
$$(n=30, R^2=0.958, r_{aa}=0.582, F=196.683, p=0.000)$$

$$F_{ck} = -89.270 + 7.460\bar{T}_{m04}$$
$$(n=30, R^2=0.600, r_{m04}=0.775, F=41.996, p=0.000)$$

$$F_{ck} = -103.538 + 6.060\bar{T}_{m04} + 4.661\bar{T}_{m11}$$
$$(n=30, R^2=0.840, r_{m11}=0.690, F=70.990, p=0.000)$$

$$F_{ck} = 23.218 + 6.561\bar{T}_{m04} + 8.661\bar{T}_{m11} - 4.384T_{max}$$
$$(n=30, R^2=0.938, r_{max}=0.415, F=131.950, p=0.000)$$

$$F_{rpa} = -92.319 + 8.564\bar{T}_{m04}$$
$$(n=30, R^2=0.574, r_{m04}=0.758, F=37.731, p=0.000)$$

$$F_{rpa} = -109.372 + 6.890\bar{T}_{m04} + 5.837\bar{T}_{m11}$$
$$(n=30, R^2=0.823, r_{m11}=0.694, F=62.871, p=0.000)$$

$$F_{rpa} = 41.920 + 7.488\bar{T}_{m04} + 10.346\bar{T}_{m11} - 5.229T_{max}$$
$$(n=30, R^2=0.962, r_{max.}=0.413, F=106.507, p=0.000)$$

$$F_{rpa} = 41.429 + 11.045\bar{T}_{m04} + 11.175\bar{T}_{m11} - 6.561T_{max} - 3.328\bar{T}_{m12}$$
$$(n=30, R^2=0.937, r_{m12}=0.684, F=92.815, p=0.000)$$

模型显示,4 月均温与成苗效果关系较为密切,正相关极显著($r_{Qssrpa}=0.764$、$r_{Qssrpa}=0.769$,$r_{Fck}=0.758$、$F_{rpa}=0.775$,$p=0.000$)。RPA 和对照成苗量和有苗样方模型交点在 9.8℃和 2.8℃附近,斜率比值为 1.9 和 1.2;斜率比值与 11 月均温模型相当。在排除 4 月均温干扰下,11 月均温与成苗效果线性关系极为密切,呈极显著的正相关($r_{Qssrpa}=0.820$、0.779,$r_{Fck}=0.877$、0.775,$p=0.000$);4 月均温对 RPA 与对照油松成苗量和有苗样方贡献率分别为 68.4%、70.1% 和 69.7%、70.7%,远大于 11 月均温的 31.6%、29.9% 和 30.3%、29.3%。消除 4 月和 11 月均温对成苗效果影响,年积温与油松成苗量呈显著飞负相关($r_{Qssrpa}=-0.832$、-0.764,$p=0.000$);但从复相关性分析,年积温与成苗量正相关极显著。在3者共同作用下，年积温对RPA和对照成苗量没效率均为50.8%，大于4月均温的30.%和30.6%，11月均温贡献相对较小，为19.2%和18.6%。而7月极端最高温度与油松有苗样方负相关极显著(r_{Fck} = −0.788、−0.784，p = 0.000)，与年积温相同，其复相关系数也为正值，分别为0.413和0.415。7月极端最高温度对RPA和对照有苗样方贡献率为51.2%和50.6%，与年积温贡献率相当；大于4月均温的28.5%和29.4%，作用强度变化与成苗量一致。

五、秦巴山地飞播成果效果与温度相关性及时空变化

1. ***年温度指标相关性的地域差异*** 商州和安康年均温均值变异系数分布为2.9%和2.4%，年间变化较大，飞播油松成苗效果与年均温呈极显著的正相关($r > 0, p < 0.01$)；汉中变异系数为1.5%，年间差异相对较小，成苗效果与年均温仅为显著相关($r > 0, p < 0.05$)。商州成苗效果与年极端最高温度正相关极显著($r < 0, p < 0.01$)，而汉中负相关极显著，安康相关不显著($r > 0, p > 0.05$)。商州和安康成苗效果与年极端最低温度相关不显著，而汉中除与对照成苗量负相关不显著外，其余负相关显著($r < 0, p < 0.05$)。

2. ***月均温相关性时空变化*** 冬季，成苗效果与12月均温呈正相关($r > 0$)。其中，商州相关极显著；安康除对照有苗样方频度相关显著外，其余相关极显著；汉中仅对照成苗量达显著。与1月均温均呈负相关($r < 0$)。其中，汉中相关极显著，安康仅RPA有苗样方频度、商州仅对照有苗样方频度达显著水平。与2月均温相关不显著。春季，成苗效果与3月均温呈极显著负相关，与4月均温呈极显著正相关，与5月均温负相关不显著。夏季，商州和安康与6月和7月均温相关不显著；汉中除对照成苗效果与6月均温负相关不显著外，其余负相关显著，而与7月均温负相关均极显著。商州与8月均温正相关极显著；安康成苗量与8月均温显著正相关，RPA有苗样方频度相关不显著，对照正相关极显著；汉中除对照成苗量与8月均温正相关显著外，其他正相关极显著。秋季，成苗效果与月均温均呈正相关。其中，商州相关极显著；安康RPA成苗量和对照有苗样方频度与9月相关极显著，RPA有苗样方频度和对照成苗量与8月相关显著，除对照有苗样方频度与10月相关显著外，其余相关极显著，与11月相关均极显著；汉中与9月和11月相关极显著，与10月除RPA有苗样方频度相关不显著外，其他相关显著。

六、秦巴山地不同温度因子对成苗效果协同作用的地域差异

1. ***排除时间因素下温度对成苗效果的协同作用差异*** 商州成苗量与11月、12月、3月和6月均温依次相关，RPA有苗样方频度与11月、12月、3月和5月相关度高，11月均温、4月均温、7月极端最高温度和12月均温依次进入对照有苗样方频度模型。安康4月、11月和3月均温与RPA成苗效果关系紧密，4月、11月和7月均温依次与对照成苗量相关，4月、11月均温和年极端最高温度对对照有苗样方频度影响较大。汉中对照油松成苗效果与4月和11月月均温度关系密切，RPA油松成苗量与4月、11月和12月月均温度

关系紧密，而 RPA 油松有苗样方频度与 4 月、1 月极端最低温度和 9 月均温度相关性较强。

2. **时间因子下的协同作用差异** 在飞播年限的协同作用下，对照成苗量与 5 月均温、年最高温度和年最低温度关系密切，5 月均温、年最高温度和 11 月均温依次进入 RPA 成苗量模型，有苗样方频度与 3 月、10 月和 12 月均温依次相关。引入时间因子，汉中成苗效果与温度关系不变。在控制模型中其他因子作用下，安康 RPA 成苗量与 5 月和 7 月极端最高温度负相关极显著，与 4 月均温呈极显著的正相关；有苗样方频度与 3 月均温负相关极显著，与 10 月均温正相关极显著。对照成苗量与 3 月和 11 月均温负相关极显著，与 10 月呈极显著正相关；有苗样方频度与 5 月均温和 7 月最高温度负相关极显著，与 4 月均温正相关极显著。

3. **飞播年限权重下的协同作用差异** 在飞播年限权重下，凸显了 4 月和 11 月均温对商州成苗效果的影响作用。4 月、11 月和年积温先后被引入成苗量模型，4 月、11 月均温、年最高温度依次进入有苗样方频度模型，最后 12 月均温也被引进 RPA 有苗样方频度模型。安康成苗效果与温度指标关系与排除时间因子相同。汉中也基本与相同，但 RPA 有苗样方频度模型中，11 月和 6 月均温指标代替了原模型中的年最低温度和 9 月均温指标。

第四节 温度对淳化飞播油松成苗效果的作用

【内容提要】温度是影响造林的主要气象因子。为了研究温度对飞播成苗效果作用的地域变化，采用相关分析法和逐步回归模型分析法研究了淳化飞播成苗效果与温度的相关性及时域动态，并通过与秦巴山区研究结果对比分析，探讨了温度与成苗效果的相关性地域变化。结果显示：年均温与成苗效果正相关，其中淳化、商州和安康极显著，汉中显著。淳化、商州和安康，年极端最高温度与成苗效果呈极显著正相关，而汉中呈显著负相关。冬季，成苗效果与 12 月和 2 月均温正相关，与 1 月负相关，其中淳化和商州与 12 月相关性极显著。春季，与 3 月均温负相关极显著，与 4 月正相关极显著，淳化与 5 月均温负相关也极显著。夏季，成苗效果与 6 月和 7 月均温负相关，与 8 月正相关，地区差别较大。秋季，均呈显著或极显著正相关。剔除时间因子，4 月、11 月、10 月、1 月、5 月、6 月和 12 月均温度和年均温度与淳化成苗效果依次相关，11 月、12 月、4 月、3 月、5 月、6 月均温和年极端最高温度对商州成苗效果影响较大，4 月、11 月、3 月、7 月和年极端最高温度对安康成苗效果作用较强，4 月和 11 月均温、年极端最低温度以及 9 月和 12 月均温与汉中成苗效果依次相关。飞播年限协同下，4 月和 3 月均温、年极端最高温度及 11 月和 1 月均温对淳化影响较大，5 月和 3 月均温、年极端最高温度、年极端最低温度及 10 月、11 月和 12 月均温对商州作用较强，3 月和 5 月均温、年极端最高温度、10 月、11 月均温和 4 月均温依次与安康相关，汉中模型关系不变。在飞播年限权重下，4 月和 11 月均温、年最低温度及 5 月、1 月和 6 月均温与淳化成苗效果依次相关，4 月和 11 月均温、年极端最高温度和

12 月均温对商州影响较大，安康模型不变，4 月、11 月、6 月和 12 月均温与汉中成苗效果关系密切。在当地温度指标变化范围内，RPA 油松成苗效果模型值均高于对照。说明使用 RPA 拌种飞播能显著增强苗木对林地热量的适配能力，扩大油松幼苗在林地的适生范围。

【关 键 词】飞播造林，多效抗旱驱鼠剂，油松，气温，成苗效果

在全球气候变暖的背景下，近百年来我国年均温以 0.04℃/10a 的速率上升，年降水量以 1.266 mm/10a 的速率减少。陕西地区变化趋势更加明显，年间和月际差异加剧。低温年份多雨，高温年份少雨，干旱、暴雨、冰雹、伏旱和低温霜冻等气候灾害交替发生。而这种趋势在短期内不可逆转，使得生态环境更加脆弱。温度和降水的变化及分布直接影响飞播造林后的成苗量和有苗样方频度，研究温度与飞播造林的造林成活率、保存率和林木生长以及对土地、光热资源利用等的关系对制定造林技术方案和评估造林成果具有十分重要的意义。为此，在陕西秦巴山地和渭北地区降水量与飞播造林成苗效果研究的基础上，研究了淳化温度与飞播成苗效果相关性及时域动态，并通过与秦巴山地研究结果对比分析，探讨了温度与飞播成苗效果相关性的地域变化。以期通过研究，确定影响飞播造林成苗效果的关键温度指标，为确定最佳飞播期和制定科学造林方案提供技术参数。

一、飞播区自然概况

根据 1996 年陕西省咸阳市飞播造林作业设计方案，选择咸阳淳化县飞播油松为研究对象[11]。播区位于咸阳市北部，地处渭北黄土高原沟壑区的南缘。境内南北山岭横贯，中部大沟纵切，山高沟深，塬面破碎，水土流失严重，自然灾害频繁。土壤具有明显的由褐土带向黑土带过渡性质，95% 的土壤有效土层厚度大于 100 cm。海拔 630 ~ 1 809 m，相对高差 1 200 m左右。年均温度 8 ~ 10℃，7 月均温 22.0 ~ 23.2℃，1 月均温 -5.4 ~ -6.0℃。年降水量 610.7(405.1 ~ 822.6)mm，7 ~ 8 月多暴雨，降水占年降水量的 53%；日降水大于 25mm 的大雨年年发生，最多 1 年 3 次，大于 50mm 的暴雨平均 2 年 1 次。无霜期 183.0(170 ~ 190) d；日照时数 2 249.1 h。播区面积 0.98 万 hm^2，植被以菊科、蔷薇科等草本为主，主要树种有树种以油松和刺槐林主，伴随有黄刺玫、忍冬、山杏、胡颓子、榛子等乔灌木。

表 3 -4　1998 ~ 2004 年淳化气温变异与飞播油松成苗效果相关分析

Tab. 3 -4 From 1998 to 2004, correlation analysis between atmospheric temperature variation and effective grown - up seedling of *Pinus tabulaeformis* for aerial seeding in Chunhua county

指标 Index	温度/℃ Temperature			变异系数/% Coefficient of variation	相关系数 Pearson correlations			
					苗木保存量 Q_{ss}		有苗样方频度 F	
	平均 Mean	最小 Min.	最大 Max.		RPA	CK	RPA	CK
年 Annual	13.5 ±0.1	13.0	13.9	2.5	0.628**	0.555**	0.559**	0.579**
极端最高 Max.	39.0 ±0.2	38.0	41.2	3.0	0.660**	0.605**	0.602**	0.648**

续表 3-4

指标 Index	温度/℃ Temperature			变异系数/% Coefficient of variation	相关系数 Pearson correlations			
					苗木保存量 Q_{ss}		有苗样方频度 F	
	平均 Mean	最小 Min.	最大 Max.		RPA	CK	RPA	CK
极端最低 Min.	-13.2±0.7	-18.5	-8.1	29.4	-0.323	-0.258	-0.229	-0.319
1月 Jan.	-0.3±0.2	-1.5	2.0	455.2	-0.190	-0.227	-0.240	-0.196
2月 Feb.	3.9±0.2	2.0	4.9	24.2	0.154	0.065	0.042	0.136
3月 March	8.9±0.2	7.2	10.2	13.2	-0.661**	-0.589**	-0.576**	-.612**
4月 April	14.4±0.2	13.0	16.2	7.3	0.882**	0.845**	0.838**	0.829**
5月 May	19.4±0.2	17.9	20.9	5.8	-0.582**	-0.502**	-0.484**	-0.549**
6月 June	25.0±0.2	23.7	26.3	3.7	-0.093	-0.126	-0.147	-0.052
7月 July	26.8±0.2	25.5	28.1	3.6	-0.361*	-0.325	-0.300	-0.323
8月 Aug	24.3±0.2	22.5	25.7	4.3	0.218	0.179	0.190	0.176
9月 Sep.	20.1±0.2	19.0	21.5	5.2	0.817**	0.742**	0.732**	0.745**
10月 Oct.	13.4±0.1	12.4	14.4	5.3	0.614**	0.543**	0.562**	0.580**
11月 Nov.	6.0±0.2	4.3	7.7	18.3	0.784**	0.686**	0.688**	0.726**
12月 Dec.	0.6±0.2	-1.6	2.4	240.6	0.730**	0.720**	0.722**	0.683**

备注：* 在 0.05 水平（双侧）上显著相关，** 在 0.01 水平（双侧）上显著相关。

Remarks: * Correlation is significant at the 0.05 level (2-tailed). ** Correlation is significant at the 0.01 level (2-tailed).

二、调查与数据处理方法

1997 年飞播后，根据播区立地，选择 5 个 RPA 拌种播区和 5 个对照播区，每年 10 月按照“M”或“Z”形取样方法，随机抽取 50 块 1 m×2 m 样方，调查样方油松株数，记录调查地植被、土壤、坡向和坡位等情况。重复 5 次，连续调查 6 年。气温资料来源于 1998～2004 年陕西省统计年鉴。按单位面积成苗量（Survival seedling quantity，Q_{ss}）和有苗样方频度（Frequentness of sample plots with available seedling，F）表述飞播后油松成苗效果（表 2-7）。采用 SPSS17.0 的相关分析法和逐步回归模型分析温度指标与油松成苗效果的关系，以模型参数、相关系数和指标量综合分析温度指标对成苗效果作用稳定性和影响强度；参考汉中、安康和商州的研究结果，探讨温度对飞播成苗效果作用的区域变化。

三、成苗效果与温度相关分析

与商州相似，淳化飞播油松成苗效果与年均温和 7 月极端最高温度呈极显著正相关

($r>0,p<0.01$)，而与 1 与极端最低温度呈不显著负相关($r<0,p>0.05$)。从月均温分析，成苗效果与 1 月和 6 月 ~7 月均温呈一定负相关，而与 3 月和 5 月均温负相关极显著($r<0,p<0.001$)；与 2 月和 8 月均温呈不显著正相关($r>0,p>0.05$)，而与 4 月和9 ~ 12 月均温正相关极显著。其中与 4 月均温相关度最高(表 3 -4)。

四、成苗效果与温度指标的逐步回归模型

对飞播成苗效果与温度指标进行逐步回归模型分析，油松成苗效果与 4 月均温线性关系最为紧密，首先进入成苗效果模型。接着 11 月、5 月和 6 月均温依次进入 RPA 油松成苗量模型，1 月和年均温进入对照成苗量模型，而 10 月和 12 月均温进入 RPA 有苗样方模型，11 月和 1 月均温进入对照有苗样方模型。其他温度指标与油松成苗效果关系相对疏远，没能进入成苗效果模型(图 3 -5)。

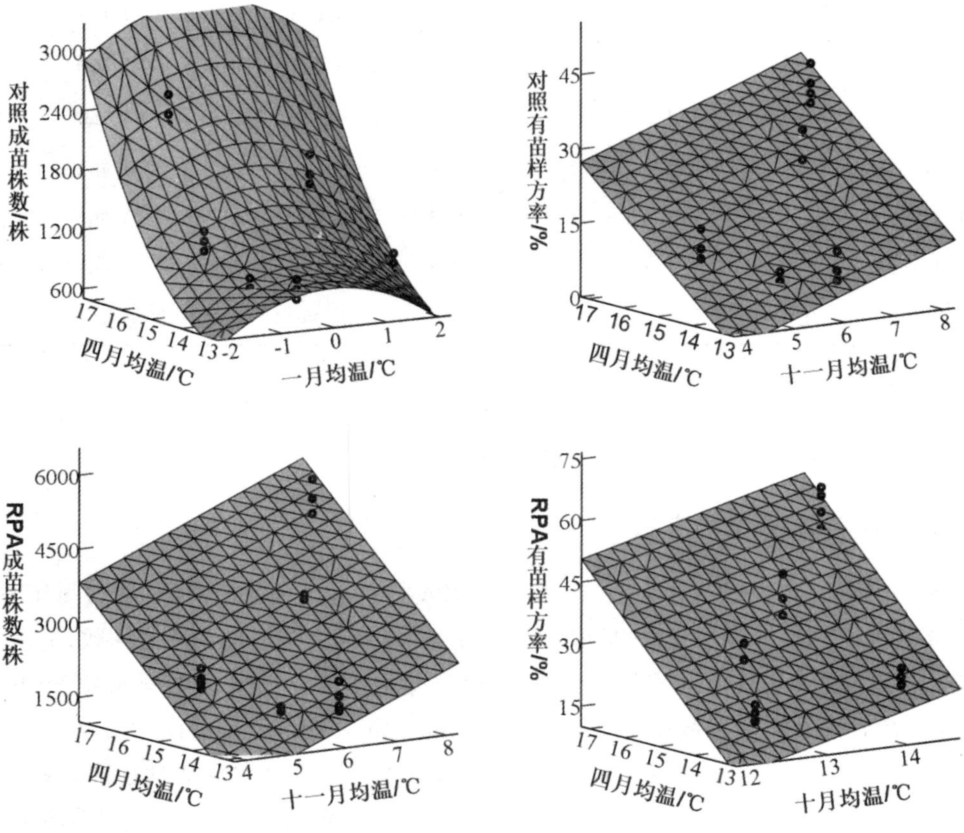

图 3 -5　淳化飞播油松成苗效果与温度关系

Fig. 3 -5 Relationship between atmospheric temperature and effective grown - up seeding of *pinus tabulaeformis* for aerial seeding in Chunhua County

$$Q_{ssck} = -5\ 349.382 + 459.379\bar{T}_{m04}$$

$$(n=30, R^2=0.714, r_{m04}=0.845, F=69.953, p=0.000)$$

$$Q_{ssck} = -5\ 358.927 + 458.147\bar{T}_{m04} - 96.381\bar{T}_{m01}$$
$$(n=30, R^2=0.762, r_{m01}=-0.227, F=72.133, p=0.000)$$

$$Q_{ssck} = -15\ 490.852 + 264.574\bar{T}_{m04} - 242.706\bar{T}_{m01} + 951.809\bar{T}_a$$
$$(n=30, R^2=0.851, r_a=0.555, F=49.489, p=0.000)$$

$$Q_{ssrpa} = -12\ 274.960 + 1\ 035.951\bar{T}_{m04}$$
$$(n=30, R^2=0.778, r_{m04}=0.882, F=98.018, p=0.000)$$

$$Q_{ssrpa} = -10\ 872.783 + 754.927\bar{T}_{m04} + 444.008\bar{T}_{m11}$$
$$(n=30, R^2=0.875, r_{m11}=0.784, F=94.670, p=0.000)$$

$$Q_{ssrpa} = -26\ 582.368 + 917.030\bar{T}_{m04} + 824.501\bar{T}_{m11} + 571.794\bar{T}_{m05}$$
$$(n=30, R^2=0.958, r_{m04}=-0.582, F=196.903, p=0.000)$$

$$Q_{ssrpa} = -41\ 447.850 + 1068.731\bar{T}_{m04} + 923.878\bar{T}_{m11} + 859.589\bar{T}_{m05} + 259.899\bar{T}_{m06}$$
$$(n=30, R^2=0.970, r_{m06}=-0.093, F=203.204, p=0.000)$$

$$F_{ck} = -113.785 + 9.039\bar{T}_{m04}$$
$$(n=30, R^2=0.687, r_{m04}=0.829, F=61.437, p=0.000)$$

$$F_{ck} = -102.124 + 6.702\bar{T}_{m04} + 3.692\bar{T}_{m11}$$
$$(n=30, R^2=0.857, r_{m11}=0.726, F=43.960, p=0.000)$$

$$F_{ck} = -98.979 + 5.988\bar{T}_{m04} + 4.769\bar{T}_{m11} - 2.568\bar{T}_{m01}$$
$$(n=30, R^2=0.842, r_{m01}=-0.196, F=46.243, p=0.000)$$

$$F_{rpa} = -127.978 + 11.060\bar{T}_{m04}$$
$$(n=30, R^2=0.703, r_{m04}=0.838, F=66.204, p=0.000)$$

$$F_{rpa} = -176.294 + 9.641\bar{T}_{m04} + 5.126\bar{T}_{m10}$$
$$(n=30, R^2=0.759, r_{m10}=0.562, F=42.623, p=0.000)$$

$$F_{rpa} = -146.129 + 4.412\bar{T}_{m04} + 8.285\bar{T}_{m10} + 5.225\bar{T}_{m12}$$
$$(n=30, R^2=0.878, r_{m12}=0.722, F=62.556, p=0.000)$$

从油松成苗量模型分析，4 月均温与 RPA 和对照均呈极显著正相关（$r=0.882$、0.845，$p=0.000$），两模型在 12.0℃附近交汇，斜率比值 2.3；试验期当地 4 月均温范围内{13.0℃，16.2℃}，RPA 模型值大于对照，两者差距有随 4 月均温上升趋势。在控制 4 月均温对成苗量影响下，11 月均温与 RPA 成苗量正相关极显著（$r=0.662$，$p=0.000$），而 1 月均温与对照成苗量呈显著负相关（$r=-0.408$，$p=0.028$）；但因 1 月均温复相关系数为 -0.227，与对照成苗量关系相对松散，对成苗量作用效果不稳定。两者共同作用下，4 月均温对 RPA 和对照贡献率分别为 80.4% 和 99.6%，远大于 11 月和 1 月均温贡献的 19.6% 和 0.4%。消除上述温度因子干扰，5 月均温与 RPA 呈极显著正相关（$r=0.814$，$p=0.000$），其复相关系数为 −0.582；年均温与对照也呈极显著正相关（$r=0.612$，$p=0.001$），复相关系数为 0.555。三温度因子配合下，4 月和 5 月均温对 RPA 成苗量作用相对较大，贡献率为 45.2% 和 38.0%，而 11 月均温作用相对较小，贡献率为 16.8%；而年均温对对照成苗量作用最大，贡献率为 76.8%，远大于 4 月均温贡献的 22.8%，1 月均温对成苗量作用较小，贡献率仅为 0.4%，与双温度因子模型贡献率相同。从 RPA 成苗量 4 温度因子模型分析，在排除模型中其他温度因子干扰下，6 月均温与成苗量呈极显著正相关（$r=0.541$，$p=0.004$），但其复相关系数为 −0.093，与成苗量关系疏远，作用效果极不稳定。从模型参数和指标量综合分析，5 月和 4 月均温对成苗量影响较大，对模型值贡献率分别为 37.8% 和 34.9%，而 6 月和 11 月均温对成苗量作用相对较小，贡献率分别为 14.7 和 12.5%。

从油松有苗样方频度模型分析，4 月均温对有苗样方频度起着关键作用，与 RPA 和对照均呈极显著正相关（$r=0.838$、0.829，$p=0.000$）。两模型交点位于 7.0℃附近，斜率比值为 1.2，模型值变化规律相同。消除 4 月均温干扰，10 月均温与 RPA 呈显著正相关（$r=0.437$，$p=0.028$），11 月均温与对照正相关极显著（$r=0.500$，$p=0.006$）；与 4 月均温共同作用下，4 月均温对成苗量作用较大，贡献率为 66.9% 和 81.4%。在控制上述温度因子影响下，12 月均温与 RPA 有苗样方呈极显著正相关（$r=0.703$，$p=0.000$），而 1 月均温与对照有苗样方呈极显著负相关（$r=-0.196$，$p=0.001$），但 1 月均温复相关系数仅为 −0.196，与有苗样方关系松散，作用不稳定。10 月均温对 RPA 模型值贡献率为 62.6%，大于 4 月均温的 35.8%，而 12 月均温作用很小，贡献率仅为 1.6%；4 月均温对对照有苗样方贡献率为 74.7%，大于 11 月均温的 24.6%，1 月作用较小，贡献率仅为 0.6%。

1. **飞播年限对逐步回归模型的影响**　引入时间因子，飞播年限、3 月均温和 7 月极端最高温度依次进入 RPA 油松成苗效果模型和对照成苗量模型，4 月、11 月和 1 月均温先后进入对照有苗样方模型（图 3−6）。

$$Q_{ssck}=3\,531.184-241.792t-159.201\bar{T}_{m03}$$
$$(n=30, R^2=0.820, r_t=-0.853, r_{m03}=-0.589, F=61.296, p=0.000)$$

$$Q_{ssck}=-1\,014.218-216.865t-216.856\bar{T}_{m03}+108.425T_{\max}$$
$$(n=30, R^2=0.857, r_{\max}=0.605, F=51.952, p=0.000)$$

$$Q_{ssrpa}=8\,211.578-527.096t-418.054\bar{T}_{m03}$$
$$(n=30, R^2=0.918, r_t=-0.884, r_{m03}=-0.661, F=152.139, p=0.000)$$

$$Q_{ssrpa}=-3\,156.363-464.753t-351.767\bar{T}_{m03}+271.168T_{\max}$$
$$(n=30, R^2=0.969, r_{\max}=0.660, F=268.758, p=0.000)$$

$$F_{rpa} = 84.617 - 6.087t - 3.592\bar{T}_{m03}$$

$$(n = 30, R^2 = 0.840, r_t = -0.872, r_{m03} = -0.576, F = 70.895, p = 0.000)$$

$$F_{rpa} = -21.469 - 5.505t - 2.973\bar{T}_{m03} + 2.531T_{max}$$

$$(n = 30, R^2 = 0.875, r_{max} = 0.602, F = 60.522, p = 0.000)$$

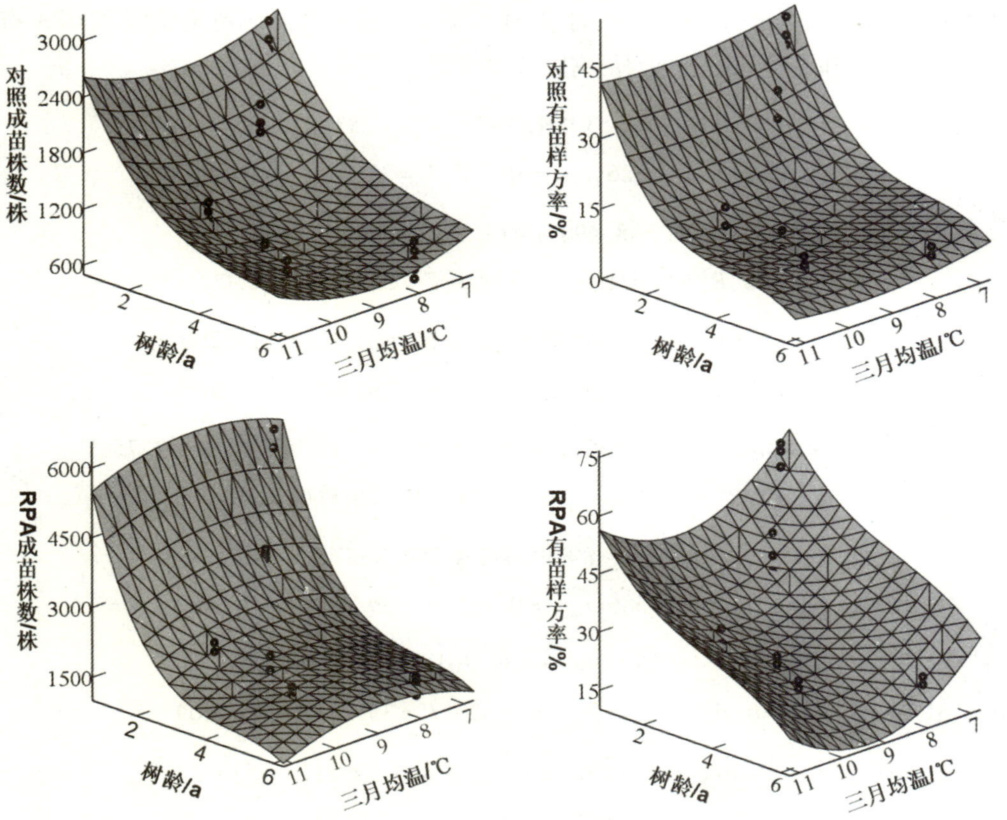

图 3-6　淳化飞播油松成苗效果与温度和树龄关系

Fig. 3-6 The relationship between rainfall and tree ages and effective grown-up seeding of *pinus tabulaeformis* for aerial seeding in Chunhua County

从成苗量分析，在飞播年限主导下，消除时间因子干扰，3 月均温与 RPA 和对照成苗量呈极显著负相关（$r = -0.792$、-0.589，$p = 0.000$、0.001），对模型值贡献率为 70.1% 和 66.1%，明显大于飞播年限的 29.9% 和 33.9%。在排除时间因素和 3 月温度影响下，7 月极端最高温度与 RPA 成苗量呈极显著正相关（$r = 0.785$，$p = 0.000$），与对照呈显著正相关（$r = 0.605$，$p = 0.015$）。7 月极端最高温度对成苗量贡献率为 70.1% 和 69.8%，远大于 3 月均温的 20.7% 和 19.4%，飞播年限作用较小，贡献率分别为 9.2% 和 10.8%。

从有苗样方模型分析，对照模型与上述分析完全相同。而在控制飞播年限作用下，3 月均温与 RPA 有苗样方也呈极显著负相关（$r = -0.578$，$p = 0.001$），对模型值贡献率为

63.6%，大于飞播年限的36.4%。消除飞播年限和3月均温干扰下，7月均温与RPA有苗样方线性关系紧密，呈显著正相关（$r=0.466,p=0.012$），对有苗样方贡献率为69.7%，远大于3月均温和飞播年限的18.6%和11.7%。

2. **树龄权重下的逐步回归模型**　以飞播年限为权重分析，进一步凸显了4月均温对油松成苗效果作用，首先进入成苗效果模型。接着11月、5月和6月均温先后进入RPA成苗量模型，1月极端最低温度和11月、1月均温依次进入对照成苗量模型和RPA有苗样方模型，11月和5月均温进入对照有苗样方模型。

$$Q_{ssck}=-3\,991.306+359.135\bar{T}_{m04}$$
$$(n=30,R^2=0.526,r_{m04}=0.725,F=31.096,p=0.000)$$

$$Q_{ssck}=-4\,288.498+414.692\bar{T}_{m04}+36.411T_{\min}$$
$$(n=30,R^2=0.631,r_{\min}=0.067,F=23.040,p=0.000)$$

$$Q_{ssck}=-4\,541.426+362.805\bar{T}_{m04}+52.601T_{\min}+211.200\bar{T}_{m11}$$
$$(n=30,R^2=0.773,r_{m11}=0.481,F=29.466,p=0.000)$$

$$Q_{ssck}=-4\,904.449+359.974\bar{T}_{m04}+33.353T_{\min}+234.864\bar{T}_{m11}-82.756T_{m01}$$
$$(n=30,R^2=0.811,r_{m01}=-0.111,F=26.866,p=0.000)$$

$$Q_{ssrpa}=-8\,859.471+784.938\bar{T}_{m04}$$
$$(n=30,R^2=0.586,r_{m04}=0.765,F=39.613,p=0.000)$$

$$Q_{ssrpa}=-9\,089.300+639.201\bar{T}_{m04}+401.873\bar{T}_{m11}$$
$$(n=30,R^2=0.723,r_{m11}=0.620,F=35.285,p=0.000)$$

$$Q_{ssrpa}=-26\,102.971+882.290\bar{T}_{m04}+810.559\bar{T}_{m11}+576.423\bar{T}_{m05}$$
$$(n=30,R^2=0.943,r_{m05}=-0.299,F=142.067,p=0.000)$$

$$Q_{ssrpa}=-40\,727.312+1\,061.525\bar{T}_{m04}+922.582\bar{T}_{m11}+844.756\bar{T}_{m05}+247.005\bar{T}_{m06}$$
$$(n=30,R^2=0.955,r_{m06}=-0.356,F=131.261,p=0.000)$$

$$F_{ck}=-83.075+6.789\bar{T}_{m04}$$
$$(n=30,R^2=0.508,r_{m04}=0.713,F=28.891,p=0.000)$$

$$F_{ck}=-84.952+5.599\bar{T}_{m04}+6.637\bar{T}_{m11}$$
$$(n=30,R^2=0.614,r_{m11}=0.559,F=21.472,p=0.000)$$

$$F_{ck}=-224.630+7.595\bar{T}_{m04}+6.637\bar{T}_{m11}+4.732\bar{T}_{m05}$$
$$(n=30,R^2=0.785,r_{m05}=-0.282,F=31.677,p=0.000)$$

$$F_{rpa}=-94.306+8.564\bar{T}_{m04}$$

$$(n=30, R^2=0.506, r_{m04}=0.711, F=28.652, p=0.000)$$

$$F_{rpa}=-102.602+10.115\bar{T}_{m04}+1.016T_{\min}$$

$$(n=30, R^2=0.643, r_{\min}=0.117, F=24.336, p=0.000)$$

$$F_{rpa}=-109.312+8.739\bar{T}_{m04}+1.446T_{\min}+5.603\bar{T}_{m11}$$

$$(n=30, R^2=0.812, r_{m11}=0.490, F=37.508, p=0.000)$$

$$F_{rpa}=-117.359+8.676\bar{T}_{m04}+1.019T_{\min}+6.127\bar{T}_{m11}-1.834T_{m01}$$

$$(n=30, R^2=0.844, r_{m01}=-0.129, F=33.895, p=0.000)$$

从成苗量模型分析，在飞播年限权重下，RPA 成苗量与温度因子关系性质不变，只是模型参数和相关度发生改变。4 月均温与成苗量呈极显著正相关（$r=0.765$、0.725，$p=0.000$），但相关度较上述分析结果略有降低，说明飞播年限权重下，两者关系相对松散。模型在 11.4℃附近交汇，斜率比值 2.2，比上述分析结果略低，但模型值变化规律相同。在控制 4 月均温作用下，11 月均温与 RPA 成苗量呈极显著正相关（$r=0.576$，$p=0.001$），而 1 月最低温度与对照成苗量呈极显著正相关（$r=0.469$，$p=0.001$），但其复相关系数仅为 0.067，与对照成苗量关系极为松散，作用效果不稳定，与对有苗样方作用效果相同。双温度因子作用下，4 月均温对成苗量贡献率为 79.4% 和 92.6%，远大于 11 月均温和 1 月最低温度的 20.6% 和 7.4%。在排除以上温度因子干扰下，5 月均温与 RPA 成苗量呈极显著正相关（$r=0.890$，$p=0.000$），11 月均温与对照正相关也极显著（$r=0.620$，$p=0.000$）；与上述结果比较，相关度有所增强。三温度因子相互作用下，4 月和 5 月均温对 RPA 模型值贡献率为 44.2% 和 38.9%，均大于 11 月的 16.8%；而 4 月均温对对照模型值贡献率达 72.8%，远大于 11 月均温和 1 月极端最低温度的 17.5% 和 9.7%。在 4 因子模型中，排除其他温度因子干扰，6 月均温与 RPA 呈显著正相关（$r=0.458$，$p=0.016$），而 1 月均温与对照呈显著负相关（$r=-0.412$，$p=0.033$），但前者复相关系数正好相反，为 -0.356。四温度因子共同作用下，4 月和 5 月均温对 RPA 成苗量影响相对较大，对模型值贡献率分别为 35.3% 和 37.8%，而 6 月和 11 月均温作用相对较小，贡献率为 14.2% 和 12.7%；而 4 月均温对对照成苗量贡献率达 73.6%，远大于 11 月和 1 月最低温度的 19.9% 和 6.2%，而 1 月均温作用极小，贡献率仅为 0.3%。飞播年限权重下，RPA 有苗样方频度与温度因子变化与对照成苗量规律相似，而对照有苗样方变化与 RPA 成苗量规律类似。

五、淳化和秦巴山区飞播成苗效果与温度相关性的时空变化

1. **年温度指标相关性的地域差异**　与秦巴山区研究结果相同，淳化飞播油松成苗效果也与年均温呈正相关（$r>0$），且极显著（$p<0.01$）。年极端最高温度在各地对成苗效果影响有所差异，淳化和商州呈极显著正相关（$r>0$，$p<0.01$），而汉中呈显著负相关。淳

化、安康和商州与年极端最低温度相关不显著,而汉中除与对照成苗量负相关不显著外,其余负相关显著($r<0,p<0.05$)。

2. **月均温相关性时空变化** 冬季,成苗效果与12月均温呈正相关($r>0$)。其中,淳化和商州相关极显著;安康除对照有苗样方频度相关显著外,其余相关极显著;汉中仅对照成苗量达显著。与1月均温呈负相关($r<0$)。其中,汉中相关极显著,安康仅RPA有苗样方频度、商州仅对照有苗样方频度达显著水平,淳化均不显著。与2月均温呈正相关,但极不显著。春季,成苗效果与3月均温呈极显著负相关,与4月均温呈极显著正相关;淳化成苗效果与5月均温呈极显著负相关,而汉中和安康呈不显著的负相关。夏季,淳化成苗效果与6月和7月均温呈负相关,与8月正相关,但只有RPA成苗量与7月均温相关性显著。商州和安康与6月和7月负相关不显著,与8月正相关。其中,商州8月相关极显著;安康成苗量与8月相关显著,而RPA有苗样方频度与8月相关不显著,对照正相关极显著。汉中6月均温除与对照成苗效果负相关不显著外,其余负相关显著;7月负相关均极显著;8月除与对照成苗量正相关显著外,其他正相关极显著。秋季,各月均温与成苗效果均为正相关。其中,淳化和商州相关极显著;安康9月均温与RPA成苗量和对照有苗样方频度相关极显著,与其RPA有苗样方频度和对照成苗量相关显著,10月均温除与对照有苗样方频度相关显著外,其余相关极显著;汉中与9月和11月相关极显著,与10月除RPA有苗样方频度相关不显著外,其他相关显著。

六、淳化和秦巴山区不同温度因子对成苗效果协同作用的变化

1. **排除时间因素下温度对成苗效果的协同作用** 淳化对照成苗量与4月、1月均温和年均温依次相关,RPA成苗量与4月、11月、5月和6月关系密切,对照有苗样方频度与4月、11月和1月相关性强,RPA有苗样方频度与4月、10月和12月相关度高。商州成苗量与11月、12月、3月和6月依次相关,RPA有苗样方频度与11月、12月、3月和5月均温相关度高,11月、4月均温和年极端最高温度以及12月均温依次进入对照有苗样方频度模型。安康4月、11月和3月均温与RPA成苗效果关系紧密,4月、11月和7月均温依次与对照成苗量相关,4月和11月均温和年极端最高温度与对照有苗样方频度相关度高。汉中对照成苗效果与4月和11月均温关系密切,RPA油松成苗量与4月、11月和12月均温关系紧密,而RPA油松有苗样方频度与4月均温、年极端最低温度和9月均温相关性较强。

2. **时间因子下的协同作用** 在飞播年限的协同作用下,3月均温和年极端最高温度对淳化成苗量和RPA有苗样方频度影响大,4月、11月和1月均温与对照有苗样方频度依次相关。商州对照成苗量与5月均温和年最高温度、年最低温度关系密切,5月均温、年最高温度和11月均温依次进入RPA成苗量模型,有苗样方频度与3月、10月和12月均温依次相关。引入时间因子,汉中成苗效果与温度指标模型关系不变。安康3月、10月和11月均温与对照成苗量依次相关,5月均温、年极端最高温度和4月均温对RPA成

苗量作用较大,年极端最高温度和5月均温与对照有苗样方频度关系密切,3月和10月均温对RPA有苗样方频度作用较强。

3. **飞播年限权重下的协同作用**　在飞播年限权重下,凸显了4月和11月均温对成苗效果的作用。淳化4月均温和年极端最低温度以及11月、1月均温依次进入对照成苗量模型,4月、11月、5月和6月均温与RPA成苗量依次相关,4月、11月和5月均温与对照有苗样方频度密切相关,4月均温和年最低温度以及11月、1月均温对RPA有苗样方频度影响较大。商州4月和11月均温以及年积温先后被引入成苗量模型,4月和11月均温及年最高温度依次进入有苗样方频度模型,最后12月均温也被引进RPA有苗样方频度模型。安康成苗效果与温度指标关系与排除时间因子相同。汉中也基本与相同,但RPA有苗样方频度模型中,11月和6月均温指标代替了原模型中的年最低温度和9月均温指标。

第四章 飞播成苗效果与日照因子的关系

第一节 汉中飞播油松成苗效果与日照关联分析

【内容提要】日照是一种主要的气候资源，决定着林地水热资源的存在状态和分配规律，进而影响飞播造林成苗效果。为此，在研究汉中降水量和温度与飞播油松成苗效果关系的基础上，利用1997年汉中飞播油松成苗期有苗样方频度和成苗量调查数据，结合当地1997～2004年日照指标，采用相关分析法和逐步回归模型分析法研究了成苗效果与日照的关系，并通过与温度和降水量研究结果对比分析，探讨了日照、温度和降水量匹配协调作用对成苗效果的影响。结果显示：成苗效果与年日照时数和年降水量正相关极显著，与年均温正相关显著。日照、温度和降水量与成苗效果相关性季节变化明显，日照和温度与成苗效果相关具有同向性，与降水量多反向。冬季，成苗效果与12月和2月日照和均温正相关，与1月日照和均温负相关，而与各月降水量负相关极显著。春季，与3月和5月日照和均温呈显著或极显著负相关，与4月正相关极显著，而与各月降水量均呈极显著正相关。夏季，与6月日照、均温和降水量均呈负相关，其中，与均温和降水量显著；与7月日照和均温负相关极显著，与降水量呈极显著正相关；与8月日照、均温和降水量正相关显著或者极显著。秋季，成苗效果与日照和均温正相关，与降水量负相关，但各月相关度有差异。剔除时间因子，6月、8月、9月和12月日照与对照成苗效果关系密切，4月、5月、11月、12月、9月和2月日照与RPA成苗效果相关性强。4月和11月均温对照成苗效果和RPA成苗量作用较大，4月均温和年极端最高温度与RPA有苗样方频度关系紧密。5月和2月降水与对照成苗效果和RPA成苗量相关性强，7月、9月和12月降水量对RPA有苗样方频度作用较大。引进时间因子、成苗效果与月均温模型关系不变；5月日照和降水量成为影响成苗效果的关键因子。飞播年限权重下，4月、12月和年日照，4月、11月和12月均温对成苗效果影响较大；2月、5月、7月和9月降水量与成苗效果关系密切。在当地气候资源条件下，RPA拌种飞播油松对林地日照、温度和水分适应性强，单位面积有效成苗量多，有苗样方频度高。

【关 键 词】飞播造林,RPA,油松,日照时数,成苗效果

光照是林下植物赖以生存的重要气候因子,直接影响水热资源数量分配,从而对林下植物繁衍、生长和分布产生作用。在全球气候变暖背景下,加之环境污染严重,阴霾天气和低层云量增加,我国近50年来日照时数呈现下降趋势。林地光照条件的差异直接影响林下种子萌发和幼苗生长,由于飞播造林地一般植被覆盖率低,立地条件差,飞播后多数种子和幼苗长时间裸露在阳光下,日照的变化对其种子发芽、幼苗生长和分布影响更大。以往研究多注重于植物对光照适应性和光照对植物光合作用、生长、生理生化、形态结构以及种子萌发等影响研究,很少涉及光照对飞播造林和直播造林种子萌发与幼苗生长的影响。而认识和利用这些规律,是合理利用林地现有气候资源、选择合适造林树种、确定最佳造林期和造林方式的基础,也是科学制定飞播造林技术方案和准确评价多效抗旱驱鼠剂拌种飞播造林效果的前提。为此,在汉中飞播油松成苗效果与降水量和温度关系研究基础上,分析了汉中飞播油松成苗效果与光照的关系,探讨了光照、温度和降水量对成苗效果作用和时域变化,以期为选择最佳飞播期、制定科学飞播造林方案和准确评价多效抗旱驱鼠剂拌种飞播造林效果提高参考。

一、调查方法与数据处理

其飞播区概况见第三章第一节。1997年飞播后,选择RPA拌种与不拌种播区,每年10月按照“M”或“Z”形取样方法,随机抽取50块1 m×2 m样方,调查样方油松株数。重复5次,连续调查6年。温度资料来源于1998~2004年陕西省统计年鉴。按单位面积成苗量(Survival seedling quantity, Q_{ss})和有苗样方频度(Frequentness of sample plots with available seedling, F)表述飞播后油松成苗效果(表2-1)。采用SPSS17.0中的相关分析法和逐步回归模型分析光照因子与油松成苗效果的关系,以模型参数、相关系数和指标量综合分析光照指标对成苗效果作用稳定性和影响强度。并通过与降水量和温度对成苗效果作用研究结果对比分析,探讨温度、降水和光照因子协调匹配对飞播油松成苗效果作用变化。

二、成苗效果与日照指标相关分析

与降水和气温相同,汉中年日照时数也与油松成苗效果关系紧密,呈极显著正相关($r>0, p<0.01$)。从月日照时数分析,成苗效果与1月和6月日照时数呈不显著负相关($r<0, p>0.05$),与2月呈不显著正相关($r>0, p>0.05$);与3月、5月和7月日照时数负相关极显著($r<0, p<0.01$)。RPA成苗效果与10月和11月日照时数呈显著正相关,与4月、8月、9月和12月正相关极显著;对照成苗效果与8月日照时数呈显著正相关,与4月、9~12月正相关极显著(表4-1)。

表 4 - 1　1998 ~ 2004 年汉中日照时数变异与油松成苗效果相关分析

Tab. 4 - 1 From 1998 to 2010, correlation analysis between sunshine variation and effective grown - up seedling of *Pinus tabulaeformis* for aerial seeding in Hanzhong city

指标 Index	日照时数/h Sunshine duration			变异系数/% Coefficient of variation	相关系数 Pearson correlations			
					苗木保存量 Q_{ss}		有苗样方频度 F	
	平均 Mean	最小 Min.	最大 Max.		RPA	CK	RPA	CK
年 Annual	1423.0 ±12.5	1336.8	1504.2	4.8	0.591**	0.581**	0.560**	0.547**
1 月 Jan.	71.8 ±4.0	49.4	101.5	30.7	-0.159	-0.187	-0.099	-0.179
2 月 Feb.	85.5 ±2.9	60.8	108.4	18.7	0.256	0.141	0.249	0.151
3 月 March	118.0 ±6.0	70.0	168.2	27.7	-0.645**	-0.592**	-0.673**	-0.591**
4 月 April	143.4 ±4.4	116.5	189.2	16.7	0.833**	0.843**	0.788**	0.845**
5 月 May	176.5 ±5.3	117.9	208.4	16.5	-0.809**	-0.846**	-0.798**	-0.854**
6 月 June	163.4 ±6.7	91.3	204.3	22.5	-0.200	-0.069	-0.221	-0.069
7 月 July	184.1 ±7.4	121.5	235.2	21.9	-0.569**	-0.617**	-0.584**	-0.605**
8 月 Aug.	161.9 ±6.9	90.6	215.1	23.3	0.482**	0.371*	0.468**	0.378*
9 月 Sep.	109.2 ±7.3	45.2	177.5	36.6	0.763**	0.773**	0.753**	0.750**
10 月 Oct.	82.0 ±2.7	61.0	108.0	18.0	0.434*	0.533**	0.388*	0.549**
11 月 Nov.	74.3 ±4.5	45.8	114.2	32.8	0.443*	0.525**	0.400*	0.541**
12 月 Dec.	75.0 ±3.6	45.0	103.5	26.2	0.595**	0.557**	0.623**	0.572**

备注：* 在 0.05 水平（双侧）上显著相关，** 在 0.01 水平（双侧）上显著相关。

Remarks: * Correlation is significant at the 0.05 level (2 - tailed). ** Correlation is significant at the 0.01 level (2 - tailed).

三、成苗效果与日照指标的逐步回归模型

剔除时间因子，对成苗量和有苗样方频度与日照指标进行逐步回归模型分析（图 4 - 1），结果如下：

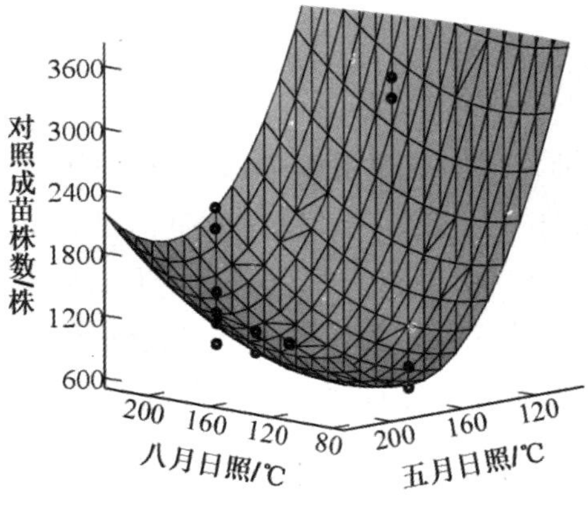

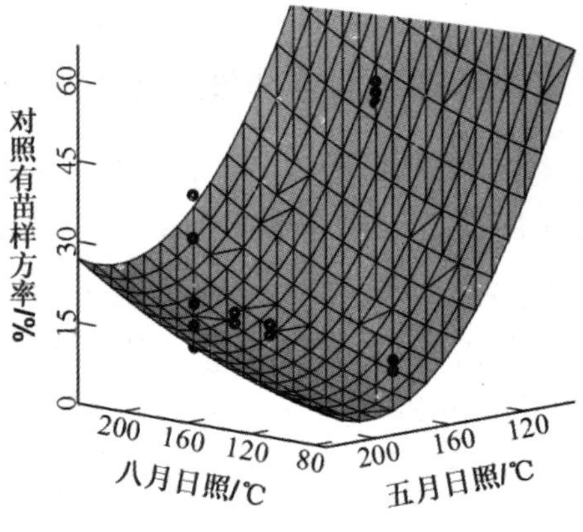

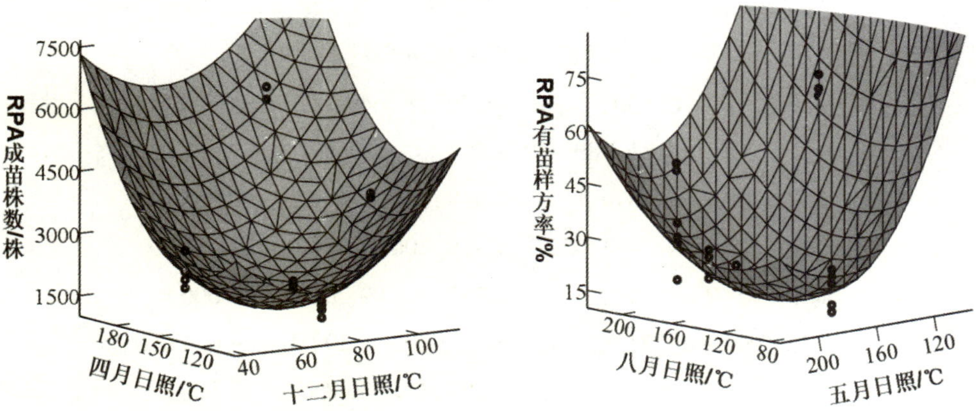

图 4－1　汉中飞播油松成苗效果与日照时数关系

Fig. 4－1 The relationship between sunshine duration and effective grown－up seeding of *pinus tabulaeformis* for aerial seeding in Hanzhong city

$$Q_{ssck} = 5\ 413.112 - 22.534D_{sm05}$$

$$(n=30, R^2=0.716, r_{m05}=-0.846, F=70.616, p=0.000)$$

$$Q_{ssck} = 4\ 155.165 - 22.792D_{sm05} + 8.052D_{sm08}$$

$$(n=30, R^2=0.870, r_{m08}=0.371, F=90.415, p=0.000)$$

$$Q_{ssck} = 38.588 - 21.012D_{sm05} + 5.421D_{sm08} + 2.971D_{sa}$$

$$(n=30, R^2=0.919, r_a=0.581, F=98.182, p=0.000)$$

$$Q_{ssck} = -905.302 - 16.548D_{sm05} + 5.101D_{sm08} + 2.761D_{sa} + 4.652D_{sm09}$$

$$(n=30, R^2=0.947, r_{m09}=0.773, \mathrm{F}=110.595, p=0.000)$$

$$Q_{ssrpa} = -4\ 230.351 + 49.991D_{sm04}$$

$$(n=30, R^2=0.695, r_{m04}=0.833, F=63.655, p=0.000)$$

$$Q_{ssrpa} = -6\ 083.695 + 45.123D_{sm04} + 34.042D_{sm12}$$

$$(n=30, R^2=0.903, r_{m12}=0.598, F=125.515, p=0.000)$$

$$Q_{ssrpa} = -13\ 349.443 + 35.955D_{sm04} + 36.202D_{sm12} + 5.916D_{sa}$$

$$(n=30, R^2=0.959, r_a=0.591, F=205.034, p=0.000)$$

$$Q_{ssrpa} = -20\ 753.290 + 39.250D_{sm04} + 22.812D_{sm12} + 10.427D_{sa} + 21.123D_{sm01}$$

$$(n=30, R^2=0.972, r_{m01}=-0.159, F=217.799, p=0.000)$$

$$F_{ck} = 99.118 - 4.440D_{sm05}$$

$$(n=30, R^2=0.729, r_{m05}=-0.854, F=75.459, p=0.000)$$

$$F_{ck} = 74.349 - 0.445D_{sm05} + 0.159D_{sm08}$$

$$(n=30, R^2=0.889, r_{m08}=0.378, F=107.957, p=0.000)$$

$$F_{ck} = 102.959 - 0.545D_{sm05} + 0.191D_{sm08} - 0.215D_{sm12}$$

$$(n=30, R^2=0.925, r_{m12}=0.572, F=106.248, p=0.000)$$

$$F_{rpa} = 116.227 - 0.465D_{sm05}$$

$$(n=30, R^2=0.636, r_{m05}=-0.798, F=49.023, p=0.000)$$

$$F_{rpa} = 81.989 - 0.472D_{sm05} + 0.219D_{sm08}$$

$$(n=30, R^2=0.874, r_{m08}=0.468, F=93.985, p=0.000)$$

$$F_{rpa} = 50.648 - 0.356D_{sm05} + 0.206D_{sm08} + 0.118D_{sm09}$$

$$(n=30, R^2=0.912, r_{m09}=0.753, F=89.551, p=0.000)$$

$$F_{rpa} = 31.956 - 0.221D_{sm05} + 0.372D_{sm08} + 0.202D_{sm09} - 0.482D_{sm02}$$

$$(n=30, R^2=0.937, r_{m02}=0.249, F=93.002, p=0.000)$$

从 RPA 油松成苗量模型分析，4 月日照时数作用最重要，两者呈极显著正相关（$r=0.833, p=0.000$）。在控制 4 月日照作用下，12 月日照因子与成苗量线性关系极为密切，也呈极显著正相关（$r=0.826, p=0.000$），其对成苗量贡献率为 28.3%，小于 4 月的 71.7%。排除 4 月和 12 月日照因子干扰，年日照时数与成苗量呈极显著正相关（$r=0.763, p=0.000$），对模型值贡献率为 51.7%，大于 4 月和 12 月的 31.7% 和 16.6%。而在其 4 因子模型中，排除其他因子作用，1 月日照时数与成苗量线性关系也相对密切，呈极显著正相关（$r=0.559, p=0.001$），但其复相关系数为 -0.159，与成苗量复相关性较低，作用效果不稳定。四因子共同作用下，年日照时数作用最大，贡献率为 62.6%，远大于 4 月的 23.8%，而 12 月和 1 月日照时数作用相对较小，贡献率仅为 7.2% 和 6.4%。对于对照成苗量，5 月日照起着关键作用，两者负相关极显著（$r=-0.846, p=0.000$）。在控制 6 月日照干扰下，8 月日照与成苗量正相关极显著（$r=0.737, p=0.000$），但其复相关性相对较弱，作用效果不稳定，对成苗量贡献率为 24.5%，小于 5 月的 45.5%。排除 5 月和 8 月日照因子影响，年日照时数与成苗量也呈极显著正相关（$r=0.613, p=0.001$），其对成苗量影响较大，贡献率为 48.0%，大于 5 月日照时数的 42.1%。在消除上述日照因子作用小，9 月日照时数也与成苗量呈极显著正相关（$r=0.584, p=0.001$）；四因子共同作用下，年日照时数作用强度最大，贡献率为 48.0%，与三日照因子模型作用大小相当；而 5 月日照作用油松降低，贡献率为 35.7%；8 月日照贡献率为 10.0%，与三因子作用强度基本相同；9 月日照影响最小，贡献率仅为 6.2%。

5 月日照时数是决定油松有苗样方频度的关键因子，两者呈极显著负相关（$r=-0.798$、$-0.854, p=0.000$），RPA 和对照模型在 684.4 h/m 附近交汇，斜率比值为 1.1；在当地 5 月日照时数范围内{117.9 h/m, 208.4 h/m }，RPA 模型值大于对照。说明 RPA 油松对日照利用能力大于对照油松，单位日照时数有苗样方频度大于对照。在控制 5 月日照作用下，8 月日照与有苗样方正相关极显著（$r=0.809$、$0.768, p=0.000$），对有苗样方贡献率为 29.9% 和 24.7%，小于 5 月日照的 70.1% 和 75.3%。消除 5 月和 8 月日照干扰，9 月日照与 RPA 有苗样方正相关极显著（$r=0.545, p=0.003$），12 月日照与对照负相关极显著($r = -0.567, p = 0.002$)。三日照指标共同作用下,5 月日照贡献率为 57.6% 和 67.2%,远大于 8 月的 30.2% 和 21.6%;12 月和 9 月对有苗样方影响最小,贡献率分别为 11.3% 和 11.8%。RPA 有苗样方 4 日照因子共同作用下,排除其他因子干扰,2 月日照与有苗样方呈极显著负相关($r = -0.535, p = 0.004$),但其复相关系数为 0.249,与有苗样方关系相对松散,作用效果稳定性较低。四因子相互作用下,8 月日照对有苗样方影响最大,贡献率为 37.1%,大于 5 月和 2 月的 24.0% 和和 25.4%;9 月日照影响最小,贡献率为 13.6%。

1. **飞播年限对逐步回归模型的影响** 引进时间变量,飞播年限和 5 月日照时数依次进入 RPA 成苗效果模型,而 5 月日照时数和飞播年限先后进入对照成苗效果模型,接着 12 月日照时数进入对照成苗量模型(图 4-2)。

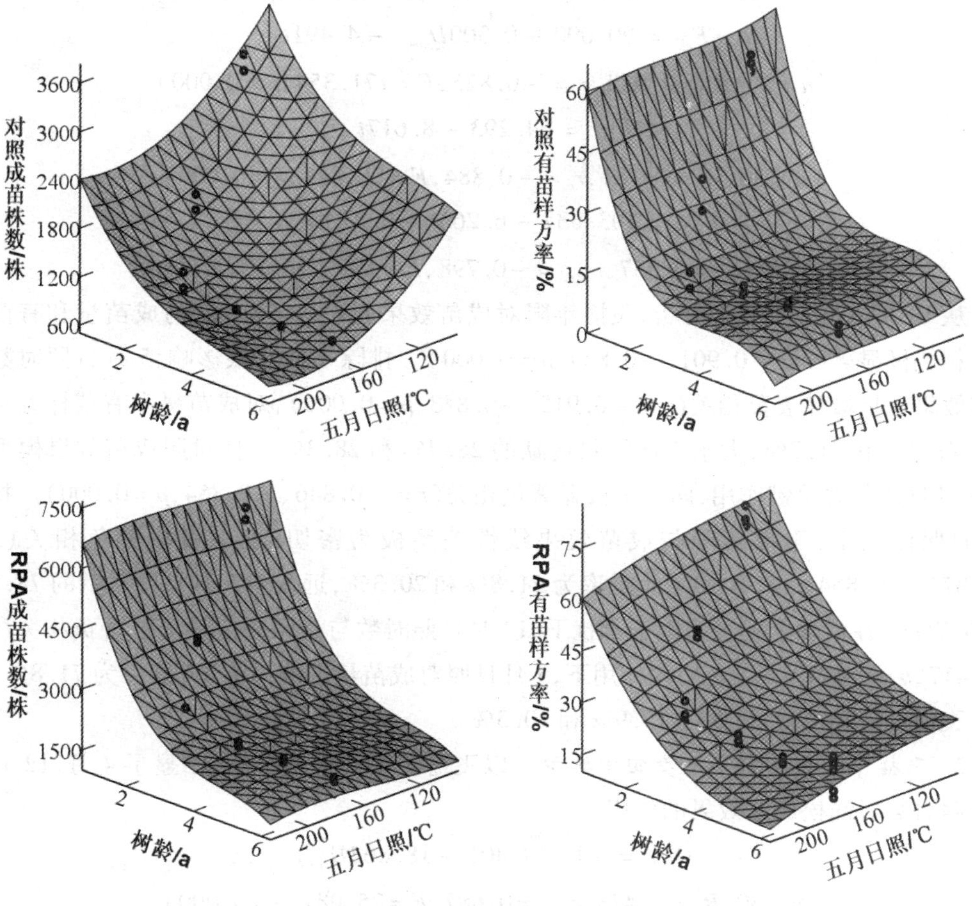

图 4-2 汉中飞播油松成苗效果与日照和树龄关系

Fig. 4-2 The relationship between sunshine duration and tree ages and effective grown-up seeding of *pinus tabulaeformis* for aerial seeding in Hanzhong city

$$Q_{ssck} = 5\,413.112 - 22.534D_{sm05}$$

$$(n = 30, R^2 = 0.716, r_{m05} = -0.846, F = 70.616, p = 0.000)$$

$$Q_{ssck} = 4\,922.437 - 14.912D_{sm05} - 244.082t$$
$$(n=30, R^2=0.935, r_t=-0.841, F=192.960, p=0.000)$$
$$Q_{ssck} = 5\,818.384 - 17.324D_{sm05} - 253.306t - 5.846D_{sm12}$$
$$(n=30, R^2=0946, r_{m12}=0.557, F=151.844, p=0.000)$$
$$Q_{ssrpa} = 5\,556.000 - 747.429t$$
$$(n=30, R^2=0.812, r_t=-0.901, F=121.229, p=0.000)$$
$$Q_{ssrpa} = 8\,920.386 - 546.095t - 23.058D_{sm05}$$
$$(n=30, R^2=0.970, r_{m05}=-0.809, F=430.873, p=0.000)$$
$$F_{ck} = 99.118 - 4.440D_{sm05}$$
$$(n=30, R^2=0.729, r_{m05}=-0.854, F=75.459, p=0.000)$$
$$F_{ck} = 90.090 - 0.300D_{sm05} - 4.491t$$
$$(n=30, R^2=0.927, r_t=-0.825, F=171.354, p=0.000)$$
$$F_{rpa} = 64.293 - 8.617t$$
$$(n=30, R^2=0.781, r_t=-0.884, F=99.841, p=0.000)$$
$$F_{rpa} = 103.637 - 6.263t - 0.270D_{sm05}$$
$$(n=30, R^2=0.937, r_{m05}=-0.798, F=199.153, p=0.000)$$

从 RPA 成苗效果模型分析，飞播年限对成苗效果起着主导作用，与成苗量和有苗样方负相关极显著（$r=-0.901$、-0.884，$p=0.000$）。排除飞播年限影响，5 月日照时数与成苗效果也呈极显著负相关（$r=-0.915$、-0.843，$p=0.000$），对成苗量和有苗样方贡献率为 71.3% 和 71.7%，大于飞播年限贡献的 28.7% 和 28.3%。从对照成苗效果模型分析，5 月日照起着关键作用，两者呈极显著负相关（$r=-0.846$、-0.854，$p=0.000$）。控制 5 月日照作用下，飞播年限与成苗效果线性关系极为密切，也呈极显著负相关（$r=-0.877$、-0.854，$p=0.000$），贡献率为 21.8% 和 20.3%，远低于 5 月日照贡献的 78.2% 和 79.7%。在消除上述日照因子干扰下，12 月日照时数与对照成苗量呈显著负相关（$r=-0.417$，$p=0.027$）。三者协同作用下，5 月日照对成苗量影响最大，贡献率为 71.8%，远大于飞播年限和 12 月日照的 17.9% 和 10.3%。

2. 飞播年限权重下的逐步回归模型 以飞播年限为权重分析，凸显了 4 月、12 月和年日照时数对油松成苗效果的作用。

$$Q_{ssck} = -1\,419.401 + 18.862D_{sm04}$$
$$(n=30, R^2=0.473, r_{m04}=0.687, F=25.081, p=0.000)$$
$$Q_{ssck} = -2\,917.332 + 21.071D_{sm04} + 16.989D_{sm12}$$
$$(n=30, R^2=0.756, r_{m12}=0.424, F=41.847, p=0.000)$$
$$Q_{ssck} = -6\,384.937 + 17.941D_{sm04} + 18.176D_{sm12} + 2.721D_{sa}$$
$$(n=30, R^2=0.876, r_a=0.495, F=61.096, p=0.000)$$

$$Q_{ssck} = -6\ 607.782 + 16.752D_{sm4}0 + 14.149D_{sm12} + 3.712D_{sa} - 3.812D_{sm07}$$
$$(n=30, R^2=0.919, r_{m07}=-0.216, F=70.730, p=0.000)$$
$$Q_{ssrpa} = -2\ 793.844 + 37.891D_{sm04}$$
$$(n=30, R^2=0.492, r_{m04}=0.701, F=27.081, p=0.000)$$
$$Q_{ssrpa} = -5\ 793.784 + 42.321D_{sm04} + 34.069D_{sm12}$$
$$(n=30, R^2=0.786, r_{m12}=0.431, F=49.495, p=0.000)$$
$$Q_{ssrpa} = -13\ 303.935 + 35.546D_{sm04} + 36.640D_{sm12} + 5.890D_{sa}$$
$$(n=30, R^2=0.930, r_a=0.531, F=115.661, p=0.000)$$
$$Q_{ssck} = -20\ 679.526 + 39.633D_{sm04} + 23.081D_{sm12} + 10.348D_{sa} + 20.616D_{sm01}$$
$$(n=30, R^2=0.959, r_{m01}=-0.200, F=145.947, p=0.000)$$
$$F_{ck} = -36.016 + 0.382D_{sm04}$$
$$(n=30, R^2=0.511, r_{m04}=0.715, F=29.251, p=0.000)$$
$$F_{ck} = -65.653 + 0.426D_{sm04} + 0.336D_{sm12}$$
$$(n=30, R^2=0.803, r_{m12}=0.428, F=55.100, p=0.000)$$
$$F_{ck} = -120.379 + 0.377D_{sm04} + 0.355D_{sm12} + 0.043D_{sa}$$
$$(n=30, R^2=0.882, r_a=0.441, F=64.591, p=0.000)$$
$$F_{rpa} = -26.820 + 0.399D_{sm04}$$
$$(n=30, R^2=0.376, r_{m04}=0.613, F=16.890, p=0.000)$$
$$F_{rpa} = -65.207 + 0.455D_{sm04} + 0.435D_{sm12}$$
$$(n=30, R^2=0.708, r_{m12}=0.478, F=32.771, p=0.000)$$
$$F_{rpa} = -151.236 + 0.378D_{sm04} + 0.465D_{sm12} + 0.068D_{sa}$$
$$(n=30, R^2=0.840, r_a=0.482, F=45.349, p=0.000)$$
$$F_{rpa} = -273.113 + 0.445D_{sm04} + 0.241D_{sm12} + 0.141D_{sa} + 0.341D_{sm01}$$
$$(n=30, R^2=0.894, r_{m01}=-0.108, F=52.505, p=0.000)$$

从成苗量模型分析，飞播年限权重下，4 月日照时数与 RPA 和对照油松成苗量呈极显著正相关（$r=0.701$、0.687，$p=0.000$），两模型交点位于 72.2 h/m 附近，低于当地 4 月日照时数下限{116.5 h/m，189.2 h/m }，模型斜率比值 2.0；证明 4 月日照时数范围内，RPA 模型值大于对照，两者差距随日照时数延长有扩大趋势。在控制 4 月日照影响下，12 月日照与成苗量正相关极显著（$r=0.761$、0.733，$p=0.000$），对 RPA 和对照成苗量贡献率均为 29.6%，远低于 4 月贡献的 70.4%。消除上述日照因子干扰，年日照时数也与成苗量正相关极显著（$r=0.821$、0.700，$p=0.000$），对成苗量贡献率为 51.7% 和 49.6%，大于 4 月的 31.4% 和 33.0%，12 月日照对成苗量影响最小，对 RPA 和对照贡献率分别为 16.9% 和 11.2%。在控制 4 月、12 月和年日照时数作用下，1 月日照时数与 RPA 成苗量正相关极显著（$r=0.641$，$p=0.000$），7 月日照时数与对照负相关极显著（$r=-0.589$，$p=$

0.001)；但两者复相关系数仅为 -0.200 和 -0.216，与成苗量关系相对松散，作用效果不稳定。在四日照因子共同作用下，年日照时数对成苗量作用最大，贡献率为 62.3% 和 55.9%，大于 4 月贡献的 24.1% 和 25.4%；1 月和 7 月日照时数影响最低，对 RPA 和对照贡献率分别为 6.3% 和 7.4%。

与成苗量相同，飞播年限权重下，4 月日照对有苗样方频度也起着关键作用，两者正相关极显著($r=0.613$、0.715，$p=0.000$)，RPA 和对照模型在 -540.9 h/m 处交汇，斜率比重 1.0；模型值变化规律与成苗量模型相似。4 月、12 月和年日照时数对有苗样方影响规律与对成苗量相同。在 4 月和 12 月日照共同作用下，4 月日照对 RPA 和对照贡献率为 66.7% 和 70.8%，大于 12 月的 33.3% 和 29.2%；在三因子作用下，年日照时数贡献率为 52.1% 和 43.1%，大于 4 月的 29.2 和 38.1；12 月日照对 RPA 和对照影响相同，贡献率均为 18.8%。与成苗量相同，在消除上述日照因子干扰下，1 月日照时数也与 RPA 有苗样方正相关极显著($r=0.581$，$p=0.001$)，复相关系数仅为 -0.108，对模型值作用效果不稳定，贡献率仅为 8.0%。四日照因子共同作用下，年日照时数影响最大，贡献率为 65.3%，大于 4 月贡献的 20.8%，12 月日照作用最小，贡献率仅为 5.9%。

四、成苗效果与日照、温度和降水指标相关性及变化

由于气温与日照强度和时数呈正相关，而与降水量呈负相关，同时日照强度和时数也与降水量呈负相关；所以日照和温度与油松成苗效果相关性具有高度的同向性，而降水量与成苗效果相关性往往与温度和日照相反。

1. **年气象指标与成苗效果相关性的差异** 汉中的年日照时数、年均温和年降水量与油松成苗效果均呈正相关($r>0$)。其中，年日照时数和年降水量相关极显著($p<0.01$)，年均温相关显著($p<0.05$)。

2. **月气象指标与成苗效果相关性季节变化** 冬季，12 月日照有利于提高幼苗木质化程度，而降水会加速降温，不利于幼苗越冬。而 1 月气温最低，降水会加重山地土壤表层容易结冻，分布在土壤表层的幼苗根系容易产生干冻，日照和暖冬加速苗木水分散失；所以成苗效果与 12 月日照时数正相关极显著，与月均温正相关仅对照成苗量显著；与 1 月日照负相关不显著，与月均温负相关极显著；与 2 月日照和均温正相关均不显著；而与各月降水量均呈极显著负相关。早春 3 月气温回升不稳定，容易产生到春寒，使萌动的幼苗发生冻害，降水不能满足苗木对水分的需求，成苗效果与日照和均温负相关极显著。4 月苗木生长逐渐加快，对水分和温度需求持续增加，成苗效果与日照和均温正相关极显著。5 月日照时数和强度增加，可降水量相对较少，成苗效果与日照负相关极显著，与月均温负相关显著；而与各月降水量均呈极显著正相关。夏季，日照时数长，气温高，雨量充沛。但暴雨和伏旱交替发生，加之高温抑制幼苗生长，抑制苗木水分需求。成苗效果与 6 月日照、均温和降水量均呈负相关，其中日照不显著，均温和降水相关显著；与 7 月日照和均温负相关极显著，与降水正相关极显著。与 8 月日照、均温和降水均呈正相关。其中，日照

除与对照成苗量相关显著外，与其他极显著；均温与对照显著，与 RPA 极显著；降水除与 RPA 有苗样方频度相关显著外，与其他极显著。秋季，气温变凉，阴雨增多，日照时数减少，成苗效果与日照和温度正相关，与降水量负相关。其中，9 月相关均极显著；10 月日照与对照极显著，与 RPA 显著，均温显著，降水不显著；11 月日照与 10 月相同，均温极显著，降水仅与对照有苗样方频度显著。

五、不同条件下日照指标对成苗效果的协同作用

飞播油松成苗效果不仅与林地光、热、水资源总量有关，也取决于林地光、热、水资源的季节分配。在当地日照、温度和降水量范围内，RPA 模型值大于对照，说明 RPA 拌种飞播油松对林地日照、温度和水分适应性强，单位面积和有效成苗量较多，有苗样方频度高。

1. **排除时间因素下日照指标对成苗效果的协同作用**　剔除飞播年限因子，6 月和 8 月日照时数与对照油松成苗效果关系紧密，在控制模型其他日照因子影响下，9 月日照对成苗量也有作用，而 12 月日照对有苗样方频度影响也较大。RPA 成苗量与 4 月、11 月和 12 月日照关系紧密，而有苗样方频度与 5 月、8 月、9 月和 2 月日照依次相关。4 月和 11 月均温与对照成苗效果密切相关，RPA 成苗量与 4 月、11 月和 12 月均温度相关性强，有苗样方频度与 4 月、年极端最低温度和 9 月均温度关系密切。对照油松成苗量与 5 月、2 月和 9 月降水量关系密切，有苗样方频度与 5 月和 2 月降水量相关性强。7 月、9 月和 12 月降水量与 RPA 成苗量和有苗样方频度依次相关。

2. **飞播年限协调作用下日照指标与成苗效果关系**　引入时间因子，对照成苗效果与 5 月日照和飞播年限关系紧密，在控制其他日照指标作用下，12 月日照也对成苗量产生作用。RPA 与飞播年限和 5 月日照依次相关。成苗效果与月均温模型关系不变。5 月降水和飞播年限与对照成苗效果相关性强，控制模型中其他因子干扰，2 月降水量对成苗量也产生作用，9 月降水量对有苗样方频度影响也较大。而飞播年限和 5 月降水量对 RPA 成苗效果作用最大，消除模型其他因子干扰，7 月降水量对有苗样方频度影响也较大。

3. **飞播年限权重下日照指标与成苗效果关系**　在飞播年限权重下，4 月、12 月和年日照指标与对照成苗效果依次相关，在控制上述日照作用下，7 月日照对成苗量作用较大。而 RPA 成苗效果与 4 月、12 月、年和 1 月日照时数依次相关。4 月均温也与成苗效果关系最为紧密，作用最大。其中，对照成苗效果和 RPA 成苗量与温度关系保持不变，而 RPA 有苗样方频度模型中，11 月和 6 月均温代替 1 月极端最低温度和 9 月均温。对照和 RPA 成苗量与 2 月、5 月和 9 月降水量关系紧密，对照有苗样方频度与 5 月、2 月和 9 月降水量依次相关，RPA 有苗样方频度与 2 月、7 月和 5 月降水量相关性强。

第二节　日照对安康飞播油松成苗效果的影响

【内容提要】太阳辐射是引起林地水热资源变化的主要动因，对飞播造林成苗效果影

响很大。为此,在安康降水量和温度与飞播油松成苗效果关系研究的基础上,采用相关分析法和逐步回归模型法,分析了安康日照时数与飞播油松成苗效果的关系及时域动态,并通过与降水量和温度研究结果对比分析,探讨了林地水热条件对飞播油松成苗效果协同作用。结果显示:成苗效果与年日照时数和年均温呈正相关,与年降水量呈负相关;与12月日照和均温呈显著或极显著正相关,与12月降水量负相关极显著;与3月降水量正相关极显著;与4月日照和均温正相关极显著;与5月日照呈显著负相关,与降水量呈极显著正相关;与6月降水量负相关极显著;与7月日照负相关显著;与9月和11月日照正相关极显著,与10月日照正相关显著;与秋季月均温正相关极显著,与月降水量负相关极显著。9月和7月日照是影响成苗效果的主要日照因子,4月、11月、3月和5月均温对成苗效果作用较大,12月、2月和11月降水量是影响成苗效果和对照有苗样方频度的主要降水指标,12月、4月、11月、8月、1月和2月降水量与RPA有苗样方频度依次相关。在安康林地水热条件下,RPA成苗效果模型值大于对照,证明使用RPA拌种可以有效提高飞播造林油松成苗量和有苗样方频度。

【关 键 词】飞播造林,RPA,油松,光照时数,成苗效果

日照是地球生物圈热量的主要来源,也是影响气候变化的主要动因。随着全球气候变量,环境污染加重,我国日照时数有缩短的趋势,而温度有所上升,降水相对减少。气候因子年间和季节变化加剧,高温、冰冻、霜害、干旱、暴雨、冰雹和风灾等极端气象灾害交替发生,严重威胁粮食安全和生态文明建设。由于飞播造林的特殊性,对气象因素反应更灵敏,更以受到气候变化的影响。大范围持续性的高温干旱直接导致飞播后种子发芽迟缓,甚至不发芽,增加了被鸟兽取食的风险,使成苗量减少,林地幼苗生存空间收缩,飞播造林成效降低,甚至影响林木的分布和生长。为此,在安康飞播油松与降水量和温度关系研究的基础上,利用1997年安康RPA拌种和对照飞播区油松成苗期的有苗样方频度和成苗量资料,分析了日照指标与飞播油松造林成效的相关性及其季节动态,并通过与降水量和温度究结果对比分析,探讨了日照、温度和降水对成苗效果影响的差异。以期为制定最佳飞播期和合理评估RPA拌种飞播效果提供科学依据。

一、调查方法与数据处理

安康汉滨飞播区概况见第三章第二节。1997年飞播后,选择RPA拌种与不拌种播区,每年10月按照“M”或“Z”形取样方法,随机抽取50块1 m×2 m样方,调查样方油松株数。重复5次,连续调查6年。日照资料来源于1997~2004年陕西省统计年鉴。按单位面积成苗量(Survival seedling quantity,Q_{ss})和有苗样方频度(Frequentness of sample plots with available seedling,F)表述飞播后油松成苗效果(表2-3)。采用SPSS17.0的相关分析法和逐步回归模型分析日照指标与油松成苗效果的关系,以模型参数、相关系数和指标量综合分析各日照指标对成苗效果作用稳定性和影响强度。并通过与降水量和温度与成

苗效果关系研究结果的研究结果对比分析，探讨日照温度降水因子对飞播油松成苗效果作用变化。

二、成苗效果与日照时数的相关性

与气温作用相同，安康年日照时数也与飞播成苗效果呈一定正相关性，但相关不显著（$r>0, p>0.05$）。成苗效果与 1 月、2 月、6 月和 8 月日照时数相关度较低（$p>0.05$）。RPA 成苗量与 5 月和 7 月呈显著负相关（$r<0, p<0.05$），与 3 月负相关极显著（$r<0, p<0.01$），而与 10 月和 12 月呈显著正相关（$r>0, p<0.05$），与 4 月、9 月和 11 月正相关极显著；RPA 有苗样方频度与 5 月和 7 月呈显著负相关（$r<0, p<0.05$），与 3 月负相关极显著；而与 4 月、9 月、11 月和 12 月呈极显著正相关。对照成苗量与 7 月呈显著负相关，与 3 月和 5 月负相关极显著，而与 10 月和 12 月呈显著正相关，与 4 月、9 月和 11 月正相关极显著；有苗样方与 5 月和 7 月呈显著负相关，与 4 月负相关极显著，而与 10 月呈显著正相关，与 4 月、9 月和 11 月正相关极显著（表 4－2）。

表 4－2　1998～2004 年安康日照时数变异与油松成苗效果相关分析

Tab. 4－2 From 1998 to 2010, correlation analysis between sunshine variation and effective grown－up seedling of *Pinus tabulaeformis* for aerial seeding in Ankang city

指标 Index	日照时数/h Sunshine duration			变异系数/% Coefficient of variation	相关系数 Pearson correlations			
					苗木保存量 Q_{ss}		有苗样方频度 F	
	平均 Mean	最小 Min.	最大 Max.		RPA	CK	RPA	CK
年 Annual	1753.6±15.4	1587.4	1858.2	4.8	0.349	0.330	0.347	0.351
1 月 Jan.	96.3±4.7	55.7	138.6	27.0	－0.247	－0.237	－0.226	－0.301
2 月 Feb.	115.2±3.9	85.9	150.1	18.5	－0.052	－0.108	0.023	－0.145
3 月 March	150.9±7.6	95.6	221.7	27.4	－0.655**	－0.626**	－0.675**	－0.565**
4 月 April	170.9±4.7	131.7	213.7	14.9	0.718**	0.713**	0.655**	0.739**
5 月 May	191.5±6.2	144.2	247.1	17.8	－0.443*	－0.472**	－0.402*	－0.439*
6 月 June	185.5±4.4	148.4	212.5	13.0	－0.101	－0.045	－0.178	－0.029
7 月 July	227.5±7.2	181.3	297.1	17.2	－0.415*	－0.426*	－0.386*	－0.394*
8 月 Aug.	192.8±7.0	153.8	270.5	20.0	0.131	0.073	0.221	0.027
9 月 Sep.	140.0±6.8	89.7	210.2	26.7	0.896**	0.890**	0.864**	0.865**
10 月 Oct.	102.6±4.9	56.1	146.5	26.3	0.361*	0.406*	0.264	0.452*
11 月 Nov.	95.7±5.7	65.4	152.8	32.5	0.640**	0.663**	0.573**	0.709**
12 月 Dec.	84.7±4.6	67.6	138.1	29.7	0.451*	0.404*	0.527**	0.340

备注：* 在 0.05 水平（双侧）上显著相关，** 在 0.01 水平（双侧）上显著相关。

Remarks: * Correlation is significant at the 0.05 level (2－tailed). ** Correlation is significant at the 0.01 level (2－tailed).

三、成苗效果与日照指标的逐步回归模型

逐步回归模型分析显示,9 月和 7 月日照时数对安康飞播油松成苗效果影响较大,首先进入成苗效果模型。接着 4 月、12 月和 11 月日照时数依次进入 RPA 成苗量模型,年日照时数和 5 月日照时数进入 RPA 有苗样方模型,2 月和 8 月日照时数进入对照有苗样方模型(图 4 -3)。

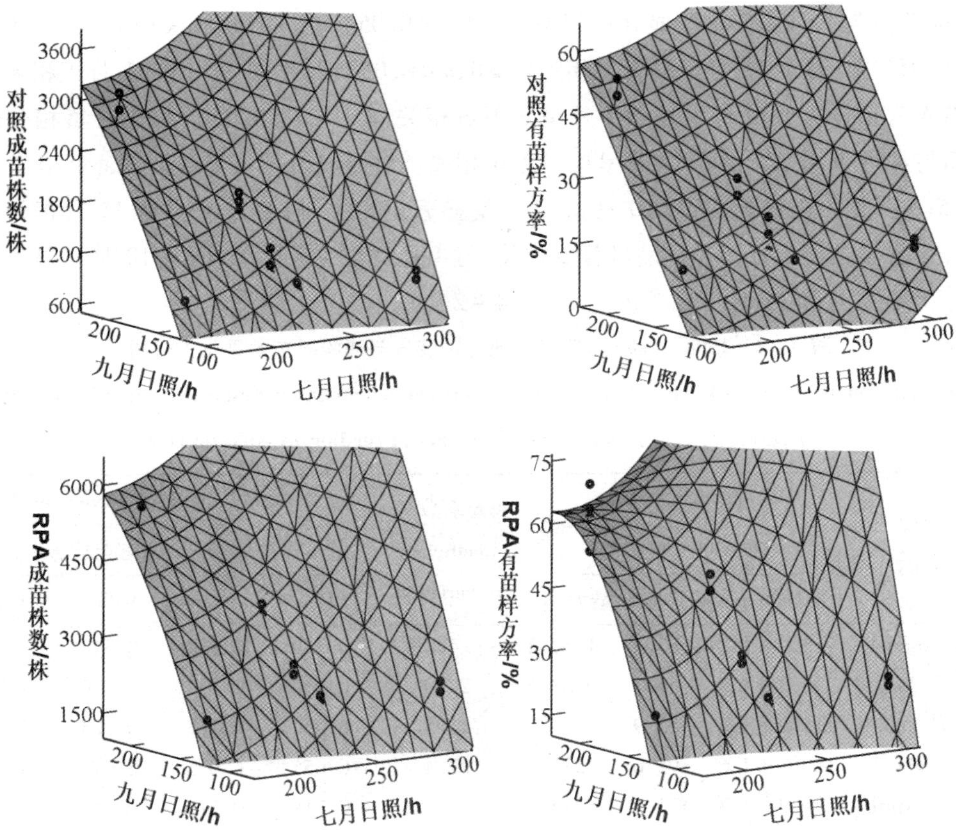

图 4 -3　安康飞播油松成苗效果与日照时数关系

Fig. 4 -3 The relationship between sunshine duration and effective grown - up seeding of *pinus tabulaeformis* for aerial seeding in Ankang city

$$Q_{ssck} = -1\ 038.078 + 17.434D_{sm09}$$

$$(n = 30, R^2 = 0.792, r_{m09} = 0.890, F = 106.604, p = 0.000)$$

$$Q_{ssck} = 4\ 874.631 + 26.466D_{sm09} + 11.305D_{sm07}$$

$$(n = 30, R^2 = 0.945, r_{m07} = -0.426, F = 231.862, p = 0.000)$$

$$Q_{ssrpa} = -1\ 587.956 + 31.597D_{sm09}$$

$$(n = 30, R^2 = 0.802, r_{m09} = 0.896, F = 113.414, p = 0.000)$$

$$Q_{ssrpa} = -8\ 910.358 + 48.833D_{sm09} + 21.577D_{sm07}$$

$$(n=30, R^2=0.974, r_{m07}=-0.415, F=502.350, p=0.000)$$

$$Q_{ssrpa}=-9\ 487.963+54.666D_{sm09}+25.586D_{sm07}-6.738D_{sm04}$$

$$(n=30, R^2=0.979, r_{m04}=0.718, F=408.504, p=0.000)$$

$$Q_{ssrpa}=-10\ 857.176+68.362D_{sm09}+34.867D_{sm07}-18.265D_{m04}-8.1533D_{sm12}$$

$$(n=30, R^2=0.983, r_{m12}=0.451, F=358.547, p=0.000)$$

$$Q_{ssrpa}=-32\ 401.081+232.406D_{sm09}+149.518D_{sm07}-106.570D_{m04}-98.825D_{sm12}-49.565D_{sm11}$$

$$(n=30, R^2=0.993, r_{m11}=0.640, F=325.393, p=0.000)$$

$$F_{ck}=-23.132+0.320D_{sm09}$$

$$(n=30, R^2=0.748, r_{m09}=0.865, F=83.083, p=0.000)$$

$$F_{ck}=-99.203+0.499D_{sm09}+0.278D_{sm07}$$

$$(n=30, R^2=0.916, r_{m07}=-0.394, F=147.497, p=0.000)$$

$$F_{ck}=-101.257+0.523D_{sm09}+0.278D_{sm07}-0.118D_{sm02}$$

$$(n=30, R^2=0.936, r_{m02}=-0.145, F=126.798, p=0.000)$$

$$F_{ck}=-108.466+0.519D_{sm09}+0.352D_{sm07}-0.536D_{sm02}+0.204D_{sm08}$$

$$(n=30, R^2=0.955, r_{m08}=0.027, F=133.436, p=0.000)$$

$$F_{rpa}=-20.153+0.378D_{sm09}$$

$$(n=30, R^2=0.746, r_{m09}=0.864, F=82.093, p=0.000)$$

$$F_{rpa}=-112.322+0.595D_{sm09}+0.272D_{sm07}$$

$$(n=30, R^2=0.923, r_{m07}=-0.386, F=32.771, p=0.000)$$

$$F_{rpa}=75.346+1.310D_{sm09}+1.217D_{sm07}-0.287D_{sa}$$

$$(n=30, R^2=0.949, r_{a}=0.347, F=162.655, p=0.000)$$

$$F_{rpa}=132.575+1.479D_{sm09}+1.481D_{sm07}-0.361D_{sa}-0.061D_{sm05}$$

$$(n=30, R^2=0.957, r_{m05}=-0.402, F=139.238, p=0.000)$$

从成苗量模型分析，9 月日照时数与成苗量呈极显著正相关（$r=0.896$、0.890，$p=0.000$）；RPA 和对照模型在 38.8 h/m 附近交汇，斜率比值 1.8，在当地 9 月日照时数范围内{89.7，210.2}，RPA 模型值大于对照，差距有随日照时数延长扩大趋势。在控制 9 月日照作用下，7 月日照与成苗量线性关系极为密切（$r=0.932$、0.858，$p=0.000$），对 RPA 和对照成苗量贡献率为 41.8% 和 41.0%，低于 9 月日照时数的 58.2% 和 59.0%。排除 9 月和 7 月日照因子干扰，4 月日照时数与 RPA 成苗量呈显著负相关（$r=-0.454$，$p=0.015$）；三日照因子共同作用下，9 月日照对成苗量影响最大，贡献 52.%；4 月影响最小，仅贡献 7.9%。控制上述日照因子对成苗量影响，12 月日照时数与成苗量负相关显著（$r=-0.419$，$p=0.030$）；四日照因子配合下，9 月和 7 月日照对成苗量作用相对较大，贡献率为 44.9% 和 37.2%，12 月日照作用最小，贡献率仅为 3.2%。在五因子协同作用下，7 月日照对成苗量影响略大于 9 月，贡献率为 34.8% 和 33.2%，而 4 月和 12 月作用相对较小，贡献率分别为18.6%和8.6%；11月日照作用最小，贡献率仅为4.8%。

与成苗量一样，9月日照时数对有苗样方频度也起着关键作用，两者呈极显著正相关（$r=0.864$、0.865，$p=0.000$），模型在-51.4 h/m附近相交，斜率比值1.2；RPA和对照模型值变化规律与成苗量相同。在控制9月日照时数作用下，7月日照与有苗样方也呈极显著正相关（$r=0.835$、0.817，$p=0.000$），对RPA和对照模型贡献率为42.6%和42.2%，小于9月的57.4%和57.8%。在排除9月和7月日照干扰下，年日照时数与RPA有苗样方呈极显著负相关（$r=-0.587$，$p=0.001$），2月日照时数与对照有苗样方也呈极显著负相关（$r=-0.487$，$p=0.009$），但2月日照时数复相关系数仅为-0.145，与对照有苗样方关系比较疏远，作用效果不稳定。三日照因素作用下，年日照时数对RPA成苗量作用最大，贡献率为52.2%，9月作用最小，贡献率为19.0%；而9月和7月日照对对照有苗样方影响较大，贡献率分别为48.8%和42.1%，2月作用最小，贡献率仅为9.1%。在四个日照因子相互作用下，去除其他因子干扰，5月日照与RPA呈显著负相关（$r=-0.388$，$p=0.045$），8月日照与对照正相关极显著（$r=0.548$，$p=0.003$），但8月日照时数复相关系数仅为0.027，与对照有苗样方关系极为松散，作用极为不稳定。年日照时数对RPA贡献率为53.2%，远大于7月和9月的28.3%和17.4%，而5月日照作用极小，贡献率仅为1.0%。7月和9月日照对对照有苗样方作用效果稳定，贡献率分别为31.5%和28.6%；而2月和8月日照时数作用效果不稳定，影响相对较小，贡献率为24.3%和15.5%。

1. **飞播年限对逐步回归模型的影响** 引入时间变量，对照油松成苗量与日照因子模型关系不变；而RPA成苗量与飞播年限和5月、4月、9月日照时数关系密切，有苗样方与飞播年限和5月、9月日照时数相关度强，对照有苗样方与飞播年限和6月、7月日照时数关系紧密，分别进入模型（图4-4）。

$$Q_{ssrpa} = 8\,146.164 - 667.246t - 15.533D_{sm05}$$

$$(n=30, R^2=0.964, r_t=-0.890, r_{m05}=-0.443, F=361.105, p=0.000)$$

$$Q_{ssrpa} = 5\,357.781 - 537.334t - 10.001D_{sm05} + 9.101D_{sm09}$$

$$(n=30, R^2=0.979, r_{m09}=0.896, F=396.016, p=0.000)$$

$$Q_{ssrpa} = 4\,526.205 - 493.817t - 10.917D_{sm05} + 7.556D_{sm09} + 6.269D_{sm04}$$

$$(n=30, R^2=0.985, r_{m04}=0.718, F=419.941, p=0.000)$$

$$F_{ck} = 2.094 - 8.646t + 0.269D_{sm06}$$

$$(n=30, R^2=0.925, r_t=-0.867, r_{m06}=-0.029, F=166.728, p=0.000)$$

$$F_{ck} = 22.641 - 8.235t + 0.231D_{sm06} - 0.065D_{sm07}$$

$$(n=30, R^2=0.955, r_{m07}=-0.397, F=185.144, p=0.000)$$

$$F_{rpa} = 95.119 - 8.376t - 0.173D_{sm05}$$

$$(n=30, R^2=0.949, r_t=-0.905, r_{m05}=-0.402, F=251.575, p=0.000)$$

$$F_{rpa} = 69.985 - 7.205t - 0.123D_{sm05} + 0.082D_{sm09}$$

$$(n = 30, R^2 = 0.957, r_{m09} = 0.864, F = 191.961, p = 0.000)$$

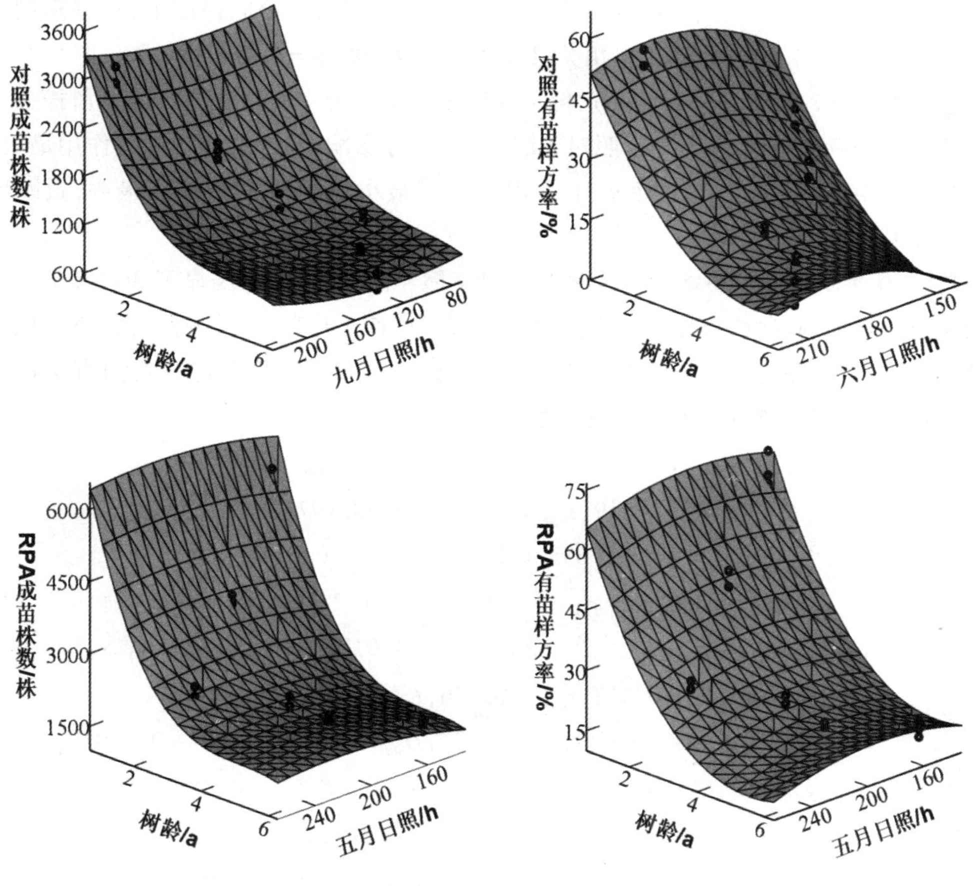

图 4 −4　安康飞播油松成苗效果与日照和树龄关系

Fig. 4 −4 Relationship between sunshine duration and tree ages and effective grown − up seeding of *pinus tabulaeformis* for aerial seeding in Anzkang city

从 RPA 成苗量模型分析，飞播年限与成苗量呈极显著负相关（$r = -0.896, p = 0.000$）。在消除飞播年限干扰下，5 月日照时数与成苗量负相关极显著（$r = -0.904, p = 0.000$），对成苗量贡献率为 59.8%，大于飞播年限贡献的 40.2%。排除飞播年限和 5 月日照影响，9 月日照与成苗量呈极显著正相关（$r = 0.637, p = 0.000$），对模型值贡献率为 26.5%，小于 5 月日照和飞播年限贡献的 39.9% 和 33.6%。在控制上述因子作用下，4 月日照与成苗量也呈极显著正相关（$r = 0.561, p = 0.002$）；四个因子共同作用下，5 月日照时数作用最大，贡献率为 36.7%，9 月和 4 月日照作用相对较小，贡献率为 18.6% 和 18.8%。

从有苗样方模型分析，飞播年限与其也呈极显著负相关（$r = -0.905$、$-0.867, p = 0.000$）。去除飞播年限影响，5 月日照时数与 RPA 负相关极显著（$r = -0.847, p = 0.000$），6 月日照时数与对照呈极显著正相关（$r = 0.836, p = 0.000$），但 5 月，尤其是 6 月日照复相关系数较小，与有苗样方关系相对疏远，作用不稳定；对模型值贡献率为56.9%和65.8%，大于飞播年限贡献的43.1%和34.2%。在三因子协同作用下，控制模型中其他因子作用下，9月日照与RPA正相关极显著（$r=0.390, p=0.004$），7月日照与对照负相关极显著（$r=-0.635, p=0.000$），但7月复相关系数为-0.394，与对照有苗样方关系较松散，作用不稳定；其中，5月日照对RPA有苗样方影响最大，6月对对照作用最大，贡献率分别为41.6%和52.0%；而9月对RPA影响最小，7月对对照作用最弱，贡献率为20.3%和18.0%。

2. **飞播年限权重下的逐步回归模型** 以飞播年限权重分析，凸显了9月和7月日照对油松成苗效果的影响，首先进入成苗效果模型。接着4月和12月日照时数进入成苗量模型，年和5月日照时数进入RPA有苗样方模型，2月和8月日照进入对照有苗样方模型，最后3月日照时数进入RPA成苗量模型。

$$Q_{ssck}=-583.101+13.169D_{sm09}$$

$$(n=30, R^2=0.519, r_{m09}=0.720, F=30.197, p=0.000)$$

$$Q_{ssck}=-4\,527.655+25.100D_{sm09}+10.546D_{sm07}$$

$$(n=30, R^2=0.893, r_{m07}=-0.107, F=112.709, p=0.000)$$

$$Q_{ssck}=-5\,057.157+29.826D_{sm09}+14.012D_{sm07}-5.364D_{sm04}$$

$$(n=30, R^2=0.913, r_{m04}=0.536, F=91.417, p=0.000)$$

$$Q_{ssck}=-6\,756.402+44.975D_{sm09}+23.777D_{sm07}-16.137D_{sm04}-9.358D_{sm12}$$

$$(n=30, R^2=0.939, r_{m12}=0.545, F=95.987, p=0.000)$$

$$Q_{ssrpa}=-825.781+24.238D_{sm09}$$

$$(n=30, R^2=0.517, r_{m09}=0.719, F=30.004, p=0.000)$$

$$Q_{ssrpa}=-8\,556.797+47.622D_{sm09}+20.699D_{sm07}$$

$$(n=30, R^2=0.940, r_{m07}=-0.080, F=212.340, p=0.000)$$

$$Q_{ssrpa}=-9\,512.068+56.148D_{sm09}+26.922D_{sm07}-9.678D_{sm04}$$

$$(n=30, R^2=0.960, r_{m04}=0.569, F=206.340, p=0.000)$$

$$Q_{ssrpa}=-11\,238.328+71.538D_{sm09}+36.843D_{sm07}-20.621D_{m04}-9.506D_{sm12}$$

$$(n=30, R^2=0.967, r_{m12}=0.599, F=185.867, p=0.000)$$

$$Q_{ssrpa}=-12\,022.210+112.831D_{sm09}+89.200D_{sm07}-64.492D_{m04}-63.461D_{sm12}-32.075D_{sm03}$$

$$(n=30, R^2=0.973, r_{m03}=-0.510, F=174.561, p=0.000)$$

$$F_{ck}=-13.473+0.231D_{sm09}$$

$$(n=30, R^2=0.435, r_{m09}=0.659, F=21.515, p=0.000)$$

$$F_{ck}=-91.053+0.465D_{sm09}+0.207D_{sm07}$$

$$(n=30, R^2=0.830, r_{m07}=-0.051, F=65.856, p=0.000)$$

$$F_{ck}=-101.307+0.532D_{sm09}+0.290D_{sm07}-0.152D_{sm02}$$

$$(n=30, R^2=0.871, r_{m02}=-0.199, F=58.451, p=0.000)$$

$$F_{ck}=-108.625+0.520D_{sm09}+0.352D_{sm07}-0.536D_{sm02}+0.204D_{sm08}$$

$$(n=30, R^2=0.924, r_{m08}=0.356, F=76.356, p=0.000)$$

$$F_{rpa}=-12.324+0.297D_{sm09}$$

$$(n=30, R^2=0.469, r_{m09}=0.685, F=24.708, p=0.000)$$

$$F_{rpa}=-109.858+0.592D_{sm09}+0.261D_{sm07}$$

$$(n=30, R^2=0.875, r_{m07}=-0.064, F=94.086, p=0.000)$$

$$F_{rpa}=106.710+1.382D_{sm09}+1.332D_{sm07}-0.325D_{sa}$$

$$(n=30, R^2=0.934, r_a=0.336, F=122.535, p=0.000)$$

$$F_{rpa}=143.765+1.514D_{sm09}+1.532D_{sm07}-0.376D_{sa}-0.062D_{sm05}$$

$$(n=30, R^2=0.949, r_{m05}=-0.005, F=116.436, p=0.000)$$

从成苗量模型分析，飞播年限权重下，9 月日照与成苗量仍然呈极显著正相关（$r=0.719$、0.720，$p=0.000$），但相关度明显降低；RPA 和对照模型交点在 21.9 h/m 附近，斜率比值 1.8；模型变化规律与上述模型分析相同，进一步说明 RPA 对提高油松成苗量的重要作用。在控制 9 月日照因子作用下，7 月日照与成苗量正相关极显著（$r=0.936$、0.882，$p=0.000$），但复相关度明显消弱，仅为 −0.080 和 −0.107，对成苗量作用极不稳定；对模型贡献率为 41.4% 和 40.6%，低于 9 月日照贡献的 58.6% 和 59.4%；与前面模型分析相同。去除 9 月和 7 月日照干扰，4 月日照时数与 RPA 成苗量呈极显著负相关（$r=-0.571$，$p=0.001$），与对照呈显著负相关（$r=-0.436$，$p=0.020$）；其偏相关性有所增强，而复相关性明显降低。三个日照因子相互配合下，9 月日照对成苗量影响最大，贡献率为 50.4% 和 59.4%，明显大于 7 月的 39.2% 和 38.5%；而 4 月日照影响最小，贡献率仅为 10.6% 和 11.1%。排除 9 月、7 月和 4 月日照因子对成苗量作用，12 月日照时数与 RPA 成苗量呈显著负相关（$r=-0.438$，$p=0.022$），与对照负相关极显著（$r=-0.542$，$p=0.003$）；从 RPA 相关度分析，其偏相关度有所降低，而复相关度有所增强；9 月和 7 月日照对成苗量贡献率为 45.4%、38.0% 和 41.3% 和 35.5%，明显大于 4 月的 16.0% 和 18.1%；12 月日照对 RPA 和对照成苗量影响最小，贡献率仅为 0.7% 和 5.2%。从 RPA 成苗量 5 因子模型分析，在排除模型中其他因子干扰下，3 月日照与成苗量呈显著负相关（$r=-0.421$，$p=0.032$）；7 月日照对成苗量作用大于 9 月，贡献率分别为 42.8% 和 33.3%，而 12 月和 3 月日照影响极小，贡献率均为 0.3%。

从有苗样方分析，有苗样方频度与日照指标关系性质保持不变，只是模型参数和相关度发生变化。9 月日照与有苗样方线性关系紧密，正相关极显著（$r=0.685$、0.659，$p=0.000$），相关度明显下降。RPA 和对照模型交点在 −17.4 h/m 附近，斜率比值1.3，比上述分析结果提高。消除 9 月日照影响，7 月日照时数也与成苗量正相关极显著（$r=0.874$、0.836，$p=0.000$）；与成苗量变化类似，其偏相关性有所增强，复相关性明显减弱,对模型作用极不稳定。贡献率为41.7%和42.0%,明显低于9月的58.3%和58.0%;结论与前面结果一致。排除9月和7月日照因子干扰,年日照时数与RPA有苗样方负相关极显著($r=-0.688, p=0.000$),2月日照与对照负相关极显著($r=-0.491, p=0.009$);年日照时数对RPA有苗样方影响最大,贡献率为53.4%,明显大于7月和9月的28.4%和18.2%;而2月日照对对照影响最低,贡献率为11.1%,远低于7月和9月的41.7和47.2%;与前面结果基本一致。在飞播年限权重下,控制以上因子干扰,5月日照与RPA有苗样方呈显著负相关($r=-0.478, p=0.012$),8月日照与对照正相关极显著($r=0.643, p=0.000$);与前面分析结果相比,5月日照偏相关性均有所增强,而复相关性有所下降,对RPA有苗样方作用极不稳定;而8月日照偏相关性和复相关性均明显提高,对对照有苗样方作用效果稳定性增加。四因子协同下,年日照时数对RPA模型贡献率为53.5%,远大于7月和9月的28.3%和17.2%,5月贡献最小,仅为1.0%;而7月、9月、2月和8月日照对对照有苗样方贡献率依次为31.5%、28.7%、24.3%和15.5%,与前面结果完全一致。

四、成苗效果与各气象因子相关性变化

太阳辐射存在着显著的日变化节律和季节变化,从而导致温度也发生相应的变化,也直接引起大气环流不规则的周期性变动,造成降水量的年间差异和季节变化。林木形成了自身应对气候变化的能力,产生了季节性的生长变化,也导致了气候因子对林木作用的时空差异。

1. *年气象指标相关性的差异* 由于温度与日照时数呈正相关,降水量与日照时数呈负相关。所以年日照时数和年均温与飞播油松成苗效果呈正相关,而与年降水量呈负相关,其中,与年均温相关极显著,与年降水量除对照有苗样方频度外相关均显著。

2. *月气象因子相关性的变化* 冬季,12月日照时数和均温与成苗效果呈正相关。其中,日照与对照和RPA成苗量相关显著,与RPA有苗样方频度相关极显著,与对照有苗样方频度相关不显著;而均温除与对照有苗样方频度相关显著外,与其余相关均极显著。12月降水量与成苗效果均呈极显著负相关。1月和2月日照与成苗效果呈不显著负相关;1月均温和降水量与成苗效果也呈负相关而2月均温和降水量呈不显著正相关,但仅1月均温与RPA有苗样方频度相关显著。春季,成苗效果与3月日照和均温负相关极显著,与降水量正相关极显著。与4月日照和均温正相关极显著,与降水量极不相关。与5月日照显著负相关,与均温不显著负相关,与降水量正相关极显著。夏季,与6月和7月日照负相关,与8月正相关,其中与7月显著。与6月均温相关极不显著,与7月正相关不显著,8月均温与成苗量正相关显著,与RPA有苗样方频度正相关不显著,与对照有苗样方频度正相关极显著。成苗效果与6月降水量负相关极显著,与7月负相关不显著,与8月正相关不显著。秋季,9月和11月日照与成苗效果正相关极显著,与10日照除RPA有苗样方频度外正相关显著。与各月均温正相关极显著,与降水量负相关极显著。

五、不同日照、温度和降水因子对成苗效果的协同作用

1. **排除时间因子的协同作用** 逐步回归模型显示,9月和7月日照时数与成苗效果关系紧密。在控制模型中其他因素干扰下,2月和6月日照也对对照有苗样方频度产生影响,4月、11月和12月日照对RPA成苗量发生作用,年和5月日照与RPA有苗样方频度也有一定的相关性。4月和11月均温对成苗效果作用较大,7月均温与对照成苗量也有一定相关,而年极端最高温度也对对照有苗样方频度发生作用;3月均温对RPA成苗效果也有一定影响。12月、11月和9月降水量与成苗量关系密切,而12月、11月和8月降水量对有苗样方频度协调作用。

2. **时间因子下的协同作用** 在时间因子协调下,对照油松成苗量与日照因子模型关系不变;5月、8月和4月日照对RPA成苗量作用较大,6月和7月日照与对照有苗样方频度关系紧密,5月和9月日照对RPA有苗样方频度影响较大。3月、10月和11月均温与对照成苗量关系密切,5月均温、年极端最高温度和4月均温对RPA成苗量有所作用,年极端最高温度和4月均温对对照有苗样方频度影响较大,3月和10月均温与RPA有苗样方频度相关度较强。2月和5月降水对成苗量作用较大,2月降水与对照有苗样方频度相关性强,4月、1月和2月降水对RPA有苗样方频度依次产生一定的作用。

3. **飞播年限权重下的协同作用** 在飞播年限权重下,9月和7月日照也与成苗效果关系密切。但在控制其他因素作用下,4月和12月日照与对照成苗量相关,4月、12月和3月日照与RPA成苗量也有一定相关,2月和8月日照与对照有苗样方频度相关性也较强,年日照和5月日照也会对RPA有苗样方频度产生影响。在飞播年限权重下,温度与成苗效果模型关系不变,降水与成苗效果模型关系也基本保持不变,只是在对照松成苗量模型中增加了1月降水量指标。

从以上模型综合分析,9月和7月日照时数是影响成苗效果的关键日照因子;其次,4月、6月、12月和2月日照也对对照成苗效果有关,5月、8月、4月、12月、11月和3月日照也与RPA成苗效果相关。4月、11月、3月和5月均温是影响对照和RPA成苗效果的共同温度指标,与成苗效果密切相关;其次,7月和10月均温及年极端最高温度对对照也有影响,10月均温和年极端最高温度与RPA也有一定的相关度。12月、2月和11月降水量是影响成苗效果和对照有苗样方频度的主要降水指标,其次,5月、9月和1月降水对成苗量也有所作用,8月降水对对照有苗样方频度作用也较大;而RPA有苗样方频度与12月、4月、11月、8月、1月和2月降水量依次相关。在当地日照、温度和降水因子的协同作用下,RPA飞播油松成苗量和有苗样方频度均优于对照,说明使用RPA拌种飞播造林能显著削弱林地水热资源年间和季节剧烈变化对油松成苗的作用,提高幼苗抵御极端气候灾害的能力,扩大幼苗在林地的适应范围。

第三节 日照对商州飞播油松成苗效果的影响

【内容提要】飞播造林是我国一种主要造林方式,易受气候因素的干扰。为此在汉中和安康飞播油松成苗效果与日照时数关系研究的基础上,利用1997年商洛市商州区飞播油松成苗期有苗样方频度和成苗量调查数据,结合当地1997～2004年日照指标,采用相关分析法和逐步回归模型分析法研究了成苗效果与日照的关系,并通过与安康和汉中研究结果对比分析,探讨了秦巴山区成苗效果与日照时数关系的地域变化。结果显示:随着日照时间缩短,商州、安康和汉中飞播油松成苗效果与年日照时数正相关依次从不显著过渡为极显著。各地成苗效果与3月和7月日照时数呈极显著负相关。商州与5月、8月、9月、11月和12月日照正相关极显著;安康与4月、10月和11月正相关极显著,与5月和9月呈显著正相关,12月日照与成苗量正相关显著,与RPA有苗样方频度正相关极显著;汉中与4月、5月、9月和12月日照呈极显著正相关,8月和11月日照与对照正相关极显著,与RPA呈显著正相关,10月日照与对照正相关显著,与RPA呈极显著正相关。11月、12月、10月和2月日照对商州RPA成苗效果和对照有苗样方频度作用较大,9月、8月、10月、2月和5月日照与其对照成苗量依次相关。9月和7月日照是影响安康成苗效果的关键因子。4月、5月、6月、12月和8月日照与汉中对照成苗效果关系密切,4月、5月、11月和12月日照对其RPA成苗效果影响较大。

【关 键 词】飞播造林,RPA,油松,光照时数,成苗效果

太阳辐射是地球生物圈的主要热量来源,存在着明显的季节和日变化节律。其辐射强度和照射时间与云量有密切关系。随着人类工业文明的发展,大气污染加重,空气云量最多,日照时数有降低的趋势,尤其在我国下降趋势更加明显。太阳辐射变化直接导致大气环流变化,引起温度、降水和风速等气候因素发生改变,直接影响林地水热资源的状态和分布规律,进而对林下植物的繁衍、生长和分布产生作用。由于飞播造林的特殊性,对气候因素反应更灵敏,大范围持续性的高温干旱直接导致飞播后种子发芽迟缓,甚至不发芽,增加了被鸟兽取食的风险,使成苗量减少,林地幼苗生存空间收缩,造林成效降低,甚至影响林木的分布和生长。但以往研究多注重于植物对光照适应性和光照对植物光合作用、生长、生理生化、形态结构以及种子萌发等影响研究,很少涉及光照对飞播造林和直播造林种子萌发与幼苗生长的影响。为此在汉中和安康飞播造林油松成苗效果与日照时数关系研究的基础上,利用1997年商州RPA拌种和对照飞播区油松成苗期的有苗样方频度和成苗量资料,分析了日照指标与飞播油松造林成效的相关性及其季节动态,并通过与降水量和温度究结果对比分析,探讨了秦巴山区日照时数对成苗效果影响的差异。以期为选择最佳飞播期、制定科学飞播造林方案和准确评价多效抗旱驱鼠剂拌种飞播造林效果提高参考。

表 4-3 1998~2004 年商州日照时数变异与油松成苗效果相关分析

Tab. 4-3 From 1998 to 2010, correlation analysis between sunshine variation and effective grown-up seedling of *Pinus tabulaeformis* for aerial seeding in Shangzhou city

指标 Index	日照时数/h Sunshine duration			变异系数/% Coefficient of variation	相关系数 Pearson correlations			
					苗木保存量 Q_{ss}		有苗样方频度 F	
	平均 Mean	最小 Min.	最大 Max.		RPA	CK	RPA	CK
年 Annual	2011.3±16.1	1863.0	2115.5	4.4	0.097	0.098	0.127	0.111
1 月 Jan.	152.8±4.0	116.8	191.2	14.4	-0.235	-0.252	-0.305	-0.277
2 月 Feb.	144.2±4.8	115.2	194.0	18.2	-0.029	-0.038	0.014	-0.038
3 月 March	164.1±9.2	101.0	238.3	30.8	-0.588**	-0.579**	-0.542**	-0.563**
4 月 April	195.0±5.2	168.1	250.5	14.7	-0.012	0.010	0.023	0.028
5 月 May	199.2±6.6	135.3	241.7	18.3	-0.806**	-0.799**	-0.751**	-0.786**
6 月 June	192.9±5.7	134.1	221.7	16.2	0.000	-0.002	-0.058	-0.010
7 月 July	204.6±7.3	164.4	277.1	19.5	-0.584**	-.583**	-0.545**	-0.572**
8 月 Aug.	174.7±5.9	110.0	204.6	18.5	0.500**	0.498**	0.568**	0.516**
9 月 Sep.	136.9±5.7	93.7	196.6	22.7	0.852**	0.850**	0.799**	0.841**
10 月 Oct.	141.3±3.8	111.0	167.5	14.6	0.324	0.310	0.223	0.284
11 月 Nov.	139.7±6.1	109.1	208.1	23.9	0.858**	0.849**	0.826**	0.845**
12 月 Dec.	166.1±6.1	117.1	217.0	20.1	0.572**	0.576**	0.590**	0.579**

备注：*在 0.05 水平（双侧）上显著相关，**在 0.01 水平（双侧）上显著相关。

Remarks: * Correlation is significant at the 0.05 level (2-tailed). ** Correlation is significant at the 0.01 level (2-tailed).

一、调查与数据处理方法

其飞播区概况见第三章第三节。1997 年飞播后，根据播区立地，选择 5 个 RPA 拌种播区和 5 个对照播区，每年 10 月按照"M"或"Z"形取样方法，随机抽取 50 块 1 m×2 m 样方，调查样方油松株数，记录调查地植被、土壤、坡向和坡位等情况。重复 5 次，连续调查 6 年。日照时数资料来源于 1997~2004 年陕西省统计年鉴。按单位面积成苗量（Survival seedling quantity，Q_{ss}）和有苗样方频度（Frequentness of sample plots with available seedling，F）表述飞播后油松成苗效果（表 2-5）。采用 SPSS17.0 的相关分析法和逐步回归模型分析日照指标与油松成苗效果的关系，以模型参数、相关系数和指标量综合分析各日照指标对成苗效果作用稳定性和影响强度；参考汉中和安康的研究结论，探讨秦巴山区日照对飞播成苗效果影响的区域变化。

二、成苗效果与日照时数相关分析

与汉中和安康比较,商州飞播成苗效果与年日照时数相关度极低。从月日照时数分析,成苗效果与2月和6月日照关系极为松散,相关系数趋近于零。与1月日照呈一定负相关性,与3月、5月和7月日照负相关极显著;而与10月日照有一定正相关性,与8月、9月、11月和12月日照正相关极显著(表4-3)。

三、成苗效果与日照指标的逐步回归模型分析

逐步回归模型分析,9月、8月、2月和5月日照时数依次进入对照成苗量模型;11月、12月、2月和6月日照时数先后进入RPA成苗量模型,另外,11月、2月、6月和1月日照时数也可组成模型;11月、12月、2月和6月先后进入对照有苗样方模型,其中11月、2月和6月模型也有极高拟合度;而RPA有苗样方只与11月和12月日照时数关系密切,依次进入模型(图4-5)。

$$Q_{ssck} = -969.320 + 16.574D_{sm09}$$
$$(n=30, R^2=0.723, r_{m09}=0.850, F=73.142, p=0.000)$$
$$Q_{ssck} = -2\,362.030 + 16.030D_{sm09} + 8.397D_{sm08}$$
$$(n=30, R^2=0.922, r_{m08}=0.498, F=158.912, p=0.000)$$
$$Q_{ssck} = -2\,005.152 + 15.145D_{sm09} + 10.258D_{sm08} - 3.890D_{sm02}$$
$$(n=30, R^2=0.939, r_{m02}=-0.038, F=133.014, p=0.000)$$
$$Q_{ssck} = 818.661 + 5.946D_{sm09} + 11.670D_{sm08} - 5.312D_{sm02} - 8.062D_{sm05}$$
$$(n=30, R^2=0.964, r_{m05}=-0.799, F=166.480, p=0.000)$$
$$Q_{ssrpa} = -1\,461.277 + 29.774D_{sm11}$$
$$(n=30, R^2=0.737, r_{m11}=0.858, F=78.383, p=0.000)$$
$$Q_{ssrpa} = -3\,824.684 + 27.558D_{sm11} + 16.096D_{sm12}$$
$$(n=30, R^2=0.946, r_{m12}=0.572, F=238.306, p=0.000)$$
$$Q_{ssrpa} = -3\,248.030 + 26.312D_{sm11} + 18.375D_{sm12} - 5.417D_{sm02}$$
$$(n=30, R^2=0.957, r_{m02}=-0.029, F=190.749, p=0.000)$$
$$Q_{ssrpa} = 5\,027.985 + 34.362D_{sm11} + 6.149D_{sm12} - 22.135D_{m02} - 25.717D_{sm06}$$
$$(n=30, R^2=0.966, r_{m06}=-0.795\times10^{-5}, F=185.867, p=0.000)$$
$$Q_{ssrpa} = 8\,794.272 + 38.165D_{sm11} - 29.280D_{m02} - 37.363D_{sm06}$$
$$(n=30, R^2=0.964, r_{m06}=-0.795\times10^{-5}, F=231.054, p=0.000)$$
$$Q_{ssrpa} = 8\,699.699 + 39.267D_{sm11} - 30.993D_{m12} - 40.266D_{sm06} + 4.893D_{sm01}$$
$$(n=30, R^2=0.964, r_{m01}=-0.235, F=231.054, p=0.000)$$
$$F_{ck} = -27.912 + 0.340D_{sm11}$$

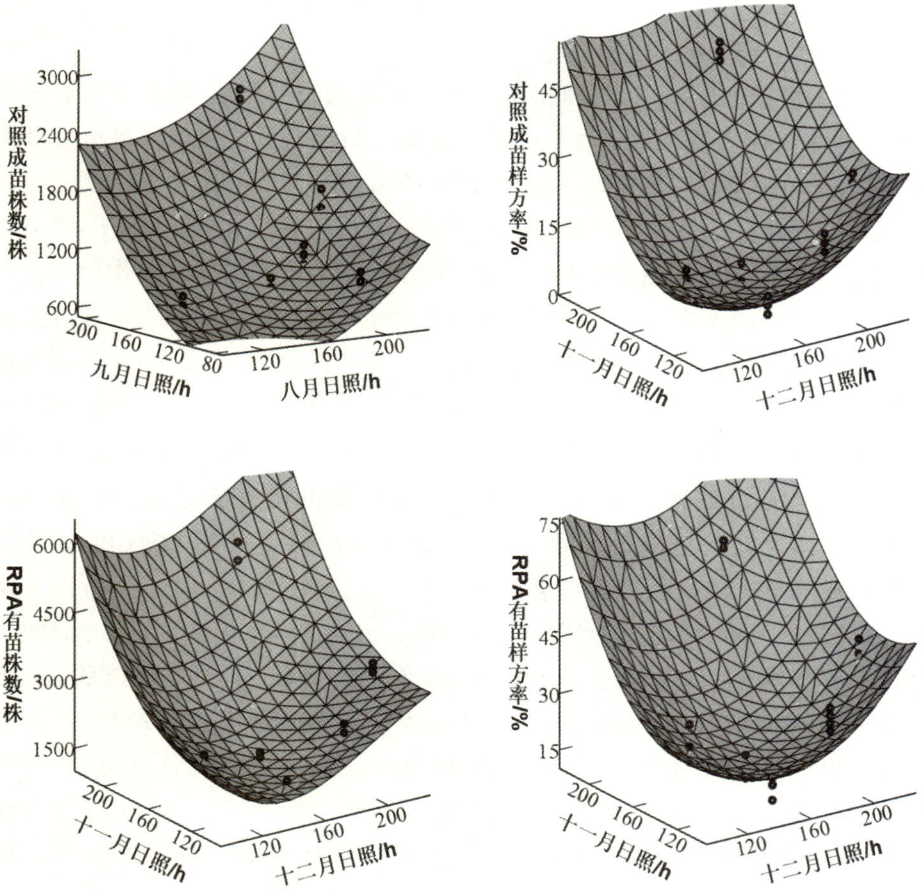

图 4－5　商州飞播油松成苗效果与日照时数关系

Fig. 4－5 The relationship between sunshine duration and effective grown－up seeding of *pinus tabulaeformis* for aerial seeding in Shangzhou city

$$(n=30, R^2=0.714, r_{m11}=0.845, F=69.845, p=0.000)$$

$$F_{ck}=-55.841+0.314D_{sm11}+0.190D_{sm12}$$

$$(n=30, R^2=0.932, r_{m12}=0.579, F=183.860, p=0.000)$$

$$F_{ck}=-47.801+0.296D_{sm11}+0.222D_{sm12}-0.076D_{sm02}$$

$$(n=30, R^2=0.946, r_{m02}=-0.038, F=152.665, p=0.000)$$

$$F_{ck}=95.562+0.436D_{sm11}+0.010D_{sm12}-0.365D_{sm02}-0.445D_{sm06}$$

$$(n=30, R^2=0.967, r_{m06}=-0.010, F=185.514, p=0.000)$$

$$F_{ck}=101.808+0.442D_{sm11}-0.377D_{sm02}-0.465D_{sm06}$$

$$(n=30, R^2=0.967, r_{m06}=-0.010, F=256.887, p=0.000)$$

$$F_{rpa}=-19.608+0.374D_{sm11}$$

$$(n=30, R^2=0.683, r_{m11}=0.826, F=60.237, p=0.000)$$

$$F_{rpa} = -51.951 + 0.344D_{sm11} + 0.220D_{sm12}$$

$$(n=30, R^2=0.913, r_{m12}=0.590, F=142.298, p=0.000)$$

从对照成苗量模型分析,9月日照对油松成苗量起着重要作用,两者呈极显著正相关($r=0.850, p=0.000$)。在控制9月日照作用下,8月日照时数与成苗量呈极极显著正相关($r=0.847, p=0.000$),对成苗量贡献率为40.15%,低于9月更显得59.9%。控制9月和8月日照因子作用。2月日照时数与成苗量呈显著负相关($r=-0.468, p=0.012$),但其复相关系数为-0.038,与成苗量关系松散,作用效果不稳定;三者共同作用下,9月和8月日照对成苗量影响相对较大,贡献率为46.8%和40.5%,远大于2月的12.7%。排除以上日照因子干扰,5月日照时数与成苗量呈极显著负相关($r=-0.639, p=0.000$),对成苗量贡献率为30.7%,小于8月的39.0%,而远大于9月和2月更显得15.6%和14.7%。对于RPA成苗量,11月日照起着决定作用,两者正相关极显著($r=0.858, p=0.000$)。排除11月日照作用下,12月日照与成苗量正相关极显著($r=0.892, p=0.000$),对成苗量贡献率为40.1%,小于9月贡献的59.9%。排除11月和12月日照时数干扰,2月日照与成苗量负相关显著($r=-0.435, p=0.021$),但其复相关系数仅为-0.029,与成苗量关系极为疏远,作用不稳定;对成苗量贡献率仅为2.8%,远低于11月和12月的53.1%和44.1%。控制以上日照因子作用,6月日照时数与成苗量呈显著负相关($r=-0.465, p=0.014$),但其复相关系数仅为-0.795×10^{-5},与成苗量关系仅为疏远,作用极不稳定;四因子作用下。11月日照对成苗量影响最大,贡献率为77.3%,远大于12月的16.5%;而2月和6月日照影响最小,贡献率均为3.1%。在11月、2月和6月日照时数相互配合下,11月日照时数作用最大,贡献率为93.2%,远大于2月和6月的3.4%。而在11月、2月、6月和1月日照时数相互作用下,去除其他日照干扰,1月日照与成苗量正相关显著($r=0.428, p=0.026$),对模型贡献率为11.3%,远低于11月贡献的82.9%;而2月和6月日照对成苗量作用极小,贡献率均为2.9%。

从有苗样方模型分析,11月日照时数对有苗样方频度起着关键性作用,两者呈极显著正相关($r=0.826$、$0.845, p=0.000$);RPA和对照模型在-244.2 h/m附近交汇,效率比1.1。控制11月日照作用,12月日照与RPA和对照有苗样方也呈极显著正相关($r=0.480$、$0.467, p=0.000$),贡献率为43.2%和41.8%,低于11月的56.8%和58.2%。在去除11月和12月日照作用下,2月日照与对照有苗样方呈显著负相关($r=-0.463, p=0.038$),其复相关系数仅为-0.038,作用效果仅为不稳定,对模型贡献率为12.3%,远低于11约合12月贡献的46.4%和41.3%。排除以上日照因子干扰,6月日照与对照有苗样方呈极显著负相关($r=-0.627, p=0.000$),对模型贡献率为42.7%,大于11月和2月日照贡献的30.3%和26.2%;12月日照作用最小,贡献率仅为0.8%。在11月、2月和6月日照共同作用下,6月日照对有苗样方影响最大,贡献率为43.6%,大于11月和2月贡献的30.0%和26.4%。

1. **飞播年限对逐步回归模型的影响** 引入时间变量,飞播年限和10月日照时数首先进入成苗效果模型。接着 2 月日照时数进入对照成苗量模型，2 月进入对照成苗量和有苗样方模型(图 4－6)。

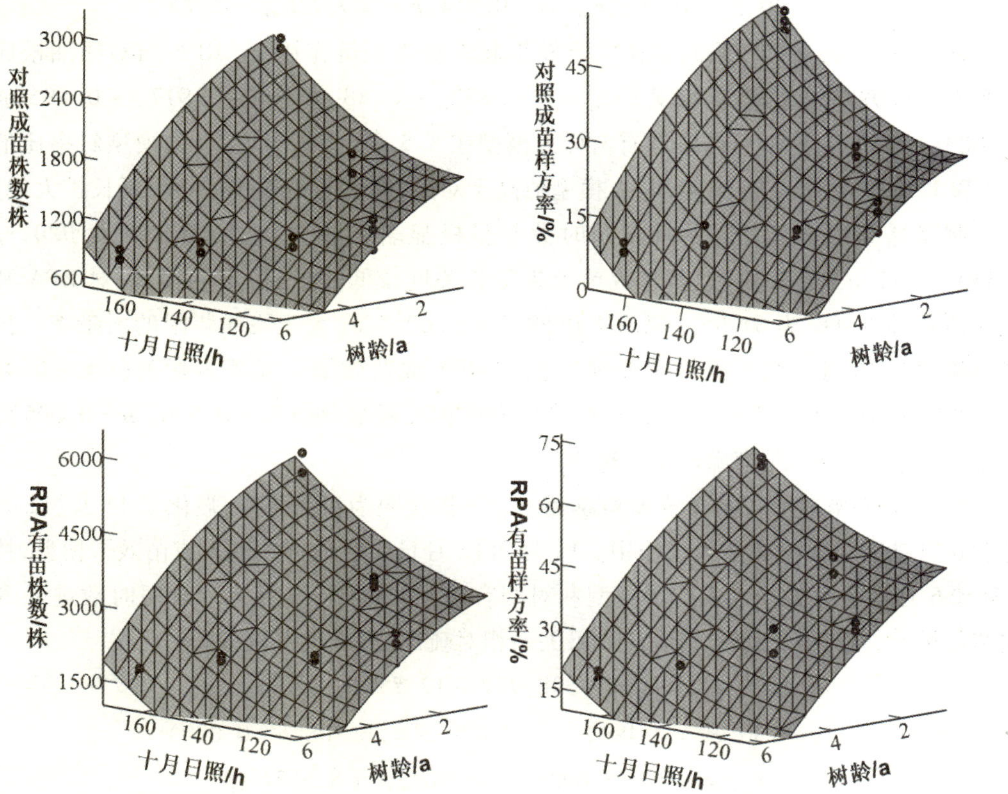

图 4－6 商州飞播油松成苗效果与日照和树龄关系

Fig. 4－6 The relationship between sunshine duration and tree ages and effective grown－up seeding of *pinus tabulaeformis* for aerial seeding in Shangzhou city

$$Q_{ssck} = 687.571 - 326.307t + 12.415D_{sm10}$$

$$(n = 30, R^2 = 0.956, r_t = -0.883, r_{m10} = 0.310, F = 294.013, p = 0.000)$$

$$Q_{ssck} = 1\ 279.171 - 334.307t + 10.889D_{sm10} - 2.418D_{sm02}$$

$$(n = 30, R^2 = 0.964, r_{m02} = -0.038, F = 229.475, p = 0.000)$$

$$Q_{ssrpa} = 1\ 418.029 - 624.156t + 24.509D_{sm10}$$

$$(n = 30, R^2 = 0.966, r_t = -0.882, r_{m10} = 0.324, F = 381.799, p = 0.000)$$

$$F_{ck} = 8.584 - 7.306t + 0.258D_{sm10}$$

$$(n = 30, R^2 = 0.958, r_t = -0.896, r_{m10} = 0.284, F = 308.616, p = 0.000)$$

$$F_{ck} = 24.564 - 7.516t + 0.217D_{sm10} - 0.065D_{sm02}$$

$$(n = 30, R^2 = 0.969, r_{m02} = -0.038, F = 273.214, p = 0.000)$$

$$F_{rpa} = 26.853 - 8.342t + 0.247D_{sm10}$$

$$(n=30, R^2=0.953, r_t=-0.917, r_{m10}=0.223, F=147.894, p=0.000)$$

$$F_{rpa}=41.279-8.531t+0.210D_{sm10}-0.059D_{sm02}$$

$$(n=30, R^2=0.960, r_{m02}=-0.014, F=209.726, p=0.000)$$

从模型分析，飞播年限对油松成苗效果起着极为关键作用，与 RPA 与对照油松成苗量和有苗样方呈极显著负相关（$r_{Qss}=-0.882$、-0.883，$r_F=-0.917$、-0.896，$p=0.000$）；RPA 与对照油成苗量和有苗样方模型在 8.5 和 15.9 附近交汇，模型斜率比值为 1.9 和 1.2；在飞播后 1～6 年，RPA 模型值高于对照，两者差距随飞播年限延长扩大趋势。在控制飞播年限作用下，10 月日照时数与呈极显著正相关（$r_{Qss}=0.895$、0.920，$r_F=0.840$、0.887，$p=0.000$）；但其与成苗效果复相关度较低，作用稳定性较差，对 RPA 和对照成苗效果贡献率为 64.9%、64.2% 和 58.2% 和 62.5%，大于飞播年限的贡献率。排除飞播年限和 10 月日照干扰，2 月日照时数与 RPA 成苗效果呈显著负相关（$r=-0.414$、-0.392，$p=0.029$、0.039），与对照有苗样方负相关极显著（$r=-0.516$，$p=0.005$），但其复相关系数很小，对模型作用不稳定。

2. **飞播年限权重下的逐步回归模型** 以飞播年限为权重分析，强化了 11 月、12 月、2 月和 6 月日照对油松成苗效果作用。11 月和 12 月日照时数首先进入成苗效果模型，接着 2 月和 6 月日照时数进入成苗量模型和对照有苗样方模型，最后 1 月日照时数进入 RPA 成苗量模型；其他日照因子与成苗效果关系相对疏远，没能进入模型。

$$Q_{ssck}=-598.971+12.751D_{sm11}$$

$$(n=30, R^2=0.488, r_{m11}=0.699, F=26.708, p=0.000)$$

$$Q_{ssck}=-1\,935.008+12.836D_{sm11}+8.555D_{sm12}$$

$$(n=30, R^2=0.863, r_{m12}=0.607, F=84.835, p=0.000)$$

$$Q_{ssck}=-1\,721.868+03.621D_{sm11}+9.935D_{sm8}-3.572D_{sm02}$$

$$(n=30, R^2=0.895, r_{m02}=-0.276, F=73.864, p=0.000)$$

$$Q_{ssck}=3\,579.024+18.361D_{sm11}+2.223D_{sm12}-14.415D_{sm02}-16.259D_{sm06}$$

$$(n=30, R^2=0.931, r_{m06}=-0.351, F=83.854, p=0.000)$$

$$Q_{ssck}=4\,928.964+19.505D_{sm11}-16.894D_{sm02}-20.3232D_{sm06}$$

$$(n=30, R^2=0.928, r_{m06}=-0.351, F=111.936, p=0.000)$$

$$Q_{ssrpa}=-1\,006.758+24.949D_{sm11}$$

$$(n=30, R^2=0.514, r_{m11}=0.724, F=30.826, p=0.000)$$

$$Q_{ssrpa}=-3\,512.304+25.108D_{sm11}+16.043D_{sm12}$$

$$(n=30, R^2=0.893, r_{m12}=0.602, F=113.044, p=0.000)$$

$$Q_{ssrpa}=-3\,144.240+26.464D_{sm11}+18.427D_{sm12}-9.480D_{sm02}$$

$$(n=30, R^2=0.920, r_{m02}=-0.262, F=100.076, p=0.000)$$

$$Q_{ssrpa}=5\,817.266+34.477D_{sm11}+5.389D_{sm12}-24.505D_{m02}-27.486D_{sm06}$$

$$(n=30, R^2=0.949, r_{m06}=-0.348, F=116.124, p=0.000)$$

$$Q_{ssrpa}=9\ 089.852+37.250D_{sm11}-30.517D_{m02}-37.340D_{sm06}$$

$$(n=30, R^2=0.938, r_{m06}=-0.348, F=148.014, p=0.000)$$

$$Q_{ssrpa}=8\ 684.544+39.219D_{sm11}-30.909D_{m02}-40.215D_{sm06}+4.892D_{sm01}$$

$$(n=30, R^2=0.959, r_{m01}=-0.367, F=147.360, p=0.000)$$

$$F_{ck}=-22.740+0.283D_{sm11}$$

$$(n=30, R^2=0.480, r_{m11}=0.693, F=25.857, p=0.000)$$

$$F_{ck}=-52.690+0.285D_{sm11}+0.192D_{sm12}$$

$$(n=30, R^2=0.855, r_{m12}=0.607, F=79.243, p=0.000)$$

$$F_{ck}=-48.001+0.303D_{sm11}+0.222D_{sm12}-0.083D_{sm02}$$

$$(n=30, R^2=0.886, r_{m02}=-0.277, F=67.243, p=0.000)$$

$$F_{ck}=101.810+0.437D_{sm11}+0.004D_{sm12}-0.384D_{sm02}-0.459D_{sm06}$$

$$(n=30, R^2=0.943, r_{m06}=-0.363, F=102.687, p=0.000)$$

$$F_{ck}=104.346+0.439D_{sm11}-0.389D_{sm02}-0.467D_{sm06}$$

$$(n=30, R^2=0.943, r_{m06}=-0.363, F=142.344, p=0.000)$$

$$F_{rpa}=-16.221+0.327D_{sm11}$$

$$(n=30, R^2=0.465, r_{m11}=0.682, F=24.371, p=0.000)$$

$$F_{rpa}=-50.510+0.330D_{sm11}+0.220D_{sm12}$$

$$(n=30, R^2=0.822, r_{m12}=0.592, F=62.286, p=0.000)$$

与成苗效果与日照指标逐步回归模型分析结果对比，飞播年限权重下，RPA 成苗量、有苗样方和对照有苗样方模型自变量性质未变，只是模型参数和各自变量相关度发生了变化。从成苗量模型分析，11 月日照时数是影响成苗量的关键因子，两者呈极显著正相关（$r=0.724$、0.699，$p=0.000$），但 RPA 相关度比上述分析结果明显降低。控制 11 月日照作用下，12 月日照时数也与成苗量呈极显著正相关（$r=0.881$、0.855，$p=0.000$），其中 RPA 复相关性和偏相关性均有所减弱；对 RPA 和对照模型贡献率为 43.2% 和 44.2%，小于 11 月的 56.8% 和 55.8%。排除 11 月和 12 月日照因素干扰，2 月日照时数与成苗量负相关极显著（$r=-0.503$、-0.485，$p=0.006$、0.009）；与前面分析结果比较，RPA 偏相关系数和复相关系数均有所增大，2 月日照时数与成苗量关系相对紧密；但与 11 月和 12 月日照比较，2 月日照与成苗量关系还是显得比较松散，作用效果不稳定。2 月日照对成苗量影响相对较小，贡献率为 2.8% 和 5.2%，远低于 11 月和 12 月的 53.2%、44.0% 和 50.8%、44.0%。去除 11 月、12 月和 2 月日照对成苗量影响，6 月日照时数与成苗量也呈极显著负相关（$r=-0.599$、-0.583，$p=0.001$），其相关度比前面分析结果明显增强，复相关性超过了 2 月日照。在四个日照因子作用下，11 月日照与成苗量偏相关度显著增强（$r=0.932$、0.912，$p=0.000$），对成苗量贡献率达 79.% 和 77.3%；而 12 月日照与成苗量偏相关度极度降低($r=0.277$、0.189,$p=0.162$、0.344),贡献率降为14.7%和11.1%;而2月和6月日照对成苗量影响较小,对RPA和对照明显贡献率均为3.2%和5.8%。剔除12月日照时数,11月日照对RPA和对照成苗量贡献率为93.0%和87.6%,2月和6月均为3.5%和6.2%;引入1月日照时数,11月日照对RPA成苗量贡献为82.9%,1月贡献11.3%,2月和6月日照贡献率均为2.9%。充分说明11月日照对油松成苗量的重要性和关键作用。

从有苗样方模型分析,11月日照也是影响关键因子。11月和12月日照与成苗量相关度有所降低,而2月和6月日照相关度明显增强。与成苗量相同,在11月、12月、2月和6月日照相互作用下,11月日照偏相关明显增强($r=0.933$,$p=0.000$),而12月极度消弱($r=0.018$,$p=0.930$);但6月日照对成苗量贡献率为43.1%,明显大于11月和2月贡献的29.7%和26.9%,12月日照作用最小,贡献率仅为0.3%。剔除12月日照时数,6月日照贡献率为43.4%,大于11月和2月的29.6%和27.0%。说明11月、2月和6月日照对成苗量作用强度相对稳定。

四、秦巴山区成苗效果与日照指标相关性及时空变化

1. **年日照指标相关性的地域差异** 秦巴山区飞播油松成苗效果与年日照时数均呈正相关。商州、安康和汉中年日照时数分别为2011.3±16.1 h、1753.6±15.4 h和1423.0±12.5 h,呈现递减规律,其与成苗效果的相关程度依次增强。其中,商州差异极不显著,安康差异不显著,汉中差异极显著。

2. **月日照时数相关性时空变化** 冬季,商州和汉中成苗效果与12月日照时数正相关极显著,安康成苗量与12月日照正相关显著,对照有苗样方频度呈不显著正相关,RPA有苗样方频度正相关极显著。各地与1月日照均呈不显著的负相关。商州和安康与2月日照呈极不显著的负相关,而汉中不显著正相关。春季,成苗效果均与3月日照负相关极显著;商州成苗效果与4月日照正相关极不显著,而安康和汉中呈极显著正相关;商州和汉中与5月日照正相关极显著,而安康正相关显著。夏季,与6月日照负相关均不显著;商州和汉中与7月日照负相关极显著,安康负相关显著;商州与8月日照呈极显著正相关,安康正相关不显著,汉中对照正相关显著,RPA正相关极显著。秋季,与9月日照均呈极显著正相关;商州与10月日照正相关不显著,安康正相关显著,汉中对照正相关极显著、RPA显著;商州和安康与11月日照正相关极显著,汉中对照正相关显著、RPA极显著。对数月份成苗效果与日照的相关度与日照时数具有一定的负相关性,其中,夏季和秋季9、10月表现的较为明显。但11月相关度与日照时数具有明显的正相关性。

五、秦巴山区日照指标对成苗效果的协同作用

1. **排除时间因素下日照因子对成苗效果的协同作用** 商州对照成苗量与9月、8月、2月和5月日照依次相关,有苗样方频度与11月、12月、2月和6月或者与11月、2月和6

月日照依次相关性强;RPA成苗量与11月、12月、2月和6月或者与11月、2月和6月或者11月、12月、6月和1月日照依次相关,有苗样方频度与11月和12月日照相关性强。9月和7月日照对安康成苗效果作用较大,在控制模型中其他因素干扰下,2月和6月日照也对对照有苗样方频度产生影响,4月、11月和12月日照对RPA成苗量发生作用,年和5月日照与RPA有苗样方频度也有一定的相关性。剔除飞播年限因子,6月和8月日照时数与汉中对照油松成苗效果关系紧密,在控制模型其他日照因子影响下,9月日照对成苗量也有作用,而12月日照对有苗样方频度影响也较大。RPA成苗量与4月、11月和12月日照关系紧密,而有苗样方频度与5月、8月、9月和2月日照依次相关。

2. 飞播年限协调作用下日照指标与成苗效果关系　在飞播年限协同下,10月日照与成苗效果关系最为紧密,其次2月日照也对对照成苗效果和RPA有苗样方频度产生影响。安康对照油松成苗量与日照因子模型关系不变;5月、8月和4月日照对RPA成苗量作用较大,6月和7月日照与对照有苗样方频度关系紧密,5月和9月日照对RPA有苗样方频度影响较大。引入时间因子,汉中对照成苗效果与5月日照和飞播年限关系紧密,在控制其他日照指标作用下,12月日照也对成苗量产生作用。RPA与飞播年限和5月日照依次相关。

3. 飞播年限权重下日照指标与成苗效果关系　飞播年限权重下,商州成苗效果与日照模型关系不变。9月和7月日照也与安康成苗效果关系密切。但在控制其他因素作用下,4月和12月日照与对照成苗量相关,4月、12月和3月日照与RPA成苗量也有一定相关,2月和8月日照与对照有苗样方频度相关性也较强,年日照和5月日照也会对RPA有苗样方频度产生影响。飞播年限权重下,4月、12月和年日照指标与汉中对照成苗效果依次相关,在控制上述日照作用下,7月日照对成苗量作用较大。而RPA成苗效果与4月、12月、年和1月日照时数依次相关。

从模型综合分析,11月、12月、10月和2月日照时数是对照有苗样方频度和RPA成苗效果的共同影响因子;其次,6月和1月日照也与对照有苗样方频度和RPA成苗量有所关联。9月、8月、10月、2月和5月日照与对照成苗量依次关联。9月和7月日照时数是影响安康成苗效果的关键;其次,4月、5月、12月和2月日照也与对照成苗效果有关,5月、8月、年、4月、12月、11月和3月日照也与RPA成苗效果相关。4月、5月、6月、12月和8月日照是影响汉中对照成苗效果共有因子,9月、年和7月日照也依次对成苗量产生作用,年日照时数对有苗样方频度也有所影响;4月、5月、11月和12月日照是影响RPA成苗效果的共同因子,1月日照也与成苗量相关,1月和2月日照也对有苗样方频度发生影响。

第四节　日照对淳化飞播油松成苗效果的作用

【内容提要】飞播造林是一种现代造林方式,对气候变化反应灵敏。为此利用1997年淳化飞播油松成苗效果资料,结合1997～2004年日照指标,采用相关分析法和逐步回归模型法,分析了成苗效果与日照时数的关系;并与当地降水和温度研究结果对比,探讨了气候因子对成苗效果的协同作用;同时结合秦巴山区日照对成苗效果作用研究结果,分析了日照作用的地域变化。结果显示:成苗效果是气候年指标和月指标协同作用的结果。淳化成苗效果与年日照时数和年均温呈极显著的正相关,而与年降水量呈不显著的负相关。淳化、汉中、安康和商州成苗效果与年日照时数正相关依次减弱。9月、年、10月和5月日照时数是影响淳化成苗效果的主要日照指标;11月、12月和10月日照时数是影响商州RPA成苗效果和对照有苗样方频度的共有因子,9月、8月和10月日照时数对商州对照成苗量影响较大;9月和7月日照时数与安康成苗效果关系最为紧密;4月、5月、6月、12月和8月日照是影响汉中对照的共有因子,4月、5月、11月和12月日照是影响RPA的共同因子。

【关 键 词】飞播造林,多效抗旱驱鼠剂,日照,油松,成苗效果

飞播造林是一种现代化的造林方式,也是加快我国造林绿化的重要途径,在我国已有50多年的历史,对偏远山区和困难立地植被恢复发挥了重要作用。随着林业生态工程建设的大规模实施,飞播造林规模逐年扩大,其地位和作用愈来愈重要。18世纪80年代英国工业革命以来,大规模的污染和掠夺性的资源开发造成的严重恶果,而这种恶性循环在各国的工业文明过程中重复发生。直接后果就是大气的污染和生态环境的恶化,导致全球气候异常,气候灾害频发;从而威胁人类的粮食安全和生态造林工程建设。由于飞播造林的特殊性,对气候因素反应更灵敏,大范围持续性的高温干旱直接导致飞播后种子发芽迟缓,甚至不发芽,增加了被鸟兽取食的风险,使成苗量减少,林地幼苗生存空间收缩,造林成效降低,甚至影响林木的分布和生长。但因飞播造林历史较短,且多在偏远山区,因此对飞播造林与气候因子关系研究缺乏系统性,仅见零星报道。而认识这些规律对制定飞播造林计划十分重要。为此,利用1997年淳化RPA拌种和对照飞播油松成苗期的成苗量和有苗样方频度调查资料,分析了淳化飞播油松成苗效果与日照时数的关系,并通过与当地温度和降水与成苗效果关系研究结果对比分析,探讨了日照、温度和降水对飞播油松成苗效果的协同作用;在此基础上,结合秦巴山区日照与飞播油松成苗效果研究,分析了日照对油松成苗效果作用的地域变化。以期为确定飞播期、制定飞播造林方案和评价RPA拌种飞播造林效果提供技术支撑。

一、调查与数据处理方法

咸阳淳化飞播区自然概况见第三章第四节。1997年飞播后,根据播区立地,选择5个RPA拌种播区和5个对照播区,每年10月按照"M"或"Z"形取样方法,随机抽取50块1 m×2 m样方,调查样方油松株数,记录调查地植被、土壤、坡向和坡位等情况。重复5次,连续调查6年。日照资料来源于1997~2004年陕西省统计年鉴。按单位面积成苗量(Survival seedling quantity,Q_{ss})和有苗样方频度(Frequentness of sample plots with available seedling, F)表述飞播后油松成苗效果(表2-7)。采用 SPSS17.0 的相关分析法和逐步回归模型分析温度指标与油松成苗效果的关系,以模型参数、相关系数和指标量综合分析日照指标对成苗效果作用稳定性和影响强度;与当地降水和温度与成苗效果关系研究对比分析,探讨光照、温度和降水对成苗效果的协同作用;参考汉中、安康和商州日照研究结果,分析日照对飞播成苗效果作用的区域变化。

二、成苗效果与日照时数相关分析

与汉中相同,淳化飞播油松成苗效果与年日照时数也呈极显著正相关($r>0, p<0.01$),其相关度在四个试验区最高。从月日照时数分析,1月、2月和10月日照时数与成苗效果具有一定正相关性,其中1月日照与 RPA 成苗量相关显著(($r>0, p<0.05$)),4月、6月、8月、9月、11月和12月正相关极显著($r>0, p<0.01$);5月日照与成苗效果具有一定负相关性,3月、5月和7月负相关极显著($r<0, p<0.01$;表4-4)。

表4-4 1997~2004年淳化日照时数变异与油松成苗效果相关分析

Tab.4-4 From 1997 to 2010, correlation analysis between sunshine variation and effective grown-up seedling of *Pinus tabulaeformis* for aerial seeding in Chunhua County

指标 Index	日照时数/h Sunshine duration			变异系数/% Coefficient of variation	相关系数 Pearson correlations			
					苗木保存量 Q_{ss}		有苗样方频度 F	
	平均 Mean	最小 Min.	最大 Max.		RPA	CK	RPA	CK
年 Annual	1978.0±31.5	1747.3	2207.3	8.7	0.828**	0.800**	0.797**	0.767**
1月 Jan.	142.4±5.1	100.1	174.3	19.6	0.374*	0.297	0.272	0.333
2月 Feb.	142.8±4.5	113.4	180.3	17.4	0.193	0.213	0.214	0.154
3月 March	175.1±4.9	147.7	213.1	15.3	-0.566**	-0.501**	-0.476**	-0.515**
4月 April	173.8±6.3	122.5	207.5	19.8	0.621**	0.630**	0.626**	0.581**
5月 May	211.9±4.2	185.4	251.3	10.8	-0.300	-0.220	-0.228	-0.285
6月 June	197.1±5.8	155.0	255.7	16.2	0.521**	0.507**	0.494**	0.529**
7月 July	218.8±5.1	182.4	261.0	12.7	-0.526**	-0.445*	-0.424*	-0.490**
8月 Aug.	178.2±11.1	82.9	285.0	34.3	0.555**	0.522**	0.541**	0.485**
9月 Sep.	137.6±8.9	63.9	223.7	35.2	0.854**	0.817**	0.804**	0.806**
10月 Oct.	122.1±4.7	90.0	161.8	21.1	0.218	0.172	0.137	0.213
11月 Nov.	140.0±5.6	101.2	198.3	21.7	0.770**	0.686**	0.693**	0.731**
12月 Dec.	138.2±5.1	102.6	179.8	20.1	0.791**	0.743**	0.736**	0.717**

备注:*在0.05水平(双侧)上显著相关,**在0.01水平(双侧)上显著相关。

Remarks: * Correlation is significant at the 0.05 level (2-tailed). ** Correlation is significant at the 0.01 level (2-tailed).

三、成苗效果与日照指标模型分析

逐步回归模型分析显示，剔除时间因子，9 月和 11 月日照时数是淳化成苗效果的主要日照指标。其与 10 月和 5 月日照时数组成对照和 RPA 有苗样方频度优化逐步回归模型，与 8 月和 2 月日照组成 RPA 成苗量优化模型，与 10 月日照时数可以较好反映日照与对照有苗样方频度的关系；另外 9 月、8 月、2 月和 3 月日照模型也对 RPA 成苗量具有很好的代表性（图 4 –7）。

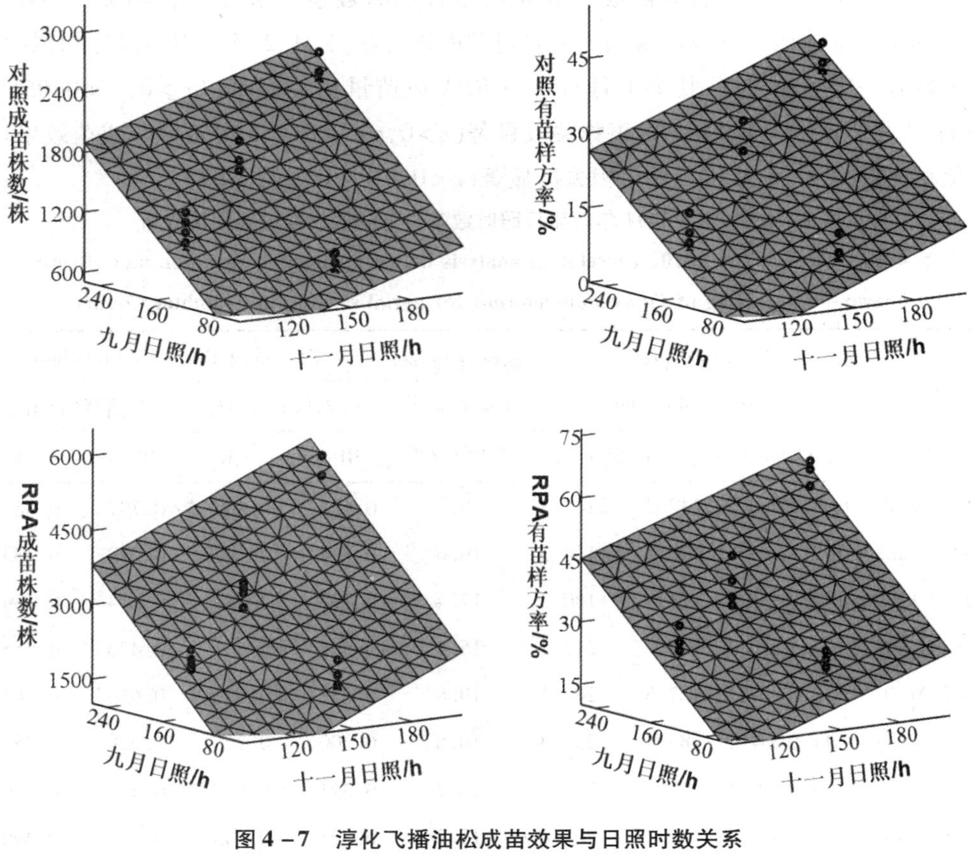

图 4 –7　淳化飞播油松成苗效果与日照时数关系

Fig. 4 –7 Relationship between sunshine duration and effective grown – up seeding of *pinus tabulaeformis* for aerial seeding in Chunhua County

$$Q_{ssck} = -49.776 + 9.613D_{sm09}$$

$$(n = 30, R^2 = 0.668, r_{m09} = 0.817, F = 56.173, p = 0.000)$$

$$Q_{ssck} = -667.644 + 7.422D_{sm09} + 6.567D_{sm11}$$

$$(n = 30, R^2 = 0.756, r_{m11} = 0.686, F = 41.739, p = 0.000)$$

$$Q_{ssck} = -58.055 + 9.314D_{sm09} + 6.899D_{sm11} - 7.509D_{sm10}$$

$$(n = 30, R^2 = 0.841, r_{m10} = 0.172, F = 45.802, p = 0.000)$$

$$Q_{ssck} = 6\ 601.705 + 16.790D_{sm09} - 10.259D_{sm11} - 14.199D_{sm10} - 21.096D_{sm05}$$
$$(n = 30, R^2 = 0.867, r_{m05} = -0.220, F = 40.682, p = 0.000)$$
$$Q_{ssck} = 2\ 747.314 + 12.370D_{sm09} - 10.391D_{sm10} - 9.007D_{sm05}$$
$$(n = 30, R^2 = 0.842, r_{m05} = -0.220, F = 52.340, p = 0.000)$$
$$Q_{ssrpa} = -329.211 + 21.719D_{sm09}$$
$$(n = 30, R^2 = 0.730, r_{m09} = 0.854, F = 75.677, p = 0.000)$$
$$Q_{ssrpa} = -2\ 004.363 + 15.777D_{sm09} + 17.807D_{sm11}$$
$$(n = 30, R^2 = 0.859, r_{m11} = 0.770, F = 89.009, p = 0.000)$$
$$Q_{ssrpa} = -2\ 683.670 + 13.487D_{sm09} + 17.913D_{sm11} + 5.964D_{sm08}$$
$$(n = 30, R^2 = 0.946, r_{m08} = 0.550, F = 152.384, p = 0.000)$$
$$Q_{ssrpa} = 199.812 + 17.913D_{sm09} + 5.115D_{sm11} + 12.201D_{sm08} - 20.269D_{sm02}$$
$$(n = 30, R^2 = 0.956, r_{m02} = 0.193, F = 134.835, p = 0.000)$$
$$Q_{ssrpa} = 1\ 314.095 + 19.745D_{sm09} + 14.492D_{sm08} - 27.678D_{sm02}$$
$$(n = 30, R^2 = 0.954, r_{m02} = 0.193, F = 180.739, p = 0.000)$$
$$Q_{ssrpa} = -597.891 + 23.487D_{sm09} + 14.647D_{sm08} - 28.960D_{sm02} + 8.865D_{sm03}$$
$$(n = 30, R^2 = 0.966, r_{m03} = -0.596, F = 205.538, p = 0.000)$$
$$F_{ck} = -9.663 + 0.190D_{sm09}$$
$$(n = 30, R^2 = 0.650, r_{m09} = 0.806, F = 52.062, p = 0.000)$$
$$F_{ck} = -24.571 + 0.137D_{sm09} + 0.158D_{sm11}$$
$$(n = 30, R^2 = 0.777, r_{m11} = 0.731, F = 47.130, p = 0.000)$$
$$F_{ck} = -14.443 + 0.169D_{sm09} + 0.164D_{sm11} - 0.125D_{sm10}$$
$$(n = 30, R^2 = 0.836, r_{m10} = 0.213, F = 44.122, p = 0.000)$$
$$F_{rpa} = -0.117 + 0.229D_{sm09}$$
$$(n = 30, R^2 = 0.646, r_{m09} = 0.804, F = 51.094, p = 0.000)$$
$$F_{rpa} = -15.960 + 0.173D_{sm09} + 0.168D_{sm11}$$
$$(n = 30, R^2 = 0.744, r_{m11} = 0.693, F = 39.247, p = 0.000)$$
$$F_{rpa} = 0.559 + 0.225D_{sm09} + 0.177D_{sm11} - 0.203D_{sm10}$$
$$(n = 30, R^2 = 0.850, r_{m10} = 0.137, F = 49.254, p = 0.000)$$
$$F_{rpa} = 179.006 + 0.425D_{sm09} - 0.282D_{sm11} - 0.383D_{sm10} - 0.565D_{sm05}$$
$$(n = 30, R^2 = 0.882, r_{m05} = -0.228, F = 46.712, p = 0.000)$$
$$F_{rpa} = 72.919 + 0.303D_{sm09} - 0.278D_{sm10} - 0.233D_{sm05}$$
$$(n = 30, R^2 = 0.856, r_{m05} = -0.228, F = 58.228, p = 0.000)$$

从成苗量模型分析，9 月日照时数是影响飞播油松成苗量的关键因素，两者正相关极显著（$r = 0.854$、0.817，$p = 0.000$），RPA 和对照模型交点位于 23.1 h/m 附近，斜率比值为

2.3。在试验区当地9月日照时数范围内{63.9 h/m,223.7 h/m},RPA模型值明显大于对照,两者差距油松日照时数延长扩大趋势。消除9月日照干扰,11月日照时数与成苗量也呈极显著正相关($r=0.716$、0.514,$p=0.000$、0.004),对RPA和对照成苗量贡献率为53.4%和47.4%,前者大于9月的46.6%,后者小于9月的52.6%。在控制9月和11月日照对成苗量影响下,8月日照时数与RPA成苗量正相关极显著($r=0.769$,$p=0.000$),10月日照时数与对照负相关极显著($r=-0.591$,$p=0.001$);三个日照因子相互作用下,11月日照时数对RPA成苗量影响最大,贡献率为45.4%,8月日照作用最弱,贡献率仅为19.9%;9月日照对对照成苗量贡献率为40.5%,大于11月和10月贡献的30.5%和29.0%,但10月日照复相关系数为0.172,作用效果不稳定。在消除上述日照因子作用下,2月日照时数与RPA呈显著负相关($r=-0.420$,$p=0.029$),5月日照时数与对照呈显著负相关($r=-0.404$,$p=0.037$),但两者复相关系数相对较小,作用稳定性较低。在四日照因素配合下,11月日照时数与成苗量的偏相关度急剧减弱($r=0.178$、-0.250,$p=0.373$、0.208),影响度也明显降低,贡献率为8.7%和14.4%,明显低于2月、9月和8月日照对RPA贡献的35.1%、29.9%和26.3%;也低于5月、9月和10月日照对对照贡献的44.9%、23.2%和17.4%。剔除11月日照因子,2月日照对RPA贡献率为42.7%,大于9月和8月的29.4%和37.9%;5月对对照贡献率为39.1%,大于9月和10月的34.9%和26.0%。引入3月日照时数,排除模型中其他因子干扰,3月日照时数与RPA成苗量正相关极显著($r=0.596$,$p=0.001$);在9月、8月、2月和3月日照因子共同作用下,9月日照作用效果稳定,贡献率为28.0%,小于2月日照贡献的35.9%,大于8月和2月日照的22.6%和13.5%。

从有苗样方频度模型分析,9月日照时数仍然是决定飞播油松有苗样方频度的关键因子,两者也呈极显著正相关($r=0.804$、0.806,$p=0.000$),RPA和对照模型在-244.8附近交汇,斜率比值为1.2;模型值变化规律与成苗量相同。在控制9月日照因素作用下,11月日照时数也与有苗样方正相关极显著($r=0.526$、0.603,$p=0.003$、0.001),对RPA和对照贡献率为49.7%和54.0%,前者与9月日照贡献率基本相当,后者明显大于9月日照关系的46.0%。在消除9月和11月日照因子作用下,10月日照时数与有苗样方负相关极显著($r=-0.644$、-0.513,$p=0.000$、0.005),但其复相关度较低,作用不稳定;对RPA模型贡献率为30.8%,与11月日照贡献率相同,但小于9月日照贡献的38.5;对对照模型贡献率为24.8%,明显小于9月和11月日照贡献的37.8%和37.3%。控制以上日照因子干扰,5月日照时数与RPA有苗样方呈显著负相关($r=-0.460$,$p=0.016$);在四日照因素配合下,11月日照时数与RPA有苗样方偏相关性也发生改变,从正相关变为不显著负相关($r=-0.297$,$p=0.132$);影响度也明显降低,贡献率仅为15.0%,小于5月、9月和10月贡献的45.3%、22.1%和17.8%。剔除11月日照因子,5月日照贡献率为39.5%,大于9月和10月的33.4%和27.1%。

1. **飞播年限对逐步回归模型的影响** 引入时间因子,淳化飞播年限和10月日照时数与成苗效果关系密切。其与12月日照构成了有苗样方频度优化模型；而飞播年限与7月和6月日照反映了日照对RPA成苗量的影响（图4－8）。

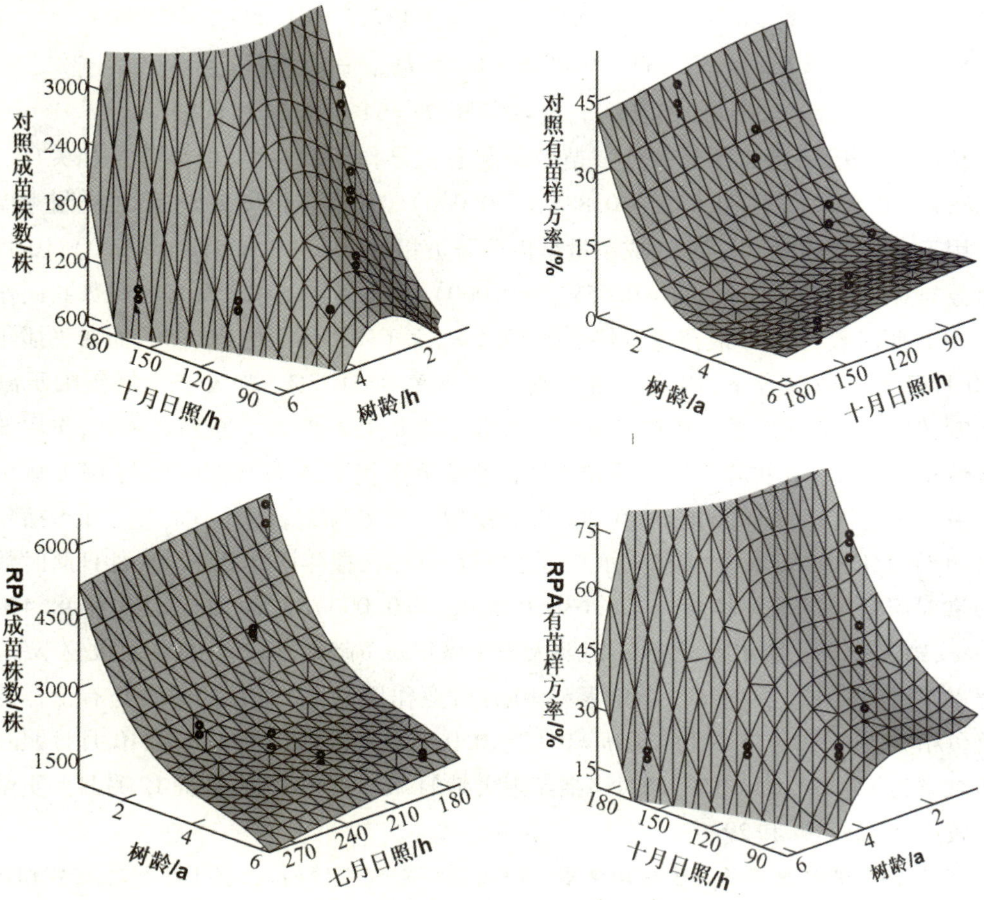

图4－8　淳化飞播油松成苗效果与日照和树龄关系

Fig. 4－8 Relationship between sunshine duration and tree ages and effective grown－up seeding of *pinus tabulaeformis* for aerial seeding in Chunhua County

$$Q_{ssck} = 1\,381.407 - 302.327t + 7.783D_{sm10}$$

$$(n = 30, R^2 = 0.845, r_t = -0.853, r_{m10} = 0.172, F = 73.703, p = 0.000)$$

$$Q_{ssrpa} = 8\,642.454 - 585.682t - 17.972D_{sm07}$$

$$(n = 30, R^2 = 0.943, r_t = -0.884, r_{m07} = -0.826, F = 223.805, p = 0.000)$$

$$Q_{ssrpa} = 6\,460.935 - 563.296t - 14.536D_{sm07} + 6.857D_{sm06}$$

$$(n = 30, R^2 = 0.967, r_{m06} = 0.521, F = 253.687, p = 0.000)$$

$$F_{ck} = 16.158 - 5.887t + 0.172D_{sm10}$$

$$(n = 30, R^2 = 0.814, r_t = -0.819, r_{m10} = 0.213, F = 58.910, p = 0.000)$$

$$F_{ck} = 36.290 - 8.142t + 0.260D_{sm10} - 0.166D_{sm12}$$

$$(n=30, R^2=0.846, r_{m12}=0.717, F=47.752, p=0.000)$$

$$F_{rpa} = 36.609 - 7.440t + 0.171D_{sm10}$$

$$(n=30, R^2=0.857, r_t=-0.872, r_{m10}=0.137, F=81.004, p=0.000)$$

$$F_{rpa} = 57.689 - 9.800t + 0.263D_{sm10} - 0.174D_{sm12}$$

$$(n=30, R^2=0.882, r_{m12}=0.736, F=64.620, p=0.000)$$

从模型分析，飞播年限对油松成苗效果起着主导作用，两者呈极显著负相关（$r_{Qss}=-0.884$、-0.853，$r_F=-0.872$、-0.884，$p=0.000$）。从成苗量模型分析，在控制飞播年限作用下，7月日照时数与RPA成苗量呈极显著负相关（$r=-0.860$，$p=0.000$），10月日照时数与对照正相关极显著（$r=0.658$，$p=0.000$）；在飞播年限和7月日照时数共同作用下，7月日照时数对RPA成苗量贡献率为69.1%，大于飞播年限的30.9%；而在飞播年限和10月日照时数配合下，10月日照对对照贡献率为51.2%，略大于飞播年限贡献的48.8%；但10月日照时数与成苗量复相关系数仅为0.172，两者关系相对疏远，作用效果稳定性相对较低。在排除飞播年限和7月日照以上干扰下，6月日照时数与RPA成苗量也呈极显著正相关（$r=0.648$，$p=0.000$），对模型贡献率为21.7%，小于7月和飞播年限贡献的51.1%和27.2%。从有苗样方模型分析，排除飞播年限干扰下，10月日照时数与RPA和对照呈极显著正相关（$r=0.636$、0.819，$p=0.000$），对模型贡献率为48.4%和54.3%，RPA小于飞播年限贡献率，对照大于飞播年限贡献率；但其复相关系数较小，对有苗样方作用不稳定。在控制飞播年限和10月日照作用下，12月日照时数与有苗样方呈显著负相关（$r=-0.415$、-0.420，$p=0.028$、0.026）；三因子共同作用下，10月日照对模型贡献率为37.5%和40.1%，超过飞播年限贡献的34.3%和30.9%；而12月日照贡献率相对较小，为28.1%和29.0%。

2. **飞播年限权重下的逐步回归模型** 以飞播年限权重分析，凸显了年日照时数和5月日照时数对飞播油松成苗效果的作用，先后进入成苗效果贡献，而其余日照因子均为剔除。

$$Q_{ssck} = -2\,797.070 + 2.012D_{sa}$$

$$(n=30, R^2=0.831, r_a=0.729, F=31.671, p=0.000)$$

$$Q_{ssck} = -2\,220.304 + 2.796D_{sa} - 9.757D_{sm05}$$

$$(n=30, R^2=0.709, r_{m05}=0.055, F=32.949, p=0.000)$$

$$Q_{ssrpa} = -6\,146.338 + 4.343D_{sa}$$

$$(n=30, R^2=0.577, r_a=0.759, F=38.123, p=0.000)$$

$$Q_{ssrpa} = -4\,586.959 + 6.463D_{sa} - 26.381D_{sm05}$$

$$(n=30, R^2=0.881, r_{m05}=-0.034, F=99.790, p=0.000)$$

$$F_{ck} = -58.599 + 0.037D_{sa}$$

$$(n=30, R^2=0.486, r_a=0.697, F=26.450, p=0.000)$$

$$F_{ck} = -45.487 + 0.055D_{sa} - 0.222D_{sm05}$$

$$(n=30, R^2=0.735, r_{m05}=-0.026, F=37.452, p=0.000)$$

$$F_{rpa}=-67.079+0.049D_{sa}$$

$$(n=30, R^2=0.524, r_a=0.724, F=30.849, p=0.000)$$

$$F_{rpa}=-52.516+0.068D_{sa}-0.246D_{sm05}$$

$$(n=30, R^2=0.717, r_{m05}=0.040, F=34.143, p=0.000)$$

模型显示，飞播年限权重下，油松成苗效果与年日照时数呈极显著正相关（$r_{Qss}=0.759$、0.729，$r_F=0.724$、0.697，$p=0.000$）；RPA 与对照油松成苗量和有苗样方模型交点在 1436.6 h/m 和 731.2 h/m 附近，斜率比值为 2.2 和 1.3；试验期年日照时数范围内{1747.32 h/m，1207.3 h/m}，RPA 模型值大于对照，两者差距随年日照时数延长而扩大。证明 RPA 拌种处理飞播后，油松成苗量和有苗样方频度均明显高于对照，说明 RPA 油松对林地光照反应灵敏，日照利用效率较高。排除年日照时数干扰，5 月日照时数与油松成苗效果负相关极显著（$r_{Qss}=-0.848$、-0.617，$r_F=-0.636$、-0.696，$p=0.000$），对 RPA 和对照成苗量和有苗样方贡献率为 30.4%、27.2% 和 27.8%、30.2%，低于年日照时数贡献的 69.6%、72.8% 和 72.2%、69.8%。且 5 月日照与成苗效果复相关系数极小，作用效果不稳定。

四、淳化主要气候因子与成苗效果相关性变化

1. **主要气候年指标相关性差异**　由于日照与温度具有正相关性，与降水负相关；所以成苗效果与年日照时数和年均温呈正相关，与年降水量呈负相关。其中，与年日照和年均温相关极显著，与年降水量不显著。

2. **主要气候月指标相关性的季节变化**　冬季，淳化气温低，土壤表层容易结冻，加之飞播油松幼苗根系主要分布在土壤表层，容易导致干冻现象。所以成苗效果与月降水均呈极显著的负相关，而与月日照和均温表现为正相关，且与各月日照和温度相关度差异很大。其中与 12 月日照时数和均温正相关极显著，与 1 月和 2 月日照和均温除 1 月日照与 RPA 成苗量相关显著外，其余相关均不显著。春季，月均温以 5.0℃左右的速度回升，油松幼苗开始萌动生长，对水分和温度的需求逐渐变化，日照、温度和降水与成苗效果的关系也发生相应变化。3 月和 5 月日照时数较其相应前月延长了 32.3 h 和 38.1 h，成苗效果与日照时数和均温呈极显著负相关，与降水量正相关极显著。说明月日照时数和均温剧烈变化不利于油松幼苗的存活和生长，而降水对幼苗存活和生长有显著的促进作用。4 月日照时数为(173.8 ±6.3) h，比 3 月缩短了 1.3 h。日照、均温和降水与成苗效果均为正相关；其中，日照和均温相关极显著，降水相关不显著。说明 4 月的日照和均温满足不了油松幼苗生长的需要，而降水基本可以满足幼苗的需求。夏季，温度高，降水集中，暴雨频发。6 月日照时数比 5 月缩短了 4.8 h，月均温提高了 5.6℃，降水量减少了 13.1 mm。成苗效果与日照呈极显著的正相关，与月均温相关极不显著，而与降水量呈极显著负相

关。说明6月日照时间短、土壤水分过多不利于油松幼苗存活和生长，而均温适合幼苗的保存和生长。7月日照、温度和降水量全年最大。成苗效果与日照和均温呈负相关，其中与日照相关极显著，与均温仅 RPA 成苗量相关显著。由于受6月降水偏少影响，土壤水分较低，加之油松生长减缓，成苗效果与降水量呈极显著正相关。8月日照时数比7月减少40.6 h，均温下降2.5℃，降水减少了22.6 mm，成苗效果与日照时数正相关极显著，与均温正相关不显著，与降水负相关不显著。秋季，月日照时数较前月依次缩短40.6 h、15.5 h和 -17.9 h，月均温下降4.2℃、6.7℃和7.4℃，月降水量减少 -15.1 mm、18.9 mm、51.9 mm。成苗效果与日照时数和均温呈正相关，与降水呈负相关；其中与9月和11月日照和降水相关极显著，与各月均温相关极显著。说明秋季连阴雨、降温幅度大和日照时间短对油松幼苗的存活和生长不利。

五、陕西日照时数与成苗效果相关性变化

1. **年日照时数相关性及其地域变化**　成苗效果与年日照时数均呈正相关，但各地相关程度差异很大。淳化、汉中、安康和商州相关度依次降低。其中，淳化和汉中相关极显著，安康和商州相关不显著。陕南3个研究区，年日照时数从东向西相对延长，与成苗效果相关性依次降低。

2. **月日照时数相关性的时空动态**　冬季，商州和淳化日照时数相对较长，平均月日照时数(154.4 ±5.1) h和(141.1 ±4.9) h；商州逐月递减，淳化递增不明显。安康和汉中日照时数相对较短，均值分别为(98.7 ±4.3) h和(77.4 ±3.5) h；安康逐月递增，汉中1月最短，2月最长。成苗效果与12月日照时数均呈正相关，淳化、汉中、商州和安康相关度依次减弱；其中前3地相关极显著，安康对照有苗样方频度相关不显著，其他显著。淳化与1月日照正相关仅 RPA 成苗量显著，秦巴山区3地均为不显著负相关。淳化和汉中与2月日照呈一定正相关，商州和安康负相关度极低。春季，日照时数比冬季明显延长，持续逐月加长的趋势。各地成苗效果均与3月日照时数呈极显著负相关；汉中、安康和淳化与4月日照正相关极显著，商州极不相关；与5月日照均呈负相关，其中，汉中和商州极显著，安康仅对照成苗量极显著，其他显著，淳化不显著。夏季，6月日照时数较春季5月均有不同程度的缩短；其中，淳化缩短最大，为13.7h，商州、安康和汉中缩短较小，依次为6.3 h、6.0 h和3.1 h；淳化与日照呈极显著正相关，商州极不相关，安康和汉中呈负相关。7月日照时数全年最长，安康、淳化、商州和汉中分别为(227.5 ±7.2) h、(218.8 ±5.1) h、(204.6 ±7.3) h和(184.1 ±7.4) h，与成苗效果均呈负相关；其中，汉中和商州相关极显著，淳化 RPA 成苗量和对照有苗样方频度相关极显著，RPA 有苗样方频度和对照成苗量相关显著，安康相关显著。8月各地日照时数也是安康最长，淳化、商州和汉中依次减少，但明显比7月缩短；其中，淳化缩短最大，为40.6 h，安康、商州和汉中依次缩短34.7 h、29.9 h和22.2 h。成苗效果与日照均呈正相关；其中，淳化和商州相关极显著，汉中对照显著，RPA 极显著，安康相关不显著。秋季，9月日照时数地区变化与夏季8月相同，日照

时间较8月明显缩短；其中，安康和汉中缩短较多，分别为52.8 h和58.7 h，淳化和商州减少较少，分别为40.6 h和37.8 h，与成苗效果均呈极显著正相关。10月商州日照时数最长，为141.3 ±3.8，淳化、安康和汉中依次为(122.1 ±4.7) h、(102.6 ±4.9) h和(82.0 ±2.7) h。日照与成苗效果呈正相关；其中，与汉中对照显著、与RPA极显著，仅与安康RPA有苗样方频度相关不显著，与商州和淳化不显著。10月日照时数淳化与商州较长，为(140.0 ±5.6) h和(139.7 ±6.1) h，安康和汉中依次为(95.7 ±5.7) h和(74.3 ±4.5) h；与成苗效果也呈正相关。其中，淳化、商州和安康相关极显著，汉中对照相关显著、RPA极显著。

六、日照指标对成苗效果的协同作用

飞播油松成苗效果是年日照时数和各月日照指标协同作用的结果。在淳化，对照成苗效果和RPA有苗样方频度是9月、年、10月、5月和11月日照时数协同作用的结果，12月日照也对RPA和对照有苗样方频度发挥一定作用；而RPA成苗量是9月、5月、7月、8月、6月、2月和3月综合影响的结果。对于商州油松，11月、12月、10月和2月日照时数是对照有苗样方频度和RPA成苗效果的共同影响因子；其次，6月和1月日照也与对照有苗样方频度和RPA成苗量有所关联，9月、8月、10月、2月和5月日照与对照成苗量依次关联。安康对照成苗量与9月、7月、2月、4月、6月和12月日照时数密切相关，有苗样方频度与9月、7月、6月、4月、2月、11月、8月和12月日照依次相关；RPA成苗量与9月、7月、6月、4月、2月、11月、8月和12月日照时数有关，有苗样方频度与9月、7月、5月和年日照相关度高。4月、5月、6月、12月和8月日照是影响汉中对照成苗效果共有因子，9月和7月日照也依次对成苗量产生作用，年日照时数对有苗样方频度也有所影响；4月、5月、11月和12月日照是影响RPA成苗效果的共同因子，1月日照也与成苗量相关，1月和2月日照也对有苗样方频度发生作用。

第三部分　多效抗旱驱鼠剂(RPA)拌种飞播油松高生长与主要气象因子的关系

第五章　飞播油松高生长与当年降水量的关系

降水是重要的气象指标，也是我国北方林木赖以生存的主要水分来源。随着全球气候变暖，年间和月际间降水和气温发生剧烈变化，造成我国北方冬季寒冷干燥；夏季高温，暴雨频繁；秋季阴雨连绵，冬春季干旱和夏季伏旱时有发生。季节性降水不足对造林成活率、保存率和林木生长以及对土地、光热资源利用等影响更甚。飞播造林是一种现代化的造林方式，在我国森林植被恢复中发挥了重要的作用。但因飞播造林历史较短，且多在偏远山区，因此对飞播造林与气候因子关系研究缺乏系统性，且对集中在气候因素对飞播成苗效果影响的研究。而认识这些规律对制定飞播造林方案和飞播林经营计划十分重要。为此，我们利用1997年陕西飞播油松14年高生长调查资料，结合各地1997~2011年降水资料，分析了多效抗旱驱鼠剂（RPA）拌种飞播油松高生长与降水量的关系，探讨了RPA拌种对油松利用林地水分的影响。以期为正确评价RPA拌种飞播造林效果和科学制定飞播林经营管理方案提供技术参数。

从理论上分析，树高年生长量是一个随树龄变化的动态矢量值，是树高年生长速度指标。体现了当年树木本身的生长特性和系统中生物因子（物种竞争和生物损伤）与非生物因子（立地、土壤、降水、温度和光照等）的综合作用。树高年增量是描述树高年生长量改变快慢的指标，也可以理解为树高年生长量加速度。体现了当年与前1年树木本身的生长特性和系统中生物因子与非生物因子的综合作用，体现树木内禀生长率与环境综合作用的累积效应。也就是说，树高生长是树木内禀生长率与环境综合作用的结果，体现了树木自身高生长变化规律和立地质量（Site quality）优劣。由于树高生长指标和树木自身生长规律的这些差异，加之RPA的抗旱促长作用，导致了年降水量及其季节分布对树高生长指标作用的变化，也导致油松不同生长阶段对水分需求的差异。

飞播后，选择RPA拌种与不拌种各5个播区，每播区RPA处理区和对照区各选择20 m×20 m 5块作为固定调查样地。1998~2011年，每年9月下旬至10月中旬，采用“M”形抽样法，在各样地随机10株同龄油松进行测量同龄油松苗高，不足10株每木测量；以5块样地平均测量值代表各播区油松高生长情况。按照下列公式对树高资料进行转换：

$$R_{aht}=\frac{\partial R_{aht}}{\partial t}=H_{a1}\frac{1}{t_2-t_1}dR_{aht}=H_{a1}+H_{at}-H_{at-1}$$

$$H_{at}t\sum_{i=14}^{t}R_{aht}=\sum_{i=14}^{t}[H_{a1}-H_{at-1}]$$

$$H_1=\frac{t^2}{2}\sum_{i=14}^{t}R_{aht}=t\sum_{i=14}^{t}\left[H_{a1}+\frac{(H_{at}-H_{at-1})t}{2}\right]$$

公式中，H_{a1}是飞播后第 1 年苗高生长量，也就是苗高初值。将苗高（H_t）转化成树高年生长量（H_{at}）和树高年增量（R_{aht}）指标。结合当地降水量指标，采用聚类分析法和相关分析法研究降水量与飞播油松树高生长指标的相关性及其变化；同时采用逐步回归模型法，组建生长指标与降水因子的优化模型，确定影响油松高生长的关键降水因子。

第一节　汉中 RPA 拌种飞播油松高生长与降水的关系

【内容提要】不同生长阶段 RPA 处理区和对照区的油松高生长对降水响应趋势基本相同；树高生长不仅与年降水量有关，也与降水的季节分布相关。树高与年、3 月和 8 月降水量呈极显著正相关，与 1 月降水量负相关极显著，与 12 月降水量呈显著负相关。对照油松高年生长量与 8 月和 11 月降水量正相关显著；RPA 树高年生长量与 3 月降水量呈极显著正相关，与年、8 月和 7 月降水量呈显著正相关，而与 1 月降水量负相关显著。4 月降水量与对照油松高年增量呈显著负相关，与 RPA 负相关极显著。剔除树龄因子，树高对 3 月、2 月和 11 月降水反应敏感；3 月、7 月和 9 月降水量对 RPA 和对照树高模型贡献分别为 54.2% 和 52.5%。RPA 树高年生长量优化模型中，排除了年降水量的作用，3 月、4 月、8 月、7 月、12 月、11 月和 1 月降水量作用依次降低，贡献介于 2.7% ~27.2%；对照模型中，年降水量贡献 47.1%，8 月、3 月和 12 月降水分别贡献 29.8%、10.7% 和 9.7%。4 月降水量对树高年增量作用较大，1 月和 12 月降水也与 RPA 年增量相关。引入时间因子，3 月降水对树高作用较大，树高对其反应也叫敏感。RPA 树高年生长量仅与 4 月降水量相关，对照突出了 11 月和 12 月降水对树高年生长量的作用。而树高生长年增量模型关系不变。树龄权重下，树高优化模型仅 RPA 模型中排除了 12 月降水指标。树高对 3 月、7 月和 11 月降水反应敏感；3 月降水量对模型作用最大；RPA 树高年降水量模型显示，年降水量作用远大于各月降水量。3 月降水量对 RPA 树高年生长量作用最大，而年降水量成为了影响对照树高年生长量的关键因子。降水与对照树高年增量模型关系不变，1 月和 4 月降水量与 RPA 树高年增量关系密切。

【关 键 词】飞播造林，多效抗旱驱鼠剂，降水量，油松，高生长

一、油松高生长指标与降水量指标的聚类分析

对油松苗高（H_t）、高年生长量（H_{at}）和高生长年增量（H_{aht}）（表 5 －1）与年降水量

(P_a)和月降水量(P_m)(表2-2)进行聚类分析(表5-2、图5-1)。在Pearson相关系数0.501时,油松高生长指标和降水量指标划分为两大类。

在油松高生长指标中,对照与RPA苗高指标相似性最高,在0.986时聚合成1小类,接着在0.909水平上与RPA高年生长增量聚合成,最后在0.505水平以上陆续与对照树高年增量和高年生长量以及RPA树高年增量聚合成1类。说明树高、高年生长量和高生长年增量指标反映了树高生长的不同特征,可以用作树高生长指标研究与降水量之间的关系。

从降水量指标类分析,年降水量和各月降水量与油松高生长指标的相关性存在明显差异。3月、8月、7月和5月降水量与油松高生长指标具有较高的相似性,在相关系数0.501时与生长指标聚合成类,其次是10月、4月、9月、11月和2月降水量在0.461~0.392水平与生长指标聚合,最后是12月、6月和1月在相关系数为0.124~0.319时先后与油松高生长指标聚合。说明油松高生长不仅与年降水量有关,也与降水的季节分布有关。

二、树龄对油松高生长与降水量关系的影响

对油松高生长指标与降水指标按树龄进行聚类分析。不同树龄油松高生长指标与降水指标关系有所差异,且三种指标间差异也很大。RPA处理区和对照区变化趋势基本相同(图5-2)。

1. **苗高作用类型** 聚类过程中,同一年5个播区的油松高与降水量关系相似度很高,在第一时间聚合为1小类,然后与相近的小类逐渐聚合,明显分为两个阶段;即,树龄1~10年和11~14年两类;而在第一阶段的1~3年油松幼苗又被分为1小类(图5-2-1)。

表5-1 汉中1~14年飞播油松高生长指标

Tab.5-1 The tree height index of 1 - 14 years aerial seeding *Pinus tabulaeformis* in Hanzhong city

飞播年限 ages/a	苗高/cm tree height		高年生长量/ $cm \cdot a^{-1}$ annual increment of tree height		树高年增量/ $cm \cdot a^{-2}$ annual height growth acceleration	
	RPA	ck	RPA	ck	RPA	ck
1	8.70±0.62	6.20±0.09	8.70±0.62	6.20±0.09	8.70±0.62	6.20±0.09
2	13.18±0.46	10.86±0.14	4.48±0.58	4.66±0.05	4.48±0.58	4.42±0.21
3	21.94±2.19	17.74±0.19	8.76±2.05	6.88±0.15	12.98±3.15	8.40±0.10
4	29.48±1.04	23.14±0.58	7.54±2.05	5.40±0.66	3.26±4.60	3.02±0.57
5	37.94±0.56	30.00±0.14	8.46±1.28	6.86±0.70	13.90±5.55	10.16±1.36
6	47.08±1.85	41.10±0.85	9.14±2.09	11.10±0.90	3.94±6.94	6.52±1.74
7	70.92±3.20	52.72±1.11	23.84±4.27	11.62±1.48	28.60±11.32	10.76±3.14
8	88.42±1.64	68.14±1.46	17.50±4.05	15.42±1.56	-2.40±14.47	11.38±3.19

续表 5 -1

飞播年限 ages/a	苗高/ cm tree height		高年生长量/ cm · a^{-1} annual increment of tree height		树高年增量/ cm · a^{-2} annual height growth acceleration	
	RPA	ck	RPA	ck	RPA	ck
9	125.38 ±4.80	98.36 ±2.38	36.96 ±3.35	30.22 ±1.99	48.06 ±14.06	23.52 ±3.90
10	160.02 ±5.67	119.14 ±3.78	34.64 ±3.80	20.78 ±3.96	-4.72 ±16.31	5.12 ±6.58
11	234.18 ±11.82	161.28 ±3.98	74.16 ±14.57	42.14 ±3.58	87.58 ±31.09	40.36 ±6.24
12	272.62 ±3.91	214.82 ±7.78	38.44 ±11.56	53.54 ±8.75	-40.44 ±41.01	22.36 ±10.31
13	366.54 ±12.23	308.64 ±8.27	93.92 ±10.19	93.82 ±13.17	143.06 ±34.05	67.94 ±21.47
14	476.84 ±13.49	318.86 ±7.58	110.30 ±10.28	10.22 ±14.02	-24.06 ±39.05	-40.76 ±39.39

表 5 -2　油松高生长与降水量聚类表

Tab. 5 -2 Agglomeration Schedule of between height growth of *Pinus tabulaeformis* and Precipitation

步骤 Stage	小类聚合 Cluster combined		系数 Coefficients	首次出现小类 Stage cluster first appears		一步骤 Next Stage
	小类 1 Cluster 1	小类 2 Cluster 2		小类 1 Cluster 1	小类 2 Cluster 2	
1	H_{tck}	H_{trpa}	0.986	0	0	2
2	H_{tck}	H_{atrpa}	0.909	H_{tck}	0	5
3	P_a	P_{m8}	0.776	0	0	6
4	H_{atck}	H_{ahtck}	0.756	0	0	5
5	H_{tck}	H_{atck}	0.668	H_{trpa}	H_{atrpa}	8
6	P_a	P_{m07}	0.651	H_{atck}	0	7
7	P_a	P_{m05}	0.577	H_{ahtrpa}	0	10
8	H_{tck}	H_{ahtrpa}	0.505	H_{ahtck}	0	9
9	H_{tck}	P_{m03}	0.502	P_{m01}	0	10
10	H_{tck}	P_a	0.501	P_{m02}	P_a	12
11	P_{m9}	P_{m11}	0.494	0	0	14
12	H_{tck}	P_{m10}	0.461	P_{m03}	0	13
13	H_{tck}	P_{m04}	0.404	P_{m05}	0	15
14	P_{m2}	P_{m09}	0.394	0	P_{m04}	15
15	H_{tck}	P_{m02}	0.392	P_{m06}	P_{m07}	16
16	H_{tck}	P_{m12}	0.319	P_{m08}	0	17
17	H_{tck}	P_{m06}	0.302	P_{m09}	0	18
18	H_{tck}	P_{m01}	0.124	P_{m10}	0	0

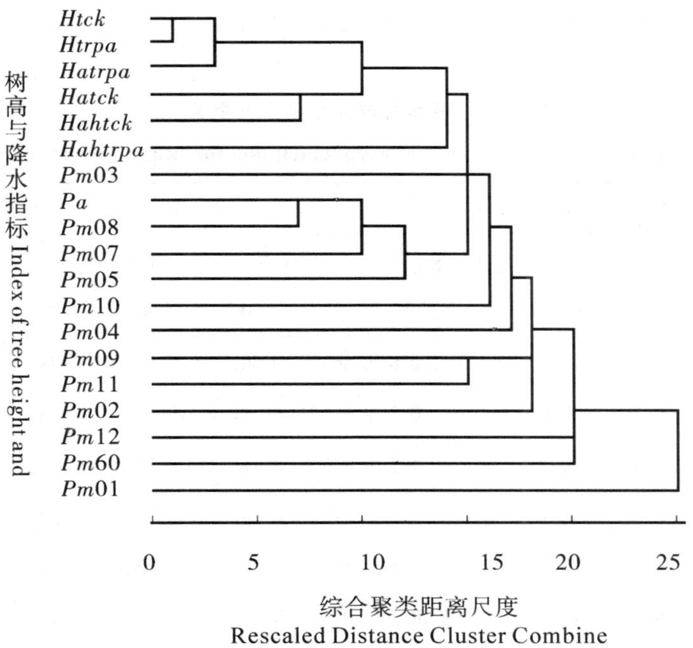

图 5-1 降水与油松高生长关系聚类树状图

Fig. 5. 1 Dendrogram for relationship between preeipitation and height growth of *pinus tabulaeformis*

2. **树高年生长量作用类型** 聚合过程与苗高类似。降水量对 11 年、14 年、1 年、2 年和 3 年油松高年生长量的作用类型基本一致，而与对 5 年 8 年、4 年、13 年、10 年、9 年和 7 年油松作用类型相对疏远。6 年和 12 年油松介于两种类型之间（图 5-2-2）。

3. **树高年增量作用类型** 4 年、8 年、5 年 7 年、9 年和 13 年油松高年增量与降水关系相关度较高，被归为 1 类；而 11 年、12 年、2 年、3 年和 14 年油松被归为另一大类。6 年、1 年和 10 年油松与上述两类相关性较低，被单独划分为 2 类（图 5-2-3）。多数年份在聚类过程中，各播区首先聚合成 1 小类；但 RPA 发生错位聚合较多；其中 13 年 1 个播区与 5 年油松相似度高，而 11 ~ 14 年油松播区间有相互错位聚合现象；对照发生错位现象较少，仅 13 年 1 各播区与 8 年油松聚合，14 年的 2 个播区与 11 年油松聚合。

三、降水量与油松高生长的相关性

苗高与年、3 月和 8 月降水量呈极显著的正相关；与 7 月降水也有一定的正相关性，其中 RPA 相关显著、对照不显著。与 1 月降水量呈极显著负相关，与 12 月降水显著负相关。对照高年生长量与年、降水量以及 3 月、8 月和 11 月降水量有一定正相关，其中与 8 月和 11 月相关显著；而与 4 月和 12 月降水量呈不显著负相关。RPA 油松高年增量与 3 月降水量相关极显著，与年、7 月和 8 月相关显著；而与 1 月降水量呈极显著负相关。油松高年增量与年降水量相关性极低，仅与 4 月降水量负相关性大，其中 RPA 极显著、对照显著。从苗高、高年生长量和高年增量与降水量相关度对比分析，其与年、3 月、7 月和 8 月降水量正相关依次减弱，与 1 月和 12 月降水量负相关依次减弱，而与 4 月降水量负相关依次增强（表 5－3）。

表 5－3　降水量与油松高生长相关分析

Tab. 5－3 The correlation analysis between the precipitation and the height growth of *Pinus tabulaeformis*

指标 Index	降水量/mm Precipitation				相关系数 Pearson correlations					
	平均 Mean	最小 Min.	最大 Max.	比率/% Rate	苗高 H_t		年生长量 H_{at}		年增量 H_{aht}	
					ck	RPA	ck	RPA	ck	RPA
年 Annual	792.7±17.4	519.7	1040.7	100.0	0.363**	0.362**	0.222	0.278*	0.005	−0.014
1 月 Jan.	5.3±0.7	0.0	15.9	0.7	−0.321**	−0.331**	−0.149	−0.385**	−0.018	−0.220
2 月 Feb.	13.6±1.4	0.1	34.6	1.7	0.126	0.112	0.180	0.127	0.127	0.091
3 月 March	24.9±1.5	0.4	43.0	3.1	0.472**	0.502**	0.204	0.430**	−0.068	−0.077
4 月 April	48.6±2.6	24.3	92.5	6.1	−0.105	−0.093	−0.228	−0.186	−0.250*	−0.335**
5 月 May	82.0±4.7	27.2	192.6	10.3	0.026	0.012	0.050	0.044	0.033	0.130
6 月 June	80.8±4.1	43.2	165.0	10.2	−0.026	−0.026	−0.044	−0.009	−0.031	0.039
7 月 July	144.8±10.8	15.2	313.6	18.3	0.233	0.286*	0.005	0.258*	−0.117	−0.101
8 月 Aug	141.3±7.0	5.6	214.6	17.8	0.350**	0.339**	0.246*	0.265*	0.072	0.070
9 月 Sep.	132.9±5.6	75.2	232.2	16.8	0.108	0.065	0.172	0.040	0.104	0.081
10 月 Oct.	80.5±4.2	26.2	158.5	10.2	0.097	0.067	0.171	0.018	0.087	0.015
11 月 Nov.	29.3±2.6	1.1	70.3	3.7	0.092	0.027	0.281*	−0.032	0.193	0.057
12 月 Dec.	8.6±1.0	0.0	30.7	1.1	−0.271*	−0.259*	−0.229	−0.232	−0.040	−0.056

备注：* 在 0.05 水平（双侧）上显著相关，** 在 0.01 水平（双侧）上极显著相关。

Remarks: * Correlation is significant at the 0.05 level (2－tailed). ** Correlation is significant at the 0.01 level (2－tailed).

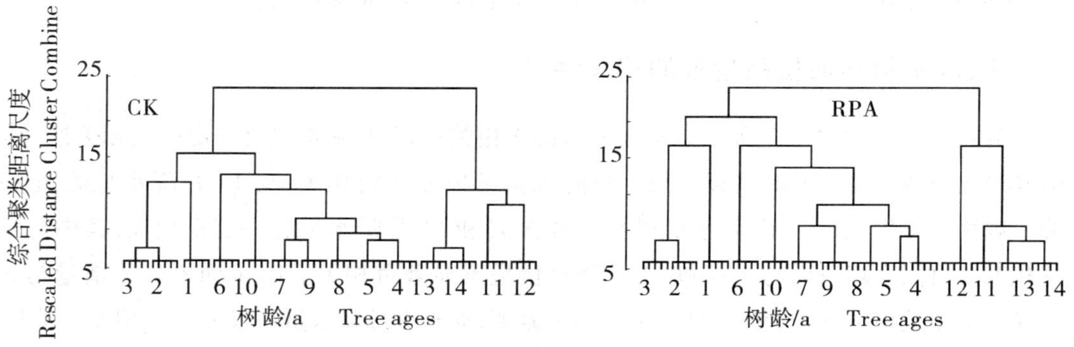

图 5－2－1　树高

Fig. 5－2－1 Tree height

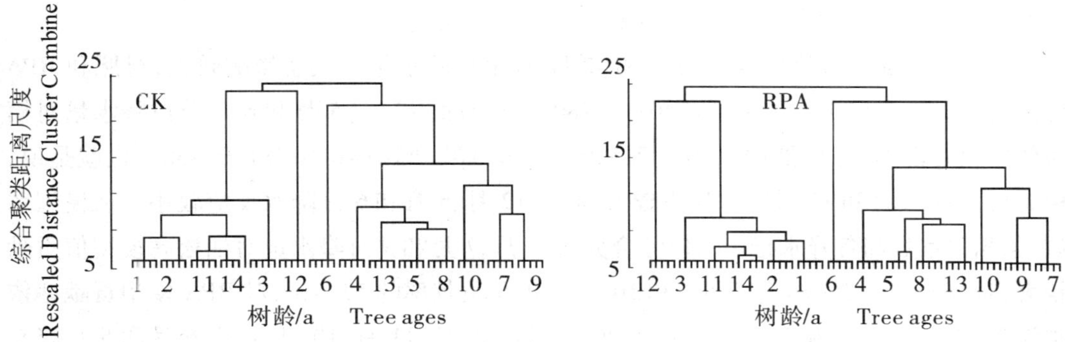

图 5 -2 -2　树高年生长量

Fig. 5 -2 -1 Annual increment of tree height

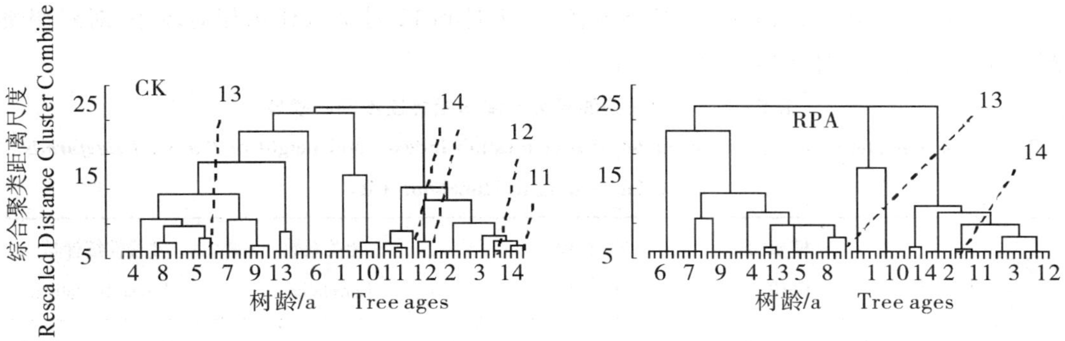

图 5 -2 -3　树高年生长增量

Fig. 5 -2 -3 Annual height growth acceleration

四、飞播油松高生长与降水量的逐步回归模型

对油松苗高(H_t)、高年生长量(H_{at})和高年增量(H_{aht})与年降水量(P_a)和月降水量(P_{mi})进行逐步回归模型分析。

1. 剔除时间因子作用的优化模型

(1)苗高优化模型　不考虑飞播年限影响，对照油松高与降水指标有 11 个模型成立，RPA 组成 12 个模型。依据 R^2、模型系数 T - 检验和容差综合分析，对照和 RPA 油松高的优化模型包括 3 月、8 月、9 月、11 月、4 月、10 月、7 月、12 月、6 月、2 月和 5 月降水量指标；另外，剔除 12 月降水量指标也能很好反映降水量与 RPA 油松高的关系(表 5 -4)。

从模型复决定系数 R^2 分析，油松高降水量优化模型线性关系极显著。从零阶相关系数分析，3 月、8 月、7 月和 12 月降水量与苗高关系紧密，而 6 月、5 月、11 月和 10 月降水量与苗高关系相对疏远。在排除模型中其他降水因素作用下，3 月、8 月、9 月、10 月和 5 月降水量与对照油松高偏相关系数正值依次减小，而 7 月、11 月、4 月、6 月、2 月和 12 月负值逐渐变小;3 月、9 月、10 月、8 月、5 月和 12 月对 RPA 模型值正向作用依次消弱,11 月、7 月、4 月、6 月和 2 月负向作用逐渐减小。

从模型标准化系数分析,3 月、2 月和 11 月单位降水量对模型影响较大,对照和 RPA 分别为 2.173、1.583、1.040 和 2.401、1.480、1.184;而 12 月、5 月和 6 月单位降水量对模型作用相对较小,对照和 RPA 为 0.215、0.238、0.470 和 0.046、0.281、0.458。也就是说,树高对 3 月、2 月和 11 月降水反应较大,而对 12 月、5 月和 6 月降水反应较小。从模型系数、偏相关系数和各降水指标均值综合分析,3 月、7 月和 9 月降水量对油松高模型值贡献较大,对照分别为 26.1%、15.5% 和 10.9%,占总贡献率的 52.5%,对 RPA 模型贡献率依次为 27.3%、13.7% 和 13.2%,占 54.2%。其次,8 月、11 月、10 月、4 月、6 月和 5 月降水对对照作用较大,贡献依次为 9.8%、8.4%、7.7%、7.7%、6.4% 和 4.0%,合计占 44.1%;11 月、10 月、4 月、8 月、6 月和 5 月降水对 RPA 作用较大,贡献分别为 9.0%、8.7%、7.6%、6.6%、5.9% 和 5.1%,占 43.8%;5 月、2 月和 12 月降水作用相对较小,对对照贡献 2.5% 和 0.9%,对 RPA 为 2.9% 和 0.0%。

表 5-4 汉中飞播油松高与降水指标逐步回归模型

Tab. 5-4 The stepwise regression model of precipitation indexes and height of *Pinus tabulaeformis* for aerial seeding in Hanzhong City

处理 Treat	降水因子 Precipitation factor	模型 Model Coefficients 非标准 Unstandard	标准 Standard	T-检验 T-test t	p	R^2	相关系数 Correlations r_0	$r_{partial}$	r_{part}	共线性统计量 Collinearity statistics 容差 Tolerance	方差膨胀因子 VIF
H_{tck}	常量	-148.692		-9.825	0.000	0.992 (F = 660.610, p = 0.000)	—	—	—	—	—
	P_{m03}	18.001	2.173	44.236	0.000		0.472	0.986	0.517	0.057	17.674
	P_{m08}	1.243	0.692	25.312	0.000		0.350	0.958	0.296	0.182	5.480
	P_{m09}	1.462	0.650	22.933	0.000		0.108	0.949	0.268	0.170	5.884
	P_{m11}	-4.916	-1.040	-42.304	0.000		0.092	-0.984	-0.494	0.226	4.423
	P_{m04}	-2.730	-0.578	-35.992	0.000		-0.105	-0.978	-0.421	0.530	1.888
	P_{m10}	1.722	0.572	21.481	0.000		0.097	0.943	0.251	0.192	5.199
	P_{m07}	-1.839	-1.583	-45.138	0.000		0.233	-0.986	-0.527	0.111	9.005
	P_{m12}	-2.748	-0.215	-6.190	0.000		-0.271	-0.631	-0.072	0.113	8.846
	P_{m06}	-1.418	-0.470	-23.241	0.000		-0.026	-0.950	-0.272	0.334	2.994
	P_{m02}	-5.488	-0.593	-16.302	0.000		0.126	-0.906	-0.190	0.103	9.687
	P_{m05}	0.635	0.238	10.187	0.000		0.026	0.801	0.119	0.249	4.012

续表 5－4

处理 Treat	降水因子 Precipitation factor	模型 Model Coefficients 非标准 Unstandard	标准 Standard	T－检验 T－test t	P	R^2	相关系数 Correlations r_0	$r_{partial}$	r_{part}	共线性统计量 Collinearity statistics 容差 Tolerance	方差膨胀因子 VIF
	常量	－320.266		－15.124	0.000		—	—	—	—	—
	P_{m03}	27.154	2.401	47.691	0.000		0.502	0.987	0.571	0.057	17.674
	P_{m08}	1.237	0.505	18.009	0.000		0.339	0.921	0.216	0.182	5.480
	P_{m09}	2.506	0.816	28.091	0.000		0.065	0.965	0.336	0.170	5.884
	P_{m11}	－7.642	－1.184	－46.998	0.000	0.992（F＝628.396，p＝0.000）	0.027	－0.987	－0.563	0.226	4.423
	P_{m04}	－3.897	－0.604	－36.718	0.000		－0.093	－0.979	－0.440	0.530	1.888
	P_{m10}	2.768	0.674	24.681	0.000		0.067	0.956	0.296	0.192	5.199
	P_{m07}	－2.348	－1.480	－41.181	0.000		0.286	－0.983	－0.493	0.111	9.005
	P_{m12}	0.803	0.046	1.293	0.000		－0.259	0.167	0.015	0.113	8.846
	P_{m06}	－1.887	－0.458	－22.104	0.000		－0.026	－0.945	－0.265	0.334	2.994
	P_{m02}	－9.789	－0.775	－20.783	0.000		0.112	－0.939	－0.249	0.103	9.687
H_{trpa}	P_{m05}	1.022	0.281	11.712	0.000		0.012	0.838	0.140	0.249	4.012
	常量	－299.275		66.916	0.000		—	—	—	—	—
	P_{m03}	26.625	2.355	29.907	0.000		0.502	0.993	0.806	0.117	8.534
	P_{m08}	1.306	0.533	35.790	0.000		0.339	0.969	0.360	0.457	2.190
	P_{m09}	2.431	0.792	－53.759	0.000		0.065	0.978	0.431	0.297	3.372
	P_{m11}	－7.534	－1.167	－36.989	0.000	0.992（F＝683.294，p＝0.000）	0.027	－0.990	－0.648	0.308	3.248
	P_{m04}	－3.870	－0.600	33.077	0.000		－0.093	－0.979	－0.446	0.551	1.814
	P_{m10}	2.667	0.649	－41.127	0.000		0.067	0.974	0.398	0.376	2.656
	P_{m07}	－2.339	－1.474	－22.324	0.000		0.286	－0.983	－0.495	0.113	8.855
	P_{m06}	－1.860	－0.452	－27.100	0.000		－0.026	－0.946	－0.269	0.354	2.821
	P_{m02}	－9.373	－0.742	14.409	0.000		0.112	－0.962	－0.326	0.194	5.164
	P_{m05}	0.947	0.260	66.916	0.000		0.012	0.882	0.174	0.444	2.252

（2）高年生长量优化模型　剔除时间因子，对照油松高年生长量与降水指标可以组合成 6 个模型，RPA 有 9 个模型成立。其中，11 月、12 月、8 月、年、3 月和 6 月降水指标构成了对照油松高年生长量优化模型；3 月、1 月、4 月、12 月、8 月、7 月和 11 月降水组建了

RPA 优化模型,其与 9 月或者与 9 月和 2 月降水指标组合也能较好地表现降水对 RPA 油松高的影响(表 5 –5)。

从优化模型分析,对照高年生长增量模型 R^2 为 0.725,与模型各降水因子线性关系极为显著。在排除模型中其他降水因素作用下,12 月和年降水量对高生长量产生较强的负作用,而 3 月和 8 月降水量产生较强的正作用,11 月和 6 月降水量也有一定的正作用。年降水量对模型值的贡献率最大,为 47.1%;其次是 8 月降水,贡献 29.8%;3 月和 12 月降水作用相当,贡献为 10.7% 和 9.7%;11 月和 6 月降水作用较小,贡献 1.7% 和 1.0%。

表 5 –5 汉中飞播油松高年生长量与降水量逐步回归模型

Tab. 5 –5 The stepwise regression model of precipitation and annual height increment of *Pinus tabulaeformis* for aerial seeding in Hanzhong City

处理 Treat	降水因子 Precipitation factor	模型 Model Coefficients		T – 检验 T – test		R^2	相关系数 Correlations			共线性统计量 Collinearity statistics	
		非标准 Unstandard	标准 Standard	t	P		r_0	$r_{partial}$	r_{part}	容差 Tolerance	方差膨胀因子 VIF
H_{atck}	常量	110.583		5.746	0.000	0.725 (F = 27.734, p = 0.000)	—	—	—	—	—
	P_{m11}	0.418	0.339	4.364	0.000		0.281	0.482	0.288	0.724	1.381
	P_{m12}	–4.916	–1.473	–11.023	0.000		–0.229	–0.812	–0.728	0.244	4.099
	P_{m08}	0.934	1.993	10.496	0.000		0.246	0.798	0.693	0.121	8.274
	P_a	–0.290	–1.549	–8.354	0.000		0.222	–0.725	–0.552	0.127	7.884
	P_{m03}	2.067	0.855	8.604	0.000		0.180	0.735	0.568	0.442	2.265
	P_{m06}	0.150	0.190	2.524	0.014		–0.044	0.303	0.167	0.766	1.306
H_{atrpa}	常量	71.271	—	–15.124	0.000	0.731 (F = 24.008, p = 0.000)	—	—	—	—	—
	P_{m03}	2.498	0.870	47.691	0.000		0.430	0.752	0.593	0.465	2.152
	P_{m01}	–1.929	–0.290	18.009	0.000		–0.385	–0.458	–0.268	0.854	1.171
	P_{m04}	–1.005	–0.614	28.091	0.000		–0.186	–0.700	–0.508	0.686	1.458
	P_{m12}	–3.077	–0.695	–46.998	0.000		–0.232	–0.673	–0.472	0.462	2.165
	P_{m08}	0.356	0.573	–36.718	0.000		0.265	0.620	0.410	0.513	1.949
	P_{m07}	–0.305	–0.758	24.681	0.000		0.258	–0.599	–0.388	0.262	3.810
	P_{m11}	–0.689	–0.420	–41.181	0.000		–0.032	–0.543	–0.336	0.639	1.564

续表 5-5

处理 Treat	降水因子 Precipitation factor	模型 Model Coefficients 非标准 Unstandard	标准 Standard	T-检验 T-test t	P	R^2	相关系数 Correlations r_0	$r_{partial}$	r_{part}	共线性统计量 Collinearity statistics 容差 Tolerance	方差膨胀因子 VIF
	常量	17.392	—	5.557	0.000		—	—	—	—	—
	P_{m03}	2.981	1.038	8.993	0.000		0.430	0.850	0.665	0.411	2.435
	P_{m01}	-1.806	-0.271	-4.058	0.000		-0.385	-0.519	-0.250	0.851	1.175
	P_{m04}	-1.081	-0.660	-7.708	0.000		-0.186	-0.797	-0.543	0.676	1.479
	P_{m12}	-2.532	-0.572	-7.161	0.000	0.830 (F = 37.352, p = 0.000)	-0.232	-0.674	-0.376	0.432	2.316
	P_{m08}	0.352	0.566	6.222	0.000		0.265	0.702	0.406	0.513	1.949
	P_{m07}	-0.258	-0.640	-5.887	0.000		0.258	-0.616	-0.322	0.253	3.948
	P_{m11}	-1.112	-0.678	-5.095	0.000		-0.032	-0.741	-0.454	0.448	2.230
	P_{m09}	0.348	0.447	1.276	0.207		0.040	0.609	0.316	0.501	1.994
H_{atrpa}	常量	9.928	—	12.617	0.000		—	—	—	—	—
	P_{m03}	3.594	1.251	-4.744	0.000		0.430	0.772	0.484	0.150	6.671
	P_{m01}	-1.985	-0.298	-10.291	0.000		-0.385	-0.557	-0.267	0.805	1.242
	P_{m04}	-1.122	-0.685	-7.123	0.000		-0.186	-0.811	-0.552	0.651	1.537
	P_{m12}	-2.005	-0.453	7.692	0.000	0.841 (F = 35.313, p = 0.000)	-0.232	-0.512	-0.238	0.275	3.633
	P_{m08}	0.284	0.456	-6.111	0.000		0.265	0.546	0.260	0.325	3.079
	P_{m07}	-0.277	-0.687	-8.614	0.000		0.258	-0.646	-0.337	0.241	4.152
	P_{m11}	-1.186	-0.723	5.997	0.000		-0.032	-0.759	-0.465	0.413	2.420
	P_{m09}	0.478	0.613	0.719	0.475		0.040	0.584	0.286	0.218	4.578
	P_{m02}	-0.888	-0.277	9.416	0.000		0.127	-0.252	-0.104	0.140	7.132

RPA 优化模型 R^2 为 0.731，比对照线性关系略强。在排除模型中其他因子影响下，3 月和 8 月降水量对油松高年生长量有促进作用，而 1 月、4 月、12 月、7 月和 11 月降水有一定的抑制作用。从模型系数、偏相关系数和降水指标均值综合分析，3 月降水作用最大，贡献 27.2%；其次是 4 月、8 月、7 月和 12 月，依次贡献 19.9%、18.1%、15.4% 和 10.3%；而 11 月和 1 月作用较小，贡献 6.4% 和 2.7%。从 RPA 高生长量 9 因子模型分析，其 R^2 为 0.841，模型线性关系最为显著。从零阶相关系数分析，3 月、8 月、7 月、2 月和 9 月与 RPA 油松高年生长量正相关依次减弱，1 月、12 月、4 月和 11 月负相关依次消弱。在排除

模型中其他降水因子作用下,3 月、9 月和 8 月降水与高年生长量为净正相关,而其他月降水量呈净负相关。与优化模型相同,在模型因子协同作用下,也是 3 月降水作用最大,贡献 28.5%;其次是 4 月和 9 月降水,分别贡献 18.3% 和 15.3%;11 月降水作用有所增强,贡献与 7 月和 8 月降水相当,分别为 10.9%、10.7% 和 9.0%;而 12 月、1 月和 2 月降水量作用相对较小,分别贡献 3.6%、2.4% 和 1.3%。

(3)树高年增量优化模型　剔除时树高年增量与降水量的优化模型为:

$$H_{ahtck}=31.643-0.387P_{m04}$$

$$H_{ahtck}=-0.250P_{m04}$$

($R^2=0.062, r=-0.250, F=4.528, P=0.037$;容差为 1.000)

$$H_{athrpa}=123.406-1.143P_{m04}-3.597P_{m01}-1.784P_{m12}$$

$$H_{ahtrpa}=-0.503P_{m04}-0.315P_{m01}-0.235P_{m12}$$

($R^2=0.251, F=7.365, P=0.000$;$r_0=-0.335$、$-0.220$、$-0.056$,$r_{\text{partial}}=-0.460$、$-0.334$、$-0.240$,$r_{\text{part}}=-0.448$、$-0.308$、$-0.214$;容差依次为 0.794、0.948、0.831)

模型显示,对照油松高年增量仅与 4 月降水关系较为密切,但模型 R^2 仅为 0.062,线性关系程度较低($p=0.037$)。RPA 年增量也只与 3 个负向作用降水因子相关。从 RPA 优化模型分析,在排除模型中其他降水因子影响下,4 月降水量对模型中贡献值为 91.5%,远大于 1 月和 12 月降水的 4.6% 和 3.9%。说明 4 月降水对树高年增量起着决定性的作用。

2. 时间因子作用下优化模型

(1)苗高优化模型　引入时间因子,树龄(a)与 3 月、2 月降水量与油松高关系紧密,其与 7 月和 6 月降水量组合构成了对照油松高优化模型,与 10 月降水组建了 RPA 优化模型。

$$H_{tck}=-38.835+22.956a+3.846P_{m03}-3.603P_{m02}-0.337P_{m07}-0.258P_{m06}$$

$$H_{tck}=0.893a+0.466P_{m03}-0.389P_{m02}-0.290P_{m07}-0.118P_{m06}$$

($R^2=0.925, F=157.048, P=0.000$;$r_0=0.916$、0.472、0.126、0.233、$-0.026$,$r_{\text{partial}}=0.949$、0.688、$-0.599$、$-0.457$、$-0.312$,$r_{\text{part}}=0.830$、0.260、$-0.206$、$-0.141$、$-0.090$;容差依次为 0.863、0.311、0.279、0.237、0.580)

$$H_{trpa}=102.456+31.548a+3.071P_{m03}-2.873P_{m02}-0.400P_{m10}$$

$$H_{trpa}=0.899a+0.272P_{m03}-0.227P_{m02}-0.097P_{m10}$$

($R^2=0.922, F=193.019, P=0.000$;$r_0=0.910$、0.502、0.112、0.067,$r_{\text{partial}}=0.937$、0.601、$-0.578$、$-0.255$,$r_{\text{part}}=0.745$、0.210、$-0.197$、$-0.073$;容差依次为 0.687、0.595、0.753、0.569)

从对照油松高优化模型分析,在树龄协同下,排除模型中其他降水因素的干扰,3 月降水对油松高有促进作用,2 月、7 月和 6 月降水有一定抑制作用。其中,3 月降水在降水指标中对模型贡献最大,为 23.7%,其次是 2 月和 7 月,贡献为 10.5% 和 8.0%,6 月作用最小，仅为3.2%。从RPA优化模型分析，在4种因子共同作用下，树龄也对模型值影响较大，贡献率为72.9%，3月、2月和10月降水贡献率依次为16.2%、7.9%和2.9%。

（2）高年生长量和增量优化模型　在飞播年限协同下，对照油松年高生长量与11月和12月相对密切，RPA仅与3月降水量相关；油松高生长年增量与飞播年限关系疏远，没有进入模型；高年增量与降水量模型与剔除时间因子分析结论一致。

$$H_{atck} = -9.038 + 3.690a + 0.329P_{m11} - 0.676P_{m12}$$

$$H_{atck} = 0.550a + 0.274P_{m11} - 0.202P_{m12}$$

（$R^2 = 0.455$，$F = 18.349$，$P = 0.000$；$r_0 = 0.603$、0.281、−0.229，$r_{partial} = 0.590$、340、−0.256，$r_{part} = 0.540$、0.267、−0.196；容差依次为0.965、0.948、0.934）

$$H_{atrpa} = -29.976 + 6.576a + 0.590P_{m03}$$

$$H_{atrpa} = 0.738a + 0.206P_{m03}$$

（$R^2 = 0.679$，$F = 70.888$，$P = 0.000$；$r_0 = 0.800$、0.430，$r_{partial} = 0.779$、0.327，$r_{part} = 0.703$、0.196；容差均为0.907）

表5－6　汉中飞播油松高与降水指标逐步回归模型

Tab. 5－6 The stepwise regression model of precipitation indexes and height of *Pinus tabulaeformis* for aerial seeding in Hanzhong City

处理 Treat	降水因子 Precipitation factor	模型 Model Coefficients 非标准 Unstandard	模型 Model Coefficients 标准 Standard	T－检验 T－test t	T－检验 T－test P	R^2	相关系数 Correlations r_0	相关系数 Correlations $r_{partial}$	相关系数 Correlations r_{part}	共线性统计量 Collinearity statistics 容差 Tolerance	共线性统计量 Collinearity statistics 方差膨胀因子 VIF
H_{atck}	常量	−123.734	—	−5.810	0.000	0.990 （F = 537.911，p = 0.000）	—	—	—	—	—
	P_{n03}	17.304	1.928	38.985	0.000		0.669	0.981	0.504	0.068	14.611
	P_{m12}	−3.374	−0.251	−7.196	0.000		−0.379	−0.687	−0.093	0.138	7.258
	P_{m08}	1.241	0.520	20.776	0.000		0.477	0.939	0.269	0.267	3.748
	P_{m07}	−1.777	−1.412	−36.166	0.000		0.381	−0.979	−0.468	0.110	9.110
	P_{m04}	−2.674	−0.518	−27.556	0.000		−0.005	−0.964	−0.356	0.473	2.114
	P_{m11}	−4.676	−0.969	−31.937	0.000		0.068	−0.973	−0.413	0.182	5.502
	P_{m09}	1.367	0.567	19.136	0.000		−0.089	0.929	0.248	0.191	5.240
	P_{m06}	−1.343	−0.355	−16.401	0.000		−0.067	−0.907	−0.212	0.357	2.803
	P_{m10}	1.582	0.454	15.790	0.000		−0.089	0.901	0.204	0.202	4.940
	P_{m02}	−5.034	−0.468	−13.747	0.000		−0.001	−0.875	−0.178	0.144	6.932
	P_{m05}	0.544	0.133	6.960	0.000		0.177	0.675	0.090	0.460	2.172

续表 5 -6

处理 Treat	降水因子 Precipitation factor	模型 Model Coefficients 非标准 Unstandard	标准 Standard	T-检验 T-test t	P	R^2	相关系数 Correlations r_0	$r_{partial}$	r_{part}	共线性统计量 Collinearity statistics 容差 Tolerance	方差膨胀因子 VIF
H_{atck}	常量	-293.549	—	-12.368	0.000		—	—	—	—	—
	P_{m03}	26.506	2.138	52.966	0.000		0.710	0.990	0.744	0.121	8.262
	P_{m08}	1.265	0.384	15.833	0.000		0.458	0.900	0.222	0.335	2.983
	P_{m09}	2.419	0.726	27.560	0.000		-0.157	0.963	0.387	0.284	3.519
	P_{m11}	-7.459	-1.119	-38.337	0.000		-0.036	-0.981	-0.538	0.231	4.322
	P_{m10}	2.624	0.545	24.018	0.000	0.988 (F = 501.221, p = 0.000)	-0.133	0.952	0.337	0.383	2.614
	P_{m02}	-9.328	-0.628	-20.751	0.000		-0.032	-0.938	-0.291	0.215	4.647
	P_{m05}	0.929	0.164	10.262	0.000		0.146	0.801	0.144	0.772	1.296
	P_{m04}	-3.865	-0.542	-26.687	0.000		0.018	-0.961	-0.375	0.478	2.094
	P_{m07}	-2.308	-1.328	-31.885	0.000		0.462	-0.972	-0.448	0.114	8.795
	P_{m06}	-1.824	-0.349	-15.460	0.000		-0.057	-0.896	-0.217	0.386	2.589
	常量	-213.779	—	-7.531	0.000		—	—	—	—	—
	P_{m03}	26.571	2.143	50.562	0.000		0.710	0.989	0.742	0.120	8.340
	P_{m08}	3.065	0.930	18.039	0.000		0.458	0.920	0.265	0.081	12.340
	P_a	-1.706	-1.277	-14.623	0.000		0.490	-0.885	-0.215	0.028	35.429
	P_{m09}	3.978	1.194	31.642	0.000		-0.157	0.972	0.464	0.151	6.612
	P_{m11}	-5.297	-0.795	-27.488	0.000	0.987 (F = 458.370, p = 0.000)	-0.036	-0.963	-0.403	0.258	3.881
	P_{m10}	4.007	0.833	23.684	0.000		-0.133	0.951	0.348	0.174	5.738
	P_{m02}	-7.218	-0.486	-16.247	0.000		-0.032	-0.904	-0.238	0.241	4.156
	P_{m05}	2.234	0.395	17.460	0.000		0.146	0.915	0.256	0.422	2.371
	P_{m04}	-2.010	-0.282	-10.927	0.000		0.018	-0.818	-0.160	0.323	3.094
	P_{m07}	-0.499	-0.287	-5.458	0.000		0.462	-0.579	-0.080	0.078	12.839

3. 时间权重下的优化模型

(1)苗高优化模型　以飞播年限为权重,组成了 11 个对照油松高模型,而 RPA 有 16 个模型。对照优化模型的降水指标没有发生变化,但各指标与油松高关系相关紧密程度和进入模型的次序发生了很大变化。RPA 油松高优化模型中缺少了 12 月降水量指标,各指标与油松高相关性及被引入次序也有所差异(表 5 -6)。

表 5－7－1 汉中飞播油松高年生长量与降水量逐步回归模型

Tab. 5－7－1 The stepwise regression model of precipitation and annual height increment of *Pinus tabulaeformis* for aerial seeding in Hanzhong City

处理 Treat	降水因子 Precipitation factor	模型 Model Coefficients		T－检验 T－test		R^2	相关系数 Correlations			共线性统计量 Collinearity statistics	
		非标准 Unstandard	标准 Standard	t	P		r_0	$r_{partial}$	r_{part}	容差 Tolerance	方差膨胀因子 VIF
	常量	83.266		4.816	0.000	0.440 (F = 10.042, p = 0.000)	—	—	—	—	—
	P_{m11}	0.535	0.380	3.346	0.001		0.360	0.386	0.313	0.679	1.473
	P_{m12}	−2.932	−0.746	−5.687	0.000		−0.268	−0.579	−0.532	0.508	1.967
	P_{m04}	−0.670	−0.445	−4.014	0.000		−0.219	−0.448	−0.376	0.714	1.401
	P_{m10}	−0.303	−0.298	−2.353	0.022		0.112	−0.282	−0.220	0.545	1.836
	P_{m02}	0.816	0.260	2.252	0.028		0.150	0.271	0.211	0.657	1.522
	常量	120.119		4.331	0.000	0.651 (F = 23.828, p = 0.000)	—	—	—	—	—
	P_{m12}	−4.626	−1.178	−8.939	0.000		−0.268	−0.745	−0.661	0.315	3.179
	P_{m04}	−0.343	−0.228	−2.553	0.013		−0.219	−0.304	−0.189	0.686	1.457
	P_{m02}	2.387	0.760	8.096	0.000		0.150	0.711	0.598	0.619	1.616
	P_{m08}	0.845	1.214	7.366	0.000		0.316	0.677	0.544	0.201	4.972
	P_a	−0.244	−0.863	−5.200	0.000		0.245	−0.545	−0.384	0.198	5.038
	常量	149.287		5.515	0.000	0.705 (F = 25.092, p = 0.000)	—	—	—	—	—
H_{atck}	P_{m11}	0.415	0.295	3.410	0.001		0.360	0.395	0.233	0.628	1.593
	P_{m12}	−4.906	−1.249	−10.089	0.000		−0.268	−0.786	−0.690	0.306	3.272
	P_{m04}	−0.222	−0.148	−1.719	0.091		−0.219	−0.212	−0.118	0.635	1.575
	P_{m02}	1.998	0.636	6.751	0.000		0.150	0.648	0.462	0.527	1.898
	P_{m08}	0.871	1.250	8.172	0.000		0.316	0.717	0.559	0.200	4.996
	P_a	−0.296	−1.049	−6.435	0.000		0.245	−0.630	−0.440	0.176	5.679
	常量	129.285		4.611	0.000	0.725 (F = 23.297, p = 0.000)	—	—	—	—	—
	P_{m11}	0.448	0.318	3.746	0.000		0.360	0.430	0.250	0.617	1.621
	P_{m12}	−5.128	−1.305	−10.566	0.000		−0.268	−0.802	−0.704	0.291	3.435
	P_{m04}	−0.241	−0.160	−1.905	0.061		−0.219	−0.235	−0.127	0.632	1.582
	P_{m02}	2.202	0.702	7.238	0.000		0.150	0.677	0.482	0.473	2.116
	P_{m08}	0.846	1.215	8.102	0.000		0.316	0.717	0.540	0.198	5.059
	P_a	−0.287	−1.017	−6.374	0.000		0.245	−0.629	−0.425	0.174	5.732
	P_{m6}	0.183	0.166	2.097	0.040		−0.080	0.257	0.140	0.710	1.408

从对照苗高优化模型零阶相关系数分析，3 月、8 月、12 月和 7 月降水与苗高关系紧

密，其他月降水与苗高关系疏远。在控制模型中其他降水因子影响下，7月、11月、4月、6月、2月和12月降水与苗高净负相关依次降低，5月、10月、9月、8月和3月降水正相关依次增强。3月、7月和11月单位降水对苗高作用较大，标准化系数分别为1.928、1.412和0.969；9月、8月、4月、2月、10月、12月和2月单位降水量作用依次降低，系数介于0.567～0.133之间。3月和7月降水对模型贡献率较大，为26.6%和15.8%；8月和9月作用相当，贡献率为10.4%和10.5%；11月、4月、10月和6月降水量贡献率依次为8.4%、7.9%、7.2%和6.2%，合计贡献29.7%；5月、2月和12月降水贡献较低，依次为1.9%、3.8%和1.2%。

RPA优化模型各月降水与苗高关系基本不变。11月、7月、4月、2月和6月降水与苗高负相关依次减弱，净正相关指标关系不变。3月、7月和11月单位降水量对苗高作用也较大，系数分别为2.138、1.328和1.119；5月、6月、8月、4月、10月、2月和9月单位降水量作用强度依次增加，系数介于0.164～0.726。3月降水作用最大，贡献率为27.7%；7月和9月相当，分别贡献13.8%和13.1%；11月、10月、4月、8月、6月、2月和5月降水作用相对较小，贡献率依次为9.1%、8.5%、7.7%、6.8%、5.6%、5.0%和2.6%。从RPA高年降水量优化模型分析，在排除模型中其他因子影响下，11月、2月、年、4月和7月降水量与树高净负相关依次减弱，净正相关指标关系也不变。年降水量对模型贡献33.3%，超过了3月、9月、8月和10月降水贡献的18.2%、14.3%、11.1%和8.5%；而5月、11月、2月、4月和7月降水作用相对较小，贡献率依次为4.7%、4.1%、2.5%、2.2%和1.2%。

表5-7-2　汉中飞播油松高年生长量与降水量逐步回归模型

Tab. 5-7-2 The stepwise regression model of precipitation and annual height increment of *Pinus tabulaeformis* for aerial seeding in Hanzhong City

处理 Treat	降水因子 Precipitation factor	模型 Model Coefficients		T-检验 T-test		R^2	相关系数 Correlations			共线性统计量 Collinearity statistics	
		非标准 Unstandard	标准 Standard	t	P		r_0	$r_{partial}$	r_{part}	容差 Tolerance	方差膨胀因子 VIF
	常量	79.755	—	2.618	0.011		—	—	—	—	—
	P_{m03}	2.292	0.700	8.219	0.000		0.564	0.725	0.487	0.484	2.068
	P_{m01}	-2.832	-0.345	-5.375	0.000		-0.462	-0.567	-0.319	0.855	1.170
	P_{m08}	0.654	0.752	5.560	0.000		0.365	0.580	0.329	0.192	5.210
H_{atck}	P_{m12}	-2.786	-0.568	-5.708	0.000	0.786 (F = 27.968, p = 0.000)	-0.278	-0.590	-0.338	0.355	2.819
	P_a	-0.207	-0.588	-3.975	0.000		0.351	-0.454	-0.236	0.160	6.236
	P_{m09}	0.476	0.541	5.452	0.000		-0.161	0.572	0.323	0.357	2.803
	P_{m04}	-0.673	-0.358	-4.488	0.000		-0.121	-0.498	-0.266	0.552	1.811
	P_{m11}	-0.727	-0.413	-4.463	0.000		-0.119	-0.496	-0.264	0.410	2.439

续表 5－7－2

处理 Treat	降水因子 Precipitation factor	模型 Model Coefficients 非标准 Unstandard	模型 Model Coefficients 标准 Standard	T－检验 T－test t	T－检验 T－test P	R^2	相关系数 Correlations r_0	相关系数 Correlations $r_{partial}$	相关系数 Correlations r_{part}	共线性统计量 Collinearity statistics 容差 Tolerance	共线性统计量 Collinearity statistics 方差膨胀因子 VIF
	常量	27.614	—	0.721	0.474		—	—	—	—	—
	P_{m03}	2.867	0.876	7.521	0.000		0.564	0.697	0.433	0.244	4.092
	P_{m01}	－2.149	－0.261	－3.564	0.001		－0.462	－0.418	－0.205	0.616	1.623
	P_{m08}	0.471	0.542	3.303	0.002		0.365	0.392	0.190	0.123	8.110
	P_{m12}	－2.630	－0.536	－5.480	0.000	0.801 (F＝26.838, p＝0.000)	－0.278	－0.578	－0.316	0.347	2.886
	P_a	－0.058	－0.166	－0.679	0.500		0.351	－0.087	－0.039	0.056	17.946
	P_{m09}	0.396	0.450	4.279	0.000		－0.161	0.484	0.246	0.299	3.341
	P_{m04}	－0.914	－0.486	－4.967	0.000		－0.121	－0.540	－0.286	0.346	2.888
	P_{m11}	－1.063	－0.605	－4.770	0.000		－0.119	－0.524	－0.275	0.206	4.843
H_{atck}	P_{m07}	－0.195	－0.426	－2.144	0.036		0.378	－0.267	－0.123	0.084	11.880
	常量	4.991	—	0.265	0.792		—	—	—	—	—
	P_{m03}	2.986	0.912	8.851	0.000		0.564	0.750	0.507	0.309	3.232
	P_{m01}	－1.974	－0.240	－3.638	0.001		－0.462	－0.422	－0.209	0.754	1.326
	P_{m08}	0.387	0.445	5.478	0.000		0.365	0.574	0.314	0.498	2.009
	P_{m12}	－2.448	－0.499	－6.170	0.000	0.799 (F＝30.404, p＝0.000)	－0.278	－0.620	－0.354	0.502	1.991
	P_{m09}	0.367	0.417	4.504	0.000		－0.161	0.500	0.258	0.384	2.607
	P_{m04}	－0.987	－0.525	－6.637	0.000		－0.121	－0.648	－0.381	0.526	1.903
	P_{m11}	－1.158	－0.658	－6.672	0.000		－0.119	－0.650	－0.382	0.338	2.961
	P_{m07}	－0.245	－0.535	－4.588	0.000		0.378	－0.507	－0.263	0.242	4.128

（2）高年生长量优化模型　飞播年限权重下，年降水和月降水指标组成了 11 个对照油松高年生长量模型，RPA 有 10 个模型成立。其中，11 月、12 月、4 月、10 月和 2 月，12 月、4 月、2 月、8 月和年，11 月、12 月、4 月、2 月、8 月和年及其与 6 月等降水指标组合均可很好诠释降水与对照油松高年生长量的关系；3 月、1 月、8 月、12 月、年、9 月、4 月和 11 月降水构成了 RPA 高年生长量优化模型，其与 7 月降水结合以及 3 月、1 月、8 月、12 月、4 月、11 月和 7 月降水组合与 RPA 高年生长量关系更为紧密（表 5－7）。

从对照模型分析，7 因子模型 R^2 为 0.725，线性关系最高（p＝0.000）。其中，12 月、4

月和6月降水量与高年生长量负相关依次减弱，而2月、年、8月和11月降水量正相关依次增强。在排除模型中其他因子影响下，12月、年和4月降水量对高年生长量净负相关性和单位降水量作用依次减弱，而6月、11月、2月和8月降水量的净正相关性和单位降水量作用依次增强。高年生长量对12月、8月、2月和年降水量反应相对敏感。但结合各降水指标均值分析，年降水量对高年生长量作用强度极强，贡献率为48.3%；其次是8月降水量，贡献率为28.9%；12月和2月降水作用次之，为11.9%和6.8%；11月、6月和4月降水作用较小，分别贡献1.9%、1.3%和0.9%（表5－7－1）。

RPA9因子模型的R^2为0.801，线性关系也极为显著($p=0.000$)。其中，1月、12月、9月、4月和11月降水量与高年生长量负相关依次消弱，年、8月、7月和3月降水量正相关依次增强。消除模型中其他因子作用，12月、4月、11月、1月、7月和年降水量与高年生长量净负相关减弱，而8月、9月和3月降水量净正相关依次加强；11月、12月、4月、7月、1月和年单位降水对高年生长量负作用依次降低，9月、8月和3月单位降水正作用依次增大。高年生长量对3月、11月、8月和12月降水反应敏感。在9种降水因子共同作用下，3月降水作用最大，贡献29.1%；其次是8月、9月和4月，分别贡献15.3%、14.9%和14.0%；11月和12月降水作用相对较小，贡献9.5%和7.6%；7月、1月和年降水作用较小，依次贡献4.4%、2.8%和2.3%（表5－7－2）。

（3）树高年增量优化模型　飞播年限权重下，降水与对照油松高年增量模型关系不变，但参数发生了变化；而RPA油松高年增量仅与4月和1月降水量关系密切。其模型如下：

$$H_{ahtck}=41.465-0.565P_{m04}$$

$$H_{ahtck}=-0.247P_{m04}$$

$$(R^2=0.071, F=5.215, P=0.026; r=-0.267;\text{容差 }1.00)$$

$$H_{ahtrpa}=113.284-1.437P_{m01}-4.740P_{m04}$$

$$H_{ahtrpa}=-0.392P_{m04}-0.296P_{m01}$$

$(R^2=0.231, F=10.035, P=0.000; r_0=-0.378$、$-0.278, r_{\text{partial}}=-0.408$、$-0.319, r_{\text{part}}=-0.392$、$-0.296$；容差0.998)

五、主要结论

在不考虑树龄影响下，汉中飞播油松高与3月和8月降水量正相关极显著，与6月和2月降水量也有一定的正相关性；而与1月降水量负相关极显著，与12月降水量负相关显著。除1月降水外，其与11个月降水量构成了油松高优化模型。其中，树高对3月、2月11月降水反应敏感，单位降水量对树高作用较大；对12月、5月和6月降水反应较小，单位降水对树高作用较小。3月降水对树高作用最大，对RPA和对照区油松高贡献率分别为27.3%和26.1%，其次是7月和9月降水量，对RPA和对照贡献率分为13.7%、

13.2%和15.5%、10.9%。11月、12月、8月、3月和6月降水指标依次进入对照油松高年生长量优化模型,3月、1月、4月、12月、8月、7月和11月降水依次与RPA油松高年生长量相关。年降水量是决定对照油松高年生长量的决定因子,其贡献率达47.1%,其次是8月降水,贡献率为29.8%,3月和12月降水作用相当,贡献为10.7%和9.7%。3月降水对RPA高年生长量作用最大,贡献27.2%;4月、8月、7月和12月降水分别贡献19.9%、18.1%、15.4%和10.3%,远大于11月和1月贡献的6.4%和2.7%。4月降水量与油松高年增量关系密切,其与1月和12月降水组建了RPA油松高年增量优化模型。其中4月降水对模型起着决定性作用,贡献率达91.5%。

引入树龄因子,树龄与3月、2月、7月和6月降水量组建了对照油松高优化模型,与3月、2月和10月降水量构建了RPA树高优化模型。油松高对3月降水反应灵敏,对2月降水反应次之;对照油松高对6月降水反应最小,RPA对10月反应最小。在树龄作用下,3月降水对树高作用最大,对RPA和对照树高贡献率为16.2%和23.7%。树龄与11月和12月降水组成了对照油松高年生长量优化模型,而仅与3月降水构建了RPA优化模型。引入树龄因子,油松高年增量与降水模型关系不变。

树龄权重下,对照油松高优化模型指标没变,RPA模型中缺了12月降水指标。3月、7月和11月单位降水对树高作用较大;3月降水对树高作用最大,对RPA和对照贡献为27.7%和26.6%;7月和8月降水对RPA树高作用相当,贡献13.8%和13.1%;7月降水对对照树高作用较大,贡献15.8%,8月和9月作用相当,贡献率为10.4%和10.5%。RPA树高年降水量优化模型显示,年降水量对模型贡献率为33.3%,远大于3月、9月、8月和10月降水的贡献,而5月、11月、2月、4月和7月降水作用相对较小,合计贡献仅占14.7%。树龄权重下,4组降水指标组合可以很好诠释对照树高年生长量与降水的关系,3组降水指标组合与RPA树高年生长量线性关系紧密。对照7指标优化模型显示,年降水量对树高年生长量作用最大,贡献48.3%;8月降水量作用次之,占28.9%。RPA9指标模型显示,3月降水作用最大,贡献29.1%;8月、9月和4月降水次之,分别贡献15.3%、14.9%和14.0%;而年降水量作用较小,仅贡献2.3%。树龄权重下,降水与对照油松高年增量模型关系不变,4月和1月降水量与RPA油松高年增量关系密切。

第二节　安康RPA拌种飞播油松高生长与降水的关系

【内容提要】飞播油松树高、树高年生长量和树高生长年增量不仅取决于年降水量,也取决于月间降水量的分布。

1. 飞播油松树高与降水量的关系

1.1 相关性　RPA和对照树高与1月降水量(P_{m01})和12月降水量(P_{m12})负相关极显著($p<0.01$),RPA与6月降水量(P_{m06})和10月降水量(P_{m10})负相关显著($p<0.05$),对照与P_{m06}相关显著($r_0=-0.257, p=0.016$);而RPA和对照树高与与年降水量(P_a)正

相关极显著($p=0.000$)、11 月降水量(P_{m08})和 4 月降水量(P_{m07})正相关极显著($p<0.01$),与 3 月降水量(P_{m03})正相关显著($p<0.05$)。

1.2 回归分析　RPA 和对照树高 11 因子向后剔除法逐步回归模型显示,各因子配合下,P_{m03}和 P_{m05}对油松高影响较大,单位量变化系数为 2.473、2.057 和 2.584、2.088,对模型分别贡献 24.9%、16.6%和 16.6%、24.1%;P_{m01}、P_{m06}、P_{m10}和 P_{m11}对树高也有较大影响,位量变化系数为 1.935、1.869、1.857、1.844 和 1.942、1.926、1.940、1.825,对模型分别贡献 7.2%、9.3%、13.5%、9.9%和 6.9%、9.3%、13.7%、9.3%。RPA4 因子和对照树高 6 因子逐步回归模型显示,油松对 P_{m07}、P_{m05}和 P_{m11}响应较强,单位量变化系数为 1.105、0.483、1.105 和 1.155、0.713、0.419,对模型影响贡献 48.1%、39.1%、7.7%和 38.6%、42.7%、10.3%。

1.3 模型拟合　RPA 和对照树高与年降水量的直线模型和 S－曲线回归极显著,与 P_{m12}和 P_{m06}的直线模型显著,与 P_{m11}和 P_{m05}的 S－曲线拟合性较强,与 P_{m09}的抛物线模型相关度高,与 P_{m08}和 P_{m07}关系可用直线模型和抛物线模型分析,RPA 与 P_{m03}关系也符合直线模型和抛物线模型,P_{m01}与直线模型、抛物线模型和指数模型均有较高的拟合性。

2. 飞播油松树高年生长量与降水量的关系

2.1 相关性　对照树高年生长量与 P_{m12}、P_{m01}、P_{m06}、P_{m02}、P_{m03}和 P_{m04}负相关依次减弱。其中,与前两因子相关极显著($p<0.01$),与 P_{m06}相关显著($p<0.05$),与后 3 个因子相关不显著($p>0.05$);而与 P_{m10}、P_{m09}、P_{m05}、P_a、P_{m08}、P_{m07}和 P_{m11}正相关依次增强,其中与前 3 个因子相关不显著,与 P_a和 P_{m08}相关显著($p<0.05$),与后两因子相关极显著($p<0.01$)。RPA 与 P_{m01}、P_{m06}、P_{m12}和 P_{m10}负相关依次减弱,其中与前 3 个因子相关极显著,与 P_{m10}相关显著;而与 P_{m02}、P_{m11}、P_{m09}、P_{m03}、P_{m04}、P_{m05}、P_{m08}、P_a和 P_{m07}正相关依次增强,其中与前 5 个因子相关不显著,与后 4 个因子相关极显著。

2.2 回归分析　向后剔除法逐步回归证明,对照优化模型中的 12 个因子(P_{m03}、P_{m05}、P_{m10}、P_{m09}、P_{m01}、P_{m06}、P_{m11}、P_{m02}、P_a、P_{m04}、P_{m08}和 P_{m12})对油松高年生长量的单位变化系数依次减小,对模型分别贡献 18.3%、15.6%、12.5%、10.1%、7.8%、7.6%、7.4%、6.0%、5.6%、4.8%、2.2%和 2.1%;RPA 优化模型中的 10 个因子(P_{m03}、P_{m06}、P_{m10}、P_{m01}、P_a、P_{m05}、P_{m11}、P_{m02}、P_{m08}和 P_{m04})的单位变化系数依次减小,对模型分别贡献 17.4%、10.6%、15.0%、6.6%、21.1%、16.5%、5.0%、3.3%、3.3%和 1.1%。在对照两个 5 因子逐步回归模型中,P_{m11}、P_{m07}、P_{m09}和 P_{m05}对模型影响较大,对模型分别贡献 30.6%、24.8%、17.7%、22.8%和 35.9%、21.5%、15.5%、26.3%;而 P_{m03}和 P_{m12}对模型仅贡献 4.1%和 0.5%。在 RPA5 因子逐步回归模型中,油松对 P_{m07}、P_{m05}、P_a、P_{m11}和 P_{m03}响应依次减弱,其对模型分别贡献 37.7%、31.7%、20.1%、6.7%和 3.8%。

2.3 模型拟合　树高年生长量与 P_a符合抛物线模型,RPA 也符合直线模型。冬季油松高年生长量与各月降水量变化相对较大,对照与 P_{m12}满足直线模型和抛物线模型分析要求,RPA 只符合直线模型条件;RPA 和对照与 P_{m01}的直线模型和抛物线模型线性关系相对密切,而与 P_{m02} 的 Cubic - 模型拟合度很高。与冬季 2 月相同,RPA 和对照与 P_{m03} 的一元三次模型拟合度也很高;RPA 与 P_{m04} 的一元三次模型也显著,而与 P_{m05} 也有一定直线模型和抛物线模型属性。夏季树高年生长量与月降水量关系变化较大。RPA 和对照与 P_{m08} 和 P_{m07} 的直线模型和抛物线模型显著,与 P_{m06} 的直线模型、对数模型和逆函数 - 模型线性关系紧密。秋季 RPA 与对照油松高年生长量对各月降水量反应差异很大。其与 9 月降水量线性关系相对疏远,没有产生有效模型;与 10 月和 11 月降水量模型决定系数也很小,线性关系比较松散,重复间变异较大。

3. 飞播油松树高生长年增量与降水量的关系

3.1 相关性 对照油松高年增量与降水量相关性整体优于 RPA。对照与 P_{m03}、P_{m04}、P_{m07}、P_a、P_{m09}、P_{m08}、P_{m12} 和 P_{m06} 负相关依次减弱,其中与前 4 个因子相关极显著($p<0.01$),与 P_{m09} 相关显著($p<0.05$),与后 3 个因子相关不显著;而与 P_{m05}、P_{m01}、P_{m02}、P_{m10} 和 P_{m11} 正相关依次增强,其中与前 4 个因子相关不显著,与 P_{m11} 相关极显著。RPA 与 P_{m06}、P_{m01}、P_{m03}、P_{m09}、P_{m10}、P_{m12}、P_a 和 P_{m07} 负相关依次减弱,但仅与 P_{m06} 和 P_{m01} 相关显著;而与 P_{m08}、P_{m04}、P_{m02}、P_{m11} 和 P_{m05} 正相关依次增强,其中与 P_{m05} 相关极显著,与 P_{m11} 相关显著。

3.2 回归分析 对照向后剔除法逐步回归模型中,10 个因子(P_a、P_{m04}、P_{m03}、P_{m09}、P_{m08}、P_{m10}、P_{m12}、P_{m06} 和 P_{m05})对油松高年增量作用依次降低,对模型分别贡献 29.8%、19.1%、14.6%、7.1%、6.3%、7.7%、4.9%、3.5%、2.5% 和 4.5%;RPA 模型中,7 个因子(P_{m09}、P_{m11}、P_{m10}、P_{m03}、P_{m01}、P_a 和 P_{m04})对树高年增量作用依次降低,对模型贡献分别为 24.8%、19.8%、16.7%、15.8%、6.3%、11.5% 和 5.0%。对照逐步回归优化模型中,油松对 P_{m11}、P_{m01}、P_{m04}、P_{m05}、P_{m12} 和 P_{m09} 响应依次减弱,但对模型贡献以 P_{m05}、P_{m04}、P_{m11}、P_{m01}、P_{m12} 和 P_{m09} 次序降低,分别为 33.0%、24.5%、20.1%、7.8%、3.2% 和 2.8%。7 因子模型中,油松对 P_{m04}、P_{m03}、P_{m06}、P_{m11}、P_{m09}、P_{m01} 和 P_{m12} 响应依次减弱,对模型分别贡献 34.7%、22.2%、14.5%、14.8%、7.8%、3.2% 和 2.8%。5 因子模型中,P_{m11}、P_{m09}、P_{m03}、P_{m04} 和 P_{m02} 对油松高年增量影响逐渐减弱,对模型依次贡献 39.1%、33.5%、10.8%、10.6% 和 6.0%。而 RPA 优化模型中,油松对 P_{m11}、P_{m09}、P_{m05}、P_{m07} 和 P_{m01} 响应依次降低,其对模型分别贡献 27.5%、20.4%、40.5%、8.8% 和 2.7%。

3.3 模型拟合 对照与年降水量关系符合直线模型、抛物线模型和一元三次模型要求;RPA 与 P_{m01} 具有抛物线模型变化规律;对照与 P_{m03} 关系直线模型、抛物线模型和一元三次模型拟合度较大,而 RPA 与其仅与一元三次模型显著;对照油松高年增量与 P_{m04} 关系满足直线模型和抛物线模型分析要求;RPA 与 P_{m05} 关系具有直线模型、抛物线模型和一元三次模型的变化特征;RPA 与 P_{m06} 的关系具有对数模型和逆函数模型的特征,也可用抛物线模型和一元三次模型表述;而对照与其仅与一元三次模型回归显著。对照与 P_{m07} 的直线模型和抛物线模型线性关系极强,其与 P_{m08} 的抛物线模型拟合度也较大,与 P_{m09} 关系具有对数模型、逆函数模型和抛物线模型的属性。RPA 与 P_{m10} 关系的一元三次模型特征明显。对照与 P_{m11} 关系符合直线模型和抛物线模型要求，而 RPA 与其具有抛物线模型的特性。

【关 键 词】RPA，年降水量，月降水量、油松，高生长，回归分析，模型拟合

安康 1 ~ 14 年飞播油松高生长指标见表 5 -8。

表 5 -8　安康 1 ~ 14 年飞播油松高生长指标

Tab. 5 -8 The tree height index of 1 - 14 years aerial seeding *Pinus tabulaeformis* in Ankang city

飞播年限 ages/a	苗高/ cm tree height		高年生长量/ cm · a^{-1} annual increment of tree height		树高年增量/ cm · a^{-2} annual height growth acceleration	
	CK	RPA	CK	RPA	CK	RPA
1	5.92 ±0.12	7.44 ±0.58	5.92 ±0.12	7.44 ±0.58	11.84 ±0.23	14.88 ±1.17
2	9.92 ±0.12	12.30 ±0.47	4.00 ±0.00	4.86 ±0.40	4.00 ±0.00	4.86 ±0.40
3	15.12 ±0.12	19.08 ±1.57	5.20 ±0.00	6.78 ±1.30	7.12 ±0.12	9.36 ±2.18
4	20.72 ±0.12	25.68 ±0.97	5.60 ±0.00	6.60 ±1.05	6.32 ±0.12	7.26 ±1.82
5	27.52 ±0.12	32.56 ±0.49	6.80 ±0.00	6.88 ±0.90	7.12 ±0.12	7.72 ±1.71
6	35.92 ±0.12	44.00 ±1.49	8.40 ±0.00	11.44 ±1.54	7.52 ±0.12	12.00 ±2.32
7	45.92 ±0.12	63.06 ±2.36	10.00 ±0.00	19.06 ±3.42	7.52 ±0.12	15.06 ±5.16
8	60.14 ±1.12	75.92 ±2.06	14.22 ±1.06	12.86 ±3.43	10.14 ±1.12	1.24 ±6.57
9	91.92 ±1.66	107.08 ±3.23	31.78 ±1.81	31.16 ±1.64	23.48 ±2.48	25.74 ±3.50
10	102.42 ±1.74	145.66 ±4.87	10.50 ±2.45	38.58 ±4.48	-15.36 ±4.15	14.86 ±5.50
11	144.50 ±2.69	207.60 ±7.41	42.08 ±1.73	61.94 ±10.80	37.50 ±1.92	30.80 ±14.61
12	190.24 ±3.50	234.98 ±6.17	45.74 ±3.29	27.38 ±10.18	9.58 ±4.71	-27.12 ±20.48
13	280.22 ±5.04	319.40 ±9.59	89.98 ±5.52	84.42 ±6.14	50.16 ±6.09	64.48 ±11.44
14	297.94 ±5.10	409.30 ±13.70	17.72 ±7.34	89.90 ±12.72	-66.34 ±12.51	12.92 ±17.47

一、当年降水量对树高的作用

1. ***向后剔除法逐步回归模型***　对树高（H_t；表 5 -8）与当年降水指标（P；表 2 -4）进行向后剔除法逐步回归模型（Backward stepwise regression model）分析，经过 2 次向后剔除法逐步回归，构建了以年降水量（P_a）、1 ~ 6 月降水量（P_{m01} ~ P_{m06}）和 9 ~ 12 月降水量（P_{m09} ~ P_{m012}）为因子的对照树高优化模型，而其引入 8 月降水量（P_{m08}），剔除年降水量构成了 RPA 油松高优化模型（表 5 -9）。

表 5－9 油松高与当年降水指标逐步回归模型

Tab. 5－9 The backward stepwise regression model of the rainfall index of current year and height of *Pinus tabulaeformi*

处理 Treat	降水因子 Rainfall index	模型 Model Coefficients		T－检验 T－test		R^2	相关系数 Correlations			共线性统计量 Collinearity statistics	
		非标准 Unstandard	标准 Standard	t	P		r_0	$r_{partial}$	r_{part}	容差 Tolerance	方差膨胀因子 VIF
H_{atck}	常量	2590.465	—	24.847	0.000	0.977 ($F=$ 224.776, $p=$ 0.000)	—	—	—	—	—
	P_a	−0.054	−0.112	−2.513	0.015		0.548	−0.313	−0.050	0.198	5.048
	P_{m01}	−72.498	−1.942	−21.211	0.000		−0.448	−0.941	−0.422	0.047	21.209
	P_{m02}	−12.913	−1.379	−28.286	0.000		−0.154	−0.966	−0.562	0.166	6.013
	P_{m03}	−16.571	−2.584	−25.949	0.000		0.223	−0.960	−0.516	0.040	25.088
	P_{m04}	−3.067	−0.690	−15.599	0.000		0.162	−0.899	−0.310	0.202	4.950
	P_{m05}	−7.245	−2.088	−20.458	0.000		0.174	−0.937	−0.407	0.038	26.352
	P_{m06}	−2.681	−1.926	−25.190	0.000		−0.257	−0.957	−0.501	0.068	14.800
	P_{m09}	2.527	1.513	20.377	0.000		0.185	0.937	0.405	0.072	13.959
	P_{m10}	−4.954	−1.940	−30.601	0.000		−0.161	−0.970	−0.608	0.098	10.170
	P_{m11}	−12.169	−1.825	−21.617	0.000		0.090	−0.943	−0.430	0.055	18.028
	P_{m12}	−3.731	−0.269	−7.508	0.000		−0.319	−0.702	−0.149	0.308	3.252
H_{trpa}	常量	3188.573	—	31.598	0.000	0.974 ($F=$ 201.132, $p=$ 0.000)	—	—	—	—	—
	P_{m01}	−92.936	−1.935	−25.589	0.000		−0.443	−0.958	−0.537	0.077	12.980
	P_{m02}	−14.972	−1.243	−27.027	0.000		−0.100	−0.963	−0.567	0.208	4.799
	P_{m03}	−20.408	−2.473	−29.063	0.000		0.259	−0.967	−0.610	0.061	16.442
	P_{m04}	−3.599	−0.629	−13.855	0.000		0.167	−0.876	−0.291	0.214	4.682
	P_{m05}	−9.183	−2.057	−24.490	0.000		0.180	−0.955	−0.514	0.062	16.012
	P_{m06}	−3.347	−1.869	−24.860	0.000		−0.250	−0.956	−0.522	0.078	12.839
	P_{m08}	−0.092	−0.064	−2.455	0.017		0.431	−0.307	−0.052	0.648	1.543
	P_{m09}	3.095	1.441	26.775	0.000		0.184	0.962	0.562	0.152	6.574
	P_{m10}	−6.103	−1.857	−33.637	0.000		−0.203	−0.975	−0.706	0.144	6.923
	P_{m11}	−15.826	−1.844	−26.957	0.000		0.020	−0.962	−0.566	0.094	10.627
	P_{m12}	−3.939	−0.221	−5.880	0.000		−0.297	−0.611	−0.123	0.312	3.203

（1）对照树高模型分析　在控制其他因子影响下，对照油松高仅与 P_{m09} 正偏相关极显著；而与 P_{m10}、P_{m02}、P_{m03}、P_{m06}、P_{m11}、P_{m01}、P_{m05}、P_{m04}、P_{m12} 和 P_a 负偏相关依次减弱，其中，与前 9 个因子相关极显著，与 P_a 相关显著（$r_{partial}=0.313$，$p=0.015$）。各因子配合下，P_{m03} 和 P_{m05} 对油松高作用较强，单位量变化系数为 2.584 和 2.088；其对模型影响也较大，贡献

16.6%和24.1%。其次是 P_{m01}、P_{m10}、P_{m06}和 P_{m11}，单位量变化系数为1.942、1.940、1.926和1.825；其对模型分别贡献6.9%、13.7%、9.3%和9.3%。P_{m09}、P_{m02}和 P_{m04}也对油松高有一定作用，单位量变化系数为1.513、1.379和0.690，对模型分别贡献8.0%、5.8%和5.0%。而 P_{m12}和 P_a对树高作用很弱，单位量变化系数仅为0.269和0.112；其对模型影响也很小，仅贡献0.8%和0.5%。

（2）RPA 树高模型分析　与对照相比，RPA 树高也仅与 P_{m09}正偏相关极显著；而与 P_{m10}、P_{m03}、P_{m02}、P_{m11}、P_{m01}、P_{m06}、P_{m05}、P_{m04}、P_{m12}和 P_{m08}负偏相关依次减弱，其中，与前9个因子相关极显著，与 P_{m08}相关显著（$r_{partial}=0.307, p=0.017$）。各因子相互作用下，也是 P_{m03}和 P_{m05}对树高作用较强，单位量变化系数为2.473和2.057，对模型分别贡献24.9%和16.6%；与对照基本相同。其次是 P_{m01}、P_{m06}、P_{m10}和 P_{m11}，单位量变化系数为1.935、1.869、1.857和1.844，对模型分别贡献7.2%、9.3%、13.5%和9.9%；其对树高作用略有减弱，而对模型影响有所提高。与对照相同，P_{m09}、P_{m02}和 P_{m04}也对油松高有一定作用，单位量变化系数为1.441、1.243和0.629，对模型分别贡献80.%、5.4%和4.6%。而 P_{m12}和 P_{m08}对树高作用极弱，单位量变化系数仅为0.221和0.064，对模型仅贡献0.6%和0.1%。

2. **逐步回归模型**　在组成的6组对照有效模型中，P_{m07}、P_{m05}、P_{m11}、P_{m08}、P_{m02}和 P_{m01}构成了对照油松高降水指标优化模型；而在4组 RPA 有效模型中，P_{m07}、P_{m05}、P_{m11}和 P_{m08}构成其优化模型（表5－10）。

表5－10　油松高与当年降水指标逐步回归模型

Tab. 5－10 The backward stepwise regression model of the rainfall index of current year and height of *Pinus tabulaeformii*

处理 Treat	降水因子 Rainfall index	模型 Model Coefficients		T－检验 T－test		R^2	相关系数 Correlations			共线性统计量 Collinearity statistics	
		非标准 Unstandard	标准 Standard	t	P		r_0	$r_{partial}$	r_{part}	容差 Tolerance	方差膨胀因子 VIF
H_{tck}	常量	－361.467	—	－8.328	0.000	0.857（$F=$ 93.037, $p=$ 0.000）	—	—	—	—	—
	P_{m07}	1.061	1.155	15.374	0.000		0.751	0.889	0.732	0.401	2.492
	P_{m05}	2.473	0.713	8.626	0.000		0.174	0.736	0.411	0.332	3.012
	P_{m11}	2.797	0.419	7.490	0.000		0.090	0.686	0.357	0.723	1.383
	P_{m08}	－0.225	－0.202	－3.199	0.002		0.417	－0.374	－0.152	0.567	1.764
	P_{m02}	－2.112	－0.225	－3.793	0.000		－0.154	－0.431	－0.181	0.641	1.559
	P_{m01}	10.185	0.273	3.313	0.002		－0.448	0.385	0.158	0.334	2.991

续表 5-10

处理 Treat	降水因子 Rainfall index	模型 Model Coefficients		T-检验 T-test		R^2	相关系数 Correlations			共线性统计量 Collinearity statistics	
		非标准 Unstandard	标准 Standard	t	P		r_0	$r_{partial}$	r_{part}	容差 Tolerance	方差膨胀因子 VIF
H_{trpa}	常量	-320.196	—	-10.872	0.000	0.870 (F = 108.583, p = 0.000)	—	—	—	—	—
	P_{m07}	1.305	1.105	17.830	0.000		0.794	0.911	0.797	0.521	1.921
	P_{m05}	2.156	0.483	10.101	0.000		0.180	0.782	0.452	0.874	1.144
	P_{m11}	2.441	0.284	6.031	0.000		0.020	0.599	0.270	0.898	1.113
	P_{m08}	-0.333	-0.232	-3.948	0.000		0.431	-0.440	-0.176	0.577	1.734

(1)对照树高逐步回归模型分析　在控制其他因子影响下，树高与 P_{m02} 和 P_{m08} 负净相关极显著，而与 P_{m01}、P_{m11}、P_{m05} 和 P_{m07} 正净相关极显著，且依次增强。各因子配合下，油松对 P_{m07}、P_{m05} 和 P_{m11} 响应较强，单位量变化系数为 1.155、0.713 和 0.419；其对模型影响也较大，贡献 38.6%、42.7% 和 10.3%。而对 P_{m01}、P_{m02} 和 P_{m08} 响应较弱，单位量变化系数为 0.273、0.225 和 0.202；其对模型影响也较小，分别贡献 2.6%、2.8% 和 3.0%。

(2)RPA 树高逐步回归模型分析　与对照相比，RPA 树高也与 P_{m08} 负净相关极显著，而与 P_{m11}、P_{m05} 和 P_{m07} 正净相关极显著，且依次增强。各因子相互作用下，P_{m07} 和 P_{m05} 对油松高起着决定作用，单位量变化系数为 1.105 和 0.483，对模型贡献 48.1% 和 39.1%。而油松对 P_{m11} 和 P_{m08} 响应较弱，单位量变化系数仅为 0.284 和 0.232；其对模型影响也较小，分别贡献 7.7% 和 5.1%。

综合上述分析，5 月、3 月和 11 月降水量是决定安康飞播油松树高的关键降水因子，对 RPA 和对照模型贡献 54.9% 和 54.4%；而 8 月和 12 月降水量对树高作用很小，对模型贡献在 1.0% 左右。

3. 树高与降水量的性关性　从相关性分析，RPA 和对照树高与 P_a 正相关极显著 (r_0 = 0.574、0.548，p = 0.000)。与 P_{m01}、P_{m12}、P_{m06}、P_{m10} 和 P_{m02} 负相关依次减弱；其中与前 2 个因子相关极显著，RPA 与 P_{m06} 和 P_{m10} 相关显著 (r_0 = -0.250、-0.203，p = 0.019、0.046)，与 P_{m02} 相关不显著 (r_0 = -0.100，p = 0.205)，对照与 P_{m06} 相关显著 (r_0 = -0.257，p = 0.016)，P_{m10} 和 P_{m02} 相关不显著 (r_0 = -161、-0.154，p = 0.092、0.102)。而与 P_{m11}、P_{m04}、P_{m05}、P_{m09}、P_{m03}、P_{m08} 和 P_{m07} 正相关依次增强；其中与后 2 个因子相关极显著，与 P_{m03} 相关显著 (r_0 = 0.259、0.223，p = 0.015、0.032)，与前 4 个因子相关不显著。

4. 树高与降水量的模型拟合

(1)树高与年降水量模型　RPA 和对照的 Linear - 模型的决定系数 R^2 为 0.329 和 0.301；斜率 $b > 0$，RPA > 对照，比值为 1.135；截距 $a < 0$，RPA < 对照；两模型相交于

524.2 mm/a附近，交点模型值为 17.5 cm；交点位于研究期内当地年降水量(P_a)范围{525.8,1231.9}下限左侧。表明在当地年降水条件下，油松树高与年降水量成正比，且线性关系十分紧密。RPA 模型值大于对照，差异有随年降水量增加扩大的趋势。而其 S－曲线显示，干旱年份油松高与年降水量变化幅度较小，但随降水量逐步增加，油松对降水量响应逐渐增强，高生长加快。

$$H_{trpa} = -168.805 + 0.335P_{a07}$$

$(n = 70, R^2 = 0.329, F = 33.400, p = 0.000; t_0 = -3.264, p = 0.002; t_1 = 5.779, p = 0.000)$

$$H_{tck} = -e^{7.288 - \frac{2395.326}{P_a}}$$

$(n = 70, R^2 = 0.357, F = 37.799, p = 0.000; t_0 = 14.076, p = 0.000; t_1 = -6.148, p = 0.000)$

$$H_{tck} = -120.824 + 0.264P_a$$

$(n = 70, R^2 = 0.301, F = 29.224, p = 0.000; t_0 = -2.944, p = 0.004; t_1 = 5.406, p = 0.000)$

$$H_{tck} = e^{6.995 - \frac{2350.631}{P_a}}$$

$(n = 70, R^2 = 0.355, F = 37.472, p = 0.000; t_0 = 13.707, p = 0.000; t_1 = -6.121, p = 0.000)$

(2)树高与不同季节降水量模型

①冬季降水量模型　RPA 和对照的 P_{m12} 和 P_{m01} 的 Linear－模型，12 月降水量模型决定系数为 0.088 和 0.102，线性关系相对松散；而 1 月降水模型为 0.196 和 0.201，线性关系相对紧密。其 $b < 0$，RPA < 对照，b 比值为 1.198 和 1.241；$a > 0$，RPA > 对照；表明油松树高与月降水量成反比，且 RPA 油松对其影响较强。模型分别相交于 39.2 mm/a 和 8.7 mm/a附近，交点模型值为－40.8 cm 和－4.2 cm；交点位于试验期当地 12 月降水量{0.0,25.6}上限以外，1 月与其降水量上限{0.0,8.8}重合。证明在当地降水条件下，RPA 树高大于对照，但两者差距与月降水量呈负相关。

$$H_{trpa} = 166.877 - 5.299P_{m12}$$

$(n = 70, R^2 = 0.088, F = 6.582, p = 0.012; t_0 = 7.392, p = 0.000; t_1 = -2.566, p = 0.012)$

$$H_{tck} = 132.591 - 4.425P_{m12}$$

$(n = 70, R^2 = 0.102, F = 7.714, p = 0.007; t_0 = 7.614, p = 0.000; t_1 = -2.777, p = 0.007)$

$$H_{trpa} = 181.407 - 21.263P_{m01}$$

$(n = 70, R^2 = 0.196, F = 16.572, p = 0.000; t_0 = 9.170, p = 0.000; t_1 = -4.071, p = 0.000)$

RPA 和对照 P_{m01} 的 Quadratic－模型决定系数为 0.212 和 0.221，模型关系十分显著；其常数项 $a > 0$，RPA > 对照；一次项系数 $b < 0$，RPA < 对照；二次项系数 $c > 0$，RPA > 对照；极小值为 26.1 cm 和 22.6 cm，分别出现在 9.0 mm/a 和 8.5 mm/a 附近；RPA 模型极值点在 P_{m01} 上限外，对照极值点右侧仅有 1 组数据。当地降水条件下，树高与降水量呈负相关，但降幅分别以 4.286 P_{m01} 和 3.809 P_{m01} 递减。两模型在 10.6 mm/a 和 16.5 mm/a 附近相交，交点均超出了试验期 1 月降水量上限。表明在当地降水条件下，RPA 模型值大于对照，但随着 1 月降水量的增加，两者差异有逐渐缩小的趋势。其 P_{m01} 的 Exponential－模型也显示，树高与 P_{m01} 成反比，且 RPA 模型值大于对照，但差距以 4.530 P_{m01} 递减。

$$H_{trpa} = 199.090 - 38.513P_{m01} + 2.143P_{m01}^2$$

$(n=70, R^2=0.212, F=8.998, p=0.000; t_0=7.979, p=0.000; t_1=-2.440, p=0.017; t_2=1.158, p=0.251)$

$$H_{trpa} = 122.409e^{-0.221P_{m01}}$$

$(n=70, R^2=0.215, F=18.634, p=0.000; t_0=5.168, p=0.000; t_1=-4.317, p=0.000)$

$$H_{tck} = 141.858 - 16.732P_{m01}$$

$(n=70, R^2=0.201, F=17.092, p=0.000; t_0=9.255, p=0.000; t_1=-4.134, p=0.000)$

$$H_{tck} = -157.575 - 32.064P_{m01} + 1.905P_{m01}^2$$

$(n=70, R^2=0.221, F=9.531, p=0.000; t_0=8.176, p=0.000; t_1=-2.630, p=0.011; t_2=1.332, p=0.187)$

$$H_{tck} = 96.400e^{-0.219P_{m01}}$$

$(n=70, R^2=0.220, F=19.147, p=0.000; t_0=5.267, p=0.000; t_1=-4.376, p=0.000)$

②春季降水量模型　树高与春季各月降水量模型决定系数 R^2 相对较小，重复间变异较大，模型线性关系比较松散。但整体呈现树高与其月降水量呈正相关的趋势。RPA 的 P_{m03} Linear－模型决定系数 R^2 较小，$b>0$；Quadratic－模型的 R^2 为 0.111；$a>0, b<0, c>0$，极小值为 87.1 cm，出现在 22.5 mm/m 附近；极值点右侧有 8 组数据，其油松树高与 3 月降水量呈正相关，且增幅以 0.264 P_{m03} 递增；发生频度 0.571。RPA 和对照 P_{m05} 的 S－曲线 R^2 为 0.156 和 0.152；$a>0$，且 RPA＞对照；$b<0$，且 RPA＞对照；5 月降水范围内，RPA 模型值大于对照，且差异有随 P_{m05} 增加扩大的趋势。

$$H_{trpa} = e^{5.284-\frac{96.099}{P_{m05}}}$$

$(n=70, R^2=0.156, F=12.583, p=0.001; t_0=15.678, p=0.000; t_1=-3.547, p=0.001)$

$$H_{tck} = e^{5.014-\frac{93.453}{P_{m05}}}$$

$(n=70, R^2=0.152, F=12.235, p=0.001; t_0=15.098, p=0.000; t_1=-3.498, p=0.001)$

$$H_{trpa} = 59.575 + 2.137P_{m03}$$

$(n=70, R^2=0.067, F=4.889, p=0.030; t_0=1.889, p=0.063; t_1=2.211, p=0.030)$

$$H_{trpa} = 153.960 - 5.940P_{m03} + 0.132P_{m03}^2$$

$(n=70, R^2=0.111, F=4.190, p=0.019; t_0=2.551, p=0.013; t_1=-1.311, p=0.194; t_2=1.823, p=0.073)$

③夏季降水量模型　油松高与夏季各月降水量的关系有所变化。RPA 和对照 P_{m06} 的 Linear－模型决定系数 R^2 为 0.062 和 0.066，模型线性关系比较松散。其 $b<0$，且 RPA＞对照，b 比值为 1.251；$a>0$，且 RPA＜对照；模型交点位于 399.2 mm/a 附近，模型值为 11.9 cm；交点远在 5 月降水量范围{19.7, 297.9}上限以外。在当地降水条件下，树高与

P_{m06}有负相关的趋势，且 RPA 树高大于对照，但两者差距以 $0.090P_{m06}$ 速度缩小。其 P_{m07} 的 Linear－模型的 R^2 为 0.631 和 0.563，模型拟合度极高；其 $b>0$，且 RPA＞对照，b 比值为 1.361；$a>0$，且 RPA＞对照；模型在 63.8 mm/a 附近相交，模型值为 20.6 cm。交点右侧有 13 组数据，其树高与 7 月降水量呈正相关，且 RPA 高于对照，两者差异随 P_{m07} 增加而扩大，扩大幅度以 $0.154P_{m07}$ 递增；发生频度 0.929。RPA 和对照 P_{m08} 的 Linear－模型的 R^2 为 0.186 和 0.0.174，比 7 月显著降低；但也是 $b>0$，且 RPA＞对照，b 比值为1.331；$a<0$，且 RPA＜对照；交点位于 －27.0 mm/m 附近，模型值为 13.7 cm；交点值远小于研究期 8 月降水量的最低值{6.9，284.0}。研究期内，RPA 油松高大于对照，差异以 $0.154P_{m08}$ 递增。

$$H_{trpa} = 166.669 - 0.117P_{m06}$$

$$(n=70, R^2=0.062, F=4.524, p=0.037; t_0=6.526, p=0.000; t_1=-2.127, p=0.037)$$

$$H_{tck} = 130.812 - 0.357P_{m06}$$

$$(n=70, R^2=0.066, F=4.802, p=0.032; t_0=6.602, p=0.000; t_1=-2.191, p=0.032)$$

$$H_{trpa} = -39.251 + 0.939P_{m07}$$

$$(n=70, R^2=0.631, F=116.209, p=0.000; t_0=-2.251, p=0.028; t_1=10.780, p=0.000)$$

$$H_{tck} = -23.353 + 0.689P_{m07}$$

$$(n=70, R^2=0.563, F=87.765, p=0.000; t_0=-1.585, p=0.118; t_1=9.368, p=0.000)$$

$$H_{tcpa} = 30.381 + 0.619P_{m08}$$

$$(n=70, R^2=0.186, F=15.543, p=0.000; t_0=1.136, p=0.260; t_1=3.942, p=0.000)$$

$$H_{tck} = 26.240 + 0.465P_{m08}$$

$$(n=70, R^2=0.174, F=14.321, p=0.000; t_0=1.253, p=0.214; t_1=3.784, p=0.000)$$

从其 Quadratic－模型分析，P_{m07}模型的决定系数 R^2 为 0.642 和 0.566，线性关系非常显著；其 $a>0$，且 RPA＞对照；$b>0$，且 RPA＜对照；$c>0$，RPA＞对照；RPA 模型值永远大于对照。极小值为 －52.7 cm 和 －168.9 cm，出现在 －239.1 mm/m 和 －647.7 mm/m 附近；极值点降水量远小于当地 7 月降水量的最小值{43.7，455.0}。在当地降水条件下，油松树高与 P_{m07} 成正比，且 RAP 和对照增幅分别以 $1.946\times10^{-3}P_{m07}$ 和 $7.739\times10^{-4}P_{m07}$ 递增，两者差距也以 $0.021P_{m07}$ 速度扩大。其 P_{m08} 模型的决定系数 R^2 为 0.225 和 0.189，比 7 月降水模型降低，重复间变异相对较大，线性关系比较松散；其 $a>0$，且 RPA＞对照；$b>0$，且 RPA＞对照；$c>0$，RPA＞对照；RPA 模型值也始终大于对照。极小值为 64.9 cm 和 49.0 cm，出现在 59.6 mm/m 和 14.1 mm/m 附近；RPA 极值点右侧有 13 组数据，对照极值点降水量低于当地 8 月降水量最低值。与 7 月降水量相同，树高也与 8 月降水量成正比，增幅分别以 $5.577\times10^{-3}P_{m08}$ 和 $3.656\times10^{-3}P_{m08}$ 递增，RPA 和对照差异随 P_{m08} 增加逐渐明显，扩大幅度以 $0.067P_{m08}$ 速度递增。

$$H_{trpa} = 78.328 - 0.452P_{m08} + 3.788 \div 10^{-3}P_{m08}^2$$

($n=70$, $R^2=0.225$, $F=9.748$, $p=0.000$; $t_0=2.119$, $p=0.038$; $t_1=-0.852$, $p=0.455$; $t_2=1.845$, $p=0.070$)

$$H_{tck}=49.376-0.051P_{m08}+1.828\times10^{-3}P_{m08}^2$$

($n=70$, $R^2=0.189$, $F=7.813$, $p=0.001$; $t_0=1.680$, $p=0.098$; $t_1=-0.108$, $p=0.914$; $t_2=1.119$, $p=0.267$)

$$H_{trpa}=2.923+0.465P_{m07}+9.730\times10^{-4}P_{m07}^2$$

($n=70$, $R^2=0.642$, $F=60.142$, $p=0.000$; $t_0=0.087$, $p=0.931$; $t_1=1.388$, $p=0.170$; $t_2=1.461$, $p=0.149$)

$$H_{tck}=-6.583+0.501P_{m07}+3.869\times10^{-4}P_{m07}^2$$

($n=70$, $R^2=0.566$, $F=43.765$, $p=0.000$; $t_0=-0.229$, $p=0.820$; $t_1=1.747$, $p=0.085$; $t_2=0.679$, $p=0.499$)

（4）秋季降水量模型　树高与秋季各月降水量模型决定系数 R^2 也相对较小。RPA 和对照 P_{m09} 的 Quadratic－模型 R^2 为 0.190 和 0.214，线性关系相对疏远。其 $a<0$，且 RPA < 对照；$b>0$，且 RPA > 对照；$c<0$，且 RPA < 对照；模型极大值为 181.9 cm 和 144.3 cm，分别出现在 129.5 mm/m 和 128.6 mm/m 附近；极值点左侧均有 11 组数据。极值点左侧，树高与月降水量成正比，增幅以 $2.669\times10^{-2}P_{m09}$ 和 $2.224\times10^{-2}P_{m09}$ 递减，发生频度 0.786；极值点增幅为零；极值点右侧，树高与月降水量成反比，降幅以 $2.669\times10^{-2}P_{m09}$ 和 $2.224\times10^{-2}P_{m09}$ 递增，发生频度 0.214。两模型交点位于 3.9 mm/m 和 264.0 mm/m 附近；左侧交点降水量小于当地 9 月降水量最低值{22.7，224.9}，右侧交点值大于 9 月降水量最大值。在当地降水条件下，RPA 油松树高大于对照，模型最大差距为 37.6 cm，出现在 134.0 mm/m 附近；左侧有 11 组数据，RPA 和对照差距与 P_{m09} 呈正相关，增幅以 $4.450\times10^{-3}P_{m09}$ 递减；发生频度 0.786。RPA 和对照 P_{m11} 的 S－曲线 R^2 为 0.141 和 0.143，线性关系较疏远。其 $a>0$，且 RPA > 对照；$b<0$，且 RPA < 对照；模型收敛较快，模型值趋于稳定；树高只在月降水量极低情况下与 P_{m11} 呈明显的正相关；而正常年份，正相关不显著。

$$H_{tck}=-41.805+3.455P_{m09}-0.013P_{m09}^2$$

($n=70$, $R^2=0.190$, $F=7.854$, $p=0.001$; $t_0=-0.957$, $p=0.342$; $t_1=3.909$, $p=0.000$; $t_2=-3.593$, $p=0.001$)

$$H_{tck}=-39.501+2.859P_{m09}-0.011P_{m09}^2$$

($n=70$, $R^2=0.214$, $F=9.106$, $p=0.000$; $t_0=-1.180$, $p=0.242$; $t_1=4.225$, $p=0.000$; $t_2=-3.910$, $p=0.000$)

$$H_{trpa}=e^{4.348-\frac{0.539}{P_{m11}}}$$

($n=70$, $R^2=0.141$, $F=11.190$, $p=0.001$; $t_0=30.197$, $p=0.000$; $t_1=-3.345$, $p=0.001$)

$$H_{tck} = e^{4.110-\frac{0.532}{P_{m11}}}$$

($n=70$, $R^2=0.143$, $F=11.302$, $p=0.001$; $t_0=29.030$, $p=0.000$; $t_1=-3.362$, $p=0.001$)

二、当年降水对树高年生长量的作用

1. **树高年生长量与当年降水量的后剔除法逐步回归模型** 对树高年生长量(H_{at})与当年降水指标(P)进行向后剔除法逐步回归模型分析，经过 1 次向后逐步回归，仅剔除了 P_{m07}，构建了对照树高年生长量优化模型；而经过 3 次向后逐步回归，剔除了 P_{m07}、P_{m09} 和 P_{m12}，构成了 RPA 油松优化模型(表 5－11)。

表 5－11 油松高年生长量与当年降水指标逐步回归模型

Tab. 5－11 The backward stepwise regression model of the rainfall index of current year and annual height growth of *Pinus tabulaeformi*

处理 Treat	降水因子 Rainfall index	模型 Model Coefficients		T－检验 T－test		R^2	相关系数 Correlations			共线性统计量 Collinearity statistics	
		非标准 Unstandard	标准 Standard	t	P		r_0	$r_{partial}$	r_{part}	容差 Tolerance	方差膨胀因子 VIF
	常量	861.611	—	9.560	0.000		—	—	—	—	—
	P_a	-0.184	-1.516	-4.771	0.000		0.204	-0.534	-0.183	0.015	68.819
	P_{m01}	-19.578	-2.080	-7.204	0.000		-0.321	-0.690	-0.276	0.018	56.824
	P_{m02}	-3.973	-1.683	-12.505	0.000		-0.096	-0.856	-0.479	0.081	12.343
	P_{m03}	-5.180	-3.204	-10.879	0.000		-0.087	-0.822	-0.417	0.017	59.109
	P_{m04}	-1.365	-1.217	-13.669	0.000		-0.081	-0.875	-0.524	0.185	5.407
H_{atck}	P_{m05}	-2.093	-2.393	-7.519	0.000	0.857 (F=93.037, p=0.000)	0.143	-0.706	-0.288	0.014	69.012
	P_{m06}	-0.691	-1.970	-11.950	0.000		-0.276	-0.845	-0.458	0.054	18.521
	P_{m08}	0.226	0.805	4.583	0.000		0.248	0.519	0.176	0.048	21.035
	P_{m09}	0.920	2.187	7.781	0.000		0.028	0.718	0.298	0.019	53.833
	P_{m10}	-1.478	-2.295	-12.173	0.000		0.005	-0.850	-0.466	0.041	24.233
	P_{m11}	-3.124	-1.858	-7.020	0.000		0.375	-0.681	-0.269	0.021	47.755
	P_{m12}	-2.435	-0.697	-9.537	0.000		-0.381	-0.784	-0.365	0.275	3.638

续表 5-11

处理 Treat	降水因子 Rainfall index	模型 Model Coefficients 非标准 Unstandard	模型 Model Coefficients 标准 Standard	T-检验 T-test t	T-检验 T-test P	R^2	相关系数 Correlations r_0	相关系数 Correlations $r_{partial}$	相关系数 Correlations r_{part}	共线性统计量 Collinearity statistics 容差 Tolerance	共线性统计量 Collinearity statistics 方差膨胀因子 VIF
H_{atrpa}	常量	357.734	—	8.252	0.000	0.916 (F = 52.044, p = 0.000)	—	—	—	—	—
	P_a	0.156	1.007	6.805	0.000		0.435	0.663	0.356	0.125	7.986
	P_{m01}	-13.581	-1.131	-7.259	0.000		-0.442	-0.687	-0.380	0.113	8.852
	P_{m02}	-1.631	-0.541	-6.166	0.000		0.026	-0.626	-0.323	0.356	2.811
	P_{m03}	-3.019	-1.463	-9.955	0.000		0.153	-0.792	-0.521	0.127	7.882
	P_{m04}	-0.304	-0.213	-2.394	0.020		0.166	-0.298	-0.125	0.348	2.874
	P_{m05}	-1.075	-0.963	-6.145	0.000		0.292	-0.625	-0.322	0.112	8.951
	P_{m06}	-0.555	-1.239	-8.989	0.000		-0.302	-0.760	-0.471	0.144	6.932
	P_{m08}	-0.185	-0.517	-4.261	0.000		0.390	-0.485	-0.223	0.186	5.373
	P_{m10}	-0.944	-1.149	-10.382	0.000		-0.265	-0.804	-0.544	0.224	4.471
	P_{m11}	-1.328	-0.619	-6.850	0.000		0.036	-0.666	-0.359	0.336	2.978

(1)对照的后剔除法逐步回归模型分析　油松高年生长量体现了自身生长特性和气候及立地条件的综合作用。排除其他因子的干扰,对照油松高年生长量仅与 P_{m01} 和 P_{m11} 正偏相关极显著,而与其他降水因子负偏相关极显著。在各因子相互作用下,P_{m03} 对油松高年生长量作用最强,单位量变化系数为 3.204;其次是 P_{m05}、P_{m10}、P_{m09} 和 P_{m01},单位量变化系数为 2.393、2.295、2.187 和 2.080;P_{m06}、P_{m11}、P_{m02}、P_a 和 P_{m04} 对树高年生长量作用也相对较强,单位量变化系数为 1.970、1.858、1.683、1.516 和 1.217;而 P_{m08} 和 P_{m12} 对油松高年生长量作用相对较弱,单位量变化系数仅为 0.805 和 0.697。从模型系数、偏相关系数和月降水量综合分析,P_a 对模型影响最大,贡献 42.8%;P_{m05}、P_{m06}、P_{m09} 和 P_{m10} 对模型影响也较大,分别贡献 10.8%、10.8%、9.5% 和 10.0%;而 P_{m11}、P_{m12}、P_{m01} 和 P_{m02} 对树高年生长量影响很小,分别贡献 1.8%、0.3%、0.3% 和 1.2%。

(2)RPA 的后剔除法逐步回归模型分析　与对照比较,RPA 油松高年生长量仅与年降水量(P_a)正偏相关极显著;而与 P_{m10}、P_{m03}、P_{m06}、P_{m01}、P_{m11}、P_{m02}、P_{m05}、P_{m08} 和 P_{m04} 负偏相关依次减弱,其中除与 P_{m04} 相关显著外($r_{partial} = -0.298$, $p = 0.020$),与其余因子相关极显著。各因子配合下,也是 P_{m03} 对油松高年生长量作用最强,单位量变化系数为1.463,比对照明显减弱。其次是 P_{m06}、P_{m10}、P_{m01} 和 P_a，单位量变化系数为 1.239、1.149、1.131 和 1.007，也比对照明显降低。从其对模型影响分析，年降水量的影响显著增大，贡献 63.3%，P_{m06} 对油松高年生长量影响也较大，贡献 11.0%；P_{m10} 和 P_{m05} 对树高年生长量也有一定影响，分别贡献 8.5% 和 6.9%；而 P_{m01}、P_{m02} 和 P_{m04} 对树高年生长量影响很小，仅贡献 0.3%、0.5% 和 0.4%。

表 5-12　油松高年生长量与当年降水指标逐步回归模型

Tab. 5-12 The backward stepwise regression model of the rainfall index of current year and annual height growth of *Pinus tabulaeformi*

处理 Treat	降水因子 Rainfall index	模型 Model Coefficients 非标准 Unstandard	标准 Standard	T-检验 T-test t	P	R^2	相关系数 Correlations r_0	$r_{partial}$	r_{part}	共线性统计量 Collinearity statistics 容差 Tolerance	方差膨胀因子 VIF
H_{atck}	常量	-41.297	—	-3.968	0.000	0.636 (F = 22.359, p = 0.000)	—	—	—	—	—
	P_{m11}	1.515	0.901	8.489	0.000		0.375	0.728	0.640	0.505	1.982
	P_{m07}	0.166	0.715	8.004	0.000		0.332	0.707	0.604	0.713	1.403
	P_{m05}	0.353	0.404	5.019	0.000		0.143	0.531	0.379	0.878	1.139
	P_{m09}	-0.257	-0.610	-5.928	0.000		0.028	-0.595	-0.447	0.537	1.861
	P_{m03}	-0.366	-0.226	-2.653	0.010		-0.087	-0.315	-0.200	0.783	1.277
	常量	-44.609	—	-3.940	0.000	0.606 (F = 19.675, p = 0.000)	—	—	—	—	—
	P_{m12}	-0.405	-0.116	-1.271	0.208		-0.381	-0.157	-0.100	0.741	1.350
	P_{m11}	1.479	0.879	7.627	0.000		0.375	0.690	0.599	0.463	2.159
	P_{m07}	0.133	0.573	6.061	0.000		0.332	0.604	0.476	0.689	1.451
	P_{m05}	0.343	0.392	4.600	0.000		0.143	0.498	0.361	0.848	1.180
	P_{m09}	-0.218	-0.518	-4.419	0.000		0.028	-0.484	-0.347	0.448	2.231
H_{atrpa}	常量	-40.026	—	-2.918	0.005	0.606 (F = 19.675, p = 0.000)	—	—	—	—	—
	P_{m07}	0.384	1.298	10.965	0.000		0.658	0.808	0.634	0.238	4.194
	P_{m05}	0.610	0.546	8.906	0.000		0.292	0.744	0.515	0.889	1.125
	P_{m11}	0.754	0.351	5.349	0.000		0.036	0.556	0.309	0.775	1.291
	P_a	-0.072	-0.468	-4.369	0.000		0.435	-0.479	-0.253	0.291	3.434
	P_{m03}	-0.491	-0.238	-3.266	0.002		0.153	-0.378	-0.189	0.629	1.589

2. ***树高年生长量与当年降水量的逐步回归模型***　对其进行逐步回归模型分析，对照组成了 7 组有效模型，其中，P_{m11}、P_{m07}、P_{m05}、P_{m09} 和 P_{m03} 因子构成了其油松高年生长量优

化模型；同时，用 P_{m12} 因子取代其 P_{m03} 因子也能较好诠释当年降水对其油松高年生长量的影响。而在组成的5组RPA油松有效模型中，P_{m07}、P_{m05}、P_{m11}、P_a 和 P_{m03} 因子组建了其优化模型（表5－12）。

（1）对照逐步回归模型分析　排除其他因子干扰，树高年生长量与 P_{m09} 负净相关极显著，与 P_{m12} 负净相关显著（$r_{\text{partial}} = -0.315, p = 0.010$）；而与 P_{m05}、P_{m07} 和 P_{m11} 正净相关依次增强，且极显著。各因子配合下，油松高年生长量对 P_{m11} 响应较强，单位量变化系数为0.901；其对模型影响也较大，贡献30.6%。其次是 P_{m07}、P_{m09} 和 P_{m05}，单位量变化系数为0.715、0.610和0.404，对模型分别贡献24.8%、17.7%和22.8%。而油松对 P_{m03} 响应较弱，单位量变化系数为0.226，其对模型仅贡献4.1%。其另一模型显示，树高年增量也与 P_{m09} 负净相关极显著，与 P_{m05}、P_{m07} 和 P_{m11} 正净相关依次增强，且极显著；但与 P_{m12} 负净相关不显著（$r_{\text{partial}} = -0.157, p = 0.208$）。在各因子相互作用下，油松也对 P_{m11} 响应较强，其单位量变化系数为0.879，对模型贡献35.9%。其次也是 P_{m07}、P_{m09} 和 P_{m05}，单位量变化系数为0.573、0.518和0.392，对模型分别贡献21.5%、15.5%和26.3%。而油松对 P_{m12} 响应很弱，单位量变化系数仅为0.116；其对模型影响也很小，仅贡献0.5%。

（2）RPA的逐步回归模型分析　在控制其他因子作用下，RPA树高年生长量与 P_a 和 P_{m12} 负净相关极显著，而与 P_{m11}、P_{m05} 和 P_{m07} 正净相关极显著，且依次增强。各因子配合下，油松对 P_{m07} 响应最强，单位量变化系数为1.298，其对模型贡献37.7%；比对照明显增强。其次是 P_{m05} 和 P_a，单位量变化系数为0.546和0.468，对模型分别贡献31.7%和20.1%；其中 P_{m05} 作用和影响比对照明显增加。而油松高年生长量对 P_{m11} 和 P_{m03} 响应较弱，单位量变化系数为0.351和0.238；其对模型影响也较小，仅贡献6.7%和3.8%；其 P_{m11} 的作用和影响比对照下降非常显著。

3. 树高年生长量与当年降水量的性关性　从树高年生长量与当年降水指标相关性分析，对照与 P_{m12}、P_{m01}、P_{m06}、P_{m02}、P_{m03} 和 P_{m04} 负相关依次减弱，其中与前两因子相关极显著（$r_0 = -0.381$、-0.321，$p = 0.001$、0.003），与 P_{m06} 相关显著（$r_0 = -0.276, p = 0.010$），与后3个因子相关不显著（$r_0 = -0.096$、-0.097、-0.081，$p = 0.215$、0.237、0.254）；而与 P_{m10}、P_{m09}、P_{m05}、P_a、P_{m08}、P_{m07} 和 P_{m11} 正相关依次增强，其中与前3个因子极不相关（$r_0 = 0.005$、0.028、0.143，$p = 0.483$、0.410、0.119），与 P_a 和 P_{m08} 相关显著（$r_0 = 0.204$、0.248，$p = 0.045$、0.019），与后两因子相关极显著（$r_0 = 0.332$、0.375，$p = 0.002$、0.001）。RPA与 P_{m01}、P_{m06}、P_{m12} 和 P_{m10} 负相关依次减弱，其中与前3个因子相关极显著（$r_0 = -0.442$、-0.302、-0.280，$p = 0.000$、0.006、0.009），与 P_{m10} 相关显著（$r_0 = -0.265, p = 0.013$）；而与 P_{m02}、P_{m11}、P_{m09}、P_{m03}、P_{m04}、P_{m05}、P_{m08}、P_a 和 P_{m07} 正相关依次增强，其中与前5个因子相关不显著（$r_0 = 0.026$、0.036、0.060、0.153、0.166，$p = 0.414$、0.384、0.311、0.104、0.085），与后4个因子相关极显著（$r_0 = 0.292$、0.390、0.435、0.658，$p = 0.007$、0.000、0.000、0.000）。

4. 树高年生长量与当年降水量的模型拟合

（1）树高年生长量与年降水量模型　对照树高年生长量与年降水量（P_a）的 Quadratic－模型显著，RPA 与其符合 Linear－模型和 Quadratic－模型。

$$H_{atrpa} = -25.778 + 0.067P_a$$

$(n=70, R^2=0.189, F=15.837, p=0.000; t_0=-1.831, p=0.074; t_1=3.980, p=0.000)$

$$H_{atrpa} = 31.621 - 0.073P_a + 8.106\times10^{-5}P_a^2$$

$(n=70, R^2=0.199, F=8.347, p=0.001; t_0=0.504, p=0.616; t_1=-0.486, p=0.629; t_2=0.940, p=0.351)$

$$H_{atck} = 1.026 + 0.225P_a$$

$(n=70, R^2=0.042, F=2.959, p=0.090; t_0=0.085, p=0.933; t_1=1.720, p=0.090)$

$$H_{tck} = -171.092 + 0.446P_a - 2.431\times10^{-4}P_a^2$$

$(n=70, R^2=0.196, F=8.180, p=0.001; t_0=-3.475, p=0.001; t_1=3.777, p=0.000; t_2=-3.589, p=0.001)$

RPA 和对照的 Linear－模型决定系数 R^2 为 0.189 和 0.042，对照模型极小，线性关系很松散。其 $b>0$，比值为 2.716；两模型相较于 630.3 mm/a 附近，交点模型值为 16.6 cm/a；交点右侧有 12 组数据，其树高年生长量与年降水量呈正相关，且 RPA 模型值大于对照，差距有随年降水量增加扩大的趋势；发生频度 0.857。RPA 的 Quadratic－模型 R^2 为 0.199；$a>0, b<0, c>0$；极小值为 15.2 cm/a，发生在 450.5 mm/a 附近；极值点位于当地年降水量范围下限以外{525.8，1231.9}，其油松高年生长量与年降水量成正比，且增幅以 $1.621\times10^{-4}P_a$ 递增。对照的 Quadratic－模型 R^2 为 0.196；$a<0, b>0, c<0$；极大值为33.1 cm/a，发生在 916.6 mm/a 附近；极值点左侧有 9 组数据。极值点左侧，其树高年生长量与年降水量成正比，增幅以 $4.862\times10^{-4}P_a$ 递减，发生频度 0.643；极值点增幅为零；极值点右侧，其年生长量与降水量成反比，且降幅以 $4.862\times10^{-4}P_a$ 递增，发生频度 0.357。RPA 和对照模型交点位于 679.0 mm/a 和 921.0 mm/a 附近，两交点区间有 4 组数据，其 RPA 模型值小于对照，最大差距为 4.7 cm/a，出现在 800.0 mm/a 附近。两交点区间之外各有 5 组数据，RPA 模型值大于对照；交点区间左侧，两者差距与年降水量呈负相关，降幅以 $6.483\times10^{-4}P_a$ 递减；交点区间右侧，差距与年降水量成正比，增幅以 $6.483\times10^{-4}P_a$ 递增。

（2）树高年生长量与不同季节降水量模型

①冬季降水量模型　油松高年生长量与冬季各月降水量变化相对较大。对照与 P_{m12} 满足 Linear－模型和 Quadratic－模型分析要求，RPA 与 P_{m12} 只符合 Linear－模型条件；RPA 和对照与 P_{m01} 的 Linear－模型和 Quadratic－模型线性关系相对密切，而与 P_{m02} 的 Cubic－模型拟合度很高。

$$H_{atrpa} = 39.885 - 1.250P_{m12}$$

($n=70, R^2=0.079, F=5.795, p=0.019; t_0=7.028, p=0.000; t_1=-2.407, p=0.019$)

$$H_{atck}=32.631-1.332P_{m12}$$

($n=70, R^2=0.145, F=11.556, p=0.001; t_0=7.619, p=0.000; t_1=-3.399, p=0.001$)

$$H_{atck}=43.219-4.369P_{m12}+0.128P_{m12}^2$$

($n=70, R^2=0.231, F=10.090, p=0.000; t_0=7.682, p=0.000; t_1=-3.736, p=0.000; t_2=2.742, p=0.008$)

$$H_{atrpa}=44.122-5.303P_{m01}$$

($n=70, R^2=0.195, F=16.466, p=0.000; t_0=8.914, p=0.000; t_1=-4.058, p=0.000$)

$$H_{atck}=49.992-11.029P_{m01}+0.711P_{m01}^2$$

($n=70, R^2=0.223, F=9.600, p=0.000; t_0=8.069, p=0.000; t_1=-2.814, p=0.006; t_2=1.548, p=0.126$)

$$H_{atck}=29.772-3.025P_{m01}$$

($n=70, R^2=0.103, F=7.831, p=0.007; t_0=7.273, p=0.000; t_1=-2.789, p=0.007$)

$$H_{atck}=31.037-4.259P_{m01}+0.153P_{m01}^2$$

($n=70, R^2=0.231, F=10.090, p=0.000; t_0=7.682, p=0.000; t_1=-3.736, p=0.000; t_2=2.742, p=0.008$)

$$H_{atck}=14.476-7.318P_{m02}-0.629P_{m02}^2+0.015P_{m02}^3$$

($n=70, R^2=0.239, F=6.901, p=0.000; t_0=1.331, p=0.188; t_1=2.292, p=0.025; t_2=-3.045, p=0.003; t_3=3.587, p=0.001$)

$$H_{atck}=4.416+8.291P_{m02}-00688P_{m02}^2+0.014P_{m02}^3$$

($n=70, R^2=0.280, F=8.571, p=0.000; t_0=0.533, p=0.596; t_1=3.407, p=0.001; t_2=-4.176, p=0.000; t_3=4.588, p=0.000$)

RPA 和对照 P_{m12} 的 Linear－模型决定系数 R^2 差异较大，分别为 0.079 和 0.145，RPA 的线性关系明显较差。其 $b<0$，且 RPA＞对照，b 比值 0.938；$a>0$，且 RPA＞对照；两模型交于 －88.3 mm/m 附近，交点模型值为 150.2 cm/a；当地降水条件下，油松高年生长量与 12 月降水量呈负相关，且对照油松比 RPA 响应略强。其 P_{m01} 的 Linear－模型决定系数为 0.223 和 0.105；b＜0，且 RPA＜对照，b 比值 1.753；$a>0$，且 RPA＞对照；交点位于 6.3 mm/m附近，模型值 10.7 cm/a；交点左侧有 12 组数据。与 12 月降水一样，交点左侧 RPA 模型值大于对照，但两者差距有随 1 月降水量增加缩小的趋势，发生频度 0.857。

从其 Quadratic－模型分析，对照 P_{m12} 模型决定系数 0.231，模型回归十分显著；其 $a>0$，$b<0$，$c>0$；极小值为 5.9 cm/a，出现在 17.1 mm/m 附近；极值点左侧有 13 组数据，其油松高年生长量与 12 月降水量呈负相关，但降幅以 0.256 P_{m12} 递减，发生频度 0.929。RPA 和对照的 P_{m01} 模型决定系数 R^2 为 0.223 和 0.105；$a>0$，且 RPA＞对照；$b<0$，且 RPA＜对照；$c>0$，且 RPA＞对照；极小值为 7.2 cm/a 和 1.5 cm/a，分别发生在 7.8 mm/m

和13.9 mm/m 附近；RPA 极值点左侧有13组数据，对照极值点降水量值大于当地1月降水量最大值{0.0,8.8}；极值点左侧，树高年生长量与1月降水量成反比，但降幅分别以1.423 P_{m01} 和0.307 P_{m01} 递减。两模型交点位于4.4 mm/m 和7.7 mm/m 附近；交点区间仅有2组数据，区间左侧有11组数据。在1月降水量小于4.4 mm/m 时，RPA模型值大于对照，但差距有随1月降水量增加缩小的趋势，发生频度0.786。

2月降水量对油松高年生长量作用相对复杂，在当地降水条件下。两者关系具有典型的Cubic－模型特征。其模型决定系数 R^2 为0.239和0.280，模型回归十分显著。其 $a>0$，且RPA>对照；$b>0$，且RPA<对照；$c<0$，且RPA>对照；$d>0$，且RPA>对照；在当地2月降水量范围内{1.0,33.7}，模型出现1个峰值和1个谷值，且RPA模型值始终大于对照。在2月降水量少于7.1～8.4 mm/m 时，或者大于23.6～24.2 mm/m 时，树高与其月降水量成正比，且变化幅度较大，发生频度0.571；而降水量介于两者之间时，树高年生长量与其月降水量有负相关的趋势，发生频度0.429。

②春季降水量模型　春季气温回升，树木对水分需求之间增加，树高年生长量与各月降水量关系也发生相应变化。与冬季2月相同，RPA和对照与 P_{m03} 的Cubic－模型拟合度也很高；RPA与 P_{m04} 的Cubic－模型也显著，而与 P_{m05} 也有一定Linear－模型和Quadratic－模型属性。

$$H_{trpa} = -139.645 + 21.834P_{m03} - 0.774P_{m03}^2 + 8.078 \times 10^{-3}P_{m03}^3$$

($n=70, R^2=0.580, F=30.416, p=0.000; t_0=-6.259, p=0.000; t_1=8.184, p=0.000; t_2=-8.699, p=0.000; t_3=9.098, p=0.000$)

$$H_{atck}\ -102.889 + 15.119P_{m03} - 0.480P_{m03}^2 + 4.408 \times 10^{-3}P_{m03}^3$$

($n=70, R^2=0.382, F=13.591, p=0.000; t_0=-4.849, p=0.000; t_1=5.960, p=0.000; t_2=-5.671, p=0.000; t_3=5.222, p=0.000$)

$$H_{atrpa} = 149.254 - 9.501P_{m04} + 0.198P_{m04}^2 - 1.188 \times 10^{-3}P_{m04}^3$$

($n=70, R^2=0.173, F=4.602, p=0.006; t_0=3.735, p=0.000; t_1=93.215, p=0.002; t_2=3.159, p=0.002; t_3=-2.989, p=0.004$)

$$H_{atrpa} = -2.853 + 0.326P_{m05}$$

($n=70, R^2=0.085, F=6.327, p=0.014; t_0=-0.216, p=0.830; t_1=2.516, p=0.014$)

$$H_{atrpa} = -11.146 + 0.528P_{m05} - 1.110 \times 10^{-3}P_{m05}^2$$

($n=70, R^2=0.086, F=3.159, p=0.049; t_0=-0.340, p=0.735; t_1=0.711, p=0.479; t_2=-0.276, p=0.783$)

油松高年生长量对3月降水量的反应与2月降水量类似，但两者的Cubic－模型的决定系数 R^2 达0.580和0.382，拟合性更强。在干旱年份，油松树高年生长量与3月降水量呈正相关，而月降水量超过21.9 mm/m 时，树高年生长量与其相关性不强，甚至呈现负相关。RPA的 P_{m04} Cubic－模型决定系数为0.173，线性关系比3月降水明显松散；其模型峰值和谷值与3月模型正好相反，在月降水量33.7～76.5 mm/m区间，油松高年生长量与4月降水量有正相关的趋势，发生频度0.643。RPA的P_{m04}的Linear－模型和Quadratic－模型决定系数R^2为0.085和0.086，相对较小，线性关系十分松散。其Linear－模型$b>0$，Quadratic－模型极大值出现在237.8 mm/m附近，大于试验期当地5月的最大降水量{36.7，140.0}。表明在当地降水条件下，RPA油松与其月降水量有正相关的趋势，但增幅随5月降水量增加而缩减。

③夏季降水量模型　夏季气温高，雨量充沛，油松生长迅速。树高年生长量与月降水量关系变化较大。RPA和对照与P_{m08}和P_{m07}的Linear－模型和Quadratic－模型显著，与P_{m06}的Linear－模型、Logarithmic－模型和Inverse－模型线性关系紧密。

$$H_{atrpa} = 42.833 - 0.135P_{m06}$$

$(n=70, R^2=0.091, F=6.832, p=0.011; t_0=6.813, p=0.000; t_1=-2.614, p=0.011)$

$$P_{atrpa} = 87.122 - 13.194\ln P_{m06}$$

$(n=70, R^2=0.091, F=6.711, p=0.011; t_0=3.868, p=0.000; t_1=-2.602, p=0.011)$

$$H_{atrpa} = 17.697 + \frac{718.191}{P_{m06}}$$

$(n=70, R^2=0.091, F=6.825, p=0.011; t_0=3.130, p=0.003; t_1=2.613, p=0.011)$

$$H_{atck} = 31.007 - 0.097P_{m06}$$

$(n=70, R^2=0.076, F=5.598, p=0.021; t_0=6.242, p=0.000; t_1=-2.366, p=0.021)$

$$H_{atck} = 77.752 - 12.872\ln P_{m06}$$

$(n=70, R^2=0.140, F=11.101, p=0.001; t_0=4.531, p=0.000; t_1=-3.332, p=0.001)$

$$H_{atck} = 6.544 + \frac{917.268}{P_{m06}}$$

$(n=70, R^2=0.242, F=21.749, p=0.000; t_0=1.618, p=0.110; t_1=4.664, p=0.000)$

$$H_{atrpa} = -4.101 + 0.194P_{m07}$$

$(n=70, R^2=0.433, F=51.876, p=0.000; t_0=-0.759, p=0.451; t_1=7.203, p=0.000)$

$$H_{artpa} = 2.504 + 0.120P_m07 + 1.524\times10^{-4}P_{m07}^2$$

$(n=70, R^2=0.437, F=26.026, p=0.000; t_0=0.237, p=0.813; t_1=1.144, p=0.257; t_2=0.730, p=0.468)$

$$H_{atrpa} = 8.096 + 0.077P_{m07}$$

$(n=70, R^2=0.110, F=8.426, p=0.005; t_0=-1.527, p=0.131; t_1=2.903, p=0.005)$

$$H_{atck} = -25.537 + 0.454P_{m07} - 7.760\times10^{-4}P_{m07}^2$$

$(n=70, R^2=0.299, F=14.297, p=0.000; t_0=-2.768, p=0.007; t_1=4.942, p=0.000; t_2=-4.249, p=0.000)$

$$H_{atrpa} = 8.589 + 0.140P_{m08}$$

$(n=70, R^2=0.152, F=12.193, p=0.001; t_0=1.258, p=0.213; t_1=3.492, p=0.001)$

$$H_{atck} = 22.259 - 0.165P_{m08} + 1.080 \times 10^{-3}P_{m08}^2$$

$(n=70, R^2=0.203, F=8.543, p=0.000; t_0=2.374, p=0.020; t_1=-1.086, p=0.281; t_2=2.074, p=0.042)$

$$H_{atck} = 10.990 + 0.070P_{m08}$$

$(n=70, R^2=0.062, F=4.458, p=0.038; t_0=1.953, p=0.055; t_1=2.111, p=0.038)$

$$H_{atck} = -6.478 + 0.460P_{m08} - 1.380 \times 10^{-3}P_{m08}^2$$

$(n=70, R^2=0.198, F=8.248, p=0.001; t_0=-0.879, p=0.383; t_1=3.839, p=0.000; t_2=-3.370, p=0.001)$

从 RPA 和对照的 P_{m06}模型分析，其 Linear－模型 R^2为 0.091 和 0.076，线性关系比较松散，重复间变异较大。截距 $a>0$，且 RPA > 对照；斜率 $b<0$，且 RPA < 对照，比值为1.398；两模型在 307.0 mm/m 附近相交，模型值为 1.3 cm/a；交点值大于研究期当地 6 月最大降水量{19.7,297.9}。表明树高年生长量与 6 月降水量成反比，且 RPA 油松对 6 月降水响应大于对照。同时也表明，RPA 模型值大于对照，但两者差距有随 6 月降水量增加降低的趋势。其 Logarithmic－模型 R^2为 0.091 和 0.140，对照模型拟合度明显优于 RPA；其 $a>0$，且 RPA > 对照；$b<0$，且 RPA < 对照，比值为 1.025。树高年生长量与降水量呈负相关，但降幅以 13.194/P_{m06}和 12.872/P_{m06}收窄；当地降水条件下，RPA 模型值大于对照，差距有随 6 月降水量增加扩大的趋势，但增幅以 0.323/P_{m06}递减，最终趋于稳定。Inverse－模型的变化趋势与其 Logarithmic－模型相似，RPA 和对照模型交点位于17.9 mm/m附近，交点模型值为 57.9 cm/a；在当地降水条件下，RPA 模型值大于对照，两者差距也随月降水量增加有扩大的趋势，但增幅以收敛，最终也趋于稳定，最大差距为11.2 cm/a。

RPA 油松高年生长量 P_{m07}的 Linear－模型决定系数 R^2为 0.433，远大于对照模型的 0.110。其 $b>0$，且 RPA > 对照，比值为 2.528；RPA 模型截距 < 对照。交点位于 103.8 mm/m附近，模型值 16.1 cm/a，其左侧有 5 组数据。交点右侧，RPA 模型值 > 对照，且差距以 0.117 P_{m07}递增，发生频度 0.643。RPA 油松高年生长量 P_{m07}的 Quadratic－模型决定系数 R^2 为 0.437，线性关系极为显著；其 $a>0$，$b>0$，$c>0$，极小值出现在 −394.5 mm/m附近，远小于研究期当地 7 月最小降水量{43.7,455.0}；其油松高年生长量与 7 月降水量成正比，且增幅以 $3.048 \times 10^{-3} P_{m07}$ 递增。对照 Quadratic－模型 R^2 为 0.299，线性关系也相对紧密；其 $a<0$，$b>0$，$c<0$，极大值为 41.0 cm/a，发生在 297.9 mm/m 附近；极值点左侧有 13 组数据，其油松高年生长量与 7 月降水量呈正相关，但增幅以 $1.552 \times 10^{-3} P_{m07}$递减，发生频度 0.929。

油松高年生长量 P_{m08}的 Linear－模型的决定系数为 0.152 和 0.062，比 7 月显著降低。其 $b>0$，且 RPA > 对照，比值为 2.006；$a>0$，且 RPA < 对照。模型交点位于 34.2 mm/m 附近，模型值为 13.4 cm/a；交点左侧有 2 组数据。表明树高年生长量与 8 月降水量呈正相关，

增幅为 0.140P_{m08}和 0.070P_{m08}，比 7 月降水增幅明显降低。交点右侧，RPA 模型值 > 对照，且两者差距与 8 月降水量有成正比的趋势，扩大速度为 0.07P_{m08}；发生频度 0.857。RPA 和对照的 Quadratic – 模型变化趋势相反。RPA 模型 $a>0,b<0,c>0$，极小值为 15.9 cm/a，发生在 76.5 mm/m 附近，其左侧分布 4 组数据。8 月降水量小于 76.5 mm/m 时，树高年生长量与 P_{m08}增加有下降的趋势，但降幅以 $2.160\times10^{-3}P_{m08}$递减，发生频度 0.286；8 月降水量大于 76.5 mm/m 时，其树高年生长量与 P_{m08}增加有上升的趋势，且增幅以 $2.160\times10^{-3}P_{m08}$递增，发生频度 0.714。而对照模型 $a<0,b>0,c<0$，极大值为 31.8 cm/a，出现在 166.5 mm/m 附近，左侧分布 8 组数据。极值点左侧，树高年生长量与月降水量有正相关的趋势，但增幅以 $2.761\times10^{-3}P_{m08}$递减，发生频度 0.571；极值点右侧，树高年增量与月降水量呈负相关，且降幅以 $2.761\times10^{-3}P_{m08}$递增，发生频度 0.429。树高年生长量与 5 月降水量这一变化规律可能就是导致其 Linear – 模型 R^2降低的主要原因。两模型交点位于 60.3 mm/m 和193.7 mm/m附近，交点区间有 6 组数据，其 RPA 模型值 < 对照，最大差距为 10.9 cm/a，出现在 127.0 mm/m 附近。交点区间外，RPA 模型值 > 对照，且距其越远，差异越明显，发生频度 0.571。

④秋季各月降水量模型　秋季气温渐凉，多阴雨。RPA 与对照油松高年生长量对各月降水量反应差异很大。其与 9 月降水量线性关系相对疏远，没有产生有效模型；与 10 月和 11 月降水量模型决定系数也很小，线性关系比较松散，重复间变异较大。

$$H_{atrpa} = 46.433 - 218P_{m10}$$

$(n=70, R^2=0.070, F=5.138, p=0.027; t_0=5.538, p=0.000; t_1=-2.267, p=0.027)$

$$H_{atrpa} = 9.730 + \frac{1228.721}{P_{m10}}$$

$(n=70, R^2=0.099, F=7.440, p=0.008; t_0=1.221, p=0.226; t_1=2.728, p=0.008)$

$$H_{atrpa} = 78.675 - 1.052P_{m10} + 4.420\times10^{-3}P_{m10}^2$$

$(n=70, R^2=0.132, F=5.095, p=0.009; t_0=4.663, p=0.000; t_1=-2.674, p=0.009; t_2=2.183, p=0.033)$

$$H_{atrpa} = 78.675 - 1.052P_{m10} + 4.420\times10^{-3}P_{m10}^2$$

$(n=70, R^2=0.131, F=3.307, p=0.025; t_0=1.824, p=0.073; t_1=1.607, p=0.113; t_2=-2.167, p=0.034; t_3=2.474, p=0.016)$

$$H_{atrpa} = e^{46.433-\frac{0.409}{P_{m11}}}$$

$(n=70, R^2=0.110, F=8.466, p=0.005; t_0=23.558, p=0.000; t_1=-2.906, p=0.005)$

$$H_{atck} = 7.111 + 0.630P_{m11}$$

$(n=70, R^2=0.141, F=11.124, p=0.001; t_0=1.414, p=0.162; t_1=3.335, p=0.001)$

$$H_{atck} = 13.686 - 0.177P_{m11} + 0.016P_{m11}^2$$

$(n=70, R^2=0.159, F=6.340, p=0.003; t_0=1.856, p=0.068; t_1=-0.257, p=0.798; t_2=1.215, p=0.228)$

RPA 的 P_{m10} 直线模型截距 $b=-0.215<0$，决定系数 R^2 为 0.070，模型关系显著（$p=0.027$），但重复间差异较大，数据比较分散；表明树高年生长量与其月降水量有正相关的趋势，但反映数据的信息量很少。其 Inverse－模型决定系数 R^2 为 0.099，也较小；树高年生长量也与其月降水量呈负相关，但降幅以 $1228.721/P_{m10}$ 速度提高，模型收敛较快；表明月降水量少时，油松高年生长量对响应较大，但迅速趋于稳定。其 Quadratic－模型决定系数为 0.132，比其 Linear－模型和 Inverse－模型略高，但也相对较小。模型 $a>0,b<0,c>0$，极小值为 10.0 cm/a，出现在 119.1 mm/m 附近；极值点左侧分别有 12 组数据，油松高年生长量与其月降水量有负相关的趋势，但降幅以 $8.839\times10^{-3}P_{m10}$ 递减，发生频度 0.857。说明 10 月阴雨不利于油松高生长。

对照 P_{m11} 的 Linear－模型决定系数 R^2 为 0.141，$b=0.630>0$；树高年生长量与其月降水量有正相关的趋势。其 Quadratic－模型决定系数 R^2 为 0.159，$a>0,b<0,c>0$，极小值为 13.2 cm/a，发生在 5.4 mm/m 附近，极值点左侧仅有 1 组数据。显示油松高年生长量也与其月降水量呈正相关，且增幅以 $0.033P_{m11}$ 速度递增，发生频度 0.929。说明 11 月降水不能够满足对照油松生长需求，其降水对油松生长有一定的促进作用。RPA 油松 P_{m11} 的 Cubic－模型显示，其月降水量在 12.6～33.9 mm 之间，油松高年生长量与其有负相关的趋势，发生频度 0.429；而在次区间以外，树高年生长量与其月降水量有正相关的趋势，发生频度 0.571。而其 S－模型 $b=-0.409<0$，模型收敛极快，模型值迅速趋于常数 19.4 cm/a(e^a)；说明只有在 11 月降水量较少的情况下，其才会对 RPA 油松高生长产生影响；而在正常年份，11 月降水量对 RPA 油松高生长影响不明显。

三、当年降水对树高生长年增量的作用

1. ***树高年增量与当年降水量的后剔除法逐步回归模型*** 对树高年增量（H_{aht}）与当年降水指标进行向后剔除法逐步回归模型分析，经过 3 次向后逐步回归，构建了对照树高年增量优化模型；而经过 6 次向后逐步回归，构成了 RPA 油松优化模型（表 5－13）。

（1）对照的后剔除法逐步回归模型分析　排除其他因子影响，对照树高年增量与模型各因子偏相关极显著；其中，与 P_{m04}、P_{m03}、P_{m12}、P_a、P_{m10}、P_{m02}、P_{m05} 和 P_{m06} 负相关依次减弱，而与 P_{m09} 正相关略优于 P_{m08}。各因子配合下，P_a 对油松高年增量作用最强，单位量变化系数为 1.156；其对模型影响也最大，贡献 29.8%。其次是 P_{m04} 和 P_{m03}，单位量变化系数为 1.001 和 0.959，对模型分别贡献 19.1% 和 14.6%。P_{m09}、P_{m08}、P_{m10} 和 P_{m12} 对树高年增量作用也相对较强，单位量变化系为 0.715、0.674、0.624 和 0.603，对模型分别贡献 7.1%、6.3%、7.7% 和 4.9%。而 P_{m02}、P_{m06} 和 P_{m05} 对油松作用较弱，单位量变化系数为 0.472、0.410 和 0.253；其对模型影响也较小，仅贡献 3.5%、2.5% 和 4.5%。

（2）RPA 的后剔除法逐步回归模型分析　与对照相比，RPA 树高年增量与 P_{m09}、P_{m03}、P_{m10} 和 P_{m01} 负偏相关极显著，且依次减弱；而与 P_{m11} 正偏相关极显著，与 P_{m04} 和 P_a 正

偏相关显著($r_{partial}$ =0.254、0.270,p =0.043、0.031)。各因子配合下,P_{m09}和P_{m11}对油松高年增量作用较强,单位量变化系数为0.769和0.643,对模型贡献24.8%和19.8%;其中P_{m09}对模型影响比对照显著提高。其次是P_{m10}和P_{m03},单位量变化系数为0.468和0.466,对模型分别贡献16.7%和15.8%;其中,其对油松高年增量作用比对照明显减弱,而对模型贡献有所增加,尤其是P_{m10}增加非常显著。而P_{m01}、P_a和P_{m04}对油松作用相对较弱,单位量变化系数为0.372、0.272和0.219;其对模型影响也相对较小,分别贡献6.3%、11.5%和5.0%;其作用和影响比对照均降低十分明显。

表5-13 油松高年增量与当年降水指标向后剔除法逐步回归模型

Tab. 5-13 The backward stepwise regression model of the rainfall index of current year and annual height growth acceleration of *Pinus tabulaeformi*

处理 Treat	降水因子 Rainfall index	模型 Model Coefficients 非标准 Unstandard	标准 Standard	T-检验 T-test t	P	R^2	相关系数 Correlations r_0	$r_{partial}$	r_{part}	共线性统计量 Collinearity statistics 容差 Tolerance	方差膨胀因子 VIF
H_{atck}	常量	298.059	—	16.246	0.000	0.889 (F = 47.107, p = 0.000)	—	—	—	—	—
	P_a	-0.156	-1.156	-7.237	0.000		-0.350	-0.686	-0.314	0.074	13.521
	P_{m02}	-1.243	-0.472	-6.235	0.000		0.136	-0.630	-0.271	0.329	3.038
	P_{m03}	-1.729	-0.959	-12.589	0.000		-0.393	-0.854	-0.547	0.325	3.075
	P_{m04}	-1.252	-1.001	-14.631	0.000		-0.389	-0.885	-0.636	0.403	2.483
	P_{m05}	-0.247	-0.253	-4.958	0.000		0.004	-0.542	-0.215	0.723	1.383
	P_{m06}	-0.160	-0.410	-4.001	0.000		-0.082	-0.462	-0.174	0.180	5.562
	P_{m08}	0.211	0.674	5.703	0.000		-0.116	0.596	0.248	0.135	7.404
	P_{m09}	0.335	0.715	6.745	0.000		-0.204	0.660	0.293	0.168	5.951
	P_{m10}	-0.448	-0.624	-6.378	0.000		0.145	-0.639	-0.277	0.197	5.072
	P_{m12}	-2.350	-0.603	-7.969	0.000		-0.106	-0.720	-0.346	0.329	3.035
H_{ahtrpa}	常量	38.384	—	2.014	0.048	0.478 (F = 8.144, p = 0.000)	—	—	—	—	—
	P_a	0.037	0.272	2.209	0.031		-0.072	0.270	0.203	0.555	1.802
	P_{m01}	-3.886	-0.373	-3.517	0.001		-0.211	-0.408	-0.323	0.748	1.337
	P_{m03}	-0.834	-0.466	-4.052	0.000		-0.182	-0.458	-0.372	0.637	1.571
	P_{m04}	0.272	0.219	2.064	0.043		0.080	0.254	0.189	0.745	1.343
	P_{m09}	-0.358	-0.769	-4.763	0.000		-0.155	-0.518	-0.437	0.323	3.094
	P_{m10}	-0.334	-0.468	-3.905	0.000		-0.139	-0.444	-0.358	0.585	1.708
	P_{m11}	1.197	0.643	4.744	0.000		0.206	0.516	0.435	0.458	2.184

2. **树高年增量与当年降水量的逐步回归模型** 对树高年增量与各当年降水指标进

行逐步回归模型分析，对照产生了 12 组有效模型，其中，P_{m11}、P_{m09}、P_{m04}、P_{m01}、P_{m12}和 P_{m05}因子构成了对照油松高年增量优化模型；同时，P_{m11}、P_{m09}、P_{m03}、P_{m04}、P_{m06}、P_{m01} 和 P_{m12}组合，P_{m11}、P_{m09}、P_{m03}、P_{m02}和 P_{m04}组合也能较好诠释当年降水对对照油松高年增量的影响。而在产生的 5 组 RPA 油松高年增量有效模型中，P_{m05}、P_{m11}、P_{m09}、P_{m07}和 P_{m07}因子组建了其优化模型（表 5－14）。

表 5－14　油松高年增量与当年降水指标逐步回归模型

Tab. 5－14 The stepwise regression model of the rainfall index of current year and annual height growth acceleration of *Pinus tabulaeformi*

处理 Treat	降水因子 Rainfall index	模型 Model Coefficients 非标准 Unstandard	模型 Model Coefficients 标准 Standard	T－检验 T－test t	T－检验 T－test P	R^2	相关系数 Correlations r_0	相关系数 Correlations $r_{partial}$	相关系数 Correlations r_{part}	共线性统计量 Collinearity statistics 容差 Tolerance	共线性统计量 Collinearity statistics 方差膨胀因子 VIF
H_{atck}	常量	-45.066	—	-6.026	0.000	0.871 (F = 70.866, p = 0.000)	—	—	—	—	—
	P_{m11}	1.721	0.918	14.659	0.000		0.405	0.879	0.663	0.522	1.914
	P_{m09}	-0.154	-0.327	-4.328	0.000		-0.204	-0.479	-0.196	0.358	2.790
	P_{m04}	-0.996	-0.797	-11.373	0.000		-0.389	-0.820	-0.515	0.417	2.396
	P_{m01}	8.778	0.836	11.293	0.000		0.083	0.818	0.511	0.374	2.677
	P_{m12}	-1.861	-0.478	-7.439	0.000		-0.106	-0.684	-0.337	0.497	2.012
	P_{m05}	0.706	0.724	10.582	0.000		0.004	0.800	0.479	0.438	2.285
	常量	91.339	—	8.635	0.000	0.824 (F = 41.403, p = 0.000)	—	—	—	—	—
	P_{m11}	0.944	0.503	5.916	0.000		0.405	0.601	0.315	0.393	2.548
	P_{m09}	-0.165	-0.352	-3.821	0.000		-0.204	-0.437	-0.204	0.335	2.986
	P_{m03}	-0.951	-0.527	-7.606	0.000		-0.393	-0.695	-0.405	0.591	1.691
	P_{m04}	-0.833	-0.667	-7.946	0.000		-0.389	-0.710	-0.424	0.404	2.476
	P_{m06}	-0.199	-0.508	-6.296	0.000		-0.082	-0.625	-0.336	0.436	2.294
	P_{m01}	2.393	0.228	3.608	0.001		0.083	0.417	0.192	0.712	1.405
H_{atck}	P_{m12}	-0.796	-0.204	-2.992	0.004		-0.106	-0.355	-0.160	0.610	1.639
	常量	27.244	—	4.021	0.000	0.748 (F = 38.063, p = 0.000)	—	—	—	—	—
	P_{m11}	1.584	0.845	9.845	0.000		0.405	0.776	0.617	0.534	1.873
	P_{m09}	-0.348	-0.740	-8.467	0.000		-0.204	-0.727	-0.531	0.514	1.945
	P_{m03}	-0.531	-0.295	-4.543	0.000		-0.393	-0.494	-0.285	0.935	1.069
	P_{m02}	0.709	0.269	4.184	0.000		0.136	0.463	0.262	0.949	1.054
	P_{m04}	-0.333	-0.267	-3.988	0.000		-0.389	-0.446	-0.250	0.881	1.136

续表 5－14

处理 Treat	降水因子 Rainfall index	模型 Model Coefficients 非标准 Unstandard	标准 Standard	T－检验 T－test t	P	R^2	相关系数 Correlations r_0	$r_{partial}$	r_{part}	共线性统计量 Collinearity statistics 容差 Tolerance	方差膨胀因子 VIF
H_{ahtrpa}	常量	－80.186	—	－3.485	0.001	0.406 (F= 8.765, p= 0.000)	—	—	—	—	—
	P_{m05}	0.625	0.646	4.451	0.000		0.298	0.486	0.429	0.441	2.268
	P_{m11}	1.571	0.844	5.609	0.000		0.206	0.574	0.540	0.409	2.443
	P_{m09}	－0.307	－0.660	－4.919	0.000		－0.155	－0.524	－0.474	0.516	1.939
	P_{m07}	0.103	0.402	3.179	0.002		－0.004	0.369	0.306	0.580	1.723
	P_{m01}	2.962	0.284	2.002	0.049		－0.211	0.243	0.193	0.460	2.175

（1）对照的逐步回归模型分析　从对照优化模型分析，在控制其他因子影响下，树高年增量与 P_{m04}、P_{m12} 和 P_{m09} 负净相关极显著，而与 P_{m05}、P_{m01} 和 P_{m11} 正净相关极显著。各因子配合下，油松高年增量对 P_{m11}、P_{m01}、P_{m04} 和 P_{m05} 响应较强，单位量变化系数为 0.918、0.836、0.797 和 0.724；而对 P_{m12} 和 P_{m09} 响应较弱，单位量变化系数为 0.478 和 0.327。但从对模型影响分析，P_{m05} 影响最大，贡献 33.0%；其次是 P_{m04} 和 P_{m11}，分别贡献 24.5% 和 20.1%；而 P_{m01}、P_{m12} 和 P_{m09} 对模型影响较小，分别贡献 11.9%、6.4% 和 4.1%。其 7 因子模型显示，树高年增量与 P_{m04}、P_{m03}、P_{m06}、P_{m09} 和 P_{m12} 负净相关极显著，且依次减弱；而也与 P_{m01} 和 P_{m11} 正净相关极显著。各因子相互作用下，油松对 P_{m04}、P_{m03}、P_{m06} 和 P_{m11} 响应相对较强，单位量变化系数为 0.667、0.527、0.508 和 0.503；其对模型影响也相对较大，分别贡献 34.7%、22.2%、14.5% 和 14.8%。而油松对 P_{m09}、P_{m01} 和 P_{m12} 响应相对较弱，单位量变化系数为 0.352、0.228 和 0.204，其对模型分别贡献 7.8%、3.2% 和 2.8%。从其 5 因子模型分析，树高年增量与 P_{m09}、P_{m03} 和 P_{m04} 负净相关极显著，且依次减弱；而与 P_{m02} 和 P_{m11} 正净相关极显著。各因子配合下，P_{m11} 和 P_{m09} 对油松高年增量起着决定作用，单位量变化系数为 0.845 和 0.740，分别贡献 39.1% 和 33.5%；而 P_{m03}、P_{m04} 和 P_{m02} 对油松高年增量作用差异不大，单位量变化系数为 0.295、0.267 和 0.269，对模型分别贡献 10.8%、10.6% 和 6.0%。

（2）RPA 的逐步回归模型分析　与对照相比，RPA 树高年增量仅与 P_{m09} 负净相关极显著；而与 P_{m01}、P_{m07}、P_{m05} 和 P_{m11} 正净相关依次增强，其中除与 P_{m01} 相关显著外（$r_{partial}$ = 0.243，p = 0.049），与其余因子效果极显著。各因子配合下，油松对 P_{m11} 响应最强，单位量变化系数为 0.844，对模型贡献 27.5%；与对照 5 因子模型相比，对模型影响明显提高。其次是 P_{m09} 和 P_{m05}，单位量变化系数为 0.660 和 0.646，其对模型分别贡献 20.4% 和 40.5%；其中，P_{m09} 作用和影响显著降低，而 P_{m05} 对模型影响明显增强。而油松对 P_{m07} 和 P_{m01} 响应相对较弱，单位量变化系数为 0.402 和 0.284，对模型分别贡献 8.8% 和 2.7%。

3. 树高年增量与当年月降水量的相关性　对照油松高年增量与当年降水指标的相

关性整体优于 RPA。对照与 P_{m03}、P_{m04}、P_{m07}、P_a、P_{m09}、P_{m08}、P_{m12}和 P_{m06}负相关依次减弱，其中与前 4 个因子相关极显著(r_0 = −0.393、−0.389、−0.387、−0.350,p=0.000)，与 P_{m09}相关显著(r_0 = −0.204,p = 0.045)，与后 3 个因子相关不显著(r_0 = −0.116、−0.106、0.082,p=0.170、0.192、0.250)；而与 P_{m05}、P_{m01}、P_{m02}、P_{m10}和 P_{m11}正相关依次增强，其中与前 4 个因子相关不显著(r_0=0.004、0.083、0.136、0.145,p=0.487、、0.246、0.132、0.116)，与 P_{m11}相关极显著(r_0=0.405,p=0.000)。RPA 与 P_{m06}、P_{m01}、P_{m03}、P_{m09}、P_{m10}、P_{m12}、P_a和 P_{m07}负相关依次减弱，其中仅与 P_{m06}和 P_{m01}相关显著(r_0 = −0.228、−0.211,p=0.029、0.040)；而与 P_{m08}、P_{m04}、P_{m02}、P_{m11}和 P_{m05}正相关依次增强，其中与 P_{m05}相关极显著(r_0=0.298,p=0.006)，与 P_{m11}相关显著(r_0=0.206,p=0.044)。

4. 树高年增量与当年月降水量的模型拟合 对照与年降水量关系符合 Linear－模型、Quadratic－模型和 Cubic－模型要求；RPA 与 P_{m01}具有 Quadratic－模型变化规律；对照与 P_{m03}关系 Linear－模型、Quadratic－模型和 Cubic－模型拟合度较大，而 RPA 与其仅与 Cubic－模型显著；对照油松高年增量与 P_{m04}关系满足 Linear－模型和 Quadratic－模型分析要求；RPA 与 P_{m05}关系具有 Linear－模型、Quadratic－模型和 Cubic－模型的变化特征；RPA 与 P_{m06}的关系具有 Logarithmic－模型和 Inverse－模型的特征，也可用 Quadratic－模型和 Cubic－模型表述；而对照与其仅与 Cubic－模型回归显著。对照与 P_{m07}的 Linear－模型和 Quadratic－模型线性关系极强，其与 P_{m08}的 Quadratic－模型拟合度也较大，与 P_{m09}关系具有 Logarithmic－模型、Inverse－模型和 Quadratic－模型的属性。RPA 与 P_{m10}关系的 Cubic－模型特征明显。对照与 P_{m11}关系符合 Linear－模型和 Quadratic－模型要求，而 RPA 与其具有 Quadratic－模型的特性。

(1)树高年增量与年降水量的关系　对照树高年增量(H_{ahtck})与年降水量(P_a)模型如下：

$$H_{ahtck} = 45.886 - 0.047P_a$$

(n=70,R^2=0.122,F=9.484,p=0.003;t_0=3.550,p=0.001;t_1 = −3.080,p=0.003)

$$H_{ahtck} = -29.365 + 0.789P_a - 4.834\times10^{-4}P_a^2$$

(n=70,R^2=0.614,F=53.225,p=0.000;t_0 = −7.785,p=0.000;t_1=8.654,p=0.000;t_2 = −9.231,p=0.000)

$$H_{ahtck} = -83.928 + 4.585\times10^{-4}P_a^2 - 3.612\times10^{-7}P_a^3$$

(n=70,R^2=0.659,F=64.765,p=0.000;t_0 = −6.658,p=0.000;t_2=8.977,p=0.000;t_3 = −9.683,p=0.000)

其 Linear－模型决定系数 R^2=0.122,b=0.047≤0；树高年增量与年降水量具有一定的负相关趋势。Quadratic－模型的 R^2=0.614，线性关系极为显著；$a<0,b>0,c\leq0$，极大值为 26.0 cm/a^2，出现在 816.6 mm/a 附近；极值点左侧有 8 组数据。年降水量 <816.6 mm/a时，油松高年增量与其呈正相关，但增幅以 $9.667\times10^{-4}P_a$递减，发生频度

0.571。等于816.6 mm/a时，油松高年增量最大，增幅为零。年降水量>816.6 mm/a时，年增量与其呈负相关，且降幅以$9.667\times10^{-4}P_a$递增，发生频度0.429。在当地降水条件下，Cubic–模型的变化规律与其Quadratic–模型基本一致，但峰值出现在859.2 mm/a附近。证明当地油松高年增量的最适年降水量在Quadratic–模型极值点和Cubic–模型峰值点区间内。

(2)树高年增量与不同季节降水量模型

①冬季月降水量模型 冬季气温寒冷，降水量偏少。油松高年增量与各月降水量相关性较弱，并呈不显著的负相关；其回归模型决定系数R^2较小，线性关系相对松散；其与12月和2月降水量没有产生有效模型，与1月降水量也只有RPA的Quadratic–模型显著。

$$P_{ahtrpa}=26.527-8.532P_{m01}+0.287P_{m01}^2$$

($n=70$, $R^2=0.090$, $F=3.305$, $p=0.043$; $t_0=4.563$, $p=0.000$; $t_1=-2.320$, $p=0.023$; $t_2=1.824$, $p=0.073$)

模型R^2为0.090，重复间变异较大，线性关系相对疏远。其$a>0$, $b<0$, $c>0$，极小值为3.4 cm/a^2，发生在5.4 mm/m附近；极值点左侧有12组数据，其油松高年增量与1月降水量有负相关的趋势，降幅以$1.574P_{m01}$的速度递减，发生频度0.857。

②春季月降水量模型 春季回暖，降水量年间变异大，油松对其响应差异也较大。

A. 3月降水量模型 对照P_{m03}的Linear–模型决定系数R^2为0.154，$b=-0.708<0$；树高年增量与3月降水量有呈负相关的趋势。其Quadratic–模型决定系数R^2为0.653，模型回归非常显著；$a<0$, $b>0$, $c<0$，极大值为28.9 cm/a^2，出现在27.0 mm/m附近；极值点左右两侧各分布有7组数据。极值点左侧，树高年增量与3月降水量呈正相关，但增幅以0.194 P_{m03}递减；极值点右侧，树高年增量随其月降水量增加而降低，降幅以0.194 P_{m03}递增；发生频度均为0.500。在当地降水条件下，其Cubic–模型极大值为26.5 cm/a^2，出现在28.8 mm/m附近；极值点左右也各有7组数据。极值点左侧，树高年增量也与3月降水量呈正相关；极值点右侧，树高年增量与其月降水量呈负相关，且降幅以相同的速度递增；发生频度也均为0.500。在当地气候条件下，油松高年增量最适宜的5月降水量介于27.0~28.8 mm之间。在当地降水条件下，RPA的Cubic–模型的峰值为30.5 cm/a^2，出现在20.7 mm/m附近，谷值为−2.0 cm/a^2，发生在46.8 mm/m附近；峰值和谷值区间分别7组数据，树高年增量与月降水量有负相关的趋势；而其区间外，油松高年增量与月降水量有正相关趋势；发生频度也均为0.500。变化趋势与对照油松基本一致。

$$H_{tck}=27.766-0.708P_{m03}$$

($n=70$, $R^2=0.154$, $F=12.384$, $p=0.001$; $t_0=4.231$, $p=0.000$; $t_1=-3.519$, $p=0.001$)

$$H_{ahtck}=41.631+5.229P_{m03}-0.097P_{m03}^2$$

($n=70,R^2=0.653,F=63.011,p=0.000;t_0=-5.049,p=0.000;t_1=8.451,p=0.000;t_2=-9.812,p=0.000$)

$$H_{ahtck}=-19.461+2.364P_{m03}+2.035\times10^{-3}P_{m03}^2-9.977\times10^{-4}P_{m03}^3$$

($n=70,R^2=0.663,F=43.360,p=0.000;t_0=-1.115,p=0.269;t_1=1.132,p=0.262;t_2=0.029,p=0.977;t_3=-1.436,p=0.156$)

$$H_{ahtrpa}=62.663+10.576P_{m03}-0.369P_{m03}^2+3.646\times10^{-3}P_{m03}^3$$

($n=70,R^2=0.178,F=4.777,p=0.004;t_0=-2.315,p=0.024;t_1=3.259,p=0.002;t_2=-3.416,p=0.001;t_3=3.385,p=0.001$)

B. 4 月降水量模型　对照 P_{m04} 的 Linear－模型决定系数 R^2 为 0.151，$b=-0.486<0$；树高年增量变化趋势与 3 月类似；但单位降水量变化明显降低。其 Quadratic－模型 R^2 为 0.158，$a>0,b<0,c\leqslant0$；极大值为 22.6 cm/a^2，发生在 －3.8 mm/m 附近，小于研究期当地 4 月最少降水量{15.6,88.6}；在当地降水条件下，油松高年增量与月降水量有负相关的趋势，但降幅以 $9.043\times10^{-3}P_{m04}$ 递减；变化趋势与其 Linear－模型极为相似。说明当地 4 月降水量完全满足油松生长需求，高降水量将不利于油松高年增量的提高。

$$H_{ahtrpa}=31.790-0.486P_{m04}$$

($n=70,R^2=0.151,F=12.119,p=0.001;t_0=4.144,p=0.000;t_1=-3.481,p=0.001$)

$$H_{ahtck}=22.551-0.034P_{m04}-4.521\times10^{-3}P_{m04}^2$$

($n=70,R^2=0.158,F=6.268,p=0.003;t_0=1.492,p=0.140;t_1=-0.052,p=0.958;t_2=-0.710,p=0.480$)

C. 5 月降水量模型　RPA 树高年增量 P_{m05} 的 Linear－模型决定系数 R^2 仅为 0.089，线性关系相对松散；$b=0.288>0$；树高年增量与 5 月降水量有正相关的趋势。Quadratic－模型的决定系数 R^2 为 0.098，也很小；其 $a>0,b<0,c\geqslant0$；极小值为 2.2 cm/a^2，出现在 40.9 mm/m 附近，极值点左侧仅有 1 组数据。其右侧，树高年增量与 5 月降水量有正相关的趋势，且涨幅以 $5.723\times10^{-3}P_{m05}$ 递增，发生频度 0.929。油松高年增量变化趋势与其 Linear－模型也比较接近。其 Cubic－模型的极小值为 －7.6 cm/a^2，出现在 60.0 mm/m 附近，极大值为 26.4 cm/a^2，出现在 121.7 mm/m 附近，两极值点区间分布有 10 组数据，区间左侧有 1 组数据，右侧有 3 组数据。极值点区间，树高年生长量与月降水量成正比，发生频度 0.714。表明在当地气候条件下，5 月降水量多数年份可能满足不了油松高生长的需求，而油松高年增量的最适 5 月降水量约为 121.7 mm。

$$H_{ahtrpa}=-14.542+0.288P_{m05}$$

($n=70,R^2=0.089,F=6.618,p=0.012;t_0=-1.269,p=0.209;t_1=2.573,p=0.012$)

$$H_{ahtrpa}=6.952-0.235P_{m05}+2..876\times10^{-3}P_{m05}^2$$

($n=70,R^2=0.098,F=3.640,p=0.032;t_0=0.246,p=0.807;t_1=-0.368,p=0.714;t_2=0.832,p=0.409$)

$$H_{ahtrpa} = 151.593 - 6.347P_{m05} + 0.079P_{m05}^2 - 2.895 \times 10^{-4}P_{m05}^3$$

($n=70, R^2=0.163, F=4.284, p=0.008; t_0=2.180, p=0.033; t_1=-2.291, p=0.025; t_2=2.338, p=0.022; t_3=-2.264, p=0.027$)

③夏季月降水量模型 夏季天气炎热,降水量大,大暴雨频发。油松高年增量与其各月降水量关系复杂。

A. 6 月降水量模型 RPA 树高年增量 6 月降水量 Logarithmic - 模型决定系数 R^2 为 0.112,$b=-12.697<0$,属减函数。树高年增量与其月降水量有呈负相关的趋势,但降幅随月降水量增加而降低。

$$H_{ahtrpa} = 69.567 - 12.697\ln P_{m06}$$

($n=70, R^2=0.112, F=8.534, p=0.005; t_0=3.603, p=0.001; t_1=-2.921, p=0.005$)

RPA 和对照的 Inverse - 模型决定系数 R^2 为 0.162 和 0.100;RPA 常数项 a > 对照;b > 0,且 RPA > 对照;模型也为减函数,且 RPA 模型值大于对照;降幅分别以 $830.709/P_{m06}^2$ 和 $658.608/P_{m06}^2$ 递减。

$$H_{ahtrpa} = 0.515 + \frac{830.709}{P_{m06}}$$

($n=70, R^2=0.162, F=13.173, p=0.001; t_0=0.109, p=0.913; t_1=3.629, p=0.001$)

$$H_{ahtck} = -3.396 + \frac{658.608}{P_{m06}}$$

($n=70, R^2=0.100, F=7.593, p=0.008; t_0=-0.691, p=0.492; t_1=2.755, p=0.008$)

RPA 的 Quadratic - 模型决定系数 R^2 为 0.108,$a>0, b<0, c\geqslant 0$;极小值为 0.4 cm/a^2,出现在 199.5 mm/m 附近;极值点左侧有 13 组数据,油松高年增量与其月降水量呈负相关,但降幅以 $1.866 \times 10^{-3}P_{m06}$ 递减,发生频度 0.929。变化与其 Linear - 模型和 Inverse - 模型类似。

$$H_{ahtrpa} = 37.527 + 0.372P_{m06} + 9.322 \times 10^{-4}P_{m06}^2$$

($n=70, R^2=0.108, F=4.049, p=0.022; t_0=4.153, p=0000; t_1=-2.555, p=0.013; t_2=2.046, p=0.045$)

在当地降水条件下,RPA 的 Cubic - 模型决定系数 R^2 为 0.131,极小值和极大值分别为 6.3 cm/a^2 和 17.5 cm/a^2,依次出现在 115.4 mm/m 和 238.7 mm/m 附近;对照的 Cubic - 模型 R^2 为 0.148,极值为 -2.9 cm/a^2 和 37.4 cm/a^2,分别发生在 87.2 mm/m 和 232.8 mm/m 附近。RPA 极值区间有 4 组数据,区间左侧有 9 组数据,右侧有 1 组数据;对照极值区间有 5 组数据,左侧有 8 组数据,右侧也只有 1 组数据。极值区间左侧,树高年增量与月降水量有负相关的趋势,RPA 和对照的发生频度分别为 0.643 和 0.571;极值区间,树高年增量与月降水量有正相关的趋势,两者发生频度各为 0.286 和 0.357。且 RPA 油松反应较平稳,对照油松变化较剧烈。

$$H_{ahtrpa} = 54.016 - 0.985P_{m06} + 6.332 \times 10^{-3}P_{m06}^2 - 1.192 \times 10^{-5}P_{m06}^3$$

($n=70, R^2=0.131, F=3.318, p=0.025; t_0=3.525, p=0.001; t_1=-2.037, p=0.046; t_2=1.548, p=0.126; t_3=-1.328, p=0.189$)

$$H_{ahtck}=57.697-1.589P_{m06}+0.013P_{m06}^2-2.610\times10^{-5}P_{m06}^3$$

($n=70, R^2=0.148, F=3.815, p=0.014; t_0=3.771, p=0.000; t_1=-3.291, p=0.002; t_2=3.069, p=0.003; t_3=-2.914, p=0.005$)

B. 7 月降水量模型　从对照树高年增量 7 月降水量模型分析，Linear－模型 R^2 为 0.150，$b=-0.100<0$；树高年增量与其有负相关的趋势。

Quadratic－模型的 R^2 为 0.644，模型线性关系十分显著。$a>0, b>0, c<0$，极大值为 23.9 cm/a^2，发生在 207.6 mm/m 附近；极值点左侧有 11 组数据。极值点左侧，树高年增量与月降水量呈正相关，但增幅以 $2.801\times10^{-3}P_{m07}$ 递减，发生频度 0.786；极值点右侧，年增量与月降水量呈负相关，且增幅以 $2.801\times10^{-3}P_{m07}$ 递增，发生频度 0.214。Cubic－模型 R^2 为 0.700，线性关系极为显著；极值分别为 －0.6 cm/a^2 和 27.8 cm/a^2，依次出现在 31.6 mm/m 和 261.2 mm/m 附近；极小值点处于研究期间当地 7 月降水量区间之外 {43.7，455.0}，极大值点右侧有 3 组数据。当地降水条件下，7 月降水量少于 261.2 mm 时，油松高年增量与其呈正相关，且增幅相对稳定，发生频度 0.786；而大于 261.2 mm 时，年增量与其呈负相关，且降幅迅速增加，发生频度 0.214。表明在当地气候条件下，油松高年增量的最适 7 月降水量介于 207.6～261.2 mm 之间，而 7 月过多的降水量，或者大暴雨对油松高生长有害。

$$H_{ahtck}=24.325-0.100P_{m07}$$

($n=70, R^2=0150, F=11.978, p=0.000; t_0=4.207, p=0.000; t_1=-3.461, p=0.001$)

$$H_{ahtck}=-36.378+0.581P_{m07}-1.401\times10^{-3}P_{m07}^2$$

($n=70, R^2=0.644, F=60.700, p=0.000; t_0=-4.963, p=0.000; t_1=7.959, p=0.000; t_2=-9.653, p=0.000$)

$$H_{ahtck}=1.122-0.116P_{m07}+2.063\times10^{-3}P_{m07}^2-4.699\times10^{-6}P_{m07}^3$$

($n=70, R^2=0.700, F=51.323, p=0.000; t_0=0.088, p=0.930; t_1=-0.552, p=0.583; t_2=2.064, p=0.043; t_3=-3.497, p=0.001$)

C. 8 月降水量模型　对照 8 月降水量模型 R^2 为 0.479，模型关系也十分显著。其变化规律与 7 月 Quadratic－模型相似，极大值为 28.3 cm/a^2，发生在 134.9 mm/m 附近；极值点左侧有 6 组数据。当月降水量＜134.9 mm/m 时，树高年增量与其呈正相关，增幅以 $5.697\times10^{-3}P_{m08}$ 递减，发生频度 0.429；大于 134.9 mm/m 时，年增量与其呈负相关，但降幅以相同的速度递增，发生频度 0.571。Cubic－模型 R^2 为 0.642，模型拟合度优于 Quadratic－模型；变化规律也和其 7 月降水量 Cubic－模型类似。极值为 －3.7 cm/a^2 和 29.9 cm/a^2，依次发生在 29.7 mm/m 和 174.9 mm/m 附近；极值区间有 7 组数据，右侧 2 组数据，左侧有 5 组数据。极值区间树高与月降水量呈正相关，发生频度 0.500；其区间以外，树高年增量与月降水量呈负相关，且月降水量大于极大值点值时，年增量迅速降低，发生频度0.143+0.357。说明油松对8月降水需求相对降低，当地气候条件下，油松高年增量的最适8月降水量为134.9~174.9 mm；8月过多的降水或者大暴雨对油松高生长也不利。

$$H_{ahtck} = -23.521 + 0.768P_{m08} - 2.948 \times 10^{-3}P_{m08}^2$$

($n=70, R^2=0.479, F=30.826, p=0.000; t_0=-3.551, p=0.001; t_1=7.145, p=0.000; t_2=-7.742, p=0.000$)

$$H_{ahtck} = 1.061 - 0.341P_{m08} + 6.725 \times 10^{-3}P_{m08}^2 - 2.191 \times 10^{-5}P_{m08}^3$$

($n=70, R^2=0.642, F=39.521, p=0.000; t_0=0.149, p=0.882; t_1=-1.542, p=0.128; t_2=3.797, p=0.000; t_3=-5.488, p=0.000$)

④秋季月降水量模型　秋季气温渐凉，阴雨频繁。树高年增量与各月降水量相关性较低，模型决定系数R^2较小，线性关系比较疏远。

A. 9月降水量模型　对照树高年增量9月降水量Inverse－模型决定系数R^2为0.079，线性关系松散；$a<0, b>0$，为减函数；表明树高年增量与9月降水量有负相关趋势。Quadratic－模型R^2为0.094，线性关系也比较松散。$a>0, b<0, c>0$，极小值为-2.4 cm/a^2，发生在143.0 mm/m附近；极值点左侧有11组数据。极值点左侧，树高年增量与月降水量有负相关趋势，降幅以$3.371\times10^{-3}P_{m09}$递减，发生频度0.786；极值点右侧，年增量与月降水量有正相关趋势，但增幅以同样速度递增，发生频度0.214。证明在当地气候条件下，秋季9月阴雨天气对油松高生长油松拟制。

$$H_{ahtck} = -3.586 + \frac{657.107}{P_{m09}}$$

($n=70, R^2=0.079, F=5.853, p=0.018; t_0=-0.661, p=0.511; t_1=2.419, p=0.018$)

$$H_{ahtck} = 32.123 - 0.485P_{m09} + 1.685 \times 10^{-3}P_{m09}^2$$

($n=70, R^2=0.094, F=3.460, p=0.037; t_0=3.180, p=0.002; t_1=-2.360, p=0.021; t_2=1.963, p=0.054$)

B. 10月降水量模型　RPA油松高年增量10月降水量Cubic－模型的R^2为0.142，模型回归显著，但线性关系也比较松散。模型极值为23.4 cm/a^2和-7.7 cm/a^2，依次出现在50.6 mm/m和128.9 mm/m附近；极值点区间有9组数据，左侧有4组数据，右侧仅有1组数据。极值点区间，树高年增量与月降水量有负相关趋势，发生频度0.643；其区间左侧，年增量与月降水量有正相关趋势，发生频度0.214。表明油松高年增量对10月降水需求较低，最适10月降水量在50.6 mm左右，阴雨多雨对油松高年增量不利。

$$H_{ahtrpa} = -33.020 + 2.559P_{m10} - 0.035P_{m10}^2 + 1.304 \times 10^{-4}P_{m10}^3$$

($n=70, R^2=0.142, F=3.631, p=0.017; t_0=-0.958, p=0.341; t_1=1.895, p=0.062; t_2=-2.271, p=0.026; t_3=2.490, p=0.015$)

C. 11月降水量模型　对照11月Linear－模型决定系数R^2为0.164，$b=0.759>0$，树

高年增量与其月降水量有正相关的趋势。其 Quadratic－模型的 R^2 也为 0.164，$a>0$，$b>0$，$c>0$，极小值为 $-115.9\ cm/a^2$，发生在 303.6 mm/m 附近；极值点远在当地 11 月降水量范围以外{0.3，47.4}；油松高年增量与其月降水量有正相关的趋势，且增幅以 $2.311\times10^{-3}P_{m11}$ 递增。而 RPA 的 Quadratic－模型 R^2 仅为 0.087，线性关系极为松散。其 $a>0$，$b<0$，$c>0$，极小值为 $7.6\ cm/a^2$，发生在 17.9 mm/m 附近；极值点左侧有 6 组数据。月降水量 <17.9 mm/m 时，树高年增量与其有负相关趋势，降幅以 $5.631\times10^{-3}P_{m11}$ 递增；月降水量 >17.9 mm/m 时，年增量与其有正相关的趋势，增幅以 $5.631\times10^{-3}P_{m11}$ 递减。RPA 和对照 Quadratic－模型相较于 25.4 mm/m 和 37.9 mm/m 附近，交点区间有 2 组数据，其左侧有 9 组数据，右侧有 3 组数据。交点区间，对照模型值有大于 RPA 的趋势，最大差距为 $1.1\ cm/a^2$，出现在 31.6 mm/m 附近，发生频度 0.143；交点区间两侧，RPA 模型值大于对照，且距交点区间越远，差异越明显，发生频度 0.857。说明当地 11 月降水量偏少，对油松，尤其是对对照油松高年增量有限制作用。

$$H_{ahtrpa}=16.578-1.008P_{m11}+0.028P_{m11}^2$$

($n=70$，$R^2=0.087$，$F=3.196$，$p=0.047$；$t_0=1.950$，$p=0.055$；$t_1=-1.265$，$p=0.210$；$t_2=1.814$，$p=0.074$)

$$H_{ahtck}=-9.865+0.759P_{m11}$$

($n=70$，$R^2=0.164$，$F=13.305$，$p=0.001$；$t_0=-1.786$，$p=0.079$；$t_1=3.648$，$p=0.001$)

$$H_{ahtck}=-9.401+0.701P_{m11}+1.155\times10^{-3}P_{m11}^2$$

($n=70$，$R^2=0.164$，$F=6.558$，$p=0.003$；$t_0=-1.146$，$p=0.256$；$t_1=0.913$，$p=0.363$；$t_2=0.077$，$p=0.939$)

第三节　降水量与商州和淳化飞播油松高生长的关系

【内容提要】相关性和模型拟合显示，3 月和 7 月降水量是影响商州飞播油松高生长关键降水因子。树高年生长量与 3 月降水量的关系可用 Quadratic－模型分析，当地 3 月降水条件下{2.6，43.8}，RPA 模型值大于对照。逐步回归模型分析显示，4 月降水量是影响淳化飞播油松的主要降水因子，而秋季阴雨不利于飞播油松生长。

【关 键 词】多效抗旱驱鼠剂，飞播造林，降水量，油松，高生长

一、降水量对商州飞播油松高生长的影响

1. **商州油松高年生长量与降水量模型拟合**　油松高年生长量与 3 月和 7 月降水量相关度相对较高(图 5－3)。模型拟合结果显示，RPA 油松高年生长量与 3 月降水量符合 Quadratic－模型和 Linear－模型变化，对照油松符合 Quadratic－模型，Linear－模型相关不

显著；RPA 油松高年生长量与 7 月降水量关系满足 Linear - 模型和 Power - 模型要求，对照具有 Cubic - 模型属性：

$$H_{atrpasz} = -2.156 + 1.001P_{m03}$$

$$(n = 13, R^2 = 0.520, F = 11.879, p = 0.005)$$

$$H_{atrpasz} = 13.178 - 1.214P_{m03} + 0.051P_{m03}^2$$

$$(n = 13, R^2 = 0.618, F = 10.688, p = 0.003)$$

$$H_{atcksz} = -0.944 + 0.793P_{m03}$$

$$(n = 13, R^2 = 0.297, F = 4.651, p = 0.054)$$

$$H_{atcksz} = 18.891 - 2.073P_{m03} + 0.028P_{m03}^2$$

$$(n = 13, R^2 = 0.544, F = 5.963, p = 0.020)$$

$$H_{atrpasz} = -6.002 + 0.203P_{m07}$$

$$(n = 13, R^2 = 0.362, F = 6.230, p = 0.030)$$

$$H_{atrpasz} = 0.005P_{m07}^{1.651}$$

$$(n = 13, R^2 = 0.505, F = 11.217, p = 0.006)$$

$$H_{atcksz} = 40.170 - 1.358P_{m07} + 0.014P_{m07}^2 - 0.000P_{m07}^3$$

$$(n = 13, R^2 = 0.499, F = 2.987, p = 0.089)$$

油松 3 月降水量模型显示，在试验期降水量内{2.6,43.8}，RPA 模型值大于对照，与汉中和安康结论一致。进一步证明 RPA 拌种对飞播后油松对土壤水分利用率的增益作用。

2. ***商州油松高年生长量与降水量的逐步回归模型***　考虑到年份和年降水量对月降水量作用的干扰，以时间因子和年降水量因子分别作为权重，对油松高年生长量与月降水量进行逐步回归模型分析。在不考虑年份与年降水量干扰情况下，只有 3 月降水量因子进入 RPA 油松模型，对照没有产生模型。RPA 模型与上述 Linear - 模型相同。以时间作为权重，RPA 油松仅引入了 3 月降水量因子，而 3 月和 12 月降水量因子先后进入对照模型：

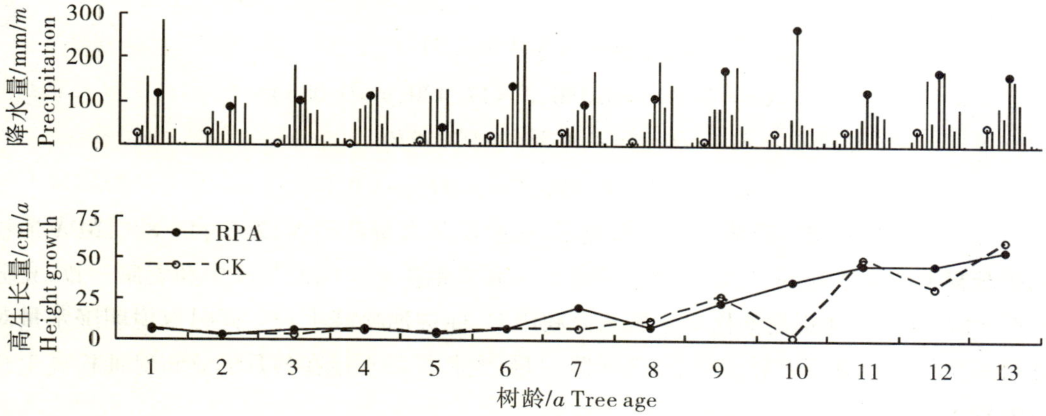

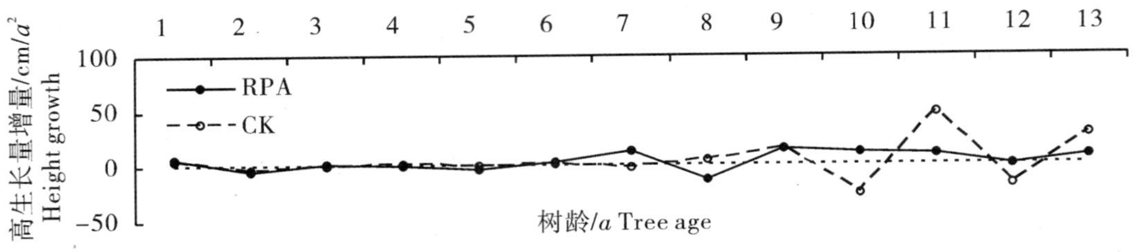

图 5－3　商州降水量与油松高年生长量的关系

Fig. 5－3 The relation between preeipitation and annual increment of tree height in Shangzhou City

$$H_{atrpa} = -2.972 + 1.223P_{m03}$$

$$(n=13, R^2=0.753, F=30.573, p=0.000)$$

$$H_{atck} = -2.486 + 1.036P_{m03}$$

$$(n=13, R^2=0.399, F=7.296, p=0.021)$$

$$H_{atcksz} = 10.737 + 0.921P_{m03} + P_{m12}$$

$$(n=13, R^2=0.609, r_{m3}=0.631, r_{m12}=-0.549,\ F=7.781, p=0.009)$$

引入时间因子后，年份、3 月和 1 月降水因子先后进入 RPA 油松生长模型，而对照与汉中和安康一样，仅有时间指标进入模型：

$$H_{atrpa} = -9.658 + 4.321t$$

$$(n=13, R^2=0.811, F=43.355, p=0.000)$$

$$H_{atrpa} = -14.464 + 3.459t + 0.477P_{m03}$$

$$(n=13, R^2=0.867, r_{m03}=0.721, F=43.651, p=0.000)$$

$$H_{atrpa} = -20.876 + 3.256t + 0.651P_{m03} + 0.610P_{m01}$$

$$(n=13, R^2=0.936, r_{m01}=-0.058, F=43.961, p=0.000)$$

$$H_{atck} = -10.004 + 1.036t$$

$$(n=13, R^2=0.593, F=16.019, p=0.002)$$

以年降水量为权重进行逐步回归模型分析分析，只有 3 月降水量进入油松高生长模型：

$$H_{atrpa} = -2.344 + 1.017P_{m03}$$

$$(n=13, R^2=0.530, F=12.420, p=0.005)$$

$$H_{atck} = -9.386 + 0.812P_{m03}$$

$$(n=13, R^2=0.316, F=5.077, p=0.046)$$

油松高年生长量 3 月降水量模型显示，试验期降水量范围内{2.6，43.8}，RPA 油松高生长模型值大于对照，且随着降水量增加两者差距扩大。结论与汉中和安康一致，充分证明 RPA 拌种后能提高油松对土壤水分利用率，促进油松高生长。同时也说明降水量对油松高生长作用有所差异，不同地区年降水量，尤其是降水量在各月的分布对油松高生长影响较大。

3. **商州油松高生长年增量与降水量的逐步回归模型** 对油松高生长年增量与降水因子进行分析,引入和去除时间变量结果一致。对照逐步回归模型不显著,10 月、5 月降水量和年降水量指标先后进入 RPA 油松高生长年增量模型:

$$R_{ahrpa} = 14.199 - 0.154P_{m10}$$

$$(n=13, R^2=0.437, r_{m10}=-0.661, F=8.521, p=0.014)$$

$$R_{ahrpa} = 27.351 - 0.232P_{m10} - 0.107P_{m05}$$

$$(n=13, R^2=0.672, r_{m05}=-0.025, F=10.224, p=0.004)$$

$$R_{ahrpasz} = 12.664 - 0.263P_{m10} - 0.146P_{m05} + 0.028P_a$$

$$(n=13, R^2=0.813, r_a=0.111, F=13.029, p=0.001)$$

模型显示,RPA 油松高生长年增量与 10 月降水量呈显著负相关($r=-0.661, p=0.014$),在控制 5 月降水量和年降水量干扰下,10 月份降水量与油松高生长年增量相关性依次增强,偏相关系数为 −0.819 和 −0.900,相关极显著($p=0.001$、0.000)。在消除了 10 月降水量作用下,5 月降水量与油松高年增量呈显著负相关($r=-0.646, p=0.023$),但因其复相关系数仅为 −0.025,与油松高年增量关系较松散,影响较小。在控制 10 月和 5 月降水量作用条件下,年降水量与 RPA 油松高年增量呈显著正相关($r=0.656$, $p=0.028$)。其复相关系数为 0.111,比安康和汉中小,与油松高生长年增量关系没有安康和汉中紧密。

考虑树龄对林木高生长年增量的作用,以时间因子为权重进行分析,8 月降水量和年降水量指标被引入 RPA 油松模型,1 月降水量进入对照油松模型:

$$R_{ahrpa} = 18.904 - 0.105P_{m08}$$

$$(n=13, R^2=0.482, r_{m08}=-0.694, F=7.484, p=0.019)$$

$$R_{ahrpa} = -2.212 - 0.153P_{m08} + 0.039P_a$$

$$(n=13, R^2=0.668, r_a=0.065, F=10.060, p=0.004)$$

$$R_{ahck} = -3.838 + 1.797P_{m01}$$

$$(n=13, R^2=0.341, r_{m01}=0.584, F=5.687, p=0.036)$$

以年降水量为权重,对各月降水量与油松高生长年增量进行逐步回归模型分析,时间变量对分析结果没有影响,只有 10 月和 5 月降水量指标进入 RPA 油松高生长年增量模型,对照模型不成立。

$$R_{ahrpa} = 13.688 - 0.143P_{m10}$$

$$(n=13, R^2=0.405, r_{m10}=-0.636, F=8.521, p=0.014)$$

$$R_{ahrpa} = 27.461 - 0.227P_{m10} - 0.107P_{m05}$$

$$(n=13, R^2=0.650, r_{m05}=-0.013, F=9.274, p=0.005)$$

结果显示,在年降水量权重下,各月降水量与对照油松高生长年增量关系不紧密;而 10 月和 5 月降水量与 RPA 油松高生长年增量呈显著负相关($r=-0.806$、0.641, $p=$

0.019、0.025)，但5月降水量复相关系数为-0.013，远远小于10月降水量的-0.636，对油松高生长年增量作用有限。

二、降水量对淳化飞播油松高生长的影响

1. **相关性** 淳化油松高生长与降水量的关系相对比较松散，但油松高年生长增量与降水量关系相对密切(图5-4)。

2. **逐步回归模型** 用年降水量和月降水量与油松高年生长量及其增量进行逐步回归模型分析，只有4月降水量指标进入对照油松年生长增量模型：

$$R_{ahck} = -11.428 + 0.579P_{m04}$$
$$(n=13, R^2=0.320, F=5.167, p=0.044)$$

证明4月降水量对对照油松高生长年增加速度有作用。

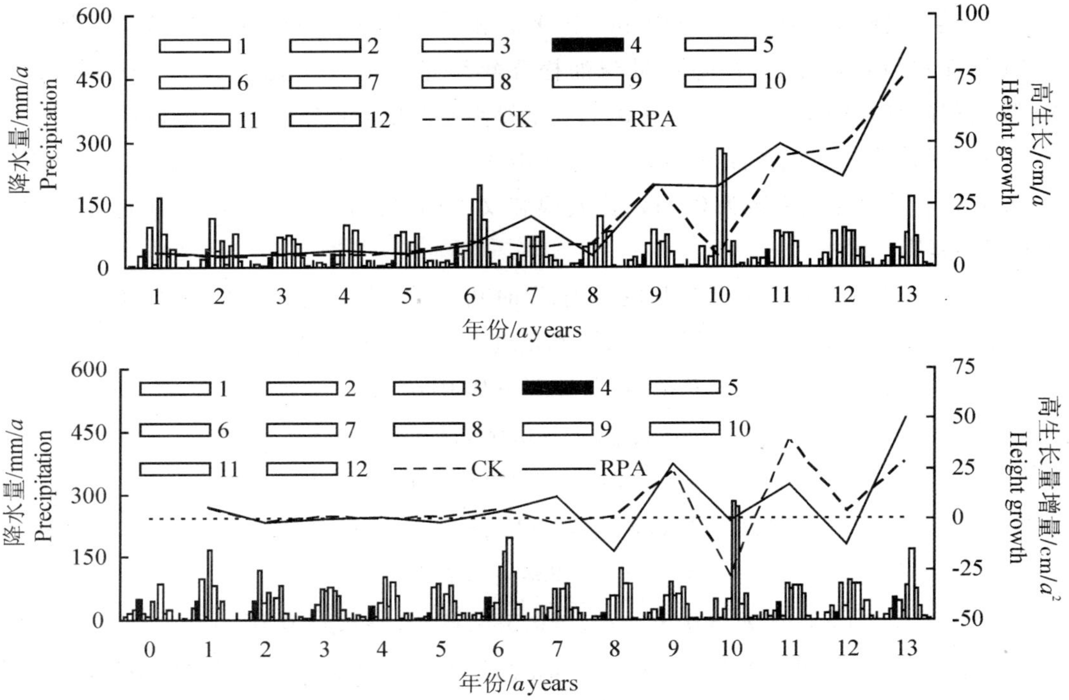

图5-4 淳化降水量与油松高年生长量的关系

Fig.5-4 The relation between preeipitation and annual increment of tree height in Chunhua City

(1)飞播年限权重下的逐步回归模型 以时间作为权重进行逐步回归模型分析，没有降水量指标进入油松高年生长量模型；而4月、10月和11月降水量先后进入RPA油松高生长年增量模型，4月降水量和年降水量进入对照年增量模型(图5-5)。

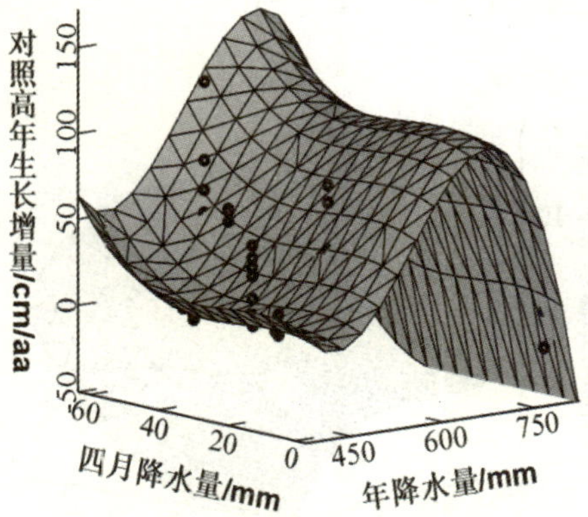

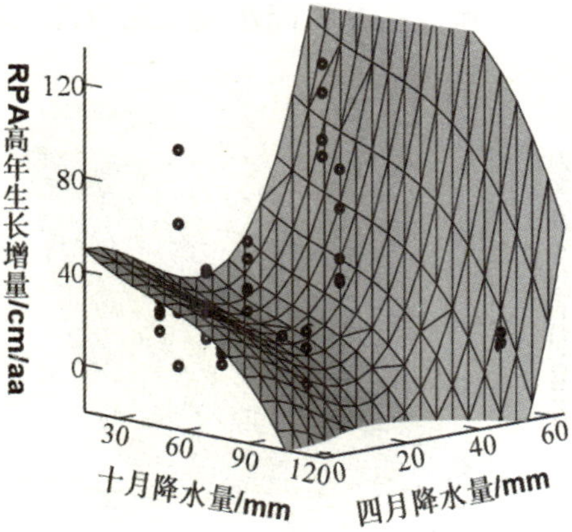

图 5－5　降水量与油松年高年生长增量关系

Fig. 5－5 The relationship between preeipitation and annual height growth of *pinus tabulaeformis*

$$R_{ahrpa} = -12.789 + 0.815P_{m04}$$

$$(n=13, R^2=0.424, r_{m04}=0.651, F=8.083, p=0.016)$$

$$R_{ahrpa} = 3.489 + 0.928P_{m04} - 0.376P_{m10}$$

$$(n=13, R^2=0.546, r_{m10}=-0.307, F=8.216, p=0.008)$$

$$R_{ahrpach} = 16.790 + 0.935P_{m04} - 0.452P_{m10} - 0.611P_{m11}$$

$$(n=13, R^2=0.724, r_{m11}=-0.330, F=11.510, p=0.002)$$

$$R_{ahck} = -15.050 + 0.853P_{m04}$$

$$(n=13, R^2=0.531, r_{m04}=0.729, F=12.444, p=0.005)$$

$$R_{ahck} = 21.340 + 0.800P_{m04} - 0.065P_a$$

$$(n=13, R^2=0.708, r_a=-0.497, F=12.143, p=0.002)$$

RPA 油松高年生长增量模型显示，在控制 10 月降水量干扰下，4 月降水量与生长增率呈极显著的正相关（$r=0.763, p=0.004$），而在控制 4 月降水量影响下，10 月降水量与增量呈显著负相关（$r=-0.586, p=0.045$）；在控制 10 月和 11 月降水量下，4 月降水量与油松高生长增量相关更显著（$r=0.849, p=0.001$）；控制 4 月和 11 月降水量下，10 月降水量与油松增量负相关也更显著（$r=-0.754, p=0.007$）；而在控制 4 月和 10 月降水量影响下，11 月降水量与油松高年生长增量也呈显著负相关（$r=-0.754, p=0.673$）。对照油松增量模型显示，在控制年降水量干扰下，4 月降水量与对照油松高年生长增量呈极显著的正相关（$r=0.783, p=0.003$），而在控制 4 月降水量下，年降水量与油松高年生长增量呈显著负相关（$r=-0.615, p=0.033$）。从 RPA 和对照油松 4 与降水量线性模型分析，试验期降水量范围内，RPA 模型值大于对照，但随 4 月降水量增加两者差距有缩小的趋势。说明 RPA 处理在土壤相对缺水的条件下，对油松的促长作用更明显。

（2）树龄对逐步回归模型的影响　引入时间变量后，降水量因素对油松高年生长量的影响作用突显。时间变量和 4 月、9 月、12 月降水因子依次进入 RPA 油松高年生长量模型,时间和4月、9月降水量也先后进入对照模型(表5-15,图5-6)。

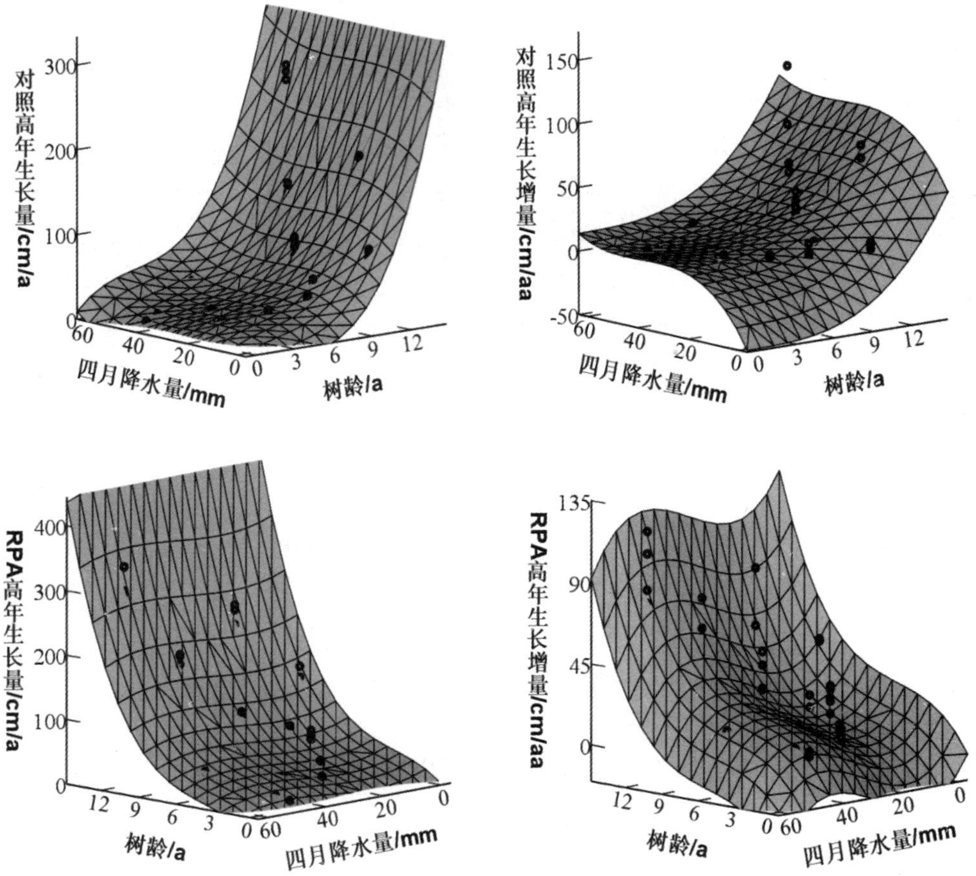

图5-6 降水量与油松年高生长关系

Fig. 5-6 The relationship between preeipitation and annual height growth of *pinus tabulaeformis*

从RPA油松模型分析,在控制4月降水量对油松高生长影响条件下,时间变量与油松高生长关系极为密切,呈极显著的正相关($r=0.900$,$p=0.000$);而在消除时间因子的影响,4月降水因子也与油松高生长呈显著的正相关($r=0.645$,$p=0.024$)。在剔除时间和9月降水因子干扰,4月降水量与油松高生长正相关更加显著($r=0.547$,$p=0.001$);同样消除4月和9月降水的作用,时间变量与油松的关系也更加紧密($r=0.958$,$p=0.000$);而在剔除时间与4月降水的影响,9月降水量与油松高生长呈极显著的负相关($r=-0.758$,$p=0.007$),但9月降水对油松高生长的贡献较低($r_0=-0.088$)。在消除时间和4月、9月降水因素的干扰,12月降水量与油松高生长呈显著正相关($r=0.678$,$p=0.031$);从其复相关系数分析,其对油松高生长的作用相对较大,甚至超过了4月降水的作用。从对照模型分析,时间变量和4月降水对油松高生长的作用规律与RPA相似。但在控制间和4月降水因素的干扰,10月降水与油松高生长呈极显著负相关($r=-0.830$,$p=0.002$),其复相关系数相对较大,与油松高生长关系较为密切。

表 5-15　淳化飞播油松高年生长量与降水量逐步回归模型分析

Tab. 5-15 The stepwise regression model analysis between the precipitation and the annual height growth of *Pinus tabulaeformis* after aerial seeding in Chunhua City

处理 Treat	模型 Model 变量 Variable	系数 Coefficients	T-检验(T-test) t	p	R^2	相关系数 Correlations r_0	$r_{partial}$	r_{part}	F-检验(F-test) F	p
RPA	常数项 Constant	-13.113	-1.561	0.147	0.684	—	—	—	23.818	0.000
	t	5.166	4.880	0.000		0.827	0.827	0.827		
	常数项 Constant	-32.904	-3.283	0.008	0.815	—	—	—	22.080	0.000
	t	5.651	6.511	0.000		0.827	0.900	0.885		
	P_{m04}	0.551	2.667	0.024		0.181	0.645	0.362		
	常数项 Constant	-23.787	-3.224	0.010	0.921	—	—	—	35.125	0.000
	t	6.070	9.962	0.000		0.827	0.958	0.932		
	P_{m04}	0.716	4.776	0.001		0.181	0.847	0.447		
	P_{m09}	-0.211	-3.481	0.007		-0.088	-0.758	-0.325		
	常数项 Constant	-34.845	-4.876	0.001	0.957	—	—	—	45.036	0.000
	t	6.464	12.967	0.000		0.827	0.977	0.945		
	P_{m04}	0.960	6.414	0.000		0.181	0.915	0.468		
	P_{m09}	-0.279	-5.169	0.001		-0.088	-0.877	-0.377		
	P_{m12}	1.022	2.609	0.031		-0.221	0.678	0.190		
RPA	常数项 Constant	-13.067	-1.508	0.160	0.623	—	—	—	18.160	0.001
	t	4.651	4.261	0.001		0.789	0.789	0.789		
	常数项 Constant	-37.223	-4.261	0.002	0.842	—	—	—	26.742	0.000
	t	5.243	6.931	0.000		0.789	0.910	0.870		
	P_{m04}	0.673	3.735	0.004		0.293	0.763	0.469		
	常数项 Constant	-19.878	-3.086	0.013	0.951	—	—	—	58.200	0.000
	t	4.696	10.179	0.000		0.789	0.959	0.751		
	P_{m04}	0.822	7.402	0.000		0.293	0.927	0.546		
	P_{m10}	-0.322	-4.463	0.002		-0.413	-0.830	-0.329		

对于 RPA 油松高生长年增量，引入时间变量后，没有变量因素进入逐步回归模型；而对照，首先引入模型的变量是 4 月降水，其次为时间、年降水量和 1 月降水量（图 5-6）：

$$R_{ahck} = -11.428 + 0.579P_{m04}$$

$$(n=13, R^2=0.320, r_{m04}=0.656, F=5.167, p=0.044)$$

$$R_{ahck} = -29.362 + 0.685P_{m04} + 2.114t$$

$$(n=13, R^2=0.550, r_t=0.351, F=6.117, p=0.018)$$

$$R_{ahck} = 0.468 + 0.721P_{m04} + 2.706t - 0.067P_a$$

$$(n = 13, R^2 = 0.802, r_a = -0.354, F = 12.179, p = 0.002)$$

$$R_{ahck} = -1.774 + 0.627P_{m04} + 2.614t - 0.067P_a + 0.854P_{m01}$$

$$(n = 13, R^2 = 0.908, r_{m01} = 0.493, F = 19.759, p = 0.000)$$

模型显示,4 月降水量对油松的作用显著,在控制时间因素干扰下,4 月降水与油松高生长增量呈线性正相关($r = 0.698, p = 0.012$),而时间因素对油松高生长增量影响作用相对较弱,但线性相关显著($r = 0.582, p = 0.042$)。在消除时间和年降水因素的作用,4 月降水量与油松高生长增量关系极为密切($r = 0.839, p = 0.001$);而在控制 4 月降水与时间变量的作用,年降水量与油松生长增量呈极显著飞负相关($r = -0.749, p = 0.008$),其与油松生长增量关系相关程度比年份高。控制上述变量作用的基础上,1 月降水量与对照区油松高增长量呈显著的正相关($r = 0.731, p = 0.016$),其作用程度在某种意义上讲超过了时间和年降水量的作用。

(3)年降水量权重下的逐步回归模型　以年降水量为权重,引入时间变量,降水与油松高生长量逐步回归模型变量相同,但系数有所改变(表 5－16)。

表 5－16　淳化飞播油松高年生长量与降水量逐步回归模型分析(按年降水量权重)

Tab. 5－16 The stepwise regression model analysis between the precipitation and the annual height growth of *Pinus tabulaeformis* after aerial seeding in Chunhua City (Weights of the annual precipitation)

处理 Treat	模型 Model 变量 Variable	系数 Coefficients	T－检验(T－test) t	P	R^2	相关系数 Correlations r_0	$r_{partial}$	r_{part}	F－检验(F－test) F	P
RPA	常数项 Constant	－13.689	－1.569	0.145	0.677	—	—	—	23.020	0.001
	t	5.162	4.798	0.001		0.823	0.823	0.823		
	常数项 Constant	－31.435	－2.878	0.016	0.784	—	—	—	18.148	0.000
	t	5.710	5.982	0.000		0.823	0.884	0.879		
	P_{m04}	0.463	2.229	0.050		0.105	0.576	0.328		
	常数项 Constant	－24.469	－3.542	0.006	0.927	—	—	—	37.956	0.000
	t	6.120	10.302	0.000		0.823	0.960	0.929		
	P_{m04}	0.737	5.143	0.001		0.105	0.864	0.464		
	P_{m09}	－0.217	－4.188	0.002		－0.160	－0.813	－0.378		
	常数项 Constant	－35.369	－5.246	0.001	0.961	—	—	—	49.314	0.000
	t	6.476	13.524	0.000		0.823	0.979	0.944		
	P_{m04}	0.973	6.840	0.000		0.105	0.924	0.477		
	P_{m09}	－0.279	－6.010	0.000		－0.160	－0.905	－0.420		
	P_{m12}	1.046	2.652	0.029		－0.208	0.684	0.185		

续表 5-16

处理 Treat	模型 Model 变量 Variable	模型 Model 系数 Coefficients	T-检验(T-test) t	T-检验(T-test) P	R^2	相关系数 Correlations r_0	相关系数 Correlations r_{partial}	相关系数 Correlations r_{part}	F-检验(F-test) F	F-检验(F-test) P
RPA	常数项 Constant	-12.893	-1.331	0.210	0.557	—	—	—	13.820	0.003
	t	4.442	3.717	0.003		0.746	0.746	0.746		
	常数项 Constant	-38.215	-3.830	0.003	0.800	—	—	—	19.957	0.000
	t	5.224	5.991	0.000		0.746	0.884	0.848		
	P_{m04}	0.660	3.482	0.006		0.284	0.740	0.493		
	常数项 Constant	-18.530	-2.888	0.018	0.951	—	—	—	57.983	.000
	t	4.634	9.878	0.000		0.746	0.957	0.730		
	P_{m04}	0.840	8.018	0.000		0.284	0.937	0.593		
	P_{m10}	-0.354	-5.259	0.001		-0.429	-0.869	-0.389		

时间因子和月降水因素与 RPA 油松高增长量关系不密切,没有变量引入逐步回归模型;而 7 月、4 月降水和时间以及 1 月、9 月降水依次进入对照油松高年生长增量模型:

$$R_{ahck} = 19.390 - 0.141P_{m07}$$
$$(n=13, R^2=0.376, r_{m07}=-0.613, F=6.616, p=0.026)$$
$$R_{ahck} = 1.768 - 0.114P_{m07} + 0.496P_{m04}$$
$$(n=13, R^2=0.599, r_{m04}=0.607, F=7.484, p=0.010)$$
$$R_{ahck} = -16.333 - 0.120P_{m07} + 0.608P_{m04} + 2.120t$$
$$(n=13, R^2=0.791, r_t=0.242, F=11.385, p=0.002)$$
$$R_{ahck} = -18.158 - 0.122P_{m07} + 0.508P_{m04} + 2.054t + 0.859P_{m01}$$
$$(n=13, R^2=0.802, r_{m01}=0.469, F=14.387, p=0.001)$$
$$R_{ahck} = -12.849 - 0.134P_{m07} + 0.636P_{m04} + 2.295t + 1.044P_{m01} - 0.128P_{m09}$$
$$(n=13, R^2=0.961, r_{m09}=0.210, F=34.618, p=0.000)$$

对模型分析可知,在年降水量权重下,剔除 4 月降水因素的作用,7 月降水量与油松高生长增量线性关系密切,呈显著的负相关($r=-0.605, p=0.037$);而 4 月降水量与油松增量呈显著的正相关($r=0.599, p=0.040$)。在年降水量权重下,时间变量与油松高生长增量关系相对松散,复相关系数仅为 0.242,;但在控制 7 月和 4 月降水因素干扰条件下,时间与油松增量呈显著正相关($r=0.692, p=0.018$)。在剔除 7 月和 4 月降水与时间干扰下,1 月降水与油松增量呈显著正相关($r=0.645, p=0.044$),其复相关系数为 0.469,比时间因子与油松增量关系紧密。在消除上述因素作用前提下,9 月降水量与对照油松呈极显著的负相关($r=-0.826, p=0.006$);但因其复相关系数为 0.210,且系数较小,对油松高生长年增量作用相对较小。

第六章　降水对飞播油松高生长的均值效应

降水对飞播油松高生长的影响不仅取决于当年降水量及其分布,也决定于不同生长期年降水量的均值及其分布。为此,利用安康 1997～2011 年的飞播油松树高调查资料,结合当地的年降水量和各月降水量,对降水量指标采取与前 1 年、2 年、3 年……13 年均值处理,采用相关分析法研究降水量与飞播油松树高生长指标的相关性及其变化;同时采用逐步回归模型法和模型拟合,组建生长指标与降水因子的优化模型,确定影响油松高生长的关键降水因子。

第一节　年降水对树高的均值效应

【内容提要】向后剔除法逐步回归模型分析证明:各因子配合下,整个生长期的年均降水量(P_{a13})对油松高影响最大,对 RPA 和对照油松高作用的单位量变化系数分别为 2.493 和 2.276,对模型分别贡献 47.2% 和 51.3%;其次是近 10 年和近 11 年的年均降水量(P_{a09}和 P_{a10}),RPA 和对照的单位量变化系数为 0.723、2.368 和 1.372、1.015,对模型分别贡献 8.0%、32.4% 和 23.4%、13.0%。逐步回归模型分析,RPA 结果不变;近 13 年的年均降水量对对照油松高作用最大,单位量变化系数达 8.216,对模型贡献 50.8%;其次是 Pa_{10}和 Pa_{13},单位量变化系数为 4.023 和 3.852,分别贡献 23.2% 和 19.7%。油松高与各生长期年均降水量均呈极显著的正相关($p=0.000$),与近 8 年年均降水量(P_{a07})的相关系数达 0.923 和 0.912。Linear - 模型是飞播油松树高与各生长期年均降水量的基本模型,Quadratic - 模型是树高与近 7 年至近 12 年年均降水量的最适模型。说明油松高是各生长期年降水量综合作用的结果;在安康降水条件下,RPA 拌种飞播油松明显高于对照,且差距随油松生长而逐渐显著。

【关 键 词】多效抗旱驱鼠剂,年均降水量,油松,树高,逐步回归,模型拟合

一、树高与年均降水量的向后剔除法逐步回归模型

对树高(H_t)与不同生长期年均降水指标(P_a)进行向后剔除法逐步回归模型分析,经

过5次向后剔除法逐步回归，当年降水量（P_{a00}）、近2年平均降水量（P_{a01}）、近6年降水量均值（P_{a05}）、近7年平均降水量（P_{a06}）、近8年降水量均值（P_{a07}）、近10年降水量均值（P_{a09}）、近11平均降水量（P_{a10}）以及仅14年降水量均值（P_{a13}）构建了对照油松高年降水量均值指标有效模型；而经过3次向后逐步回归，构建了以P_{a00}、P_{a01}、近3年平均降水量（P_{a02}）、近5年平均降水量（P_{a04}）、P_{a05}、P_{a07}、近9年平均降水量（P_{a08}）、P_{a09}、P_{a10}以及P_{a13}为因子的RPA油松高有效模型（表6－1）。

表6－1 油松高与年降水量均值指标逐步向后回归模型

Tab. 6－1 The backward stepwise regression model of annual mean rainfall and height of *Pinus tabulaeformi*

处理 Treat	降水因子 P_a	模型 Model Coefficients 非标准 Unstandard	标准 Standard	T－检验（T－test） t	p	R^2	相关系数 Correlations r_0	$r_{partial}$	r_{part}	共线性统计量 Collinearity statistics 容差 Tolerance	方差膨胀因子 VIF
	常量	－269.900	—	－9.997	0.000		—	—	—	—	—
	P_{a00}	－0.052	－0.109	－4.131	0.000		0.548	－0.468	－0.046	0.182	5.480
	P_{a01}	－0.061	－0.080	－2.361	0.021	0.992	0.700	－0.289	－0.027	0.111	9.034
	P_{a05}	0.247	0.248	2.871	0.006	（F=	0.846	0.345	0.032	0.017	58.664
H_{tck}	P_{a06}	0.340	0.323	2.698	0.009	979.198,	0.895	0.327	0.030	0.009	113.018
	P_{a07}	0.379	0.348	2.904	0.005	p=	0.912	0.348	0.033	0.009	113.498
	P_{a09}	1.717	1.372	13.732	0.000	0.000）	0.906	0.869	0.155	0.013	78.782
	P_{a10}	1.332	1.015	6.264	0.000		0.880	0.626	0.070	0.005	207.189
	P_{a13}	－3.459	－2.276	－26.982	0.000		0.810	－0.961	－0.304	0.018	56.179
	常量	－425.961	—	－9.884	0.000		—	—	—	—	—
	P_{a00}	－0.072	－0.116	－4.732	0.000		0.574	－0.525	－0.063	0.290	3.443
	P_{a01}	－0.162	－0.164	－3.785	0.000		0.694	－0.442	－0.050	0.093	10.741
	P_{a02}	－0.307	－0.279	－4.206	0.000	0.990	0.782	－0.480	－0.056	0.040	25.156
	P_{a04}	0.351	0.271	2.742	0.008	（F=	0.821	0.336	0.036	0.018	56.016
H_{trpa}	P_{a05}	0.598	0.466	3.654	0.001	566.353,	0.852	0.430	0.048	0.011	92.985
	P_{a07}	0.730	0.521	2.901	0.005	p=	0.923	0.353	0.038	0.005	184.727
	P_{a08}	－0.730	－0.478	－2.230	0.030	0.000）	0.906	－0.279	－0.029	0.004	263.109
	P_{a09}	1.165	0.723	6.278	0.000		0.903	0.633	0.083	0.013	75.929
	P_{a10}	4.000	2.368	8.588	0.000		0.890	0.745	0.114	0.002	435.070
	P_{a13}	－4.874	－2.493	－15.832	0.000		0.818	－0.900	－0.209	0.007	141.937

1. **对照树高模型分析** 在排除其他因子影响下，对照树高与 P_{a13}、P_{a00}和 P_{a01}负偏相关依次减弱，其中与前两因子相关极显著，与 P_{a01} 相关显著（$r_{partial}$ = −0.289，p =0.021）；而与 P_{a06}、P_{a05}、P_{a07}、P_{a10}和 P_{a09}正偏相关依次增强，且极显著。各因子配合下，P_{a13}对油松高作用最强，单位量变化系数为2.276；其对模型影响也最大，贡献51.3%。其次是 P_{a09}和 P_{a10}，单位量变化系数为1.372 和1.015，其对模型分别贡献23.4%和13.0%。而 P_{a07}、P_{a06}、P_{a05}、P_{a00}和 P_{a01}对油松高作用相对较弱，单位量变化系数依次为0.348、0.323、0.248、0.109 和0.080；其对模型影响也相对较小，分别贡献2.1%、1.8%、1.4%、0.4%和0.3%。

2. **RPA 树高模型分析** 与对照相比，RPA 油松高与 P_{a13}、P_{a00}、P_{a02}和 P_{a08}负偏相关依次减弱，其中与前4 个因子相关极显著，与 P_{a08}相关显著（$r_{partial}$ = −0.279，p =0.030）；而与 P_{a04}、P_{a07}、P_{a05}、P_{a09}和 P_{a10}正相关依次增强，且极显著。在各因子相互作用下，也是 P_{a13}对油松高作用最强，单位量变化系数为2.493，对模型贡献47.2%。其次是 P_{a10}和 P_{a09}，单位量变化系数为2.368 和0.723，对模型分别贡献32.4%和8.0%；其中，P_{a10}的作用和影响明显增强，而 P_{a09}显著减弱。P_{a07}、P_{a05}和 P_{a08}对树高也有一定作用，单位量变化系数为0.521、0.466 和0.478，其对模型分别贡献2.9%、2.9%和2.2%。而 P_{a02}、P_{a04}、P_{a01}和 P_{a00}对树高作用较弱，单位量变化系数为0.279、0.271、0.164 和0.116；其对模型影响也很小，分别贡献1.7%、1.3%、0.8%和0.5%。

表6－2 油松高与年降水量均值指标逐步回归模型

Tab.6－2 The stepwise regression model of annual mean rainfall and height of *Pinus tabulaeformi*

处理 Treat	降水因子 R_a	模型 Model Coefficients 非标准 Unstandard	标准 Standard	T－检验 (T－test) t	p	R^2	相关系数 Correlations r_0	$r_{partial}$	r_{part}	共线性统计量 Collinearity statistics 容差 Tolerance	方差膨胀因子 VIF
H_{tck}	常量	−226.689	—	−9.438	0.000	0.996 (F = 1554.226, p = 0.000)	—	—	—	—	—
	P_{a07}	0.940	0.863	7.677	0.000		0.912	0.707	0.061	0.005	197.160
	P_{a12}	−12.158	−8.216	−10.329	0.000		0.824	−0.802	−0.083	0.000	9870.289
	P_{a09}	0.528	0.422	3.111	0.003		0.906	0.375	0.025	0.003	286.530
	P_{a10}	5.283	4.023	11.735	0.000		0.880	0.837	0.094	0.001	1833.789
	P_{a00}	−0.041	−0.086	−5.541	0.000		0.548	−0.585	−0.044	0.267	3.743
	P_{a13}	5.853	3.852	6.554	0.000		0.810	0.649	0.052	0.000	5388.910
	P_{a03}	0.124	0.135	3.429	0.001		0.758	0.408	0.027	0.041	24.340
	P_{a01}	−0.077	−0.101	−3.869	0.000		0.700	−0.450	−0.031	0.095	10.580
	P_{a04}	0.229	0.228	3.702	0.000		0.808	0.434	0.030	0.017	59.105
	P_{a08}	−0.305	−0.257	−2.749	0.008		0.898	−0.337	−0.022	0.007	136.047

二、树高不与同生长期年均降水量的逐步回归模型

RPA 和对照均组成了 10 组有效模型。其中，P_{a07}、P_{a12}、P_{a09}、P_{a10}、P_{a00}、P_{a13}、P_{a03}、P_{a01}、P_{a04}和 P_{a08}依次进入了对照树高各生长期年降水量均值指标优化模型，而 P_{a07}、P_{a13}、P_{a09}、P_{a10}、P_{a00}、P_{a02}、P_{a01}、P_{a05}、P_{a04}和 P_{a08}先后被引进了 RPA 树高优化模型（表 6－2）。

表 6－3 树高与年降水量均值指标的直线模型

Tab. 6－3 The Linear－model between tree height and annual average precipitation

模型 Model Coefficients	R^2 F/p	T－检验（T－test） t_0 p	t_1 p	模型 Model Coefficients	R^2 F/p	T－检验（T－test） t_0 p	t_1 p
H_{trpa} = －168.805	0.329	－3.264	5.779	H_{tck} = －120.824	0.301	－2.944	5.406
+0.355P_{a00}	33.400/0.000	0.001	0.000	+0.264P_{a00}	29.224/0.000	0.004	0.000
H_{trpa} = －424.647	0.482	－6.113	7.960	H_{tck} = －333.361	0.491	－6.224	8.091
+0.687P_{a01}	63.336/0.000	0.000	0.000	+0.538P_{a01}	65.464/0.000	0.000	0.000
H_{trpa} = －555.015	0.612	－8.402	10.346	H_{tck} = －426.382	0.601	－8.190	10.112
+0.862P_{a02}	107.050/0.000	0.000	0.000	+0.664P_{a02}	102.258/0.000	0.000	0.000
H_{trpa} = －591.448	0.610	－8.472	10.307	H_{tck} = －442.982	0.574	－7.815	9.574
+0.922P_{a03}	106.233/0.000	0.000	0.000	+0.696P_{a03}	91.658/0.000	0.000	0.000
H_{trpa} = －689.209	0.674	－9.9921	11.845	H_{tck} = －525.306	0.652	－9.491	11.291
+1.061P_{a04}	140.308/0.000	0.000	0.000	+0.812P_{a04}	127.483/0.000	0.000	0.000
H_{trpa} = －707.485	0.726	－11.351	13.409	H_{tck} = －545.216	0.716	－11.058	13.084
+1.093P_{a05}	179.793/0.000	0.000	0.000	+0.844P_{a03}	171.195/0.000	0.000	0.000
H_{trpa} = －788.710	0.798	－14.147	16.412	H_{tck} = －614.278	0.802	－14.269	16.591
+1.211P_{a06}	269.357/0.000	0.000	0.000	+0.944P_{a06}	275.259/0.000	0.000	0.000
H_{trpa} = －842.700	0.852	－17.175	19.790/	H_{tck} = －645.382	0.831	－15.833	18.282
+1.293P_{a07}	391.638/0.000	0.000	0.000	+0.993P_{a07}	334.338/0.000	0.000	0.000
H_{trpa} = －900.338	0.821	－15.479	17.674	H_{tck} = －692.670	0.807	－14.750	16.871
+1.383P_{a08}	312.385/0.000	0.000	0.000	+1.066P_{a08}	284.620/0.000	0.000	0.000
H_{trpa} = －947.020	0.815	－15.237	17.287	H_{tck} = －738.886	0.821	－15.553	17.643
+1.151P_{a09}	298.833/0.000	0.000	0.000	+1.134P_{a09}	311.282/0.000	0.000	0.000
H_{trpa} = －977.779	0.792	－14.228	16.007	H_{tck} = －750.707	0.775	－13.527	15.311
+1.503P_{a10}	258.486/0.000	0.000	0.000	+1.156P_{a10}	234.422/0.000	0.000	0.000
H_{trpa} = －1023.700	0.738	－12.314	13.835	H_{tck} = －796.603	0.723	－11.850	13.335
+1.574P_{a11}	191.416/0.000	0.000	0.000	+1.212P_{a11}	177.824/0.000	0.000	0.000

续表 6－3

模型 Model Coefficients	R^2 F/p	T－检验（T－test） t_0 p	 t_1 p	模型 Model Coefficients	R^2 F/p	T－检验（T－test） t_0 p	 t_1 p
H_{trpa} = －1032.458	0.698	－11.163	12.528	H_{tck} = －790.597	0.680	－10.686	12.015
＋1.590P_{a12}	156.951/0.000	0.000	0.000	＋1.220P_{a12}	144.357/0.000	0.000	0.000
H_{trpa} = －1036.543	0.668	－10.440	11.709	H_{tck} = －797.200	0.656	－10.147	11.397
＋1.598P_{a13}	137.105/0.000	0.000	0.000	＋1.231P_{a13}	129.893/0.000	0.000	0.000

在控制其他因子影响下，对照树高与 P_{a12}、P_{a00}、P_{a01} 和 P_{a08} 负净相关依次减弱，而与 P_{a09}、P_{a03}、P_{a04}、P_{a13}、P_{a07} 和 P_{a10} 正净相关依次增强，且均极显著。各因子配合下，油松对 P_{a12} 响应最强，单位量变化系数达 8.216；其对模型影响也最大，贡献 50.8%。其次是 P_{a10} 和 P_{a13}，单位量变化系数为 4.023 和 3.852，其对模型分别贡献 23.2% 和 19.7%。油松对 P_{a07} 和 P_{a09} 响应相对较弱，单位量变化系数为 0.863 和 0.422，其对模型贡献 3.6% 和 1.0%。而油松对 P_{a08}、P_{a04}、P_{a03}、P_{a01} 和 P_{a00} 响应很弱，单位量变化系数依次为 0.257、0.228、0.135、0.101 和 0.086；其对模型影响也很小，分别贡献 0.5%、0.5%、0.3%、0.2% 和 0.1%。RPA 优化模型与其向后剔除法逐步回归模型分析有效模型完全相同；但优化模型显示出了各因子与树高关系的紧密程度。

三、树高不与同生长期年均降水量的模型拟合

油松高与年降水量均值呈极显著的正相关；其中，与当年降水量（P_a）相关度最低，但相关也极显著（p = 0.000）；与近 8 年均值（P_{a07}）相关度最高（r = 0.923、0.912）。模型拟合，Linear－模型拟合度均较强，但其与 P_a、P_{a01}、P_{a02} 和 P_{a03} 的 S－模型拟合度更高，与 P_{a04}、P_{a05}、P_{a12} 和 P_{a13} 的 Exponential－模型相关性更强，与 P_{a06} 和 P_{a09} 的 Quadratic－模型拟合性更佳；对照与 P_{a07} 和 P_{a08} 的 S－模型拟合度最优，RPA 与其的 Quadratic－模型拟合度最高；对照与 P_{a10} 和 P_{a11} 的 Exponential －模型线性关系非常显著，RPA 与其的 Quadratic－模型拟合度最强。

1. **Linear－模型** P_{a00} 模型决定系数 R^2 最小；随着各生长期年均降水量统计年限增加，模型决定逐渐增大，线性关系渐趋紧密；P_{a07} 模型决定系数最大；随后，模型决定系数随统计年限增加而逐渐降低，线性关系渐趋松散；P_{a13} 模型的决定系数分别为 0.668 和 0.656，线性关系也十分紧密。模型截距 $a<0$，RPA < 对照，且随年降水量均值统计年限增加而减小；斜率 $b>0$，RPA > 对照，但随年降水量均值统计年限增加有增加的趋势，RPA 和对照模型的 b 比值在 1.300 附近变化（表 6－3）。

其中，RPA 和对照 P_{a00} 模型 b 比值为 1.347，交点位于 524.2 mm/a 附近，模型值为 17.5 cm；交点值与研究期当地最低年降水量接近{525.8，1231.9}，其模型值大于对照，两

者差距以 $0.092P_{a00}$ 扩大。其 P_{a01} 模型交点为 614.9 mm/a，交点左侧只有 1 组数据。交点右侧 RPA 模型值大于对照，且差距以 $0.148P_{a01}$ 递增，发生频度 0.929。其 P_{a02}、P_{a05}、P_{a06}、P_{a09} 和 P_{a13} 模型交点位于 649.9、650.8、651.3、651.3 和 651.6 mm/a 附近。其右侧 RPA 油松高大于对照，差距以 $0.198P_{a02}$、$0.249P_{a05}$、$0.268P_{a06}$、$0.320P_{a09}$ 和 $0.367P_{a13}$ 递增，发生频度 0.857。RPA 和对照的 P_{a03}、P_{a04}、P_{a07}、P_{a08}、P_{a10}、P_{a11} 和 P_{a12} 模型交点出现在 654.9、656.6、656.5、654.3、654.1、653.6 和 653.2 mm/a 附近，左侧有 3 组数据，其右侧 RPA 油松高大于对照，两者差距以 $0.227P_{a03}$、$0.250P_{a04}$、$0.301P_{a07}$、$0.317P_{a08}$、$0.347P_{a10}$、$0.363P_{a11}$ 和 $0.370P_{a12}$ 递增，发生频度为 0.786。说明油松高是各生长期年降水量综合作用的结果。在当地气候条件下，油松高与年降水量呈正相关，且 RPA 油松对降水量响应较大，

2. S－**模型**　该模型 $a>0$，RPA＞对照；$b<0$，RPA＜对照；模型为增函数，RPA 模型值＞对照，两者差距也随各生长期年降水量均值增加而扩大，但最终趋于稳定(表 6－4)。

表 6－4　树高与年降水量均值指标的 S－模型

Tab. 6－4 The S－curve between tree height and annual average precipitation

模型 Model Coefficients	R^2 F/p	T－检验(T－test) t_0 p	 t_1 p	模型 Model Coefficients	R^2 F/p	T－检验 (T－test) t_0 p	 t_1 p
$H_{trpa}=e^{7.288-\frac{2395.326}{P_{a00}}}$	0.357 37.799/0.000	10.076 0.000	－6.148 0.000	$H_{tck}=e^{6.995-\frac{2350.631}{P_{a00}}}$	0.355 37.472/0.000	13.472 0.000	－6.121 0.000
$H_{trpa}=e^{10.079-\frac{4570.267}{P_{a01}}}$	0.623 112.270/0.000	17.893 0.000	－10.596 0.000	$H_{tck}=e^{9.806-\frac{4540.742}{P_{a01}}}$	0.635 118.207/0.000	17.980 0.000	－10.872 0.000
$H_{trpa}=e^{11.726-\frac{5802.646}{P_{a02}}}$	0.796 265.022/0.000	25.069 0.000	－16.279 0.000	$H_{tck}=e^{11.413-\frac{5742.615}{P_{a02}}}$	0.805 280.438/0.000	25.361 0.000	－16.746 0.000
$H_{trpa}=e^{12.155-\frac{6047.401}{P_{a03}}}$	0.821 311.218/0.000	26.665 0.000	－17.641 0.000	$H_{tck}=e^{11.743-\frac{5913.855}{P_{a03}}}$	0.810 290.703/0.000	25.461 0.000	－17.050 0.000
$H_{tck}=e^{13.712-\frac{7179.451}{P_{a07}}}$	0.921 788.454/0.000	39.185 0.000	－28.079 0.000	$H_{tck}=e^{14.306-\frac{7602.988}{P_{a08}}}$	0.911 693.129/0.000	36.107 0.000	－26.327 0.000

RPA 和对照的当年降水量模型决定系数 R^2 为 0.357 和 0.355，比其 Linear－模型线性关系显著增强。其 $a=7.288$、$6.955>0$，$b=-2395.326$、$-2350.631<0$；在当地气候条件下，模型预测 RPA 和对照油松高年最大差距为 47.5 cm。其 P_{a01} 模型的决定系数为 0.623 和 0.635，线性关系也比其 Linear－模型明显增强。其 $a=10.079$、$9.806>0$，$b=-4570.267$、$-4540.742<0$；模型预测 RPA 和对照树高的最大差距为 68.7 cm。P_{a02} 模型决定系数 R^2 为 0.796 和 0.805，线性关系进一步增强。其 $a=11.726$、$11.413>0$，$b=$

-5802.646、$-5742.615<0$；两模型最大差距为 86.9 cm。P_{a03}模型决定系数R^2为 0.821 和 0.810；$a=12.155$、$11.743>0$，$b=-6047.401$、$-5913.855<0$；在研究期间当年和前 3 年最大平均降水量时，两模型的差距为 84.2 cm。表明树高不仅取决于当年降水量，也与各生长期的年均降水量密切相关。对照P_{a07}和P_{a08}的模型决定系数R^2为 0.921 和 0.911，线性关系也极为显著；$a=13.712$、$14.366>0$，$b=-7179.451$、$-7602.988<0$；模型也为增函数。当地降水条件下，模型最小值为 7.1 cm 和 6.8 cm，最大值为 357.8 cm 和 333.8 cm；其增幅随各生长期年均降水量增加逐渐缩小。

表 6－5　树高与年降水量均值指标的 Exponential－模型

Tab. 6－5 The Exponential－model between tree height and annual average precipitation

模型 Model Coefficients	R^2 F/p	T－检验(T－test) t_0 p	t_1 p	模型 Model Coefficients	R^2 F/p	T－检验(T－test) t_0 p	t_1 p
$H_{trpa}=6.087\cdot10^{-3}e^{0.012P_{a04}}$	0.920 624.357/0.000	2.669 0.009	24.987 0.000	$H_{tck}=5.826\cdot10^{-3}e^{0.012P_{a04}}$	0.893 568.451/0.000	2.601 0.011	23.842 0.000
$H_{trpa}=7.397\cdot10^{-3}e^{0.012P_{a05}}$	0.890 552.939/0.000	2.563 0.013	23.515 0.000	$H_{tck}=6.651\cdot10^{-3}e^{0.012P_{a05}}$	0.894 570.938/0.000	2.644 0.010	23.894 0.000
$H_{tck}=5.921\cdot10^{-4}e^{0.016P_{a10}}$	0.894 574.532/0.000	2.095 0.040	23.969 0.000	$H_{tck}=2.363\cdot10^{-4}e^{0.017P_{a11}}$	0.897 590.914/0.000	1.968/ 0.053	24.309/ 0.000
$H_{trpa}=1.615\cdot10^{-4}e^{0.0018P_{a12}}$	0.892 560.496/0.000	1.825 0.072	23.675 0.000	$H_{tck}=1.614\cdot10^{-4}e^{0.017P_{a12}}$	0.888 537.681/0.000	1.821 0.073	23.188 0.000
$H_{trpa}=1.172\cdot10^{-4}e^{0.0018P_{a13}}$	0.891 556.312/0.000	1.775 0.080	23.586 0.000	$H_{tck}=1.167\cdot10^{-4}e^{0.018P_{a13}}$	0.888 540.679/0.000	1.781 0.079	23.253 0.000

表 6－6　树高与年降水量均值指标的 Quadratic－模型

Tab. 6－6 The Quadratic－model between tree height and annual average precipitation

模型 Model Coefficients	R^2 F/p	T－检验(T－test) t_0 p	t_1 p	t_2 p
$H_{trpa}=2899.980-8.749P_{a06}+6.627\cdot10^{-3}P_{a06}^2$	0.929 513.373/0.000	9.687 0.000	－10.867 0.000	12.388 0.000

续表 6 - 6

模型 Model Coefficients	R^2 F/p	T - 检验(T - test) t_0 p	 t_1 p	 t_2 p
H_{tck} = 2294.232 - 6.910P_{a06} + 5.226 · $10^{-3}P_{a06}^2$	0.946 590.209/0.000	10.530 0.000	-11.794 0.000	13.422 0.000
H_{trpa} = 1947.401 - 6.215P_{a07} + 4.983 · $10^{-3}P_{a07}^2$	0.955 713.942/0.000	8.603 0.000	-10.259 0.000	12.416 0.000
H_{trpa} = 2340.328 - 7.411P_{a08} + 5.937 · $10^{-3}P_{a08}^2$	0.955 713.942/0.000	8.603 0.000	-10.259 0.000	12.416 0.000
H_{trpa} = 3180.002 - 9.881P_{a09} + 7.700 · $10^{-3}P_{a09}^2$	0.951 654.147/0.000	10.504 0.000	-11.935 0.000	13.809 0.000
H_{tck} = 2542.576 - 7.879P_{a09} + 6.123 · $10^{-3}P_{a09}^2$	0.964 889.914/0.000	12.521/ 0.000	-14.187 /0.000	16.251/ 0.000
H_{trpa} = 2788.091 - 9.881P_{a10} + 7.081 · $10^{-3}P_{a10}^2$	0.910 337.589/0.000	6.885 0.000	-7.990 0.000	9.358 0.000
H_{trpa} = 4650.769 - 14.307P_{a11} + 0.011P_{a11}^2	0.908 329.902/0.000	9.066 0.000	-10.001 0.000	11.114 0.000

3. Exponential - **模型**　模型常数项系数 $a \geq 0$,指数系数 $b > 0$,模型为增函数。RPA 和对照的 P_{c04} 模型决定系数为 0.920 和 0.893,模型回归极为显著。在当地降水条件下,近 5 年平均年降水量(P_{a04})最少为 610.6 mm/a,最多为 899.4 mm/a;RPA 和对照模型差距分别为 1.8 cm 和 80.7 cm。其 P_{a05} 模型决定系数为 0.890 和 0.894,线性关系比其 Linear - 模型更密切。当地降水条件下,两模型最小和最大差距分别为 2.1 cm 和 94.3 cm。其 P_{a12} 模型决定系数为 0.892 和 0.888,两模型最小和最大差距为 1.5 cm 和 103.9 cm。P_{a13} 模型决定系数为 0.891 和 0.888,模型最小和最大差距为 1.5 cm 和 83.5 cm(表 6 - 5)。

4. Quadratic - **模型**　RPA 和对照 P_{a06} 的 Quadratic - 模型决定系数 R^2 为 0.929 和 0.946,模型关系极为显著。其 $a > 0, b < 0, c > 0$,极小值为 12.5 cm 和 9.9 cm,分别出现在 660.1 mm/a 和 661.2 mm/a 附近,极值点左侧均只有 1 组数据。极值点右侧,树高与近 7 年降水量均值呈正相关,且增幅以 0.013P_{a06} 和 0.010P_{a06} 递增,发生频度 0.929。两模型不相交,RPA 模型值大于对照,最小差距为 2.7 cm,出现在 656.0 mm/a 附近;P_{a06} < 656.0 mm/a 时,两者

差距与其呈负相关，但降幅以 $2.503\times10^{-3}P_{a06}$ 递减，发生频度 0.214；$P_{a06}>656.0$ mm/a时，两模型差距与其呈正相关，且增幅以 $2.503\times10^{-3}P_{a06}$ 递增，发生频度 0.786。

其 P_{a09} 的模型决定系数 R^2 为 0.951 和 0.964，模型回归关系更为显著；$a>0$，$b<0$，$c>0$，极小值为 10.0 cm 和 8.1 cm，分别发生在 641.6 mm/a 和 643.4 mm/a 附近，极值点左侧均有 2 组数据。树高变化规律与 P_{a06} 的 Quadratic－模型类似，其变幅增减速率为 $0.015P_{a09}$ 和 $0.012P_{a09}$。两模型也不相交，RPA > 对照，最小差距 1.8 cm，出现在 634.7 mm/a附近，其左侧有只有 2 组数据，右侧有 12 组数据；两模型差距变化规律也与 P_{a06} 的 Quadratic－模型类似，其变幅变化速率为 $3.155\times10^{-3}P_{a09}$。RPA 树高 P_{a07}、P_{a08}、P_{a10} 和 P_{a11} 的 Quadratic－模型也极为显著；其，$a>0$，$b<0$，$c>0$，极小值为 6.5、9.0、7.0 和 5.5 cm，分别发生在 623.6、626.6、626.7 和 649.4 mm/a 附近，极值点左侧均只有两组数据。树高与各生长期年均降水量变化规律与其 P_{a06} 和 P_{a09} 的 Quadratic－模型趋势一致，其变幅增减速率分别为 $0.010P_{a07}$、$0.012P_{a08}$、$0.014P_{a10}$ 和 $0.022P_{a11}$（表 6－6）。

第二节　一月降水对树高的均值效应

【内容提要】回归模型分析证明：整个生长期的 1 月月均降水量（P_{m0113}）对油松高影响最大，其次近 11 年和近 6 年 1 月平均降水量（P_{m0110}和 P_{m0105}）对飞播油松高作用也较强。与年均降水量不同，油松高与各生长期 1 月降水量降水量均呈极显著的负相关（$p=0.000$），与近 6 年 1 月平均降水量（P_{m0105}）相关度最大，相关系数达 －0.764 和 －0.766。Linear－模型和 Quadratic－模型是飞播油松树高与各生长期年均降水量的基本模型，Inverse－模型是树高与近当年至近 9 年 1 月平均降水量的最适模型，S－模型更能表述飞播油松高与说明近 10 年至近 14 年 1 月平均降水量的关系。在当地降水条件下，RPA 油松高大于对照，但随 1 月平均降水量的增加，两者树高及其差异有降低的趋势。

【关 键 词】 多效抗旱驱鼠剂，一月平均降水量，油松，树高，回归分析，模型拟合

一、树高与一月降水量均值的向后剔除法逐步回归模型

树高（H_t）与不同生长期 1 月降水均值指标（P_{m01}）进行向后剔除法逐步回归模型分析，经过 5 次向后剔除法逐步回归，构建了对照油松 1 月降水量均值指标有效模型；而经过 3 次向后逐步回归，构建了 RPA 油松高有效模型（表 6－7）。

1. **对照油松树高模型分析**　在控制其他因子影响下，对照油松高与模型各因子偏相关均极显著，其中仅与近 14 年 1 月降水量均值（P_{m0113}）呈正相关，而与近 6 年 1 月平均降水量（P_{m0105}）、近 8 年 1 月平均降水量（P_{m0107}）、近 7 年 1 月降水量均值（P_{m0106}）、近 11 年 1 月平均降水量（P_{m0110}）、近 4 年 1 月降水量均值（P_{m0103}）、近 5 年 1 月平均降水量（P_{m0104}）

以及近3年1月降水量均值(P_{m0102})负相关依次减弱。各因子配合下,P_{m0113}对树高作用最强,单位量变化系数达3.849;其对模型影响也最大,贡献56.5%。其次是P_{m0110}和P_{m0105},单位量变化系数为1.406和1.053,对模型分别贡献14.9%和10.7%。P_{m0107}和P_{m0106}对树高也有一定作用,单位量变化系数为0.691和0.680;其对模型也有一定影响,分别贡献6.9%和6.2%。而P_{m0104}、P_{m0103}和P_{m0102}对树高作用相对较弱,单位量变化系数为0.354、0.282和0.113,随模型分别贡献2.4%、2.0%和0.4%。

2. **RPA油松树高模型分析** 与对照相比,RPA油松高也仅与P_{m0113}正偏相关极显著;而与P_{m0105}、P_{m0103}、P_{m0107}、近9年1月平均降水量(P_{m0108})、P_{m0106}、P_{m0110}和P_{m0104}负偏相关依次减弱,其中与前6个因子相关极显著,与P_{m0104}相关显著($r_{partial}=-0.278$,$p=0.028$)。P_{m0113}对树高作用也最强,单位量变化系数达4.155,对模型贡献60.9%;其作用和影响比对照明显增强。其次是P_{m0110}、P_{m0105}和P_{m0108},单位量变化系数为1.330、0.986和0.941,对模型分别贡献8.6%、10.7%和8.2%;其中P_{m0110}的作用和影响比对照显著减弱。P_{m0106}和P_{m0107}的单位量变化系数为0.638和0.465,对模型贡献4.9%和3.9%;比对照有所降低。而P_{m0103}和P_{m0104}对树高作用相对较弱,单位量变化系数为0.296和0.219;其对模型影响也较小,分别贡献2.1%和0.7%;其中,P_{m0104}的作用和影响有所消弱。

表6-7 油松高与1月降水量均值指标逐步向后回归模型

Tab.6-7 The backward stepwise regression model of average monthly precipitation in January and height of *Pinus tabulaeformi*

处理 Treat	降水因子 P_{m01}	模型 Model Coefficients 非标准 Unstandard	标准 Standard	T-检验 (T-test) t	p	R^2	相关系数 Correlations r_0	$r_{partial}$	r_{part}	共线性统计量 Collinearity statistics 容差 Tolerance	方差膨胀因子 VIF
H_{tck}	常量	24.045	—	4.593	0.000	0.994 ($F=$ 1320.356, $p=$ 0.000)	—	—	—	—	—
	P_{m0102}	-6.608	-0.113	-4.099	0.000		-0.602	-0.465	-0.040	0.124	8.055
	P_{m0103}	-18.309	-0.282	-8.284	0.000		-0.687	-0.728	-0.080	0.081	12.345
	P_{m0104}	-24.330	-0.354	-6.859	0.000		-0.736	-0.660	-0.067	0.035	28.338
	P_{m0105}	-74.487	-1.053	-21.459	0.000		-0.764	-0.940	-0.208	0.039	25.576
	P_{m0106}	-50.313	-0.680	-9.866	0.000		-0.731	-0.784	-0.096	0.020	50.473
	P_{m0107}	-53.628	-0.691	-10.514	0.000		-0.687	-0.803	-0.102	0.022	45.883
	P_{m0110}	-119.699	-1.406	-8.874	0.000		-0.641	-0.751	-0.086	0.004	266.718
	P_{m0113}	344.669	3.849	32.115	0.000		-0.573	0.972	0.312	0.007	152.609

续表 6-7

处理 Treat	降水因子 P_{m01}	模型 Model Coefficients 非标准 Unstandard	标准 Standard	T-检验 (T-test) t	p	R^2	相关系数 Correlations r_0	$r_{partial}$	r_{part}	共线性统计量 Collinearity statistics 容差 Tolerance	方差膨胀因子 VIF
H_{trpa}	常量	42.848	—	4.746	0.000	0.990 (F=735.132, p=0.000)	—	—	—	—	—
	P_{m0103}	-24.729	-0.296	-6.795	0.000		-0.695	-0.656	-0.088	0.088	11.309
	P_{m0104}	-19.389	-0.219	-2.257	0.028		-0.738	-0.278	-0.029	0.018	56.150
	P_{m0105}	-89.772	-0.986	-13.546	0.000		-0.766	-0.866	-0.176	0.032	31.501
	P_{m0106}	-60.708	-0.638	-5.416	0.000		-0.729	-0.570	-0.070	0.012	82.399
	P_{m0107}	-46.461	-0.465	-5.524	0.000		-0.687	-0.577	-0.072	0.024	42.150
	P_{m0108}	-97.509	-0.941	-5.518	0.000		-0.666	-0.577	-0.072	0.006	172.768
	P_{m0110}	-145.622	-1.330	-3.403	0.001		-0.635	-0.399	-0.044	0.001	906.992
	P_{m0113}	478.734	4.155	12.135	0.000		-0.575	0.841	0.157	0.001	696.691

二、树高与一月降水量均值的逐步回归模型

对其进行逐步回归模型分析，在组成的 10 组对照油松高有效模型中，P_{m0105}、P_{m0113}、P_{m0107}、P_{m0110}、P_{m0103}、P_{m0106}、P_{m0104}和 P_{m0102}依次进入其优化模型，同时用 P_{m0108}因子代替其 P_{m0102}因子也能较好诠释各生长期 1 月平均降水量对其油松高的影响。而在产生的 8 组 RPA 树高有效模型中，P_{m0105}、P_{m0113}、P_{m0103}、P_{m0106}、P_{m0104}、P_{m0101}、P_{m0102}和 P_{m0111}先后进入了 RPA 油松高各生长期 1 月降水量均值优化模型(表 6-8)。

1. ***对照油松树高模型分析*** 对照优化模型与向后剔除法逐步回归模型分析有效模型完全相同。其另一模型显示，在排除其他因子干扰下，树高也仅与 P_{m0113}正净相关极显著；而与 P_{m0105}、P_{m0107}、P_{m0103}、P_{m0110}、P_{m0106}、P_{m0104}和 P_{m0108}负净相关依次减弱，其中与前 5 个因子相关极显著，与 P_{m0104}和 P_{m0108}相关显著($r_{partial}$ = -0.288、-0.284，p = 0.022、0.024)。与其优化模型一样，油松也对 P_{m0113}响应最强，其单位量变化系数达 4.342，对模型贡献 58.2%；比优化模型略有增强。其次是 P_{m0110}、P_{m0105}和 P_{m0107}，单位量变化系数为 1.939、0.999 和 0.754，对模型分别贡献 16.8%、9.7% 和 7.6%；其中，P_{m0110}和 P_{m0107}的作用略有增强，而 P_{m0105}略显减弱。油松对 P_{m0106}、P_{m0108}和 P_{m0103}响应相对较弱，其单位量变化系数依次为 0.544、0.320 和 0.316，对模型分别贡献 3.7%、1.2% 和 2.3%；其中，P_{m0106}作用和影响明显降低。而油松对 P_{m0104}响应极弱，单位量变化系数仅为 0.185，其对模型仅贡献 0.5%；比优化模型显著降低。

2. **RPA 油松树高模型分析** 与对照相同，RPA 树高也仅与 P_{m0113} 正净相关极显著；而与与 P_{m0105}、P_{m0106}、P_{m0104}、P_{m0103}、P_{m0102}、P_{m0101} 和 P_{m0111} 负净相关极显著，且依次减弱。在各因子相互作用下，油松也是对 P_{m0113} 响应最强，单位量变化系数为 3.262，对模型贡献 58.9%。其次是 P_{m0105} 和 P_{m0106}，单位量变化系数为 1.059 和 0.922，对模型分别贡献 12.8% 和 11.4%；比对照有所增强。油松对 P_{m0111}、P_{m0104} 和 P_{m0103} 响应相对较弱，单位量变化系数为 0.775、0.645 和 0.356，其对模型影响也相对较小，分别贡献 5.8%、6.9% 和 3.0%；其中，P_{m0104} 的作用和影响比对照模型增强，P_{m0103} 略有提高。而油松对 P_{m0102} 和 P_{m0101} 响应极弱，单位量变化系数仅为 0.161 和 0.113；其对模型影响也很小，仅贡献 0.8% 和 0.4%。

表 6-8 油松高与 1 月降水量均值指标逐步回归模型

Tab. 6-8 The stepwise regression model of average monthly precipitation in January and height of *Pinus tabulaeformi*

处理 Treat	降水因子 P_{m01}	模型 Model Coefficients 非标准 Unstandard	标准 Standard	T-检验 (T-test) t	p	R^2	相关系数 Correlations r_0	$r_{partial}$	r_{part}	共线性统计量 Collinearity statistics 容差 Tolerance	方差膨胀因子 VIF
	常量	24.045	—	4.593	0.000		—	—	—	—	—
	P_{m0105}	-74.487	-1.053	-21.459	0.000		-0.764	-0.940	-0.208	0.039	25.576
	P_{m0113}	344.669	3.849	32.115	0.000	0.994	-0.573	0.972	0.312	0.007	152.609
	P_{m0107}	-53.628	-0.691	-10.514	0.000	(F =	-0.687	-0.803	-0.102	0.022	45.883
	P_{m0110}	-119.699	-1.406	-8.874	0.000	1320.356,	-0.641	-0.751	-0.086	0.004	266.718
	P_{m0103}	-18.309	-0.282	-8.284	0.000	p =	-0.687	-0.728	-0.080	0.081	12.345
	P_{m0106}	-50.313	-0.680	-9.866	0.000	0.000)	-0.731	-0.784	-0.096	0.020	50.473
	P_{m0104}	-24.330	-0.354	-6.859	0.000		-0.736	-0.660	-0.067	0.035	28.338
H_{tck}	P_{m0102}	-6.608	-0.113	-4.099	0.000		-0.602	-0.465	-0.040	0.124	8.055
	常量	36.039	—	6.342	0.000		—	—	—	—	—
	P_{m0105}	-70.664	-0.999	-16.941	0.000		-0.764	-0.908	-0.178	0.032	31.501
	P_{m0113}	388.789	4.342	15.658	0.000	0.992	-0.573	0.895	0.164	0.001	696.691
	P_{m0107}	-58.551	-0.754	-11.061	0.000	(F =	-0.687	-0.817	-0.116	0.024	42.150
	P_{m0110}	-165.028	-1.939	-6.127	0.000	1125.055,	-0.641	-0.617	-0.064	0.001	906.992
	P_{m0103}	-20.477	-0.316	-8.940	0.000	p =	-0.687	-0.753	-0.094	0.088	11.309
	P_{m0108}	-25.754	-0.320	-2.315	0.024	0.000)	-0.647	-0.284	-0.024	0.006	172.768
	P_{m0106}	-40.256	-0.544	-5.706	0.000		-0.731	-0.590	-0.060	0.012	82.399
	P_{m0104}	-12.701	-0.185	-2.349	0.022		-0.736	-0.288	-0.025	0.018	56.150

续表 6-8

处理 Treat	降水因子 P_{m01}	模型 Model Coefficients 非标准 Unstandard	标准 Standard	T-检验 (T-test) t	p	R^2	相关系数 Correlations r_0	$r_{partial}$	r_{part}	共线性统计量 Collinearity statistics 容差 Tolerance	方差膨胀因子 VIF
H_{trpa}	常量	3.986	—	0.397	0.693	0.989 (F = 711.652, p = 0.000)	—	—	—	—	—
	P_{m0105}	-96.161	-1.056	-14.249	0.000		-0.766	-0.877	-0.188	0.032	31.632
	P_{m0113}	375.845	3.262	21.133	0.000		-0.575	0.938	0.279	0.007	137.117
	P_{m0103}	-29.709	-0.356	-7.479	0.000		-0.695	-0.692	-0.099	0.077	13.049
	P_{m0106}	-87.782	-0.922	-11.888	0.000		-0.729	-0.836	-0.157	0.029	34.622
	P_{m0104}	-56.964	-0.645	-10.954	0.000		-0.738	-0.814	-0.144	0.050	19.928
	P_{m0101}	-6.969	-0.113	-3.861	0.000		-0.554	-0.443	-0.051	0.204	4.905
	P_{m0102}	-12.137	-0.161	-4.139	0.000		-0.619	-0.468	-0.055	0.115	8.723
	P_{m0111}	-85.102	-0.775	-3.522	0.001		-0.643	-0.411	-0.046	0.004	278.805

三、树高与一月降水量均值的相关性及模型拟合

与年平均降水量不同，油松高与各生长期 1 月降水量均值均呈极显著的负相关($r_0<0,p=0.000$)。其中，对照与 RPA 与 P_{m01} 相关度相对较低，但相关系数也达 -0.448和 -0.443；而与近 6 年 1 月平均降水量(P_{m0105})相关度最大，相关系数达 -0.764和 -0.766。

1. Linear-模型　模型截距 $a>0$，且 RPA > 对照；斜率 $b<0$，且 RPA < 对照；树高与各生长期 1 月平均降水量呈极显著正相关($p=0.000$)。RPA 和对照的 P_{m01} 模型决定系数 R^2最小，分别为 0.196 和 0.201，模型回归虽然极显著，但重复间变异较大，线性关系比较松散。P_{m0105}模型的决定系数 R^2最大，分别达 0.586 和 0.583，模型回归极为显著，线性关系非常紧密(表 6-9)。RPA 和对照模型交点分别位于 8.7 mm/m、6.2 mm/m、5.6 mm/m、5.3 mm/m、5.2 mm/m、5.2 mm/m、5.3 mm/m、5.4 mm/m、5.3 mm/m、5.5 mm/m、5.6 mm/m、5.5 mm/m、5.5 mm/m 和 5.6 mm/m，交点左侧均有 13 组数据，其 RPA 模型值大于对照，但差异随各生长期 1 月降水量均值增加而逐渐缩小，发生频度 0.929。

表 6－9　油松高与 1 月降水量均值指标直线模型

Tab. 6－9 The linear－model of average monthly precipitation in January and height of *Pinus tabulaeformi*

处理 Treat	降水因子 P_{m01}	模型系数 Model Coefficients 截距 a	斜率 b	R^2	F－检验 (F－test) F	p	T－检验 (T－test) t_0	p	t_1	p
H_{trpa}	P_{m01}	181.407	－21.263	0.196	16.572	0.000	9.170	0.000	－4.071	0.000
	P_{m0101}	226.448	－34.257	0.307	30.130	0.000	30.130	0.000	－5.489	0.000
	P_{m0102}	273.463	－46.657	0.386	42.341	0.000	10.495	0.000	－6.507	0.000
	P_{m0103}	315.819	－58.012	0.484	63.688	0.000	11.896	0.000	－7.980	0.000
	P_{m0104}	344.392	－65.257	0.545	81.562	0.000	12.946	0.000	－9.031	0.000
	P_{m0105}	364.255	－69.697	0.586	96.391	0.000	13.758	0.000	－9.818	0.000
	P_{m0106}	369.179	－69.359	0.531	76.959	0.000	12.316	0.000	－8.773	0.000
	P_{m0107}	372.182	－68.599	0.472	60.769	0.000	10.984	0.000	－7.795	0.000
	P_{m0108}	377.583	－69.034	0.444	54.231	0.000	10.357	0.000	－7.364	0.000
	P_{m0109}	373.837	－67.089	0.381	41.917	0.000	9.197	0.000	－6.474	0.000
	P_{m0110}	384.083	－69.561	0.403	45.973	0.000	9.519	0.000	－6.780	0.000
	P_{m0111}	388.775	－70.554	0.413	47.842	0.000	9.661	0.000	－6.917	0.000
	P_{m0112}	384.164	－68.807	0.374	40.617	0.000	8.973	0.000	－6.373	0.000
	P_{m0113}	375.898	－66.239	0.331	33.578	0.000	8.260	0.000	－5.795	0.000
H_{trpa}	P_{m01}	141.858	－16.732	0.201	17.092	0.000	9.255	0.000	－4.134	0.000
	P_{m0101}	173.546	－25.730	0.287	27.333	0.000	9.688	0.000	－5.228	0.000
	P_{m0102}	209.590	－35.267	0.363	38.739	0.000	10.178	0.000	－6.224	0.000
	P_{m0103}	243.829	－44.516	0.471	60.636	0.000	11.679	0.000	－7.787	0.000
	P_{m0104}	267.333	－50.537	0.541	80.276	0.000	12.874	0.000	－8.960	0.000
	P_{m0105}	282.907	－54.031	0.583	95.185	0.000	13.697	0.000	－9.756	0.000
	P_{m0106}	287.859	－54.087	0.534	78.049	0.000	12.401	0.000	－8.835	0.000
	P_{m0107}	289.636	－53.340	0.442	60.860	0.000	11.002	0.000	－7.801	0.000
	P_{m0108}	287.925	－52.083	0.418	48.845	0.000	9.934	0.000	－6.989	0.000
	P_{m0109}	289.324	－51.740	0.375	40.878	0.000	9.115	0.000	－6.394	0.000
	P_{m0110}	300.684	－54.563	0.411	47.414	0.000	9.648	0.000	－6.886	0.000
	P_{m0111}	302.374	－54.816	0.413	47.777	0.000	9.664	0.000	－6.912	0.000
	P_{m0112}	296.718	－52.915	0.366	39.270	0.000	8.861	0.000	－6.267	0.000
	P_{m0113}	291.785	－51.312	0.328	33.243	0.000	8.236	0.000	－5.766	0.000

2. Inverse－**模型**　模型倒数项系数 $b>0$，且 RPA > 对照，而各生长期 1 月平均降水

量≥0；模型属于减函数，降幅以变化，降水量均值越大，降幅越小，最终趋近于零。在当地降水条件下，RPA 模型值大于对照，但差距逐渐缩小，最终趋于稳定（表 6 - 10）。

与其 Linear - 模型相比，Inverse - 模型决定系数 R^2 显著增大，线性关系更为密切。其中，RPA 和对照的 P_{m0101} 模型决定系数 R^2 为 0.434 和 0.361，模型在 29.4 mm/m 附近相交，远大于 P_{m0101} 最大值{0.3，7.0}；表明在当地降水条件下，RPA 油松高大于对照，但差异随 P_{m0101} 增加而缩小。其 P_{m0103} 模型决定系数为 0.712 和 0.665，模型回归极为显著；两模型交点在 13.9 mm/m 附近，也大于研究期内当年和前 3 年平均降水量的最大值7.0 mm/m；油松高变化规律与其 P_{m0101} 模型一致。P_{m0104} 模型交点位于 0.4 mm/m 附近，小于当年和前 4 年 1 月平均降水量的最低值；交点右侧 RPA 模型值大于对照，差距呈现先扩大后缩小趋势。P_{m0105} 和 P_{m0106} 模型拟合性极强，RPA 分别为 0.884 和 0.803，对照为 0.867 和 0.783；模型交点分别出现在 5.2 mm/m 和 6.2 mm/m 附近，交点左侧均有 13 组数据，其 RPA 模型值大于对照，发生频度 0.929。P_{m0107} 模型决定系数分别为 0.738 和0.735，线性关系也非常紧密；两模型交点在 2.1 mm/m 附近，交点左侧只有 1 组数据；与其 P_{m0104} 模型变化相同，交点右侧，两模型差距也呈现先扩大后缩小的现象。RPA 和对照 P_{m0108} 模型决定系数为 0.683 和 0.616，模型非常显著；交点位于 19.3 mm/m附近，大于当年和前 9 年 1 月平均降水量的最大值；在当地降水量条件下，RPA 树高大于对照，但差异也随其降水量均值增大而逐渐降低；与其 P_{m0101} 模型变化规律相同。

3. Quadratic - **模型**　模型常数项 $a>0$，且 RPA > 对照；一次项系数 $b<0$，且 RPA < 对照，

表 6 - 10　油松高与 1 月降水量均值指标逆函数模型

Tab. 6 - 10 The inverse - model of average monthly precipitation in January and height of *Pinus tabulaeformi*

处理 Treat	降水因子 P_{m01}	模型系数 Model Coefficients		R^2	F - 检验 (F - test)		T - 检验 (T - test)			
		截距 a	斜率 b		F	p	t_0	p	t_1	p
H_{trpa}	P_{m0101}	62.383	84.220	0.434	52.100	0.000	4.505	0.000	7.218	0.000
	P_{m0103}	-140.152	738.352	0.712	167.893	0.000	-6.453	0.000	12.957	0.000
	P_{m0104}	-178.736	884.453	0.843	365.681	0.000	-10.658	0.000	19.123	0.000
	P_{m0105}	-161.598	851.880	0.884	518.973	0.000	-12.042	0.000	22.781	0.000
	P_{m0106}	-178.107	947.556	0.803	277.167	0.000	-9.290	0.000	16.648	0.000
	P_{m0107}	-229.115	1164.035	0.738	191.112	0.000	-8.650	0.000	13.824	0.000
	P_{m0108}	-238.545	1227.255	0.683	146.544	0.000	-7.718	0.000	12.106	0.000

续表 6 – 10

处理 Treat	降水因子 P_{m01}	模型系数 Model Coefficients 截距 a	斜率 b	R^2	F – 检验 (F – test) F	p	T – 检验 (T – test) t_0	p	t_1	p
H_{trpa}	P_{m0101}	52.794	59.747	0.361	38.480	0.000	4.619	0.000	6.203	0.000
	P_{m0103}	–101.880	554.790	0.665	135.082	0.000	–5.600	0.000	11.622	0.000
	P_{m0104}	–139.141	688.912	0.847	375.906	0.000	–10.800	0.000	19.388	0.000
	P_{m0105}	–123.199	655.744	0.867	444.020	0.000	–11.032	0.000	21.072	0.000
	P_{m0106}	–135.299	727.473	0.783	246.020	0.000	–8.661	0.000	15.685	0.000
	P_{m0107}	–177.237	902.885	0.735	188.152	0.000	–8.560	0.000	13.717	0.000
	P_{m0108}	–171.037	905.884	0.616	109.099	0.000	–6.469	0.000	10.445	0.000

表 6 – 11　油松高与 1 月降水量均值指标抛物线模型

Tab. 6 – 11 The quadratic – mode of average monthly preeipitation in January and height of *pinus tabulaeformi*

处理 Treat	降水因子 P_{m01}	模型系数 Model Coefficients a	b	c	R^2	F – 检验 (F – test) F	p	T – 检验 (T – test) t_0	p	t_1	p	t_2	P
H_{trpa}	P_{m01}	199.090	–38.513	2.143	0.212	8.998	0.000	7.979	0.000	–2.440	0.017	1.158	0.251
	P_{m0102}	411.480	–135.148	11.342	0.449	27.343	0.000	7.514	0.000	–4.218	0.000	2.827	0.006
	P_{m0104}	720.257	–276.789	25.524	0.821	153.487	0.000	17.709	0.000	–12.974	0.000	10.150	0.000
	P_{m0105}	751.190	–283.581	25.691	0.890	272.236	0.000	23.830	0.000	–17.601	0.000	13.636	0.000
	P_{m0106}	816.370	–305.526	27.506	0.821	153.426	0.000	17.430	0.000	–13.161	0.000	10.410	0.000
	P_{m0107}	908.886	–339.601	30.537	0.744	97.432	0.000	13.393	0.000	–10.390	0.000	8.443	0.000
	P_{m0108}	972.057	–360.912	32.219	0.709	81.793	0.000	12.083	0.000	–9.521	0.000	7.828	0.000
	P_{m0110}	1237.998	–471.124	42.709	0.713	83.321	0.000	11.876	0.000	–9.870	0.000	8.509	0.000
	P_{m0111}	1219.098	–461.074	41.623	0.729	90.207	0.000	12.461	0.000	–10.315	0.000	8.845	0.000
	P_{m0112}	1279.399	–482.766	43.475	0.667	66.991	0.000	10.583	0.000	–8.849	0.000	7.670	0.000

续表 6－11

处理 Treat	降水因子 P_{m01}	模型系数 Model Coefficients			R^2	F－检验 (F－test)		T－检验 (T－test)					
		a	b	c		F	P	t_0	P	t_1	p	t_2	P
H_{trpa}	P_{m01}	157.575	－32.064	1.905	0.221	9.531	0.000	8.176	0.000	－2.630	0.011	1.332	0.187
	P_{m0102}	297.318	－91.516	7.209	0.407	22.978	0.000	6.730	0.000	－3.541	0.001	2.227	0.029
	P_{m0104}	559.877	－215.177	19.866	0.818	150.223	0.000	17.556	0.000	－12.862	0.000	10.075	0.000
	P_{m0105}	580.743	－218.664	19.775	0.882	249.243	0.000	22.794	0.000	－16.792	0.000	12.986	0.000
	P_{m0106}	632.265	－235.972	21.184	0.819	151.599	0.000	17.283	0.000	－13.014	0.000	10.265	0.000
	P_{m0107}	706.152	－263.653	23.699	0.744	97.196	0.000	13.375	0.000	－10.369	0.000	8.422	0.000
	P_{m0108}	710.334	－259.479	22.894	0.640	59.592	0.000	10.208	0.000	－7.914	0.000	6.431	0.000
	P_{m0110}	980.823	－374.406	34.017	0.736	93.499	0.000	12.622	0.000	－10.522	0.000	9.091	0.000
	P_{m0111}	944.099	－356.634	32.169	0.725	88.454	0.000	12.328	0.000	－10.192	0.000	8.732	0.000
	P_{m0112}	967.215	－362.955	32.561	0.638	59.005	0.000	9.876	0.000	－8.213	0.000	7.091	0.000

备注：remark：a－常数项（constant），b－一次项系数（an item coefficient），c－二次项系数（quadratic term coefficient）。

二次项系数 $c>0$，且 RPA＞对照，模型有极小值。RPA 树高各模型极小值依次出现在 9.0 mm/m、6.0 mm/m、5.4 mm/m、5.5 mm/m、5.6 mm/m、5.6 mm/m、5.6 mm/m、5.5 mm/m、5.5 mm/m和 5.6 mm/m 附近，对照极小值依次发生在 8.4 mm/m、6.3 mm/m、5.4 mm/m、5.5 mm/m、5.6 mm/m、5.6 mm/m、5.7 mm/m、5.5 mm/m、5.5 mm/m 和 5.6 mm/m 附近。除 RPA 的 P_{m01} 的模型数据均分布在极值点左侧外，其余模型极值点左侧均分布 13 组数据，发生频度 0.929。极值点左侧，树高与各生长期 1 月降水量均值呈负相关，降幅以 2c 降水量均值递减。RPA 和对照模型交点区间依次为｛10.6，16.5｝、｛4.8，5.8｝、｛4.3，6.6｝、｛4.4，6.6｝、｛4.4，6.6｝、｛4.5，6.6｝、｛4.2，6.7｝、｛4.4，6.7｝、｛4.3，6.7｝和｛4.3，6.7｝，其区间除 P_{m01} 模型超出当地 1 月降水量均值最大限外，P_{m0102} 模型交点区间分布有 2 组数据，其余均只有 1 组数据；除 P_{m01} 14 组数据均分布在交点区间左侧外，其余模型交点区间左侧均有 12 组数据，其 RPA 模型值大于对照，但差异随各生长期 1 月平均降水量增加而缩小，递减速率为 2 倍的 RPA 和对照模型 c 差乘以各生长期 1 月降水量均值；发生频度除 P_{m01} 为 1.000 外，其余均为 0.857。交点区间内，RPA 模型值＜对照，最大差距除 P_{m01} 外，均出现在 5.3～5.7 mm/m 之间；发生频度 P_{m0102} 为 0.143，其余为 0.071（表 6－11）。

4. Exponential－模型　RPA 和对照的 P_{m01}、P_{m0101} 和 P_{m0102} 的 Exponential－模型决定系数 R^2 也比其 Linear－模型大，模型拟合性显著增强。模型 a 值＞0，且 RPA＞对照；

b 值 <0,且 RPA < 对照;模型为减函数,模型极小值≥0。a、b 其绝对值均随各生长期 1 月降水量均值统计年限增加而增大,其模型拟合性也随之增强(表 6－12)。RPA 和对照 P_{m01} 的 Exponential－模型 R^2 与其 Quadratic－模型相近,分别为 0.215 和 0.220。RPA 模型值始终大于对照,两者差距随降水量均值增加逐渐缩小;在当地降水条件下,两者最大差距为 26.0 cm,最小差距为 3.6 cm。其 P_{m0101} 的 Exponential－模型 R^2 为 0.401 和 0.394,前者比 Quadratic－模型明显降低,后者显著升高;模型最大和最小差距为 45.2 cm 和 2.6 cm。而其 P_{m0102} 的 Exponential－模型 R^2 为 0.565 和 0.563,均比其 Quadratic－模型拟合性明显增强。最大和最小差距为 41.6 cm 和 1.5 cm。

表 6－12　油松高与 1 月降水量均值指标指数模型

Tab. 6－12 The exponential－model of average monthly precipitation in January and height of *Pinus tabulaeformi*

处理 Treat	降水因子 P_{m01}	模型系数 Model Coefficients		R^2	F－检验 (F－test)		T－检验 (T－test)			
		截距 a	斜率 b		F	p	t_0	p	t_1	p
H_{trpa}	P_{m01}	122.409	－0.221	0.215	18.634	0.000	5.168	0.000	－4.317	0.000
	P_{m0101}	215.521	－0.388	0.401	45.505	0.000	4.782	0.000	－6.746	0.000
	P_{m0102}	407.672	－0.560	0.565	88.147	0.000	4.611	0.000	－9.389	0.000
H_{trpa}	P_{m01}	96.400	－0.219	0.220	19.147	0.000	5.267	0.000	－4.376	0.000
	P_{m0101}	165.375	－0.378	0.394	44.163	0.000	4.831	0.000	－6.646	0.000
	P_{m0102}	312.315	－0.551	0.563	87.712	0.000	4.679	0.000	－9.365	0.000

表 6－13　油松高与 1 月降水量均值指标幂函数模型

Tab. 6－13 The power－model of average monthly precipitation in January and height of *Pinus tabulaeformi*

处理 Treat	降水因子 P_{m01}	模型系数 Model Coefficients		R^2	F－检验 (F－test)		T－检验 (T－test)			
		截距 a	斜率 b		F	p	t_0	p	t_1	p
H_{trpa}	P_{m0103}	1104.596	－2.519	0.752	206.134	0.000	4.774	0.000	－14.357	0.000
	P_{m0108}	5469.460	－3.490	0.700	158.837	0.000	2.780	0.007	－12.603	0.000
	P_{m0109}	9353.363	－3.850	0.686	148.832	0.000	2.413	0.019	－12.200	0.000
	P_{m0113}	14691.185	－4.113	0.631	116.523	0.000	1.966	0.053	－10.795	0.000
H_{trpa}	P_{m0103}	834.227	－2.478	0.752	205.925	0.000	4.849	0.000	－14.350	0.000
	P_{m0108}	3879.642	－3.405	0.688	150.067	0.000	2.770	0.007	－12.250	0.000
	P_{m0109}	6878.164	－3.794	0.688	150.204	0.000	2.460	0.016	－12.256	0.000
	P_{m0113}	10879.195	－4.064	0.637	119.079	0.000	2.011	0.048	－10.912	0.000

5. Power－模型　模型系数 $a>0$，且 RPA＞对照；幂次项系数 $b<0$，且 RPA＜对照；其极大值也随各生长期 1 月平均降水量统计年限增加而增大。研究期内，P_{m0103}、P_{m0108}、P_{m0109}和 P_{m0113}的最小值依次为 1.7 mm/m、2.0 mm/m、2.7 mm/m 和 2.8 mm/m，最大值均为 7.0 mm/m。模型为单调递减函数，图形倾斜度随降水均值统计年限增加而程度增强。也就是说，在当地降水条件下，RPA 油松高大于对照，但随 1 月平均降水量的增加，两者树高及其差异迅速降低，最终趋于稳定（表 6－13）。

6. S－模型　RPA 和对照 P_{m0109}、P_{m0110}、P_{m0111}、P_{m0112}和 P_{m0113}的 S－模型决定系数 R^2 也较大，线性关系极为显著。其指数常数项系数 $a<0$，且 RPA＞对照；指数项系数 $b>0$，RPA＜对照，且随降水量均值统计年限增加而增大；模型也为单调递减函数，从其降幅最大，随月均降水量增加迅速较低，最终趋于稳定；当地降水条件下，RPA 模型值大于对照，但差距也随各生长期 1 月平均降水量增加而缩小（表 6－14）。

表 6－14　油松高与 1 月降水量均值指标 S－模型

Tab. 6－14 The S－model of average monthly precipitation in January and height of *Pinus tabulaeformi*

处理 Treat	降水因子 P_{m01}	模型系数 Model Coefficients		R^2	F－检验 （F－test）		T－检验 （T－test）			
		截距 a	斜率 b		F	p	t_0	p	t_1	p
H_{trpa}	P_{m0109}	－0.144	15.211	0.696	155.587	0.000	－0.404	0.687	12.473	0.000
	P_{m0110}	－0.314	15.895	0.721	176.105	0.000	－0.901	0.371	13.270	0.000
	P_{m0111}	－0.093	15.159	0.690	151.119	0.000	－0.260	0.796	12.293	0.000
	P_{m0112}	－0.297	16.101	0.664	134.213	0.000	－0.750	0.456	11.585	0.000
	P_{m0113}	－0.681	17.688	0.656	129.816	0.000	－1.563	0.123	11.394	0.000
H_{trpa}	P_{m0109}	－0.311	14.970	0.696	155.652	0.000	－0.886	0.379	12.476	0.000
	P_{m0110}	－0.523	15.804	0.736	189.989	0.000	－1.571	0.121	13.784	0.000
	P_{m0111}	－0.282	14.996	0.697	156.379	0.000	－0.812	0.420	12.505	0.000
	P_{m0112}	－0.462	15.847	0.664	134.352	0.000	－1.186	0.240	11.591	0.000
	P_{m0113}	－0.855	17.465	0.661	132.403	0.000	－2.007	0.049	11.507	0.000

第三节　二月降水对树高的均值效应

【内容提要】向后剔除法逐步回归分析证明，P_{m0213}和 P_{m0208}对树高作用较强，RPA 的单位量变化系数达 9.149 和 4.280，对照为 6.441 和 4.041，对模型分别贡献 52.4%、25.1%和48.8%、29.8%。而逐步回归分析证明，油松对 P_{m0211} 和 P_{m0208} 响应较强，单位量变化系数为 4.069、2.532 和 2.720、2.604，对模型分别贡献 53.5%、32.5%和 29.5%、28.7%。树高与 P_{m02} ~ P_{m0202} 和 P_{m0208} ~ P_{m0212} 的 2 月平均降水量相关不显著，而与 P_{m0203} ~ P_{m0207} 正相关显著（$p<0.05$）。Quadratic－模型是 P_{m0203} ~ P_{m0213} 的基本模型，模型极大值多出现在 2 月降水量 14.9 mm/m 附近，月均降水量小于极值点值时，树高与其呈正相关，发生频度多大于 0.643。

【关 键 词】多效抗旱驱鼠剂，二月平均降水量，油松，树高，回归分析，模型拟合

一、树高与二月降水均值的向后剔除法逐步回归模型

对树高（H_t）与不同生长期 2 月降水均值指标（P_{m02}）进行向后剔除法逐步回归模型分析，经过 3 次向后剔除法逐步回归，分别构建了对照和 RPA 油松 2 月降水量均值指标有效模型（表 6－15）。

1. 对照树高的模型分析　在控制其他因子影响下，对照树高仅与 P_{m0213} 和 P_{m0206} 负偏相关极显著；而与 P_{m0201}、P_{m0207}、P_{m0209}、P_{m0202}、P_{m02}、P_{m0205}、P_{m0204} 和 P_{m0208} 正偏相关极显著，且依次增强。在各因子相互作用下，P_{m0213} 和 P_{m0208} 对树高起着决定作用，单位量变化系数达 6.441 和 4.041；其对模型影响也很大，分别贡献 48.8% 和 29.8%。其次是 P_{m0205}、P_{m0209} 和 P_{m0206}，单位量变化系为 0.971、0.908 和 0.884，对模型分别贡献 5.0%、5.0% 和 4.2%。P_{m0207} 和 P_{m0204} 对树高也有一定作用，单位量变化系数为 0.687 和 0.592，对模型贡献 2.7% 和 2.9%。而 P_{m02}、P_{m0202} 和 P_{m0201} 对树高作用较弱，单位量变化系数仅为 0.326、0.303 和 0.142；其对模型影响也相对较小，仅贡献 0.5%、0.9% 和 0.2%。

2. RPA 树高的模型分析　与对照相比，RPA 树高也仅与 P_{m0213} 和 P_{m0206} 负偏相关极显著，但其与 P_{m0206} 的相关性比对照显著降低。而其树高与 P_{m0207}、P_{m0209}、P_{m0210}、P_{m0205}、P_{m0202}、P_{m0204}、P_{m02} 和 P_{m0208} 正偏相关极显著，且依次增强。各因子配合下，也是 P_{m0213} 和 P_{m0208} 对树高作用很强，单位量变化系数达 9.149 和 4.280。其中，P_{m0213} 对模型影响有所提高，贡献 52.4%；而 P_{m0208} 影响油松下降，贡献 25.1%。其次是 P_{m0210}、P_{m0209} 和 P_{m0205}，单位量变化系数为 2.060、1.036 和 0.922，对模型分别贡献 7.6%、3.8% 和 3.2%；与对照相比，P_{m0209} 和 P_{m0205} 对模型影响略有下降。P_{m0207}、P_{m0206} 和 P_{m0204} 对树高作用相对较弱，单位量变化系数为 0.779、0.704 和 0.674；其对模型影响也相对较小，分别贡献 2.2%、1.6% 和 2.5%。而 P_{m02} 和 P_{m0202} 对树高作用很弱，单位量变化系数仅为 0.424 和 0.410，对模型仅贡献 0.6% 和 1.0%；与对照接近。

表 6－15　油松高与 2 月降水量均值指标逐步向后回归模型

Tab. 6－15 The backward stepwise regression model of average monthly precipitation in February nd height f *Pinus tabulaeformi*

处理 Treat	降水因子 P_{m02}	模型 Model Coefficients		T－检验 (T－test)		R^2	相关系数 Correlations			共线性统计量 Collinearity statistics	
		非标准 Unstandard	标准 Standard	t	p		r_0	$r_{partial}$	r_{part}	容差 Tolerance	方差膨胀因子 VIF
	常量	163.418	—	34.115	0.000		—	—	—	—	—
	P_{m02}	3.049	0.326	11.495	0.000		-0.154	0.831	0.105	0.104	9.625
	P_{m0201}	1.778	0.142	3.345	0.001		-0.103	0.399	0.031	0.046	21.606
	P_{m0202}	5.087	0.303	10.789	0.000	0.995	0.035	0.815	0.098	0.106	9.436
	P_{m0204}	14.578	0.592	15.556	0.000	(F =	0.316	0.897	0.142	0.058	17.382
H_{tck}	P_{m0205}	26.337	0.971	13.300	0.000	1193.919,	0.256	0.866	0.121	0.016	64.013
	P_{m0206}	-25.782	-0.884	-8.700	0.000	p =	0.285	-0.750	-0.079	0.008	123.925
	P_{m0207}	22.359	0.687	5.145	0.000	0.000)	0.266	0.557	0.047	0.005	213.633
	P_{m0208}	144.981	4.041	28.427	0.000		0.147	0.965	0.260	0.004	242.432
	P_{m0209}	33.049	0.908	8.031	0.000		0.037	0.723	0.073	0.007	153.229
	P_{m0213}	-233.851	-6.441	-53.849	0.000		-0.008	-0.990	-0.492	0.006	171.661
	常量	218.496	—	20.191	0.000		—	—	—	—	—
	P_{m02}	5.112	0.424	13.082	0.000		-0.100	0.862	0.204	0.231	4.338
	P_{m0202}	8.878	0.410	9.755	0.000		0.023	0.786	0.152	0.137	7.302
	P_{m0204}	21.335	0.674	10.447	0.000	0.986	0.340	0.806	0.163	0.058	17.141
	P_{m0205}	32.156	0.922	7.323	0.000	(F =	0.263	0.690	0.114	0.015	65.353
H_{tck}	P_{m0206}	-26.392	-0.704	-3.644	0.001	404.468,	0.284	-0.429	-0.057	0.007	153.727
	P_{m0207}	32.659	0.779	4.299	0.000	p =	0.264	0.488	0.067	0.007	135.561
	P_{m0208}	197.571	4.280	18.340	0.000	0.000)	0.144	0.922	0.286	0.004	224.584
	P_{m0209}	48.517	1.036	5.347	0.000		0.049	0.571	0.083	0.006	154.638
	P_{m0210}	96.229	2.060	5.513	0.000		-0.064	0.583	0.086	0.002	575.862
	P_{m0213}	-427.351	-9.149	-15.711	0.000		0.000	-0.898	-0.245	0.001	1398.248

二、树高与二月降水均值的逐步回归模型

对其进行逐步回归模型分析，组成了 13 组对照树高各生长期 2 月平均降水量有效模型；其中，P_{m0204}、P_{m0211}、P_{m0208}、P_{m0202}、P_{m02}、P_{m0205}、P_{m0210}、P_{m0206}、P_{m0207}、P_{m0209}和 P_{m0201}构成了其优化模型；同时用 P_{m0203}因子代替其 P_{m0201}因子也能诠释各生长期 2 月降水量均值对其

油松高的影响。而在产生的 8 组 RPA 有效模型中，P_{m0204}、P_{m0211}、P_{m0208}、P_{m0202}、P_{m02}、P_{m0205}、P_{m0203}和 P_{m0209}组成了 RPA 树高各生长期 2 月平均降水量优化模型（表 6－16）。

表 6－16 油松高与 2 月降水量均值指标逐步回归模型

Tab. 6－16 The stepwise regression model of average monthly precipitation in February and height of *Pinus tabulaeformi*

处理 Treat	降水因子 P_{m02}	模型 Model Coefficients 非标准 Unstandard	标准 Standard	T－检验 (T－test) t	p	R^2	相关系数 Correlations r_0	$r_{partial}$	r_{part}	共线性统计量 Collinearity statistics 容差 Tolerance	方差膨胀因子 VIF
H_{tck}	常量	150.101	—	40.000	0.000		—	—	—	—	—
	P_{m0204}	10.104	0.410	12.806	0.000		0.316	0.859	0.092	0.050	19.931
	P_{m0211}	-97.873	-2.720	-24.735	0.000		-0.089	-0.956	-0.178	0.004	234.695
	P_{m0208}	93.422	2.604	24.538	0.000		0.147	0.955	0.176	0.005	218.513
	P_{m0202}	5.250	0.312	10.818	0.000	0.997 (F = 1758.956, p = 0.000)	0.035	0.818	0.078	0.062	16.172
	P_{m02}	2.374	0.254	11.196	0.000		-0.154	0.827	0.080	0.100	9.951
	P_{m0205}	24.651	0.909	15.523	0.000		0.256	0.898	0.111	0.015	66.587
	P_{m0210}	-57.111	-1.573	-13.049	0.000		-0.081	-0.864	-0.094	0.004	282.000
	P_{m0206}	-26.160	-0.897	-9.987	0.000		0.285	-0.795	-0.072	0.006	156.626
	P_{m0207}	19.668	0.604	5.621	0.000		0.266	0.594	0.040	0.004	224.073
	P_{m0209}	16.305	0.448	5.284	0.000		0.037	0.570	0.038	0.007	139.340
	P_{m0201}	1.652	0.132	3.664	0.001		-0.103	0.434	0.026	0.040	25.151
	常量	149.927	—	38.109	0.000		—	—	—	—	—
	P_{m0204}	14.163	0.575	8.448	0.000		0.316	0.743	0.064	0.012	81.873
	P_{m0211}	-98.584	-2.740	-23.783	0.000		-0.089	-0.952	-0.179	0.004	234.386
	P_{m0208}	90.314	2.517	23.933	0.000		0.147	0.953	0.180	0.005	195.352
	P_{m0202}	7.760	0.462	13.939	0.000	0.997 (F = 1600.219, p = 0.000)	0.035	0.878	0.105	0.052	19.364
	P_{m02}	2.914	0.311	18.578	0.000		-0.154	0.925	0.140	0.202	4.954
	P_{m0205}	20.151	0.743	9.308	0.000		0.256	0.774	0.070	0.009	112.618
	P_{m0210}	-54.896	-1.512	-12.149	0.000		-0.081	-0.847	-0.091	0.004	273.545
	P_{m0203}	-3.144	-0.146	-2.645	0.010		0.280	-0.328	-0.020	0.019	53.799
	P_{m0206}	-23.610	-0.810	-7.389	0.000		0.285	-0.696	-0.056	0.005	212.117
	P_{m0207}	21.208	0.651	5.642	0.000		0.266	0.595	0.042	0.004	235.318
	P_{m0209}	16.020	0.440	4.951	0.000		0.037	0.545	0.037	0.007	139.424

续表 6-16

处理 Treat	降水因子 P_{m02}	模型 Model Coefficients		T-检验 (T-test)		R^2	相关系数 Correlations			共线性统计量 Collinearity statistics	
		非标准 Unstandard	标准 Standard	t	p		r_0	$r_{partial}$	r_{part}	容差 Tolerance	方差膨胀因子 VIF
	常量	197.177	—	21.375	0.000		—	—	—	—	—
	P_{m0204}	21.610	0.682	10.364	0.000		0.340	0.799	0.143	0.044	22.634
	P_{m0211}	-188.358	-4.069	-39.488	0.000		-0.085	-0.981	-0.546	0.018	55.456
	P_{m0208}	116.902	2.532	22.518	0.000		0.144	0.945	0.312	0.015	66.063
H_{trpa}	P_{m0202}	11.971	0.553	12.359	0.000	0.987 (F = 645.303, p = 0.000)	0.023	0.845	0.171	0.095	10.474
	P_{m02}	3.082	0.256	10.750	0.000		-0.100	0.809	0.149	0.338	2.956
	P_{m0205}	13.194	0.378	6.078	0.000		0.263	0.614	0.084	0.049	20.231
	P_{m0203}	-5.945	-0.215	-3.890	0.000		0.280	-0.446	-0.054	0.063	15.894
	P_{m0209}	17.330	0.370	2.354	0.022		0.049	0.289	0.033	0.008	128.989

1. **对照树高的模型分析** 从对照优化模型分析，在排除其他因子影响下，对照油松高与 P_{m0211}、P_{m0210} 和 P_{m0206} 负净相关极显著，且依次减弱；而与 P_{m0201}、P_{m0209}、P_{m0207}、P_{m0202}、P_{m02}、P_{m0204}、P_{m0205} 和 P_{m0208} 正净相关极显著，且依次增强。各因子配合下，油松对 P_{m0211} 和 P_{m0208} 响应较强，单位量变化系数为 2.720 和 2.604；其对模型影响也较大，贡献 29.5% 和 28.7%。油松对 P_{m0210} 响应也相对较强，单位量变化系数为 1.573，对模型贡献 15.6%。其次是 P_{m0205} 和 P_{m0206}，单位量变化系数为 0.909 和 0.897，对模型贡献 7.4% 和 6.9%。油松对 P_{m0207}、P_{m0209}、P_{m0204} 和 P_{m0202} 响应相对较弱，单位量变化系数依次为 0.604、0.448、0.410 和 0.312；其对模型影响也相对较小，分别贡献 3.8%、3.0%、2.9% 和 1.4%。而油松对 P_{m02} 和 P_{m0201} 响应极弱，单位量变化系数仅为 0.254 和 0.132，对模型仅贡献 0.6% 和 0.2%。而其另一模型显示，树高也与 P_{m0211}、P_{m0210} 和 P_{m0206} 负净相关极显著，但与 P_{m0203} 负净相关显著（$r_{partial} = -0.328, p = 0.010$）；而与 P_{m0209}、P_{m0207}、P_{m0204}、P_{m0205}、P_{m0202}、P_{m02} 和 P_{m0208} 正净相关极显著，且依次增强。各因子相互作用下，油松对 P_{m0211}、P_{m0208} 和 P_{m0210} 响应也相对较强，单位量变化系数为 2.740、2.517 和 1.512，对模型分别贡献 30.7%、28.6% 和 15.2%；与优化模型基本一致。其次是 P_{m0206}、P_{m0205} 和 P_{m0207}，单位量变化系数为 0.810、0.743 和 0.651，对模型分别贡献 5.6%、5.4% 和 4.3%；比其优化模型略有降低。油松对 P_{m0204}、P_{m0209} 和 P_{m0202} 响应相对较弱，单位量变化系数为 0.575、0.440 和 0.462，对模型贡献 3.7%、2.9% 和 2.3%。

而油松对 P_{m02} 和 P_{m0203} 响应很弱，单位量变化系数仅为 0.311 和 0.146；其对模型影响也很小，仅贡献 0.9% 和 0.4%。

2. RPA 树高的模型分析　在排除其他因子干扰下，RPA 树高仅与 P_{m0211} 和 P_{m0203} 负净相关极显著；而与 P_{m0209}、P_{m0205}、P_{m0204}、P_{m02}、P_{m0202} 和 P_{m0208} 正净相关依次增强，其中与 P_{m0209} 相关显著（$r_{partial}=0.289$，$p=0.022$），与后 5 个因子相关极显著。各因子配合下，油松也是对 P_{m0211} 和 P_{m0208} 响应较强，单位量变化系数达 4.069 和 2.532，对模型贡献 53.5% 和 32.5%；比对照显著增强。其次是 P_{m0204} 和 P_{m0202}，单位量变化系数为 0.682 和 0.553，对模型贡献 5.4% 和 3.1%；比对照作用和影响略有增加。油松对 P_{m0205} 和 P_{m0209} 也与一定反应，其单位量变化系数为 0.378 和 0.370，对模型贡献 2.5% 和 1.5%；其中，P_{m0205} 作用和影响比对照明显降低。而油松对 P_{m02} 和 P_{m0203} 也响应极弱，其单位量变化系数仅为 0.256和 0.215，对模型仅贡献 0.7% 和 0.8%；与对照差异不明显。

三、树高与二月降水均值的相关性

树高与各生长期 2 月平均降水量的相关性较弱。其中，RPA 树高与 P_{m02} 呈一定负相关（$r_0=-0.100$，$p=0.205$），而与 P_{m0204}、P_{m0206} 和 P_{m0203} 正相关极显著（$r_0=0.340$、0.284、0.280，$p=0.002$、0.009、0.009），与 P_{m0207} 和 P_{m0205} 正相关显著（$r_0=0.264$、0.263，$p=0.014$、0.014）。对照树高 P_{m02} 和 P_{m0201} 呈一定负相关（$r_0=-0.154$、0.103，$p=0.102$、0.199），而也与 P_{m0204}、P_{m0206} 和 P_{m0203} 正相关极显著（$r_0=0.0.316$、0.285、0.280，$p=0.004$、0.008、0.009），与 P_{m0207} 和 P_{m0205} 正相关显著（$r_0=0.266$、0.256，$p=0.013$、0.016）。

四、树高与二月降水均值对其进行的模型拟合

树高与 P_{m02} 的 Cubic－模型拟合性较强，与 P_{m0201} 也具有 Cubic－模型特性；与 P_{m0203} 具有 Linear－模型、Logarithmic－模型和 Quadratic－模型的属性；与 $P_{m0204}\sim P_{m0207}$ 符合 Linear－模型、Inverse－模型和 Quadratic－模型要求；与 P_{m0208} 满足 Inverse－模型和 Quadratic－模型条件；与 $P_{m0209}\sim P_{m0213}$ 的 Quadratic－模型线性拟合度较大。

1. Quadratic－模型　RPA 和对照树高的 Quadratic－模型 $a<0$，且 RPA＜对照；$b>0$，且 RPA＜对照；$c<0$，且 RPA＜对照；模型有极大值（表 6－17）。

P_{m0203} 模型决定系数 R^2 均为 0.085，模型线性关系极为松散，树高仅有 Quadratic－模型变化的属性，很难全面反映近 4 年 2 月降水量均值对树高的作用。其 P_{m0204} 模型决定系数 R^2 为 0.191 和 0.197，线性关系有所增强，但也相对松散；极大值为 171.5 cm 和 134.7 cm，分别发生在 16.8 mm/m 和 16.4 mm/m 附近；极值点右侧均有 2 组数据。树高也与 P_{m0204} 呈正相关，但增幅以 $4.596P_{m0204}$ 和 $4.073P_{m0204}$ 递减，发生频度 0.857。模型交点位于 7.8 mm/m 和 32.6 mm/m 附近；在 P_{m0204} 范围内{8.5，21.3}，交点区间也包含所有

数据；其 RPA 树高大于对照，最大差距出现在 20.2 mm/m 附近，差距为 40.2 cm；其右侧只有 1 组数据。说明在当地降水条件下，处理与对照油松高差异也与其月降水量均值呈正相关，但增幅以 0.523P_{m0204}递减，发生频度 0.929（表 6－17）。

P_{m0205}的 Quadratic－模型决定系数 R^2为 0.272 和 0.275，比其 P_{m0204}模型进一步增大，线性关系更加紧密。极大值为 215.1 cm 和 168.2 cm，分别出现在 15.3 mm/m 和 15.2 mm/m附近；极值点右侧均有 5 组数据。当年和前 5 年 2 月平均降水量小于极值点值时，树高与其月平均降水量呈正相关，但增幅以 13.362P_{m0205}和 10.551P_{m0205}递减，发生频度 0.643；大于极值点值时，树高与其呈负相关，且降幅以同样的速率递增，发生频度 0.357。模型交点位于 9.6 mm/m 和 21.2 mm/m 附近，也超出了 P_{m0205}取值范围｛10.0，19.7｝；其 RPA 树高也大于对照，最大差异为 46.9 cm，出现在 15.4 mm/m 附近；其左侧也有 9 组数据，两模型差距与 P_{m0205}呈正相关，增幅以 2.811P_{m0205}递减，发生频度 0.643；而最大差距点右侧，两模型差异与 P_{m0205}呈负相关，增幅以 2.811P_{m0205}递增，发生频度0.357。其 P_{m0206}模型决定系数 R^2 为 0.276 和 0.254，与 P_{m0205}模型相近。极大值为 200.3 cm 和 153.0 cm，均出现在 15.1 mm/m 附近；极值点左侧也分布 9 组数据。树高变化规律与 P_{m0205}模型相同，但变幅以 12.905P_{m0206}和 9.444P_{m0206}增减。RPA 和对照模型交点位于 9.7 mm/m和 20.2 mm/m 附近，也超出了取值范围｛9.5，19.7｝；两模型最大差距为 47.3 cm，出现在 14.9 mm/m 附近，其右侧也有 9 组数据。RPA 和对照油松与 P_{m0206}变化规律也与 P_{m0205}相同，但差距变幅增减速率为 3.460 P_{m0206}（表 6－17）。

研究期内，P_{m0207}～P_{m0213}的取值范围保持稳定｛10.0，19.7｝。其 P_{m0207}的 Quadratic－模型 R^2为 0.406 和 0.396，线性关系比 P_{m0206}模型显著增强。极大值分别为 211.2 cm 和 163.5 cm，均发生在 14.9 mm/m 附近；其左侧有 8 组数据。两模型交点分别位于 10.1 mm/m和 19.6 mm/m 附近，P_{m0207}范围内，交点区间有 12 组数据，左右两侧各有 1 组数据。交点区间，RPA 模型值大于对照，最大差距为 47.7 cm，出现在 14.9 mm/m 附近；其左侧在交点区间内有 7 组数据，右侧分布 5 组数据。RPA 和对照树高的 P_{m0208}模型 R^2为 0.428 和 0.418，线性关系极为显著。极大值为 202.6 cm 和 157.2 cm，均发生在 14.8 mm/m附近；极值点左侧有 11 数据。两模型交点出现在 10.2 mm/m 和 19.4 mm/m 附近，P_{m0208}范围内，交点区间有 11 组数据，其左侧有 2 组数据，右侧有 1 组数据。两者最大差距为 45.4，出现在 14.8 mm/m 附近，其左侧在交点区间内有 9 组数据，右侧分布 2 组数据。其 P_{m0209}模型 R^2 为 0.397 和 0.382，线性关系有所降低。极大值为 199.8 cm 和 153.5 cm，发生在 14.7 mm/m 和 14.6 mm/m 附近；极值点左侧也有 11 组数据。模型交点位于 10.1 mm/m 和 19.4 mm/m 附近，P_{m0209}范围内，交点区间有 12 组数据，其左右侧各有 1 组数据（表 6－17）。

表 6－17　油松高与 2 月降水量均值指标抛物线模型

Tab. 6－17 The quadratic－model of average monthly precipitation in February and height of *Pinus tabulaeformi*

处理 Treat	降水因子 P_{m01}	模型系数 Model Coefficients			R^2	F－检验 (F－test)		T－检验 (T－test)					
		a	b	c		F	p	t_0	p	t_1	p	t_2	P
	P_{m0203}	－87.984	24.329	－0.618	0.089	3.270	0.044	－0.723	0.472	1.278	0.206	－0.883	0.380
	P_{m0204}	－479.695	77.366	－2.298	0.191	7.902	0.001	－2.566	0.013	2.872	0.005	－2.493	0.015
	P_{m0205}	－1342.886	204.047	－6.681	0.272	12.525	0.000	－4.283	0.000	4.513	0.000	－4.324	0.000
	P_{m0206}	－1269.350	194.757	－6.452	0.276	12.760	0.000	－4.263	0.000	4.480	0.000	－4.252	0.000
	P_{m0207}	－1771.724	265.833	－8.910	0.406	22.878	0.000	－6.146	0.000	6.396	0.000	－6.158	0.000
H_{trpa}	P_{m0208}	－1809.731	－9.154	271.439	0.428	25.051	0.000	－6.626	0.000	7.034	0.000	－6.904	0.000
	P_{m0209}	－1755.281	266.541	－9.087	0.397	22.049	0.000	－6.150	0.000	6.637	0.000	－6.621	0.000
	P_{m0210}	－1539.563	240.050	－8.329	0.317	15.554	0.000	－4.912	0.000	5.443	0.000	－5.542	0.000
	P_{m0211}	－1364.654	216.501	－7.573	0.267	12.181	0.000	－4.228	0.000	4.754	0.000	－4.868	0.000
	P_{m0212}	－1588.095	245.699	－8.481	0.337	17.027	0.000	－5.254	0.000	5.772	0.000	－5.831	0.000
	P_{m0213}	－1648.997	253.476	－8.717	0.360	18.847	0.000	－5.588	0.000	6.102	0.000	－6.139	0.000
	P_{m0203}	－77.267	20.431	－0.536	0.092	3.391	0.040	－0.818	0.416	1.383	0.171	－0.988	0.326
	P_{m0204}	－412.732	66.780	－2.036	0.197	8.228	0.001	－2.852	0.006	3.202	0.002	－2.854	0.006
	P_{m0205}	－1057.513	160.830	－5.276	0.275	12.720	0.000	－4.349	0.000	4.586	0.000	－4.402	0.000
	P_{m0206}	－930.329	143.050	－4.722	0.254	11.427	0.000	－3.962	0.000	4.172	0.000	－3.946	0.000
	P_{m0207}	－1354.946	203.349	－6.808	0.396	21.941	0.000	－5.997	0.000	6.242	0.000	－6.004	0.000
H_{trpa}	P_{m0208}	－1389.418	208.449	－7.024	0.418	24.094	0.000	－6.491	0.000	6.893	0.000	－6.491	0.000
	P_{m0209}	－1332.648	203.062	－6.936	0.382	20.698	0.000	－5.934	0.000	6.426	0.000	－6.422	0.000
	P_{m0210}	－1150.586	180.617	－6.292	0.302	14.515	0.000	－4.673	0.000	5.213	0.000	－5.329	0.000
	P_{m0211}	－1058.352	168.122	－5.886	0.267	12.228	0.000	－4.221	0.000	4.752	0.000	－4.871	0.000
	P_{m0212}	－1220.977	189.290	－6.542	0.332	16.662	0.000	－5.178	0.000	5.700	0.000	－5.766	0.000
	P_{m0213}	－1262.544	194.578	－6.701	0.352	18.221	0.000	－5.472	0.000	5.990	0.000	－6.036	0.000

备注：remark：a－常数项（constant），b－一次项系数（an item coefficient），c－二次项系数（quadratic term coefficient）。

RPA 和对照 P_{m0210}、P_{m0211}、P_{m0212}和 P_{m0213}的 Quadratic－模型变化规律基本相同。其

RPA 模型 R^2 依次为 0.317、0.267、0.337 和 0.360，对照模型为 0.302、0.267、0.332 和 0.352，线性关系相对紧密。RPA 模型极大值分别为 190.0 cm、182.7 cm、191.3 cm 和 193.7 cm，对照为 145.7 cm、142.2 cm、148.3 cm 和 149.9 cm；分别发生在 14.4 mm/m、14.3 mm/m、14.5 mm/m 和 14.5 mm/m 附近；极值点左侧均分布 11 组数据。其 P_{m0210} 模型交点位于 9.9 mm/m 和 19.3 mm/m 附近，P_{m0211} 的交点在 9.4 mm/m 和 19.2 mm/m 附近，P_{m0212} 在 9.8 mm/m 和 19.3 mm/m 附近，P_{m0213} 在 9.9 mm/m 和 19.3 mm/m 附近；在各生长期月均降水量范围内，交点区间均有 13 组数据，其右侧有 1 组数据。RPA 和对照模型最大差距为 44.4 cm、40.6 cm、43.0 cm 和 43.8 cm，分别发生在 14.6 mm/m、14.3 mm/m、14.5 mm/m 和 14.6 mm/m 附近；最大差距点左侧均有 11 组数据，右侧交点范围内也均有 2 组数据（表 6－17）。

2. Cubic－**模型**　树高与当年 2 月降水量（P_{m02}）以及近 2 年 2 月平均降水量（P_{m0201}）具有 Cubic－模型特征。

$$H_{trpa} = 67.876 + 32.073P_{m02} - 2.876P_{m02}^2 + 0.032P_{m02}^3$$

（$n=70, R^2=0.244, F=7.110, p=0.000; t_0=1.566, p=0.122; t_1=2.520, p=0.014; t_2=-3.336, p=0.001; t_3=3.818, p=0.000$）

$$H_{tck} = 49.553 + 27.285P_{m02} - 2.386P_{m02}^2 + 0.050P_{m02}^3$$

（$n=70, R^2=0.253, F=7.459, p=0.000; t_0=1.480, p=0.144; t_1=2.775, p=0.007; t_2=-3.582, p=0.001; t_3=4.003, p=0.000$）

$$H_{trpa} = 86.107 + 25.900P_{m03} - 2.596P_{m03}^2 + 0.062P_{m03}^3$$

（$n=70, R^2=0.140, F=3.591, p=0.018; t_0=1.300, p=0.198; t_1=1.460, p=0.149; t_2=-2.032, p=0.046; t_3=2.399, p=0.019$）

$$H_{tck} = 70.997 + 19.701P_{m03} - 1.976P_{m03}^2 + 0.047P_{m03}^3$$

（$n=70, R^2=0.129, F=3.264, p=0.027; t_0=1.370, p=0.175; t_1=1.420, p=0.160; t_2=-1.977, p=0.052; t_3=2.304, p=0.024$）

RPA 和对照 P_{m02} 的 Cubic－模型决定系数 R^2 为 0.244 和 0.253，回归极显著。RPA 模型极值为 172.8 cm 和 34.7 cm，出现在 7.3 mm/m 和 23.8 mm/m 附近，其区间有 6 组数据，左侧有 6 组数据，右侧只有 2 组数据；对照模型极值为 141.1 cm 和 21.6 cm，发生在 7.5 mm/m 和 21.6 mm/m 附近，其区间包含 4 组数据，左侧也有 6 组数据，而右侧包含 4 组数据。在 P_{m02} 取值范围内{1.0，33.7}，两模型变化趋势一致，RPA 模型值大于对照。极值点区间，树高与 P_{m02} 呈负相关，RPA 与对照差距有逐渐缩小的趋势，发生频度 0.429 和 0.286；极值区间左侧，树高与 P_{m02} 呈正相关，差距有逐渐扩大的趋势，发生频度均为 0.429。极值区间右侧，树高也与 P_{m02} 呈正相关，差距也逐渐扩大，但有逐渐稳定的趋势，发生频度分别为 0.143 和 0.286。其 P_{m0201} 模型决定系数 R^2 为 0.140 和 0.129，回归显著，线性关系相对松散，模型反映的数据信息量较少。RPA 模型的极值为 161.8 cm 和 60.7 cm，分别出现6.5 mm/m 和21.3 mm/m 附近;对照极值为128.4 cm 和45.2 cm,依次出现在6.5 mm/m 和21.7 mm/m 附近;极值区间均包含9组数据,左侧也均以4组数据。树高变化趋势与P_{m02}相同,但变幅趋缓,发生频度有所变化。其负相关的发生频度均为0.642,正相关频度为0.357。

3. Linear－模型 RPA和对照与P_{m0203}、P_{m0204}、P_{m0205}、P_{m0206}和P_{m0207}均具有Linear－模型变化属性,但模型决定系数R^2很小,重复间变异较大,只能反映两者的变化趋势(表6－18)。其P_{m0203}模型$a>0$,且RPA>对照;$b>0$,且RPA>对照,比值为1.184;交点位于－1.3 mm/m 附近,小于P_{m0203}的最小值{5.2,20.9}。表明在当地降水条件下,树高与当年和前3年2月平均降水量有正相关的趋势;且RPA油松高大于对照,两者差异也有随P_{m0203}增加扩大的趋势,增幅以1.714P_{m0203}递增。其P_{m0204}、P_{m0205}、P_{m0206}和P_{m0207}模型$a<0$,$b>0$,且其绝对均RPA>对照;b比值为1.387、1.320、1.281和1.275。交点分别位于5.3 mm/m、1.9 mm/m、2.3 mm/m和2.4 mm/m附近,均小于各生长期2月平均降水量的最小值。与其P_{m0203}模型一样,在当地降水条件下,树高也与其月均降水量有正相关的趋势,且RPA模型值大于对照。RPA树高与对照的差距也与其月均降水量有正相关的趋势,增幅递增速率依次为其月均降水量的3.009、2.222、2.334和2.384倍。

表6－18 油松高与2月降水量均值指标直线模型

Tab.6－18 The linear－model of average monthly precipitation in February and height of *Pinus tabulaeformi*

处理 Treat	降水因子 P_{m01}	模型系数 Model Coefficients		R^2	F－检验 (F－test)		T－检验 (T－test)			
		截距 a	斜率 b		F	p	t_0	p	t_1	p
H_{trpa}	P_{m0203}	10.648	7.754	0.078	5.779	0.019	0.220	0.826	2.404	0.019
	P_{m0204}	－31.625	10.779	0.116	8.905	0.004	－0.594	0.554	2.984	0.004
	P_{m0205}	－6.189	9.163	0.069	5.040	0.028	－0.105	0.916	2.245	0.028
	P_{m0206}	－25.450	10.637	0.080	5.945	0.017	－0.410	0.683	2.438	0.017
	P_{m0207}	－29.285	11.042	0.069	5.075	0.028	－0.427	0.671	2.253	0.028
H_{trpa}	P_{m0203}	8.370	6.040	0.079	5.806	0.019	0.223	0.824	2.410	0.019
	P_{m0204}	－15.649	7.770	0.100	7.522	0.008	－0.375	0.709	2.743	0.008
	P_{m0205}	－1.998	6.940	0.066	4.769	0.032	－0.044	0.965	2.184	0.032
	P_{m02106}	－19.985	8.303	0.081	6.000	0.017	－0.415	0.680	2.450	0.017
	P_{m0207}	－23.509	8.657	0.071	5.171	0.026	－0.442	0.660	2.274	0.026

4. Inverse－模型 树高与P_{m0204}、P_{m0205}、P_{m0206}、P_{m0207}和P_{m0208}关系均呈Inverse－模型变化。其模型决定系数R^2优于其Linear－模型,而比其Quadratic－模型明显降低(表

6－19）。

模型常数项系数 $a>0$，RPA＞对照；倒数项系数 $b<0$，RPA＜对照；模型为单调递增函数，且 RPA 图形比对照模型倾斜程度高，收敛较快。其 RPA 和对照 P_{m0204} 模型 b 比值为 1.337，模型交点位于 8.0 mm/m 附近，模型值为 15.4 cm；交点值小于研究期内近 5 年 2 月平均降水量（P_{m0204}）的最小值{8.5，21.3}，在当地降水条件下，树高与其月均降水量有正相关的趋势，但增幅以 b/P^2_{m0204} 递减；RPA 模型值大于对照，差距以 610.199/ P^2_{m0207} 递增，渐趋稳定，最大差距 68.1 cm。P_{m0205} 模型 b 比值为 1.312，交点出现在 7.9 mm/m 附近，模型值为 11.1 cm；处于 P_{m0205} 取值范围下限外{10.0，19.7}。两模型差距以 529.512/P^2_{m0205} 递增，最大差距 67.1 cm。P_{m0206} 模型 b 比值为 1.305，交点出现在 8.0 mm/m附近，模型值 6.9 cm；交点值也小于 P_{m0206} 取值范围下限。模型最大差距 68.9 cm。其 P_{m0207} 模型 b 比值为 1.285，交点在 8.3 mm/m 附近，模型值为 1.3 cm。两模型差距以 542.318/ P^2_{m0208} 递增，稳定差距为 73.5 cm。P_{m0208} 模型 b 比值为 1.285，交点发生在 7.8 mm/m 附近，模型值 0.8 cm；交点也在 P_{m0208} 下限外。模型差距以 591.336/ P^2_{m0208} 递增，稳定差距为 66.8 cm。

表 6－19　油松高与 2 月降水量均值指标逆函数模型

Tab. 6－19 The inverse－model of average monthly precipitation in February and height of *Pinus tabulaeformi*

处理 Treat	降水因子 P_{m01}	模型系数 Model Coefficients		R^2	F－检验 (F－test)		T－检验 (T－test)			
		截距 a	斜率 b		F	p	t_0	p	t_1	p
H_{trpa}	P_{m0204}	285.201	－2149.243	0.151	12.052	0.001	5.817	0.000	－3.472	0.001
	P_{m0205}	290.955	－2222.696	0.110	8.376	0.005	4.839	0.000	－2.894	0.005
	P_{m0206}	301.667	－2355.719	0.118	9.062	0.004	4.915	0.000	－3.010	0.004
	P_{m0207}	330.932	－2738.091	0.124	9.583	0.003	4.797	0.000	－3.096	0.003
	P_{m0208}	301.811	－2340.695	0.074	5.397	0.023	3.829	0.000	－2.323	0.023
H_{trpa}	P_{m0204}	217.118	－1606.925	0.139	11.007	0.001	5.660	0.000	－3.318	0.001
	P_{m0205}	223.807	－1693.184	0.105	8.007	0.006	4.778	0.000	－2.830	0.006
	P_{m0206}	232.771	－1805.044	0.114	8.774	0.004	4.870	0.000	－2.962	0.004
	P_{m0207}	257.476	－2127.892	0.123	9.580	0.003	4.802	0.000	－3.095	0.003
	P_{m0208}	235.022	－1821.359	0.074	5.410	0.023	3.837	0.000	－2.326	0.023

第四节 三月降水对树高的均值效应

【内容提要】飞播油松高与当年 3 月降水量(P_{m03})呈显著正相关($p<0.05$),与近 2 年和近 3 年 3 月平均降水量(P_{m0301}和P_{m0302})相关不显著($p>0.05$),与近 5 至 2 月平均降水量(P_{m0304})~近 14 年 2 月平均降水量(P_{m0313})负相关极显著($p<0.01$);RPA 与近 4 年 2 月平均降水量(P_{m0304})负相关不显著,对照显著。向后剔除法逐步回归优化模型显示,P_{m0310}和P_{m0313}对油松高也起着决定作用,对 RPA 和对照油松高的作用单位量变化系数分别为 3.484、3.161 和 3.426、4.198,对模型贡献 42.2%、35.3% 和 36.3%、48.8%。对照逐步回归优化模型与向后剔除法逐步回归优化模型相同;RPA 优化模型中,也是P_{m0310}和P_{m0313}对油松高对飞播油松高起着决定性的作用,单位量变化系数为 4.066 和 4.259,分别贡献 41.1% 和 48.8%。对照 7 因子模型中,油松对P_{m0313}和P_{m0310}响应极强,单位量变化系数为 4.320 和 3.492,对模型贡献 49.5% 和 37.3%;对照 6 因子和 5 因子模型,突显了P_{m0309}对油松高的作用,单位量变化系数依次为 1.227 和 1.768,对模型贡献 50.6% 和 76.3%。Quadratic-模型树高与各生长期 3 月平均降水量的基本模型。P_{m0301}~P_{m0306}的 Quadratic-模型有极大值;极值点左侧,树高与 3 月平均降水量有正相关的趋势,右侧具有负相关的趋势。P_{m0307}~P_{m0313}模型有极小值;极值点接近或超出了当地 3 月平均降水量的最大值,树高与 3 月平均降水量有负相关的趋势。Exponential-模型是树高P_{m0303}~P_{m0307}的最优模型,S-模型是树高P_{m0309}~P_{m0313}的最优模型,均为单调递减函数。随着月均降水量统计年限的增加,树高对其反应越大;月均降水量越大,树高反应越弱。在当地降水条件下,RPA 树高大于对照,但差距随其月均降水量增加而缩小。

【关 键 词】多效抗旱驱鼠剂,三月平均降水量,油松,树高,回归分析,模型拟合

一、树高与三月降水均值的向后剔除法逐步回归模型

对树高(H_t)与不同生长期 3 月降水均值指标(P_{m03})进行向后剔除法逐步回归模型分析,经过 4 次向后剔除法逐步回归,构建了对照油松 3 月降水量均值指标有效模型;而经过 4 次向后逐步回归,构成了 RPA 树高有效模型(表 6-20)。

1. **对照树高模型分析** 在控制其他因子影响下,对照树高与P_{m0310}、P_{m0309}、P_{m0307}和P_{m0306}负偏相关极显著,且依次减弱;而与P_{m0303}、P_{m03}、P_{m0308}、P_{m0301}和P_{m0313}正偏相关依次增强,其中与P_{m0303}相关不显著($r_{partial}=0.243$,$p=0.057$),与P_{m03}相关显著($r_{partial}=0.302$,$p=0.017$),而后 3 个因子相关极显著。各因子配合下,P_{m0313}和P_{m0310}对树高起着决定作用,单位量变化系数达 4.198 和 3.426;其对模型影响也极大,分别贡献 48.8% 和 36.3%。其次是P_{m0309}和P_{m0307},单位量变化系数为 0.565 和 0.776,对模型贡献 6.8% 和 5.4%。而

P_{m0308}、P_{m0306}、P_{m0301}、P_{m0303}和 P_{m03}对树高作用很弱，对模型影响也很小。

2. RPA **树高模型分析** 与对照相比，RPA 树高仅与 P_{m0310}和 P_{m0307}负偏相关极显著；而与 P_{m03}、P_{m0302}、P_{m0305}、P_{m0301}、P_{m0308}和 P_{m0313}正偏相关依次增强，其中也与 P_{m03}相关显著（$r_{partial}=0.300$，$p=0.017$），与其余因子相关极显著。在各因子相互作用下，P_{m0310}和 P_{m0313}对油松高也起着决定作用，单位量变化系数达 3.484 和 3.161，对模型贡献 42.2% 和 35.3%；其中，P_{m0310}作用和影响比对照明显增强，而 P_{m0313}降低显著。P_{m0307}和 P_{m0308}作用和影响比对照也显著提高，单位量变化系数为 1.492 和 0.595，对模型贡献 15.5% 和 4.1%。而 P_{m0305}、P_{m0301}、P_{m0302}和 P_{m03}对油松作用很弱，对模型影响也极小。

表 6-20 油松高与 3 月降水量均值指标逐步向后回归模型

Tab. 6-20 The backward stepwise regression model of average monthly precipitation in March and height of *Pinus tabulaeformi*

处理 Treat	降水因子 P_{m03}	模型 Model Coefficients 非标准 Unstandard	标准 Standard	T-检验 (T-test) t	p	R^2	相关系数 Correlations r_0	$r_{partial}$	r_{part}	共线性统计量 Collinearity statistics 容差 Tolerance	方差膨胀因子 VIF
H_{tck}	常量	162.931	—	15.534	0.000	0.996 ($F=$ 1832.244, $p=$ 0.000)	—	—	—	—	—
	P_{m03}	0.227	0.035	2.450	0.017		0.223	0.302	0.019	0.290	3.444
	P_{m0301}	1.157	0.125	6.313	0.000		0.064	0.632	0.049	0.154	6.503
	P_{m0303}	0.699	0.064	1.937	0.057		-0.208	0.243	0.015	0.056	17.998
	P_{m0306}	-2.733	-0.219	-3.913	0.000		-0.492	-0.451	-0.030	0.019	51.932
	P_{m0307}	-10.001	-0.776	-7.562	0.000		-0.584	-0.699	-0.059	0.006	174.248
	P_{m0308}	3.745	0.281	2.934	0.005		-0.639	0.354	0.023	0.007	151.614
	P_{m0309}	-11.822	-0.865	-8.616	0.000		-0.690	-0.744	-0.067	0.006	166.939
	P_{m0310}	-48.819	-3.426	-23.026	0.000		-0.682	-0.948	-0.179	0.003	366.477
	P_{m0313}	63.956	4.198	24.955	0.000		-0.553	0.955	0.194	0.002	468.405
H_{trpa}	常量	297.243	—	10.945	0.000	0.991 ($F=$ 800.772, $p=$ 0.000)	—	—	—	—	—
	P_{m03}	0.430	0.052	2.454	0.017		0.259	0.300	0.031	0.343	2.915
	P_{m0301}	1.970	0.166	3.827	0.000		0.060	0.440	0.048	0.083	12.109
	P_{m0302}	2.069	0.155	3.477	0.001		-0.043	0.407	0.043	0.078	12.805
	P_{m0305}	5.281	0.335	3.775	0.000		-0.447	0.435	0.047	0.020	51.021
	P_{m0307}	-24.747	-1.492	-14.019	0.000		-0.589	-0.874	-0.174	0.014	73.282
	P_{m0308}	10.216	0.595	5.275	0.000		-0.632	0.560	0.066	0.012	82.401
	P_{m0310}	-63.871	-3.484	-16.167	0.000		-0.681	-0.900	-0.201	0.003	300.406
	P_{m0313}	61.952	3.161	9.253	0.000		-0.554	0.764	0.115	0.001	754.670

二、树高与三月降水均值的逐步回归模型

在产生的17组对照油松有效模型中，P_{m0309}、P_{m0306}、P_{m0307}、P_{m0301}、P_{m0303}、P_{m0310}、P_{m0313}、P_{m0308}和P_{m03}构成了其优化模型，与向后剔除法逐步回归模型分析结果相同；同时，采用P_{m0309}、P_{m0307}、P_{m0301}、P_{m0303}、P_{m0305}、P_{m0310}和P_{m0313}组合，P_{m0309}、P_{m0302}、P_{m0301}、P_{m0303}、P_{m0305}和P_{m0310}组合，P_{m0309}、P_{m0302}、P_{m0306}、P_{m0301}和P_{m0303}组合以及P_{m0309}、P_{m0302}、P_{m0306}、P_{m0307}和P_{m0301}组合也能较好反映各生长期3月平均降水量对其油松高的影响。而在形成的6组RPA有效模型中，P_{m0310}、P_{m0313}、P_{m0307}、P_{m03}、P_{m0308}和P_{m0302}构成了其树高各生长期3月降水量均值指标优化模型。

1. **对照树高模型分析** 对照优化模型与向后剔除法模型相同（表6－21）。

（1）对照7因子模型 在排除其他因子干扰下，对照树高与P_{m0310}、P_{m0307}、P_{m0309}和P_{m0305}负净相关极显著，且依次减弱；而与P_{m0303}、P_{m0301}和P_{m0313}正净相关极显著，且依次增强。各因子相互配合下，油松对P_{m0313}和P_{m0310}响应极强，单位量变化系数为4.320和3.492；其对模型影响也很大，贡献49.5%和37.3%；与其优化模型相近。油松对P_{m0307}和P_{m0309}响应相对较弱，单位量变化系数为0.734和0.737，其对模型分别贡献6.2%和5.7%。而油松对P_{m0305}、P_{m0303}和P_{m0301}响应极弱，单位量变化系数仅为0.182、0.111和0.107；其对模型影响也很小，仅贡献0.6%、0.3%和0.3%。

（2）对照6因子模型 其6因子模型显示，树高与P_{m0309}和P_{m0310}负净相关极显著；而与P_{m0302}、P_{m0303}、P_{m0305}和P_{m0301}正净相关极显著，且依次增强。各因子配合下，油松对P_{m0309}响应最强，单位量变化系数为1.227，对模型贡献50.6%；其作用和影响比其优化模型明显增强。其次是P_{m0310}和P_{m0305}，单位量变化系数为0.506和0.435，其对模型分别贡献13.5%和14.1%。油松对P_{m0301}、P_{m0303}和P_{m0302}响应相对较弱，其单位量变化系数仅为0.368、0.363和0.240，对模型分别贡献9.8%、8.2%和3.8%。

（3）对照5因子模型 第一个5因子模型显示，在控制其他因子影响下，对照树高仅与P_{m0309}负净相关极显著；而与P_{m0302}、P_{m0306}、P_{m0301}和P_{m0303}正净相关极显著，且依次增强。各因子配合下，P_{m0309}的作用和影响进一步增强，单位量变化系数达1.768，对模型贡献76.3%。而油松对P_{m0303}、P_{m0306}、P_{m0301}和P_{m0302}响应较弱，且依次降低；其单位量变化系数为0.476、0.330、0.285和0.280，对模型分别贡献95.%、6.2%、4.6%和3.4%。另一个5因子模型显示，在排除其他因子干扰下，树高与P_{m0309}和P_{m0307}负净相关极显著；而与P_{m0301}、P_{m0306}和P_{m0302}正净相关极显著，且依次增强。油松也对P_{m0309}响应最强，单位量变化系数为1.436，对模型贡献49.1%；其作用和影响比第一个5因子模型降低明显。而P_{m0306}和P_{m0302}的作用和影响显著增强，单位量变化系数为0.940和0.681，对模型分别贡献21.1%和15.1%。油松对P_{m0307}的响应也相对较强，单位量变化系数为0.766，对模型贡献12.9%；其对油松的作用与其优化模型和7因子模型相近。与优化模型相同，油松也对P_{m0301}响应很弱，单位量变化系数仅为0.188，对模型仅贡献1.8%。

表 6-21 油松高与 3 月降水量均值指标逐步回归模型(对照)

Tab. 6-21 The stepwise regression model of average monthly precipitation in March and height of *Pinus tabulaeformi* (ck)

处理 Treat	降水因子 P_{m03}	模型 Model Coefficients 非标准 Unstandard	标准 Standard	T-检验 (T-test) t	p	R^2	相关系数 Correlations r_0	$r_{partial}$	r_{part}	共线性统计量 Collinearity statistics 容差 Tolerance	方差膨胀因子 VIF
	常量	157.940	—	10.499	0.000	0.995 (F = 1685.149, p = 0.000)	—	—	—	—	—
	P_{m0309}	-10.073	-0.737	-7.842	0.000		-0.690	-0.706	-0.072	0.010	104.828
	P_{m0307}	-9.455	-0.734	-11.691	0.000		-0.584	-0.829	-0.107	0.021	46.689
	P_{m0301}	0.986	0.107	4.028	0.000		0.064	0.455	0.037	0.120	8.306
	P_{m0303}	1.216	0.111	3.113	0.003		-0.208	0.368	0.029	0.066	15.108
	P_{m0305}	-2.232	-0.182	-3.178	0.002		-0.446	-0.374	-0.029	0.026	39.026
	P_{m0310}	-49.755	-3.492	-20.015	0.000		-0.682	-0.931	-0.184	0.003	360.978
	P_{m0313}	65.814	4.320	18.083	0.000		-0.553	0.917	0.166	0.001	676.848
	常量	413.395	—	39.912	0.000	0.971 (F = 355.856, p = 0.000)	—	—	—	—	—
	P_{m0309}	-16.766	-1.227	-7.557	0.000		-0.690	-0.690	-0.161	0.017	57.980
	P_{m0302}	2.494	0.240	3.190	0.002		-0.047	0.373	0.068	0.080	12.448
	P_{m0301}	3.405	0.368	7.989	0.000		0.064	0.709	0.170	0.214	4.672
	P_{m0303}	3.969	0.363	4.567	0.000		-0.208	0.499	0.097	0.072	13.864
	P_{m0305}	5.327	0.435	6.309	0.000		-0.446	0.622	0.135	0.096	10.455
	P_{m0310}	-7.981	-0.560	-3.300	0.002		-0.682	-0.384	-0.070	0.016	63.323
	常量	400.710	—	37.781	0.000	0.963 (F = 301.940, p = 0.000)	—	—	—	—	—
	P_{m0309}	-24.147	-1.768	-25.423	0.000		-0.690	-0.954	-0.614	0.121	8.290
	P_{m0302}	2.905	0.280	3.279	0.002		-0.047	0.379	0.079	0.080	12.464
	P_{m0306}	4.117	0.330	4.167	0.000		-0.492	0.462	0.101	0.093	10.774
	P_{m0301}	2.635	0.285	5.433	0.000		0.064	0.562	0.131	0.212	4.719
	P_{m0303}	5.230	0.478	5.683	0.000		-0.208	0.579	0.137	0.082	12.127
	常量	389.480	—	34.122	0.000	0.956 (F = 277.350, p = 0.000)	—	—	—	—	—
	P_{m0309}	-19.617	-1.436	-14.251	0.000		-0.690	-0.872	-0.374	0.068	14.732
	P_{m0302}	7.078	0.681	10.302	0.000		-0.047	0.790	0.270	0.158	6.342
	P_{m0306}	11.711	0.940	6.657	0.000		-0.492	0.640	0.175	0.035	28.892
	P_{m0307}	-9.874	-0.766	-4.180	0.000		-0.584	-0.463	-0.110	0.021	48.740
	P_{m0301}	1.740	0.188	3.271	0.002		0.064	0.378	0.086	0.208	4.802

2. **RPA 树高模型分析** 与对照相比,在排除其他因子干扰下,RPA 树高与 P_{m0310} 和

P_{m0307}负净相关极为显著；而与P_{m0302}、P_{m0308}、P_{m03}和P_{m0313}正净相关极显著，且依次增强。各因子配合下，油松也是对P_{m0313}和P_{m0310}响应很强，单位量变化系数达4.259和4.066；其对模型起着主导作用，贡献分别达45.9和41.1%；其中，前者的作用和影响比对照有所降低，而后者明显提高。与对照相比，油松对P_{m0307}的影响也明显增强，其单位量变化系数为1.388，对模型贡献10.9%。而油松对P_{m0308}、P_{m0302}和P_{m03}响应很弱，单位量变化系数仅为0.404、0.133和0.087；其对模型影响也很小，仅贡献1.6%、0.4%和0.2%（表6－22）。

表6－22　油松高与3月降水量均值指标逐步回归模型（RPA）

Tab.6－22 The stepwise regression model of average monthly precipitation in March and height of *Pinus tabulaeformi* (RPA)

处理 Treat	降水因子 P_{m03}	模型 Model Coefficients 非标准 Unstandard	标准 Standard	T－检验（T－test） t	p	R^2	相关系数 Correlations r_0	$r_{partial}$	r_{part}	共线性统计量 Collinearity statistics 容差 Tolerance	方差膨胀因子 VIF
H_{rtpa}	常量	209.733	—	12.352	0.000		—	—	—	—	—
	P_{m0310}	－74.539	－4.066	－24.386	0.000	0.988 (F＝854.071，p＝0.000)	－0.681	－0.951	－0.339	0.007	144.235
	P_{m0313}	83.473	4.259	20.102	0.000		－0.554	0.930	0.279	0.004	232.834
	P_{m0307}	－23.020	－1.388	－12.014	0.000		－0.589	－0.834	－0.167	0.014	69.265
	P_{m03}	0.719	0.087	4.410	0.000		0.259	0.486	0.061	0.494	2.024
	P_{m0308}	6.937	0.404	3.511	0.001		－0.632	0.405	0.049	0.015	68.807
	P_{m0302}	1.784	0.133	3.180	0.002		－0.043	0.372	0.044	0.109	9.135

三、树高与三月降水均值的相关性

RPA和对照树高与P_{m03}正相关显著（r_0＝0.259、0.223，p＝0.015、0.032），与P_{m0301}极不相关（r_0＝0.060、0.064，p＝0.310、0.299）。RPA与P_{m0310}、P_{m0309}、P_{m0308}、P_{m0311}、P_{m0307}、P_{m0312}、P_{m0313}、P_{m0306}、P_{m0305}、P_{m0304}、P_{m0303}和P_{m0302}负相关依次减弱，其中与前10个因子相关极显著，与P_{m0303}相关不显著（r_0＝－0.194，p＝0.054），与P_{m0302}极不相关（r_0＝－0.043，p＝0.363）；而对照与P_{m0309}、P_{m0310}、P_{m0308}、P_{m0311}、P_{m0307}、P_{m0312}、P_{m0313}、P_{m0306}、P_{m0305}、P_{m0304}、P_{m0303}和P_{m0302}负相关依次减弱，其中与前10个因子相关极显著，与P_{m0303}相关显著（r_0＝－0.208，p＝0.042），与P_{m0302}极不相关（r_0＝－0.047，p＝0.349）。

四、树高与三月降水均值的模型拟合

树高与P_{m03}的Cubic－模型拟合性极强，而与P_{m0301}和P_{m0302}的Quadratic－模型和Cubic－模型相关度较高，与P_{m0303}和P_{m0304}的Quadratic－模型和Exponential－模型回归性强，与P_{m0305}、P_{m0306}和P_{m0307}的Linear－模型、Quadratic－模型和Exponential－模型相关性

极强，与 P_{m0308} 的 Linear－模型、Quadratic－模型和 Power－模型拟合度极高，与 P_{m0309}、P_{m0310}、P_{m0311}、P_{m0312} 和 P_{m0313} 的 Linear－模型、Quadratic－模型和 S－模型回归性极强。

1. Quadratic－**模型**　树高与各生长期3月平均降水量关系均具有 Quadratic－模型的变化特征，且模型决定系数 R^2 相对较大，线性关系紧密（表6－23）。

表6－23　油松高与3月降水量均值指标抛物线模型

Tab. 6－23 The quadratic－model of average monthly precipitation in March and height of *Pinus tabulaeformi*

处理 Treat	降水因子 P_{m03}	模型系数 Model Coefficients			R^2	F－检验 (F－test)		T－检验 (T－test)					
		a	b	c		F	p	t_0	p	t_1	p	t_2	p
	P_{m0301}	－238.707	27.994	－0.477	0.169	6.793	0.002	－2.351	0.022	3.685	0.000	－3.646	0.001
	P_{m0302}	－539.501	48.559	－0.808	0.230	9.998	0.000	－3.410	0.001	4.365	0.000	－4.454	0.000
	P_{m0303}	－454.690	43.485	－0.747	0.217	9.295	0.000	－2.617	0.011	3.657	0.001	－3.919	0.000
	P_{m0304}	－602.665	54.158	－0.933	0.280	13.014	0.000	－2.482	0.016	3.362	0.001	－3.720	0.000
	P_{m0305}	－288.876	33.980	－0.635	0.269	12.304	0.000	－1.145	0.256	2.069	0.042	－2.510	0.014
	P_{m0306}	100.865	9.130	－0.263	0.254	11.396	0.000	0.411	0.682	0.575	0.567	－1.078	0.285
H_{trpa}	P_{m0307}	594.005	－21.151	0.174	0.351	18.129	0.000	2.237	0.029	－1.251	0.215	0.677	0.501
	P_{m0308}	1166.750	－56.110	0.680	0.451	27.507	0.000	4.038	0.000	－3.095	0.003	2.506	0.015
	P_{m0309}	1951.847	－103.168	1.352	0.625	55.843	0.000	7.137	0.000	－6.095	0.000	5.399	0.000
	P_{m0310}	3256.406	－180.469	2.450	0.781	119.781	0.000	11.570	0.000	－10.533	0.000	9.814	0.000
	P_{m0311}	3248.629	－177.435	2.382	0.580	46.283	0.000	6.480	0.000	－5.904	0.000	5.510	0.000
	P_{m0312}	2425.127	－127.440	1.661	0.415	23.752	0.000	3.709	0.000	－3.274	0.002	2.983	0.004
	P_{m0313}	1705.992	－84.707	1.054	0.342	17.435	0.000	2.501	0.015	－2.090	0.040	1.820	0.073
	P_{m0301}	－204.121	23.223	－0.395	0.192	7.964	0.001	－2.624	0.011	3.989	0.000	－3.948	0.000
	P_{m0302}	－449.029	39.969	－0.665	0.258	11.663	0.000	－3.720	0.000	4.711	0.000	－4.809	0.000
	P_{m0303}	－362.251	34.601	－0.596	0.232	10.142	0.000	－2.709	0.009	3.781	0.000	－4.063	0.000
	P_{m0304}	－455.264	41.318	－0.715	0.281	13.104	0.000	－2.415	0.018	3.304	0.002	－3.668	0.000
	P_{m0305}	－235.228	27.124	－0.504	0.271	12.431	0.000	－1.201	0.234	2.128	0.037	－2.569	0.012
	P_{m0306}	52.389	8.839	－0.232	0.258	11.678	0.000	0.276	0.784	0.719	0.475	－1.225	0.225
H_{trpa}	P_{m0307}	414.857	－13.457	0.090	0.343	17.488	0.000	1.998	0.050	－1.017	0.313	0.451	0.654
	P_{m0308}	961.461	－46.966	0.578	0.470	29.715	0.000	4.358	0.000	－3.392	0.001	2.787	0.007
	P_{m0309}	1662.047	－89.061	1.180	0.685	72.819	0.000	8.529	0.000	－7.384	0.000	6.614	0.000
	P_{m0310}	2596.699	－144.232	1.961	0.805	138.026	0.000	12.557	0.000	－11.457	0.000	10.694	0.000
	P_{m0311}	2549.903	－139.388	1.872	0.585	47.206	0.000	6.582	0.000	－6.001	0.000	5.606	0.000
	P_{m0312}	1850.990	－97.029	1.262	0.410	23.255	0.000	3.626	0.001	－3.193	0.002	2.904	0.005
	P_{m0313}	1344.435	－66.908	0.834	0.345	17.618	0.000	2.541	0.013	－2.127	0.037	1.857	0.068

备注：remark：a－常数项，b－一次项系数，c－二次项系数；　a－constant，b－an item coefficient，c－quadratic term coefficient

(1) $P_{m0301} \sim P_{m0305}$模型 油松高 $P_{m0301} \sim P_{m0305}$的 Quadratic – 模型 $a<0$,且 RPA < 对照;$b>0$,且 RPA > 对照;$c<0$,且 RPA < 对照;模型有极大值。

RPA 和对照 P_{m0301}模型的 R^2为 0.169 和 0.192,相对较小,线性关系比较松散。极大值为 172.3 cm 和 136.8 cm,均出现在 29.4 mm/m 附近;极值点左侧有 8 组数据,其树高与 P_{m0301}有正相关的趋势,但增幅以 0.953P_{m0301} 和 0.791P_{m0301} 的速率递减,发生频度 0.571;而极值点右侧,树高与其月均降水量有负相关的趋势,且降幅以相同的速度递增,发生频度 0.426。两模型交点出现在 8.5 mm/m 和 50.2 mm/m 附近,处于研究期 P_{m0301}取值范围{9.8,44.5}之外。表明在当地降水条件下,RPA 树高大于对照,最大差距出现在其极值点附近;P_{m0301} < 29.4 mm/m 时,RPA 与对照油松高差异与其有正相关的趋势;而 P_{m0301} > 29.4 mm/m 时,两者差异有负相关的趋势;变化速率为 0.162P_{m0301},发生频度与其树高相同。

P_{m0302}模型的 R^2 为 0.230 和 0.258,比其 P_{m0301} 模型拟合性显著增强。极大值为 190.2 cm和 151.3 cm,分别发生在 30.1 mm/m 和 30.0 mm/m 附近;其左侧均有 9 组数据,其树高与 P_{m0302}呈正相关,但增幅以 1.616P_{m0302}和 1.331P_{m0302}递减,发生频度 0.629;两模型交点位于 13.6 mm/m 和 46.7 mm/m 附近,超出了 P_{m0302}的取值范围{15.5,43.7};RPA 模型值 > 对照,最大差距为 38.9 cm,也出现在极值点附近;两模型差距变幅以 0.285P_{m0302}的速率增减。

RPA 和对照 P_{m0303}模型的 R^2为 0.217 和 0.232,比其 P_{m0302}模型有所降低。极大值为 177.9 cm 和 139.8 cm,分别出现在 29.1 mm/m 和 29.0 mm/m 附近;其左侧也分布有 9 组数据,树高变化规律与 P_{m0302}模型一致,但增减速率为 1.495P_{m0303}和 1.192P_{m0303}。两模型在 13.5 mm/m 和 45.3 mm/m 附近相交,交点也分布在 P_{m0303}取值范围外{14.6,43.7}。模型最大差距为 38.2 cm,出现在 29.4 mm/m 附近,其左侧也分布 9 组数据;差距变幅增减速率为 0.302P_{m0303}。

P_{m0304}模型的 R^2 为 0.280 和 0.281,线性关系相对较强;极大值为 182.9 cm 和 141.8 cm,发生在 29.0 mm/m 和 28.9 mm/m 附近;其左侧有 8 组数据,树高与其月均降水量呈正相关,但增幅以 1.867P_{m0304}和 1.430P_{m0304}速率递减,发生频度 0.571;其右侧呈负相关,降幅以 1.867P_{m0304} 和 1.430P_{m0304} 速率递增,发生频度 0.429。两模型交点在 15.7 mm/m和 43.1 mm/m 附近,左侧交点值小于当年和前 4 年 3 月平均降水量的最小值{19.8,43.7},交点区间包含 13 组数据;其 RPA 模型值大于对照,最大差距 41.1 cm,出现在 39.4 mm/m 附近;最大差距点左侧有 8 组数据,模型差距与其月均降水量成正比,但增幅以 0.437P_{m0304}递减,发生频度 0.571;右侧交点区间内有 5 组数据,模型差距与其成反比,且降幅以 0.437P_{m0304}递增,发生频度 0.357。

P_{m0305}模型的 R^2为 0.269 和 0.271;极大为 165.7 cm 和 129.5 cm,发生在 26.8 mm/m

和26.9 mm/m 附近；极值点左侧，RPA 有6组数据，对照有7组数据，其树高与 P_{m0305} 呈正相关，增幅递减速率为1.270P_{m0305} 和1.009P_{m0305}，发生频度0.429和0.500。模型交点在9.6 mm/m 和42.9 mm/m 附近，左侧交点值也小于 P_{m0305} 最小值{19.7,43.7}，交点区间也有13组数据。模型最大差距36.3 cm，发生在26.2 mm/m 附近，其左侧均有6组数据，右侧交点区间内也均有7组数据，差距变幅增减速率为0.261P_{m0305}，发生频度0.429和0.500。

（2）P_{m0306} 模型　RPA 和对照 P_{m0306} 的 Quadratic－模型 R^2 为0.254和0.258，比 P_{m0305} 模型略有降低；模型系数相关水平显著降低。其 $a>0$，$b>0$，且 RPA > 对照；$c<0$，且 RPA < 对照；极大值为180.1 cm 和136.7 cm，发生在17.4 mm/m 和19.1 mm/m 附近，小于近7年3月平均降水量的最低值19.7 mm/m。树高与 P_{m0306} 有负相关的趋势，但增幅以0.526P_{m0306} 和0.463P_{m0306} 速率递减。两模型交点在－34.9 mm/m 和44.2 mm/m 附近，交点区间分布12组数据，其右侧分布2组数据。交点区间，RPA 模型值大于对照，最大差距为49.1 cm，发生在4.6 mm/m 附近，远小于的最小值{19.7,43.7}；两模型差距与其月均降水量成反比，且降幅以0.063P_{m0306} 递增，发生频度0.857。

（3）P_{m0307}～P_{m0313} 模型　RPA 和对照树高 P_{m0307}～P_{m0313} 的 Quadratic－模型 R^2 较大，线性关系紧密。其 $a>0$，且 RPA > 对照；$b<0$，且 RPA < 对照；$c>0$，且 RPA > 对照；模型有极小值。

P_{m0307} 模型 R^2 为0.351和0.343，模型回归极为显著，但系数 t－检验出常数项外均不显著。模型极小值分别出现在60.9 mm/m 和74.4 mm/m 附近，远大于 P_{m0307} 的最大值{20.2,43.7}。两模型不相交，RPA 模型值 > 对照，最小差距1.2 cm，出现在46.4 mm/m 附近，也大于其月均降水量的最大值。在当地降水条件下，树高与近8年3月平均降水量呈负相关，但降幅以0.347P_{m0307} 和0.181P_{m0307} 递减；两者树高差异程度也随其月均降水量增加而降低，降幅递减速率为0.166P_{m0307}。

P_{m0308} 模型 R^2 为0.451和0.470，线性关系极为显著。极显著为9.7 cm 和6.8 cm，出现在41.2 mm/m 和40.7 mm/m 附近；其左侧分别有12组和11组数据，树高与其月均降水量呈负相关，但降幅以1.360 P_{m0308} 和1.155P_{m0308} 递减，发生频度0.786和0.857。与 P_{m0307} 模型一样，RPA 和对照的 P_{m0308} 模型也不相交，最小差距为1.5 cm，出现在44.6 mm/m 附近，大于其月均降水量最大值{22.1,43.7}。

P_{m0309} 模型 R^2 为0.625和0.685，线性关系进一步增强。极显著为－16.0 cm 和－18.3 cm，发生在38.1 mm/m 和37.7 mm/m 附近；极值点左侧均有11组数据，树高与其月均降水量成反比，增幅递减速率为2.704P_{m0309} 和2.360P_{m0309}，发生频度0.786。两模型也无交集，最小差距0.7 cm，发生在41.0 mm/m 附近；其左侧也有11组数据，模型差距也与其月均降水量呈负相关，但降幅以0.344P_{m0309} 递减，发生频度也为0.786。

P_{m0310}模型线性关系拟合度最高，R^2达0.781和0.805。极小值为-67.6 cm和-55.3 cm，均出现在36.8 mm/m附近；其左侧均有11组数据，树高与其月均降水量呈负相关，但降幅以$4.899P_{m0310}$和$3.922P_{m0310}$递减，发生频度均为0.786。模型交点发生在32.1 mm/m和42.1 mm/m附近，其区间仅有1组数据，左侧有10组数据，1组数据恰好分布右侧交点处，其区间右侧分布2组数据。交点区间左侧，RPA模型值大于对照，差距与其月均降水量呈负相关，降幅以$0.977P_{m0310}$递减，发生频度0.714。

P_{m0311}模型R^2为0.580和0.585，模型拟合度比P_{m0310}模型显著降低。极小值为-56.2 cm和-44.4 cm，发生在37.3 mm/m和37.2 mm/m附近；其左侧有11组数据，树高降幅递减速率为$4.763P_{m0311}$和$3.745P_{m0311}$，发生频度均为0.786。模型交点位于32.5 mm/m和42.2 mm/m附近，其区间有2组数据，左侧有10组数据，右侧有2组数据。模型差距变化规律与P_{m0310}模型基本一致，但差距变幅增减速率为$1.017P_{m0311}$。

P_{m0312}模型R^2为0.415和0.410，线性关系有所下降。极小值为-19.3 cm和-13.5 cm，均发生在38.4 mm/m附近；其左侧也有11组数据，其降幅递减速率为$3.322P_{m0312}$和$2.525P_{m0312}$。模型交点出现在在34.3 mm/m和42.0 mm/m附近，其区间仅分布1组数据，左侧分别10组，右侧3组；模型差距变幅增减速率为$0.797P_{m0312}$。

P_{m0313}模型R^2为0.342和0.345，极小值为4.4 cm和3.3 cm，分别出现在40.2 mm/m和40.1 mm/m附近；其左侧也分别11组数据，树高降幅递减速率为$2.108P_{m0313}$和$1.669P_{m0313}$。两模型不相交，RPA模型值大于对照，最小差距为1.1 cm，出现在40.5 mm/m附近；其左侧也有11组数据，模型差距与其月均降水量呈负相关，但降幅以$0.440P_{m0313}$递减，发生频度0.786；其右侧，模型差距与其呈正相关，且增幅以相同的速率递增，发生频度0.214。

2. Cubic－**模型**　Cubic－模型是RPA和对照树高P_{m03}、P_{m0301}和P_{m0302}的最优模型，决定系数较大，线性关系极为显著。

$$H_{trpa} = -547.848 + 684.834P_{m03} - 3.005P_{m03}^2 + 0.032P_{m03}^3$$

($n=70$, $R^2=0.615$, $F=35.155$, $p=0.000$; $t_0=-6.411$, $p=0.000$; $t_1=8.303$, $p=0.000$; $t_2=-8.816$, $p=0.000$; $t_3=9.295$, $p=0.000$)

$$H_{tck} = -435.493 + 67.093P_{m03} - 2.356P_{m03}^2 + 0.025P_{m03}^3$$

($n=70$, $R^2=0.579$, $F=30.095$, $p=0.000$; $t_0=-6.260$, $p=0.000$; $t_1=8.066$, $p=0.000$; $t_2=-8.491$, $p=0.000$; $t_3=8.860$, $p=0.000$)

$$H_{trpa} = 455.822 - 68.926P_{m0301} + 3.485P_{m0301}^2 - 0.049P_{m0301}^3$$

($n=70$, $R^2=0.301$, $F=9.466$, $p=0.000$; $t_0=2.093$, $p=0.040$; $t_1=-2.434$, $p=0.018$; $t_2=3.090$, $p=0.003$; $t_3=-3.533$, $p=0.001$)

$$H_{tck} = 381.455 - 58.491P_{m0301} + 2.945P_{m0301}^2 - 0.041P_{m0301}^3$$

（$n = 70, R^2 = 0.348, F = 11.725, p = 0.000; t_0 = 2.333, p = 0.023; t_1 = -2.751, p = 0.008; t_2 = 3.478, p = 0.001; t_3 = -3.968, p = 0.000$）

$$H_{trpa} = -147.076 + 1.053P_{m0302}^2 - 0.022P_{m0302}^3$$

（$n = 70, R^2 = 0.273, F = 12.560, p = 0.000; t_0 = -2.305, p = 0.024; t_2 = 4.783, p = 0.000; t_3 = -4.912, p = 0.000$）

$$H_{tck} = -124.253 + 0.860P_{m0302}^2 - 0.018P_{m0302}^3$$

（$n = 70, R^2 = 0.302, F = 14.490, p = 0.000; t_0 = -2.557, p = 0.013; t_2 = 5.129, p = 0.000; t_3 = -5.270, p = 0.000$）

其P_{m03}的Cubic－模型R^2为0.615和0.578，线性关系极为显著。RPA模型极值为161.5 cm和42.4 cm，依次出现在21.4 mm/m和42.7 mm/m附近；对照极值为201.1 cm和55.4 cm，分别出现在21.2 mm/m和42.2 mm/m附近；其极值点区间均包含3组数据，左右两侧各分布6组和5组数据。在当地降水条件下，RPA油松高大于对照，极值点左右两侧，树高与当年3月降水量呈正相关，发生频度0.786；交点区间，树高与当年3月降水量有负相关的趋势，发生频度0.214。其P_{m0301}模型R^2为0.301和0.348，线性关系比较松散。RPA模型极值为40.2 cm和226.3 cm，发生在14.0 mm/m和33.7 mm/m附近；对照极值为27.0 cm和182.5 cm，发生在14.1 mm/m和33.7 mm/m附近；其极值点区间包含9组数据，左右两侧各分布1组和4组数据。在当地降水条件下，RPA树高也大于对照；极值点区间，树高与其月均降水量呈正相关，两者差异也直接扩大，发生频度0.625；而其区间右侧，树高与其月均降水量呈负相关，两者差异也逐渐缩小，发生频度0.286。其P_{m0302}模型R^2为0.273和0.302，模型回归十分显著，但线性关系相对松散。当地降水条件下，模型只有极大值，分别为213.6 cm和172.4 cm，分别出现在32.9 mm/m和33.0 mm/m附近；其左右两侧个分布9组和5组数据。左侧树高及其差距与P_{m0302}成正比，右侧成反比，发生频度为0.643和0.357。

3. Exponential－**模型**　Exponential－模型是RPA和对照P_{m0303}、P_{m0304}、P_{m0305}、P_{m0306}和P_{m0307}的最优模型，决定系数较大，且依次增大，模型拟合性逐渐增强。模型常数项$a > 0$，RPA > 对照；指数项系数$b < 0$，RPA < 对照；且a、b绝对值依次增大；模型为单调递减函数，图形倾斜程度依次增大，且RPA倾斜程度比对照略大；表明随着月均降水量统计年限的增加，树高对其反应越大，月均降水量越大，树高反应越弱（表6－24）。在当地降水条件下，RPA模型值大于对照，差距与其月均降水量成反比，但降幅逐渐缩小，并逐渐趋于稳定。RPA和对照模型的最大差距依次为46.4 cm、40.5 cm、50.4 cm、63.4 cm和63.2 cm，最小差距为4.1 cm、2.8 cm、2.3 cm、2.2 cm和1.8 cm。

表 6-24　油松高与 3 月降水量均值指标指数模型

Tab. 6-24 The exponential - model of average monthly precipitation in March and height of *Pinus tabulaeformi*

处理 Treat	降水因子 P_{m03}	模型系数 Model Coefficients		R^2	F-检验 (F-test)		T-检验 (T-test)			
		常数项 a	指数项 b		F	p	t_0	p	t_1	p
H_{trpa}	P_{m0303}	638.456	-0.078	0.312	30.778	0.000	2.342	0.022	-5.548	0.000
	P_{m0304}	1441.674	-0.105	0.491	65.575	0.000	2.531	0.014	-8.098	0.000
	P_{m0305}	2367.585	-0.120	0.594	99.487	0.000	2.695	0.009	-9.974	0.000
	P_{m0306}	2993.352	-0.127	0.635	118.256	0.000	2.763	0.007	-10.875	0.000
	P_{m0307}	4668.514	-0.141	0.733	186.598	0.000	3.116	0.003	-13.660	0.000
H_{trpa}	P_{m0303}	483.895	-0.076	0.310	30.557	0.000	2.377	0.020	-5.528	0.000
	P_{m0304}	1080.767	-0.103	0.490	65.277	0.000	2.569	0.012	-8.079	0.000
	P_{m0305}	1755.857	-0.118	0.592	98.602	0.000	2.732	0.008	-9.930	0.000
	P_{m0306}	2195.976	-0.124	0.630	115.957	0.000	2.790	0.007	-10.768	0.000
	P_{m0307}	3378.179	-0.138	0.726	180.060	0.000	3.125	0.003	-13.419	0.000

4. Power-**模型**　RPA 和对照树高与 P_{m0308} 的 Power-模型拟合度最大，其关系极为紧密。

$$H_{trpa} = 8.798 \cdot 10^8 P_{m0308}^{-4.833}$$

($n=70, R^2=0.782, F=243.445, p=0.000; t_0=0.949, p=0.346; t_2=-15.603, p=0.000$)

$$H_{tck} = 5.437 \cdot 10^8 P_{m0308}^{-4.761}$$

($n=70, R^2=0.783, F=245.596, p=0.000; t_0=0.968, p=0.337; t_2=-15.672, p=0.000$)

模型决定系数为 0.782 和 0.783，模型拟合度极为显著。模型系数 $a>0$，且 RPA > 对照；指数 $b<0$，且 RPA < 对照；底数取值范围为{22.1，43.7}；模型也为单调递减函数，RPA 图形倾斜度大于对照。RPA 模型值大于对照，差距随当年和前 8 年 3 月平均降水量增加逐渐缩小；当地降水条件下，模型的最大差距为 64.0 cm，最小为 2.0 cm。

5. S-**模型**　树高与 P_{m0309}、P_{m0310}、P_{m0311}、P_{m0312} 和 P_{m0313} 的最优模型是 S-模型，其模型决定系数 R^2 最大，其关系最为紧密(表 6-25)。模型指数的常数项 $a<0$，且 RPA < 对照；倒数项系数 $b>0$，且 RPA > 对照；底数为 e；模型为单调递减函数，RPA 图形倾斜度略大于对照。在当地降水条件下，RPA 树高大于对照，但差距随其月均降水量增加而缩小。RPA 和对照模型最大差距为 102.4 cm、66.2 cm、47.4 cm、40.9 cm 和 40.9 cm，最小为 2.1

cm、1.7 cm、1.7 cm、1.8 cm 和 1.9 cm。

表 6-25 油松高与 3 月降水量均值指标 S-模型

Tab. 6-25 The S-model of average monthly precipitation in March and height of *Pinus tabulaeformi*

处理 Treat	降水因子 P_{m03}	模型系数 Model Coefficients 常数项 a	函数项 b	R^2	F-检验 (F-test) F	p	T-检验 (T-test) t_0	p	t_1	p
	P_{m0309}	-1.445	165.836	0.841	359.360	0.000	-4.771	0.000	18.957	0.000
	P_{m0310}	-2.052	186.290	0.871	460.933	0.000	-6.946	0.000	21.469	0.000
H_{trpa}	P_{m0311}	-2.221	194.252	0.804	278.255	0.000	-5.700	0.000	16.681	0.000
	P_{m0312}	-2.181	194.477	0.749	202.784	0.000	-4.812	0.000	14.240	0.000
	P_{m0313}	-2.070	191.619	0.717	172.216	0.000	-4.284	0.000	13.123	0.000
	P_{m0309}	-1.633	164.439	0.854	396.883	0.000	-5.715	0.000	19.922	0.000
	P_{m0310}	-2.203	183.778	0.876	479.284	0.000	-7.710	0.000	21.893	0.000
$\mathrm{H}_{\mathrm{trpa}}$	P_{m0311}	-2.351	191.050	0.803	276.633	0.000	-6.117	0.000	-6.117	0.000
	P_{m0312}	-2.299	190.878	0.745	198.604	0.000	-5.113	0.000	14.093	0.000
	P_{m0313}	-2.195	188.217	0.714	169.962	0.000	-4.594	0.000	13.037	0.000

表 6-26 油松高与 3 月降水量均值指标直线模型

Tab. 6-26 The linear-model of average monthly precipitation in March and height of *Pinus tabulaeformi*

处理 Treat	降水因子 P_{m03}	模型系数 Model Coefficients 常数项 a	函数项 b	R^2	F-检验 (F-test) F	p	T-检验 (T-test) t_0	p	t_1	p
	P_{m0305}	331.537	-7.042	0.200	16.984	0.000	6.302	0.000	-4.121	0.000
	P_{m0306}	359.127	-7.872	0.241	21.580	0.000	6.813	0.000	-4.645	0.000
	P_{m0307}	417.682	-9.764	0.347	36.089	0.000	8.238	0.000	-6.007	0.000
	P_{m0308}	453.088	-10.842	0.399	45.224	0.000	8.955	0.000	-6.725	0.000
H_{trpa}	P_{m0309}	492.506	-12.050	0.462	58.367	0.000	9.903	0.000	-7.640	0.000
	P_{m0310}	513.768	-12.631	0.467	59.638	0.000	9.898	0.000	-7.723	0.000
	P_{m0311}	499.342	-12.038	0.390	43.442	0.000	8.543	0.000	-6.591	0.000
	P_{m0312}	482.322	-11.430	0.337	34.585	0.000	7.718	0.000	-5.881	0.000
	P_{m0313}	470.128	-11.019	0.310	30.521	0.000	7.317	0.000	-5.525	0.000

续表 6－26

处理 Treat	降水因子 P_{m03}	模型系数 Model Coefficients		R^2	F－检验 (F－test)		T－检验 (T－test)			
		常数项 a	函数项 b		F	p	t_0	p	t_1	p
	P_{m0305}	257.550	−5.459	0.199	16.875	0.000	6.295	0.000	−4.108	0.000
	P_{m0306}	279.792	−6.131	0.242	21.697	0.000	6.834	0.000	−4.658	0.000
	P_{m0307}	323.019	−7.526	0.341	35.185	0.000	8.161	0.000	−5.932	0.000
	P_{m0308}	355.396	−8.524	0.409	46.986	0.000	9.108	0.000	−6.855	0.000
H_{trpa}	P_{m0309}	388.437	−9.540	0.479	62.570	0.000	10.214	0.000	−7.910	0.000
	P_{m0310}	400.936	−9.860	0.471	60.624	0.000	9.977	0.000	−7.786	0.000
	P_{m0311}	388.555	−9.361	0.390	43.519	0.000	8.556	0.000	−6.597	0.000
	P_{m0312}	374.457	−8.862	0.335	34.322	0.000	7.699	0.000	−5.858	0.000
	P_{m0313}	366.186	−8.580	0.311	30.684	0.000	7.338	0.000	−5.539	0.000

6. Linear－**模型**　树高与 P_{m0305}、P_{m0306}、P_{m0307}、P_{m0308}、P_{m0309}、P_{m0310}、P_{m0311}、P_{m0312} 和 P_{m0313} 的变化趋势可用 Linear－模型表述。其模型截距 $a>0$，且 RPA＞对照；斜率 $b<0$，且 RPA＜对照；表明树高与其月均降水量有负相关的趋势，且 RPA 对其响应较强（表 6－26）。RPA 和对照的 Linear－模型 b 比值依次为 1.290、1.284、1.297、1.272、1.263、1.281、1.286、1.290 和 1.284；交点位于 46.8、45.8、42.3、42.1、41.6、40.7、41.4、42.0 和 42.6 mm/m，模型值为 2.3、0.4、4.6、−3.8、−7.1、−0.6、1.0、2.3 和 0.5 cm；其中，P_{m0305} 和 P_{m0306} 模型交点值大于其最大值，P_{m0307} 和 P_{m0308} 模型交点左侧有 12 组数据，其余模型交点左侧均有 11 组数据；其 RPA 模型值大于对照，但差距逐渐缩小，递减速率依次为 1.583、1.741、2.238、2.318、2.510、2.771、2.676、2.569 和 2.439 cm/mm/m。

第五节　四月降水对树高的均值效应

【内容提要】RPA 和对照油松高与当年 4 月降水量（P_{m04}）、近 2 年 4 月降水量（P_{m0401}）、近 3 年 4 月降水量（P_{m0402}）和近 5 年 4 月降水量（P_{m0404}）相关不显著（$p>0.05$），与近 4 年 4 月降水量（P_{m0403}）负相关显著（$p<0.05$），与与近 6 年 7 月平均降水量（P_{m0405}）～近 14 年 4 月平均降水量（P_{m0413}）负相关极显著（$p<0.01$）。与 3 月平均降水量相同，向后剔除法逐步回归优化模型中，也是 P_{m0413} 和 P_{m0410} 对油松树高作用最大，RPA 和对照的单位量变化系数为 5.645、4.819 和 6.614、5.703，对模型分别贡献 43.7%、35.7% 和 46.3%、38.4%。逐步回归优化模型中，油松对 P_{m0413}、P_{m0412} 和 P_{m0410} 响应较强，

RPA 和对照的单位量变化系数分分别为 15.791、9.664、5.285 和 15.971、10.753、6.955，对模型分别贡献 49.6%、28.1%、16.1%和 46.3%、28.1%、16.1%。Exponential－模型是树高与 $P_{m0402} \sim P_{m0413}$ 的最优模型。为单调递减函数，图形倾斜度与月均降水量统计年限和模型 R^2 也有一定的正相关关系；当地降水条件下，RPA 模型值大于对照，但差距有随其月均降水量增加缩小的趋势。RPA 和对照 P_{m0403}、$P_{m0405} \sim P_{m0409}$、P_{m0412} 和 P_{m0413} 的 Quadratic－模型有极大值。在当地气候条件下，油松高生长对各生长期 4 月平均降水量有一个最适范围，该范围可能就在其模型极大值出现点附近；同时也说明当地 4 月降水量可以满足油松高生长需求，甚至超出了油松高生长的最适范围。

【关 键 词】多效抗旱驱鼠剂，四月平均降水量，油松，树高，回归分析，模型拟合

一、树高与四月降水均值指标的向后剔除法逐步回归模型

对树高(H_t)与不同生长期 4 月降水均值指标(P_{m04})进行向后剔除法逐步回归模型分析，经过 4 次向后剔除法逐步回归，构建了对照油松 4 月降水量均值指标有效模型；而经过 3 次向后逐步回归，构成了 RPA 树高有效模型(表 6－27)。

1. **对照树高模型分析**　在控制其他因子影响下，对照树高与 P_{m0410}、P_{m0408}、P_{m0406}、P_{m0403} 和 P_{m0405} 负偏相关依次减弱，而与 P_{m0402}、P_{m0401}、P_{m0404} 和 P_{m0413} 正偏相关依次，且均极显著。各因子配合下，P_{m0413} 和 P_{m0410} 对油松树高作用极强，单位量变化系数达 6.614 和 5.703；其对模型起着主导作用，分别贡献 46.3% 和 38.4%。P_{m0408} 对油松树高也有一定作用，其单位量变化系数为 1.270，对模型贡献 7.7%。P_{m0406} 和 P_{m0404} 对油松作用相对较弱，单位量变化系数为 0.609 和 0.538；其对模型影响也相对较小，分别贡献 2.9% 和 2.7%。而 P_{m0401}、P_{m0405}、P_{m0402} 和 P_{m0403} 对树高作用极弱，单位量变化系数仅为 0.224、0.189、0.176 和 0.126；其对模型影响也很小，仅贡献 0.5%、0.6%、0.5% 和 0.3%。

2. **RPA 树高模型分析**　与对照相比，RPA 树高也与 P_{m0410}、P_{m0408}、P_{m0406}、P_{m0403} 和 P_{m0405} 负偏相关依次减弱，其中与前 4 个因子相关极显著，与 P_{m0405} 相关显著($r_{partial} = -0.320, p = 0.012$)；而与 P_{m0407}、P_{m0402}、P_{m0401}、P_{m0404} 和 P_{m0413} 正偏相关依次增强，其中与 P_{m0407} 相关显著($r_{partial} = 0.290, p = 0.023$)，与其余因子相关极显著。在各因子相互作用下，也是 P_{m0413} 和 P_{m0410} 对油松起着决定作用，其单位量变化系数为 5.645 和 4.819，对模型贡献 43.7% 和 35.7%；比对照略有降低。P_{m0408} 对油松树高作用也相对较强，单位量变化系数为 1.908，对模型贡献 10.3%；比对照模型增强。P_{m0404}、P_{m0406} 和 P_{m0407} 对树高作用相对较弱，单位量变化系数为 0.772、0.658 和 0.553，对模型分别贡献 3.9%、3.1% 和 1.2%；其中，P_{m0404} 和 P_{m0406} 的作用和影响比对照略有提高。而 P_{m0401}、P_{m0402}、P_{m0405} 和 P_{m0403} 也对树高作用极弱，单位量变化系数为 0.297、0.213、0.241 和 0.118，对模型分别贡献 0.7%、0.6%、0.5% 和 0.2%；与对照基本相同。

表 6－27 油松高与 4 月降水量均值指标逐步向后回归模型

Tab. 6－27 The backward stepwise regression model of average monthly precipitation in April and height of *Pinus tabulaeformi* (RPA)

处理 Treat	降水因子 P_{m04}	模型 Model Coefficients 非标准 Unstandard	标准 Standard	T－检验 (T－test) t	p	R^2	相关系数 Correlations r_0	$r_{partial}$	r_{part}	共线性统计量 Collinearity statistics 容差 Tolerance	方差膨胀因子 VIF
H_{rck}	常量	247.028	—	15.529	0.000	0.993 (F = 893.745, p = 0.000)	—	—	—	—	—
	P_{m0401}	1.676	0.224	12.235	0.000		0.092	0.845	0.136	0.369	2.711
	P_{m0402}	2.076	0.176	6.809	0.000		−0.116	0.660	0.076	0.184	5.444
	P_{m0403}	−1.780	−0.126	−4.860	0.000		−0.249	−0.532	−0.054	0.184	5.440
	P_{m0404}	8.195	0.538	14.181	0.000		−0.188	0.878	0.158	0.086	11.683
	P_{m0405}	−3.012	−0.189	−4.335	0.000		−0.352	−0.488	−0.048	0.065	15.462
	P_{m0406}	−10.471	−0.609	−8.646	0.000		−0.402	−0.745	−0.096	0.025	40.180
	P_{m0408}	−22.342	−1.270	−19.283	0.000		−0.383	−0.928	−0.214	0.028	35.137
	P_{m0410}	−103.042	−5.703	−58.872	0.000		−0.512	−0.991	−0.654	0.013	76.045
	P_{m0413}	124.814	6.614	38.911	0.000		−0.401	0.981	0.432	0.004	234.187
H_{rck}	常量	380.871	—	12.707	0.000	0.985 (F = 381.351, p = 0.000)	—	—	—	—	—
	P_{m0401}	2.861	0.297	8.867	0.000		0.139	0.756	0.142	0.230	4.342
	P_{m0402}	3.222	0.213	4.552	0.000		−0.068	0.510	0.073	0.118	8.468
	P_{m0403}	−2.147	−0.118	−2.759	0.008		−0.265	−0.338	−0.044	0.141	7.084
	P_{m0404}	15.121	0.772	9.394	0.000		−0.156	0.774	0.151	0.038	26.161
	P_{m0405}	−4.937	−0.241	−2.596	0.012		−0.311	−0.320	−0.042	0.030	33.436
	P_{m0406}	−14.553	−0.658	−6.114	0.000		−0.396	−0.623	−0.098	0.022	44.805
	P_{m0407}	12.582	0.553	2.326	0.023		−0.334	0.290	0.037	0.005	219.043
	P_{m0408}	−43.185	−1.908	−7.528	0.000		−0.379	−0.700	−0.121	0.004	248.685
	P_{m0410}	−112.037	−4.819	−20.173	0.000		−0.494	−0.935	−0.324	0.005	221.014
	P_{m0413}	137.040	5.645	19.292	0.000		−0.391	0.929	0.310	0.003	331.546

二、树高与四月降水均值指标的逐步回归模型

1. **对照树高模型分析** 从对照分析，在控制其他因子影响下，树高与 P_{m0410}、P_{m0407}、

P_{m0412}和P_{m04}负净相关依次减弱，而与P_{m0402}、P_{m0411}、P_{m0401}和P_{m0413}正净相关依次增强，且均极显著。各因子配合下，油松对P_{m0413}响应最强，单位量变化系数达15.971，其对模型影响也最大，贡献46.3%；与其向后剔除法模型对模型影响相同。其次是P_{m0412}和P_{m0410}，单位量变化系数为10.753和6.955，对模型贡献25.5%和19.8%；与向后剔除法模型比较，P_{m0410}对油松作用明显增强，而对模型影响显著降低。油松对P_{m0411}和P_{m0407}响应也相对较强，单位量变化系数为2.667和1.598，其对模型分别贡献3.8%和4.4%。而油松对P_{m0401}、P_{m0402}和P_{m04}响应极弱，单位量变化系数仅为0.133、0.128和0.045；其对模型仅贡献0.1%、0.1%和0.01%（表6－28）。

2. **RPA树高模型分析**　与对照相比，RPA树高也与P_{m0410}、P_{m0407}和P_{m0412}负净相关依次减弱，而与P_{m0406}、P_{m0402}和P_{m0413}正净相关依次增强，且均极显著。各因子配合下，油松也对P_{m0413}、P_{m0412}和P_{m0410}响应较强，其单位量变化系数达15.791、9.664和5.285，对模型分别贡献49.6%、28.1%和16.1%；其中，P_{m0413}和P_{m0412}对模型影响比对照油松提高，而P_{m0410}影响油松降低。P_{m0407}的单位量变化系数为1.918，对模型贡献5.3%；比对照略有增强。而油松对P_{m0406}和P_{m0402}响应很弱，单位量变化系数仅为0.355和0.288；其对模型影响也较小，均贡献0.4%（表6－28）。

表6－28　油松高与4月降水量均值指标逐步回归模型

Tab. 6－28 The stepwise regression model of average monthly precipitation in April and height of *Pinus tabulaeformi*

处理 Treat	降水因子 P_{m04}	模型 Model Coefficients 非标准 Unstandard	标准 Standard	T－检验 (T－test) t	p	R^2	相关系数 Correlations r_0	$r_{partial}$	r_{part}	共线性统计量 Collinearity statistics 容差 Tolerance	方差膨胀因子 VIF
H_{rck}	常量	196.949	—	12.335	0.000	0.991 (F＝795.745，p＝0.000)	—	—	—	—	—
	P_{m0410}	－125.664	－6.955	－26.390	0.000		－0.512	－0.959	－0.329	0.002	446.338
	P_{m0413}	301.365	15.971	19.449	0.000		－0.401	0.928	0.243	0.000	4333.925
	P_{m0412}	－202.217	－10.753	－9.250	0.000		－0.427	－0.764	－0.115	0.000	8685.933
	P_{m0407}	－28.257	－1.598	－21.887	0.000		－0.340	－0.942	－0.273	0.029	34.265
	P_{m0402}	1.509	0.128	3.978	0.000		－0.116	0.454	0.050	0.150	6.682
	P_{m0401}	0.995	0.133	5.237	0.000		0.092	0.557	0.065	0.242	4.134
	P_{m0411}	49.390	2.667	4.058	0.000		－0.483	0.461	0.051	0.000	2775.831
	P_{m04}	－0.200	－0.045	－2.689	0.009		0.162	－0.326	－0.034	0.554	1.807

续表 6－28

处理 Treat	降水因子 P_{m04}	模型 Model Coefficients 非标准 Unstandard	标准 Standard	T－检验（T－test） t	p	R^2	相关系数 Correlations r_0	$r_{partial}$	r_{part}	共线性统计量 Collinearity statistics 容差 Tolerance	方差膨胀因子 VIF
H_{trpa}	常量	299.058	—	9.500	0.000	0.975（F = 408.766，p = 0.000）	—	—	—	—	—
	P_{m0410}	－122.855	－5.285	－30.564	0.000		－0.494	－0.968	－0.609	0.013	75.207
	P_{m0413}	383.375	15.791	23.406	0.000		－0.391	0.947	0.467	0.001	1145.023
	P_{m0412}	－233.824	－9.664	－14.796	0.000		－0.420	－0.881	－0.295	0.001	1073.305
	P_{m0407}	－43.633	－1.918	－16.535	0.000		－0.334	－0.902	－0.330	0.030	33.851
	P_{m0402}	4.364	0.288	6.790	0.000		－0.068	0.650	0.135	0.221	4.534
	P_{m0406}	7.853	0.355	3.586	0.001		－0.396	0.412	0.071	0.041	24.638

三、树高与四月降水均值指标的相关性

与 3 月降水量相同，树高与当年 4 月降水量（P_{m04}）也呈一定正相关（r_0 = 0.167、0.162，p = 0.084、0.090），与 P_{m0401} 相关度极低（r_0 = 0.139、0.092，p = 0.126、0.224）。RPA 与 P_{m0410}、P_{m0411}、P_{m0412}、P_{m0409}、P_{m0406}、P_{m0413}、P_{m0408}、P_{m0407}、P_{m0405}、P_{m0403}、P_{m0404} 和 P_{m0402} 负相关依次减弱，其中与前 8 个因子相关极显著，与 P_{m0403} 相关显著（r_0 = －0.265，p = 0.013），与 P_{m0404} 和 P_{m0402} 相关不显著（r_0 = －0.156、0.068，p = 0.098、0.287）；而对照与 P_{m0410}、P_{m0411}、P_{m0412}、P_{m0409}、P_{m0406}、P_{m0413}、P_{m0408}、P_{m0405}、P_{m0407}、P_{m0403}、P_{m0404} 和 P_{m0402} 负相关依次减弱，其中与前 8 个因子相关极显著，与 P_{m0403} 相关显著（r_0 = －0.249，p = 0.019），与 P_{m0404} 和 P_{m0402} 相关也不显著（r_0 = －0.188、－0.116，p = 0.060、0.170）。

四、树高与四月降水均值指标的模型拟合

树高与 P_{m0402}、P_{m0403} 和 P_{m0404} 具有 Exponential－模型特征，其中，P_{m0403} 的 Quadratic－模型相关性也较好；而与 P_{m0405} ~ P_{m0413} 的 Linear－模型、Quadratic－模型和 Exponential－模型相关度较高。

1. Exponential－**模型**　该模型是树高与 P_{m0402} ~ P_{m0413} 的最优模型。RPA 和对照的 P_{m0402} ~ P_{m0404} 模型决定系数 R^2 相对较小，线性关系比较松散；而其 P_{m0410} 模型 R^2 最大，分别达 0.550 和 0.572，线性关系极为紧密。底数项系数 $a > 0$，且 RPA > 对照，其与各生长期月均降水量统计年限和其模型 R^2 呈明显的正相关；指数项系数 $b < 0$，除 P_{m0402} 模型外，其余模型 RPA ≤ 对照，其值与各生长期月均降水量统计年限和其模型 R^2 呈明显的负相关。模型为单调递减函数，图形倾斜度与月均降水量统计年限和其模型 R^2 也有一定的正

相关关系；且 RPA 模型倾斜度略大于对照（表 6－29）。

表 6－29　油松高与 4 月降水量均值指标指数模型

Tab. 6－29 The exponential－model of average monthly precipitation in April and height of *Pinus tabulaeformi*

处理 Treat	降水因子 P_{m03}	模型系数 Model Coefficients 常数项 a	指数项 b	R^2	F－检验 (F－test) F	p	T－检验 (T－test) t_0	p	t_1	p
H_{trpa}	P_{m0402}	697.902	－0.047	0.098	7.411	0.008	1.139	0.259	－2.722	0.008
	P_{m0403}	6757.163	－0.092	0.260	23.943	0.000	1.048	0.299	－4.893	0.000
	P_{m0404}	8372.439	－0.095	0.241	21.556	0.000	0.951	0.345	－4.643	0.000
	P_{m0405}	33615.983	－0.123	0.367	39.368	0.000	1.000	0.321	－6.274	0.000
	P_{m0406}	137597.268	－0.150	0.470	60.387	0.000	1.011	0.316	－7.771	0.000
	P_{m0407}	129986.712	－0.148	0.433	51.964	0.000	0.945	0.348	－7.209	0.000
	P_{m0408}	160992.327	－0.152	0.462	58.463	0.000	0.975	0.333	－7.646	0.000
	P_{m0409}	188675.521	－0.155	0.477	61.980	0.000	0.984	0.312	－7.873	0.000
	P_{m0410}	407240.068	－0.171	0.550	82.989	0.000	1.038	0.303	－9.110	0.000
	P_{m0411}	430980.459	－0.171	0.527	75.685	0.000	0.985	0.328	－8.700	0.000
	P_{m0412}	340690.991	－0.166	0.481	63.024	0.000	0.924	0.359	－7.939	0.000
	P_{m0413}	287166.392	－0.163	0.458	57.382	0.000	0.900	0.371	－7.575	0.000
H_{trpa}	P_{m0402}	646.912	－0.050	0.116	8.895	0.004	1.169	0.247	－2.982	0.004
	P_{m0403}	5179.820	－0.091	0.265	24.566	0.000	1.068	0.289	－4.956	0.000
	P_{m0404}	7193.318	－0.097	0.257	23.547	0.000	0.977	0.332	－4.853	0.000
	P_{m0405}	30546.613	－0.125	0.396	44.543	0.000	1.040	0.302	－6.674	0.000
	P_{m0406}	111043.850	－0.151	0.498	64.909	0.000	1.045	0.300	－8.057	0.000
	P_{m0407}	99703.038	－0.148	0.444	54.256	0.000	0.969	0.336	－7.366	0.000
	P_{m0408}	122929.910	－0.152	0.473	61.078	0.000	1.001	0.321	－7.815	0.000
	P_{m0409}	153668.095	－0.156	0.496	66.959	0.000	1.019	0.312	－8.185	0.000
	P_{m0410}	332518.352	－0.171	0.572	90.817	0.000	1.082	0.283	－9.530	0.000
	P_{m0411}	342413.249	－0.171	0.545	81.318	0.000	1.021	0.311	－9.018	0.000
	P_{m0412}	269533.856	－0.166	0.497	67.146	0.000	0.954	0.344	－8.194	0.000
	P_{m0413}	229616.305	－0.163	0.474	61.258	0.000	0.928	0.357	－7.827	0.000

在各生长期 4 月平均降水量范围内，RPA 和对照模型的最大差距依次为 19.9 cm、35.5 cm、32.6 cm、33.4 cm、44.2 cm、33.9 cm，35.7 cm、35.7 cm、29.6 cm、27.9 cm 和 27.6 cm，最小差距分别为 8.9 cm、4.4 cm、2.4 cm、4.9 cm、3.7 cm、2.5 cm、2.5 cm、2.4 cm、2.5 cm、2.0 cm、2.2 cm 和 2.3 cm。表明在当地降水条件下，RPA 模型值大于对照，但差距有随其月均降水量增加缩小的趋势。

2. Quadratic－模型　P_{m0403} 和 $P_{m0405} \sim P_{m0413}$ 的 Quadratic－模型反映了树高对各生长期 4 月降水量均值的反应差异（表 6－30）。

（1）P_{m0403} 和 $P_{m0405} \sim P_{m0408}$ 模型　RPA 和对照的 P_{m0403} 和 $P_{m0405} \sim P_{m0408}$ 模型的 $a<0$，且 RPA＜对照；$b>0$，且 RPA＞对照；$c<0$，且 RPA＜对照；模型有极大值。极值点左侧，树高与其月均降水量有呈正相关的趋势，但增幅以其 $2b$ 其月均降水量递减；极值点右侧，树高与其月均降水量有呈负相关的趋势，且降幅以同样的速率递减。其 P_{m0403} 模型的极大值为 159.1 cm 和 126.1 cm，极值点分别位于 48.8 mm/m 和 49.2 mm/m 附近，其左侧均有 7 组数据，右侧均有 6 组数据。两模型交点位于 18.6 mm/m 和 63.5 mm/m 附近，超出了研究期 P_{m0403} 取值范围{40.4,62.5}。表明在当地降水条件下，RPA 树高大于对照，最大差异出现在 46.1 mm/m 附近，模型最大差距为 33.9 cm；最大差距点左侧，树高差异与 P_{m0403} 有呈正相关的趋势，但差距增幅以 0.224P_{m0403} 速率递减，发生频度 0.357；其右侧，树高差异随 P_{m0403} 增加有缩小的趋势，且差距降幅以 0.224P_{m0403} 速率递增，发生频度 0.643。其 P_{m0405} 模型极大值为 152.3 cm 和 117.9 cm，出现在 49.1 mm/m 和 46.8 mm/m 附近，其左侧分别有 8 组和 3 组数据，右侧有 6 组和 11 组数据。两模型交点在 41.3 mm/m 和 62.5 mm/m附近；在 P_{m0405} 取值范围内{42.9,62.5}，交点区间包含 14 组数据，其左侧有 1 组数据。交点区间，RPA 模型值大于对照，最大差距为 39.6 cm，发生在 52.0 mm/m 附近，其左侧交点区间内包含 8 组数据，右侧有 5 组数据。最大差距点左侧，RPA 和对照油松高差异随 P_{m0404} 增加有增强的趋势，差距增幅递减速率为 0.639P_{m0405}，发生频度 0.571；其右侧，树高差异随 P_{m0405} 增加有减弱的趋势，差距降幅以 0.639P_{m0405} 速率递减，发生频度 0.357。

其 P_{m0406} 模型极大值出现在 48.7 mm/m 和 48.1 mm/m 附近，模型值为 151.3 cm 和 117.6 cm，左侧分别有 7 组和 4 组数据。两模型交点在 34.3 mm/m 和 62.0 mm/m 附近，超出了 P_{m0406} 取值范围{43.1,62.5}；在当地降水条件下，RPA 树高大于对照，最大差异发生在 50.2 mm/m 时，模型差距为 34.4 cm；最大差距点左侧，树高差异与 P_{m0406} 有正相关趋势，右侧有负相关趋势，差距变幅速率为 0.492P_{m0406}，发生频度分别 0.714 和 286。其 P_{m0407} 模型极大值为 155.4 cm 和 121.1 cm，发生在 51.0 mm/m 和 50.9 mm/m 附近，左侧均有 9 组数据。两模型在 39.6 mm/m 和 62.6 mm/m 附近相交，交点也分布在 P_{m0407} 取值范围外{45.2,62.5}；最大差距为 34.3 cm，出现在 51.1 mm/m 附近，其左侧也有 9 组数据，差距变幅增减速率为 0.519P_{m0407}。其 P_{m0408} 模型极大值为 150.1 cm 和 117.2 cm，均出现在 46.8 mm/m 附近，其左侧均有 5 组数据。模型交点在 30.9 mm/m 和 62.9 mm/m 附近，也超出了 P_{m0408} 取值范围{45.1,62.5}；两模型最大差距出现在 46.9 mm/m 附近，模型

值为32.9 cm,其左侧只有2组数据,右侧有12组数据,差距变幅增减速率为0.256P_{m0408}。上述分析表明,在当地气候条件下,油松高生长对各生长期4月平均降水量有一个最适范围,该范围可能就在其模型极大值出现点附近。同时也说明当地4月降水量可以满足油松高生长需求,甚至超出了油松高生长的最适范围。

表6-30 油松高与4月降水量均值指标抛物线模型

Tab.6-30 The quadratic-model of average monthly precipitation in April and height of *Pinus tabulaeformi*

处理 Treat	降水因子 P_{m03}	模型系数 Model Coefficients			R^2	F-检验 (F-test)		T-检验 (T-test)					
		a	b	c		F	p	t_0	p	t_1	p	t_2	p
H_{trpa}	P_{m0403}	-1701.814	76.339	-0.783	0.157	6.242	0.003	-2.148	0.035	2.469	0.016	-2.631	0.011
	P_{m0405}	-1756.468	77.791	-0.793	0.147	5.795	0.005	-1.582	0.118	1.841	0.070	-1.994	0.050
	P_{m0406}	-1849.076	82.135	-0.843	0.199	8.348	0.001	-1.436	0.156	1.702	0.093	-1.886	0.064
	P_{m0407}	-2873.688	118.890	-1.167	0.172	6.954	0.002	-1.866	0.066	2.071	0.042	-2.205	0.031
	P_{m0408}	-1140.456	55.136	-0.589	0.161	6.436	0.003	-0.786	0.435	1.017	0.313	-1.177	0.243
	P_{m0409}	-334.875	25.470	-0.320	0.168	6.762	0.002	-0.216	0.830	0.440	0.661	-0.600	0.551
	P_{m0410}	2787.325	-88.659	0.707	0.259	11.681	0.000	1.525	0.132	-1.308	0.195	1.140	0.258
	P_{m0411}	1811.984	-52.346	0.374	0.228	9.882	0.000	0.853	0.397	-0.668	0.507	0.524	0.602
	P_{m0412}	-1745.590	77.999	-0.803	0.191	7.919	0.001	-0.806	0.423	0.978	0.332	-1.105	0.273
	P_{m0413}	-3140.041	128.830	-1.260	0.191	7.919	0.001	-1.486	0.142	1.655	0.103	-1.778	0.080
H_{trpa}	P_{m0403}	-1498.568	66.041	-0.671	0.168	6.768	0.002	-2.450	0.017	2.767	0.007	-2.921	0.005
	P_{m0405}	-860.071	41.778	-0.446	0.150	5.935	0.004	-0.998	0.322	1.274	0.207	-1.447	0.153
	P_{m0406}	-1264.730	57.462	-0.597	0.197	8.233	0.001	-1.262	0.221	1.530	0.131	-1.716	0.091
	P_{m0407}	-2228.960	92.334	-0.907	0.176	7.138	0.002	-1.866	0.066	2.074	0.042	-2.211	0.030
	P_{m0408}	-891.816	43.131	-0.461	0.164	6.593	0.002	-0.792	0.431	1.026	0.309	-1.188	0.239
	P_{m0409}	180.754	3.634	-0.10.3	0.180	7.365	0.001	0.151	0.880	0.081	0.935	-0.249	0.504
	P_{m0410}	2922.149	-96.677	0.801	0.293	13.851	0.000	2.106	0.039	-1.879	0.065	1.701	0.094
	P_{m0411}	1851.809	-56.911	0.437	0.241	10.615	0.000	1.131	0.262	-0.942	0.350	0.794	0.430
	P_{m0412}	-1032.531	48.803	-0.518	0.193	8.007	0.001	-0.614	0.541	0.788	0.434	-0.918	0.162
	P_{m0413}	-2024.531	84.975	-0.843	0.189	7.828	0.001	-1.231	0.223	1.403	0.165	-1.529	0.131

备注:remark: a-常数项(constant),b-一次项系数(an item coefficient),c-二次项系数(quadratic term coefficient)。

(2)P_{m0409}模型 RPA 树高 P_{m0409}的 Quadratic－模型的 $a<0,b>0,c<0$;其对照模型 $a>0,b>0,c<0$;极大值分别为 172.4 cm 和 212.9 cm,出现在39.8 mm/m和 17.7 mm/m附近,均分布在 P_{m0409} 取值下限外{45.0,62.5}。两模型交点位于 37.9 mm/m 和 62.6 mm/m附近,也超出了 P_{m0409} 取值范围{45.0,62.5};最大差距33.3 cm,发生在 50.3 mm/m附近,其左侧有 8 组数据,差距变幅速率为 0.434P_{m0409}。

(3)P_{m0410}和 P_{m0411}模型 RPA 和对照 P_{m0410}和 P_{m0411}的 Quadratic－模型决定系数相对较大,线性关系比较紧密,其 $a>0$,且 RPA＜对照;$b<0$,且 RPA＞对照;$c>0$,且 RPA＜对照;模型有极小值。其$_{m0410}$极小值为 8.0 cm 和 5.1 cm,出现在 62.9 mm/m 和 60.3 mm/m附近;其左侧,RPA 有 14 组数据,对照有 12 组数据,树高与其月均降水量有负相关的趋势,但降幅以 1.414P_{m0410}和 1.605P_{m0410}递减,发生频度 1.000 和 0.857。两模型交点位于 23.0 mm/m 和 62.3 mm/m 附近,交点区间包含 12 组数据,右侧分布 2 组数据。交点区间,RPA 模型值大于对照,模型最大差距为 36.3 cm,出现在 36.2 mm/m 附近,位于 P_{m0410}取值下限外{46.6,62.5}。表明在当地降水条件下,RPA 和对照树高差异与 P_{m0410}有呈负相关的趋势,但差距降幅以 0.198P_{m0410} 递减,发生频度 0.857。其 P_{m0411} 极小值为 －17.5 cm和 0.9 cm,发生在 69.9 mm/m 和 65.0 mm/m 附近,均超出了取值上限{47.3,62.5}。模型交点位于 10.1 mm/m 和 62.3 mm/m 附近,交点区间也包含 12 组数据,右侧也有 2 组数据;模型最大差距为 42.8 cm,发生在 36.2 mm/m 附近,也在 P_{m0411}取值下限外。树高差异变化与 P_{m0410}模型相同,但差距降幅递减速率为 0.126P_{m0411}。

(4)P_{m0412}和 P_{m0413}模型 模型 $a<0$,且 RPA＜对照;$b>0$,且 RPA＞对照;$c<0$,且 RPA＜对照;模型有极大值。P_{m0412}模型极大值为 148.9 cm 和 117.8 cm,分别出现在 48.6 mm/m和 47.1 mm/m 附近;极值点左侧,RPA 有 3 组数据,右侧有 11 组数据;对照极值点在 P_{m0412}下限外{47.3,62.5}。模型交点在 40.2 mm/m 和 62.1 mm/m 附近;交点区间包含 12 组数据,右侧有 2 组数据。模型最大差距 34.1 cm,出现在 51.2 mm/m 附近;最大差距点左侧有 10 组数据,右侧交点区间有 2 组数据;差距变幅增减速率为 0.570P_{m0412}。其 P_{m0413}模型极大值为 153.8 cm 和 117.9 cm,出现在 51.1 mm/m 和 50.4 mm/m 附近;极值点左侧分别有 9 组和 8 组数据。交点位于 43.1 mm/m 和 62.1 mm/m 附近,包含 12 组数据,其右侧也分布 2 组数据。最大差距 37.9 cm,出现在 52.6 mm/m 附近;与 P_{m0412}一样,最大差距点左侧有 10 组数据,右侧交点区间有 2 组数据;差距变幅增减速率为 0.834P_{m0413}。

3. Linear－**模型** 树高与 P_{m0405}～P_{m0413}的 Linear－模型反映了两者的变化趋势(表 6－31)。模型截距 $a>0$,且 RPA＞对照,其值与月均降水量统计年限和模型决定系数 R^2呈相关性;斜率 $b<0$,且 RPA＜对照,其值与月均降水量统计年限和模型决定系数 R^2呈负相关。表明树高与各生长量 4 月平均降水量有负相关的趋势,模型倾斜度也有随月均降水量统计年限和模型决定系数 R^2增强的趋势,且 RPA 模型倾斜度略大于对照。

表 6－31　油松高与 4 月降水量均值指标直线模型

Tab. 6－31 The linear－model of average monthly precipitation in April and height of *Pinus tabulaeformi*

处理 Treat	降水因子 P_{m04}	模型系数 Model Coefficients		R^2	F－检验 (F－test)		T－检验 (T－test)			
		常数项 a	函数项 b		F	p	t_0	p	t_1	p
	P_{m0405}	445.376	－6.370	0.097	7.293	0.009	3.691	0.000	－2.701	0.009
	P_{m0406}	567.765	－8.769	0.157	12.664	0.001	4.503	0.000	－3.559	0.001
	P_{m0407}	511.023	－7.606	0.112	8.559	0.005	3.819	0.000	－2.926	0.005
	P_{m0408}	561.183	－8.585	0.114	11.422	0.001	4.292	0.000	－3.380	0.001
H_{trpa}	P_{m0409}	592.557	－9.192	0.163	13.290	0.004	4.563	0.000	－3.646	0.001
	P_{m0410}	709.339	－11.487	0.244	21.966	0.000	5.628	0.000	－4.687	0.000
	P_{m0411}	701.197	－11.293	0.225	19.700	0.000	5.344	0.000	－4.438	0.000
	P_{m0412}	644.774	－10.163	0.178	14.569	0.000	4.683	0.000	－3.817	0.000
	P_{m0413}	611.092	－9.496	0.153	12.284	0.001	4.356	0.000	－3.505	0.001
	P_{m0405}	379.453	－5.600	0.124	9.621	0.003	4.108	0.000	－3.102	0.003
	P_{m0406}	447.059	－6.923	0.162	13.146	0.001	4.576	0.000	－3.626	0.001
	P_{m0407}	402.471	－6.010	0.116	8.881	0.004	3.878	0.000	－2.980	0.004
	P_{m0408}	440.044	－6.743	0.147	11.705	0.001	4.338	0.000	－3.421	0.001
H_{trpa}	P_{m0409}	478.221	－7.485	0.179	14.872	0.000	4.785	0.000	－3.856	0.000
	P_{m0410}	567.986	－9.248	0.262	24.138	0.000	5.868	0.000	－4.913	0.000
	P_{m0411}	554.078	－8.949	0.233	20.713	0.000	5.464	0.000	－4.551	0.000
	P_{m0412}	508.637	－8.039	0.183	15.206	0.000	4.771	0.000	－3.899	0.000
	P_{m0413}	485.218	－7.574	0.161	13.061	0.001	4.471	0.000	－3.614	0.001

第六节　五月降水对树高的均值效应

【内容提要】与 3 月和 4 月不同，树高除与当年 5 月降水量（P_{m05}）正相关不显著外，与其余各生长期 5 月平均降水量正相关均极显著（$p<0.01$）。向后剔除法逐步回归优化模型中，P_{m0513} 对油松树高作用最大，RPA 和对照的单位量变化系数为 16.447 和 15.921，对模型分别贡献 50.5% 和 50.0%；其次也是 P_{m0512} 和 P_{m0510}，单位量变化系数为 6.958、4.3336和 5.642、4.399，对模型分别贡献 20.5%、12.7% 和 16.8%、13.4%。逐步回归优化模型中，也是 P_{m0413} 对油松树高作用最大，单位量变化系数为 14.041 和 14.371，对模型分别贡献 55.1%% 和 63.3%%；其次是 P_{m0512}、P_{m0510} 和 P_{m0511}，单位量变化系数为 4.247、2.793、2.236 和 3.818、3.425、2.741，对模型贡献 15.3%、9.6%、6.6% 和 13.3%、11.9%、

9.0%。RPA 和对照 $P_{m0502} \sim P_{m0513}$ 的 Exponential－模型线性关系比较紧密，模型为单调增函数。$P_{m0503} \sim P_{m0513}$ 的 Quadratic－模型有极小值，极值接近或小于当地5月平均降水的最小量，树高与 $P_{m0503} \sim P_{m0513}$ 成正比。表明各生长期5月降水量对树高具有明显的促进作用，也可以说当地5月降水量不能完全满足油松高生长的需求。Linear－模型截距 $a<0$，且 RPA＜对照；斜率 $b>0$，且 RPA＞对照；其 a、b 的绝对值均与月均降水量统计年限和模型决定系数 R^2 有一定的正相关性。证明在当地降水条件下，RPA 模型值大于对照，差距与其月均降水量有正相关的趋势。

【关 键 词】多效抗旱驱鼠剂，五月平均降水量，油松，树高，回归分析，模型拟合

一、树高与五月降水均值指标的向后剔除法逐步回归模型

树高（H_t）与不同生长期5月降水均值指标（P_{m05}）进行向后剔除法逐步回归模型分析，经过2次向后剔除法逐步回归，构建了对照油松5月降水量均值指标有效模型；而经过3次向后逐步回归，构成了 RPA 树高有效模型（表6－32）。

表6－32　油松高与5月降水量均值指标逐步向后回归模型

Tab. 6－32 The backward stepwise regression model of average monthly precipitation in May and height of *Pinus tabulaeformi*

处理 Treat	降水因子 P_{m05}	模型 Model Coefficients 非标准 Unstandard	标准 Standard	T－检验 (T－test) t	p	R^2	相关系数 Correlations r_0	$r_{partial}$	r_{part}	共线性统计量 Collinearity statistics 容差 Tolerance	方差膨胀因子 VIF
	常量	24.856	—	5.669	0.000		—	—	—	—	—
	P_{m05}	0.605	0.174	7.573	0.000		0.174	0.711	0.050	0.083	11.993
	P_{m0501}	0.836	0.191	9.146	0.000		0.297	0.774	0.061	0.102	9.815
	P_{m0502}	1.969	0.372	10.123	0.000		0.356	0.804	0.067	0.033	30.544
	P_{m0503}	3.787	0.691	15.158	0.000		0.486	0.897	0.101	0.021	47.005
	P_{m0504}	1.142	0.210	4.418	0.000		0.510	0.508	0.029	0.020	51.125
H_{rck}	P_{m0505}	4.543	0.807	13.886	0.000	0.998 (F＝1734.849, p＝0.000)	0.481	0.880	0.092	0.013	76.388
	P_{m0506}	6.789	1.169	17.638	0.000		0.480	0.921	0.117	0.010	99.355
	P_{m0507}	14.219	2.431	23.753	0.000		0.492	0.954	0.158	0.004	236.804
	P_{m0508}	－4.366	－0.747	－4.897	0.000		0.489	－0.548	－0.033	0.002	526.443
	P_{m0510}	26.444	4.399	38.160	0.000		0.481	0.981	0.254	0.003	300.422
	P_{m0511}	7.439	1.236	6.812	0.000		0.490	0.673	0.045	0.001	744.423
	P_{m0512}	34.270	5.642	24.417	0.000		0.467	0.956	0.162	0.001	1207.078
	P_{m0513}	－98.194	－15.921	－73.864	0.000		0.427	－0.995	－0.491	0.001	1050.435

续表 6-32

处理 Treat	降水因子 P_{m05}	模型 Model Coefficients 非标准 Unstandard	标准 Standard	T-检验 (T-test) t	p	R^2	相关系数 Correlations r_0	$r_{partial}$	r_{part}	共线性统计量 Collinearity statistics 容差 Tolerance	方差膨胀因子 VIF
H_{trpa}	常量	38.519	—	3.924	0.000	0.992 (F= 581.362, p= 0.000)	—	—	—	—	—
	P_{m05}	0.948	0.212	8.096	0.000		0.180	0.731	0.097	0.207	4.840
	P_{m0501}	1.291	0.229	6.126	0.000		0.343	0.630	0.073	0.102	9.804
	P_{m0502}	2.946	0.433	7.527	0.000		0.364	0.706	0.090	0.043	23.247
	P_{m0503}	5.470	0.776	12.222	0.000		0.477	0.851	0.146	0.035	28.348
	P_{m0504}	1.353	0.193	2.274	0.027		0.519	0.288	0.027	0.020	50.893
	P_{m0505}	6.963	0.961	10.865	0.000		0.493	0.821	0.130	0.018	55.067
	P_{m0506}	9.133	1.223	10.402	0.000		0.483	0.809	0.124	0.010	97.165
	P_{m0507}	18.380	2.442	17.532	0.000		0.491	0.918	0.209	0.007	136.488
	P_{m0508}	-4.734	-0.630	-3.079	0.003		0.500	-0.378	-0.037	0.003	294.169
	P_{m0510}	33.535	4.336	27.701	0.000		0.480	0.965	0.330	0.006	172.298
	P_{m0512}	54.375	6.958	26.843	0.000		0.476	0.963	0.320	0.002	472.540
	P_{m0513}	-130.504	-16.447	-53.683	0.000		0.431	-0.990	-0.640	0.002	660.157

1. **对照树高模型分析** 在不考虑其他因素作用下，油松高是各生长期 5 月平均降水量综合作用的结果。从对照分析，排除其他因子干扰，树高与 P_{m0513} 和 P_{m0508} 负偏相关极显著；而与 P_{m0504}、P_{m0511}、P_{m05}、P_{m0501}、P_{m0502}、P_{m0505}、P_{m0503}、P_{m0506}、P_{m0507}、P_{m0512} 和 P_{m0510} 正偏相关极显著，且依次增强。各因子配合下，P_{m0513} 对树高作用最强，单位量变化系数达 15.921，对模型贡献 50.0%。其次是 P_{m0512} 和 P_{m0510}，单位量变化系数为 5.642 和 4.399，对模型分别贡献 16.8% 和 13.4%。P_{m0507}、P_{m0506}、P_{m0511}、P_{m0505}、P_{m0508} 和 P_{m0503} 对树高也有一定作用，单位量变化系数依次为 2.431、1.169、1.236、0.807、0.747 和 0.691，对模型分别贡献 7.1%、3.3%、2.6%、2.1%、1.2% 和 1.8%。而 P_{m0502}、P_{m0504}、P_{m0501} 和 P_{m05} 对树高作用很弱，单位量变化系数仅为 0.372、0.210、0.191 和 0.174；其对模型影响也很小，分别贡献 0.9%、0.3%、0.4% 和 0.2%。

2. RPA **树高模型分析** 与对照相比，在控制其他因子影响下，树高也与 P_{m0513} 和 P_{m0508} 负偏相关极显著；而与 P_{m0504}、P_{m0501}、P_{m0502}、P_{m05}、P_{m0506}、P_{m0505}、P_{m0503}、P_{m0507}、P_{m0512} 和 P_{m0510} 正偏相关依次增强，其中与 P_{m0504} 相关显著（$r_{partial}=0.288, p=0.027$），与其余因子相关极显著。各因子相互作用下，也是 P_{m0513} 对树高作用最强，单位量变化系数达 16.447，对模型贡献 50.5%；比对照略有增强。其次也是 P_{m0512} 和 P_{m0510}，单位量变化系数为 6.958 和 4.3336，对模型分别贡献 20.5% 和 12.7%；其中前者比对照模型增强，而后者有所减弱。P_{m0507}、P_{m0506}、P_{m0505} 和 P_{m0503} 对油松高也有一定作用，单位量变化系数为 2.442、

1.223、0.961 和 0.776，对模型分别贡献 6.7%、3.0%、2.3%、1.9%；与对照相比，除 P_{m0503} 外作用和影响略有降低。而 P_{m0508}、P_{m0502}、P_{m0501}、P_{m05} 和 P_{m0504} 对树高作用很弱，单位量变化系数仅为 0.630、0.433、0.229、0.212 和 0.193；其对模型影响也很小，仅贡献 0.7%、0.9%、0.3%、0.3% 和 0.2%；其中，P_{m0508} 的作用和影响比对照明显减弱。

二、树高与五月降水均值指标的逐步回归模型

对照油松高的优化模型与其向后剔除法逐步回归有效模型完全相同；同时，用 P_{m0509} 因子代替其优化模型中的 P_{m05} 因子也能较好诠释各生长期 5 月平均降水量对其油松高的影响。而在组成的 13 组 RPA 油松高有效模型中，P_{m0504}、P_{m0513}、P_{m0511}、P_{m0509}、P_{m0512}、P_{m0507}、P_{m0510}、P_{m0508}、P_{m0505}、P_{m0506} 和 P_{m0503} 组成了其优化模型（表 6－33）。

表 6－33 油松高与 5 月降水量均值指标逐步回归模型

Tab. 6－33 The stepwise regression model of average monthly precipitation in May and height of *Pinus tabulaeformi*

处理 Treat	降水因子 P_{m05}	模型 Model Coefficients 非标准 Unstandard	标准 Standard	T－检验 (T－test) t	p	R^2	相关系数 Correlations r_0	$r_{partial}$	r_{part}	共线性统计量 Collinearity statistics 容差 Tolerance	方差膨胀因子 VIF
H_{rck}	常量	9.062	—	1.613	0.112	0.996 (F = 1145.756, p = 0.000)	—	—	—	—	—
	P_{m0504}	1.453	0.267	4.662	0.000		0.510	0.529	0.038	0.020	51.125
	P_{m0513}	－88.629	－14.371	－79.829	0.000		0.427	－0.996	－0.653	0.001	1050.435
	P_{m0511}	16.505	2.742	15.693	0.000		0.490	0.903	0.128	0.001	744.423
	P_{m0509}	3.776	0.636	4.354	0.000		0.473	0.503	0.036	0.010	99.355
	P_{m0506}	5.116	0.881	9.959	0.000		0.480	0.799	0.081	0.003	300.422
	P_{m0510}	20.591	3.425	23.374	0.000		0.481	0.952	0.191	0.001	1207.078
	P_{m0512}	23.193	3.818	21.494	0.000		0.467	0.944	0.176	0.004	236.804
	P_{m0507}	10.323	1.765	16.231	0.000		0.492	0.908	0.133	0.002	526.443
	P_{m0508}	1.857	0.318	2.469	0.017		0.489	0.313	0.020	0.013	76.388
	P_{m0505}	2.751	0.489	7.764	0.000		0.481	0.720	0.063	0.021	47.005
	P_{m0503}	1.840	0.336	5.559	0.000		0.486	0.596	0.045	0.033	30.544
	P_{m0502}	0.691	0.131	3.483	0.001		0.356	0.422	0.028	0.102	9.815
	P_{m0501}	0.473	0.108	3.145	0.003		0.297	0.387	0.026	0.083	11.993

续表 6－33

处理 Treat	降水因子 P_{m05}	模型 Model Coefficients		T－检验 (T－test)		R^2	相关系数 Correlations			共线性统计量 Collinearity statistics	
		非标准 Unstandard	标准 Standard	t	p		r_0	r_{partial}	r_{part}	容差 Tolerance	方差膨胀因子 VIF
H_{trpa}	常量	-2.140	—	-0.207	0.837	0.990 (F = 513.377, p = 0.000)	—	—	—	—	—
	P_{m0504}	1.318	0.188	2.158	0.035		0.519	0.273	0.029	0.023	43.519
	P_{m0513}	-111.414	-14.041	-60.789	0.000		0.431	-0.992	-0.805	0.003	304.382
	P_{m0511}	17.308	2.235	8.901	0.000		0.489	0.760	0.118	0.003	359.725
	P_{m0509}	10.263	1.345	8.177	0.000		0.482	0.732	0.108	0.006	154.257
	P_{m0512}	33.191	4.247	17.841	0.000		0.476	0.920	0.236	0.003	323.276
	P_{m0507}	9.780	1.300	9.713	0.000		0.491	0.787	0.129	0.010	102.145
	P_{m0510}	21.602	2.793	14.785	0.000		0.480	0.889	0.196	0.005	203.576
	P_{m0508}	7.907	1.052	6.712	0.000		0.500	0.661	0.089	0.007	140.116
	P_{m0505}	3.937	0.544	5.343	0.000		0.493	0.574	0.071	0.017	59.046
	P_{m0506}	5.081	0.680	5.797	0.000		0.483	0.606	0.077	0.013	78.533
	P_{m0503}	1.255	0.178	2.406	0.019		0.477	0.301	0.032	0.032	31.260

1. **对照树高模型分析** 与其优化模型比较，对照另一 13 因子模型显示，树高仅与 P_{m0513} 负净相关极显著；而与 P_{m0508}、P_{m0501}、P_{m0502}、P_{m0509}、P_{m0504}、P_{m0503}、P_{m0505}、P_{m0506}、P_{m0511}、P_{m0507}、P_{m0512} 和 P_{m0510} 正净相关依次增强，其中与 P_{m0508} 相关显著（r_{partial} = 0.313，p = 0.017），与其他因子相关极显著。各因子配合下，油松也是对 P_{m0513} 响应最强，单位量变化系数达 14.371，对模型贡献 63.3%；其作用比其优化模型略有减弱，而影响比其有所提高。其次也是 P_{m0512}、P_{m0510} 和 P_{m0511}，单位量变化系数为 3.818、3.425 和 2.741，对模型贡献 13.3%、11.9% 和 9.0%；其中，P_{m0512} 和 P_{m0510} 作用和影响比优化模型有所降低，而 P_{m0511} 明显增强。油松对 P_{m0507}、P_{m0506}、P_{m0509} 和 P_{m0505} 响应相对较弱，单位量变化系数为 1.765、0.881、0.636 和 0.489；其对模型影响也相对较小，分别贡献 5.8%、2.5%、1.2% 和 1.2%；与优化模型相比，P_{m0506} 和 P_{m0509} 影响油松降低，而 P_{m0505} 作用有所增强。而油松对 P_{m0503}、P_{m0508}、P_{m0504}、P_{m0502} 和 P_{m0501} 响应很弱，单位量变化系数仅为 0.336、0.318、0.267、0.131 和 0.108；其对模型影响也很小，仅贡献 0.7%、0.4%、0.5%、0.2% 和 0.1%。

2. **RPA 树高模型分析** 在控制其他因子影响下，RPA 树高也仅与 P_{m0513} 负净相关极显著；而与 P_{m0504}、P_{m0503}、P_{m0505}、P_{m0506}、P_{m0508}、P_{m0509}、P_{m0511}、P_{m0507}、P_{m0510} 和 P_{m0512} 正净相关依次增强，其中与 P_{m0504} 和 P_{m0503} 相关显著（r_{partial} = 0.273、0.301，p = 0.035、0.019），与其余因子相关极显著。各因子配合下，油松也是对 P_{m0513} 响应最强，单位量变化系数达 14.041，对模型贡献 55.1%；比对照影响略有提高。其次也是 P_{m0512}、P_{m0510} 和 P_{m0511}，单位量变化系

数为4.247、2.793和2.236，对模型贡献15.3%、9.6%和6.6%；其中，P_{m0512}的作用和影响比对照明显增强，而P_{m0510}和P_{m0511}则有所减弱。油松对P_{m0509}、P_{m0507}和P_{m0508}也有一定响应，单位量变化系数为1.345、1.300和1.052，其对模型分别贡献3.8%、3.9%和2.6%；其中，P_{m0507}和P_{m0508}作用有所降低，P_{m0509}显著提高。油松对P_{m0506}和P_{m0505}响应相对较弱，单位量变化系数为0.680和0.544，对模型贡献1.6%和1.2%；与对照基本相当。而油松对P_{m0504}和P_{m0503}响应极弱，单位量变化系数仅为0.188和0.178，其对模型影响也很小，均贡献0.2%；比对照略有下降。

三、树高与五月降水均值指标的相关性

与3月和4月不同，树高与各生长期5月平均降水量均呈正相关。RPA与P_{m05}、P_{m0501}、P_{m0502}、P_{m0513}、P_{m0512}、P_{m0503}、P_{m0510}、P_{m0509}、P_{m0506}、P_{m0511}、P_{m0507}、P_{m0505}、P_{m0508}和P_{m0504}相关依次增强，其中除与P_{m05}相关不显著外（$r_0=0.180, p=0.067$），与其余因子相关极显著；对照与P_{m05}、P_{m0501}、P_{m0502}、P_{m0513}、P_{m0512}、P_{m0509}、P_{m0506}、P_{m0505}、P_{m0510}、P_{m0503}、P_{m0508}、P_{m0511}、P_{m0507}和P_{m0504}相关依次增强，其中也与P_{m05}相关不显著（$r_0=0.174, p=0.075$），与其余因子相关也极显著。

四、树高与五月降水均值指标的模型拟合

树高与P_{m05}和P_{m0501}具有S－模型变化特征；与P_{m0502}的Linear－模型和Exponential－模型相关性较强；与$P_{m0503}\sim P_{m0513}$的Linear－模型、Quadratic－模型和Exponential－模型拟合性极强，其中P_{m0503}、P_{m0504}和P_{m0505}的最优模型为Exponential－模型，而$P_{m0506}\sim P_{m0513}$的Quadratic－模型决定系数最大。

1. **S－模型**　RPA和对照树高P_{m05}和P_{m0501}的S－模型决定系数R^2相对较小，线性关系比较松散。

$$H_{trpa} = e^{5.284-\frac{96.099}{P_{m05}}}$$

$$(n=70, R^2=0.156, F=12.583, p=0.001; t_0=15.678, p=0.000; t_1=-3.547, p=0.001)$$

$$H_{tck} = e^{5.019-\frac{93.453}{P_{m05}}}$$

$$(n=70, R^2=0.152, F=12.235, p=0.001; t_0=15.098, p=0.000; t_1=-3.498, p=0.001)$$

$$H_{trpa} = e^{5.806-\frac{142.626}{P_{m0501}}}$$

$$(n=70, R^2=0.297, F=28.693, p=0.000; t_0=17.805, p=0.000; t_1=-5.357, p=0.001)$$

$$H_{tck} = e^{5.232-\frac{138.474}{P_{m0501}}}$$

$$(n=70, R^2=0.289, F=27.618, p=0.000; t_0=17.117, p=0.000; t_1=-5.255, p=0.000)$$

其模型指数项常数$a>0$，且RPA>对照；指数倒数项系数$b<0$，且RPA<对照；底数为e；模型为增函数。在当地降水条件下，RPA模型值大于对照，模型图形倾斜度较小，且

RPA 略大于对照。其 P_{m05} 和 P_{m0501} 的 RPA 和对照模型最小差距为 8.750×10^{-43} cm 和 8.891×10^{-67} cm，接近于零；最大差距均为 3.6 cm。

2. Linear－**模型** Linear－模型反映了树高与各生长期 5 月平均降水量的总体变化趋势。除 P_{m0502} 和 P_{m0513} 的模型决定 R^2 系数相对较小外，其余因子模型决定系数 R^2 均在 0.210 以上。其模型截距 $a<0$，且 RPA＜对照；斜率 $b>0$，且 RPA＞对照；其 a、b 的绝对值均与月均降水量统计年限和模型决定系数 R^2 有一定的正相关性。在当地降水条件下，RPA 模型值大于对照，差距与其月均降水量有正相关的趋势（表 6－34）。

表 6－34　油松高与 5 月降水量均值指标直线模型

Tab. 6－34 The linear－model of average monthly precipitation in May and height of *Pinus tabulaeformi*

处理 Treat	降水因子 P_{m05}	模型系数 Model Coefficients		R^2	F－检验 (F－test)		T－检验 (T－test)			
		常数项 a	函数项 b		F	p	t_0	p	t_1	p
H_{trpa}	P_{m0502}	－112.108	2.476	0.132	10.374	0.002	－1.517	0.134	3.221	0.002
	P_{m0503}	－194.549	3.362	0.227	20.020	0.000	－2.707	0.009	4.474	0.000
	P_{m0504}	－217.895	3.632	0.270	25.098	0.000	－3.160	0.002	5.010	0.000
	P_{m0505}	－208.841	3.572	0.243	21.855	0.000	－2.906	0.005	4.675	0.000
	P_{m0506}	－210.283	3.611	0.234	20.728	0.000	－2.839	0.006	4.553	0.000
	P_{m0507}	－216.490	3.693	0.241	21.565	0.000	－2.927	0.005	4.644	0.000
	P_{m0508}	－221.205	3.756	0.250	22.625	0.000	－3.021	0.004	4.757	0.000
	P_{m0509}	－212.800	3.680	0.233	20.600	0.000	－2.844	0.006	4.539	0.000
	P_{m0510}	－214.508	3.710	0.230	20.314	0.000	－2.833	0.006	4.507	0.000
	P_{m0511}	－220.884	3.785	0.239	21.352	0.000	－2.935	0.005	4.621	0.000
	P_{m0512}	－214.025	3.719	0.228	19.907	0.000	－2.803	0.007	4.462	0.000
	P_{m0513}	－186.013	3.422	0.186	15.532	0.000	－2.348	0.022	3.941	0.000
H_{trpa}	P_{m0502}	－82.871	1.883	0.127	9.859	0.003	－1.438	0.155	3.140	0.003
	P_{m0503}	－155.478	2.662	0.234	20.998	0.000	－2.799	0.007	4.582	0.000
	P_{m0504}	－164.458	2.773	0.260	23.920	0.000	－3.049	0.003	4.891	0.000
	P_{m0505}	－155.747	2.708	0.231	20.479	0.000	－2.767	0.007	4.525	0.000
	P_{m0506}	－161.454	2.788	0.231	20.372	0.000	－2.799	0.007	4.514	0.000
	P_{m0507}	－168.793	2.879	0.242	21.740	0.000	－2.939	0.004	4.663	0.000
	P_{m0508}	－165.963	2.857	0.239	21.370	0.000	－2.896	0.005	4.623	0.000
	P_{m0509}	－160.375	2.808	0.224	19.640	0.000	－2.742	0.008	4.432	0.000
	P_{m0510}	－167.307	2.893	0.232	20.489	0.000	－2.846	0.006	4.526	0.000
	P_{m0511}	－172.121	2.950	0.240	21.504	0.000	－2.945	0.004	4.637	0.000
	P_{m0512}	－161.464	2.840	0.219	19.016	0.000	－2.706	0.009	4.361	0.000
	P_{m0513}	－142.207	2.636	0.183	15.201	0.000	－2.305	0.024	3.899	0.000

3. Quadratic－**模型** 该模型表现了不同生长期 5 月平均降水量大小对树高作用的差异及其总体变化。其模型决定系数 R^2 较大，模型回归极为显著。其模型常数项 $a>0$，且

RPA > 对照；一次项系数 $b<0$，且 RPA < 对照；二次项系数 $c>0$，且 RPA > 对照；模型有极小值（表 6-35）。

（1）$P_{m0503} \sim P_{m0505}$模型 RPA 和对照 P_{m0503}、P_{m0504}和 P_{m0505}的 Quadratic - 模型决定系数 R^2 比其相应的 Linear - 模型大，而比其相应的 Exponential - 模型小。其 P_{m0503}模型极小值为 -90.2 cm 和 -76.2 cm，分别出现在 61.9 mm/m 和 62.3 mm/m 附近；极值点左侧仅有 1 组数据。在极值点右侧，油松高与当年和前 3 年 5 月平均降水量呈正相关，且增幅以 0.317P_{m0503}和 0.261P_{m0503} 速率递增，发生频度 0.929。模型交点位于 37.4 mm/m 和 72.4 mm/m附近，交点区间没有数据，其左侧只有 1 组数据，右侧有 13 组数据。在当地降水条件下，RPA 树高大于对照，且两者差异随 P_{m0503}增加逐渐增强，差距增幅递增速率为 0.056P_{m0503}，发生频度 0.929。其 P_{m0504}模型极小值为 -87.9 cm 和 -63.2 cm，出现在 61.7 mm/m和 61.4 mm/m 附近；其左侧也仅有 1 组数据。树高增幅递增速率为 0.318P_{m0504}和0.236P_{m0504}。交点位于38.1 mm/m 和87.2 mm/m 附近，其区间及其左侧各包含 1 组数据，右侧分部 12 组数据。交点区间右侧，RPA 模型值大于对照，差距与 P_{m0504}呈正相关，且增幅以0.082P_{m0504}递增，发生频度0.857。其 P_{m0505}模型极小值为 -100.5 cm 和 -69.7 cm，分别发生在61.5 mm/m 和61.1 mm/m 附近；其左侧也仅有 1 组数据。树高增幅以 0.357P_{m0505} 和 0.258P_{m0505} 递增，发生频度 0.929。模型交点在 37.8 mm/m 和 87.8 mm/m附近；与 P_{m0504}模型一样，其交点区间及其左侧各包含 1 组数据，右侧包含 12 组数据；模型差距增幅递增速率为 0.099P_{m0505}，发生频度也为 0.957。

（2）$P_{m0506} \sim P_{m0513}$模型 模型决定系数 R^2最大，是其树高的最优模型，线性关系极为紧密。其 RPA 模型极小值依次为 -163.1 cm、-170.3 cm、-143.0 cm、-151.0 cm、-203.5 cm、-202.1 cm、-218.0 cm 和 -220.6 cm，分别出现在 62.9 mm/m、62.9 mm/m、62.2 mm/m、62.0 mm/m、62.9 mm/m、62.8 mm/m、62.8 mm/m 和62.6 mm/m附近；对照极小值分别为 -133.1 cm、-133.6 cm、-102.1 cm、-108.8 cm、-159.9 cm、-158.6 cm、-158.8 cm和 -165.1 cm，依次发生在 62.8 mm/m、62.9 mm/m、61.9 mm/m、61.8 mm/m、62.9 mm/m、62.8 mm/m、62.7 mm/m 和 62.5 mm/m 附近；极值点左侧均只有 1 组数据。极值点右侧，树高与其月均降水量呈正相关，且增幅递增速率依次为 0.513P_{m0506}、0.391P_{m0506}，0.537P_{m0507}、0.421P_{m0507}，0.476P_{m0508}、0.348P_{m0508}，0.501P_{m0509}、0.369P_{m0509}，0.637P_{m0510}、0.500P_{m0510}，0.636P_{m0511}、0.499P_{m0511}，0.682P_{m0512}、0.504P_{m0512}和 0.697P_{m0513}、0.527P_{m0513}，发生频度均为 0.857。RPA 和对照模型交点依次在在 37.7 mm/m、88.8 mm/m，37.6 mm/m、87.9 mm/m，37.6 mm/m、88.4 mm/m，37.5 mm/m、88.1 mm/m，37.8 mm/m、88.0 mm/m，37.5 mm/m、87.8 mm/m，37.5 mm/m、89.2 mm/m 和 37.2 mm/m、88.5 mm/m附近；交点区间及其左侧各包含 1 组数据，右侧包含 12 组数据；交点区间右侧，RPA 模型值大于对照，树高差异随其月均降水量增加而逐渐增强，模型差距增幅递增速率依次为 0.122P_{m0506}、0.116P_{m0507}、0.127P_{m0508}、0.132P_{m0509}、0.1372P_{m0510}、

0.137P_{m0511}、0.178P_{m0512}和0.171P_{m0513}，发生频度也为0.857(表6－35)。上述分析表明，各生长期5月降水量对树高具有明显的促进作用，同时也可以说当地5月降水量不能完全满足油松高生长的需求。

表6－35 油松高与5月降水量均值指标抛物线模型

Tab.6－35 The quadratic－model of average monthly precipitation in May and height of *Pinus tabulaeformi*

处理 Treat	降水因子 P_{m05}	模型系数 Model Coefficients			R^2	F－检验 (F－test)		T－检验 (T－test)					
		a	b	c		F	p	t_0	p	t_1	p	t_2	p
	P_{m0503}	516.090	－19.602	0.158	0.454	27.895	0.000	3.493	0.001	－4.458	0.000	5.278	0.000
	P_{m0504}	518.251	－19.648	0.159	0.534	38.354	0.000	3.934	0.000	－5.140	0.000	6.162	0.000
	P_{m0505}	575.527	－21.967	0.178	0.502	33.831	0.000	3.965	0.000	－5.030	0.000	5.908	0.000
	P_{m0506}	853.863	－32.317	0.257	0.597	49.560	0.000	5.796	0.000	－6.931	0.000	7.766	0.000
	P_{m0507}	891.428	－33.768	0.269	0.636	58.518	0.000	6.377	0.000	－7.627	0.000	8.528	0.000
H_{trpa}	P_{m0508}	775.700	－29.561	0.238	0.610	52.299	0.000	5.639	0.000	－6.910	0.000	7.859	0.000
	P_{m0509}	814.040	－31.106	0.251	0.581	46.357	0.000	5.479	0.000	－6.611	0.000	7.455	0.000
	P_{m0510}	1055.017	－40.045	0.319	0.678	69.131	0.000	7.429	0.000	－8.673	0.000	9.542	0.000
	P_{m0511}	1052.176	－39.958	0.318	0.709	81.560	0.000	8.026	0.000	－9.430	0.000	10.399	0.000
	P_{m0512}	1128.565	－42.853	0.341	0.701	78.405	0.000	8.129	0.000	－9.416	0.000	10.302	0.000
	P_{m0513}	1147.183	－43.673	0.349	0.561	41.052	0.000	6.029	0.000	－6.803	0.000	7.374	0.000
	P_{m0503}	430.166	－16.263	0.131	0.491	32.318	0.000	3.879	0.000	－4.927	0.000	5.795	0.000
	P_{m0504}	381.815	－14.502	0.118	0.501	33.641	0.000	3.605	0.001	－4.718	0.000	5.687	0.000
	P_{m0505}	411.780	－15.770	0.129	0.458	28.092	0.000	3.491	0.001	－4.443	0.000	5.260	0.000
	P_{m0506}	649.182	－24.581	0.196	0.579	46.126	0.000	5.551	0.000	－6.641	0.000	7.452	0.000
	P_{m0507}	699.829	－26.491	0.211	0.644	60.688	0.000	6.517	0.000	－7.788	0.000	8.703	0.000
H_{trpa}	P_{m0508}	564.262	－21.547	0.174	0.559	42.422	0.000	4.964	0.000	－6.096	0.000	6.967	0.000
	P_{m0509}	595.755	－22.807	0.185	0.536	38.768	0.000	4.907	0.000	－5.933	0.000	6.719	0.000
	P_{m0510}	829.007	－31.446	0.250	0.684	72.431	0.000	7.630	0.000	－8.902	0.000	9.788	0.000
	P_{m0511}	826.634	－31.368	0.250	0.719	85.711	0.000	8.257	0.000	－9.694	0.000	10.684	0.000
	P_{m0512}	830.979	－31.586	0.252	0.647	61.515	0.000	7.096	0.000	－8.228	0.000	9.028	0.000
	P_{m0513}	864.578	－32.928	0.263	0.527	37.322	0.000	5.698	0.000	－6.432	0.000	6.983	0.000

备注:remark：a－常数项(constant)，b－一次项系数(an item coefficient)，c－二次项系数(quadratic term coefficient)。

4. Exponential－模型　RPA和对照P_{m0502}～P_{m0513}的Exponential－模型决定系数相对较大，线性关系比较紧密，反映了不同降水量对树高作用的差异。其底数e系数$a>0$，且

RPA > 对照；指数项系数 $b>0$，且 RPA≥对照；各生长期 5 月平均降水量远大于零；模型为单调增函数，倾斜度逐渐增强，且 RPA 略大于对照；且 RPA 模型值大于对照，差距与其月均降水量呈正相关，且增幅呈现指数递增(表 6 - 36)。其 $P_{m0502} \sim P_{m0505}$ 的 Exponential - 模型是其相应树高的最优模型。在当地降水条件下，RPA 和对照模型的最小差距依次为 1.0 cm、0.7 cm、0.6 cm 和 0.5 cm，最大差距分别为 33.1 cm、33.5 cm、32.2 cm 和 31.4 cm。其 $P_{m0506} \sim P_{m0513}$ 的 Exponential - 模型决定系数 R^2 也较大，但小于其相应的 Quadratic - 模型。当地降水条件下，模型最小差距除 P_{m0513} 为 0.7 cm 外，其余均为 0.6 cm；最大差距有所变化，依次为为 2.58 cm、28.0 cm、29.3 cm、31.9 cm、25.7 cm、25.7 cm、29.2 cm 和 23.1 cm。表明月均降水量少时，油松对降水响应较弱；当降水量增加到一定程度，油松对降水响应迅速增强，油松高生长显著增大。同时也说明，5 月降水量偏少，对当地油松高生长有拟制作用；而充足的降水对油松生长有促进作用。

表 6 - 36 油松高与 5 月降水量均值指标指数模型

Tab. 6 - 36 The exponential - model of average monthly precipitation in May and height of *Pinus tabulaeformi*

处理 Treat	降水因子 P_{m05}	模型系数 Model Coefficients		R^2	F - 检验 (F - test)		T - 检验 (T - test)			
		常数项 a	指数项 b		F	p	t_0	p	t_1	p
H_{trpa}	P_{m0502}	1.240	0.042	0.390	43.458	0.000	1.630	0.108	6.592	0.000
	P_{m0503}	0.596	0.050	0.514	71.848	0.000	1.771	0.081	8.476	0.000
	P_{m0504}	0.559	0.051	0.542	80.616	0.000	1.850	0.069	8.979	0.000
	P_{m0505}	0.515	0.052	0.535	78.112	0.000	1.792	0.078	8.838	0.000
	P_{m0506}	0.451	0.054	0.537	78.978	0.000	1.755	0.084	8.887	0.000
	P_{m0507}	0.437	0.055	0.540	79.883	0.000	1.755	0.084	8.938	0.000
	P_{m0508}	0.460	0.054	0.534	77.931	0.000	1.750	0.085	8.828	0.000
	P_{m0509}	0.472	0.054	0.517	72.812	0.000	1.701	0.093	8.533	0.000
	P_{m0510}	0.461	0.055	0.511	71.082	0.000	1.674	0.099	8.431	0.000
	P_{m0511}	0.469	0.055	0.508	70.166	0.000	1.669	0.100	8.376	0.000
	P_{m0512}	0.490	0.054	0.492	65.976	0.000	1.633	0.107	8.123	0.000
	P_{m0513}	0.543	0.053	0.461	58.237	0.000	1.567	0.122	7.631	0.000

续表 6-36

处理 Treat	降水因子 P_{m05}	模型系数 Model Coefficients		R^2	F-检验 (F-test)		T-检验 (T-test)			
		常数项 a	指数项 b		F	p	t_0	p	t_1	p
H_{trpa}	P_{m0502}	1.068	0.041	0.385	42.632	0.000	1.650	0.104	6.529	0.000
	P_{m0503}	0.486	0.050	0.524	74.720	0.000	1.818	0.073	8.644	0.000
	P_{m0504}	0.484	0.050	0.539	79.465	0.000	1.873	0.065	8.914	0.000
	P_{m0505}	0.455	0.051	0.527	75.693	0.000	1.806	0.075	8.700	0.000
	P_{m0506}	0.382	0.053	0.539	79.626	0.000	1.787	0.078	8.923	0.000
	P_{m0507}	0.366	0.054	0.543	81.394	0.000	1.792	0.078	9.022	0.000
	P_{m0508}	0.401	0.053	0.530	76.594	0.000	1.770	0.081	8.752	0.000
	P_{m0509}	0.407	0.053	0.515	72.240	0.000	1.725	0.089	8.499	0.000
	P_{m0510}	0.387	0.054	0.515	72.271	0.000	1.708	0.092	8.501	0.000
	P_{m0511}	0.394	0.054	0.512	71.255	0.000	1.702	0.093	8.441	0.000
	P_{m0512}	0.419	0.053	0.492	65.885	0.000	1.659	0.102	8.117	0.000
	P_{m0513}	0.461	0.053	0.462	58.463	0.000	1.594	0.116	7.646	0.000

第七节　六月降水对树高的均值效应

【内容提要】与5月降水量不同，树高与各生长期6月平均降水量相关性变化较大，且相关度较低。各因子相互作用下，向后剔除法逐步回归优化模型中，P_{m0613}对油松作用最强，RPA和对照的单位量变化系数分别为3.036和2.452，对模型贡献59.1%和59.7%；其次也是P_{m0607}和P_{m0604}，单位量变化系数为0.952、0.789和1.008、0.726，对模型贡献13.2%、11.2%和18.0%、11.2%。逐步回归优化模型中，各因子相互作用下，油松也对P_{m0610}和P_{m0611}响应较强，RPA的单位量变化系数达3.683和2.473，对模型贡献60.2%和30.2%；对照优化模型的单位量变化系数为8.979和8.705，对模型贡献46.1%和43.9%，另一模型的单位量变化系数达7.721和8.405，对模型贡献46.7%和43.8%。Cubic-模型是RPA和对照树高P_{m0601} ~ P_{m0606}的最优模型。油松高生长对当地6月最适平均降水量在其模型极大值出现点附近；同时也说明当地6月降水量较大，超出了油松高生长的需求，甚至会对油松高生长产生抑制效应。Quadratic-模型是树高P_{m0601} ~ P_{m0613}

的基本模型,极大值均出现在各生长期6月平均降水量90.0 mm/m左右。

【关 键 词】多效抗旱驱鼠剂,六月平均降水量,油松,树高,回归分析,模型拟合

一、树高与六月降水均值指标的向后剔除法逐步回归模型

对树高(H_t)与不同生长期1月降水均值指标(P_{m06})进行向后剔除法逐步回归模型分析,经过3次向后剔除法逐步回归,构建了对照油松6月降水量均值指标有效模型;而经过2次向后逐步回归,构成了RPA树高有效模型(表6-37)。

表6-37　油松高与6月降水量均值指标逐步向后回归模型

Tab. 6-37 The backward stepwise regression model of average monthly precipitation in June and height of *Pinus tabulaeformi*

处理 Treat	降水因子 P_{m06}	模型 Model Coefficients 非标准 Unstandard	标准 Standard	T-检验 (T-test) t	p	R^2	相关系数 Correlations r_0	$r_{partial}$	r_{part}	共线性统计量 Collinearity statistics 容差 Tolerance	方差膨胀因子 VIF
H_{rck}	常量	-121.201	—	-12.275	0.000	0.974 (F = 250.212, p = 0.000)	—	—	—	—	—
	P_{m06}	-0.294	-0.211	-6.909	0.000		-0.257	-0.666	-0.144	0.463	2.159
	P_{m0601}	-0.680	-0.351	-7.767	0.000		-0.340	-0.708	-0.162	0.212	4.723
	P_{m0602}	-0.449	-0.184	-3.134	0.003		-0.303	-0.375	-0.065	0.126	7.936
	P_{m0603}	-0.743	-0.264	-3.946	0.000		-0.281	-0.454	-0.082	0.097	10.312
	P_{m0604}	-2.325	-0.726	-11.944	0.000		-0.230	-0.839	-0.248	0.117	8.549
	P_{m0606}	-1.093	-0.298	-3.798	0.000		-0.076	-0.440	-0.079	0.070	14.201
	P_{m0607}	-3.909	-1.008	-9.788	0.000		0.020	-0.784	-0.204	0.041	24.501
	P_{m0608}	0.931	0.231	2.257	0.028		0.158	0.280	0.047	0.041	24.194
	P_{m0613}	10.645	2.452	27.135	0.000		0.190	0.962	0.564	0.053	18.882
H_{trpa}	常量	-162.736	—	-10.929	0.000	0.966 (F = 165.511, p = 0.000)	—	—	—	—	—
	P_{m06}	-0.402	-0.225	-5.698	0.000		-0.250	-0.596	-0.138	0.375	2.664
	P_{m0601}	-0.938	-0.376	-6.797	0.000		-0.355	-0.663	-0.164	0.190	5.256
	P_{m0602}	-0.614	-0.195	-2.849	0.006		-0.301	-0.348	-0.069	0.124	8.038
	P_{m0603}	-0.932	-0.257	-3.174	0.002		-0.278	-0.382	-0.077	0.089	11.249
	P_{m0601}	-3.251	-0.789	-10.961	0.000		-0.238	-0.819	-0.265	0.112	8.892
	P_{m0606}	-1.741	-0.369	-3.785	0.000		-0.064	-0.442	-0.091	0.061	16.267
	P_{m0604}	-4.755	-0.952	-7.816	0.000		0.034	-0.713	-0.189	0.039	25.455
	P_{m0605}	2.110	0.407	2.801	0.007		0.158	0.343	0.068	0.028	36.101
	P_{m0609}	-3.652	-0.676	-3.635	0.001		0.253	-0.428	-0.088	0.017	59.349
	P_{m0613}	16.958	3.036	15.533	0.000		0.189	0.896	0.375	0.015	65.500

1. **对照树高模型分析** 控制其他因子影响,对照树高与 P_{m0613} 正偏相关极显著,与 P_{m0608} 正偏相关显著($r_{partial}=0.280, p=0.028$);而与 P_{m0604}、P_{m0607}、P_{m0601}、P_{m06}、P_{m0603}、P_{m0606} 和 P_{m0602} 负偏相关极显著,且依次减弱。各因子配合下,P_{m0613} 对油松高作用最强,单位量变化系数为2.452;其对模型影响也最大,贡献59.7%。其次是 P_{m0607} 和 P_{m0604},单位量变化系数为1.008和0.726,对模型贡献18.0%和11.2%。P_{m0601}、P_{m0606}、P_{m0603}、P_{m0608}、P_{m06} 和 P_{m0602} 对油松高作用较弱,单位量变化系数依次为0.351、0.298、0.264、0.231、0.211和0.184;其对模型影响也较小,分别贡献2.8%、2.8%、1.9%、1.5%、1.1%和1.0%。

2. **RPA 树高模型分析** 与对照相比,RPA树高也与 P_{m0613} 和 P_{m0608} 正偏相关极显著;而与 P_{m0604}、P_{m0607}、P_{m0601}、P_{m06}、P_{m0606}、P_{m0609}、P_{m0603} 和 P_{m0602} 负偏相关极显著,且依次减弱。各因子相互作用下,也是 P_{m0613} 对油松作用最强,单位量变化系数达3.036,对模型贡献59.1%。其次也是 P_{m0607} 和 P_{m0604},单位量变化系数为0.952和0.789,对模型贡献13.2%和11.2%;其中 P_{m0607} 作用比对照明显减弱。P_{m0609} 对树高作用也相对较强,单位量变化系数为0.676,对模型贡献6.2%。而 P_{m0608}、P_{m0606}、P_{m0601}、P_{m0603}、P_{m06} 和 P_{m0602} 对树高因子相对较弱,单位量变化系数依次为0.407、0.239、0.376、0.257、0.225和0.195;其对模型影响也较小,分别贡献2.8%、3.0%、2.4%、1.4%、0.9%和0.8%。

二、树高与六月降水均值指标的逐步回归模型

对照树高优化模型由 P_{m0601}、P_{m0610}、P_{m0611}、P_{m0604}、P_{m0608}、P_{m0609}、P_{m06}、P_{m0605} 和 P_{m0603} 构成;同时,同 P_{m0602} 因子代替其 P_{m0603} 因子,也能较好反映各生长期6月平均降水量对其油松高的影响。而RPA油松高优化模型由 P_{m0601}、P_{m0610}、P_{m0604}、P_{m0611}、P_{m0602} 和 P_{m0605} 构成(表6-38)。

1. **对照树高模型分析** 从对照优化模型分析,在控制其他因子影响下,树高与 P_{m0611}、P_{m0609}、P_{m0601}、P_{m0604}、P_{m06} 和 P_{m0603} 负净相关依次减弱,而与 P_{m0605}、P_{m0608} 和 P_{m0610} 正净相关依次增强,且均极显著。各因子配合下,油松对 P_{m0610} 和 P_{m0611} 响应极强,单位量变化系数达8.979和8.705;其对模型起着决定作用,分别贡献46.1%和43.9%。其次是 P_{m0608} 和 P_{m0609},单位量变化系数为1.188和0.849,对模型分别贡献5.0%和3.1%。而油松对 P_{m0604}、P_{m0605}、P_{m0601}、P_{m0603} 和 P_{m06} 响应较弱,其单位量变化系数依次为0.289、0.254、0.182、0.123和0.102,对模型分别贡献0.7%、0.6%、0.3%、0.2%和0.1%。其另一模型显示,树高与 P_{m0611}、P_{m0604}、P_{m0609}、P_{m0601}、P_{m06} 和 P_{m0602} 负净相关依次减弱,而也与 P_{m0605}、P_{m0608} 和 P_{m0610} 正净相关依次增强,且均极显著。各因子配合下,油松也对 P_{m0610} 和 P_{m0611} 响应极强,单位量变化系数达7.721和8.405,对模型贡献46.7%和43.8%;与其优化模型相当。其次也是 P_{m0608} 和 P_{m0609},单位量变化系数为1.100和0.776,对模型贡献4.6%和2.8%;比起优化模型略有降低。而油松对 P_{m0604}、P_{m0605}、P_{m0601}、P_{m06} 和 P_{m0602} 影响较弱,单位量变化系数为0.360、0.240、0.163、0.100和0.099,对模型分别贡献1.1%、0.5%、

0.2%、0.1%和0.1%；与其优化模型基本相当。

表 6－38　油松高与 6 月降水量均值指标逐步回归模型

Tab. 6－38 The stepwise regression model of average monthly preeipitation in june and height of *pinus tabulaeformi*

处理 Treat	降水因子 P_{m06}	模型 Model Coefficients 非标准 Unstandard	标准 Standard	T－检验 (T－test) t	p	R^2	相关系数 Correlations r_0	$r_{partial}$	r_{part}	共线性统计量 Collinearity statistics 容差 Tolerance	方差膨胀因子 VIF
H_{rck}	常量	－53.346	—	－7.985	0.000	0.990 (F＝640.303, p＝0.000)	—	—	—	—	—
	P_{m0601}	－0.353	－0.182	－6.363	0.000		－0.340	－0.635	－0.083	0.209	4.789
	P_{m0610}	38.365	8.979	20.785	0.000		0.340	0.937	0.272	0.001	1086.609
	P_{m0611}	－37.689	－8.705	－17.877	0.000		0.250	－0.918	－0.234	0.001	1380.705
	P_{m0604}	－0.926	－0.289	－5.968	0.000		－0.230	－0.610	－0.078	0.073	13.667
	P_{m0608}	4.791	1.188	10.938	0.000		0.158	0.816	0.143	0.015	68.639
	P_{m0609}	－3.561	－0.849	－7.166	0.000		0.273	－0.679	－0.094	0.012	81.646
	P_{m06}	－0.142	－0.102	－5.023	0.000		－0.257	－0.544	－0.066	0.415	2.411
	P_{m0605}	0.881	0.254	4.856	0.000		－0.129	0.531	0.064	0.063	15.895
	P_{m0603}	－0.346	－0.123	－3.403	0.001		－0.281	－0.402	－0.045	0.132	7.561
	常量	－54.423	—	－7.860	0.000	0.989 (F＝612.536, p＝0.000)	—	—	—	—	—
	P_{m0601}	－0.316	－0.163	－5.107	0.000		－0.340	－0.550	－0.068	0.176	5.675
	P_{m0610}	37.261	8.721	18.455	0.000		0.340	0.922	0.247	0.001	1244.262
	P_{m0611}	－36.388	－8.405	－15.584	0.000		0.250	－0.895	－0.209	0.001	1621.049
	P_{m0604}	－1.152	－0.360	－8.949	0.000		－0.230	－0.756	－0.120	0.111	9.007
	P_{m0608}	4.439	1.100	9.398	0.000		0.158	0.772	0.126	0.013	76.397
	P_{m0602}	－0.242	－0.099	－2.917	0.005		－0.303	－0.352	－0.039	0.156	6.409
	P_{m0609}	－3.256	－0.776	－6.365	0.000		0.273	－0.635	－0.085	0.012	82.837
	P_{m06}	－0.140	－0.100	－4.835	0.000		－0.257	－0.529	－0.065	0.416	2.404
	P_{m0605}	0.835	0.240	4.252	0.000		－0.129	0.481	0.057	0.056	17.821
H_{trpa}	常量	－111.863	—	－7.362	0.000	0.961 (F＝260.406, p＝0.000)	—	—	—	—	—
	P_{m0601}	－0.933	－0.374	－8.158	0.000		－0.355	－0.717	－0.202	0.292	3.423
	P_{m0610}	20.246	3.683	9.393	0.000		0.339	0.764	0.233	0.004	249.859
	P_{m0604}	－2.024	－0.492	－7.084	0.000		－0.238	－0.666	－0.176	0.128	7.826
	P_{m0611}	－13.773	－2.473	－5.505	0.000		0.252	－0.570	－0.137	0.003	327.954
	P_{m0602}	－0.645	－0.205	－3.651	0.001		－0.301	－0.418	－0.091	0.195	5.126
	P_{m0605}	－0.871	－0.195	－2.304	0.025		－0.132	－0.279	－0.057	0.086	11.612

2. RPA 树高模型分析　与对照相比,RPA 仅与 P_{m0610} 正净相关极显著;而与 P_{m0601}、P_{m0604}、P_{m0611}、P_{m0602} 和 P_{m0605} 负净相关依次减弱,其中与前 4 个因子相关极显著,与 P_{m0605} 相关显著($r_{\text{partial}} = -0.279, p = 0.025$)。各因子相互作用下,油松也对 P_{m0610} 和 P_{m0611} 响应较强,单位量变化系数达 3.683 和 2.473,对模型贡献 60.2% 和 30.2%。而油松对 P_{m0604}、P_{m0601}、P_{m0602} 和 P_{m0605} 响应较弱,单位量变化系数为 0.492、0.374、0.205 和 0.195,其对模型分别贡献 5.1%、2.5%、1.0% 和 0.9%。

三、树高与六月降水均值指标的相关性

与 5 月降水量不同,树高与各生长期 6 月平均降水量相关性变化较大,且相关度较低。RPA 与 P_{m0601}、P_{m0602}、P_{m0603}、P_{m06}、P_{m0604}、P_{m0605} 和 P_{m0606} 负相关依次减弱,其中与 P_{m0601} 和 P_{m0602} 极显著($r_0 = -0.355$、$-0.301, p = 0.0001$、0.006)、与 P_{m0603}、P_{m06} 和 P_{m0604} 显著($r_0 = -0.278$、-0.250、$-0.238, p = 0.010$、0.019、0.024)、与 P_{m0605}、P_{m0606} 不显著($r_0 = -0.132$、$-0.064, p = 0.137$、0.299);而与 P_{m0607}、P_{m0608}、P_{m0613}、P_{m0612}、P_{m0611}、P_{m0609}、P_{m0610} 正相关依次增强,其中与 P_{m0607} 极不相关($r_0 = 0.034, p = 0.389$),与 P_{m0608} 和 P_{m0613} 不显著($r_0 = 0.158$、$0.189, p = 0.096$、0.059),与 P_{m0612}、P_{m0611} 和 P_{m0609} 显著($r_0 = 0.198$、0.252、$0.253, p = 0.050$、0.018、0.017),与 P_{m0610} 极显著($r_0 = 0.339, p = 0.002$)。对照相关性变化与 RPA 相同,但相关度略高。其中与 P_{m0601}、P_{m0602} 和 P_{m0603} 负相关极显著($r_0 = 0.340$、-0.303、$-0.281, p = 0.002$、0.005、0.009),与 P_{m06} 和 P_{m0604} 负相关显著($r_0 = -0.257$、$-0.230, p = 0.016$、0.028),与 P_{m0605} 和 P_{m0606} 负相关不显著($r_0 = -0.129$、$-0.076, p = 0.144$、0.266);而也与 P_{m0610} 正相关极显著($r_0 = 0.340, p = 0.002$),与 P_{m0612}、P_{m0611} 和 P_{m0609} 正相关显著($r_0 = 0.198$、0.250、$0.273, p = 0.050$、0.019、0.011),与 P_{m0607}、P_{m0608} 和 P_{m0613} 正相关不显著($r_0 = 0.020$、0.158、$0.190, p = 0.433$、0.096、0.058)。

四、树高与六月降水均值指标的模型拟合

树高与 $P_{m0601} \sim P_{m0603}$ 的 Quadratic－模型和 Cubic－模型相关性较强,与 $P_{m0604} \sim P_{m0606}$ 的 Quadratic－模型和 Cubic－模型相关度较高,其 Cubic－模型是其最优模型;与 P_{m0607}、P_{m0608}、P_{m0609}、P_{m0610}、P_{m0611}、P_{m0612} 和 P_{m0613} 的 Quadratic－模型相对紧密。但与 5 月降水相比,模型决定系数明显减小。

1. Cubic－模型　该模型是 RPA 和对照树高 $P_{m0601} \sim P_{m0606}$ 的最优模型,模型决定系数相对较大。

$$H_{trpa} = -151.534 + 10.377P_{m0601} - 0.100P_{m0601}^2 + 2.562 \cdot 10^{-3}P_{m0601}^3$$

($n = 70, R^2 = 0.230, F = 6.555, p = 0.001; t_0 = -1.169, p = 0.246; t_1 = 2.723, p = 0.008; t_2 = -2.963, p = 0.004; t_3 = 2.901, p = 0.003$)

$$H_{tck} = -131.535 + 8.383P_{m0601} - 0.080P_{m0601}^2 + 2.034 \cdot 10^{-3}P_{m0601}^3$$

($n=70, R^2=0.225, F=6.403, p=0.001; t_0=-1.303, p=0.197; t_1=2.823, p=0.006; t_2=-3.035, p=0.003; t_3=2.956, p=0.004$)

$$H_{trpa}=-970.316+33.575P_{m0602}-0.304P^2_{m0602}+8.104\cdot10^{-3}P^3_{m0602}$$

($n=70, R^2=0.337, F=11.186, p=0.000; t_0=-3.989, p=0.000; t_1=4.811, p=0.000; t_2=-4.886, p=0.000; t_3=4.771, p=0.000$)

$$H_{tck}=-734.152+26.629P_{m0602}-0.233P^2_{m0602}+6.232\cdot10^{-3}P^3_{m0602}$$

($n=70, R^2=0.329, F=10.809, p=0.000; t_0=-3.861, p=0.000; t_1=4.698, p=0.000; t_2=-4.792, p=0.000; t_3=4.693, p=0.000$)

$$H_{trpa}=-1984.401+68.417P_{m0603}-0.670P^2_{m0603}+2.003\cdot10^{-3}P^3_{m0603}$$

($n=70, R^2=0.442, F=17.398, p=0.000; t_0=-5.847, p=0.000; t_1=6.348, p=0.000; t_2=-6.294, p=0.000; t_3=6.118, p=0.000$)

$$H_{tck}=-1469.073+50.866P_{m0603}-0.498P^2_{m0603}+1.489\cdot10^{-3}P^3_{m0603}$$

($n=70, R^2=0.414, F=15.531, p=0.000; t_0=-5.435, p=0.000; t_1=5.927, p=0.000; t_2=-5.877, p=0.000; t_3=5.709, p=0.000$)

$$H_{trpa}=-2482.823+86.378P_{m0604}-0.876P^2_{m0604}+2.761\cdot10^{-3}P^3_{m0604}$$

($n=70, R^2=0.481, F=20.391, p=0.000; t_0=-6.406, p=0.000; t_1=6.747, p=0.000; t_2=-6.519, p=0.000; t_3=6.190, p=0.000$)

$$H_{tck}=-1901.985+66.055P_{m0604}-0.668P^2_{m0604}+2.102\cdot10^{-3}P^3_{m0604}$$

($n=70, R^2=0.469, F=19.435, p=0.000; t_0=-6.300, p=0.000; t_1=6.563, p=0.000; t_2=-6.326, p=0.000; t_3=5.995, p=0.000$)

$$H_{trpa}=-2757.346+95.153P_{m0605}-0.965P^2_{m0605}+3.065\cdot10^{-3}P^3_{m0605}$$

($n=70, R^2=0.500, F=21.959, p=0.000; t_0=-7.032, p=0.000; t_1=7.178, p=0.000; t_2=-6.854, p=0.000; t_3=6.452, p=0.000$)

$$H_{tck}=-2210.117+76.560P_{m0605}-0.781P^2_{m0605}+2.495\cdot10^{-3}P^3_{m0605}$$

($n=70, R^2=0.511, F=23.035, p=0.000; t_0=-7.340, p=0.000; t_1=7.521, p=0.000; t_2=-7.222, p=0.000; t_3=6.840, p=0.000$)

$$H_{trpa}=-3558.199+125.480P_{m0606}-1.325P^2_{m0606}+4.424\cdot10^{-3}P^3_{m0606}$$

($n=70, R^2=0.403, F=18.952, p=0.000; t_0=-6.418, p=0.000; t_1=6.379, p=0.000; t_2=-6.038, p=0.000; t_3=5.672, p=0.000$)

$$H_{tck}=-2817.417+99.466P_{m0606}-1.051P^2_{m0606}+3.513\cdot10^{-3}P^3_{m0605}$$

($n=70, R^2=0.480, F=20.306, p=0.000; t_0=-6.646, p=0.000; t_1=6.613, p=0.000; t_2=-6.265, p=0.000; t_3=5.891, p=0.000$)

其 P_{m0601} 的 Cubic－模型决定系数为 0.230 和 0.225；其中 RPA 模型极值为 174.4 cm

和 -21.8 cm,出现在 72.1 mm/m 和 187.4 mm/m 附近;对照极值为 135.6 cm 和 -15.6 cm,分别出现在73.3 mm/m 和187.4 mm/m 附近;极值点区间均包含8 组数据,其左侧有5 组数据,右侧只有1 组数据。极值点区间,树高与其月均降水量有负相关的趋势,发生频度0.571;其左侧,树高与其月均降水量有正相关趋势,发生频度0.357。在当地降水条件下,两模型有两个交点,分别位于159.2 mm/m 和 207.5 mm/m 附近,交点区间及其右侧均包含1 组数据,其左侧分布12 组数据;交点区间左侧,RPA 模型值大于对照,最大差距出现在67.3 mm/m 附近,其左侧有4 组数据,右侧交点区间包含8 组数据。其 P_{m0602} 模型决定系数为 0.337 和 0.329,比其 P_{m0601} 模型增大。RPA 模型极值为 186.4 cm和 -63.8 cm,依次出现在 82.4 mm/m 和 167.6 mm/m 附近;对照极值为 144.6 cm和 -48.6 cm,发生在82.0 mm/m 和167.2 mm/m 附近;其区间包含9 组数据,左侧有4 组数据。模型交点136.7 mm/m 和185.4 mm/m 附近,其区间及右侧也各有1 组数据,左侧分布12 组数据。交点区间右侧 RPA 树高大于对照,最大差异出现在83.9 mm/m 附近,其左侧也有4 组数据,右侧交点区间包含8 组数据。其 P_{m0603}模型决定系数为0.442 和0.414,线性关系进一步增强。RPA 模型极值为 225.9 cm 和 -46.7 cm,出现在 79.1 mm/m和 143.9 mm/m 附近;对照极值为 173.4 cm 和 -32.2 cm,发生在 79.0 mm/m 和 144.1 mm/m 附近;交点区间包含 8 组数据,左侧也有 4 组数据,右侧 2 组数据。模型交点出现在130.1 mm/m 和160.8 mm/m 附近;其区间包含2 组数据,右侧有1 组数据,左侧分别有11 组数据。交点区间右侧,RPA 模型值大于对照,最大差距出现在 79.4 mm/m 附近,其左侧也有4 组数据,而右侧区间内有 7 组数据。其 P_{m0604}模型决定系数为 0.481 和0.469,线性关系极为显著。RPA 模型极值为 238.1 cm 和 13.5 cm,依次发生在 78.4 mm/m和 133.0 mm/m 附近;对照极值为 183.8 cm 和 12.7 cm,出现在 78.6 mm/m 和 133.2 mm/m 附近;其区间包含 9 组数据,左侧 3 组,右侧 2 组。模型交点出现在 48.5 mm/m和 135.2 mm/m 附近,其区间包含 12 组数据,右侧有 2 组数据;最大差距出现在77.7 mm/m 附近,其左侧也仅有3 组数据,右侧交点区间分布有9 组数据。其 P_{m0605}模型决定系数为0.500 和0.511,模型拟合性最强。RPA 极值为 246.6 cm 和 32.6 cm,出现在 79.0 mm/m 和 130.9 mm/m 附近;对照极值为 193.9 cm 和 24.9 cm,发生在 78.7 mm/m和 130.0 mm/m 附近;其区间包含 10 组数据,左右两侧各有 2 组数据。当地降水条件下,模型只有1 个交点,出现在48.0 mm/m 附近,小于其月均降水量的最小值;RPA 模型值大于对照,最大差异出现在80.6 mm/m 附近,其左右两侧分别有 2 组合 12 组数据。其 P_{m0606}模型决定系数为0.403 和0.480,比其 P_{m0605}模型明显降低。RPA 模型极值为 267.5 cm 和 62.1 cm,依次出现在 77.2 mm/m 和 122.5 mm/m 附近;对照极值为 211.3 cm 和 46.8 cm,出现在 77.1 mm/m 和 122.5 mm/m 附近;极值点区间包含 9 组数据,左右两侧分别有2 组和3 组数据。与 P_{m0605}模型一样,在当地降水条件下,两模型也仅有 1 个交点,出现在 18.5 mm/m 附近;RPA 于对照树高最大差异出现在 77.7 附近,其左右两侧也有2 组合 12 组数据。综上所述,油松高生长对当地 6 月最适平均降水量在其模型极大值出现点附近；同时也说明当地6月降水量较大，超出了油松高生长的需求，甚至会对油松高生长产生抑制效应。

2. Quadratic－**模型**　树高P_{m0601}～P_{m0613}的Quadratic－模型反映了各生长期6月降水量均值大小对油松高影响的差异；但其模型决定系数比5月降水量均值模型明显降低，线性关系比较松散（表6－39）。

（1）P_{m0601}～P_{m0607}模型　RPA和对照P_{m0601}～P_{m0607}的Quadratic－模型决定系数依次增大；常数项a值递减，由正值逐渐变为负值，且正值RPA＞对照，负值RPA＜对照；一次项系数b值除RPA的P_{m0501}外大于零，且RPA＞对照，其值依次增大；二次项系数$c<0$，且RPA≤对照，其值也依次减小。模型有极大值，开口逐渐收窄，极值点向右偏移（表6－39）。

表6－39　油松高与6月降水量均值指标抛物线模型

Tab. 6－39 The quadratic－model of average monthly precipitation in June and height of *Pinus tabulaeformi*

处理 Treat	降水因子 P_{m06}	模型系数 Model Coefficients			R^2	F－检验 (F－test)		T－检验 (T－test)					
		a	b	c		F	p	t_0	p	t_1	p	t_2	p
	P_{m0601}	172.024	－0.125	－0.003	0.131	5.065	0.009	2.476	0.016	－0.100	0.921	－0.624	0.535
	P_{m0602}	100.990	1.231	－0.009	0.108	4.073	0.021	0.937	0.352	0.644	0.522	－1.161	0.250
	P_{m0603}	－2.629	3.588	－0.021	0.125	4.784	0.011	－0.021	0.983	1.471	0.146	－1.911	0.060
	P_{m0604}	－220.011	8.581	－0.047	0.180	7.339	0.001	－1.499	0.138	2.814	0.006	－3.171	0.002
	P_{m0605}	－349.937	11.221	－0.060	0.184	7.548	0.001	－2.291	0.025	3.470	0.001	－3.696	0.000
	P_{m0606}	－521.605	15.412	－0.084	0.201	8.421	0.001	－2.989	0.004	3.948	0.000	－4.062	0.000
H_{trpa}	P_{m0607}	－706.863	19.879	－0.109	0.208	8.783	0.000	－3.495	0.001	4.188	0.000	－4.179	0.000
	P_{m0608}	－695.044	18.978	－0.102	0.186	7.658	0.001	－3.310	0.002	3.781	0.000	－3.642	0.001
	P_{m0609}	－814.026	21.701	－0.117	0.211	8.956	0.000	－3.488	0.001	3.750	0.000	－3.532	0.001
	P_{m0610}	－661.665	17.227	－0.089	0.185	7.602	0.001	－2.601	0.011	2.680	0.009	－2.401	0.019
	P_{m0611}	－1008.295	26.876	－0.148	0.290	13.688	0.000	－4.549	0.000	4.851	0.000	－4.622	0.000
	P_{m0612}	－1117.996	30.039	－0.168	0.359	18.749	0.000	－5.503	0.000	5.965	0.000	－5.780	0.000
	P_{m0613}	－1128.406	30.355	－0.170	0.368	19.496	0.000	－5.622	0.000	6.111	0.000	－5.934	0.000

续表 6-39

处理 Treat	降水因子 P_{m06}	模型系数 Model Coefficients			R^2	F-检验 (F-test)		T-检验 (T-test)					
		a	b	c		F	p	t_0	p	t_1	p	t_2	p
	P_{m0601}	125.431	0.043	-0.003	0.123	4.696	0.012	2.311	0.024	0.044	0.938	-0.737	0.464
	P_{m0602}	89.612	0.758	-0.006	0.106	3.958	0.024	1.068	0.289	0.510	0.612	-1.026	0.308
	P_{m0603}	3.760	2.686	-0.016	0.124	4.756	0.012	0.038	0.969	1.416	0.161	-1.861	0.067
	P_{m0604}	-179.025	6.818	-0.037	0.180	7.348	0.001	-1.570	0.121	2.877	0.005	-3.223	0.002
	P_{m0605}	-250.140	8.228	-0.044	0.165	6.628	0.002	-2.083	0.041	3.236	0.002	-3.453	0.001
	P_{m0606}	-406.024	12.059	-0.066	0.207	8.723	0.000	-3.004	0.004	3.989	0.000	-4.118	0.000
H_{trpa}	P_{m0607}	-599.552	16.755	-0.092	0.245	10.883	0.000	-3.907	0.000	4.653	0.000	-4.661	0.000
	P_{m0608}	-540.983	14.776	-0.079	0.187	7.688	0.001	-3.316	0.001	3.789	0.000	-3.650	0.001
	P_{m0609}	-564.430	14.994	-0.080	0.187	7.711	0.001	-3.065	0.003	3.284	0.002	-3.049	0.003
	P_{m0610}	-509.890	13.278	-0.069	0.184	7.559	0.001	-2.578	0.012	2.656	0.010	-2.377	0.020
	P_{m0611}	-787.853	21.025	-0.116	0.292	13.817	0.000	-4.579	0.000	4.889	0.000	-4.663	0.000
	P_{m0612}	-864.167	23.232	-0.130	0.356	18.483	0.000	-5.459	0.000	5.920	0.000	-5.735	0.000
	P_{m0613}	-870.690	23.431	-0.131	0.363	19.123	0.000	-5.562	0.000	6.047	0.000	-5.870	0.000

备注:remark: a-常数项(constant),b-一次项系数(an item coefficient),c-二次项系数(quadratic term coefficient)。

其P_{m0601}模型极大值为173.3 cm和125.6 cm,分别出现在-20.7 mm/m和7.7 mm/m附近,其值小于P_{m0601}取值下限{32.8,222.5};树高与其月均降水量有负相关的趋势,且降幅以$6.051\times10^{-3}P_{m0601}$和$5.586\times10^{-3}P_{m0601}$的速率递增。两模型交点位于-937.4 mm/m和214.0 mm/m附近,其区间包含13组数据,右侧有1组数据。交点区间,RPA模型值大于对照,最大差距为77.0 cm,出现在-361.7 mm/m附近,远小于其月均降水量的最小值;在当地降水条件下,RPA树高大于对照,但两者差异有随其月均降水量增加降低的趋势,差距降幅递增速率为和$4.646\times10^{-4}P_{m0601}$,发生频度0.929。$P_{m0602}$模型极大值为143.8 cm和113.2 cm,分别发生在69.6 mm/m和62.3 mm/m附近;极值点左右两侧各分布2组和12组数据。极值点右侧,树高与其月均降水量 也有负相关的趋势,其降幅递增速率为$0.018P_{m0602}$和$0.012P_{m0602}$,发生频度均为0.857。模型交点位于

-21.4 mm/*m*和192.9 mm/*m*附近,其区间也包含13组数据,右侧也有1组数据;交点区间,RPA模型值大于对照,最大差距为31.6 cm,出现在85.7 mm/*m*附近;其左右两侧各有5组和8组数据。最大差距点左侧,树高差异与其月均降水量呈正相关,但增幅以$5.514\times10^{-3}P_{m0602}$递减,发生频度0.357;右侧呈负相关,降幅以同样速率递增,发生频度0.571。

其P_{m0603}模型极大值为150.3 cm和117.0 cm,发生在85.3 mm/*m*和84.3 mm/*m*附近;其左右两侧各有4组和10组数据;树高增减幅度变化速率为$0.042P_{m0603}$和$0.032P_{m0603}$,发生频度为0.286和0.714。模型交点出现在7.4 mm/*m*和169.0 mm/*m*附近,均超出了P_{m0603}取值范围{50.3,168.1};在当地降水条件下,RPA树高大于对照,最大差异出现在88.2 mm/*m*附近,模型最大差距为33.4 cm;其左右两侧均分布7组数据,差距变幅增减速率为$0.010P_{m0603}$。其P_{m0604}模型极大值为168.0 cm和131.1 cm,发生在90.4 mm/*m*和91.0 mm/*m*附近;其左右两侧各有6组和8组数据,树高变幅增减速率为$0.095P_{m0604}$和$0.075P_{m0604}$,发生频度0.429和0.571。交点位于27.5 mm/*m*和149.4 mm/*m*附近,其区间包含13组数据,右侧分布1组数据。交点区间,RPA模型值大于对照,最大差距37.0 cm,出现在88.5 mm/*m*附近;其左右两侧交点区间内分别包含6组和7组数据,差距增减速率为$0.020P_{m0604}$,发生频度0.429和0.500。其P_{m0605}模型极大值170.9 cm和131.1 cm,发生在92.8 mm/*m*和92.7 mm/*m*附近,其左右两侧也各有6组和8组数据,树高变幅增减速率为$0.121P_{m0605}$和$0.089P_{m0605}$。交点出现在43.6 mm/*m*和143.0 mm/*m*附近,其区间也包含13组数据,右侧也分布1组数据。最大差距39.8 cm,出现在93.2 mm/*m*附近;其左右两侧也各包含6组和7组数据,差距增减速率为$0.032P_{m0605}$。其P_{m0606}模型极大值为185.7 cm和145.5 cm,出现在91.8 mm/*m*和91.5 mm/*m*附近;其左右两侧各有5组和9组数据,树高变幅变化速率为$0.168P_{m0606}$和$0.132P_{m0606}$,发生频度0.357和0.643。模型交点发生在45.7 mm/*m*和140.1 mm/*m*附近,超出了P_{m0606}取值范围{50.3,135.8};最大差距40.2 cm,出现在92.3 mm/*m*附近,差距增减速率为$0.036P_{m0606}$,发生频度也为0.357和0.643。其P_{m0607}模型极大值为199.7 cm和161.6 cm,出现在91.2 mm/*m*和90.9 mm/*m*附近,数据分布与P_{m0606}相同,树高变幅增减速率为$0.218P_{m0607}$和$0.184P_{m0607}$。交点位于45.4 mm/*m*和140.9 mm/*m*附近,也超出了P_{m0607}取值范围{50.3,127.9};最大差距为38.2 cm,出现在93.1 mm/*m*附近,左右两侧也各分布5组和9组数据,差距增减速率为$0.034P_{m0607}$,发生频度也为0.357和0.643(表6-39)。

(2)$P_{m0608}\sim P_{m0610}$模型 RPA和对照$P_{m0608}\sim P_{m0610}$的Quadratic-模型决定系数相对稳定,变化很小。P_{m0608}模型决定系数R^2为0.186和0.187,相对较小。极大值为187.9 cm和146.5 cm,分别出现在93.1 mm/*m*和93.0 mm/*m*附近,其左右两侧各有4组和10组数据;树高变幅增减速率为$0.204P_{m0608}$和$0.159P_{m0608}$,发生频度为0.286和0.715。交点位于50.2 mm/*m*和135.9 mm/*m*附近,也超出了取值范围{50.3,127.3};最大差距

41.5 cm,出现在93.1 mm/m附近,其左右两侧也各有4组和10组数据;差距增减速率为0.045P_{m0608}。其P_{m0609}模型决定系数R^2为0.211和0.187;极大值为193.7 cm和141.9 cm,发生在92.9 mm/m和94.2 mm/m附近,左右两侧各有3组和11组数据;树高变幅增减速率为0.234P_{m0609}和0.159P_{m0609},发生频度0.214和0.786。模型交点位于52.6和127.5附近,其区间包含13组数据,左侧有1组数据;最大差距52.3 cm,出现在90.0 mm/m附近,其左右两侧交点区间各有2组和11组数据,差距增减速率0.075P_{m0609},发生频度0.143和0.786。其P_{m0610}模型决定系数R^2为0.185和0.184;极大值为169.8 cm和131.8 cm,发生在96.5 mm/m和96.6 mm/m附近;数据分布与P_{m0609}相同,树高变幅增减速率为0.178P_{m0610}和0.137P_{m0610}。模型交点在53.1 mm/m和139.1 mm/m附近;其区间也包含13组数据,左侧1组数据。模型最大差距38.0 cm,发生在96.1 mm/m附近;其左右两侧交点区间也各包含2组和11组数据,差距增减速率0.041P_{m0610}(表6-39)。

(3)P_{m0611}~P_{m0613}模型　P_{m0611}~P_{m0613}的Quadratic-模型决定系数R^2相对较大,且依次增大。其P_{m0611}模型决定系数R^2为0.290和0.292;数据分布变化规律与P_{m0609}相同。模型极大值为211.9 cm和165.8 cm,分别出现在90.8 mm/m和90.7 mm/m附近,树高变幅增减速率为0.296P_{m0611}和0.232P_{m0611}。交点位于53.2 mm/m和129.1 mm/m附近,最大差距46.2 cm,出现在91.1 mm/m附近,差距增减速率0.064P_{m0611}。其P_{m0612}模型决定系数R^2为0.359和0.356;极大值为226.5 cm和175.9 cm,均出现在89.5 mm/m附近;树高变幅增减速率为0.336P_{m0612}和0.259P_{m0612}。交点位于53.0和125.9附近,最大差距50.7 cm,出现在89.5 mm/m附近,差距增减速率0.076P_{m0612}。其P_{m0613}模型决定系数R^2为0.368和0.363;极大值为226.5 cm和175.9 cm,均出现在89.4 mm/m附近,树高变幅增减速率为0.340P_{m0613}和0.262P_{m0613}。交点在82.9 mm/m和125.6 mm/m附近,最大差距51.2 cm,出现在89.2 mm/m,差距增减速率0.078P_{m0613}(表6-39)。

综上所述,树高模型极大值均出现在各生长期6月平均降水量90.0 mm/m左右,当地油松高生长的6月最佳平均降水量就在其附近。

第八节　七月降水对树高的均值效应

【**内容提要**】与6月降水不同,树高与7月平均降水量正相关均极显(p=0.000),其中与近3年7月平均降水量(P_{m0702})相关度达0.890。各因子相互作用下,向后剔除法逐步回归优化模型中,P_{m0711}和P_{m0713}对树高作用很强;RPA的单位量变化系数为7.318和5.086,对模型贡献37.7%和25.9%;对照的单位量变化系数为10.248和6.914对模型贡献40.7%和28.3%。逐步回归分析,在RPA优化模型和9因子模型中,油松对P_{m0711}、P_{m0713}和P_{m0707}响应极强,其单位量变化系数分别为5.753、1.653、4.273和3.265、2.098、3.021,贡献分别为30.3%、24.5%、17.7%和38.1%、21.8%、30.7%;8因子模型主要反

映了油松对 P_{m0705}、P_{m0707}、P_{m0711} 和 P_{m0702} 较响应，其单位量变化系数依次为 1.630、1.466、1.377 和 1.351，对模型分别贡献 20.6%、19.5%、34.0% 和 12.8%；而对照优化模型中，油松对 P_{m0711}、P_{m0705} 和 P_{m0702} 响应较强，单位量变化系数为 1.460、1.470 和 1.120，对模型分别贡献 41.6%、20.0% 和 12.8%。Linear－模型截距 $a<0$，RPA < 对照；$b>0$，RPA > 对照。交点右侧，RPA 模型值大于对照，差距随其月均降水量增加而扩大，发生频度0.986～1.000。

【关 键 词】多效抗旱驱鼠剂，七月平均降水量，油松，树高，回归分析，模型拟合

一、树高与七月降水均值指标的向后剔除法逐步回归模型

对树高（H_t）与不同生长期 7 月降水均值指标（P_{m07}）进行向后剔除法逐步回归模型分析，仅剔除了 P_{m0712} 因子，其余因子均进入了对照油松有效模型；而剔除了 P_{m0705}、P_{m0706}、P_{m0709} 和 P_{m0712} 因子，构成了 RPA 树高有效模型（表 6－40）。

表 6－40　油松高与 7 月降水量均值指标逐步向后回归模型

Tab. 6－40 The backward stepwise regression model of average monthly precipitation in July and height of *Pinus tabulaeformi*

处理 Treat	降水因子 P_{m07}	模型 Model Coefficients 非标准 Unstandard	标准 Standard	T－检验 (T－test) t	p	R^2	相关系数 Correlations r_0	$r_{partial}$	r_{part}	共线性统计量 Collinearity statistics 容差 Tolerance	方差膨胀因子 VIF
H_{rck}	常量	150.334	—	19.566	0.000	0.996 (F = 1117.064, p = 0.000)	—	—	—	—	—
	P_{m0700}	0.405	0.441	9.992	0.000		0.751	0.800	0.083	0.035	28.454
	P_{m0701}	1.097	0.788	15.917	0.000		0.857	0.905	0.132	0.028	35.735
	P_{m0702}	1.450	0.920	9.908	0.000		0.890	0.798	0.082	0.008	125.670
	P_{m0703}	0.673	0.381	2.947	0.005		0.838	0.366	0.024	0.004	243.177
	P_{m0704}	－5.395	－2.485	－13.385	0.000		0.815	－0.873	－0.111	0.002	502.346
	P_{m0705}	1.575	0.642	3.088	0.003		0.776	0.381	0.026	0.002	630.573
	P_{m0706}	－1.384	－0.479	－2.483	0.016		0.745	－0.315	－0.021	0.002	542.933
	P_{m0707}	10.988	3.382	12.311	0.000		0.685	0.855	0.102	0.001	1100.399
	P_{m0708}	－8.148	－2.151	－7.857	0.000		0.633	－0.724	－0.065	0.001	1092.405
	P_{m0709}	1.900	0.459	3.364	0.001		0.611	0.410	0.028	0.004	271.817
	P_{m0710}	10.293	2.345	5.990	0.000		0.566	0.625	0.050	0.000	2234.477
	P_{m0711}	－48.072	－10.248	－14.390	0.000		0.522	－0.887	－0.119	0.000	7393.322
	P_{m0713}	33.777	6.914	13.887	0.000		0.509	0.880	0.115	0.000	3613.348

续表 6-40

处理 Treat	降水因子 P_{m07}	模型 Model Coefficients 非标准 Unstandard	标准 Standard	T-检验 (T-test) t	p	R^2	相关系数 Correlations r_0	$r_{partial}$	r_{part}	共线性统计量 Collinearity statistics 容差 Tolerance	方差膨胀因子 VIF
H_{trpa}	常量	194.722	—	12.433	0.000	0.990 (F = 569.637, p = 0.000)	—	—	—	—	—
	P_{m0700}	0.469	0.397	8.436	0.000		0.794	0.739	0.111	0.078	12.754
	P_{m0701}	1.461	0.816	11.462	0.000		0.861	0.831	0.151	0.034	29.188
	P_{m0702}	2.138	1.054	8.554	0.000		0.890	0.744	0.113	0.011	87.418
	P_{m0703}	0.686	0.301	2.314	0.024		0.855	0.288	0.031	0.010	97.669
	P_{m0704}	-6.423	-2.299	-8.719	0.000		0.822	-0.750	-0.115	0.002	400.199
	P_{m0707}	15.133	3.621	8.822	0.000		0.701	0.754	0.116	0.001	969.587
	P_{m0708}	-11.606	-2.381	-10.377	0.000		0.641	-0.804	-0.137	0.003	303.022
	P_{m0710}	9.238	1.636	4.367	0.000		0.578	0.494	0.058	0.001	807.699
	P_{m0711}	-44.163	-7.318	-11.162	0.000		0.534	-0.824	-0.147	0.000	2473.398
	P_{m0713}	31.971	5.086	9.722	0.000		0.515	0.785	0.128	0.001	1575.254

1. **对照树高模型分析** 在控制其他因子影响下，对照树高与 P_{m0711}、P_{m0704}、P_{m0708} 和 P_{m0706} 负偏相关依次减弱，其中与前 3 个因子极显著，与后 1 个因子相关显著（$r_{partial}$ = -0.315，p = 0.016）；而与 P_{m0703}、P_{m0705}、P_{m0709}、P_{m0710}、P_{m0702}、P_{m07}、P_{m0707}、P_{m0713} 和 P_{m0701} 正偏相关极显著，且依次增强。各因子配合下，P_{m0711} 和 P_{m0713} 对树高作用很强，单位量变化系数达 10.248 和 6.914；其对模型起着决定作用，贡献 40.7% 和 28.3%。其次是 P_{m0707}、P_{m0704}、P_{m0710} 和 P_{m0708}，单位量变化系数为 3.382、2.485、2.345 和 2.151，其对模型分别贡献 9.3%、4.9%、6.2% 和 5.7%。P_{m0702} 和 P_{m0701} 对树高也有一定作用，单位量变化系数为 0.920 和 0.788，对模型贡献 1.3% 和 1.1%。而 P_{m0705}、P_{m0706}、P_{m07009}、P_{m07} 和 P_{m0703} 对树高作用较弱，单位量变化系数依次为 0.642、0.479、0.459、0.441 和 0.381；其对模型影响也较小，分别贡献 0.6%、0.4%、0.8%、0.4% 和 0.3%。

2. **RPA 树高模型分析** 与对照相比，RPA 树高 P_{m0711}、P_{m0708} 和 P_{m0704} 负偏相关依次减弱，且极显著；而与 P_{m0703}、P_{m0710}、P_{m07}、P_{m0702}、P_{m0707}、P_{m0713} 和 P_{m0701} 正偏相关依次增强，其中与 P_{m0703} 相关显著（$r_{partial}$ = 0.288，p = 0.024），与后 6 个因子相关极显著。各因子相互作用下，P_{m0711} 和 P_{m0713} 也对树高作用很强，单位量变化系数为 7.318 和 5.086，对模型贡献 37.7% 和 25.9%；其作用和影响比对照明显降低。其次是 P_{m0707}、P_{m0708}、P_{m0704} 和 P_{m0710}，单位量变化系数为 3.621、2.381、2.299 和 1.636，其对模型分别贡献 12.2%、9.8%、5.5% 和 4.8%；其中，P_{m0707} 和 P_{m0708} 的影响明显增强，而 P_{m0710} 作用显著降低。P_{m0702} 和 P_{m0701} 对油松也有一定作用，单位量变化系数为 1.054 和 0.816，对模型分别贡献 1.9% 和 1.5%。而

P_{m07}和P_{m0703}对油松作用也较弱，单位量变化系数仅为0.397和0.301；其对模型影响也很小，仅贡献0.5%和0.2%；与对照相当。

二、树高与七月降水均值指标的逐步回归模型

在组成的7组对照油松高7月平均降水量有效模型中，P_{m0702}、P_{m0711}、P_{m0709}、P_{m0701}、P_{m0705}、P_{m0706}和P_{m0707}构成了其优化模型(表6－41)。而在产生的17组RPA有效模型中，P_{m0702}、P_{m0709}、P_{m0701}、P_{m0707}、P_{m0711}、P_{m0704}、P_{m0713}、P_{m0708}和P_{m07}构成RPA树高优化模型；同时，P_{m0702}、P_{m0703}、P_{m0705}、P_{m0702}、P_{m0707}、P_{m0711}、P_{m0704}、P_{m0713}和P_{m0708}组合，P_{m0702}、P_{m0703}、P_{m0705}、P_{m0709}、P_{m0701}、P_{m0704}、P_{m0711}和P_{m0704}组合，P_{m0702}、P_{m0712}、P_{m0703}、P_{m0705}、P_{m0709}、P_{m0701}和P_{m0707}组合也能较好诠释各生长期7月降水量均值对RPA的影响(表6－42)。

表6－41　油松高与7月降水量均值指标逐步回归模型(对照)

Tab.6－41 The stepwise regression model of average monthly precipitation in July and height of *Pinus tabulaeformi*(ck)

处理 Treat	降水因子 P_{m07}	模型 Model Coefficients 非标准 Unstandard	标准 Standard	T－检验 (T－test) t	p	R^2	相关系数 Correlations r_0	$r_{partial}$	r_{part}	共线性统计量 Collinearity statistics 容差 Tolerance	方差膨胀因子 VIF
H_{rck}	常量	179.837	—	11.928	0.000	0.981 (F = 465.719, p = 0.000)	—	—	—	—	—
	P_{m0701}	1.766	1.120	11.189	0.000		0.890	0.818	0.194	0.030	33.311
	P_{m0711}	−6.848	−1.460	−10.624	0.000		0.522	−0.803	−0.184	0.016	62.731
	P_{m0709}	2.759	0.667	3.467	0.001		0.611	0.403	0.060	0.008	122.984
	P_{m0701}	0.845	0.607	8.587	0.000		0.857	0.737	0.149	0.060	16.596
	P_{m0705}	−3.604	−1.470	−7.414	0.000		0.776	−0.686	−0.129	0.008	130.523
	P_{m0706}	2.298	0.795	3.099	0.003		0.745	0.366	0.054	0.005	218.930
	P_{m0707}	1.729	0.532	2.987	0.004		0.685	0.355	0.052	0.009	105.501

1. **对照树高模型分析**　排除其他因子干扰，树高仅与P_{m0711}和P_{m0705}负净相关极显著；而与P_{m0707}、P_{m0706}、P_{m0709}、P_{m0701}和P_{m0702}正极显著极显著，且依次增强。各因子配合下，油松对P_{m0711}、P_{m0705}和P_{m0702}响应较强，单位量变化系数为1.460、1.470和1.120；其对模型影响也较大，分别贡献41.6%、20.0%和12.8%。而油松对P_{m0706}、P_{m0709}、P_{m0701}和P_{m0707}响应相对较弱，其单位量变化系数分别为0.795、0.667、0.607和0.532；其对模型影响也相对较小，分别贡献6.7%、8.5%、5.7%和4.8%(表6－41)。

2. **RPA树高模型分析**

(1)优化模型　从RPA优化模型分析，在控制其他因子作用下，树高P_{m0708}、P_{m0711}和

P_{m0704}负净相关依次减弱，而与P_{m0709}、P_{m0713}、P_{m07}、P_{m0701}、P_{m0707}和P_{m0702}正净相关依次增强，且均极显著。各因子相互作用下，油松对P_{m0711}、P_{m0713}和P_{m0707}响应极强，单位量变化系数达5.753、1.653和4.273；其对模型影响也很大，分别贡献30.3%、24.5%和17.7%；其P_{m0711}对模型影响比对照显著下降，而P_{m0707}作用和影响明显增强。其次为P_{m0708}、P_{m0704}和P_{m0702}，单位量变化系数为2.975、2.350和1.309，其对模型分别贡献14.7%、6.1%和3.1%；其中P_{m0702}的作用和影响比对照下降十分显著（表6－42）。

（2）9因子模型　树高与P_{m0711}、P_{m0704}、P_{m0705}和P_{m0708}负净相关依次减弱，其中与前3个因子相关极显著，与P_{m0708}相关显著（$r_{partial} = -0.286, p = 0.024$）；而与$P_{m0703}$、$P_{m0713}$、$P_{m0701}$、$P_{m0707}$和$P_{m0702}$正净相关依次增强，其中与$P_{m0703}$相关显著（$r_{partial} = 0.301, p = 0.018$），与后4个因子相关极显著。各因子配合下，油松对$P_{m0711}$、$P_{m0707}$和$P_{m0713}$响应极强，单位量变化系数为3.265、3.021和2.098，其对模型分别贡献38.1%、30.7%和21.8%；其作用比优化模型明显减弱，而P_{m0711}和P_{m0707}对模型影响明显增加，而P_{m0713}有所降低。其次是P_{m0702}、P_{m0704}和P_{m0705}，单位量变化系数为1.469、1.460、和1.240，对模型贡献9.3%、8.2%。而对P_{m0708}、P_{m0701}和P_{m0703}响应较弱，变化系数为0.918、0.717和0.421，对模型分别贡献4.2%、3.5%和1.1%（表6－42）。

（3）8因子模型　从RPA树高8因子模型分析，排除其他因子干扰，树高与P_{m0711}和P_{m0705}负净相关极显著，与P_{m0708}负净相关显著（$r_{partial} = -0.295, p = 0.019$）；而与$P_{m0709}$、$P_{m0703}$、$P_{m0707}$、$P_{m0701}$和$P_{m0702}$正净相关依次增强，且极显著。

表6－42　油松高与7月降水量均值指标逐步回归模型（RPA）

Tab. 6－42 The stepwise regression model of average monthly precipitation in July and height of *Pinus tabulaeformi*（RPA）

处理 Treat	降水因子 P_{m07}	模型 Model Coefficients 非标准 Unstandard	标准 Standard	T－检验（T－test） t	p	R^2	相关系数 Correlations r_0	$r_{partial}$	r_{part}	共线性统计量 Collinearity statistics 容差 Tolerance	方差膨胀因子 VIF
H_{rck}	常量	189.478	—	11.803	0.000	0.989（F = 591.370, p = 0.000）	—	—	—	—	—
	P_{m0702}	2.654	1.309	14.496	0.000		0.890	0.882	0.198	0.023	43.890
	P_{m0709}	3.129	0.588	3.666	0.001		0.613	0.428	0.050	0.007	138.562
	P_{m0701}	1.309	0.731	11.190	0.000		0.861	0.822	0.153	0.044	22.980
	P_{m0707}	17.858	4.273	12.044	0.000		0.701	0.841	0.164	0.001	677.401
	P_{m0711}	−34.721	−5.753	−9.213	0.000		0.534	−0.765	−0.126	0.000	2098.694
	P_{m0704}	−6.565	−2.350	−8.650	0.000		0.822	−0.745	−0.118	0.003	397.172
	P_{m0713}	29.250	4.653	8.442	0.000		0.515	0.737	0.115	0.001	1635.445
	P_{m0708}	−14.500	−2.975	−13.823	0.000		0.641	−0.872	−0.188	0.004	249.287
	P_{m07}	0.530	0.449	8.815	0.000		0.794	0.751	0.120	0.072	13.956

续表 6－42

处理 Treat	降水因子 P_{m07}	模型 Model Coefficients 非标准 Unstandard	标准 Standard	T－检验（T－test）t	p	R^2	相关系数 Correlations r_0	$r_{partial}$	r_{part}	共线性统计量 Collinearity statistics 容差 Tolerance	方差膨胀因子 VIF
	常量	200.977	—	9.817	0.000		—	—	—	—	—
	P_{m0702}	2.979	1.469	11.487	0.000		0.890	0.829	0.202	0.019	52.864
	P_{m0703}	0.957	0.421	2.443	0.018	0.981 (F = 352.502, p = 0.000)	0.855	0.301	0.043	0.010	95.796
	P_{m0705}	−3.912	−1.240	−4.783	0.000		0.780	−0.525	−0.084	0.005	217.265
	P_{m0701}	1.285	0.717	7.810	0.000		0.861	0.710	0.137	0.037	27.280
	P_{m0708}	12.628	3.021	8.308	0.000		0.701	0.731	0.146	0.002	427.484
	P_{m0711}	−19.707	−3.265	−5.816	0.000		0.534	−0.600	−0.102	0.001	1019.002
	P_{m0704}	−4.078	−1.460	−5.429	0.000		0.822	−0.574	−0.095	0.004	233.687
	P_{m0713}	13.186	2.098	4.646	0.000		0.515	0.514	0.082	0.002	658.934
	P_{m0708}	−4.475	−0.918	−2.315	0.024		0.641	−0.286	−0.041	0.002	508.451
	常量	220.828	—	9.974	0.000		—	—	—	—	—
	P_{m0702}	2.739	1.351	9.223	0.000		0.890	0.763	0.180	0.018	56.198
	P_{m0703}	1.046	0.460	2.915	0.005		0.855	0.350	0.057	0.015	65.203
H_{rck}	P_{m0705}	−5.141	−1.630	−8.039	0.000	0.977 (F = 319.913, p = 0.000)	0.780	−0.717	−0.157	0.009	107.672
	P_{m0709}	2.624	0.493	2.843	0.006		0.613	0.342	0.056	0.013	78.836
	P_{m0701}	0.990	0.553	5.977	0.000		0.861	0.608	0.117	0.045	22.407
	P_{m0707}	6.264	1.499	5.520	0.000		0.701	0.577	0.108	0.005	193.153
	P_{m0711}	−8.308	−1.377	−9.892	0.000		0.534	−0.785	−0.193	0.020	50.737
	P_{m0704}	−1.496	−0.535	−2.415	0.019		0.822	−0.295	−0.047	0.008	128.717
	常量	225.842	—	9.305	0.000		—	—	—	—	—
	P_{m0702}	2.600	1.282	10.458	0.000		0.890	0.799	0.226	0.031	32.112
	P_{m0712}	−7.134	−1.133	−8.252	0.000		0.514	−0.724	−0.179	0.025	40.259
	P_{m0703}	0.878	0.386	2.193	0.032	0.971 (F = 396.370, p = 0.000)	0.855	0.268	0.047	0.015	66.121
	P_{m0705}	−4.838	−1.534	−6.887	0.000		0.780	−0.658	−0.149	0.009	105.953
	P_{m0709}	3.282	0.617	3.004	0.004		0.613	0.356	0.065	0.011	90.129
	P_{m0701}	0.787	0.440	4.899	0.000		0.861	0.528	0.106	0.058	17.209
	P_{m0707}	3.111	0.744	3.302	0.002		0.701	0.387	0.071	0.009	1108.553

各因子配合下，油松对 P_{m0705}、P_{m0707}、P_{m0711} 和 P_{m0702} 响应较强，单位量变化系数为 1.630、1.466、1.377 和 1.351，其对模型分别贡献 20.6%、19.5%、34.0% 和 12.8%；而对 P_{m0701}、P_{m0704}、P_{m0709} 和 P_{m0703} 响应较弱，单位量变化系数为 0.553、0.535、0.493 和 0.460，对应

模型分别贡献3.8%、2.5%、4.7%和2.2%。而其7因子模型显示，树高与P_{m0712}和P_{m0705}负净相关极显著；而与P_{m0703}、P_{m0709}、P_{m0707}、P_{m0701}和P_{m0702}正净相关依次增强，其中与P_{m0703}相关显著($r_{partial}=0.258$,$p=0.032$)，与其余因子相关极显著。各因子配合下，油松对P_{m0712}、P_{m0705}和P_{m0702}响应较强，其单位量变化系数为1.133、1.534和1.282，对模型分别贡献36.3%、24.1%和17.2%。而对P_{m0707}、P_{m0709}、P_{m0701}和P_{m0703}响应较弱，单位量变化系数为0.744、0.617、0.440和0.386，对模型贡献8.8%、8.3%、3.5%和1.9%。

三、树高与七月降水均值指标的相关性

与6月降水不同，树高与各生长期7月平均降水量均呈极显著的正相关。其中与近13年7月平均降水量(P_{m0712})相关度最小，但RPA和对照的相关系数也达0.514($p=0.000$)和0.508($p=0.000$)，与近3年7月降水量均值(P_{m0702})相关度最高，两者相关系数均达0.890($p=0.000$)。

四、树高与七月降水均值指标的模型拟合

树高与各生长期7月降水量均值关系均满足Linear－模型分析要求，且模型决定系数较大，线性关系极为显著(表6－3)。

表6－43 油松高与7月降水量均值指标直线模型

Tab.6－43 The linear－model of average monthly precipitation in July and height of *Pinus tabulaeformi*

处理 Treat	降水因子 P_{m05}	模型系数 Model Coefficients		R^2	F－检验 (F－test)		T－检验 (T－test)			
		常数项 a	函数项 b		F	p	t_0	p	t_1	p
H_{trpa}	P_{m07}	－39.251	0.939	0.631	116.209	0.000	－2.251	0.028	10.780	0.000
	P_{m0701}	－127.257	1.542	0.741	194.998	0.000	－6.575	0.000	13.964	0.000
	P_{m0702}	－162.051	1.806	0.793	260.320	0.000	－8.604	0.000	16.134	0.000
	P_{m0703}	－174.046	1.945	0.731	184.976	0.000	－7.547	0.000	184.976	0.000
	P_{m0704}	－215.338	2.296	0.676	141.605	0.000	－7.286	0.000	11.900	0.000
	P_{m0705}	－232.061	2.462	0.609	105.955	0.000	－6.520	0.000	10.293	0.000
	P_{m0706}	－270.026	2.784	0.561	87.026	0.000	－6.262	0.000	9.329	0.000
	P_{m0707}	－284.061	2.929	0.491	65.610	0.000	－5.548	0.000	8.100	0.000
	P_{m0708}	－305.032	3.125	0.411	47.477	0.000	－4.844	0.000	6.890	0.000
	P_{m0709}	－320.581	3.262	0.376	40.947	0.000	－4.573	0.000	6.399	0.000
	P_{m0710}	－318.429	3.266	0.334	34.163	0.000	－4.175	0.000	5.845	0.000
	P_{m0711}	－310.735	3.226	0.286	27.196	0.000	－3.705	0.000	5.215	0.000
	P_{m0712}	－310.939	3.235	0.264	24.376	0.000	－3.512	0.001	4.937	0.000
	P_{m0713}	－311.292	3.237	0.265	24.545	0.000	－3.525	0.001	4.954	0.000

续表 6－43

处理 Treat	降水因子 P_{m05}	模型系数 Model Coefficients 常数项 a	函数项 b	R^2	F－检验 (F－test) F	p	T－检验 (T－test) t_0	p	t_1	p
H_{trpa}	P_{m07}	－23.353	0.689	0.563	87.765	0.000	－1.585	0.118	9.368	0.000
	P_{m0701}	－97.725	1.193	0.735	188.150	0.000	－6.411	0.000	13.717	0.000
	P_{m0702}	－125.686	1.404	0.793	260.464	0.000	－8.587	0.000	16.139	0.000
	P_{m0703}	－130.510	1.483	0.703	160.908	0.000	－6.926	0.000	12.685	0.000
	P_{m0704}	－165.033	1.771	0.665	134.992	0.000	－7.070	0.000	11.619	0.000
	P_{m0705}	－178.477	1.903	0.602	102.845	0.000	－6.393	0.000	10.141	0.000
	P_{m0706}	－208.061	2.153	0.556	85.056	0.000	－6.168	0.000	9.223	0.000
	P_{m0707}	－213.476	2.226	0.469	60.160	0.000	－5.254	0.000	7.756	0.000
	P_{m0708}	－232.798	2.400	0.401	45.573	0.000	－4.717	0.000	6.751	0.000
	P_{m0709}	－248.010	2.529	0.374	40.612	0.000	－4.545	0.000	6.373	0.000
	P_{m0710}	－239.920	2.484	0.320	32.041	0.000	－4.005	0.000	5.660	0.000
	P_{m0711}	－233.342	2.448	0.272	25.461	0.000	－3.547	0.001	5.046	0.000
	P_{m0712}	－237.901	2.488	0.258	23.696	0.000	－3.444	0.001	4.868	0.000
	P_{m0713}	－238.052	2.489	0.260	23.836	0.000	－3.455	0.001	4.882	0.000

P_{m07}～P_{m0702}模型决定系数 R^2依次增大，P_{m0702}模型最大，RPA 和对照均为 0.793，之后 R^2逐渐减小，但模型均极为显著($p=0.000$)。模型截距 $a<0$，RPA＜对照；$b>0$，RPA＞对照。RPA 和对照模型 b 比值依次为 1.361、1.292、1.287、1.312、1.297、1.294、1.293、1.316、1.302、1.290、1.315、1.316、1.300 和 1.301，交点分别出现在 63.8 mm/m、84.6 mm/m、90.4 mm/m、94.1 mm/m、95.7 mm/m、95.7 mm/m、98.2 mm/m、100.4 mm/m、99.6 mm/m、99.0 mm/m、100.5 mm/m、102.7 mm/m、97.8 mm/m 和 97.8 mm/m 附近；交点左侧除 P_{m07}和 P_{m0701}模型分布有 1 组数据外，其余均无数据落入。交点右侧，RPA 模型值大于对照，差距随其月均降水量增加而扩大。表明树高与各生长期 7 月平均降水量均呈极显著的正相关，且 RPA 树高对其月均降水量响应较大。

第九节　八月降水对树高的均值效应

【内容提要】与 7 月降水相同，树高与各生长期 8 月平均降水量指标正相关也极为显著($p=0.000$)，与 P_{m0806}的相关系数分别达 0.736 和 0.745。在 RPA8 因子模型和对照 9 因子向后剔除法逐步回归模型中，P_{m0813}对树高作用最强，单位量变化系数为 2.411 和 1.849，对模型贡献 54.4% 和 35.3%；P_{m0806}对 RPA 树高作用也较大，单位量变化系数为 1.426，对模型贡献 24.5%；对照树高对 P_{m0809}、P_{m0810}和 P_{m0805}响应也较强，单位量变化系数为 1.146、1.257 和 0.807，对模型分别贡献 17.1%、16.2% 和 12.3%。在 RPA 两个 9 因子逐步回归模型中，

油松对 P_{m0812}、P_{m0810} 和 P_{m0811} 响应较强，单位量变化系数分别为 7.250、5.456、5.051 和 5.500、4.327、4.234，对模型贡献 31.2%、24.6%、24.9% 和 26.8%、26.0%、25.9%；在两个 8 因子模型中，油松对 P_{m0811} 和 P_{m0806} 响应较强，单位量变化系为 1.982、1.610 和 2.747、1.723，对模型贡献 38.4%、28.6% 和 49.9%、25.8%。在对照两个 8 因子逐步回归模型中，P_{m0810}、P_{m0812} 和 P_{m0811} 对树高作用较大，单位量变化系数分别为 4.227、3.216、2.579 和 3.508、2.495、2.424，对模型贡献 32.2%、21.2%、19.9% 和 30.1%、15.8%、22.5%。Linear – 模型截距 a 除 P_{m08} 大于零外，其余均小于零，RPA < 对照；斜率 $b>0$，RPA > 对照；表明树高与各生长期 8 月平均降水量呈正相关，且 RPA 树高对其响应较大。说明 8 月降水量对树高有明显的促进作用，且对 RPA 油松的促进作用强于对照，其发生频度在 0.857 ~ 1.000 之间。Quadratic – 模型是树高与各生长期 8 月平均降水量的最优模型，模型 $b<0$，且 RPA < 对照；$c>0$，且 RPA > 对照；模型极小值接近或者小于各生长期 8 月降水量的最小值。

【关 键 词】多效抗旱驱鼠剂，八月平均降水量，油松，树高，回归分析，模型拟合

一、树高与八月降水均值指标的向后剔除法逐步回归模型

对树高（H_t）与不同生长期 8 月降水均值指标（P_{m08}）进行向后剔除法逐步回归模型分析，经过 4 次向后剔除法逐步回归，构建了对照和 RPA 的油松 8 月降水量均值指标有效模型（表 6 – 44）。

表 6 – 44 油松高与 8 月降水量均值指标逐步向后回归模型

Tab. 6 – 44 The backward stepwise regression model of average monthly precipitation in August and height of *Pinus tabulaeformi*

处理 Treat	降水因子 P_{m08}	模型 Model Coefficients 非标准 Unstandard	标准 Standard	T – 检验 (T – test) t	p	R^2	相关系数 Correlations r_0	$r_{partial}$	r_{part}	共线性统计量 Collinearity statistics 容差 Tolerance	方差膨胀因子 VIF
H_{rck}	常量	13.233	—	1.414	0.163	0.990 (F = 680.372, p = 0.000)	—	—	—	—	—
	P_{m0802}	0.222	0.087	3.147	0.003		0.643	0.376	0.040	0.211	4.741
	P_{m0803}	0.464	0.156	3.802	0.000		0.630	0.441	0.048	0.096	10.373
	P_{m0804}	1.945	0.502	9.824	0.000		0.684	0.785	0.125	0.062	16.141
	P_{m0805}	2.963	0.807	15.925	0.000		0.707	0.899	0.203	0.063	15.860
	P_{m0806}	4.560	1.146	11.231	0.000		0.745	0.823	0.143	0.016	64.395
	P_{m0808}	3.719	0.840	4.349	0.000		0.637	0.490	0.055	0.004	230.704
	P_{m0809}	1.399	0.306	3.546	0.001		0.616	0.416	0.045	0.022	46.041
	P_{m0810}	−5.937	−1.257	−6.091	0.000		0.561	−0.618	−0.077	0.004	263.413
	P_{m0813}	−9.258	−1.849	−13.864	0.000		0.514	−0.873	−0.176	0.009	109.980

续表 6-44

处理 Treat	降水因子 P_{m08}	模型 Model Coefficients 非标准 Unstandard	标准 Standard	T-检验 (T-test) t	p	R^2	相关系数 Correlations r_0	$r_{partial}$	r_{part}	共线性统计量 Collinearity statistics 容差 Tolerance	方差膨胀因子 VIF
H_{trpa}	常量	23.572	—	1.387	0.170	0.980 (F = 369.668, p = 0.000)	—	—	—	—	—
	P_{m0801}	-0.259	-0.094	-2.413	0.019		0.601	-0.295	-0.044	0.218	4.588
	P_{m0802}	0.286	0.087	2.102	0.040		0.637	0.260	0.038	0.192	5.206
	P_{m0803}	1.477	0.385	8.118	0.000		0.665	0.721	0.148	0.147	6.799
	P_{m0804}	2.212	0.444	7.392	0.000		0.694	0.687	0.135	0.092	10.879
	P_{m0805}	2.938	0.622	9.573	0.000		0.712	0.775	0.174	0.079	12.724
	P_{m0806}	7.300	1.426	15.949	0.000		0.736	0.898	0.290	0.041	24.132
	P_{m0809}	1.619	0.275	2.116	0.038		0.615	0.262	0.039	0.020	51.069
	P_{m0813}	-15.530	-2.411	-24.771	0.000		0.517	-0.954	-0.451	0.035	28.592

1. **对照模型分析**　在控制其他因子影响下，对照树高与 P_{m0813} 和 P_{m0810} 负偏相关极显著；而与 P_{m0802}、P_{m0809}、P_{m0803}、P_{m0808}、P_{m0804}、P_{m0806} 和 P_{m0805} 正偏相关极显著，且依次增强。各因子配合下，P_{m0813} 对树高作用最强，单位量变化系数为 1.849；其对模型影响也最大，贡献 35.3%。P_{m0809}、P_{m0810} 和 P_{m0805} 对树高作用也相对较强，单位量变化系数为 1.146、1.257 和 0.807，对模型分别贡献 17.1%、16.2% 和 12.3%。P_{m0808} 和 P_{m0804} 对树高也有一定作用，单位量变化系数为 0.840 和 0.502，对模型分别贡献 8.7% 和 7.1%。而 P_{m0809}、P_{m0803} 和 P_{m0802} 对树高作用较弱，单位量变化系数仅为 0.306、0.156 和 0.087；其对模型影响也较小，仅贡献 2.6%、1.0% 和 0.4%。

2. **RPA 模型分析**　与对照相比，RPA 树高也与 P_{m0813} 负偏相关极显著，但与 P_{m0801} 负偏相关显著（$r_{partial} = -0.295, p = 0.019$）；而与 P_{m0802}、P_{m0809}、P_{m0804}、P_{m0803}、P_{m0805} 和 P_{m0806} 正偏相关依次增强，其中与 P_{m0802} 和 P_{m0809} 相关显著（$r_{partial}$ = 0.260、0.262，p = 0.040、0.038），与后 4 个因子相关极显著。各因子相互作用下，也是 P_{m0813} 对树高作用最强，单位量变化系数达 2.411，对模型贡献 54.4%；比对照显著增强。其次是 P_{m0806}，单位量变化系数为 1.426，对模型贡献 24.5%；也比对照明显提高。P_{m0805}、P_{m0804} 和 P_{m0803} 对树高也有一定作用，单位量变化系数为 0.622、0.444 和 0.385，对模型分别贡献 8.8%、5.9% 和4.2%；其中，P_{m0805} 和 P_{m0804} 作用及影响比对照有所降低，而 P_{m0803} 明显提高。P_{m0809}、P_{m0801} 和 P_{m0802} 对树高作用很弱，单位量变化系数仅为 0.275、0.094 和 0.087；其对模型影响也极小，仅贡献 1.6%、0.3% 和 0.3%；与对照基本相当。

二、树高与八月降水均值指标的逐步回归模型

对其进行逐步回归模型分析，产生了 10 组对照油松树高有效模型，其中，P_{m0806}、

P_{m0811}、P_{m0805}、P_{m0810}、P_{m0804}、P_{m0808}、P_{m0812}和P_{m0801}构成了其优化模型；同时，用P_{m0802}因子代替其P_{m0801}因子也能较好反映各生长期8月平均降水量与其油松高的关系（表6－45）；而RPA产生了17组有效模型，其中，P_{m0806}、P_{m0811}、P_{m0805}、P_{m0804}、P_{m0807}、P_{m0810}、P_{m0812}、P_{m0808}和P_{m0801}构成了其优化模型；另外，用P_{m0803}因子代替其P_{m0801}因子，或者采用P_{m0806}、P_{m0811}、P_{m0805}、P_{m0804}、P_{m0802}、P_{m0809}、P_{m0803}和P_{m0810}组合以及P_{m0806}、P_{m0811}、P_{m0805}、P_{m0804}、P_{m0802}、P_{m0809}、P_{m0807}和P_{m0803}组合也能较好诠释各生长期8月平均降水量对其树高的影响（表6－46）。

表6－45　油松高与8月降水量均值指标逐步回归模型（对照）

Tab.6－45 The stepwise regression model of average monthly precipitation in August and height of *Pinus tabulaeformi*（ck）

处理 Treat	降水因子 P_{m08}	模型 Model Coefficients 非标准 Unstandard	标准 Standard	T－检验（T－test） t	p	R^2	相关系数 Correlations r_0	$r_{partial}$	r_{part}	共线性统计量 Collinearity statistics 容差 Tolerance	方差膨胀因子 VIF
	常量	8.864	—	1.121	0.267		—	—	—	—	—
	P_{m0806}	5.017	1.261	15.547	0.000		0.745	0.894	0.173	0.019	53.365
	P_{m0811}	－12.783	－2.579	－15.051	0.000	0.992	0.538	－0.888	－0.167	0.004	238.167
	P_{m0805}	4.302	1.171	24.080	0.000	（F＝	0.707	0.951	0.267	0.052	19.188
	P_{m0810}	－19.961	－4.227	－17.737	0.000	1006.354，	0.561	－0.915	－0.197	0.002	460.668
	P_{m0804}	2.279	0.588	13.713	0.000	p＝	0.684	0.869	0.152	0.067	14.927
	P_{m0808}	5.392	1.218	8.542	0.000	0.000）	0.637	0.738	0.095	0.006	164.910
	P_{m0812}	15.669	3.216	9.378	0.000		0.544	0.768	0.104	0.001	953.933
	P_{m0801}	0.186	0.087	4.344	0.000		0.608	0.486	0.048	0.306	3.267
H_{rck}	常量	7.529	—	0.867	0.389		—	—	—	—	—
	P_{m0806}	5.551	1.395	16.243	0.000		0.745	0.901	0.196	0.020	50.665
	P_{m0811}	－12.014	－2.424	－11.738	0.000	0.991	0.538	－0.833	－0.142	0.003	292.768
	P_{m0805}	4.059	1.105	18.502	0.000	（F＝	0.707	0.921	0.223	0.041	24.482
	P_{m0802}	0.189	0.074	2.569	0.013	850.574，	0.643	0.312	0.031	0.174	5.732
	P_{m0810}	－16.566	－3.508	－10.637	0.000	p＝	0.561	－0.806	－0.128	0.001	746.688
	P_{m0804}	1.966	0.507	10.813	0.000	0.000）	0.684	0.811	0.130	0.066	15.115
	P_{m0808}	4.778	1.079	6.710	0.000		0.637	0.652	0.081	0.006	177.642
	P_{m0812}	12.158	2.495	5.527	0.000		0.544	0.578	0.067	0.001	1399.466

1. ***对照树高模型分析***　对照优化模型分析，在排除其他因子干扰下，树高与P_{m0810}和P_{m0811}负净相关极显著，而与P_{m0801}、P_{m0808}、P_{m0812}、P_{m0804}、P_{m0806}和P_{m0805}正净相关极显著，且

依次增强。各因子配合下，油松对 P_{m0810}、P_{m0812} 和 P_{m0811} 响应极强，单位量变化系数达 4.227、3.216 和 2.579；其对模型起着决定作用，分别贡献 32.2%、21.2% 和 19.9%。油松对 P_{m0806}、P_{m0808}、P_{m0805} 和 P_{m0804} 响应也有一定响应，其单位量变化系数依次为 1.261、1.218、1.171 和 0.588，对模型分别贡献 8.2%、7.1%、7.6% 和 3.7%。而对 P_{m0801} 响应极弱，单位量变化系数仅为 0.087；其对模型影响也很小，仅贡献 0.2%。其另一模型显示，树高也与 P_{m0810} 和 P_{m0811} 负净相关极显著，但 P_{m0811} 相关度略高；而与 P_{m0802}、P_{m0812}、P_{m0808}、P_{m0804}、P_{m0806} 和 P_{m0805} 正净相关依次增强，其中与 P_{m0802} 相关显著（$r_{partial}$ = 0.312，p = 0.013），与后 5 个因子相关极显著。各因子配合下，油松对 P_{m0810}、P_{m0812} 和 P_{m0811} 响应极强，单位量变化系数达 3.508、2.495 和 2.424，其对模型分别贡献 30.1%、15.8% 和 22.5%；其中，P_{m0812} 对模型影响比优化模型显著降低，而 P_{m0811} 明显提高。对 P_{m0806}、P_{m0805}、P_{m0808} 和 P_{m0804} 响应也相对较强，单位量变化系数为 1.395、1.105、1.079 和 0.507，对模型分别贡献 11.7%、8.8%、7.1% 和 3.8%；与其优化模型结果基本相同。而对 P_{m0802} 响应极弱，单位量变化系数仅为 0.074，对模型仅贡献 0.1%；在模型中的作用与其优化模型中的 P_{m0801} 相当（表 6-45）。

2. **RPA 树高模型分析**　从 RPA 优化模型分析，在控制其他因子影响下，树高与 P_{m0811}、P_{m0810} 和 P_{m0807} 负净相关依次减弱，而与 P_{m0801}、P_{m0808}、P_{m0812}、P_{m0804}、P_{m0806} 和 P_{m0805} 正净相关依次增强，且均极显著。各因子相互作用下，油松对 P_{m0812}、P_{m0810} 和 P_{m0811} 响应极强，单位量变化系数达 7.250、5.456 和 5.051，比对照明显增强；其对模型也起着主导作用，分别贡献 31.2%、24.6% 和 24.9%；与对照相比，P_{m0812} 的影响显著提高，而 P_{m0810} 明显降低。对 P_{m0806} 和 P_{m0805} 影响也相对较强，单位量变化系数为 1.630 和 1.485，其对模型分别贡献 6.8% 和 5.9%；其对树高作用比对照略有增强，而对模型影响有所下降。油松对 P_{m0808}、P_{m0804} 和 P_{m0807} 响应相对较弱，其单位量变化系数为 0.729、0.630 和 0.573，对模型贡献 1.7%、2.5% 和 1.3%；比对照略有降低。而油松也对 P_{m0801} 响应极弱，其单位量变化系数仅为 0.086，对模型仅贡献 0.1%；与对照相当。从其另一 9 因子模型分析，树高与 P_{m0810} 和 P_{m0811} 负净相关极显著，与 P_{m0807} 负净相关显著（$r_{partial} = -0.289, p = 0.023$）；而与 P_{m0803}、P_{m0808}、P_{m0812}、P_{m0804}、P_{m0805} 和 P_{m0806} 正净相关依次增强，其中与 P_{m0803} 相关不显著（$r_{partial} = 0.232, p = 0.069$），与其余因子相关极显著。油松也对 P_{m0812}、P_{m0810} 和 P_{m0811} 响应极强，单位量变化系数达 5.500、4.327 和 4.234，比起优化模型均有所减弱；其对模型影响也很大，分别贡献 26.8%、26.0% 和 25.9%。对 P_{m0806} 和 P_{m0805} 影响也相对较强，单位量变化系数为 1.642、1.279，其对模型分别贡献 9.4% 和 6.6%；比优化模型略有提高。而对 P_{m0808}、P_{m0804}、P_{m0807} 和 P_{m0803} 响应很弱，其单位量变化系数仅为 0.627、0.565、0.321 和 0.101，对模型分别贡献 1.6%、3.0%、0.6% 和 0.1%（表 6-46）。

从 RPA 树高 8 因子模型分析，第一个模型显示，树高与 P_{m0811} 和 P_{m0810} 负净相关极显著；而与 P_{m0802}、P_{m0809}、P_{m0803}、P_{m0804}、P_{m0805} 和 P_{m0806} 正净相关依次增强，其中与 P_{m0802} 相关不显著（$r_{partial} = 0.243, p = 0.055$），与后 5 个因子相关极显著。各因子配合下，油松对 P_{m0811}

和 P_{m0806} 响应较强，单位量变化系为 1.982 和 1.610，油松对 P_{m0811} 的响应比其优化模型明显减弱；其对模型的影响也较大，分别贡献 38.4% 和 28.6%。油松对 P_{m0810} 和 P_{m0805} 响应也相对较强，单位量变化系数为 0.843 和 0.747，其对模型分别贡献 10.7% 和 10.6%。对 P_{m0809} 和 P_{m0804} 响应相对较弱，单位量变化系数为 0.426 和 0.425，对模型贡献 3.6% 和 5.5%。而油松对 P_{m0803} 和 P_{m0802} 响应很弱，其单位量变化系数仅为 0.296 和 0.076，对模型仅贡献 2.5% 和 0.2%。另一模型显示，树高与 P_{m0811} 和 P_{m0807} 负净相关极显著；而与 P_{m0803}、P_{m0802}、P_{m0809}、P_{m0804}、P_{m0805} 和 P_{m0806} 正净相关极显著，且依次增强。各因子相互作用下，油松对 P_{m0811} 响应极强，单位量变化系数达 2.747，对模型贡献 49.9%，比其他模型明显提高。其次是 P_{m0806}，单位量变化系数为 1.723，对模型贡献 25.8%，比第一个 8 因子模型略有降低。油松对 P_{m0805}、P_{m0809}、P_{m0807} 和 P_{m0804} 也有一定反应，其单位量变化系数为 0.783、0.728、0.498 和 0.407，对模型分别贡献 8.7%、6.6%、3.2% 和 4.1%。而与 P_{m0802} 和 P_{m0803} 响应也很弱，单位量变化系数仅为 0.218 和 0.144，对模型仅贡献 1.2% 和 0.6%（表 6－46）。

表 6－46　油松高与 8 月降水量均值指标逐步回归模型（RPA）

Tab. 6－46 The stepwise regression model of average monthly precipitation in August and height of *Pinus tabulaeformi*（RPA）

处理 Treat	降水因子 P_{m08}	模型 Model Coefficients 非标准 Unstandard	标准 Standard	T－检验（T－test） t	p	R^2	相关系数 Correlations r_0	$r_{partial}$	r_{part}	共线性统计量 Collinearity statistics 容差 Tolerance	方差膨胀因子 VIF
H_{tpa}	常量	10.275	—	0.797	0.429	0.988（F＝554.310，p＝0.000）	—	—	—	—	—
	P_{m0806}	8.345	1.630	12.980	0.000		0.736	0.859	0.183	0.013	79.658
	P_{m0811}	－32.213	－5.051	－12.765	0.000		0.533	－0.855	－0.180	0.001	790.642
	P_{m0805}	7.018	1.485	14.442	0.000		0.712	0.881	0.203	0.019	53.370
	P_{m0804}	3.141	0.630	11.588	0.000		0.694	0.831	0.163	0.067	14.927
	P_{m0807}	－2.867	－0.573	－4.330	0.000		0.706	－0.488	－0.061	0.011	88.270
	P_{m0810}	－33.148	－5.456	－12.444	0.000		0.573	－0.849	－0.175	0.001	970.464
	P_{m0812}	45.453	7.250	8.979	0.000		0.551	0.757	0.126	0.000	3292.324
	P_{m0808}	4.155	0.729	3.811	0.000		0.643	0.441	0.054	0.005	185.001
	P_{m0801}	0.236	0.086	3.108	0.003		0.601	0.372	0.044	0.260	3.847

续表 4-46

处理 Treat	降水因子 P_{m08}	模型 Model Coefficients 非标准 Unstandard	标准 Standard	T-检验 (T-test) t	p	R^2	相关系数 Correlations r_0	$r_{partial}$	r_{part}	共线性统计量 Collinearity statistics 容差 Tolerance	方差膨胀因子 VIF
	常量	10.012	—	0.725	0.472		—	—	—	—	—
	P_{m0806}	8.406	1.642	12.445	0.000		0.736	0.849	0.184	0.012	80.050
	P_{m0811}	-27.002	-4.234	-8.868	0.000	0.987 (F = 504.083, p = 0.000)	0.533	-0.753	-0.131	0.001	1048.002
	P_{m0805}	6.043	1.279	10.731	0.000		0.712	0.811	0.158	0.015	65.262
	P_{m0804}	2.814	0.565	9.881	0.000		0.694	0.787	0.146	0.067	15.002
H_{trpa}	P_{m0807}	-1.607	-0.321	-2.341	0.023		0.706	-0.289	-0.035	0.012	86.343
	P_{m0803}	0.388	0.101	1.850	0.069		0.665	0.232	0.027	0.073	13.767
	P_{m0810}	-26.956	-4.437	-8.929	0.000		0.573	-0.755	-0.132	0.001	1134.954
	P_{m0812}	34.479	5.500	5.956	0.000		0.551	0.610	0.088	0.000	3920.106
	P_{m0808}	3.572	0.627	2.891	0.005		0.643	0.350	0.043	0.005	216.302
	常量	25.683	—	1.485	0.143		—	—	—	—	—
	P_{m0806}	8.241	1.610	21.529	0.000		0.736	0.940	0.397	0.061	16.420
	P_{m0811}	-12.642	-1.982	-13.020	0.000	0.979 (F = 359.374, p = 0.000)	0.533	-0.858	-0.240	0.015	68.066
	P_{m0805}	3.529	0.747	10.517	0.000		0.712	0.803	0.194	0.068	14.804
	P_{m0804}	2.117	0.425	7.438	0.000		0.694	0.690	0.137	0.104	9.574
	P_{m0802}	0.250	0.076	1.956	0.055		0.637	0.243	0.036	0.225	4.447
	P_{m0809}	2.505	0.426	3.423	0.001		0.615	0.401	0.063	0.022	45.441
	P_{m0803}	1.135	0.296	5.503	0.000		0.665	0.576	0.102	0.118	8.501
H_{trpa}	P_{m0810}	-5.122	-0.843	-5.639	0.000		0.573	-0.585	-0.104	0.015	65.614
	常量	17.941	—	0.928	0.357		—	—	—	—	—
	P_{m0806}	8.817	1.723	19.867	0.000		0.736	0.931	0.413	0.057	17.436
	P_{m0811}	-17.515	-2.747	-22.260	0.000	0.974 (F = 282.310, p = 0.000)	0.533	-0.944	-0.462	0.028	35.315
	P_{m0805}	3.699	0.783	8.551	0.000		0.712	0.738	0.178	0.051	19.429
	P_{m0804}	2.028	0.407	6.327	0.000		0.694	0.629	0.131	0.104	9.591
	P_{m0802}	0.713	0.218	4.434	0.000		0.637	0.494	0.092	0.179	5.582
	P_{m0809}	4.280	0.728	4.530	0.000		0.615	0.502	0.094	0.017	59.843
	P_{m0807}	-2.492	-0.498	-3.509	0.001		0.706	-0.410	-0.073	0.021	46.665
	P_{m0803}	0.553	0.144	2.927	0.005		0.665	0.351	0.061	0.177	5.641

三、树高与八月降水均值指标的相关性及模型拟合

与7月降水相同，树高与各生长期8月平均降水量指标正相关也极为显著（p = 0.000）。其中，与 P_{m08} ~ P_{m0806} 的相关度依次增强，其中对照与 P_{m0802} 相关性相对偏高；树高与 P_{m08} 的相关性相对较弱，RPA 和对照的相关系数分别为0.431 和0.413；与 P_{m0806} 的相关性最强，相关系数分别达0.736 和0.745。之后，P_{m08006} ~ P_{m0813} 的相关度逐渐减弱，但 P_{m0812} 相关性略有增强，相关系数为0.551 和0.544。对其进行模型拟合，树高与各生长期8月平均降水量的 Linear－模型和 Quadratic－模型拟合性极强，模型决定系数 R^2 较大。

1. Linear－模型　RPA 和对照树高的 P_{m0806} 模型决定系数 R^2 最大，分别为0.542 和0.555。以此为限，各因子模型决定系数有逐渐降低的趋势。模型截距 a 除 P_{m08} 大于零外，其余均小于零，RPA < 对照；斜率 $b > 0$，RPA > 对照，且 P_{m08} ~ P_{m0806} 依次增大，P_{m0806} ~ P_{m0813} 的小幅波动。表明树高与各生长期8月平均降水量呈正相关，且 RPA 树高对其响应较大。说明8月降水量对树高有明显的促进作用，且对 RPA 油松的促进作用强于对照。其发生频度在0.857 ~ 1.000 之间（表6－47）。

表6－47　油松高与8月降水量均值指标直线模型

Tab. 6－47 The linear－model of average monthly precipitation in August and height of *Pinus tabulaeformi*（RPA）

处理 Treat	降水因子 P_{m05}	模型系数 Model Coefficients 常数项 a	函数项 b	R^2	F－检验（F－test） F	p	T－检验（T－test） t_0	p	t_1	p
H_{trpa}	P_{m08}	30.381	0.619	0.186	15.543	0.000	1.136	0.260	3.942	0.000
	P_{m0801}	－110.309	1.655	0.362	38.534	0.000	－2.814	0.006	6.208	0.000
	P_{m0802}	－165.208	2.087	0.405	46.313	0.000	－3.782	0.000	6.805	0.000
	P_{m0803}	－223.016	2.551	0.443	54.023	0.000	－4.628	0.000	7.350	0.000
	P_{m0804}	－336.708	3.458	0.481	63.119	0.000	－5.738	0.000	7.945	0.000
	P_{m0805}	－323.012	3.366	0.507	69.993	0.000	－5.963	0.000	8.366	0.000
	P_{m0806}	－370.441	3.769	0.542	80.506	0.000	－6.644	0.000	8.973	0.000
	P_{m0807}	－335.970	3.537	0.499	67.674	0.000	－5.934	0.000	8.226	0.000
	P_{m0808}	－345.348	3.663	0.414	47.960	0.000	－5.050	0.000	6.925	0.000
	P_{m0809}	－336.768	3.615	0.378	41.289	0.000	－4.658	0.000	6.426	0.000
	P_{m0810}	－317.276	3.481	0.328	33.229	0.000	－4.114	0.000	5.764	0.000
	P_{m0811}	－305.008	3.400	0.284	27.010	0.000	－3.672	0.000	5.197	0.000
	P_{m0812}	－312.258	3.455	0.304	29.663	0.000	－3.873	0.000	5.446	0.000
	P_{m0813}	－294.906	3.327	0.267	24.748	0.000	－3.482	0.001	4.975	0.000

续表 6－47

处理 Treat	降水因子 P_{m05}	模型系数 Model Coefficients 常数项 a	函数项 b	R^2	F－检验（F－test） F	p	T－检验（T－test） t_0	p	t_1	p
H_{trpa}	P_{m08}	26.240	0.465	0.174	14.321	0.000	1.253	0.214	3.784	0.000
	P_{m0801}	－87.338	1.300	0.369	39.815	0.000	－2.883	0.003	6.310	0.000
	P_{m0802}	－130.554	1.640	0.414	48.043	0.000	－3.874	0.000	6.931	0.000
	P_{m0803}	－158.999	1.878	0.397	44.861	0.000	－4.083	0.000	6.698	0.000
	P_{m0804}	－256.479	2.651	0.468	59.847	0.000	－5.553	0.000	7.736	0.000
	P_{m0805}	－248.423	2.598	0.500	68.090	0.000	－5.860	0.000	8.252	0.000
	P_{m0806}	－292.284	2.965	0.555	84.924	0.000	－6.844	0.000	9.215	0.000
	P_{m0807}	－257.146	2.720	0.488	64.931	0.000	－5.784	0.000	8.058	0.000
	P_{m0808}	－264.937	2.822	0.406	46.540	0.000	－4.953	0.000	6.822	0.000
	P_{m0809}	－261.966	2.814	0.379	41.473	0.000	－4.665	0.000	6.440	0.000
	P_{m0810}	－239.052	2.648	0.314	31.186	0.000	－3.948	0.000	5.584	0.000
	P_{m0811}	－239.919	2.668	0.290	27.732	0.000	－3.730	0.000	5.266	0.000
	P_{m0812}	－238.318	2.653	0.296	28.643	0.000	－3.783	0.000	5.352	0.000
	P_{m0813}	－227.470	2.575	0.264	24.444	0.000	－3.449	0.001	4.944	0.000

2. Quadratic－模型　树高与各生长期 8 月平均降水量的 Quadratic－模型是其的最优模型，决定系数 R^2 较高，趋势变化极为明显；但模型系数 t－检验，RPA 模型常数项 a 的 P_{m08}、P_{m0801} 和 P_{m0804}～P_{m0806} 符合要求，一次项系数 b 的 P_{m0801} 和 P_{m0804}～P_{m0807} 达显著水平以上，二次项系数 c 的 P_{m0801} 和 P_{m0803}～P_{m0809} 满足分析要求；综合评价只有 P_{m0804}～P_{m0806} 模型最能符合分析要求；而对照也只有 P_{m0804}～P_{m0806} 模型基本满足分析条件。其中，RPA 和对照的 P_{m0806} 模型决定系数 R^2 最大，分别为 0.671 和 0.693，模型拟合性强，线性关系极其显著。模型 $b<0$，且 RPA＜对照；$c>0$，且 RPA＞对照；模型有极小值。（表 6－48）。

其 P_{m0804} 模型极小值为 3.4 cm 和 2.6 cm，分别出现在 91.6 mm/m 和 88.8 mm/m 附近；其左侧均分布有 1 组数据。极值点右侧，树高与其月均降水量呈正相关，且 RPA 和对照增幅分别以 0.104P_{m0804} 和 0.073P_{m0804} 的速率递增，发生频度均为 0.929。两模型交点分别出现在 95.7 mm/m 和 100.8 mm/m 附近，交点区间没有数据落入，其左侧也只有 1 组数据，右侧分布 13 组数据。交点区间右侧，RPA 模型值大于对照，且差距随其月均降水量增加而逐渐扩大，差距升幅递增速率为 0.030P_{m0804}，发生频度也为 0.929。

P_{m0805} 模型极小值为 13.0 cm 和 9.5 cm，出现在 90.7 mm/m 和 88.5 mm/m 附近；极值点左侧也均分布 1 组数据。其右侧树高与其月均降水量也呈正相关，升幅递增速率为 0.091P_{m0805} 和 0.066P_{m0805}，发生频度也为 0.929。两模型不相交，RPA 模型值＞对照，最小差距为 2.9 cm,出现在 96.7 mm/m 附近,右侧也分布有 13 组数据;其模型差距与其月均降水量也呈正相关,差距增幅以 0.025P_{m0805} 速率递减。P_{m0806} 模型极小值为 4.0 cm 和 2.7 cm,分别发生在 91.3 mm/m 和 91.9 mm/m 附近;极值点左侧也仅有 1 组数据。树高升幅递增速率为 0.112P_{m0806} 和 0.089P_{m0806}。两模型也不相交,最小差距 1.2 cm,出现在 89.0 mm/m 附近,左侧也仅有 1 组数据。与 P_{m0805} 模型一样,差距也与其月均降水量呈正相关,增幅以 0.022P_{m0806} 递增,发生频度也均为 0.929。RPA 和树高其他各因子的 Quadratic – 模型也有相似的变化规律,但发生频度有所变化,并逐渐向 P_{m0806} 模型规律过渡。

表 6 – 48 油松高与 8 月降水量均值指标抛物线模型

Tab. 6 – 48 The quadratic – model of average monthly precipitation in August and height of *Pinus tabulaeformi*

处理 Treat	降水因子 P_{m05}	模型系数 Model Coefficients a	b	c	R^2	F – 检验 (F – test) F	p	T – 检验 (T – test) t_0	p	t_1	p	t_2	p
H_{trpa}	P_{m08}	78.328	−0.452	0.004	0.225	9.748	0.000	2.119	0.038	−0.752	0.455	1.845	0.070
	P_{m0801}	208.444	−3.342	0.018	0.450	27.421	0.000	2.008	0.049	−2.166	0.034	3.282	0.002
	P_{m0802}	−12.978	−0.202	0.008	0.415	23.801	0.000	−0.088	0.930	−0.095	0.925	1.083	0.283
	P_{m0803}	138.448	−3.122	0.021	0.512	35.162	0.000	1.102	0.274	−1.673	0.099	3.087	0.003
	P_{m0804}	438.261	−9.498	0.052	0.577	45.777	0.000	2.131	0.037	−2.841	0.006	3.902	0.000
	P_{m0805}	388.699	−8.282	0.046	0.605	51.206	0.000	2.136	0.036	−2.864	0.006	4.060	0.000
	P_{m0806}	469.012	−10.183	0.056	0.671	68.456	0.000	2.755	0.008	−3.716	0.000	5.135	0.000
	P_{m0807}	270.107	−6.340	0.039	0.579	46.048	0.000	1.520	0.133	−2.268	0.027	3.569	0.001
	P_{m0808}	303.593	−7.430	0.046	0.481	31.067	0.000	1.325	0.190	−1.961	0.054	2.954	0.004
	P_{m0809}	263.835	−6.803	0.044	0.429	25.149	0.000	1.034	0.305	−1.584	0.118	2.446	0.017
	P_{m0810}	158.420	−4.845	0.035	0.359	18.771	0.000	0.575	0.567	−1.036	0.304	1.796	0.077
	P_{m0811}	8.877	−2.227	0.024	0.295	14.044	0.000	0.028	0.978	−0.404	0.688	1.028	0.308
	P_{m0812}	89.473	−3.671	0.031	0.324	16.038	0.000	0.302	0.764	−0.720	0.474	1.409	0.164
	P_{m0813}	−56.308	−0.956	0.019	0.273	12.599	0.000	−0.176	0.861	−0.171	0.865	0.772	0.443
H_{trpa}	P_{m08}	49.376	−0.051	0.002	0.189	7.813	0.001	1.680	0.098	−0.108	0.914	1.119	0.267
	P_{m0801}	126.101	−2.046	0.012	0.435	25.782	0.000	1.542	0.128	−1.683	0.097	2.789	0.007
	P_{m0802}	−13.932	−0.114	0.006	0.424	24.654	0.000	−0.123	0.903	−0.069	0.945	1.075	0.286
	P_{m0803}	73.566	−1.772	0.014	0.445	26.863	0.000	0.707	0.482	−1.145	0.256	2.396	0.019

续表 6-48

处理 Treat	降水因子 P_{m05}	模型系数 Model Coefficients a	b	c	R^2	F-检验 (F-test) F	p	T-检验 (T-test) t_0	p	t_1	p	t_2	p
H_{trpa}	P_{m0804}	292.131	-6.521	0.037	0.548	40.580	0.000	1.767	0.082	-2.426	0.018	3.436	0.001
	P_{m0805}	269.763	-5.882	0.033	0.586	47.360	0.000	1.863	0.067	-2.557	0.013	3.716	0.000
	P_{m0806}	379.793	-8.205	0.045	0.693	75.459	0.000	2.967	0.004	-3.982	0.000	5.468	0.000
	P_{m0807}	161.190	-4.097	0.027	0.552	41.211	0.000	1.131	0.262	-1.827	0.072	3.072	0.003
	P_{m0808}	195.708	-5.052	0.033	0.463	28.846	0.000	1.080	0.284	-1.686	0.096	2.651	0.010
	P_{m0809}	204.923	-5.285	0.034	0.430	25.258	0.000	1.034	0.305	-1.585	0.118	2.449	0.017
	P_{m0810}	75.174	-2.852	0.023	0.337	17.005	0.000	0.345	0.731	-0.772	0.443	1.500	0.138
	P_{m0811}	17.320	-1.944	0.020	0.302	14.496	0.000	0.071	0.944	-0.456	0.650	1.089	0.280
	P_{m0812}	35.889	-2.211	0.021	0.312	15.179	0.000	0.155	0.878	-0.553	0.582	1.226	0.224
	P_{m0813}	-59.652	-0.438	0.013	0.270	12.373	0.000	-0.239	0.812	-0.101	0.920	0.697	0.488

备注:remark: *a* - 常数项(constant),*b* - 一次项系数(an item coefficient),*c* - 二次项系数(quadratic term coefficient)。

其 P_{m08}模型决定系数 R^2 最小,分别为 0.225 和 0.198;极小值分别为 64.9 cm 和 49.0 cm,分别出现在 59.6 mm/*m* 和 14.1 mm/*m* 附近;其左侧分别有 1 组和 3 组数据。其右侧树高也与当年 8 月降水量有正相关的趋势,RPA 和对照树高增幅分别以 0.008P_{m08}和 0.004P_{m08}的速率递增,发生频度分别为 0.786 和 0.929。两模型也不相交,RPA 模型值大于对照,最小差距 8.5 cm,出现在 102.0 mm/*m* 附近,其左侧分布 5 组数据。当年 8 月降水量小于 102.0 mm/*m* 时,RPA 和对照油松高差异与其有负相关的趋势,大于 102.0 mm/*m*时,有呈正相关的趋势,模型差距变化幅度以 0.004P_{m08}的速率增减,发频度分别为 0.357 和 0.643。其 P_{m0801}模型也有类似变化规律,极小值为 50.3 cm 和 37.8 cm,分别出现在 94.6 mm/*m* 和 86.5 mm/*m* 附近,其左侧均有 5 组数据。树高变幅增减速率分别为 0.035P_{m0801}和 0.024P_{m0801},发生频度分别为 0.357 和 0.643。两模型不相交,最小差距为 10.4 cm,发生在 111.1 mm/*m* 附近,其左右两侧分别有 5 组和 9 组数据;模型差距变幅增减速率为 0.012P_{m0801}。

其 P_{m0802}模型极小值为 -14.3 cm 和 -14.5 cm,分别发生在 12.6 mm/*m* 和 9.3 mm/*m* 附近,远小于 P_{m0802}有效取值下限{78.4,203.9}。交点在 16.9 mm/*m* 和 30.2 mm/*m* 附近,也小于 P_{m0802}有效取值下限。当地降水条件下,树高与 P_{m0802}均有正相关的趋势,升幅递增速率为 0.016P_{m0802}和 0.012P_{m0802};且 RPA 模型值大于对照,差距也随其月均降水量增加有扩大的趋势,增幅递增速率为 0.004P_{m0802}。其 P_{m0803}模型极小值为 22.8 cm 和

15.5 cm，出现在 74.3 mm/m 和 65.5 mm/m 附近，也均小于其月均降水量取值下限{74.8，205.2}；树高升幅递增速率为 0.042P_{m0803} 和 0.027P_{m0803}。两模型也不相交，RPA 模型值大于对照，最小差距为 4.0 cm，出现在 90.1 mm/m 附近，左侧有 2 组数据。模型差距以 0.015P_{m0803} 的速率递增，发生频度 0.857。

第十节　九月降水对树高的均值效应

【内容提要】与 7 月和 8 月降水类似，树高与 9 月平均降水量也呈正相关；但与当年 9 月降水量（P_{m09}）相关不显著，与近 2 年 9 月平均降水量（P_{m0901}）相关显著（$p<0.05$），而与其余因子相关极显著（$p<0.01$），其中与近 8 年 9 月降水量均值相关性最强，相关系数达 0.876 和 0.974（$p=0.000$）。在 RPA 树高 7 因子和对照树高 10 因子向后剔除法逐步回归模型中，P_{m0913} 和 P_{m0907} 对树高影响的单位量变化系数为 1.981、3.370 和1.951、3.178，对模型分别贡献 29.1%、48.7% 和 50.7%、29.9%。在逐步回归模型中，RPA 树高 4 因子模型的 P_{m0913} 和 P_{m0911} 对树高作用较大，单位量变化系数为 3.356 和2.173，对模型分别贡献 50.7% 和 29.9%；对照树高 7 因子模型的 P_{m0907}、P_{m0911} 和 P_{m0906} 对树高作用较大，单位量变化系数依次为 4.127、2.522 和 1.079，对模型分别贡献 47.8%、29.6% 和 11.4%。Quadratic－模型是树高与各生长期 9 月降水量均值指标关系的基本模型。P_{m09} ~ P_{m0905} 模型 $a<0$、且 RPA < 对照，$b>0$、且 RPA > 对照，$c<0$、RPA < 对照，模型有极大值；P_{m0906} ~ P_{m0913} 模型 $a>0$、RPA > 对照，$b<0$、RPA < 对照，$c>0$、RPA > 对照，模型有极小值。Linear－模型是树高 P_{m0902} ~ P_{m0913} 的趋势模型，P_{m0902} ~ P_{m0910} 模型截距 a 依次减小，由正转负，且正值 RPA > 对照，负值 RPA < 对照；而 P_{m0910} ~ P_{m0913} 截距 a 依次有所增大。模型斜率 $b>0$，RPA > 对照，且以 P_{m0902} ~ P_{m0911} 次序逐渐增大，而 P_{m0911} ~ P_{m0913} 的斜率缓慢减小。S－模型是 P_{m0901} ~ P_{m0905} 的最优模型，为单调递增函数。RPA 模型值 > 对照，最小差距趋近于零，差距随其月均降水量增加逐渐扩大，但增幅渐趋稳定。

【关 键 词】多效抗旱驱鼠剂，九月平均降水量，油松，树高，回归分析，模型拟合

一、树高与九月降水均值指标的向后剔除法逐步回归模型

对树高（H_t）与不同生长期 1 月降水均值指标（P_{m09}）进行向后剔除法逐步回归模型分析，经过 1 次向后剔除法逐步回归，剔除了 P_{m0908}、P_{m0910}、P_{m0911} 和 P_{m0912} 因子构建了对照油松 9 月降水量均值指标有效模型；而经过 4 次向后逐步回归，剔除了 P_{m09}、P_{m0901}、P_{m0903}、P_{m0908}、P_{m0910}、P_{m0911} 和 P_{m0912} 因子组建了 RPA 树高有效模型（表 6－49）。

1. **对照树高模型分析**　在控制其他因子作用下，对照树高与 P_{m0913}、P_{m09}、P_{m0904} 和 P_{m0906} 负偏相关依次减弱，但均极显著；而与 P_{m0903}、P_{m0902}、P_{m0909}、P_{m0905}、P_{m0901} 和 P_{m0907} 正偏

相关依次最强，其中与前 4 个因子相关显著（$r_{partial}$ = 0.258、0.291、0.299、0.313，p = 0.045、0.023、0.019、0.014），与后 2 个因子相关极显著。各因子配合下，P_{m0907} 和 P_{m0913} 对树高作用极强，单位量变化系数为 3.178 和 1.951；其对模型影响也很大，分别贡献29.9% 和 50.7%。其次是 P_{m0906}、P_{m0904}、P_{m0905} 和 P_{m0909}，其单位量变化系数为 1.064、0.871、0.731 和 0.351，对模型贡献 5.0%、5.4%、2.7% 和 3.6%。而 P_{m0903}、P_{m0901}、P_{m0902} 和 P_{m09} 对树高作用较弱，单位量变化系数仅为 0.276、0.162、0.127 和 0.079；其对模型影响也较小，分别贡献 0.9%、0.9%、0.4% 和 0.5%。

表 6－49　油松高与 9 月降水量均值指标逐步向后回归模型

Tab. 6－49 The backward stepwise regression model of average precipitation in September and height of *Pinus tabulaeformi*

处理 Treat	降水因子 P_{m08}	模型 Model Coefficients		T－检验 (T－test)		R^2	相关系数 Correlations			共线性统计量 Collinearity statistics	
		非标准 Unstandard	标准 Standard	t	p		r_0	$r_{partial}$	r_{part}	容差 Tolerance	方差膨胀因子 VIF
	常量	−6.958	—	−0.454	0.651		—	—	—	—	—
	P_{m09}	−0.132	−0.079	−4.903	0.000		0.185	−0.538	−0.042	0.277	3.607
	P_{m0901}	0.338	0.162	3.803	0.000		0.278	0.444	0.032	0.040	25.256
	P_{m0902}	0.294	0.127	2.340	0.023		0.351	0.291	0.020	0.024	41.008
	P_{m0903}	0.698	0.276	2.053	0.045		0.397	0.258	0.017	0.004	251.062
H_{trpa}	P_{m0904}	−2.346	−0.871	−4.660	0.000	0.996 (F = 1379.600, p = 0.000)	0.530	−0.519	−0.040	0.002	483.544
	P_{m0905}	2.077	0.731	2.535	0.014		0.657	0.313	0.022	0.001	1150.589
	P_{m0906}	−3.146	−1.064	−3.282	0.002		0.799	−0.393	−0.028	0.001	1457.475
	P_{m0907}	9.894	3.178	9.801	0.000		0.874	0.787	0.083	0.001	1456.615
	P_{m0909}	1.279	0.351	2.408	0.019		0.860	0.299	0.020	0.003	293.869
	P_{m0913}	−8.445	−1.951	−6.914	0.000		0.737	−0.669	−0.059	0.001	1103.673
	常量	−9.940	—	−0.668	0.507		—	—	—	—	—
	P_{m0902}	0.668	0.225	4.477	0.000		0.358	0.494	0.056	0.062	16.026
	P_{m0904}	−0.715	−0.206	−1.865	0.067		0.551	−0.230	−0.023	0.013	77.640
H_{trpa}	P_{m0905}	1.652	0.452	3.162	0.002	0.990 (F = 164.224, p = 0.000)	0.660	0.373	0.040	0.008	129.653
	P_{m0906}	−5.347	−1.406	−8.367	0.000		0.791	−0.728	−0.105	0.006	179.529
	P_{m0907}	13.500	3.370	17.799	0.000		0.876	0.915	0.223	0.004	227.899
	P_{m0909}	1.932	0.412	2.046	0.045		0.856	0.252	0.026	0.004	257.553
	P_{m0913}	−11.031	−1.981	−8.807	0.000		0.740	−0.746	−0.110	0.003	321.629

2. RPA 树高模型分析　与对照相比，RPA 树高也与 P_{m0913} 和 P_{m0906} 负偏相关极显著，但与 P_{m0904} 负偏相关不显著（$r_{partial}=-0.230, p=0.067$）；而与 P_{m0909}、P_{m0905}、P_{m0902} 和 P_{m0907} 正偏相关依次最强，其中与 P_{m0909} 相关显著（$r_{partial}=0.252, p=0.045$），与后 3 个因子相关极显著。在各因子相互作用下，也是 P_{m0907} 和 P_{m0913} 对树高作用极强，单位量变化系数为 3.370 和 1.981；与对照基本相当，但 P_{m0907} 对模型影响显著提高，而 P_{m0913} 显著降低，分别贡献 48.7% 和 29.1%。P_{m0906} 对树高作用也相对较强，单位量变化系数为 1.406，对模型贡献 15.7%；比对照明显增强。而 P_{m0905}、P_{m0909}、P_{m0902} 和 P_{m0904} 对树高作用较弱，单位量变化系数为 0.452、0.412、0.225 和 0.206，对模型分别贡献 2.5%、1.8%、1.5% 和 0.7%；其 P_{m0904} 的作用和影响比对照显著下降。

二、树高与九月降水均值指标的向后剔除法逐步回归模型

对树高与各生长期 9 月平均降水量进行逐步回归模型分析，产生了 8 组对照有效模型，其中，P_{m0907}、P_{m0904}、P_{m09}、P_{m0906}、P_{m0902}、P_{m0911}、P_{m0901} 和 P_{m0909} 依次进入了其树高各生长期 9 月平均降水量优化模型；而在组成的 4 组 RPA 有效模型中，P_{m0908}、P_{m0913}、P_{m0911} 和 P_{m0907} 构成了其树高优化模型（表 6－50）。

1. 对照模型分析　在控制其他因子影响下，对照树高与 P_{m0906}、P_{m0904}、P_{m0911} 和 P_{m09} 负净相关依次减弱，而与 P_{m0909}、P_{m0901}、P_{m0902} 和 P_{m0907} 正净相关依次增强，且均极显著。各因子互相配合下，油松对 P_{m0907}、P_{m0911} 和 P_{m0906} 响应较强，单位量变化系数依次达 4.127、2.522 和 1.079，对树高作用比向后剔除法模型显著增强；对模型影响也较大，分别贡献 47.8%、29.6% 和 11.4%；对树高作用和影响比向后剔除法模型显著增强。油松对 P_{m0904}、P_{m0902} 和 P_{m0909} 也有一定的响应，单位量变化系数为 0.495、0.444 和 0.377，其对模型分别贡献 4.6%、3.6% 和 2.0%；其中，P_{m0902} 的作用和影响比剔除法模型明显提高。而油松对 P_{m0901} 和 P_{m09} 响应也极弱，单位量变化系数仅为 0.113 和 0.088；其对模型影响也很小，均贡献 0.5%。

2. RPA 模型分析　在排除其他因子干扰下，树高仅与 P_{m0913} 负净相关极显著，而与 P_{m0908}、P_{m0907} 和 P_{m0911} 正净相关极显著，且依次增强。各因子相互作用下，油松对 P_{m0913} 和 P_{m0911} 响应较强，单位量变化系数为 3.356 和 2.173，对模型分别贡献 50.7% 和 29.9%。而对 P_{m0907} 和 P_{m0908} 响应相对较弱，单位量变化系数为 1.166 和 0.832，其对模型分别贡献 10.1% 和 5.1%。

三、树高与九月降水均值指标的相关性及模型拟合

与 7 月和 8 月降水类似，树高与各生长期 9 月平均降水量也呈正相关；但 RPA 和对照与当年 9 月降水量（P_{m09}）相关不显著（$r_0=0.184$、0.185，$p=0.064$、0.062），与当年和前 1 年 9 月平均降水量（P_{m0901}）相关显著（$r_0=0.266$、0.278，$p=0.013$、0.010）；而与其余因子相关极显著，其中与当年和前 7 年降水量均值相关性最强，相关系数达 0.876 和 0.974

($p=0.000$)；以此为界，树高与 $P_{m09} \sim P_{m0907}$ 相关性依次增强，而与 $P_{m0907} \sim P_{m0913}$ 相关性在高位缓慢回落，其与 P_{m0913} 的相关系数也达0.740 和0.727($p=0.000$)。对树高与各生长期9月降水量均值指标进行模型拟合，树高与 $P_{m09} \sim P_{m0913}$ 关系均可用 Quadratic－模型表述，与 $P_{m0902} \sim P_{m0913}$ 的关系也可用 Linear－模型进行分析，与 $P_{m0901} \sim P_{m0905}$ 也符合 S－模型分析要求，与 $P_{m0906} \sim P_{m0913}$ 的 Exponential－模型极为显著。

表6－50　油松高与9月降水量均值指标逐步回归模型

Tab. 6－50 The stepwise regression model of average precipitation in September and height of *Pinus tabulaeformi*

处理 Treat	降水因子 P_{m08}	模型 Model Coefficients 非标准 Unstandard	标准 Standard	T－检验 (T－test) t	p	R^2	相关系数 Correlations r_0	$r_{partial}$	r_{part}	共线性统计量 Collinearity statistics 容差 Tolerance	方差膨胀因子 VIF
H_{trpa}	常量	－2.007	—	－0.151	0.880	0.996 ($F=$ 2030.788, $p=$ 0.000)	—	—	—	—	—
	P_{m0907}	12.848	4.127	14.345	0.000		0.874	0.878	0.112	0.001	1349.529
	P_{m0904}	－1.333	－0.495	－9.450	0.000		0.530	－0.771	－0.074	0.022	44.703
	P_{m09}	－0.148	－0.088	－6.212	0.000		0.185	－0.622	－0.049	0.303	3.300
	P_{m0906}	－3.189	－1.079	－11.343	0.000		0.799	－0.824	－0.089	0.007	147.551
	P_{m0902}	1.026	0.444	8.552	0.000		0.351	0.738	0.067	0.023	44.015
	P_{m0911}	－10.440	－2.522	－8.476	0.000		0.787	－0.735	－0.066	0.001	1443.687
	P_{m0901}	0.242	0.116	3.969	0.000		0.278	0.453	0.031	0.071	14.004
	P_{m0909}	1.374	0.377	3.007	0.004		0.860	0.359	0.024	0.004	255.900
H_{trpa}	常量	－32.180	—	－4.396	0.000	0.987 ($F=$ 11208.924, $p=$ 0.000)	—	—	—	—	—
	P_{m0908}	3.635	0.832	3.496	0.001		0.876	0.398	0.050	0.004	277.558
	P_{m0913}	－18.689	－3.356	－18.919	0.000		0.740	－0.920	－0.270	0.006	154.242
	P_{m0911}	11.572	2.173	9.038	0.000		0.792	0.746	0.129	0.004	283.269
	P_{m0907}	4.670	1.166	5.992	0.000		0.876	0.596	0.086	0.005	185.550

1. Quadratic－**模型**　该模型是树高与各生长期9月降水量均值指标关系的基本模型，反映了油松树高对9月平均降水量的响应差异(表6－51)。

(1) $P_{m09} \sim P_{m0905}$ 模型　RPA 和对照树高 $P_{m09} \sim P_{m0905}$ 的 Quadratic－模型 $a<0$，且 RPA＜对照；$b>0$，且 RPA＞对照；$c<0$，且 RPA＜对照；模型有极大值。其 a、b 和 c 的绝对值 $P_{m09} \sim P_{m0904}$ 依次增大，而 P_{m0905} 明显减小。

表 6－51　油松高与 9 月降水量均值指标抛物线模型

Tab. 6－51 The quadratic－model of average monthly precipitation in September and height of *Pinus tabulaeformi*

处理 Treat	降水因子	模型系数 Model Coefficients			R^2	F－检验 (F－test)		T－检验 (T－test)					
	P_{m09}	a	b	c		F	p	t_0	p	t_1	p	t_2	p
H_{trpa}	P_{m09}	−41.805	3.455	−0.013	0.190	7.854	0.001	−0.957	0.342	3.909	0.000	−3.593	0.001
	P_{m0901}	−282.276	8.301	−0.034	0.481	31.052	0.000	−5.385	0.000	7.766	0.000	−7.280	0.000
	P_{m0902}	−393.314	11.427	−0.052	0.529	37.609	0.000	−6.471	0.000	8.190	0.000	−7.549	0.000
	P_{m0903}	−424.518	12.685	−0.062	0.525	37.069	0.000	−6.450	0.000	7.849	0.000	−7.137	0.000
	P_{m0904}	−456.674	13.615	−0.068	0.513	35.245	0.000	−5.556	0.000	6.175	0.000	−5.356	0.000
	P_{m0905}	−325.029	9.538	−0.043	0.483	31.302	0.000	−3.145	0.002	3.287	0.002	−2.470	0.016
	P_{m0906}	49.627	−2.105	0.032	0.648	61.581	0.000	0.553	0.582	−0.827	0.411	2.021	0.047
	P_{m0907}	320.410	−10.598	0.089	0.932	458.311	0.000	8.175	0.000	−9.500	0.000	12.729	0.000
	P_{m0908}	340.998	−11.630	0.101	0.941	536.300	0.000	8.950	0.000	−10.521	0.000	14.079	0.000
	P_{m0909}	345.739	−12.114	0.108	0.887	262.024	0.000	6.034	0.000	−7.124	0.000	9.546	0.000
	P_{m0910}	498.593	−17.391	0.150	0.867	218.755	0.000	6.729	0.000	−7.637	0.000	9.521	0.000
	P_{m0911}	588.177	−20.647	0.178	0.779	117.788	0.000	5.037	0.000	−5.591	0.000	6.757	0.000
	P_{m0912}	527.081	−18.828	0.167	0.662	65.717	0.000	3.086	0.003	−3.425	0.001	4.194	0.000
	P_{m0913}	2.964	−14.620	0.137	0.600	50.214	0.000	2.022	0.047	−2.293	0.025	2.946	0.004
H_{trpa}	P_{m09}	−39.501	2.859	−0.011	0.214	9.106	0.000	−1.180	0.242	4.225	0.000	−3.910	0.000
	P_{m0901}	−222.533	6.502	−0.027	0.491	32.326	0.000	−5.515	0.000	7.903	0.000	−7.383	0.000
	P_{m0902}	−298.426	8.727	−0.040	0.510	34.937	0.000	−6.197	0.000	7.895	0.000	−7.278	0.000
	P_{m0903}	−331.995	9.947	−0.049	0.528	37.419	0.000	−6.505	0.000	7.938	0.000	−7.242	0.000
	P_{m0904}	−377.884	11.317	−0.058	0.528	37.411	0.000	−6.008	0.000	6.707	0.000	−5.914	0.000
	P_{m0905}	−252.118	7.419	−0.034	0.479	30.849	0.000	−3.128	0.003	3.278	0.002	−2.467	0.016
	P_{m0906}	82.607	−2.952	0.033	0.677	70.320	0.000	1.238	0.220	−1.559	0.124	2.823	0.006
	P_{m0907}	260.603	−8.564	0.071	0.939	517.164	0.000	9.052	0.000	−10.450	0.000	13.864	0.000
	P_{m0908}	264.345	−8.992	0.078	0.932	462.480	0.000	8.328	0.000	−9.764	0.000	13.069	0.000
	P_{m0909}	296.530	−10.277	0.090	0.916	363.620	0.000	7.719	0.000	−9.013	0.000	11.839	0.000
	P_{m0910}	389.761	−13.567	0.117	0.864	213.482	0.000	6.697	0.000	−7.584	0.000	9.444	0.000
	P_{m0911}	441.642	−15.508	0.134	0.761	106.543	0.000	4.682	0.000	−5.198	0.000	6.311	0.000
	P_{m0912}	392.816	−14.041	0.126	0.647	61.515	0.000	2.896	0.005	−3.216	0.002	3.962	0.000
	P_{m0913}	316.106	−11.543	0.108	0.596	49.364	0.000	2.054	0.044	−2.317	0.024	2.964	0.004

备注：remark：a－常数项（constant），b－一次项系数（an item coefficient），c－二次项系数（quadratic term coefficient）。

P_{m09}模型决定系数 R^2 相对较小，线性关系比较松散。极大值为 181.9 cm 和 144.3 cm，分别出现在 129.5 mm/m 和 128.6 mm/m 附近；其左侧分别有 11 组和 10 组数据，树高与当年 9 月降水量有正相关的趋势，但升幅以 0.027P_{m09} 和 0.022P_{m09} 的速率递减，发生频度 0.786 和 0.214；而在极值点右侧树高与当年 9 月降水量有负相关的趋势，且降幅以相同的速率递增，发生频度 0.214 和 0.286。RPA 和对照模型交点位于 3.9 mm/m 和 264.0 mm/m 附近，超出了研究期当地 9 月降水量范围{22.7，224.9}；RPA 模型值 > 对照，最大差距为 37.6 cm，出现在 134.0 mm/m 附近；其左侧分布有 11 组数据，模型差距与当年 9 月降水量成正比，增幅以 0.004P_{m09} 的速率递减，发生频度 0.786；而其右侧，差距与其月均降水量有成反比的趋势，且增幅以 0.004P_{m09} 的速率递增，发生频度 0.214。

P_{m0901} 模型的 R^2 为 0.481 和 0.491，线性关系明显增强。极大值为 224.2 cm 和 175.6 cm，出现在 122.0 mm/m 和 122.5 mm/m 附近；极值点左侧均分布有 11 组数据，其树高变幅增减速率分别为 0.068P_{m0901} 和 0.053P_{m0901}，发生频度均为 0.786 和 0.214。两模型交点出现在 39.8 mm/m 和 201.3 mm/m 附近，也超出了 P_{m0901} 范围{35.5，199.0}；其 RPA 模型值也大于对照，最大差距为 48.7 cm，出现在 120.5 mm/m 附近；其左侧也分布有 11 组数据，模型差距增减速率为 0.015P_{m0901}。

RPA 和对照树高 P_{m0902} 模型的 R^2 为 0.529 和 0.510，也相对较大；极大值分别为 230.2 cm和 177.8 cm，均发生在 109.1 mm/m 附近；其左侧均有 9 组数据，树高与其月降水量呈正相关，但增幅以 0.102P_{m0902} 和 0.080P_{m0902} 的速率递减，发生频度均为 0.623；其右侧，树高与其呈负相关，且降幅以相同的数据递增，发生频度 0.357。模型交点位于 44.0 mm/m 和 174.3 mm/m 附近，其区间包含 12 组数据，左侧分布 2 组数据。交点区间，RPA 树高大于对照，最大差异出现在 109.2 mm/m 附近，模型最大差距为 52.5 cm；其左侧交点区间包含 7 组数据，右侧分布 5 组数据。模型差距增减速率为 0.025P_{m0902}，发生频度 0.500 和 0.257。

P_{m0903} 模型的 R^2 为 0.525 和 0.528，相对较大，模型极为显著。极大值为 224.5 cm 和 175.2 cm，出现在 102.3 mm/m 和 102.0 mm/m 附近；其左右两侧各分布 10 组和 4 组数据。树高变幅增减速率为 0.124P_{m0903} 和 0.098P_{m0903}，发生频度 0.714 和 0.286。交点位于 42.5 mm/m 和 164.6 mm/m 附近，也包含 12 组数据，其左侧也有 2 组数据。最大差距为 49.3 cm，发生在 103.6 mm/m 附近；数据分布与 P_{m0902} 相同，差距增减速率为 0.026P_{m0903}。

RPA 和对照 P_{m0904} 的 Quadratic－模型决定系数为 0.513 和 0.528，与其 P_{m0903} 模型相近。极大值为 220.2 cm 和 175.6 cm，发生在 99.4 mm/m 和 97.8 mm/m 附近；其左侧均分布 8 组数据。树高变幅增减速率为 0.137 P_{m0904} 和 0.116P_{m0904}，发生频度 0.571 和 0.429。模型交点出现在 42.7 mm/m 和 173.8 mm/m 附近，数据分布与 P_{m0903} 模型相同，差距增减速率为 0.021P_{m0904}。

P_{m0905} 模型决定系数为 0.483 和 0.479，比 P_{m0904} 模型明显降低，模型系数检验水平也有所降低，但模型仍然十分显著。其极大值为 201.0 cm 和 156.3 cm，分别出现在 110.3 mm/m和 110.1 mm/m 附近；模型交点在 42.6 mm/m 和 179.4 mm/m 附近，最大差距为 44.7，发生在 111.0 mm/m 附近。其数据分布规律与 P_{m0904}相同，其树高变幅增减速率为 0.086P_{m0905}和 0.067P_{m0905}，模型差距增减速率为 0.019P_{m0905}。

（2）P_{m0906} ~ P_{m0913}模型　树高 P_{m0906} ~ P_{m0913}的 Quadratic – 模型与其 P_{m09} ~ P_{m0905}模型有所不同。其 $a>0$，且 RPA > 对照；$b<0$，且 RPA < 对照；$c>0$，且 RPA > 对照；模型有极小值。其 a、b 和 c 的绝对值 P_{m0906} ~ P_{m0911}依次增大，而从 P_{m0911} ~ P_{m0913}依次减小。

P_{m0906}模型的 R^2为 0.648 和 0.677，模型关系极为显著，但其 a 和 c 的 t – 检验不显著。模型极小值分别为 14.6 cm 和 16.2 cm，发生在 33.3 mm/m 和 45.0 mm/m 附近；RPA 模型极值点值小于 P_{m0906}取值下限{39.7，124.6}，对照极值点左侧有 2 组数据。极值点右侧，树高与其月均降水量有成正比的趋势，增幅以 0.063P_{m0906}和 0.066P_{m0906}速率递增，发生频度 1.000 和 0.857。模型交点位于 41.4 mm/m 和 643.4 mm/m 附近；交点区间包含 12 组数据，其左侧分布 2 组数据。交点区间，RPA 模型值 > 对照，最大差距为 112.0 cm，出现在 342.4 mm/m 附近，远大于 P_{m0906}取值上限。当地降水条件下，RPA 油松高大于对照，且随 P_{m0906}增加差异逐渐增强，模型差距增幅以 0.002P_{m0906}速率递增，发生频度 0.857。

RPA 和对照树高的 P_{m0907} ~ P_{m0909}模型决定系数极大，拟合度很强。其 P_{m0907}模型的 R^2达 0.932 和 0.939，线性关系极为紧密。极小值为 3.5 cm 和 0.1 cm，出现在 59.8 mm/m和 60.4 mm/m 附近，其左侧均分布有 6 组数据。极值点左侧，树高与 P_{m0907}呈负相关，但降幅以 0.177P_{m0907}和 0.142P_{m0907}的速率递减，发生频度 0.429；其右侧，树高与其呈正相关，且增幅以相同的速率递增，发生频度 0.571。两模型无交点，RPA 模型值 > 对照，最小差距为 1.4 cm，出现在 57.4 mm/m 附近；其左右两侧各分布 6 组和 8 组数据。最小差距点左侧，RPA 与对照树高差距随 P_{m0907}增加逐渐缩小，但降幅以 0.035 的速率递减；而右侧，差距随其增加逐渐扩大，且以相同速率递增；发生频度分别为 0.429 和 0.571。其 P_{m0908}模型的 R^2达 0.941 和 0.932，模型拟合度极强。极小值分别为 4.9 cm 和 4.5 cm，均发生在 57.8 mm/m 附近；两模型也不相交，最小差距为 0.4 cm，出现在极值点附近。树高及其差距变化规律与 P_{m0907}模型相同，其树高变幅增减速率为 0.201P_{m0908}和 0.156P_{m0908}，差距增减速率为 0.046P_{m0908}。其 P_{m0908}模型的 R^2也达 0.887 和 0.916，线性关系也十分紧密。极小值为 7.1 cm 和 3.4 cm，分别出现在 55.9 mm/m 和 57.0 mm/m 附近；数据分布规律与 P_{m0907}相同，树高变幅以 0.217P_{m0909}和 0.180P_{m0909}的速度增减。两模型也无交点，最小差距为 3.0 cm，发生在 50.3 mm/m 附近，其左右两侧各有 5 组和 9 组数据；差距增减速率为 0.036P_{m0909}，发生频度分别为 0.357 和 0.643。

树高与 P_{m0910} ~ P_{m0909}的 Quadratic – 模型决定系数也相对较大，但逐渐变小，拟合度下降。其 P_{m0910} 模型的 R^2 为 0.867 和 0.864，线性关系也极为显著。极小值为 -4.4 cm 和 -3.1 cm，发生在 57.8 mm/m 和 57.9 mm/m 附近；数据分布规律也与 P_{m0907} 相同，树高变幅增减速率为 0.301P_{m0910} 和 0.234P_{m0910}。两模型交点出现在 51.3 mm/m 和 63.8 mm/m 附近；交点区间仅包含 1 组数据，其左右两侧各分布 5 组和 8 组数据。交点区间左侧，RPA 与对照树高差异与 P_{m0910} 呈负相关，降幅以 0.066P_{m0910} 递减，发生频度 0.357；其右侧，两者差异与其呈正相关，且增幅以 0.066P_{m0910} 递增，发生频度 0.571。其 P_{m0911} 模型的 R^2 为 0.779 和 0.761；极小值 -10.3 cm 和 -5.8 cm，分别出现在 58.0 mm/m 和 57.8 mm/m附近；树高变化规律也与 P_{m0907} 相同，其变幅增减速率为 0.356P_{m0911} 和 0.269P_{m0911}。交点在 48.6 mm/m 和 69.0 mm/m 附近，其区间包含 3 组数据，左右两侧各分布 3 组和 8 组数据。左右两侧模型差距增减速率为 0.087P_{m0911}，发生频度分别为 0.214 和 0.571。其 P_{m0912} 模型的 R^2 为 0.662 和 0.647；极小值分别为 -2.4 cm 和 0.4 cm，出现在 56.2 mm/m 和55.9 mm/m附近；其左右两侧也分别有 6 组和 8 组数据，树高变幅增减速率为 0.335P_{m0912} 和 0.394P_{m0912}。交点在 49.1 mm/m 和 65.5 mm/m 附近；数据分布与 P_{m0911} 相同；模型差距增减速率为 0.084P_{m0912}。其 P_{m0913} 模型的 R^2 为 0.600 和 0.596，；极小值 -386.6 cm 和 7.1 cm，分别位于 53.3 mm/m 和 53.5 mm/m 附近；其左右两侧各有 5 组和 9 组数据。树高变幅增减速率为 0.274P_{m0913} 和 0.216P_{m0913}，发生频度分别为 0.357 和 0.643。模型交点位于 -63.4 mm/m 和 168.2 mm/m 附近，均超出了 P_{m0913} 取值范围{39.7,94.2}；当地降水条件下，RPA 模型值 > 对照，最小差距出现在 52.4 mm/m 附近；差距变化规律与 P_{m0912} 相同，差距增减速率为 0.059P_{m0913}。

2. Linear - **模型**　树高 P_{m0902} ~ P_{m0913} 的 Linear - 模型反映了各生长期 9 月平均降水量对飞播油松高的总体作用强度变化趋势和差异，也反映了树高与各生长期 9 月平均降水量直线关系的紧密程度。P_{m0902} ~ P_{m0908} 模型决定系数 R^2 依次增大，直线关系逐渐紧密；而 P_{m0908} ~ P_{m0913} 的 R^2 依次缓慢减小，直线关系逐渐疏远。P_{m0902} ~ P_{m0910} 模型截距 a 依次减小，由正转负，且正值 RPA > 对照，负值 RPA < 对照；而 P_{m0910} ~ P_{m0913} 截距 a 依次有所增大。模型斜率 $b > 0$，RPA > 对照，且以 P_{m0902} ~ P_{m0911} 次序逐渐增大，而 P_{m0911} ~ P_{m0913} 的斜率缓慢减小（表 6 - 52）。

RPA 和对照树高 P_{m0902} ~ P_{m0913} 的 Linear - 模型截距比值约为 1.3，交点依次出现在 -16.8 mm/m、1.2 mm/m、29.8 mm/m、34.4 mm/m、40.4 mm/m、45.8 mm/m、46.3 mm/m、44.9 mm/m、45.3 mm/m、44.8 mm/m、43.9 mm/m 和 43.0 mm/m 附近，P_{m0902} ~ P_{m0905} 的模型交点值小于其月均降水量最小值，P_{m0906} ~ P_{m0913} 的交点左侧均有 2 组数据。交点右侧，RPA 模型值 > 对照，其差距与其月均降水量呈正相关；其中，P_{m0902} ~ P_{m0905} 的发生频度为 1.000，P_{m0906} ~ P_{m0913} 的发生频度为 0.857。

表 6－52　油松高与 9 月降水量均值指标直线模型

Tab. 6－52 The linear－model of average monthly precipitation in September and height of *Pinus tabulaeformi*

处理 Treat	降水因子 P_{m09}	模型系数 Model Coefficients		R^2	F－检验 (F－test)		T－检验 (T－test)			
		常数项 *a*	函数项 *b*		*F*	*p*	t_0	*p*	t_1	*p*
H_{trpa}	P_{m0902}	26.437	1.064	0.128	10.001	0.002	0.797	0.428	3.162	0.002
	P_{m0903}	7.538	1.318	0.164	13.379	0.000	0.222	0.825	3.658	0.000
	P_{m0904}	－41.446	1.912	0.304	29.705	0.000	－1.280	0.205	5.450	0.000
	P_{m0905}	－79.928	2.415	0.436	52.560	0.000	－2.668	0.010	7.250	0.000
	P_{m0906}	－124.838	3.009	0.626	113.914	0.000	－5.031	0.000	10.673	0.000
	P_{m0907}	－158.691	3.508	0.767	224.060	0.000	－7.915	0.000	14.969	0.000
	P_{m0908}	－174.102	3.827	0.767	224.180	0.000	－8.287	0.000	14.973	0.000
	P_{m0909}	－181.109	4.015	0.732	186.166	0.000	－7.714	0.000	13.644	0.000
	P_{m0910}	－187.028	4.185	0.688	149.614	0.000	－7.041	0.000	12.232	0.000
	P_{m0911}	－184.920	4.220	0.628	114.645	0.000	－6.158	0.000	10.707	0.000
	P_{m0912}	－178.433	4.168	0.574	91.521	0.000	－5.435	0.000	9.567	0.000
	P_{m0913}	－174.107	4.122	0.548	82.442	0.000	－5.111	0.000	9.080	0.000
H_{trpa}	P_{m0902}	22.191	0.812	0.124	9.586	0.003	0.859	0.393	3.096	0.000
	P_{m0903}	7.913	1.004	0.158	12.750	0.001	0.298	0.767	3.571	0.001
	P_{m0904}	－27.027	1.429	0.281	26.571	0.000	－1.056	0.295	5.155	0.000
	P_{m0905}	－61.144	1.869	0.432	51.737	0.000	－2.617	0.011	7.193	0.000
	P_{m0906}	－98.691	2.363	0.639	120.338	0.000	－5.207	0.000	10.970	0.000
	P_{m0907}	－122.702	2.722	0.765	220.927	0.000	－7.831	0.000	14.864	0.000
	P_{m0908}	－133.989	2.961	0.760	215.657	0.000	－8.085	0.000	14.685	0.000
	P_{m0909}	－141.562	3.135	0.739	192.706	0.000	－7.856	0.000	13.882	0.000
	P_{m0910}	－144.438	3.244	0.684	147.059	0.000	－6.954	0.000	12.127	0.000
	P_{m0911}	－141.713	3.256	0.619	110.285	0.000	－5.999	0.000	10.502	0.000
	P_{m0912}	－136.588	3.214	0.565	88.255	0.000	－5.298	0.000	9.394	0.000
	P_{m0913}	－133.932	3.188	0.543	80.704	0.000	－5.029	0.000	8.984	0.000

3. S－**模型**　该模型是树高与 P_{m0901} ~ P_{m0905} 的最优模型，决定系数 R^2 最大，线性关系

依次增强。指数常数项 $a>0$，且 RPA > 对照；指数倒数项系数 $b<0$，RPA < 对照；且 a、b 绝对值依次增大。模型为单调递增函数，两端倾斜度较小，倾斜度逐渐增大。RPA 模型值 > 对照，最小差距趋近于零，差距随其月均降水量增加逐渐扩大，但增幅渐趋稳定。RPA 和对照 P_{m0901} 模型预测 RPA 和对照的最大值为 400.5 cm 和 307.8 cm，与当地 14 年飞播油松实际高 409.3 ± 13.7 cm 和 297.9 ± 5.1 cm 十分接近。其 P_{m0902} 的模型预测树高最大差距为 118.0 cm，与实际相差 111.4 ± 13.7 cm，也十分接近。在当地降水条件下，P_{m0901} ~ P_{m0905} 模型的最小和最大差距依次为 1.9 cm、46.6 cm，1.5 cm、46.6 cm，2.3 cm、47.0 cm，2.1 cm、47.2 cm，2.0 cm、45.2 cm；变化趋势一致，但由于其取值范围依次收窄，模型倾斜度依次增大；表明树高对其响应逐渐增强（表 6 – 53）。

4. Exponential – **模型**　树高与 P_{m0906} ~ P_{m0913} 的 Exponential – 模型决定系数较大，且相对稳定。模型底数 $e>1$；底数项系数 $a>0$，RPA > 对照，且依次降低；指数项系数 > 0，RPA ≥ 对照，且依次增加；P_{m0906} ~ P_{m0913} 取值远大于零；模型为单调递增函数。a 值决定模型与 y 轴相交纵轴坐标的高低；b 值决定模型的倾斜程度，其 $a\times b$ 和 b 值越大，模型倾斜度越大。RPA 模型值 > 对照，差距与其月均降水量呈正相关，但差距增幅逐渐递增，渐趋稳定（表 6 – 54）。

表 6 – 53　油松高与 9 月降水量均值指标 S – 模型

Tab. 6 – 53 The S – model of average monthly precipitation in September and height of *Pinus tabulaeformi*

处理 Treat	降水因子 P_{m09}	模型系数 Model Coefficients		R^2	F – 检验 (F – test)		T – 检验 (T – test)			
		指数常数 a	指数倒数项 b		F	p	t_0	p	t_1	p
H_{trpa}	P_{m0901}	5.993	–129.997	0.523	74.615	0.000	25.816	0.000	–8.638	0.000
	P_{m0902}	6.193	–143.917	0.593	99.212	0.000	27.903	0.000	–9.961	0.000
	P_{m0903}	6.289	–147.712	0.637	119.219	0.000	29.708	0.000	–10.919	0.000
	P_{m0904}	6.417	–155.594	0.706	162.964	0.000	33.449	0.000	–12.766	0.000
	P_{m0905}	6.553	–163.285	0.756	210.183	0.000	36.714	0.000	–14.498	0.000
H_{trpa}	P_{m0901}	5.730	–128.011	0.524	74.820	0.000	25.100	0.000	–8.650	0.000
	P_{m0902}	5.918	–141.026	0.588	97.173	0.001	26.926	0.000	–9.858	0.000
	P_{m0903}	6.002	–144.120	0.626	113.797	0.000	28.392	0.000	–10.668	0.000
	P_{m0904}	6.122	–151.493	0.691	151.846	0.000	31.641	0.000	–12.323	0.000
	P_{m0905}	6.266	–159.765	0.747	200.682	0.000	35.062	0.000	–14.166	0.000

表 6－54　油松高与 9 月降水量均值指标指数模型

Tab. 6－54 The exponential－model of average monthly precipitation in September and height of *Pinus tabulaeformi*

处理 Treat	降水因子 P_{m09}	模型系数 Model Coefficients		R^2	F－检验（F－test）		T－检验（T－test）			
		指数常数 a	指数倒数项 b		F	p	t_0	p	t_1	p
H_{trpa}	P_{m0906}	3.893	0.035	0.841	360.006	0.000	6.244	0.000	18.974	0.000
	P_{m0907}	3.266	0.038	0.899	602.302	0.000	7.632	0.000	24.542	0.000
	P_{m0908}	2.793	0.041	0.894	571.931	0.000	7.115	0.000	23.915	0.000
	P_{m0909}	2.478	0.043	0.877	484.726	0.000	6.344	0.000	22.017	0.000
	P_{m0910}	2.167	0.046	0.858	410.854	0.000	5.640	0.000	20.270	0.000
	P_{m0911}	1.986	0.048	0.835	344.852	0.000	5.057	0.000	18.570	0.000
	P_{m0912}	1.914	0.049	0.814	296.978	0.000	4.653	0.000	17.233	0.000
	P_{m0913}	1.903	0.049	0.803	276.835	0.000	4.489	0.000	16.638	0.000
H_{trpa}	P_{m0906}	3.220	0.034	0.841	358.667	0.000	6.335	0.000	18.939	0.000
	P_{m0907}	2.730	0.037	0.894	570.515	0.000	7.569	0.000	23.885	0.000
	P_{m0908}	2.344	0.040	0.888	539.135	0.000	7.042	0.000	23.219	0.000
	P_{m0909}	2.065	0.043	0.876	482.590	0.000	6.434	0.000	21.968	0.000
	P_{m0910}	1.824	0.045	0.853	395.800	0.000	5.641	0.000	19.895	0.000
	P_{m0911}	1.687	0.047	0.827	325.713	0.000	5.018	0.000	18.048	0.000
	P_{m0912}	1.631	0.048	0.805	280.100	0.000	4.618	0.000	16.736	0.000
	P_{m0913}	1.619	0.048	0.795	263.031	0.000	4.469	0.000	16.218	0.000

第十一节　十月降水对树高的均值效应

【内容提要】与 7～9 月降水不同，树高与各生长期 10 月平均降水量相关性变化较大。其中，与当年 10 月降水量（P_{m10}）至近 4 年 10 月平均降水量（P_{m1003}）相关不显著，与近 5 年 10 月平均降水量（P_{m1004}）～近 14 年 10 月平均降水量（P_{m1013}）正相关极显著（$p<0.01$），其中与近 11 年 10 月平均降水量（P_{m1010}）相关系数大 0.618 和 0.629（$p=0.000$）。RPA9 因子和对照 10 因子向后剔除法逐步回归模型中，P_{m1013}、P_{m1010}和 P_{m1007}对树高作用较强，单位量变化系数达 4.777、4.338、3.06 和 5.027、3.968、3.033，对模型分别贡献 31.

4%、28.8%、16.7%和33.7%、24.1%、15.6%；其次，P_{m1006}、P_{m1005}、P_{m1008}和P_{m1004}对RPA树高作用也相对较强，单位量变化系数为1.868、1.496、0.833和0.686，对模型分别贡献7.2%、6.4%、4.0%和3.5%；P_{m1008}、P_{m1006}、P_{m1009}和P_{m1005}对对照树高影响也较大，单位量变化系数为1.826、1.574、1.335和1.280，对模型贡献6.2%、6.6%、3.9%和6.2%。RPA7因子和对照9因子逐步回归模型中，油松对P_{m1013}、P_{m1012}和P_{m1010}响应较强，单位量变化系数8.606、4.762、3.276和8.352、3.287、3.991，分别贡献48.6%、24.8%、18.3%和50.1%、16.5%、23.3%。S－模型是P_{m1002}、P_{m1003}和P_{m1004}的树高最优模型，Exponential－模型是树高与P_{m1005}～P_{m1013}的最优模型，均为增函数。表明10月平均降水量低时，树高对其反应较弱；而平均降水量高时，树高对其反应较强；且反应强度随其月均降水量统计年限延长有增强的趋势。P_{m1005}～P_{m1013}的Linear－模型截距$a<0$、RPA＜对照，斜率$b>0$、RPA＞对照。以P_{m1010}为界，其两侧模型a、b的绝对值依次减小。表明树高与P_{m1010}直线关系最为紧密，树高对其反应最强；在当地降水条件下，RPA油松树高对各生长期10月平均降水量响应较强，也说明10月降水量整体对油松树高有明显的促进作用。树高与P_{m1002}～P_{m1004}和P_{m1009}～P_{m1012}的Quadratic－模型反映了各生长期10月平均降水量大小对油松树高作用的变化；P_{m1002}～P_{m1004}模型$a<0$、RPA＜对照，$b>0$、RPA＞对照，$c<0$、RPA＜对照；a、b和c的绝对值也依次减小；模型有极大值，也依次减小。表明油松高生长对各生长期10月平均降水量有一个最适范围；在其范围内，油松对其响应最大。同时也表明10月阴雨连绵可能会对油松高生长产生一定的抑制作用。P_{m1009}～P_{m1012}模型$a>0$、RPA＞对照，$b<0$、RPA＜对照，$c>0$、RPA＞对照，模型有极小值。

【关 键 词】多效抗旱驱鼠剂，十月平均降水量，油松，树高，回归分析，模型拟合

一、树高与十月降水均值指标的向后剔除法逐步回归模型

对树高(H_t)与不同生长期10月降水均值指标(P_{m10})进行向后剔除法逐步回归模型分析，经过3次向后剔除法逐步回归，剔除了P_{m10}、P_{m1003}、P_{m1011}和P_{m1012}因子构建了对照油松10月降水量均值指标有效模型；而经过4次向后逐步回归，剔除了P_{m10}、P_{m1002}、P_{m1009}、P_{m1011}和P_{m1012}因子组建了RPA树高有效模型(表6－55)。

1. **对照模型分析** 在控制其他因子影响下，对照树高与P_{m1013}、P_{m1004}、P_{m1001}、P_{m1006}和P_{m1008}负偏相关依次减弱，而与P_{m1002}、P_{m1009}、P_{m1005}、P_{m1007}和P_{m1010}正偏相关依次增强，且均极显著。各因子配合下，P_{m1013}、P_{m1010}和P_{m1007}对树高作用较强，单位量变化系数达5.027、3.968和3.033；其对模型影响也较大，分别贡献33.7%、24.1%和15.6%。其次是P_{m1008}、P_{m1006}、P_{m1009}和P_{m1005}，单位量变化系数为1.826、1.574、1.335和1.280，对模型贡献6.2%、6.6%、3.9%和6.2%。而P_{m1004}、P_{m1001}和P_{m1002}对树高作用较弱，单位量变化系数仅为0.521、0.260和0.081，其对模型影响也较小，分别贡献2.7%、1.0%和0.1%。

表 6－55 油松高与 10 月降水量均值指标逐步向后回归模型

Tab. 6－55 The backward stepwise regression model of average precipitation in October and height of *Pinus tabulaeformi*

处理 Treat	降水因子 P_{m08}	模型 Model Coefficients 非标准 Unstandard	标准 Standard	T－检验 (T－test) t	p	R^2	相关系数 Correlations r_0	$r_{partial}$	r_{part}	共线性统计量 Collinearity statistics 容差 Tolerance	方差膨胀因子 VIF
H_{trpa}	常量	－40.221	—	－5.569	0.000	0.997 (F = 2122.812, p = 0.000)	—	—	—	—	—
	P_{m1001}	－0.941	－0.260	－11.148	0.000		－0.064	－0.823	－0.076	0.086	11.580
	P_{m1002}	0.372	0.081	1.949	0.056		0.070	0.246	0.013	0.027	36.529
	P_{m1004}	－2.696	－0.521	－11.412	0.000		0.316	－0.830	－0.078	0.023	44.372
	P_{m1005}	6.881	1.280	8.748	0.000		0.484	0.751	0.060	0.002	455.979
	P_{m1006}	－8.588	－1.574	－6.478	0.000		0.497	－0.645	－0.044	0.001	1256.191
	P_{m1007}	17.200	3.033	9.122	0.000		0.535	0.765	0.063	0.000	2352.809
	P_{m1008}	－10.760	－1.826	－4.366	0.000		0.567	－0.494	－0.030	0.000	3722.011
	P_{m1009}	8.014	1.333	3.550	0.001		0.606	0.420	0.024	0.000	2999.446
	P_{m1010}	24.339	3.968	12.558	0.000		0.629	0.853	0.086	0.000	2125.219
	P_{m1013}	－32.670	－5.027	－16.497	0.000		0.515	－0.907	－0.113	0.001	1976.678
H_{trpa}	常量	－58.157	—	－4.910	0.000	0.991 (F = 733.552, p = 0.000)	—	—	—	—	—
	P_{m1001}	－1.223	－0.263	－6.499	0.000		－0.098	－0.643	－0.080	0.092	10.884
	P_{m1003}	0.603	0.097	1.716	0.091		0.123	0.216	0.021	0.047	21.265
	P_{m1004}	－4.566	－0.686	－11.446	0.000		0.294	－0.828	－0.140	0.042	23.925
	P_{m1005}	10.344	1.496	6.953	0.000		0.476	0.668	0.085	0.003	308.321
	P_{m1006}	－13.113	－1.868	－5.834	0.000		0.489	－0.602	－0.071	0.001	682.742
	P_{m1007}	22.350	3.063	11.399	0.000		0.537	0.827	0.140	0.002	481.035
	P_{m1008}	－7.077	－0.933	－6.210	0.000		0.567	－0.626	－0.076	0.007	150.460
	P_{m1010}	34.237	4.338	23.214	0.000		0.618	0.949	0.284	0.004	232.651
	P_{m1013}	－39.938	－4.777	－16.091	0.000		0.511	－0.901	－0.197	0.002	587.025

2. RPA 模型分析　与对照相比,RPA 树高也与 P_{m1013}、P_{m1004}、P_{m1001}、P_{m1008}和 P_{m1006}负偏相关依次减弱,且极显著;而与 P_{m1003}、P_{m1005}、P_{m1007}和 P_{m1010}正偏相关依次增强,其中与 P_{m1003}相关不显著($r_{partial}=0.216,p=0.091$),与其余因子相关也极显著。各因子相互作用下,也是 P_{m1013}、P_{m1010}和 P_{m1007}对树高作用较强,单位量变化系数为 4.777、4.338 和 3.063,对模型分别贡献 31.4%、28.8% 和 16.7%;其 P_{m1010}的作用和影响比对照明显增强。P_{m1006}、P_{m1005}、P_{m1008}和 P_{m1004}对树高作用也相对较强,单位量变化系数为 1.868、1.496、0.833和 0.686,对模型分别贡献 7.2%、6.4%、4.0% 和 3.5%;其中,P_{m1008}作用和影响比对照明显下降。而 P_{m1001}和 P_{m1003}对树高作用较弱,单位量变化系数仅为 0.263 和 0.097,对模型贡献 0.7% 和 0.1%;其中,P_{m1003}因子在模型中的作用和影响与对照模型中的 P_{m1002}因子相当。

二、树高与十月降水均值指标的逐步回归模型

对树高与各生长量 10 月平均降水量进行逐步回归模型分析,产生了 9 组对照树高有效模型,其中,P_{m1010}、P_{m1013}、P_{m1001}、P_{m1007}、P_{m1012}、P_{m1005}、P_{m1003}、P_{m1002}和 P_{m1009}构成了其优化模型;而在组成的 7 组 RPA 油松高有效模型中,P_{m1010}、P_{m1013}、P_{m1001}、P_{m1007}、P_{m1012}、P_{m1003}和 P_{m1005}构建了 RPA 树高优化模型(表 6-56)。

1. 对照模型分析　从对照优化模型分析,排除其他因子干扰,树高与 P_{m1013}、P_{m1001}和 P_{m1003}负净相关依次减弱,而与 P_{m1009}、P_{m1002}、P_{m1005}、P_{m1012}、P_{m1007}和 P_{m1010}正净相关依次增强,且均极显著。各因子配合下,油松对 P_{m1013}响应最强,单位量变化系数达 8.352,对模型贡献 50.1%;比其向后剔除法模型显著增强。其次是 P_{m1010}和 P_{m1012},单位量变化系数为 3.991 和 3.287,对模型分别贡献 23.3% 和 16.5%;其中,P_{m1012}取代了向后剔除法模型中 P_{m1007}的地位。树高对 P_{m1007}也有一定响应,单位量变化系数为 1.040,对模型贡献 5.6%;比其在向后剔除法模型中模型下降。而油松对 P_{m1009}、P_{m1005}、P_{m1001}、P_{m1003}和 P_{m1002}响应很弱,单位量变化系数依次仅为 0.472、0.340、0.237、0.182 和 0.160;其对模型影响也很小,仅贡献 1.2%、1.4%、0.8%、0.6% 和 0.4%;其中,P_{m1009}和 P_{m1005}作用比其向后剔除法模型明显减弱。

2. RPA 模型分析　与对照相比,RPA 树高也与 P_{m1013}、P_{m1001}和 P_{m1003}负净相关依次减弱,且极显著;而与 P_{m1005}、P_{m1012}、P_{m1007}和 P_{m1010}正净相关依次增强,但其中与 P_{m1005}相关仅显著($r_{partial}=0.262,p=0.037$),与其余因子相关也极显著。各因子相互作用下,油松也是对 P_{m1013}响应最强,单位量变化系数达 8.606,对模型贡献 48.6%;也比起向后剔除法模型显著增强。对 P_{m1012}和 P_{m1010}响应也较强,单位量变化系数为 4.762 和 3.276,对照模型分别贡献 24.8% 和 18.3%;与对照模型相比,P_{m1012}作用明显增强,而 P_{m1010}显著减弱。与对照相同,油松对 P_{m1007}响应也相对较强,单位量变化系数为 1.352,对模型贡献 6.9%;但比其向后剔除法模型也降低显著。而油松对 P_{m1001}、P_{m1003}和 P_{m1005}响应极弱,单位量变化系数仅为 0.291、0.258 和 0.125;其对模型影响也很小,仅贡献 0.9%、0.3% 和 0.2%;其中,

P_{m1005}的作用和影响比其后剔除法模型也显著降低。

三、树高与十月降水均值指标的相关性

与7月～9月降水不同，树高与各生长期10月平均降水量的相关性较弱，且有一定变化。其中，RPA和对照树高与当年10月降水量有一定负相关性（r_0 = -0.203、-0.161，p = 0.046、0.092），P_{m1001}负相关极不显著（r_0 = -0.098、-0.094，p = 0.209、0.299），与P_{m1002}正相关极不显著（r_0 = 0.085、0.070，p = 0.242、0.282），与P_{m1003}正相关性也极弱，相关系数均为0.123（p = 0.155）；而与P_{m1004}～P_{m1013}正相关极显著，其中与P_{m1010}相关度最大，相关系数为0.618和0.629（p = 0.000）；以此为界，两侧各因子相关度依次逐渐减小。

四、树高与十月降水均值指标的模型拟合

对树高与各生长期10月平均降水量进行模型拟合，树高与P_{m1001}关系具有Cubic－模型特性，与P_{m1002}关系符合Quadratic－模型、Cubic－模型和S－模型，与P_{m1003}和P_{m1004}关系满足Quadratic－模型和S－模型要求，与P_{m1005}、P_{m1006}、P_{m1007}、P_{m1008}和P_{m1013}的Linear－模型和Exponential－模型拟合性强，与P_{m1009}、P_{m1010}、P_{m1011}和P_{m1012}的Linear－模型、Quadratic－模型和Exponential－模型相关度强。

表6－56　油松高与10月降水量均值指标逐步回归模型

Tab.6－56 The stepwise regression model of average precipitation in October and height of *Pinus tabulaeformi*

处理 Treat	降水因子 P_{m08}	模型 Model Coefficients 非标准 Unstandard	标准 Standard	T－检验（T－test） t	p	R^2	相关系数 Correlations r_0	$r_{partial}$	r_{part}	共线性统计量 Collinearity statistics 容差 Tolerance	方差膨胀因子 VIF
H_{trpa}	常量	-33.396	—	-6.431	0.000	0.997（F = 2143.203，p = 0.000）	—	—	—	—	—
	P_{m1010}	24.484	3.991	27.049	0.000		0.629	0.961	0.190	0.002	440.914
	P_{m1013}	-54.279	-8.352	-23.097	0.000		0.515	-0.948	-0.162	0.000	2647.823
	P_{m1001}	-0.857	-0.237	-14.283	0.000		-0.064	-0.879	-0.100	0.180	5.565
	P_{m1007}	5.900	1.040	23.578	0.000		0.535	0.950	0.166	0.025	39.414
	P_{m1012}	21.218	3.287	10.157	0.000		0.541	0.795	0.071	0.000	2120.902
	P_{m1005}	1.830	0.340	8.805	0.000		0.484	0.751	0.062	0.033	30.279
	P_{m1003}	-0.882	-0.182	-7.008	0.000		0.123	-0.671	-0.049	0.073	13.730
	P_{m1002}	0.738	0.160	5.183	0.000		0.070	0.556	0.036	0.052	19.324
	P_{m1009}	2.841	0.472	3.734	0.000		0.606	0.434	0.026	0.003	324.028

续表 6-56

处理 Treat	降水因子 P_{m08}	模型 Model Coefficients 非标准 Unstandard	标准 Standard	T-检验 (T-test) t	p	R^2	相关系数 Correlations r_0	$r_{partial}$	r_{part}	共线性统计量 Collinearity statistics 容差 Tolerance	方差膨胀因子 VIF
H_{trpa}	常量	-68.186	—	-6.641	0.000	0.990 (F = 912.551, p = 0.000)	—	—	—	—	—
	P_{m1010}	25.855	3.276	25.005	0.000		0.618	0.954	0.311	0.009	110.709
	P_{m1013}	-71.953	-8.606	-19.533	0.000		0.511	-0.927	-0.243	0.001	1251.978
	P_{m1001}	-1.356	-0.291	-14.869	0.000		-0.098	-0.884	-0.185	0.404	2.476
	P_{m1007}	9.864	1.352	19.470	0.000		0.537	0.927	0.242	0.032	31.094
	P_{m1012}	39.549	4.762	13.313	0.000		0.540	0.861	0.166	0.001	825.358
	P_{m1003}	-0.980	-0.158	-3.587	0.001		0.123	-0.415	-0.045	0.080	12.445
	P_{m1005}	0.866	0.125	2.136	0.037		0.476	0.262	0.027	0.045	22.157

1. **Cubic-模型** 树高 P_{m1001} 和 P_{m1002} 的 Cubic-模型反映了树高对 9 月不同月均降水量的反应变化及其 RPA 和对照油松的差异。

$$H_{trpa} = -1922.234 + 87.309P_{m1001} - 1.139P_{m1001}^2 + 4.623 \cdot 10^{-3}P_{m1001}^3$$

($n=70, R^2=0.205, F=5.688, p=0.002; t_0=-3.679, p=0.000; t_1=3.912, p=0.000; t_2=-3.846, p=0.000; t_3=3.748, p=0.000$)

$$H_{tck} = -1338.857 + 60.263P_{m1001} - 0.775P_{m1001}^2 + 3.108 \cdot 10^{-3}P_{m1001}^3$$

($n=70, R^2=0.172, F=4.558, p=0.006; t_0=-3.229, p=0.002; t_1=3.402, p=0.001; t_2=-3.298, p=0.002; t_3=3.175, p=0.002$)

$$H_{trpa} = -2\,275.854 + 98.253P_{m1002} - 1.250P_{m1002}^2 + 5.033 \cdot 10^{-3}P_{m1002}^3$$

($n=70, R^2=0.313, F=10.025, p=0.000; t_0=-3.722, p=0.000; t_1=3.561, p=0.001; t_2=-3.210, p=0.002; t_3=2.888, p=0.005$)

$$H_{tck} = -1\,932.297 + 86.378P_{m1002} - 1.115P_{m1002}^2 +.555 \cdot 10^{-3}P_{m1002}^3$$

($n=70, R^2=0.342, F=11.424, p=0.000; t_0=-4.261, p=0.000; t_1=4.114, p=0.000; t_2=-3.763, p=0.000; t_3=3.436, p=0.001$)

RPA 和对照树高 P_{m1001} 的 Cubic-模型决定系数为 0.205 和 0.172，线性关系相对松散。其 RPA 模型极值分别为 212.9 cm 和 33.6 cm，依次出现在 60.8 mm/m 和 103.5 mm/m附近；极值点区间包含 6 组数据，其左右两侧均分布 4 组数据。极值点区间，树高与其月均降水量有负相关的趋势，发生频度 0.429；极值点两侧，树高与其月均降水量有正相关的趋势，发生频度均为 0.286。对照模型极值为 158.0 cm 和 38.8 cm，分别出现在61.9 mm/*m* 和104.4 mm/*m* 附近；极值点区间包含7组数据，其左右两侧各分布4组和2组数据。与RPA相同，极值点区间，树高与其月均降水量有负相关的趋势，发生频度0.500；左右两侧，树高与其月均降水量有正相关的趋势，发生频度为0.286和0.214。当地降水条件下，两模型交点出现在95.4 mm/*m* 和107.3 mm/*m* 附近，其间仅包含1组数据，左右两侧各分布9组和4组数据。其左右两侧，RPA模型值大于对照，发生频度0.929；其中，在交点区间左侧，模型最大差距出现在58.5附近，其左右两侧各4组和5组数据；其左侧，模型差距随其月均生长量增加有扩大的趋势，发生频度0.286；右侧，差距随其增加有缩小的趋势，发生频度0.357。交点区间右侧，模型差距也与其月均降水量有正相关的趋势，发生频度为0.286%。其 P_{m1002} 模型决定系数为0.313和0.342，线性关系有所增强。RPA模型极值为211.1 cm和80.6 cm，依次出现在64.1 mm/*m* 和101.5 mm/*m*附近；其区间包含包含9组数据，左右两侧各分布3组和8组数据；极值点区间树高与其月均降水量呈负相关，发生频度0.643。对照极值为172.5 cm和59.1 cm，分别发生在63.2 mm/*m* 和100.0 mm/*m* 附近；其区间包含8组数据，左右两侧均分布3组数据。极值点区间树高也与其月均降水量成正比，发生频度0.571。当地降水条件下，两模型只有1个交点，发生在40.1 mm/*m* 附近，其左侧只有1组数据；其右侧，RPA模型值大于对照，发生频度0.929；最大差距出现在70.0 mm/*m* 附近，交点右侧至差距最大值点区间分布3组数据，其模型差距与其月均降水量呈正相关，发生频度0.214；其区间右侧分布10组数据，模型差距与其月均降水量呈负相关，发生频度0.714。

2. S－**模型**　该模型是 P_{m1002}、P_{m1003} 和 P_{m1004} 的树高最优模型，决定系数 R^2 相对较大，反映了各生长期10月平均降水量大小对树高作用的变异及其RPA和对照树高对其响应的差异。模型指数项常数 $a>0$，RPA＞对照，且依次增加；指数倒数项系数 $b<0$，RPA＜对照，且依次减小；模型底数为 $e>0$，且自变量各生长期10月平均降水量远大于零；模型为增函数。模型值初期增幅较小，并渐趋稳定，极大值为 e^a；且RPA模型值大于对照，其差距与其月均降水量成正比，但增幅增长速率渐趋稳定，并趋于常数。

$$H_{trpa} = e^{6.202-\frac{144.290}{P_{m1002}}}$$

$(n=70, R^2=0.324, F=32.623, p=0.000; t_0=16.646, p=0.000; t_1=-5.712, p=0.000)$

$$H_{tck} = e^{5.935-\frac{142.086}{P_{m1002}}}$$

$(n=70, R^2=0.325, F=32.686, p=0.000; t_0=16.194, p=0.000; t_1=-5.717, p=0.000)$

$$H_{trpa} = e^{6.346-\frac{152.711}{P_{m1003}}}$$

$(n=70, R^2=0.357, F=37.729, p=0.000; t_0=17.729, p=0.000; t_1=-6.142, p=0.000)$

$$H_{tck} = e^{6.082-\frac{150.716}{P_{m1003}}}$$

$(n=70, R^2=0.359, F=38.071, p=0.000; t_0=16.712, p=0.000; t_1=-6.170, p=0.000)$

$$H_{trpa} = e^{6.710-\frac{179.306}{P_{m1004}}}$$

$(n=70, R^2=0.475, F=61.607, p=0.000; t_0=19.830, p=0.000; t_1=-7.849, p=0.000)$

$$H_{tck} = e^{6.453-\frac{177.788}{P_{m1004}}}$$

$(n=70, R^2=0.489, F=63.417, p=0.000; t_0=19.514, p=0.000; t_1=-7.964, p=0.000)$

RPA 和对照 P_{m1002} 模型决定系数 R^2 为 0.324 和 0.325；模型预测的最大差距为 115.4 cm。当地降水条件下，模型最大和最小差距为 2.4 cm 和 28.8 cm。其 P_{m1003} 模型 R^2 为 0.357 和 0.359，预测最大差距为 132.2 cm；当地降水条件下，最小和最大差距为 2.3 cm和 27.2 cm。其 P_{m1004} 模型 R^2 为 0.475 和 0.483，预测最大差距 185.9 cm；当地降水条件下，最小和最大差距为 1.7 cm 和 27.8 cm。变化规律基本一致。

3. Exponential－**模型**　该模型是树高与 $P_{m1005} \sim P_{m1013}$ 的最优模型，其 R^2 较大，线性关系极为紧密，且依次增强；模型底数 e > 0，自变量其月均降水量 > 0；底数项系数 $a > 0$，RPA > 对照，且除 P_{m1013} 外依次减小；指数项系数 $b > 0$，RPA ≤ 对照，其值 P_{m1013} 外依次增大；模型为单调增函数。a 值大小决定模型与 y 轴相交的纵坐标；b 值大小决定模型倾斜程度，其 b 和 ab 值越大，模型倾斜程度越高。RPA 模型值 > 对照（表 6－57）。

表 6－57　油松高与 10 月降水量均值指标指数模型

Tab. 6－57 The exponential－model of average monthly precipitation in October and height of *Pinus tabulaeformi*

处理 Treat	降水因子 P_{m09}	模型系数 Model Coefficients		R^2	F－检验 (F－test)		T－检验 (T－test)			
		指数常数 a	指数倒数项 b		F	p	t_0	p	t_1	p
	P_{m1005}	1.001	0.054	0.631	116.199	0.000	2.509	0.014	10.780	0.000
	P_{m1006}	0.976	0.055	0.635	118.305	0.000	2.517	0.014	10.877	0.000
	P_{m1007}	0.714	0.060	0.690	151.219	0.000	2.653	0.010	12.297	0.000
	P_{m1008}	0.554	0.064	0.724	178.106	0.000	2.730	0.008	13.346	0.000
H_{trpa}	P_{m1009}	0.490	0.066	0.739	192.245	0.000	2.767	0.007	13.865	0.000
	P_{m1010}	0.435	0.068	0.751	204.857	0.000	2.791	0.007	14.313	0.000
	P_{m1011}	0.428	0.068	0.725	179.051	0.000	2.603	0.011	13.381	0.000
	P_{m1012}	0.469	0.068	0.677	142.440	0.000	2.366	0.021	11.935	0.000
	P_{m1013}	0.503	0.067	0.652	127.669	0.000	2.272	0.026	11.299	0.000

续表 6 – 57

处理 Treat	降水因子 P_{m09}	模型系数 Model Coefficients		R^2	F – 检验 (F – test)		T – 检验 (T – test)			
		指数常数 a	指数倒数项 b		F	p	t_0	p	t_1	p
H_{trpa}	P_{m1005}	0.821	0.054	0.640	120.867	0.000	2.582	0.012	10.994	0.000
	P_{m1006}	0.800	0.055	0.644	123.103	0.000	2.590	0.012	11.095	0.000
	P_{m1007}	0.605	0.059	0.690	151.553	0.000	–3.442	0.001	5.674	0.000
	P_{m1008}	0.468	0.063	0.726	180.282	0.000	2.786	0.007	13.427	0.000
	P_{m1009}	0.401	0.065	0.752	206.219	0.000	2.886	0.005	14.360	0.000
	P_{m1010}	0.356	0.067	0.764	220.693	0.000	2.917	0.005	14.856	0.000
	P_{m1011}	0.356	0.068	0.733	186.812	0.000	2.687	0.009	13.668	0.000
	P_{m1012}	0.391	0.067	0.684	146.925	0.000	2.429	0.018	12.121	0.000
	P_{m1013}	0.417	0.066	0.660	132.058	0.000	2.335	0.023	11.492	0.000

当地降水条件下，P_{m1005} ~ P_{m1013}的取值下限均为39.4 mm/m，其RPA和对照模型值最小差距依次为1.7 cm、1.7 cm、1.4 cm、1.3 cm、1.3 cm、1.2 cm、1.2 cm、1.3 cm和1.3 cm；取值上限依次收缩，逐渐稳定在87.4 mm/m，分别为102.0 mm/m、101.1 mm/m、97.2 mm/m、91.8 mm/m、92.1 mm/m、89.7 mm/m、87.4 mm/m、87.4 mm/m和87.4 mm/m，模型最大差距为56.4 cm、57.8 cm、55.1 cm、43.2 cm、45.6 cm、39.8 cm、36.7 cm、37.7 cm和37.6 cm；P_{m1005}和P_{m1006}取值中值为82.7 mm/m和79.0 mm/m，P_{m1007} ~ P_{m1013}均稳定在77.7 mm/m，模型中值差距依次为19.1 cm、16.4 cm、16.0 cm、16.8 cm、17.2 cm、17.7 cm、18.5 cm、19.1 cm和19.3 cm，占最大差距比例分别为33.9%、28.3%、29.1%、38.9%、37.8%、44.5%、50.5%、50.8%和51.3%（表6 – 57）。表明10月平均降水量低时，树高对其反应较弱；而平均降水量高时，树高对其反应较强；且反应强度随其月均降水量统计年限延长有增强的趋势。

4. Linear – 模型 树高与P_{m1005} ~ P_{m1013}的Linear – 模型R^2较小，线性关系相对松散；但其模型均极为显著，表现了树高与各生长期10月平均降水量的总体呈现正相关的趋势，且相关性P_{m1005} ~ P_{m1010}依次增强，P_{m1010} ~ P_{m1013}依次减弱。模型截距$a<0$，且RPA < 对照；斜率$b>0$，且RPA > 对照；以P_{m1010}为界，其两侧模型a、b的绝对值依次减小。表明树高与近11年10月降水量均值直线关系最为紧密，树高对其反应最强（表6 – 58）。

RPA和对照模型b比值依次为1.267、1.266、1.293、1.287、1.258、1.264、1.282、

1.284和1.276，交点分别出现在38.3 mm/m、38.9 mm/m、45.2 mm/m、46.8 mm/m、46.0 mm/m、47.8 mm/m、48.3 mm/m、46.1 mm/m和43.9 mm/m附近，模型值依次为－5.8 cm、－5.8 cm、3.2 cm、1.4 cm、－9.1 cm、－6.9 cm、－0.4 cm、0.4 cm和－2.2 cm。其中，RPA和对照P_{m1005}和P_{m1006}模型交点值小于其月均降水量最小值(39.4 mm/m)，其交点右侧，RPA模型值＞对照，且差距与其月均降水量呈正相关，差距递增速率分别为0.693 cm/mm/m和0.722 cm/mm/m，发生频度1.000。而其P_{m1007}～P_{m1013}模型交点左侧均有2组数据；其交点右侧，RPA模型值＞对照，差距分别以0.887 cm/mm/m、0.958 cm/mm/m、0.941 cm/mm/m、1.017 cm/mm/m、1.061 cm/mm/m、0.991 cm/mm/m和0.926 cm/mm/m的速度递增，发生频度均为0.857。表明在当地降水条件下，RPA油松树高对各生长期10月平均降水量响应较强，也说明10月降水量整体对油松树高有明显的促进作用(表6－58)。

5. Quadratic－**模型**　树高与P_{m1002}～P_{m1004}和P_{m1009}～P_{m1012}的Quadratic－模型反映了各生长期10月平均降水量大小对油松树高作用的变化(表6－59)。

RPA和对照P_{m1002}～P_{m1004}的Quadratic－模型决定系数R^2相对较小，且依次降低；其模型系数检验水平也依次降低。其$a<0$，且RPA小于对照；$b>0$，且RPA＞对照；$c<0$，且RPA小于对照；a、b和c的绝对值也依次减小；模型有极大值，也依次减小。其P_{m1002}模型极大值分别为176.8 cm和137.9 cm，分别出现在76.0 mm/m和75.6 mm/m附近；极值点左侧均分布6组数据，其树高与当年和前2年10月平均降水量有呈正相关的趋势，但增幅分别以0.256P_{m1002}和0.199P_{m1002}的速率递减，发生频度0.426；极值点右侧，树高与其月均降水量有呈负相关的趋势，且降幅分别以相同的速率递增，发生频度0.571。两模型交点出现在40.2 mm/m和114.1 mm/m附近；其区间包含13组数据，左侧有1组数据。交点区间，RPA模型值＞对照，最大差距为39.0 cm，出现在77.2 mm/m附近；其左侧交点区间内包含5组数据，右侧分布8组数据。其左侧，模型差距与其月均降水量有成正比的趋势，增幅以0.057P_{m1002}的速率递减，发生频度0.357；其右侧，差距与其有成反比的趋势，且降幅也以相同的速率递增，发生频度为0.571。其P_{m1003}模型极大值为168.7 cm和131.9 cm，出现在74.5 mm/m和74.4 mm/m附近；其左右两侧均各分布5组和9组数据。树高变幅增减速率分别为0.239和0.189，发生频度分别为0.357和0.643。两模型交点发生在36.3 mm/m和112.7 mm/m附近，均超出了P_{m1003}取值范围{39.4，100.9}；当地降水条件下，RPA模型值＞对照，最大差距为36.8 cm，出现在74.7 mm/m附近；其左右两侧也各分布5组和9组数据。树高差距变幅增加速率为0.051P_{m1003}，发生频度也分别为0.357和0.643。其P_{m1004}模型极大值为151.2 cm和116.4 cm，分别出现在80.4 mm/m和82.9 mm/m附近；数据分布规律与P_{m1002}模型相同，树高变幅增减速率为0.169P_{m1004}和0.116P_{m1004}。两模型分别在38.2和111.4附近相交，也超出了P_{m1004}取值范围{39.4，97.3}；模型最大差距为36.0 cm，出现在74.8 mm/m附近；其作用两侧也各分布6

组和 8 组数据,模型差距变幅增减速率为 0.054,发生频度为 0.429 和 0.571(表 6－59)。上述分析表明,油松高生长对各生长期 10 月平均降水量有一个最适范围;在其范围内,油松对其响应最大。同时也表明 10 月阴雨连绵可能会对油松高生长产生一定的抑制作用。

表 6－58 油松高与 10 月降水量均值指标直线模型

Tab. 6－58 The linear－model of average monthly precipitation in October and height of *Pinus tabulaeformi*

处理 Treat	降水因子 P_{m09}	模型系数 Model Coefficients		R^2	F－检验 (F－test)		T－检验 (T－test)			
		指数常数 a	指数倒数项 b		F	p	t_0	p	t_1	p
	P_{m1005}	－131.830	3.293	0.227	19.937	0.000	－2.263	0.027	4.465	0.000
	P_{m1006}	－139.279	3.432	0.239	21.346	0.000	－2.403	0.019	4.620	0.000
	P_{m1007}	－174.002	3.921	0.289	27.601	0.000	－3.018	0.004	5.254	0.000
	P_{m1008}	－200.013	4.299	0.321	32.215	0.000	－3.450	0.001	5.676	0.000
H_{trpa}	P_{m1009}	－219.859	4.588	0.352	36.874	0.000	－3.824	0.000	6.072	0.000
	P_{m1010}	－239.952	4.878	0.382	42.033	0.000	－4.211	0.000	6.483	0.000
	P_{m1011}	－233.742	4.828	0.354	37.254	0.000	－3.932	0.000	6.104	0.000
	P_{m1012}	－206.026	4.482	0.291	27.952	0.000	－3.258	0.002	5.287	0.000
	P_{m1013}	－190.025	4.275	0.261	24.069	0.000	－2.932	0.005	4.906	0.000
	P_{m1005}	－105.306	2.600	0.234	20.769	0.000	－2.337	0.022	4.557	0.000
	P_{m1006}	－111.209	2.710	0.247	22.257	0.000	－2.482	0.016	4.718	0.000
	P_{m1007}	－133.905	3.033	0.286	27.246	0.000	－2.982	0.004	5.220	0.000
	P_{m1008}	－155.123	3.341	0.321	32.194	0.000	－3.442	0.001	5.674	0.000
H_{trpa}	P_{m1009}	－176.606	3.646	0.368	39.541	0.000	－4.001	0.000	6.288	0.000
	P_{m1010}	－191.354	3.861	0.396	44.598	0.000	－4.370	0.000	6.678	0.000
	P_{m1011}	－182.472	3.767	0.357	37.706	0.000	－3.958	0.000	6.141	0.000
	P_{m1012}	－160.368	3.491	0.292	28.112	0.000	－3.266	0.002	5.302	0.000
	P_{m1013}	－149.332	3.349	0.266	24.589	0.000	－2.973	0.004	4.959	0.000

树高 $P_{m1009} \sim P_{m1012}$ 的 Quadratic－模型决定系数 R^2 较大,线性关系相对紧密,其中 P_{m1010}模型拟合性最强。其 $a>0$,且 RPA > 对照;$b<0$,且 RPA < 对照;$c>0$,且 RPA > 对

照；模型有极小值。RPA 和对照 P_{m1009}模型的极小值为 -12.2 cm 和 -14.3 cm，分别出现在 52.3 和 53.4 mm/m 附近；其左侧均只有 2 组数据。极值点右侧，树高与其月均降水量呈正相关，且增幅以 0.361P_{m1009}和 0.316P_{m1009}的速率递增，发生频度均为 0.857。两模型不相交，RPA 模型值 > 对照，最小差距为 0.4 cm，出现在 44.0 mm/m 附近；其左右两侧也各分布 2 组和 12 组数据。其右侧，树高差距与其月均降水量也呈正相关，增幅递增速率为 0.045P_{m1009}，发生频度 0.757。其 P_{m1010}模型的极小值为 -41.4 cm 和 -38.1 cm，出现在 55.5 mm/m 和 56.0 mm/m 附近；数据分布与 P_{m1009}相同，树高变幅增减速率为 0.555P_{m1010}和 0.469P_{m1010}。模型交点在 43.2 mm/m 和 61.8 mm/m 附近，其区间包含 1 组数据，左右两侧各分布 2 组和 11 组数据。交点区间外，RPA 模型值 > 对照，发生频度 0.929；其右侧，模型差距与其月均降水量呈正相关，且增幅以 0.096P_{m1010}速率递增，发生频度 0.786。P_{m1011}模型极小值为 -47.1 cm 和 -37.8 cm，分布在 55.5 mm/m 和 55.6 mm/m附近；数据分布也与 P_{m1009}相同，树高变幅增减速率为 0.609P_{m1011}和 0.482P_{m1011}。模型交点出现在 42.9 mm/m 和 67.2 mm/m 附近；模型差距变化与 P_{m1010}相同，模型差距增减速率为 0.127P_{m1011}。RPA 和对照 P_{m1012}模型决定系数 R^2相对较小，但模型也为极显著；极小值为 -13.6 cm 和 -11.0 cm，分别出现在 51.7 mm/m 和 51.8 mm/m 附近；数据分布规律也与模型相同，树高变幅增减速率为 0.400P_{m1012}和 0.316P_{m1012}。模型交点在 43.1 mm/m 和 59.1 mm/m 附近；数据分布规律与 P_{m1010}模型相同，模型差距增减速率为 0.084P_{m1012}。

表 6-59 油松高与 10 月降水量均值指标抛物线模型

Tab. 6-59 The quadratic-model of average monthly precipitation in October and height of *Pinus tabulaeformi*

处理 Treat	降水因子 P_{m09}	模型系数 Model Coefficients a	b	c	R^2	F-检验 (F-test) F	p	T-检验 (T-test) t_0	p	t_1	p	t_2	p
	P_{m1002}	-562.887	19.479	-0.128	0.226	9.794	0.000	-3.588	0.001	4.423	0.000	-4.355	0.001
	P_{m1003}	-495.618	17.835	-0.120	0.131	5.039	0.009	-2.537	0.014	3.095	0.003	-2.985	0.004
	P_{m1004}	-395.763	13.613	-0.085	0.125	4.784	0.011	-1.783	0.079	1.992	0.050	-1.717	0.091
H_{trpa}	P_{m1009}	480.752	-18.863	0.180	0.456	28.128	0.000	2.380	0.020	-2.875	0.005	3.594	0.001
	P_{m1010}	813.690	-30.819	0.278	0.581	46.395	0.000	4.219	0.000	-4.841	0.000	5.635	0.000
	P_{m1011}	891.222	-33.804	0.304	0.540	39.335	0.000	4.017	0.000	-4.538	0.000	5.207	0.000
	P_{m1012}	520.631	-20.679	0.200	0.362	18.981	0.000	1.899	0.062	-2.225	0.009	2.717	0.008

续表 6－59

处理 Treat	降水因子 P_{m09}	模型系数 Model Coefficients a	b	c	R^2	F－检验 (F－test) F	p	T－检验 (T－test) t_0	p	t_1	p	t_2	p
	P_{m1002}	－432.010	15.077	－0.100	0.224	9.674	0.000	－3.538	0.001	4.399	0.000	－4.350	0.000
	P_{m1003}	－390.682	14.039	－0.094	0.134	5.175	0.000	－2.578	0.012	3.140	0.003	－3.030	0.003
	P_{m1004}	－281.606	9.600	－0.058	0.130	4.986	0.010	－1.637	0.106	1.812	0.074	－1.513	0.135
H_{trpa}	P_{m1009}	436.935	－16.890	0.158	0.501	33.598	0.000	2.904	0.005	－3.456	0.001	4.226	0.000
	P_{m1010}	698.632	－26.292	0.235	0.631	57.223	0.000	4.966	0.000	－5.662	0.000	6.525	0.000
	P_{m1011}	708.077	－26.815	0.241	0.550	40.907	0.000	4.150	0.000	－4.681	0.000	5.360	0.000
	P_{m1012}	413.527	－16.381	0.158	0.365	19.267	0.000	1.946	0.056	－2.274	0.026	2.769	0.007

备注:remark: a－常数项(constant),b－一次项系数(an item coefficient),c－二次项系数(quadratic term coefficient)。

第十二节　十一月降水对树高的均值效应

【内容提要】与10月降水有所差异,树高与各生长期11月平均降水量均呈做正相关性,但相关性相对较弱。与当年11月降水量(P_{m11})相关极不显著($p=0.433$、0.228),与P_{m1101}～P_{m1103}相关显著($p<0.05$),与P_{m1104}～P_{m1113}相关极显著($p<0.01$)。其中与P_{m1107}相关度最大,相关系数为0.711和0.720($p=0.000$)。向后剔除法逐步回归模型分析显示,在RPA6因子和对照9因子优化模型中,P_{m1108}、P_{m1110}、P_{m1113}和P_{m1107}对树高作用较大,单位量变化系数为2.637、1.903、1.802、1.325和2.269、1.310、2.272、0.988,对模型分别贡献36.5%、22.4%、24.0%、10.4%和33.4%、14.9%、35.1%、10.4%。在RPA6因子和对照8因子逐步回归模型中,油松对P_{m1108}、P_{m1110}、P_{m1112}和P_{m1107}响应较强,单位量变化系数为2.481、1.964、1.634、1.382和2.104、1.317、1.981、1.047,对模型分别贡献34.9%、24.3%、22.4%、16.2%和32.3%、15.8%、32.7%、12.2%。Quadratic－模型是树高与各生长期11月平均降水量的基本模型。P_{m1101}～P_{m1105}模型线性关系依次增强,P_{m1109}～P_{m1113}模型的模型决定系数相对较大;$a<0$、RPA＜对照,$b>0$、RPA＞对照,$c<0$,RPA＜对照,a、b和c的绝对值依次增大,模型有极大值;P_{m1106}～P_{m1108}模型有极小值。

【关 键 词】多效抗旱驱鼠剂,十一月平均降水量,油松,树高,回归分析,模型拟合

一、树高与十一月降水均值指标的向后剔除法逐步回归模型

对树高(H_t)与不同生长期 11 月降水均值指标(P_{m11})进行向后剔除法逐步回归模型分析,经过 4 次向后剔除法逐步回归,剔除了 P_{m1101}、P_{m1105}、P_{m1111} 和 P_{m1112} 因子,构建了对照油松 11 月降水量均值指标有效模型;而经过 7 次向后逐步回归,剔除了 P_{m11}、P_{m1101}、P_{m1104}、P_{m1105}、P_{m1106}、P_{m1109}、P_{m1111} 和 P_{m1112} 因子,组建了 RPA 树高有效模型(表 6－60)。

表 6－60　油松高与 11 月降水量均值指标逐步向后回归模型

Tab. 6－60 The backward stepwise regression model of average precipitation in November and height of *Pinus tabulaeformi*

处理 Treat	降水因子 P_{m011}	模型 Model Coefficients 非标准 Unstandard	标准 Standard	T－检验 (T－test) t	p	R^2	相关系数 Correlations r_0	$r_{partial}$	r_{part}	共线性统计量 Collinearity statistics 容差 Tolerance	方差膨胀因子 VIF
H_{trpa}	常量	48.090	—	6.754	0.000		—	—	—	—	—
	P_{m11}	0.319	0.048	2.792	0.007		0.090	0.339	0.033	0.476	2.099
	P_{m1102}	2.200	0.190	4.451	0.000		0.221	0.498	0.053	0.077	12.956
	P_{m1103}	2.690	0.194	3.517	0.001	0.992 (F = 785.517, p = 0.000)	0.220	0.413	0.042	0.046	21.631
	P_{m1106}	6.052	0.339	5.521	0.000		0.677	0.580	0.065	0.037	26.927
	P_{m1107}	18.702	0.988	7.881	0.000		0.720	0.713	0.093	0.009	112.063
	P_{m1108}	47.322	2.269	19.183	0.000		0.669	0.927	0.227	0.010	99.703
	P_{m1109}	6.381	0.291	2.550	0.013		0.602	0.313	0.030	0.011	93.064
	P_{m1110}	－30.131	－1.310	－6.942	0.000		0.540	－0.667	－0.082	0.004	253.784
	P_{m1113}	－54.977	－2.272	－13.698	0.000		0.451	－0.870	－0.162	0.005	196.053
H_{trpa}	常量	58.108	—	5.025	0.000		—	—	—	—	—
	P_{m1102}	2.707	0.181	3.833	0.000		0.211	0.435	0.059	0.106	9.434
	P_{m1103}	5.031	0.282	4.997	0.000		0.224	0.533	0.077	0.075	13.367
	P_{m1107}	32.265	1.325	10.495	0.000	0.985 (F = 690.898, p = 0.000)	0.711	0.798	0.162	0.015	67.066
	P_{m1108}	70.762	2.637	18.348	0.000		0.664	0.918	0.283	0.012	86.906
	P_{m1110}	－56.336	－1.903	－8.378	0.000		0.529	－0.726	－0.129	0.005	217.203
	P_{m1113}	－56.108	－1.802	－10.207	0.000		0.444	－0.789	－0.157	0.008	131.143

1. **对照树高模型分析**　在控制其他因子影响下,对照树高仅与 P_{m1113} 和 P_{m1110} 负偏相关极显著,而与 P_{m1109}、P_{m11}、P_{m1103}、P_{m1102}、P_{m1106}、P_{m1107} 和 P_{m1108} 正偏相关依次增强,其中与 P_{m1109} 相关显著($r_{partial}=0.313$,$p=0.013$),与其余因子相关极显著。各因子配合下,P_{m1113} 和 P_{m1108} 对树高作用极强,单位量变化系数为 2.272 和 2.269;其对模型影响也很大,分别

贡献35.1%和33.4%；P_{m1110}和P_{m1107}对树高作用也相对较大，单位量变化系数为1.310和0.988，对模型贡献14.9%和10.4%。而P_{m1106}、P_{m1109}、P_{m1103}、P_{m1102}和P_{m11}对树高作用极弱，单位量变化系数仅为0.339、0.291、0.194、0.190和0.048；其对模型影响也很小，分别仅贡献2.8%、1.5%、0.9%、0.9%和0.1%。

2. RPA树高模型分析　与对照相比，RPA树高也与P_{m1113}和P_{m1110}负偏相关极显著；而与P_{m1102}、P_{m1103}、P_{m1107}和P_{m1108}正偏相关极显著，且依次增强。在各因子相互作用下，P_{m1108}对树高作用最强，单位量变化系数为2.637，对模型贡献36.5%；比对照显著增强。其次是P_{m1110}、P_{m1113}和P_{m1107}，单位量变化系数为1.903、1.802和1.325，对模型分别贡献22.4%、24.0%和10.4%；其中P_{m1110}和P_{m1107}作用和影响比对照明显增强，而P_{m1113}显著降低。而P_{m1103}和P_{m1102}对树高作用极弱，单位量变化系数为0.282和0.181，对模型分别贡献1.6%和0.7%；比对照略强。

二、树高与十一月降水均值指标的逐步回归模型

对树高与各生长期11月平均降水量进行逐步回归模型分析，产生了8组对照树高各生长期11月降水量均值有效模型，其中，P_{m1107}、P_{m1112}、P_{m1108}、P_{m1106}、P_{m1102}、P_{m1110}、P_{m11}和P_{m1103}构成了其树高优化模型；而在组成的6组RPA有效模型中，P_{m1107}、P_{m1112}、P_{m1108}、P_{m1103}、P_{m1110}和P_{m1102}构建了RPA优化模型（表6-61）。

1. 对照树高模型分析　从对照优化模型分析，排除其他因子干扰，树高与P_{m1112}和P_{m1110}负净相关极显著；而与P_{m1103}、P_{m11}、P_{m1102}、P_{m1106}、P_{m1107}和P_{m1108}正净相关依次增强，其中与P_{m1103}相关显著（$r_{partial}=0.311, p=0.013$），与后5个因子相关极显著。各因子配合下，油松对$P_{m1108}$和$P_{m1112}$响应较强，单位量变化系数为2.104和1.981；其对模型影响也较大，分别贡献32.3%和32.7%；其P_{m1108}的作用和影响比其向后剔除法模型略有减弱；而P_{m1112}因子代替了原模型中的P_{m1113}因子，但其作用和影响比P_{m1113}因子略小。其次是P_{m1110}和P_{m1107}，单位量变化系数为1.317和1.047，对模型贡献15.8%和12.2%；比向后剔除法模型略有增强。油松对P_{m1106}响应也相对较强，单位量变化系数为0.486，对模型贡献5.2%；较剔除法模型明显提高。而油松对P_{m1102}、P_{m1103}和P_{m11}响应很弱，单位量变化系数仅为0.213、0.119和0.069；其对模型影响也极小，仅贡献1.2%、0.4%和0.2%；与剔除法模型结果相同。

2. RPA树高模型分析　与对照相比，树高也与P_{m1112}和P_{m1110}负净相关极显著；而与P_{m1102}、P_{m1103}、P_{m1107}和P_{m1108}正净相关极显著，且依次增强。各因子相互作用下，油松对P_{m1108}、P_{m1110}、P_{m1112}和P_{m1107}响应较强，单位量变化系数为2.481、1.964、1.634和1.382，对模型分别贡献34.9%、24.3%、22.4%和16.2%；其中，P_{m1108}作用和影响比对照略有增强，P_{m1110}和P_{m1107}增强明显，而P_{m1112}降低十分显著。而油松对P_{m1103}和P_{m1102}响应极弱，单位量变化系数仅为0.273和0.175，对模型仅贡献1.6%和0.7%；作用强度与对照相反。

表 6－61 油松高与 11 月降水量均值指标逐步回归模型

Tab. 6－61 The stepwise regression model of average precipitation in November and height of *Pinus tabulaeformi*

处理 Treat	降水因子 P_{m011}	模型 Model Coefficients 非标准 Unstandard	标准 Standard	T－检验 (T－test) t	p	R^2	相关系数 Correlations r_0	$r_{partial}$	r_{part}	共线性统计量 Collinearity statistics 容差 Tolerance	方差膨胀因子 VIF
H_{trpa}	常量	48.373	—	6.837	0.000	0.992 (F = 894.299, p = 0.000)	—	—	—	—	—
	P_{m1107}	19.815	1.047	8.986	0.000		0.720	0.755	0.106	0.010	97.916
	P_{m1112}	−48.127	−1.981	−14.772	0.000		0.438	−0.884	−0.174	0.008	129.821
	P_{m1108}	43.899	2.104	18.389	0.000		0.669	0.920	0.216	0.011	94.499
	P_{m1106}	8.668	0.486	8.104	0.000		0.677	0.720	0.095	0.039	25.949
	P_{m1102}	2.475	0.213	5.465	0.000		0.221	0.573	0.064	0.091	11.010
	P_{m1110}	−30.306	−1.317	−7.038	0.000		0.540	−0.669	−0.083	0.004	252.829
	P_{m11}	0.460	0.069	4.105	0.000		0.090	0.465	0.048	0.492	2.033
	P_{m1103}	1.649	0.119	2.557	0.013		0.220	0.311	0.030	0.064	15.572
H_{trpa}	常量	55.103	—	4.810	0.000	0.985 (F = 698.725, p = 0.000)	—	—	—	—	—
	P_{m1107}	33.662	1.382	11.353	0.000		0.711	0.820	0.174	0.016	63.079
	P_{m1112}	−51.071	−1.634	−10.298	0.000		0.430	−0.792	−0.158	0.009	107.164
	P_{m1108}	66.572	2.481	17.938	0.000		0.664	0.914	0.275	0.012	81.369
	P_{m1103}	4.886	0.273	4.936	0.000		0.224	0.528	0.076	0.077	13.066
	P_{m1110}	−58.143	−1.964	−8.920	0.000		0.529	−0.747	−0.137	0.005	206.417
	P_{m1102}	2.611	0.175	3.690	0.000		0.211	0.422	0.057	0.105	9.568

三、树高与十一月降水均值指标的相关性

与 10 月降水不同，树高与各生长期 11 月平均降水量均呈做正相关性，但相关性相对较弱。RPA 和对照树高与当年 11 月降水量（P_{m11}）相关性不显著（r_0 = 0.020、0.090，p = 0.433、0.228），与 P_{m1101} ~ P_{m1103} 相关显著，与 P_{m1104} ~ P_{m1113} 相关极显著。其中与 P_{m1107} 相关性最强，相关系数为 0.711 和 0.720（p = 0.000）。

四、树高与十一月降水均值指标的模型拟合

对树高与各生长期 11 月降水量均值指标进行模型拟合，树高与 P_{m1101} ~ P_{m1103} 具有 Quadratic－模型特性，与 P_{m1104} 的 Quadratic－模型和 S－模型相关性强，与 P_{m1105} ~ P_{m1113} 的 Linear－模型、Quadratic－模型和 S－模型拟合度高。

1. Quadratic－模型　该模型是树高与各生长期 11 月平均降水量的基本关系模式。其模型变化较大，关系相对复杂，但总趋势保持一致（表 6－62）。

表 6－62　油松高与 11 月降水量均值指标抛物线模型

Tab. 6－62 The quadratic－model of average monthly precipitation in November and height of *Pinus tabulaeformi*

处理 Treat	降水因子 P_{m011}	模型系数 Model Coefficients a	b	c	R^2	F－检验 (F－test) F	p	T－检验 (T－test) t_0	p	t_1	p	t_2	p
	P_{m1101}	－163.757	23.894	－0.417	0.143	5.569	0.006	－1.847	0.069	3.066	0.003	－2.794	0.007
	P_{m1102}	－453.934	48.270	－0.893	0.258	11.669	0.000	－3.758	0.000	4.648	0.000	－4.396	0.000
	P_{m1103}	－511.345	54.776	－1.082	0.233	10.182	0.000	－3.572	0.001	4.264	0.000	－3.996	0.000
	P_{m1104}	－788.451	81.968	－1.720	0.264	12.015	0.000	－3.652	0.001	3.894	0.000	－3.571	0.001
	P_{m1105}	－902.115	88.350	－1.791	0.323	15.947	0.000	－2.544	0.013	2.512	0.014	－2.185	0.032
	P_{m1106}	－122.510	6.813	0.188	0.424	24.710	0.000	－0.533	0.596	0.305	0.761	0.366	0.716
H_{trpa}	P_{m1107}	201.786	－27.827	1.063	0.536	38.637	0.000	0.907	0.368	－1.274	0.207	2.076	0.042
	P_{m1108}	－63.879	－1.491	0.469	0.444	26.781	0.000	－0.223	0.824	－0.052	0.959	0.672	0.504
	P_{m1109}	－645.381	60.153	－1.070	0.362	19.014	0.000	－2.107	0.039	1.940	0.057	－1.413	0.162
	P_{m1110}	－1076.020	106.434	－2.250	0.356	18.497	0.000	－3.374	0.001	3.270	0.002	－2.800	0.007
	P_{m1111}	－1410.372	142.932	－3.202	0.384	20.895	0.000	－4.470	0.000	4.408	0.000	－3.961	0.000
	P_{m1112}	－1650.804	169.989	－3.926	0.409	23.231	0.000	－5.445	0.000	5.460	0.000	－5.051	0.000
	P_{m1113}	－1611.279	165.423	－3.801	0.406	22.883	0.000	－5.271	0.000	5.267	0.000	－4.848	0.000
	P_{m1101}	－125.573	18.054	－0.308	0.149	5.848	0.005	－1.829	0.072	2.991	0.004	－2.662	0.010
	P_{m1102}	－335.661	35.882	－0.660	0.242	10.693	0.000	－3.536	0.001	4.397	0.000	－4.131	0.000
	P_{m1103}	－393.068	42.251	－0.835	0.229	9.943	0.000	－3.523	0.001	4.220	0.000	－3.958	0.000
	P_{m1104}	－645.361	67.066	－1.416	0.278	12.887	0.000	－3.882	0.000	4.138	0.000	－3.818	0.000
	P_{m1105}	－557.226	53.986	－1.043	0.317	15.561	0.000	－2.014	0.048	1.967	0.053	－1.631	0.107
	P_{m1106}	64.861	－11.026	0.535	0.474	30.170	0.000	0.379	0.706	－0.665	0.508	1.400	0.166
H_{trpa}	P_{m1107}	244.486	－30.541	1.040	0.566	43.690	0.000	1.462	0.148	－1.861	0.067	2.703	0.009
	P_{m1108}	6.029	－6.936	0.507	0.454	27.899	0.000	0.027	0.978	－0.312	0.756	0.944	0.349
	P_{m1109}	－394.649	35.384	－0.544	0.371	19.760	0.000	－1.669	0.100	1.479	0.144	－0.931	0.355
	P_{m1110}	－755.737	74.152	－1.531	0.349	17.944	0.000	－3.032	0.003	2.916	0.005	－2.437	0.017
	P_{m1111}	－1076.635	109.105	－2.439	0.378	20.326	0.000	－4.367	0.000	4.306	0.000	－3.862	0.000
	P_{m1112}	－1231.225	126.522	－2.906	0.396	21.931	0.000	－5.165	0.000	5.168	0.000	－4.755	0.000
	P_{m1113}	－1203.741	123.350	－2.819	0.393	21.706	0.000	－5.013	0.000	5.000	0.000	－4.577	0.000

备注：remark：a－常数项（constant），b－一次项系数（an item coefficient），c－二次项系数（quadratic term coefficient）。

(1)$P_{m1101} \sim P_{m1105}$的 Quadratic－模型　模型决定系数 R^2 相对较小,线性关系依次增强。模型常数项 $a<0$,且 RPA＜对照;一次项系数 $b>0$,且 RPA＞对照;二次项系数 $c<0$,且 RPA＜对照;其 a、b 和 c 的绝对值依次增大;模型有极大值。RPA 和对照 P_{m1101} 模型线性关系比较松散,极大值分别出现在 28.7 mm/m 和 29.3 mm/m 附近;极值点左侧均有 10 组数据,右侧有 4 组数据。其月均降水量小于极值点值时,树高与其有正相关的趋势,但增幅分别以 0.834P_{m1101} 和 0.615P_{m1101} 的速率递减,发生频度均为 0.714;月均降水量大于极值点值时,树高与其有负相关的趋势,且降幅分别以相同的速率递增,发生频度为 0.286。两模型交点位于 7.6 mm/m 和 45.8 mm/m 附近,处于研究期内 P_{m1101} 取值范围以外{11.3,44.2};当地降水条件下,RPA 树高大于对照,模型最大差距为 39.9 cm,出现在 26.7 mm/m 附近,其左右两侧各分布 9 组和 5 组数据。其左侧,RPA 和对照树高差异随其月均降水量增加有增强的趋势,但模型差距增幅以 0.219P_{m1101} 的速率递减,发生频度 0.643;而其右侧,树高差异有随其月均降水量增加减弱的趋势,且模型差距降幅以 0.219P_{m1101} 的速率递增,发生频度 0.357。

其 P_{m1102} 模型的 R^2 为 0.258 和 0.242,线性关系有所增强;极值分别发生在 27.0 mm/m 和 27.2 mm/m 附近;与 P_{m1101} 模型相同,其极值点左右两侧也分别有 10 组和 4 组数据。树高变幅增减速率为 1.787P_{m1102} 和 1.319P_{m1102}。模型交点位于 12.5 mm/m 和 40.5 mm/m 附近,也超出了 P_{m1102} 取值范围{13.2,39.8};最大差距为 45.8 cm,出现在 26.5 mm/m 附近;其左右两侧也各分布 10 组和 4 组数据。模型差距变幅增减速率为 0.468P_{m1102},发生频度分别为 0.714 和 0.286。P_{m1103} 模型的 R^2 为 0.233 和 0.299,线性关系比 P_{m1102} 模型略有降低;极值为 182.0 cm 和 141.3 cm,均出现在 25.3 mm/m 附近;极值点左右两侧也各有 10 组和 4 组数据,树高变幅增减速率为 2.164P_{m1102} 和 1.670P_{m1102}。模型交点在 12.5 mm/m 和 38.2 mm/m 附近,其区间包含 13 组数据,右侧有 1 组数据。交点区间,RPA 模型值＞对照,最大差距为 40.7,出现在 25.4 附近;其左侧交点区间包含 9 组数据,模型差距与其月均降水量呈正相关,但增幅以 0.247P_{m1102} 的速率递减,发生频度 0.643;最大差距点右侧,模型差距与其月均降水量呈负相关,且降幅以 0.247P_{m1102} 的速率递增,发生频度 0.286。

RPA 和对照树高 P_{m1104} 的 Quadratic－模型 R^2 为 0.264 和 0.278,拟合性较好;极值为 188.0 cm 和 148.8 cm,分别发生在 23.8 mm/m 和 23.7 mm/m 附近;其左右两侧均有 7 组数据,树高变幅速率为 3.440P_{m1104} 和 2.832P_{m1104},发生频率均为 0.500。模型交点位于 13.1 mm/m 和 35.9 mm/m 附近,超出了 P_{m1104} 取值范围{13.2,31.2};模型最大差距 39.3 mm/m,发生在 24.5 mm/m 附近,其左右两侧分别有 8 组和 6 组数据;模型差距变幅速率为 0.609P_{m1104},发生频度分别为 0.571 和 0.429。其 P_{m1105} 模型 R^2 为 0.323 和 0.317,模型关系极为显著,但其系数 t－检验水平明显降低;极大值为 187.7 cm 和 141.4 cm,分别出现在 24.7 mm/m 和 25.9 mm/m 附近;极值点左侧分别有 7 组和 8 组数据。树高变幅速率分别

为3.581P_{m1105}和2.086P_{m1105}。模型交点在14.8 mm/m和31.2 mm/m附近；交点区间包含12组数据，右侧分布2组数据。模型最大差距为50.0 cm，出现在23.0 mm/m附近；其左侧交点区间包含5组数据，右侧分布7组数据，差距变幅速率为1.495P_{m1105}，发生频度为0.357和0.500。

（2）P_{m1106} ~ P_{m1108}的Quadratic－模型　模型R^2较大，模型反映数据的信息量较大；但模型系数t－检验水平很低。RPA和对照P_{m1106}模型R^2为0.424和0.474，RPA模型$a<0$，$b>0$，$c>0$；对照模型$a>0$，$b>0$，$c>0$；模型极小值分别为－184.2 cm和8.1 cm，出现在－18.1 mm/m和10.3 mm/m附近，均小于P_{m1106}取值下限{13.9，30.7}；当地降水条件下，树高与P_{m1106}呈正相关，且增幅分别以0.376P_{m1106}和1.071P_{m1106}的速率递增。模型交点位于14.7 mm/m和36.6 mm/m附近，其区间包含13组数据，左侧有1组数据；交点区间，RPA模型值>对照，最大差距41.7 cm，出现在25.7 mm/m附近；其左侧交点区间包含8组数据，模型差距与其月均降水量正相关，但增幅以0.694P_{m1106}速率递减，发生频度0.571；其右侧，模型差距与其负相关，且降幅以相同速率递增，发生频度0.357。其P_{m1107}模型R^2为0.536和0.566，是其所有模型中最大的；但模型系数t－检验水平也较低；模型$a>0$，且RPA<对照；$b<0$，且RPA>对照；$c>0$，且RPA>对照；极小值为19.7 cm和20.3 cm，出现在13.1 mm/m和14.7 mm/m附近；RPA极值点值小于取值下限{13.9，29.3}，对照极值点左侧有2组数据。极值点右侧，树高与其月均降水量成正比，且增幅分别以2.126P_{m1107}和2.080P_{m1107}的速率递增，发生频度分别为1.000和0.857。模型交点位于－132.5 mm/m和14.1 mm/m附近；其右侧分布有13组数据，RPA模型值>对照，差距与其月均降水量呈正相关，且增幅以0.046P_{m1107}递增，发生频度0.929。其P_{m1108}模型R^2为0.444和0.545，比P_{m1107}模型有所降低；RPA模型$a<0$，$b<0$，$c>0$；对照$a>0$，$b<0$，$c>0$；极小值为－65.1 cm和－17.7 cm，出现在1.6 mm/m和6.8 mm/m附近，均小于取值下限{13.9，27.4}；当地降水条件下，树高与P_{m1108}成正比，且增幅分别以0.937P_{m1108}和1.014P_{m1108}的速度递增。模型交点位于14.3 mm/m和127.6 mm/m附近，其区间包含13组数据，左侧分布1组数据；交点区间，RPA模型值大于对照，最大差距123.2 cm，出现在70.9 mm/m附近；当地降水条件下，模型差距与其月均降水量成正比，但增幅以0.077P_{m1108}速率递减，发生频度0.929。

（3）P_{m1109} ~ P_{m1113}的Quadratic－模型　模型决定系数相对较大；其$a<0$，且RPA<对照；$b>0$，且RPA>对照；$c<0$，且RPA<对照；模型有极大值。其a、b和c的绝对值除P_{m1113}外依次增大。RPA和对照P_{m1109}模型的R^2为0.363 cm和0.371 cm，比P_{m1107}模型明显降低，模型系数t－检验也不显著。极大值分别为200.2 cm和180.9 cm，出现在28.1 mm/m和32.5 mm/m附近，均大于P_{m1113}取值上限{13.9，27.4}；树高与其月均降水量呈正相关，但增幅分别以2.140P_{m1109}和1.088P_{m1109}的速率递减。模型交点在14.7 mm/m和32.4 mm/m附近，包含12组数据，其区间左侧分布2组数据。交点区间。

RPA 树高大于对照，模型最大差距 40.9，发生在 23.5 附近，其左侧交点区间包含 7 组数据，右侧分布 5 组数据。差距变幅速率为 1.052P_{m1109}。其 P_{m1110} 模型的 R^2 为 0.356 和 0.349，线性关系进一步降低，但模型系数 t – 检验显著；极值为 182.5 cm 和 142.3 cm，出现在 23.6 mm/m 和 24.2 mm/m 附近，其左侧分别有 11 组和 12 组数据；树高变幅速率分别为 4.500P_{m1110} 和 3.061P_{m1110}。交点出现在 14.8 mm/m 和 30.1 mm/m 附近，数据分布与 P_{m1109} 相同；最大差距为 41.8 cm，出现在 22.4 mm/m 附近，其左侧交点区间包含 6 组数据，右侧也分布 6 组数据，差距变幅速率为 1.439P_{m1110}。其 P_{m1111} 模型的 R^2 为 0.384 和 0.378，系数检验极显著；极值为 184.7 cm 和 143.3 cm，发生在 22.3 mm/m 和 22.4 mm/m 附近，其左侧均分布 8 组数据，树高变幅速率分别为 6.404P_{m1111} 和 4.879P_{m1111}。交点在 14.8 mm/m 和 29.6 mm/m 附近，其区间也包含 12 组数据，左侧有 2 组数据；最大差距 41.4 cm，发生在 22.2 mm/m 附近，数据分布与 P_{m1110} 相同，差距变幅速率 1.525P_{m1111}。其 P_{m1112} 模型的 R^2 为 0.409 和 0.396，线性关系有所增强，模型系数检验也均极显著；极值为 189.3 cm 和 145.9 cm，分别出现在 21.7 mm/m 和 21.8 mm/m 附近，其左侧均有 7 组数据，树高变幅速率为 7.852P_{m1112} 和 5.812P_{m1112}。交点在 14.8 mm/m 和 27.8 mm/m 附近，数据分布同 P_{m1109}；最大差距 43.5 cm，出现在 21.3 mm/m 附近，其左侧交点区间包含 4 组数据，右侧分布 8 组数据，差距变幅速率为 2.040P_{m1112}。其 P_{m1113} 模型的 R^2 与 P_{m1112} 模型接近，分别为 0.406 和 0.393，系数检验也极为显著。极值为 188.5 cm 和 145.4 cm，分别发生在 21.8 mm/m 和 21.9 mm/m 附近；交点在 14.8 mm/m 和 28.1 mm/m 附近，最大差距 43.2 cm，发生在 21.4 mm/m 附近；树高及其差距变化规律与 P_{m1112} 相同；其树高变幅速率分别为 7.603P_{m1113} 和 5.639P_{m1113}，差距变幅速率为 1.964P_{m1113}。

2. S – **模型**　该模型反映了树高与 $P_{m1104} \sim P_{m1113}$ 的变化趋势，与其月均降水量低时拟合性极强。模型的参数，指数常数项 $a > 0$，且 RPA > 对照；指数倒数项系数 $b < 0$，且 RPA < 对照；自变量 $P_{m1104} \sim P_{m1113} > 1$；模型为增函数，且 RPA 的模型值大于对照；干旱年份树高随各生长期 11 月平均降水量变化较小。随其月均降水量增加，树高有增大的趋势（表 6 – 63）。在当地降水条件下，RPA 和对照树高 $P_{m1104} \sim P_{m1113}$ 模型最小和最大差距依次为 3.9 cm、30.1 cm，3.5 cm、29.4 cm，3.2 cm、37.9 cm，3.0 cm、37.6 cm，3.2 cm、33.7 cm，3.6 cm、33.4 cm，3.7 cm、33.9 cm，3.7 cm、34.5 cm，3.9 cm、33.7 cm，3.9 cm、33.9 cm；其月均降水量 25% 增量时差距占最大差距的比例为 32.1%、28.3%、24.2%、23.0%、24.4%、26.1%、26.4%、26.2%、27.6% 和 27.2%；50% 增量时分别占 54.8%、49.3%、46.5%、44.8%、45.6%、47.3%、47.7%、47.5%、48.9% 和 48.5%；75% 增量占 77.9%、74.3%、72.5%、71.2%、71.4%、72.5%、72.8%、72.7%、73.5% 和 73.4%。表明随其月均降水量增加，RPA 和对照树高差异逐渐增强，但模型差距增幅随其月均降水量增加有降低的趋势。

表 6-63 油松高与 11 月降水量均值指标 S-模型

Tab. 6-63 The S-model of average monthly precipitation in November and height of *Pinus tabulaeformi*

处理 Treat	降水因子 P_{m09}	模型系数 Model Coefficients 指数常数 a	指数倒数项 b	R^2	F-检验 (F-test) F	p	T-检验 (T-test) t_0	p	t_1	p
H_{trpa}	P_{m1104}	6.187	-40.864	0.246	22.189	0.000	13.965	0.000	-4.711	0.000
	P_{m1105}	6.787	-53.574	0.344	35.683	0.000	15.049	0.000	-5.974	0.000
	P_{m1106}	7.042	-58.474	0.386	42.796	0.000	15.609	0.000	-6.542	0.000
	P_{m1107}	7.174	-60.496	0.386	42.762	0.000	15.238	0.000	-6.539	0.000
	P_{m1108}	7.215	-60.450	0.348	36.288	0.000	13.976	0.000	-6.024	0.000
	P_{m1109}	7.141	-58.358	0.304	29.770	0.000	12.870	0.000	-5.456	0.000
	P_{m1110}	7.093	-56.943	0.273	25.559	0.000	12.062	0.000	-5.056	0.000
	P_{m1111}	7.075	-56.377	0.258	23.589	0.000	11.643	0.000	-4.857	0.000
	P_{m1112}	6.994	-54.563	0.235	20.877	0.000	11.150	0.000	-4.569	0.000
	P_{m1113}	7.017	-55.085	0.241	21.578	0.000	11.276	0.000	-4.645	0.000
H_{trpa}	P_{m1104}	5.877	-39.335	0.235	20.934	0.000	13.385	0.000	-4.575	0.000
	P_{m1105}	6.498	-52.467	0.341	35.162	0.000	14.604	0.000	-5.930	0.000
	P_{m1106}	6.757	-57.449	0.385	42.568	0.000	15.203	0.000	-6.524	0.000
	P_{m1107}	6.867	-59.047	0.380	41.639	0.000	14.746	0.000	-6.453	0.000
	P_{m1108}	6.909	-59.045	0.343	35.468	0.000	13.547	0.000	-5.956	0.000
	P_{m1109}	6.849	-57.238	0.302	29.486	0.000	12.525	0.000	-5.430	0.000
	P_{m1110}	6.788	-55.582	0.269	24.994	0.000	11.695	0.000	-4.999	0.000
	P_{m1111}	6.757	-54.766	0.251	22.785	0.000	11.249	0.000	-4.773	0.000
	P_{m1112}	6.684	-53.117	0.230	20.297	0.000	10.793	0.000	-4.505	0.000
	P_{m1113}	6.706	-53.610	0.236	20.958	0.000	10.912	0.000	-4.578	0.000

3. Linear-**模型** 直线模型反映了树高与 $P_{m1105} \sim P_{m1113}$ 关系的整体变化以及 RPA 和对照树高对其反应的差异程度。其模型决定系数 R^2 以 P_{m1106}、P_{m1107} 和 P_{m1108} 模型相对较大，线性关系相对紧密。模型截距 $a<0$，且 RPA < 对照；斜率 $b>0$，且 RPA > 对照；表明树高与其月均降水量成正比，且 RPA 树高响应较大。RPA 和对照模型交点的月均降水量值均小于其相应月均降水量取值下限；表明在当地降水条件下，RPA 树高 > 对照，且两者差

距与其月均降水量呈正相关，增幅递增速率为两模型斜率只差(表6-64)。

表6-64 油松高与11月降水量均值指标直线模型

Tab. 6-64 The linear-model of average monthly precipitation in November and height of *Pinus tabulaeformi*

处理 Treat	降水因子 P_{m011}	模型系数 Model Coefficients a	b	R^2	F-检验 (F-test) F	p	T-检验 (T-test) t_0	p	t_1	p	模型交点 Model of intersection H_1	p_m	数据分布
P_{m1105}	RPA	-135.232	11.628	0.274	25.691	0.000	-0.589	0.012	5.069	0.000	10.6	-12.0	左0组
	CK	-110.516	9.295	0.290	27.782	0.000	-2.752	0.008	5.271	0.000			右14组
P_{m1106}	RPA	-204.746	14.931	0.423	49.922	0.000	-4.306	0.000	7.066	0.000	12.5	18.6	左0组
	CK	-169.172	12.077	0.458	57.569	0.000	-4.723	0.000	7.587	0.000			右14组
P_{m1107}	RPA	-250.721	17.319	0.506	69.581	0.000	-5.469	0.000	8.342	0.000	14.2	-4.3	左0组
	CK	-198.270	13.632	0.519	73.279	0.000	-5.638	0.000	8.560	0.000			右14组
P_{m1108}	RPA	-252.856	17.813	0.441	53.543	0.000	-4.828	0.000	7.317	0.000	14.1	-2.0	左0组
	CK	-198.426	13.949	0.447	54.995	0.000	-4.903	0.000	7.416	0.000			右14组
P_{m1109}	RPA	-220.368	16.504	0.343	35.511	0.000	-3.758	0.000	5.959	0.000	12.6	-12.0	左0组
	CK	-178.569	13.193	0.363	38.730	0.000	-3.978	0.000	6.223	0.000			右14组
P_{m1110}	RPA	-199.328	15.671	0.280	26.490	0.000	-3.133	0.000	5.147	0.003	12.3	-7.3	左0组
	CK	-159.375	12.411	0.291	27.920	0.000	-3.247	0.000	5.284	0.002			右14组
P_{m1111}	RPA	-184.413	15.035	0.240	21.467	0.000	-2.739	0.008	4.633	0.000	2.4	2.0	左0组
	CK	-142.629	11.665	0.239	21.367	0.000	-2.724	0.008	4.622	0.0001			右14组
P_{m1112}	RPA	-150.222	13.427	0.185	15.396	0.000	-2.128	0.037	3.924	0.000	10.6	-7.3	左0组
	CK	-120.491	10.634	0.192	16.126	0.000	-2.206	0.031	4.016	0.000			右14组
P_{m1113}	RPA	-158.902	13.837	0.197	16.732	0.000	-2.274	0.026	4.090	0.000	10.1	-5.4	左0组
	CK	-126.485	10.915	0.203	17.364	0.000	-2.338	0.022	4.167	0.000			右14组

第十三节 十二月降水对树高的均值效应

【内容提要】与秋季各月降水量不同，树高与12月平均降水量相关性变化较大。树高与当年12月降水量(P_{m12})至近4年12月平均降水量(P_{m12103})负相关极显著($p<0.01$)，与近5年12月平均降水量(P_{m12104})负相关显著($p<0.05$)，与近6年12月平均降水量(P_{m12105})负相关极不显著，与近7年12月平均降水量(P_{m12106})正相关也不显著，与近8年12月平均降水量(P_{m12107})至近14年12月平均降水量(P_{m12112})正相关极显著($p<0.01$)；从不同林龄分析，1~8a油松高与各生长期12月平均降水量呈极显著的正相关($p=$

0.000);而 8~14a 油松高与其呈极显著的负相关。RPA 和对照 9 因子后剔除法逐步回归模型,P_{m1207}对树高作用最大,单位量变化系数为 3.616 和 3.244 对模型分别贡献 37.1% 和 39.0%;P_{m1208}、P_{m1206}和 P_{m1213}对 RPA 树高影响也较大,单位量变化系数为 1.800、1.779 和 1.762,对模型贡献 14.1%、15.2%和 16.6%;P_{m1209}、P_{m1206}和 P_{m1208}对对照树高也有较大作用,单位量变化系数为 1.905、1.666 和 1.054,对模型贡献 24.1%、18.0%和 7.3%。RPA 和两个 6 因子逐步回归模型,P_{m1213}、P_{m1211}和 P_{m1210}对树高作用较大,单位量变化系数为 13.438、6.726、4.602 和 12.352、5.568、4.628,分别贡献55.1%、23.6%、14.4%和 56.4%、19.8%、15.6%;5 因子模型,也是 P_{m1213}、P_{m1211}和 P_{m1210}对树高作用较大,单位量变化系数为4.691、3.576 和2.442,依次贡献50.1%、27.2%和17.6%;4 因子模型,P_{m1210}和 P_{m1209}对树高作用较大,单位量变化系数为 4.017 和 2.750,对模型贡献 56.7%和 33.9%。对照两个 8 因子逐步回归模型,油松对 P_{m1212}、P_{m1211}和 P_{m1210}响应很强,单位量变化系数分别为 10.408、4.347、3.475 和 8.675、6.628、3.417,对贡献依次贡献 47.9%、32.7%、14.4%和46.4%、33.3%和 15.9%。Linear – 模型是 1~8 a 油松高与各生长量 12 月平均降水量关系的基本模型。1~8 a 油松高模型决定系数 R^2 大,线性关系极为显著,截距 $b>0$,RPA > 对照,且且依次增加;表明树高与其月均降水量正相关极为显著,且 RPA 油松对各生长期12 月降水量的响应强于对照。8~14 a 油松高模型,截距 $a>0$、RPA > 对照,斜率 $b<0$、RPA < 对照;证明油松高与各生长期 12 月平均降水量呈显著的负相关,且 RPA 对其响应较大。

【关 键 词】多效抗旱驱鼠剂,十二月平均降水量,油松,树高,回归分析,模型拟合。

一、树高与十二月降水均值指标的向后剔除法逐步回归模型

对树高(H_t)与不同生长期 12 月降水均值指标(P_{m12})进行向后剔除法逐步回归模型分析,经过 3 次向后剔除法逐步回归,剔除了 P_{m1201}、P_{m1210}、P_{m1211}、P_{m1212}和 P_{m1213}因子,构建了对照油松 12 月降水量均值指标有效模型;而经过 4 次向后逐步回归,剔除了 P_{m1201}、P_{m1204}、P_{m1209}、P_{m1210}、P_{m1211}和 P_{m1212}因子,组建了 RPA 树高有效模型(表 6-65)。

1. 对照树高的模型分析 在控制其他因子影响下,对照树高与 P_{m1207}、P_{m1202}、P_{m12}、P_{m1205}和 P_{m1204}负偏相关依次减弱,而与 P_{m1203}、P_{m1208}、P_{m1209}和 P_{m1206}正偏相关依次依次增强,且均极显著。各因子配合下,P_{m1207}对油松作用最强,单位量变化系数达 3.244;其对模型影响也最大,贡献 39.0%。其次是 P_{m1209}和 P_{m1206},单位量变化系数为 1.905 和 1.666,贡献 24.1%和 18.0%。P_{m1208}、P_{m1202}和 P_{m1205}对油松也有一定作用,单位量变化系数为 1.054、0.661 和 0.601,对模型分别贡献 7.3%、4.3%和 4.7%。而 P_{m12}、P_{m1203}和 P_{m1204}对油松作用较弱,单位量变化系数仅为 0.305、0.225 和 0.154;其对模型影响也很小,仅贡献 1.4%、0.7%和 0.5%。

表 6-65 油松高与 12 月降水量均值指标逐步向后回归模型

Tab. 6-65 The backward stepwise regression model of average precipitation in December and height of *Pinus tabulaeformi*

处理 Treat	降水因子 P_{m012}	模型 Model Coefficients 非标准 Unstandard	模型 Model Coefficients 标准 Standard	*T*-检验 (*T*-test) *t*	*T*-检验 (*T*-test) *p*	R^2	相关系数 Correlations r_0	相关系数 Correlations $r_{partial}$	相关系数 Correlations r_{part}	共线性统计量 Collinearity statistics 容差 Tolerance	共线性统计量 Collinearity statistics 方差膨胀因子 VIF
H_{tck}	常量	-71.624	—	-21.609	0.000	0.995 (*F* = 1357.920, *p* = 0.000)	—	—	—	—	—
	P_{m12}	-4.226	-0.305	-15.710	0.000		-0.319	-0.897	-0.142	0.216	4.625
	P_{m1202}	-13.049	-0.661	-17.162	0.000		-0.401	-0.911	-0.155	0.055	18.201
	P_{m1203}	4.839	0.225	3.470	0.001		-0.307	0.409	0.031	0.019	51.744
	P_{m1201}	-3.667	-0.154	-3.003	0.004		-0.223	-0.361	-0.027	0.031	32.194
	P_{m1205}	-16.446	-0.601	-9.205	0.000		-0.065	-0.765	-0.083	0.019	52.329
	P_{m1206}	53.149	1.666	15.475	0.000		0.173	0.894	0.140	0.007	142.351
	P_{m1207}	-113.588	-3.244	-17.277	0.000		0.306	-0.912	-0.156	0.002	432.959
	P_{m1208}	39.152	1.054	4.437	0.000		0.417	0.497	0.040	0.001	693.414
	P_{m1209}	73.063	1.905	14.820	0.000		0.469	0.886	0.134	0.005	202.930
H_{trpa}	常量	-112.116	—	-15.743	0.000	0.991 (*F* = 806.244, *p* = 0.000)	—	—	—	—	—
	P_{m12}	-6.007	-0.337	-12.885	0.000		-0.297	-0.855	-0.160	0.225	4.450
	P_{m1202}	-26.233	-1.032	-19.863	0.000		-0.401	-0.931	-0.246	0.057	17.588
	P_{m1203}	13.367	0.483	5.726	0.000		-0.286	0.591	0.071	0.022	46.420
	P_{m1205}	-38.069	-1.081	-10.650	0.000		-0.065	-0.806	-0.132	0.015	67.081
	P_{m1206}	73.007	1.779	10.809	0.000		0.188	0.811	0.134	0.006	176.300
	P_{m1207}	-162.885	-3.616	-15.454	0.000		0.316	-0.892	-0.192	0.003	356.402
	P_{m1208}	86.009	1.800	6.579	0.000		0.418	0.644	0.082	0.002	487.442
	P_{m1213}	90.141	1.762	8.825	0.000		0.341	0.749	0.109	0.004	259.435

2. RPA 树高的模型分析　与对照相比,RPA 树高也与 P_{m1202}、P_{m1207}、P_{m12}和 P_{m1205}负偏相关依次减弱,而与 P_{m1203}、P_{m1208}、P_{m1213}和 P_{m1206}正偏相关依次依次增强,且均极显著。在各因子相互作用下,也是 P_{m1207}对油松作用最强,单位量变化系数为 3.616,对模型贡献 37.1%;与对照模型基本相当。其次是 P_{m1208}、P_{m1206}和 P_{m1213},单位量变化系数依次为 1.800、1.779 和 1.762,对模型贡献 14.1%、15.2%和 16.6%;其中,P_{m1206}的比对照略有减弱,而 P_{m1208}显著增强。P_{m1205}和 P_{m1202}对油松作用也相对较强,单位量变化系数为 1.081 和 1.032,对模型分别贡献 7.7%和 6.0%;比对照油松提高。而 P_{m1203}和 P_{m12}对油松作用很弱,单位量变化系数仅为 0.483 和 0.337;其对模型影响也较小,仅贡献 2.0%和 1.3%;比对照略有增强。

二、树高与十二月降水均值指标的逐步回归模型

对树高与各生长期 12 月平均降水量指标进行逐步回归模型分析,组成了 10 组对照树高有效模型;其中,P_{m1204}、P_{m1202}、P_{m1210}、P_{m1212}、P_{m1211}、P_{m12}、P_{m1205}和 P_{m1206}构成了其油松优化模型;同时,以 P_{m1209}因子牵头代替其 P_{m1206}因子也能较好诠释各生长期 12 月平均降水量对其油松高的影响(表 6－66)。而在产生的 12 组 RPA 有效模型中,P_{m1210}、P_{m1213}、P_{m1211}、P_{m1207}、P_{m1203}和 P_{m1208}构建了 RPA 树高优化模型;另外,以 P_{m1209}因子牵头代替其 P_{m1208}因子,或者采用 P_{m1209}、P_{m1202}、P_{m1210}、P_{m1213}和 P_{m1211}组合以及 P_{m1209}、P_{m1204}、P_{m1202}和 P_{m1210}组合也能较好反映 RPA 树高与各生长期 12 月平均降水量的关系(表 6－67)。

1. 对照树高模型分析　从对照优化模型分析,排除其他因子干扰,树高与 P_{m1212}、P_{m1202}、P_{m1205}和 P_{m12}负净相关依次减弱,而与 P_{m1206}、P_{m1204}、P_{m1210}和 P_{m1211}正净相关依次增强,且均极显著。各因子配合下,油松对 P_{m1212}和 P_{m1211}响应极强,单位量变化系数达 10.408和 4.347;其对模型起着决定作用,贡献达 47.9%和 32.7%。另外,油松对 P_{m1210}响应也相对较强,其单位量变化系数为 3.475,对模型贡献 14.4%。而对 P_{m1205}、P_{m1206}、P_{m1202}、P_{m1204}和 P_{m12}响应很弱,单位量变化系数仅为 0.615、0.498、0.432、0.431 和 0.108;其对模型影响也很小,仅贡献 1.7%、1.2%、0.9%、1.0%和 0.1%;其中,P_{m1205}、P_{m1206}和 P_{m12}的作用和影响比起向后剔除法模型明显降低。而其另一模型显示,对照树高与 P_{m1202}、P_{m1212}、P_{m12}、P_{m1205}和 P_{m1209}负净相关依次减弱,而与 P_{m1204}、P_{m1210}和 P_{m1211}正净相关依次增强,且均极显著。各因子相互作用下,油松也对 P_{m1212}、P_{m1211}和 P_{m1210}响应很强,单位量变化系数分别达 8.675、6.628 和 3.417;比其优化模型有所减弱;其对模型也起着决定作用,分别贡献 46.4%、33.3%和 15.9%。其对 P_{m1209}、P_{m1202}、P_{m1204}、P_{m1205}和 P_{m12}响应也很弱,单位量变化系数分别为 0.619、0.610、0.322、0.242 和 0.094;其对模型分别贡献 1.6%、1.7%、0.6%、0.4%和 0.1%;与其优化模型基本一致(表 6－66)。

表 6－66　油松高与 12 月降水量均值指标逐步回归模型(对照)

Tab. 6－66 The stepwise regression model of average precipitation in December and height of *Pinus tabulaeformi*

处理 Treat	降水因子 P_{m012}	模型 Model Coefficients 非标准 Unstandard	标准 Standard	T－检验 (T－test) t	p	R^2	相关系数 Correlations r_0	$r_{partial}$	r_{part}	共线性统计量 Collinearity statistics 容差 Tolerance	方差膨胀因子 VIF
H_{tck}	常量	－42.862	—	－12.654	0.000		—	—	—	—	—
	P_{m1204}	10.270	0.431	9.285	0.000		－0.223	0.765	0.063	0.021	46.736
	P_{m1202}	－8.524	－0.432	－14.904	0.000	0.997	－0.401	－0.886	－0.101	0.055	18.221
	P_{m1210}	135.752	3.475	13.601	0.000	(F =	0.451	0.867	0.092	0.001	1419.014
	P_{m1212}	－413.265	－10.408	－26.753	0.000	2708.808,	0.358	－0.960	－0.181	0.000	3289.404
	P_{m1211}	290.516	7.347	19.530	0.000	p =	0.397	0.929	0.132	0.000	3075.116
	P_{m12}	－1.490	－0.108	－8.864	0.000	0.000)	－0.319	－0.750	－0.060	0.313	3.197
	P_{m1205}	－16.835	－0.615	－11.788	0.000		－0.065	－0.834	－0.080	0.017	59.157
	P_{m1206}	15.889	0.498	5.973	0.000		0.173	0.607	0.041	0.007	151.092
	常量	－55.918	—	－16.230	0.000		—	—	—	—	—
	P_{m1209}	－23.739	－0.619	－3.892	0.000		0.469	－0.446	－0.030	0.002	432.989
	P_{m1204}	7.688	0.322	5.085	0.000	0.996	－0.223	0.546	0.039	0.015	68.761
	P_{m1202}	－12.055	－0.610	－25.084	0.000	(F =	－0.401	－0.955	－0.192	0.099	10.134
	P_{m1210}	133.469	3.417	11.066	0.000	2131.821,	0.451	0.817	0.085	0.001	1631.888
	P_{m1212}	－344.432	－8.675	－21.571	0.000	p =	0.358	－0.940	－0.165	0.000	2767.890
	P_{m1211}	262.115	6.628	14.554	0.000	0.000)	0.397	0.881	0.111	0.000	3550.071
	P_{m12}	－1.300	－0.094	－6.225	0.000		－0.319	－0.623	－0.048	0.258	3.882
	P_{m1205}	－6.621	－0.242	－4.018	0.000		－0.065	－0.457	－0.031	0.016	62.042

2. RPA **树高模型分析**　从 RPA 优化模型分析,在控制其他因子作用下,树高仅与 P_{m1213} 负净相关极显著,而与 P_{m1203}、P_{m1208}、P_{m1210}、P_{m1211} 和 P_{m1207} 正净相关极显著,且依次增强。各因子配合下,油松对 P_{m1213} 响应最强,单位量变化系数达 13.438,对模型贡献 55.1%;代替了对照优化模型中 P_{m1212} 的角色。其对 P_{m1211} 和 P_{m1210} 响应也很强,单位量变化系数为 6.726 和 4.602,对模型分别贡献 23.6% 和 14.4%;其中 P_{m1211} 的作用和影响比其在对照中明显降低。油松对 P_{m1207} 和 P_{m1208} 也有一定响应,单位量变化系数为 1.417 和 0.950,其对模型分别贡献 4.6% 和 2.0%。而对 P_{m1203} 响应减弱,单位量变化系数仅为

0.279，对模型贡献0.3%。而从另一个6因子模型分析，RPA树高也仅与P_{m1213}负净相关极显著；而与P_{m1203}、P_{m1209}、P_{m1210}、P_{m1211}和P_{m1207}正净相关依次增强，其中P_{m1203}相关显著（$r_{partial}=0.296, p=0.027$），与其余因子相关极显著。各因子相互作用下，油松也对P_{m1213}响应极强，单位量变化系数达12.352，对模型贡献56.4%。对P_{m1211}和P_{m1210}响应也较强，单位量变化系数达5.568和4.628，对模型分别贡献19.8%和15.6%；其中，前者比其优化模型略有减弱，而后者略有最强。油松对P_{m1207}和P_{m1209}也有一定响应，单位量变化系数为1.678和0.795，对模型分别贡献6.5%和1.5%；P_{m1207}作用比其优化模型有所提高，而P_{m1209}代替了其优化模型中P_{m1208}的地位，但作用略有减弱。而油松也对P_{m1203}响应减弱，单位量变化系数仅为0.195，对模型贡献0.1%；比优化模型进一步降低（表6-67）。

表6-67　油松高与12月降水量均值指标逐步回归模型（RPA）

Tab.6-67 The stepwise regression model of average precipitation in December and height of *Pinus tabulaeformi*（RPA）

处理 Treat	降水因子 P_{m012}	模型 Model Coefficients 非标准 Unstandard	标准 Standard	T-检验 (T-test) t	p	R^2	相关系数 Correlations r_0	$r_{partial}$	r_{part}	共线性统计量 Collinearity statistics 容差 Tolerance	方差膨胀因子 VIF
	常量	1.866	—	0.212	0.833		—	—	—	—	—
	P_{m1210}	231.263	4.602	8.418	0.000	0.991	0.456	0.728	0.100	0.000	2136.878
	P_{m1213}	-687.667	-13.438	-26.216	0.000	($F=$	0.341	-0.957	-0.310	0.001	1878.781
	P_{m1211}	342.195	6.726	11.212	0.000	1181.247,	0.402	0.816	0.133	0.000	2573.245
	P_{m1207}	63.822	1.417	12.125	0.000	$p=$	0.316	0.837	0.143	0.010	97.617
	P_{m1203}	7.725	0.279	3.457	0.001	0.000)	-0.286	0.399	0.041	0.021	46.708
	P_{m1208}	45.390	0.950	4.707	0.000		0.418	0.510	0.056	0.003	291.226
	常量	-4.175	—	-0.462	0.645		—	—	—	—	—
	P_{m1209}	39.224	0.795	3.599	0.001	0.990	0.470	0.413	0.045	0.003	311.064
	P_{m1210}	232.590	4.628	7.997	0.000	($F=$	0.456	0.710	0.100	0.000	2136.241
H_{trpa}	P_{m1213}	-632.077	-12.352	-27.771	0.000	1052.436,	0.341	-0.961	-0.348	0.001	1261.691
	P_{m1211}	283.290	5.568	8.908	0.000	$p=$	0.402	0.747	0.112	0.000	2491.846
	P_{m1207}	75.580	1.678	16.289	0.000	0.000)	0.316	0.899	0.204	0.015	67.652
	P_{m1203}	5.390	0.195	2.457	0.017		-0.286	0.296	0.031	0.025	40.142
	常量	-85.878	—	-11.779	0.000		—	—	—	—	—
	P_{m1209}	-25.445	-0.516	-1.768	0.082	0.985	0.470	-0.216	-0.027	0.003	364.069
	P_{m1202}	-17.354	-0.683	-14.935	0.000	($F=$	-0.401	-0.881	-0.228	0.112	8.950
	P_{m1210}	122.707	2.442	5.574	0.000	843.246,	0.456	0.572	0.085	0.001	821.266
	P_{m1213}	-240.065	-4.691	-12.787	0.000	$p=$	0.341	-0.848	-0.195	0.002	576.159
	P_{m1211}	181.956	3.576	6.025	0.000	0.000)	0.402	0.602	0.092	0.001	1508.393

续表 6－67

处理 Treat	降水因子 P_{m012}	模型 Model Coefficients 非标准 Unstandard	标准 Standard	T－检验 (T－test) t	p	R^2	相关系数 Correlations r_0	$r_{partial}$	r_{part}	共线性统计量 Collinearity statistics 容差 Tolerance	方差膨胀因子 VIF
H_{trpa}	常量	－130.529	—	－13.269	0.000	0.969	—	—	—	—	—
	P_{m1209}	－135.703	－2.750	－9.351	0.000	(F＝	0.470	－0.757	－0.203	0.005	183.548
	P_{m1204}	－14.014	－0.457	－8.004	0.000	514.299,	－0.202	－0.705	－0.174	0.145	6.908
	P_{m1202}	－21.445	－0.844	－15.929	0.000	p＝	－0.401	－0.892	－0.346	0.168	5.957
	P_{m1210}	201.868	4.017	13.509	0.000	0.000)	0.456	0.859	0.293	0.005	187.627

其5因子模型显示，RPA树高与P_{m1202}、P_{m1213}和P_{m1209}负净相关依次减弱，其中与前2个因子相关极为显著，与P_{m1209}相关不显著($r_{partial}$ ＝ －0.216，p＝0.082)；而与P_{m1210}和P_{m1211}正净相关极显著。各因子配合下，油松也对P_{m1213}响应极强，其单位量变化系数为4.691，对模型贡献50.1%；比其优化模型模型减弱。对P_{m1211}和P_{m1210}响应也较强，单位量变化系数为3.576和2.442，也比其优化模型明显减弱；但对模型分别贡献27.2%和17.6%，比其优化模型明显提高。而油松对P_{m1209}和P_{m1203}响应很弱，单位量变化系数为0.683和0.516，对模型仅贡献3.8%和1.4%。而从其4因子模型分析，树高仅与P_{m1210}正净相关极显著。而与P_{m1202}、P_{m1209}和P_{m1204}负净相关也极显著，但依次渐弱。各因子配合下，油松对P_{m1210}和P_{m1209}响应较强，单位量变化系数为4.017和2.750，其对模型贡献56.7%和33.9%；与其相应模型比较，作用和影响显著增强。而油松对P_{m1202}和P_{m1204}响应极弱，单位量变化系数仅为0.844和0.457，对贡献分别贡献6.2%和3.2%(表6－67)。

三、树高与十二月降水均值指标的相关性

与秋季各月降水量不同，树高与各生长期12月平均降水量相关性有所变化。RPA树高与P_{m1202}、P_{m1201}、P_{m12}、P_{m1203}、P_{m1204}和P_{m1205}负相关依次减弱，其中与前4个因子相关极显著，与P_{m1204}相关显著(r_0 ＝ －0.202，p＝0.047)，与P_{m1205}相关不显著(r_0 ＝ －0.065，p＝0.296)；对照与P_{m1201}、P_{m1202}、P_{m12}、P_{m1203}、P_{m1204}和P_{m1205}负相关依次减弱，其中与前4个因子相关极显著，也与P_{m1204}相关显著(r_0 ＝ －0.223，p＝0.032)，与P_{m1205}相关也不显著(r_0＝ －0.065，p ＝0.295)；而RPA和对照树高均与P_{m1206}、P_{m1207}、P_{m1213}、P_{m1212}、P_{m1211}、P_{m1208}、P_{m1210}和P_{m1209}正相关依次增强，其中与P_{m1206}相关不显著(r_0＝0.188、0.173，p＝0.059、0.076)，与其余因子相关极显著。但相关度相对较低，其最小负相关系数仅为－0.401和－0.405(p＝0.000)，最大正相关系数也仅达0.470和0.469(p＝0.000)。从不同林龄分析，1～8 a油松高与各生长期12月平均降水量呈极显著的正相关，与当年12月降水量相关度最小，相关系数也达0.871和0.827(p＝0.000)，RPA与P_{m1203}相关性最强(r_0＝0.986)，对照与P_{m1204}相关度最大(r_0＝0.991)。而8～14 a油松高与其呈极显著

的负相关。其中，与当年 12 月降水量相关度最小（r_0 = －0.323、－0.367，p = 0.029、0.015），RPA 与 P_{m1205} 相关度最强（r_0 = －0.982），对照与 P_{m1206} 相关度最大（r_0 = －0.986）。

四、树高与十二月降水均值指标的模型拟合

对树高与各生长期 12 月降水量均值指标进行模型拟合，1～8 a 油松高与各生长期 12 月平均降水量关系均可用 Linear－模型表述；其中，Cubic－模型是其与 P_{m12} 的最优模型，与 P_{m1201} 的 S－模型拟合性最强。8～14 a 油松高与各生长期 12 月平均降水量关系也可用 Linear－模型分析，但 Quadratic－模型是其与 P_{m12} 和 P_{m1209} 的最优模型，Exponential－模型是 P_{m1201}～P_{m1204} 的最优模型。

1. 1～8 年油松高模型拟合

（1）Linear－模型　该模型是 1～8a 年油松高与各生长量 12 月平均降水量关系的基本模型，其模型决定系数 R^2 大，线性关系极为显著，且对照模型的拟合性略强于 RPA；但其 P_{m12} 和 P_{m1201} 模型常数项 a 的 t－检验均不显著（表 6－68）。

表 6－68　1～8a 油松高与 12 月降水量均值指标直线模型

Tab. 6－68 The linear－model of average monthly precipitation in December and height of *Pinus tabulaeformi*

降水因子	处理 Treat	模型系数 Model Coefficients		R^2	F－检验 (F－test)		T－检验 (T－test)				模型交点 Model of intersection		
P_{m011}		a	b		F	p	t_0	p	t_1	p	H_1	P_m	数据分布
P_{m12}	RPA	2.335	2.742	0.684	82.368	0.000	0.561	0.578	9.076	0.000	－1.6	－2.2	左 0 组
	CK	1.447	2.199	0.758	119.197	0.000	0.521	0.605	10.918	0.000			右 8 组
P_{m1201}	RPA	－4.294	3.725	0.773	129.408	0.000	－1.105	0.276	11.376	0.000	－1.1	－0.3	左 0 组
	CK	－3.468	2.949	0.835	192.114	0.000	－1.374	0.178	13.861	0.000			右 8 组
P_{m1202}	RPA	－7.365	4.325	0.889	304.500	0.000	－2.700	0.010	17.450	0.000	2.2	2.0	左 0 组
	CK	－5.280	3.361	0.925	468.847	0.000	－3.091	0.004	21.653	0.000			右 8 组
P_{m1203}	RPA	－8.663	4.798	0.952	753.978	0.000	－4.845	0.000	27.459	0.000	2.4	2.8	左 0 组
	CK	－6.043	3.702	0.976	1563.686	0.000	－6.309	0.000	39.543	0.000			右 8 组
P_{m1204}	RPA	－10.944	5.452	0.951	743.096	0.000	－5.835	0.000	27.260	0.000	2.5	2.4	左 0 组
	CK	－7.924	4.220	0.982	2099.696	0.000	－9.173	0.000	45.822	0.000			右 8 组
P_{m1205}	RPA	－16.421	6.514	0.946	672.070	0.000	－7.591	0.000	25.924	0.000	2.9	2.3	左 0 组
	CK	－12.208	5.048	0.979	1803.490	0.000	－11.928	0.000	42.468	0.000			右 8 组
P_{m1206}	RPA	－20.021	7.229	0.914	404.864	0.000	－6.798	0.000	20.121	0.000	3.0	1.6	左 0 组
	CK	－15.263	5.638	0.958	862.299	0.000	－9.700	0.000	29.365	0.000			右 8 组
P_{m1207}	RPA	－23.224	7.799	0.899	337.314	0.000	－6.860	0.000	18.366	0.000	3.2	1.8	左 0 组
	CK	－17.681	6.071	0.938	577.398	0.000	－8.778	0.000	24.029	0.000			右 8 组

RPA 和对照树高 P_{m12}模型 $a>0$，RPA > 对照；截距 $b>0$，RPA > 对照；$P_{m1201} \sim P_{m1207}$模型 $a<0$，RPA < 对照，且依次减小；$b>0$，RPA > 对照，且依次增加；表明树高与其月均降水量正相关极为显著，且 RPA 油松对各生长期 12 月降水量的响应强于对照。RPA 和对照模型斜率 b 的比值依次为 1.247、1.263、1.287、1.296、1.292、1.290、1.282 和 1.285，相对于对照，RPA 树高对其月均降水量响应强度提高了 24.7%、26.3%、28.7%、29.6%、29.2%、29.0%、28.2%和 28.5%。两模型交点月均降水量值均小于其相应生长期 12 月平均降水量的最小值 3.8 mm/m。在当地降水条件下，RPA 树高大于对照，且差异随其月均降水量增加逐渐显现，模型差距增幅速率依次为 0.543 cm/mm/m、0.776 cm/mm/m、0.964 cm/mm/m、1.096 cm/mm/m、1.231 cm/mm/m、1.466 cm/mm/m、1.592 cm/mm/m 和 1.728 cm/mm/m。

（2）Cubic－模型　RPA 和对照 1～8 a 油松高与 P_{m12}的 Cubic－模型决定系数 R^2分别为 0.764 和 0.814，模型极为显著，整体向上倾斜。

$$H_{trpa} = -60.074 + 23.567P_{m12} - 1.821P_{m12}^2 + 0.039P_{m12}^3$$

（$n=40, R^2=0.764, F=38.817, p=0.000; t_0=-3.176, p=0.003; t_1=3.897, p=0.000; t_2=-3.486, p=0.001; t_3=3.496, p=0.001$）

$$H_{tck} = -37.894 + 15.372P_{m12} - 1.092P_{m12}^2 + 0.025P_{m12}^3$$

（$n=40, R^2=0.814, F=52.333, p=0.000; t_0=-2.960, p=0.005; t_1=3.756, p=0.001; t_2=-3.268, p=0.002; t_3=3.285, p=0.002$）

RPA 模型峰值和谷值分别 43.3 cm 和 36.0 cm，依次发生在 11.0 mm/m 和 18.2 mm/m 附近；对照峰值和谷值为 32.6 cm 和 30.8 cm，分别出现在 11.9 mm/m 和 17.2 mm/m 附近；其区间包含 4 组数据，左侧分布 3 组数据，右侧仅有 1 组数据。峰值与谷值区间，树高对当年 12 月降水量响应强度变化较小，并略有减弱趋势，发生频度 0.500。当地降水条件下，两模型只有一个交点，出现在 3.4 mm/m 附近，小于研究期 12 月降水的最小量 3.8 mm/m；交点右侧，RPA 模型值 > 对照，最大差距出现在 9.8 mm/m 附近，左右两侧各分布 3 组和 5 组数据；其左侧，模型差距与当年 12 月降水量呈正相关，发生频度 0.375；其右侧差距与当年 12 月降水有呈负相关的趋势，发生频度 0.625。

（3）S－模型　1～8 a 油松高与 P_{m1201}的 S－模型 R^2为 872 和 0.905，拟合性比其 Linear－模型明显增强。

$$H_{trpa} = e^{4.515-\frac{9.167}{P_{m1201}}}$$

（$n=40, R^2=0.889, F=257.944, p=0.000; t_0=51.691, p=0.000; t_1=-16.061, p=0.000$）

$$H_{tck} = e^{4.286-\frac{9.118}{P_{m1201}}}$$

（$n=40, R^2=0.905, F=361.722, p=0.000; t_0=58.424, p=0.000; t_1=-19.019, p=0.000$）

其模型底数 $e>0$；指数项常数 $a>0$，且 RPA > 对照；指数倒数项系数 $b<0$，且 RPA < 对照；自变量 P_{m1201}取值范围{3.8，18.8}；模型为增函数，RPA 模型值 > 对照，且差距与其月均降水量呈正比。当地降水条件下，两模型最小和最大差距为 1.6 cm 和 11.3 cm；近 2 年 12 月平均降水递增 25%、50% 和 75% 时，两模型差距依次为 5.4 cm、8.1 cm 和 10.0 cm，占最大差距的比例为 47.6%、71.8% 和 88.3%，差距扩大比例依次 24.2%、16.5% 和 11.7%。表明差距增幅有随其月降水量增加缩小的趋势。

2. 8～14 年油松高模型拟合

(1) Linear－模型　直线模型也是 8～14 *a* 油松高与各生长期 12 月平均降水量关系的基本模型，但其模型与 1～8 *a* 油松高模型变化趋势相反。树高除与当年 12 月降水量模型决定系数 R^2 相对较小，仅为 0.105($p=0.058$) 和 0.135($p=0.030$)，模型显著性较差外，与其余各生长期 12 月平均降水量模型均为极显著($p=0.000$)；其中与 P_{m1207} 的 R^2 最大，分别达 0.861 和 0.901，线性关系十分紧密。模型截距 $a>0$，且 RPA＞对照；斜率 $b<0$，且 RPA＜对照；其 a、b 绝对值以 P_{m1209} 最大，以此为界，两侧各因子模型依次减小。表明 8～14 *a* 油松高与各生长期 12 月平均降水量呈显著的负相关，且 RPA 对其响应较大（表6－69）。

RPA 和对照模型 b 比值依次为 1.131、1.264、1.287、1.233、1.236、1.291、1.236、1.244、1.285、1.295、1.255、1.251、1.241 和 1.259；与对照相比，RPA 树高对各生长期 12 月平均降水量响应强度增加了 13.1%、26.4%、28.7%、23.3%、23.6%、29.1%、23.6%、24.4%、28.5%、29.5%、25.5%、25.1%、24.1% 和 25.9%；与 1～8 *a* 油松相应模型比较，增加比例略有降低。随着 P_{m12}～P_{m1213} 取值范围的收窄，RPA 和对照模型交点月均降水量值逐渐减小，并逐渐在 12.5 mm/*m* 上下波动，但其值均大于研究期内各生长期 12 月平均降水量的上限。当地降水条件下，RPA 树高大于对照，但差异变化趋势与 1～8 *a* 油松相反，其随各生长期 12 月平均降水量增加有下降的趋势，其模型差距降幅速率依次为 0.516 cm/mm/*m*、2.513 cm/mm/*m*、3.980 cm/mm/*m*、3.588 cm/mm/*m*、4.432 cm/mm/*m*、6.949 cm/mm/*m*、8.761 cm/mm/*m*、12.746 cm/mm/*m*、22.037 cm/mm/*m*、26.758 cm/mm/*m*、20.150 cm/mm/*m*、18.260 cm/mm/*m*、16.935 cm/mm/*m* 和 17.967 cm/mm/*m*；比 1～8 *a* 油松模型差距变化速率显著最大（表 6－68，表 6－69）。

表 6－69　8～14 *a* 油松高与 12 月降水量均值指标指数模型

Tab.6－69 The exponential－model of average precipitation in December and height of *Pinus tabulaeformi*

降水因子 P_{m011}	处理 Treat	模型系数 Model Coefficients *a*	*b*	R^2	F－检验 (F－test) *F*	*p*	T－检验 (T－test) t_0	*p*	t_1	*p*	模型交点 Model of intersection H_1	P_m	数据分布
P_{m12}	RPA	245.810	－4.450	0.105	3.853	0.058	10.090	0.000	－1.963	0.058	99.1	－195.4	左 7 组
	CK	194.645	－3.934	0.135	5.131	0.030	10.429	0.000	－2.265	0.030			右 0 组
P_{m1201}	RPA	302.428	－12.017	0.401	22.132	0.000	12.608	0.000	－4.704	0.000	26.2	－12.9	左 7 组
	CK	236.485	－9.504	0.414	23.269	0.000	12.782	0.000	－4.824	0.000			右 0 组

续表 6－69

处理 Treat	降水因子 P_{m011}	模型系数 Model Coefficients		R^2	F－检验 (F－test)		T－检验 (T－test)				模型交点 Model of intersection		
		a	b		F	p	t_0	p	t_1	p	H_1	P_m	数据分布
P_{m1202}	RPA	356.643	－17.849	0.687	72.361	0.000	17.890	0.000	－8.507	0.000	19.9	1.2	左7组
	CK	277.391	－13.869	0.683	71.078	0.000	17.747	0.000	－8.431	0.000			右0组
P_{m1203}	RPA	383.082	－18.974	0.711	81.203	0.000	17.877	0.000	－9.011	0.000	20.1	－37.0	左7组
	CK	303.654	－15.387	0.770	110.504	0.000	20.386	0.000	－10.512	0.000			右0组
P_{m1204}	RPA	437.026	－23.203	0.867	214.675	0.000	26.069	0.000	－14.652	0.000	20.3	－34.4	左7组
	CK	346.970	－18.771	0.934	468.796	0.000	37.806	0.000	－21.652	0.000			右0组
P_{m1205}	RPA	524.772	－30.837	0.964	872.255	0.000	47.091	0.000	－29.534	0.000	16.9	3.5	左7组
	CK	407.291	－23.887	0.952	657.993	0.000	40.979	0.000	－25.651	0.000			右0组
P_{m1206}	RPA	696.374	－45.923	0.901	300.402	0.000	24.456	0.000	－17.332	0.000	15.9	－34.8	左7组
	CK	556.894	－37.162	0.972	1134.605	0.000	46.970	0.000	－33.684	0.000			右0组
P_{m1207}	RPA	892.282	－65.003	0.861	204.524	0.000	18.607	0.000	－14.301	0.000	14.2	－28.0	左7组
	CK	711.830	－52.257	0.917	362.250	0.000	24.573	0.000	－19.033	0.000			右0组
P_{m1208}	RPA	1246.476	－99.461	0.861	204.543	0.000	17.185	0.000	－14.302	0.000	12.5	－0.1	左7组
	CK	970.268	－77.423	0.859	201.592	0.000	17.060	0.000	－14.198	0.000			右0组
P_{m1209}	RPA	1419.813	－117.374	0.706	79.287	0.000	10.456	0.000	－8.904	0.000	12.0	5.9	左7组
	CK	1097.479	－90.616	0.693	74.538	0.000	10.150	0.000	－8.634	0.000			右0组
P_{m1210}	RPA	1218.332	－99.311	0.586	46.646	0.000	8.258	0.000	－6.830	0.000	12.5	－19.9	左7组
	CK	967.102	－79.161	0.613	52.237	0.000	8.702	0.000	－7.228	0.000			右0组
P_{m1211}	RPA	1117.495	－90.911	0.672	67.645	0.000	10.124	0.000	－8.225	0.000	12.5	－22.3	左7组
	CK	888.572	－72.651	0.707	79.597	0.000	10.928	0.000	－8.922	0.000			右0组
P_{m1212}	RPA	1072.155	－87.184	0.740	93.967	0.000	12.040	0.000	－9.694	0.000	12.6	－30.3	左7组
	CK	858.004	－70.249	0.791	125.149	0.000	13.800	0.000	－11.187	0.000			右0组
P_{m1213}	RPA	1068.142	－87.237	0.812	142.467	0.000	14.830	0.000	－11.936	0.000	12.4	－16.4	左7组
	CK	844.773	－69.270	0.843	177.327	0.000	16.479	0.000	－13.316	0.000			右0组

(2) Quadratic－模型　抛物线模型是 8～14 a 油松高与 P_{m12} 和 P_{m1201} 的最优模型，其模型决定系数 R^2 比其 Linear－模型显著最大，线性关系模型增强。

$$H_{trpa} = 165.508 + 24.820P_{m12} - 1.101P_{m12}^2$$

($n=35, R^2=0.404, F=10.866, p=0.000; t_0=5.825, p=0.000; t_1=3.296, p=0.002; t_2=-4.014, p=0.000$)

$$H_{tck} = 146.173 + 13.734P_{m12} - 0.664P_{m12}^2$$

($n=35, R^2=0.315, F=7.342, p=0.002; t_0=6.154, p=0.000; t_1=2.182, p=0.037; t_2=-2.898, p=0.007$)

$$H_{trpa} = 9069.211 - 1565.175P_{m1209} + 68.041P_{m1201}^2$$

($n=35, R^2=0.875, F=112.163, p=0.000; t_0=7.781, p=0.000; t_1=-7.111, p=0.000; t_2=6.583, p=0.000$)

$$H_{tck} = 6873.280 - 1183.801P_{m1201} + 51.375P_{m1201}^2$$

($n=35, R^2=0.852, F=92.006, p=0.000; t_0=6.947, p=0.000; t_1=-6.336, p=0.000; t_2=8.702, p=0.007$)

其 P_{m12} 的 Quadratic－模型 R^2 为 0.404 和 0.315，线性关系比其 Linear－模型显著增强。其模型 $a>0$，且 RPA＞对照；$b>0$，且 RPA＞对照；$c<0$，且 RPA＜对照；模型极大值分别为 305.4 cm 和 217.1 cm，出现在 11.3 mm/m 和 10.3 mm/m 附近；其左侧分布 6 组数据，树高与当年 12 月降水量有正相关的趋势，但增幅分别以 2.201P_{m12} 和 1.329P_{m12} 的速率递减，发生频度均为 0.857。两模型交点位于－1.6 mm/m 和 27.0 mm/m 附近，超出了当年 12 月降水量取值范围{0.0，25.6}；表明在当地降水条件下，RPA 树高大于对照，模型最大差距为 89.8 cm，出现在 12.7 mm/m 附近；其左侧也有 6 组数据，模型差距与其月均降水量也成正比，但增幅递减速率为 0.873P_{m12}，发生频度也为 0.857。其 P_{m1201} 模型 R^2 为 0.875 和 0.852，线性关系也比其 Linear－模型显著增强；但模型 $a>0$，且 RPA＞对照；$b<0$，且 RPA＜对照；$c>0$，且 RPA＞对照；变化趋势与其 P_{m12} 的 Quadratic－模型相反。模型极小值分别为 68.1 cm 和 53.9 cm，均发生在 11.5 mm/m 附近；极值点左侧也分布 6 组数据，但树高与其月均降水量呈负相关，降幅分别以 136.1P_{m1201} 和 102.8P_{m1201} 的速率递增，发生频度也均为 0.857。两模型不相交，RPA 模型值＞对照，最小差距为 14.1 cm，出现在 11.4 mm/m 附近，其左侧也同样有 6 组数据，模型差距与其月均降水量呈负相关，降幅以 33.3P_{m1201} 的速率递增，发生频度也为 0.857。

（3）Exponential－模型　该模型是 8～14 a 油松高与 P_{m1201}～P_{m1204} 的最优模型，其 R^2 比其 Linear－模型明显增大，且线性关系依次增强。其底数系数 $a>0$，RPA＞对照，且依次增大，其值大小决定模型最小值的大小；指数项系数 $b<0$，且依次减小，RPA 从小于对照逐渐变为大于对照；模型底数 e＞0，自变量各生长期 12 月平均降水量取值大于零；模型为单调递减函数，且 RPA 模型值大于对照；模型倾斜度 RPA 略大于对照，且从 P_{m1201}～P_{m1204} 依次增强；说明模型差距有随其月均降水量增加缩小的趋势（表 6－70）。

表 6 – 70 油松高与 12 月降水量均值指标逐步回归模型

Tab. 6 – 70 The stepwise regression model of average precipitation in December and height of *Pinus tabulaeformi*

处理 Treat	降水因子 P_{m09}	模型系数 Model Coefficients 指数常数 a	指数倒数项 b	R^2	F – 检验 (F – test) F	p	T – 检验 (T – test) t_0	p	t_1	p
H_{trpa}	318.751	–0.074	0.607	51.000	0.000	10.267	0.000	–7.141	0.000	
	P_{m1202}	413.343	–0.101	0.870	221.296	0.000	15.547	0.000	–14.876	0.000
	P_{m1203}	466.793	–0.104	0.850	186.355	0.000	12.903	0.000	–13.651	0.000
	P_{m1204}	588.492	–0.120	0.930	438.674	0.000	16.423	0.000	–20.945	0.000
H_{trpa}	P_{m1201}	242.976	–0.071	0.570	43.715	0.000	9.893	0.000	–6.612	0.000
	P_{m1202}	316.363	–0.099	0.847	182.948	0.000	14.446	0.000	–13.526	0.000
	P_{m1203}	368.252	–0.105	0.888	262.306	0.000	15.096	0.000	–16.196	0.000
	P_{m1204}	464.915	–0.122	0.969	1042.808	0.000	25.009	0.000	–32.293	0.000

第七章　飞播油松高生长与气温的关系

飞播后，在汉中宁强选择 RPA 拌种与不拌种各 5 个播区，每播区 RPA 处理区和对照区各选择 20 m×20 m 5 块作为固定调查样地。1998～2011 年，每年 9 月下旬至 10 月中旬，采用"M"形抽样法，在各样地随机 10 株同龄油松进行测量同龄油松苗木高，不足 10 株每木测量；以 5 块样地平均测量值代表各播区油松高生长情况。按照下列公式：

$$R_{aht} = \frac{\partial R_{aht}}{\partial t} = H_{a1} + \frac{1}{t_2 - t_1}\int_{t_1}^{t_2} dR_{aht}dt = H_{a1} + H_{at} - H_{at-1}$$

$$H_{at} = t\sum_{i=14}^{t} R_{aht} = \sum_{i=14}^{t}[H_{a1} + (H_{at} - H_{at-1})t]$$

$$H_t = \frac{t^2}{2}\sum_{i=14}^{t} R_{aht} = t\sum_{i=14}^{t}\left[H_{a1} + \frac{(H_{at} - H_{at-1})t}{2}\right]$$

公式中，H_{a1}是飞播后第 1 年苗高生长量，也就是苗高初值。将苗高（H_t）转化成树高年生长量（H_{at}）和树高年增量（R_{aht}）指标（表 7－1）。对温度指标采取与前 1，2，3，…，13 年均值处理，采用聚类分析法和相关分析法研究温度与飞播油松树高生长指标的相关性及其变化；同时采用逐步回归模型法，组建生长指标与温度因子的优化模型，确定影响油松高生长的关键温度因子。

表 7－1　汉中 1～14 年飞播油松高生长指标

Tab. 7－1 The tree height index of 1 － 14 years aerial seeding *Pinus tabulaeformis* in Hanzhong city

飞播年限 ages/a	苗高/ cm tree height		高年生长量/ cm·a^{-1} annual increment of tree height		树高年增量/ cm·a^{-2} annual height growth acceleration	
	RPA	ck	RPA	ck	RPA	ck
1	8.70±0.62	6.20±0.09	8.70±0.62	6.20±0.09	8.70±0.62	6.20±0.09
2	13.18±0.46	10.86±0.14	4.48±0.58	4.66±0.05	4.48±0.58	4.42±0.21
3	21.94±2.19	17.74±0.19	8.76±2.05	6.88±0.15	12.98±3.15	8.40±0.10
4	29.48±1.04	23.14±0.58	7.54±2.05	5.40±0.66	3.26±4.60	3.02±0.57

续表 7－1

飞播年限 ages/a	苗高/ cm tree height		高年生长量/ cm · a^{-1} annual increment of tree height		树高年增量/ cm · a^{-2} annual height growth acceleration	
	RPA	ck	RPA	ck	RPA	ck
5	37.94 ±0.56	30.00 ±0.14	8.46 ±1.28	6.86 ±0.70	13.90 ±5.55	10.16 ±1.36
6	47.08 ±1.85	41.10 ±0.85	9.14 ±2.09	11.10 ±0.90	3.94 ±6.94	6.52 ±1.74
7	70.92 ±3.20	52.72 ±1.11	23.84 ±4.27	11.62 ±1.48	28.60 ±11.32	10.76 ±3.14
8	88.42 ±1.64	68.14 ±1.46	17.50 ±4.05	15.42 ±1.56	−2.40 ±14.47	11.38 ±3.19
9	125.38 ±4.80	98.36 ±2.38	36.96 ±3.35	30.22 ±1.99	48.06 ±14.06	23.52 ±3.90
10	160.02 ±5.67	119.14 ±3.78	34.64 ±3.80	20.78 ±3.96	−4.72 ±16.31	5.12 ±6.58
11	234.18 ±11.82	161.28 ±3.98	74.16 ±14.57	42.14 ±3.58	87.58 ±31.09	40.36 ±6.24
12	272.62 ±3.91	214.82 ±7.78	38.44 ±11.56	53.54 ±8.75	−40.44 ±41.01	22.36 ±10.31
13	366.54 ±12.23	308.64 ±8.27	93.92 ±10.19	93.82 ±13.17	143.06 ±34.05	67.94 ±21.47
14	476.84 ±13.49	318.86 ±7.58	110.30 ±10.28	10.22 ±14.02	−24.06 ±39.05	−40.76 ±39.39

第一节　树高与温度的相关分析

【内容提要】相关分析显示，汉中飞播油松高与年均温、年积温、春季 3 ~5 月均温、夏季 6 月和 7 月均温、秋季 11 月及冬季 12 月均温的均值指标呈正相关。其中，与年均温和年均积温的近 5 年均值相关度最大（r_{ck} =0.964、0.632，r_{rpa} =0.820、0.850，p <0.01），与 5 月均温和 12 月均温的近 4 年均值相关性最强（r_{ck} =0.546、0.711，r_{rpa} =0.542、0.702，p <0.01），与 4 月均温、6 月均温和 11 月均温的近 6 年均值相关系数最大（r_{ck} =0.565、0.792、0.578，r_{rpa} =0.533、0.766、0.572，p <0.01），与 3 月均温和 7 月均温的的近 10 年均值相关性最高（r_{ck} =0.724、0.624，r_{rpa} =0.703、0.602，p <0.01）。树高与 7 月极端最高温度、树高与 7 月极端最高温度、冬季 1 月和 2 月均温的均值指标相关性变化趋势相似。与 7 月极端最高温度的当年至近 6 年均值呈负相关，其中与近 3 年的均值相关性最高（r_{ck} = −0.304，r_{rpa} = −0.290，p <0.05），而与近 7 年 ~ 近 14 年均值与树高呈正相关，其中与近 9 年均值（T_{max08}）相关度最大（r_{ck} =0.426，r_{rpa} =0.411，p <0.01）。与 1 月均温的近 2 年至近 6 年的均值负相关显著，其中与近 3 年的均值相关性最高（r_{ck} = −0.549，r_{rpa} = −0.487，p <0.01），但与近 7 年 ~ 近 14 年的均值（T_{m0106} ~ T_{m0114}）相关性不显著。与 2 月均温的近

5 年至近 8 年均值呈极显著负相关，其中与近 6 年均值相关性最大（$r_{ck} = -0.495$，$r_{rpa} = -0.482$，$p < 0.01$），而与其他在 2 月温度指标相关性不显著。树高与 1 月极端最低温度均值指标均呈负相关。其中，对照与当年极端最低温度（T_{min}）相关显著（$r = -0.239$，$p < 0.05$），而 RPA 与其相关性不显著（$r = -0.205$），两者与其余 1 月极端最低温度均值指标相关性均极显著，与近 6 年均值（T_{min05}）相关系数分别达 -0.758和 -0.754（$p < 0.01$）。树高与 8 月温度均值指标也呈负相关，且相关性随均值统计年限的增加而增强。其中与近 10 年 8 月均温（相关性最强（$r_{ck} = -0.647$，$r_{rpa} = -0.630$，$p < 0.01$）。秋季，树高与当年 9 月均温（T_{m09}）正相关显著或极显著（$r_{ck} = 0.304$，$p < 0.05$；$r_{rpa} = 0.305$，$p < 0.01$）；但随统计年限增加相关性逐渐降低并转变为负相关，其中与近 10 年的均值（T_{m0909}）负相关系数最大（$r_{ck} = -0.372$，$r_{rpa} = -0.347$，$p < 0.01$）。10 月均温指标的相关性与 9 月相似，树高与近 2 年 10 月均值（T_{m1001}）正相性最强（$r_{ck} = 0.347$，$r_{rpa} = 0.344$，$P < 0.01$），而仅与近 8 年均值（T_{m1007}）负相关显著（$r_{ck} = -0.246$，$r_{rpa} = -0.275$，$p < 0.05$）。

【关 键 词】飞播造林，RPA，温度均值指标，油松，树高，相关分析

一、树高与年温度指标的相关性

1. **树高与年均温度和年积温的相关性** 对照和 RPA 油松高（H_t）与当年及各生长期年均温（T_a）及年均积温（T_{aa}）呈正相关，且初期相关性随 T_a统计年数增加而增强，与近 5 年相关度最高，其中对照和 RPA 与 T_{a04}相关系数分别达 0.864 和 0.820（$p < 0.01$），与 T_{aa04}为 0.832 和 0.850（$p < 0.01$）；之后随着统计年数的增加，相关度有降低的趋势（表 7－2）。说明树高不仅受当年温度的影响，而且受整个生长期年温度的控制。

2. **树高与年极端温度的相关性**

（1）树高与 7 月极端最高温度的相关性 7 月极端最高温度（T_{max}）与树高的相关性随统计年限的增加发生较大变化。当年至近 6 年 7 月极端最高温度均值（$T_{max} \sim T_{max05}$）与树高呈负相关，其中对照与近 2 年和近 3 年均值（T_{max01} 和 T_{max02}）相关显著（$p < 0.05$），RPA 与近 3 年和近 4 年均值（T_{max02}和 T_{max03}）相关显著，但均与 T_{max02}相关性最高，对照和 RPA 的相关系数分别为 -0.304 和 0.290；近 7 年至近 14 年 7 月最高温度均值（$T_{max06} \sim T_{max13}$）与树高呈正相关，也为中间强，两边弱；其中与 T_{max08}与树高相关性最高，相关系数为 0.426 和 0.411（$p < 0.01$；表 7－2）。

（2）树高与 1 月极端最低温度的相关性 1 月极端最低温度（T_{min}）对树高具有一定的负作用，相关性的变化规律与年均极端高温均值变化规律相同，当年极端最低温度与对照相关显著（$r = -0.239$，$p < 0.05$），与 RPA 相关不显著（$r = -0.205$）；但其余各年的均值相关均极显著（$p < 0.01$），其中与近 6 年均值（T_{min05}）相关度最大，相关系数分别达 -0.758和 -0.754（表 7－2）。

表 7 - 2 年温度指标与油松高相关分析

Tab. 7 - 2 The correlation analysis between the annual temperature and the height of *Pinus tabulaeformis*

处理 Treat.	指标 Index	树高(H_t) tree Height										
		当年	2 年	3 年	4 年	5 年	6 年	7 年	8 年	9 年	10 年	11 年
CK	T_a	0.226	0.401**	0.555**	0.784**	0.864**	0.833**	0.753**	0.776**	0.669**	0.730**	0.685**
	T_{aa}	0.226	0.416**	0.560**	0.766**	0.832**	0.795**	0.719**	0.726**	0.600**	0.644**	0.596**
	T_{max}	-0.139	-0.252*	-0.304*	-0.229	-0.105	-0.037	-0.134	0.315**	0.426**	0.306*	0.243*
	T_{min}	-0.239*	-0.476**	-0.677**	-0.640**	-0.689**	-0.784**	-0.758**	-0.696**	-0.633**	-0.568**	-0.522**
RPA	T_a	0.213	0.424**	0.539**	0.729**	0.820**	0.795**	0.734**	0.703**	0.615**	0.648**	0.592**
	T_{aa}	0.218	0.411**	0.536**	0.747**	0.850**	0.834**	0.771**	0.752**	0.684**	0.733**	0.683**
	T_{max}	-0.136	-0.224	-0.290*	-0.241*	-0.082	-0.029	0.121	0.307**	0.411**	0.304*	0.249*
	T_{min}	-0.205	-0.434**	-0.666**	-0.641**	-0.657**	-0.757**	-0.754**	-0.671**	-0.644**	-0.576**	-0.494**

二、树高与不同季节月均温度的相关性

1. **树高与冬季各月温度的相关性** 12 月均温指标与树高具有很强的正相关性。当年至近 10 年 12 月均温（$T_{m12} \sim T_{m1209}$）与树高正相关极显著（$p<0.01$）；其中，RPA 和对照与近 4 年均温（T_{m1203}）相关系数达 0.711 和 0.702；而其他 12 月均温指标与树高相关显著（$p<0.05$；表 7 -3）。

树高与当年 1 月均温（T_{m01}）相关不显著。与近 2 年至近 6 年的均值（$T_{m0101} \sim T_{m0105}$）呈负相关；其中与 T_{m0102} 相关系数为 -0.549 和 -0.487（$p<0.01$）；与近 7 年至近 14 年的均值（$T_{m0106} \sim T_{m0114}$）相关不显著。近 5 年至近 8 年 2 月均温（$T_{m0204} \sim T_{m0207}$）与油松高呈极显著负相关（$p<0.01$），其中与 T_{m0205} 相关度最大；而与其他 2 月均温指标相关不显著（表 7 -3）。

2. **树高与春季各月温度的相关性** 3 月均温（T_{m03}）对树高的影响与年均温相似，但最高相关性出现在近 10 年 3 月均温（T_{m0309}），对照和 RPA 相关系数分别为 0.724 和 0.703（$p<0.01$）。近 4 年至近 8 年 4 月均温（$T_{m0403} \sim T_{m0407}$）与树高呈显著的正相关；其中，与 T_{m0405} 相关性最强，系数分别为 0.565 和 0.533；而与其他 4 月均温指标相关不显著。树高与近 3 年至近 6 年 5 月均温（$T_{m0502} \sim T_{m0505}$）正相关极显著；其中，与 T_{m0503} 相关性最强，对照和 RPA 的相关系数分别为 0.546 和 0.542；而与其余 5 月均温指标相关不显著（表 7 -3）。

3. **树高与夏季各月温度的相关性** 树高与当年和近 2 年 6 月均温（T_{m06} 和 T_{m0601}）相关不显著，而与其余 6 月均温指标正相关显著；其中 T_{m0608} 相关度最高，系数达 0.792 和 0.766。当年至近 4 年 7 月均温（$T_{m07} \sim T_{m0703}$）与油松高相关度极低，其余正相关显著或者极显著，其中与 T_{m0709} 相关系数最大，对照和 RPA 分别为 0.624 和 0.602。当年 8 月均温及其和近 2 年，对照至近 4 年，RPA 至近 5 年 8 月均温与树高负相关不显著，而其余各生长期 8 月均温与树高多数呈极显著负相关；其中与近 10 年 8 月均温相关性最强，系数为 -0.647和 -0.630（表 7 -3）。

4. **树高与秋季各月温度的相关性** 当年 9 月均温（T_{m09}）与对照树高呈显著正相关，与 RPA 相关极显著；与近 2 年至近 14 年 9 月（$T_{m0901} \sim T_{m0913}$）相关性从正相关逐渐转化为负相关；其中与 T_{m0909} 负相关系数最大，对照和 RPA 分别为 -0.372 和 -0.347（$p<0.01$）。近 2 年 10 月均温（T_{m1001}）与树高正相关性最强，之后随统计年限增加，正相关逐渐变化为负相关，但仅与近 8 年均值（T_{m1007}）负相关显著。当年 11 月均温（T_{m11}）与树高相关不显著，近 4 年至近 14 年 11 月均温（$T_{m1103} \sim T_{m1113}$）与树高正相关极显著至显著，其中与 T_{m1105} 相关系数最大（表 7 -3）。

表 7－3　月均温度与油松高相关分析

Tab. 7－3 The correlation analysis between the monthly mean temperature and the height of *Pinus tabulaeformis*

处理 Treat.	指标 Index	树高(H_t) tree Height 当年	2 年	3 年	4 年	5 年	6 年	7 年	8 年	9 年	10 年	11 年
CK	T_{m01}	0.063	－0.264*	－0.549**	－0.450**	－0.351**	－0.302*	－0.227	－0.053	0.088	0.085	0.111
	T_{m02}	0.049	0.035	－0.151	－0.138	－0.408**	－0.495**	－0.386**	－0.325**	－0.156	－0.227	－0.206
	T_{m03}	0.168	0.336**	0.479**	0.556**	0.615**	0.629**	0.626**	0.644**	0.678**	0.724**	0.687*
	T_{m04}	－0.086	0.073	0.185	0.296*	0.429**	0.565**	0.517**	0.351**	0.200	0.183	0.211
	T_{m05}	0.004	0.141	0.418**	0.546**	0.505**	0.424**	0.329**	0.203	0.070	0.139	0.138
	T_{m06}	0.011	0.159	0.266*	0.338**	0.557**	0.665**	0.681**	0.775**	0.792**	0.767**	0.695*
	T_{m07}	－0.049	－0.008	－0.013	0.084	0.304*	0.312**	0.322**	0.403**	0.510**	0.624**	0.595*
	T_{m08}	－0.050	－0.183	－0.185	－0.155	－0.260*	－0.420**	－0.505**	－0.584**	－0.636**	－0.647**	－0.630*
	T_{m09}	0.304*	0.231	0.110	－0.047	－0.132	－0.097	－0.170	－0.194	－0.302*	－0.372**	－0.309*
	T_{m10}	0.195	0.347**	0.303*	0.245*	0.201	－0.034	－0.216	－0.246*	－0.225	－0.066	－0.081
	T_{m11}	－0.145	－0.084	0.153	0.406**	0.562**	0.578**	0.506**	0.442**	0.348**	0.329**	0.247*
	T_{m12}	0.363**	0.633**	0.690**	0.702**	0.626**	0.589**	0.564**	0.495**	0.362**	0.284*	0.253*
RPA	T_{m01}	0.134	－0.158	－0.487**	－0.408**	－0.292*	－0.258*	－0.187	－0.028	0.121	0.114	0.124
	T_{m02}	0.045	0.085	－0.184	－0.115	－0.361**	－0.482**	－0.367**	－0.336**	－0.141	－0.209	－0.219
	T_{m03}	0.126	0.292*	0.456**	0.529**	0.592**	0.616**	0.622**	0.624**	0.660**	0.703**	0.682*
	T_{m04}	－0.114	0.050	0.174	0.285*	0.387**	0.533**	0.507**	0.343**	0.214	0.175	0.196
	T_{m05}	0.020	0.108	0.374**	0.524**	0.492**	0.413**	0.311**	0.213	0.057	0.122	0.139
	T_{m06}	－0.049	0.129	0.276*	0.295*	0.519**	0.662**	0.666**	0.741**	0.766**	0.757**	0.693*
	T_{m07}	－0.086	－0.009	－0.001	0.038	0.286*	0.304*	0.333**	0.380**	0.500**	0.602**	0.585*
	T_{m08}	0.008	－0.140	－0.188	－0.152	－0.232	－0.404**	－0.487**	－0.568**	－0.616**	－0.630**	－0.616*
	T_{m09}	0.315**	0.253*	0.152	－0.004	－0.119	－0.071	－0.158	－0.182	－0.275*	－0.347**	－0.306*
	T_{m10}	0.139	0.344**	0.313**	0.199	0.196	－0.017	－0.184	－0.275*	－0.227	－0.063	－0.088
	T_{m11}	－0.097	－0.081	0.140	0.382**	.0539**	0.575**	0.502**	0.429**	0.337**	0.346**	0.243*

第二节　树高年生长量与温度的相关性

【内容提要】与树高相关分析结果相同，汉中飞播油松高年生长量也与年均温、年积温、春季3～5月均温、夏季6月和7月均温、秋季11月及冬季12月均温的均值指标呈正相关；但最大相关性出现的统计年限有所差异。对照油松高年生长量与年极端温度的近4年均值（S_{a03}、S_{aa03}）相关性最强（$r=0.697$、0.713，$p<0.01$），RPA油松与其近6年均值（S_{a05}、S_{aa05}）相关性最高（$r=0.728$、0.768，$p<0.01$）。对照树高年生长量依次与春季3～5月均温的近8年、近5年和近3年均值（T_{m0307}、T_{m0404}和T_{m0402}）相关性最大（$r=0.544$、0.499、0.553，$p<0.01$），而RPA油松增加了1年，依次与近9年近6年和近4年均值（T_{m0308}、T_{m0405}和T_{m0403}）相关性最强（$r=0.607$、0.450、442，$p<0.01$）。夏季6月，对照和RPA分别与近8年和近10年均值（T_{m0607}和T_{m0609}）相关性最高（$r_{ck}=0.675$，$r_{rpa}=0.681$，$p<0.01$）；而7月均与近10年的均值（T_{m0709}）的相关系数最大（$r_{ck}=0.460$，$r_{rpa}=0.509$，$p<0.01$）。对照分别与11月和12月均温的近5年和近3年均值（T_{m1104}和T_{m1102}）相关性最大（$r_{ck}=0.551$、0.531，$p<0.01$），与春季相同，RPA也增加了1年，分别与近6年和近4年均值（T_{m1105}和T_{m1103}）相关性最强（$r_{rpa}=0.489$、0.660，$p<0.01$）。树高年生长量与7月极端最高温度和冬季1月均温的均值指标相关性变化趋势相似。树高年年生长量与7月极端最高温度的近3年均值（T_{max02}）负相关性最强（$r_{ck}=-0.319$，$r_{rpa}=-0.262$，$p<0.05$），而与其近9年均值（T_{max08}）正相关性最高（$r_{ck}=0.392$，$r_{rpa}=0.396$，$p<0.01$）。对照树高年生长量与1月均温的近2年均值（T_{m0101}），RPA与其近3年均值（T_{m0102}）负相关性最强（$r_{ck}=-0.640$，$r_{rpa}=-0.410$，$p<0.01$）。与树高相同，树高年生长量也与1月极端最低温度均值指标均呈负相关。其中，与近6年的均值（T_{max05}）相关性最大（$r_{ck}=-0.664$，$r_{rpa}=-0.597$，$p<0.01$）。冬季2月和夏季8月均温也与树高年生长量呈负相关。其中，2月均温的进6年均值（T_{m0205}）相关性最强（$r_{ck}=-0.502$，$r_{rpa}=-0.371$，$p<0.01$）；对照树高年生长量与8月均温的近9年均值（T_{m0808}）、RPA与其近10年均值（T_{m0809}）相关性最大（$r_{ck}=-0.472$，$r_{rpa}=-0.543$，$p<0.01$）。对照高年生长量与9月均温具有一定的负相关性，其中与近8年的均值（T_{m0907}）相关性较强（$r=-0.397$，$p=0.001$）；RPA与当年9月均温（T_{m09}）和近2年均值（T_{m0901}）呈显著正相关，之后正相关性随统计年限增加而消弱，逐渐转化为负相关，但也只有与近9年至近11年的均值（$T_{m0908}\sim T_{m0910}$）相关显著。10月均温对油松高年生长量的影响与9月均温对RPA油松影响类似。对照与当年均温正相关显著（$r=0.239$，$p=0.046$），与T_{m1006}负相关性最强（$r=-0.354$，$p=0.003$）；RPA与T_{m1001}正相关极显著（$r=0.356$，$p=0.003$），与T_{m1007}负相关性较高（$r=-0.291$，$p=0.015$）。

【关 键 词】飞播造林，RPA，温度均值指标，油松，树高年生长量，相关分析

一、树高年生长量与年温度指标的相关性

1. **树高年生长量与年均温度和年积温的相关性** 年均温(S_a)和年积温(S_{aa})均值指标对树高年生长量的影响与对树高的影响相似,两者均有较强的正相关性,但相关性有所消弱。当年年均温和年积温(S_a和S_{aa})仅S_a与树高年生长量相关显著($r_{ck}=0.254, p<0.05$),而其他均值指标相关性均极显著($p<0.01$)。其中,对照与近4年的均值相关性最强,年均温和积温相关系数分别为0.697和0.713,RPA油松高年生长量与近6年的相关性最高,系数分别为0.728和0.768(表7-4)。

2. **树高年生长量与年极端温度的相关性** 年极端温度与树高年生长量的关系与树高基本一致。

(1)油松高年生长量与7月极端最高温度的相关性 油松高年生长量与近4年~近6年7月极端最高温度均值($T_{max03}\sim T_{max06}$)极不相关($r<0.1$),对照油松与近2年和近3年的均值($T_{max01}\sim T_{max02}$)负相关显著($r_{ck}=-0.270$、$-0.319, p<0.05$),而RPA油松仅与T_{max02}负相关显著($r_{ck}=-0.262, p<0.05$)。对照与近7年~近9年均值($T_{max06}\sim T_{max08}$),RPA与近8年~近11年均值($T_{max07}\sim T_{max10}$)正相关较强($p<0.05$),其中均与T_{max08}相关极显著($r_{ck}=0.392, r_{rpa}=0.396, p<0.01$;表7-4)。

(2)油松高年生长量与1月极端最低温度的相关性 对照树高年生长量与1月最低温度均值指标负相关均极显著,RPA油松除与当年1月极度最低温度负相关不显著外,与其余均值指标负相关均极显著。两者树高年生长量均与近6年的均值(T_{max05})相关度最大($r_{rpa}=-0.664, r_{ck}=-0.597, p<0.01$;表7-4)。

二、树高年生长量与不同季节月均温度的相关性

1. **树高年生长量与冬季各月温度的相关性** 12月均温与树高年生长量均呈正相关;其中,对照与$T_{m12}\sim T_{m1206}$相关极显著,与T_{m1207}相关显著,与T_{m1202}相关最紧密($r=0.531, p=0.000$)。RPA与$T_{m12}\sim T_{m1207}$相关极显著,与T_{m1208}和T_{m1209}相关显著,与T_{m1203}相关最强($r=0.660, p=0.000$)。当年1月均温(T_{m01})与对照油松高年生长量呈极显著的负相关($r=-0.353, p=0.003$),而与RPA相关不显著($r=0.204$);$T_{m0101}\sim T_{m0105}$与对照树高年生长量呈极显著负相关,其中与T_{m0101}相关最强($r=-0.640, p=0.000$);而RPA仅与T_{m0102}相关极显著($r=-0.410, p=0.000$),与T_{m0103}相关显著($r=-0.301, p=0.011$)。与其余1月均温指标相关不显著。当年2月均温(T_{m02})与油松高年生长量呈不显著负相关。$T_{m0201}\sim T_{m0213}$与对照负相关十分显著,其中与T_{m0205}相关性最好,相关系数为-0.502($p=0.000$);$T_{m0204}\sim T_{m0207}$与RPA负相关显著,其中,也与T_{m0205}相关系数最大($r=-0.371, p=0.002$)。其余2月均温指标与树高年生长量相关不显著(表7-5)。

表 7-4 月均温度与油松高相关分析

Tab. 7-4 The correlation analysis between the annual temperature and annual height increment of *Pinus tabulaeformis*

处理 Treat.	指标 Index	树高(H_{at}) tree annual Height 当年	2年	3年	4年	5年	6年	7年	8年	9年	10年	11年
CK	T_a	0.254*	0.383**	0.531**	0.697**	0.535**	0.495**	0.379**	0.546**	0.282*	0.392**	0.396**
	T_{aa}	0.226	0.360**	0.520**	0.713**	0.561**	0.518**	0.400**	0.597**	0.344**	0.448**	0.444**
	T_{max}	-0.201	-0.270*	-0.243*	-0.067	-0.089	0.056	0.264*	0.301*	0.392**	0.217	0.160
	T_{min}	-0.319**	-0.450**	-0.465**	-0.441**	-0.581**	-0.597**	-0.467**	-0.480**	-0.312**	-0.323**	-0.449**
CK	T_a	0.195	0.424**	0.437**	0.644**	0.691**	0.728**	0.622**	0.608**	0.479**	0.573**	0.501**
	T_{aa}	0.196	0.411**	0.435**	0.659**	0.715**	0.768**	0.657**	0.651**	0.537**	0.647**	0.584**
	T_{max}	-0.128	-0.140	-0.262*	-0.176	-0.011	0.005	0.145	0.301*	0.396**	0.287*	0.270*
	T_{min}	-0.149	-0.367**	-0.610**	-0.564**	-0.546**	-0.664**	-0.658**	-0.553**	-0.587**	-0.498**	-0.423**

表 7-5　月均温度与油松高年生长量相关分析

Tab. 7-5 The correlation analysis between the monthly mean temperature and annual height increment of *Pinus tabulaeformis*

处理 Treat.	指标 Index	树高(H_{at}) tree Annual Height 当年	2年	3年	4年	5年	6年	7年	8年	9年	10年	11年
CK	T_{m01}	-0.353**	-0.640**	-0.617**	-0.445**	-0.451**	-0.318**	-0.203	-0.104	0.015	-0.041	0.040
	T_{m02}	0.112	-0.190	-0.029	-0.268*	-0.502**	-0.350**	-0.336**	-0.191	-0.192	-0.209	-0.068
	T_{m03}	0.272*	0.384**	0.369**	0.452**	0.458**	0.463**	0.450**	0.544**	0.532**	0.522**	0.431*
	T_{m04}	0.148	0.210	0.260*	0.343**	0.499**	0.491**	0.313**	0.230	0.015	0.184	0.205
	T_{m05}	0.120	0.369**	0.553**	0.479**	0.410**	0.318**	0.282*	0.133	0.143	0.180	0.112
	T_{m06}	0.188	0.221	0.206	0.467**	0.555**	0.507**	0.567**	0.675**	0.613**	0.522**	0.457*
	T_{m07}	-0.019	-0.027	-0.104	0.240*	0.195	0.223	0.211	0.400**	0.419**	0.460**	0.378*
	T_{m08}	-0.198	-0.140	-0.036	-0.075	-0.289*	-0.334**	-0.391**	-0.441**	-0.472**	-0.467**	-0.417*
	T_{m09}	0.082	-0.051	-0.163	-0.262*	-0.196	-0.229	-0.261*	-0.281*	-0.397**	-0.347**	-0.226
	T_{m10}	0.239*	0.183	0.043	0.214	-0.064	-0.244*	-0.354**	-0.131	-0.191	-0.145	-0.119
	T_{m11}	-0.190	0.096	0.323**	0.484**	0.511**	0.414**	0.402**	0.359**	0.305*	0.185	0.216
	T_{m12}	0.339**	0.503**	0.531**	0.396**	0.350**	0.426**	0.319**	0.245*	0.062	0.152	0.045

续表 7－5

处理 Treat.	指标 Index	树高(H_{at}) tree Annual Height										
		当年	2 年	3 年	4 年	5 年	6 年	7 年	8 年	9 年	10 年	11 年
RPA	T_{m01}	0.204	－0.066	－0.410**	－0.301*	－0.203	－0.173	－0.131	0.009	0.149	0.118	0.166
	T_{m02}	0.191	0.112	－0.137	－0.022	－0.257*	－0.371**	－0.331**	－0.279*	－0.110	－0.149	－0.167
	T_{m03}	0.020	0.229	0.369**	0.456**	0.503**	0.560**	0.560**	0.547**	0.561**	0.607**	0.605*
	T_{m04}	－0.094	0.046	0.174	0.239*	0.296*	0.450**	0.409**	0.294*	0.157	0.147	0.131
	T_{m05}	0.026	0.047	0.310**	0.442**	0.433**	0.341**	0.275*	0.200	0.057	0.097	0.147
	T_{m06}	－0.117	0.160	0.270*	0.243*	0.476**	0.617**	0.600**	0.661**	0.661**	0.681**	0.619*
	T_{m07}	－0.183	0.037	－0.065	0.020	0.215	0.289*	0.315**	0.322**	0.419**	0.509**	0.503*
	T_{m08}	0.065	－0.084	－0.191	－0.108	－0.202	－0.345**	－0.424**	－0.493**	－0.529**	－0.543**	－0.515*
	T_{m09}	0.305*	0.241*	0.182	－0.004	－0.104	－0.058	－0.172	－0.153	－0.249*	0－.299*	－0.282*
	T_{m10}	0.047	0.356**	0.207	0.139	0.130	0.002	－0.169	－0.291*	－0.247*	－0.071	－0.132
	T_{m11}	－0.089	－0.075	0.108	0.298*	0.438**	0.489**	0.416**	0.325**	0.276*	0.297*	0.169
	T_{m12}	0.338**	0.528**	0.575**	0.660**	0.549**	0.504**	0.445**	0.469**	0.270*	0.271*	0.216

2. **树高年生长量与春季各月温度的相关性** 3月均温对油松高年生长量有一定的促进作用；当年均温(T_{m03})与对照正相关显著，与RPA不显著。T_{m0301} ~ T_{m0313}与对照油松高年生长量相关极显著，其中与T_{m0307}相关性最强($r=0.544$, $p=0.000$)；T_{m0302} ~ T_{m0313}与RPA高年生长量相关极显著，其中与T_{m0309}相关系数达0.607($p=0.000$)。对照与T_{m0402} ~ T_{m0406}呈明显的正相关，其中与T_{m0404}相关系数为0.499($p=0.000$)；而RPA与T_{m0403} ~ T_{m0407}相关性强，其中与T_{m0405}相关性较强($r=0.450$, $p=0.000$)。T_{m0501} ~ T_{m0506}与对照油松高年生长量正相关明显，其中和T_{m0502}相关最显著($r=0.553$, $p=0.000$)；RPA油松高年生长量与T_{m05} ~ T_{m0504}相关性较强，其中与T_{m0503}相关度最大($r=0.442$, $p=0.000$；表7-5)。

3. **树高年生长量与夏季各月温度的相关性** 对照油松高年生长量与T_{m0603} ~ T_{m0613}正相关极显著，与T_{m0607}相关性最强($r=0.675$, $p=0.000$)；而T_{m0602} ~ T_{m0613}与RPA油松高年生长量正相关性较好，其中与T_{m0609}相关性最高($r=0.681$, $p=0.000$)。对照油松与T_{m0703}正相关显著，与T_{m0707} ~ T_{m0713}正相关极显著，其中与T_{m0709}相关性达0.460($p=0.000$)；而RPA与T_{m07} ~ T_{m0713}正相关明显，其中也与T_{m0709}相关性最好($r=0.509$, $p=0.000$)。树高年生长量与8月均温均呈一定负相关性，与T_{m0806} ~ T_{m0813}相关极显著；其中，对照与T_{m0808}相关性最强($r=-0.472$, $p=0.000$)，RPA与T_{m0809}相关性最大($r=-0.543$, $p=0.000$；表7-5)。

4. **树高年生长量与秋季各月温度的相关性** 对照高年生长量与9月均温具有一定的负相关性。其中，与T_{m0907}相关性较强($r=-0.397$, $p=0.001$)。RPA与9月均温关系较为复杂；与当年9月均温和T_{m0901}呈显著正相关，之后正相关性随统计年限增加而消弱，逐渐转化为负相关，但也只有与T_{m0908} ~ T_{m0910}相关显著。10月均温对油松高年生长量的影响与9月均温对RPA油松影响类似。对照与当年均温正相关显著($r=0.239$, $p=0.046$)，与T_{m1006}负相关性最强($r=-0.354$, $p=0.003$)；RPA与T_{m1001}正相关极显著($r=0.356$, $p=0.003$)，与T_{m1007}负相关性较高($r=-0.291$, $p=0.015$)。当年11月均温与树高相关不显著，而T_{m1102} ~ T_{m1107}与对照正相关极显著，与T_{m1108}正相关显著，其中与T_{m1104}相关性最强($r=0.551$, $p=0.000$)；RPA油松高年生长量与T_{m1103} ~ T_{m1109}正相关性较强，其中与T_{m1104} ~ T_{m1108}相关极显著，与T_{m1105}相关性最高($r=0.489$, $p=0.000$；表7-5)。

第三节 树高生长年增量与温度的相关性

【内容提要】相关分析显示，汉中飞播油松高生长年增量与年温度指标的相关性变化，与其树高和树高年生长量的相似，但相关性比树高和树高年生长量明显消弱。其中，树高生长年增量仅与年均温和年积温的近4年均值(S_{a04}和S_{aa04})相关显著($r_{ck}=0.293$、0.300，$r_{rpa}=0.292$、0.273，$p<0.05$)；而与7月极端高温和1月极端低温的均值指标相关均不显著。树高生长年增量与月均温度相关性变化也与其树高相似，但相关度明显减小，且对照树高生长年增量的相关性明显优于RPA。

【关 键 词】飞播造林，RPA，温度均值指标，油松，树高生长年增量，相关分析

一、树高生长年增量与年温度指标的相关性

油松高生长年增量仅与年均温和年积温的近 4 年的平均值正相关显著（$r_{ck}=0.293$、0.300，$p=0.014$、0.012；$r_{rpa}=0.292$、0.273，$p=0.023$、0.022）。油松高生长年增量与 7 月最高温度和 1 月最低温度相关变化与树高相似，但相关不显著（表 7－6）。

表 7－6　年温度与油松高年增量相关分析

Tab. 7－6 The correlation analysis between annual temperature and annual height growth acceleration of *Pinus tabulaeformis*

处理 Treat.	指标 Index	树高年增量(R_{aht}) annual height growth acceleration										
		当年	2 年	3 年	4 年	5 年	6 年	7 年	8 年	9 年	10 年	11 年
CK	T_a	0.134	0.192	0.227	0.293*	0.068	0.080	−0.027	0.148	−0.086	0.045	0.064
	T_{aa}	0.105	0.176	0.221	0.300*	0.076	0.085	−0.019	0.173	−0.056	0.054	0.065
	T_{max}	−0.141	−0.099	−0.079	0.054	−0.009	0.089	0.204	0.136	0.168	0.043	0.035
	T_{min}	−0.193	−0.162	−0.119	−0.117	−0.201	−0.191	−0.066	−0.092	0.015	−0.030	−0.175
RPA	T_a	0.087	0.179	0.093	0.272*	0.104	0.200	0.032	0.178	−0.079	0.110	0.076
	T_{aa}	0.064	0.167	0.087	0.273*	0.105	0.210	0.032	0.189	−0.072	0.119	0.086
	T_{max}	−0.104	−0.023	−0.142	0.026	0.002	0.001	0.111	0.102	0.152	0.042	0.078
	T_{min}	−0.094	−0.143	−0.189	−0.122	−0.153	−0.220	−0.138	−0.109	−0.119	−0.063	−0.161

二、树高生长年增量与不同季节月均温度的相关性

1. **树高生长年增量与冬季各月温度的相关性**　树高生长年增量与 12 月均温指标相关不显著。其中，对照油松与 $T_{m1204}\sim T_{m1207}$ 和 T_{m1209} 极不相关（$r<0.10$），与 $T_{m12}\sim T_{m1203}$ 正相关，与其余 12 月均温因子负相关；RPA 油松与 T_{m1205}、T_{m1207} 和 T_{m1209} 极不相关（$r<0.10$），与 $T_{m12}\sim T_{m1204}$ 和 T_{m1208} 正相关，与其余因子负相关。树高生长年增量与 1 月均温指标整体呈负相关。其中，对照油松与 $T_{m01}\sim T_{m0103}$ 负相关显著（$r=-0.349$、-0.457、-0.286，$p<0.05$），与 $T_{m0106}\sim T_{m0110}$ 相关性极弱（$r<0.10$）；RPA 油松仅与 T_{m0102} 负相关显著（$r=-0.244$，$p<0.05$），与 T_{m01}、T_{m1203} 和 $T_{m0105}\sim T_{m0110}$ 极不相关（$r<0.10$）。树高生长年增量与 2 月均温指标相关性变化较大。其中，对照油松与当年 2 月均温（T_{m02}）正相关不显著，而与 T_{m0201}、T_{m0203}、T_{m0204}、T_{m0206} 和 T_{m0208} 负相关，但仅与 T_{m0204} 相关显著（$r=-0.238$，$p<0.05$），与其余 2 月均温因子相关性极弱（$r<0.10$）；RPA 油松与 T_{m02} 正相关

显著($r=0.393$，$p<0.05$)，与 T_{m0202} 和 T_{m02010} 正相关不显著，与其余因子相关性极低($r<0.10$；表7-7)。

表7-7 月均温度与油松高年增量相关分析

Tab.7-7 The correlation analysis between the monthly mean temperature and annual height growth acceleration of *Pinus tabulaeformis*

处理 Treat.	指标 Index	树高年增量(R_{aht}) annual height growth acceleration										
		当年	2年	3年	4年	5年	6年	7年	8年	9年	10年	11年
CK	T_{m01}	-0.349**	-0.457**	-0.286*	-0.167	-0.224	-0.106	-0.030	-0.042	0.024	-0.061	0.019
	T_{m02}	0.177	-0.172	0.081	-0.141	-0.238*	-0.025	-0.167	0.018	-0.129	-0.035	0.087
	T_{m03}	0.156	0.204	0.111	0.155	0.122	0.135	0.124	0.208	0.170	0.129	0.066
	T_{m04}	0.189	0.166	0.175	0.203	0.265*	0.193	0.022	0.050	0.103	0.105	0.093
	T_{m05}	0.140	0.288*	0.320**	0.161	0.130	0.058	0.086	0.011	0.093	0.072	0.022
	T_{m06}	0.115	0.140	0.076	0.268*	0.250*	0.157	0.199	0.251*	0.165	0.101	0.072
	T_{m07}	-0.046	0.011	-0.097	0.213	0.030	0.082	0.072	0.207	0.168	0.137	0.074
	T_{m08}	-0.147	-0.034	0.032	-0.014	-0.178	-0.133	-0.145	-0.158	-0.155	-0.151	-0.102
	T_{m09}	-0.106	-0.202	-0.218	-0.251*	-0.138	-0.175	-0.188	-0.191	-0.249*	-0.146	-0.070
	T_{m10}	0.081	0.014	-0.144	0.071	-0.205	-0.218	-0.247*	-0.009	-0.092	-0.099	-0.082
	T_{m11}	-0.090	0.156	0.257*	0.279*	0.205	0.112	0.176	0.115	0.155	0.029	0.085
	T_{m12}	0.156	0.170	0.133	0.025	0.009	0.096	-0.029	-0.022	-0.191	-0.003	-0.110
RPA	T_{m01}	-0.052	-0.229	-0.244*	-0.085	-0.143	-0.076	-0.070	-0.031	0.021	-0.051	0.088
	T_{m02}	0.393**	-0.044	0.160	0.097	-0.062	0.033	-0.067	0.050	0.023	0.023	0.108
	T_{m03}	-0.020	0.148	0.078	0.140	0.109	0.162	0.126	0.161	0.115	0.142	0.118
	T_{m04}	0.093	0.091	0.132	0.111	0.150	0.192	0.069	0.098	-0.054	0.090	0.033
	T_{m05}	-0.003	0.057	0.184	0.104	0.115	0.033	0.081	0.009	0.042	0.026	0.043
	T_{m06}	-0.013	0.182	0.044	0.129	0.217	0.173	0.160	0.230	0.146	0.153	0.102
	T_{m07}	-0.149	0.118	-0.174	0.137	0.005	0.113	0.064	0.123	0.082	0.129	0.100
	T_{m08}	-0.089	-0.074	-0.089	0.006	-0.145	-0.115	-0.146	-0.157	-0.161	-0.167	-0.111
	T_{m09}	0.043	-0.044	-0.024	-0.142	-0.054	-0.068	-0.133	-0.062	-0.156	-0.106	-0.069
	T_{m10}	0.027	0.188	-0.122	0.130	-0.061	-0.021	-0.136	-0.027	-0.101	-0.021	-0.077
	T_{m11}	-0.160	-0.008	0.069	0.108	0.119	0.095	0.085	0.034	0.087	0.027	-0.007
	T_{m12}	0.156	0.135	0.163	0.156	0.050	0.137	0.035	0.116	-0.112	0.090	-0.075

2. **树高生长年增量与春季各月温度的相关性** 春季3月~5月的月均温指标与树高生长年增量相关性整体较差，且对照的相关性优于RPA。油松高生长年增量与3月均温指标整体正相关不显著。对照油松与T_{m03}~T_{m0309}正相关不显著($r=0.111\sim0.208$)；RPA油松与T_{m0301}、T_{m0301}~T_{m0310}呈不显著正相关($r=0.115\sim0.162$)；而与其余3月均温指标极不相关($r<0.10$)。油松高生长年增量与4月均温指标正相关，但也只有对照油松与T_{m0404}相关显著($r=0.265$, $p=0.027$)；与5月均温指标也呈正相关，其中，与T_{m0502}相关显著($r=0.288$, $p=0.023$)，与T_{m0503}相关极显著($r=0.320$, $p=0.007$)，与其余5月均温指标相关不显著(表7-7)。

3. **树高生长年增量与夏季各月温度的相关性** 6月均温与树高生长年增量相关性变化与5月类似，只有T_{m0603}、T_{m0604}和T_{m0607}与对照油松正相关显著，其中T_{m0603}的相关性最强($r=0.268$, $p=0.025$)。7月和8月均温与油松高生长年增量相关不显著，其中8月均温指标与树高生长年增量有负相关的趋势。

4. **树高生长年增量与秋季各月温度的相关性** 9月均温指标与树高生长年增量也有负相关的趋势，仅有T_{m0903}和T_{m0908}与对照油松相关显著($r=-0.251$、-0.249, $p<0.05$)。10月均温指标与树高生长年增量相关性变化较大。对照油松相关性变化规律与9月相似，但相关度降低，仅与T_{m1006}相关显著($r=-0.247$, $p<0.05$)；RPA油松与T_{m1001}和T_{m1003}呈不显著正相关($r=0.188$、0.130)，与T_{m1002}、T_{m1006}和T_{m1008}负相关不显著($r=-0.122$、0.136、0.101)，与其余10月均温指标极不相关($r<0.10$)。对照油松高生长年增量与11月均温指标的正相关性强于RPA，但也仅有T_{m1102}和T_{m1103}与对照油松相关显著($r=0.257$、0.279, $p<0.05$；表7-7)。

第四节 树高生长与温度关系的聚类分析

【内容提要】聚类分析结果显示，年均温和年积温的均值指标变化规律具有极强的一致性，在Pearson相关系数0.993水平聚合成1小类，分析时可以合并处理或者选用任一指标进行。而不同树龄飞播油松高生长指标对温度指标反映差异很大，据此可进行油松分类。即，在欧氏距离110.890时，按照树高对温度响应分为1~6年和8~9年油松1类，10~14年油松1类，7年飞播油松与此两类差异较大，单独成类；在欧氏距离110.890时，可将油松高年生长量也分为相同的3类。不同树龄的树高生长年增量对温度响应差异极大，可将油松高生长年增量划分为4个不同的树龄组，但播区有年间错位聚合现象，尤以RPA拌种区表现更为明显。

【关 键 词】飞播造林，RPA，温度均值指标，油松，树高生长年增量，聚类分析

一、树高生长指标与温度指标的聚类分析

对各年油松高生长指标与温度指标进行聚类分析，树高、树高年生长量和年增量对温

度的适应性存在变化。其中,树高及其年生长量对温度指标的反应具有同的趋势,与树高年增量对温度的反应趋势有所差异(图 7 -1)。

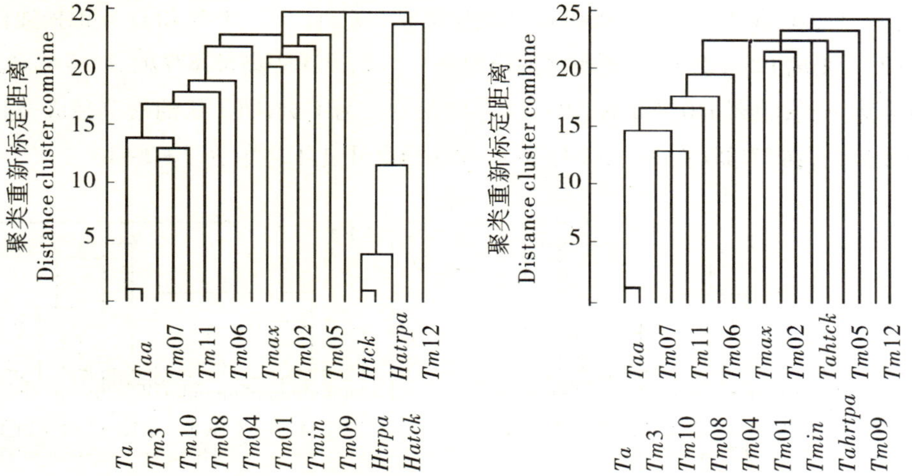

图 7 -1 -1 树高与年生长量

Fig. 7 -1 -1 Tree height and the annual increment

图 7 -1 -2 树高年增量

Fig. 7 -1 -2 Annual height growth acceleration

图 7 -1 温度与油松高生长关系聚类树状图

Fig. 7 -1 Dendrogran for relationship between temperature and height growth of *pinus tabulaeformis*

从温度指标分析,年均温(T_a)和年积温(T_{aa})在 Pearson 相关系数 0.993 水平聚合成 1 小类,说明两者变化规律高度相似,分析时可以选择其一;3 月、7 月和 10 月均温也有较高的相似性,在 0.655 水平聚合成 1 小类。从树高及其年生长量指标分析,对照树高(H_{tck})和 RPA 树高(H_{trpa})变化规律基本相同,在 0.986 水平聚成 1 小类;接着在 0.909 水平与 RPA 油松高年增量(H_{atrpa})聚合;而对照树高指标与其年生长量指标相似性相对较低,Pearson 相关系数为 0.668,与 RPA 树高及其年生长量相关系数(0.675)接近。油松高生长指标首先在相关系数 0.363 水平与 12 月均温聚合,然后在 0.315 水平与其他温度指标相关(图 7 -1 -1)。从对照和 RPA 树高年增量指标分析,两者相似度较低,相关系数为 0.408;两者在相关系数 0.393 时与对数温度指标聚合,在 0.380、0.339 和 0.291 水平,依次与 5 月、9 月和 12 月均温聚合(图 7 -1 -2)。树高及其年生长量与 12 月均温变化相关性大,而树高年增量与 12 月均温相关性较低。

二、树龄对油松高生长指标与温度指标聚类结果的影响

对油松高生长指标与温度指标按树龄进行欧氏距离(Euclidean distance)聚类分析,不同生长阶段 RPA 拌种飞播区和对照区油松高生长对温度的反应不同,树高、树高年生长量和树高年增量与温度的关系也存在变化(图 7 -2)。

1. **树高作用类型** 聚类过程中,同一年 5 个播区的油松高与温度关系相似度很高,

在第一时间聚合为 1 小类，然后与相近的小类逐渐聚合。对照在欧氏距离 92.662 时，将树高对温度的反应划分为 5 个不同的龄级组。在 73.789 欧氏距离时，1～6 年和 8～9 年油松聚合为 1 类，在 55.031 是 12 年与 13 年和 14 年油松聚成 1 类；而 7 年、10 年和 11 年油松独自成类。RPA 在欧氏距离 125.138 时，按树龄将油松划分为 3 类；欧氏距离 53.877 时，1～6 年和 8～9 年油松聚合为 1 类；距离 110.890 时，10～14 年油松划分为 1 类，而 7 年油松单独成类。在 10～14年油松组内，在 57.857 距离时，10 年和 11 年油松也可独自成类(图 7－2－1)。

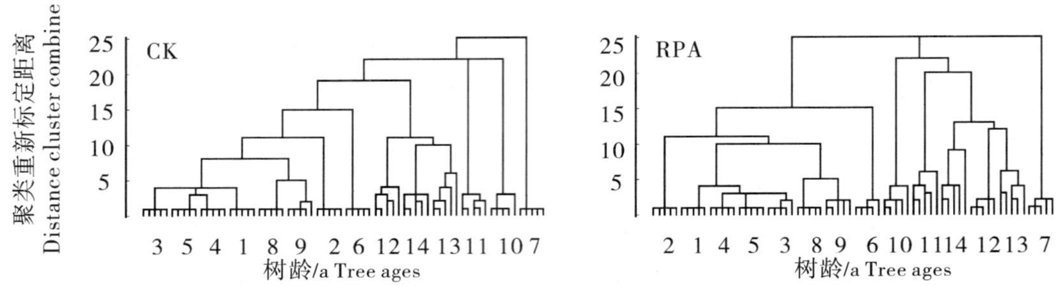

图 7－2－1　树高

Fig. 7－2－1 Tree height

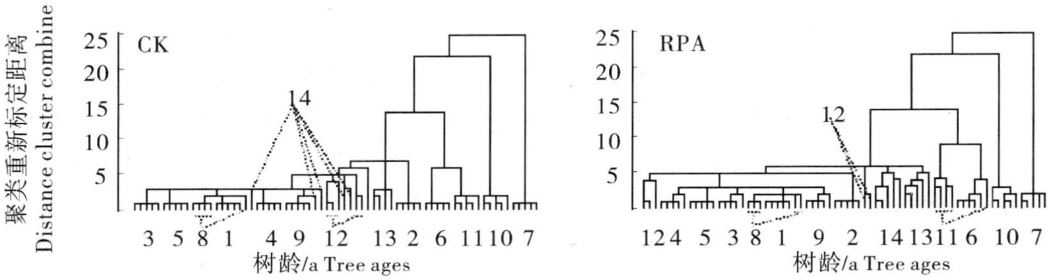

图 7－2－2　树高和年生长量

Fig. 7－2－2 Annual increment of tree height

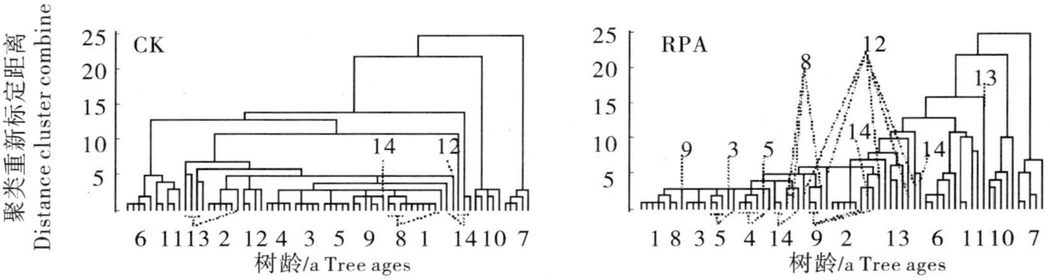

图 7－2－3　树高年增量

Fig. 7－2－3 Annual height growth acceleration

图 7－2　温度与油松高生长关系聚类树状图

Fig. 7－1 Dendrogran for relationship between temperature and annual height growth of *pinus tabulaeformis*

2. **树高年生长量作用类型**　聚类过程中，多数年份 5 个播区的油松高年生长量对温度反应相对一致，在最短距离处聚合成 1 小类。RPA 和对照区油松高年生长量与温度关系随树龄变化趋势基本相同，RPA 和对照在 68.431 和 68.554 时，将油松划分为 4 个不同的树龄组类型。对照在 34.016 时，将 1～5 年、8～9 年和 12～14 年油松归为 1 类；在26.061时将 6 年和 11 年油松聚合为 1 类；而 10 年和 7 年油松在欧氏距离为 108.221和 125.705 时才与其他各年油松聚合。RPA 油松也有类似的变化规律。其中，在 24.651 时，1～5 年、8～9 年和 12～14 年油松聚合为 1 类，41.000 时 6 年和 11 年油松聚成 1 类，10 年和 7 年油松与其他各年油松反应差距较大，最后才与其他年油松聚合（图 7－2－2）。

3. **树高年增量作用类型**　与树高年生长量聚类类似，10 年和 7 年油松高年增量与温度关系也与其他各年差距较大，最后时间才与其他各年油松聚合。按照欧氏距离也可将油松高年增量划分为 4 个不同的树龄组，但播区有年间错位聚合现象，尤以 RPA 拌种区表现更为明显（图 7－2－3）。

第五节　树高与当年温度的模型分析

【内容提要】逐步回归分析结果显示，可用 12 月均温（T_{m12}）、1 月最低温度（T_{min}）、2 月均温（T_{m02}）、1 月均温（T_{m01}）、10 月均温（T_{m10}）、5 月均温（T_{m05}）、8 月均温（T_{m08}）、7 月均温（T_{m07}）、年均温（T_a）、9 月均温（T_{m09}）、11 月均温（T_{m11}）和 7 月最高温度（T_{max}）依次组成的对照油松高优化模型，T_{m12}、T_{m01}、T_{min}、T_{m09}、T_{m05}、T_{m10}、T_a、T_{m11}、T_{m06}、T_{max}、T_{m04}和 T_{m07} 依次构建的 RPA 油松高优化模型分析各温度指标对汉中飞播油松树高的影响。在对照模型中，T_{m07}、T_a、T_{m09}、T_{m08} 和 T_{m10} 对树高影响较大，对模型分别贡献 28.8%、23.0%、15.0%、9.3%和 9.3%；而 RPA 模型中，T_a、T_{m05}、T_{m06} 和 T_{m10}，分别贡献 42.1%、18.3%、10.8%和 10.6%；

【关 键 词】飞播造林，RPA，温度，油松，树高，逐步回归

用树高（H_t）和当年温度指标（T）进行逐步回归模型分析，对照组合成 14 组、RPA 组合成 18 组温度指标回归模型。从模型决定系数 R^2、参数检验和容差确定，12 月均温（T_{m12}）、1 月最低温度（T_{min}）、2 月均温（T_{m02}）、1 月均温（T_{m01}）、10 月均温（T_{m10}）、5 月均温（T_{m05}）、8 月均温（T_{m08}）、7 月均温（T_{m07}）、年均温（T_a）、9 月均温（T_{m09}）、11 月均温（T_{m11}）和 7 月最高温度（T_{max}）依次组成了对照油松高优化模型；T_{m12}、T_{m01}、T_{min}、T_{m09}、T_{m05}、T_{m10}、T_a、T_{m11}、T_{m06}、T_{max}、T_{m04}和 T_{m07}依次进入了 RPA 油松高优化模型（表 7－8）。

表 7－8　油松高与当年温度指标逐步回归模型

Tab. 7－8 The stepwise regression model of temperature indexes and height of *Pinus tabulaeformi*

处理 Treat	温度因子 Temperatur factor	模型 Model Coefficients 非标准 Unstandard	标准 Standard	T－检验 (T－test) t	p	R^2	相关系数 Correlations r_0	$r_{partial}$	r_{part}	共线性统计量 Collinearity statistics 容差 Tolerance	方差膨胀因子 VIF
	常量	7143.390	—	21.771	0.000		—	—	—	—	—
	T_{m12}	75.503	0.525	16.352	0.000		0.363	0.908	0.168	0.103	9.721
	T_{min}	－140.303	－1.036	－57.736	0.000		－0.239	－0.992	－0.594	0.329	3.042
	T_{m02}	－181.016	－1.900	－30.072	0.000		0.049	－0.970	－0.309	0.027	37.714
	T_{m01}	356.790	2.626	58.030	0.000		0.063	0.992	0.597	0.052	19.349
	T_{m10}	201.600	1.965	60.943	0.000		0.195	0.992	0.627	0.102	9.822
H_{tck}	T_{m05}	16.488	0.165	2.923	0.005	0.994 (F = 782.609, p = 0.000)	0.004	0.361	0.030	0.033	30.192
	T_{m08}	－125.300	－1.284	－42.531	0.000		－0.050	－0.985	－0.438	0.116	8.605
	T_{m07}	－379.005	－3.280	－27.822	0.000		－0.049	－0.965	－0.286	0.008	131.333
	T_a	557.669	1.356	15.826	0.000		0.226	0.903	0.163	0.014	69.407
	T_{m09}	－249.817	－2.150	－25.022	0.000		0.304	－0.957	－0.257	0.014	69.776
	T_{m11}	－119.041	－1.302	－22.056	0.000		－0.145	－0.946	－0.227	0.030	32.942
	T_{max}	－15.476	－0.236	－12.236	0.000		－0.139	－0.851	－0.126	0.284	3.527
	常量	2718.323	—	10.012	0.000		—	—	—	—	—
	T_{m12}	380.551	1.937	61.708	0.000		0.353	0.993	0.745	0.148	6.765
	T_{m01}	560.126	3.020	45.949	0.000		0.134	0.987	0.554	0.034	29.675
	T_{min}	－243.540	－1.318	－52.044	0.000		－0.205	－0.990	－0.628	0.227	4.402
	T_{m09}	－72.758	－0.459	－11.178	0.000		0.315	－0.829	－0.135	0.086	11.572
	T_{m5}	323.663	2.377	50.677	0.000		0.020	0.989	0.612	0.066	15.104
H_{trpa}	T_{m10}	370.652	2.647	38.166	0.000	0.992 (F = 567.577, p = 0.000)	0.139	0.981	0.461	0.030	33.027
	T_a	－1490.878	－2.657	－41.609	0.000		0.213	－0.984	－0.502	0.036	27.997
	T_{m11}	48.998	0.393	16.496	0.000		－0.097	0.909	0.199	0.257	3.892
	T_{m06}	243.488	1.134	33.932	0.000		－0.049	0.976	0.409	0.130	7.670
	T_{max}	－45.287	－0.507	－17.440	0.000		－0.136	－0.918	－0.210	0.172	5.800
	T_{m04}	78.097	0.625	15.365	0.000		－0.114	0.898	0.185	0.088	11.355
	T_{m07}	－47.802	－0.303	－7.118	0.000		－0.086	－0.686	－0.086	0.080	12.452

一、对照树高模型分析

从对照优化模型的零阶相关系数分析，T_{min}、T_{m11}、T_{max}、T_{m8}和T_{m7}与树高负相关关系依次疏远，而T_{m05}、T_{m02}、T_{m01}、T_{m10}、T_a、T_{m09}和T_{m12}与树高正相关性依次增强。而从偏相关系数分析，在控制模型中其他温度指标的作用下，T_{min}、T_{m08}、T_{m02}、T_{m07}、T_{m09}、T_{m11}和T_{max}与树高净负相关非常显著，而T_{m05}、T_a、T_{m12}、T_{m01}和T_{m10}与树高净正相关性依次增强。从模型标准化系数分析，树高对T_{m07}、T_{m01}和T_{m09}反应比较敏感，单位变化对树高影响较大，而对T_{m05}、T_{max}和T_{m12}反应相对缓慢，单位变化对树高作用较小。从模型系数、偏相关系数和各指标均值综合分析，T_{m07}、T_a和T_{m09}对树高的作用强度较大，贡献率分别为28.8%、23.0%和15.0%，其次是T_{m08}和T_{m10}，贡献率均为9.3%，T_{m01}、T_{m02}、T_{m11}、T_{min}和T_{max}的作用相对较小，贡献率依次为3.4%、3.3%、3.2%、2.0%和1.4%，T_{m12}和T_{m05}作用最小，贡献率分别为0.9%和0.4%。

二、RPA 树高模型分析

从RPA优化模型分析，T_{min}、T_{max}、T_{m04}、T_{m11}、T_{m07}和T_{m06}与树高负相关依次消弱，而T_{m05}、T_{m01}、T_{m10}、T_a、T_{m09}和T_{m12}与树高正相关依次增强。在排除模型中其他指标作用下，T_{min}、T_a、T_{max}、T_{m09}和T_{m07}与树高净负相关依次减弱，T_{m04}、T_{m11}、T_{m06}、T_{m10}、T_{m01}、T_{m05}和T_{m12}与树高净正相关逐渐增强。树高对T_{m01}、T_a、T_{m10}和T_{m05}反应较大，树高单位变化量系数依次为3.020、2.657、2.647和2.377，其次是T_{m12}、T_{min}和T_{m06}，变化系数为1.900、1.318和1.134，树高对T_{m04}、T_{max}、T_{m09}、T_{m11}和T_{m07}反应较小，单位量变化系数依次为0.625、0.507、0.459、0.393和0.303。在12温度指标的协同作用下，T_a对模型的作用最大，贡献42.1%；其次是T_{m05}、T_{m06}和T_{m10}，分别贡献18.3%、10.8%和10.6%；T_{m01}、T_{m12}、T_{max}、T_{m09}、T_{min}和T_{m04}，依次贡献3.4%、3.0%、2.8%、2.4%、2.2%和2.1%；T_{m07}和T_{m11}影响较小，分别关系1.6%和0.8%。

第六节　树高年生长量与当年温度的模型分析

【内容提要】逐步回归模型显示，在对照模优化型中，油松对T_{m03}、T_{m09}、T_{m01}和T_{m02}响应依次减弱，其单位量变化系数分别为0.671、0.559、0.526和483；但各因子对模型影响差异较大，T_{m09}和T_{m03}对模型影响较大，分别贡献55.3%和26.5%。在RPA优化模型中，油松对T_{m07}、T_{m01}、T_{m09}、T_{m10}和T_{m02}响应较强，其单位量变化系数为4.315、2.912、2.659、2.282和1.990；而T_{m07}、T_{aa}和T_{m09}对模型影响较大，分别贡献31.0%、24.7%和17.5%。用T_{m05}因子取代模型中的T_{m04}因子，也是T_{m07}、T_{aa}和T_{m09}对模型作用较大，分别贡献30.7%、19.2%和14.6%。在RPA油松8因子模型中，树高年生长量对T_{m01}、T_{m05}、T_{m12}、

T_{m08}、T_{m10}、T_{min}、T_{m09}和 T_{m03}的响应依次下降，其中 T_{m05}、T_{m08}和 T_{m10}对模型影响较大，分别贡献 37.4%、22.5%和 15.1%。

【关 键 词】飞播造林，RPA，温度，油松，树高年生长量，逐步回归

一、对照树高年生长量与当年温度模型

用树高年生长量(H_{at})和当年温度指标进行逐步回归模型分析，当年温度指标组合成 4 组对照油松高年生长量有效模型，其中 T_{m01}、T_{m02}、T_{m03}和 T_{m09}构成了对照油松高年生长量年温度指标优化模型(表 7－9)。

表 7－9　油松高年生长量与当年温度指标逐步回归模型(对照)

Tab. 7－9 The stepwise regression model of temperature indexes and annual height increment of *Pinus tabulaeformis*(Control)

处理 Treat	温度因子 T_m	模型 Model Coefficients 非标准 Unstandard	标准 Standard	T－检验 (T－test) t	p	R^2	相关系数 Correlations r_0	$r_{partial}$	r_{part}	共线性统计量 Collinearity statistics 容差 Tolerance	方差膨胀因子 VIF
H_{tck}	常量	－530.760		－5.038	0.000	0.468 (F＝14.285, p＝0.000)	—	—	—	—	—
	T_{m01}	－18.673	－0.526	－5.169	0.000		－0.353	－0.540	－0.468	0.790	1.266
	T_{m02}	12.020	0.483	4.601	0.000		0.112	0.496	0.416	0.743	1.347
	T_{m03}	16.828	0.671	5.379	0.000		0.272	0.555	0.487	0.526	1.903
	T_{m09}	16.963	0.559	4.638	0.000		0.082	0.499	0.420	0.564	1.775

在控制模型中其他因子作用下，T_{m1}与树高年生长量呈极显著的负偏相关，而 T_{m2}、T_{m9}和 T_{m3}呈极显著的正偏相关，且相关性依次增强。在模型各因子协同下，树高年生长量对模型中各温度因子的反应差异不大，T_{m03}、T_{m09}、T_{m01}和 T_{m02}单位量变化系数依次为 0.671、0.559、0.526 和 483。但因各因子均值大小差异较大，其对模型影响差异也较大；其中，T_{m09}对模型影响最大，贡献 55.3%；其次是 T_{m03}，贡献 26.5%；T_{m02}和 T_{m01}影响较小，分别贡献 8.4%和 9.8%。

二、RPA 树高年生长量与当年温度模型

在 17 组 RPA 有效模型中，T_{m12}、T_{m01}、T_{min}、T_{m09}、T_{m10}、T_{m08}、T_{m07}、T_{m02}、T_{m11}、T_{aa}和 T_{m04}构成了 RPA 油松高年生长量年温度指标优化模型；另外，用 T_{m05}取代模型中的 T_{m04}因子和 T_{aa}，T_{m12}、T_{m01}、T_{min}、T_{m03}、T_{m09}、T_{m05}、T_{m10}和 T_{m08}两种组合也能较好地诠释当年温度指标与 RPA 油松高年生长量的关系(表 7－10)。

表 7－10 油松高年生长量与当年温度指标逐步回归模型

Tab. 7－10 The stepwise regression model of temperature indexes and annual height increment of *Pinus tabulaeformis*

处理 Treat	温度因子 Temperatur factor	模型 Model Coefficients 非标准 *Unstandard*	标准 *Standard*	*T*－检验 (*T*－test) *t*	*P*	R^2	相关系数 *Correlations* r_0	$r_{partial}$	r_{part}	共线性统计量 *Collinearity statistics* 容差 Tolerance	方差膨胀因子 VIF
	常量	2995.819	—	7.338	0.000		—	—	—	—	—
	T_{m12}	13.276	0.266	3.015	0.004		0.338	0.368	0.153	0.329	3.041
	T_{m01}	137.165	2.912	11.716	0.000		0.204	0.838	0.593	0.041	24.129
	T_{min}	－38.805	－0.826	－8.798	0.000	0.852 (*F* = 30.243, *p* = 0.000)	－0.149	－0.756	－0.445	0.290	3.447
	T_{m09}	－107.109	－2.659	－9.946	0.000		0.305	－0.794	－0.503	0.036	27.923
	T_{m10}	81.166	2.282	9.494	0.000		0.047	0.780	0.480	0.044	22.565
	T_{m08}	－46.456	－1.373	－11.508	0.000		0.065	－0.834	－0.582	0.180	5.557
	T_{m07}	－172.851	－4.315	－11.760	0.000		－0.183	－0.839	－0.595	0.019	52.584
	T_{m02}	－65.731	－1.990	－11.376	0.000		0.191	－0.831	－0.576	0.084	11.951
	T_{m11}	－49.404	－1.559	－10.614	0.000		－0.089	－0.812	－0.537	0.119	8.426
	T_{aa}	0.664	1.678	10.977	0.000		0.196	0.822	0.555	0.110	9.124
	T_{m04}	13.516	0.426	3.388	0.001		－0.094	0.406	0.171	0.162	6.169
	常量	1663.356	—	3.906	0.000		—	—	—	—	—
	T_{m12}	20.784	0.416	2.978	0.004		0.338	0.364	0.163	0.153	6.549
	T_{m01}	104.452	2.217	12.376	0.000		0.204	0.852	0.676	0.093	10.751
	T_{min}	－34.203	－0.728	－7.614	0.000	0.827 (*F* = 25.174, *p* = 0.000)	－0.149	－0.707	－0.416	0.326	3.065
H_{tck}	T_{m09}	－66.073	－1.640	－5.129	0.000		0.305	－0.559	－0.280	0.029	34.251
	T_{m05}	9.648	0.279	1.249	0.217		0.026	0.162	0.068	0.060	16.703
	T_{m10}	58.628	1.648	9.696	0.000		0.047	0.786	0.530	0.103	9.676
	T_{m08}	－40.041	－1.183	－9.106	0.000		0.065	－0.767	－0.498	0.177	5.653
	T_{m07}	－119.663	－2.987	－6.084	0.000		－0.183	－0.624	－0.332	0.012	80.725
	T_{m02}	－45.648	－1.382	－5.782	0.000		0.191	－0.605	－0.316	0.052	19.126
	T_{m11}	－31.050	－0.980	－4.317	0.000		－0.089	－0.493	－0.236	0.058	17.249
	T_{aa}	0.500	1.263	3.745	0.000		0.196	0.441	0.205	0.026	38.084
	常量	－1134.503	—	－6.452	0.000		—	—	—	—	—
	T_{m12}	40.393	0.809	8.073	0.000		0.338	0.719	0.588	0.527	1.897
	T_{m01}	59.679	1.267	8.040	0.000	0.677 (*F* = 15.964, *p* = 0.000)	0.204	0.717	0.585	0.213	4.686
	T_{min}	－25.464	－0.542	－5.101	0.000		－0.149	－0.547	－0.371	0.469	2.133
	T_{m02}	－5.331	－0.160	－1.095	0.278		0.020	－0.139	－0.080	0.247	4.042
	T_{m09}	6.789	0.169	1.263	0.211		0.305	0.160	0.092	0.298	3.360
	T_{m05}	40.679	1.176	6.540	0.000		0.026	0.642	0.476	0.164	6.100
	T_{m10}	24.910	0.700	5.356	0.000		0.047	0.566	0.390	0.310	3.226
	T_{m08}	－24.598	－0.727	－4.800	0.000		0.065	－0.524	－0.349	0.231	4.326

1. RPA **树高年生长量优化模型分析** 从 RPA 化模型分析，各因子与树高年生长量均呈极显著的偏相关；其中，T_{m07}、T_{m08}、T_{m02}、T_{m11}、T_{m09}和T_{min}负偏相关性依次减弱，而T_{m12}、T_{m04}、T_{m10}、T_{aa}和T_{m01}正偏相关性依次增强。树高年生长量对T_{m07}反应最大，单位量变化系数为 4.315；其次为T_{m01}、T_{m09}、T_{m10}和T_{m02}，变化系数分别为 2.912、2.659、2.282 和 1.990；对T_{aa}、T_{m11}和T_{m08}反应较小，系数为 1.678、1.559 和 1.373；对T_{min}、T_{m04}和T_{m12}反应最小，系数为 0.826、0.426 和 0.266。T_{m07}、T_{aa}和T_{m09}对模型作用较大，分别贡献 31.0%、24.7%和 17.5%；T_{m10}和T_{m08}影响相当，均贡献 8.0%；T_{m01}、T_{m11}和T_{m02}作用较小，贡献变化不大，分别为 3.0%、3.0%和 2.8%；与树高年生长量对其反应一样，T_{min}、T_{m04}和T_{m12}对树高年生长量影响也最小，仅贡献 1.2%、0.7%和 0.2%。

2. RPA **树高年生长量 11 因子模型分析** 在排除其他因子影响下，除T_{m05}与树高年生长量偏相关不显著外，其余各因子相关均极显著；其中，T_{m08}、T_{min}、T_{m07}、T_{m02}、T_{m09}和T_{m11}负偏相关性依次减弱，T_{m05}、T_{m12}、T_{aa}、T_{m10}和T_{m01}正偏相关性依次增强。与优化模型相比，T_{m01}和T_{m10}的偏相关度略有增强，而其他指标偏相关性均有不同程度的下降。树高年生长量对T_{m07}和T_{m01}响应相对较大，系数为 2.987 和 2.217；对T_{m10}和T_{m09}、T_{m01}和T_{aa}、T_{m08}和T_{m11}两两反应相当，变化系数依次减小，为 1.648、1.640，1.382、1.263，1.183、0.980；对T_{min}、T_{m12}和T_{m05}反应很小，系数分别为 0.728、0.416 和 0.279。T_{m07}、T_{aa}和T_{m09}对模型贡献分别为 30.7%、19.2%和 14.6%，均比优化模型下降；T_{m08}和T_{m10}贡献为 12.1%和11.1%，比优化模型上升；T_{m01}贡献有所上升，为 4.5%；T_{m02}和T_{m11}分别贡献 2.7%和 2.2%，略有降低；T_{min}、T_{m05}和T_{m12}影响很小，分别贡献 1.8%、0.5%和 0.5%；与优化模型比较，T_{min}和T_{m12}影响有所增强。

3. RPA **树高年生长量 8 因子模型分析** 除T_{m03}和T_{m09}与树高年生长量偏相关不显著外，其余相关极显著；其中T_{min}、T_{m08}和T_{m03}负偏相关性依次减弱，T_{m09}、T_{m10}、T_{m05}、T_{m01}和T_{m12}正偏相关性依次增强。树高对T_{m01}、T_{m05}、T_{m12}、T_{m08}、T_{m10}、T_{min}、T_{m09}和T_{m03}的反应依次下降，其单位量变化系数依次为 1.267、1.176、0.809、0.727、0.700、0.542、0.169 和 0.160。在各因子的共同作用下，T_{m05}、T_{m08}和T_{m10}对模型影响较大，依次贡献 37.4%、22.5%和 15.1%，与 11 因子模型相比，影响显著提高。T_{m01}和T_{m12}影响相当，分别贡献 9.6%和 8.4%，也比 11 因子模型模型提高；T_{min}贡献较小，为 4.7%；T_{m09}和T_{m01}对模型影响很小，仅贡献 1.9%和 0.6%，比 11 因子模型下降十分明显。说明T_{aa}对模型各因子作用地位有着重要的影响。

第七节 树高生长年增量与当年温度指标的模型分析

【内容提要】 逐步回归模型显示，在控制模型中其他变量影响下，T_{m01}与对照油松负偏相关极显著（$p=0.000$），与 RPA 油松负偏相关不显著（$p=0.334$），T_{m02}与两者正偏相关均极显著($p=0.001$、0.000)。对照油松对 T_{m01} 和 T_{m02} 反应差异较小，单位量变化系数为0.527和0.408，其对模型分别贡献53.7%和46.3%；而RPA油松对 T_{m01} 和 T_{m02} 响应差异较大，其变化系数为0.271和0.463，T_{m02} 对模型贡献达81.3%。

【关 键 词】飞播造林，RPA，温度，油松，树高生长年增量，逐步回归

用树高年增量(R_{aht})和当年温度指标进行逐步回归模型分析，只有当年1月均温(T_{m01})和2月均温(T_{m02})进入油松高年增量优化模型，但两因子进入对照和RPA模型的次序不同。

一、对照树高生长年增量与当年温度模型

对照油松高生长年增量与 T_{m01} 呈极显著负相关($r_0=-0.349$，$p=0.002$)，与 T_{m02} 正相关不显著($r_0=0.177$，$p=0.071$)；在控制模型中其他变量影响下，对照油松负偏相关极显著($r_{partial}=-0.481$，$p=0.000$)，T_{m02} 与油松正偏相关极显著($r_{partial}=0.391$，$p=0.001$)。油松对 T_{m01} 和 T_{m01} 反应差异较小，单位量变化系数为0.527和0.408，其对模型分别贡献53.7%和46.3%；

二、RPA树高生长年增量与当年温度模型

RPA油松高生长年增量与 T_{m01} 负相关负相关不显著($r_0=-0.052$，$p=0.334$)，与 T_{m02} 正相关极显著($r_0=0.393$，$p=0.000$)。在控制模型中其他变量影响下，T_{m01} 与油松高生长年增量负偏相关显著($r_{partial}=-0.271$，$p=0.024$)，T_{m02} 与油松正偏相关均极显著($r_{partial}=0.463$，$p=0.000$)。与对照不同，RPA油松对 T_{m01} 和 T_{m02} 响应差异较大，其单位量变化系数为0.271和0.463，T_{m02} 对模型起决定性作用，贡献达81.3%(表7－11)。

表7－11 油松高生长年增量与当年温度指标逐步回归模型

Tab.7－11 The stepwise regression model of temperature indexes and annual height growth acceleration of *Pinus tabulaeformi*

处理 Treat	温度因子 Temperatur factor	模型 Model Coefficients 非标准 Unstandard	标准 Standard	T－检验 (T－test) t	p	R^2	相关系数 Correlations r_0	$r_{partial}$	r_{part}	共线性统计量 Collinearity statistics 容差 Tolerance	方差膨胀因子 VIF
R_{ahtck}	常量	8.198	—	0.371	0.712	0.256*	—	—	—	—	—
	T_{m01}	－23.487	－0.527	－4.496	0.000		－0.349	－0.481	－0.474	0.809	1.237
	T_{m02}	12.742	0.408	3.478	0.001		0.177	0.391	0.367	0.809	1.237

续表 7－11

处理 Treat	温度因子 Temperatur factor	模型 Model Coefficients		T－检验 (T－test)		R^2	相关系数 Correlations			共线性统计量 Collinearity statistics	
		非标准 Unstandard	标准 Standard	t	p		r_0	$r_{partial}$	r_{part}	容差 Tolerance	方差膨胀因子 VIF
R_{ahtrpa}	常量	－91.352	—	－2.220	0.030	0.217**	—	—	—	—	—
	T_{m02}	29.168	0.514	4.278	0.000		0.393	0.463	0.463	0.809	1.237
	T_{m01}	－22.411	－0.277	－2.305	0.024		－0.052	－0.271	－0.249	0.809	1.237

备注：Remark：** $F=11.519, p=0.000$，* $F=9.266, p=0.000$

第八章　温度对飞播油松高生长的均值效应

第一节　年均温对树高生长的均值效应

【内容提要】逐步回归分析显示，整个生长期、近8年、近2年、近13年、当年和近6年的年均温（T_{a13}、T_{a07}、T_{a01}、T_{a12}、T_{a}和T_{a05}）均值指标构成了对照树高优化模型，用近5年年均温度（T_{a04}）因子取代模型中T_{a05}因子，也能较好诠释年均温对对照油松高年均温指标的影响。而用T_{a04}、T_{a13}、T_{a09}、T_{a03}、T_{a05}、T_{a01}、T_{a07}、T_{a02}和T_{a11}因子构成的PA油松高年均温指标优化模型可以分析RPA油松高与年均温的关系。对照优化模型中，T_{a13}、T_{a12}和T_{a07}对模型依次贡献51.0%、32.0%和15.4%；用T_{a04}取代T_{a05}后，T_{a13}、T_{a12}和T_{a07}对模型依次贡献53.5%、32.0%和15.4%。从树高年生长量模型分析，在对照T_{a03}、T_{a08}和T_{a01}组成的对照油松高年生长量年均温优化模型中，油松对T_{a3}、T_{a8}和T_{a01}响应依次减弱，其单位量变化系数为1.375、0.687和0.197，对模型分别贡献49.6%、48.8%和1.5%。在T_{a13}、T_{a01}、T_{a09}、T_{a07}和T_{a06}构成的RPA油松高年生长量年均温优化模型和用T_{a05}取代模型中的T_{a06}因子后的模型中，油松对T_{a13}、T_{a09}、T_{a07}响应较强，其在两模型中的单位量变化系数分别为4.598、3.332、1.763和4.961、3.592、1.982，对模型贡献54.6%、30.7%、13.0%和55.3%、29.7%、13.1%；而油松对T_{a01}和T_{a06}以及T_{a01}和T_{a05}响应极弱，其单位量变化系数分别为0.519、0.319和0.580、0.473，对模型仅贡献1.1%、0.7%和1.3%、0.6%。对照树高生长年增量优化模型中，油松对T_{a07}、T_{a04}和T_{a03}响应较大，其单位量变化系数为0.956、0.947和0.935，而对T_{a08}响应略小，系数为0.851；但T_{a08}对模型影响最大，贡献40.9%；而其余3个因子分别贡献25.6%、16.9%和16.5%。在RPA树高生长年增量优化模型中，油松对T_{a08}、T_{a13}、T_{a03}和T_{a02}响应依次减弱，其单位量变化系数为1.214、0.790、1.166和0.708，分别贡献51.5%、22.6%、18.8%和7.1%。

【关 键 词】飞播造林，RPA，年均温均值指标，油松，树高，树高年生长量，树高生长年增量，逐步回归模型

一、树高与年均温指标的逐步回归模型

1. **对照树高与年均温指标的模型分析** 用树高(H_t)和油松年均温度均值指标进行逐步回归模型分析，对照组建了 8 组树高模型。其中，整个生长期年均温(T_{a13})、近 8 年年均温(T_{a07})、近 2 年年均温(T_{a01})、近 13 年年均温(T_{a12})、当年均温(T_a)和近 6 年年均温(T_{a05})组成了对照树高年均温优化模型；另外，近 5 年年均温(T_{a04})、T_{a13}、T_{a07}、T_{a01}、T_{a12}和 T_a模型也能较好地诠释对照油松高与年均温均值指标的关系(表 8－1)。

表 8－1 油松高与年均温逐步回归模型

Tab. 8－1 The stepwise regression model of annual mean temperature and height of *Pinus tabulaeformi*

处理 Treat	温度因子 T_a	模型 Model Coefficients 非标准 Unstandard	标准 Standard	T－检验 (T－test) t	p	R^2	相关系数 Correlations r_0	$r_{partial}$	r_{part}	共线性统计量 Collinearity statistics 容差 Tolerance	方差膨胀因子 VIF
H_{tck}	常量	10600.633	—	6.469	0.000	0.952 (F = 7210.359, p = 0.000)	—	—	—	—	—
	T_{a13}	－20448.587	－8.680	－12.976	0.000		0.559	－0.853	－0.356	0.002	592.984
	T_{a07}	5939.706	3.302	15.363	0.000		0.726	0.888	0.422	0.016	61.211
	T_{a01}	274.052	0.492	8.084	0.000		0.416	0.714	0.222	0.204	4.906
	T_{a12}	14100.454	6.124	9.776	0.000		0.590	0.776	0.269	0.002	519.981
	T_a	100.794	0.245	5.593	0.000		0.226	0.576	0.154	0.393	2.546
	T_{a05}	－664.070	－0.584	－3.551	0.001		0.795	－0.408	－0.098	0.028	35.856
	常量	11202.916	—	6.104	0.000	0.938 (F = 172.638, p = 0.000)	—	—	—	—	—
	T_{a04}	－32.278	－0.035	－0.203	0.840		0.832	－0.026	－0.006	0.030	33.783
	T_{a13}	－16259.433	－6.902	－9.774	0.000		0.559	－0.776	－0.294	0.002	550.910
	T_{a07}	4863.560	2.704	9.800	0.000		0.726	0.777	0.295	0.012	84.096
	T_{a01}	204.810	0.368	6.536	0.000		0.416	0.636	0.197	0.286	3.495
	T_{a12}	10387.224	4.511	7.216	0.000		0.590	0.673	0.217	0.002	431.806
	T_a	98.831	0.240	4.409	0.000		0.226	0.486	0.133	0.304	3.284

续表 8－1

处理 Treat	温度因子 Ta	模型 Model Coefficients		T－检验（T－test）		R^2	相关系数 Correlations			共线性统计量 Collinearity statistics	
		非标准 Unstandard	标准 Standard	t	p		r_0	$r_{partial}$	r_{part}	容差 Tolerance	方差膨胀因子 VIF
H_{trpa}	常量	11261.591	—	5.595	0.000	0.960（$F=187.131$，$p=0.000$）	—	—	—	—	—
	T_{a04}	751.014	0.604	5.100	0.000		0.820	0.550	0.122	0.041	24.464
	T_{a13}	－37550.728	－11.678	－7.425	0.000		0.550	－0.692	－0.178	0.000	4313.978
	T_{a09}	13700.369	4.683	12.227	0.000		0.648	0.845	0.293	0.004	255.875
	T_{a03}	－367.654	－0.339	－2.167	0.034		0.729	－0.269	－0.052	0.023	42.793
	T_{a05}	－2757.179	－1.777	－7.886	0.000		0.795	－0.713	－0.189	0.011	88.568
	T_{a01}	380.515	0.500	6.406	0.000		0.424	0.637	0.153	0.094	10.642
	T_{a07}	4974.234	2.026	4.896	0.000		0.703	0.534	0.117	0.003	298.673
	T_{a02}	440.665	0.488	4.860	0.000		0.539	0.531	0.116	0.057	17.573
	T_{a11}	19687.965	6.280	3.942	0.000		0.576	0.454	0.094	0.000	4425.697

对照树高年均温优化模型显示，在控制模型其他变量影响下，T_{a13}与树高净负相关性极为显著，T_{a05}对树高也有一定的负作用；T_a、T_{a01}、T_{a12}和 T_{a07}对油松高促进作用依次增强。树高对整个生长期的均温反应敏感，对当年均温反应最小。在模型因子共同作用下，T_{a13}对模型的作用最大，贡献 51.0%，其次是 T_{a12}和 T_{a07}，分别贡献 32.0% 和 15.4%；T_a、T_{a01}和 T_{a05}对树高影响较小，依次贡献 0.2%、0.6% 和 0.8%。从另一模型分析，T_{a13}对模型值的贡献率达 53.5%，T_a和 T_{a01}的作用没有变化。

2. RPA 树高与年均温指标的模型分析 在组成的 13 组 RPA 树高有效模型中，T_{a04}、T_{a13}、T_{a09}、T_{a03}、T_{a05}、T_{a01}、T_{a07}、T_{a02}和 T_{a11}因子构成了 RPA 油松高年均温指标优化模型（表 8－1）。

从模型分析，在排除其他温度作用下，T_{a5}、T_{a13}和 T_{a3}与树高净负相关性依次减弱，而 T_{a11}、T_{a02}、T_{a07}、T_{a04}、T_{a01}和 T_{a09}与树高净正相关依次增强。树高对年平均温度反应强度与统计年限有关，年限越长，影响越大。在模型因子协同下，也是整个生长期年均温（T_{a13}）对树高作用最大，对模型值贡献 49.9%；其次是近 10 年和近 12 年年均温，分别贡献 22.2% 和 17.1%；T_{a03}、T_{a02}、T_{a01}和 T_{a04}对模型值影响较小，贡献率依次为 0.2%、0.5%、0.5% 和 0.8%。

二、树高年生长量与年均温指标的逐步回归模型

1. ***对照树高年生长量与年均温指标的模型分析*** 用树高年生长量(H_{at})和油松不同生长期年均温度(T_a)进行模型分析。在对照的3组有效模型中,T_{a03}、T_{a08}和T_{a01}组成了对照油松高年生长量年均温优化模型(表8-2)。

表8-2 油松高年生长量与年均温逐步回归模型

Tab. 8-2 The stepwise regression model of annual mean temperature and annual height increment of *Pinus tabulaeformi*

处理 Treat	温度因子 T_a factor	模型 Model Coefficients		T-检验 (T-test)		R^2	相关系数 Correlations			共线性统计量 Collinearity statistics	
		非标准 Unstandard	标准 Standard	t	p		r_0	$r_{partial}$	r_{part}	容差 Tolerance	方差膨胀因子 VIF
H_{atck}	常量	1719.351	—	2.591	0.012	0.690*	—	—	—	—	—
	T_{a03}	285.025	1.375	10.685	0.000		0.697	0.796	0.733	0.284	3.524
	T_{a06}	-369.090	-0.687	-6.202	0.000		0.282	-0.607	-0.425	0.383	2.611
	T_{a01}	-28.646	-0.197	-2.043	0.045		0.383	-0.244	-0.140	0.506	1.976
H_{atrpa}	常量	3520.080	—	3.504	0.001	0.832 (F=63.354, p=0.000)	—	—	—	—	—
	T_{a13}	-3756.157	-4.598	-12.502	0.000		0.472	-0.842	-0.641	0.019	51.514
	T_{a01}	100.183	0.519	6.554	0.000		0.424	0.634	0.336	0.419	2.384
	T_{a09}	2475.786	3.332	8.258	0.000		0.573	0.718	0.423	0.016	61.982
	T_{a07}	1099.541	1.763	7.483	0.000		0.608	0.683	0.383	0.047	21.133
	T_{a06}	-150.946	-0.319	-2.183	0.033		0.622	-0.263	-0.112	0.123	8.135
	常量	3359.565	—	3.166	0.002	0.823 (F=59.730, p=0.000)	—	—	—	—	—
	T_{a05}	-186.487	-0.473	-1.216	0.229		0.728	-0.150	-0.064	0.018	54.909
	T_{a13}	-4052.201	-4.961	-7.258	0.000		0.472	-0.672	-0.381	0.006	169.383
	T_{a01}	112.134	0.580	5.588	0.000		0.424	0.573	0.293	0.256	3.912
	T_{a09}	2669.502	3.592	5.251	0.000		0.573	0.549	0.276	0.006	169.691
	T_{a07}	1236.024	1.982	4.900	0.000		0.608	0.522	0.257	0.017	59.301

备注:Remark: * F=48.352,p=0.000。

从对照优化模型分析,树高年生长量与T_{a03}呈极显著的正偏相关(p=0.000),与T_{a08}负偏相关极显著(p=0.000),与T_{a01}负偏相关显著(p=0.045)。油松对T_{a3}反应较大,单

位量变化系数为 1.375；对 T_{a8} 和 T_{a01} 反应较小，系数分别为 0.687 和 0.197。T_{a03} 和 T_{a08} 对模型影响相当，分别贡献 49.6% 和 48.8%；T_{a01} 影响很小，仅贡献 1.5%。

2. **RPA 树高年生长量与年均温指标的模型分析**　在 7 组 RPA 油松高年生长量有效模型中，T_{a13}、T_{a01}、T_{a09}、T_{a07} 和 T_{a06} 构成了 RPA 油松高年生长量年均温优化模型；另外，用 T_{a05} 取代模型中的 T_{a06} 因子也能诠释年均温指标与 RPA 树高年生长量的关系（表 8－2）。

（1）RPA 优化模型　树高年生长量与 T_{a13} 呈极显著的负偏相关（$p=0.000$），与 T_{a06} 负偏相关显著（$p=0.033$），与 T_{a01}、T_{a07} 和 T_{a09} 正偏相关依次增强，且极显著（$p=0.000$）。油松对 T_{a13} 和 T_{a09} 反应较大，变化系数为 4.598 和 3.332；对 T_{a07} 次之，系数为 1.763；对 T_{a01} 和 T_{a06} 反应较小，系数仅为 0.519 和 0.319。各因子协同作用下，T_{a13} 和 T_{a09} 对油松影响较大，对模型贡献分别为 54.6% 和 30.7%；其次 T_{a07} 贡献 13.0%；T_{a01} 和 T_{a06} 影响很小，仅贡献 1.1% 和 0.7%。

（2）RPA5 因子模型　用 T_{a05} 代替 T_{a06} 后，T_{a13} 负偏相关也极显著，而 T_{a05} 负偏相关不显著（$p=0.229$）；T_{a07}、T_{a09} 和 T_{a01} 正偏相关依次增强，且极显著（$p=0.000$）。油松对 T_{a13} 和 T_{a09} 反应也较大，变化系数为 4.961 和 3.592；T_{a07}、T_{a01} 和 T_{a05} 反应系数依次为 1.982、0.580和 0.473。T_{a13}、T_{a09} 和 T_{a07} 对模型贡献与优化模型类似，分别贡献 55.3%、29.7% 和 13.1%；T_{a01} 和 T_{a05} 影响很小，仅贡献 1.3% 和 0.6%。

三、树高生长年增量与年均温指标的逐步回归模型

用树高生长年增量（R_{aht}）和油松不同生长期年均温度（T_a）进行模型分析，T_{a03} 和 T_{a08} 是对照和 RPA 油松高年增量年均温优化模型的共有因子，首先进入模型；接着 T_{a04} 和 T_{a07} 依次进入对照模型，T_{a02} 和 T_{a13} 先后进入 RPA 模型（表 8－3）。

1. **对照树高生长年增量与年均温指标的模型分析**　模型显示，在控制模型其他变量影响下，树高生长年增量与 T_{a8} 和 T_{a04} 负呈极显著的负偏相关（$r_{partial}=-0.393$、-0.329，$p=0.001$、0.007），与 T_{a03} 呈极显著的正偏相关（$r_{partial}=0.373$，$p=0.002$），T_{a07} 正偏相关显著（$r_{partial}=0.251$，$p=0.041$）。各因子相互协同下，油松高生长年增量对 T_{a08} 响应略小于其他因子，其单位量变化系数为 0.851，但对模型影响最大，贡献 40.9%；T_{a07}、T_{a04} 和 T_{a03} 的影响相对较小，变化系数依次为 0.956、0.947 和 0.935，对模型分别贡献 25.6%、16.9% 和 16.5%。

2. **RPA 树高生长年增量与年均温指标的模型分析**　树高生长年增量与 T_{a8} 和 T_{a04} 负偏相关极显著（$r_{partial}=-0.539$、-0.329，$p=0.000$、0.007），与 T_{a03} 和 T_{a13} 正偏相关极显著（$r_{partial}=0.531$、0.317，$p=0.000$、0.009）. 各因子配合下，油松对 T_{a08} 反应最大，系数为 1.214，对模型影响也最大，贡献 51.5%；T_{a13}、T_{a03} 和 T_{a02} 对模型的影响相对较小，系数为 0.790、1.166 和 0.708，分别贡献 22.6%、18.8% 和 7.1%。

表 8－3　油松高生长年增量与年均温逐步回归模型

Tab. 8－3 The stepwise regression model of annual mean temperature and annual height growth acceleration of *Pinus tabulaeformi*

处理 Treat	温度因子 Ta. factor	模型 Model Coefficients		T－检验 (T－test)		R^2	相关系数 Correlations			共线性统计量 Collinearity statistics	
		非标准 Unstandard	标准 Standard	t	p		r_0	$r_{partial}$	r_{part}	容差 Tolerance	方差膨胀因子 VIF
R_{ahtck}	常量	766.598	—	0.424	0.673	0.423 (F = 11.929, p = 0.000)	—	—	—	—	—
	T_{a03}	243.512	0.935	3.246	0.002		0.293	0.373	0.306	0.107	9.357
	T_{a08}	－574.429	－0.851	－3.442	0.001		－0.086	－0.393	－0.324	0.145	6.896
	T_{a04}	－283.174	－0.947	－2.808	0.007		0.068	－0.329	－0.264	0.078	12.832
	T_{a07}	564.022	0.956	2.088	0.041		0.148	0.251	0.197	0.042	23.619
R_{ahtrpa}	常量	1612.456	—	0.546	0.587	0.432 (F = 12.347, p = 0.000)	—	—	—	—	—
	T_{a03}	550.821	1.166	5.051	0.000		0.272	0.531	0.472	0.164	6.099
	T_{a08}	－1485.981	－1.214	－5.162	0.000		－0.079	－0.539	－0.483	0.158	6.325
	T_{a02}	－278.722	－0.708	－3.482	0.001		0.093	－0.396	－0.326	0.212	4.724
	T_{a13}	1108.149	0.790	2.699	0.009		0.108	0.317	0.252	0.102	9.809

第二节　年积温对树高生长的均值效应

【内容提要】逐步回归分析显示，在两个对照树高年积温均值指标模型中，油松均对 T_{aa013}、T_{aa07}和 T_{aa09} 响应很大，其单位量变化系数分别为 5.907、4.094、3.418 和 4.933、3.167、2.868，对模型分别贡献 53.3%、20.1%、22.5% 和 50.2%、23.4%、22.0%。在 RPA 优化模型中，油松对 T_{aa12}和 T_{aa09}响应很强，其单位量变化系数为 11.933 和 9.927，对模型分别贡献 47.6% 和 38.1%。从树高年生长量年积温均值指标模型分析，对照模型中 T_{aa03}和 T_{aa08}的单位量变化系数为 1.310 和 0.729，对模型分别贡献 50.5% 和 49.5%；RPA 模型中 T_{aa05}和 T_{aa011} 的单位量变化系数为 1.842 和 1.150，对模型分别贡献 49.7% 和 50.3%。在树高生长年增量年积温均值指标模型中，对照油松对 T_{aa03}和 T_{aa08}的响应差异不大，但后者对树高生长年增量影响较大，其对模型分别贡献 33.7% 和 66.3%；而 RPA 油松对 T_{aa08}、T_{aa09}和 T_{aa03}响应较大，其单位量变化系数分别为 1.164、1.074 和 1.426，对模型依次贡献39.8%、28.4%和21.2%。

【关 键 词】飞播造林,RPA,年积温均值指标,油松,树高,树高年生长量,树高生长年增量,逐步回归模型

一、树高与年积温均值指标的逐步回归模型

1. **对照树高与年积温均值指标的模型分析** 用树高(H_t)与油松不同生长期年均积温指标(T_{aa})进行模型分析,T_{aa13}、T_{aa05}、T_{aa03}、T_{aa09}、T_{aa}、T_{aa07}、T_{aa01}和T_{aa02}组成了对照油松高年均积温优化模型;另外,用T_{aa03}取代模型中的T_{aa01}因子也能较好地反映年积温对树高的均值效应(表8-4)。

(1)对照树高年积温均值指标优化模型 模型中树高与各年积温均值指标呈正相关,且相关性以T_{aa05}、T_{aa03}、T_{aa07}、T_{aa09}、T_{aa13}、T_{aa02}、T_{aa01}和T_{aa}次序逐渐减弱,但均极显著($p=0.000$)。在控制模型中其他因子作用下,树高与T_{aa13}、T_{aa04}和T_{aa05}负偏相关依次减弱,而与T_{aa02}、T_{aa01}、T_{aa}、T_{aa09}和T_{aa07}正偏相关依次增强,且均极显著($p=0.000$)。各因子相互配合下,T_{aa013}、T_{aa07}和T_{aa09}对树高作用极大,单位量变化系数分别为5.907、4.094和3.418,对模型分别贡献53.3%、20.1%和22.5%;而T_{aa05}、T_{aa01}、T_{aa03}、T_{aa04}和T_{aa}对树高作用较小,分别贡献2.0%、0.8%、0.5%、0.5%和0.2%。

(2)8因子对照树高年积温均值指标优化模型 用T_{aa03}取代优化模型中的T_{aa01}后,模型中树高与各年积温均值指标也呈正相关,且相关性以T_{aa04}、T_{aa05}、T_{aa03}、T_{aa07}、T_{aa09}、T_{aa013}、T_{aa02}和T_{aa01}次序逐渐减弱。在排除模型中其他变量影响下,树高与T_{aa13}、T_{aa05}和T_{aa04}负偏相关依次减弱,其中T_{aa06}和T_{aa05}相关极显著($p=0.000$),T_{aa04}相关显著($p=0.018$);而与T_{aa04}、T_{aa}、T_{aa01}、T_{aa07}和T_{aa09}正偏相关,其中,除与T_{aa04}关显著外($p=0.016$),与其余因子相关均极显著($p=0.000$)。各指标相互作用下,也是T_{aa013}、T_{aa07}和T_{aa09}对树高作用最大,单位量变化系数分别为4.933、3.167和2.868,对模型分别贡献50.2%、23.4%、22.0%;而T_{aa05}、T_{aa03}、T_{aa01}、T_{aa02}和T_{aa}对树高影响很小,分别贡献1.8%、1.4%、0.5%、0.4%和0.2%。

2. **RPA树高与年积温均值指标的模型分析** 在组成的9组RPA树高年积温均值指标有效模型,T_{aa04}、T_{aa09}、T_{aa02}、T_{aa12}、T_{aa05}、T_{aa01}和T_{aa11}因子构建了RPA树高年均积温优化模型(表8-4)。与对照相同,RPA模型中树高也与各因子呈正相关,其相关性以T_{aa04}、T_{aa05}、T_{aa09}、T_{aa12}、T_{aa02}和T_{aa01}顺序消减。剔除其他因子干扰,树高与T_{aa12}和T_{aa06}呈极显著的负偏相关($p=0.000$),与T_{aa11}、T_{aa02}、T_{aa01}、T_{aa04}和T_{aa09}正偏相关依次增强,且均极显著($p=0.000$)。各因子相互配合下,树高对T_{aa12}和T_{aa09}响应很强,其单位量变化系数依次为11.933和9.927,对模型分别贡献47.6%和38.1%;而T_{aa011}、T_{aa05}、T_{aa04}、T_{aa01}和T_{aa02}对树高作用较小,依次贡献8.1%、3.7%、1.9%、0.5%和0.5%。

表 8－4　油松高与年积温逐步回归模型

Tab. 8－4 The stepwise regression model of annual accumulated temperature and height of *Pinus tabulaeformi*

处理 Treat	温度因子 T_a factor	模型 Model Coefficients 非标准 Unstandard	标准 Standard	T－检验 (T－test) t	p	R^2	相关系数 Correlations r_0	$r_{partial}$	r_{part}	共线性统计量 Collinearity statistics 容差 Tolerance	方差膨胀因子 VIF
H_{trpa}	常量	15 558.193	—	6.421	0.000	0.962 (F = 250.268, p = 0.000)	—	—	—	—	—
	T_{aa04}	3.951	1.106	11.152	0.000		0.850	0.817	0.262	0.056	17.835
	T_{aa09}	80.168	9.927	11.254	0.000		0.733	0.819	0.264	0.001	1411.376
	T_{aa02}	0.884	0.345	5.170	0.000		0.536	0.549	0.121	0.124	8.069
	T_{aa12}	−107.567	−11.933	−9.291	0.000		0.662	−0.763	−0.218	0.000	2992.292
	T_{aa05}	−9.443	−2.144	−7.252	0.000		0.834	−0.677	−0.170	0.006	158.600
	T_{aa01}	0.830	0.390	6.543	0.000		0.411	0.639	0.154	0.155	6.442
	T_{aa11}	28.373	3.169	4.486	0.000		0.659	0.495	0.105	0.001	905.303
H_{tck}	常量	12 384.464	—	6.950	0.000	0.963 (F = 222.651, p = 0.000)	—	—	—	—	—
	T_{aa13}	−39.953	−5.907	−16.413	0.000		0.638	−0.903	−0.382	0.004	238.584
	T_{aa05}	−2.638	−0.818	−4.467	0.000		0.833	−0.497	−0.104	0.016	61.693
	T_{aa03}	−1.886	−0.825	−4.892	0.000		0.784	−0.531	−0.114	0.019	52.406
	T_{aa09}	20.223	3.418	9.797	0.000		0.730	0.782	0.228	0.004	224.271
	T_{aa}	0.276	0.242	6.393	0.000		0.226	0.633	0.149	0.380	2.630
	T_{aa07}	20.524	4.094	11.138	0.000		0.776	0.819	0.260	0.004	248.868
	T_{aa01}	0.658	0.422	5.789	0.000		0.401	0.595	0.135	0.102	9.771
	T_{aa02}	0.564	0.301	4.133	0.000		0.555	0.468	0.096	0.103	9.737
	常量	11 701.875	—	6.079	0.000	0.962 (F = 190.507, p = 0.000)	—	—	—	—	—
	T_{aa04}	0.853	0.326	2.487	0.016		0.864	0.303	0.062	0.037	27.234
	T_{aa13}	−33.366	−4.933	−11.591	0.000		0.638	−0.829	−0.291	0.003	287.043
	T_{aa05}	−2.418	−0.750	−3.797	0.000		0.833	−0.437	−0.095	0.016	61.771
	T_{aa03}	−0.951	−0.416	−2.432	0.018		0.784	−0.297	−0.061	0.022	46.353
	T_{aa09}	16.965	2.868	7.379	0.000		0.730	0.687	0.185	0.004	239.386
	T_{aa}	0.227	0.199	4.483	0.000		0.226	0.498	0.113	0.320	3.125
	T_{aa07}	15.875	3.167	6.825	0.000		0.776	0.658	0.171	0.003	341.212
	T_{aa01}	0.706	0.452	5.813	0.000		0.401	0.597	0.146	0.104	9.604

二、树高年生长量与年积温均值指标的逐步回归模型

用树高年生长量(H_{at})与油松不同生长期年均积温指标(T_{aa})进行模型分析,对照和RPA各组成了2组树高年生长量年积温有效模型,其中,T_{aa03}和T_{aa08}组成了对照油松高年生长量年均积温优化模型,T_{aa05}和T_{aa011}构成了RPA照油松高年生长量年均积温优化模型(表8-5)。

从模型分析,各因子与油松高年生长量均呈正相关。在控制模型其他因子影响下,对照与T_{aa03},RPA与T_{aa05}呈极显著的正偏相关。前者与T_{aa08},或者与T_{aa011}呈极显著的负偏相关。对照油松对T_{aa03}反应相对较大,单位量变化系数为1.310,明显大于T_{aa08}的0.729;两者对模型的贡献分别为50.5%和49.5%。RPA油松对T_{aa05}的反应大于T_{aa011},变化系数分别为1.842和1.150,对模型分别贡献49.7%和50.3%。

表8-5 油松高年生长量与年积温逐步回归模型

Tab.8-5 The stepwise regression model of annual accumulated temperature and annual height increment of *Pinus tabulaeformi*

处理 Treat	温度因子 T_{aa}	模型 Model Coefficients 非标准 Unstandard	标准 Standard	T-检验 (T-test) t	p	R^2	相关系数 Correlations r_0	$r_{partial}$	r_{part}	共线性统计量 Collinearity statistics 容差 Tolerance	方差膨胀因子 VIF
	常量	1634.787	—	2.363	0.021		—	—	—	—	—
H_{atck}	T_{aa03}	0.782	1.310	10.937	0.000	0.683[a]	0.713	0.801	0.752	0.329	3.037
	T_{aa08}	-1.075	-0.729	-6.088	0.000		0.344	-0.597	-0.419	0.329	3.037
	常量	3078.171	—	2.544	0.013		—	—	—	—	—
H_{atrpa}	T_{aa05}	2.061	1.842	10.879	0.000	0.757[b]	0.768	0.799	0.655	0.126	7.909
	T_{aa011}	-2.614	-1.150	-6.787	0.000		0.573	-0.638	-0.409	0.126	7.909

备注:Remark: [a]$F=72.296, p=0.000$; [b]$F=104.375, p=0.000$

三、树高生长年增量与年积温均值指标的逐步回归模型

用树高生长年增量(R_{aht})与油松不同生长期年积温指标(T_{aa})进行模型分析,对照只有T_{aa03}和T_{aa08}进入树高年生长增量优化模型。在组建的5组RPA有效模型中,T_{aa03}、T_{aa08}、T_{aa09}、T_{aa02}和T_{aa04}组成了其油松高年增量年积温均值指标优化模型(表8-6)。

表 8-6 油松高生长年增量与年均积温逐步回归模型

Tab. 8-6 The stepwise regression model of annual accumulated temperature and annual height growth acceleration of *Pinus tabulaeformi*

处理 Treat	温度因子 T_{aa}	模型 Model Coefficients 非标准 Unstandard	标准 Standard	T-检验 (T-test) t	p	R^2	相关系数 Correlations r_0	$r_{partial}$	r_{part}	共线性统计量 Collinearity statistics 容差 Tolerance	方差膨胀因子 VIF
R_{ahtck}	常量	5039.179	—	4.101	0.000		—	—	—	—	—
	T_{aa03}	0.788	1.051	6.204	0.000	0.367*	0.300	0.604	0.603	0.329	3.037
	T_{aa08}	-1.698	-0.917	-5.411	0.000		-0.056	-0.551	-0.526	0.329	3.037
R_{ahtrpa}	常量	-281.172	—	-0.083	0.934		—	—	—	—	—
	T_{aa03}	1.940	1.426	5.109	0.000	0.476	0.273	0.538	0.462	0.105	9.510
	T_{aa08}	-3.911	-1.164	-4.615	0.000	(F = 11.619,	-0.072	-0.500	-0.418	0.129	7.764
	T_{aa09}	3.781	1.074	3.184	0.002	p =	0.119	0.370	0.288	0.072	13.890
	T_{aa02}	-0.630	-0.564	-2.929	0.005	0.000)	0.087	-0.344	-0.265	0.221	4.519
	T_{aa04}	-1.127	-0.724	-2.231	0.029		0.105	-0.269	-0.202	0.078	12.845

备注:Remark: * $F = 19.412, p = 0.000$

1. **对照树高生长年增量年积温均值指标模型分析** 油松高年增量与 T_{aa03} 正偏相关极显著($r_{partial} = 0.604, p = 0.000$),与 T_{aa08} 负偏相关极显著($r_{partial} = -0.551, p = 0.000$)。油松高生长年增量对两者反应基本相当,单位量变化系数为 1.051 和 0.917;但 T_{aa08} 对模型影响明显大于 T_{aa03},分别贡献 66.3% 和 33.7%。

2. **RPA 树高生长年增量年积温均值指标模型分析** 油松高年增量与 T_{aa08}、T_{aa02} 和 T_{aa04} 负偏相关依次减弱,其中 T_{aa08} 和 T_{aa02} 相关极显著($r_{partial} = -0.500$、-0.344,$p = 0.000$、0.005),T_{aa04} 相关显著($r_{partial} = -0.269, p = 0.029$);而与 T_{aa09} 和 T_{aa03} 正偏相关极显著($r_{partial} = 0.370$、0.462,$p = 0.002$、0.000)。油松高生长年增量对 T_{aa08}、T_{aa09} 和 T_{aa03} 反应较大,单位量变化系数分别为 1.164、1.074 和 1.426,其对模型影响也较大,依次贡献 39.8%、28.4% 和 21.2%;而对 T_{aa04} 和 T_{aa02} 反应较小,系数 0.724 和 0.564,分别贡献 6.2% 和 4.4%。

第三节　年极端高温对树高生长的均值效应

【内容提要】树高与年极端高温均值指标模型显示，油松对近 13 年 7 月最高温度均值(T_{max12})响应最强，其在两组对照和 RPA 模型中的单位量变化系数为 6.464、6.442 和 7.202、7.169，对模型分别贡献 56.1%、57.5% 和 60.1%、62.4%；而近 4 年均值指标(T_{max03})对模型影响较小，仅贡献 0.4%、0.3% 和 0.2%、0.1%；分别引入的 T_{max04} 和 T_{max01} 因子对树高影响极小，单位量变化系数为 0.026 和 0.044，对模型仅贡献 0.004% 和 0.02%。在树高年生长量模型中，油松也是对 T_{max12} 响应最强，其单位量变化系数为 3.602 和 6.026，对模型分别贡献 59.3% 和 56.2%；另外，近 11 年的均值(T_{max10})对 RPA 油松影响也较大，单位量变化系数 3.871，贡献 33.0%。

【关 键 词】飞播造林，RPA，年极端高温，油松，树高，树高年生长量，树高生长年增量，逐步回归模型

一、树高与年极端高温均值指标的逐步回归模型

1. **对照树高年极端高温均值指标模型分析**　用树高(H_t)与油松年极端最高温度(T_{max})均值指标进行模型分析，组建了 9 组对照树高与最高温度模型。其中，近 9 年、近 13 年、近 10 年、近 8 年、近 11 年、近 6 年和近 4 年 7 月极端最高温度均值指标(T_{max08}、T_{max12}、T_{max09}、T_{max07}、T_{max10}、T_{max05} 和 T_{max03})组成了对照树高年极端最高温度均值指标优化模型，另外引进近 5 年 7 月最高温度均值指标(T_{max04})也能较好地反映对照树高与年最高温度的关系(表 8－7)。

从对照优化模型分析，在控制其他温度影响下，树高与 T_{max12} 负偏相关极显著($r_{\text{partial}}=-0.961, p=0.000$)，而与 T_{max03}、T_{max05}、T_{max07}、T_{max10}、T_{max08} 和 T_{max09} 正偏相关依次增强。树高对年最高温度反应强度随统计年限延长有增加的趋势；其中，T_{max12} 对树高影响最大，单位量变化系数为 6.464，T_{max03} 的单位量对树高影响最小，单位量变化系数为 0.194。在各因子共同作用下，T_{max12} 对模型值的作用也最大，对模型值贡献 56.1%；T_{max09}、T_{max10}、T_{max07}、T_{max08} 和 T_{max05} 对影响逐渐减弱，依次贡献 14.7%、12.4%、7.2%、6.2% 和 2.9%；T_{max03} 对树高影响最小，对模型仅贡献 0.4%。引入 T_{max04} 因子，结果与其优化模型类似，也是 T_{max12} 的单位量变对树高作用最强，对模型贡献 57.5%；但 T_{max03} 对树高影响更小，仅贡献 0.3%；但在模型中，T_{max04} 的作用最小，贡献率仅 0.004%。

表 8－7 油松高与年极端最高温度的逐步回归模型(对照)

Tab. 8－7 The stepwise regression model of annual extreme maximum temperature and height of *Pinus tabulaeformi*(control)

处理 Treat	温度因子 T_{aa}	模型 Model Coefficients 非标准 Unstandard	标准 Standard	T－检验 (T－test) t	p	R^2	相关系数 Correlations r_0	$r_{partial}$	r_{part}	共线性统计量 Collinearity statistics 容差 Tolerance	方差膨胀因子 VIF
	常量	84.800	—	0.431	0.668		—	—	—	—	—
	T_{max08}	186.335	0.982	9.163	0.000		0.426	0.758	0.214	0.047	21.134
	T_{max12}	－1329.940	－6.464	－27.380	0.000	0.963	0.131	－0.961	－0.638	0.010	102.546
	T_{max09}	425.522	2.111	10.022	0.000	(F= 254.011,	0.306	0.786	0.234	0.012	81.641
	T_{max07}	223.909	1.185	8.468	0.000	p=	0.315	0.732	0.197	0.028	36.016
	T_{max10}	372.242	1.830	9.160	0.000	0.000)	0.243	0.758	0.214	0.014	73.437
	T_{max05}	96.312	0.600	7.178	0.000		－0.037	0.674	0.167	0.078	12.855
	T_{max03}	24.008	0.194	3.504	0.001		－0.229	0.407	0.082	0.176	5.667
R_{ahtck}	常量	89.452	—	0.449	0.655		—	—	—	—	—
	T_{max08}	187.852	0.990	8.631	0.000		0.426	0.741	0.203	0.042	23.836
	T_{max12}	－1325.415	－6.442	－24.722	0.000		0.131	－0.954	－0.581	0.008	122.993
	T_{max09}	427.031	2.119	9.838	0.000	0.62 (F=	0.306	0.783	0.231	0.012	84.011
	T_{max07}	223.901	1.185	8.402	0.000	218.834,	0.315	0.732	0.197	0.028	36.016
	T_{max04}	3.681	0.026	0.207	0.837	p= 0.000)	－0.105	0.026	0.005	0.035	28.674
	T_{max10}	364.987	1.794	6.771	0.000		0.243	0.655	0.159	0.008	127.235
	T_{max05}	93.383	0.582	4.770	0.000		－0.037	0.521	0.112	0.037	26.939
	T_{max03}	22.839	0.185	2.560	0.013		－0.229	0.312	0.060	0.106	9.459

2. **RPA 树高年极端高温均值指标模型分析** 逐步回归模型分析,组建了 10 组 RPA 树高与最高温度模型。其中,T_{max08}、T_{max12}、T_{max10}、T_{max07}、T_{max11}、T_{max03}、T_{max09}和 T_{max05}构建了 RPA 油松高年最高温度优化模型,其引入 T_{max01}因子也能较好诠释 RPA 树高与年最高温度的关系(表 8－8)。

表 8-8 油松高与年极端最高温度的逐步回归模型(RPA)

Tab. 8-8 The stepwise regression model of annual extreme maximum temperature and height of *Pinus tabulaeformi*(RPA)

处理 Treat	温度因子 T_a	模型 Model Coefficients 非标准 Unstandard	标准 Standard	T-检验 (T-test) t	p	R^2	相关系数 Correlations r_0	$r_{partial}$	r_{part}	共线性统计量 Collinearity statistics 容差 Tolerance	方差膨胀因子 VIF
	常量	34.070	—	0.122	0.904		—	—	—	—	—
	T_{max08}	249.444	0.963	8.135	0.000		0.411	0.721	0.195	0.041	24.487
	T_{max12}	-2022.811	-7.202	-23.739	0.000		0.130	-0.950	-0.568	0.006	160.835
	T_{max10}	537.423	1.936	7.900	0.000		0.249	0.711	0.189	0.010	104.894
	T_{max07}	310.364	1.203	7.221	0.000	0.965 (F = 210.783, p = 0.000)	0.307	0.679	0.173	0.021	48.507
	T_{max11}	301.569	1.078	3.112	0.003		0.185	0.370	0.074	0.005	209.742
	T_{max03}	27.215	0.162	2.281	0.026		-0.241	0.280	0.055	0.114	8.761
	T_{max09}	465.189	1.691	6.648	0.000		0.304	0.648	0.159	0.009	113.011
	T_{max05}	131.613	0.601	5.735	0.000		-0.029	0.592	0.137	0.052	19.165
R_{ahtck}	常量	67.945	—	0.239	0.812		—	—	—	—	—
	T_{max08}	246.308	0.951	7.927	0.000		0.411	0.715	0.190	0.040	24.959
	T_{max12}	-2013.511	-7.169	-23.286	0.000		0.130	-0.949	-0.559	0.006	164.363
	T_{max10}	542.601	1.954	7.904	0.000		0.249	0.714	0.190	0.009	106.013
	T_{max07}	289.593	1.123	5.613	0.000	0.965 (F = 186.007, p = 0.000)	0.307	0.587	0.135	0.014	69.365
	T_{max11}	237.928	0.851	1.826	0.073		0.185	0.229	0.044	0.003	376.340
	T_{max03}	18.010	0.107	1.039	0.303		-0.241	0.133	0.025	0.054	18.362
	T_{max01}	5.384	0.044	0.734	0.466		-0.224	0.094	0.018	0.160	6.234
	T_{max09}	521.731	1.896	5.005	0.000		0.304	0.543	0.120	0.004	248.892
	T_{max05}	150.996	0.689	4.310	0.000		-0.029	0.486	0.103	0.023	44.340

从 RPA 优化模型分析,树高也与 T_{max12} 负偏相关极显著,偏相关系数为 -0.950;而与 T_{max03}、T_{max11}、T_{max05}、T_{max09}、T_{max07}、T_{max10} 和 T_{max08} 正偏相关依次增强。树高对 T_{max12} 的响应最大,而对 T_{max03} 的响应最小,单位量变化系数分别为 7.202 和 0.162。各因子共同作用下,T_{max12} 对影响也最大,贡献 60.1%;T_{max09}、T_{max10}、T_{max07}、T_{max08} 和 T_{max05} 对树高影响依次减弱,分别贡献 14.7%、12.4%、7.2%、6.2% 和 2.9%;T_{max03} 对树高影响最小,贡献 0.2%。引

入 T_{max01} 因子，也是 T_{max12} 对树高作用最强，对模型贡献 62.4%；T_{max03} 和 T_{max01} 对树高影响很小，分别贡献 0.1% 和 0.02%。

二、树高年生长量与年极端高温均值指标的逐步回归模型

用树高年生长量（H_{at}）与油松不同生长期年极端最高温度（T_{max}）进行逐步回归模型分析，对照组建了 6 组年极端最高温度有效模型；其中，T_{max08}、T_{max11}、T_{max07}、T_{max03}、T_{max01} 和 T_{max10} 组合构成了对照油松高年生长量年最高温度优化模型。在 RPA 油松高年生长量与年最高温度组成的 5 组有效模型中，T_{max08}、T_{max12}、T_{max10}、T_{max05} 以及 T_{max07} 组合构成了 RPA 油松高年生长量年最高温度优化模型（表 8－9）。

表 8－9　油松高年生长量与年极端最高温度逐步回归模型

Tab. 8－9 The stepwise regression model of annual extreme temperature and annual height increment of *Pinus tabulaeformi*

处理 Treat	温度因子 T_{aa}	模型 Model Coefficients 非标准 Unstandard	标准 Standard	T－检验 (T－test) t	p	R^2	相关系数 Correlations r_0	$r_{partial}$	r_{part}	共线性统计量 Collinearity statistics 容差 Tolerance	方差膨胀因子 VIF
R_{ahtck}	常量	－90.453	—	－0.742	0.461	0.779 (F = 37.000, p = 0.000)	—	—	—	—	—
	T_{max08}	66.622	1.344	5.645	0.000		0.392	0.580	0.334	0.062	16.168
	T_{max11}	－192.733	－3.602	－7.746	0.000		0.090	－0.698	－0.459	0.016	61.620
	T_{max07}	54.881	1.112	4.290	0.000		0.301	0.475	0.254	0.052	19.148
	T_{max03}	12.827	0.398	3.523	0.001		－0.067	0.406	0.209	0.275	3.635
	T_{max01}	－5.778	－0.247	－2.704	0.009		－0.270	－0.323	－0.160	0.421	2.376
	T_{max10}	66.967	1.261	2.549	0.013		0.160	0.306	0.151	0.014	69.688
H_{trpa}	常量	－138.934	—	－0.966	0.337	0.817 (F = 57.159, p = 0.000)	—	—	—	—	—
	T_{max08}	69.257	1.053	4.625	0.000		0.396	0.501	0.247	0.055	18.118
	T_{max12}	－429.912	－6.026	－12.738	0.000		0.150	－0.847	－0.681	0.013	78.290
	T_{max10}	272.997	3.871	10.086	0.000		0.270	0.783	0.539	0.019	51.515
	T_{max05}	35.961	0.646	3.776	0.000		0.005	0.427	0.202	0.098	10.239
	T_{max07}	55.861	0.852	2.955	0.004		0.301	0.347	0.158	0.034	29.102

三、树高生长年增量与年极端高温均值指标的逐步回归模型

用树高私生子年增量（R_{aht}）与油松不同生长期年极端最高温度（T_{max}）进行模型分析，

在进入水平为0.05，删除水平0.10时，没有因子进入模型，也就是说树高年增量与年极端最高温度均值指标的线性关系比较松散，不能组建有效的逐步回归模型。

1. **对照树高年生长量年极端高温均值指标模型分析** 在控制模型其他因子作用下，高年生长量与 T_{max12} 的负偏相关性明显强于 T_{max10}、T_{max03}、T_{max07} 和 T_{max08} 正偏相关依次增强，且均极显著（$p<0.01$）。油松对 T_{max12} 的反应最大，单位量变化系数为3.602；其对油松的影响也最大，贡献59.3%。高年生长量对 T_{max08}、T_{max07} 和 T_{max10} 反应相对较小，系数为1.344、1.112和1.261；其对模型影响也相应降低，分别贡献17.0%、11.5%和9.0%。年生长量对 T_{max03} 和 T_{max01} 反应很小，系数为0.399和0.247；其对模型贡献分别为2.3%和0.8%。

2. RPA **树高年生长量年极端高温均值指标模型分析** RPA年最高温度优化模型显示，仅 T_{max12} 与油松呈极显著的负偏相关（$r_{\text{partial}}=-0.847$，$p=0.000$）；$T_{max07}$、$T_{max05}$、$T_{max08}$ 和 T_{max10} 正偏相关依次增强，也均极显著（$p<0.01$）。油松对 T_{max12} 反应也最大，系数为6.026；其对模型贡献56.2%。其次是 T_{max10}，系数为3.871，贡献33.0%。树高年生长量对 T_{max08}、T_{max07} 和 T_{max05} 反应相对较小，单位量变化系数分别为1.053、0.852和0.646；其对高年生长量的影响也相对较小，依次贡献5.4%、3.0%和2.4%。

第四节 年极端最低温度对树高生长的均值效应

【内容提要】树高年极端最低温度均值指标模型显示，年极端最低温度对树高有拟制作用。近11年1月最低温度均值指标（T_{min10}）对树高的影响最大，对RPA和对照模型贡献率分别为61.4%和58.0%；其次 T_{min04} 对RPA贡献16.0%，T_{min06} 对对照贡献17.1%；T_{min08} 和 T_{min02} 对RPA树高作用相当，分别贡献7.3%和6.3%，T_{min05} 和 T_{min06} 分别贡献4.5%和4.0%，T_{min} 作用最小，仅贡献0.5%。T_{min04}、T_{min05} 和 T_{min02} 对对照模型值依次贡献11.5%、7.1%和5.1%，而 T_{min01} 仅贡献1.2%。对照树高年生长量优化模型中，T_{min13} 和 T_{min11} 对树高年生长量起着决定性作用，其单位量变化系数分别达14.586和11.947，对模型贡献50.2%和44.1%；用 T_{min05} 取代 T_{min13} 后，油松对 T_{min09} 响应极强，其单位量变化系数为2.110，对模型贡献56.6%。RPA树高年生长量优化模型中，T_{min13} 和 T_{min08} 树高影响极大，单位量变化系数为2.401和2.135，对模型分别贡献41.9%和34.2%；用 T_{min01} 取代 T_{min13} 后，油松对 T_{min10} 和 T_{min08} 响应较大，系数为1.668和1.158，贡献43.5%和24.5%。

【关 键 词】飞播造林，RPA，年极端最低温度，油松，树高，树高年生长量，树高生长年增量，逐步回归模型

一、树高与年极端最低温度均值指标的逐步回归模型

1. **对照树高年极端最低温度均值指标模型分析** 用树高（H_t）与油松不同生长期极

端最低温度（T_{min}）进行模型分析，组建了 6 组树高年极端最低温度有效模型。其中，近 6 年、近 11 年、近 7 年、近 5 年、近 3 年和近 2 年 1 月最低温度均值指标（T_{min05}、T_{min10}、T_{min06}、T_{min04}、T_{min02}和 T_{min01}）组成了对照油松高年最低温度优化模型（表 8－10）。

在控制其他因子影响下，树高与 T_{min10} 正偏相关极显著（$r_{partial}=0.868$，$p=0.000$），而与其他因子均呈负偏相关，其中与 T_{min06} 偏相关系数最大（$r_{partial}=-0.688$，$p=0.000$）。在各因子相互作用下，T_{min10} 对树高的影响最大，其单位量变化系数为 1.692，对模型贡献 58.0%；其次，T_{min06}、T_{min04}、T_{min05} 和 T_{min02} 对树高影响也较大，系数 0.802、0.643、0.492 和 0.381，贡献 17.1%、11.5%、7.1% 和 5.1%；而 T_{min01} 对树高影响较小，仅贡献 1.2%。

2. **RPA 树高年极端最低温度均值指标模型分析** 在组建的 7 组 RPA 树高年最低温度均值指标模型中，T_{min05}、T_{min10}、T_{min06}、T_{min02}、T_{min04}、近 9 年均值（T_{min08}）和 T_{min01} 构建了 RPA 树高年极度最低温度均值指标优化模型（表 8－10）。

表 8－10 油松高与年极端最低温度逐步回归模型

Tab. 8－10 The stepwise regression model of extreme annual minimum temperature and height of *Pinus tabulaeformi*

处理 Treat	温度因子 T_{aa}	模型 Model Coefficients 非标准 Unstandard	标准 Standard	T－检验 (T－test) t	p	R^2	相关系数 Correlations r_0	$r_{partial}$	r_{part}	共线性统计量 Collinearity statistics 容差 Tolerance	方差膨胀因子 VIF
R_{ahtck}	常量	－137.571	—	－1.120	0.267	0.914 (F = 111.264, p = 0.000)	—	—	—	—	—
	T_{min05}	－194.380	－0.492	－4.232	0.000		－0.784	－0.471	－0.157	0.101	9.869
	T_{min10}	876.228	1.692	13.872	0.000		－0.522	0.868	0.513	0.092	10.875
	T_{min06}	－322.730	－0.802	－7.532	0.000		－0.758	－0.688	－0.279	0.121	8.292
	T_{min04}	－237.852	－0.643	－6.309	0.000		－0.689	－0.622	－0.233	0.132	7.582
	T_{min02}	－114.542	－0.381	－5.455	0.000		－0.677	－0.566	－0.202	0.280	3.574
	T_{min01}	－45.073	－0.216	－2.950	0.004		－0.476	－0.348	－0.109	0.255	3.924
H_{trpa}	常量	－96.298	—	－0.608	0.545	0.932 (F = 1121.154, p = 0.000)	—	—	—	—	—
	T_{min05}	－217.469	－0.403	－3.770	0.000		－0.757	－0.432	－0.125	0.096	10.408
	T_{min10}	1485.836	2.103	13.856	0.000		－0.494	0.869	0.459	0.048	20.956
	T_{min06}	－258.258	－0.470	－2.672	0.010		－0.754	－0.321	－0.089	0.035	28.219
	T_{min02}	－192.221	－0.469	－7.177	0.000		－0.666	－0.674	－0.238	0.257	3.887
	T_{min04}	－457.117	－0.905	－8.355	0.000		－0.657	－0.728	－0.277	0.094	10.674
	T_{min08}	－363.844	－0.578	－3.649	0.001		－0.644	－0.420	－0.121	0.044	22.837
	T_{min}	－28.657	－0.155	－2.987	0.004		－0.205	－0.355	－0.099	0.408	2.451

在排除其他因子作用下，也是 T_{min10} 正偏相极显著（$r_{partial}=0.869, p=0.000$）；而与其余因子负偏相关极显著。在各因子协同下，也是 T_{min10} 对树高的影响最大，其单位量变化系数为 2.103，对模型贡献 61.4%；T_{min04}、T_{min08}、T_{min02}、T_{min05} 和 T_{min06} 对树高也有一定影响，其单位量变化系数依次为 0.905、0.578、0.469、0.403 和 0.470，对模型分别贡献 16.0%、7.3%、6.3%、4.5% 和 4.0%；T_{min} 作用最小，系数 0.155，仅贡献 0.5%。

二、树高年生长量与年极端最低温度均值指标的逐步回归模型

1. **对照树高年生长量年最低温度均值指标模型分析** 用树高年生长量（H_{at}）与油松不同生长期年极端最低温度（T_{min}）进行模型分析，在组建的 6 组对照有效模型中，T_{min09}、T_{min04}、T_{min11} 以及 T_{min13} 构建了对照油松高年生长量年最低温度均值指标优化模型；另外，用 T_{min05} 因子取代模型中的 T_{min13} 因子也能诠释年最低温度与油松高年生长量的关系（表 8－11）。

表 8－11 油松高年生长量与年极端最低温度逐步回归模型

Tab. 8－11 The stepwise regression model of annual extreme temperature and annual height increment of *Pinus tabulaeformi*

处理 Treat	温度因子 T_{aa}	模型 Model Coefficients 非标准 Unstandard	标准 Standard	T－检验（T－test） t	p	R^2	相关系数 Correlations r_0	$r_{partial}$	r_{part}	共线性统计量 Collinearity statistics 容差 Tolerance	方差膨胀因子 VIF
R_{ahtck}	常量	－66.473	—	－1.543	0.128	0.738（F＝45.761，p＝0.000）	—	—	—	—	—
	T_{min09}	－343.887	－2.632	－3.003	0.004		－0.323	－0.349	－0.191	0.005	190.500
	T_{min04}	－46.433	－0.480	－2.758	0.008		－0.581	－0.324	－0.175	0.133	7.529
	T_{min11}	－1596.322	－11.947	－6.936	0.000		－0.409	－0.652	－0.440	0.001	735.847
	T_{min13}	1969.624	14.586	6.085	0.000		－0.362	0.602	0.386	0.001	1425.413
	常量	－122.007	—	－2.505	0.015	0.646（F＝29.701，p＝0.000）	—	—	—	—	—
	T_{min05}	－59.208	－0.574	－3.256	0.002		－0.597	－0.374	－0.240	0.175	5.708
	T_{min09}	275.650	2.110	5.415	0.000		－0.323	0.558	0.399	0.036	27.895
	T_{min04}	－78.947	－0.817	－4.389	0.000		－0.581	－0.478	－0.324	0.157	6.367
	T_{min11}	－166.920	－1.249	－2.950	0.004		－0.409	－0.344	－0.218	0.030	32.968

续表 8-11

处理 Treat	温度因子 T_{aa}	模型 Model Coefficients 非标准 Unstandard	标准 Standard	T-检验 (T-test) t	p	R^2	相关系数 Correlations r_0	$r_{partial}$	r_{part}	共线性统计量 Collinearity statistics 容差 Tolerance	方差膨胀因子 VIF
H_{trpa}	常量	-58.076	—	-1.016	0.314	0.793 (F = 40.310, p = 0.000)	—	—	—	—	—
	T_{min05}	-83.253	-0.608	-3.677	0.000		-0.664	-0.420	-0.211	0.120	8.323
	T_{min08}	-341.354	-2.135	-8.999	0.000		-0.587	-0.750	-0.515	0.058	17.153
	T_{min04}	-106.463	-0.830	-4.951	0.000		-0.546	-0.529	-0.284	0.117	8.560
	T_{min02}	-56.114	-0.539	-4.926	0.000		-0.610	-0.527	-0.282	0.274	3.651
	T_{min07}	140.888	0.913	3.473	0.001		-0.553	0.401	0.199	0.048	21.051
	T_{min13}	430.435	2.401	8.478	0.000		-0.475	0.730	0.486	0.041	24.447
	常量	-98.600	—	-1.699	0.094	0.772 (F = 35.488, p = 0.000)	—	—	—	—	—
	T_{min05}	-101.686	-0.742	-4.359	0.000		-0.664	-0.481	-0.262	0.125	8.000
	T_{min10}	299.443	1.668	7.686	0.000		-0.423	0.696	0.463	0.077	12.997
	T_{min08}	-186.765	-1.168	-6.382	0.000		-0.587	-0.627	-0.384	0.108	9.241
	T_{min04}	-100.815	-0.786	-4.478	0.000		-0.546	-0.491	-0.270	0.118	8.494
	T_{min02}	-45.123	-0.433	-3.849	0.000		-0.610	-0.436	-0.232	0.286	3.499
	T_{min07}	110.245	0.714	2.523	0.014		-0.553	0.303	0.152	0.045	22.106

从对照年最低温度优化模型分析，油松高年生长量与模型中各因子均呈一定的负相关性。在控制其他因子影响下，T_{min13}与油松高年生长量呈极显著的正偏相关($r_{partial}$ = 0.602，p = 0.000)；而T_{min11}、T_{min09}和T_{min04}呈极显著负偏相关($r_{partial} < 0$，$p < 0.01$)，且相关依次减弱。油松对T_{min13}和T_{min11}反应敏感，单位量变化系数分别达14.586和11.947，远大于T_{min09}和T_{min04}的2.632和0.480。在4因子的协同作用下，T_{min13}和T_{min11}对模型起着决定作用，分别贡献50.2%和44.1%；T_{min09}和T_{min04}对模型影响很小，仅贡献5.1%和0.6%。用T_{min05}因子取代模型中的T_{min13}因子后，在消除其他因子作用下，T_{min09}与油松呈极显著的正偏相关($r_{partial}$ = 0.558，p = 0.000)；而T_{min04}、T_{min05}和T_{min11}负偏相关依次减弱，也均极显著($r_{partial} < 0$，$p < 0.01$)。油松对T_{min09}、T_{min11}、T_{min04}和T_{min05}的反应依次降低，变化系数为2.110、1.249、0.817和0.574；对模型作用也依次降低，分别贡献56.6%、21.1%、14.1%和8.3%。

2. RPA 树高年生长量年最低温度均值指标度模型分析 在年最低温度均值指标组成的8组RPA油松高年生长量有效模型中，T_{min05}、T_{min08}、T_{min04}、T_{min02}、T_{min07}和T_{min13}构建了其优化模型；此外，用T_{min10}因子取代其T_{min13}因子也能反映年最低温度对RPA油松高年生长量的均值效应（表8－11）。

从RPA年最低温度优化模型分析，油松高年生长量与模型中各因子也均呈一定的负相关性。在排除模型其他因子影响下，各因子与油松高年生长量呈极显著的偏相关；其中，T_{min08}、T_{min04}、T_{min02}和T_{min05}的负偏相关性依次减弱，而T_{min07}的正偏相关性明显小于T_{min13}。油松对T_{min13}和T_{min08}反应相对较大，单位量变化系数为2.401和2.135；其对油松的影响也十分明显，分别贡献41.9%和34.2%。而油松对T_{min04}、T_{min07}、T_{min05}和T_{min02}的反应相对较小，变化系数依次为0.830、0.913、0.608和0.539；其对油松高年生长量影响也相对降低，分别贡献7.6%、7.6%、4.7%和4.0%。用T_{min10}因子取代其T_{min13}因子，油松与T_{min10}正偏相关极显著（$r_{partial}=0.696, p=0.000$），与$T_{min07}$正偏相关显著（$r_{partial}=0.303, p=0.014$）；而与$T_{min08}$、$T_{min04}$、$T_{min05}$和$T_{min02}$的负偏相关性依次减弱，但均极显著（$r_{partial}<0, p=0.000$）。树高年生长量对$T_{min10}$和$T_{min08}$反应相对较大，系数为1.668和1.158；其对油松影响较大，分别贡献43.5%和24.5%。T_{min04}、T_{min05}和T_{min07}的变化系数差异较小，依次为0.786、0.742和0.714；对油松高年生长量影响相对较小，分别贡献10.5%、10.4%和7.0%。油松对T_{min02}的反应较小，系数仅为0.433；对模型的贡献仅为4.2%；与优化模型结论一致。

三、树高生长年增量与年极端最低温度均值指标的逐步回归模型

用树高私生子年增量（R_{aht}）与年极端最低温度均值指标（T_{min}）进行模型分析，与年极端最高温度相同，在进入水平为0.05，删除水平0.10时，也没有因子进入模型，也就是说树高年增量与年极端最低温度（T_{min}）均值指标的线性关系比较松散，不能组建有效的逐步回归模型。

第五节 一月均温对树高生长的均值效应

【内容提要】树高模型显示，近13年1月温度均值指标（T_{m0112}）是影响树高的关键因子，其在对照和两个RPA模型中的单位量变化系数为15.050、11.289和11.549，对模型分别贡献53.4%、48.9%和42.7%；近11年和近12年1月温度均值指标（T_{m0110}和T_{m0111}）对树高影响也较大，其单位量变化系数分别为6.747、5.888和7.020、3.691，6.967和3.865，对模型贡献22.9%、19.2%和31.4%、13.5%，36.7%、10.1%。在树高年生长量优化模型中，T_{m0110}和T_{m0112}对树高年生长量影响较大，其单位量变化系数分别为3.544和3.657，对模型贡献48.6%和44.0%；而RPA油松对T_{m0112}、T_{m0111}和T_{m0110}响应较大，其单

位量变化系数分别为 8.866、4.501 和 3.953，对模型依次贡献 50.8%、27.1% 和 18.3%。对照油松高生长年增量对 T_{m0111} 和 T_{m0110} 响应较大，其在量模型中的单位量变化系数为 3.623、2.988 和 2.424、2.508，对模型分别贡献 54.0%、41.9% 和 45.9%、53.4%；而 RPA 油松高生长年增量只与 T_{m0102} 和 T_{m0103} 密切相关，其在模型中的单位量变化系数为 0.835 和 0.662，对模型分别贡献 56.7% 和 43.3%。

【关 键 词】飞播造林，RPA，1 月温度均值指标，油松，树高，树高年生长量，树高生长年增量，逐步回归模型

一、树高与一月温度均值指标的逐步回归模型

1. **对照树高 1 月温度均值指标模型分析** 用树高(H_t)与 1 月均温指标(T_{m01})进行模型分析，在组成的 10 组有效模型中，近 3 年、近 12 年、近 13 年、近 11 年、近 10 年、近 6 年、当年 1 月、近 8 年、近 9 年和近 2 年 1 月温度均值指标(T_{m0102}、T_{m0111}、T_{m0112}、T_{m0110}、T_{m0109}、T_{m0105}、T_{m01}、T_{m0107}、T_{m0108} 和 T_{m0101})组建了对照树高 1 月温度均值指标优化模型(表 8－12)

表 8－12 油松高与 1 月均温的逐步回归模型(对照)

Tab. 8－12 The stepwise regression model of mean temperature in January and height of *Pinus tabulaeformi* (control)

处理 Treat	温度因子 T_{m01}	模型 Model Coefficients 非标准 Unstandard	标准 Standard	T－检验 (T－test) t	p	R^2	相关系数 Correlations r_0	$r_{partial}$	r_{part}	共线性统计量 Collinearity statistics 容差 Tolerance	方差膨胀因子 VIF
R_{ahtck}	常量	－471.172		－7.266	0.000	0.965 (F＝163.252，p＝0.000)	—	—	—	—	—
	T_{m0102}	－96.246	－0.276	－3.775	0.000		－0.549	－0.441	－0.092	0.111	9.018
	T_{m0111}	4174.970	5.888	11.865	0.000		0.116	0.839	0.288	0.002	416.625
	T_{m0112}	－10888.297	－15.050	－16.499	0.000		0.048	－0.907	－0.401	0.001	1407.555
	T_{m0110}	4935.332	6.747	11.443	0.000		0.111	0.830	0.278	0.002	587.954
	T_{m0109}	1387.774	1.925	3.855	0.000		0.085	0.449	0.094	0.002	421.859
	T_{m0105}	153.862	0.296	2.555	0.013		－0.302	0.316	0.062	0.044	22.711
	T_{m01}	－41.846	－0.308	－4.768	0.000		0.063	－0.527	－0.116	0.142	7.060
	T_{m0107}	361.980	0.533	4.472	0.000		－0.053	0.503	0.109	0.042	24.018
	T_{m0108}	213.324	0.313	3.443	0.001		0.088	0.409	0.084	0.072	13.942
	T_{m0101}	－36.338	－0.162	－2.226	0.030		－0.264	－0.278	－0.054	0.112	8.944

从模型分析，T_{m0102}、T_{m0105}、T_{m0101}和T_{m0107}与树高具有较强的负相关，而T_{m0111}和T_{m0110}与树高具有一定的正相关。在控制模型中其他因子作用下，T_{m0112}、T_{m01}、T_{m0102}和T_{m0101}负偏相关依次减弱，且除T_{m0101}相关显著外其余相关极显著；而T_{m0105}、T_{m0108}、T_{m0109}、T_{m0107}、T_{m0110}和T_{m0111}与树高正偏相关依次增强，且除T_{m0105}相关显著外相关极显著。在模型因子相互作用下，T_{m0112}、T_{m0110}和T_{m0111}对树高影响较大，单位量变化系数依次为15.050、6.747和5.888，对模型分别贡献53.4%、22.9%和19.2%；而T_{m0109}、T_{m0107}、T_{m0108}、T_{m0105}、T_{m0102}、T_{m0101}和T_{m01}对模型值影响较较小，其单位量变化系数介于1.925～0.165之间，对模型依次贡献3.4%、1.0%、0.5%、0.3%、0.2%、0.1%和0.1%。

2. RPA **树高1月温度均值指标模型分析**　逐步回归模型分析，产生了12组树高有效模型。其中，T_{m0102}、T_{m0111}、T_{m0112}、T_{m0110}、T_{m0105}、T_{m0108}、T_{m01}、T_{m0107}、T_{m0101}和T_{m0106}构建了RPA树高1月温度均值指标优化模型，另外其与T_{m0109}组合也能较好反映1月均温对RPA树高的影响（表8－13）。

表8－13　油松高与1月均温的逐步回归模型（RPA）

Tab. 8－13 The stepwise regression model of mean temperature in January and height of *Pinus tabulaeformi*（RPA）

处理 Treat	温度因子 T_{m01}	模型 Model Coefficients 非标准 Unstandard	标准 Standard	T－检验（T－test） t	p	R^2	相关系数 Correlations r_0	$r_{partial}$	r_{part}	共线性统计量 Collinearity statistics 容差 Tolerance	方差膨胀因子 VIF
R_{ahtck}	常量	－720.363	—	－8.197	0.000	0.966（F＝166.562，p＝0.000）	—	—	—	—	—
	T_{m0102}	－125.084	－0.262	－3.667	0.001		0.153	0.915	0.419	0.004	280.305
	T_{m0111}	6 793.415	7.020	17.412	0.000		0.071	－0.868	－0.324	0.001	1214.756
	T_{m0112}	－11 148.263	－11.289	－13.452	0.000		0.124	0.724	0.194	0.003	361.295
	T_{m0110}	3 685.686	3.691	8.065	0.000		－0.258	0.273	0.052	0.057	17.553
	T_{m0105}	155.946	0.220	2.179	0.033		0.121	0.661	0.163	0.036	27.514
	T_{m0108}	797.223	0.856	6.775	0.000		0.134	－0.620	－0.146	0.163	6.130
	T_{m01}	－67.039	－0.361	－6.063	0.000		－0.028	0.618	0.145	0.049	20.362
	T_{m0107}	607.642	0.655	6.032	0.000		－0.158	－0.454	－0.094	0.153	6.555
	T_{m0101}	－74.002	－0.241	－3.917	0.000		－0.187	－0.434	－0.089	0.034	29.165
	T_{m0106}	－375.635	－0.481	－3.700	0.000		0.153	0.915	0.419	0.004	280.305

续表 8-13

处理 Treat	温度因子 T_{m01}	模型 Model Coefficients 非标准 Unstandard	标准 Standard	T-检验 (T-test) t	p	R^2	相关系数 Correlations r_0	$r_{partial}$	r_{part}	共线性统计量 Collinearity statistics 容差 Tolerance	方差膨胀因子 VIF
R_{ahtck}	常量	-714.205	—	-7.501	0.000	0.959 (F=148.937, p=0.000)	—	—	—	—	—
	T_{m0102}	-126.308	-0.265	-3.600	0.001		-0.487	-0.427	-0.087	0.109	9.196
	T_{m0111}	6742.388	6.967	13.814	0.000		0.153	0.876	0.335	0.002	431.491
	T_{m0112}	-11404.373	-11.549	-6.814	0.000		0.071	-0.667	-0.165	0.000	4872.739
	T_{m0110}	3859.541	3.865	3.551	0.001		0.124	0.423	0.086	0.000	2010.012
	T_{m0109}	134.046	0.136	0.177	0.860		0.114	0.023	0.004	0.001	1009.500
	T_{m0105}	164.119	0.231	1.914	0.061		-0.258	0.244	0.046	0.040	24.770
	T_{m0108}	771.220	0.828	4.079	0.000		0.121	0.472	0.099	0.014	69.878
	T_{m01}	-66.093	-0.356	-5.344	0.000		0.134	-0.574	-0.130	0.133	7.546
	T_{m0107}	598.731	0.646	5.279	0.000		-0.028	0.570	0.128	0.039	25.386
	T_{m0101}	-71.198	-0.232	-2.871	0.006		-0.158	-0.353	-0.070	0.090	11.108
	T_{m0106}	-354.295	-0.454	-2.237	0.029		-0.187	-0.282	-0.054	0.014	69.792

从优化模型分析，在排除模型其他变量影响下，T_{m0112}、T_{m01}、T_{m0101}、T_{m0106}和T_{m0102}与树高负偏相关极显著，而与T_{m0105}、T_{m0107}、T_{m0108}、T_{m0110}和T_{m0111}正偏相关依次增强，且除T_{m0105}相关显著外相关极显著。在模型因子共同作用下，T_{m0112}、T_{m0111}和T_{m0110}对模型值影响较大，其单位量变化系数为11.289、7.020和3.691，对模型分别贡献48.9%、31.4%和13.5%；其次是T_{m0108}和T_{m0107}，系数为0.856和0.655，贡献2.7%和1.9%；T_{m0106}、T_{m0102}、T_{m0105}、T_{m01}和T_{m0101}对树高影响很小，系数介于0.486～0.241之间，对模型贡献0.8%、0.3%、0.2%、0.2%和0.2%。

引入T_{m0109}因子，在控制模型其余因子作用下，T_{m0112}、T_{m01}、T_{m0102}、T_{m0101}和T_{m0106}与树高负偏相关依次减弱，且除T_{m0106}相关显著外，其余相关极显著；而T_{m0109}、T_{m0105}、T_{m0110}、T_{m0108}、T_{m0107}和T_{m0111}与树高正偏相关依次增强，其中除T_{m0109}和T_{m0105}相关不显著，其余相关极显著。在模型因子协同作用下，T_{m0112}、T_{m0111}和T_{m0110}对模型值影响较大，其单位量变化系数为11.549、6.967和3.865，对模型分别贡献42.7%、36.7%和10.1%；其次是T_{m0108}和T_{m0107}，系数0.828和0.646，贡献2.3%和2.1%；T_{m0106}、T_{m0102}、T_{m0105}、T_{m0101}、T_{m01}和

T_{m0109}对树高影响很小，依次贡献0.6%、0.3%、0.2%、0.2%、0.2%和0.0%。

二、树高年生长量与一月温度均值指标的逐步回归模型

用树高年生长量(H_{at})与油松不同生长期月均温指标(T_{m01})进行模型分析，各均值指标对树高年生长量作用存在显著差异。在1月温度均值指标组成的5组对照和RPA树高年生长量逐步回归有效模型中，T_{m0101}、T_{m0110}、T_{m0102}、T_{m0112}和T_{m0108}构建了对照油松高年生长量优化模型，T_{m0102}、T_{m0111}、T_{m0112}、T_{m0110}、T_{m0108}以及T_{m0105}构成了RPA油松高年生长量优化模型(表8－14)。

1. **对照树高年生长量1月温度均值指标模型分析**　在消除其他因子影响下，各因子与树高年生长量呈极显著的偏相关。其中，T_{m0112}、T_{m0101}和T_{m0102}负偏相关依次减弱，T_{m0110}的正偏相关性强于T_{m0108}。油松对T_{m0110}和T_{m0112}反应敏感，单位量变化系数分别为3.544和3.657，对模型贡献48.6%和44.0%。而T_{m0108}、T_{m0102}和T_{m0101}的单位量变化系数较小，依次为0.561、0.379和0.377；其对油松高年生长量影响也较小，对模型依次贡献4.4%、1.7%和1.4%。

2. **RPA树高年生长量1月温度均值指标模型分析**　从模型分析，树高年生长量与T_{m0112}和T_{m0102}负偏相关极显著，与T_{m0105}、T_{m0108}、T_{m0110}和T_{m01110}正偏相关依次增强，且除T_{m0105}相关不显著外($r_{partial}=0.291$，$p=0.018$)，其余极显著。油松对T_{m0112}、T_{m0111}和T_{m0110}反应较大，系数分别为8.866、4.501和3.953；其对模型影响也较大，依次贡献50.8%、27.1%和18.3%。而树高年生长量对T_{m0108}、T_{m0102}和T_{m0105}反应较小，系数仅为0.634、0.647和0.474；对模型影响也较小，依次贡献1.8%、1.2%和0.8%。

表8－14　油松高年生长量与1月均温的逐步回归模型

Tab.8－14 The stepwise regression model of mean temperature in January and annual height increment of *Pinus tabulaeformi*

处理 Treat	温度因子 T_{m01}	模型 Model Coefficients		T－检验 (T－test)		R^2	相关系数 Correlations			共线性统计量 Collinearity statistics	
		非标准 Unstandard	标准 Standard	t	p		r_0	$r_{partial}$	r_{part}	容差 Tolerance	方差膨胀因子 VIF
R_{ahtck}	常量	－77.659	—	－2.063	0.043	0.765 (F = 41.704, p = 0.000)	—	—	—	—	—
	T_{m0101}	－22.132	－0.377	－4.051	0.000		－0.640	－0.452	－0.245	0.423	2.367
	T_{m0110}	677.100	3.544	4.936	0.000		0.040	0.525	0.299	0.007	140.507
	T_{m0102}	－34.541	－0.379	－3.054	0.003		－0.617	－0.357	－0.185	0.239	4.192
	T_{m0112}	－690.908	－3.657	－4.214	0.000		－0.038	－0.466	－0.255	0.005	205.260
	T_{m0108}	99.959	0.561	2.725	0.008		0.015	0.322	0.165	0.087	11.545

续表 8－14

处理 Treat	温度因子 T_{m01}	模型 Model Coefficients 非标准 Unstandard	标准 Standard	T－检验（T－test） t	p	R^2	相关系数 Correlations r_0	$r_{partial}$	r_{part}	共线性统计量 Collinearity statistics 容差 Tolerance	方差膨胀因子 VIF
H_{atrpa}	常量	－114.157	—	－2.312	0.024	0.784（F＝38.106，p＝0.000）	—	—	—	—	—
	T_{m0102}	－78.332	－0.647	－4.634	0.000		－0.410	－0.504	－0.271	0.176	5.685
	T_{m0111}	1 106.424	4.501	9.705	0.000		0.179	0.774	0.568	0.016	62.725
	T_{m0112}	－2 223.929	－8.866	－8.310	0.000		0.108	－0.723	－0.487	0.003	331.975
	T_{m0110}	1 002.532	3.953	5.600	0.000		0.166	0.577	0.328	0.007	145.275
	T_{m0108}	150.101	0.634	3.164	0.002		0.149	0.370	0.185	0.085	11.718
	T_{m0105}	85.349	0.474	2.419	0.018		－0.173	0.291	0.142	0.089	11.182

三、树高生长年增量与一月温度均值指标的逐步回归模型

用树高（R_{aht}）与油松不同生长期月均温指标（T_m）进行模型分析，1 月均温组成了 5 组对照树高年增量逐步回归有效模型，其中，T_{m0110}、T_{m0111} 和 T_{m0108} 构成了油松高年增量 1 月均温优化模型，同时 T_{m0101}、T_{m0110} 以及 T_{m0111} 组合也能诠释 1 月均温指标与对照油松的关系。而只有 T_{m0102} 和 T_{m0102} 进入了 RPA 油松高年增量 1 月均温优化模型（表 8－15）。

1. **对照树高生长年增量 1 月温度均值指标模型分析** 从优化模型分析，在控制模型其他因子影响下，油松高年增量与 T_{m0111} 负偏相关极显著（$r_{partial}$ ＝ －0.641，p＝0.000），而与 T_{m0108} 正偏相关显著（$r_{partial}$＝0.284，p＝0.019），与 T_{m0110} 正偏相关极显著（$r_{partial}$＝0.585，p＝0.000）。年增量对 T_{m0111} 和 T_{m0110} 反应较大，单位量变化系数为 3.623 和2.988，其对模型起着决定性作用，分别贡献 54.0% 和 41.9%；而对 T_{m0108} 反应很小，系数为0.637，对模型仅贡献 4.1%。

用 T_{m0101} 取代优化模型的 T_{m0108} 因子，油松也与 T_{m0111} 负偏相关极显著（$r_{partial}$ ＝ －0.394，p＝0.001），而与 T_{m0101} 负偏相关不显著（$r_{partial}$ ＝ －0.200，p＝0.102），与 T_{m0110} 正偏相关也极显著（$r_{partial}$＝0.430，p＝0.000）。但油松高年增量对 T_{m0110} 反应强于 T_{m0111}，系数为 2.508 和 2.424，其对模型影响也相对较大，分别贡献 53.4% 和 45.9%；而油松对 T_{m0101} 反应极小，系数为 0.242，对模型仅贡献 0.7%。

2. **RPA 树高生长年增量 1 月温度均值指标模型分析** 油松高生长年增量与 T_{m0102} 负偏相关极显著（$r_{partial}$ ＝ －0.375，p＝0.001），而与 T_{m0103} 正偏相关显著（$r_{partial}$＝0.305，p＝0.011）。年增量对 T_{m0102} 反应大于对 T_{m0103}，单位量变化系数为 0.835 和 0.662，对模型分别贡献 56.7% 和 43.3%。

表 8－15　油松高年增量与 1 月均温的逐步回归模型

Tab. 8－15 The stepwise regression model of mean temperature in January and annual height growth acceleration of *Pinus tabulaeformi*

处理 Treat	温度因子 T_{m01}	模型 Model Coefficients 非标准 Unstandard	标准 Standard	T－检验 (T－test) t	p	R^2	相关系数 Correlations r_0	$r_{partial}$	r_{part}	共线性统计量 Collinearity statistics 容差 Tolerance	方差膨胀因子 VIF
R_{ahtck}	常量	－41.721	—	－0.573	0.569	0.411 (F = 15.340, p = 0.000)	—	—	—	—	—
	T_{m0110}	717.071	2.988	5.860	0.000		0.019	0.585	0.554	0.034	29.119
	T_{m0111}	－842.811	－3.623	－6.779	0.000		－0.094	－0.641	－0.640	0.031	32.004
	T_{m0108}	142.737	0.637	2.405	0.019		0.024	0.284	0.227	0.127	7.872
	常量	－52.457	—	－0.697	0.488	0.385 (F = 13.768, p = 0.000)	—	—	—	—	—
	T_{m0101}	－17.828	－0.242	－1.661	0.102		－0.457	－0.200	－0.160	0.439	2.279
	T_{m0110}	601.931	2.508	3.865	0.000		0.019	0.430	0.373	0.022	45.173
	T_{m0111}	－563.758	－2.424	－3.482	0.001		－0.094	－0.394	－0.336	0.019	51.970
R_{ahtrpa}	常量	54.607	—	0.622	0.536	0.147*	—	—	—	—	—
	T_{m0102}	－173.602	－0.835	－3.314	0.001		－0.244	－0.375	－0.374	0.200	4.991
	T_{m0104}	161.726	0.662	2.626	0.011		－0.085	0.305	0.296	0.200	4.991

备注:Remark: * F = 5.777, p = 0.005

第六节　二月均温对树高生长的均值效应

【内容提要】树高优化模型显示，T_{m0211}和T_{m0210}是影响汉中飞播油松高的主要2月温度均值因子，其在对照和RPA模型中的单位量变化系数为6.491、5.657和6.310、5.534，对模型分别贡献50.6%、43.0%和50.5%、43.4%。在两者的4因子模型中，T_{m0211}、T_{m0210}和T_{m0205}对树高影响较大，分别贡献50.0%、24.1%、24.8%和50.2%、24.6%、23.7%。在RPA树高7因子模型中，T_{m0212}和T_{m0210}影响较大，其单位量变化系数为6.368和4.059，对模型贡献50.2%和33.1%。树高年生长量5因子优化模型中，T_{m0211}、T_{m0204}和T_{m0209}对照油松高年生长量影响较大，其单位量变化系数为2.013、1.082和1.108，对模型分别贡献56.2%、23.8%和16.9%；而T_{m0211}和T_{m0210}对RPA油松作用极大，单位量变化系数6.078和5.411，对模型分别贡献51.3%和44.6%。在RPA4因子模型中，T_{m0212}和T_{m0210}的单位量变化系为4.587和3.858，对模型贡献50.2%和40.9%；用T_{m0205}取代T_{m0204}后，

T_{m0212}、T_{m0210}和T_{m0205}对模型依次贡献49.3%、24.3%和23.7%。树高生长年增量模型显示，对照油松对T_{m0210}、T_{m0208}和T_{m0204}响应较大，其单位量变化系数为1.375、0.956和0.657，对模型分别贡献57.3%、27.2%和14.5%；而RPA油松高生长年增量仅与T_{m02}和T_{m0201}相关，分别贡献57.2%和42.8%。

【关 键 词】飞播造林，RPA，2月温度均值指标，油松，树高，树高年生长量，树高生长年增量，逐步回归模型

一、树高与二月温度均值指标的逐步回归模型

1. **对照树高2月温度均值指标模型分析** 在组成的8组油松高有效模型中，近12年、当年、近11年、近5年、近4年和近3年2月温度均值指标（T_{m0211}、T_{m02}、T_{m0210}、T_{m0204}、T_{m0203}和T_{m0202}）构成了对照油松高优化模型；另外，近6年2月均温（T_{m0205}）、T_{m0211}、T_{m02}和T_{m0210}组合也可较好诠释各生长期2月均温与对照油松树高的关系（表8－16）。

从优化模型分析，在控制模型其他因子影响下，T_{m0211}、T_{m02}和T_{m0202}与树高正偏相关依次减弱；而T_{m0210}、T_{m0204}和T_{m0203}与树高负相偏相关依次减弱，但均极显著。在各指标的协同作用下，T_{m0211}和T_{m0210}对树高起着决定性的作用，其单位量变化系数为6.491和5.657，对模型分别贡献50.6%和43.0%，占93.6%。在4变量模型中，T_{m0205}和T_{m0210}与树高负偏相关极显著，而T_{m0211}和T_{m02}与树高正偏相关极显著。在各因子协同作用下，T_{m0211}对模型影响最大，贡献50.0%；T_{m0205}和T_{m0210}作用相当，分别贡献24.8%和24.1%；T_{m02}作用最小，仅贡献1.1%。

2. **RPA树高2月温度均值指标模型分析** 在组成的12组RPA油松高有效模型中，T_{m02}、T_{m0210}、T_{m0204}、T_{m0203}、近2年均值（T_{m0201}）和T_{m0211}组建了RPA油松高优化模型；此外，T_{m0205}、T_{m0211}、T_{m02}和T_{m0210}组合，T_{m0212}、T_{m02}、T_{m0210}、T_{m0204}、近10年2月均温（T_{m0209}）、T_{m0203}以及T_{m0201}组合也能较好地反映2月均温对RPA油松高的影响（表8－16）。

从优化模型分析，在排除模型其他指标作用下，同对照相同，T_{m0210}、T_{m0204}和T_{m0203}与RPA树高负偏相关依次减弱，且相关极显著；T_{m02}、T_{m0201}和T_{m0211}与树高正偏相关依次增强，也均极显著。在各因子相互作用下，也是T_{m0211}和T_{m0210}对模型影响最大，分别贡献50.5%和43.4%，与对照基本一致；而T_{m0201}和T_{m02}作用很小，贡献仅为0.2%和0.1%。4变量模型分析结果与对照4变量模型相同，T_{m0211}、T_{m0210}、T_{m0205}和T_{m02}的贡献率依次为50.2%、24.6%、23.7%和1.4%。从7变量模型分析，在控制模型其他变量作用下，T_{m0210}、T_{m0204}、T_{m0209}和T_{m0203}与树高负偏相关依次消弱，但均显著；而T_{m0201}、T_{m02}和T_{m0212}与树高正偏相关依次增强，除T_{m0201}相关显著外其余相关极显著。在7个温度指标的协同作用下，T_{m0212}对树高作用最大，贡献50.2%；其次是T_{m0210}，贡献33.1%；T_{m0209}、T_{m0204}和T_{m0203}依次贡献7.9%、4.4%和1.1%；T_{m02}和T_{m0201}作用最小，仅贡献0.2%和0.1%。与上述分析结果基本相同。

表 8－16　油松高与 2 月均温的逐步回归模型

Tab. 8－16 The stepwise regression model of mean temperature in February and height of *Pinus tabulaeformi*

处理 Treat	温度因子 T_{m01}	模型 Model Coefficients 非标准 Unstandard	标准 Standard	T－检验 (T－test) t	p	R^2	相关系数 Correlations r_0	$r_{partial}$	r_{part}	共线性统计量 Collinearity statistics 容差 Tolerance	方差膨胀因子 VIF
H_{tck}	常量	－133.994	—	－0.961	0.340		—	—	—	—	—
	T_{m0211}	3 777.675	6.491	20.402	0.000	0.920	－0.549	－0.441	－0.092	0.111	9.018
	T_{m02}	18.549	0.195	4.321	0.000	(F =	0.116	0.839	0.288	0.002	416.625
	T_{m0210}	－3 252.309	－5.657	－18.736	0.000	120.503,	0.048	－0.907	－0.401	0.001	1407.555
	T_{m0204}	－398.880	－1.014	－12.049	0.000	p =	0.111	0.830	0.278	0.002	587.954
	T_{m0203}	－171.050	－0.557	－4.831	0.000	0.000)	0.085	0.449	0.094	0.002	421.859
	T_{m0202}	53.420	0.193	2.936	0.005		－0.302	0.316	0.062	0.044	22.711
	常量	328.209	—	1.357	0.179	0.737	—	—	—	—	—
	T_{m0205}	－538.728	－1.299	－9.573	0.000	(F =	－0.495	－0.765	－0.609	0.220	4.552
	T_{m0211}	1 410.545	2.424	5.770	0.000	45.562,	－0.110	0.582	0.367	0.023	43.620
	T_{m02}	38.487	0.404	4.847	0.000	p =	0.049	0.515	0.308	0.582	1.717
	T_{m0210}	－953.224	－1.658	－3.682	0.000	0.000)	－0.206	－0.415	－0.234	0.020	50.133
H_{trpa}	常量	－58.200	—	－0.332	0.741		—	—	—	—	—
	T_{m02}	18.569	0.143	3.279	0.002	0.933	0.045	0.382	0.107	0.561	1.782
	T_{m0210}	－4342.870	－5.534	－21.788	0.000	(F =	－0.219	－0.940	－0.711	0.016	60.610
	T_{m0204}	－529.137	－0.985	－12.929	0.000	146.069,	－0.361	－0.852	－0.422	0.183	5.455
	T_{m0203}	－184.101	－0.439	－5.491	0.000	p =	－0.115	－0.569	－0.179	0.167	6.001
	T_{m0201}	41.895	0.172	3.642	0.001	0.000)	0.085	0.417	0.119	0.475	2.104
	T_{m0211}	5 012.878	6.310	22.984	0.000		－0.112	0.945	0.750	0.014	70.807
	常量	－87.649	—	－0.472	0.638		—	—	—	—	—
	T_{m0212}	5 055.048	6.368	19.503	0.000		－0.112	0.927	0.671	0.011	90.057
	T_{m02}	35.968	0.277	5.789	0.000	0.927	0.045	0.592	0.199	0.519	1.928
	T_{m0210}	－3 185.121	－4.059	－18.124	0.000	(F =	－0.219	－0.917	－0.624	0.024	42.368
	T_{m0204}	－519.149	－0.967	－9.057	0.000	111.828,	－0.361	－0.755	－0.312	0.104	9.624
	T_{m0209}	－1 200.291	－1.562	－5.591	0.000	p =	－0.209	－0.579	－0.192	0.015	65.912
	T_{m0203}	－193.209	－0.461	－4.817	0.000	0.000)	－0.115	－0.522	－0.166	0.129	7.723
	T_{m0202}	28.893	0.119	2.305	0.025		0.085	0.281	0.079	0.445	2.248

续表 8－16

处理 Treat	温度因子 T_{m02}	模型 Model Coefficients 非标准 Unstandard	标准 Standard	T－检验 (T－test) t	p	R^2	相关系数 Correlations r_0	$r_{partial}$	r_{part}	共线性统计量 Collinearity statistics 容差 Tolerance	方差膨胀因子 VIF
H_{trpa}	常量	511.379	—	1.546	0.127	0.734 (F = 44.866, p = 0.000)	—	—	—	—	—
	T_{m0205}	－740.318	－1.308	－9.905	0.000		－0.482	－0.776	－0.633	0.234	4.267
	T_{m0212}	1840.196	2.318	6.929	0.000		－0.112	0.652	0.443	0.037	27.396
	T_{m02}	59.221	0.455	5.748	0.000		0.045	0.581	0.367	0.651	1.536
	T_{m0210}	－1228.002	－1.565	－4.395	0.000		－0.219	－0.479	－0.281	0.032	31.031

二、树高年生长量与二月温度均值指标的逐步回归模型

在组合的5组对照油松高年生长量有效模型中，T_{m0204}、T_{m0211}、T_{m0209}、T_{m02}以及T_{m0206}组合构成了对照油松高年生长量优化模型。在RPA组合的8组有效模型中，T_{m02}、T_{m0210}、T_{m0204}、T_{m0211}和T_{m0203}组合组成了RPA油松高年生长量优化模型。另外，T_{m02}、T_{m021}、T_{m0210}和T_{m0204}组合，T_{m0205}、T_{m02}、T_{m0212}及T_{m0210}组合也可以较好诠释各生长期2月均温对RPA油松高年生长量的影响(表8－17)。

表8－17 油松高年生长量与2月均温的逐步回归模型

Tab.8－17 The stepwise regression model of mean temperature in February and annual height increment of *Pinus tabulaeformi*

处理 Treat	温度因子 T_{m02}	模型 Model Coefficients 非标准 Unstandard	标准 Standard	T－检验 (T－test) t	p	R^2	相关系数 Correlations r_0	$r_{partial}$	r_{part}	共线性统计量 Collinearity statistics 容差 Tolerance	方差膨胀因子 VIF
H_{atck}	常量	－33.428	—	－0.522	0.603	0.746 (F = 37.564, p = 0.000)	—	—	—	—	—
	T_{m0204}	－111.170	－1.082	－8.495	0.000		－0.502	－0.728	－0.535	0.245	4.085
	T_{m0211}	305.984	2.013	6.293	0.000		－0.075	0.618	0.397	0.039	25.768
	T_{m0209}	－162.998	－1.108	－2.980	0.004		－0.209	－0.349	－0.188	0.029	34.833
	T_{m02}	6.198	0.249	3.315	0.002		0.112	0.383	0.209	0.703	1.422
	T_{m0206}	－31.091	－0.277	－2.127	0.037		－0.336	－0.257	－0.134	0.234	4.270

续表 8－17

处理 Treat	温度因子 T_{m02}	模型 Model Coefficients 非标准 Unstandard	模型 Model Coefficients 标准 Standard	T－检验 (T－test) t	T－检验 (T－test) p	R^2	相关系数 Correlations r_0	相关系数 Correlations $r_{partial}$	相关系数 Correlations r_{part}	共线性统计量 Collinearity statistics 容差 Tolerance	共线性统计量 Collinearity statistics 方差膨胀因子 VIF
	常量	-38.219	—	-0.496	0.622		—	—	—	—	—
	T_{m02}	11.246	0.340	4.744	0.000	0.793 (F = 48.904, p = 0.000)	0.191	0.510	0.270	0.629	1.589
	T_{m0210}	-1 078.524	-5.411	-12.685	0.000		-0.167	-0.846	-0.722	0.018	56.127
	T_{m0204}	-100.270	-0.735	-5.780	0.000		-0.257	-0.586	-0.329	0.200	4.990
	T_{m0211}	1 226.480	6.078	13.144	0.000		-0.061	0.854	0.748	0.015	65.964
	T_{m0203}	-50.690	-0.476	-3.415	0.001		-0.022	-0.393	-0.194	0.167	5.987
H_{atck}	常量	6.502	—	0.076	0.939	0.737 (F = 45.538, p = 0.000)	—	—	—	—	—
	T_{m02}	12.887	0.390	5.536	0.000		0.191	0.566	0.352	0.815	1.227
	T_{m0212}	925.037	4.587	11.738	0.000		-0.065	0.824	0.747	0.026	37.745
	T_{m0210}	-769.044	-3.858	-11.068	0.000		-0.167	-0.808	-0.704	0.033	30.027
	T_{m0204}	-167.489	-1.228	-10.067	0.000		-0.257	-0.781	-0.640	0.272	3.676
	常量	111.604	—	1.173	0.245	0.659 (F = 31.423, p = 0.000)	—	—	—	—	—
	T_{m0205}	-171.193	-1.190	-7.959	0.000		-0.371	-0.703	-0.576	0.234	4.267
	T_{m02}	18.865	0.571	6.362	0.000		0.191	0.619	0.461	0.651	1.536
	T_{m0212}	432.643	2.145	5.660	0.000		-0.065	0.575	0.410	0.037	27.396
	T_{m0210}	-294.896	-1.479	-3.667	0.000		-0.167	-0.414	-0.266	0.032	31.031

1. **对照树高年生长量 2 月温度均值指标模型分析**　从对照优化模型分析，在控制其他因子影响下，油松高年生长量与 T_{m0211} 和 T_{m02} 极显著的正偏相关（$r_{partial}=0.618$、0.383，$p=0.000$、0.002）；与 T_{m0204}、T_{m0209} 和 T_{m0206} 负偏相关依次减弱，其中与 T_{m0206} 相关显著（$r_{partial}=-0.257$，$p=0.037$），与 T_{m0204} 和 T_{m0209} 相关极显著（$r_{partial}=-0.728$、-0.349，$p=0.000$、0.004）。油松对 T_{m0211} 反应敏感，单位量变化系数为 2.013；对 T_{m0204} 和 T_{m0209} 反应相对较小，系数分别为 1.082 和 1.108；对 T_{m0206} 和 T_{m02} 反应较小，系数仅为 0.277 和 0.249。在各因子协同作用下，T_{m0211} 对模型影响最大，贡献 56.2%；其次是 T_{m0204} 和 T_{m0209}，分别贡献 23.8% 和 16.9%；T_{m0206} 和 T_{m02} 对模型影响最小，仅贡献 2.4% 和 0.7%。

2. RPA **树高年生长量2月温度均值指标模型分析** 从优化模型分析,油松高年生长量也与 T_{m0211} 和 T_{m02} 极显著的正偏相关($r_{\text{partial}}=0.854$、0.810,$p=0.000$);与 T_{m0210}、T_{m0204} 和 T_{m0203} 负偏相关依次减弱,且极显著。油松对 T_{m0211} 和 T_{m0210} 反应较大,系数分别为6.078和5.411,对模型分别贡献51.3%和44.6%;对 T_{m0204}、T_{m0203} 和 T_{m02} 反应较小,系数依次为0.735、0.476和0.340,对模型分别贡献2.8%、1.0%和0.3%。

从4因子模型分析,油松高年生长量与各因子均呈极显著偏相关;其中,与 T_{m0212} 和 T_{m02} 正相关,与 T_{m0210} 和 T_{m0204} 负相关。T_{m0212} 和 T_{m0210} 的单位量变化系数较大,分别为4.587和3.858,对模型贡献50.2%和40.9%;T_{m0204} 和 T_{m02} 的系数较小,分别为1.228和0.390,对模型的贡献也仅为8.5%和0.5%。用 T_{m0205} 取代 T_{m0204} 后,油松也与 T_{m0212} 和 T_{m02} 呈极显著的正偏相关,而与 T_{m0206} 和 T_{m0210} 呈极显著的负偏相关。油松也对 T_{m0212} 反应最大,系数为2.145,贡献49.3%;对 T_{m0210} 和 T_{m0205} 反应相对较小,系数为1.479和1.190,对模型分别贡献24.3%和23.7%;油松对 T_{m02} 反应最小,系数为0.571,对模型仅贡献2.3%。

三、树高生长年增量与二月温度均值指标的逐步回归模型

2月温度均值指标组合了4组对照油松高年增量有效模型。其中,T_{m0203}、T_{m0209}、T_{m0207} 以及 T_{m02} 构建了对照油松高年增量2月均温优化模型。而仅有 T_{m02} 和 T_{m0201} 因子进入RPA有效模型(表8-18)。

表8-18 油松高生长年增量与2月均温的逐步回归模型

Tab. 8-18 The stepwise regression model of mean temperature in February and annual height growth acceleration of *Pinus tabulaeformi*

处理 Treat	温度因子 T_{m02}	模型 Model Coefficients 非标准 Unstandard	标准 Standard	T-检验 (T-test) t	p	R^2	相关系数 Correlations r_0	r_{partial}	r_{part}	共线性统计量 Collinearity statistics 容差 Tolerance	方差膨胀因子 VIF
R_{ahtck}	常量	-97.639	—	-0.868	0.389	0.449 ($F=13.216$, $p=0.000$)	—	—	—	—	—
	T_{m0204}	-84.857	-0.657	-4.112	0.000		-0.238	-0.454	-0.379	0.332	3.012
	T_{m0210}	259.265	1.375	5.776	0.000		0.087	0.582	0.532	0.150	6.675
	T_{m0208}	-166.717	-0.956	-3.844	0.000		-0.129	-0.430	-0.354	0.137	7.293
	T_{m02}	8.694	0.278	2.700	0.009		0.177	0.318	0.249	0.800	1.251
R_{ahtrpa}	常量	47.622	—	0.670	0.505	0.244*	—	—	—	—	—
	T_{m02}	32.901	0.580	4.628	0.000		0.393	0.492	0.492	0.718	1.393
	T_{m0201}	-37.337	-0.352	-2.810	0.006		-0.044	-0.325	-0.299	0.718	1.393

备注:Remark: * $F=10.795$,$p=0.000$

对照模型显示，在排除其他因子作用下，油松高年增量与各因子偏相关极显著($p<0.01$)；其中与T_{m0204}和T_{m0208}负相关依次减弱，与T_{m02}和T_{m0210}正相关依次增强。年增量对T_{m0210}响应最强，单位量变化系数为1.375，其对模型影响也最大，贡献57.3%；对T_{m0208}和T_{m0204}响应相对较弱，系数为0.956和0.657，其对模型影响也相对较小，分别贡献27.2%和14.5%；而对当年2月均温响应最弱，系数为0.278，对模型仅贡献1.0%。RPA油松高年增量与当年2月均温正偏相关极显著($r_{partial}=0.325, p=0.006$)，与$T_{m0201}$负偏相关极显著($r_{partial}=-0.492, p=0.000$)。年增量对$T_{m02}$响应大于对$T_{m0201}$，系数为0.580和0.352，其对模型分别贡献57.2%和42.8%。

第七节　三月均温对树高生长的均值效应

【内容提要】树高模型显示，3月温度均值指标对树高的作用强度和贡献大小与均值统计年限正相关，各均值指标对树高影响大小为$T_{m0313}>>T_{m0310}>>T_{m0307}\geq T_{m0309}>T_{m0311}>>T_{m0304}>T_{m0305}>T_{m0306}>T_{m0303}\geq T_{m0302}>T_{m03}$；其中，$T_{m0313}$模型的贡献率在50.0%以上。对照树高年生长量模型显示，油松对T_{m0311}、T_{m0309}、T_{m0307}和T_{m0308}响应较强，其单位量变化系数为3.566、2.864、2.238和1.273，对模型分别贡献46.6%、29.5%、17.5%和5.5%。RPA树高年生长量优化模型中，油松对T_{m0310}响应最大，其单位量变化系数为6.765，贡献47.2%；而其4因子模型中，油松对T_{m0313}和T_{m0310}响应较强，其单位量变化系数为3.255和2.087，贡献63.1%和22.2%。

【关　键　词】飞播造林，RPA，3月温度均值指标，油松，树高，树高年生长量，树高生长年增量，逐步回归模型

一、树高与三月温度均值指标的逐步回归模型

1. ***对照树高3月温度均值指标模型分析***　在组成的15组树高有效模型中，近10年、近14年、近8年、近11年、近5年、近3年和当年3月温度均值指标(T_{m0309}、T_{m0313}、T_{m0307}、T_{m0310}、T_{m0304}、T_{m0302}和T_{m03})组合构成了对照油松高3月均温优化模型；另外，T_{m0309}和T_{m0313}与近7年均值(T_{m0306})、近12年均值(T_{m0311})以及近9年均值(T_{m0308})组合，T_{m0311}、T_{m0307}、近6年均值(T_{m0305})以及近4年均值(T_{m0303})组合，T_{m0307}、T_{m0303}、T_{m0310}和T_{m0304}组合，T_{m0307}、T_{m0305}、T_{m0303}和T_{m0309}组合等也能较好地诠释对照油松高与3月均温的关系(表8-19)。

从模型分析，T_{m0309}和T_{m0313}是其有效模型的共有指标，首先进入模型。在优化模型中，T_{m03}、T_{m0302}、T_{m0313}、T_{m0304}、T_{m0307}、T_{m0310}和T_{m0309}与树高正相关性依次增强。在控制模型中其他变量作用下，T_{m0313}与树高呈极显著的负偏相关($r_{partial}=-0.985, p=0.000$)，而$T_{m03}$、$T_{m0309}$、$T_{m0302}$、$T_{m0304}$、$T_{m0310}$和$T_{m0307}$与树高正偏相关依次增强，相关均极显著。在模型变量相互作用下，T_{m0313}对树高的作用最大，对模型值贡献52.4%；其次是T_{m0310}和T_{m0307}，分别贡献26.2%和15.1%；T_{m0304}和T_{m0309}作用较小，分别贡献3.0%和2.6%；T_{m0302}和

T_{m03}作用最小，仅贡献0.6%和0.2%。其他模型的分析结果与优化模型基本相同，均表现为T_{m0313}对树高影响最大，贡献均大于50%。

表8－19 油松高与3月均温的逐步回归模型（对照）

Tab. 8－19 The stepwise regression model of mean temperature in March and height of *Pinus tabulaeformi*（control）

处理 Treat	温度因子 T_{m03}	模型 Model Coefficients 非标准 Unstandard	标准 Standard	T－检验（T－test） t	p	R^2	相关系数 Correlations r_0	$r_{partial}$	r_{part}	共线性统计量 Collinearity statistics 容差 Tolerance	方差膨胀因子 VIF
H_{tck}	常量	97.685		2.004	0.049	0.991（F=1086.396，p=0.000）	—	—	—	—	—
	T_{m0309}	108.652	0.501	4.810	0.000		0.724	0.521	0.055	0.012	83.126
	T_{m0313}	－1 170.196	－4.584	－45.321	0.000		0.557	－0.985	－0.518	0.013	78.434
	T_{m0307}	339.606	1.611	31.420	0.000		0.644	0.970	0.359	0.050	20.166
	T_{m0310}	610.062	2.648	22.080	0.000		0.687	0.942	0.252	0.009	110.269
	T_{m0304}	77.347	0.403	12.222	0.000		0.615	0.841	0.140	0.120	8.330
	T_{m0302}	21.351	0.144	5.241	0.000		0.479	0.554	0.060	0.172	5.799
	T_{m03}	5.118	0.053	3.116	0.003		0.168	0.368	0.036	0.445	2.246
	常量	－49.910		－1.055	0.296	0.988（F=890.335，p=0.000）	—	—	—	—	—
	T_{m0309}	154.532	0.712	6.272	0.000		0.724	0.620	0.085	0.014	69.742
	T_{m0313}	－1 092.610	－4.280	－44.213	0.000		0.557	－0.984	－0.601	0.020	50.652
	T_{m0307}	324.659	1.541	26.041	0.000		0.644	0.957	0.354	0.053	18.915
	T_{m0303}	16.530	0.095	2.317	0.024		0.556	0.280	0.032	0.110	9.082
	T_{m0310}	552.190	2.397	19.004	0.000		0.687	0.923	0.258	0.012	85.975
	T_{m0304}	51.543	0.268	6.646	0.000		0.615	0.642	0.090	0.113	8.822
	常量	－41.476		－0.823	0.414	0.987（F=785.417，p=0.000）	—	—	—	—	—
	T_{m0309}	204.118	0.941	7.463	0.000		0.724	0.685	0.108	0.013	75.920
	T_{m0313}	－1 076.754	－4.218	－40.954	0.000		0.557	－0.982	－0.593	0.020	50.656
	T_{m0307}	293.640	1.393	20.422	0.000		0.644	0.932	0.296	0.045	22.229
	T_{m0305}	46.573	0.229	5.629	0.000		0.629	0.578	0.081	0.127	7.890
	T_{m0303}	37.666	0.216	5.753	0.000		0.556	0.587	0.083	0.148	6.757
	T_{m0310}	500.784	2.174	15.191	0.000		0.687	0.886	0.220	0.010	97.780

续表 8－19

处理 Treat	温度因子 T_{m03}	模型 Model Coefficients 非标准 Unstandard	标准 Standard	T－检验 (T－test) t	p	R^2	相关系数 Correlations r_0	$r_{partial}$	r_{part}	共线性统计量 Collinearity statistics 容差 Tolerance	方差膨胀因子 VIF
H_{tck}	常量	－56.283		－0.933	0.354	0.981 (F＝543.588, p＝0.000)	—	—	—	—	—
	T_{m0309}	421.946	1.945	21.171	0.000		0.724	0.936	0.367	0.036	28.066
	T_{m0313}	－1 346.545	－5.275	－26.578	0.000		0.557	－0.958	－0.461	0.008	130.947
	T_{m0311}	584.956	2.368	11.896	0.000		0.609	0.832	0.206	0.008	131.679
	T_{m0307}	249.766	1.185	15.953	0.000		0.644	0.895	0.277	0.055	18.347
	T_{m0305}	66.497	0.327	6.999	0.000		0.629	0.661	0.121	0.138	7.243
	T_{m0303}	30.888	0.177	3.995	0.000		0.556	0.450	0.069	0.152	6.560
	常量	－181.334		－2.531	0.014	0.967 (F＝374.127, p＝0.000)	—	—	—	—	—
	T_{m0309}	481.736	2.221	17.432	0.000		0.724	0.909	0.396	0.032	31.402
	T_{m0313}	－1 205.688	－4.723	－18.301	0.000		0.557	－0.916	－0.416	0.008	128.858
	T_{m0306}	72.680	0.350	3.389	0.001		0.626	0.390	0.077	0.049	20.614
	T_{m0311}	480.016	1.943	6.690	0.000		0.609	0.642	0.152	0.006	163.154
	T_{m0307}	191.745	0.910	6.649	0.000		0.644	0.639	0.151	0.028	36.221

2. RPA 树高 3 月温度均值指标模型分析　在组成的 10 组 RPA 油松高有效模型中，T_{m0313}、T_{m0311}、T_{m0307}、T_{m0304}、T_{m0310}和 T_{m0302}组合构成了 RPA 油松高 3 月均温优化模型；此外，T_{m0309}和 T_{m0313}与 T_{m0306}、T_{m0311}和 T_{m0307}，或者与 T_{m0311}、T_{m0307}、T_{m0304}和 T_{m0310}组合也能较好诠释 3 月均温对 RPA 油松高的作用（表 8－20）。

从 RPA 优化模型分析，T_{m0302}、T_{m0313}、T_{m0304}、T_{m0311}、T_{m0307}和 T_{m0310}与树高正相关依次增强。在排除模型其他因子影响下，也仅有 T_{m0313}与树高呈极显著的负偏相关（$r_{partial}$ ＝ －0.955，p＝0.000），而 T_{m0302}、T_{m0311}、T_{m0304}、T_{m0310}和 T_{m0307}与树高正偏相关依次增强，且均极显著。在模型因子相互作用下，也是 T_{m0313}与树高模型影响最大，贡献 53.8%；其次是 T_{m0310}和 T_{m0307}，分别贡献 23.6% 和 14.6%；T_{m0311} 和 T_{m0304}影响较小，分别贡献 5.5% 和 2.0%；T_{m0302}作用最小，仅贡献 0.4%。另一 5 变量模型分析结果与优化模型类似，T_{m0313}也与树高呈极显著的负偏相关（$r_{partial}$ ＝ －0.938，p＝0.000），对模型值贡献率为 53.9%；其次是 T_{m0311}、T_{m0309}和 T_{m0307}，依次贡献 27.2%、11.9% 和 6.5；T_{m0306}仅贡献 0.5%。6 因子模型也仅是 T_{m0313}与树高呈极显著的负偏相关（$r_{partial}$ ＝ －0.943，p＝0.000），其对模型贡献达 59.4%；T_{m0307}和 T_{m0310}对树高的影响相当，分别贡献 14.9% 和 14.5%；而 T_{m0311}影响相

对较小，贡献 8.3%；T_{m0304}和 T_{m0309}对树高作用较小，分别贡献 1.7%和 1.2%。

表 8-20　油松高与 3 月均温的逐步回归模型(RPA)

Tab. 8-20 The stepwise regression model of mean temperature in March and height of *Pinus tabulaeformi*(RPA)

处理 Treat	温度因子 T_{m03}	模型 Model Coefficients 非标准 Unstandard	标准 Standard	T-检验 (T-test) t	p	R^2	相关系数 Correlations r_0	$r_{partial}$	r_{part}	共线性统计量 Collinearity statistics 容差 Tolerance	方差膨胀因子 VIF
H_{tck}	常量	60.436		0.744	0.460	0.986 (F=715.982, p=0.000)	—	—	—	—	—
	T_{m0313}	-1859.447	-5.336	-25.673	0.000		0.544	-0.955	-0.389	0.005	188.323
	T_{m0311}	394.709	1.170	4.113	0.000		0.607	0.460	0.062	0.003	352.944
	T_{m0307}	494.145	1.718	29.891	0.000		0.624	0.967	0.453	0.069	14.396
	T_{m0304}	89.638	0.342	8.694	0.000		0.592	0.739	0.132	0.148	6.747
	T_{m0310}	848.703	2.699	17.962	0.000		0.682	0.915	0.272	0.010	98.414
	T_{m0302}	28.328	0.140	4.070	0.000		0.456	0.456	0.062	0.194	5.164
	常量	-122.042		-1.686	0.097	0.983 (F=915.883, p=0.000)	—	—	—	—	—
	T_{m0309}	120.673	0.408	2.367	0.021		0.703	0.286	0.039	0.009	111.386
	T_{m0313}	-1842.070	-5.287	-22.449	0.000		0.544	-0.943	-0.366	0.005	208.413
	T_{m0311}	537.919	1.595	3.984	0.000		0.607	0.449	0.065	0.002	602.466
	T_{m0307}	457.474	1.590	22.951	0.000		0.624	0.945	0.374	0.055	18.045
	T_{m0304}	74.044	0.283	6.784	0.000		0.592	0.650	0.111	0.153	6.519
	T_{m0310}	666.522	2.120	6.479	0.000		0.682	0.632	0.106	0.002	402.252
	常量	-240.192		-2.351	0.022	0.964 (F=341.738, p=0.000)	—	—	—	—	—
	T_{m0309}	495.165	1.672	12.565	0.000		0.703	0.844	0.298	0.032	31.402
	T_{m0313}	-2032.903	-5.834	-21.639	0.000		0.544	-0.938	-0.514	0.008	128.858
	T_{m0306}	68.787	0.243	2.250	0.028		0.622	0.271	0.053	0.049	20.614
	T_{m0311}	1172.694	3.477	11.462	0.000		0.607	0.820	0.272	0.006	163.154
	T_{m0307}	323.247	1.124	7.861	0.000		0.624	0.701	0.187	0.028	36.221

二、树高年生长量与三月温度均值指标的逐步回归模型

各生长期 3 月均温组合了 5 组对照油松高年生长量有效模型。其中，T_{m0307}、T_{m0311}、

T_{m0309}、T_{m0308}和 T_{m0303}组合构成了对照油松高年生长量3月均温优化模型。在8组RPA有效模型中，T_{m0309}、T_{m0313}、T_{m0310}、T_{m0307}、T_{m0311}以及 T_{m0303}组合构建了RPA3月均温优化模型；另外，T_{m0309}、T_{m0313}、T_{m0306}及 T_{m0310}组合也能较好地反映格生长期3月均温对RPA油松的影响(表8－21)。

表8－21　油松高年生长量与3月均温的逐步回归模型

Tab. 8－21 The stepwise regression model of mean temperature in March and annual height increment of *Pinus tabulaeformi*

处理 Treat	温度因子 T_{m03}	模型 Model Coefficients 非标准 Unstandard	标准 Standard	T－检验 (T－test) t	p	R^2	相关系数 Correlations r_0	$r_{partial}$	r_{part}	共线性统计量 Collinearity statistics 容差 Tolerance	方差膨胀因子 VIF
	常量	19.236	—	0.419	0.677		—	—	—	—	—
	T_{m0307}	123.185	2.238	5.667	0.000	0.782	0.544	0.578	0.330	0.022	45.868
	T_{m0311}	－230.117	－3.566	－11.888	0.000	(F =	0.386	－0.830	－0.693	0.038	26.464
H_{atck}	T_{m0309}	162.221	2.864	8.838	0.000	46.006, p =	0.522	0.741	0.515	0.032	30.869
	T_{m0308}	－69.428	－1.273	－2.742	0.008	0.000)	0.532	－0.324	－0.160	0.016	63.403
	T_{m0303}	12.829	0.282	2.045	0.045		0.452	0.248	0.119	0.179	5.600
	常量	16.849	—	0.288	0.774		—	—	—	—	—
	T_{m0309}	－163.205	－2.170	－4.119	0.000	852	0.607	－0.461	－0.200	0.008	118.262
	T_{m0313}	－252.013	－2.847	－4.016	0.000	(F=	0.474	－0.451	－0.195	0.005	214.211
	T_{m0310}	540.348	6.765	6.890	0.000	60.528,	0.605	0.656	0.334	0.002	410.762
	T_{m0307}	141.487	1.936	9.071	0.000	p =	0.547	0.753	0.439	0.051	19.419
	T_{m0311}	－286.019	－3.339	－2.808	0.007	0.000)	0.530	－0.333	－0.136	0.002	602.600
H_{atrpa}	T_{m0303}	18.473	0.306	2.439	0.018		0.456	0.294	0.118	0.149	6.713
	常量	－83.918	—	－1.265	0.211	0.754	—	—	—	—	—
	T_{m0309}	63.562	0.845	2.032	0.046	(F =	0.607	0.244	0.125	0.022	45.797
	T_{m0313}	－288.120	－3.255	－10.094	0.000	49.919,	0.474	－0.781	－0.620	0.036	27.527
	T_{m0306}	67.059	0.931	5.143	0.000	p =	0.560	0.538	0.316	0.115	8.674
	T_{m0310}	166.741	2.087	4.340	0.000	0.000)	0.605	0.474	0.267	0.016	61.242

1. 对照树高年生长量3月温度均值指标模型分析　在控制优化模型中其他因子影响下，油松高年生长量与 T_{m0311}和 T_{m0308}呈极显著的负偏相关($r_{partial}$ = －0.830、－0.324，p =0.000、0.008)；而与 T_{m0303}、T_{m0307}和 T_{m0309}正偏相关依次增强，其中与 T_{m0303}相关显著

($r_{partial}=0.248,p=0.045$),与 T_{m0307} 和 T_{m0309} 相关极显著($r_{partial}=0.578$、$0.741,p=0.000$)。油松对 T_{m0311} 反应最大,单位量变化系数为3.566,其对模型影响也最大,贡献46.6%。其次是 T_{m0309}、T_{m0307} 和 T_{m0308},系数依次为2.864、2.238和1.273,分别贡献29.5%、17.5%和5.5%。高年生长量对 T_{m0303} 响应较小,单位量变化系数仅为0.282,对模型贡献仅为0.8%。

2. RPA树高年生长量3月温度均值指标模型分析　从优化模型分析,油松高年生长量与 T_{m0309}、T_{m0313} 和 T_{m0311} 负偏相关依次减弱,与 T_{m0303}、T_{m0310} 和 T_{m0308} 正偏相关依次增强;其中除与 T_{m0303} 相关显著外($r_{partial}=0.294,p=0.018$),与其余各因子极显著。油松对 T_{m0310} 反应敏感,单位量变化系数为6.765;其次是 T_{m0311}、T_{m0313} 和 T_{m0309},系数依次为3.339、2.847和2.170;对 T_{m0307} 和 T_{m0303} 响应较小,系数为1.936和0.306。在各因子协同作用下,T_{m0310} 对油松高年生长量影响最大,对模型贡献47.2%;而 T_{m0313}、T_{m0307}、T_{m0311} 和 T_{m0309} 影响依次降低,分别贡献15.1%、14.3%、12.7%和10.0%;T_{m0303} 对模型影响最小,仅贡献0.7%。RPA的4因子模型显示,油松与 T_{m0313} 呈极显著的负偏相关($r_{partial}=-0.781,p=0.000$),与 T_{m0309} 正偏相关显著($r_{partial}=0.244,p=0.046$),与 T_{m0310} 和 T_{m0306} 正偏相关极显著($r_{partial}=0.474$、$0.538,p=0.000$)。T_{m0313} 和 T_{m0310} 的单位量变化系数为3.255和2.087,分别贡献63.1%和22.2%;T_{m0306} 和 T_{m0309} 系数为0.931和0.845,贡献10.2%和4.4%。

三、树高生长年增量与三月温度均值指标的逐步回归模型

用树高(R_{aht})与油松3月均温指标(T_{m03})进行模型分析,3月温度均值指标与油松高年增量关系比较疏远,在0.05进入水平和0.10剔除水平下,没有因子进入模型。

第八节　四月均温对树高生长的均值效应

【内容提要】 树高模型显示,对照油松对 T_{m0411}、T_{m0405} 和 T_{m0406} 响应较大,其单位量变化系数为2.057、1.337和0.883,对模型分别贡献37.1%、31.0%和14.5%;而 T_{m0407}、T_{m0402} 和 T_{m0410} 对树高影响较小,分别贡献6.5%、5.4%和5.4%。T_{m0411}、T_{m0413}、T_{m0410}、T_{m0405} 和 T_{m0406} 对RPA油松影响较大,依次贡献29.7%、27.6%、20.5%、15.0%和5.0%。对照树高年生长量对 T_{m0413} 和 T_{m0411} 影响较强,其在两模型中的单位量变化系数为2.930、1.691和3.275、1.761,对模型分别贡献45.1%、22.1%和43.6%、18.8%;而RPA油松对 T_{m0413} 和 T_{m0410} 响应较强,其单位量变化系数为3.185和3.168,对模型贡献37.1%和35.7%。对照树高生长年增量优化模型中,油松对 T_{m0411}、T_{m0413} 和 T_{m0408} 响应依次减弱,其单位量变化系数为3.146、1.988和1.126,对模型贡献62.2%、21.1%和16.7%。剔除用 T_{m0404} 取代 T_{m0413} 后,T_{m0411} 和 T_{m0408} 对树高年增量影响极大,对模型分别贡献52.6%和46.9%;而 T_{m0404} 对模型仅贡献0.5%。剔除 T_{m0411} 因子,T_{m0404} 和 T_{m0408} 对油松高生长年增量的影响差异较小,分别贡献48.5%和51.5%。

【关 键 词】飞播造林，RPA，4 月温度均值指标，油松，树高，树高年生长量，树高生长年增量，逐步回归模型

一、树高与四月温度均值指标的逐步回归模型

4 月温度均值指标可以组成 6 组对照油松高有效模型和 7 组 RPA 油松高有效模型。首先近 6 年均值（T_{m0405}）、近 11 年的值（T_{m0410}）以及近 7 年均值（T_{m0406}）依次进入树高优化模型，接着近 3 年均值（T_{m0402}）、近 12 年均值（T_{m0411}）和近 8 年均值（T_{m0407}）依次进入对照树高 4 月均温优化模型，近 4 年均值（T_{m0403}）、近 14 年均值（T_{m0413}）、T_{m0411} 以及近 2 年均值（T_{m0401}）进入 RPA 油松高 4 月均温优化模型。T_{m0405}、T_{m0410}、T_{m0406} 和 T_{m0411} 是对照和 RPA 模型中的 4 个共同因子（表 8－22）。

表 8－22　油松高与 4 月均温的逐步回归模型

Tab. 8－22 The stepwise regression model of mean temperature in April and height of *Pinus tabulaeformi*

处理 Treat	温度因子 T_{m04}	模型 Model Coefficients 非标准 Unstandard	标准 Standard	T－检验 (T－test) t	p	R^2	相关系数 Correlations r_0	$r_{partial}$	r_{part}	共线性统计量 Collinearity statistics 容差 Tolerance	方差膨胀因子 VIF
H_{tck}	常量	112.523		0.451	0.654	0.855 (F = 61.852, p = 0.000)	—	—	—	—	—
	T_{m0405}	317.425	1.337	8.858	0.000		0.565	0.745	0.425	0.101	9.894
	T_{m0410}	－189.714	－0.652	－1.781	0.080		0.211	－0.219	－0.085	0.017	58.266
	T_{m0406}	228.698	0.883	4.407	0.000		0.517	0.485	0.211	0.057	17.443
	T_{m0402}	67.278	0.481	6.203	0.000		0.185	0.616	0.298	0.383	2.609
	T_{m0411}	－597.442	－2.057	－4.295	0.000		0.253	－0.476	－0.206	0.010	99.559
	T_{m0207}	170.290	0.603	2.426	0.018		0.351	0.292	0.116	0.037	26.814
H_{trpa}	常量	155.534		0.474	0.637	0.868 (F = 58.029, p = 0.000)	—	—	—	—	—
	T_{m0405}	426.498	1.316	6.664	0.000		0.533	0.646	0.308	0.055	18.270
	T_{m0410}	－766.044	－1.930	－4.492	0.000		0.196	－0.495	－0.208	0.012	86.454
	T_{m0406}	250.287	0.708	3.091	0.003		0.507	0.365	0.143	0.041	24.579
	T_{m0403}	63.509	0.274	2.485	0.016		0.285	0.301	0.115	0.175	5.702
	T_{m0413}	965.166	2.423	4.907	0.000		0.277	0.529	0.227	0.009	114.144
	T_{m0411}	－993.247	－2.505	－5.208	0.000		0.231	－0.552	－0.241	0.009	108.329
	T_{m0401}	48.816	0.307	3.853	0.000		0.050	0.440	0.178	0.337	2.963

1. **对照树高4月温度均值指标模型分析** 在对照模型中，T_{m0402}、T_{m0410}、T_{m0411}、T_{m0407}、T_{m0406}和T_{m0405}与树高正相关关系依次紧密；在控制模型中其他因子影响下，T_{m0411}与树高负偏相关极显著（$r_{partial}=-0.476, p=0.000$），$T_{m0410}$负偏相关不显著（$r_{partial}=-0.219, p=0.080$）；而$T_{m0407}$、$T_{m0406}$、$T_{m0402}$和$T_{m0405}$与树高正偏相关性依次加强，且除$T_{m0407}$相关显著外（$r_{partial}=0.292, p=0.018$），其余极显著（$p=0.000$）。在模型因子共同作用下，$T_{m0411}$和$T_{m0405}$对树高作用较大，分别贡献37.1%和31.0%；其次是T_{m0406}，贡献14.5%；T_{m0407}、T_{m0402}和T_{m0410}的作用相对较小，分别贡献6.5%、5.4%和5.4%。

2. **RPA树高4月温度均值指标模型分析** 在RPA优化模型中，T_{m0401}、T_{m0410}、T_{m0413}、T_{m0403}、T_{m0406}和T_{m0405}与树高正相关依次增强。T_{m0411}和T_{m0410}与树高负偏相关均极显著（$r_{partial}=-0.495$、$-0.552, p=0.000$）；T_{m0403}、T_{m0406}、T_{m0401}、T_{m0413}和T_{m0405}与树高正偏相关性依次增强，且除T_{m0403}相关显著外（$r_{partial}=0.301, p=0.016$），其余极显著（$p=0.000$）。$T_{m0411}$、$T_{m0413}$和$T_{m0410}$对树高影响较大，依次贡献29.7%、27.6%和20.5%；其次是T_{m0405}和T_{m0406}，贡献15.0%和5.0%；而T_{m0401}和T_{m0403}作用较小，仅贡献1.2%和1.0%。

二、树高年生长量与四月温度均值指标的逐步回归模型

在对照组成的9组有效模型中，T_{m0408}、T_{m0407}、T_{m0413}、T_{m0411}、T_{m0406}、T_{m0402}和T_{m0405}因子组合构成了对照树高年生长量4月均温优化模型；另外，T_{m0404}、T_{m0408}、T_{m0407}、T_{m0413}、T_{m0411}和T_{m0406}因子组合也能诠释4月均温与对照油松的关系。在RPA 5组有效模型中，T_{m0405}、T_{m0410}、T_{m0413}、T_{m0402}以及T_{m0411}因子组合构建了RPA树高年生长量4月均温优化模型（表8－23）。

1. **对照树高年生长量4月温度均值指标模型分析** 在优化模型中，油松高年生长量与T_{m0412}负偏相关极显著（$r_{partial}=-0.417, p=0.001$），与$T_{m0408}$负偏相关显著（$r_{partial}=-0.295, p=0.018$）；与$T_{m0406}$、$T_{m0407}$、$T_{m0405}$、$T_{m0411}$和$T_{m0402}$正偏相关依次增强，其中与$T_{m0406}$相关不显著（$r_{partial}=0.233, p=0.064$），与$T_{m0407}$和$T_{m0405}$相关显著（$r_{partial}=0.262$、$0.281, p=0.036$、$0.025$），与$T_{m0411}$和$T_{m0402}$相关极显著（$r_{partial}=0.356$、$0.443, p=0.000$、$0.004$）。油松高年生长量对$T_{m0413}$和$T_{m0411}$反应较大，单位量变化系数为2.930和1.691；其对模型影响也较大，分别贡献45.1%和22.1%。油松对T_{m0408}、T_{m0407}、T_{m0405}、T_{m0406}和T_{m0402}反应较小，系数依次为0.975、0.805、0.754、0.660和0.418，对模型贡献分别为10.5%、7.5%、6.4%、5.1%和3.3%。

从6因子模型分析，油松与T_{m0413}和T_{m0408}负偏相关极显著（$r_{partial}=-0.426$、$-0.317, p=0.000$、0.010），与$_{m0406}$、T_{m0411}、T_{m0407}和T_{m0404}正偏相关依次增强，且极显著。高年生长量对T_{m0413}反应最大，单位量变化系数为3.275，其对模型贡献43.6%。对T_{m0411}、T_{m0407}、T_{m0408}、T_{m0406}和T_{m0404}反应较小，系数依次为1.761、1.465、0.926、0.660和0.672，对模型贡献分别为18.8%、16.9%、9.1%、5.9%和5.7%。

2. **RPA树高年生长量4月温度均值指标模型分析** RPA优化模型显示，年生长量与T_{m0410}负偏相关极显著（$r_{partial}=-0.622, p=0.000$），与$T_{m0411}$负偏相关显著（$r_{partial}=$

-0.304, p =0.013),与 T_{m0402}、T_{m0413} 和 T_{m0405} 正偏相关依次增强,且极显著(p =0.000)。油松对 T_{m0413} 和 T_{m0410} 反应敏感,单位量变化系数分别为3.185和3.168,其对模型贡献为37.1%和35.7%;对 T_{m0405} 和 T_{m0411} 反应相对较小,系数为1.463和1.505,分别贡献16.8%和8.3%;对 T_{m0402} 反应最小,变化系数仅为0.480,对模型贡献仅为2.2%。

表8-23 油松高年生长量与4月均温的逐步回归模型

Tab.8-23 The stepwise regression model of mean temperature in April and annual height increment of *Pinus tabulaeformi*

处理 Treat	温度因子 T_{m04}	模型 Model Coefficients		T-检验 (T-test)		R^2	相关系数 Correlations			共线性统计量 Collinearity statistics	
		非标准 Unstandard	标准 Standard	t	p		r_0	$r_{partial}$	r_{part}	容差 Tolerance	方差膨胀因子 VIF
	常量	53.116	—	0.589	0.558	0.729 (F = 23.832, p = 0.000)	—	—	—	—	—
	T_{m0408}	-73.412	-0.975	-2.428	0.018		0.015	-0.295	-0.160	0.027	36.937
	T_{m0407}	59.340	0.805	2.139	0.036		0.230	0.262	0.141	0.031	32.381
	T_{m0413}	-223.287	-2.930	-3.616	0.001		0.191	-0.417	-0.239	0.007	150.219
	T_{m0411}	128.294	1.691	2.998	0.004		0.257	0.356	0.198	0.014	72.810
	T_{m0406}	44.599	0.660	1.888	0.064		0.313	0.233	0.125	0.036	27.929
	T_{m0402}	15.281	0.418	3.895	0.000		0.260	0.443	0.257	0.379	2.638
H_{tck}	T_{m0205}	46.735	0.754	2.301	0.025		0.491	0.281	0.152	0.041	24.564
	常量	-21.614	—	-0.239	0.812	0.0.690 (F = 23.407, p = 0.000)	—	—	—	—	—
	T_{m0404}	35.345	0.672	3.342	0.001		0.499	0.388	0.234	0.122	8.216
	T_{m0408}	-69.701	-0.926	-2.654	0.010		0.015	-0.317	-0.186	0.040	24.764
	T_{m0407}	108.053	1.465	3.271	0.002		0.230	0.381	0.229	0.024	40.833
	T_{m0413}	-249.629	-3.275	-3.741	0.000		0.191	-0.426	-0.262	0.006	155.927
	T_{m0411}	133.587	1.761	2.907	0.005		0.257	0.344	0.204	0.013	74.665
	T_{m0406}	44.631	0.660	2.706	0.009		0.313	0.323	0.190	0.083	12.108
	常量	100.026	—	0.895	0.374	0.754 (F = 39.163, p = 0.000)	—	—	—	—	—
	T_{m0405}	120.394	1.463	9.715	0.000		0.450	0.772	0.603	0.170	5.891
H_{atrpa}	T_{m0410}	-319.384	-3.168	-6.356	0.000		0.131	-0.622	-0.394	0.015	64.542
	T_{m0413}	322.315	3.185	6.671	0.000		0.221	0.640	0.414	0.017	59.241
	T_{m0402}	23.288	0.480	4.921	0.000		0.174	0.524	0.305	0.404	2.472
	T_{m0411}	-151.621	-1.505	-2.549	0.013		0.184	-0.304	-0.158	0.011	90.612

三、树高生长年增量与四月温度均值指标的逐步回归模型

4 月均温指标组成了 5 组对照油松高年增量有效模型。其中，T_{m0408}、T_{m0411}）以及 T_{m0413} 构建了对照油松高年增量 4 月均温优化模型；另外，T_{m0404}、T_{m0408} 及 T_{m0411} 组合也能较好诠释 4 月均温与对照油松高年增量的关系，而 T_{m0404} 和 T_{m0408} 模型反映了两者对油松影响的差异（表 8－24）。而 RPA 油松高年增量与 4 月均温指标的关系比较疏远，在 0.05 进入水平和 0.10 剔除水平下，没有因子进入模型。

表 8－24　油松高生长年增量与 4 月均温的逐步回归模型

Tab. 8－24 The stepwise regression model between the mean temperature in April and the annual height growth acceleration of *Pinus tabulaeformi*

处理 Treat	温度因子 T_{m04}	模型 Model Coefficients 非标准 Unstandard	模型 Model Coefficients 标准 Standard	T－检验（T－test） t	T－检验（T－test） p	R^2	相关系数 Correlations r_0	相关系数 Correlations $r_{partial}$	相关系数 Correlations r_{part}	共线性统计量 Collinearity statistics 容差 Tolerance	共线性统计量 Collinearity statistics 方差膨胀因子 VIF
	常量	－37.086	—	－0.258	0.797	0.430（F＝16.615，p＝0.000）	—	—	—	—	—
	T_{m0408}	－106.427	－1.126	－3.027	0.004		－0.103	－0.349	－0.281	0.062	16.017
	T_{m0411}	299.801	3.146	4.202	0.000		0.130	0.459	0.390	0.015	64.919
	T_{m0413}	－190.321	－1.988	－2.058	0.044		0.047	－0.246	－0.191	0.009	108.037
H_{tck}	常量	－57.368	—	－0.375	0.709	0.396（F＝14.535，p＝0.000）	—	—	—	—	—
	T_{m0404}	－10.106	－0.153	－0.673	0.503		0.265	－0.083	－0.064	0.177	5.653
	T_{m0408}	－170.816	－1.807	－5.651	0.000		－0.103	－0.571	－0.540	0.089	11.203
	T_{m0411}	185.176	1.943	4.320	0.000		0.130	0.470	0.413	0.045	22.169
	常量	157.048	—	0.966	0.338		—	—	—	—	—
	T_{m0404}	42.630	0.645	4.338	0.000	0.228*	0.265	0.468	0.466	0.522	1.917
	T_{m0408}	－51.906	－0.549	－3.693	0.000		－0.103	－0.411	－0.397	0.522	1.917

备注：Remark：* $F=9.867, p=0.000$

从优化模型分析，在排除其他因子影响下，油松高年增量与 T_{m0408} 负偏相关极显著（$r_{partial}=-0.349, p=0.004$），与 T_{m0413} 负偏相关显著（$r_{partial}=-0.246, p=0.044$），而与 T_{m0411} 正偏相关极显著（$r_{partial}=0.459, p=0.000$）。年增量对 T_{m0411} 响应最强，单位量变化系数为 3.146，其对模型影响也最大，贡献占 62.2%；而对 T_{m0413} 和 T_{m0408} 响应较弱，变化系数为 1.988 和 1.126，其对模型影响也相对降低，分别贡献 21.1% 和 16.7%。而另一模型显示，油松也与 T_{m0408} 负偏相关极显著（$r_{partial}=-0.571, p=0.000$），与 T_{m0411} 正偏相关极显

著（$r_{partial}=0.470, p=0.000$），而与 T_{m0404} 负偏相关不显著（$r_{partial}=-0.083, p=0.503$）。树高年增量对 T_{m0411} 和 T_{m0408} 响应较强，变化系数为 1.943 和 1.807，其对模型分别贡献 52.6% 和 46.9%；而对 T_{m0404} 响应很弱，系数为 0.153，贡献仅为 0.5%。从 2 因子模型分析，年增量与 T_{m0404} 正偏相关极显著（$r_{partial}=0.468, p=0.000$），而也与 T_{m0408} 负偏相关极显著（$r_{partial}=-0.411, p=0.000$）。年增量对 T_{m0404} 和 T_{m0408} 响应基本相当，系数为 0.645 和 0.549，其对模型的贡献分别为 48.5% 和 51.5%；说明两者对模型的影响差异不大。但在考虑 T_{m0411} 作用时，T_{m0404} 对模型影响近乎消失，而 T_{m0408} 对模型影响保持稳定。

第九节　五月均温对树高生长的均值效应

【内容提要】对照和 RPA 树高优化模型决定系数 R^2 为 0.915 和 0.918，模型关系极为显著（$p=0.000$）。模型中，T_{m0512}、T_{m0510} 和 T_{m0509} 对树高影响较大，其在两模型中的单位量变化系数为 7.867、4.488、2.883 和 6.170、4.173、1.088，对模型分别贡献 53.2%、29.3%、15.2% 和 55.3%、37.6%、3.5%。在对照 7 因子模型中，也是 T_{m0512}、T_{m0510} 和 T_{m0509} 对树高影响较大，其系数为 7.496、4.438 和 2.489，贡献 54.7%、31.4% 和 12.7%。树高年生长量模型 R^2 为 0.737 和 0.755，线性关系也十分紧密（$p=0.000$）。模型中，T_{m0511} 和 T_{m0510} 和 T_{m0509} 对对照油松高年生长量影响较大，其单位量变化系数为 5.056、2.991 和 1.648，对模型贡献 59.5%、26.3% 和 11.1%；而 T_{m0512} 和 T_{m0510} 对 RPA 油松影响极大，其单位量变化系数分别为 5.634 和 5.044，对模型分别贡献 52.5% 和 44.8%。RPA 油松高生长年增量与 5 月温度均值指标线性关系疏远，没有有效模型，对照优化模型也较小（$R^2=0.381, p=0.000$）。优化模型和 4 因子模型中，T_{m0511} 和 T_{m0508} 对树高生长年增量影响极大，其单位量变化系数为 2.886、2.715 和 2.635、2.662，对模型分别贡献 53.4%、45.2% 和 41.5%、56.2%；剔除 4 因子模型中的 T_{m0511}，T_{m0507} 和 T_{m0508} 对树高生长年增量作用极大，其单位量变化系数为 2.886 和 2.715，对模型贡献 53.4% 和 45.2%。

【关 键 词】飞播造林，RPA，5 月温度均值指标，油松，树高，树高年生长量，树高生长年增量，逐步回归模型

一、树高与五月温度均值指标的逐步回归模型

1. **对照树高 5 月温度均值指标模型分析**　5 月均温指标可以组成 9 组对照树高有效模型。其中，近 13 年、近 11 年、当年以及近 3 年 5 月温度均值指标（T_{m0512}、T_{m0510}、T_{m05} 和 T_{m0512}）构成了对照油松高优化模型；另外，近 4 年均值（T_{m0503}）、T_{m0512}、T_{m0510}、近 2 年均值（T_{m0501}）、近 10 年均值（T_{m0509}）、T_{m05} 和 T_{m0502} 组合也能较好诠释 5 月均温对对照油松高的影响（表 8－25）。

表 8－25　油松高与 5 月均温的逐步回归模型

Tab. 8－25 The stepwise regression model of mean temperature in May and height of *Pinus tabulaeformi*

处理 Treat	温度因子 T_{m05}	模型 Model Coefficients 非标准 Unstandard	标准 Standard	T－检验 (T－test) t	p	R^2	相关系数 Correlations r_0	$r_{partial}$	r_{part}	共线性统计量 Collinearity statistics 容差 Tolerance	方差膨胀因子 VIF
H_{tck}	常量	1 283.788	—	4.734	0.000		—	—	—	—	—
	T_{m0512}	－2 690.419	－7.867	－20.655	0.000	0.915 (F = 137.499, p = 0.000)	0.046	－0.933	－0.753	0.009	109.021
	T_{m0510}	1 527.059	4.488	16.952	0.000		0.138	0.904	0.618	0.019	52.681
	T_{m0509}	957.292	2.883	8.953	0.000		0.139	0.746	0.327	0.013	77.930
	T_{m05}	40.849	0.409	7.109	0.000		0.004	0.664	0.259	0.401	2.493
	T_{m0502}	105.556	0.620	9.656	0.000		0.418	0.770	0.352	0.323	3.101
	常量	1 346.936	—	4.993	0.000		—	—	—	—	—
	T_{m0503}	45.010	0.221	1.681	0.098		0.546	0.209	0.060	0.074	13.454
	T_{m0512}	－2 563.533	－7.496	－14.682	0.000		0.046	－0.881	－0.527	0.005	202.701
	T_{m0510}	1 509.947	4.438	13.225	0.000	0.920 (F = 102.226, p = 0.000)	0.138	0.859	0.474	0.011	87.556
	T_{m0501}	23.513	0.184	1.585	0.118		0.141	0.197	0.057	0.095	10.529
	T_{m0509}	826.403	2.489	6.462	0.000		0.139	0.634	0.232	0.009	115.359
	T_{m05}	29.606	0.297	3.714	0.000		0.004	0.427	0.133	0.201	4.963
	T_{m0502}	66.297	0.390	3.024	0.004		0.418	0.358	0.108	0.077	12.906
H_{trpa}	常量	1 803.416		4.838	0.000		—	—	—	—	—
	T_{m0503}	130.418	0.469	4.963	0.000		0.524	0.533	0.180	0.147	6.785
	T_{m0512}	－2 880.012	－6.170	－9.765	0.000		0.039	－0.778	－0.355	0.003	302.706
	T_{m0510}	1 938.185	4.173	10.048	0.000	0.918 (F = 99.473, p = 0.000)	0.139	0.787	0.365	0.008	130.815
	T_{m0501}	50.149	0.288	3.047	0.003		0.108	0.361	0.111	0.147	6.784
	T_{m0505}	151.487	0.403	2.460	0.017		0.413	0.298	0.089	0.049	20.344
	T_{m05}	32.755	0.241	3.292	0.002		0.020	0.386	0.120	0.247	4.047
	T_{m0509}	492.963	1.088	2.388	0.020		0.122	0.290	0.087	0.006	157.347

对照优化模型中，仅 T_{m0502} 与树高正相关紧密，其他因子相关系数较小，尤其是与 T_{m05} 和 T_{m0512} 的相关系数仅为 0.004 和 0.046。在控制模型中其他因子影响下，T_{m0512} 与油松高呈极显著的负偏相关（$r_{partial}$ = －0.933，p = 0.000）；而 T_{m05}、T_{m0509}、T_{m0502} 和 T_{m0510} 与树高正

偏相关依次增强，且均极显著($p=0.000$)。各因子协同作用下，T_{m0512}对模型影响最大，贡献53.2%；其次T_{m0510}和T_{m0509}分别贡献29.3%和15.2%；次T_{m0502}和T_{m05}作用较小，分别贡献1.7%和0.6%。

从7因子模型分析，T_{m05}、T_{m0512}、T_{m0510}、T_{m0501}、T_{m0502}和T_{m0503}与树高正相关依次增强。排除其他因子干扰，也仅有T_{m0512}与树高呈极显著的负偏相关($r_{partial}=-0.881$，$p=0.000$)；而T_{m0501}、T_{m0503}、T_{m0502}、T_{m05}、T_{m0509}和T_{m0510}与树高正偏相关依次增强；其中T_{m0501}和T_{m0503}相关不显著($r_{partial}=0.197$、0.209，$p=0.118$、0.098)，其余相关极显著。各因子相互作用下，T_{m0512}对模型贡献54.7%，T_{m0510}和T_{m0509}分别贡献31.4%和12.7%；T_{m0502}、T_{m05}、T_{m0503}和T_{m0501}作用较小，依次贡献0.6%、0.3%、0.2%和0.1%。

2. RPA**树高5月温度均值指标模型分析** 在5月均温指标组成的7组RPA树高有效模型中，T_{m0503}、T_{m0512}、T_{m0510}、T_{m0501}、近6年均值(T_{m0505})、T_{m05}和T_{m0509}组合构成了RPA树高5月均温优化模型(表8－25)。

从模型分析，T_{m05}、T_{m0512}、T_{m0501}、T_{m0509}、T_{m0510}、T_{m0505}和T_{m0504}与树高正相关依次递增；在消除其他因子影响下，也只有T_{m0512}与树高呈极显著的负偏相关($r_{partial}=-0.778$，$p=0.000$)；而T_{m0509}、T_{m0505}、T_{m0501}、T_{m05}、T_{m0503}和T_{m0510}与树高正偏相关性依次增强，且除T_{m0509}和T_{m0505}相关显著外($r_{partial}=0.290$、0.298，$p=0.020$、0.017)，其余因子相关极显著($p<0.01$)。模型各因子协同作用下，也是T_{m0512}对模型影响最大，贡献55.3%；其次是T_{m0510}，贡献37.6%；T_{m0509}和T_{m0503}作用较小，贡献3.5%和1.7%；T_{m0501}和T_{m05}影响最小，仅贡献0.4%和0.3%。

二、树高年生长量与五月温度均值指标的逐步回归模型

1. **对照树高年生长量5月温度均值指标模型分析** 在5月均温指标组成的5组对照树高年生长量有效模型中，T_{m0511}、T_{m05}、T_{m0509}、T_{m0510}以及T_{m0502}组合构建了其优化模型(表8－26)。从模型分析，在排除模型中其他因子影响下，油松高年生长量仅与T_{m0511}负偏相关极显著($r_{partial}=-0.715$，$p=0.000$)；而与T_{m05}、T_{m0509}、T_{m0510}和T_{m0502}正偏相关依次增强，且极显著。油松对T_{m0511}响应最大，单位量变化系数为5.056；其对模型影响也最大，贡献59.5%。其次T_{m0510}和T_{m0509}对树高年生长量影响也较大，系数为2.991和1.648，分别贡献26.3%和11.1%。油松年生长量对T_{m0502}和T_{m05}反应最小，系数仅为0.597和0.273；对模型贡献分别为2.7%和0.4%。

2. RPA**树高年生长量5月温度均值指标模型分析** 在4组RPA油松有效模型中，T_{m0512}、T_{m0501}、T_{m0503}以及T_{m0510}组合构建了RPA油松高年生长量5月均温优化模型(表8－26)。从模型分析，油松高年生长量也只与T_{m0512}负偏相关极显著($r_{partial}=-0.773$，$p=0.000$)；而与T_{m0501}、T_{m0503}和T_{m0510}正偏相关依次增强，且极显著。油松对T_{m0512}和T_{m0510}响应敏感，单位量变化系数分别为5.634和5.044；其对模型影响也较大，分别贡献52.5%和44.8%。而树高年生长量对T_{m0503}和T_{m0501}反应很小，系数为0.531和0.466；其对模型

影响也很小，仅贡献 1.8% 和 0.9%。

表 8－26　油松高年生长量与 5 月均温的逐步回归模型

Tab.8－26 The stepwise regression model of mean temperature in May and annual height increment of *Pinus tabulaeformi*

处理 Treat	温度因子 T_{m05}	模型 Model Coefficients 非标准 Unstandard	模型 Model Coefficients 标准 Standard	T－检验（T－test） t	T－检验（T－test） p	R^2	相关系数 Correlations r_0	相关系数 Correlations $r_{partial}$	相关系数 Correlations r_{part}	共线性统计量 Collinearity statistics 容差 Tolerance	共线性统计量 Collinearity statistics 方差膨胀因子 VIF
	常量	215.077	—	1.763	0.083		—	—	—	—	—
	T_{m0502}	26.515	0.597	5.119	0.000	0.737（F = 35.937，p = 0.000）	0.553	0.539	0.328	0.302	3.306
	T_{m0511}	－452.011	－5.056	－8.175	0.000		0.051	－0.715	－0.524	0.011	93.102
H_{atck}	T_{m0510}	265.774	2.991	5.083	0.000		0.112	0.536	0.326	0.012	84.303
	T_{m0509}	142.874	1.648	3.727	0.000		0.180	0.422	0.239	0.021	47.575
	T_{m05}	7.125	0.273	2.770	0.007		0.120	0.327	0.178	0.422	2.371
	常量	327.465	—	2.055	0.044	0.755（F = 50.029，p = 0.000）	—	—	—	—	—
	T_{m0503}	37.504	0.531	4.319	0.000		0.442	0.472	0.265	0.249	4.014
H_{atrpa}	T_{m0512}	－668.068	－5.634	－9.837	0.000		0.043	－0.773	－0.604	0.011	86.966
	T_{m0510}	594.990	5.044	8.876	0.000		0.147	0.740	0.545	0.012	85.603
	T_{m0501}	20.610	0.466	3.817	0.000		0.047	0.428	0.234	0.253	3.956

三、树高生长年增量与五月温度均值指标的逐步回归模型

与 4 月均温指标影响相同，RPA 油松高年增量与 5 月均温指标线性关系也比较疏远，没能组成有效模型。而在 5 组对照油松高年增量有效模型中，T_{m0502}、T_{m0508} 以及 T_{m0511} 组成了对照油松 5 月均温优化模型；同时，其引入 T_{m0507} 也可以较好诠释 5 月均温对油松高年增量的影响；另外，T_{m0502}、T_{m0507} 和 T_{m0508} 组合也能反映 5 月均温指标与油松高年增量的关系（表 8－27）。

从优化模型分析，油松高年增量与 T_{m0511} 负偏相关极显著（$r_{partial}$ = －0.530，p = 0.000），而与 T_{m0502} 正偏相关显著（$r_{partial}$ = 0.252，p = 0.038），与 T_{m0508} 正偏相关极显著（$r_{partial}$ = 0.483，p = 0.000）。年增量对 T_{m0511} 和 T_{m0508} 响应较强，单位量变化系数为 2.886 和 2.715，其对模型影响也较大，分别贡献 53.4% 和 45.2%；而对 T_{m0502} 响应很弱，变化系数仅为 0.306，对模型仅贡献 1.3%。

从另一 3 因子模型分析，油松高年增量与 T_{m0507} 负偏相关极显著（$r_{partial}$ = －0.432，p =

0.000)，与 T_{m0508} 和 T_{m0502} 正偏相关极显著($r_{partial}=0.343$、0.464，$p=0.004$、0.000)。年增量对 T_{m0507} 和 T_{m0508} 反应较大，系数为 1.634 和 1.217，其对模型分别贡献 54.2% 和 33.6%，而对 T_{m0502} 反应较小，系数 0.641，对模型贡献 12.2%。

从 4 因子模型分析，油松高年增量也与 T_{m0511} 负偏相关极显著($r_{partial}=-0.343$，$p=0.005$)，而与 T_{m0507} 负偏相关不显著($r_{partial}=-0.045$，$p=0.718$)；也与 T_{m0508} 正偏相关极显著($r_{partial}=0.466$，$p=0.000$)，而与 T_{m0502} 正偏相关不显著($r_{partial}=0.235$，$p=0.056$)。年增量对 T_{m0508} 和 T_{m0511} 响应较强，系数 2.662 和 2.635，分别贡献 56.2% 和 41.5%；而对 T_{m0502} 和 T_{m0507} 响应很弱，系数为 0.341 和 0.226，对模型分别贡献 1.8% 和 0.4%。

上述分析说明，T_{m0508} 和 T_{m0511} 对油松高年增量影响较大，作用相对稳定；T_{m0502} 对模型影响较小；T_{m0507} 对油松高年增量影响大于 T_{m0508}，但在其他因子干扰下，其作用被掩盖。

表 8－27　油松高生长年增量与 5 月均温的逐步回归模型

Tab. 8－27 The stepwise regression model of mean temperature in May and annual height growth acceleration of *Pinus tabulaeformi*

处理 Treat	温度因子 T_{m05}	模型 Model Coefficients		T－检验 (T－test)		R^2	相关系数 Correlations			共线性统计量 Collinearity statistics	
		非标准 Unstandard	标准 Standard	t	p		r_0	$r_{partial}$	r_{part}	容差 Tolerance	方差膨胀因子 VIF
	常量	139.010	—	0.602	0.549	0.381	—	—	—	—	—
	T_{m0502}	17.069	0.306	2.114	0.038	($F=$ 13.550,	0.320	0.252	0.205	0.449	2.229
	T_{m0508}	300.736	2.715	4.485	0.000	$p=$	0.093	0.483	0.434	0.026	39.069
	T_{m0511}	－324.101	－2.886	－5.076	0.000	0.000)	－0.010	－0.530	－0.492	0.029	34.468
	常量	130.672	—	0.560	0.578	0.382	—	—	—	—	—
	T_{m0502}	19.050	0.341	1.946	0.056	($F=$	0.320	0.235	0.190	0.309	3.235
H_{atck}	T_{m0507}	－23.789	－0.226	－0.363	0.718	10.062,	0.011	－0.045	－0.035	0.025	40.773
	T_{m0508}	294.860	2.662	4.248	0.000	$p=$	0.093	0.466	0.414	0.024	41.319
	T_{m0511}	－295.995	－2.635	－2.940	0.005	0.000)	－0.010	－0.343	－0.287	0.012	84.552
	常量	43.257	—	0.177	0.860	0.300	—	—	—	—	—
	T_{m0502}	35.797	0.641	4.257	0.000	($F=$ 9.441,	0.320	0.464	0.438	0.467	2.140
	T_{m0507}	－172.186	－1.634	－3.893	0.000	$p=$	0.011	－0.432	－0.401	0.060	16.621
	T_{m0508}	134.855	1.217	2.963	0.004	0.000)	0.093	0.343	0.305	0.063	15.923

第十节　六月均温对树高生长的均值效应

【内容提要】对照和 RPA 树高优化模型决定系数 R^2 为 0.968 和 0.960($p=0.000$)。模型中,T_{m0611} 和 T_{m0609} 对对照树高作用极强,其在优化模型和 6 因子模型中的单位量变化系数为 3.909、2.296 和 3.061、2.355,对模型分别贡献 61.6%、23.7% 和 52.3% 和 33.4%;而是 T_{m0612} 和 T_{m0609} 对 RPA 油松高影响极大,其单位量变化系数为 2.871 和2.247,对模型贡献 51.3% 和 33.2%。在两者 4 因子模型中,油松对 T_{m0613} 和 T_{m0609} 响应较强,其单位量变化系数为 2.120、1.562 和 2.172、1.790,对模型贡献 54.8%、28.5% 和 55.1%、33.1%。树高年生长量模型线性关系比树高略有减弱($R^2=0.786$、0.817),但也极显著($p=0.000$)。模型中,T_{m0610} 和 T_{m0609} 对对照油松影响极大,其单位量变化系数为 5.812 和 3.374,对模型分别贡献 54.2% 和 26.3%;而 T_{m0612} 和 T_{m0609} 对 RPA 油松作用极大,系数 2.275和 2.289,贡献 47.9% 和 43.7%。与 4 月和 5 月均温相同,RPA 油松高年增量没能组成有效模型,而对照油松高年增量也仅与 T_{m0603} 和 T_{m0602} 线性关系相对紧密,且线性关系比较松散($R^2=0.146$,$p=0.005$)。模型中,两因子的系数为 0.685 和 0.497,对模型贡献 66.2% 和 43.8%。

【关 键 词】飞播造林,RPA,6 月温度均值指标,油松,树高,树高年生长量,树高生长年增量,逐步回归模型

一、树高与六月温度均值指标的逐步回归模型

1. ***对照树高 6 月温度均值指标模型分析***　在 6 月均温指标组成的 14 组对照油松高有效模型中,近 10 年、近 12 年、近 3 年、近 8 年和近 11 年 6 月温度均值指标(T_{m0609}、T_{m0611}、T_{m0602}、T_{m0607}、T_{m0606} 和 T_{m0610})组合构建了其优化模型,近 9 年均值(T_{m0608})、T_{m0609}、近 6 年均值(T_{m0605})、T_{m0611}、T_{m0602}、当年 6 月均温(T_{m06})和 T_{m0607} 组合,T_{m0608}、近 14 年均值(T_{m0613})、T_{m0609} 及 T_{m0605} 组合也可有效地反映各生长期 6 月均温对对照油松高的影响(表 8 - 28)。

从优化模型分析,T_{m0602}、T_{m0611}、T_{m0606}、T_{m0610}、T_{m0609} 和 T_{m0607} 与树高正相关依次增强。在控制模型其他因子影响下,T_{m0611} 与树高负偏相关极显著($r_{partial}=-0.893$,$p=0.000$),T_{m0610}、T_{m0602}、T_{m0606}、T_{m0607} 和 T_{m0609} 与树高正偏相关性依次加强,且除 T_{m0610} 相关显著外($r_{partial}=0.289$,$p=0.016$),其与相关极显著($p<0.01$)。各因子互相作用下,T_{m0611} 对树高起着决定作用,贡献 61.6%;其次是 T_{m0609},贡献 23.7%;T_{m0607} 和 T_{m0610} 作用相当,分别贡献 5.8% 和 5.1%;T_{m0606} 和 T_{m0602} 作用较小,分别贡献 3.2% 和 0.6%。

从另一 6 因子模型分析,T_{m06} 和 T_{m0602} 与树高关系相对疏远,T_{m0611}、T_{m0605}、T_{m0609} 和

T_{m0608}与树高正相关依次递增。排除其他因子作用，T_{m0611}与树高呈极显著的负偏相关（$r_{partial}=-0.910, p=0.000$），$T_{m06}$负偏相关显著（$r_{partial}=-0.261, p=0.036$）；而$T_{m0602}$、$T_{m0608}$、$T_{m0605}$和$T_{m0609}$与树高正偏相关依次增强，且均极显著（$p<0.01$）。在模型因子协同作用下，$T_{m0611}$和$T_{m0609}$的贡献率分别为52.3%和33.4%；$T_{m0608}$和$T_{m0605}$分别贡献8.5%和5.1%；$T_{m0602}$和$T_{m06}$作用较小，仅贡献0.6%和0.1%。

表8－28 油松高与6月均温的逐步回归模型

Tab.8－28 The stepwise regression model of mean temperature in June and height of *Pinus tabulaeformi*

处理 Treat	温度因子 T_{m06}	模型 Model Coefficients 非标准 Unstandard	标准 Standard	T－检验 (T－test) t	p	R^2	相关系数 Correlations r_0	$r_{partial}$	r_{part}	共线性统计量 Collinearity statistics 容差 Tolerance	方差膨胀因子 VIF
	常量	－221.288	—	－0.375	0.709		—	—	—	—	—
	T_{m0609}	1324.082	2.296	7.248	0.000	0.968	0.767	0.674	0.164	0.005	195.711
	T_{m0611}	－2601.218	－3.909	－15.778	0.000	(F＝	0.630	－0.893	－0.357	0.008	119.770
	T_{m0602}	56.372	0.166	3.492	0.001	316.630,	0.266	0.403	0.079	0.226	4.434
	T_{m0607}	351.842	0.727	6.212	0.000	p＝	0.775	0.616	0.141	0.037	26.701
	T_{m0606}	210.699	0.477	5.562	0.000	0.000)	0.681	0.574	0.126	0.070	14.371
	T_{m0610}	668.596	1.058	2.398	0.019		0.695	0.289	0.054	0.003	379.607
	常量	－737.346	—	－1.164	0.249		—	—	—	—	—
	T_{m0608}	421.995	0.822	8.053	0.000	0.958	0.792	0.712	0.208	0.064	15.679
H_{atck}	T_{m0609}	1357.929	2.355	14.122	0.000	(F＝	0.767	0.872	0.364	0.024	41.794
	T_{m0605}	239.069	0.574	9.160	0.000	240.082,	0.665	0.756	0.236	0.169	5.908
	T_{m0611}	－2036.734	－3.061	－17.409	0.000	p＝	0.630	－0.910	－0.449	0.022	46.484
	T_{m0602}	59.809	0.177	3.160	0.002	0.000)	0.266	0.370	0.082	0.213	4.697
	T_{m06}	－9.946	－0.063	－2.144	0.036		0.011	－0.261	－0.055	0.765	1.307
	常量	－2529.750	—	－3.461	0.001	0.914	—	—	—	—	—
	T_{m0608}	403.950	0.787	5.736	0.000	(F＝	0.792	0.580	0.208	0.070	14.258
	T_{m0613}	－1426.626	－2.120	－14.743	0.000	173.037,	0.601	－0.877	－0.536	0.064	15.663
	T_{m0609}	900.600	1.562	8.392	0.000	p＝	0.767	0.721	0.305	0.038	26.216
	T_{m0605}	229.669	0.552	6.659	0.000	0.000)	0.665	0.637	0.242	0.192	5.196

续表 8－28

处理 Treat	温度因子 T_{m06}	模型 Model Coefficients 非标准 Unstandard	标准 Standard	T－检验 (T－test) t	p	R^2	相关系数 Correlations r_0	$r_{partial}$	r_{part}	共线性统计量 Collinearity statistics 容差 Tolerance	方差膨胀因子 VIF
H_{trpa}	常量	－736.775	—	－0.864	0.391	0.960 (F＝210.137, p＝0.000)	—	—	—	—	—
	T_{m0608}	467.853	0.668	6.582	0.000		0.766	0.641	0.168	0.063	15.786
	T_{m0609}	1768.598	2.247	14.670	0.000		0.757	0.881	0.375	0.028	35.955
	T_{m0605}	453.493	0.798	8.472	0.000		0.662	0.732	0.216	0.074	13.602
	T_{m0612}	－2628.671	－2.871	－18.015	0.000		0.604	－0.916	－0.460	0.026	38.936
	T_{m06}	－19.278	－0.090	－2.709	0.009		－0.049	－0.325	－0.069	0.594	1.684
	T_{m0602}	107.675	0.233	4.212	0.000		0.276	0.472	0.108	0.213	4.691
	T_{m0604}	－117.252	－0.223	－2.682	0.009		0.519	－0.322	－0.069	0.094	10.621
	常量	－3288.057	—	－2.948	0.004	0.886 (F＝135.140, p＝0.000)	—	—	—	—	—
	T_{m0608}	394.871	0.564	3.674	0.000		0.766	0.415	0.149	0.070	14.258
	T_{m0613}	－1994.912	－2.172	－13.507	0.000		0.589	－0.859	－0.549	0.064	15.663
	T_{m0609}	1409.414	1.790	8.605	0.000		0.757	0.730	0.350	0.038	26.216
	T_{m0605}	330.442	0.581	6.277	0.000		0.662	0.614	0.255	0.192	5.196

2. **RPA 树高 6 月温度均值指标模型分析**　在组成的 9 组 RPA 树高有效模型中，T_{m0608}、T_{m0609}、T_{m0605}、T_{m0612}、T_{m06}、T_{m0602}和 T_{m0604}因子组合构成了 RPA 油松高 6 月均温指标优化模型；与对照相同，T_{m0608}、T_{m0613}、T_{m0609}及 T_{m0605}组合也能诠释 6 月均温对 RPA 油松高的均值效应(表 8－28)。

从优化模型分析，T_{m06}与树高关系疏远，相关系数仅为－0.049；而 T_{m0602}、T_{m0604}、T_{m0612}、T_{m0605}、T_{m0609}和 T_{m0608}与树高正相关依次增强。消除其他因子干扰，T_{m0612}也与树高呈极显著的负偏相关($r_{partial}$ ＝ －0.916，p＝0.000)，T_{m06}和 T_{m0604}负偏相关性显著($r_{partial}$＝－0.325、－0.322，p＝0.009)；而 T_{m0602}、T_{m0608}、T_{m0605}和 T_{m0609}正偏相关性依次加强，且均极显著(p＜0.01)。在各因子综合作用下，也是 T_{m0612}影响最大，贡献 51.3%；其次也是 T_{m0609}，贡献 33.2%；T_{m0605}和 T_{m0608}贡献 7.1%和 6.4%；T_{m0602}、T_{m0604}和 T_{m06}作用较小，依次贡献 1.1%、0.8%和 0.1%。

3. **RPA 和对照树高模型对比**　从对照和 RPA4 因子模型对比分析，均表现为 T_{m0613}、T_{m0605}、T_{m0609}和 T_{m0608}与树高正相关依次增强。T_{m0613}与树高呈极显著的负偏相关($r_{partial}$ ＝

-0.877、-0.859，$p=0.000$）；T_{m0605}、T_{m0609}和T_{m0608}与树高正偏相关性依次递增，且极显著（$p<0.01$）。T_{m0613}、T_{m0609}、T_{m0608}和T_{m0605}对对照树高贡献率依次为54.8%、28.5%、10.3%和6.4%，对RPA依次为55.1%、33.1%、5.3%和6.6%。

二、树高年生长量与六月温度均值指标的逐步回归模型

1. **对照树高年生长量6月温度均值指标模型分析**　在油松高年生长量与6月均温指标组成的4组有效模型中，T_{m0607}、T_{m0610}、T_{m0609}、T_{m0612}因子组合构建了对照优化模型（表8-29）。

表8-29　油松高年生长量与6月均温的逐步回归模型

Tab.8-29 The stepwise regression model of mean temperature in June and annual height increment of *Pinus tabulaeformi*

处理 Treat	温度因子 T_{m06}	模型 Model Coefficients 非标准 Unstandard	标准 Standard	T-检验（T-test） t	p	R^2	相关系数 Correlations r_0	$r_{partial}$	r_{part}	共线性统计量 Collinearity statistics 容差 Tolerance	方差膨胀因子 VIF
H_{atck}	常量	-452.020	—	-1.573	0.121	0.786（F=59.527，p=0.000）	—	—	—	—	—
	T_{m0607}	156.068	1.234	5.575	0.000		0.675	0.569	0.320	0.067	14.861
	T_{m0610}	-959.247	-5.812	-5.916	0.000		0.457	-0.592	-0.340	0.003	292.572
	T_{m0609}	508.150	3.374	5.202	0.000		0.522	0.542	0.299	0.008	127.518
	T_{m0612}	314.367	1.795	3.190	0.002		0.471	0.368	0.183	0.010	95.931
H_{atrpa}	常量	-595.991	—	-1.570	0.121	0.817（F=72.386，p=0.000）	—	—	—	—	—
	T_{m0609}	457.621	2.289	10.234	0.000		0.681	0.786	0.543	0.056	17.730
	T_{m0612}	-529.006	-2.275	-9.013	0.000		0.540	-0.745	-0.479	0.044	22.583
	T_{m0605}	107.959	0.748	6.074	0.000		0.617	0.602	0.323	0.186	5.376
	T_{m06}	-11.065	-0.203	-3.344	0.001		-0.117	-0.383	-0.178	0.766	1.305

从模型分析，油松与T_{m0610}呈极显著负偏相关（$r_{partial}=-0.592$，$p=0.000$）；而与T_{m0612}、T_{m00609}和T_{m0607}正偏相关依次增强，且极显著。树高年生长量对T_{m0610}和T_{m0609}的响应较敏感，其单位量变化系数依次为5.812和3.374，对模型影响也较大，分别贡献54.2%和26.3%；而树高年生长量对T_{m0612}和T_{m0607}的响应较小，变化系数为1.795和1.234，对模型分别贡献11.0%和8.5%。

2. RPA **树高年生长量6月温度均值指标模型分析**　RPA油松高年生长量与6月均温指标组成了4组有效模型。其中，T_{m0610}、T_{m0612}、T_{m0605}以及T_{m06}因子组合构成其优化模型（表8-29）。

模型中，油松与 T_{m0612} 和 T_{m06} 负偏相关极显著（$r_{partial}$ = −0.745、−0.383，p = 0.000、0.001），而与 T_{m0605} 和 T_{m0609} 正偏相关极显著（$r_{partial}$ = 0.602、0.681，p = 0.000）。年生长量对 T_{m0612} 和 T_{m0609} 反应较大，系数为 2.275 和 2.289，贡献 47.9% 和 43.7%；而对 T_{m0605} 和 T_{m06} 反应较小，系数为 0.748 和 0.203，贡献 7.9% 和 0.5%。

三、树高生长年增量与六月温度均值指标的逐步回归模型

与 4 月和 5 月均温相同，RPA 油松高年增量与 6 月均温指标线性关系也比较疏远，没能组成有效模型。而对照油松高年增量也仅与 T_{m0603} 和 T_{m0602} 线性关系相对紧密，组成了油松高年增量 6 月均温有效模型（表 8－30）。

表 8－30　油松高生长年增量与 6 月均温的逐步回归模型

Tab. 8－30 The stepwise regression model of mean temperature in June and annual height growth acceleration of *Pinus tabulaeformi*

处理 Treat	温度因子 T_{m05}	模型 Model Coefficients 非标准 Unstandard	标准 Standard	T－检验（T－test） t	p	R^2	相关系数 Correlations r_0	$r_{partial}$	r_{part}	共线性统计量 Collinearity statistics 容差 Tolerance	方差膨胀因子 VIF
	常量	−610.717		−1.866	0.066		—	—	—	—	—
H_{atck}	T_{m0603}	81.197	0.685	3.311	0.002	0.146*	0.268	0.375	0.374	0.298	3.354
	T_{m0502}	−55.232	−0.497	−2.404	0.019		0.076	−0.282	−0.271	0.298	3.354

备注：Remar：* F = 5.709，p = 0.005

模型显示，油松高年增量与 T_{m0603} 正偏相关极显著（$r_{partial}$ = 0.375，p = 0.005），与 T_{m0602} 负偏相关显著（$r_{partial}$ = −0.271，p = 0.019）。年增量对 T_{m0603} 的响应强于对 T_{m0602}，系数为 0.685 和 0.497，其对模型的影响也大于 T_{m0602}，两者对模型分别为 66.2% 和 43.8%。

第十一节　七月均温对树高生长的均值效应

【内容提要】对照和 RPA 树高优化模型决定系数 R^2 为 0.986 和 0.990（p = 0.000）。模型中，T_{m0713} 和 T_{m0710} 对树高起着关键作用。两因子对对照树高分别贡献 44.4% 和 45.1%；对 RPA 树高贡献在 47.4% ~63.8% 和 32.1% ~43.0% 之间。两者树高年生长量模型 R^2 为 0.773、0.781（p = 0.000）。模型中，对照油松对 T_{m0711} 和 T_{m0709} 响应较强，其单位量变化系数分别为 5.075 和 5.034，对分别贡献 47.8% 和 46.8%；RPA 油松对 T_{m0709} 和 T_{m0703} 响应较强，其系数 1.804 和 0.852，贡献 65.8% 和 22.2%。树高生长年增量与 7 月温度均值指标线性关系疏远，无有效模型。

【关 键 词】飞播造林，RPA，7 月温度均值指标，油松，树高，树高年生长量，树高生长

年增量,逐步回归模型

一、树高与七月温度均值指标的逐步回归模型

1. **对照树高7月温度均值指标模型分析** 在组成的7组树高有效模型中,近8年、近14年、近3年、当年、近6年、近3年和近9年7月温度均值指标均值(T_{m0709}、T_{m0713}、T_{m0703}、T_{m07}、T_{m0705}、T_{m0702}和T_{m0708})构成了对照油松高7月均温指标优化模型(表8-31)。

从模型分析,T_{m07}、T_{m0702}和T_{m0703}与树高的关系疏远,相关系数极小;而T_{m0705}、T_{m0713}、T_{m0709}和T_{m0709}与树高正相关从显著逐渐过渡为极显著。在控制其他因子作用下,T_{m0713}、T_{m0703}和T_{m07}与树高负偏相关依次减弱,但均极显著;而T_{m0708}、T_{m0702}、T_{m0705}和T_{m0709}与树高正偏相关依次增强,除T_{m0708}相关显著外($r_{partial}=0.299$,$p=0.016$),其余相关极显著。各因子综合作用下,T_{m0710}和T_{m0713}对模型起着决定性的作用,贡献分别为45.1%和44.4%;其次是T_{m0705}和T_{m0703},分别贡献5.3%和3.2%;T_{m0702}、T_{m07}和T_{m0708}的影响较小,依次贡献1.0%、0.6%和0.4%。

2. RPA **树高7月温度均值指标模型分析** 7月温度均值指标与RPA油松高关系比较复杂,组合了11组有效模型。其中T_{m0709}、T_{m0713}、T_{m07}、近11年均值(T_{m0710})、近8年均值(T_{m0707})、近2年均值(T_{m0701})以及近12年均值(T_{m0711})因子组建了RPA优化模型。另外,T_{m0713}、T_{m07}、T_{m0710}、T_{m0707}、T_{m0701}和T_{m0711},T_{m0713}、T_{m0703}、T_{m07}、T_{m0710}、T_{m0707}和T_{m0701},T_{m0709}、T_{m0713}、T_{m0703}、T_{m07}、T_{m0710}和T_{m0707}等组合也可以较好地诠释7月均温与RPA油松高的关系(表8-31)。

表8-31 油松高与7月均温的逐步回归模型

Tab.8-31 The stepwise regression model of mean temperature in July and height of *Pinus tabulaeformi*

处理 Treat	温度因子 T_{m06}	模型 Model Coefficients 非标准 Unstandard	标准 Standard	T-检验 (T-test) t	p	R^2	相关系数 Correlations r_0	$r_{partial}$	r_{part}	共线性统计量 Collinearity statistics 容差 Tolerance	方差膨胀因子 VIF
H_{tck}	常量	-1 745.180	—	-4.572	0.000	0.986 (F = 611.482, p = 0.000)	—	—	—	—	—
	T_{m0709}	1 602.458	4.088	26.618	0.000		0.624	0.959	0.404	0.010	102.430
	T_{m0713}	-1 728.464	-4.023	-14.414	0.000		0.452	-0.878	-0.219	0.003	338.259
	T_{m0703}	-129.689	-0.442	-12.808	0.000		0.084	-0.852	-0.194	0.194	5.167
	T_{m07}	-24.531	-0.212	-10.357	0.000		-0.049	-0.796	-0.157	0.548	1.825
	T_{m0705}	237.646	0.684	9.037	0.000		0.312	0.754	0.137	0.040	24.881
	T_{m0702}	62.371	0.272	5.276	0.000		-0.013	0.557	0.080	0.086	11.569
	T_{m0708}	48.711	0.134	2.467	0.016		0.510	0.299	0.037	0.078	12.895

续表 8-31

处理 Treat	温度因子 T_{m06}	模型 Model Coefficients 非标准 Unstandard	标准 Standard	T-检验 (T-test) t	p	R^2	相关系数 Correlations r_0	$r_{partial}$	r_{part}	共线性统计量 Collinearity statistics 容差 Tolerance	方差膨胀因子 VIF
H_{trpa}	常量	-2305.623	—	-9.415	0.000	0.990 (F = 844.051, p = 0.000)	—	—	—	—	—
	T_{m0709}	447.642	0.837	2.724	0.008		0.602	0.327	0.035	0.002	563.332
	T_{m0713}	-4194.028	-7.151	-20.526	0.000		0.438	-0.934	-0.266	0.001	724.749
	T_{m07}	-8.355	-0.053	-2.977	0.004		-0.086	-0.354	-0.039	0.529	1.891
	T_{m0710}	1347.890	2.446	3.491	0.001		0.585	0.405	0.045	0.000	2930.675
	T_{m0707}	632.986	1.253	18.906	0.000		0.380	0.923	0.245	0.038	26.230
	T_{m0701}	-26.939	-0.111	-4.773	0.000		-0.009	-0.518	-0.062	0.308	3.247
	T_{m0711}	1891.278	3.303	4.443	0.000		0.516	0.491	0.057	0.000	3300.406
	常量	-2383.066	—	-9.334	0.000	0.988 (F = 892.553, p = 0.000)	—	—	—	—	—
	T_{m0713}	-3770.871	-6.430	-27.067	0.000		0.438	-0.960	-0.368	0.003	305.759
	T_{m07}	-8.702	-0.055	-2.957	0.004		-0.086	-0.349	-0.040	0.530	1.887
	T_{m0710}	2361.454	4.285	21.850	0.000		0.585	0.940	0.297	0.005	208.393
	T_{m0707}	685.438	1.357	23.842	0.000		0.380	0.949	0.324	0.057	17.552
	T_{m0701}	-33.233	-0.137	-6.149	0.000		-0.009	-0.612	-0.084	0.370	2.703
	T_{m0711}	859.395	1.501	4.217	0.000		0.516	0.469	0.057	0.001	686.513
H_{trpa}	常量	-3154.619	—	-8.855	0.000	0.987 (F = 806.202, p = 0.000)	—	—	—	—	—
	T_{m0713}	-2944.005	-5.020	-22.483	0.000		0.438	-0.943	-0.321	0.004	244.302
	T_{m0703}	-50.853	-0.127	-3.171	0.002		0.038	-0.371	-0.045	0.127	7.849
	T_{m07}	-14.961	-0.095	-4.753	0.000		-0.086	-0.514	-0.068	0.512	1.952
	T_{m0710}	2586.806	4.694	33.720	0.000		0.585	0.973	0.482	0.011	94.959
	T_{m0707}	576.729	1.142	16.562	0.000		0.380	0.902	0.237	0.043	23.288
	T_{m0701}	-30.235	-0.125	-5.410	0.000		-0.009	-0.563	-0.077	0.383	2.614
	常量	-3199.475	—	-6.236	0.000	0.982 (F = 580.274, p = 0.000)	—	—	—	—	—
	T_{m0709}	255.067	0.477	1.934	0.058		0.602	0.237	0.032	0.005	215.283
	T_{m0713}	-2757.970	-4.703	-11.323	0.000		0.438	-0.819	-0.190	0.002	611.421
	T_{m0703}	-81.416	-0.203	-2.978	0.004		0.038	-0.351	-0.050	0.061	16.508
	T_{m07}	-25.325	-0.161	-6.982	0.000		-0.086	-0.660	-0.117	0.533	1.875
	T_{m0710}	2232.192	4.051	9.002	0.000		0.585	0.750	0.151	0.001	717.678
	T_{m0707}	502.735	0.995	7.036	0.000		0.380	0.663	0.118	0.014	70.920

从优化模型分析，T_{m0701} 和 T_{m07} 与树高相关极不显著；T_{m0707}、T_{m0713}、T_{m0711}、T_{m0710} 和 T_{m0709} 与树

高正相关依次增强；排除其他因子影响，T_{m0713}、T_{m0701}和T_{m07}与树高负偏相关性极显著，T_{m0709}、T_{m0710}、T_{m0711}和T_{m0707}与树高正偏相关性依次增强，且均极显著。其中，T_{m0713}对树高起着关键性作用，贡献63.8%，其次是T_{m0711}，贡献15.1%；T_{m0707}和T_{m0710}作用相当，分别贡献9.5%和8.9%；T_{m0709}影响相对较小，贡献2.4%；T_{m0701}和T_{m07}作用极小，仅贡献0.2%和0.05%。

从另外3个6因子模型分析，在T_{m0713}、T_{m07}、T_{m0710}、T_{m0707}、T_{m0701}和T_{m0711}因子协同作用下，T_{m0713}和T_{m0710}对模型贡献依次为52.3%和32.1%；在T_{m0713}、T_{m0703}、T_{m07}、T_{m0710}、T_{m0707}和T_{m0701}因子组合下，T_{m0713}和T_{m0710}贡献为47.4%和43.0%，在T_{m0709}、T_{m0713}、T_{m0703}、T_{m07}、T_{m0710}和T_{m0707}因子配合下，T_{m0713}和T_{m0710}贡献为51.6%和38.7%；均保持在很高的水平上，而T_{m0707}的贡献依次为9.4%、8.9%和7.6%，相对稳定；T_{m0703}、T_{m0701}和T_{m07}对模型影响保持在很小的水平，贡献率在0.4%左右。

综上所述，T_{m0713}和T_{m0710}对对照树高的作用基本相当，T_{m0713}对RPA树高作用明显大于T_{m0710}对；两者对树高模型均起着决定性的作用。

二、树高年生长量与七月温度均值指标的逐步回归模型

在7月均温指标组合成的4组对照和RPA树高年生长量有效模型中，T_{m0709}、T_{m0711}、T_{m0705}和T_{m0704}因子组合构成了对照优化模型，T_{m0709}、T_{m0703}、T_{m07}以及T_{m0708}因子组合构建了RPA优化模型（表8－32）。

表8－32　油松高年生长量与7月均温的逐步回归模型

Tab.8－32 The stepwise regression model of mean temperature in July and annual height increment of *Pinus tabulaeformi*

处理 Treat	温度因子 T_{m07}	模型 Model Coefficients		T－检验 (T－test)		R^2	相关系数 Correlations			共线性统计量 Collinearity statistics	
		非标准 Unstandard	标准 Standard	t	p		r_0	$r_{partial}$	r_{part}	容差 Tolerance	方差膨胀因子 VIF
H_{atck}	常量	－165.201	—	－0.925	0.358	0.773	—	—	—	—	—
	T_{m0709}	515.279	5.034	13.910	0.000	(F＝	0.460	0.865	0.798	0.025	39.768
	T_{m0711}	－555.933	－5.075	－11.557	0.000	593.667，	0.325	－0.820	－0.663	0.017	58.553
	T_{m0705}	80.263	0.885	4.965	0.000	p＝	0.223	0.524	0.285	0.104	9.642
	T_{m0704}	－32.932	－0.378	－2.271	0.026	0.000)	0.195	－0.271	－0.130	0.119	8.417
H_{atrpa}	常量	－1 982.966	—	－9.568	0.000	0.781	—	—	—	—	—
	T_{m0709}	245.150	1.804	10.557	0.000	(F＝	0.509	0.795	0.613	0.115	8.667
	T_{m0703}	－86.711	－0.852	－9.355	0.000	57.978，	0.020	－0.758	－0.543	0.406	2.463
	T_{m07}	－19.043	－0.475	－7.317	0.000	p＝	－0.183	－0.672	－0.425	0.798	1.253
	T_{m0708}	－61.998	－0.494	－3.170	0.002	0.000)	0.419	－0.366	－0.184	0.139	7.197

1. 对照树高年生长量7月温度均值指标模型分析　油松高年生长量与T_{m0711}呈极显著的负偏相关（$r_{partial}=-0.820$，$p=0.000$），与T_{m0704}负偏相关显著（$r_{partial}=-0.271$，$p=0.026$），与T_{m0705}和T_{m0709}正偏相关极显著（$r_{partial}=0.524$、0.865，$p=0.000$）。油松对T_{m0711}和

T_{m0709}反应较强，单位量变化系数分别为5.075和5.034，对模型影响也较大，分别贡献47.8%和46.8%；而对T_{m0705}和T_{m04}反应较弱，系数为0.885和0.378，仅贡献4.4%和0.9%。

2. RPA**树高年生长量7月温度均值指标模型分析** 油松与T_{m0709}呈极显著的正偏相关（$r_{\text{partial}}=0.795$，$p=0.000$），与T_{m0703}、T_{m07}和T_{m0708}负偏相关依次减弱，且极显著。年生长量对T_{m0709}反应最大，单位量变化系数为1.804，对模型贡献65.8%；其次是T_{m0703}，系数为0.852，贡献22.2%；T_{m0708}和T_{m07}对模型影响较小，系数为0.494和0.475，分别贡献7.7%和4.3%。

三、树高生长年增量与七月温度均值指标的逐步回归模型

用树高（R_{aht}）与油松7月均温指标（T_{m07}）进行模型分析，7月温度均值指标与油松高生长年增量关系比较疏远，在0.05进入水平和0.10剔除水平下，没有因子进入模型。

第十二节 八月均温对树高生长的均值效应

【内容提要】对照和RPA树高优化模型决定系数R^2为0.990和0.985，线性关系十分紧密（$p=0.000$）。对照优化模型中，油松对T_{m0812}和T_{m0810}响应极强，其单位量变化系数为9.736和6.835，对模型贡献46.1%和30.4%；而其余10个因子累计贡献23.5%。剔除T_{m0801}和T_{m0811}因子，或剔除T_{m0801}、$T_{m0808}$$T_{m0811}$因子，而引入$T_{m0803}$因子后，油松对$T_{m0812}$、$T_{m0810}$和$T_{m0809}$响应较强，其模型分别贡献34.8%、29.8%、17.3%和32.5%、35.2%、12.8%；而其余8个因子仅贡献18.1%和19.8%。RPA优化模型中，也是T_{m0812}、T_{m0810}和T_{m0809}对树高影响较大，其单位量变化系数分别为8.127、6.641和2.531，对模型贡献40.6%、30.2%和9.8%；其余8个因子累计贡献19.4%；其第一个8因子模型中，也是T_{m0812}、T_{m0810}和T_{m0809}对树高影响较大，对模型分别贡献31.4%、22.8%和17.8%；第二个8因子模型中，T_{m0810}、T_{m0812}和T_{m0813}对树高影响较大，分别贡献45.4%、17.9%和15.7%；而T_{m0809}近贡献6.3%。树高年生长量优化模型R^2为0.699和0.735（$p=0.000$）。模型中，对照油松对T_{m0803}、T_{m0804}和T_{m0808}响应较大，其单位量变化系数为2.014、1.398和0.755，对模型贡献52.2%、27.7%和17.4%；而当年8月均温（T_{m08}）对树高年生长量影响较小，仅贡献2.7%。RPA油松对T_{m0813}和T_{m0809}和T_{m0812}响应较大，其单位量变化系数为7.036、3.709和3.897，对模型分别贡献52.0%、30.0%和17.8%；引入T_{m0802}因子后，油松对T_{m0813}和T_{m0809}响应极强，其系数为6.817和4.947，贡献52.1%和40.6%；而T_{m0812}影响明显下降，仅贡献5.2%。与对照相同，T_{m08}对树高年生长量影响也很小，仅贡献0.2%和0.6%。与7月类似，树高生长年增量与8月温度均值指标线性关系疏远，没有产生有效模型。

【关 键 词】飞播造林，RPA，8月温度均值指标，油松，树高，树高年生长量，树高生长年增量，逐步回归模型

表 8－33 油松高与 8 月均温的逐步回归模型(对照)

Tab. 8－33 The stepwise regression model of mean temperature in August and height of *Pinus tabulaeformi*(Control)

处理 Treat	温度因子 T_{m08}	模型 Model Coefficients 非标准 Unstandard	标准 Standard	T－检验 (T－test) t	p	R^2	相关系数 Correlations r_0	$r_{partial}$	r_{part}	共线性统计量 Collinearity statistics 容差 Tolerance	方差膨胀因子 VIF
	常量	881.388	—	6.631	0.000		—	—	—	—	—
	T_{m0809}	－313.242	－1.622	－3.635	0.001		－0.647	－0.431	－0.047	0.001	1210.090
	T_{m0810}	－1345.434	－6.835	－19.854	0.000		－0.630	－0.934	－0.255	0.001	720.478
	T_{m08}	38.516	0.395	15.581	0.000	0.990 (F = 547.367, p = 0:000)	－0.050	0.898	0.200	0.257	3.898
	T_{m0805}	－162.297	－0.957	－9.426	0.000		－0.420	－0.778	－0.121	0.016	62.668
	T_{m0802}	－111.204	－0.767	－13.006	0.000		－0.185	－0.863	－0.167	0.047	21.135
	T_{m0812}	1 996.707	9.736	23.976	0.000		－0.563	0.953	0.308	0.001	1002.411
	T_{m0804}	185.006	1.128	14.178	0.000		－0.260	0.881	0.182	0.026	38.462
	T_{m0808}	216.503	1.175	7.501	0.000		－0.636	0.702	0.096	0.007	149.083
	T_{m0806}	－113.464	－0.650	－5.876	0.000		－0.505	－0.611	－0.075	0.013	74.454
	T_{m0801}	37.346	0.295	4.745	0.000		－0.183	0.529	0.061	0.043	23.473
H_{atck}	T_{m0811}	－460.996	－2.284	－3.292	0.002		－0.594	－0.397	－0.042	0.000	2927.077
	常量	641.208	—	5.548	0.000						
	T_{m0809}	－634.701	－3.286	－15.973	0.000		－0.647	－0.901	－0.230	0.005	203.694
	T_{m0813}	240.707	1.161	2.247	0.028		－0.537	0.281	0.032	0.001	1284.795
	T_{m0810}	－1 092.570	－5.551	－16.349	0.000	0.988 (F = 475.800, p = 0.000)	－0.630	－0.905	－0.236	0.002	554.844
	T_{m08}	40.086	0.411	13.368	0.000		－0.050	0.867	0.193	0.220	4.542
	T_{m0805}	－170.676	－1.006	－9.287	0.000		－0.420	－0.771	－0.134	0.018	56.531
	T_{m0802}	－93.565	－0.645	－11.450	0.000		－0.185	－0.830	－0.165	0.065	15.286
	T_{m0812}	1 428.577	6.966	10.440	0.000		－0.563	0.805	0.150	0.000	2143.136
	T_{m0804}	178.946	1.091	9.819	0.000		－0.260	0.788	0.142	0.017	59.411
	T_{m0808}	178.737	0.970	5.241	0.000		－0.636	0.564	0.076	0.006	164.795
	T_{m0806}	－99.160	－0.568	－4.432	0.000		－0.505	－0.500	－0.064	0.013	79.165
	常量	791.747	—	5.408	0.000						
	T_{m0809}	－476.677	－2.468	－8.101	0.000		－0.647	－0.726	－0.127	0.003	379.146
	T_{m0813}	326.873	1.577	2.893	0.005		－0.537	0.352	0.045	0.001	1213.343
	T_{m0810}	－1 069.197	－5.432	－14.822	0.000		－0.630	－0.888	－0.232	0.002	548.734
	T_{m08}	39.426	0.404	11.988	0.000	0.986 (F = 402.698, p = 0.000)	－0.050	0.842	0.188	0.216	4.637
H_{atck}	T_{m0805}	－212.326	－1.252	－10.738	0.000		－0.420	－0.813	－0.168	0.018	55.555
	T_{m0802}	－94.412	－0.651	－10.617	0.000		－0.185	－0.810	－0.166	0.065	15.365
	T_{m0803}	48.739	0.310	2.784	0.007		－0.155	0.341	0.044	0.020	50.652
	T_{m0812}	1 202.684	5.864	8.126	0.000		－0.563	0.727	0.127	0.000	2128.160
	T_{m0804}	131.228	0.800	6.727	0.000		－0.260	0.659	0.105	0.017	57.788
	T_{m0808}	74.331	0.403	2.957	0.004		－0.636	0.359	0.046	0.013	76.003

一、树高与八月温度均值指标的逐步回归模型

1. **对照树高8月温度均值指标模型分析** 在组建的15组对照树高有效模型中，近10年、近11年、当年、近6年、近3年、近13年、近5年、近9年、近7年、近2年和近12年8月温度均值指标（T_{m0809}、T_{m0810}、T_{m08}、T_{m0805}、T_{m0802}、T_{m0812}、T_{m0804}、T_{m0808}、T_{m0806}、T_{m0801}和T_{m0811}）构建了对照树高8月均温优化模型。此外，T_{m0809}、T_{m0813}、T_{m0810}、T_{m08}、T_{m0805}和T_{m0802}与T_{m0812}、T_{m0804}、T_{m0808}和T_{m0806}，或与T_{m0803}、T_{m08012}、T_{m0804}和T_{m0808}组合也能较好反映8月均温对对照油松高的影响（表8－33）。

从优化模型分析，8月均温各种指标与树高均呈负相关。在控制模型中其他因子影响下，T_{m0810}、T_{m0802}、T_{m0805}、T_{m0806}、T_{m0809}和T_{m0811}与树高净负相关性依次递减，T_{m081}、T_{m0808}、T_{m0804}、T_{m08}和T_{m0812}与树高净正相关性依次增强，且均极显著。各因子协同作用下，T_{m0812}和T_{m0810}对树高影响大，贡献为46.1%和30.4%；T_{m0811}、T_{m0804}、T_{m0808}、T_{m0809}、T_{m0805}、T_{m0802}、T_{m0806}、T_{m08}和T_{m0801}对树高的作用较小，贡献依次降低，分别为4.4%、3.9%、3.7%、3.3%、3.0%、2.3%、1.7%、0.8%和0.5%。

从10因子模型分析，第一个模型T_{m0810}、T_{m0809}、T_{m0802}、T_{m0805}和T_{m0806}与树高净负相关依次减弱，但均极显著；T_{m0813}、T_{m0808}、T_{m0804}、T_{m0812}和T_{m08}与树高净正相关依次增强，且除T_{m0813}相关显著外，其余相关极显著。T_{m0812}、T_{m0810}和T_{m0809}对树高作用较大，分别贡献34.8%、29.8%和17.3%；T_{m0804}、T_{m0805}、T_{m0808}、T_{m0802}、T_{m0813}、T_{m0806}和T_{m08}对树高作用较小，贡献依次降低，分别为4.2%、4.0%、3.0%、2.3%、2.0%1.5%和1.0%。第二个模型T_{m0810}、T_{m0805}、T_{m0802}和T_{m0809}与树高负偏相关性依次减弱，T_{m0803}、T_{m0813}、T_{m0808}、T_{m0804}、T_{m0812}和T_{m08}与树高正偏相关性依次增强，且均极显著。T_{m0810}、T_{m0812}和T_{m0809}对树高作用较大，分别贡献35.2%、32.5%和12.8%；T_{m0805}、T_{m0813}、T_{m0804}、T_{m0802}、T_{m08}、T_{m0808}和T_{m0803}贡献率依次为6.4%、4.3%、3.2%、2.8%、1.2%、1.0%和0.6%。

2. **RPA树高8月温度均值指标模型分析** 在组合的16组RPA有效模型中，T_{m0809}、T_{m0812}、T_{m0810}、T_{m08}、T_{m0802}、T_{m0804}、T_{m0805}、T_{m0801}、T_{m0808}和T_{m0806}组合构成了RPA油松高8月均温优化模型。另外，T_{m0809}、T_{m0813}、T_{m0812}、T_{m0810}、T_{m08}和T_{m0802}与T_{m0804}、T_{m0805}，或与T_{m0807}、T_{m0804}组合也能较好地诠释8月均温与RPA油松高的关系（表8－34）。

从优化模型分析，在控制其他变量作用下，T_{m0810}、T_{m0802}、T_{m0809}、T_{m0805}和T_{m0806}与树高负偏相关性依次降低，T_{m0801}、T_{m0808}、T_{m0808}、T_{m08}和T_{m0812}正偏相关性依次增强，且均极显著（$p=0.000$）。树高对T_{m0812}和T_{m0810}反应敏感，单位量变化系数分别为8.127和6.641，其对树高作用也较大，对模型贡献为40.6%和30.2%。T_{m0809}、T_{m0804}、T_{m0808}、T_{m0805}、T_{m0802}、T_{m0806}、T_{m08}和T_{m0801}单位量变化系数较少，依次为2.531、1.418、1.319、1.048、0.955、0.773、0.458和0.259；对模型作用也依次减少，分别贡献9.8%、5.2%、4.2%、3.3%、3.1%、2.0%、1.0%和0.5%。

表 8-34 油松高与 8 月均温的逐步回归模型(RPA)

Tab. 8-34 The stepwise regression model of mean temperature in August and height of *Pinus tabulaeformi* (RPA)

处理 Treat	温度因子 T_{m08}	模型 Model Coefficients 非标准 Unstandard	标准 Standard	T-检验 (T-test) t	p	R^2	相关系数 Correlations r_0	$r_{partial}$	r_{part}	共线性统计量 Collinearity statistics 容差 Tolerance	方差膨胀因子 VIF
	常量	1 022.199	—	5.854	0.000		—	—	—	—	—
	T_{m0809}	-667.391	-2.531	-9.628	0.000		-0.630	-0.782	-0.152	0.004	276.505
	T_{m0812}	2 274.928	8.127	23.697	0.000		-0.554	0.951	0.375	0.002	470.517
	T_{m0810}	-1 784.420	-6.641	-16.012	0.000	0.985 (F = 394.145, p = 0.000)	-0.616	-0.902	-0.253	0.001	688.216
	T_{m08}	61.031	0.458	15.254	0.000		0.008	0.893	0.241	0.277	3.607
	T_{m0802}	-189.058	-0.955	-14.161	0.000		-0.188	-0.879	-0.224	0.055	18.200
	T_{m0804}	317.427	1.418	14.536	0.000		-0.232	0.884	0.230	0.026	38.047
	T_{m0805}	-242.599	-1.048	-8.396	0.000		-0.404	-0.738	-0.133	0.016	62.331
	T_{m0801}	44.725	0.259	5.344	0.000		-0.140	0.571	0.084	0.107	9.374
	T_{m0808}	331.720	1.319	7.072	0.000		-0.616	0.677	0.112	0.007	139.097
	T_{m0806}	-184.013	-0.773	-5.680	0.000		-0.487	-0.595	-0.090	0.014	74.036
	常量	949.358	—	3.725	0.000		—	—	—	—	—
	T_{m0809}	-674.288	-2.557	-8.392	0.000		-0.630	-0.732	-0.199	0.006	165.124
	T_{m0813}	673.833	2.381	3.134	0.003		-0.525	0.372	0.074	0.001	1026.080
H_{atck}	T_{m0812}	1 263.502	4.514	4.506	0.000	0.969 (F = 268.590, p = 0.000)	-0.554	0.500	0.107	0.001	1784.640
	T_{m0810}	-1 196.162	-4.452	-8.275	0.000		-0.616	-0.727	-0.196	0.002	514.732
	T_{m08}	55.315	0.415	9.707	0.000		0.008	0.779	0.230	0.307	3.252
	T_{m0802}	-132.541	-0.670	-7.228	0.000		-0.188	-0.679	-0.171	0.066	15.264
	T_{m0804}	271.786	1.214	7.247	0.000		-0.232	0.680	0.172	0.020	49.890
	T_{m0805}	-296.560	-1.281	-7.984	0.000		-0.404	-0.715	-0.189	0.022	45.793
	常量	1 207.357	—	4.256	0.000		—	—	—	—	—
	T_{m0809}	-340.872	-1.293	-3.543	0.001		-0.630	-0.413	-0.096	0.005	182.984
	T_{m0813}	849.131	3.000	3.538	0.001		-0.525	0.413	0.095	0.001	988.240
	T_{m0812}	1 029.848	3.679	3.292	0.002	0.956 (F = 164.127, p = 0.000)	-0.554	0.388	0.089	0.001	1716.063
	T_{m0810}	-1 386.005	-5.159	-8.368	0.000		-0.616	-0.731	-0.226	0.002	522.129
	T_{m08}	50.913	0.382	7.944	0.000		0.008	0.713	0.214	0.315	3.179
	T_{m0802}	-118.527	-0.599	-5.773	0.000		-0.188	-0.594	-0.156	0.068	14.786
	T_{m0807}	-261.702	-1.055	-5.949	0.000		-0.568	-0.606	-0.160	0.023	43.224
	T_{m0804}	132.175	0.590	4.363	0.000		-0.232	0.488	0.118	0.040	25.148

从 8 因子模型分析，第一个模型 T_{m0809}、T_{m0810}、T_{m0805} 和 T_{m0802} 与树高负偏相关性依次减弱，T_{m0813}、T_{m0812}、T_{m04} 和 T_{m08} 正偏相关性依次增强，也均极显著($p=0.000$)。树高对 T_{m0810} 和 T_{m0812} 反应最大，单位量变化系数为 4.452 和 4.514，其对模型影响也较大，分别贡献

31.4%和22.8%。其次是T_{m0809}和T_{m0813},单位量变化系数为2.557和2.381,对树高分别贡献17.8%和9.1%;T_{m0805}和T_{m0804}的变化系数较小,分别为1.281和1.214,对树高贡献7.6%和6.6%。T_{m0802}和T_{m08}的变化系数分别为0.670和0.415,对模型贡献为3.2%和1.5%。第二个模型变化规律与第一个基本相同,T_{m0807}取代了第一个模型中T_{m0805}偏相关的位置,T_{m0812}的偏相关有所降低,与T_{m0813}的排序换位。树高对T_{m0810}的反应最大,变化系数为5.159;对模型贡献45.4%,明显大于其优化模型和第一个8因子模型。T_{m0812}和T_{m0813}的单位量变化系数为3.679和3.000,分别贡献17.9%和15.7%;T_{m0812}对模型的影响比上述两个模型模型降低,而T_{m0813}的影响较第一个模型有所增强。T_{m0809}和T_{m0807}的变化系数为1.293和1.055,分别贡献6.3%和7.1%;T_{m0809}在模型中的作用较优化模型和第一个8因子模型下降显著。T_{m0802}、T_{m0804}和T_{m08}单位量变化系数也较小,依次为0.599、0.590和0.382,对模型分别贡献3.1%、2.9%和1.6%;T_{m0802}和T_{m08}的因子相对稳定,在各模型中角色基本保持不变;而T_{m0804}的影响较上述两个模型均有明显降低。

二、树高年生长量与八月温度均值指标的逐步回归模型

在8月均温指标组合的4组对照树高有效模型中,T_{m0808}、T_{m0803}、T_{m0804}以及当年8月均温(T_{m08})组成了对照油松高年生长量8月均温优化模型。在5组RPA有效模型中,T_{m0809}、T_{m0813}、T_{m0812}以及T_{m08}组建了RPA照油松高年生长量8月均温优化模型;另外其引入T_{m0802}因子,也能较好诠释8月均温指标对RPA油松的影响(表8-35)。

1. **对照树高年生长量8月温度均值指标模型分析** 从对照模型分析,油松仅与T_{m0803}正偏相关极显著($r_{partial}=0.729, p=0.000$),而与$T_{m0808}$、$T_{m0804}$和$T_{m08}$负偏相关依次减弱,且极显著。油松对$T_{m0803}$反应最大,单位量变化系数为2.014,对模型贡献52.2%;其次是T_{m0804}和T_{m0808},系数为1.398和0.755,对模型分别贡献27.7%和17.4;油松高年生长量对T_{m08}反应最小,系数为0.306,对模型仅贡献2.7%。

2. **RPA树高年生长量8月温度均值指标模型分析** 从RPA优化模型分析,油松与T_{m0809}和T_{m0812}呈极显著的负偏相关($r_{partial}=-0.722$、-0.384,$p=0.000$、0.001),与T_{m08}正偏相关显著($r_{partial}=0.261, p=0.033$),与$T_{m0813}$正偏相关极显著($r_{partial}=0.615, p=0.000$)。油松对$T_{m0813}$反应最大,系数为7.036,其对模型影响也最大,贡献52.0%;其次是T_{m0809}和T_{m0812},系数为3.709和3.897,对模型贡献分别为30.0%和17.8%;油松对T_{m08}反应最小,系数仅为0.163,对模型贡献0.2%。

从其5因子模型分析,油松与T_{m0809}和T_{m0802}呈极显著的负偏相关($r_{partial}=-0.722$、-0.345,$p=0.000$、0.005),与T_{m0812}负偏相关不显著($r_{partial}=-0.205, p=0.098$),与$T_{m08}$和$T_{m0813}$呈极显著的正偏相关($r_{partial}=0.396$、$0.626$,$p=0.001$、$0.000$)。油松也对$T_{m0813}$反应最大,系数为6.817,其对模型贡献52.1%;其次是T_{m0809},系数为4.947,对模型贡献40.6%;而T_{m0812}、T_{m0802}和T_{m08}对模型影响较小,单位量变化系数依次为2.109、0.482和

0.278,分别对模型贡献5.2%、1.4%和0.6%。

表8-35 油松高年生长量与8月均温的逐步回归模型

Tab.8-35 The stepwise regression model of mean temperature in August and annual height inerement of *Pinus tabulaeformi*

处理 Treat	温度因子 T_{m08}	模型 Model Coefficients 非标准 Unstandard	标准 Standard	T-检验 (T-test) t	p	R^2	相关系数 Correlations r_0	$r_{partial}$	r_{part}	共线性统计量 Collinearity statistics 容差 Tolerance	方差膨胀因子 VIF
H_{atck}	常量	564.206	—	6.358	0.000	0.669 ($F=$ 32.793, $p=$ 0.000)	—	—	—	—	—
	T_{m0808}	-36.341	-0.755	-5.328	0.000		-0.472	-0.551	-0.380	0.254	3.939
	T_{m0803}	82.694	2.014	8.586	0.000		-0.075	0.729	0.613	0.093	10.794
	T_{m0804}	-59.879	-1.398	-5.086	0.000		-0.289	-0.534	-0.363	0.068	14.814
	T_{m08}	-7.790	-0.306	-3.551	0.001		-0.198	-0.403	-0.254	0.689	1.452
H_{atrpa}	常量	381.735	—	3.051	0.003	0.0.735 ($F=$ 45.183, $p=$ 0.000)	—	—	—	—	—
	T_{m0809}	-248.444	-3.709	-8.418	0.000		-0.543	-0.722	-0.537	0.021	47.714
	T_{m0813}	505.852	7.036	6.285	0.000		-0.443	0.615	0.401	0.003	307.972
	T_{m0812}	-277.119	-3.897	-3.348	0.001		-0.469	-0.384	-0.214	0.003	332.909
	T_{m08}	5.511	0.163	2.184	0.033		0.065	0.261	0.139	0.732	1.366
	常量	175.163	—	1.273	0.208	0.767 ($F=$ 42.129, $p=$ 0.000)	—	—	—	—	—
	T_{m0809}	-331.321	-4.947	-8.352	0.000		-0.543	-0.722	-0.504	0.010	96.340
	T_{m0813}	489.776	6.813	6.417	0.000		-0.443	0.626	0.387	0.003	309.560
	T_{m0812}	-149.988	-2.109	-1.677	0.098		-0.469	-0.205	-0.101	0.002	434.426
	T_{m08}	9.401	0.278	3.445	0.001		0.065	0.396	0.208	0.560	1.785
	T_{m0802}	-24.229	-0.482	-2.941	0.005		-0.191	-0.345	-0.177	0.136	7.375

三、树高生长年增量与八月温度均值指标的逐步回归模型

与7月相同,树高(R_{aht})与油松8月均温指标(T_{m08})关系也比较疏远,在0.05进入水平和0.10剔除水平下,没有因子进入模型。

第十三节 九月均温对树高生长的均值效应

【内容提要】 对照和RPA树高优化模型决定系数 R^2 均为0.987($p=0.000$)。模型中,

T_{m0912}、T_{m0910}和T_{m0909}对树高影响较大，其在两模型中的单位量变化系数为 7.569、3.009、2.666和6.673、3.584、2.151，对模型分别贡献 51.8%、19.4%、17.1%和 43.5%、23.0%、13.5%。树高年生长量优化模型为0.781 和0.831(p=0.000)。模型中，T_{m0911}和T_{m0909}对对照树高年生长量起着决定作用，其单位量变化系数为 3.744 和 2.436，对模型贡献 54.8%和 30.2%；而T_{m0910}和T_{m0911}对 RPA 油松影响较大，单位量变化系数为6.645 和5.534，对模型分别贡献47.8%和29.3%。树高生长年增量与 9 月温度均值指标线性关系疏远，仅T_{m0903}与对照树高生长年增量相关，但R^2仅为 0.063(p=0.036)，线性关系松散。

【关 键 词】飞播造林，RPA，9 月温度均值指标，油松，树高，树高年生长量，树高生长年增量，逐步回归模型

一、树高与九月温度均值指标的逐步回归模型

近10年、近13 年、近8 年、近11 年、近6 年和近4 年9 月温度均值指标(T_{m0909}、T_{m0912}、T_{m0907}、T_{m0910}、T_{m0905}和T_{m0903})是对照和 RPA 树高优化模型共有因子，先依次进入模型。其与近2年和近7 年均值(T_{m0901}和T_{m0906})组合构成了对照树高优化模型，与近 14 年、近 12 年和当年 9 月温度均值指标(T_{m0913}、T_{m0911}和T_{m09})结合组成了 RPA 树高优化模型(表 8－36)。

表 8－36　油松高与 9 月均温的逐步回归模型

Tab. 8－36 The stepwise regression model of mean temperature in September and height of *Pinus tabulaeformi*

处理 Treat	温度因子 T_{m09}	模型 Model Coefficients 非标准 Unstandard	标准 Standard	T－检验 (T－test) t	p	R^2	相关系数 Correlations r_0	$r_{partial}$	r_{part}	共线性统计量 Collinearity statistics 容差 Tolerance	方差膨胀因子 VIF
H_{tck}	常量	－202.005	—	－1.248	0.217	0.987 (F＝600.048，p＝0.000)	—	—	—	—	—
	T_{m0909}	－1 080.368	－2.666	－30.035	0.000		－0.372	－0.968	－0.431	0.026	38.292
	T_{m0912}	3223.540	7.569	39.594	0.000		－0.168	0.981	0.568	0.006	177.652
	T_{m0908}	－546.568	－1.473	－21.460	0.000		－0.194	－0.940	－0.308	0.044	22.905
	T_{m0910}	－1 269.554	－3.009	－20.274	0.000		－0.309	－0.933	－0.291	0.009	107.088
	T_{m0905}	－163.589	－0.428	－8.695	0.000		－0.097	－0.744	－0.125	0.085	11.799
	T_{m0903}	－87.914	－0.291	－8.756	0.000		－0.047	－0.746	－0.126	0.186	5.380
	T_{m0901}	－14.397	－0.091	－3.085	0.003		0.231	－0.367	－0.044	0.235	4.259
	T_{m0906}	－50.619	－0.134	－2.077	0.042		－0.170	－0.257	－0.030	0.049	20.329

续表 8-36

处理 Treat	温度因子 T_{m09}	模型 Model Coefficients 非标准 Unstandard	标准 Standard	T-检验 (T-test) t	p	R^2	相关系数 Correlations r_0	$r_{partial}$	r_{part}	共线性统计量 Collinearity statistics 容差 Tolerance	方差膨胀因子 VIF
H_{trpa}	常量	-118.737	—	-0.553	0.582	0.987 (F = 487.881, p = 0.000)	—	—	—	—	—
	T_{m0909}	-1 189.871	-2.151	-18.185	0.000		-0.347	-0.920	-0.273	0.016	62.265
	T_{m0912}	4 053.619	6.973	13.609	0.000		-0.154	0.869	0.204	0.001	1168.501
	T_{m0908}	-850.107	-1.678	-29.560	0.000		-0.182	-0.967	-0.443	0.070	14.351
	T_{m0910}	-2 063.979	-3.584	-16.459	0.000		-0.306	-0.905	-0.247	0.005	211.032
	T_{m0905}	-215.904	-0.414	-10.538	0.000		-0.071	-0.806	-0.158	0.145	6.875
	T_{m0903}	-112.352	-0.273	-7.364	0.000		-0.004	-0.689	-0.110	0.164	6.105
	T_{m0913}	977.515	1.679	2.958	0.004		-0.175	0.357	0.044	0.001	1434.409
	T_{m0911}	-582.254	-0.997	-2.703	0.009		-0.198	-0.330	-0.041	0.002	604.960
	T_{m09}	-9.821	-0.062	-2.627	0.011		0.315	-0.321	-0.039	0.404	2.474

1. **对照树高 9 月温度均值指标模型分析**　从模型分析,除 T_{m0901} 与树高有一定正相关外,其余各因子均有一定的负相关性,且负相关以 T_{m0909}、T_{m0910}、T_{m0907}、T_{m0906}、T_{m0912}、T_{m0905}、T_{m0903} 和 T_{m0901} 次序依次减弱。在控制其他因子作用下,模型中仅 T_{m0912} 与树高呈极显著的正偏相关($r_{partial}=0.981, p=0.000$);而 T_{m0909}、T_{m0907}、T_{m0910}、T_{m0903}、T_{m0905}、T_{m0901} 和 T_{m0906} 与树高负偏相关性依次消弱,除 T_{m0906} 相关显著外($r_{partial}=-0.257, p=0.042$),其余相关极显著。各因子协同作用下,$T_{m0912}$ 对模型影响最大,对明显贡献 51.8%。T_{m0910} 和 T_{m0909} 对树高作用差异不大,分别贡献 19.4% 和 17.1%;T_{m0905}、T_{m0903}、T_{m0906} 和 T_{m0901} 对树高作用较小,分别贡献 2.0%、1.1%、0.2% 和 0.1%。

2. RPA **树高 9 月温度均值指标模型分析**　从模型分析,除 T_{m09} 与树高有一定正相关外,其余各因子与对照均有一定的负相关性,负相关以 T_{m0909}、T_{m0910}、T_{m0911}、T_{m0907}、T_{m0913}、T_{m0912}、T_{m0905}、T_{m0903} 和 T_{m09} 逐渐减弱。在控制其他因子作用下,也仅有 T_{m0913} 和 T_{m0912} 与树高呈极显著正偏相关($r_{partial}=0.357$、$0.869, p=0.004$、0.000);T_{m0909}、T_{m0907}、T_{m0910}、T_{m0905}、T_{m0903}、T_{m0911} 和 T_{m09} 与树高负偏相关依次降低,但除 T_{m09} 相关显著外($r_{partial}=-0.321, p=0.011$),其余相关也极显著。在各因子协同作用下,$T_{m0912}$ 对模型影响最大,贡献 43.5%;T_{m0910} 对明显贡献 23.0%,明显高于对照。T_{m0909} 和 T_{m0907} 对树高贡献为 13.5% 和 10.1%,前者小于对照,而后者大于对照的 8.4%。而 T_{m0913}、T_{m0911}、T_{m0905}、T_{m0903} 和 T_{m09} 对树高影响较低,依次贡献 4.3%、2.4%、2.1%、1.0% 和 0.04%。

二、树高年生长量与九月温度均值指标的逐步回归模型

1. ***对照树高年生长量9月温度均值指标模型分析*** 在9月均温指标组合的4组对照树高有效模型中，T_{m0908}、T_{m0911}、T_{m0909}和T_{m0905}组合成了对照油松高年生长量9月均温优化模型(表8－37)。

表8－37 油松高年生长量与9月均温的逐步回归模型

Tab. 8－37 The stepwise regression model of mean temperature in September and annual height increment of *Pinus tabulaeformi*

处理 Treat	温度因子 T_{m09}	模型 Model Coefficients		T－检验 (T－test)		R^2	相关系数 Correlations			共线性统计量 Collinearity statistics	
		非标准 Unstandard	标准 Standard	t	p		r_0	$r_{partial}$	r_{part}	容差 Tolerance	方差膨胀因子 VIF
H_{tck}	常量	102.767	—	0.742	0.461	0.781 (F=57.823, p=0.000)	—	—	—	—	—
	T_{m0908}	－117.548	－1.222	－7.030	0.000		－0.397	－0.657	－0.408	0.112	8.954
	T_{m0911}	418.438	3.744	13.262	0.000		－0.176	0.854	0.770	0.042	23.610
	T_{m0909}	－257.806	－2.436	－9.561	0.000		－0.347	－0.764	－0.555	0.052	19.227
	T_{m0905}	－47.527	－0.477	－3.899	0.000		－0.229	－0.435	－0.227	0.226	4.426
	常量	74.343	—	0.468	0.642	0.831 (F=69.039, p=0.000)	—	—	—	—	—
	T_{m0912}	422.771	2.863	4.788	0.000		－0.136	0.514	0.237	0.007	146.276
	T_{m0910}	－972.049	－6.645	－16.320	0.000		－0.282	－0.898	－0.807	0.015	67.830
	T_{m0907}	－238.444	－1.853	－10.346	0.000		－0.153	－0.791	－0.511	0.076	13.131
	T_{m0911}	821.220	5.534	6.851	0.000		－0.172	0.650	0.339	0.004	266.958
	T_{m0904}	－36.571	－0.284	－2.636	0.011		－0.104	－0.313	－0.130	0.210	4.759
H_{atrpa}	常量	149.028	—	0.830	0.410	0.800 (F=51.246, p=0.000)	—	—	—	—	—
	T_{m0909}	－220.594	－1.570	－4.776	0.000		－0.299	－0.513	－0.267	0.029	34.525
	T_{m0912}	884.624	5.991	14.286	0.000		－0.136	0.873	0.799	0.018	56.192
	T_{m0906}	－73.541	－0.563	－2.922	0.005		－0.172	－0.343	－0.163	0.084	11.857
	T_{m0910}	－459.163	－3.139	－7.667	0.000		－0.282	－0.692	－0.429	0.019	53.557
	T_{m0907}	－137.882	－1.072	－4.396	0.000		－0.153	－0.482	－0.246	0.053	18.990
	常量	1 075.567	—	3.578	0.001		—	—	—	—	—
	T_{m091}	20.363	0.505	4.546	0.000	0.304 *	0.305	0.485	0.463	0.840	1.190
	T_{m0909}	－70.415	－0.501	－4.506	0.000		－0.299	－0.482	－0.459	0.840	1.190

备注：Remark：＊ F＝14.631，p＝0.000

从模型分析，油松高年生长量与与T_{m0911}正偏相关极显著($r_{partial}$＝0.854，p＝0.000)；与T_{m0909}、T_{m0908}和T_{m0905}负偏相关性依次降低，且极显著。油松对T_{m0911}响应极强，单位量

变化系数为3.744;其次是T_{m0909}和T_{m0908},系数为2.436和1.222;而对T_{m0905}响应缓慢,变化系数仅为0.477。各因子协同作用下,T_{m0911}和T_{m0909}对模型起着决定作用,分别贡献54.8%和30.2%;T_{m0908}影响相对较小,贡献11.8%;T_{m0905}影响最小,仅贡献3.2%。

2. RPA树高年生长量9月温度均值指标模型分析 在组成的11组有效模型中,T_{m0912}、T_{m0910}、T_{m0907}、T_{m0911}和T_{m0904}组成了RPA油松高年生长量9月均温优化模型;另外,T_{m0909}、T_{m0912}、T_{m0906}、T_{m0910}和T_{m0907}组合,T_{m09}和T_{m0909}组合也能较好诠释9月均温对RPA油松高年生长量的影响(表8-37)。

从优化模型分析,油松与T_{m0910}和T_{m0907}负偏相关极显著($r_{partial}=-0.898$、-0.791,$p=0.000$),与T_{m0904}负偏相关显著($r_{partial}=-0.313$,$p=0.011$);而与T_{m0912}和T_{m0911}正偏相关极显著($r_{partial}=0.514$、0.650,$p=0.000$)。高年生长量对T_{m0910}和T_{m0911}反应较大,单位量变化系数为6.645和5.534;其对模型影响也较大,分别贡献47.8%和29.3%。T_{m0912}和T_{m0907}对树高年生长量影响相对较小,其系数为2.863和1.853,分别贡献11.9%和10.3%。而T_{m0904}对模型影响最小,系数仅为0.284,贡献仅为0.6%。

从另一6因子模型分析,油松仅与T_{m0912}呈极显著的正偏相关($r_{partial}=0.873$,$p=0.000$);而与T_{m0910}、T_{m0909}、T_{m0907}和T_{m0906}负偏相关依次减弱,但极显著。油松对T_{m0912}和T_{m0910}反应较大,系数为5.991和3.891,分别贡献59.7%和24.5%;T_{m0909}和T_{m0907}对模型影响相对较小,系数为1.570和1.072,分别贡献8.7%和5.1%;油松对T_{m0906}反应最小,系数为0.563,仅贡献1.9%。

从2因子模型分析,油松与T_{m09}正偏相关极显著,与T_{m0909}负偏相关极显著。油松对两者反应基本相当,系数为0.505和0.501;但T_{m0909}对模型起着主导作用,贡献占77.4%,远大于T_{m09}的22.6%。

三、树高生长年增量与九月温度均值指标的逐步回归模型

油松高生长年增量与9月均温指标的关系也较松散,只有T_{m0903}与对照油松高年增量相关。其模型如下:

$$R_{ahtck}=528.537-24.813T_{m0903}$$

$$R_{ahtck}=-0.251T_{m0903}$$

$$(R^2=0.063, F=4.556, p=0.036; r=0.251)$$

第十四节 十月均温对树高生长的均值效应

【内容提要】 对照和RPA树高优化模型决定系数R^2为0.979和0.977($p=0.000$)。对照模型中,T_{m1011}对树高影响比较稳定,其在优化模型和两个5因子模型中的单位量变

化系数分别为 9.409、11.462 和 10.059，对模型分别贡献 43.0%、52.5% 和 56.3%；而 T_{m1013} 和 T_{m1007} 的影响变化较大，其单位量变化系数分别为 4.416、3.865 和 8.555、2.316，4.979、3.317，对模型贡献 19.1%、14.2% 和 36.5%、8.9%，19.5%、16.7%。RPA 优化模型中，T_{m1011}、T_{m1007}、T_{m1009} 和 T_{m1012} 对树高影响较大，单位量变化系数为 5.062、4.167、3.494 和 2.835，对模型依次贡献 33.5%、28.8%、19.5% 和 13.1%；用 T_{m1013} 取代 T_{m1004} 因子后，T_{m1011}、T_{m1012}、T_{m1013}、T_{m1009} 和 T_{m1007} 对树高影响较大，系数为 6.880、4.2234、4.259、3.440 和 2.835，对模型分别贡献 34.3%、20.0%、15.5%、14.2% 和 14.2%。其 8 因子和 5 因子模型中，T_{m1011} 和 T_{m1013} 对树高影响很大，其单位量变化系数为 10.495、8.695 和 10.117、6.811，对模型贡献 42.6%、33.3% 和 53.5%、31.2%。树高年生长量优化模型 R^2 为0.772 和 0.807($p=0.000$)。模型中，T_{m1011} 和 T_{m1013} 对树高年生长量影响较大，其单位量变化系数为 15.173、12.354 和 11.941、12.642，对模型分别贡献 53.5%、41.9% 和 49.0%、44.5%。在对照两个 5 因子模型中，树高年生长量分别对 T_{m1011}、T_{m1013} 和 T_{m1006}、T_{m1003}、T_{m1005} 响应较强，对模型分别贡献 50.2%、44.8% 和 43.0%、23.0%、18.6%。在 RPA3 因子模型中，T_{m1007} 和 T_{m1011} 对树高年生长量影响极大，对模型贡献 52.0% 和 47.9%。树高生长年增量与 10 月温度均值指标线性关系比较疏远，仅对照树高生长年增量与 T_{m1006} 和 T_{m1007} 相关，但模型 R^2 仅为 0.165，线性关系相对松散。

【关 键 词】飞播造林，RPA，10 月温度均值指标，油松，树高，树高年生长量，树高生长年增量，逐步回归模型

一、树高与十月温度均值指标的逐步回归模型

1. **对照树高 10 月温度均值指标模型分析** 在组成的16组树高有效模型中，近2年、近8年、近12年、近10年、近14年、近6年、近11年、当年、近3年和近5年10温度均值指标（T_{m1001}、T_{m1007}、T_{m1011}、T_{m1009}、T_{m1013}、T_{m1005}、T_{m1010}、T_{m1}、T_{m1002} 和 T_{m1004}）构建了对照油松高10月均温指标优化模型；另外 T_{m1001}、T_{m1007}、T_{m1011} 和 T_{m1013} 分别与 T_{m1005} 或 T_{m1006} 组合也能较好的反映10月均温对油松高的影响（表 8－38）。

从优化模型分析，T_{m1007}、T_{m1009}、T_{m1002}、T_{m10}、T_{m1005} 和 T_{m1013} 与树高负偏相关依次减弱，T_{m1001}、T_{m1004}、T_{m1010} 和 T_{m1011} 与树高正偏相关依次增强。树高对 T_{m1011} 响应最大，其单位量变化系数为 9.409，对模型贡献，43.0%；树高对 T_{m1013}、T_{m1007}、T_{m1009} 和 T_{m1010} 反应较大，单位量变化系数分别为 4.416、3.865、3.003 和 2.106；T_{m1007} 和 T_{m1009} 对树高影响大于 T_{m1013} 和 T_{m1010}，依次贡献 19.1%、14.2%、9.1% 和 7.3%。树高对 T_{m1002}、T_{m1005}、T_{m1004}、T_{m10} 和 T_{m1001} 反应较小，系数依次为 0.528、0.454、0.0502、0359 和 0.159；对树高影响也较小，分别贡献 1.1%、1.0%、0.8%、0.3% 和 0.1%。

从5因子模型分析，T_{m1011}对模型影响相对稳定，两模型的单位量变化系数分别为11.462和10.059，依次贡献52.5%和56.3%；T_{m1013}对模型影响变化较大，变化系数分别为8.555和4.979，贡献36.5%和19.5%；T_{m1007}对模型影响也有差异，变化系数为2.316和3.317，贡献8.9%和16.7%；两模型T_{m1001}的系数为0.175和0.349，分别贡献0.1%和0.3%，差异不大。说明模型因子的改变，能够改变各因子在模型中的地位和影响程度。

2. RPA**树高10月温度均值指标模型分析** 在各生长期10月均温指标组合的15组RPA优化模型中，T_{m1001}、T_{m1007}、T_{m1011}、T_{m1005}、近13年均值（T_{m1012}）、T_{m1009}、T_{m10}和T_{m1002}与T_{m1004}组成RPA油松高10月均温优化模型，其用T_{m1013}取代T_{m1004}也可诠释两者的关系；另外T_{m1007}、T_{m1011}、T_{m1005}、T_{m1012}、T_{m1002}、T_{m1009}和T_{m10}，T_{m1001}、T_{m1007}、T_{m1011}、T_{m1005}组合也能较好反映10月均温对RPA树高的影响（表8－39）。

从优化模型分析，在控制其他变量影响下，模型各因子与树高偏相关极显著，其中T_{m1007}、T_{m10}、T_{m1002}、T_{m1009}和T_{m1005}与树高负偏相关依次减弱，T_{m1001}、T_{m1012}、T_{m1004}和T_{m1011}与树高正偏相关依次增强。树高对T_{m1011}、T_{m1007}、T_{m1009}和T_{m1012}反应相对敏感，单位量变化相似依次为5.062、4.167、3.494和2.835；其对树高影响也较大，依次贡献33.5%、28.8%、19.5%和13.1%；树高对T_{m1005}、T_{m1004}、T_{m1002}、T_{m10}和T_{m1001}反应较小，单位量变化系数依次为0.518、0.538、0.518、0.403和0.185，对模型贡献依次为1.6%、1.5%、1.3%、0.5%和0.2%。

用T_{m1013}取代T_{m1004}因子后，T_{m1007}、T_{m1009}、T_{m1002}、T_{m10}、T_{m1013}和T_{m1005}与树高负偏相关依次减弱，T_{m1001}、T_{m1012}和T_{m1011}与树高正偏相关依次增强，且相关均极显著。树高对T_{m1011}、T_{m1012}、T_{m1013}、T_{m1009}和T_{m1007}反应较大，系数依次为6.880、4.2234、4.259、3.440和2.835；其对树高影响也较大，分别贡献34.3%、20.0%、15.5%、14.2%和14.2%。而T_{m1005}、T_{m1002}、T_{m10}和T_{m1001}对树高作用较弱，单位量变化系数分别为0.374、0.411、0.267和0.193；对模型的影响相对也较小，依次贡献0.8%、0.7%、0.2%和0.1%。

从8因子模型分析，T_{m1013}、T_{m1007}、T_{m1005}、T_{m1009}、T_{m1003}和T_{m10}与树高负偏相关依次递减，T_{m1012}和T_{m1011}正偏相关递增，且相关也均极显著。在各因子相互作用下，树高对T_{m1011}和T_{m1013}的反应远大于其他因子，其单位量变化系数为10.495和8.695，对树高的影响也远高于其他因子，分别贡献42.6%和33.3%。T_{m1012}、T_{m1007}和T_{m1009}的变化系数较小，分别为2.813、2.032和1.920；其对树高的影响也相对降低，分别贡献9.9%、7.3%和5.1%。T_{m1005}、T_{m1003}和T_{m10}的变化系数最小，仅为0.577、0.309和0.157；其对树高的影响也很小，依次贡献1.3%、0.4%和0.1%。

从5因子模型分析，T_{m1007}、T_{m1013}、T_{m1005}和T_{m1001}与树高负偏相关也是依次减弱，而T_{m1011}正偏相关极显著（$r_{partial}=0.888$，$p=0.000$）。树高对T_{m1011}、T_{m1013}、T_{m1007}、T_{m1005}和T_{m1001}的反应依次减弱，单位量变化系数分别为10.117、6.811、2.873、0.523和0.246；其对树高的影响也依次降低，分别贡献53.5%、31.2%、13.7%、1.4%和0.2%。

表 8-38　油松高与 10 月均温的逐步回归模型(对照)

Tab. 8-38 The stepwise regression model of mean temperature in October and height of *Pinus tabulaeformi* (CK)

处理 Treat	温度因子 T_{m010}	模型 Model Coefficients 非标准 Unstandard	标准 Standard	T-检验 (T-test) t	p	R^2	相关系数 Correlations r_0	$r_{partial}$	r_{part}	共线性统计量 Collinearity statistics 容差 Tolerance	方差膨胀因子 VIF
	常量	-576.507		-2.997	0.004		—	—	—	—	—
	T_{m1001}	25.134	0.159	3.185	0.002		0.347	0.383	0.059	0.140	7.147
	T_{m1007}	-2069.295	-3.865	-10.515	0.000		-0.246	-0.807	-0.196	0.003	388.893
	T_{m1011}	5 185.038	9.407	9.989	0.000		-0.042	0.793	0.186	0.000	2552.731
	T_{m1009}	-1 649.317	-3.003	-8.769	0.000	0.979 (F = 281.884, p = 0.000)	-0.066	-0.752	-0.163	0.003	337.482
	T_{m1013}	-2 447.894	-4.416	-2.622	0.011		-0.102	-0.323	-0.049	0.000	8162.405
	T_{m1005}	-181.536	-0.454	-4.506	0.000		-0.034	-0.506	-0.084	0.034	29.218
	T_{m1010}	1 176.176	2.106	4.925	0.000		-0.081	0.540	0.092	0.002	526.029
	T_{m10}	-36.847	-0.359	-6.751	0.000		0.195	-0.660	-0.126	0.123	8.143
	T_{m1002}	-123.477	-0.528	-8.707	0.000		0.303	-0.750	-0.162	0.094	10.591
	T_{m1004}	161.346	0.502	3.443	0.001		0.201	0.409	0.064	0.016	61.167
H_{tck}	常量	-274.247		-0.853	0.397		—	—	—	—	—
	T_{m1001}	-27.643	-0.175	-2.891	0.005		0.347	-0.340	-0.094	0.292	3.430
	T_{m1007}	-1 239.910	-2.316	-10.692	0.000	0.971 (F = 251.618, p = 0.000)	-0.246	-0.801	-0.349	0.023	44.125
	T_{m1011}	6 317.203	11.462	19.649	0.000		-0.042	0.926	0.641	0.003	319.986
	T_{m1013}	-4 741.888	-8.555	-13.363	0.000		-0.102	-0.858	-0.436	0.003	385.457
	T_{m1005}	-287.760	-0.720	-9.867	0.000		-0.034	-0.777	-0.322	0.200	5.003
	常量	39.055		0.101	0.920		—	—	—	—	—
	T_{m1001}	-55.204	-0.349	-4.918	0.000		0.347	-0.524	-0.194	0.311	3.218
	T_{m1007}	-1 775.795	-3.317	-11.691	0.000	0.932 (F = 175.293, p = 0.000)	-0.246	-0.825	-0.462	0.019	51.556
	T_{m1011}	5 544.097	10.059	14.996	0.000		-0.042	0.882	0.593	0.003	288.191
	T_{m1009}	-953.204	-1.735	-6.774	0.000		-0.066	-0.646	-0.268	0.024	42.035
	T_{m1013}	-2 759.944	-4.979	-6.202	0.000		-0.102	-0.613	-0.245	0.002	412.884

二、树高年生长量与十月温度均值指标的逐步回归模型

在10月均温指标组合的11组对照树高有效模型中，T_{m1004}、T_{m1011}、T_{m1013}、T_{m1009}以及T_{m1005}组合构建了对照优化模型；同时，T_{m1006}、T_{m1003}、T_{m1004}、T_{m1011}及T_{m1013}组合，T_{m1006}、T_{m1003}、T_{m1004}、T_{m1001}及T_{m1011}组合也能较好反应对照油松高年生长量与10月均温的关系。在7组RPA有效模型中，T_{m1007}、T_{m1011}、T_{m1013}、T_{m1004}及T_{m1012}组成了RPA油松高年生长量10月均温优化模型；另外，T_{m1001}、T_{m1007}和T_{m1011}组合也可诠释10月均温对RPA油松的影响(表8－40)。

表8－39　油松高与10月均温的逐步回归模型(RPA)

Tab.8－39 The stepwise regression model of mean temperature in October and height of *Pinus tabulaeformi*(RPA)

处理 Treat	温度因子 T_{m010}	模型 Model Coefficients 非标准 Unstandard	标准 Standard	T－检验(T－test) t	p	R^2	相关系数 Correlations r_0	$r_{partial}$	r_{part}	共线性统计量 Collinearity statistics 容差 Tolerance	方差膨胀因子 VIF
H_{tck}	常量	－733.614	—	－2.689	0.009	0.977 (F=287.611, p=0.000)	—	—	—	—	—
	T_{m1001}	39.944	0.185	3.445	0.001		0.344	0.406	0.067	0.131	7.623
	T_{m1007}	－3 045.338	－4.167	－31.819	0.000		－0.275	－0.972	－0.618	0.022	45.432
	T_{m1011}	3 808.217	5.062	16.433	0.000		－0.061	0.905	0.319	0.004	251.299
	T_{m1005}	－282.528	－0.518	－5.427	0.000		－0.017	－0.574	－0.105	0.041	24.102
	T_{m1012}	2 134.345	2.835	6.325	0.000		－0.014	0.632	0.123	0.002	532.274
	T_{m1009}	－2 619.167	－3.494	－9.192	0.000		－0.063	－0.765	－0.179	0.003	382.612
	T_{m10}	－56.443	－0.403	－11.863	0.000		0.139	－0.837	－0.231	0.327	3.057
	T_{m1002}	－165.234	－0.518	－11.001	0.000		0.313	－0.818	－0.214	0.170	5.868
	T_{m1004}	236.211	0.538	7.030	0.000		0.196	0.672	0.137	0.064	15.534
	常量	－697.023	—	－2.470	0.016	0.976 (F=269.726, p=0.000)	—	—	—	—	—
	T_{m1001}	41.780	0.193	3.503	0.001		0.344	0.412	0.070	0.132	7.575
	T_{m1007}	－2 183.627	－2.988	－13.974	0.000		－0.275	－0.875	－0.280	0.009	113.756
	T_{m1011}	5 176.050	6.880	14.832	0.000		－0.061	0.886	0.297	0.002	535.230
	T_{m1013}	－3 221.802	－4.259	－6.540	0.000		－0.119	－0.645	－0.131	0.001	1054.705
	T_{m1005}	－204.099	－0.374	－4.457	0.000		－0.017	－0.499	－0.089	0.057	17.513
	T_{m1012}	3 187.015	4.234	12.036	0.000		－0.014	0.841	0.241	0.003	307.810
	T_{m1009}	－2 579.235	－3.440	－8.453	0.000		－0.063	－0.737	－0.169	0.002	412.078
	T_{m10}	－37.393	－0.267	－6.764	0.000		0.139	－0.658	－0.136	0.258	3.876
	T_{m1002}	－131.016	－0.411	－7.366	0.000		0.313	－0.689	－0.148	0.129	7.730

续表 8-39

处理 Treat	温度因子 T_{m010}	模型 Model Coefficients 非标准 Unstandard	标准 Standard	T-检验 (T-test) t	p	R^2	相关系数 Correlations r_0	$r_{partial}$	r_{part}	共线性统计量 Collinearity statistics 容差 Tolerance	方差膨胀因子 VIF
H_{tck}	常量	-657.195	—	-2.083	0.041	0.968 (F= 229.932, p= 0.000)	—	—	—	—	—
	T_{m1007}	-1 485.058	-2.032	-11.434	0.000		-0.275	-0.826	-0.262	0.017	60.014
	T_{m1011}	7 895.336	10.495	16.070	0.000		-0.061	0.899	0.369	0.001	810.144
	T_{m1013}	-6 578.562	-8.695	-12.318	0.000		-0.119	-0.845	-0.283	0.001	946.676
	T_{m1005}	-315.146	-0.577	-7.049	0.000		-0.017	-0.670	-0.162	0.078	12.746
	T_{m1012}	2 117.252	2.813	9.838	0.000		-0.014	0.783	0.226	0.006	155.265
	T_{m1003}	-127.145	-0.309	-5.175	0.000		0.199	-0.552	-0.119	0.147	6.786
	T_{m1009}	-1 439.572	-1.920	-5.761	0.000		-0.063	-0.594	-0.132	0.005	211.034
	T_{m10}	-21.975	-0.157	-4.341	0.000		0.139	-0.486	-0.100	0.403	2.482
	常量	-257.982	—	-0.523	0.603	0.914 (F= 136.083, p= 0.000)	—	—	—	—	—
	T_{m1001}	-53.110	-0.246	-3.620	0.001		0.344	-0.412	-0.133	0.292	3.430
	T_{m1007}	-2 099.757	-2.873	-11.802	0.000		-0.275	-0.828	-0.433	0.023	44.125
	T_{m1011}	7 610.851	10.117	15.430	0.000		-0.061	0.888	0.566	0.003	319.986
	T_{m1013}	-5 153.034	-6.811	-9.465	0.000		-0.119	-0.764	-0.347	0.003	385.457
	T_{m1005}	-285.436	-0.523	-6.379	0.000		-0.017	-0.623	-0.234	0.200	5.003

1. 对照树高年生长量 10 月温度均值指标模型分析 从优化模型分析，油松仅与 T_{m1011} 正偏相关极显著（$r_{partial}=0.838, p=0.000$）；而与 T_{m1004}、T_{m1009}、T_{m1005} 和 T_{m1011} 负偏负相关依次减弱，其中除与 T_{m1011} 相关显著（$r_{partial}=-0.251, p=0.042$）外，与其余因子相关极显著（$p=0.000$）。油松对 T_{m1011} 和 T_{m1013} 反应较大，单位量变化系数分别为 15.173 和 12.354；其对模型起着决定性的作用，分别贡献 53.5% 和 41.9%。而对 T_{m1009}、T_{m1004} 和 T_{m1005} 反应很小，系数依次为 1.898、0.781 和 0.481；其对模型影响也很小，分别贡献 3.4%、0.9% 和 0.4%。

从其 5 因子模型分析，油松也与 T_{m1011} 正偏相关极显著（$r_{partial}=0.661, p=0.000$），与 T_{m1003} 负偏相关显著（$r_{partial}=0.303, p=0.013$）；而与 T_{m1004}、T_{m1013} 和 T_{m1006} 负偏相关极显著（$p=0.000$），但依次减弱。高年生长量也是对 T_{m1011} 和 T_{m1013} 反应较大，系数为 11.326 和 10.279，分别贡献 50.2% 和 44.8%；而对 T_{m1004}、T_{m1006} 和 T_{m1003} 反应很小，系数依次为 1.154、0.600 和 0.372，对模型分别贡献 3.0%、1.6% 和 0.4%。另一 5 因子模型显示，油松与 T_{m1006} 和 T_{m1004} 负偏相关极显著（$r_{partial}=-0.544$、-0.410，$p=0.000$、0.001），与 T_{m1012} 和 T_{m1001} 正偏相关显著（$r_{partial}=0.254$、0.268，$p=0.029$、0.039），与 T_{m1003} 正偏相关极显著

($r_{partial}=0.480$, $p=0.000$)。油松对 T_{m1006}、T_{m1003} 和 T_{m1005} 反应较大，系数为 0.821、0.738 和 0.654，对模型分别贡献 43.0%、23.0% 和 18.6%；而对 T_{m1011} 和 T_{m1001} 反应较小，系数 0.427 和 0.267，对模型分别贡献 12.9% 和 2.5%。

表 8－40　油松高年生长量与 10 月均温的逐步回归模型

Tab. 8－40 The stepwise regression model of mean temperature in October and annual height increment of *Pinus tabulaeformi*

处理 Treat	温度因子 T_{m010}	模型 Model Coefficients 非标准 Unstandard	标准 Standard	T－检验 (T－test) t	p	R^2	相关系数 Correlations r_0	$r_{partial}$	r_{part}	共线性统计量 Collinearity statistics 容差 Tolerance	方差膨胀因子 VIF
H_{atck}	常量	－110.754	—	－0.767	0.446	0.772 (F= 43.391, p= 0.000)	—	—	—	—	—
	T_{m1004}	－65.571	－0.781	－4.285	0.000		－0.064	－0.472	－0.256	0.107	9.337
	T_{m1011}	2 184.004	15.173	12.272	0.000		－0.045	0.838	0.732	0.002	429.509
	T_{m1013}	－1 788.167	－12.354	－10.708	0.000		－0.082	－0.801	－0.639	0.003	373.972
	T_{m1009}	－272.240	－1.898	－3.758	0.000		－0.145	－0.425	－0.224	0.014	71.655
	T_{m1005}	－50.264	－0.481	－2.074	0.042		－0.244	－0.251	－0.124	0.066	15.138
	常量	－68.456	—	－0.413	0.681	0.699 (F= 29.706, p= 0.000)	—	—	—	—	—
	T_{m1006}	－69.733	－0.600	－4.599	0.000		－0.354	－0.498	－0.315	0.277	3.613
	T_{m1003}	29.227	0.372	2.543	0.013		0.214	0.303	0.174	0.220	4.538
	T_{m1004}	－96.833	－1.154	－6.972	0.000		－0.064	－0.657	－0.478	0.172	5.818
	T_{m1011}	1 630.294	11.326	7.049	0.000		－0.045	0.661	0.484	0.002	548.673
	T_{m1013}	－1 487.818	－10.279	－6.764	0.000		－0.082	－0.646	－0.464	0.002	490.778
	常量	323.866	—	1.528	0.131	0.521 (F= 13.908, p= 0.000)	—	—	—	—	—
	T_{m1006}	－95.501	－0.821	－5.193	0.000		－0.354	－0.544	－0.449	0.299	3.340
	T_{m1003}	58.079	0.738	4.372	0.000		0.214	0.480	0.378	0.263	3.809
	T_{m1004}	－54.902	－0.654	－3.596	0.001		－0.064	－0.410	－0.311	0.226	4.418
	T_{m1001}	11.050	0.267	2.228	0.029		0.183	0.268	0.193	0.520	1.922
	T_{m1011}	61.442	0.427	2.105	0.039		－0.045	0.254	0.182	0.182	5.491
H_{atrpa}	常量	40.103	—	0.216	0.830	0.807 (F= 53.585, p= 0.000)	—	—	—	—	—
	T_{m1007}	－159.689	－0.860	－1.884	0.064		－0.291	－0.229	－0.103	0.014	69.218
	T_{m1011}	2 281.954	11.941	8.517	0.000		－0.089	0.729	0.467	0.002	652.465
	T_{m1013}	－2 429.551	－12.642	－6.353	0.000		－0.146	－0.622	－0.349	0.001	1314.273
	T_{m1004}	－94.195	－0.845	－4.429	0.000		0.130	－0.484	－0.243	0.083	12.088
	T_{m1012}	399.702	2.090	2.964	0.004		－0.052	0.347	0.163	0.006	165.033
	常量	188.365	—	0.793	0.431	0.386*	—	—	—	—	—
	T_{m1002}	－7.115	－0.130	－1.037	0.304		0.356	－0.127	－0.073	0.314	3.180
	T_{m1007}	－654.262	－3.525	－8.987	0.000		－0.291	－0.742	－0.630	0.032	31.311
	T_{m1011}	650.147	3.402	7.686	0.000		－0.089	0.687	0.539	0.025	39.887

备注：Remark：* $F=21.025$, $p=0.000$

2. RPA **树高年生长量 10 月温度均值指标模型分析**　从优化模型分析，油松高年生

长量与 T_{m1013} 和 T_{m1004} 负偏相关极显著($r_{partial}=-0.622$、-0.484,$p=0.000$),与 T_{m1007} 负偏相关不显著($r_{partial}=-0.229$,$p=0.064$),而与 T_{m1012} 和 T_{m1011} 正偏相关极显著($r_{partial}=0.347$、0.729,$p=0.004$、0.000)。年生长量也是对 T_{m1011} 和 T_{m1013} 反应较大,系数 11.941 和 12.642,对模型分别贡献 49.0% 和 44.5%;而对 T_{m1012}、T_{m1007} 和 T_{m1004} 反应很小,系数依次为 2.090、0.860 和 0.845,对模型分别贡献 4.1%、1.3% 和 1.1%。

从 3 因子模型分析,油松与 T_{m1001} 负偏相关不显著($r_{partial}=-0.127$,$p=0.304$),与 T_{m1007} 负偏相关极显著($r_{partial}=-0.742$,$p=0.000$),而与 T_{m1011} 正偏相关极显著($r_{partial}=0.687$,$p=0.000$)。油松对 T_{m1007} 和 T_{m1011} 反应相当,系数为 3.525 和 3.402,对模型分别贡献 52.0% 和 47.9%;而对 T_{m1001} 反应极小,系数仅为 0.130,对模型仅贡献 0.1%。

三、树高生长年增量与十月温度均值指标的逐步回归模型

RPA 油松高年增量与 10 月均温指标也没有有效模型产生,对照油松也仅与 T_{m1006} 和 T_{m1007} 相关。模型如下:

$$R_{ahtck}=80.127-100.733T_{m0906}+96.288\ T_{m0907}$$

$$R_{ahtck}=-0.690T_{m0906}+0.548\ T_{m0907}$$

($R^2=0.165$,$F=6.632$,$p=0.002$;$r_0=-0.247$、-0.009,$r_{partial}=-0.406$、0.333,$r_{part}=-0.406$、0.323,容差为 0.347)

模型显示,在控制模型其他因子影响下,油松高年增量与 T_{m1006} 负偏相关极显著($r_{partial}=-0.406$,$p=0.001$),与 T_{m1007} 正偏相关极显著($r_{partial}=0.333$,$p=0.005$)。年增量对 T_{m1006} 响应大于对 T_{m1007} 的响应,单位量变化系数分别为 0.690 和 0.548,其对模型影响也大于 T_{m1007},分别贡献 56.0% 和 44.0%。

第十五节　十一月均温对树高生长的均值效应

【内容提要】对照和 RPA 树高优化模型决定系数 R^2 为 0.842 和 0.936($p=0.000$)。对照优化模型中,T_{m1112} 和 T_{m1110} 树高影响较大,单位量变化系数为 6.561 和 5.982,对模型贡献 34.3% 和 33.8%;T_{m1108} 和 T_{m1107} 影响相当,系数为 2.041 和 2.001,贡献 10.1% 和 10.0%;剔除 T_{m1101},引进 T_{m1105} 和 T_{m1103},也是 T_{m1112} 和 T_{m1110} 对模型影响较大,分别贡献 30.1% 和 41.5%;T_{m1108} 和 T_{m1107} 分别贡献 9.5% 和 11.9%。RPA 优化模型中,T_{m1110}、T_{m1102}、T_{m1107} 和 T_{m1108} 对树高影响较大,其单位量变化系数为 5.378、4.417、2.140 和2.118,对模型贡献 37.3%、20.1%、13.3% 和 12.9%;剔除 T_{m1102} 和 T_{m1101},引入 T_{m1105} 和 T_{m1109} 后,T_{m1110}、T_{m1107} 和 T_{m1109} 对树高影响较大,其单位量变化系数为 3.291、2.020 和1.531,依次贡献 46.4%、23.9% 和 16.0%。树高年生长量优化模型为 0.735 和 0.797($p=0.000$)。对

照两模型中，油松对 T_{m1111}、T_{m1110} 和 T_{m1109} 响应较强，其单位量变化系数为 2.915、2.559、1.578和 2.939、2.566、1.574，对模型贡献 39.5%、30.8%、17.5%和 36.9%、32.8%、18.6%。RPA 两模型中，油松对 T_{m1110}、T_{m1109} 和 T_{m1107} 响应较强，其单位量变化系数为 3.994、2.113、1.297 和 4.574、1.549、1.130，对模型贡献 58.3%、24.5%、12.4%和 68.7%、11.3%、10.5%。RPA 油松高生长年增量与 11 月温度均值指标线性关系也比较松散，没有组成有效模型；而 T_{m1103}、T_{m1109}、T_{m1108} 和 T_{m1107} 构建了对照树高生长年增量有效模型（$R^2=0.431$，$p=0.000$）。模型中，T_{m1108} 和 T_{m1109} 对树高生长年增量影响较大，其单位量变化系数为 2.658 和 1.963，对模型分别贡献 47.0%和 33.7%；而 T_{m1107} 和 T_{m1103} 影响较小，分别贡献 12.8%和 6.6%。

【关 键 词】飞播造林，RPA，11 月温度均值指标，油松，树高，树高年生长量，树高生长年增量，逐步回归模型

一、树高与十一月温度均值指标的逐步回归模型

1. **对照树高 11 月温度均值指标模型分析** 11 月均温指标组合的 13 组对照树高有效模型中，近 11 年、近 8 年、近 10 年、近 13 年、近 9 年、近 7 年和近 2 年均值（T_{m1110}、T_{m1107}、T_{m1109}、T_{m1112}、T_{m1108}、T_{m1106} 和 T_{m1101}）组成了其树高优化模型；另外，近 6 年 11 月均值（T_{m1105}）、T_{m1110}、T_{m1107}、T_{m1109}、近 4 年均值（T_{m1103}）、T_{m1112}、T_{m1108} 和 T_{m1106} 组合也能较好反映对照树高与各生长期 11 月均温的关系（表 8－41）。

从优化模型分析，除 T_{m1101} 与树高关系疏远外，其余各因子与树高均呈正相关。在控制其他因子作用下，各因子均与树高呈极显著的偏相关。其中，T_{m1110}、T_{m1108} 和 T_{m1109} 负偏相关依次减弱，T_{m1101}、T_{m1112}、T_{m1106} 和 T_{m1107} 正偏相关依次增强。树高对 T_{m1112} 和 T_{m1110} 反应较大，单位量变化系数分别为 6.561 和 5.982；其次是 T_{m1108} 和 T_{m1107}，系数为 2.041 和 2.001；树高对 T_{m1109} 和 T_{m1106} 反应较小，变化系数分别为 1.680 和 1.355；对 T_{m1101} 反应最小，系数仅为 0.298。在各因子相互作用下，T_{m1110} 和 T_{m1112} 对树高影响最大，分别贡献 34.3%和 33.8%；T_{m1108} 和 T_{m1107} 影响相当，依次贡献 10.1%和 10.0%；T_{m1109} 和 T_{m1106} 贡献为 5.8%和 5.9%；T_{m1101} 影响最小，仅贡献 0.3%。

从 8 因子模型分析，在消除其他因子影响下，T_{m1110}、T_{m1108} 和 T_{m1109} 与树高也呈负偏相关，其中除 T_{m1109} 相关显著外（$r_{partial}=-0.306$，$p=0.015$），其余极显著；T_{m1105}、T_{m1103}、T_{m1106}、T_{m1112} 和 T_{m1107} 与树高正偏相关依次增强，其中除 T_{m1105} 相关不显著外（$r_{partial}=0.131$，$p=0.307$），其余相关极显著。与优化模型相同，树高对 T_{m1112} 和 T_{m1110} 反应较大，单位量变化系数分别为 5.085 和 5.041，分别贡献 30.1%和 41.5%；T_{m1108} 和 T_{m1107} 系数为 1.748 和 1.716，分别贡献 9.5%和 11.9%；T_{m1109} 和 T_{m1106} 系数为 0.956 和 0.947，贡献率为 2.7%和 3.7%；T_{m1104} 和 T_{m1105} 系数仅为 0.267 和 0.163，贡献率为 0.5%和 0.1%。

表 8 -41　油松高与 11 月均温的逐步回归模型

Tab. 8 -41 The stepwise regression model of mean temperature in November and height of *Pinus tabulaeformi*

处理 Treat	温度因子 T_{m11}	模型 Model Coefficients 非标准 Unstandard	标准 Standard	T - 检验 (T - test) t	p	R^2	相关系数 Correlations r_0	$r_{partial}$	r_{part}	共线性统计量 Collinearity statistics 容差 Tolerance	方差膨胀因子 VIF
H_{tck}	常量	158.533	—	1.257	0.213		—	—	—	—	—
	T_{m1110}	-2 266.259	-5.982	-18.179	0.000	0.842 (F = 143.095, p = 0.000)	0.247	-0.918	-0.557	0.009	115.184
	T_{m1107}	703.033	2.001	13.079	0.000		0.442	0.857	0.401	0.040	24.895
	T_{m1109}	-630.776	-1.680	-5.179	0.000		0.329	-0.550	-0.159	0.009	111.880
	T_{m1112}	2 518.374	6.561	11.029	0.000		0.325	0.814	0.338	0.003	376.432
	T_{m1108}	-782.701	-2.042	-9.860	0.000		0.348	-0.781	-0.302	0.022	45.631
	T_{m1106}	410.024	1.355	12.490	0.000		0.506	0.846	0.383	0.080	12.515
	T_{m1101}	35.091	0.298	5.173	0.000		-0.084	0.549	0.159	0.284	3.523
	常量	39.668	—	0.294	0.770		—	—	—	—	—
	T_{m1105}	44.454	0.163	1.030	0.307	0.930 (F = 101.256, p = 0.000)	0.578	0.131	0.035	0.046	21.978
	T_{m1110}	-1 909.679	-5.041	-13.735	0.000		0.247	-0.869	-0.465	0.009	117.431
	T_{m1107}	602.849	1.716	9.958	0.000		0.442	0.787	0.337	0.039	25.887
	T_{m1109}	-359.186	-0.956	-2.507	0.015		0.329	-0.306	-0.085	0.008	126.923
	T_{m1103}	53.004	0.267	3.034	0.004		0.406	0.362	0.103	0.148	6.755
	T_{m1112}	1 951.992	5.085	6.099	0.000		0.325	0.615	0.207	0.002	606.097
	T_{m1108}	-669.907	-1.748	-5.346	0.000		0.348	-0.565	-0.181	0.011	93.186
	T_{m1106}	286.685	0.947	4.590	0.000		0.506	0.507	0.155	0.027	37.128
H_{trpa}	常量	151.443	—	0.853	0.397		—	—	—	—	—
	T_{m1110}	-2 780.985	-5.378	-17.522	0.000	0.936 (F = 154.481, p = 0.000)	0.243	-0.911	-0.557	0.011	93.259
	T_{m1107}	1 026.379	2.140	14.469	0.000		0.429	0.877	0.460	0.046	21.658
	T_{m1108}	-1 108.181	-2.118	-10.222	0.000		0.337	-0.790	-0.325	0.024	42.508
	T_{m1106}	505.335	1.223	11.908	0.000		0.502	0.832	0.378	0.096	10.445
	T_{m1102}	2 314.285	4.417	14.782	0.000		0.326	0.881	0.470	0.011	88.391
	T_{m1101}	31.843	0.198	3.443	0.001		-0.081	0.398	0.109	0.306	3.271
	常量	112.625	—	0.535	0.595		—	—	—	—	—
	T_{m1105}	251.257	0.677	4.933	0.000	0.9901 (F = 95.811, p = 0.000)	0.575	0.528	0.195	0.083	12.015
	T_{m1110}	-1 701.566	-3.291	-14.774	0.000		0.243	-0.881	-0.585	0.032	31.643
	T_{m1107}	968.962	2.020	10.329	0.000		0.429	0.793	0.409	0.041	24.407
	T_{m1109}	784.655	1.531	6.944	0.000		0.346	0.658	0.275	0.032	30.993
	T_{m1108}	-510.395	-0.976	-4.129	0.000		0.337	-0.462	-0.163	0.028	35.612
	T_{m1106}	200.806	0.486	2.963	0.004		0.502	0.350	0.117	0.058	17.171

2. RPA 树高 11 月温度均值指标模型分析　在组成的 10 个 RPA 有效模型中，T_{m1110}、T_{m1107}、T_{m1108}、T_{m1106}、T_{m1112} 和 T_{m1101} 构建了其优化模型；同时，T_{m1105}、T_{m1110}、T_{m1107}、T_{m1109}、

T_{m1108}和T_{m1106}也较好地诠释了11月均温指标对RPA油松高的影响(表8－41)。

从模型分析,T_{m1110}和T_{m1108}与树高呈极显著的负偏相关;优化模型T_{m1101}、T_{m1106}、T_{m1107}和T_{m1102},另一模型T_{m1106}、T_{m1105}、T_{m1109}和T_{m1108}与树高正偏相关依次增强,且极显著。优化模型T_{m1110}、T_{m1102}、T_{m1107}、T_{m1108}、T_{m1106}和T_{m1101}对树高影响依次减弱,单位量变化系数依次为5.378、4.417、2.140、2.118、1.223和0.198,分别贡献37.3%、20.1%、13.3%、12.9%、6.2%和0.2%。另一模型T_{m1110}、T_{m1107}、T_{m1109}、T_{m1108}、T_{m1105}和T_{m1106}单位量变化系数为3.291、2.020、1.531、0.976、0.677和0.486,依次贡献46.4%、23.9%、16.0%、7.3%、4.2%和2.2%。

二、树高年生长量与十一月温度均值指标的逐步回归模型

在11月均温指标组合的7组对照和RPA树高年生长量有效模型中,T_{m1104}、T_{m1109}、T_{m1110}、T_{m1111}以及T_{m1106}组成了对照油松高年生长量11月均温优化模型;另外,其引入T_{m1108}也能较好反映对照与11月均温的关系。T_{m1105}、T_{m1110}、T_{m1103}、T_{m1107}以及T_{m1109}构建了RPA树高年生长量11月均温优化模型,同时其T_{m1112}也可较好诠释11月均温对RPA油松的影响(表8－42)。

表8－42 油松高年生长量与11月均温的逐步回归模型

Tab. 8－42 The stepwise regression model of mean temperature in November and annual height increment of *Pinus tabulaeformi*

处理 Treat	温度因子 T_{m11}	模型 Model Coefficients 非标准 Unstandard	标准 Standard	T－检验 (T－test) t	p	R^2	相关系数 Correlations r_0	$r_{partial}$	r_{part}	共线性统计量 Collinearity statistics 容差 Tolerance	方差膨胀因子 VIF
H_{tck}	常量	39.001	—	0.591	0.557	0.735 (F = 35.508, p = 0.000)	—	—	—	—	—
	T_{m1104}	49.172	0.805	5.318	0.000		0.511	0.554	0.342	0.181	5.528
	T_{m1109}	-154.726	-1.578	-4.961	0.000		0.185	-0.527	-0.319	0.041	24.428
	T_{m1110}	-253.203	-2.559	-5.508	0.000		0.216	-0.567	-0.354	0.019	52.157
	T_{m1111}	292.146	2.915	6.508	0.000		0.289	0.631	0.419	0.021	48.470
	T_{m1106}	63.816	0.807	4.094	0.000		0.402	0.456	0.263	0.106	9.393
	常量	39.839	—	0.589	0.558	0.735 (F = 29.131, p = 0.000)					
	T_{m1104}	48.962	0.801	4.985	0.000		0.511	0.532	0.323	0.163	6.141
	T_{m1109}	-154.392	-1.574	-4.852	0.000		0.185	-0.522	-0.315	0.040	25.030
	T_{m1108}	-2.823	-0.028	-0.068	0.946		0.305	-0.009	-0.004	0.024	41.258
	T_{m1110}	-253.844	-2.566	-5.368	0.000		0.216	-0.560	-0.348	0.018	54.335
	T_{m1111}	294.579	2.939	5.098	0.000		0.289	0.540	0.331	0.013	79.061
	T_{m1106}	64.627	0.818	3.272	0.002		0.402	0.381	0.212	0.067	14.847

续表 8－42

处理 Treat	温度因子 T_{m11}	模型 Model Coefficients 非标准 Unstandard	标准 Standard	T－检验 (T－test) t	p	R^2	相关系数 Correlations r_0	$r_{partial}$	r_{part}	共线性统计量 Collinearity statistics 容差 Tolerance	方差膨胀因子 VIF
	常量	72.472	—	0.943	0.349	0.797 (F = 50.176, p = 0.000)					
	T_{m1105}	62.725	0.665	3.886	0.000		0.489	0.437	0.219	0.108	9.231
	T_{m1110}	－524.652	－3.994	－11.400	0.000		0.169	－0.819	－0.642	0.026	38.658
	T_{m1103}	22.583	0.328	2.750	0.008		0.298	0.325	0.155	0.223	4.484
	T_{m1107}	157.952	1.297	5.635	0.000		0.325	0.576	0.318	0.060	16.671
	T_{m1109}	275.148	2.113	6.909	0.000		0.297	0.654	0.389	0.034	29.456
H_{trpa}	常量	55.856	—	0.722	0.473	0.802 (F = 42.650, p = 0.000)					
	T_{m1106}	54.018	0.573	3.124	0.003		0.489	0.366	0.175	0.093	10.726
	T_{m1110}	－600.762	－4.574	－8.271	0.000		0.169	－0.722	－0.463	0.010	97.526
	T_{m1112}	173.738	1.305	1.349	0.182		0.262	0.168	0.076	0.003	298.790
	T_{m1103}	29.212	0.424	3.066	0.003		0.298	0.360	0.172	0.164	6.110
	T_{m1107}	137.696	1.130	4.351	0.000		0.325	0.481	0.244	0.046	21.518
	T_{m1109}	201.716	1.549	2.997	0.004		0.297	0.353	0.168	0.012	85.220

1. **对照树高年生长量 11 月温度均值指标模型分析** 从优化模型分析，油松高年生长量与各因子偏相关极显著，其中与 T_{m1110} 和 T_{m1109} 负相关依次消弱，与 T_{m1106}、T_{m1104} 和 T_{m1111} 正相关依次增强。油松对 T_{m1111} 和 T_{m1110} 反应较大，单位量变化系数为 2.915 和 2.559，其对模型影响也较大。分别贡献 39.5% 和 30.8%；其次是 T_{m1109}，系数为 1.578，贡献 17.5%；对 T_{m1106} 和 T_{m1104} 反应较小，系数为 0.807 和 0.805，仅贡献 6.3% 和 5.9%。

引入 T_{m1108}，油松与 T_{m1110} 和 T_{m1109} 负偏相关也极显著，但与 T_{m1108} 偏相关极不显著 ($r_{partial}$ = －0.009，p = 0.946)；与 T_{m1106}、T_{m1104} 和 T_{m1111} 正偏相关也极显著，且依次增强。年生长量对与 T_{m1111}、T_{m1110} 和 T_{m1109} 响应明显，系数依次为 2.939、2.566 和 1.574，对模型分别贡献 36.9%、32.8% 和 18.6%；对 T_{m1104} 和 T_{m1107} 响应相当，系数 0.801 和 0.818，贡献 6.1% 和 5.7%；而对 T_{m1108} 响应不明显，系数仅为 0.028，贡献 0.01%。

2. **RPA 树高年生长量 11 月温度均值指标模型分析** RPA 优化模型显示，在排除其他因子影响下，油松仅与 T_{m1110} 负偏相关极显著 ($r_{partial}$ = －0.819，p = 0.000)，而与 T_{m1103}、T_{m1105}、T_{m1107} 和 T_{m1109} 正偏相关极显著，且依次增强。年生长量对 T_{m1110} 反应最敏感，单位量变化系数为 3.994，贡献 58.3%；其次是 T_{m1109} 和 T_{m1107}，系数为 2.113 和 1.297，分别贡献 24.5% 和 12.4%；对 T_{m1105} 和 T_{m1103} 反应较小，系数 0.665 和 0.328，对模型仅贡献 3.8% 和 1.0%。

在6因子模型中,上述因子与年生长量关系性质不变,但油松与T_{m1112}正偏相关不显著($r_{partial}=0.167$,$p=0.182$)。油松也是对T_{m1110}反应最大,系数4.574,贡献68.7%,比优化模型明显增强;其次是T_{m1109}和T_{m1107},其作用相对,系数为1.549和1.130,分别贡献11.3%和10.5%;T_{m1112}和T_{m1105}影响较小,系数1.305和0.573,贡献4.6%和3.2%;T_{m1103}对模型影响最小,系数0.424,仅贡献1.7%。

三、树高生长年增量与十一月温度均值指标的逐步回归模型

RPA油松也没有组成有效模型。而T_{m1103}、T_{m1109}、T_{m1108}和T_{m1107}构建了对照油松高生长年增量11月均温优化模型(表8-43)。

模型决定因子R^2为0.431,油松高年增量与各因子线性关系十分显著($p=0.000$)。在控制其他因子作用下,油松高生长年增量与各因子偏相关极显著,其中与T_{m1109}和T_{m1107}负相关依次减弱,而与T_{m1103}和T_{m1108}正相关依次增强。年增量对T_{m1108}和T_{m1109}响应较强,单位量变化系数分别为2.658和1.963,其对模型影响相对也较大,分别贡献47.0%和33.7%;而对T_{m1107}和T_{m1103}响应较弱,系数1.261和0.796,其对模型影响相对也较小,分别贡献12.8%和6.6%。

表8-43 油松高生长年增量与11月均温的逐步回归模型

Tab. 8-43 The stepwise regression model of mean temperature in November and annual height growth acceleration of *Pinus tabulaeformi*

处理 Treat	温度因子 T_{m011}	模型 Model Coefficients 非标准 Unstandard	标准 Standard	T-检验 (T-test) t	p	R^2	相关系数 Correlations r_0	$r_{partial}$	r_{part}	共线性统计量 Collinearity statistics 容差 Tolerance	方差膨胀因子 VIF
H_{tck}	常量	24.959	—	0.217	0.829	0.431 ($F=$ 12.321, $p=$ 0.000)	—	—	—	—	—
	T_{m1103}	51.864	0.796	4.650	0.000		0.279	0.500	0.435	0.298	3.352
	T_{m1109}	-241.910	-1.963	-5.384	0.000		0.029	-0.555	-0.504	0.066	15.201
	T_{m1108}	334.216	2.658	5.476	0.000		0.155	0.562	0.512	0.037	26.922
	T_{m1107}	-145.342	-1.261	-3.003	0.004		0.115	-0.349	-0.281	0.050	20.145

第十六节 十二月均温对树高生长的均值效应

【内容提要】对照和RPA树高优化模型决定系数R^2为0.936和0.938($p=0.000$)。对照优化模型中,油松对T_{m1211}、T_{m1206}和T_{m1210}响应较强,其单位量变化系数为1.002、0.906和0.624,对模型分别贡献51.4%、16.5%和22.6%;用T_{m1208}取代T_{m1210}后,油松对

T_{m1211}和 T_{m1206}影响较强，其系数为 1.380 和 1.247，对模型贡献 36.7%和 50.4%。RPA 模型中，树高也对 T_{m1211}和 T_{m1206}影响较强，其系数为 1.519 和 0.762，对模型贡献 55.8%和 25.3%。树高生长年增量 R^2 为 0.757 和 0.820($p = 0.000$)。模型中，对照油松对 T_{m1210}、T_{m1211}和 T_{m1206}响应较强，其单位量变化系数为 1.946、1.397 和 1.166，对模型贡献 53.5%、25.9%和 11.6%；RPA 油松对 T_{m1211}和 T_{m1209}响应较强，其系数为 2.569 和 1.515，对模型贡献 69.5%和 28.2%。树高生长年增量与 12 月温度均值指标关系比较疏远，没有形成有效模型。

【关 键 词】飞播造林，RPA，12 月温度均值指标，油松，树高，树高年生长量，树高生长年增量，逐步回归模型

一、树高与十二月温度均值指标的逐步回归模型

1. **对照树高 12 月温度均值指标模型分析**　在组成的 8 组对照油松高有效模型中，近 3 年、近 12 年、近 7 年、当年、近 5 年和近 11 年 12 月温度均值指标(T_{m1203}、T_{m1211}、T_{m1206}、T_{m12}、T_{m1204}和 T_{m1210})构建了对照油松高 12 月均温指标优化模型；另外，用近 9 年均值(T_{m1208})代替模型中的 T_{m1210}也能诠释 12 月均温与对照油松高的关系(表 8 - 44)。

从模型相关系数分析，12 月均温指标与树高均呈相关性。控制模型中其他因子影响下，对照优化模型中的 T_{m1211}和 T_{m1210}与树高呈极显著的负偏相关；T_{m1206}、T_{m1204}、T_{m1203}和 T_{m12}呈极显著正偏相关，且逐渐增强。树高对 T_{m1211}和 T_{m1206}的反应较大，单位量变化系数分别为 1.002 和 0.906；T_{m1210}、T_{m1204}、T_{m1203}和 T_{m12}的变化系数较小，且依次减小，分别为 0.624、0.539、0.511 和 0.283。在各因子综合作用下，T_{m1211}对树高作用最大，贡献51.4%；其次是 T_{m1210}和 T_{m1206}，分别贡献 22.6% 和 16.5%；T_{m1204}和 T_{m1203}影响较小，分别贡献 5.8%和 3.3%；T_{m12}影响最小，仅贡献 0.3%。

用 T_{m1208}取代模型中的 T_{m1210}后，T_{m1211}和 T_{m1208}与树高呈极显著的负偏相关；T_{m1204}、T_{m12}、T_{m1203}和 T_{m1206}呈极显著正偏相关，且逐渐增强。树高对 T_{m1211}和 T_{m1206}反应较大，系数为 1.380 和 1.247；T_{m1203}、T_{m1208}、T_{m1204}和 T_{m12}的变化系数较小，且依次递减，分别为 0.539、0.387、0.316 和 0.244。其中，T_{m1206}对树高影响最大，贡献 50.4%，其次是 T_{m1211}，贡献 36.7%；T_{m1208}、T_{m1203}、T_{m1204}和 T_{m12}影响较小，依次贡献 6.2%、3.9%、2.6%和 0.3%。

2. **RPA 树高 12 月温度均值指标模型分析**　在组成的 5 组 RPA 树高有效模型中，T_{m1203}、T_{m1211}、T_{m1206}、T_{m1204}和 T_{m12}组建了 RPA 油松高 12 月均温优化模型(表 8 - 44)。模型中，仅 T_{m1211}与树高呈极显著的负偏相关；T_{m12}、T_{m1204}、T_{m1203}和 T_{m1206}呈极显著正偏相关，且逐渐增强。树高对 T_{m1211}、T_{m1206}、T_{m1204}、T_{m1203}和 T_{m12}反应依次减弱，变化系数分别为 1.519、0.762、0.546、0.538 和 0.290；对树高的影响也依次降低，分别贡献 55.8%、25.3%、11.2%、7.1%和 0.6%。

表 8－44　油松高与 12 月均温的逐步回归模型

Tab. 8－44 The stepwise regression model of mean temperature in December and height of *Pinus tabulaeformi*

处理 Treat	温度因子 T_{m012}	模型 Model Coefficients 非标准 Unstandard	标准 Standard	T－检验 (T－test) t	p	R^2	相关系数 Correlations r_0	$r_{partial}$	r_{part}	共线性统计量 Collinearity statistics 容差 Tolerance	方差膨胀因子 VIF
H_{tck}	常量	632.413	—	6.793	0.000	0.936 (F = 154.794, p = 0.000)	—	—	—	—	—
	T_{m1203}	167.652	0.511	7.161	0.000		0.702	0.670	0.227	0.198	5.056
	T_{m1211}	－599.997	－1.002	－6.598	0.000		0.215	－0.639	－0.209	0.044	22.878
	T_{m1206}	400.546	0.906	9.402	0.000		0.564	0.764	0.299	0.109	9.206
	T_{m12}	40.791	0.283	6.168	0.000		0.363	0.614	0.196	0.478	2.093
	T_{m1204}	210.170	0.539	6.093	0.000		0.626	0.609	0.193	0.129	7.759
	T_{m1210}	－364.723	－0.624	－4.089	0.000		0.253	－0.458	－0.130	0.043	23.097
	常量	592.020	—	6.088	0.000	0.931 (F = 141.538, p = 0.000)	—	—	—	—	—
	T_{m1203}	176.632	0.539	7.145	0.000		0.702	0.669	0.237	0.193	5.185
	T_{m1211}	－826.306	－1.380	－14.755	0.000		0.215	－0.881	－0.489	0.125	7.980
	T_{m1206}	551.612	1.247	8.472	0.000		0.564	0.730	0.281	0.051	19.777
	T_{m1208}	－195.910	－0.387	－3.213	0.002		0.362	－0.375	－0.106	0.076	13.227
	T_{m12}	35.117	0.244	4.700	0.000		0.363	0.509	0.156	0.407	2.458
	T_{m1204}	123.356	0.316	3.238	0.002		0.626	0.378	0.107	0.115	8.703
H_{trpa}	常量	839.361	—	6.735	0.000	0.938 (F = 1 193.001, p = 0.000)	—	—	—	—	—
	T_{m1203}	240.650	0.538	7.677	0.000		0.711	0.692	0.239	0.198	5.047
	T_{m1211}	－1241.496	－1.519	－20.366	0.000		0.207	－0.931	－0.635	0.175	5.724
	T_{m1206}	459.754	0.762	8.054	0.000		0.552	0.709	0.251	0.109	9.205
	T_{m1204}	290.576	0.546	6.509	0.000		0.637	0.631	0.203	0.138	7.237
	T_{m12}	56.950	0.290	6.505	0.000		0.353	0.631	0.203	0.490	2.043

二、树高年生长量与十二月温度均值指标的逐步回归模型

12 月均温指标组成了 6 组对照和 RPA 油松高年生长量有效模型。其中，T_{m1202}、T_{m1208}、T_{m1206}、T_{m1210}、T_{m1211} 以及 T_{m1203} 组成了对照油松高年生长量 12 月均温优化模型，

T_{m1203}、T_{m1211}、T_{m1204}、T_{m12}、T_{m1209}以及T_{m1205}构建了 RPA 油松高年生长量 12 月均温优化模型（表 8－45）。

1. **对照树高年生长量 12 月温度均值指标模型分析** 在控制模型中其他因子影响下，油松与T_{m1210}和T_{m1208}负偏相关极显著（$r_{partial}=-0.578$、-0.489，$p=0.000$），与T_{m1203}和T_{m1202}正偏相关显著（$r_{partial}=0.296$、0.304，$p=0.018$、0.014），与T_{m1206}和T_{m1211}正偏相关极显著（$r_{partial}=0.495$、0.506，$p=0.000$）。年生长量对T_{m1210}反应最大，其单位量变化系数为 1.946，对模型贡献 53.5%，其次是T_{m1211}、T_{m1206}和T_{m1208}，系数 1.397、1.166 和 0.990，对模型分别贡献 25.9%、11.6% 和 8.2%；而对T_{m1203}和T_{m1202}反应很小，系数 0.346 和 0.338，对模型仅贡献 0.5% 和 0.3%。

表 8－45　油松高年生长量与 12 月均温的逐步回归模型

Tab. 8－45 The stepwise regression model of mean temperature in December and annual height increment of *Pinus tabulaeformi*

处理 Treat	温度因子 T_{m12}	模型 Model Coefficients 非标准 Unstandard	标准 Standard	T－检验 (T－test) t	p	R^2	相关系数 Correlations r_0	$r_{partial}$	r_{part}	共线性统计量 Collinearity statistics 容差 Tolerance	方差膨胀因子 VIF
H_{tck}	常量	96.050	—	2.314	0.024	0.757 (F = 32.765, p = 0.000)	—	—	—	—	—
	T_{m1202}	24.452	0.338	2.532	0.014		0.531	0.304	0.157	0.216	4.639
	T_{m1208}	－130.863	－0.990	－4.454	0.000		0.062	－0.489	－0.276	0.078	12.817
	T_{m1206}	134.686	1.166	4.516	0.000		0.319	0.495	0.280	0.058	17.312
	T_{m1210}	－296.997	－1.946	－5.626	0.000		0.045	－0.578	－0.349	0.032	31.045
	T_{m1211}	218.440	1.397	4.656	0.000		0.157	0.506	0.289	0.043	23.372
	T_{m1203}	29.595	0.346	2.437	0.018		0.396	0.293	0.151	0.191	5.222
H_{tck}	常量	193.942	—	3.607	0.001	0.820 (F = 47.713, p＝0.000)	—	—	—	—	—
	T_{m1203}	51.978	0.457	3.226	0.002		0.660	0.377	0.173	0.143	7.016
	T_{m1211}	－533.323	－2.569	－7.742	0.000		0.170	－0.698	－0.414	0.026	38.457
	T_{m1204}	56.225	0.416	2.928	0.005		0.549	0.346	0.157	0.142	7.042
	T_{m12}	15.073	0.302	3.948	0.000		0.338	0.445	0.211	0.489	2.044
	T_{m1209}	302.343	1.515	4.551	0.000		0.271	0.497	0.244	0.026	38.700
	T_{m1205}	63.641	0.425	2.751	0.008		0.504	0.327	0.147	0.120	8.328

2. **RPA 树高 12 月温度均值指标模型分析** 油松仅与T_{m1211}负偏相关极显著（$r_{partial}=-0.698$，$p=0.000$），与T_{m1205}、T_{m1204}、T_{m1203}、T_{m12}和T_{m1209}正偏相关极显著，且依次增强。

高年生长量对 T_{m1211} 反应最大，系数 2.569，对模型贡献 69.5%，远高于对照的 25.9%。其次是 T_{m1209}，系数 1.515，贡献 28.2%。对 T_{m1205}、T_{m1203}、T_{m1204} 和 T_{m12} 反应很小，系数依次为 0.425、0.457、0.416 和 0.302，对模型累计贡献 2.3%。

三、树高生长年增量与十二月温度均值指标的逐步回归模型

用树高（R_{aht}）与油松 12 月均温指标（T_{m12}）进行模型分析，12 月温度均值指标与油松高生长年增量关系比较疏远，在 0.05 进入水平和 0.10 剔除水平下，没有因子进入模型。

第九章　飞播油松高生长与日照的关系

日照时数(Sunshine duration, S_d)是太阳直射光线在无任何遮蔽的条件下,直接照射到地面上的时间。直接影响地表温度和植物光合作用的大小,是决定林木生长根本因素之一。受气候因素的干扰,日照时数具有时域性和空间性。

第一节　油松高生长指标与当年日照指标的相关性

【内容提要】飞播油松高生长不仅当年日照时数有关,而且与不同生长期日照均值和累积日照密切相关。从年日照时数分析,陕南三地飞播油松高年生长量与当年日照时数相关性较差,而淳化油松高年生长量与年日照时数具有一定负相关性,但相关也不显著。从月日照时数分析,2 月、4 月、5 月、7 月和 9 月呈负相关。淳化相关性较强,7 月相关性极显著($r=-0.774$, $p=0.002$),9 月相关性也达显著水平($r=-0.599$, $p=0.031$)。10～12 月具有一定正相关性,其中 12 月相关度较高,安康和淳化正相关显著($r=0.557$、0.634, $p=0.048$、0.020)。1 月、3 月和 6 月相关性总体较低,地区间不稳定;淳化 3 月负相关性也较高($r=-0.419$, $p=0.155$)。8 月,汉中和安康相关性很低,而淳化和商州相关性相对较高。对照与 RPA 比较分析,对照油松高年生长量与日照时数负相关性较强,而 RPA 相对较弱。与油松高年生长量与日照时数相关性一样,对照油松高生长年增量与日照时数的负相关性较高,而 RPA 正相关性较好。说明 RPA 油松对日照反应灵敏,对光照资源利用率高,光合作用相对较强。

【关 键 词】飞播造林,RPA,日照时数,油松,树高,树高年生长量,树高生长年增量

日照时数与油松高生长指标相关分析结果显示,各地日照时数与油松高生长指标相关性有一定差异。

一、树高年生长量与当年日照指标的相关性

1. ***汉中油松高年生长量与日照时数的相关性***　树高年生长量(H_{at})与年日照时数(S_{da})和月日照时数(S_{dm})相关均不显著。其中,RPA 油松与 S_{da}、1～4 月日照时数(S_{dm01}～

S_{dm04})、6月日照时数(S_{dm06})和8月~12月日照时数(S_{dm08}~S_{dm12})有正相关的趋势,与其他月日照时数有负相关的倾向。对照油松与S_{dm01}、S_{dm03}和S_{dm10}~S_{dm12}呈正相关,与S_{da}和其他月日照时数有负相关的趋势(表9-1)。

2. **安康油松高年生长量与日照时数的相关性** 安康RPA油松高年生长量与S_{da}、S_{dm02}、S_{dm03}、S_{dm05}、S_{dm06}和S_{dm08}相关性极差($r<0.10$),与S_{dm01}、S_{dm11}和S_{dm12}正相关,与其余月日照时数负相关;其中,油松与S_{dm12}相关性相对较强($r=0.430$,$p=0.143$)。对照油松与S_{da}、S_{dm04}、S_{dm05}、S_{dm07}和S_{dm07}负相关不显著,与其他月日照时数正相关;其中,油松与S_{dm12}相关显著($r=0.557$,$p=0.048$;表9-1)。

3. **商州油松高年生长量与日照时数的相关性** 商州油松高年生长量与日照相关性变化规律与安康类似。RPA油松与S_{da}、S_{dm01}~S_{dm03}、S_{dm05}、S_{dm06}和S_{dm10}极不相关($r<0.10$),与S_{dm04}和S_{dm07}~S_{dm09}负相关,与S_{dm11}和S_{dm12}正相关,但相关均不显著($p>0.05$);其中,油松与S_{dm11}和S_{dm12}正相关性相对较强($r=0.490$、0.314,$p=0.089$、0.295),与S_{dm07}负相关($r=-0.397$,$p=0.179$)。对照油松与S_{dm01}、S_{dm03}、S_{dm06}和S_{dm10}相关度极低($r<0.10$),与S_{da}、S_{dm02}、S_{dm04}、S_{dm05}和S_{dm07}~S_{dm09}负相关,与S_{dm11}和S_{dm12}正相关,但相关也均不显著;其中,油松也与S_{dm11}和S_{dm12}的正相关性较强($r=0.332$、0.482,$p=0.267$、0.095),与S_{dm07}负相关($r=-0.416$,$p=0.157$),(表9-1)。

4. **淳化油松高年生长量与日照时数的相关性** 淳化油松高年生长量与日照相关性变化与商州类似,但相关性明显增强。RPA油松仅与S_{dm01}、S_{dm04}和S_{dm10}极不相关($r<0.10$),与S_{da}、S_{dm02}、S_{dm03}和S_{dm05}~S_{dm09}负相关,与S_{dm11}和S_{dm12}正相关;其中,油松与S_{dm07}负相关极显著($r=-0.764$,$p=0.002$),与S_{da}、S_{dm03}和S_{dm09}负相关性也较强,而与S_{dm11}和S_{dm12}正相关度也较高($r=0.425$、0.498,$p=0.148$、0.083)。对照油松与S_{dm01}、S_{dm06}和S_{dm10}极不相关($r<0.10$),与S_{da}、S_{dm02}、S_{dm03}~S_{dm05}和S_{dm07}~S_{dm09}负相关,与S_{dm11}和S_{dm12}正相关;其中,油松也与S_{dm07}负相关极显著($r=-0.774$,$p=0.002$),而与S_{dm12}正相关显著($r=0.643$,$p=0.020$),与S_{da}、S_{dm02}、S_{dm03}、S_{dm05}和S_{dm05}负相关也较强(表9-1)。

表9-1 日照时数与油松高年生长量相关分析

Tab.9-1 The correlation analysis between the sunshine duration and the annual height growth of *Pinus tabulaeformis* (Pearson correlations)

地点 Site	处理 Teat.	年 Annual	1月 Jan.	2月 Feb.	3月 March	4月 April	5月 May	6月 June	7月 July	8月 Aug.	9月 Sep.	10月 Oct.	11月 Nov.	12月 Dec.
汉中 Hanzhong	RPA	0.129	0.117	0.076	0.166	0.037	-0.003	0.068	-0.131	0.006	0.021	0.125	0.187	0.306
	p	0.674	0.703	0.805	0.588	0.906	0.991	0.827	0.670	0.985	0.947	0.685	0.541	0.310
	CK	-0.004	0.075	-0.143	0.074	-0.160	-0.219	-0.072	-0.360	-0.055	-0.021	0.077	0.063	0.202
	p	0.991	0.807	0.641	0.811	0.600	0.472	0.815	0.227	0.859	0.945	0.802	0.838	0.509

续表 9-1

地点 Site	处理 Teat.	年 Annual	1月 Jan.	2月 Feb.	3月 March	4月 April	5月 May	6月 June	7月 July	8月 Aug.	9月 Sep.	10月 Oct.	11月 Nov.	12月 Dec.
安康 Ankang	RPA	-0.070	0.145	-0.013	0.054	-0.138	-0.072	-0.083	-0.364	0.084	-0.332	-0.168	0.330	0.430
	p	0.821	0.636	0.966	0.862	0.654	0.816	0.787	0.221	0.786	0.267	0.582	0.271	0.143
	CK	-0.015	0.186	-0.229	0.146	-0.094	-0.276	0.105	-0.296	0.091	-0.250	0.066	0.246	0.557*
	p	0.962	0.544	0.453	0.635	0.760	0.361	0.732	0.327	0.768	0.411	0.831	0.417	0.048
商州 Shangzhou	RPA	-0.028	0.079	-0.051	0.002	-0.123	-0.065	-0.076	-0.397	-0.138	-0.126	0.074	0.490	0.314
	p	0.927	0.797	0.868	0.995	0.689	0.832	0.804	0.179	0.653	0.682	0.809	0.089	0.295
	CK	-0.158	-0.081	-0.185	0.034	-0.286	-0.214	-0.056	-0.416	-0.225	-0.347	0.074	0.332	0.482
	p	0.605	0.792	0.546	0.913	0.343	0.483	0.855	0.157	0.460	0.246	0.810	0.267	0.095
淳化 Chunhua	RPA	-0.400	-0.020	-0.248	-0.473	-0.094	-0.242	-0.136	-0.764**	-0.300	-0.481	-0.025	0.425	0.498
	p	0.175	0.948	0.413	0.102	0.761	0.427	0.658	0.002	0.320	0.096	0.936	0.148	0.083
	CK	-0.510	-0.027	-0.405	-0.419	-0.185	-0.424	0.011	-0.774**	-0.468	-0.599*	0.036	0.349	0.634*
	p	0.075	0.930	0.169	0.155	0.545	0.149	0.971	0.002	0.107	0.031	0.907	0.243	0.020

备注：* 在 0.05 水平（双侧）上显著相关，** 在 0.01 水平（双侧）上极显著相关。

Remarks：* Correlation is significant at the 0.05 level (2-tailed). ** Correlation is significant at the 0.01 level (2-tailed).

二、树高生长年增量与当年日照指标的相关性

1. 树高生长年增量与月日照时数相关性的区域变化

（1）汉中油松高生长年增量与日照时数的相关性　汉中 RPA 和对照油松与日照相关性有所差异，但整体相关不显著（$p>0.05$）。RPA 油松与 S_{dm01}、S_{dm03} 和 $S_{dm07}\sim S_{dm09}$ 极不相关（$r<0.10$），与 S_{da}、S_{dm02}、$S_{dm04}\sim S_{dm06}$ 和 $S_{dm10}\sim S_{dm12}$ 正相关。对照油松与 S_{dm03}、S_{dm06} 和 $S_{dm09}\sim S_{dm12}$ 极不相关（$r<0.10$），与其余因子有负相关的趋势（$r>0.10$；表 9-2）。

（2）安康油松高生长年增量与日照时数的相关性　对照以 $S_{dm03}\sim S_{dm06}$ 相关性极低（$r<0.10$），与其日照因子正相关；其中，与 S_{dm11} 相关性较强（$r=0.500$，$p=0.082$）。对照与 S_{dm01} 和 S_{dm07} 极不相关（$r<0.10$），与 S_{dm05} 和 S_{dm09} 负相关，与其他日照因子正相关；其中，与 S_{da} 和 S_{dm12} 正相关性较强（$r=0.410$、0.504，$p=0.164$、0.079；表 9-2）。

（3）商州油松高生长年增量与日照时数的相关性　商州 RPA 与对照油松高生长年增量与日照相关性差异较大。RPA 油松与 S_{dm12} 极不相关（$r=0.067$），与 S_{dm11} 负相关不显著（$r=-0.261$，$p=0.390$），而与其余日照因子正相关；其中，与 S_{da}、S_{dm11} 和 S_{dm12} 正相关显著（$r=0.568$、0.663、0.613，$p<0.05$）。对照油松与$_{da}$、$S_{dm05}\sim S_{dm08}$ 相关度极低（$r<0.10$），与 S_{dm01} 和 S_{dm09} 负相关，与剩余因子正相关；其中，与 S_{dm12} 相关性最强，系数为 0.462，也未达

显著水平($p=0.112$;表 9-2)。

(4)淳化油松高生长年增量与日照时数的相关性 RPA 和对照油松与日照相关性差异也较大。RPA 油松与 S_{da}、S_{dm02}、S_{dm05}、S_{dm06} 和 S_{dm08} 极不相关($r<0.10$),与 S_{dm10} ~ S_{dm12} 正相关,与其余因子负相关;其中,仅与 S_{dm11} 相关极显著($r=0.589$,$p=0.009$),与其他因子相关均不显著。对照油松与 S_{dm06} 和 S_{dm10} 相关度极小($r<0.10$),与 S_{dm11} 和 S_{dm12} 正相关,与其余日照因子负相关;其中,仅与 S_{dm12} 相关极显著($r=0.713$,$p=0.006$),也与其他因子相关均不显著(表 9-2)

表 9-2 日照时数与油松高生长年增量相关分析

Tab. 9-2 The correlation analysis between the sunshine duration and the annual increment of height growth of *Pinus tabulaeformis* (Pearson correlations)

地点 Site	处理 Teat.	年 Annual	1月 Jan.	2月 Feb.	3月 March	4月 April	5月 May	6月 June	7月 July	8月 Aug.	9月 Sep.	10月 Oct.	11月 Nov.	12月 Dec.
汉中 Hanzhong	RPA	0.126	-0.066	0.239	0.062	0.180	0.120	0.112	0.044	0.082	0.084	0.143	0.205	0.267
	P	0.683	0.831	0.432	0.841	0.557	0.695	0.714	0.887	0.791	0.785	0.642	0.502	0.377
	CK	-0.112	-0.232	-0.258	-0.026	-0.233	-0.313	-0.041	-0.311	-0.204	-0.065	0.005	-0.043	0.090
	P	0.716	0.445	0.396	0.933	0.443	0.297	0.894	0.302	0.505	0.834	0.987	0.888	0.771
安康 Ankang	RPA	0.201	0.124	0.213	-0.021	0.056	-0.055	-0.092	-0.132	0.292	-0.125	0.055	0.500	0.166
	P	0.510	0.686	0.486	0.946	0.857	0.858	0.765	0.668	0.332	0.684	0.857	0.082	0.588
	CK	0.410	0.003	0.104	0.315	0.133	-0.121	0.323	0.090	0.133	-0.139	0.363	0.197	0.504
	P	0.164	0.991	0.734	0.295	0.664	0.694	0.281	0.770	0.664	0.651	0.223	0.518	0.079
商州 Shangzhou	RPA	0.568*	-0.261	0.514	0.248	0.293	0.398	0.271	0.205	0.339	0.437	0.663*	0.613*	-0.067
	P	0.043	0.390	0.072	0.413	0.332	0.178	0.371	0.501	0.258	0.135	0.013	0.026	0.828
	CK	0.063	-0.467	0.133	0.188	-0.191	0.073	0.006	-0.058	0.038	-0.218	0.223	0.111	0.462
	P	0.839	0.107	0.666	0.538	0.533	0.813	0.984	0.850	0.902	0.475	0.465	0.719	0.112
淳化 Chunhua	RPA	-0.021	-0.204	0.069	-0.373	-0.162	-0.018	0.062	-0.444	-0.002	-0.277	0.225	0.689**	0.368
	P	0.947	0.504	0.823	0.210	0.597	0.954	0.840	0.128	0.995	0.360	0.460	0.009	0.216
	CK	-0.266	-0.405	-0.113	-0.232	-0.421	-0.145	0.067	-0.383	-0.237	-0.444	0.034	0.392	0.713**
	P	0.380	0.170	0.714	0.445	0.152	0.636	0.828	0.196	0.435	0.129	0.913	0.185	0.006

备注:* 在 0.05 水平(双侧)上显著相关,** 在 0.01 水平(双侧)上极显著相关。

Remarks: * Correlation is significant at the 0.05 level (2-tailed). ** Correlation is significant at the 0.01 level (2-tailed).

2. 树高生长年增量与月日照时数相关性的季节变化 汉中和淳化对照油松与年日照时数具有一定负相关性,安康和商州具有正相关属性,其中安康相关性相对较强;商州 RPA 油松与年日照时数正相关显著($r=0.568$,$p=0.043$),汉中和安康呈正相关,但相关不显著;而淳化负相关系数很小(表9-2)。

(1)与冬季各月日照时数的相关性　12月对照具有正相关属性,其中淳化相关极显著($r=0.713$,$p=0.006$),安康和商州相关度也较强,而淳化相关性极弱;RPA商州相关度极小,其余地区具有正相关属性。1月对照和RPA地区间变化规律相同,汉中、商州和淳化具有负相关属性,安康呈一定正相关性;但汉中RPA和安康对照相关度极低,而汉中和商州对照相关度较强。2月对照汉中和淳化负相关,安康和商州正相关;RPA均正相关,其中商州正相关性较高($r=0.514$,$p=0.072$;表9-2)。

(2)与春季各月日照时数的相关性　3月对照地区间变化与2月相同,但淳化负相关性极弱;汉中和安康相关性极弱,而商州和淳化相对较强。4月对照仅安康具有一定程度正相关,其他各地均为负相关,其中汉中相关性较强;而RPA除淳化为负相关外,其他均为正相关。5月对照仅商州具有极弱正相关外,其余各地均具有一定程度负相关性;而RPA变化与3月基本相同,淳化和安康相关性基本消失。

(3)与夏季各月日照时数的相关性　6月对照除安康具有一定正相关性外,其他各地相关性极低;而RPA汉中和商州具有微弱正相关性,安康和商州相关性极弱。7月对照地区间变化与4月相似,但安康和商州相关性极低;RPA地区变化与3月和5月一致。8月对照变化与3月基本相同;而RPA均具有正相关趋势,其中淳化相关性趋于消失(表9-2)。

(4)与秋季各月日照时数的相关性　9月对照均具有负相关属性,其中安康相关度较高;而RPA地区变化与7月基本相同,但商州正相关油松增强,淳化负相关油松减弱。10月均具有正相关属性,其中商州RPA相关显著($r=0.663$,$p=0.013$)。11月除淳化相关性极弱外,其他均具有一定程度正相关性,其中,RPA淳化相关极显著($r=0.689$,$p=0.009$),商州显著($r=0.613$,$p=0.026$),安康相关程度也较高($r=0.500$,$p=0.082$)。12月对照具有正相关属性,其中汉中相关极显著($r=0.713$,$p=0.006$),安康和商州相关度也较强,而淳化相关性极弱;RPA商州相关性极小,其余地区具有正相关属性(表9-2)。

第二节　树高生长指标与平均日照指标的相关性

【内容提要】树高与当年日照时数(S_{da})及近2年年均日照时数(S_{da01})正相关不显著,而与近3年~近14年日照时数均值($S_{da02}\sim S_{da13}$)正相关极显著($r>0$,$p<0.01$),其中与S_{da4}相关性最强($r=0.776$、0.774,$p=0.000$)。树高与8月和9月日照均值负相关,与其他各月正相关,其相关性有随均值统计年限增加而增强的趋势。树高年生长量(H_{at})与年日照指标均有一定的正相关性。对照与S_{da0}极不相关($r=0.032$),与S_{da1}相关显著,与$S_{da2}\sim S_{da13}$相关极显著,其中与S_{da3}相关度最高($r=0.646$,$p=0.000$);而RPA与S_{da0}和S_{da1}呈不显著正相关,与S_{da2}相关显著,与$S_{da3}\sim S_{da13}$相关极显著,其中与S_{da4}相关性最高($r=0.682$,$p=0.000$)。与树高相同,树高年生长量也与8月和9月日照均值负相关,与其他各月正相关,其相关性有随均值统计年限增加而增强的趋势。树高年增量(H_{aht})与年日照指标均也有一定的正相关性,但相关性较弱。与月日照均值相关性变化与树高类

似，但也是相关性有所减弱。

【关 键 词】飞播造林，RPA，日照均值，油松，树高，树高年生长量，树高生长年增量

汉中飞播油松高、高年生长量及其年增量与不同生长期日照指标的相关性变化很大。

一、树高与平均日照指标的相关性

1. **树高与年均日照时数的相关性**　树高(H_t)与日照指标(S_d)相关分析显示，树高与当年日照时数(S_{da})及近2年年均日照时数(S_{da01})正相关不显著，而与近3年至近14年年均日照时数均值($S_{da02} \sim S_{da13}$)正相关极显著($r>0, p<0.01$)，其中与S_{da04}相关性最强($r=0.776$、0.774，$p=0.000$；表9-3)。

2. **树高与各生长期月均日照时数的相关性**　树高与不同生长期各月日照时数(S_{dm})相关性差异较大。

(1)树高与春季月均日照时数的相关性　与当年早春3月日照时数(S_{dm03})呈不显著的正相关，与近2年至近14年3月日照时数均值($S_{dm0301} \sim S_{dm0313}$)正相关极显著，其中与$S_{dm0309}$相关度最高($r=0.908$、$0.895$，$p=0.000$)。与当年4月日照时数($S_{dm04}$)和近2年4月均值($S_{dm0401}$)相关极不显著，与近3年至近14年4月均值($S_{dm0402} \sim S_{dm0413}$)呈正相关，除RPA与$S_{dm0402}$相关显著外，其余均极显著；其中与$S_{dm0406}$相关性最强($r=0.843$、$0.840$，$p=0.000$)。对照油松与当年5月日照时数($S_{dm05}$)呈不显著正相关，与进2年均值($S_{dm0501}$)相关极不显著；而RPA与$S_{dm05}$和$S_{dm0501}$相关均极不显著；树高与近3年至近14年5月均值($S_{dm0502} \sim S_{dm0513}$)正相关极显著，其中与$S_{dm0504}$相关性最强($r=0.815$、$0.804$，$p=0.000$；表9-3)。

(2)树高与夏季月均日照时数的相关性　树高与当年夏季6月日照指标(S_{dm06})相关性变化与其和5月日照指标变化类似，但相关性较差。也是与S_{dm0604}相关性最强，对照和RPA的相关系数分别为0.652和0.640($p=0.000$)，明显小于5月。树高与7月日照时数相关性变化较大，与当年7月日照时数(S_{dm07})、近2年均值(S_{dm0701})呈负相关。其中，对照与S_{dm07}相关显著($r=-0.300, p<0.05$)，与S_{dm0701}相关不显著($r=-0.212$)；而RPA与S_{dm07}相关极显著($r=-0.328, p<0.01$)，与S_{dm0701}相关显著($r=-0.269, p<0.05$)；而与近5年至近14年均值($S_{dm0704} \sim S_{dm0713}$)均呈一定的正相关性。其中，对照与$S_{dm0708}$和$S_{dm0711}$相关显著，与$S_{dm0709}$和$S_{dm0710}$相关极显著；RPA仅与$S_{dm0709}$相关极显著，与$S_{dm0708}$、$S_{dm0710}$和$S_{dm0710}$相关显著。树高与8月日照指标均呈负相关。其中，对照与近3年至近14年均值($S_{dm0801} \sim S_{dm0813}$)相关均极显著；而RPA与$S_{dm0701}$相关显著，与$S_{dm0802} \sim S_{dm0813}$相关极显著；两者均与$S_{dm0808}$相关度最大($r=0.815$、$0.801$，$p=0.000$；表9-3)。

(3)树高与秋季月均日照时数的相关性　树高与秋季9月日照指标也均呈一定的负相关，但相关度比与8月的低。对照和RPA与近6年至近14年9月均值($S_{dm0905} \sim S_{dm0913}$)均极显著，且与$S_{dm0909}$的相关系数最高，分别为0.664和0.651($p=0.000$)，也明显小于8月。树高与10月日照指标相关性变化与7月变化类似。对照和RPA与近5年10

月日照时数均值(S_{dm1004})呈显著正相关($r=0.239$、0.257,$p<0.05$);而与近11年至近13年均值($S_{dm1010}\sim S_{dm1012}$)呈显著负相关,其中与$S_{dm1012}$相关性较好($r=-0.286$、$-0.275$,$p<0.05$)。树高与11月月均日照指标均有一定的正相关性,其中与近3年至近14年均值($S_{dm1102}\sim S_{dm1113}$)相关均极显著,对照和RPA与$S_{dm1104}$的相关系数均为0.846($p=0.000$),相关度极高(表9-3)。

(4)树高与冬季月均日照时数的相关性　树高与冬季12月月均日照指标相关性变化与11月十分相似,但相关性最强。两者除与当年12月日照时数(S_{dm12})正相关显著外($r=0.246$、0.298,$p<0.05$),与其他相关均极显著;其中也是与S_{dm1204}的相关性最强,系数分别达0.881和0.879($p=0.000$)。树高与冬季1月月均日照指标的关系与12月相同,也呈正相关。树高与近2年至近14年均值($S_{dm0101}\sim S_{dm0113}$)正相关均极显著。其中,对照与$S_{dm0103}$相关性最好($r=0.870$,$p=0.000$),RPA与$S_{dm0104}$相关度最高($r=0.863$,$p=0.000$)。树高与2月月均日照指标相关性与冬季其他2月类似,但树高与当年2月日照时数(S_{dm02})及其近2年2月日照时数均值(S_{dm0201})极不相关($r<0.1$),而与近3年至近14年均值正相关极显著。其中与S_{dm0206}相关系数最大,分别为0.847和840,相关性最强($p=0.000$;表9-3)。

二、树高年生长量与平均日照指标的相关性

1. 树高年生长量与年均日照时数的相关性　树高年生长量(H_{at})与年日照指标均有一定的正相关性。对照与S_{da0}极不相关($r=0.032$),与S_{da1}相关显著,与$S_{da2}\sim S_{da13}$相关极显著,其中与S_{da3}相关度最高($r=0.646$,$p=0.000$);而RPA与S_{da0}和S_{da1}呈不显著正相关,与S_{da2}相关显著,与$S_{da3}\sim S_{da13}$相关极显著,其中与S_{da4}相关性最强($r=0.682$,$p=0.000$;表9-4)。

2. 树高年生长量与各生长期月均日照时数的相关性

(1)树高年生长量与春季月均日照时数的相关性　从春季3~5月日照指标与树高相关性分析,油松高年生长量与月日照指标均呈一定的正相关性。对照和RPA油松高年生长量与S_{dm03}呈不显著的正相关,与$S_{dm0301}\sim S_{dm0313}$相关极显著,其中对照与$S_{dm0303}$相关性最强($r=0.703$,$p=0.000$),RPA与$S_{dm0309}$相关度最高($r=0.782$,$p=0.000$)。对照与$S_{dm04}$极不相关($r=-0.048$),与$S_{dm0401}$正相关显著,与$S_{dm0402}\sim S_{dm0413}$相关极显著,其中与$S_{dm0405}$相关系数最大,为0.657($p=0.000$);RPA与$S_{dm04}$和$S_{dm0401}$极不相关($r=0.008$、$0.072$),而与$S_{dm0402}\sim S_{dm0413}$相关也极显著,其中与$S_{dm0406}$相关性最强($r=0.718$,$p=0.000$)。树高年生长量与5月日照指标的关系与4月和3月相似。对照与S_{dm05}相关度极低($r=-0.044$),与S_{dm0501}呈不显著的正相关,而RPA与两者相关度均极低($r=-0.077$、0.002),且与S_{dm0502}呈不显著的正相关;两者与5月日照其他指标相关均极显著,其中对照与S_{dm0503}相关性最强($r=0.702$,$p=0.000$),RPA与S_{dm0504}相关度最高($r=0.695$,$p=0.000$;表9-4)。

(2)树高年生长量与夏季月均日照时数的相关性　夏季6~8月,树高年生长量与月日照指标相关性变化较大。树高年生长量与6月日照指标的关系与5月相似。对照和

RPA 油松与 S_{dm06} 极不相关($r=0.066$、-0.019);对照与 S_{dm0601} 和 S_{dm0610} 正相关显著,RPA 与 S_{dm0601} 相关不显著,与 S_{dm0602} 正相关显著;对照和 RPA 与 6 月其他指标正相关均极显著。其中对照与 S_{dm0603} 相关性最强,RPA 与 S_{dm0604} 相关性最强,相关系数分别为 0.585 和 0.579($p=0.000$),但相关度明显小于 5 月日照指标。油松与 7 月日照指标相关性较低。对照与 S_{dm07} 相关性很低($r=-0.046$),与 S_{dm0701} 和 S_{dm0702} 正相关不显著,与 S_{dm0703} ~ S_{dm0713} 相关显著或极显著,其中与 S_{dm0708} 相关性最强($r=0.392$,$p=0.001$)。RPA 油松与 S_{dm07} 负相关极显著($r=-0.407$,$p=0.000$),与 S_{dm0701} 负相关显著($r=-0.265$,$p=0.027$),与 S_{dm0709} 和 S_{dm0710} 正相关显著($r=0.238$、0.271,$p=0.047$、0.023),与其他相关均不显著。树高年生长量与 8 月日照指标均呈一定的负相关。对照与 S_{dm08}、S_{dm0801} 和 S_{dm0802} 负相关不显著,与 S_{dm0803} 负相关显著,而与其他负相关极显著,其中与 S_{dm0806} 相关性最强($r=-0.589$,$p=0.000$);RPA 与 S_{dm08} 相关度极低($r=-0.090$),与 S_{dm0801} 负相关显著,与其他各指标相关极显著,其中与 S_{dm0809} 相关系数为 -0.698,相关性很强($p=0.000$;表9-4)。

(3)树高年生长量与秋季月均日照时数的相关性　秋季 9~11 月,与夏季类似,当年月日照时数与油松高年生长量相关度较低,其余月日照指标与年生长量相关性变化较大。对照和 RPA 与 S_{dm0905} ~ S_{dm0913} 负相关显著或极显著,其中对照与 S_{dm0908} 相关最显著($r=-0.496$,$p=0.000$),RPA 与 S_{dm0909} 相关最显著($r=-0.849$,$p=0.000$)。年生长量与 10 月日照指标相关度较低,对照仅与 S_{dm1003} 相关极显著($r=0.327$,$p=0.006$),RPA 也仅与 S_{dm1004} 相关显著($r=0.240$,$p=0.045$),而与 10 月其余指标相关不显著。树高年生长量与 11 月日照指标相关度较高。对照与 S_{dm11} 极不相关($r=0.020$),与 S_{dm1101} 正相关显著,而 RPA 与两者均呈不显著的正相关。油松高年生长量与 S_{dm1102} ~ S_{dm1113} 均呈极显著正相关,其中对照与 S_{dm1103} 相关性最强($r=0.682$,$p=0.000$),RPA 与 S_{dm1104} 相关程度最高($r=0.739$,$p=0.009$;表 9-4)。

(4)树高年生长量与秋季月均日照时数的相关性　冬季油松高年生长量与各月日照均值指标均有一定的正相关。对照与 S_{dm12} 相关极不显著($r=0.060$),与 S_{dm1201} 相关显著($r=0.303$,$p=0.011$),与 S_{dm1202} ~ S_{dm0113} 相关极显著,其中与 S_{dm1203} 相关性最强($r=0.665$,$p=0.000$);而 RPA 油松高年生长量与 12 月所有日照指标相关均极显著,其中与 S_{dm1204} 相关最强($r=0.0.773$,$p=0.000$)。对照与 S_{dm01} 相关不显著,与 S_{dm0101} 相关显著,与 S_{dm0102} ~ S_{dm0113} 相关极显著,其中与 S_{dm0102} 相关度最高($r=0.707$,$p=0.000$);RPA 与 S_{dm01} 和 S_{dm0101} ~ S_{dm0113} 相关均极显著,其中与 S_{dm0104} 相关系数达 0.797,相关性极高($p=0.000$)。对照与 S_{dm02} 极不相关($r=-0.076$),与 S_{dm0201} 相关显著,与 S_{dm0202} ~ S_{dm0213} 相关极显著,其中与 S_{dm0203} 相关度最高($r=0.691$,$p=0.000$);RPA 与 S_{dm02} 和 S_{dm0201} 极不相关($r=0.014$、0.077),也与 S_{dm0202} ~ S_{dm0213} 相关极显著,其中与 S_{dm0206} 相关系数达 0.714,相关性最好($p=0.000$;表 9-4)。

表 9－3　汉中平均日照与油松高相关分析

Tab. 9－3 The correlation analysis between the mean sunshine duration and the height of *Pinus tabulaeformis* (Pearson correlation)

处理 Treat.	指标 Index	当年和前几年平均温度 average temperature of current year and previous years													
		当年	1a	2a	3a	4a	5a	6a	7a	8a	9a	10a	11a	12a	13a
	S_{da}	0.037	0.143	0.383**	0.674**	0.776**	0.715**	0.631**	.577**	.538**	.489**	.453**	.416**	.412**	.417**
	S_{dm01}	0.184	0.317**	0.588**	0.870**	0.846**	0.806**	0.844**	0.859**	0.817**	0.778**	0.756**	0.742**	0.714**	0.710*
	S_{dm02}	-0.046	0.098	0.423**	0.747**	0.824**	0.829**	0.847**	0.822**	0.798**	0.797**	0.807**	0.802**	0.769**	0.746*
	S_{dm03}	0.219	0.390**	0.596**	0.802**	0.900**	0.889**	0.870**	0.873**	0.893**	0.908**	0.899**	0.871**	0.843**	0.827*
	S_{dm04}	-0.070	0.064	0.328**	0.629**	0.771**	0.827**	0.843**	0.824**	0.790**	0.753**	0.721**	0.712**	0.709**	0.689*
	S_{dm05}	-0.122	0.035	0.363**	0.702**	0.815**	0.784**	0.762**	0.742**	0.757**	0.788**	0.802**	0.758**	0.707**	0.700*
CK	S_{dm06}	-0.029	0.107	0.308**	0.516**	0.652**	0.645**	0.630**	0.634**	0.598**	0.526**	0.421**	0.347**	0.363**	0.376*
	S_{dm07}	-0.300*	-0.212	-0.015	0.113	0.217	0.183	0.220	0.192	0.280*	0.345**	0.322**	0.242*	0.183	0.208
	S_{dm08}	-0.182	-0.327**	-0.368**	-0.391**	-0.526**	-0.647**	-0.729**	-0.804**	-0.815**	-0.799**	-0.770**	-0.734**	-0.707**	-0.682*
	S_{dm09}	-0.122	-0.189	-0.170	-0.147	-0.230	-0.344**	-0.466**	-0.558**	-0.635**	-0.664**	-0.640**	-0.599**	-0.545**	-0.523*
	S_{dm10}	-0.014	-0.022	0.046	0.212	0.239*	0.101	0.012	-0.090	-0.172	-0.233	-0.284*	-0.286*	-0.243*	-0.210
	S_{dm11}	0.108	0.213	0.459**	0.750**	0.846**	0.814**	0.779**	0.777**	0.777**	0.730**	0.670**	0.644**	0.651**	0.638*
	S_{dm12}	0.246*	0.340**	0.578**	0.807**	0.881**	0.871**	0.875**	0.866**	0.826**	0.779**	0.772**	0.781**	0.761**	0.741*

续表 9-3

处理 Treat.	指标 Index	当年和前几年平均温度 average temperature of current year and previous years 当年	1a	2a	3a	4a	5a	6a	7a	8a	9a	10a	11a	12a	13a
	S_{da}	0.072	0.154	0.352**	0.637**	0.774**	0.722**	0.634**	0.580**	0.536**	0.487**	0.458**	0.419**	0.412**	0.419*
	S_{dm01}	0.219	0.343**	0.541**	0.853**	0.863**	0.806**	0.837**	0.860**	0.830**	0.783**	0.753**	0.751**	0.717**	0.712*
	S_{dm02}	0.000	0.099	0.380**	0.717**	0.820**	0.809**	0.840**	0.810**	0.791**	0.788**	0.790**	0.793**	0.763**	0.734*
	S_{dm03}	0.222	0.392**	0.572**	0.767**	0.887**	0.881**	0.863**	0.863**	0.877**	0.895**	0.892**	0.864**	0.837**	0.817*
	S_{dm04}	-0.031	0.070	0.298*	0.602**	0.757**	0.810**	0.840**	0.815**	0.786**	0.754**	0.715**	0.699**	0.706**	0.681*
	S_{dm05}	-0.093	0.023	0.314**	0.658**	0.804**	0.768**	0.746**	0.728**	0.740**	0.765**	0.787**	0.754**	0.696**	0.686*
RPA	S_{dm06}	-0.026	0.101	0.288*	0.482**	0.640**	0.638**	0.619**	0.627**	0.587**	0.524**	0.433**	0.345**	0.360**	0.375*
	S_{dm07}	-0.328**	-0.269*	-0.061	0.055	0.187	0.137	0.208	0.167	0.246*	0.320**	0.303*	0.236*	0.162	0.190
	S_{dm08}	-0.144	-0.301*	-0.374**	-0.380**	-0.507**	-0.639**	-0.706**	-0.790**	-0.801*	0 -.783**	-0.762**	-0.722**	-0.701**	-0.671*
	S_{dm09}	-0.079	-0.160	-0.174	-0.142	-0.220	-0.330**	-0.456**	-0.542**	-0.614**	-0.651**	-0.624**	-0.592**	-0.537**	-0.510*
	S_{dm10}	0.016	0.015	0.036	0.192	0.257*	0.108	0.026	-0.078	-0.161	-0.214	-0.263*	-0.275*	-0.237*	-0.198
	S_{dm11}	0.151	0.232	0.432**	0.721**	0.846**	0.815**	0.784**	0.777**	0.771**	0.742**	0.679**	0.640**	0.654**	0.638*
	S_{dm12}	0.298*	0.359**	0.561**	0.784**	0.879**	0.877**	0.875**	0.867**	0.831**	0.787**	0.765**	0.778**	0.765**	0.739*

备注：* 在 0.05 水平(双侧)上显著相关，** 在 0.01 水平(双侧)上极显著相关。

Remarks：* Correlation is significant at the 0.05 level (2-tailed). ** Correlation is significant at the 0.01 level (2-tailed).

表 9－4　汉中平均日照与油松高年生长量相关分析

Tab. 9－4 The correlation analysis between the mean sunshine duration and the annual height increment of *Pinus tabulaeformis* (Pearson correlation)

处理 Treat.	指标 Index	当年和前几年平均温度 average temperature of current year and previous years													
		当年	1a	2a	3a	4a	5a	6a	7a	8a	9a	10a	11a	12a	13a
	S_{da}	0.032	0.242*	0.517**	0.646**	0.518**	0.441**	0.427**	0.401**	0.402**	0.366**	0.326**	0.321**	0.328**	0.327*
	S_{dm01}	0.159	0.290*	0.707**	0.690**	0.529**	0.580**	0.622**	0.565**	0.518**	0.527**	0.559**	0.498**	0.517**	0.521*
	S_{dm02}	−0.076	0.260*	0.565**	0.691**	0.579**	0.659**	0.599**	0.608**	0.578**	0.584**	0.601**	0.571**	0.542**	0.559*
	S_{dm03}	0.202	0.376**	0.573**	0.703**	0.643**	0.620**	0.616**	0.632**	0.651**	0.631**	0.595**	0.587**	0.574**	0.591*
	S_{dm04}	−0.048	0.226	0.494**	0.645**	0.621**	0.657**	0.588**	0.610**	0.560**	0.549**	0.540**	0.570**	0.528**	0.540*
	S_{dm05}	−0.044	0.259*	0.551**	0.702**	0.608**	0.628**	0.616**	0.603**	0.620**	0.630**	0.599**	0.537**	0.551**	0.555*
CK	S_{dm06}	0.066	0.261*	0.440**	0.585**	0.558**	0.519**	0.515**	0.493**	0.451**	0.377**	0.273*	0.309**	0.322**	0.318*
	S_{dm07}	−0.046	0.214	0.202	0.381**	0.279*	0.347**	0.256*	0.305*	0.392**	0.337**	0.302*	0.202	0.243*	0.238*
	S_{dm08}	−0.202	−0.224	−0.204	−0.294*	−0.456**	−0.476**	−0.589**	−0.581**	−0.564**	−0.564**	−0.504**	−0.505**	−0.467**	−0.483*
	S_{dm09}	−0.117	−0.097	0.018	−0.058	−0.167	−0.269*	−0.362**	−0.430**	−0.496**	−0.451**	−0.436**	−0.374**	−0.356**	−0.366*
	S_{dm10}	−0.057	0.024	0.209	0.327**	0.135	0.088	−0.013	−0.074	−0.132	−0.193	−0.210	−0.168	−0.125	−0.133
	S_{dm11}	0.020	0.254*	0.549**	0.682**	0.573**	0.548**	0.515**	0.534**	0.538**	0.452**	0.430**	0.486**	0.451**	0.460*
	S_{dm12}	0.060	0.303*	0.569**	0.665**	0.583**	0.533**	0.563**	0.535**	0.513**	0.487**	0.535**	0.521**	0.482**	0.503*

续表 9－4

处理 Treat.	指标 Index	当年和前几年平均温度 average temperature of current year and previous years													
		当年	1a	2a	3a	4a	5a	6a	7a	8a	9a	10a	11a	12a	13a
	S_{da}	0.116	0.148	0.278*	0.545**	0.682**	0.630**	0.558**	0.507**	0.467**	0.428**	0.406**	0.371**	0.365**	0.371*
	S_{dm01}	0.330**	0.325**	0.468**	0.788**	0.797**	0.725**	0.759**	0.780**	0.778**	0.715**	0.702**	0.698**	0.668**	0.664*
	S_{dm02}	0.014	0.077	0.267*	0.628**	0.685**	0.696**	0.714**	0.696**	0.677**	0.667**	0.666**	0.680**	0.648**	0.622*
	S_{dm03}	0.207	0.363**	0.474**	0.665**	0.778**	0.776**	0.761**	0.755**	0.760**	0.782**	0.777**	0.760**	0.732**	0.713*
	S_{dm04}	0.008	0.072	0.235	0.531**	0.638**	0.709**	0.718**	0.710**	0.671**	0.660**	0.604**	0.606**	0.608**	0.586*
	S_{dm05}	−0.077	0.002	0.218	0.562**	0.695**	0.664**	0.650**	0.633**	0.639**	0.652**	0.689**	0.659**	0.605**	0.596*
RPA	S_{dm06}	−0.019	0.119	0.251*	0.431**	0.579**	0.570**	0.554**	0.561**	0.516**	0.492**	0.404**	0.322**	0.337**	0.350*
	S_{dm07}	−0.407**	−0.265*	−0.153	0.039	0.100	0.105	0.181	0.123	0.198	0.238*	0.271*	0.195	0.131	0.156
	S_{dm08}	−0.090	−0.259*	−0.361**	−0.317**	−0.468**	−0.560**	−0.616**	−0.696**	−0.695**	−0.698**	−0.661**	−0.638**	−0.615**	−0.588*
	S_{dm09}	0.034	−0.112	−0.137	−0.113	−0.190	−0.283*	−0.408**	−0.459**	−0.534**	−0.549**	−0.539*	0 −.515**	−0.462**	−0.438*
	S_{dm10}	0.069	0.083	0.016	0.208	0.240*	0.115	0.045	−0.052	−0.122	−0.160	−0.201	−0.223	−0.185	−0.150
	S_{dm11}	0.183	0.224	0.350**	0.632**	0.739**	0.716**	0.691**	0.671**	0.667**	0.660**	0.585**	0.562**	0.573**	0.559*
	S_{dm12}	0.317**	0.332**	0.472**	0.669**	0.773**	0.759**	0.763**	0.746**	0.734**	0.682**	0.652**	0.680**	0.663**	0.640*

备注：* 在 0.05 水平(双侧)上显著相关，** 在 0.01 水平(双侧)上极显著相关。

Remarks: * Correlation is significant at the 0.05 level (2 – tailed). ** Correlation is significant at the 0.01 level (2 – tailed).

表 9-5　汉中平均日照与油松高年增量相关分析

Tab. 9-5 The correlation analysis between the mean sunshine duration and the annual height growth acceleration of *Pinus tabulaeformis* (Pearson correlation)

处理 Treat.	指标 Index	当年和前几年平均温度 average temperature of current year and previous years													
		当年	1a	2a	3a	4a	5a	6a	7a	8a	9a	10a	11a	12a	13a
	S_{da}	0.052	0.200	0.314**	0.281*	0.103	0.054	0.088	0.089	0.106	0.101	0.077	0.092	0.102	0.097
	S_{dm01}	0.152	0.165	0.409**	0.245*	0.102	0.167	0.184	0.115	0.105	0.123	0.175	0.122	0.157	0.163
	S_{dm02}	-0.004	0.248*	0.345**	0.324**	0.153	0.241*	0.165	0.192	0.177	0.174	0.190	0.169	0.158	0.188
	S_{dm03}	0.118	0.218	0.275*	0.296*	0.181	0.165	0.174	0.188	0.191	0.168	0.131	0.144	0.146	0.171
	S_{dm04}	0.030	0.226	0.327**	0.330**	0.212	0.226	0.142	0.180	0.143	0.152	0.159	0.201	0.159	0.182
	S_{dm05}	0.060	0.275*	0.364**	0.341**	0.190	0.226	0.226	0.225	0.232	0.215	0.185	0.149	0.190	0.199
CK	S_{dm06}	0.088	0.236*	0.275*	0.306**	0.209	0.164	0.170	0.143	0.105	0.085	0.031	0.105	0.109	0.098
	S_{dm07}	0.088	0.334**	0.182	0.323**	0.141	0.240*	0.137	0.200	0.239*	0.131	0.126	0.065	0.138	0.120
	S_{dm08}	-0.081	-0.060	-0.040	-0.098	-0.207	-0.151	-0.220	-0.172	-0.144	-0.164	-0.108	-0.135	-0.111	-0.141
	S_{dm09}	-0.035	0.002	0.090	-0.004	-0.069	-0.111	-0.148	-0.156	-0.188	-0.128	-0.119	-0.082	-0.094	-0.116
	S_{dm10}	-0.024	0.076	0.165	0.208	-0.010	0.012	-0.041	-0.051	-0.071	-0.095	-0.080	-0.042	-0.021	-0.047
	S_{dm11}	0.013	0.183	0.310**	0.295*	0.126	0.118	0.111	0.122	0.121	0.083	0.075	0.149	0.111	0.126
	S_{dm12}	-0.025	0.157	0.277*	0.243*	0.125	0.079	0.111	0.080	0.092	0.099	0.140	0.127	0.099	0.131

续表 9-5

处理 Treat.	指标 Index	当年和前几年平均温度 average temperature of current year and previous years													
		当年	1a	2a	3a	4a	5a	6a	7a	8a	9a	10a	11a	12a	13a
	S_{da}	0.027	0.062	0.126	0.210	0.143	0.089	0.104	0.086	0.092	0.080	0.073	0.074	0.080	0.078
	S_{dm01}	0.250*	0.058	0.255*	0.283*	0.174	0.177	0.218	0.181	0.197	0.135	0.208	0.160	0.175	0.178
	S_{dm02}	-0.093	0.048	0.104	0.255*	0.095	0.196	0.134	0.163	0.144	0.157	0.149	0.154	0.128	0.142
	S_{dm03}	0.073	0.147	0.145	0.241*	0.193	0.184	0.184	0.185	0.187	0.193	0.167	0.180	0.165	0.179
	S_{dm04}	-0.040	0.055	0.120	0.227	0.136	0.205	0.126	0.171	0.120	0.175	0.110	0.166	0.128	0.139
	S_{dm05}	-0.069	0.060	0.124	0.240*	0.150	0.165	0.169	0.165	0.169	0.165	0.179	0.138	0.150	0.154
RPA	S_{dm06}	-0.015	0.112	0.107	0.193	0.172	0.135	0.144	0.134	0.101	0.118	0.052	0.083	0.092	0.087
	S_{dm07}	-0.209	0.123	-0.071	0.176	-0.033	0.117	0.051	0.052	0.111	0.070	0.103	0.011	0.056	0.048
	S_{dm08}	-0.063	-0.103	-0.111	-0.057	-0.202	-0.132	-0.195	-0.190	-0.162	-0.182	-0.140	-0.175	-0.142	-0.157
	S_{dm09}	0.047	-0.064	0.016	-0.017	-0.061	-0.087	-0.139	-0.116	-0.177	-0.120	-0.142	-0.116	-0.105	-0.116
	S_{dm10}	0.001	0.041	-0.011	0.167	-0.001	0.021	-0.020	-0.043	-0.055	-0.063	-0.073	-0.071	-0.039	-0.051
	S_{dm11}	0.014	0.064	0.125	0.234	0.140	0.142	0.131	0.121	0.133	0.125	0.070	0.139	0.109	0.116
	S_{dm12}	0.008	0.061	0.143	0.191	0.167	0.116	0.150	0.117	0.148	0.098	0.127	0.148	0.113	0.130

备注：* 在 0.05 水平（双侧）上显著相关，** 在 0.01 水平（双侧）上极显著相关。

Remarks: * Correlation is significant at the 0.05 level (2-tailed). ** Correlation is significant at the 0.01 level (2-tailed).

三、树高生长年增量与平均日照指标的相关性

1. **树高生长年增量与年均日照时数的相关性** 树高年增量(H_{aht})与年日照指标均有一定的正相关性,但相关性较弱。其中,对照与 S_{da2} 正相关极显著($r=0.314, p=0.008$),与 S_{da3} 正相关显著($r=0.281, p=0.018$),而与其余年日照指标相关不显著。RPA 与所有年日照指标相关均不显著,与 S_{da3} 正相关性最好,其相关系数也仅为 0.210,没有达到显著水平(表9-5)。

2. **树高生长年增量与各生长期月均日照时数的相关性**

(1)树高生长年增量与春季月均日照时数的相关性 春季3~5月,油松高年增量与各月日照指标的相关性低于树高及其年生长量的相关性。对照油松仅与 S_{dm0302} 和 S_{dm0303} 正相关显著($r=0.275$、0.296, $p=0.021$、0.013),RPA 仅与 S_{dm0303} 正相关显著($r=0.241$, $p=0.045$)。对照油松高年增量仅与 S_{dm0402} 和 S_{dm0403} 正相关极显著($r=0.327$、0.330, $p=0.006$、0.005),而与4月日照其他指标相关均不显著;而 RPA 与4月日照指标相关度均较弱,与 S_{dm0403} 相关系数最大,也仅为 0.227($p=0.059$)。对照与 S_{dm0501} 正相关显著($r=0.275, p=0.021$),与 S_{dm0502} 和 S_{dm0503} 正相关极显著($r=0.364$、0.341, $p=0.004$、0.002),对照仅与 S_{dm0503} 正相关显著($r=0.240, p=0.045$);两者与5月其他日照指标均不显著(表9-5)。

(2)树高生长年增量与夏季月均日照时数的相关性 夏季6~8月,油松高年增量与各月日照指标相关性变化较大,RPA 的相关性明显低于对照,与各月日照指标相关均不显著。对照油松高年增量与 S_{dm0601} 和 S_{dm0602} 正相关显著($r=0.236$、0.275, $p=0.050$、0.021),与 S_{dm0603} 正相关极显著($r=0.306, p=0.010$),而与其余因子相关不显著。RPA 与 S_{dm0603} 相关性最好,其相关系数也仅为 0.193($p=0.110$)。对照与 S_{dm0701} 和 S_{dm0703} 正相关极显著($r=0.334$、0.323, $p=0.005$、0.006),与 S_{dm0705} 和 S_{dm0708} 正相关极显著($r=0.240$、0.239, $p=0.045$、0.047),而与其余因子相关不显著;RPA 与 S_{dm07} 正相关性最好($r=-0.209, p=0.083$)。油松高年增量与8月日照指标有一定的负相关性,但相关均不显著。其中与 S_{dm0804} 相关系数较大,分别为 -0.207 和 -0.202,但也均不显著(表9-5)。

(3)树高生长年增量与秋季月均日照时数的相关性 秋季9~10月,油松高年增量与月日照指标相关性变化与8月相似,也呈一定的负相关,但相关也均不显著;而与11月日照指标具有一定的正相关性,其中对照与 S_{dm1102} 相关极显著($r=0.310, p=0.009$),与 S_{dm1103} 相关显著($r=0.295, p=0.013$)。而 RPA 与 S_{dm1103} 相关性相对较高,系数为 0.234($p=0.051$;表9-5)。

(4)树高生长年增量与秋季月均日照时数的相关性 冬季12月,油松高年增量与日照指标相关性变化与11月类似,对照仅与 S_{dm1202} 和 S_{dm1203} 正相关显著($r=0.277$、0.243, $p=0.020$、0.043);而 RPA 也与 S_{dm1203} 正相关性相对较好,但相关系数仅为 0.191,远没有

达到显著水平。对照与 S_{dm0102} 正相关极显著（$r=0.409, p=0.000$），与 S_{dm0103} 正相关显著（$r=0.245, p=0.041$），而 RPA 与 S_{dm01}、S_{dm0102} 和 S_{dm0103} 者正相关显著（$r=0.250$、0.255、0.283，$p=0.037$、0.033、0.018）。对照油松高年增量与 S_{dm0201} 和 S_{dm0205} 正相关显著（$r=0.248$、0.241，$p=0.039$、0.044），与 S_{dm0202} 和 S_{dm0203} 正相关极显著（$r=0.345$、0.324，$p=0.003$、0.006）；而 RPA 仅与 S_{dm0203} 正相关显著（$r=0.255, p=0.033$；表 9-5）。

第三节　树高生长指标与累积日照时数的相关性

【内容提要】树高（H_t）、树高年生长量（H_{at}）和树高生长年增量（R_{aht}）与年累积日照指标和月累积日照（S_{cdm}）相关性变化规律相似，整体正相关，且相关性呈现随统计年限延长增强的趋势。但相关性 $H_t > H_{at} > R_{aht}$。

【关 键 词】飞播造林，RPA，累积日照，油松，树高，树高年生长量，树高生长年增量

油松高、高年生长量及其年增量与不同生长期累积日照指标（Cumulative sunshine duration，S_{cd}）的相关性变化很大，但树高及其年生长量整体表现随统计年限延长，相关性增强。且树高、树高年生长量和树高年增量与累积日照时数相关性有依次减弱的趋势。

一、树高与累积日照指标的相关性

1. **树高与年累积日照时数的相关性**　树高（H_t）与年累积日照指标（S_{cda}）相关分析显示，对照和 RPA 树高与当年日照时数（S_{cda0}）相关性极低（$r=0.037$、0.072，$p=0.763$、0.553），与近 2 年累积日照时数（S_{cda1}）正相关显著（$r=0.256$、0.261，$p=0.032$、0.029），与近 3 年至近 14 年累积日照时数（$S_{cda2} \sim S_{cda13}$）相关极显著（$p=0.000$）。相关性随着累积日照时数统计年限的增加迅速增强，在近 4 年至近 7 年统计年限间，相关性趋于平稳，变化幅度减慢，其中对照和 RPA 与 S_{cda4} 相关系数为 0.756 和 0.746，相关度相对较高；在近 8 年至近 14 年统计年限间，相关性缓慢增强；但相关性整体呈现随统计年限延长增强的趋势（表 9-6）。说明可以用 S_{cda4} 指标分析日照时数对树高影响的累积效应。

2. **树高与月累积日照时数的相关性**

（1）树高与春季月均日照时数的相关性　春季 3 月，油松树高与其月累积日照时数相关性变化规律与年累积日照时数相似。对照和 RPA 与当年 3 月日照时数（S_{cdm03}）均具有一定正相关性（$r=0.219$、0.222，$p=0.068$、0.064），与近 2 年至近 14 年月累积日照时数（$S_{cdm0301} \sim S_{cdra0313}$）正相关极显著（$p=0.000$）。$S_{cdm0304}$ 的相关系数达 0.810 和 0.797。春季 4 和和 5 月日照对树高的累积效应与年日照有所差异。对照和 RPA 油松高与当年月日照时数相关度很低，与近 2 年的累积值正相关也不显著，而与近 3 年至近 14 年的累积日照时数正相关极显著，且随统计年限延长，相关性依次增强。其中近 2 年至近 5 年增强幅度

很大,之后变化幅度降低(表9－6)。但也可以用近5年月累积日照时数分析其月日照时数对油松高的影响。

(2)树高与夏季月均日照时数的相关性　夏季6月,日照对树高的累积效应与4月和5月相似。对照和RPA树高与当年月日照时数(S_{cdm06})极不相关($r=-0.029$、-0.026,与近2年累积值($S_{cdm0601}$)正相关显著($r=0.458$、0.426,$p=0.032$、0.040),与近3年至近14年累积值($S_{cdm0602}\sim S_{cdm0613}$)正相关极显著($p=0.000$);其中,近5年累积值($S_{cdm0604}$)与油松高相关系数达0.721和0.706。对照树高与当年7月日照时数(S_{cdm07})负相关显著($r=-0.300$,$p=0.012$),而RPA与其负相关极显著($r=-0.328$,$p=0.006$),可以用于分析当年7月日照对树高的影响。两者与近2年7月累积值($S_{cdm0701}$)相关性极小($r=0.049$、-0.002),对照与近3年7月累积值($S_{cdm0702}$)正相关显著($r=0.270$,$p=0.024$),而RPA不显著($r=0.232$);而两者与近4年至近14年7月累积值($S_{cdm0703}\sim S_{cdm07013}$)正相关极显著,且依次增强。树高与8月日照时数关系与7月相似,但与当年日照时数(S_{cdm08})负相关不显著($r=-0.182$、0.144),与近2年累积值($S_{cdm0801}$)极不相关($r=-0.052$、-0.035),与近3年累积值($S_{cdm0802}$)正相关不显著($r=0.117$、0.083),与近4年至近14年累积值($S_{cdm0803}\sim S_{cdm08013}$)正相关极显著,且依次增强(表9－6)。

(3)树高秋季月均日照时数的相关性　秋季9月日照对树高的影响与8月类似。当年10月日照时数(S_{cdm10})与树高极不相关($r=-0.014$、0.016),近2年累积值($S_{cdm1001}$)正相关不显著($r=0.147$、0.181)。之后,随统计年限延长,相关性迅速增强,近5年累积值($S_{cdm1004}$)相关系数就达0.785和0.783,随后相关性趋于稳定并略有降低。近8年至近14年累积值($S_{cdm1007}\sim S_{cdm1013}$)相关性又逐渐增强,$S_{cdm1013}$相关系数达0.933和0.928。11月日照对树高的累积效益与年日照时数相同,均具有正相关性。树高与当年11月日照时数(S_{cdm11})正相关不显著($r=0.108$、0.151),与近2年累积值($S_{cdm1101}$)正相关显著($r=0.265$、0.281,$p=0.026$、0.018);近3年至近5年累积值($S_{cdm1102}\sim S_{cdm1104}$)相关度提高很快,$S_{cdm1104}$的相关系数达0.866和0.859($p=0.000$);$S_{cdm1104}\sim S_{cdm1107}$相关性相对稳定,之后相关性随统计年限延长有逐渐增强,并渐趋最强(表9－6)。

(4)树高与冬季月均日照时数的相关性　冬季12月日照对树高的累积效应与11月相似,但树高与当年12月日照时数(S_{cdm12})正相关显著($r=0.246$、0.298,$p=0.040$、0.012),可用于分析当年12月日照对油松树高的影响。对照和RPA油松高与近2年至近14年累积值相关极显著,近5年累积值的相关系数为0.860和853,在前期相关性相对较强,可以用于12月日照对树高累积效应分析。1月日照的影响与12月类似,但与当年1月日照时数(S_{cdm01})正相关不显著($r=0.184$、0.219),而与近2年至近14年累积值($S_{cdm0101}\sim S_{cdm0113}$)正相关极显著,其中与近5年累积值相关度相对较大,系数分别为0.841和0.844。树高与当年2月日照时数(S_{cdm02})极不相关($r=-0.046$、0.000),与近2年累积值($S_{cdm0201}$)相关系数均为0.138且不相关,而与近3年至近14年累积值($S_{cdm0202}\sim S_{cdm0213}$)正相关极显著,且逐渐增强;其中与近5年累积值($S_{cdm0204}$)的相关系数就达0.765

和 758($p=0.000$),相关性极强(表 9-6)。

二、树高年生长量与累积日照指标的相关性

1. **树高年生长量与年累积日照时数的相关性** 树高年生长量(H_{at})与累积日照指标(S_{cd})的相关性变化与树高相同,但相关度有所变化。对照和 RPA 油松高年生长量与年日照时数均具有一定的正相关性,且相关性有随统计年限延长而增强的趋势。对照与 S_{cda0} 相关不显著($r=0.037$),与 S_{cda1} 正相关显著($r=0.297$,$p=0.013$),而 RPA 与两者相关均不显著($r=0.116$、0.227)。与 $S_{cda2}\sim S_{cda13}$ 正相关极显著,对照与 S_{cda3} 相关系数为 0.582,RPA 与 S_{cda4} 相关系数为 0.640,相关度在前期相对较强,可用于分析年日照时数对树高年生长量的累积效应;但均可用整个生长期累积年日照指标分析日照对油松高的累积作用(表 9-7)。

2. **树高年生长量与月累积日照时数的相关性**

(1)树高年生长量与春季月均日照时数的相关性 对照和 RPA 油松高年生长量与 S_{cdm03} 均有一定的正相关性($r=0.202$、0.207),但相关不显著与 $S_{cdm0301}\sim S_{cdm0313}$ 正相关极显著。其中对照相关度随统计年限呈波浪增强,与 $S_{cdm0304}$、$S_{cdm0309}$ 和 $S_{cdm0311}$ 相关性处于峰值,相关系数分别为 0.627、0.631 和 0.639;而 RPA 相关度随统计年限延长依次递增,与 $S_{cdm0313}$ 相关度最大,系数为 0.811。高年生长量与 S_{cdm04} 相关性极差($r=-0.048$、0.008,$p=0.692$、0.947);对照与 $S_{cdm0401}$ 正相关显著($r=0.258$,$p=0.031$),与 $S_{cdm0402}\sim S_{cdm0413}$ 正相关极显著,峰值出现在 $S_{cdm0403}$、$S_{cdm0405}$ 和 $S_{cdm0411}$,相关性依次为 0.585、0.581 和 0.648。RPA 与 $S_{cdm0401}$ 正相关不显著($r=0.129$),与 $S_{cdm0402}$ 正相关显著($r=0.305$,$p=0.008$),与 $S_{cdm0403}\sim S_{cdm0413}$ 正相关极显著,且相关性渐趋最强($r=0.807$,$p=0.000$)。5 月日照对树高的累积效应与 4 月基本一致,对照峰值出现在 $S_{cdm0503}$ 和 $S_{cdm0512}$,其相关系数分别为 0.531 和 0.644;而 RPA 与 $S_{cdm0513}$ 相关性最强,系数为 0.800(表 9-7)。

(2)树高年生长量与夏季月均日照时数的相关性 夏季 6 月,日照对树高年生长量的影响与春季 4 月和 5 月类似。对照和 RPA 与 S_{cdm06} 相关度很低($p=0.589$、0.877);对照与 $S_{cdm0601}\sim S_{cdm0613}$ 极显著,峰值出现了 $S_{cdm0603}$ 和 $S_{cdm0612}$,系数分别为 0.564 和 0.650;RPA 与 $S_{cdm0601}$ 相关不显著($r=0.224$,$p=0.062$),与 $S_{cdm0602}\sim S_{cdm0613}$ 正相关极显著,其中与 $S_{cdm0613}$ 相关性最强,系数为 0.811。对照与 S_{cdm07} 极不相关,与 $S_{cdm0701}$ 和 $S_{cdm0702}$ 正相关显著($r=0.303$、0.295,$p=0.011$、0.013),与 $S_{cdm0703}\sim S_{cdm0713}$ 正相关极显著,峰值出现 $S_{cdm0703}$ 和 $S_{cdm0712}$,相关系数分别为 0.381 和 0.645;RPA 与 S_{cdm07} 负相关极显著($r=-0.407$,$p=0.000$),与 $S_{cdm0701}$ 和 $S_{cdm0702}$ 相关不显著,与 $S_{cdm0703}\sim S_{cdm0713}$ 正相关极显著,也是与 $S_{cdm0713}$ 相关系数最大,为 0.792。对照与 S_{cdm08} 具有一定负相关性($r=-0.202$),与 $S_{cdm0801}$ 极不相关($r=-0.048$),与 $S_{cdm0802}\sim S_{cdm0804}$ 正相关不显著,与 $S_{cdm0805}$

相关显著($r=0.301,p=0.011$),与 $S_{cdm0806}\sim S_{cdm0813}$ 正相关极显著,峰值出现在 $S_{cdm0812}$,系数为 0.630。RPA 与 $S_{cdm08}\sim S_{cdm0802}$ 极不相关($r=-0.090$、-0.056、0.023),与 $S_{cdm0803}$ 和 $S_{cdm0804}$ 正相关显著($r=0.257$、0.294,$p=0.032$、0.013),与 $S_{cdm0805}\sim S_{cdm0813}$ 正相关极显著,且依次增强(表 9-7)。

(3)树高年生长量与秋季月均日照时数的相关性　秋季 9 月,日照对油松高年生长量影响与夏季 8 月相近。对照与 S_{cdm09} 呈不显著负相关($r=-0.117$),与 $S_{cdm0901}$ 极不相关($r=0.024$),与 $S_{cdm0902}\sim S_{cdm0913}$ 正相关极显著,峰值出现在 $S_{cdm0912}$,系数为 0.643。RPA 与 S_{cdm09} 和 $S_{cdm0901}$ 相关程度极低($r=0.034$、0.027),与 $S_{cdm0902}$ 具一定正相关性($r=0.153$),与 $S_{cdm0903}\sim S_{cdm0913}$ 正相关极显著,且相关度依次增大。对照和 RPA 与 S_{cdm10} 相关性极差,与 $S_{cdm1001}$ 均有一定正相关性。对照与 $S_{cdm1002}\sim S_{cdm1013}$ 正相关极显著,峰值分别出现在 $S_{cdm1003}$ 和 $S_{cdm1012}$,相关系数分别为 0.628 和 0.643;RPA 与 $S_{cdm1002}$ 正相关显著($r=0.271$,$p=0.023$),与 $S_{cdm1003}\sim S_{cdm1013}$ 正相关极显著,且相关性渐趋最强($r=0.816$)。对照油松高年生长量与 S_{cdm11} 极不相关($r=0.020$),与 $S_{cdm1101}$ 正相关显著($r=0.281$,$p=0.018$),与 $S_{cdm1102}\sim S_{cdm1113}$ 正相关极显著,峰值分别出现在 $S_{cdm1103}$、$S_{cdm1108}$ 和 $S_{cdm1111}$,相关系数分别为 0.675、0.620 和 0.653。RPA 与 S_{cdm11} 有一定正相关($r=0.183$),与 $S_{cdm1101}$ 正相关显著($r=0.259,p=0.030$),与 $S_{cdm1102}\sim S_{cdm1113}$ 正相关极显著,且依次增强;与 $S_{cdm1113}$ 相关性最强,系数达 0.819(表 9-7)。

(4)树高年生长量与冬季月均日照时数的相关性　冬季 12 月,日照对油松的累积效应与 11 月相似,对照与 S_{cdm12} 相关度也极低($r=0.060$),而与其他指标相关均极显著,峰值出现在 $S_{cdm1203}$ 和 $S_{cdm1111}$,系数分别为 0.635 和 0.642。RPA 与 12 月日照指标均呈极显著的正相关,且依次增强,最大相关系数为 0.824。1 月日照对树高累积效应与 12 月相同,但 RPA 峰值出现在 $S_{cdm0102}$、$S_{cdm0106}$ 和 $S_{cdm0110}$,系数为 0.685、0.608 和 0.640;RPA 最大相关系数为 0.823。油松高年生长量与 S_{cdm02} 相关度极低($r=-0.076$、0.014);对照与 $S_{cdm0201}$ 正相关显著($r=0.274,p=0.022$),与其他相关极显著,$S_{cdm0203}$ 相关系数为 0.616,$S_{cdm0210}$、$S_{cdm0211}$ 和 $S_{cdm0212}$ 相关系数均温 0.640。RPA 也与 $S_{cdm0212}$ 相关性最强,相关系数达 0.802(表 9-7)。

三、树高生长年增量与累积日照指标的相关性

树高年增量(H_{aht})与累积日照指标(S_{cd})的相关性变化与树高及其年生长量显著不同,相关性显著降低(表 9-8)。

表 9－6　汉中累积日照时数与油松高相关分析

Tab. 9－6 The correlation analysis between cumulative sunshine hours and height of *Pinus tabulaeformis* (Pearson correlation)

处理 Treat.	指标 Index	当年和前几年平均温度 average temperature of current year and previous years													
		当年	1a	2a	3a	4a	5a	6a	7a	8a	9a	10a	11a	12a	13a
	S_{cda}	0.037	0.256*	0.493**	0.713**	0.756**	0.744**	0.748**	0.772**	0.802**	0.832**	0.863**	0.894**	0.919**	0.932*
	S_{cdm01}	0.184	0.381**	0.613**	0.854**	0.841**	0.821**	0.843**	0.859**	0.864**	0.872**	0.892**	0.917**	0.932**	0.940*
	S_{cdm02}	−0.046	0.138	0.443**	0.713**	0.765**	0.771**	0.795**	0.803**	0.822**	0.845**	0.877**	0.905**	0.918**	0.926*
	S_{cdm03}	0.219	0.410**	0.571**	0.748**	0.810**	0.805**	0.808**	0.830**	0.861**	0.889**	0.906**	0.920**	0.932**	0.938*
	S_{cdm04}	−0.070	0.146	0.409**	0.665**	0.750**	0.777**	0.791**	0.798**	0.814**	0.834**	0.861**	0.893**	0.918**	0.928*
	S_{cdm05}	−0.122	0.147	0.419**	0.626**	0.670**	0.678**	0.708**	0.746**	0.789**	0.830**	0.864**	0.890**	0.909**	0.922*
CK	S_{cdm06}	−0.029	0.256*	0.458**	0.650**	0.721**	0.740**	0.762**	0.794**	0.819**	0.841**	0.861**	0.887**	0.916**	0.929*
	S_{cdm07}	−0.300*	0.049	0.270*	0.430**	0.507**	0.559**	0.622**	0.674**	0.741**	0.797**	0.840**	0.871**	0.896**	0.913*
	S_{cdm08}	−0.182	−0.052	0.117	0.320**	0.385**	0.443**	0.517**	0.575**	0.657**	0.730**	0.798**	0.854**	0.894**	0.912*
	S_{cdm09}	−0.122	−0.002	0.202	0.480**	0.589**	0.637**	0.665**	0.691**	0.712**	0.744**	0.801**	0.859**	0.908**	0.925*
	S_{cdm10}	−0.014	0.147	0.374**	0.700**	0.785**	0.772**	0.783**	0.795**	0.815**	0.827**	0.845**	0.878**	0.916**	0.933*
	S_{cdm11}	0.108	0.265*	0.529**	0.802**	0.866**	0.850**	0.844**	0.854**	0.869**	0.877**	0.885**	0.909**	0.931**	0.940*
	S_{cdm12}	0.246*	0.369**	0.589**	0.805**	0.860**	0.854**	0.854**	0.859**	0.862**	0.869**	0.891**	0.921**	0.937**	0.943*

续表 9－6

处理 Treat.	指标 Index	当年和前几年平均温度 average temperature of current year and previous years													
		当年	1a	2a	3a	4a	5a	6a	7a	8a	9a	10a	11a	12a	13a
	S_{cda}	0.072	0.261*	0.453**	0.685**	0.746**	0.735**	0.738**	0.761**	0.791**	0.822**	0.854**	0.882**	0.907**	0.926*
	S_{cdm01}	0.219	0.403**	0.563**	0.836**	0.844**	0.813**	0.831**	0.850**	0.859**	0.866**	0.882**	0.909**	0.924**	0.937*
	S_{cdm02}	0.000	0.138	0.398**	0.687**	0.758**	0.754**	0.785**	0.791**	0.813**	0.834**	0.865**	0.893**	0.906**	0.920*
	S_{cdm03}	0.222	0.409**	0.540**	0.718**	0.797**	0.795**	0.799**	0.819**	0.847**	0.878**	0.898**	0.910**	0.922**	0.931*
	S_{cdm04}	-0.031	0.148	0.373**	0.642**	0.734**	0.761**	0.781**	0.786**	0.804**	0.824**	0.852**	0.880**	0.906**	0.922*
	S_{cdm05}	-0.093	0.133	0.375**	0.598**	0.658**	0.663**	0.695**	0.733**	0.776**	0.816**	0.853**	0.879**	0.895**	0.914*
RPA	S_{cdm06}	-0.026	0.246*	0.426**	0.624**	0.706**	0.726**	0.748**	0.781**	0.806**	0.831**	0.854**	0.874**	0.902**	0.922*
	S_{cdm07}	-0.328**	-0.002	0.232	0.402**	0.490**	0.538**	0.610**	0.659**	0.724**	0.781**	0.827**	0.858**	0.879**	0.904*
	S_{cdm08}	-0.144	-0.035	0.083	0.313**	0.381**	0.430**	0.513**	0.566**	0.647**	0.720**	0.787**	0.842**	0.880**	0.906*
	S_{cdm09}	-0.079	0.022	0.173	0.470**	0.580**	0.629**	0.654**	0.684**	0.707**	0.736**	0.794**	0.844**	0.894**	0.921*
	S_{cdm10}	0.016	0.181	0.340**	0.671**	0.783**	0.761**	0.776**	0.786**	0.805**	0.820**	0.841**	0.867**	0.903**	0.928*
	S_{cdm11}	0.151	0.281*	0.492**	0.775**	0.859**	0.842**	0.839**	0.845**	0.858**	0.872**	0.879**	0.897**	0.922**	0.936*
	S_{cdm12}	0.298*	0.386**	0.560**	0.783**	0.853**	0.850**	0.847**	0.852**	0.857**	0.866**	0.882**	0.911**	0.929**	0.940*

备注：*在 0.05 水平(双侧)上显著相关，**在 0.01 水平(双侧)上极显著相关。

Remarks: * Correlation is significant at the 0.05 level (2－tailed). ** Correlation is significant at the 0.01 level (2－tailed).

表 9－7　汉中累积日照时数与油松高年生长量相关分析

Tab. 9－7 The correlation analysis between cumulative sunshine hours and annual height increment of *Pinus tabulaeformis* (Pearson correlation)

处理 Treat.	指标 Index	当年和前几年平均温度 average temperature of current year and previous years													
		当年	1a	2a	3a	4a	5a	6a	7a	8a	9a	10a	11a	12a	13a
	S_{cda}	0.032	0.297*	0.546**	0.582**	0.517**	0.507**	0.528**	0.552**	0.581**	0.597**	0.618**	0.637**	0.644**	0.617*
	S_{cdm01}	0.159	0.325**	0.685**	0.646**	0.549**	0.585**	0.608**	0.596**	0.599**	0.609**	0.640**	0.639**	0.639**	0.617*
	S_{cdm02}	−0.076	0.274*	0.551**	0.616**	0.538**	0.588**	0.567**	0.588**	0.598**	0.621**	0.640**	0.644**	0.640**	0.623*
	S_{cdm03}	0.202	0.378**	0.553**	0.627**	0.575**	0.565**	0.575**	0.601**	0.628**	0.631**	0.628**	0.639**	0.638**	0.624*
	S_{cdm04}	−0.048	0.258*	0.505**	0.585**	0.565**	0.581**	0.561**	0.580**	0.587**	0.605**	0.623**	0.648**	0.644**	0.622*
	S_{cdm05}	−0.044	0.298*	0.499**	0.531**	0.481**	0.502**	0.526**	0.555**	0.589**	0.610**	0.625**	0.630**	0.644**	0.619*
CK	S_{cdm06}	0.066	0.329**	0.490**	0.564**	0.545**	0.544**	0.563**	0.579**	0.595**	0.599**	0.608**	0.640**	0.650**	0.622*
	S_{cdm07}	−0.046	0.303*	0.295*	0.384**	0.380**	0.439**	0.461**	0.515**	0.568**	0.590**	0.612**	0.621**	0.645**	0.616*
	S_{cdm08}	−0.202	−0.048	0.165	0.198	0.211	0.301*	0.332**	0.409**	0.482**	0.532**	0.587**	0.610**	0.630**	0.595*
	S_{cdm09}	−0.117	0.024	0.316**	0.369**	0.403**	0.428**	0.451**	0.475**	0.487**	0.543**	0.584**	0.637**	0.643**	0.607*
	S_{cdm10}	−0.057	0.135	0.476**	0.628**	0.520**	0.552**	0.541**	0.560**	0.578**	0.577**	0.597**	0.634**	0.650**	0.614*
	S_{cdm11}	0.020	0.281*	0.595**	0.675**	0.593**	0.587**	0.583**	0.604**	0.620**	0.607**	0.619**	0.653**	0.643**	0.621*
	S_{cdm12}	0.060	0.316**	0.584**	0.635**	0.580**	0.559**	0.582**	0.583**	0.594**	0.596**	0.633**	0.642**	0.633**	0.615*

续表 9－7

处理 Treat.	指标 Index	当年和前几年平均温度 average temperature of current year and previous years													
		当年	1a	2a	3a	4a	5a	6a	7a	8a	9a	10a	11a	12a	13a
	0.116	0.227	0.371**	0.576**	0.640**	0.633**	0.644**	0.665**	0.695**	0.723**	0.753**	0.769**	0.794**	0.811**	
	S_{cdm01}	0.330**	0.366**	0.498**	0.746**	0.751**	0.712**	0.735**	0.751**	0.769**	0.765**	0.786**	0.800**	0.812**	0.823*
	S_{cdm02}	0.014	0.107	0.302*	0.595**	0.637**	0.651**	0.679**	0.690**	0.712**	0.729**	0.757**	0.779**	0.789**	0.802*
	S_{cdm03}	0.207	0.371**	0.449**	0.617**	0.693**	0.696**	0.705**	0.719**	0.743**	0.774**	0.791**	0.798**	0.810**	0.818*
	S_{cdm04}	0.008	0.129	0.305*	0.553**	0.621**	0.660**	0.678**	0.689**	0.705**	0.727**	0.748**	0.768**	0.792**	0.807*
	S_{cdm05}	−0.077	0.088	0.283*	0.502**	0.559**	0.569**	0.605**	0.639**	0.680**	0.713**	0.752**	0.766**	0.782**	0.800*
RPA	S_{cdm06}	−0.019	0.224	0.355**	0.532**	0.610**	0.629**	0.655**	0.684**	0.706**	0.735**	0.755**	0.763**	0.793**	0.811*
	S_{cdm07}	−.407**	−0.048	0.124	0.328**	0.397**	0.456**	0.529**	0.569**	0.632**	0.680**	0.729**	0.745**	0.770**	0.792*
	S_{cdm08}	−0.090	−0.056	0.023	0.257*	0.294*	0.360**	0.443**	0.489**	0.571**	0.629**	0.696**	0.731**	0.770**	0.794*
	S_{cdm09}	0.034	0.027	0.153	0.394**	0.485**	0.538**	0.558**	0.604**	0.622**	0.654**	0.702**	0.734**	0.784**	0.808*
	S_{cdm10}	0.069	0.213	0.271*	0.594**	0.673**	0.661**	0.681**	0.688**	0.710**	0.727**	0.748**	0.756**	0.793**	0.816*
	S_{cdm11}	0.183	0.259*	0.417**	0.670**	0.742**	0.733**	0.736**	0.737**	0.753**	0.773**	0.773**	0.784**	0.806**	0.819*
	S_{cdm12}	0.317**	0.348**	0.486**	0.666**	0.743**	0.737**	0.742**	0.744**	0.759**	0.762**	0.775**	0.798**	0.814**	0.824*

备注：* 在 0.05 水平(双侧)上显著相关，** 在 0.01 水平(双侧)上极显著相关。

Remarks：* Correlation is significant at the 0.05 level (2－tailed). ** Correlation is significant at the 0.01 level (2－tailed).

表 9－8 汉中累积日照时数与油松高年增量相关分析

Tab. 9－8 The correlation analysis between cumulative sunshine hours and annual height growth acceleration of *Pinus tabulaeformis* (Pearson correlation)

处理 Treat.	指标 Index	当年和前几年平均温度 average temperature of current year and previous years													
		当年	1a	2a	3a	4a	5a	6a	7a	8a	9a	10a	11a	12a	13a
	S_{cda}	0.052	0.203	0.308**	0.226	0.144	0.137	0.158	0.167	0.178	0.176	0.182	0.177	0.170	0.135
	S_{cdm01}	0.152	0.172	0.359**	0.222	0.137	0.177	0.187	0.164	0.167	0.167	0.190	0.169	0.158	0.131
	S_{cdm02}	−0.004	0.242*	0.336**	0.270*	0.153	0.205	0.168	0.185	0.184	0.191	0.193	0.178	0.167	0.143
	S_{cdm03}	0.118	0.211	0.277*	0.254*	0.169	0.160	0.171	0.183	0.188	0.176	0.163	0.164	0.156	0.138
	S_{cdm04}	0.030	0.218	0.314**	0.263*	0.190	0.193	0.164	0.180	0.175	0.184	0.186	0.188	0.171	0.142
	S_{cdm05}	0.060	0.261*	0.307**	0.225	0.154	0.169	0.176	0.184	0.193	0.188	0.186	0.172	0.176	0.143
CK	S_{cdm06}	0.088	0.235	0.280*	0.243*	0.191	0.174	0.183	0.180	0.177	0.171	0.171	0.183	0.177	0.141
	S_{cdm07}	0.088	0.302*	0.193	0.185	0.136	0.167	0.157	0.182	0.197	0.185	0.187	0.172	0.184	0.145
	S_{cdm08}	−0.081	−0.004	0.122	0.060	0.034	0.097	0.090	0.134	0.163	0.168	0.190	0.173	0.171	0.127
	S_{cdm09}	−0.035	0.041	0.219	0.134	0.121	0.119	0.122	0.139	0.134	0.176	0.186	0.197	0.177	0.129
	S_{cdm10}	−0.024	0.115	0.292*	0.289*	0.133	0.168	0.153	0.164	0.167	0.160	0.173	0.184	0.178	0.132
	S_{cdm11}	0.013	0.186	0.329**	0.274*	0.155	0.157	0.161	0.172	0.177	0.163	0.169	0.185	0.162	0.133
	S_{cdm12}	−0.025	0.157	0.297*	0.225	0.146	0.126	0.152	0.145	0.158	0.154	0.178	0.167	0.148	0.125

续表 9 – 8

处理 Treat.	指标 Index	当年和前几年平均温度 average temperature of current year and previous years													
		当年	1a	2a	3a	4a	5a	6a	7a	8a	9a	10a	11a	12a	13a
	S_{cda}	0.027	0.080	0.129	0.187	0.157	0.145	0.162	0.164	0.178	0.179	0.189	0.181	0.195	0.178
	S_{cdm01}	0.250*	0.071	0.246*	0.247*	0.179	0.181	0.202	0.186	0.199	0.180	0.209	0.187	0.205	0.187
	S_{cdm02}	−0.093	0.054	0.086	0.221	0.115	0.179	0.153	0.170	0.173	0.176	0.186	0.180	0.181	0.174
	S_{cdm03}	0.073	0.145	0.128	0.212	0.176	0.171	0.177	0.180	0.188	0.192	0.186	0.184	0.190	0.180
	S_{cdm04}	−0.040	0.066	0.112	0.199	0.150	0.183	0.160	0.176	0.172	0.183	0.183	0.187	0.191	0.178
	S_{cdm05}	−0.069	0.075	0.104	0.176	0.137	0.148	0.161	0.166	0.179	0.179	0.192	0.175	0.191	0.177
RPA	S_{cdm06}	−0.015	0.128	0.112	0.183	0.173	0.162	0.175	0.175	0.178	0.185	0.182	0.182	0.197	0.179
	S_{cdm07}	−0.209	0.137	−0.010	0.138	0.094	0.140	0.142	0.151	0.177	0.172	0.192	0.170	0.193	0.175
	S_{cdm08}	−0.063	−0.050	−0.022	0.087	0.034	0.105	0.103	0.123	0.159	0.156	0.190	0.170	0.197	0.172
	S_{cdm09}	0.047	−0.028	0.098	0.118	0.124	0.135	0.130	0.162	0.143	0.177	0.180	0.184	0.203	0.177
	S_{cdm10}	0.001	0.076	0.044	0.252*	0.136	0.170	0.165	0.165	0.177	0.175	0.184	0.177	0.205	0.178
	S_{cdm11}	0.014	0.073	0.131	0.227	0.163	0.169	0.172	0.170	0.183	0.184	0.175	0.188	0.190	0.177
	S_{cdm12}	0.008	0.067	0.135	0.186	0.173	0.146	0.172	0.160	0.181	0.167	0.185	0.183	0.183	0.173

备注：* 在 0.05 水平(双侧)上显著相关，** 在 0.01 水平(双侧)上极显著相关。

Remarks: * Correlation is significant at the 0.05 level (2 – tailed). ** Correlation is significant at the 0.01 level (2 – tailed).

1. 树高生长年增量与年累积日照时数的相关性　从年日照时数累积效应分析，油松高年增量与年日照指标均具有一定正相关，其中对照仅与 S_{cda2} 相关极显著（$r=0.308$，$p=0.009$），与其他均不显著；RPA 与 S_{cda2} 相关性相对较好，但相关系数仅为 0.195（$p=0.106$；表 9－8）。

2. 树高生长年增量与月累积日照时数的相关性

（1）树高生长年增量与春季月均日照时数的相关性　春季，树高年增量与 3 月日照指标均有一定正相关性。其中对照仅与 $S_{cdm0302}$ 和 $S_{cdm0303}$ 相关显著（$r=0.277$、0.254，$p=0.020$、0.034）；RPA 与 $S_{cdm0303}$ 相关性最好，系数为 0.212（$p=0.078$）。4 月日照对树高年增量的累积效应与 3 月一致；但对照与 $S_{cdm0402}$ 正相关极显著（$r=0.314$，$p=0.008$），与 $S_{cdm0403}$ 相关显著（$r=0.263$，$p=0.028$），RPA 与 $S_{cdm0403}$ 相关系数仅为 0.199（$p=0.098$）。对照仅与 $S_{cdm0501}$ 正相关显著（$r=0.261$，$p=0.029$），与 $S_{cdm0502}$ 正相关极显著（$r=0.307$，$p=0.010$）；而 RPA 与 5 月日照指标相关也较低（表 9－8）。

（2）树高生长年增量与夏季月均日照时数的相关性　夏季 6 月日照对油松高年增量累积效应与春季各月日照影响相同，对照也仅与 $S_{cdm0602}$ 和 $S_{cdm0603}$ 相关显著（$r=0.280$、0.243，$p=0.019$、0.042）。对照与 7 月日照指标相关度也较低，仅与 $S_{cdm0701}$ 相关显著（$r=0.302$，$p=0.011$）。对照对 8 月日照指标响应也较小，相关系数最大为 0.190（$p=0.115$）。与春季相同，RPA 与夏季各月日照指标相关性也较低，均不达显著水平（表 9－8）。

（3）树高生长年增量与秋季月均日照时数的相关性　秋季 9 月日照对油松高年增量累积效应与 8 月相同，对照和 RPA 与 9 月日照指标相关度也很低，均没有达到显著水平。对照油松仅与 $S_{cdm1002}$ 和 $S_{cdm1003}$ 相关显著（$r=0.292$、0.289，$p=0.014$、0.015），而 RPA 也仅与 $S_{cdm1003}$ 相关显著（$r=0.252$，$p=0.035$）。11 月日照对油松高年增量累积效应与 10 月相近，但对照与 $S_{cdm1102}$ 相关极显著（$r=0.329$，$p=0.005$），与 $S_{cdm1103}$ 相关显著（$r=0.274$，$p=0.022$）；而 RPA 与 $S_{cdm1103}$ 相关对相对较高（$r=0.227$，$p=0.058$；表 9－8）。

2.4 树高生长年增量与冬季月均日照时数的相关性　冬季 12 月日照对油松高年增量累积效应与 11 月类似，对照油松仅与 $S_{cdm1202}$ 相关显著（$r=0.297$，$p=0.013$），与 $S_{cdm1203}$ 也具有一定正相关性（$r=0.225$，$p=0.061$）。1 月日照指标与油松高年增量均有一定的正相关性。其中，对照与 $S_{cdm0102}$ 相关极显著（$r=0.359$，$p=0.002$）；RPA 与 S_{cdm01}、$S_{cdm0102}$ 和 $S_{cdm0103}$ 相关显著（$r=0.250$、0.246、0.247，$p=0.037$、0.040、0.037）。对照与 $S_{cdm0201}$ 和 $S_{cdm0203}$ 相关显著（$r=0.242$、0.270，$p=0.043$、0.024），与 $S_{cdm0202}$ 相关极显著（$r=0.336$，$p=0.004$）；而 RPA 与 $S_{cdm0203}$ 相关性相对较强，系数为 0.221（$p=0.066$；表 9－8）。

第四节　汉中油松高生长与当年日照指标的关系

【内容提要】 逐步回归分析证明，可用当年 7 月、3 月和 9 月（S_{dm07}、S_{dm03} 和 S_{dm09}）因子

组成的对照模型，S_{dm07}、S_{dm03}和当年6月日照时数(S_{dm06})因子构建的RPA模型分析当年日照对油松树高的影响。模型中，S_{dm07}和S_{dm03}对油松高影响较大，其在两模型中的单位量变化系数为0.615、0.509和0.546、0.788，对模型贡献59.3%、25.3%和42.0%、35.7%；

对照树高对S_{dm07}和S_{dm03}响应较强，单位量变化系数为0.615和0.509，其对模型影响也较大，分别贡献59.3%和25.3%。

也可用S_{dm07}、S_{dm03}和S_{dm06}因子组建的RPA模型分析油松高年生长量与当年日照的关系。模型中，也是S_{dm07}和S_{dm03}对树高生长年增量影响较大，其单位量变化系数为0.634和0.787，对模型贡献49.5%和32.6%。而S_{dm01}和S_{dm02}因子构建的RPA油松高生长年增量模型显示，油松对S_{dm01}响应略强于S_{dm02}，其单位量变化系数为0.756，对模型分别贡献56.8%。

另外，向后剔除法逐步回归分析结果显示，可采用S_{dm01}、S_{dm02}、S_{dm04} ~ S_{dm09}和S_{dm11}因子组成的对照模型，S_{dm01}、S_{dm02}、S_{dm04} ~ S_{dm09}、S_{dm11}和S_{dm12}因子构建的RPA模型诠释油松高生长年增量与日照的关系。

【关 键 词】飞播造林，RPA，日照时数，油松，树高生长，逐步回归，主成分分析

一、树高生长指标与当年日照指标的关系

1. 树高与当年日照指标的逐步回归模型 对汉中飞播油松树高(H_t)与当年日照指标(S_d)进行逐步回归模型分析，对照油松高与当年7月日照时数(S_{dm07})、3月日照时数(S_{dm03})和9月日照时数(S_{dm09})关系密切，RPA油松高S_{dm07}、S_{dm03}和当年6月日照时数(S_{dm06})关系密切(表9-9)。

从模型决定系数R^2分析，两模型均为0.336，线性关系极显著。在控制其他因子影响下，油松高与S_{dm07}和S_{dm03}负偏相关极显著，对照油松高与S_{dm09}正偏相关极显著，RPA油松高与S_{dm06}正偏相关极显著。对照树高对S_{dm07}和S_{dm03}响应较强，单位量变化系数为0.615和0.509，其对模型影响也较大，分别贡献59.3%和25.3%；而对S_{dm09}响应较弱，变化系数为0.323，其对模型影响也较小，仅贡献15.4%。RPA对S_{dm03}响应最强，单位量变化系数为0.788，而对S_{dm07}和S_{dm06}响应相对较弱，系数分别为0.546和0.444。但从模型系数和各因子平均值综合分析，S_{dm07}和S_{dm03}对模型影响也相对较大，分别贡献42.0%和35.7%；而S_{dm06}对模型影响相对较小，贡献22.3%。

2. 树高年生长量与当年日照指标的逐步回归模型 对树高年生长量(H_{at})与当年日照指标(S_d)进行逐步回归模型分析，对照油松高年生长量与当年日照指标关系疏远，没有组成有效模型。在组成的3组RPA油松高年生长量有效模型中，S_{dm07}、S_{dm03}和S_{dm06}组建了RPA油松优化模型(表9-10)。

表 9 -9 汉中油松高与当年日照指标逐步回归模型

Tab. 9 -9 The stepwise regression model of the sunshine index of current year and height of *Pinus tabulaeformi*

处理 Treat	日照因子 S_d	模型 Model Coefficients 非标准 Unstandard	标准 Standard	T - 检验 (T - test) t	p	R^2	相关系数 Correlations r_0	$r_{partial}$	r_{part}	共线性统计量 Collinearity statistics 容差 Tolerance	方差膨胀因子 VIF
H_{tck}	常量	366.211	—	5.315	0.000	0.336*	—	—	—	—	—
	S_{dm07}	-1.508	-0.615	-5.177	0.000		-0.300	-0.537	-0.519	0.712	1.404
	S_{dm03}	0.992	0.509	4.455	0.000		0.219	0.481	0.447	0.770	1.299
	S_{dm09}	-0.957	-0.323	-3.023	0.004		-0.122	-0.349	-0.303	0.882	1.134
H_{trpa}	常量	466.542	—	5.676	0.000	0.336**	—	—	—	—	—
	S_{dm07}	-1.825	-0.546	-4.990	0.000		-0.328	-0.523	-0.489	0.803	1.245
	S_{dm03}	2.096	0.788	5.132	0.000		0.222	0.534	0.503	0.407	2.458
	S_{dm06}	-1.488	-0.444	-3.075	0.003		-0.026	-0.354	-0.301	0.462	2.166

备注:Remar: * $F = 11.131, p = 0.000$; ** $F = 12.701, p = 0.000$

模型决定系数 R^2 为 0.425,线性关系相对紧密。在控制模型中其他因子影响下,树高年生长量与 S_{dm03} 正偏相关极显著,而与 S_{dm07} 和 S_{dm06} 负偏相关极显著。在各因子相互配合下,油松对 S_{dm03}、S_{dm07} 和 S_{dm06} 响应依次减弱,单位量变化系数为 0.787、0.634 和 0.410。而 S_{dm07} 对模型影响最大,贡献 49.5%,其次是 S_{dm03},贡献 32.6%;S_{dm06} 影响最小,贡献 17.8%。

表 9 -10 油松高年生长量与当年日照指标逐步回归模型

Tab. 9 -10 The stepwise regression model of the sunshine index of current year and annual height increment of *Pinus tabulaeformi*

处理 Treat	日照因子 S_d	模型 Model Coefficients 非标准 Unstandard	标准 Standard	T - 检验 (T - test) t	p	R^2	相关系数 Correlations r_0	$r_{partial}$	r_{part}	共线性统计量 Collinearity statistics 容差 Tolerance	方差膨胀因子 VIF
H_{atrpa}	常量	126.048	—	6.360	0.000	0.429*	—	—	—	—	—
	S_{dm07}	-0.539	-0.634	-6.107	0.000		-0.407	-0.601	-0.568	0.803	1.245
	S_{dm03}	0.532	0.787	5.398	0.000		0.207	0.553	0.502	0.407	2.458
	S_{dm06}	-0.349	-0.410	-2.991	0.004		-0.019	-0.345	-0.278	0.462	2.166

备注:Remark: * $F = 16.518, p = 0.000$

3. 树高生长年增量与当年日照指标的回归模型

（1）树高生长年增量与当年日照指标的向后剔除法逐步回归模型　对树高生长年增量（H_{aht}）与当年日照指标（S_d）进行向后剔除法逐步回归模型（Backward stepwise regression model）分析，在组成的4组对照油松高生长年增量有效模型中，S_{dm01}、S_{dm02}、S_{dm04}、S_{dm05}、S_{dm06}、S_{dm07}、S_{dm08}、S_{dm09}和S_{dm11}组建了对照优化模型。而在4组RPA优化模型中，S_{dm01}、S_{dm02}、S_{dm04}、S_{dm06}、S_{dm07}、S_{dm08}、S_{dm09}、S_{dm11}和S_{dm12}构成了RPA优化模型（表9－11）。

表9－11　油松高年增量与当年日照指标逐步向后回归模型

Tab.9－11 The backward stepwise regression model of the sunshine index of current year and annual height growth acceleration of *Pinus tabulaeformi*

处理 Treat	日照因子 S_d	模型 Model Coefficients		T－检验 (T－test)		R^2	相关系数 Correlations			共线性统计量 Collinearity statistics	
		非标准 Unstandard	标准 Standard	t	p		r_0	$r_{partial}$	r_{part}	容差 Tolerance	方差膨胀因子 VIF
	常量	75.131	—	1.648	0.104		—	—	—	—	—
	S_{dm01}	1.425	1.798	6.305	0.000		0.152	0.631	0.619	0.119	8.431
	S_{dm02}	－1.755	－2.648	－4.316	0.000		－0.004	－0.487	－0.424	0.026	39.026
	S_{dm04}	0.733	1.178	2.348	0.022		0.030	0.290	0.231	0.038	26.116
R_{ahtck}	S_{dm05}	－0.700	－1.094	－2.553	0.013	0.421 (F = 4.857, p = 0.000)	0.060	－0.313	－0.251	0.053	19.042
	S_{dm06}	－2.281	－2.829	－4.464	0.000		0.088	－0.499	－0.438	0.024	41.655
	S_{dm07}	2.426	3.017	4.858	0.000		0.088	0.531	0.477	0.025	39.980
	S_{dm08}	－2.034	－2.129	－4.331	0.000		－0.081	－0.488	－0.425	0.040	25.045
	S_{dm09}	1.321	1.359	3.272	0.002		－0.035	0.389	0.321	0.056	17.880
	S_{dm11}	1.460	2.012	3.369	0.001		0.013	0.399	0.331	0.027	36.995
	常量	169.218	—	2.158	0.035		—	—	—	—	—
	S_{dm01}	2.522	1.754	7.514	0.000		0.250	0.696	0.674	0.148	6.767
	S_{dm02}	－4.022	－3.346	－6.153	0.000		－0.093	－0.622	－0.552	0.027	36.713
	S_{dm04}	2.231	1.978	4.771	0.000		－0.040	0.524	0.428	0.047	21.345
R_{ahtrpa}	S_{dm06}	－3.442	－2.353	－4.275	0.000	0.517 (F = 7.128, p = 0.000)	－0.015	－0.483	－0.384	0.027	37.627
	S_{dm07}	2.192	1.502	3.843	0.000		－0.209	0.444	0.345	0.053	18.972
	S_{dm08}	－2.204	－1.272	－3.553	0.001		－0.063	－0.417	－0.319	0.063	15.913
	S_{dm09}	0.898	0.509	1.751	0.085		0.047	0.220	0.157	0.095	10.495
	S_{dm11}	2.366	1.798	3.340	0.001		0.014	0.396	0.300	0.028	35.977
	S_{dm12}	－0.957	－0.611	－2.565	0.013		0.008	－0.314	－0.230	0.142	7.045

①对照树高生长年增量向后剔除法逐步回归模型分析　模型决定系数R^2为0.421，

线性关系相对紧密。在控制模型中其他因子影响下，树高年增量与 S_{dm06}、S_{dm08}、S_{dm02} 和 S_{dm05} 负偏相关依次减弱，其中与前 3 因子相关极显著，与 S_{dm05} 相关显著（$r_{partial}=-0.313$，$p=0.013$）；而与 S_{dm04}、S_{dm09}、S_{dm11}、S_{dm07} 和 S_{dm01} 正偏相关依次增强，其中与 S_{dm04} 相关显著（$r_{partial}=0.290$，$p=0.022$），与其余因子相关极显著。在各因子相互配合下，油松对 S_{dm07}、S_{dm06}、S_{dm02}、S_{dm08} 和 S_{dm11} 响应相对较强，单位量变化系数依次为 3.017、2.829、2.648、2.129 和 2.012；而对 S_{dm01}、S_{dm09}、S_{dm04} 和 S_{dm05} 响应相对较弱，单位量变化系数为 1.789、1.359、1.178 和 1.094。而 S_{dm07}、S_{dm08} 和 S_{dm06} 对模型影响较大，分别贡献 28.6%、13.2% 和 12.5%。其次是 S_{dm02}、S_{dm01}、S_{dm09} 和 S_{dm11}，对模型依次贡献 9.9%、9.1%、7.2% 和 6.3%。而 S_{dm04} 和 S_{dm05} 对模型影响相对较小，仅贡献 4.1% 和 2.2%。

②RPA 树高生长年增量向后剔除法逐步回归模型分析　模型 R^2 为 0.517，比对照拟合度高。在控制模型其他因子影响下，油松高年增量与 S_{dm02}、S_{dm06}、S_{dm08} 和 S_{dm12} 负偏相关依次减弱，其中与前 3 因子相关极显著，与 S_{dm12} 相关显著（$r_{partial}=-0.314$，$p=0.013$）；而与 S_{dm09}、S_{dm11}、S_{dm07}、S_{dm04} 和 S_{dm01} 正偏相关依次增强，其中与 S_{dm09} 相关不显著（$r_{partial}=0.220$，$p=0.085$），与其他 3 因子相关极显著。在各因子相互作用下，油松对 S_{dm02} 影响最强，其单位量变化系数为 3.346，对模型贡献 20.0%；与对照相比，作用明显增强。其次是 S_{dm06}、S_{dm04}、S_{dm11}、S_{dm01}、S_{dm07} 和 S_{dm08}，单位量变化系数分别为 2.353、1.978、1.798、1.502 和 1.272，对模型依次贡献 13.3%、15.8%、7.0%、12.3%、14.9% 和 12.5%。而油松对 S_{dm09} 和 S_{dm12} 响应相对较弱，单位量变化系数为 0.509 和 0.611；其对模型分别贡献 2.2% 和 1.9%。

（2）树高生长年增量与当年日照指标的逐步回归模型　用逐步回归模型（Stepwise regression model）分析，只有 S_{dm01} 和 S_{dm02} 与 RPA 油松高年增量线性关系密切，先后进入其预测模型。而对照油松与当年日照指标关系不紧密，模型不成立。

$$R_{ahtrpa}=5.200+1.086S_{dm01}-0.801S_{dm02}$$

$$R_{ahtrpa}=0.756S_{dm01}-0.667S_{dm02}$$

（$n=70$，$R^2=0.251$，$F=11.231$，$p=0.000$；$r_0=0.250$、-0.093，$r_{partial}=0.494$、-0.448，$r_{part}=0.492$、-0.434；$t_0=0.344$，$p=0.732$；$t_1=4.657$，$p=0.000$；$t_2=-4.107$，$p=0.000$；容差均为 0.424）

模型显示，排除另一个因子干扰，RPA 油松高年增量与 S_{dm02} 负偏相关极显著，与 S_{dm01} 正偏相关极显著。两因子配合下，油松对 S_{dm01} 响应略强于 S_{dm02}，单位量变化系数为 0.756 和 0.667；其对模型影响也较大，贡献 56.8%。

二、树高年生长量及其年增量与当年日照指标的主成分分析

逐步回归模型显示的信息量很少，较难准确反映汉中油松高生长与日照的关系。对油松高年生长量指标与日照时数进行主成分分析（Principal Component Analysis，PCA），其

汉中油松高年生长量和高生长年增量各主分量特征值、贡献率和因子载荷见表 9－12 和表 9－13。

表 9－12　汉中油松高年生长量与日照时数主成分分析

Tab. 19－12 The Principal Component Analysis between the sunshine index of current year and the annual height increment of *Pinus tabulaeformis* in Hanzhong city

处理	项目	RPA				CK			
		F_1	F_2	F_3	F_4	F_1	F_2	F_3	F_4
特征值 Eigenvalue		8.308	1.750	1.514	1.045	8.320	1.714	1.501	1.058
贡献率/% Contribution rate		59.3	12.5	10.8	7.5	59.430	12.246	10.724	7.557
总贡献率/% Cumulative contribution		90.100				89.956			
高生长年增量 Annual height growth acceleration 因子载荷 Factor loading	H_{ah}	0.141	−0.296	−0.178	0.899	0.184	−0.051	0.025	0.969
	S_{da}	0.962	−0.021	−0.038	0.006	0.961	−0.018	−0.042	−0.055
	S_{dm1}	0.782	−0.193	0.258	0.058	0.777	−0.208	0.236	−0.298
	S_{dm2}	0.913	0.130	0.310	0.005	0.915	0.093	0.320	0.069
	S_{dm3}	0.842	0.273	−0.356	0.106	0.839	0.322	−0.317	−0.080
	S_{dm4}	0.916	−0.078	0.049	−0.184	0.918	−0.109	0.019	0.048
	S_{dm5}	0.857	0.394	0.070	−0.001	0.858	0.378	0.102	−0.041
	S_{dm6}	0.734	0.045	−0.636	−0.177	0.734	0.086	−0.648	0.010
	S_{dm7}	0.381	0.893	0.076	0.059	0.384	0.880	0.163	0.039
	S_{dm8}	0.417	0.072	0.853	0.138	0.418	−0.002	0.866	0.003
	S_{dm9}	0.546	−0.679	0.137	−0.331	0.547	−0.729	0.032	−0.022
	S_{dm10}	0.890	−0.069	−0.118	−0.023	0.890	−0.061	−0.129	−0.020
	S_{dm11}	0.955	−0.121	−0.121	0.014	0.955	−0.108	−0.130	0.033
	S_{dm12}	0.880	−0.291	−0.001	0.155	0.879	−0.269	−0.007	0.087

1. **树高年生长量**　从各主成分特征值和贡献率分析，油松高年生长量 4 个主分量代表了 RPA 和对照总样本 90.1% 的信息量，可以满足生物分析要求（表 9－12）。其中，主分量中 F_4反映了油松高年生长量的信息，其因子载荷较大，RPA 和对照分别为 0.889 和 0.969。从其因子载荷综合分析，RPA 油松高年生长量的年日照时数和 1～2 月、5 月、7 月以及 10～11 月日照时数因子载荷很小，说明油松高年生长量对它们依赖性较小，对油松高年生长量贡献率较低；而 9 月、4 月 6 月 8 月、12 月和 3 月日照时数因子载荷相对较大，对油松高年生长量作用相对较大。而对照油松高年生长量除 1 月日照时数因子载荷相对较大外，其他日照时数指标因子载荷均较小，对油松高作用较弱。

表 9－13 汉中油松高生长年增量与日照时数主成分分析

Tab. 9.13 The Principal Component Analysis between the sunshine index of current year and the annual height growth acceleration of *Pinus tabulaeformis* in Hanzhong city

处理	项目	RPA F_1	RPA F_2	RPA F_3	RPA F_4	CK F_1	CK F_2	CK F_3	CK F_4
特征值 Eigenvalue		8.292	1.873	1.518	1.056	8.317	1.829	1.586	–
贡献率/% Contribution rate		59.2	13.4	10.8	7.5	59.4	13.1	11.3	–
总贡献率/% Cumulative contribution		90.100				83.800			
高生长年增量 Annual height growth acceleration 因子载荷 Factor loading	R_{ah}	－0.037	0.573	－0.157	0.761	－0.173	0.534	0.309	—
	S_{da}	0.962	0.039	－0.041	0.031	0.961	0.055	0.039	—
	S_{dm1}	0.781	0.200	0.264	0.122	0.784	0.075	－0.321	—
	S_{dm2}	0.914	－0.163	0.299	－0.007	0.916	－0.210	－0.236	—
	S_{dm3}	0.841	－0.186	－0.395	0.216	0.839	－0.111	0.448	—
	S_{dm4}	0.918	0.035	0.065	－0.249	0.919	0.058	－0.088	—
	S_{dm5}	0.860	－0.394	0.031	0.049	0.863	－0.390	0.067	—
	S_{dm6}	0.735	－0.010	－0.634	－0.202	0.732	0.163	0.587	—
	S_{dm7}	0.387	－0.886	－0.012	0.154	0.391	－0.844	0.252	—
	S_{dm8}	0.418	－0.118	0.834	0.207	0.421	－0.306	－0.729	—
	S_{dm9}	0.547	0.596	0.214	－0.474	0.546	0.585	－0.391	—
	S_{dm10}	0.889	0.113	－0.123	0.062	0.886	0.152	0.114	—
	S_{dm11}	0.954	0.145	－0.112	0.020	0.952	0.177	0.084	—
	S_{dm12}	0.875	0.314	0.024	0.115	0.871	0.305	－0.068	—

2. **树高生长年增量** 从 RPA 油松高生长年增量主成分特征值、贡献率和因子载荷分析，F4 反映了油松高生长年增量信息，9 月日照时数因子载荷性对较大，对油松高生长年增量有抑制效果；4 月和 6 月日照时数因子载荷也相对较大，对油松高生长也有一定拟制作用。而 3 月、7 月、1 月和 12 月日照时数因子载荷与高生长年增量同为正值，对其有一定的促进作用。其他月份日照时数因子载荷相对较小，对油松高生长年增量影响有限。F_2主要反映了 7 月日照时数信息，其油松高生长年增量因子载荷也相对较大，也能反映出一些油松高生长年增量的信息。对照油松高生长年增量前 3 个主成分累积贡献率为 83. %，超过了生物统计 75% 的要求。从 F_2各因子载荷分析，7 月、5 月、8 月、2 月和 3 月日照时数与对照油松高生长年增量呈负相关，其中 7 月关联度最高；9 月和 12 月与油松高生长年增量为同向因子（表 9－13）。其分析结果与逐步回归模型分析结果基本一致。

第五节　安康油松高生长与当年日照指标的关系

【内容提要】树高年生长量和及其年增量12月日照时数(S_{dm12})Quadratic－模型有极小值。在飞播后1~10年,油松高年生长有随12月日照时数增加降低的趋势;其RPA模型值大于对照,两者差距随树龄增加油松扩大;而10年以后,高生长有随12月日照时数增加提高之势。说明油松不同生长阶段对光照需求不同,而使用RPA拌种后能显著提高飞播后1~10年油松光照利用率,促进安康油松幼树的生长。逐步回归分析结果显示,12月、10月、8月和11月日照时数对安康油松高生长影响较大。

【关 键 词】飞播造林,RPA,日照时数,油松,树高生长,模型拟合,逐步回归

一、树高生长指标与当年日照指标的模型拟合

1. ***油松高年生长量的模型分析***　安康油松高年生长量与12月日照时数(S_{dm12})相关程度较高。对其进行模型分析,对照油松高年生长量与S_{dm12}关系可以用合Linear－模型、Quadratic－模型和Cubic－模型描述,RPA油松满足Quadratic－模型条件,具有Cubic－模型属性(图9－1)。

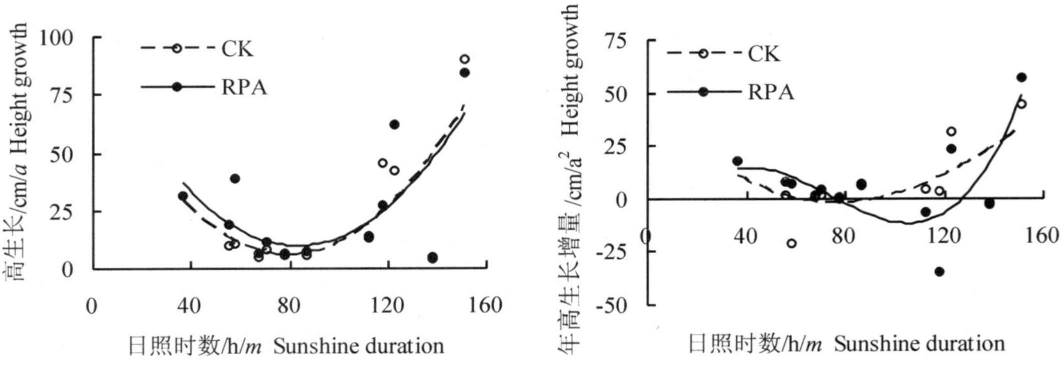

图9－1　安康12月日照时数与油松高年生长量的关系

Fig. 9－1 Relation between the December sunshine and the height growth of *pinus tabulaeformis* in Ankang city

$$H_{atckak} = -13.753 + 0.395S_{dm12}$$

$$(n = 70, R^2 = 0.310, F = 4.935, p = 0.048)$$

$$H_{atckak} = 84.794 - 1.986S_{dm12} + 0.012S_{dm12}^2$$

$$(n = 70, R^2 = 0.592, F = 7.270, p = 0.011)$$

$$H_{atckak} = 79.708 - 1.792S_{dm12} + 0.010S_{dm12}^2 + 8.168 \times 10^{-6}S_{dm12}^3$$

$$(n = 70, R^2 = 0.593, F = 4.365, p = 0.037)$$

$$H_{atrpaak} = 95.453 - 2.012S_{dm12} + 0.012S_{dm12}^2$$
$$(n = 70, R^2 = 0.475, F = 4.533, p = 0.040)$$
$$H_{atckak} = 70.495 - 1.092S_{dm12} + 0.001S_{dm12}^2 + 4.056 \times 10^{-5} S_{dm12}^3$$
$$(n = 70, R^2 = 0.688, F = 2.767, p = 0.103)$$

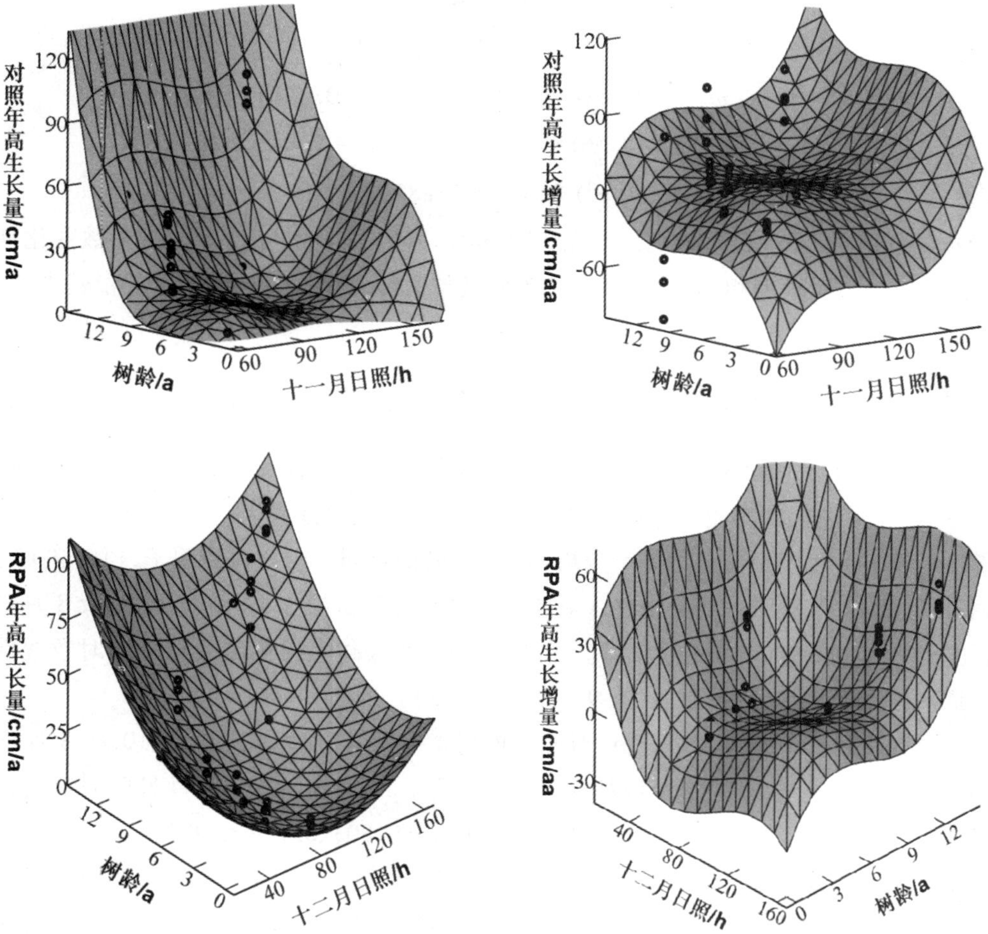

图 9－2　日照时数与油松高年生长量的关系

Fig. 9－1 Relation between sunshine and the height growth of *pinus tabulaeformis*

Quadratic－模型一次项系数小于零，有极小值。对照和 RPA 油松高年生长量极小值分别出现在 12 月日照时数为 79.5 h/*m* 和 83.2 h/*m* 年份。对照模型参数和试验期内 12 月日照时数变化，结合各年油松高年生长量综合分析。在飞播后 1～10 年，油松高年生长量有随 12 月日照时数增加降低的趋势；其 RPA 模型值大于对照，两者差距随树龄增加油松扩大；而 10 年以后，高生长有随 12 月日照时数增加提高之势，对照模型值逐渐与 RPA 差距缩小，在有些年份甚至超过了 RPA 油松高年生长量。说明使用 RPA 拌种后能显著提高飞播后 1～10 年油松光照利用率，促进安康油松幼树的生长，但 10 年以后，RPA 作用逐渐消退，与对照油松高年生长量差异降低，并逐渐消失。

2. ***树高生长年增量模型分析*** 对照和RPA油松高生长年增量与12月日照时数关系具有Quadratic－模型特性，RPA油松也满足Cubic－模型条件（图9－1）。

$$R_{ahckak} = 38.808 - 1.039S_{dm12} + 0.007S_{dm12}^2$$

$$(n=70, R^2=0.446, F=4.033, p=0.052)$$

$$R_{ahrpaak} = 91.277 - 2.160S_{dm12} + 0.012S_{dm12}^2$$

$$(n=70, R^2=0.410, F=3.479, p=0.071)$$

$$R_{ahrpaak} = -33.298 + 2.661S_{dm12} - 0.045S_{dm12}^2 + 2.025 \times 10^{-4}S_{dm12}^3$$

$$(n=70, R^2=0.564, F=3.882, p=0.049)$$

Quadratic－模型极显著分别出现在77.9 h/m和91.2 h/m年份。模型参数变化规律与油松高年生长量模型相同，油松高生长年增量与树龄变化规律与高年生长量基本相似，但年间差异扩大。

二、树高生长指标与当年日照指标的逐步回归模型分析

1. ***树龄对逐步回归模型的影响*** 对油松高生长指标和日照时数进行逐步回归模型分析，只有对照油松高年生长量与12月日照时数线性关系紧密，呈显著正相关（$r=0.557, p=0.048$），模型与上述模型分析Linear－模型相同。引入树龄因子，树龄和12月、10月、8月及11月日照时数分别进入对照油松高年生长量模型，树龄和11月及8月日照时数进入RPA油松高年生长量模型。对照和RPA油松高生长年增量与日照时数线性关系不紧密，逐步回归模型不成立（表9－14，图9－2）。

从模型各因子偏相关系数分析，对照油松高年生长量与树龄和12月、10月、8月及11月日照时数模型显示，在控制模型其他因子干扰下，12月、10月和8月日照时数与油松高年生长量线性关系极为显著，呈极显著正相关（$r=0.803$、0.939、0.903，$p<0.01$），11月正相关显著（$r=0.765, p=0.016$）；RPA油松高年生长量与11月和8月日照时数模型显示，在消除其他因素作用前提下，11月和8月日照时数与油松高年生长量均呈显著正相关（$r=0.725$、0.670，$p=0.012$、0.024）。从模型复相关系数分析，10月和8月日照时数与对照油松高生长关系比较疏远，而12月和11月相对紧密。11月日照时数与RPA油松高生长关系密切，而8月相对疏远。与对照表现一致。从模型参数和日照时数指标量综合分析，8月日照时数对油松高生长作用强度较大，对对照和RPA模型值贡献率分别为33.2%和39.0%；11月日照时数对油松高生长作用对照和RPA差异较大，模型值贡献率为8.3%和24.3%；10月对对照模型值贡献率24.8%，相对较大；而12月贡献率与11月基本相当，献率为8.8%。

2. ***树龄权重下的模型分析*** 以树龄为权重进行分析，对照油松高年生长量及增量均与12月日照时数关系密切，同时年增量也与10月日照时数线性关系明显；而RPA油松

高年生长量与年增量均与 11 月日照时数相关性强：

表 9－14 安康飞播油松高年生长量与日照时数和树龄逐步回归模型分析

Tab. 9－14 The stepwise regression model analysis between sunshine durations and annual height growths and ages of *Pinus tabulaeformis* after aerial seeding in Ankang city

处理 Treat	日照因子 S_d	模型 Model Coefficients 非标准 Unstandard	标准 Standard	T－检验（T－test） t	p	R^2	相关系数 Correlation r_0	$r_{partial}$	r_{part}	共线性统计量 Collinearity statistics 容差 Tolerance	方差膨胀因子 VIF
RPA H_{at}	常数项 Constant		－81.730	－4.456	0.002		—	—	—		
	t		5.773	8.148	0.000		0.822	0.938	0.884		
	S_{dm11}		0.286	3.158	0.012	0.894	0.330	0.725	0.343	25.307	0.000
	S_{dm08}		0.216	2.705	0.024		0.084	0.670	0.294		
CK H_{at}	常数项 Constant		－129.781	－7.119	0.000		—	—	—		
	t		6.128	10.287	0.000		0.793	0.964	0.775		
	S_{dm12}		0.170	2.616	0.031	0.955	0.557	0.679	0.197	42.006	0.000
	S_{dm10}		0.419	5.475	0.001		0.066	0.888	0.413		
	S_{dm08}		0.292	4.029	0.004		0.091	0.818	0.304		
	常数项 Constant		－136.461	－10.711	0.000		—	—	—		
	t		6.107	14.876	0.000		0.793	0.985	0.773		
	S_{dm12}		0.160	3.561	0.009		0.557	0.803	0.185		
	S_{dm10}		0.387	7.205	0.000	0.981	0.066	0.939	0.374	72.756	0.000
	S_{dm08}		0.278	5.546	0.001		0.091	0.903	0.288		
	S_{dm11}		0.143	3.139	0.016		0.246	0.765	0.163		

$$H_{atckak} = -19.348 + 0.544S_{dm12}$$

$$(n = 70, R^2 = 0.531, r_{m12} = 0.729, F = 12.477, p = 0.005)$$

$$R_{ahckhz} = -20.018 + 0.327S_{dm12}$$

$$(n = 70, R^2 = 0.409, r_{m12} = 0.639, F = 7.606, p = 0.019)$$

$$R_{ahckak} = -51.627 + 0.323S_{dm12} + 0.345S_{dm10}$$

$$(n = 70, R^2 = 0.606, r_{m10} = 0.455, F = 7.683, p = 0.010)$$

$$H_{atrpaak} = -23.634 + 0.631S_{dm11}$$

$$(n = 70, R^2 = 0.417, r_{m11} = 0.646, F = 7.867, p = 0.017)$$

$$R_{ahrpaak} = -51.711 + 0.659S_{dm11}$$

$$(n=70, R^2=0.477, r_{m11}=0.691, F=10.048, p=0.009)$$

模型显示，在树龄权重下油松高年生长量，对照与12月日照时数正相关显著，而RPA与11月日照时数相关性好。油松高生长年增量，对照与12月和10月日照时数呈显著正相关（$r=0.709$、0.577，$p=0.010$、0.049）；而RPA与11月日照时数正相关极显著（$r=0.691$，$p=0.009$）。

3. **年日照时数权重下的模型分析** 以年日照时数为权重，引入树龄因子与否，其分析结果与日照时数逐步回归模型分析一致。充分证明12月、10月、8月及11月日照时数对安康油松高生长的影响作用；同时也说明不同油松生长阶段对光照需求不同，而RPA可以明显提高安康1～10年油松高生长量。

第六节　商州油松高生长与当年日照指标的关系

【内容提要】RPA油松高生长量2月日照时数（S_{dm02}）量Quadratic－模型极小值出现在6年油松附近；表明1～6年油松高年生长量有随月日照时数增加降低趋势（$r=-0.854$，$p=0.030$）。其5月日照时数（S_{dm05}）模型极小值出现在8年油松附近，说明1～8年油松高年生长量总体也有随5月日照时数增加降低趋势。对照油松高生长年增量8月日照时数（S_{dm08}）模型极大值恰好与8年油松重合，证明1～8年油松高生长年增量有随8月日照时数增加而增加的趋势。逐步回归模型分析充分说明各月日照时数对油松高生长作用差异较大，12月光照充足对对照油松高生长有明显促进作用。10月和11月光照时间长有利于RPA油松生长，而6月和7月长时间强光照对油松高生长有一定抑制作用。2月和8月光照时间长，对1～6年树龄油松高生长不利。

【关 键 词】飞播造林，RPA，日照时数，油松，树高生长，模型拟合，逐步回归

一、树高生长指标与当年日照指标的模型拟合

年日照时数仅与RPA油松高生长年增量符合Linear－模型；RPA油松高年生长量与2月和5月日照时数关系满足Quadratic－模型和Cubic－模型条件；而油松高生长年增量与5月日照时数具有Quadratic－模型和Cubic－模型属性，与10月和11月符合Linear－模型（图9－3），而对照油松高生长年增量与8月日照时数满足Quadratic－模型和Cubic－模型要求：

$$R_{ahrpasz} = -29.246 + 0.016S_{da}$$

$$(n=70, R^2=0.322, F=5.229, p=0.043)$$

$$H_{atrpasz} = 139.900 - 1.780SS_{dm02} + 0.006S_{dm02}^2$$

$$(n=70, R^2=0.498, F=4.964, p=0.032)$$

$$H_{atrpasz} = 20.738 + 1.423S_{dm02} - 0.020S_{dm02}^2 + 6.347 \times 10^{-5}S_{dm02}^3$$
$$(n = 70, R^2 = 0.564, F = 3.878, p = 0.050)$$
$$H_{atrpasz} = 240.749 - 2.333S_{dm05} + 0.006S_{dm05}^2$$
$$(n = 70, R^2 = 0.640, F = 8.878, p = 0.006)$$
$$H_{atrpasz} = 169.111 - 1.192S_{dm05} + 9.288 \times 10^{-6}S_{dm05}^3$$
$$(n = 70, R^2 = 0.624, F = 8.312, p = 0.007)$$
$$R_{ahrpasz} = 52.733 - 0.590S_{dm05} + 0.002S_{dm05}^2$$
$$(n = 70, R^2 = 0.431, F = 3.795, p = 0.059)$$
$$R_{ahrpasz} = 32.265 - 0.267S_{dm05} + 2.575 \times 10^{-6}S_{dm05}^3$$
$$(n = 70, R^2 = 0.420, F = 3.615, p = 0.066)$$
$$R_{ahcksz} = -218.352 + 2.978S_{dm08} - 0.009S_{dm08}^2$$
$$(n = 70, R^2 = 0.460, F = 4.253, p = 0.046)$$
$$R_{ahcksz} = -73.271 + 0.267S_{dm08}^2 - 4.082 \times 10^{-5}S_{dm08}^3$$
$$(n = 70, R^2 = 0.486, F = 4.735, p = 0.036)$$
$$R_{ahrpasz} = -18.243 + 0.146S_{dm10}$$
$$(n = 70, R^2 = 0.440, F = 8.635, p = 0.013)$$
$$R_{ahrpasz} = -14.739 + 0.119S_{dm11}$$
$$(n = 70, R^2 = 0.376, F = 6.632, p = 0.026)$$

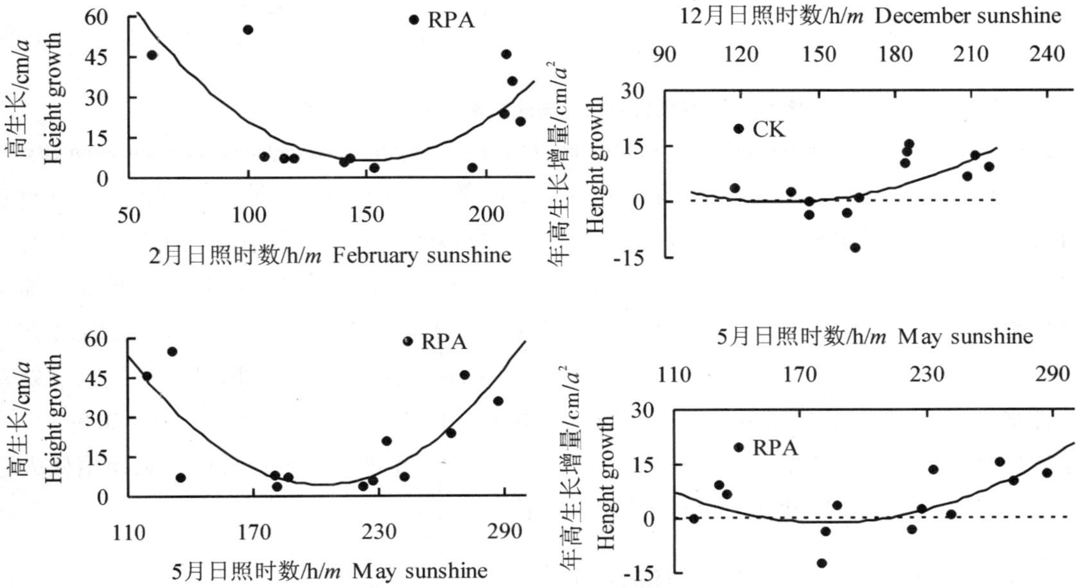

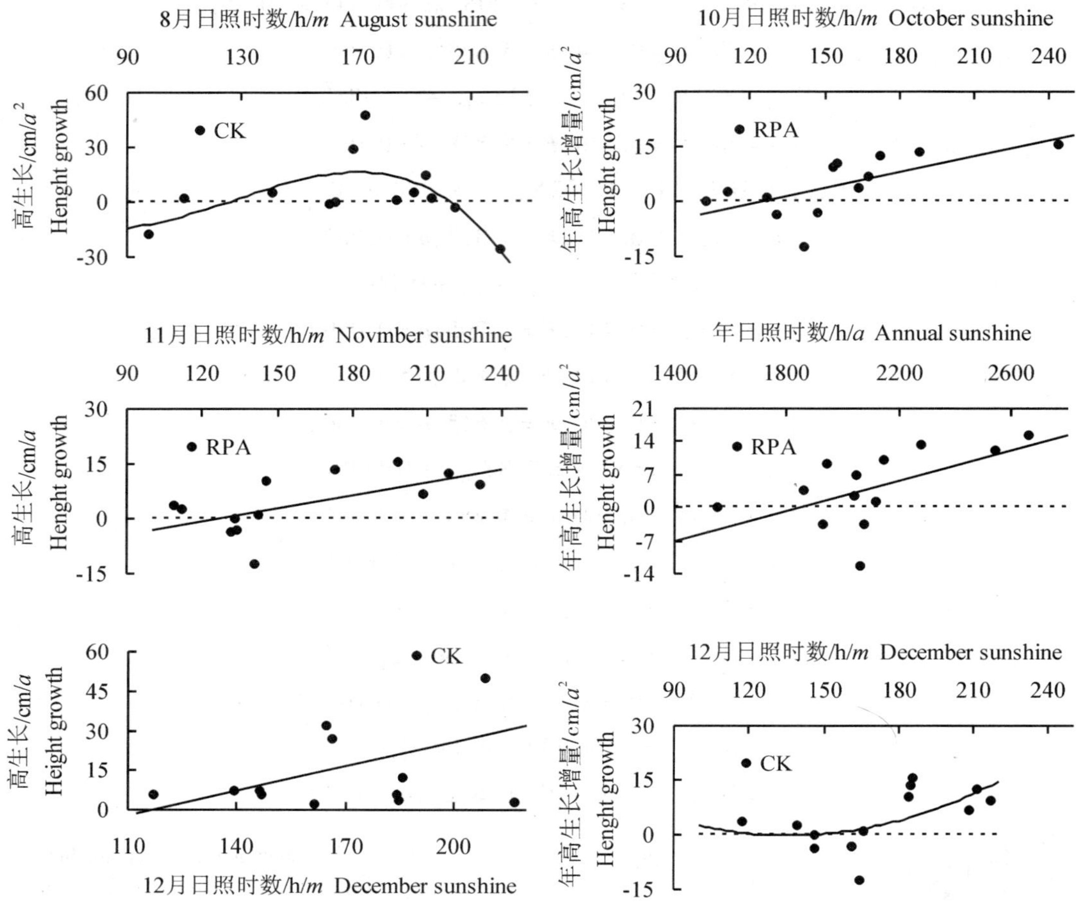

图 9－3　商州日照时数与油松高年生长量的关系

Fig. 9－1 Relation between the sunshine and the height growth of *pinus tabulaeformis* in Shangzhou city

从模型分析，RPA 油松高生长年增量与日照时数关系较为密切，油松高生长年增量对日照时数反应相对敏感。2 月 RPA 油松高生长量 Quadratic－模型极小值出现在月日照时数为 150.0 h/*m* 的年份，在极小值附近是 1～6 年油松，其年生长量有随月日照时数增加降低趋势（$r=-0.854, p=0.030$）。5 月 RPA 油松高年生长量模型极小值出现在 202.7 h/*m*的年份，附近是 1～8 年油松，除第 7 年油松高生长峰值年外，其余年生长量处于低水平波动，对月日照时数年间变化反应不敏感，相关性极低（$r=-0.187, p=0.687$），总体也有随月日照时数增加降低趋势。对照油松高生长年增量与 8 月日照时数模型极大值出现在 158.1 h/*m* 的年份，恰好是油松高生长年增量峰值年。

二、树高生长指标与当年日照指标的逐步回归模型分析

对油松高生长指标与日照时数进行逐步回归模型分析，只有 RPA 油松高生长年增量与 10 月日照时数线性关系密切，呈显著正相关（$r=0.663, p=0.013$），模型与上述分析结

果相同。

1. **树龄对逐步回归模型的影响** 引入树龄变量后,油松高年生长量,对照与树龄和12月日照时数关系密切,RPA只有树龄进入模型;高生长年增量对照模型不成立,RPA与没引入树龄因子模型一样。

$$H_{atcksz} = -10.004 + 3.868t$$

$$(n=70, R^2=0.593, r_t=0.770, F=16.019, p=0.002)$$

$$H_{atcksz} = -49.666 + 3.587t + 0.242S_{dm12}$$

$$(n=70, R^2=0.731, r_{m12}=0.482, F=70.578, p=0.001)$$

$$H_{atrpasz} = -9.658 + 4.321t$$

$$(n=70, R^2=0.811, r_t=0.901, F=47.355, p=0.000)$$

模型显示,油松高年生长量与树龄正相关极显著。在控制树龄因素干扰下,12月日照时数与对照油松高年生长量呈显著正相关($r=0.582, p=0.048$),其复相关系数为0.482,对油松高生长影响较大。

2. **树龄权重下的模型分析** 在树龄权重下,油松高年生长量,对照与12月日照时数关系紧密,RPA与7月和11月日照时数线性模型相关度高;油松高生长年增量,对照仅12月日照时数进入模型,而RPA与10月和6月日照时数关系密切:

$$H_{atcksz} = -73.742 + 0.566S_{dm12}$$

$$(n=70, R^2=0.499, r_{m12}=0.735, F=12.935, p=0.004)$$

$$H_{atrpasz} = 83.362 - 0.283S_{dm7}$$

$$(n=70, R^2=0.355, r_{m12}=-0.596, F=6.058, p=0.032)$$

$$H_{atrpasz} = 45.139 - 0.267S_{dm7} + 0.209S_{dm11}$$

$$(n=70, R^2=0.572, r_{m11}=0.509, F=6.675, p=0.014)$$

$$R_{ahcksz} = -83.181 + 0.518S_{dm12}$$

$$(n=70, R^2=0.423, r_{m12}=0.651, F=8.076, p=0.016)$$

$$R_{ahrpasz} = -16.518 + 0.140S_{dm10}$$

$$(n=70, R^2=0.431, r_{m10}=0.656, F=8.318, p=0.015)$$

$$R_{ahrpasz} = -1.045 + 0.271S_{dm10} - 0.174S_{dm6}$$

$$(n=70, R^2=0.687, r_{m6}=0.184, F=10.969, p=0.003)$$

模型显示,在树龄权重下,对照油松高年生长量与12月日照时数正相关极显著($r=0.735, p=0.004$),而年增量正相关显著($r=0.651, p=0.016$)。RPA油松高年生长量与7月日照时数呈显著负相关($r=-0.596, p=0.032$);排除7月日照时数影响,11月日照时数与高年生长量线性关系密切,呈显著正相关($r=0.580, p=0.048$);两者复相关系数分别为-0.596和0.509,对油松高年生长量影响作用相反,作用强度7月是11月的1.8倍。RPA油松高生长年增量与10月日照时数呈显著正相关($r=0.656, p=0.015$),在控制10月日照时数作用下,6月日照时数与高生长年增量负相关显著($r = -0.671, p = 0.017$);10月复相关系数为0.656,远大于6月的0.184。从模型参数、复相关系数和月日照时数指标量总和分析,10月日照时数对高生长年增量影响大于6月,作用强度约是6月的1.5~5.6倍。

3. **年日照时数权重下的模型分析** 以年日照时数为权重进行分析,只有RPA油松高生长增量与10月日照时数关系密切,结果与上述分析相同。引入树龄因子,分析结果不变。充分说明各月日照时数对油松高生长作用差异较大,12月光照充足对对照油松高生长有明显促进作用。10月和11月光照时间长有利于RPA油松生长,而6月和7月长时间强光照对油松高生长有一定抑制作用。2月和8月光照时间长,对1~6年树龄油松高生长不利。

第七节　淳化油松高生长与当年日照指标的关系

【内容提要】RPA和对照油松高年生长量5月日照时数(S_{dm05})Quadratic-模型极小值出现在6年油松附近,表明1~6年油松高年生长量有随5月日照时数增加降低的趋势。7月日照时数(S_{dm07})Linear-模型斜率比1.05,模型截距RPA>对照,模型交点出现在试验期7月日照时数范围上限外;表明在当地日照条件下,RPA油松高年生长量较大,但随7月日照时数的增加,两者差距有所收窄。说明RPA油松对7月强光反应比较灵敏,长时间强光辐射对其抑制作用较强。两者7月日照时数Quadratic-模型极小值几乎接近试验期内7月日照时数的上限;说明试验期内,油松高年生长量随着日照时数延长而逐渐降低。光照对RPA油松高生长年增量作用与对年生长量相似,但递增速度放缓。1~8年油松对8月日照反应与7月相似,高生长量随着日照时数增加而降低,降低速度逐渐趋缓。9~13年油松高生长有一个最适光照范围。根据模型估测最适范围可能在104.6 h/m~111.7 h/m附近,日照时数超出其最适范围,油松高生长都有可能受到一定抑制。油松高年生长量与9月日照时数变化趋势与8月份相同。1~8年油松高生长对光照不敏感,波动起伏较大;9~13年对照油松高生长呈Inverse-模型变化,RPA油松高年生长持续稳定增长,具有S-曲线特征。10月油松高生长基本停止,9~13年油松高生长与日照时数关系比较松散,1~8年对照油松高年生长量与日照时数呈显著正相关。11月日照时数与RPA油松高生长年增量正相关极显著。油松高年生长量及其年增量与12月日照时数均有较好的正相关性。逐步回归模型分析说明,7~9月持续强光照对油松幼树高生长有抑制作用,1月和11月、12月持续光照对油松高生长有一定的促进作用。

【关 键 词】飞播造林,RPA,日照时数,油松,树高生长,模型拟合,逐步回归

相关分析证明,年日照时数和1~9月日照时数与油松高生长有一定负相关性,而11月和12月日照时数与油松高生长呈正相关。其中,7月日照时数与对照和RPA油松高年

生长量负相关极显著($r=-0.774$、0.764,$p=0.002$),9 月日照时数与对照油松高年生长量负相关显著($r=-0.599$,$p=0.031$)。11 月日照时数与 RPA 油松高生长年增量正相关极显著($r=0.689$,$p=0.009$),12 月日照时数与对照油松高年生长量正相关显著($r=0.634$,$p=0.020$),与其年增量正相关极显著($r=0.713$,$p=0.006$)。

一、树高生长指标与当年日照指标的模型拟合

树高生长指标与各月平均温度关系变化较大(图 9-4)。

1. 1~4 月日照时数　油松高生长与 1~4 月日照时数整体相关性不高。但 2 月日照时数与 1~8 年 RPA 油松高年生长量符合 Cubic-模型,3 月日照时数与 9~13 年 RPA 油松高年生长量遵从 Quadratic-模型变化。

$$H_{atrpach(1-8a)}=29.525-0.004S_{dm02}^2+1.723\times10^{-5}S_{dm02}^3$$

$$(n=25,R^2=0.738,F=7.042,p=0.035)$$

$$H_{atrpach(9-13a)}=1316.163-14.389S_{dm03}+0.040S_{dm03}^2$$

$$(n=40,R^2=0.999,F=681.448,p=0.001)$$

2. 5 月日照时数　从对照和 RPA 油松高年生长量与 5 月日照时数 Quadratic-模型分析,模型顶点分别位于 217.0 h/m,0.1 cm/a 和 213.1 h/m,0.6 cm/a 附近。小于顶点月日照时数年份,对照主要包括高生长峰值年或处于上升期年份,占试验统计年份的 6/13,均表现为高年生长量随月日照时数增加而降低。大于顶点日照时数年份,对照有 3 年为油松高生长谷值年,3 年为上升年。从油松树龄分析,8 年以上处于高年生长稳定增长期的年份,光照对油松高生长影响较大,长时间光照对高生长有抑制作用;而对于 1~5 年处于油松高生长峰值和稳定增长期年份,光照也有一定的拟制作用,而 6~8 年对光照反应不敏感。对处于高生长低谷年份,光照对油松高生长有一定促进作用。与 RPA 油松对比分析,RPA 油松高生长与光照关系与对照油松基本相同,但明显可以降低油松高生长峰值和稳定增长期光照的抑制作用,促进林木高生长。

$$H_{atckch}=849.861-7.833S_{dm05}+0.018S_{dm05}^2$$

$$(n=70,R^2=0.645,F=9.065,p=0.006)$$

$$H_{atrpach}=961.818-9.020S_{dm05}+0.021S_{dm05}^2$$

$$(n=70,R^2=0.628,F=8.431,p=0.007)$$

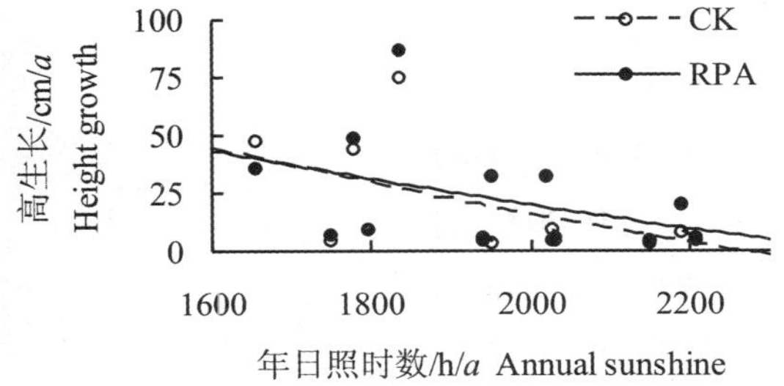

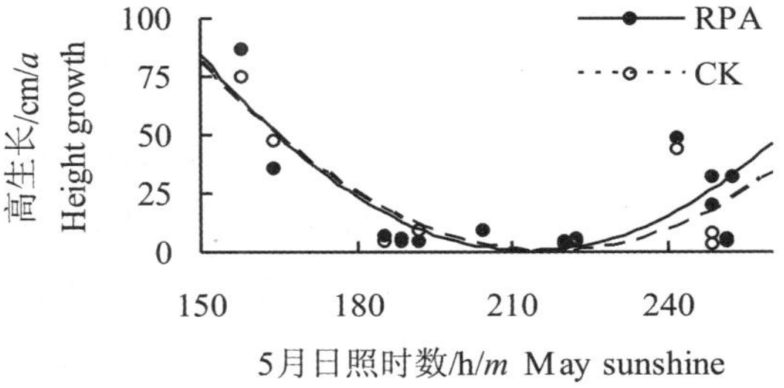

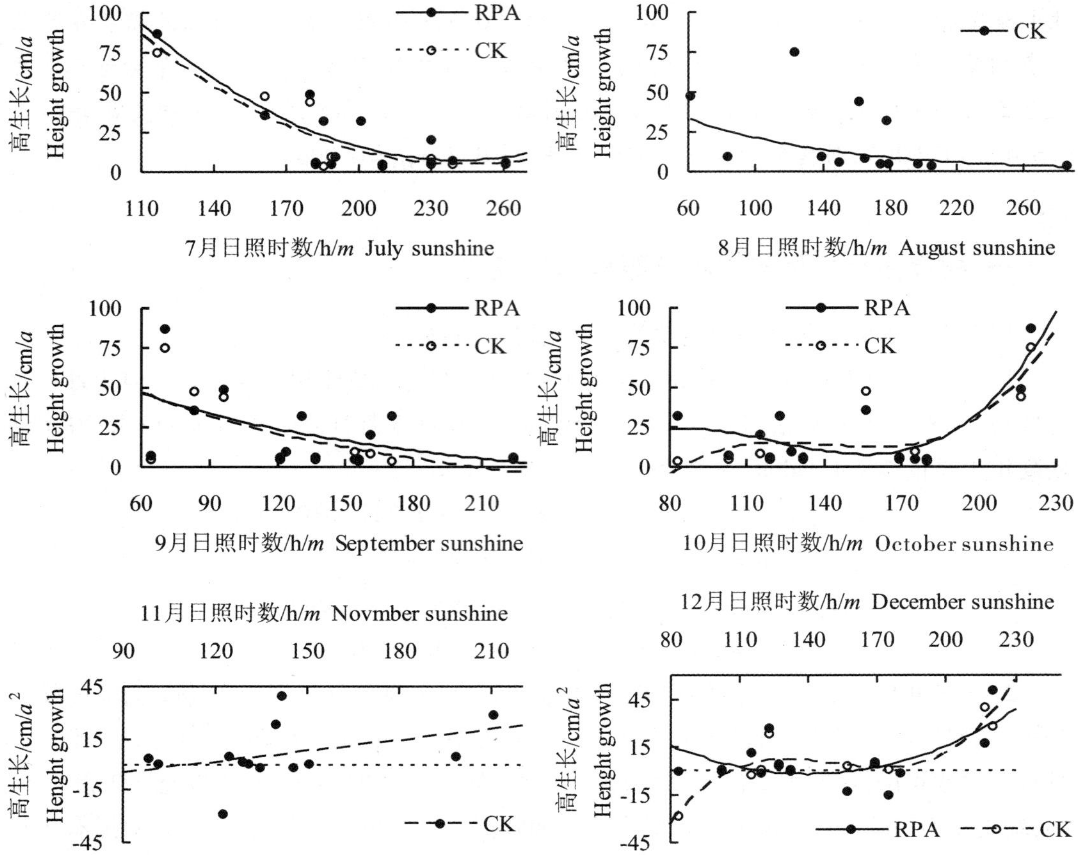

图 9－4　淳化日照时数与油松高年生长量的关系

Fig. 9－4 Relation between the sunshine and the height growth of *pinus tabulaeformis* in Chunhua county

3．7 **月日照时数**　对照和 RPA 油松高年生长量与 7 月日照时数满足 Linear－模型、Logarithmic－模型、Inverse－模型和 Quadratic－模型要求；7 月日照时数与 RPA 油松高生长年增量关系也符合 Inverse－模型，同时具有 Logarithmic－模型和 Quadratic－模型属性。

$$H_{atckch} = 113.782 - 0.476S_{dm07}$$

$$(n = 70, R^2 = 0.599, F = 16.404, p = 0.002)$$

$$\ln H_{atckch} = 501.953 - 91.533\ln S_{dm07}$$

$$(n = 70, R^2 = 0.668, F = 22.151, p = 0.001)$$

$$H_{atckch} = -65.005 + \frac{16\,104.927}{S_{dm07}}$$

$$(n = 70, R^2 = 0.710, F = 26.990, p = 0.000)$$

$$H_{atckch} = 273.069 - 2.203S_{dm07} + 0.005S_{dm07}^2$$

$$(n = 70, R^2 = 0.736, F = 70.932, p = 0.001)$$

$$H_{atrpach} = 121.702 - 0.498S_{dm07}$$

$$(n=70, R^2=0.584, F=15.420, p=0.002)$$

$$\ln H_{atrpach}=530.904-96.349\ln S_{dm07}$$

$$(n=70, R^2=0.660, F=21.308, p=0.001)$$

$$H_{atrpach}=-66.582+\frac{17\,084.889}{S_{dm07}}$$

$$(n=70, R^2=0.712, F=27.228, p=0.000)$$

$$H_{atrpach}=298.287-2.413S_{dm07}+0.005S_{dm07}^2$$

$$(n=70, R^2=0.734, F=70.795, p=0.001)$$

$$\ln R_{ahrpach}=235.305-43.378\ln S_{dm07}$$

$$(n=70, R^2=0.262, F=3.900, p=0.074)$$

$$R_{ahrpach}=-36.957+\frac{8\,313.805}{S_{dm07}}$$

$$(n=70, R^2=0.330, F=5.424, p=0.040)$$

$$R_{ahrpach}=197.613-1.833S_{dm07}+0.004S_{dm07}^2$$

$$(n=70, R^2=0.410, F=3.468, p=0.072)$$

7 月日照时数与油松高生长呈负相关。从其 Linear－模型分析，对照模型截距(113.782)小于 RPA 模型(121.702)，而斜率(－0.476)大于 RPA(－0.498)，两模型在 360.3 h/m 附近处交汇。在试验期 7 月日照时数范围内{116.4 h/m,261.0 h/m }，RPA 模型值大于对照模型值；在试验期内，RPA 油松高年生长量较大，但随 7 月日照时数的增加，两者差距有所收窄。说明 RPA 油松对 7 月强光反应比较灵敏，长时间强光辐射对其抑制作用较强。从两者 Inverse－模型分析，光照对油松高生长抑制作用以 b/S_{dm7}^2 递增，递增幅度随着月日照时数增加而快速锐减。其对照和 RPA 油松高年生长量 Quadratic－模型极小值分别出现在 244.1 h/m，4.2 cm/a 和 241.1 h/m，7.4 cm/a 点附近，几乎接近试验期内 7 月日照时数的最大值；说明试验期内，油松高年生长量随着日照时数延长而逐渐降低，降低速度为 $-b+2cS_{dm7}$，也随之减缓；分析结果与 Inverse－模型一致。光照对 RPA 油松高生长年增量作用与对年生长量相似，但递增速度放缓。

4．8 **月日照时数**　对照油松对 8 月日照时数反应总体符合 Exponential－模型，但结合油松高年生长量变化规律分析，实际分为两类不同情况。1～8 年油松高年生长量与日照时数关系遵从 Logarithmic－模型和 Power－模型规律，9～13 年油松符合 Quadratic－模型，具有 Cubic－模型典型特征(图 9－5)。

$$H_{atckch}=64.900e^{-0.011S_{dm08}}$$

$$(n=70, R^2=0.329, F=5.399, p=0.040)$$

$$\ln H_{atckch(1-8a)}=34.749-5.578\ln S_{dm08}$$

$$(n=40, R^2=0.686, F=70.118, p=0.011)$$

$$H_{atckch(1-8a)}=464.022S_{dm08}^{-0.854}$$

$$(n=40, R^2=0.690, F=70.352, p=0.011)$$

$$H_{atckch(9-13a)} = -31.392 + 1.813S_{dm08} - 0.008S_{dm08}^2$$

$$(n=40, R^2=0.963, F=25.811, p=0.037)$$

$$H_{atckch(9-13a)} = -143.639 + 4.948S_{dm08} - 0.034S_{dm08}^2 + 6.281 \times 10^{-5}S_{dm08}^3$$

$$(n=40, R^2=0.996, F=79.212, p=0.082)$$

1～8年油松对光照反应与7月相似，高生长量随着日照时数增加而降低，降低速度逐渐趋缓。9～13年油松高生长有一个最适光照范围。根据模型估测最适范围可能在104.6 h/m～111.7 h/m附近，日照时数超出其最适范围，油松高生长都有可能受到一定抑制。

5. 9 **月日照时数**　油松高年生长量与9月日照时数变化趋势与8月份相同，总体呈负相关。两者关系满足Linear－模型、Logarithmic－模型、Inverse－模型和Exponential－模型条件；而RPA油松高年生长量与9月日照时数关系具有Linear－模型、Logarithmic－模型和Inverse－模型特征。9～13年，对照油松高生长呈Inverse－模型变化，RPA油松高年生长持续稳定增长，具有S－曲线特征；1～8年油松高生长对光照不敏感，波动起伏较大（图9－6）。

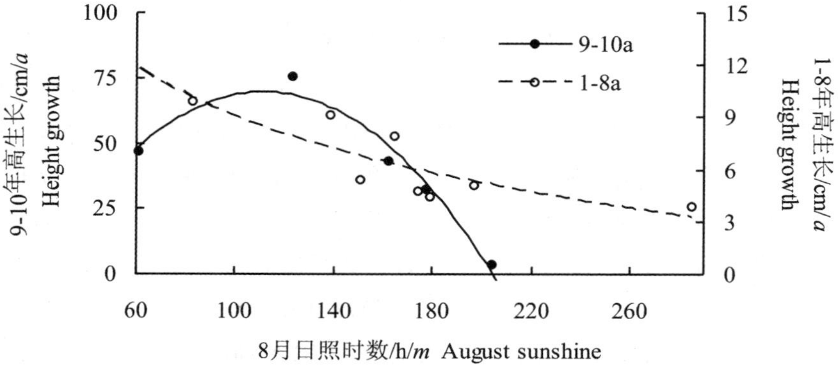

图9－5　淳化8月日照时数与油松高年生长量的关系

Fig. 9－5 Relation between the August sunshine and the height growth of *pinus tabulaeformis* in Chunhua county

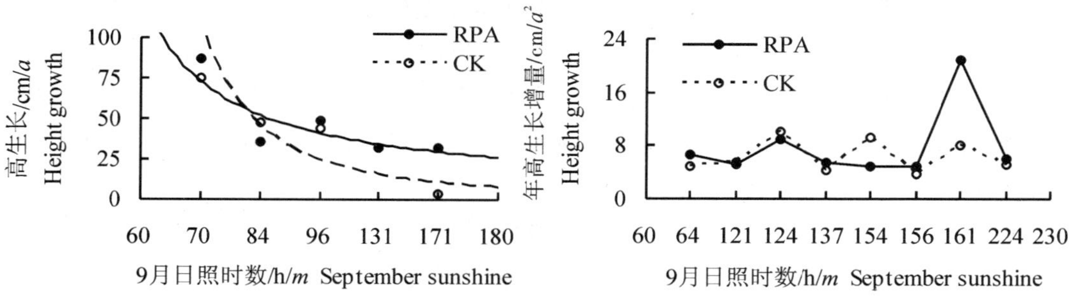

图9－6　淳化9月日照时数与油松高年生长量的关系

Fig. 9－6 Relation between the September sunshine and the height growth of *P. tabulaeformis* in Chunhua County

$$H_{atckch} = 59.471 - 0.307S_{dm09}$$
$$(n=70, R^2=0.358, F=6.142, p=0.031)$$
$$\ln H_{atckch} = 204.291 - 38.420\ln S_{dm09}$$
$$(n=70, R^2=0.376, F=6.618, p=0.026)$$
$$H_{atckch} = -15.119 + \frac{3\,983.755}{S_{dm09}}$$
$$(n=70, R^2=0.347, F=5.834, p=0.034)$$
$$H_{atckch} = 64.877e^{-0.014S_{dm09}}$$
$$(n=70, R^2=0.324, F=5.271, p=0.042)$$
$$H_{atrpach} = 57.108 - 0.262S_{dm09}$$
$$(n=70, R^2=0.232, F=3.313, p=0.096)$$
$$\ln H_{atrpach} = 183.571 - 33.371\ln S_{dm09}$$
$$(n=70, R^2=0.262, F=3.900, p=0.074)$$
$$H_{atrpach} = -7.740 + \frac{3\,544.603}{S_{dm09}}$$
$$(n=70, R^2=0.244, F=3.558, p=0.086)$$
$$H_{atckch(9-13a)} = -34.462 + \frac{7487.535}{S_{dm09}}$$
$$(n=5, R^2=0.927, F=38.035, p=0.009)$$
$$H_{atckch(9-13a)} = e^{2.748+\frac{102.867}{S_{dm09}}}$$
$$(n=5, R^2=0.667, F=5.996, p=0.092)$$

6. 10 **日照时数** 10 月油松高生长基本停止，9～13 年油松高生长与日照时数关系比较松散，1～8 年对照油松高年生长量与日照时数呈显著正相关；RPA 油松也有一定程度的正相关性，但相关不显著。剔除 7 年高生长峰值年影响，1～8 年 RPA 油松高年生长量与日照时数关系符合 Quadratic－模型和 Cubic－模型。

$$H_{atckch(1-8a)} = -2.672 + 0.071S_{dm10}$$
$$(n=40, R^2=0.578, F=8.214, p=0.029)$$
$$H_{atrpach(1-8a)} = 35.555 - 0.522S_{dm10} + 0.002S_{dm10}^2$$
$$(n=35, R^2=0.910, F=20.105, p=0.004)$$
$$H_{atrpach(1-8a)} = 14.607 - 0.002S_{dm10}^2 + 1.118\times10^{-5}S_{dm10}^3$$
$$(n=35, R^2=0.922, F=23.567, p=0.006)$$

7. 11 **月日照时数** 11 月日照时数与 RPA 油松高生长年增量关系极为密切，正相关极显著；而与对照油松高年生长量关系比较松散，没有相关性。9～13 年 RPA 油松高生长与日照时数呈显著正相关（$r=0.910, p=0.032$），而 1～8 年相关性极小；但 RPA 油松高生长年增量与日照时数总体呈显著正相关（$r=0.689, p=0.009$）。

$$R_{ahrpach} = -45.379 + 0.370S_{dm11}$$
$$(n = 70, R^2 = 0.474, F = 9.917, p = 0.009)$$

8. 12 **月日照时数** 油松高年生长量及其年增量与 12 月日照时数均有较好的正相关性。油松高年生长量与 12 月日照时数关系符合 Quadratic－模型和 Cubic－模型规律，RPR 也满足 Linear－模型条件，对照具有 Linear－模型特征；对照油松高生长年增量与 12 月日照时数关系用 Linear－模型、Logarithmic－模型、Inverse－模型、Quadratic－模型和 Cubic－模型描述，而 RPA 油松只符合 Cubic－模型条件 9～13 年油松高年生长量与 12 月日照时数关系，对照油松遵从 Inverse－模型和 S－曲线规律，RPA 具有 Exponential－模型属性；对照油松高生长年增量符合 Inverse－模型变化。1～8 年油松总体相关性较低，变异较大。

$$H_{atckch} = -31.049 + 0.342S_{dm12}$$
$$(n = 70, R^2 = 0.348, F = 7.392, p = 0.020)$$
$$H_{atckch} = 66.539 - 1.011S_{dm12} + 0.004S_{dm12}^2$$
$$(n = 70, R^2 = 0.506, F = 5.113, p = 0.030)$$
$$H_{atckch} = -294.258 + 6.801S_{dm12} - 0.049S_{dm12}^2 + 1.167 \times 10^{-4}S_{dm12}^3$$
$$(n = 70, R^2 = 0.621, F = 4.917, p = 0.027)$$
$$H_{atrpach} = -19.039 + 285S_{dm12}$$
$$(n = 70, R^2 = 0.248, F = 3.635, p = 0.083)$$
$$H_{atrpach} = 180.827 - 2.487S_{dm12} + 0.009S_{dm12}^2$$
$$(n = 70, R^2 = 0.636, F = 8.725, p = 0.006)$$
$$H_{atrpach} = -101.291 + 3.621S_{dm12} - 0.033S_{dm12}^2 + 9.122 \times 10^{-5}S_{dm12}^3$$
$$(n = 70, R^2 = 0.699, F = 6.953, p = 0.010)$$
$$R_{ahckch} = -35.712 + 0.281S_{dm12}$$
$$(n = 70, R^2 = 0.509, F = 11.386, p = 0.006)$$
$$\ln R_{ahckch} = -198.285 + 41.180\ln S_{dm12}$$
$$(n = 70, R^2 = 0.510, F = 11.437, p = 0.006)$$
$$R_{ahckch} = 46.622 - \frac{5\,575.586}{S_{dm12}}$$
$$(n = 70, R^2 = 0.510, F = 11.460, p = 0.006)$$
$$R_{ahckch} = -24.437 + 0.125S_{dm12} + 0.110S_{dm12}^2$$
$$(n = 70, R^2 = 0.511, F = 5.229, p = 0.028)$$
$$R_{ahckch} = -455.703 + 9.462S_{dm12} - 0.064S_{dm12}^2 + 1.395 \times 10^{-4}S_{dm12}^3$$
$$(n = 70, R^2 = 0.821, F = 70.721, p = 0.001)$$
$$R_{ahrpach} = -332.887 + 7.893S_{dm12} - 0.059S_{dm12}^2 + 1.388 \times 10^{-4}S_{dm12}^3$$

$$(n=70, R^2=0.660, F=5.811, p=0.017)$$

$$H_{atckch(9-13a)} = 94.576 - \frac{7\,566.317}{S_{dm12}}$$

$$(n=25, R^2=0.817, F=70.375, p=0.035)$$

$$H_{atckch(9-13a)} = e^{5.881-\frac{353.193}{S_{dm12}}}$$

$$(n=25, R^2=0.888, F=23.739, p=0.017)$$

$$H_{atrpach(9-13a)} = 16.921e^{0.006S_{dm12}}$$

$$(n=25, R^2=0.708, F=7.273, p=0.074)$$

$$R_{ahckch(9-13a)} = 67.625 - \frac{7\,611.790}{S_{dm12}}$$

$$(n=25, R^2=0.771, F=10.121, p=0.050)$$

二、油松高生长指标与日照时数逐步回归模型分析

逐步回归分析显示，对照油松高年生长量与7月和9月日照时数线性关系密切，而RPA只与7月日照时数相关性强。对照油松高生长年增量与12月和1月日照时数关系密切，RPA与11月日照时数有较好相关性。其一元线性模型与上述模型相同，二元一次逐步回归模型如下：

$$H_{atckch} = 134.410 - 0.422S_{dm7} - 0.241S_{dm9}$$

$$(n=25, R^2=0.812, r_{m7}=-0.774, r_{m9}=-0.599, F=21.532, p=0.009)$$

$$R_{ahckch} = -6.334 + 0.295S_{dm12} - 0.233S_{dm1}$$

$$(n=25, R^2=0.721, r_{m12}=0.713, r_{m9}=-0.405, F=12.891, p=0.002)$$

模型显示，在控制9月日照时数作用下，对照油松高年生长量与7月日照时数呈极显著的负相关（$r=-0.840, p=0.001$），其与相应的9月日照时数也呈极显著负相关（$r=-0.728, p=0.007$）。在排除1月光照干扰下，12月日照时数与对照油松高生长年增量呈极显著正相关（$r=0.816, p=0.001$），而相应的1月日照时数与高生长年增量呈显著负相关（$r=-0.657, p=0.020$）。

1. **树龄对逐步回归模型的影响** 引入树龄变量后，树龄和12月日照时数先后进入对照油松高年生长量模型，而树龄与11月日照时数依次进入RPA油松高年生长量模型。油松高生长年增量与日照时数关系没有发生变化。

$$H_{atckch} = -44.477 + 3.937t + 0.247S_{dm12}$$

$$(n=25, R^2=0.817, r_t=0.789, r_{m12}=0.634, F=22.276, p=0.000)$$

$$H_{atrpach} = -58.674 + 5.179t + 0.323S_{dm11}$$

$$(n=25, R^2=0.869, r_t=0.827, r_{m11}=0.425, F=33.062, p=0.000)$$

模型显示，在剔除树龄干扰下，12月日照时数对对照油松高生长线性关系密切，呈极显著的正相关（$r=0.717, p=0.009$），而11月日照时数对RPA油松高生长作用较大，也

呈极显著正相关($r=0.765,p=0.004$)。

2. **树龄权重下的模型分析** 在树龄权重下,7 月和 9 月日照时数先后进入对照油松高年生长量模型,而只有 7 月日照时数进入 RPA 油松高年生长量模型。12 月和 1 月日照时数与对照油松高生长年增量相关性强,而 RPA 油松仅与 11 月日照时数相关。分析结果与上述逐步回归模型分析结论一致,但模型参数发生了变化。

$$H_{atckch} = 135.538 - 0.576S_{dm07}$$

$$(n=25, R^2=0.718, r_{m07}=-0.847, F=28.030, p=0.000)$$

$$H_{atckch} = 142.188 - 0.418S_{dm07} - 0.304S_{dm09}$$

$$(n=25, R^2=0.868, r_{m09}=-0.769, F=32.923, p=0.000)$$

$$H_{atrpach} = 143.702 - 0.586S_{dm07}$$

$$(n=25, R^2=0.714, r_{m07}=-0.845, F=27.481, p=0.000)$$

$$R_{ahckch} = -42.198 + 0.333S_{dm12}$$

$$(n=25, R^2=0.640, r_{m12}=0.800, F=19.536, p=0.001)$$

$$R_{ahckch} = -9.991 + 0.328S_{dm12} - 0.236S_{dm01}$$

$$(n=25, R^2=0.808, r_{m09}=-0.430, F=21.061, p=0.000)$$

$$R_{ahrpach} = -66.573 + 0.545S_{dm12}$$

$$(n=25, R^2=0.763, r_{m12}=0.874, F=35.417, p=0.000)$$

年日照时数权重逐步回归模型分析结果与日照时数分析结论一致。

第十章　日照对飞播油松高生长的均值效应

第一节　年均日照时数对树高生长的均值效应

【内容提要】树高生长是各生长期年日照时数综合作用的结果,其与各生长期的年均日照时数呈正相关。逐步回归分析显示,近5年年均日照时数(S_{da04})对树高松影响最大,对模型贡献64.2%;其次是近9年和近7年年均日照时数(S_{da08}和S_{da06}),分别贡献23.5%和12.0%;近2年年均日照时数(S_{da01})对树高影响最小,仅贡献0.3%。RPA优化模型证明,近13年年均日照(S_{da12})对其树高影响最大,对模型贡献51.7%;6因子模型中,S_{da12}和S_{da08}对RPA树高起着决定性作用,分别贡献51.8%和41.9%。

近4年和近8年均值(S_{da03}和S_{da07})对对照树高年生长量影响较强,单位量变化系数为2.456和1.472,对模型分别贡献41.6%和55.1%。而近5年均值(S_{da04})对RPA树高年生长量影响大于近9年均值(S_{da08}),单位量变化系数分别为2.123和1.531,对模型贡献41.7%和58.3%。汉中飞播油松高年生长量与各生长期年均日照呈正相关,对照与近4年均值(S_{da03})相关性最强($r=0.646,p=0.000$),RPA与近5年均值(S_{da04})相关性最强($r=0.682,p=0.000$)。模型拟合,对照树高年生长量与S_{da03}和RPA与S_{da04}的Quadratic－模型极显著($R^2=0.654$、$0.683,p=0.000$)。

对照油松高生长年增量与S_{da02}和S_{da03}关系满足Linear－模型和Quadratic－模型要求。向后剔除法逐步回归分析结果显示,可用当年日照时数(S_{da})、近2年～近4年日照均值($S_{da01}\sim S_{da03}$)、近8年日照均值(S_{da07})和近10年日照均值(S_{da09})构建的对照优化模型,以及由S_{da}、$S_{da01}\sim S_{da03}$和近6年～近10年日照均值($S_{da05}\sim S_{da09}$)组成的RPA优化模型分析年日照均值对油松高生长年增量的影响。模型中,油松对S_{da07}和S_{da08}响应较强,其单位量变化系数为7.489、5.458和14.918、15.289,对模型贡献45.1%、32.6%和25.0%、34.7%。对照逐步回归优化模型显示,油松对S_{da12}和S_{da10}响应较强,单位量变化系数为7.721和7.720,对模型分别贡献43.5%和36.6%;而对S_{da04}和S_{da05}响应较弱,单位量变化系数为4.022和3.781,对模型仅贡献10.8%和9.2%。而两个3因子模型中,S_{da10}对油松明显增强，其单位量变化系数为 12.280 和 4.326，对模型贡献 54.5% 和 54.0%。

【关 键 词】多效抗旱驱鼠剂，飞播造林，油松，树高生长，年均日照时数，逐步回归模型

一、树高与年日照时数均值指标的关系

对树高(H_t)与各生长期年均日照时数(S_{da})进行逐步回归模型分析，在对照 4 组有效模型中，S_{da04}、S_{da07}、S_{da01} 和 S_{da06} 组合构建了对照油松高年日照时数均值指标优化模型。在 9 组 RPA 有效模型中，S_{da04}、S_{da8}、S_{da}、S_{da12}、S_{da01}、S_{da05} 和 S_{da10} 组合构成了 RPA 油松高年日照时数均值指标优化模型。另外，S_{da04}、S_{da08}、S_{da06}、S_{da}、S_{da12} 和 S_{da01} 组合也能较好诠释年日照时数均值指标与 RPA 油松高的贡献(表 10－1)。

1. **对照树高年均日照时数模型分析**　树高与各生长期年均日照时数均呈正相关。在控制模型中其他因子作用下，树高与 S_{da07} 负偏相关极显著($r_{partial}=-0.405, p=0.001$)，与 S_{da06} 负偏相关显著($r_{partial}=-0.201, p=0.021$)，而与 S_{da01} 正偏相关显著($r_{partial}=0.295$, $p=0.015$)，与 S_{da04} 正偏相关极显著($r_{partial}=0.914, p=0.000$)。各因子协同作用下，树高对 S_{da06} 和 S_{da08} 响应较强，单位量变化系数为 0.488 和 0.440，对 S_{da04} 响应较弱，系数为 0.101，对 S_{da01} 响应最弱，单位量变化系数仅为 0.010。但 S_{da04} 对模型影响最大，平均贡献 64.2%；其次是 S_{da08} 和 S_{da06}，对模型分别贡献 23.5% 和 12.0%；S_{da01} 对模型影响最小，仅贡献 0.3%。

2. **RPA 树高年均日照时数模型分析**

(1)树高年均日照优化模型　油松高也与年日照时数均值指标呈正相关。在排除其他因子影响下，树高与 S_{da12}、S_{da05} 和 S_{da10} 负偏相关依次减弱，而与 S_{da10}、S_{da04}、S_{da8} 和 S_{da} 正偏相关逐次增强，且均极显著。树高对 S_{da10} 和 S_{da12} 反应较大，单位量变化系数为 2.176 和 2.032；其次是 S_{da08}，变化系数为 1.125；对 S_{da04} 和 S_{da04} 反应较小，单位量变化系数分别为 0.411 和 0.222；而对 S_{da01} 和 S_{da} 反应很小，系数仅为 0.035 和 0.028。各因子的综合作用下，S_{da12} 对模型影响最大，平均贡献 51.7%；其次是 S_{da08} 和 S_{da10}，分别贡献 27.1% 和 13.0%；S_{da05} 和 S_{da04} 对模型影响应对较小，分别贡献 3.9% 和 3.4%；而 S_{da01} 和 S_{da} 对模型影响很小，仅贡献 0.7% 和 0.2%。

(2)树高 6 因子年均日照模型模型　树高与 S_{da12}、S_{da01} 和 S_{da06} 负偏相关依次减弱，其中与 S_{da06} 相关不显著($r_{partial}=-0.204$)，与前两者相关极显著；而树高也与 S_{da04}、S_{da08} 和 S_{da} 正偏相关逐次增强，且极显著。树高对 S_{da08} 和 S_{da12} 反应较大，单位量变化系数为 1.142 和 1.028；其次是 S_{da06} 和 S_{da04}，变化系数为 0.434 和 0.225；而对 S_{da01} 和 S_{da} 反应极小，变化系数均为 0.025。但从模型系数、偏相关系数和各指标数量水平综合分析，S_{da12} 和 S_{da08} 对模型起着决定性作用，分别贡献 51.8% 和 41.9%；S_{da04}、S_{da}、S_{da06} 和 S_{da01} 对模型影响有限，

依次贡献2.6%、1.5%、1.2%和0.9%。

表10－1　汉中油松高与年日照时数均值逐步回归模型

Tab. 10－1 The stepwise regression model of relationship between the average annual sunshine durations and *Pinus tabulaeformi* height

处理 Treat	日照因子 S_d	模型 Model Coefficients 非标准 Unstandard	标准 Standard	T－检验 (T－test) t	p	R^2	相关系数 Correlations r_0	$r_{partial}$	r_{part}	共线性统计量 Collinearity statistics 容差 Tolerance	方差膨胀因子 VIF
	常量	1 327.269	—	12.264	0.000		—	—	—	—	—
	S_{da04}	1.847	3.162	18.205	0.000		0.776	0.914	0.498	0.025	40.370
H_{tck}	S_{da07}	－1.570	－1.342	－3.567	0.001	0.951 (F = 318.339, p = 0.000)	0.577	－0.405	－0.097	0.005	189.583
	S_{da01}	0.026	0.093	2.490	0.015		0.143	0.295	0.068	0.541	1.849
	S_{da06}	－1.151	－1.172	－2.358	0.021		0.631	－0.281	－0.064	0.003	330.560
	常量	1 000.067	—	7.430	0.000		—	—	—	—	—
	S_{da04}	1.257	1.576	5.655	0.000		0.774	0.583	0.107	0.005	218.704
	S_{da08}	8.648	4.722	7.685	0.000		0.536	0.698	0.145	0.001	1063.892
	S_{da}	0.226	0.693	7.939	0.000	0.978 (F = 382.714, p = 0.000)	0.072	0.710	0.150	0.047	21.473
	S_{da12}	－16.243	－7.779	－7.992	0.000		0.412	－0.712	－0.151	0.000	2669.409
	S_{da01}	－0.118	－0.308	－3.345	0.001		0.154	－0.391	－0.063	0.042	23.909
	S_{da05}	－1.769	－1.678	－4.304	0.000		0.722	－0.480	－0.081	0.002	428.478
H_{trpa}	S_{da10}	7.369	3.596	3.386	0.001		0.458	0.395	0.064	0.000	3177.636
	常量	1 196.278	—	8.646	0.000		—	—	—	—	—
	S_{da04}	0.777	0.974	3.452	0.001		0.774	0.399	0.072	0.005	183.056
	S_{da08}	7.866	4.295	6.885	0.000		0.536	0.655	0.144	0.001	895.077
	S_{da06}	－0.718	－0.535	－1.653	0.103	0.973 (F = 372.859, p = 0.000)	0.634	－0.204	－0.034	0.004	241.335
	S_{da}	0.239	0.732	9.623	0.000		0.072	0.771	0.201	0.075	13.298
	S_{da12}	－8.755	－4.193	－8.517	0.000		0.412	－0.732	－0.178	0.002	557.346
	S_{da01}	－0.168	－0.438	－6.859	0.000		0.154	－0.654	－0.143	0.106	9.392

二、树高年生长量与年日照时数均值指标的关系

1. **树高年生长量与年均日照时数的逐步回归模型**　对树高年生长量(H_{at})与各生长

期年均日照时数(S_{da})进行逐步回归模型分析,对照油松高年生长量(H_{atck})与S_{da03}、S_{da07}和S_{da02}关系密切,依次进入其优化模型。S_{da04}和S_{da08}与RPA油松高年生长量(H_{atrpa})关系紧密,先后进入其优化模型(表10-2)。

(1)对照树高年生长量与年均日照时数模型分析　树高年生长量与不同生长期年日照时数均值指标均呈正相关。在控制其他因子作用下,树高与S_{da03}正偏相关极显著($r_{partial}=0.799, p=0.000$),而与$S_{da07}$和$S_{da02}$负偏相关极显著($r_{partial}=-0.730$、$-0.405, p=0.000$、$0.001$)。各因子协同作用下,油松对$S_{da3}$响应最强,单位量变化系数为2.456;其次是$S_{da07}$,单位量变化系数为1.472;而油松对$S_{da02}$响应较弱,变化系数仅为0.506。$S_{da07}$与$S_{da03}$对模型起着决定作用,分别贡献55.1%和41.6%;而S_{da02}对模型影响很小,仅贡献3.3%。

(2)RPA树高年生长量与年均日照时数模型分析　模型显示,树高年生长量与S_{da04}正偏相关极显著($r_{partial}=0.811, p=0.000$),而与$S_{da08}$负偏相关极显著($r_{partial}=-0.707, p=0.000$)。油松对$S_{da04}$响应大于$S_{da08}$,单位量变化系数分别为2.123和1.531;但$S_{da08}$对模型影响大于$S_{da04}$,分别贡献58.3%和41.7%。

表10-2　汉中油松高年生长量与年日照时数均值逐步回归模型

Tab. 10-2 The stepwise regression model of relationship between the average annual sunshine durations and annual height increment of *Pinus tabulaeformi*

处理 Treat	日照因子 S_d	模型 Model Coefficients 非标准 Unstandard	标准 Standard	T-检验(T-test) t	p	R^2	相关系数 Correlations r_0	$r_{partial}$	r_{part}	共线性统计量 Collinearity statistics 容差 Tolerance	方差膨胀因子 VIF
H_{tck}	常量	310.845	—	6.227	0.000	0.735*	—	—	—	—	—
	S_{da03}	0.299	2.456	10.780	0.000		0.646	0.799	0.684	0.078	12.902
	S_{da07}	-0.450	-1.472	-8.671	0.000		0.401	-0.730	-0.550	0.140	7.163
	S_{da02}	-0.047	-0.506	-3.603	0.001		0.517	-0.405	-0.228	0.204	4.902
H_{atrpa}	常量	442.827	—	5.597	0.000	0.732**	—	—	—	—	—
	S_{da04}	0.430	2.123	11.334	0.000		0.682	0.811	0.717	0.114	8.769
	S_{da08}	-0.712	-1.531	-8.174	0.000		0.467	-0.707	-0.517	0.114	8.769

备注:Remark: * $F=60.894, p=0.000$; ** $F=91.490, p=0.000$;

2. **树高年生长量与年均日照时数的模型拟合**　从油松高年生长量与年均日照时数相关性分析,对照与S_{da03}相关性最优,相关系数为0.646;RPA与S_{da04}相关性最强,相关系数为0.682。对其进行模型拟合分析,两者关系与Quadratic-模型拟合度最好。

$$H_{atck}=637.778-0.831S_{da03}+0.274\cdot 10^{-4}S_{da03}^2$$

($n=70, R^2=0.654, F=63.306, p=0.000; t_0=5.792, p=0.000; t_1=-6.171, p=0.000; t_2=6.770, p=0.000$)

$$H_{atck}=1443.129-1.913S_{da04}+0.001S_{da04}^2$$

($n=70, R^2=0.683, F=72.160, p=0.000; t_0=6.004, p=0.000; t_1=-6.327, p=0.000; t_2=6.792, p=0.000$)

对照和 RPA 模型极小值分别出现在 1515.1 h/*a* 和 1497.5 h/*a* 附近。年均日照时数小于极点值，油松年生长量随年均日照时数增加而降低；超过极值点值，树高年生长量随年均日照时数增加而提高。

三、树高生长年增量与年日照时数均值指标的关系

1. **树高生长年增量与年均日照时数的向后剔除法逐步回归模型**　在组成的 6 组对照有效模型中，S_{da}、S_{da01}、S_{da02}、S_{da03}、S_{da07}和 S_{da09}组建了对照油松高生长年增量年均日照指标优化模型。而在 3 组 RPA 有效模型中，S_{da}、S_{da01}、S_{da02}、S_{da03}、S_{da05}、S_{da06}、S_{da07}、S_{da08}和 S_{da09}构成了 RPA 优化模型（表 10－3）。

表 10－3　汉中油松高年生长量与年均日照指标逐步向后回归模型

Tab. 10－3 The backward stepwise regression model of mean annual sunshine hours and annual height growth of *Pinus tabulaeformi*

处理 Treat	日照因子 S_d	模型 Model Coefficients		T－检验 (T－test)		R^2	相关系数 Correlations			共线性统计量 Collinearity statistics	
		非标准 Unstandard	标准 Standard	t	p		r_0	$r_{partial}$	r_{part}	容差 Tolerance	方差膨胀因子 VIF
H_{tck}	常量	205.429	—	1.581	0.119	0.418 (F＝7.540，p＝0.000)	—	—	—	—	—
	S_{da}	－0.131	－1.676	－3.363	0.001		0.052	－0.390	－0.323	0.037	26.885
	S_{da01}	0.364	3.945	3.357	0.001		0.200	0.390	0.323	0.007	149.449
	S_{da02}	－0.475	－4.032	－3.178	0.002		0.314	－0.372	－0.306	0.006	174.195
	S_{da03}	0.584	3.816	4.435	0.000		0.281	0.488	0.426	0.012	80.161
	S_{da07}	－2.874	－7.489	－4.286	0.000		0.089	－0.475	－0.412	0.003	330.480
	S_{da08}	2.402	5.458	3.600	0.001		0.106	0.413	0.346	0.004	248.819
H_{ahtrpa}	常量	240.550	—	1.039	0.303	0.610 (F＝10.424，p＝0.000)	—	—	—	—	—
	S_{da}	－0.299	－2.105	－3.729	0.000		0.027	－0.434	－0.301	0.020	48.999
	S_{da01}	1.060	6.331	5.553	0.000		0.062	0.583	0.448	0.005	199.902
	S_{da02}	－1.698	－7.941	－7.225	0.000		0.126	－0.682	－0.583	0.005	185.846
	S_{da03}	1.535	5.529	7.380	0.000		0.210	0.690	0.595	0.012	86.333
	S_{da05}	－2.109	－4.588	－4.263	0.000		0.089	－0.482	－0.344	0.006	178.230
	S_{da06}	5.101	8.729	3.738	0.000		0.104	0.435	0.301	0.001	838.729
	S_{da07}	－10.386	－14.918	－4.899	0.000		0.086	－0.535	－0.395	0.001	1426.519
	S_{da08}	12.209	15.289	6.312	0.000		0.092	0.632	0.509	0.001	902.481
	S_{da09}	－5.564	－6.441	－4.153	0.000		0.080	－0.472	－0.335	0.003	370.003

（1）对照树高生长年增量与年均日照时数模型分析　在控制其他因子影响下，对照树高年增量与 S_{da07}、S_{da}和 S_{da02}负偏相关极显著，而与 S_{da01}、S_{da08}和 S_{da03}正偏相关极显著。各因子配合下，S_{da07}和 S_{da08}对油松高年增量作用较强，单位量变化系数为 7.489 和 5.458；其对模型影响也较大，分别贡献 45.1% 和 32.6%。其次是 S_{da02}、S_{da01}和 S_{da03}，单位量变化系数为 4.032、3.945 和 3.816，对模型分别贡献 6.0%、4.8% 和 9.7%。而当年日照时数

(S_{da})对树高作用极弱,单位量变化系数为1.676,对模型仅贡献1.7%。

(2)RPA树高生长年增量与年均日照时数模型分析　排除其他因子干扰,树高年增量与模型各因子偏相关极显著,其中与S_{da02}、S_{da07}、S_{da05}、S_{da09}和S_{da}负相关依次减弱,而与S_{da06}、S_{da01}、S_{da08}和S_{da03}正相关依次增强。在其他因子作用下,也是S_{da07}和S_{da08}对油松高年增量作用较强,单位量变化系数为14.918和15.289,对模型分别贡献25.0%和34.7%;比对照明显降低。其次是S_{da06}和S_{da09},单位量变化系数为8.729和6.441,对模型贡献10.0%和11.8%。S_{da02}、S_{da03}、S_{da05}和S_{da01}对树高作用相对较弱,单位量变化系数依次为7.941、5.529、4.588和6.331;其对模型影响也较小,分别贡献5.4%、4.9%、4.7%和2.9%。而S_{da}对油松高年增量作用很弱,单位量变化系数为2.105;其对模型影响也很小,仅贡献0.6%。

2. **树高生长年增量与年均日照时数的逐步回归模型**　对其进行逐步回归模型分析,RPA油松高年增量与年均日照时间线性关系疏远,没有形成有效模型。而在组成的8组对照有效模型中,S_{da10}、S_{da12}、S_{da04}和S_{da05}构成了其优化模型,同时用S_{da10}、S_{da09}和S_{da12}组合以及S_{da02}、S_{da10}和S_{da09}组合也能较好诠释各生长期年均日照时数对对照树高年增量的影响(表10-4)。

表10-4　汉中油松高年增量与年均日照指标逐步回归模型

Tab. 10-4 The stepwise regression model of mean annual sunshine hours and annual height growth acceleration of *Pinus tabulaeformi*

处理 Treat	日照因子 S_d	模型 Model Coefficients 非标准 Unstandard	标准 Standard	T-检验 (T-test) t	p	R^2	相关系数 Correlations r_0	$r_{partial}$	r_{part}	共线性统计量 Collinearity statistics 容差 Tolerance	方差膨胀因子 VIF
R_{ahtck}	常量	182.777	—	1.367	0.176	0.398	—	—	—	—	—
	S_{da10}	-3.803	-7.720	-2.332	0.023	(F=	0.077	-0.278	-0.224	0.001	1182.942
	S_{da12}	3.875	7.721	2.768	0.007	10.721,	0.102	0.325	0.266	0.001	839.530
	S_{da04}	0.771	4.022	3.425	0.001	p=	0.103	0.391	0.330	0.007	148.826
	S_{da05}	-0.958	-3.781	-2.266	0.027	0.000)	0.054	-0.271	-0.218	0.003	300.497
	常量	-24.491	—	-0.291	0.772	0.306[a]	—	—	—	—	—
	S_{da10}	-6.049	-12.280	-5.303	0.000		0.077	-0.547	-0.544	0.002	509.980
	S_{da09}	2.670	5.606	3.948	0.000		0.101	0.437	0.405	0.005	191.765
	S_{da12}	3.404	6.782	4.292	0.000		0.102	0.467	0.440	0.004	237.436
	常量	277.206	—	2.596	0.012	0.253[b]	—	—	—	—	—
	S_{da02}	0.071	0.600	3.526	0.001		0.314	0.398	0.375	0.391	2.555
	S_{da10}	-2.131	-4.326	-2.993	0.004		0.077	-0.346	-0.318	0.005	184.642
	S_{da09}	1.880	3.948	2.719	0.008		0.101	0.317	0.289	0.005	186.301

备注:Remark: [a] $F=9.703, p=0.000$; [b] $F=7.453, p=0.000$

(1)对照四因子逐步回归优化模型　对照油松高年增量与S_{da10}和S_{da05}负偏相关显著($r_{partial}=-0.278$、-0.271, $p=0.023$、0.027),而与S_{da12}和S_{da04}正偏相关极显著,但相关系数较小($r_{partial}=0.325$、0.391, $p=0.007$、0.001)。在各因子配合下,油松对S_{da12}和S_{da10}响应较强,单位量变化系数为7.721和7.720;其对模型影响也较大,分别贡献43.5%和36.

6%。而对 S_{da04} 和 S_{da05} 响应较弱，单位量变化系数为 4.022 和 3.781；其对模型影响相应也较小，仅贡献 10.8% 和 9.2%。

（2）对照三因子逐步回归因子模型 S_{da10}、S_{da09} 和 S_{da12} 与 S_{da02}、S_{da10} 和 S_{da09} 模型显示，树高生长年增量与 S_{da10} 负偏相关均极显著；其单位量变化系数为 12.280 和 4.326，对模型贡献 54.5% 和 54.0%；作用效果相对稳定，与优化模型相比，影响明显增强。而树高生长年增量与 S_{da09}、S_{da12} 和 S_{da02} 正偏相关均极显著。两个 3 因子模型中，油松对 S_{da09} 响应变化较大，单位量变化系数分别为 5.606 和 3.948，对模型贡献 19.3% 和 43.8%。而油松对 S_{da12} 响应明显减弱，其单位量变化系数为 6.782，对模型贡献 26.2%。油松对 S_{da02} 响应极弱，单位量变化系数仅为 0.600；其对模型影响也很小，仅贡献 2.1%。

3. **树高生长年增量与年均日照时数的模型拟合** 从相关性分析，油松高生长年增量与各生长期年均日照时间均呈一定正相关。其中，对照与 S_{da02} 和 S_{da03} 正相关极显著（$r_0 = 0.314$、0.281，$p = 0.004$、0.009），与 S_{da01} 正相关显著（$r_0 = 0.200$，$p = 0.049$），与其余因子相关性不显著；而 RPA 仅与 S_{da03} 正相关显著（$r_0 = 0.210$，$p = 0.041$）。对其进行模型拟合，仅对照与 S_{da02} 和 S_{da03} 关系满足 Linear－模型和 Quadratic－模型要求。

（1）Linear－模型分析 模型 $b > 0$，表明对照树高生长年增量有随 S_{da02} 和 S_{da03} 增加而提高的趋势。

$$R_{ahtck} = -45.550 + 0.037S_{da02}$$

$(n = 70, R^2 = 0.099, F = 7.451, p = 0.008; t_0 = -2.096, p = 0.040; t_1 = 2.730, p = 0.008)$

$$R_{ahtck} = -55.266 + 0.043S_{da03}$$

$(n = 70, R^2 = 0.079, F = 5.852, p = 0.018; t_0 = -1.945, p = 0.056; t_1 = 2.419, p = 0.018)$

（2）Quadratic－模型分析 S_{da02} 模型 $a < 0$、$b > 0$、$c < 0$，模型极大值出现在 3 300.3 h/a 附近，极值点超出了 S_{da02} 取值范围{1 249.0，2 236.7}上限；表明在当地日照条件下，油松高生长年增量与近 3 年年均日照时数正相关，但递增幅度以 $2.385 \times 10^{-5} S_{da02}$（$2bS_{da02}$）递减。$S_{da03}$ 模型 $a > 0$、$b < 0$、$c > 0$，模型极小值出现在 1 574.4 h/a 附近，极值点左侧有 8 组数据。表明在近 4 年年均日照时数（S_{da03}）小于 1 574.4 h/a 时，油松高年增量与 S_{da03} 成反比，但减少幅度以 $5.119 \times 10^{-4} S_{da03}$ 递减；大于 1 574.4 h/a 时，油松高年增量与 S_{da03} 成正比，增加幅度以 $5.119 \times 10^{-4} S_{da03}$ 递增。

$$R_{ahtck} = -80.616 + 0.079S_{da02} - 1.192 \cdot 10^{-5} S_{da02}^2$$

$(n = 70, R^2 = 0.100, F = 3.706, p = 0.030; t_0 = -0.576, p = 0.567; t_1 = 0.477, p = 0.635; t_2 = -0.253, p = 0.801)$

$$R_{ahtck} = 634.570 - 0.806S_{da03} + 2.560 \cdot 10^{-4} S_{da03}^2$$

$(n = 70, R^2 = 0.210, F = 8.894, p = 0.000; t_0 = 3.036, p = 0.003; t_1 = -3.152, p = 0.002; t_2 = 3.327, p = 0.001)$

第二节　一月日照对树高生长的均值效应

【内容提要】与年均日照时数相同，各生长期 1 月月均日照时也与树高呈正相关。逐步回归优化模型显示，近 14 年 1 月月日照时数（S_{dm0113}）对树高影响最大，对 RPA 和对照模型分别贡献 55.6% 和 54.9%；而近 5 年的 1 月均日照时数（S_{dm0104}）对 RPA 模型仅贡献 7.7%，近 6 年、近 4 年、近 3 年和近 2 年的年均日照时数（S_{dm0105}、S_{dm0103}、S_{dm0102}和 S_{dm0101}）对对照模型仅贡献 1.7%、1.6%、1.1% 和 0.04%。

对照树高年生长量与近 3 年 1 月平均日照时数（S_{dm0102}）相关系数达 0.707（$p=0.000$），RPA 与近 5 年的（S_{dm0104}）相关系数为 0.797（$p=0.000$），但两者均与近 4 年 1 月日照均值（S_{dm0103}）相关性极显著（$r=0.690$、0.788，$p=0.000$）。用其 Linear－模型和 Quadratic－模型可以分析 1 月日照均值与飞播油松高年生长量的影响，评价 RPA 拌种对油松高年生长量的促进作用。逐步回归分析证明，可用近 2 年和近 3 年 1 月日照均值（S_{dm0101}和 S_{dm0102}）因子模型分析其与对照油松高年生长量的关系；其中，油松对 S_{dm0102}响应大于对 S_{dm0101}，单位量变化系数为 1.257 和 0.698，对模型分别贡献 76.3% 和 23.7%。而在 RPA 优化模型和 6 因子模型中，油松对整个生长期和近 9 年 1 月日照均值（S_{dm0113}和 S_{dm0108}）响应较大，其单位量变化系数为 3.782、2.646 和 2.622、2.357，对模型贡献 46.7%、20.6% 和 40.4%、29.6%；其次，在优化模型中，油松对近 10 年和近 6 年 1 月月均日照（S_{dm0109}和 S_{dm0105}）响应也较强（系数 2.551、1.965，贡献 18.5%、10.6%）；6 因子模型中，近 6 年、近 10 年和近 4 年 1 月月均日照（S_{dm0105}、S_{dm0109}和 S_{dm0103}）对树高年生长量也有一定影响，单位量变化系数为 1.901、1.387 和 1.311，对模型分别贡献 12.3%、9.2% 和 7.7%。在 RPAS_{dm0104}、S_{dm0113}和 S_{dm0108}模型中，整个生长量和近 9 年 1 月月均日照（S_{dm0113}和 S_{dm0108}）对油松高年生长量影响极大，对模型分别贡献 42.8% 和 55.3%；而在其 S_{dm0104}、S_{dm0101}和 S_{dm0113}模型中，近 5 年 1 月月均日照（S_{dm0104}）对树高年生长量的作用显著增强（贡献 70.7%），而整个生长期 1 月月均日照作用明显减弱（贡献 24.5%）。

油松高生长年增量与 1 月日照均值相关性比与年日照均值有所增强，两者关系可用近 3 年和近 4 年 1 月日照均值的 Linear－模型和 Quadratic－模型分析。对照向后剔除法逐步回归模型中，S_{dm0110}和 S_{dm0113}对树高生长年增量影响较大，单位量变化系数 7.592 和 5.845，对模型贡献 48.6% 和 39.9%；RPA 模型中，S_{dm0111}和 S_{dm0110}对树高生长年增量影响较强，单位量变化系数为 9.394 和 7.964，对模型贡献 41.9% 和 33.9%。对照逐步回归模型中，S_{dm0105}、S_{dm0103}和 S_{dm0102}对油松作用依次减弱，单位量变化系数为 1.493、0.994 和 0.831，对模型分别贡献 55.8%、20.4% 和 23.8%。而 RPA 模型中，S_{dm0103}和 S_{dm0105}的单位量变化系数为 1.782 和 1.549，对模型分别贡献 50.1% 和 49.9%。

【关 键 词】多效抗旱驱鼠剂，飞播造林，油松，树高生长，1 月日照均值，逐步回归模型

一、树高与一月日照时数均值指标的关系

逐步回归结果显示，S_{dm0103}、S_{dm0113}、S_{dm0109}、S_{dm0111}、S_{dm0102}、S_{dm0105}、S_{dm0110}和S_{dm01}组成了对照油松高1月日照时数均值优化模型；此外，S_{dm0103}、S_{dm0104}、S_{dm0113}、S_{dm0109}、S_{dm0111}和S_{dm0102}组合，S_{dm0103}、S_{dm0101}、S_{dm0104}、S_{dm0113}和S_{dm0109}组合也能较好反映对照树高与不同生长期1月日照时数均值的关系。S_{dm0104}、S_{dm0113}和S_{dm0108}构建了RPA油松高1月日照时数均值优化模型；同时，S_{dm0104}、S_{dm0101}、S_{dm0113}和S_{dm0108}组合也能较好诠释不同生长期1月日照时数均值对RPA油松高的影响（表10－5）。

表10－5　汉中油松高与1月日照时数均值逐步回归模型

Tab. 10－5 The stepwise regression model of relationship between the average sunshine durations in January and *Pinus tabulaeformi* height

处理 Treat	日照因子 S_d	模型 Model Coefficients 非标准 Unstandard	标准 Standard	T－检验 (T－test) t	p	R^2	相关系数 Correlations r_0	$r_{partial}$	r_{part}	共线性统计量 Collinearity statistics 容差 Tolerance	方差膨胀因子 VIF
	常量	283.061	—	5.896	0.000		—	—	—	—	—
	S_{dm0103}	4.462	0.832	6.118	0.000		0.870	0.617	0.128	0.024	42.147
	S_{dm0113}	－130.934	－9.104	－11.382	0.000	0.973	0.710	－0.825	－0.238	0.001	1458.016
	S_{dm0109}	13.885	1.124	3.266	0.002	(F＝	0.778	0.386	0.068	0.004	269.914
	S_{dm0111}	86.621	6.271	8.011	0.000	277.259,	0.742	0.716	0.168	0.001	1396.895
	S_{dm0102}	3.152	0.696	6.396	0.000	p＝	0.588	0.634	0.134	0.037	26.993
	S_{dm0105}	－5.884	－0.816	－4.926	0.000	0.000)	0.806	－0.533	－0.103	0.016	62.595
	S_{dm0110}	25.118	1.865	4.367	0.000		0.756	0.488	0.091	0.002	415.709
	S_{dm01}	0.247	0.102	2.369	0.021		0.184	0.290	0.050	0.236	4.238
	常量	266.099	—	4.795	0.000		—	—	—	—	—
	S_{dm0103}	6.691	1.248	10.605	0.000	0.957	0.870	0.801	0.278	0.049	20.209
R_{ahtck}	S_{dm0104}	－3.092	－0.511	－3.359	0.001	(F＝	0.846	－0.390	－0.088	0.030	33.830
	S_{dm0113}	－104.127	－7.240	－8.311	0.000	232.775,	0.710	－0.723	－0.218	0.001	1107.766
	S_{dm0110}	7.384	0.598	1.839	0.071	p＝	0.778	0.226	0.048	0.006	154.281
	S_{dm0111}	88.256	6.390	5.831	0.000	0.000)	0.742	0.592	0.153	0.001	1752.797
	S_{dm0102}	1.800	0.397	3.303	0.002		0.588	0.384	0.086	0.047	21.136
	常量	179.318	—	2.674	0.010	0.937	—	—	—	—	—
	S_{dm0103}	5.097	0.951	8.053	0.000	(F＝	0.870	0.709	0.253	0.071	14.168
	S_{dm0101}	－0.675	－0.201	－3.950	0.000	190.605,	0.317	－0.443	－0.124	0.378	2.643
	S_{dm0104}	2.327	0.385	2.423	0.018	p＝	0.846	0.290	0.076	0.039	25.638
	S_{dm0113}	－28.685	－1.995	－7.725	0.000	0.000)	0.710	－0.695	－0.242	0.015	67.794
	S_{dm0110}	20.061	1.624	5.509	0.000		0.778	0.567	0.173	0.011	88.360

续表 10-5

处理 Treat	日照因子 S_d	模型 Model Coefficients 非标准 Unstandard	标准 Standard	T-检验 (T-test) t	p	R^2	相关系数 Correlations r_0	$r_{partial}$	r_{part}	共线性统计量 Collinearity statistics 容差 Tolerance	方差膨胀因子 VIF
H_{trpa}	常量	204.910	—	2.206	0.031	0.916*	—	—	—	—	—
	S_{dm0104}	5.793	0.702	4.663	0.000		0.863	0.498	0.166	0.056	17.875
	S_{dm0113}	-27.692	-1.411	-11.346	0.000		0.712	-0.813	-0.404	0.082	12.197
	S_{dm0107}	19.881	1.529	8.488	0.000		0.860	0.722	0.302	0.039	25.603
	常量	200.365	—	1.953	0.055	0.916**	—	—	—	—	—
	S_{dm0104}	5.945	0.720	3.164	0.002		0.863	0.365	0.113	0.025	40.261
	S_{dm0101}	-0.043	-0.009	-0.108	0.914		0.343	-0.013	-0.004	0.167	5.978
	S_{dm0113}	-27.372	-1.394	-7.107	0.000		0.712	-0.661	-0.255	0.033	29.918
	S_{dm0107}	19.516	1.501	4.732	0.000		0.860	0.506	0.170	0.013	78.191

备注:Remar: * $F=240.0998, p=0.000$; ** $F=178.045, p=0.000$,

1. **对照树高一月日照时数均值模型分析**

(1)树高一月月均日照优化模型　不同生长期1月日照时数均值与油松高均呈正相关,且除与当年1月日照时数相关不显著外,与其余指标相关均极显著。在控制模型中其他因子影响下,树高与 S_{dm0113} 负偏相关性优于 S_{dm0105},但均极显著;而与 S_{dm01}、S_{dm0109}、S_{dm0110}、S_{dm0103}、S_{dm0102} 和 S_{dm0111} 正偏相关依次增强,其中除与 S_{dm01} 相关显著外($r_{partial}=0.290, p=0.021$),与其余因子相关均极显著。在各因子协同作用下,油松高对 S_{dm0113} 和 S_{dm0111} 响应较强,单位量变化系数达9.104和6.271,其对模型起着决定作用,分别贡献54.9%和31.6%;其次是 S_{dm0110} 和 S_{dm0109},其变化系数为1.865和1.125,对模型分别贡献6.3%和2.8%;树高对 S_{dm0105}、S_{dm0103} 和 S_{dm0102} 响应相对较弱,变化系数依次为0.816、0.832和0.696,其对模型影响相对也较小,分别贡献1.7%、1.6%和1.1%;而树高对 S_{dm01} 响应最弱,变化系数仅为0.102,其对模型影响极小,仅贡献0.04%。

(2)树高6因子一月月均日照模型　树高与各因子均呈极显著的正相关。在消除其他因子影响下,S_{dm0113} 负偏相关性优于 S_{dm0104},但也均极显著;而与 S_{dm0109}、S_{dm0102}、S_{dm0111} 和 S_{dm0103} 正偏相关依次增强,但其中除与 S_{dm0109} 相关不显著($r_{partial}=0.226$),与其余相关均极显著。树高也是对 S_{dm0113} 和 S_{dm0111} 响应较强,系数7.240和6.390,对模型贡献达54.8和38.1%;其次是 S_{dm0103},变化系数为1.248,贡献4.3%;树高对 S_{dm0109} 和 S_{dm0104} 响应较弱,变化系数为0.598和0.545,对模型贡献1.2%和1.0%;而树高对 S_{dm0102} 响应最弱,系数0.397,贡献0.6%。

(3)树高5因子一月月均日照模型　树高也与各因子正相关极显著。在控制其他因子影响下,树高与 S_{dm0113} 和 S_{dm0102} 负偏相关极显著;而与 S_{dm0104}、S_{dm0109} 和 S_{dm0103} 正偏相关依次增强,且除与 S_{dm0104} 相关显著外($r_{partial}=0.290, p=0.018$),与其余极显著。树高对 S_{dm0113} 和 S_{dm0109} 响应较强,系数1.995和1.624,贡献达54.6和31.5%;其次是 S_{dm0103},系数0.951,贡献11.0%;而树高

对 S_{dm0113} 和 S_{dm0109} 响应较弱，系数为 0.385 和 0.201，仅贡献 2.0% 和 0.9%。

2. RPA 树高一月日照时数均值模型分析

（1）树高二月月均日照优化模型　各因子与树高正相关也极显著。在控制其他因子作用下，树高与 S_{dm0113} 也呈极显著的负偏相关（$r_{partial}=-0.813, p=0.000$），而与 S_{dm0104} 和 S_{dm0107} 正偏相关极显著（$r_{partial}=0.498$、$0.722, p=0.000$）。S_{dm0113} 和 S_{dm0107} 对模型起着决定性作用，其单位量变化系数分别为 1.411 和 1.529，对模型分别贡献 55.6% 和 36.7%；而 S_{dm0104} 对模型影响相对较小，变化系数为 0.702，仅贡献 7.7%。

（2）树高 4 因子二月月均日照模型　树高也与各因子呈极显著的正相关，但与 S_{dm0101} 相关度相对较低。在控制模型中其他因子影响下，油松高与 S_{dm0113} 负偏相关也极显著（$r_{partial}=-0.661, p=0.000$），但与 S_{dm0101} 偏相关极弱（$r_{partial}=-0.013$）；而与 S_{dm0104} 和 S_{dm0107} 正偏相关也极显著（$r_{partial}=0.365$、$0.506, p=0.002$、0.000）。树高也是对 S_{dm0113} 和 S_{dm0107} 反应较大，变化系数为 1.394 和 1.501，分别贡献 59.0% 和 33.3%；其次是 S_{dm0104}，系数 0.720，贡献 7.7%；结果与优化模型相同。而树高对 S_{dm0101} 反应极小，系数仅为 0.009，贡献 0.002%。

二、树高年生长量与一月日照时数均值指标的关系

1. 树高年生长量与一月日照均值的逐步回归模型

对树高年生长量（H_{at}）与 1 月日照时数均值指标（S_{dm01}）进行逐步回归模型分析。对照油松高年生长量与其月均日照时数关系比较简单，仅 S_{dm0102} 和 S_{dm0101} 先后进入模型。而 RPA 油松高年生长量与其关系复杂，组成了 13 组有效模型。其中，S_{dm0113}、S_{dm0108}、S_{dm0103}、S_{dm0105}、S_{dm0109}、S_{dm01} 和 S_{dm0102} 组成了 RPA 油松高年生长量 1 月日照时数均值优化模型。同时 S_{dm0101}、S_{dm0113}、S_{dm0108}、S_{dm0103}、S_{dm0105} 和 S_{dm0109} 组合，S_{dm0104}、S_{dm0113} 和 S_{dm0108} 组合，S_{dm0104}、S_{dm0101} 和 S_{dm0113} 组合也能较好诠释不同生长期 1 月日照均值对 RPA 油松高年生长量的影响（表 10-6）。

（1）对照树高年生长量与 1 月日照均值模型分析　树高年生长量与 S_{dm0102} 正偏相关极显著，而与 S_{dm0101} 负偏相关极显著。两因子相互作用下，油松对 S_{dm0102} 响应大于对 S_{dm0101} 的响应，单位量变化系数为 1.257 和 0.698；S_{dm0102} 对模型影响相应也较大，两者对模型分别关系 76.3% 和 23.7%。

（2）RPA 树高年生长量与 1 月日照均值模型分析

①七因子优化模型　在控制其他因子影响下，树高年生长量与 S_{dm0113} 和 S_{dm0105} 负偏相关极显著；而与 S_{dm0102} 正偏相关显著（$r_{partial}=0.293, p=0.019$），与 S_{dm0103}、S_{dm0109}、S_{dm01} 和 S_{dm0108} 正偏相关极显著，且依次增强。各因子相互作用下，油松对 S_{dm0113} 响应最强，单位量变化系数为 3.782；其对模型影响也最大，贡献 46.7%。其次是 S_{dm0108}、S_{dm0109} 和 S_{dm0105}，其单位量变化系数为 2.646、2.551 和 1.965，对模型分别贡献 20.6%、18.5% 和 10.6%。而油松对 S_{dm0103}、S_{dm0102} 和 S_{dm01} 响应较弱，变化系数为 0.759、0.446 和 0.337；其对模型影响也较小，分别贡献 2.2%、0.9% 和 0.5%。

表 10－6　汉中油松高年生长量与 1 月日照时数均值逐步回归模型

Tab. 10－6 The stepwise regression model of relationship between the average sunshine durations in January and annual height increment of *Pinus tabulaeformi*

处理 Treat	日照因子 S_d	模型 Model Coefficients 非标准 Unstandard	标准 Standard	T－检验 (T－test) t	p	R^2	相关系数 Correlations r_0	$r_{partial}$	r_{part}	共线性统计量 Collinearity statistics 容差 Tolerance	方差膨胀因子 VIF
	常量	－51.853	—	－7.223	0.000		—	—	—	—	—
H_{atck}	S_{dm0102}	1.486	1.257	11.347	0.000	0.687[a]	0.707	0.811	0.776	0.381	2.622
	S_{dm0101}	－0.611	－0.698	－6.305	0.000		0.290	－0.610	－0.431	0.381	2.622
	常量	47.327	—	1.327	0.190	0.865 (F = 56.656, p = 0.000)	—	—	—	—	—
	S_{dm0113}	－18.857	－3.782	－6.778	0.000		0.664	－0.652	－0.317	0.007	142.733
	S_{dm0108}	9.976	2.646	4.934	0.000		0.778	0.531	0.230	0.008	131.960
	S_{dm0103}	1.410	0.759	3.054	0.003		0.788	0.362	0.143	0.035	28.293
	S_{dm0105}	－4.911	－1.965	－5.030	0.000		0.725	－0.538	－0.235	0.014	69.981
	S_{dm0109}	10.926	2.551	3.870	0.000		0.715	0.441	0.181	0.005	199.190
	S_{dm01}	0.283	0.337	4.056	0.000		0.330	0.458	0.189	0.315	3.174
	S_{dm0102}	0.700	0.446	2.410	0.019		0.468	0.293	0.113	0.064	15.681
	常量	25.410	—	0.696	0.489	0.848 (F = 58.716, p = 0.000)	—	—	—	—	—
	S_{dm0101}	0.394	0.339	3.165	0.002		0.325	0.370	0.155	0.210	4.769
	S_{dm0113}	－13.075	－2.622	－6.373	0.000		0.664	－0.626	－0.313	0.014	70.295
H_{atrpa}	S_{dm0108}	8.884	2.357	6.973	0.000		0.778	0.660	0.342	0.021	47.432
	S_{dm0103}	2.437	1.311	5.649	0.000		0.788	0.580	0.277	0.045	22.354
	S_{dm0105}	－4.752	－1.901	－4.498	0.000		0.725	－0.493	－0.221	0.013	74.221
	S_{dm0109}	5.941	1.387	2.591	0.012		0.715	0.310	0.127	0.008	119.038
	常量	11.257	—	0.288	0.774	0.778[b]	—	—	—	—	—
	S_{dm0104}	0.870	0.415	1.558	0.124		0.797	0.188	0.090	0.047	21.124
	S_{dm0113}	－8.399	－1.684	－6.543	0.000		0.664	－0.627	－0.379	0.051	19.724
	S_{dm0108}	7.586	2.012	5.030	0.000		0.778	0.526	0.292	0.021	47.646
	常量	2.725	—	0.063	0.950	0.744[c]	—	—	—	—	—
	S_{dm0104}	3.138	1.496	8.281	0.000		0.797	0.714	0.516	0.119	8.415
	S_{dm0101}	－0.366	－0.315	－3.612	0.001		0.325	－0.406	－0.225	0.511	1.958
	S_{dm0113}	－2.597	－0.521	－2.782	0.007		0.664	－0.324	－0.173	0.111	9.034

备注:Remark: [a] $F=73.372$, $p=0.000$; [b] $F=77.230$, $p=0.000$; [c] $F=63.910$, $p=0.000$

②六因子因子模型　排除其他因子干扰,树高年生长量也与 S_{dm0113} 和 S_{dm0105} 负偏相关

极显著，但相关度有所降低；而与 S_{dm0109} 正偏相关显著（$r_{partial}=0.310, p=0.012$），与 S_{dm0101}、S_{dm0103} 和 S_{dm0108} 正偏相关极显著，且依次增强。各因子协同作用下，油松也对 S_{dm0113} 响应最强，其单位量变化系数为 2.622，对模型贡献 40.4%；比优化模型有所降低。油松对 S_{dm0108} 响应明显增强，其单位量变化系数为 2.357，对模型关系 29.6%。油松对 S_{dm0105}、S_{dm0109} 和 S_{dm0103} 响应相对较弱，变化系数分别为 1.901、1.387 和 1.311；其对模型影响也相对较小，分别贡献 12.3%、9.2% 和 7.7%；与优化模型比较，S_{dm0105} 和 S_{dm0103} 影响相对提高，而 S_{dm0109} 作用明显降低。而油松对 S_{dm0101} 响应极弱，单位量变化系数为 0.339，对模型仅贡献 0.8%；与优化模型中 S_{dm0102} 和 S_{dm01} 相近。

③三因子模型　从 S_{dm0104}、S_{dm0113} 和 S_{dm0108} 模型分析，树高年生长量与 S_{dm0113} 负偏相关极显著，而与 S_{dm0104} 正偏相关不显著（$r_{partial}=0.188$），与 S_{dm0108} 正偏相关极显著。油松对 S_{dm0108} 响应最强，单位量变化系数为 2.012；其次是 S_{dm0113}，系数为1.684；而对 S_{dm0104} 响应最弱，系数仅为 0.415。S_{dm0113} 和 S_{dm0108} 对模型起着主导作用，分别贡献 55.3% 和 42.8%；而 S_{dm0104} 对模型影响很小，仅贡献 1.9%。而 S_{dm0104}、S_{dm0101} 和 S_{dm0113} 模型显示，树高与 S_{dm0113} 和 S_{dm0101} 负偏相关极显著，而与 S_{dm0104} 正偏相关极显著。油松对 S_{dm0104} 响应最强，单位量变化系数为 1.496；其对模型贡献达 70.7%；其次是 S_{dm0113}，系数为 0.521，对模型贡献 24.5%；而油松对 S_{dm0101} 响应最弱，系数为 0.315，对模型关系 4.3%。

2. **树高年生长量与一月日照均值的模型拟合**　从树高年生长量与不同生长期 1 月日照时数均值相关性分析，两者均呈正相关。其中对照与 S_{dm0102} 相关性最强，相关系数为 0.707；而 RPA 与 S_{dm0104} 相关度最大，相关系数为 0.797。而对照和 RPA 与 S_{dm0103} 相关性均较好，相关系数为 0.690 和 0.788。对其进行模型拟合分析，树高年生长量与其月均日照时数关系可以用 Quadratic - 模型表述，也可以用 Linear - 模型分析。

$$H_{atck} = -48.797 + 0.837S_{dm0102}$$

（$n=70, R^2=0.501, F=68.146, p=0.000; t_0=8.255, p=0.000; t_1=-5.437, p=0.000$）

$$H_{atck} = -47.099 + 0.799S_{dm0102} + 1.898\cdot 10^{-4}S_{dm0102}^2$$

（$n=70, R^2=0.501, F=33.573, p=0.000; t_0=-0.945, p=0.348; t_1=0.740, p=0.465; t_2=0.035, p=0.972$）

$$H_{atrpa} = -28.781 + 0.735S_{dm0102}$$

（$n=70, R^2=0.219, F=19.056, p=0.000; t_0=-1.931, p=0.058; t_1=4.365, p=0.000$）

$$H_{atrpa} = -128.438 + 2.921S_{dm0102} - 0.011S_{dm0102}^2$$

（$n=70, R^2=0.236, F=10.369, p=0.000; t_0=-1.569, p=0.121; t_1=1.647, p=0.104; t_2=-1.238, p=0.220$）

$$H_{atck} = -60.049 + 0.966S_{dm0103}$$

（$n=70, R^2=0.475, F=61.635, p=0.000; t_0=-5.553, p=0.000; t_1=7.851, p=0.000$）

$$H_{atck} = 235.715 - 5.732S_{dm0103} + 0.036S_{dm0103}^2$$

($n=70, R^2=0.583, F=46.808, p=0.000; t_0=3.280, p=0.002; t_1=-3.546, p=0.001; t_2=4.153, p=0.000$)

$$H_{atrpa} = -91.545 + 1.464S_{dm0103}$$

($n=70, R^2=0.620, F=111.095, p=0.000; t_0=-7.497, p=0.000; t_1=10.540, p=0.000$)

$$H_{atrpa} = 51.423 - 1.773S_{dm0103} + 0.017S_{dm0103}^2$$

($n=70, R^2=0.635, F=58.168, p=0.000; t_0=0.576, p=0.567; t_1=-0.883, p=0.380; t_2=1.616, p=0.111$)

$$H_{atck} = -47.322 + 0.835S_{dm0104}$$

($\mathrm{n}=70, R^2=0.280, F=26.397, p=0.000; t_0=-3.398, p=0.001; t_1=5.138, p=0.000$)

$$H_{atck} = -166.587 + 3.592S_{dm0104} - 0.015S_{dm0104}^2$$

($n=70, R^2=0.291, F=13.728, p=0.000; t_0=-1.416, p=0.161; t_1=1.328, p=0.189; t_2=-1.021, p=0.311$)

$$H_{atrpa} = -106.123 + 1.670S_{dm0104}$$

($\mathrm{n}=70, R^2=0.634, F=118.009, p=0.000; t_0=-8.058, p=0.000; t_1=10.863, p=0.000$)

$$H_{atrpa} = 219.547 - 5.858S_{dm0104} + 0.042S_{dm0104}^2$$

($n=70, R^2=0.681, F=71.560, p=0.000; t_0=20.97, \mathrm{p}=0.040; t_1=-2.433, p=0.018; t_2=3.133, p=0.003$)

对照油松与 S_{dm0102} 直线相关性最强，模型决定系数 R^2 为0.501，模型系数 t – 检验均符合要求。Quadratic – 模型 R^2 与其相同，但系数 t – 检验均不显著。RPA 油松与 S_{dm0102} Linear – 模型和 Quadratic – 模型也成立，但模型 R^2 相对较小，线性关系比较松散。从 S_{dm0103} 模型分析，对照和 RPA 两种模型关系均极显著，但 Quadratic – 模型 R^2 均大于 Linear – 模型，说明 Quadratic – 模型线性关系相对紧密，更能反映 S_{dm0103} 与油松高年生长量的关系。从 Linear – 模型分析，RPA 与对照模型在 63.2 h/m 附近相交，在 S_{dm0103} 范围内{35.3，211.2}，小于 63.2 h/a 均值仅有 3 次，说明多数年份，RPA 油松高年生长量大于对照，且随着 S_{dm0103} 延长差距扩大。Quadratic – 模型有极小值。对照和 RPA 模型极小值分别出现在 79.5 h/m 和 50.9 h/m 附近，模型极小值分别为 7.9 cm/a 和 6.3 cm/a。

三、树高生长年增量与一月日照时数均值指标的关系

1. 树高生长年增量与一月日照均值的向后剔除法逐步回归模型 在组成的 10 组对照和 RPA 油松高年增量有效模型中，S_{dm0102}、S_{dm0107}、S_{dm0110} 和 S_{dm0113} 组建了对照优化模型，S_{dm0107}、S_{dm0108}、S_{dm0110} 和 S_{dm0111} 组建了 RPA 优化模型（表 10 – 7）。

表 10-7 汉中油松高生长年增量与1月日照均值指标逐步向后回归模型

Tab. 10-7 The backward stepwise regression model of mean sunshine hours in January and annual height growth acceleration of *Pinus tabulaeformi*

处理 Treat	日照因子 S_d	模型 Model Coefficients 非标准 Unstandard	标准 Standard	T-检验 (T-test) t	p	R^2	相关系数 Correlations r_0	$r_{partial}$	r_{part}	共线性统计量 Collinearity statistics 容差 Tolerance	方差膨胀因子 VIF
R_{ahtck}	常量	6.371	—	0.109	0.914	0.421	—	—	—	—	—
	S_{dm0102}	1.120	0.754	4.682	0.000	(F =	0.409	0.502	0.442	0.343	2.915
	S_{dm0107}	-7.010	-2.243	-3.960	0.000	11.838,	0.115	-0.441	-0.374	0.028	36.039
	S_{dm0110}	33.550	7.592	4.402	0.000	p =	0.175	0.479	0.415	0.003	334.200
	S_{dm0113}	-27.622	-5.854	-4.404	0.000	0.000)	0.163	-0.479	-0.416	0.005	198.483
R_{ahtrpa}	常量	22.583	—	0.267	0.790	0.517	—	—	—	—	—
	S_{dm0107}	-20.713	-3.653	-5.176	0.000	(F =	0.181	-0.540	-0.446	0.015	67.063
	S_{dm0108}	33.952	5.247	5.540	0.000	17.399,	0.197	0.566	0.478	0.008	120.721
	S_{dm0110}	63.840	7.964	7.516	0.000	p =	0.208	0.682	0.648	0.007	151.101
	S_{dm0111}	-77.221	-9.394	-7.888	0.000	0.000)	0.160	-0.699	-0.680	0.005	190.889

(1)对照树高生长年增量与1月日照均值模型分析　在控制其他因子作用下,树高年增量与S_{dm0113}和S_{dm0107}负偏相关极显著,与S_{dm0110}和S_{dm0102}正偏相关极显著。各因子配合下,S_{dm0110}和S_{dm0113}对树高年增量起着决定作用,单位量变化系数为7.592和5.845,贡献48.6%和39.9%。S_{dm0107}对树高也有一定作用,单位量变化系数2.243,贡献9.6%。而S_{dm0102}对油松高年增量作用最弱,单位量变化系数仅为0.754,对模型仅贡献1.9%。

(2)RPA树高生长年增量与1月日照均值模型分析　排除其他因子干扰,RPA油松高年增量与S_{dm0111}和S_{dm0107}负偏相关极显著,与S_{dm0108}和S_{dm0110}正偏相关极显著。在各因子相互作用下,S_{dm0111}和S_{dm0110}对树高年增量作用较强,单位量变化系数达9.394和7.964;其对模型影响也较大,分别贡献41.9%和33.9%;相对对照,S_{dm0110}作用模型下降。而S_{dm0108}和S_{dm0107}对树高年增量作用相对较弱,单位量变化系数为5.247和3.653,对模型贡献15.2%和9.0%;与对照相比,S_{dm0107}作用基本稳定。

2. 树高生长年增量与一月日照均值的逐步回归模型　对其进行逐步回归模型分析,对照组成了3组有效模型,其中S_{dm0102}、S_{dm0105}和S_{dm0103}组成了对照优化模型;而RPA油松高年增量仅与S_{dm0103}和S_{dm0105}线性关系相对密切,构成了其优化模型(表10-8)。

(1)对照树高生长年增量与1月日照均值逐步回归模型分析　在控制其他因子影响下,对照油松高年增量与S_{dm0105}负净相关极显著,与S_{dm0102}正净相关极显著,而与$_{dm0103}$正净相关显著($r_{partial}$ =0.288,p =0.017)。三因子配合下,油松对S_{dm0105}响应最强,单位量变化系数为1.493;其对模型影响也最大,贡献55.8%。而油松对S_{dm0103}和S_{dm0102}响应相对较弱,单位量变化系数0.994和0.831;其对模型影响也较小,分别贡献20.4%和23.8%。

(2)RPA 树高生长年增量与 1 月日照均值逐步回归模型分析　RPA 树高年增量也与 S_{dm0105} 负净相关极显著，但与 S_{dm0103} 正净相关极显著。与对照不同，RPA 油松对 S_{dm0103} 响应强于 S_{dm0105}，其单位量变化系数为 1.782 和 1.549，对模型分别贡献 50.1% 和 49.9%，影响基本相等。

3. **树高生长年增量与一月日照均值的模型拟合**　从相关性分析，油松高生长年增量与各生长期 1 月平均日照时数均呈一定的正相关，且相关度比年均日照时数的略高。其中，对照与 S_{dm0102} 相关极显著（$r_0=0.409, p=0.000$），与 S_{dm0103} 相关显著（$r_0=0.245, p=0.021$）；RPA 与 S_{dm0103} 相关极显著（$r_0=0.283, p=0.007$），与 S_{dm0102}、S_{dm01}、S_{dm0106} 和 S_{dm0110} 相关显著（$p<0.05$）。对其进行模型拟合，RPA 和对照油松高年增量与 S_{dm0102} 和 S_{dm0103} 关系符合 Linear－模型和 Quadratic－模型要求。

表 10－8　汉中油松高生长年增量与 1 月日照均值指标逐步回归模型

Tab. 10－8 The stepwise regression model of mean sunshine hours in January and annual height growth acceleration of *Pinus tabulaeformi*

处理 Treat	日照因子 S_d	模型 Model Coefficients		T－检验 (T－test)		R^2	相关系数 Correlations			共线性统计量 Collinearity statistics	
		非标准 Unstandard	标准 Standard	t	p		r_0	$r_{partial}$	r_{part}	容差 Tolerance	方差膨胀因子 VIF
R_{ahtck}	常量	46.368	—	1.860	0.067	0.333^a	—	—	—	—	—
	S_{dm0102}	1.235	0.831	4.413	0.000		0.409	0.477	0.444	0.285	3.510
	S_{dm0105}	−3.531	−1.493	−3.639	0.001		0.167	−0.409	−0.366	0.060	16.664
	S_{dm0103}	1.749	0.994	2.441	0.017		0.245	0.288	0.245	0.061	16.425
R_{ahtrpa}	常量	76.436	—	1.606	0.113	0.231^b	—	—	—	—	—
	S_{dm0103}	5.687	1.782	4.171	0.000		0.283	0.454	0.447	0.063	15.901
	S_{dm0105}	−6.644	−1.549	−3.624	0.001		0.177	−0.405	−0.388	0.063	15.901

备注：Remark：^{a} $F=11.005, p=0.000$；^{b} $F=10.056, p=0.000$

从模型决定系数 R^2 分析，Quadratic－模型的拟合度高，更能反映各生长期 1 月平均日照与油松高生长年增量的关系。但不同模型反映了数据的不同变化特性，从不同侧面体现各生长期 1 月日照时数均值对 RPA 和对照油松高年增量的影响差异。

(1)Linear－模型分析　模型 $b>0$，且 RPA＞对照；表明树高年增量与各生长期 1 月平均日照时数成正比，且 RPA 油松对其变化响应较大。RPA 和对照的 S_{dm0102} 模型 b 比值为 1.131，两模型在 −7.1 h/m 附近相交，交点远在 S_{dm0102} 取值下限以外{57.2，134.7}。表明在当地日照条件下，RPA 模型值大于对照，且两者差距有随近 3 年 1 月平均日照时数（S_{dm0102}）延长而扩大的趋势。S_{dm0103} 模型 b 比值为 2.099，交点位于 70.1 h/m 附近；交点左侧有 4 组数据。对照该 4 组数据油松高年增量均值分别为（10.2±1.4）cm/a^2、（6.5±1.7）cm/a^2、（10.8±3.1）cm/a^2 和（4.4±0.2）cm/a^2，对应 RPA 树高年增量均值分别为（13.9±5.5）cm/a^2、（3.9±6.9）cm/a^2、（28.6±11.3）cm/a^2 和（4.5±0.6）cm/a^2；两者波动增长，RPA 明显大于对照。交点右侧 RPA 模型值大于对照，两者差距与近 4 年 1 月日照时数均值（S_{dm0103}）成正比。

$$R_{ahtrpa} = -38.626 + 0.688S_{dm0102}$$

$(n=70, R^2=0.065, F=4.737, p=0.033; t_0=-1.380, p=0.172; t_1=2.176, p=0.033)$

$$R_{ahtck} = -39.192 + 0.608S_{dm0102}$$

$(n=70, R^2=0.167, F=13.676, p=0.000; t_0=-2.692, p=0.009; t_1=3.698, p=0.000)$

$$R_{ahtrpa} = -57.258 + 0.903S_{dm0103}$$

$(n=70, R^2=0.080, F=5.919, p=0.018; t_0=-1.754, p=0.084; t_1=2.433, p=0.018)$

$$R_{ahtck} = -24.099 + 0.430S_{dm0103}$$

$(n=70, R^2=0.060, F=4.328, p=0.041; t_0=-1.325, p=0.190; t_1=2.080, p=0.041)$

（2）Quadratic－模型分析　Quadratic－模型变化较大。RPA 的 S_{dm0102}模型 $a<0, b>0, c<0$，极大值出现在 114.8 h/m 附近；极值点左侧有 11 组数据。$S_{dm0102}<114.8$ h/m 时，树高年增量与 S_{dm0102} 成正比，但增加幅度以 $0.041S_{dm0102}$（$2bS_{dm0102}$）递减；$S_{dm0102}=114.8$ h/m时，增量为零；$S_{dm0102}>114.8$ h/m 时，成反比，且减少幅度以 $0.041S_{dm0102}$递增。对照的 S_{dm0102}模型 $a<0, b>0, c>0$，极小值出现在 －3866.8 h/m 附近；极值点远在 S_{dm0102}取值下限以外。表明在当地日照条件下，对照树高生长年增量与 S_{dm0102}均呈正相关，但增量以$1.533\times10^{-4}S_{dm0102}$递减；因为递减量很小，在 S_{dm0102}取值范围内几乎与其 Linear－模型重合。RPA 和对照的 S_{dm0102}模型在 67.0 h/m 和 133.1 h/m 附近相交；交点范围内有 12 组数据，RPA 模型值大于对照，模型最大差距发生在 100.0 h/m 附近。从其 S_{dm0103}模型分析，$a>0$、RPA＞对照，$b<0$、RPA＜对照，$c>0$、RPA＞对照，极小值分别发生在 88.8 h/m 和 88.2 h/m 附近；极值点左侧各有 9 组数据。两模型在 72.8 h/m 和 105.5 h/m 附近相交，两交点区间有 6 组数据，交点区间左侧和右侧各有 4 组数据。交点区间，RPA 模型值小于对照，最大差距出现在 89.1 h/m 附近；交点区间两侧，RPA 模型值大于对照，距区间上下限越远，两者差距越大。

$$R_{ahtrpa} = -222.672 + 4.726S_{dm0102} + 0.021S_{dm0102}^2$$

$(n=70, R^2=0.085, F=3.126, p=0.050; t_0=-1.448, p=0.152; t_1=1.418, p=0.161; t_2=-1.217, p=0.228)$

$$R_{ahtck} = -38.507 + 0.593S_{dm0102} + 7.667\times10^{-5}S_{dm0102}^2$$

$(n=70, R^2=0.167, F=6.737, p=0.002; t_0=-0.476, p=0.635; t_1=0.338, p=0.736; t_2=0.009, p=0.993)$

$$R_{ahtrpa} = 841.208 - 19.443S_{dm0103} + 0.110S_{dm0103}^2$$

$(n=70, R^2=0.271, F=12.447, p=0.000; t_0=3.885, p=0.000; t_1=-3.992, p=0.000; t_2=4.188, p=0.000)$

$$R_{ahtck} = 399.370 - 8.163S_{dm0103} + 046S_{dm0103}^2$$

$(n=70, R^2=0.172, F=6.952, p=0.002; t_0=2.793, p=0.007; t_1=-2.853, p=0.006; t_2=3.010, p=0.004)$

第三节　二月日照对树高生长的均值效应

【内容提要】飞播油松高与不同生长期2月日照时数均值也均呈正相关，但对照和RPA均与近2年均值(S_{dm0201})极不相关($r_0=0.098,0.099$)，与近7年的相关性最强($r_0=0.847$、0.840)。逐步回归优化模型中，S_{dm0212}、S_{dm0207}、S_{dm0206}、S_{dm0205}、S_{dm0203}和S_{dm0202}对对照模型依次贡献49.5%、29.6%、15.4%、4.1%、2.9%和2.1%；S_{dm0213}、S_{dm0207}、S_{dm0212}、S_{dm0206}、S_{dm0205}、S_{dm0202}和S_{dm0201}对RPA模型分别贡献49.7%、27.2%、11.0%、5.2%、4.0%、2.2%和0.7%。

与年均日照和1月月均日照相同，树高年生长量也与2月日照均值呈正相关。其中，对照与近4年均值(S_{dm0203})相关性最强($r=0.691$)，RPA与近7年均值(S_{dm0206})相关性最高($r=0.714$)，两者关系可用Linear－模型和Quadratic－模型分析。对照逐步回归优化模型中，近9年和近8年2月日照均值(S_{dm0208}和S_{dm0207})树高年生长量影响较大，单位量变化系数为5.285和3.915，对模型贡献48.9%和30.5%。用近13年2月月均日照(S_{dm0212})取代模型中S_{dm0208}因子，S_{dm0212}对模型贡献最大(32.0%)，S_{dm0204}和S_{dm0205}作用显著增强(24.0%、20.9%)，而S_{dm0207}影响明显降低(16.0%)。在RPA模型中，近7年和近11年2月日照均值(S_{dm0206}和S_{dm0210})对树高年生长量影响较大，单位量变化系数为1.903和1.560，对模型贡献33.8%和30.5%。

树高生长年增量与2月日照均值也呈正相关性较低。其中，对照与近2年和近6年2月日照均值(S_{dm0201}和S_{dm0205})相关显著($r_0=0.248$、0.241，$p<0.05$)，与近3年和近4年均值(S_{dm0202}和S_{dm0203})相关极显著($r_0=0.345$、0.324，$p<0.01$)；而RPA仅与S_{dm0203}相关显著($r_0=0.255$，$P=0.016$)。可用S_{dm0203}的Linear－模型和Quadratic－模型分析2月日照对汉中飞播油松高生长年增量的均值效应。向后剔除法逐步回归分析证明，可用近6年至近9年2月日照均值($S_{dm0205}\sim S_{dm0208}$)分析其对对照油松高生长年增量的影响，用近3年至近9年11月日照均值($S_{dm0202}\sim S_{dm0210}$)分析其对RPA油松的影响。对照模型中，油松对$S_{dm0207}$和$S_{dm0206}$效应较强(其单位量变化系数4.955、4.229，贡献27.8%、28.5%)，而对S_{dm0207}和S_{dm0209}响应相对较弱(系数3.828、3.306，贡献19.9%、23.9%)。RPA模型中，$S_{dm0204}\sim S_{dm0210}$对油松高生长年增量影响较大，其单位量变化系数介于2.562～6.389之间，对模型累计贡献97.9%。对照逐步回归优化模型显示，S_{dm0203}和S_{dm0204}影响较大，单位量变化系数1.989和1.664，对模型贡献54.0%和45.0%；用S_{dm0202}取代S_{dm0203}，S_{dm0202}对油松影响最大(系数0.846，贡献65.9%)，而S_{dm0204}影响显著降低(系数0.399，贡献24.2%)。RPA逐步回归模型中，S_{dm0209}、S_{dm0204}、S_{dm0212}和S_{dm0203}影响较大，其单位量变化系数在2.575～4.569之间，对模型累计贡献96.3%。

【关 键 词】多效抗旱驱鼠剂，飞播造林，油松，树高生长，2月日照均值，逐步回归模型

一、树高与二月日照时数均值指标的关系

对树高(H_t)与2月日照时数均值指标(S_{dm02})进行逐步回归模型分析,在构建的6组对照油松高有效模型中,S_{dm0206}、S_{dm0201}、S_{dm0212}、S_{dm0207}、S_{dm0202}和S_{dm0205}组成了对照油松高2月日照时数均值优化模型。而在构建的9组RPA有效模型中,S_{dm0206}、S_{dm0213}、S_{dm0207}、S_{dm0202}、S_{dm0201}、S_{dm0206}和S_{dm0212}组成RPA优化模型;同时S_{dm0206}、S_{dm0213}、S_{dm0211}、S_{dm0207}、S_{dm0202}、S_{dm0201}和S_{dm0205}组合也能较好反映不同生长期2月日照时数均值对RPA油松高的影响(表10-9)。

1. ***对照树高二月日照时数均值模型分析***　油松高与不同生长期2月日照时数均值也均呈正相关,但与S_{dm0201}极不相关($r_0=0.098$)。排除模型中其他因子影响,各因子与树高偏相关极显著($p=0.000$),其中与S_{dm0213}、S_{dm0201}和S_{dm0202}负相关依次减弱,而与S_{dm0205}、S_{dm0206}和S_{dm0207}正相关依次增强。各因子相互作用下,油松高对S_{dm0212}反应最大,单位量变化系数为2.070,其对模型影响也最大,贡献49.5%;其次是S_{dm0207}和S_{dm0206},变化系数为1.749和1.123,分别贡献29.6%和15.4%;而对S_{dm0205}、S_{dm0203}和S_{dm0202}反应较小,单位量变化系数依次为0.441、0.335和0.293,其对模型影响也较小,分别贡献4.1%、2.9%和2.1%。

表10-9　汉中油松高与2月日照时数均值逐步回归模型

Tab.10-9 The stepwise regression model of relationship between the average sunshine durations in February and *Pinus tabulaeformi* height

处理 Treat	日照因子 S_{dm02}	模型 Model Coefficients 非标准 Unstandard	标准 Standard	T-检验 (T-test) t	p	R^2	相关系数 Correlations r_0	$r_{partial}$	r_{part}	共线性统计量 Collinearity statistics 容差 Tolerance	方差膨胀因子 VIF
H_{tck}	常量	-84.034	—	-6.337	0.000	0.992 ($F=1327.709$, $p=0.000$)	—	—	—	—	—
	S_{dm0206}	6.532	1.123	8.204	0.000		0.847	0.719	0.092	0.007	150.341
	S_{dm0201}	-0.752	-0.293	-11.742	0.000		0.098	-0.828	-0.131	0.201	4.984
	S_{dm0212}	-16.732	-2.070	-24.993	0.000		0.769	-0.953	-0.279	0.018	55.088
	S_{dm0207}	11.171	1.749	11.464	0.000		0.822	0.822	0.128	0.005	186.896
	S_{dm0202}	-1.101	-0.335	-9.075	0.000		0.423	-0.753	-0.101	0.091	10.941
	S_{dm0205}	2.330	0.441	4.906	0.000		0.829	0.526	0.055	0.015	64.932
H_{trpa}	常量	-97.360	—	-4.755	0.000	0.991 ($F=939.965$, $p=0.000$)	—	—	—	—	—
	S_{dm0206}	5.831	0.734	3.387	0.001		0.840	0.395	0.042	0.003	312.069
	S_{dm0213}	-37.979	-3.389	-6.126	0.000		0.734	-0.614	-0.075	0.000	2032.633
	S_{dm0207}	15.411	1.768	10.385	0.000		0.810	0.797	0.127	0.005	192.435
	S_{dm0202}	-1.497	-0.334	-6.006	0.000		0.380	-0.606	-0.074	0.049	20.519
	S_{dm0201}	-0.516	-0.147	-5.258	0.000		0.099	-0.555	-0.065	0.193	5.189
	S_{dm0205}	3.638	0.505	4.364	0.000		0.809	0.485	0.054	0.011	88.868
	S_{dm0212}	16.825	1.525	2.542	0.014		0.763	0.307	0.031	0.000	2390.886

续表 10－9

处理 Treat	日照因子 S_{dm02}	模型 Model Coefficients		T－检验 (T-test)		R^2	相关系数 Correlations			共线性统计量 Collinearity statistics	
		非标准 Unstandard	标准 Standard	t	p		r_0	$r_{partial}$	r_{part}	容差 Tolerance	方差膨胀因子 VIF
H_{trpa}	常量	-99.849	—	-4.643	0.000	0.990 (F = 865.791, p = 0.000)	—	—	—	—	—
	S_{dm0206}	8.928	1.124	7.117	0.000		0.840	0.671	0.091	0.007	152.741
	S_{dm0213}	-27.493	-2.453	-5.575	0.000		0.734	-0.578	-0.071	0.001	1185.535
	S_{dm0211}	6.193	0.578	1.053	0.296		0.793	0.133	0.013	0.001	1845.722
	S_{dm0207}	14.123	1.620	7.799	0.000		0.810	0.704	0.100	0.004	264.177
	S_{dm0202}	-1.725	-0.385	-6.219	0.000		0.380	-0.620	-0.079	0.043	23.419
	S_{dm0201}	-0.357	-0.102	-2.613	0.011		0.099	-0.315	-0.033	0.108	9.297
	S_{dm0205}	2.073	0.288	2.448	0.017		0.809	0.297	0.031	0.012	84.475

2. RPA 树高二月日照时数均值模型分析

（1）树高二月月均日照优化模型　树高也与各因子呈正相关，但也与 S_{dm0201} 相关性极低（r_0 = 0.099）。在控制其他因子影响下，树高与 S_{dm0213}、S_{dm0202} 和 S_{dm0201} 负偏相关依次减弱，且极显著；而与 S_{dm0212}、S_{dm0206}、S_{dm0205} 和 S_{dm0207} 正偏相关依次增强，且除与 S_{dm0212} 相关显著外（$r_{partial}$ = 0.307，p = 0.018），与其余因子相关极显著。在各因子相互作用下，树高对 S_{dm0213} 响应最显著，单位量变化系数为 3.309，其对没有影响也最大，贡献 49.7%；其次是 S_{dm0207} 和 S_{dm0212}，变化系数为 1.768 和 1.523，分别贡献 27.2% 和 11.0%；树高对 S_{dm0206}、S_{dm0205} 和 S_{dm0202} 响应相对较弱，变化系数依次为 0.734、0.505 和 0.334，其对模型影响也相对降低，分别贡献 5.2%、4.0% 和 2.2%；树高对 S_{dm0201} 响应最弱，变化系数仅为 0.147，对模型仅贡献 0.7%。

（2）树高 7 因子二月月均日照模型　用 S_{dm0211} 代替优化模型中的 S_{dm0212}，树高与 S_{dm0201} 正相关也极弱（r_0 = 0.099）。在控制模型中其他因子作用下，树高与 S_{dm0202}、S_{dm0213} 和 S_{dm0201} 负偏相关依次减弱，其中与 S_{dm0201} 相关显著（$r_{partial}$ = －0.315，p = 0.011），与另两因子相关极显著；而与 S_{dm0211}、S_{dm0205}、S_{dm0206} 和 S_{dm0207} 正偏相关依次增强，其中与 S_{dm0211} 相关不显著（$r_{partial}$ = 0.133），与 S_{dm0205} 相关显著（$r_{partial}$ = 0.297，p = 0.017），与后两因子相关极显著。与优化模型相同，树高对 S_{dm0213} 反应也最强，系数为 2.453，对模型贡献 44.9%；其次是 S_{dm0207} 和 S_{dm0206}，变化系数为 1.620 和 1.124，分别贡献 29.2% 和 17.9%；树高对 S_{dm0202}、S_{dm0211} 和 S_{dm0205} 反应相对较弱，系数为 0.734、0.505 和 0.334，其对模型分别贡献 3.4%、2.3% 和 1.9%；而树高对 S_{dm0201} 反应最弱，其单位量变化系数仅为 0.102，对模型仅贡献 0.4%。

二、树高年生长量与二月日照时数均值指标的关系

1. 树高年生长量与二月日照均值的逐步回归模型　在对照组成的 8 组有效模型中，

S_{dm0203}、S_{dm02}、S_{dm0204}、S_{dm0205}、S_{dm0207}和 S_{dm0208}构建了对照油松优化模型；另外用 S_{dm0212}取代其 S_{dm0208}也能较好反映对照树高年生长量与其月均日照时数的关系。而在组成的 4 组 RPA 有效模型中，S_{dm0206}、S_{dm0202}、S_{dm0203}和 S_{dm0210}构成了 RPA 油松高年生长量优化模型（表 10－10）。

表 10－10　汉中油松高年生长量与 2 月日照时数均值逐步回归模型

Tab. 10－10 The stepwise regression model of relationship between the average sunshine durations in February and annual height increment of *Pinus tabulaeformi*

处理 Treat	日照因子 S_{dm02}	模型 Model Coefficients		T－检验 (T-test)		R^2	相关系数 Correlations			共线性统计量 Collinearity statistics	
		非标准 Unstandard	标准 Standard	t	p		r_0	$r_{partial}$	r_{part}	容差 Tolerance	方差膨胀因子 VIF
H_{atck}	常量	13.413	—	0.747	0.458	0.803 (F＝42.667, p＝0.000)	—	—	—	—	—
	S_{dm0203}	1.046	0.996	3.873	0.000		0.691	0.439	0.217	0.047	21.098
	S_{dm02}	－0.077	－0.146	－1.711	0.092		－0.076	－0.211	－0.096	0.432	2.314
	S_{dm0204}	－0.981	－0.825	－2.353	0.022		0.579	－0.284	－0.132	0.025	39.246
	S_{dm0205}	2.628	1.905	3.523	0.001		0.659	0.406	0.197	0.011	93.303
	S_{dm0207}	6.530	3.915	3.831	0.000		0.608	0.435	0.214	0.003	333.143
	S_{dm0208}	－9.249	－5.285	－4.554	0.000		0.578	－0.498	－0.255	0.002	429.719
	常量	2.568	—	0.141	0.888	0.785 (F＝38.361, p＝0.000)	—	—	—	—	—
	S_{dm0203}	0.806	0.768	2.614	0.011		0.691	0.313	0.153	0.040	25.278
	S_{dm02}	－0.150	－0.285	－3.802	0.000		－0.076	－0.432	－0.222	0.609	1.642
	S_{dm0204}	－2.038	－1.716	－5.033	0.000		0.579	－0.536	－0.294	0.029	34.066
	S_{dm0205}	2.557	1.854	3.281	0.002		0.659	0.382	0.192	0.011	93.649
	S_{dm0212}	－3.763	－1.783	－3.736	0.000		0.542	－0.426	－0.218	0.015	66.772
	S_{dm0207}	2.664	1.597	2.401	0.019		0.608	0.290	0.140	0.008	129.700
H_{atrpa}	常量	－12.477	—	－0.587	0.559	0.744*	—	—	—	—	—
	S_{dm0206}	3.839	1.903	4.869	0.000		0.714	0.517	0.252	0.018	56.984
	S_{dm0202}	－1.259	－1.105	－9.203	0.000		0.267	－0.752	－0.476	0.186	5.376
	S_{dm0203}	1.780	1.277	5.680	0.000		0.628	0.576	0.294	0.053	18.855
	S_{dm0210}	－4.064	－1.560	－4.176	0.000		0.666	－0.460	－0.216	0.019	52.075

备注：Remark：* F＝77.009，p＝0.000

（1）对照树高年生长量与 2 月日照均值模型分析　两者关系相对复杂。

①六因子优化模型　在控制其他因子影响下，树高年生长量与 S_{dm0208}负偏相关极显著，与 S_{dm0204}和 S_{dm02}负偏相关显著（$r_{partial}$ = －0.284，p＝0.022），与 S_{dm02}负偏相关不显著（$r_{partial}$ = －0.211）；而与 S_{dm0205}、S_{dm0207}和 S_{dm0203}正偏相关极显著，且依次增强。各因子相互作用下，油

松对 S_{dm0208} 和 S_{dm0207} 响应较强，单位量变化系数为 5.285 和 3.915；其对模型影响也较大，分别贡献 48.9% 和 30.5%。油松对 S_{dm0205}、S_{dm0203} 和 S_{dm0204} 响应相对较弱，单位量变化系数依次为 1.905、0.996 和 0.825；其对模型影响相对也较小，分别贡献 11.8%、5.3% 和 3.2%。而油松对 S_{dm02} 响应最弱，其单位量变化系数仅为 0.146，对模型仅贡献 0.2%。

②六因子模型　用 S_{dm0212} 代替优化模型的 S_{dm0208} 分析，排除其他因子干扰下，树高年生长量与 S_{dm0204}、S_{dm02} 和 S_{dm0212} 负偏相关极显著，且依次减弱；而与 S_{dm0207} 和 S_{dm0203} 正偏相关显著（$r_{partial}=0.290$、0.312，$p=0.019$、0.011），与 S_{dm0205} 正偏相关极显著。各因子相互协同下，油松对 S_{dm0205}、S_{dm0212}、S_{dm0204} 和 S_{dm0207} 响应较大，其单位量变化系数依次为1.854、1.786、1.716 和 1.597；而对 S_{dm0203} 和 S_{dm02} 响应较小，变化系数分别为 0.768 和 0.285。而 S_{dm0212} 对模型影响最大，贡献 32.0%；其次是 S_{dm0204}、S_{dm0205} 和 S_{dm0207}，分别贡献 24.0%、20.9% 和 16.0%；S_{dm0203} 对模型影响相对较小，贡献 5.6%；S_{dm02} 对模型影响最小，仅贡献 1.4%。与优化模型比较，S_{dm0204} 和 S_{dm0205} 作用显著增强，而 S_{dm0207} 影响明显降低。

（2）RPA 树高年生长量与 2 月日照均值模型分析　在控制其他因子影响下，树高年生长量与 S_{dm0202} 和 S_{dm0210} 负偏相关极显著，与 S_{dm0206} 和 S_{dm0203} 正偏相关极显著。油松对 S_{dm0206}、S_{dm0210}、S_{dm0203} 和 S_{dm0202} 响应依次减弱，单位量变化系数分别为 1.903、1.560、1.277 和 1.105；其对模型影响也依次降低，分别贡献 33.8%、30.5%、18.6% 和 17.1%。

2. 树高年生长量与二月日照均值的模型拟合　相关分析显示，对照与 S_{dm0203} 相关性最强，相关系数为 0.691，RPA 与 S_{dm0206} 相关性相关度最大，系数为 0.714。对其进行模型拟合，两者关系可以用 Linear－模型和 Quadratic－模型表述。

$$H_{atck}=-48.463+0.726S_{dm0203}$$

$(n=70, R^2=0.478, F=62.187, p=0.000; t_0=-5.189, p=0.000; t_1=7.886, p=0.000)$

$$H_{atck}=12.811-0.503S_{dm0203}+0.006S_{dm0203}^2$$

$(n=70, R^2=0.497, F=33.154, p=0.000; t_0=0.329, p=0.743; t_1=-0.659, p=0.512; t_2=1.622, p=0.110)$

$$H_{atrpa}=-98.881+1.440S_{dm0206}$$

$(n=70, R^2=0.509, F=70.550, p=0.000; t_0=-6.134, p=0.000; t_1=8.399, p=0.000)$

$$H_{atrpa}=40.090-1.666S_{dm0206}+0.017S_{dm0206}^2$$

$(n=70, R^2=0.535, F=38.544, p=0.000; t_0=0.543, p=0.589; t_1=-1.029, p=0.307; t_2=1.928, p=0.058)$

三、树高生长年增量与二月日照时数均值指标的关系

1. 树高生长年增量与二月日照均值的向后剔除法逐步回归模型　组成对照和 RPA 油松高年增量有效模型各 9 组，其中，S_{dm0205}、S_{dm0206}、S_{dm0207} 和 S_{dm0208} 组建了对照优化模型，S_{dm0202}、S_{dm0203}、S_{dm0204}、S_{dm0205}、S_{dm0206}、S_{dm0207}、S_{dm0208}、S_{dm0209} 和 S_{dm0210} 组建了 RPA 优化模型

（表 10－11）。

表 10－11 汉中油松高年增量与 2 月日照均值指标逐步向后回归模型

Tab. 10－11 The backward stepwise regression model of mean sunshine hours in February and annual height growth acceleration of *Pinus tabulaeformi*

处理 Treat	日照因子 S_{dm02}	模型 Model Coefficients 非标准 Unstandard	标准 Standard	T－检验（T-test） t	p	R^2	相关系数 Correlations r_0	$r_{partial}$	r_{part}	共线性统计量 Collinearity statistics 容差 Tolerance	方差膨胀因子 VIF
R_{ahtck}	常量	34.288	—	1.183	0.241	0.370（F = 9.553, p = 0.000）	—	—	—	—	—
	S_{dm0205}	5.727	3.306	4.941	0.000		0.241	0.523	0.486	0.022	46.199
	S_{dm0206}	－8.074	－4.229	－4.056	0.000		0.165	－0.449	－0.399	0.009	112.192
	S_{dm0207}	10.384	4.955	2.979	0.004		0.192	0.347	0.293	0.004	285.665
	S_{dm0208}	－8.415	－3.828	－2.620	0.011		0.177	－0.309	－0.258	0.005	220.370
R_{ahtrpa}	常量	－23.669	—	－0.451	0.654	0.704（F = 15.872, p = 0.000）	—	—	—	—	—
	S_{dm0202}	－1.818	－0.929	－5.453	0.000		0.104	－0.576	－0.383	0.170	5.893
	S_{dm0203}	2.788	1.165	2.212	0.031		0.255	0.275	0.155	0.018	56.268
	S_{dm0205}	－6.936	－2.562	－4.543	0.000		0.095	－0.506	－0.319	0.016	64.503
	S_{dm0206}	11.271	3.586	4.023	0.000		0.196	0.461	0.282	0.006	161.220
	S_{dm0207}	－15.599	－4.504	－3.488	0.001		0.134	－0.411	－0.245	0.003	338.193
	S_{dm0208}	24.287	6.389	3.947	0.000		0.163	0.454	0.277	0.002	531.459
	S_{dm0209}	－19.020	－4.769	－3.267	0.002		0.144	－0.389	－0.229	0.002	432.113
	S_{dm0210}	26.583	6.331	6.187	0.000		0.157	0.624	0.434	0.005	212.366
	S_{dm0211}	－21.075	－4.713	－4.801	0.000		0.149	－0.527	－0.337	0.005	195.495

（1）对照树高生长年增量与 2 月日照均值模型分析　在控制其他因子作用下，树高年增量与 S_{dm0206} 和 S_{dm0208} 负偏相关极显著，与 S_{dm0207} 和 S_{dm0205} 正偏相关极显著。S_{dm0207} 和 S_{dm0206} 对油松作用较强，单位量变化系数为 4.955 和 4.229；其对模型影响也较大，分别贡献 27.8% 和 28.5% 。而 S_{dm0208} 和 S_{dm0205} 对油松作用相对较弱，单位量变化系数为 3.828 和 3.306；其对模型影响相对也较小，贡献 19.9% 和 23.9% 。

（2）RPA 树高生长年增量与 2 月日照均值模型分析　排除其他因子干扰，RPA 油松高年增量与 S_{dm0202}、S_{dm0210}、S_{dm0204}、S_{dm0206} 和 S_{dm0208} 负偏相关依次减弱，且极显著；而与 S_{dm0203}、S_{dm0207}、S_{dm0205} 和 S_{dm0209} 正偏相关依次增强，其中除与 S_{dm0203} 相关显著外（$r_{partial}$ = 0.275，p = 0.031），与其它因子相关极显著。各因子配合下，S_{dm0207} 和 S_{dm0209} 对油松高年增量作用最强，单位量变化系数为 6.389 和 6.331；其对模型影响也较强，贡献 17.5% 和 25.8% 。其次是 S_{dm0210}、S_{dm0208}、S_{dm0206}、S_{dm0205} 和 S_{dm0204}，单位量变化系数依次为 4.713、4.769、4.504、3.586 和 2.562；其对模型影响也相对较大，分别贡献 17.2%、11.6%、10.3%、8.5% 和 5.9% 。而 S_{dm0203} 和 S_{dm0202} 对油松作用较弱，单位量变化系数仅为 1.165 和 0.929；其对模型影响也很小，仅贡献 1.3% 和 1.8% 。

2. **树高生长年增量与二月日照均值的逐步回归模型**　经过逐步回归模型分析，组成了5组对照油松高年增量有效模型；其中，S_{dm02}、S_{dm0204}和S_{dm0203}构成了其优化模型；另外，S_{dm0202}、S_{dm02}和S_{dm0204}组合也能较好反映日照均值对其油松高年增量的作用。而在组成的5组RPA有效模型中，S_{dm0203}、S_{dm0204}、S_{dm0202}、S_{dm0209}和S_{dm0212}构建了其优化模型（表10－12）。

表10－12　汉中油松高年增量与2月日照均值指标逐步回归模型

Tab. 10－12 The stepwise regression model of mean sunshine hours in February and annual height growth acceleration of *Pinus tabulaeformi*

处理 Treat	日照因子 S_{dm02}	模型 Model Coefficients		T－检验 (T-test)		R^2	相关系数 Correlations			共线性统计量 Collinearity statistics	
		非标准 Unstandard	标准 Standard	t	p		r_0	$r_{partial}$	r_{part}	容差 Tolerance	方差膨胀因子 VIF
R_{ahtck}	常量	7.348	—	0.508	0.613	0.390[a]	—	—	—	—	—
	S_{dm02}	−0.133	−0.200	−1.892	0.063		−0.004	−0.227	−0.182	0.826	1.211
	S_{dm0204}	−2.483	−1.664	−5.334	0.000		0.153	−0.549	−0.513	0.095	10.532
	S_{dm0203}	2.623	1.989	6.266	0.000		0.324	0.611	0.602	0.092	10.907
	常量	1.807	—	0.112	0.911	0.232[b]	—	—	—	—	—
	S_{dm0202}	0.913	0.846	4.196	0.000		0.345	0.459	0.453	0.286	3.499
	S_{dm02}	−0.217	−0.327	−2.487	0.015		−0.004	−0.293	−0.268	0.674	1.485
	S_{dm0204}	−0.596	−0.399	−2.212	0.030		0.153	−0.263	−0.239	0.357	2.800
R_{ahtrpa}	常量	−35.194	—	−0.641	0.524	0.597 (F = 18.989, p = 0.000)	—	—	—	—	—
	S_{dm0203}	6.162	2.575	7.319	0.000		0.255	0.675	0.580	0.051	19.677
	S_{dm0204}	−9.077	−3.352	−7.286	0.000		0.095	−0.673	−0.578	0.030	33.651
	S_{dm0202}	−1.763	−0.901	−5.126	0.000		0.104	−0.539	−0.407	0.203	4.916
	S_{dm0209}	19.184	4.569	4.640	0.000		0.157	0.502	0.368	0.006	154.103
	S_{dm0212}	−13.809	−2.871	−4.073	0.000		0.128	−0.454	−0.323	0.013	78.963

备注：Remark：[a] $F = 14.084$，$p = 0.000$；[b] $F = 6.661$，$p = 0.000$

（1）对照树高生长年增量与2月日照均值逐步回归模型分析

①三因子优化模型　树高与S_{dm02}负偏相关不显著（$r_{partial} = -0.227$，$p = 0.063$），与S_{dm0204}负偏相关极显著，而与S_{dm0203}正偏相关极显著。三因子配合下，油松对S_{dm0203}和S_{dm0204}响应很强，单位量变化系数为1.989和1.664；其对模型起着决定作用，分别贡献54.0%和45.0%。而对S_{dm02}响应极弱，单位量变化系数仅为0.200，其对模型也仅贡献1.0%。

②三因子模型　S_{dm0202}、S_{dm02}和S_{dm0204}模型显示，树高年增量与S_{dm02}和S_{dm0204}负偏相关仅达显著水平（$r_{partial} = -0.293$、-0.263，$p = 0.015$、0.030），而与S_{dm0202}正偏相关极显著。油松对S_{dm0202}响应最强，单位量变化系数为0.846，对模型贡献65.9%。其次是S_{dm0204}，单

位量变化系数 0.399，对模型贡献 24.2%；比优化模型显著降低。而油松对 S_{dm02} 响应也很弱，单位量变化系数仅为 0.901，对模型贡献 9.9%；其作用比优化模型明显增强。

（2）RPA 树高生长年增量与 2 月日照均值逐步回归模型分析　在控制其他因子影响下，RPA 油松高年增量与 S_{dm0204}、S_{dm0202} 和 S_{dm0212} 负偏相关依次减弱，而与 S_{dm0203} 正偏相关优于 S_{dm0209}，且均极显著。各因子相互作用下，油松对 S_{dm0209} 响应最强，单位量变化系数达 4.569；其对模型影响也最大，贡献 34.3%。其次是 S_{dm0204}、S_{dm0212} 和 S_{dm0203}，单位量变化系数为 3.352、2.871 和 2.575，对模型分别贡献 23.6%、22.0% 和 16.4%。而油松对 S_{dm0202} 响应最弱，其单位量变化系数仅为 0.901，对模型贡献 3.7%。

3. **树高生长年增量与二月日照均值的模型拟合**　从相关性分析，RPA 与各生长期 2 月日照时数均值相关性较差，与 S_{dm0203} 相关性最大，系数也仅为 0.255（$p=0.016$）。而对照相关性略强，其中与 S_{dm0201} 和 S_{dm0205} 相关显著（$r_0=0.248$、0.241，$p=0.019$、0.022），与 S_{dm0202} 和 S_{dm0203} 相关极显著（$r_0=0.345$、0.324，$p=0.002$、0.003）。对其进行模型拟合，树高生长年增量与 S_{dm02} 关系符合 Inverse－模型和 Quadratic－模型条件；对照与 S_{dm0201} 满足 Linear－模型要求；RPA 与 S_{dm0202} 符合 Quadratic－模型变化，与 S_{dm0203} 满足 Linear－模型和 Quadratic－模型分析要求；而对照与 S_{dm0202}、S_{dm0203} 和 S_{dm0205} 关系可用 Linear－模型和 Quadratic－模型表述。

（1）当年 2 月日照时数模型分析　从树高年增量与当年 2 月日照时数（S_{dm02}）模型分析，RPA 和对照 Quadratic－模型，$a>0$、RPA＞对照，$b<0$、RPA＜对照，$c>0$、RPA＞对照，极小值分别出现在 129.0 h/m 和 124.9 h/m 附近；极值点左侧分布有 11 组数据。$S_{dm02}<$ 129.0 h/m 和 124.9 h/m 时，油松高生长年增量随 S_{dm02} 增加有降低的趋势，而 $S_{dm02}>$ 129.0 h/m 和 124.9 h/m 时，有上升的趋势。RPA 和对照模型交点出现在 78.0 h/m 和 184.8 h/m 附近，交点区间包含 5 组数据。交点区间内，RPA 模型值大于对照，最大差距出现在 131.4 h/m 附近。也就是说当年 2 月日照时数在 78.0～184.8 h/m 之间，对照油松高生长年增量有大于 RPA 的可能，其发生几率为 0.357（5/14）。而在两交点区间之外，RPA 模型值大于对照，发生几率 0.643。从其 Inverse－模型分析，在 S_{dm02} 取值范围内 {24.4，219.1}，树高年增量与 S_{dm02} 呈负相关。RPA 与对照模型在 98.2 h/m 附近相交，交点左侧有 9 组数据，RPA 模型值大于对照；交点右侧有 5 组数据，RPA 模型值小于对照；且距交点越远，两者差异越明显。分析结论与其 Quadratic－模型结果基本一致。

$$R_{ahtrpa} = -27.201 + \frac{3472.513}{S_{dm02}}$$

$(n=70, R^2=0.239, F=21.396, p=0.000; t_0=-2.239, p=0.028; t_1=4.626, p=0.000)$

$$R_{ahtrpa} = 188.761 - 3.337S_{dm02} + 0.013S_{dm02}^2$$

$(n=70, R^2=0.410, F=23.237, p=0.000; t_0=7.128, p=0.000; t_1=-6.792, p=0.000; t_2=6.745, p=0.000)$

$$R_{ahtch} = -5.489 + \frac{1340.548}{S_{dm02}}$$

$(n=70, R^2=0.117, F=90.43, p=0.004; t_0=-0.761, p=0.444; t_1=3.007, p=0.004)$

$$R_{ahtch} = 71.857 - 1.2006S_{dm02} + 4.828\times10^{-3}S_{dm02}^2$$

$(n=70, R^2=0.184, F=7.540, p=0.000; t_0=4.186, p=0.000; t_1=-3.787, p=0.000; t_2=3.883, p=0.000)$

(2)近3年和近4年2月日照均值模型分析

①Linear－模型分析　模型 $b>0$,表明树高年增量与 S_{dm0202} 和 S_{dm0203} 成正比。RPA 和对照的 S_{dm0203} 模型 b 比值为 1.432,交点位于 58.1 h/m 附近,在 S_{dm0203} 取值下限外{58.7, 148.3}。表明在当地日照条件下,RPA 模型值大于对照,且差距与近 4 年 2 月平均日照时数(S_{dm0203})增加呈扩大的趋势。

$$R_{ahtck} = -7.504 + 0.209S_{dm0201}$$

$(n=70, R^2=0.061, F=4.447, p=0.039; t_0=-0.719, p=0.474; t_1=2.109, p=0.039)$

$$R_{ahtck} = -23.711 + 0.372S_{dm0202}$$

$(n=70, R^2=0.119, F=9.200, p=0.003; t_0=-1.875, p=0.065; t_1=3.033, p=0.003)$

$$R_{ahtrpa} = -39.793 + 0.611S_{dm0203}$$

$(n=70, R^2=0.065, F=4.746, p=0.033; t_0=-1.397, p=0.167; t_1=2.179, p=0.033)$

$$R_{ahtck} = -29.090 + 0.427S_{dm0203}$$

$(n=70, R^2=0.105, F=7.954, p=0.006; t_0=-1.894, p=0.063; t_1=2.820, p=0.006)$

$$R_{ahtck} = -26.362 + 0.418S_{dm0205}$$

$(n=70, R^2=0.058, F=4.198, p=0.044; t_0=-1.349, p=0.182; t_1=2.049, p=0.044)$

②Quadratic－模型分析　Quadratic－模型变化相对较大。RPA 和对照的 S_{dm0202} 模型 $a<0$、RPA > 对照,$b>0$、RPA < 对照,$c<0$、RPA < 对照,模型极大值分别发生在 120.2 h/m 和 145.3 h/m 附近;RPA 极值点左侧有 3 组数据,对照有 2 组数据。S_{dm0202} < 在 120.2 h/m 和 145.3 h/m 时,油松生长高年增量与 S_{dm0202} 正相关,但增幅以 $2bS_{dm0202}$ 递减;RPA 和对照发生概率分别为 0.786 和 0.857。两模型在 65.7 h/m 和 148.5 h/m 附近相交,交点间 RPA 油松高年增量有大于对照的趋势,分布有 11 组数据,最大差距出现在 107.1 h/m 附近。RPA 和对照的 S_{dm0203} 模型 $a>0$、RPA > 对照,$b<0$、RPA < 对照,$c>0$、RPA > 对照,极小值分别出现在 86.4 h/m 和 88.4 h/m 附近;极值点左侧均有 6 组数据。两模型没有交点,RPA 模型值始终大于对照,最小差距发生在 79.2 h/m 附近。

$$R_{ahtrpa} = -208.224 + 4.236S_{dm0202} - 0.018S_{dm0202}^2$$

$(n=70, R^2=0.096, F=3.547, p=0.034; t_0=-2.412, p=0.019; t_1=2.610, p=0.011; t_2=-2.510, p=0.015)$

$$R_{ahtck} = -95.025 + 1.751S_{dm0202} - 6.026\times10^{-3}S_{dm0202}^2$$

($n=70,R^2=0.152,F=5.999,p=0.004;t_0=-2.062,p=0.043;t_1=2.021,p=0.047;$
$t_2=-1.607,p=0.113$)

$$R_{ahtrpa}=120.594-2.605S_{dm0203}+0.015S_{dm0203}^2$$

($n=70,R^2=0.091,F=3.365,p=0.041;t_0=1.012,p=0.315;t_1=-1.114,p=0.269;$
$t_2=1.385,p=0.171$)

$$R_{ahtck}=95.558-2.073S_{dm0203}+0.12S_{dm0203}^2$$

($n=70,R^2=0.156,F=6.213,p=0.003;t_0=1.510,p=0.136;t_1=-1.669,p=0.100;$
$t_2=2.027,p=0.047$)

$$R_{ahtck}=106.841-2.474S_{dm0205}+0.015S_{dm0205}^2$$

($n=70,R^2=0.091,F=3.355,p=0.041;t_0=1.218,p=0.227;t_1=-1.324,p=0.190;$
$t_2=1.557,p=0.124$)

第四节 三月日照对树高生长的均值效应

【内容提要】逐步回归模型分析证明，油松高与模型中各因子也均呈正相关。近13年3月日照均值(S_{dm0312})对对照油松高影响最大，对其优化模型和两个8因子模型分别贡献53.7%、51.4%和46.2%；而当年3月日照时数(S_{dm03})对树高影响最小，近贡献0.2%、0.3%和0.3%。而近14年3月日照均值(S_{dm0313})对RPA树高作用最强，对模型贡献61.0%，近13年、近10年、近6年和近12年的3月平均日照时数(S_{dm0312}、S_{dm0309}、S_{dm0305}和S_{dm0311})对树高影响相对较小，依次贡献16.3%、11.6%、7.2%和3.8%。

与2月日照相同，油松高年生长量与3月日照均值正相关极显著。其中，RPA与近5年和近9年的均值(S_{dm0304}和S_{dm0309})相关性相对较强($r=0.778$、0.782)，对照与近4年均值(S_{dm0303})相关性最高($r=0.703$)。油松高年生长量与其月均日照时数关系也可用Linear-模型和Quadratic-模型分析。逐步回归分析证明，用整个生长期、近3年、近13年和近9年3月日照均值(S_{dm0313}、S_{dm0302}、S_{dm0312}和S_{dm0308})模型，或用近4年3月月均日照(S_{dm0303})取代其中的S_{dm0308}因子，均能较好地诠释3月日照均值对树高年生长量的影响。模型中，S_{dm0312}和S_{dm0313}对树高年生长量影响较大，单位量变化系数为15.405、13.612和4.919、4.123，对模型贡献48.8%、41.0%和38.5%、25.2%。用近8年、近14年、近12年、近10年和近2年3月月均日照(S_{dm0307}、S_{dm0313}、S_{dm0311}、S_{dm0310}和S_{dm0301})，近3年、近8年和近14年3月月均日照(S_{dm0302}、S_{dm0307}和S_{dm0313})，近10年和近3年3月月均(S_{dm0309}和S_{dm0302})等因子模型，分析3月日照对RPA树高年生长量与3月的均值效应。优化模型中，油松对S_{dm0311}、S_{dm0313}和S_{dm0310}响应较强，其单位量变化系数为12.385、7.149和6.794，对模型贡献45.0%、30.2%和17.5%；3因子模型中，S_{dm0307}的单位量变化系数为2.393，对模型贡献66.1%；2因子模型中，油松对S_{dm0309}响应较大，单位量变化系数为1.319，贡献80.9%。

汉中飞播油松高生长年增量与 3 月日照均值正相关性也较弱。其中，对照与近 2 年和近 3 年均值（S_{dm0301}和S_{dm0302}）相关显著（$r_0=0.218$、0.275，$p<0.05$），与近 4 年均值（S_{dm0303}）相关极显著（$r_0=0.296$，$p=0.006$）；而 RPA 仅与S_{dm0303}相关显著（$r_0=0.241$，$p=0.022$）。可用S_{dm0303}的 Linear－模型和 Quadratic－模型分析 3 月日照对油松高生长年增量的均值效应。向后剔除法逐步回归分析证明，可用近 2 年 3 月日照均值（S_{dm0301}）和近 6 年至近 11 年均值（$S_{dm0305}\sim S_{dm0310}$）分析对照油松与 3 月日照均值的关系，用近 2 年至近 4 年均值（$S_{dm0301}\sim S_{dm0303}$）和近 7 年至近 9 年均值（$S_{dm0306}\sim S_{dm0308}$）诠释 3 月日照均值对 RPA 油松的影响。对照油松对S_{dm0310}效应最强，其单位量变化系数为 9.178，对模型贡献 33.8%；油松对$S_{dm0305}\sim S_{dm0309}$响应也较强，其系数在 5.364～7.729 之间，对模型累计贡献 64.2%。RPA 油松对S_{dm0307}响应最强，其单位量变化系数 9.282，对模型贡献 28.0%；S_{dm0306}、S_{dm0308}、S_{dm0303}和S_{dm0302}对其油松影响也较大，系数依次为 5.867、5.304、4.803 和 4.221，对模型累计贡献 68.3%。对照两个 3 因子逐步回归优化模型中，近 13 年和近 14 年3 月日照均值（S_{dm0312}和S_{dm0313}）对油松高生长年增量影响很大，其单位量变化系数为 14.472、12.484 和 6.896、6.102，对模型累计贡献均为 95.8%；而S_{dm0309}和S_{dm0303}在其模型中的角色相同，对模型均贡献 4.2%。

【关 键 词】多效抗旱驱鼠剂，飞播造林，油松，树高生长，3 月日照均值，逐步回归模型

一、树高与三月日照时数均值指标的关系

在 11 组对照有效模型中，S_{dm0305}、S_{dm0310}、S_{dm0312}、S_{dm0311}、S_{dm03}、S_{dm0307}和S_{dm0308}构建了对照油松高 3 月日照时数均值优化模型。另外，S_{dm0313}、S_{dm0305}、S_{dm0310}、S_{dm0312}、S_{dm0311}、S_{dm03}、S_{dm0307}和S_{dm0308}组合，S_{dm0309}、S_{dm0313}、S_{dm0305}、S_{dm0310}、S_{dm0312}、S_{dm0311}、S_{dm03}和S_{dm0308}组合也能较好诠释 3 月日照时数均值指标与对照油松高的关系。而在 5 组 RPA 优化模型中，S_{dm0309}、S_{dm0313}、S_{dm0312}、S_{dm06}和S_{dm0311}组建了 RPA 油松高 3 月日照时数均值优化模型（表 10－13）。

1. 对照树高三月日照时数均值模型分析

（1）树高三月月均日照优化模型　油松高与模型中各生长期 3 月日照时数均值呈正相关，其中除与S_{dm03}相关度相对较低外（$r_0=0.219$），与其余相关均极显著。在控制模型中其他因子影响下，树高与各因子偏相关极显著，其中与S_{dm0312}、S_{dm03}和S_{dm0308}负相关依次减弱，而与S_{dm0307}、S_{dm0311}、S_{dm0305}和S_{dm0310}正相关依次增强。油松高对S_{dm0312}响应最强，单位量变化系数为 4.910，其对模型影响也最大，贡献 53.7%；其次是S_{dm0310}和S_{dm0311}，系数为 2.395 和 2.412，对模型分别贡献 19.0% 和 16.0%；树高对S_{dm0307}、S_{dm0305}和S_{dm0308}响应相对较弱，系数依次为 0.991、0.707 和 0.669，其对模型影响也相对较小，分别贡献4.7%、4.0% 和 2.4%；而树高对当年 3 月日照时数（S_{dm03}）响应极弱，单位量变化系数仅为

0.078，对模型仅贡献0.2%。

(2)树高8因子三月月均日照模型　在消除其他因子干扰下，树高也与 S_{dm0312}、S_{dm03} 和 S_{dm0308} 负偏相关依次减弱，但与 S_{dm0308} 相关未达极显著水平（$r_{partial}=-0.249$，$p=0.049$）；与 S_{dm0313} 正偏相关不显著（$r_{partial}=0.114$，$p=0.373$），与 S_{dm0307}、S_{dm0310}、S_{dm0311} 和 S_{dm0305} 正相关依次增强，且均极显著。树高也对 S_{dm0312} 反应最大，单位量变化系数为5.771，对模型关系51.4%；对 S_{dm0310} 和 S_{dm0311} 反应也较大，系数为2.990和2.169，分别贡献19.1%和15.0%；对 S_{dm0307}、S_{dm0305}、S_{dm0308} 和 S_{dm0313} 反应相对较小，系数依次为1.317、0.640、1.142和0.727，其对模型影响也相对较小，分别贡献5.8%、3.7%、3.5%和1.3%；而对 S_{dm03} 反应也很小，系数0.079，对模型仅贡献0.3%。

另一八因子模型显示，在控制其他因子影响下，树高也与 S_{dm0312} 和 S_{dm03} 负偏相关极显著，但与 S_{dm0313} 和 S_{dm0309} 负偏相关不显著（$r_{partial}=-0.201$、-0.078，$p=0.114$、0.545）；与 S_{dm0307} 正偏相关未达极显著水平（$r_{partial}=0.313$，$p=0.013$），与 S_{dm0311}、S_{dm0310} 和 S_{dm0305} 正相关依次增强，且均极显著。在各因子相互作用下，油松高也对 S_{dm0312} 反应最大，系数为4.355，对模型贡献46.2%；而 S_{dm0311} 和 S_{dm0310} 对模型影响也较大，单位量变化系数为3.010和1.787，对模型分别贡献25.7%和16.0%；树高对 S_{dm0305}、S_{dm0307} 和 S_{dm0313} 反应相对较小，系数为0.764、0.632和0.635，其对模型影响也相应较小，分别贡献6.2%、2.9%和2.4%；树高对 S_{dm0309} 和 S_{dm03} 反应很小，变化系数分别为0.276和0.083，对模型均贡献0.3%。

2. ***RPA 树高三月日照时数均值模型分析***　从RPA优化模型分析，树高与模型各因子正相关非常明显。在控制模型中其它因子作用下，仅 S_{dm0313} 与树高呈极显著的负偏相关（$r_{partial}=-0.881$，$p=0.000$）；而与 S_{dm0311}、S_{dm0312}、S_{dm0309} 和 S_{dm0305} 正偏相关依次增强，其中除与 S_{dm0311} 相关未达极显著外（$r_{partial}=-0.288$，$p=0.018$），其它均极显著。在5因子协同作用下，树高对 S_{dm0313} 的反应最强，单位量变化系数为5.302，对模型关系61.0%；而树高对 S_{dm0312}、S_{dm0309}、S_{dm0305} 和 S_{dm0311} 反应相对较小，系数依次为2.676、1.430、0.909和1.072，对模型分别贡献16.3%、11.6%、7.2%和3.8%。

二、树高年生长量与三月日照时数均值指标的关系

1. ***树高年生长量与三月日照均值的逐步回归模型***　在对照组成的6组有效模型中，S_{dm0313}、S_{dm0302}、S_{dm0312} 和 S_{dm0308} 组建了对照油松优化模型；另外，用 S_{dm0303} 因子代替其 S_{dm0308} 因子也能较好反映各生长期3月日照时数均值与对照油松高年生长量的关系。而在组成的9组RPA油松高年生长量有效模型中，S_{dm0307}、S_{dm0313}、S_{dm0311}、S_{dm0310} 和 S_{dm0301} 构建了对照优化模型；另外，S_{dm0302}、S_{dm0307} 和 S_{dm0313} 组合，S_{dm0309} 和 S_{dm0302} 组合也可诠释不同生长期2月日照时数均值对RPA油松高年生长量的影响（表10－14）。

(1)对照树高年生长量与3月日照均值模型分析

①四因子优化模型　在控制其他因子作用下，树高年生长量与 S_{dm0312} 和 S_{dm0302} 负偏相

关极显著,而与 S_{dm0313} 和 S_{dm0308} 正偏相关极显著。各因子协同作用下,油松对 S_{dm0312} 和 S_{dm0313} 响应较大,单位量变化系数为 15.405 和 13.612;其对模型影响也较强,分别贡献 48.8% 和 41.0% 。S_{dm0308} 对模型也有一定影响,其单位量变化系数为 3.296,对模型贡献 8.8% 。而油松对 S_{dm0302} 响应极小,其单位量变化系数仅为 0.989,对模型贡献 1.4% 。

表 10-13 汉中油松高与 3 月日照时数均值逐步回归模型

Tab. 10-13 The stepwise regression model of relationship between the average sunshine durations in March and *Pinus tabulaeformi* height

处理 Treat	日照因子 S_{dm03}	模型 Model Coefficients 非标准 Unstandard	标准 Standard	T-检验 (T-test) t	p	R^2	相关系数 Correlations r_0	$r_{partial}$	r_{part}	共线性统计量 Collinearity statistics 容差 Tolerance	方差膨胀因子 VIF
H_{tck}	常量	-67.319	—	-6.145	0.000	0.993 (F = 1 270.048, p=0.000)	—	—	—	—	—
	S_{dm0305}	2.205	0.707	6.667	0.000		0.889	0.646	0.070	0.010	100.586
	S_{dm0310}	10.150	2.395	8.386	0.000		0.899	0.729	0.089	0.001	730.398
	S_{dm0312}	-23.156	-4.910	-18.458	0.000		0.843	-0.920	-0.195	0.002	633.592
	S_{dm0311}	10.953	2.412	5.543	0.000		0.871	0.576	0.059	0.001	1695.448
	S_{dm03}	-.151	-0.078	-3.906	0.000		0.219	-0.444	-0.041	0.282	3.546
	S_{dm0307}	3.473	0.991	4.671	0.000		0.873	0.510	0.049	0.002	403.266
	S_{dm0308}	-2.477	-0.669	-3.179	0.002		0.893	-0.374	-0.034	0.003	396.513
	常量	-68.907	—	-6.200	0.000	0.993 (F = 1 108.283, p=0.000)	—	—	—	—	—
	S_{dm0312}	3.489	0.727	0.898	0.373		0.827	0.114	0.010	0.000	5855.465
	S_{dm0305}	1.996	0.640	4.933	0.000		0.889	0.534	0.052	0.007	150.118
	S_{dm0310}	12.673	2.990	4.140	0.000		0.899	0.468	0.044	0.000	4658.562
	S_{dm0312}	-27.221	-5.771	-5.792	0.000		0.843	-0.596	-0.061	0.000	8864.419
	S_{dm0311}	9.851	2.169	4.229	0.000		0.871	0.476	0.045	0.000	2348.751
H_{tck}	S_{dm03}	-.154	-0.079	-3.960	0.000		0.219	-0.452	-0.042	0.280	3.570
	S_{dm0307}	4.613	1.317	3.134	0.003		0.873	0.372	0.033	0.001	1575.807
	S_{dm0308}	-4.230	-1.142	-2.011	0.049		0.893	-0.249	-0.021	0.000	2880.871
	常量	-68.038	—	-5.673	0.000	0.993 (F = 1 045.247, p=0.000)	—	—	—	—	—
	S_{dm0309}	-1.087	-0.276	-0.608	0.545		0.908	-0.078	-0.007	0.001	1732.490
	S_{dm0313}	-3.046	-0.635	-1.601	0.114		0.827	-0.201	-0.017	0.001	1323.381
	S_{dm0305}	2.383	0.764	5.923	0.000		0.889	0.604	0.065	0.007	140.056
	S_{dm0310}	7.573	1.787	4.904	0.000		0.899	0.532	0.053	0.001	1118.152
	S_{dm0312}	-20.541	-4.355	-5.475	0.000		0.843	-0.574	-0.060	0.000	5330.241
	S_{dm0311}	13.670	3.010	4.231	0.000		0.871	0.476	0.046	0.000	4264.164
	S_{dm03}	-.162	-0.083	-3.235	0.002		0.219	-0.383	-0.035	0.179	5.593
	S_{dm0307}	2.216	0.632	2.570	0.013		0.873	0.313	0.028	0.002	509.902

续表 10－13

处理 Treat	日照因子 S_{dm03}	模型 Model Coefficients 非标准 Unstandard	标准 Standard	T－检验 (T-test) t	p	R^2	相关系数 Correlations r_0	$r_{partial}$	r_{part}	共线性统计量 Collinearity statistics 容差 Tolerance	方差膨胀因子 VIF
H_{trpa}	常量	－69.353	—	－3.569	0.001	0.987 (F＝977.000 p＝0.000)	—	—	—	—	—
	S_{dm0309}	7.698	1.430	8.571	0.000		0.895	0.731	0.122	0.007	137.944
	S_{dm0313}	－34.732	－5.302	－14.907	0.000		0.817	－0.881	－0.212	0.002	626.614
	S_{dm0312}	17.226	2.676	4.298	0.000		0.837	0.473	0.061	0.001	1919.368
	S_{dm0305}	4.210	0.989	9.908	0.000		0.881	0.778	0.141	0.020	49.313
	S_{dm0311}	6.642	1.072	2.403	0.019		0.864	0.288	0.034	0.001	985.088

②四因子模型　用 S_{dm0303} 代替优化模型的 S_{dm0308} 分析，树高年生长量与 S_{dm0302} 负偏相关极显著，与 S_{dm0312} 负偏相关显著（$r_{partial}$ ＝ －0.292，p＝0.017），而与 S_{dm0313} 正偏相关不显著（$r_{partial}$＝0.224，p＝0.068），与 S_{dm0303} 正偏相关极显著。油松也对 S_{dm0312} 和 S_{dm0313} 响应较大，单位量变化系数为 4.919 和 4.123；比优化模型显著减弱；其对模型影响也响应降低，分别贡献 38.5% 和 25.2%。油松对 S_{dm0302} 响应也较小，其单位量变化系数为 1.042，贡献 8.7%；比优化模型明显增强。S_{dm0303} 对模型影响也相对较大，其单位量变化系数为2.396，对模型贡献 27.6%。

表 10－14　汉中油松高年生长量与 3 月日照时数均值逐步回归模型

Tab. 10－14 The stepwise regression model of relationship between the average sunshine durations in March and annual height increment of *Pinus tabulaeformi*

处理 Treat	日照因子 S_{dm03}	模型 Model Coefficients 非标准 Unstandard	标准 Standard	T－检验 (T-test) t	p	R^2	相关系数 Correlations r_0	$r_{partial}$	r_{part}	共线性统计量 Collinearity statistics 容差 Tolerance	方差膨胀因子 VIF
H_{atck}	常量	－46.020	—	－3.390	0.001	0.782 (F＝58.258，p＝0.000)	—	—	—	—	—
	S_{dm0313}	17.060	13.612	7.815	0.000		0.591	0.696	0.453	0.001	904.308
	S_{dm0302}	－0.635	－0.989	－5.418	0.000		0.573	－0.558	－0.314	0.101	9.926
	S_{dm0312}	－18.974	－15.405	－8.980	0.000		0.574	－0.744	－0.520	0.001	876.970
	S_{dm0308}	3.187	3.296	9.466	0.000		0.651	0.761	0.548	0.028	36.126
	常量	－6.126	—	－0.310	0.757	0.700 (F＝37.907，p＝0.000)	—	—	—	—	—
	S_{dm0303}	1.676	2.396	6.883	0.000		0.703	0.649	0.468	0.038	26.245
	S_{dm0313}	5.167	4.123	1.854	0.068		0.591	0.224	0.126	0.001	1070.861
	S_{dm0302}	－0.669	－1.042	－4.739	0.000		0.573	－0.507	－0.322	0.095	10.477
	S_{dm0312}	－6.059	－4.919	－2.457	0.017		0.574	－0.292	－0.167	0.001	868.332

续表 10－14

处理 Treat	日照因子 S_{dm03}	模型 Model Coefficients 非标准 Unstandard	标准 Standard	T－检验 (T-test) t	p	R^2	相关系数 Correlations r_0	$r_{partial}$	r_{part}	共线性统计量 Collinearity statistics 容差 Tolerance	方差膨胀因子 VIF
	常量	－30.533	—	－1.925	0.059	0.746 (F＝70.196, p＝0.000)	—	—	—	—	—
	S_{dm0307}	3.165	2.606	5.582	0.000		0.755	0.572	0.274	0.011	90.399
	S_{dm0313}	－11.896	－7.149	－8.203	0.000		0.713	－0.716	－0.403	0.003	315.205
	S_{dm0311}	19.501	12.385	6.732	0.000		0.760	0.644	0.330	0.001	1404.405
	S_{dm0310}	－9.983	－6.794	－4.442	0.000		0.777	－0.485	－0.218	0.001	970.901
	S_{dm0301}	－0.317	－0.417	－2.573	0.012		0.363	－0.306	－0.126	0.092	10.904
H_{atrpa}	常量	－56.608	—	－3.313	0.001	0.792*	—	—	—	—	—
	S_{dm0302}	－0.832	－0.976	－7.732	0.000		0.474	－0.689	－0.434	0.198	5.047
	S_{dm0307}	2.907	2.393	7.110	0.000		0.755	0.659	0.400	0.028	35.869
	S_{dm0313}	－1.291	－0.776	－2.359	0.021		0.713	－0.279	－0.133	0.029	34.288
	常量	－102.665	—	－9.683	0.000	0.729**	—	—	—	—	—
	S_{dm0309}	1.803	1.319	11.175	0.000		0.782	0.807	0.710	0.290	3.447
	S_{dm0302}	－0.543	－0.638	－5.403	0.000		0.474	－0.551	－0.344	0.290	3.447

备注:Remark：* F＝83.559，p＝0.000；** F＝90.195，p＝0.000；

（2）RPA 树高年生长量与 3 月日照均值模型分析

①五因子优化模型　在控制模型中其他因子影响下，树高年生长量与 S_{dm0313}、S_{dm0310} 和 S_{dm0301} 负偏相关依次减弱，其与前两因子相关极显著，与 S_{dm0301} 相关显著（$r_{partial}$ ＝ －0.306，p＝0.012）；而与 S_{dm0307} 和 S_{dm0311} 正偏相关极显著。油松对 S_{dm0311} 响应最强，单位量变化系数达 12.385；其对模型影响也最大，贡献 45.0％。油松对 S_{dm0313} 和 S_{dm0310} 响应也较强，系数分别为 7.149 和 6.794；其对模型贡献 30.2％ 和 17.5％。S_{dm0307} 对模型影响相对较小，其单位量变化系数为 2.606，贡献 6.8％。而油松对 S_{dm0301} 响应最弱，系数仅为 0.417；其对模型影响也很小，仅贡献 0.4％。

②三因子因子模型　树高年生长量与 S_{dm0307} 正偏相关极显著，与 S_{dm0313} 负偏相关显著（$r_{partial}$ ＝ －0.279，p＝0.021），与 S_{dm0302} 负偏相关极显著。各因子配合下，油松对 S_{dm0307} 响应最强，单位量变化系数为 2.393，其对模型贡献 66.1％。对 S_{dm0302} 和 S_{dm0313} 响应相对较弱，其单位量变化系数为 0.976 和 0.773，对模型贡献 22.1％ 和 11.7％。

③二因子模型分析　从 S_{dm0309} 和 S_{dm0302} 模型分析，S_{dm0309} 对模型作用远大于 S_{dm0302}；两因子单位量变化系数为 1.319 和 0.638，对模型分别贡献 80.9％ 和 19.1％。

2. 树高年生长量与三月日照均值的模型拟合　从相关性分析，油松高年生长量与不同生长期3月日照时数均值正相关非常明显。RPA与S_{dm0304}和S_{dm0309}的相关性相对较强，相关系数分别为0.778和0.782。而对照与S_{dm0303}相关度最高，相关系数为0.703。与2月日照时数相同，油松高年生长量与其月均日照时数关系也可用Linear－模型和Quadratic－模型分析。

$$H_{atck} = -41.780 + 0.492S_{dm0303}$$

$(n=70, R^2=0.494, F=66.429, p=0.000; t_0=-5.060, p=0.000; t_1=8.150, p=0.000)$

$$H_{atck} = 76.499 - 1.425S_{dm0303} + 0.07S_{dm0303}^2$$

$(n=70, R^2=0.624, F=55.484, p=0.000; t_0=2.979, p=0.004; t_1=-3.537, p=0.001; t_2=4.789, p=0.000)$

$$H_{atrpa} = -65.365 + 0.774S_{dm0304}$$

$(n=70, R^2=0.605, F=104.305, p=0.000; t_0=-6.464, p=0.000; t_1=10.213, p=0.000)$

$$H_{atrpa} = 89.743 - 1.833S_{dm0304} + 0.010S_{dm0304}^2$$

$(n=70, R^2=0.689, F=74.148, p=0.000; t_0=2.381, p=0.020; t_1=-2.962, p=0.004; t_2=4.239, p=0.000)$

$$H_{atrpa} = -89.871 + 1.069S_{dm0309}$$

$(n=70, R^2=0.611, F=106.883, p=0.000; t_0=-7.312, p=0.000; t_1=10.338, p=0.000)$

$$H_{atrpa} = 142.126 - 3.111S_{dm0309} + 0.018S_{面0309}^2$$

$(n=70, R^2=0.700, F=78.140, p=0.000; t_0=2.670, p=0.010; t_1=-3.298, p=0.002; t_2=4.269, p=0.000)$

三、树高生长年增量与三月日照时数均值指标的关系

1. 树高生长年增量与三月日照均值的向后剔除法逐步回归模型　经过5次向后逐步回归，组建了以S_{dm0301}、S_{dm0305}、S_{dm0306}、S_{dm0307}、S_{dm0308}、S_{dm0309}和S_{dm0310}为因子的对照油松高年增量优化模型；经过6次向后逐步回归，组成了以S_{dm0301}、S_{dm0302}、S_{dm0303}、S_{dm0306}、S_{dm0307}和S_{dm0308}为因子的RPA油松高年增量优化模型（表10－15）。

（1）对照树高生长年增量与3月日照均值模型分析　在控制其它因子作用下，树高年增量与S_{dm0310}和S_{dm0307}负偏相关极显著，与S_{dm0306}负偏相关不显著（$r_{partial}=-0.244$）；而与S_{dm0308}、S_{dm0305}、S_{dm0309}和S_{dm0301}正偏相关依次增强，其中与S_{dm0308}相关显著（$r_{partial}=0.313$，$p=0.012$），与后3个因子相关极显著。各因子配合下，S_{dm0310}对油松树高作用最强，其单位量变化系数为9.178，对模型贡献33.8%。S_{dm0309}、S_{dm0305}、S_{dm0307}、S_{dm0308}和S_{dm0306}对油松高年增量作用也相对较强，单位量变化系数依次为7.729、7.517、7.224、5.768和5.364；其对模型影响也相对较大。分别贡献18.7%、15.2%、12.9%、10.4%和7.0%。而S_{dm0301}

对油松作用相对较弱，单位量变化系数仅为1.235，对模型贡献2.0%。

表10－15 汉中油松高年增量与3月日照均值指标逐步向后回归模型

Tab. 10－15 The backward stepwise regression model of mean sunshine hours in March and annual height growth acceleration of *Pinus tabulaeformi*

处理 Treat	日照因子 S_{dm03}	模型 Model Coefficients		T－检验 (T-test)		R^2	相关系数 Correlations			共线性统计量 Collinearity statistics	
		非标准 Unstandard	标准 Standard	t	p		r_0	$r_{partial}$	r_{part}	容差 Tolerance	方差膨胀因子 VIF
	常量	112.976	—	3.877	0.000		—	—	—	—	—
	S_{dm0301}	0.889	1.235	3.589	0.001	0.414	0.218	0.415	0.349	0.080	12.525
	S_{dm0305}	7.695	7.517	3.362	0.001	(F =	0.165	0.393	0.327	0.002	528.838
	S_{dm0306}	−5.841	−5.364	−1.977	0.053	6.253,	0.174	−0.244	−0.192	0.001	778.665
H_{ahtck}	S_{dm0307}	−8.303	−7.224	−2.688	0.009	p=0.000)	0.188	−0.323	−0.261	0.001	763.862
	S_{dm0308}	7.008	5.768	2.595	0.012		0.191	0.313	0.252	0.002	522.594
	S_{dm0309}	9.999	7.729	3.438	0.001		0.168	0.400	0.334	0.002	534.612
	S_{dm0310}	−12.761	−9.178	−5.515	0.000		0.131	−0.574	−0.536	0.003	292.912
	常量	44.441	—	1.129	0.263		—	—	—	—	—
	S_{dm0301}	1.976	1.513	3.734	0.000	0.410	0.147	0.426	0.361	0.057	17.512
	S_{dm0302}	−6.174	−4.221	−5.597	0.000	(F =	0.145	−0.576	−0.542	0.016	60.709
R_{ahtrpa}	S_{dm0303}	7.657	4.803	6.159	0.000	7.292,	0.241	0.613	0.596	0.015	64.919
	S_{dm0306}	−11.590	−5.867	−3.437	0.001	p=0.000)	0.184	−0.397	−0.333	0.003	311.059
	S_{dm0307}	19.355	9.282	3.183	0.002		0.185	0.372	0.308	0.001	907.712
	S_{dm0308}	−11.691	−5.304	−2.730	0.008		0.187	−0.325	−0.264	0.002	402.945

（2）RPA树高生长年增量与3月日照均值模型分析　在控制其它因子影响下，RPA树高年增量与S_{dm0302}、S_{dm0306}和S_{dm0308}负偏相关依次减弱，而与S_{dm0307}、S_{dm0301}和S_{dm0303}正偏相关依次增强，且均极显著。各因子相互作用下，S_{dm0307}对油松作用最强，单位量变化系数达9.282，其对模型影响也最大，贡献28.0%。其次是S_{dm0306}、S_{dm0308}、S_{dm0303}和S_{dm0302}，其单位量变化系数为5.867、5.304、4.803和4.221，对模型分别贡献18.2%、14.6%、20.1%和15.4%。与对照相同，而S_{dm0301}对油松高年增量作用也最弱，单位量变化系数为1.513，对模型仅贡献3.7%。

2. **树高生长年增量与三月日照均值的逐步回归模型**　对其进行逐步回归模型分析，组成了5组对照油松高年增量有效模型，其中，S_{dm0312}、S_{dm0313}和S_{dm0309}构成了其优化模型，同时用S_{dm0303}、S_{dm0312}和S_{dm0313}组合也能较好反映不同生长期3月平均日照时间对对照油松高年增量的影响。而RPA油松高年增量仅与S_{dm0303}关系相对密切（表10－16）。

从对照优化模型分析，树高年增量与 S_{dm0312} 负偏相关极显著，而与 S_{dm0309} 和 S_{dm0313} 正偏相关极显著。三因子配合下，油松对 S_{dm0312} 和 S_{dm0313} 响应极强，单位量变化系数达 14.472 和 12.484；其对模型影响也很大，分别贡献 51.4% 和 44.4%，对模型起着决定作用。而油松对 S_{dm0309} 响应极弱，单位量变化系数为 2.176，对模型贡献 4.2%。

另一模型显示，树高年增量与 S_{dm0312} 负偏相关显著（$r_{partial}=-0.312, p=0.010$），与 S_{dm0303} 和 S_{dm0313} 正偏相关也仅达显著水平（$r_{partial}=0.247$、$0.251, p=0.042$、0.039）。与优化模型相同，油松也对 S_{dm0312} 和 S_{dm0313} 响应极强，单位量变化系数达 6.896 和 6.102，对模型分别贡献 55.6% 和 40.2%。而油松对 S_{dm0303} 响应极弱，其单位量变化系数为 0.994，对模型贡献 4.2%；在模型中的角色与优化模型中的 S_{dm0309} 相同。

表 10－16　汉中油松高年增量与 3 月日照均值指标逐步回归模型

Tab. 10－16 The stepwise regression model of mean sunshine hours in March and annual height growth acceleration of *Pinus tabulaeformi*

处理 Treat	日照因子 S_{dm03}	模型 Model Coefficients 非标准 Unstandard	标准 Standard	T－检验 (T-test) t	p	R^2	相关系数 Correlations r_0	$r_{partial}$	r_{part}	共线性统计量 Collinearity statistics 容差 Tolerance	方差膨胀因子 VIF
R_{ahtck}	常量	0.971	—	0.045	0.964	0.399^a	—	—	—	—	—
	S_{dm0312}	−22.395	−14.472	−6.370	0.000		0.146	−0.617	−0.608	0.002	566.827
	S_{dm0313}	19.657	12.484	6.235	0.000		0.171	0.609	0.595	0.002	440.191
	S_{dm0309}	2.815	2.176	3.407	0.001		0.168	0.387	0.325	0.022	44.785
	常量	20.972	—	0.592	0.556	0.336^b	—	—	—	—	—
	S_{dm0303}	0.873	0.994	2.072	0.042		0.296	0.247	0.208	0.044	22.865
	S_{dm0312}	−10.671	−6.896	−2.665	0.010		0.146	−0.312	−0.267	0.002	665.848
	S_{dm0313}	9.607	6.102	2.104	0.039		0.171	0.251	0.211	0.001	836.183
R_{ahtrpa}	常量	−30.145	—	−1.174	0.245	0.058^c	—	—	—	—	—
	S_{dm0303}	0.384	0.241	2.044	0.045		0.241	0.241	0.241	1.000	1.000

备注：Remark：^{a} $F=14.602, p=0.000$；^{b} $F=11.152, p=0.000$；^{c} $F=4.178, p=0.045$

3. 树高生长年增量与三月日照均值的模型拟合　树高生长年增量与 3 月平均日照时数均呈一定正相关，但相关度较低。其中对照与 S_{dm0303} 相关极显著（$r_0=0.296, p=0.006$），与 S_{dm0301} 和 S_{dm0302} 相关显著（$r_0=0.218$、$0.275, p=0.035$、0.011）；而 RPA 仅与 S_{dm0303} 相关达显著水平（$r_0=0.241, p=0.022$）。对其进行模型拟合分析，对照与 S_{dm0302} 关系仅符合 Linear－模型要求，RPA 和对照与 S_{dm0303} 关系可采用 Linear－模型和 Quadratic－模型分析；但其 Linear－模型决定系数 R^2 较小，很难准确反映 3 月日照与油松高年增量的关系。

（1）Linear－模型分析　模型 $b>0$、RPA＞对照，b 比值为 1.475；RPA 与对照模型交点位于 71.4 h/m 附近；交点也在 S_{dm0303} 取值下限外。表明 RPA 模型值大于对照，且两者差距随 S_{dm0303} 增加逐渐明显。

$$R_{ahtck}=-16.742+0.222S_{dm0302}$$

$(n=70, R^2=0.076, F=5.571, p=0.021; t_0=-1.275, p=0.207; t_1=2.360, p=0.021)$

$$R_{ahtrpa}=-30.145+0.384S_{dm0303}$$

$(n=70, R^2=0.058, F=4.178, p=0.045; t_0=-1.174, p=0.245; t_1=2.044, p=0.041)$

$$R_{ahtck}=-21.335+0.260S_{dm0303}$$

$(n=70, R^2=0.088, F=6.529, p=0.013; t_0=-1.531, p=0.130; t_1=2.555, p=0.013)$

（2）Quadratic－模型分析　模型 $a>0$、RPA＜对照，$b<0$、RPA≥对照，$c>0$、RPA≥对照，极小值分别出现在 108.8 h/m 和 116.0 h/m 附近；极值点左侧分别有 4 组合 5 组数据。两模型交点位于 54.5 h/m 附近，在 S_{dm0303} 取值下限{77.8，192.6}外。表明在当地日照条件下，RPA 油松高生长年增量大于对照，两者差距与近 4 年 3 月平均日照时数呈正相关。结果与其 Linear－模型分析结果一致。

$$R_{ahtrpa}=93.316-1.618S_{dm0303}+7.4339\times10^{-3}S_{dm0303}^2$$

$(n=70, R^2=0.085, F=3.114, p=0.051; t_0=1.023, p=0.310; t_1=-1.130, p=0.262;$
$t_2=1.410, p=0.163)$

$$R_{ahtck}=95.067-1.627S_{dm0203}+7.014\times10^{-5}S_{dm0303}^2$$

$(n=70, R^2=0.167, F=6.719, p=0.002; t_0=1.982, p=0.052; t_1=-2.161, p=0.034;$
$t_2=2.528, p=0.014)$

第五节　四月日照对树高生长的均值效应

【内容提要】逐步回归模型显示，对照油松对近 13 年、近 9 年和近 8 年的 4 月平均日照时数（S_{dm0412}、S_{dm0408}和 S_{dm0407}）响应较大，其在优化模型和 7 因子模型中的单位量变化系数分别为 6.500、4.655、2.795 和 4.427、4.546、2.909，对模型分别贡献 49.1%、28.0%、14.6%和 35.5%、37.2%、20.7%。而 RPA 油松对近 11 年和近 9 年的 4 月日照均值（S_{dm0410}和 S_{dm0408}）响应较大，其单位量变化系数分别为 3.968、4.602 和 4.434、4.039，对模型分别贡献 32.6%、36.5%和 57.0%、36.8%。

油松高年生长量与当年 4 月日照时数（S_{dm04}）极不相关。与近 2 年至近 14 年的均值（$S_{dm0401}\sim S_{dm0413}$）正相关。其中，对照与近 6 年均值（$S_{dm0405}$）相关性最强（$r=0.657$），RPA 与近 7 年均值（$S_{dm0406}$）相关性相对较强（$r=0.718$）。其关系也可用 Linear－模型和 Quadratic－模型分析。对照逐步回归优化模型中，油松对近 4 年、近 2 年和近 7 年均值

（S_{dm0403}、S_{dm0401}和 S_{dm0406}）响应依次减弱，单位量变化系数为 2.247、1.012 和 0.966，对模型分别贡献 57.0%、15.9%和 27.2%；3 因子模型中，油松对近 6 年、近 7 年和近 2 年均值（S_{dm0405}、S_{dm0406}和 S_{dm0401}）响应依次降低，单位量变化系数为 3.429、2.688 和 0.251，分别贡献 55.1%、43.9%和 1.0%。RPA 优化模型中，油松对近 11 年、近 13 年、近 9 年和近 8 年均值（S_{dm0410}、S_{dm0412}、S_{dm0408} 和 S_{dm0407}）响应逐次减弱，单位量变化系数为 7.192、3.126、2.482和 2.252，对模型分别贡献 61.2%、17.0%、10.4%和 11.4%；其两因子模型中，近 7 年和近 11 年 4 月日照均值（S_{dm0406}和 S_{dm0410}）的单位量变化系数为 2.217 和 1.546，贡献 54.6%和 45.4%。

汉中飞播油松高生长年增量与当年 4 月日照时数（S_{dm04}）极不相关，与其均值指标有一定正相关性。其中，对照与近 2 年、近 5 年、近 6 年和近 12 年 4 月日照均值（S_{dm0401}、S_{dm0404}、S_{dm0405}和 S_{dm0411}）相关显著（$p<0.05$），与近 3 年和近 4 年均值（S_{dm0402}和 S_{dm0403}）相关极显著（$P<0.01$）；而 RPA 仅与 S_{dm0403}和 S_{dm0405}相关显著。向后剔除法逐步回归分析结果显示，可用 S_{dm0410}、S_{dm0413}、S_{dm0407}、S_{dm0402}和 S_{dm04}因子组成的对照油松优化模型，S_{dm0410}、S_{dm0413}、S_{dm0409}、S_{dm0407}、S_{dm0406}、S_{dm0402}和 S_{dm04}因子构成的 RPA 油松优化模型，分析 4 月日照对油松高生长年增量的均值效应。对照模型中，前 2 个因子对油松影响较大，其单位量变化系数为 8.008 和 6.305，对模型贡献 53.5%和 39.7%；RPA 模型中，前 3 个因子对油松影响较大，其单位量变化系数为 11.371、5.679 和 4.963，对模型分别贡献 56.4%、17.9%和 20.1%。对照逐步回归优化模型中，S_{dm0412}和 S_{dm0411}对油松影响极大，其单位量变化系数达 7.099 和 6.774，对模型贡献 53.0%和 46.2%；用 S_{dm0410}取代 S_{dm0412}，油松对 S_{dm0410}和 S_{dm0411}响应极强，单位量变化系数为 4.382 和 3.660，对模型分别贡献54.9%和 41.0%；而 S_{dm0403}在两个模型中影响极弱，分别贡献 0.8%和 0.4%。

【关 键 词】多效抗旱驱鼠剂，飞播造林，油松，树高生长，4 月日照均值，逐步回归模型

一、树高与四月日照时数均值指标的关系

对树高（H_t）与 4 月日照时数均值指标（S_{dm04}）进行逐步回归模型分析，在组成的 11 组对照有效模型中，S_{dm0406}、S_{dm0408}、S_{dm0407}、S_{dm0312}、S_{dm04}、S_{dm0404}和 S_{dm0311}构成了对照油松高 4 月日照时数均值指标优化模型；同时，S_{dm0406}、S_{dm0410}、S_{dm0408}、S_{dm0407}、S_{dm0412}、S_{dm04}和 S_{dm0404}组合也能较好诠释对照树高与不同生长期 4 月日照时数均值的关系。而在组合的 9 组 RPA 有效模型中，S_{dm0410}、S_{dm0408}、S_{dm0407}、S_{dm0411}、S_{dm0405}、S_{dm0403}和 S_{dm0404}构建了 RPA 油松高优化模型；另外，S_{dm0406}、S_{dm0410}、S_{dm0408}和 S_{dm0407}组合也能较好地反应不同生长量 4 月日照时数均值指标对 RPA 油松高的影响（表 10－17）。

表 10－17　汉中油松高与 4 月日照时数均值逐步回归模型

Tab. 10－17 The stepwise regression model of relationship between the average sunshine durations in April and *Pinus tabulaeformi* height

处理 Treat	日照因子 S_{dm04}	模型 Model Coefficients 非标准 Unstandard	标准 Standard	T－检验 (T-test) t	p	R^2	相关系数 Correlations r_0	$r_{partial}$	r_{part}	共线性统计量 Collinearity statistics 容差 Tolerance	方差膨胀因子 VIF
H_{tck}	常量	111.237	—	1.851	0.069		—	—	—	—	—
	S_{dm0406}	－4.113	－0.748	－2.627	0.011		0.843	－0.317	－0.053	0.005	202.870
	S_{dm0408}	34.334	4.655	11.249	0.000	0.975	0.790	0.819	0.225	0.002	428.002
	S_{dm0407}	18.341	2.795	10.277	0.000	(F＝	0.824	0.794	0.206	0.005	184.916
	S_{dm0412}	－57.391	－6.500	－13.897	0.000	348.235,	0.709	－0.870	－0.278	0.002	546.779
	S_{dm04}	0.569	0.300	8.100	0.000	p＝0.000)	－0.070	0.717	0.162	0.291	3.431
	S_{dm0404}	－3.153	－0.813	－7.242	0.000		0.771	－0.677	－0.145	0.032	31.523
	S_{dm0411}	10.867	1.240	3.507	0.001		0.712	0.407	0.070	0.003	312.531
	常量	113.773	—	1.754	0.084		—	—	—	—	—
	S_{dm0406}	－5.821	－1.059	－3.650	0.001		0.843	－0.421	－0.079	0.006	180.906
	S_{dm0410}	－6.659	－0.787	－1.354	0.181	0.971	0.721	－0.169	－0.029	0.001	725.308
	S_{dm0408}	33.536	4.546	10.195	0.000	(F＝	0.790	0.791	0.220	0.002	427.077
	S_{dm0407}	19.090	2.909	9.409	0.000	297.935,	0.824	0.767	0.203	0.005	205.300
	S_{dm0412}	－39.088	－4.427	－6.850	0.000	p＝0.000)	0.709	－0.656	－0.148	0.001	896.963
	S_{dm04}	0.415	0.219	4.663	0.000		－0.070	0.510	0.101	0.211	4.736
	S_{dm0404}	－2.025	－0.522	－3.649	0.001		0.771	－0.420	－0.079	0.023	44.001
H_{trpa}	常量	104.019	—	1.206	0.233		—	—	—	—	—
	S_{dm0410}	－45.848	－3.968	－9.230	0.000		0.715	－0.761	－0.199	0.003	398.666
	S_{dm0408}	46.333	4.602	11.946	0.000	0.971	0.786	0.835	0.257	0.003	320.084
	S_{dm0407}	25.514	2.849	8.404	0.000	(F＝	0.815	0.730	0.181	0.004	247.848
	S_{dm0411}	－19.916	－1.665	－5.048	0.000	299.292,	0.699	－0.540	－0.109	0.004	234.721
	S_{dm0405}	－3.943	－0.621	－2.189	0.032	p＝0.000)	0.810	－0.268	－0.047	0.006	173.788
	S_{dm0402}	1.520	0.411	4.518	0.000		0.298	0.498	0.097	0.056	17.895
	S_{dm0404}	－4.086	－0.772	－2.767	0.007		0.757	－0.332	－0.060	0.006	168.013
	常量	59.474	—	0.701	0.486	0.945	—	—	—	—	—
	S_{dm0306}	－0.553	－0.074	－0.246	0.807	(F＝	0.840	－0.030	－0.007	0.009	105.546
	S_{dm0310}	－51.231	－4.434	－13.561	0.000	276.983,	0.715	－0.860	－0.396	0.008	125.389
	S_{dm0308}	40.662	4.039	7.731	0.000		0.786	0.692	0.226	0.003	320.061
	S_{dm0307}	11.034	1.232	3.811	0.000	p＝0.000)	0.815	0.427	0.111	0.008	122.589

1. 对照树高四月日照时数均值模型分析

（1）树高四月月均日照优化模型　树高除与当年 4 月日照时数（S_{dm04}）极不相关外（r_0 ＝ －0.070），与模型中其他因子正相关均十分显著。消除其他因子干扰，油松高与

S_{dm0412}、S_{dm0404}和S_{dm0406}负偏相关依次减弱，其中与前两因子相关极显著，而与后1因子相关显著（$r_{partial}=-0.217, p=0.011$）；与$S_{dm0311}$、$S_{dm04}$、$S_{dm0407}$和$S_{dm0408}$正偏相关依次增强，且极显著。在各因子协同作用下，油松对S_{dm0412}、S_{dm0408}和S_{dm0407}响应相对较强，其单位量变化系数依次为6.500、4.655和2.795；三因子对模型起着主导作用，贡献依次为49.1%、28.0%和14.6%；而油松对S_{dm0411}、S_{dm0404}、S_{dm0406}和S_{dm04}响应相对较弱，系数为1.240、0.813、0.748和0.300，对模型分别贡献4.3%、2.2%、1.3%和0.4%。

（2）树高7因子四月月均日照模型　在控制模型中其他因子影响下，树高与S_{dm0412}、S_{dm0406}、S_{dm0404}和S_{dm0410}负偏相关依次减弱，其中与前三因子相关极显著，与后一因子相关不显著（$r_{partial}=-0.169$）；而与S_{dm04}、S_{dm0407}和S_{dm0408}正偏相关依次增强，且极显著。油松对$_{dm0408}$、S_{dm0412}和S_{dm0407}响应较强，其单位量变化系数依次为4.546、4.427和2.909，对模型分别贡献37.2%、35.5%和20.7%；而油松对S_{dm0406}、S_{dm0410}、S_{dm0404}和S_{dm04}响应较弱，系数为10.59、0.787、0.522和0.219，其对模型分别贡献3.5%、1.6%、1.3%和0.3%。

2. RPA **树高四月日照时数均值模型分析**

（1）树高四月月均日照优化模型　模型各因子与油松高也呈明显正相关。在控制其他因子作用下，树高与S_{dm0410}、S_{dm0411}、S_{dm0404}和S_{dm0405}负偏相关依次减弱，其中与前三因子相关极显著，与后一因子相关显著（$r_{partial}=-0.268, p=0.032$）；而与$S_{dm0402}$、$S_{dm0407}$和$S_{dm0408}$正偏相关依次增强，且显著。油松对$S_{dm0408}$和$S_{dm0410}$反应较大，单位量变化系数为4.602和3.968，其对模型影响也较大，分别贡献36.5%和32.6%；其次是S_{dm0407}和S_{dm0311}，其变化系数为2.849和1.665，对模型贡献17.7%和10.0%；而油松对S_{dm0404}、S_{dm0405}和S_{dm0402}反应较小，单位量变化系数依次为0.772、0.621和0.411，其对模型影响也较小，分别贡献1.3%、1.0%和0.8%。

2.2 树高4因子四月月均日照模型　树高与S_{dm0411}负偏相关极显著（$r_{partial}=-0.860, p=0.000$），与$S_{dm0406}$负偏相关不显著（$r_{partial}=-0.030$），而与$S_{dm0407}$和$S_{dm0408}$正偏相关极显著（$r_{partial}=0.427$、$0.692, p=0.000$）。在四因子相互作用下，油松对$S_{dm0410}$和$S_{dm0408}$反应较大，单位量变化系数为4.434和4.039，其对模型起着决定性作用，分别贡献57.0%和36.8%；其次是S_{dm0407}，变化系数为1.232，对模型贡献6.2%；而树高对S_{dm0406}反应极小，单位量变化系数仅为0.074，对模型仅贡献0.02%。

二、树高年生长量与四月日照时数均值指标的关系

1. 树高年生长量与四月日照均值的逐步回归模型　对树高年生长量（H_{at}）与4月日照时数均值指标（S_{dm04}）进行逐步回归模型分析，在对照组成的5组有效模型中，S_{dm0406}、S_{dm0401}和S_{dm0403}组建了对照油松优化模型。另外，S_{dm0405}、S_{dm0406}和S_{dm0401}组合也可诠释对照树高年生长量与不同生长期4月日照时数均值的关系。在组成了6组RPA有效模型中，S_{dm0410}、S_{dm0407}、S_{dm0412}和S_{dm0408}构建了RPA油松高年生长量优化模型；同时也可用S_{dm0406}和

S_{dm0410}组合分析4月日照时数均值对RPA树高年生长量的影响(表10－18)。

表10－18 汉中油松高年生长量与4月日照时数均值逐步回归模型

Tab. 10－18 The stepwise regression model of relationship between the average sunshine durations in April and annual height increment of *Pinus tabulaeformi*

处理 Treat	日照因子 S_{dm04}	模型 Model Coefficients 非标准 Unstandard	模型 Model Coefficients 标准 Standard	T－检验 (T-test) t	T－检验 (T-test) p	R^2	相关系数 Correlations r_0	相关系数 Correlations $r_{partial}$	相关系数 Correlations r_{part}	共线性统计量 Collinearity statistics 容差 Tolerance	共线性统计量 Collinearity statistics 方差膨胀因子 VIF
H_{atck}	常量	19.118	—	0.783	0.437	0.652^a	—	—	—	—	—
	S_{dm0406}	－1.386	－0.966	－4.367	0.000		0.588	－0.473	－0.317	0.108	9.279
	S_{dm0401}	－0.592	－1.012	－6.672	0.000		0.226	－0.635	－0.485	0.230	4.357
	S_{dm0403}	1.942	2.247	7.611	0.000		0.645	0.684	0.553	0.061	16.516
	常量	－11.228	—	－0.481	0.632	0.617^b	—	—	—	—	—
	S_{dm0405}	4.163	3.429	6.829	0.000		0.657	0.643	0.520	0.023	43.439
	S_{dm0406}	－3.857	－2.688	－5.495	0.000		0.588	－0.560	－0.419	0.024	41.214
	S_{dm0401}	－0.147	－0.251	－2.781	0.007		0.226	－0.324	－0.212	0.712	1.404
H_{atrpa}	常量	23.264	—	0.624	0.535	0.821 (F＝74.538, p＝0.000)	—	—	—	—	—
	S_{dm0410}	－21.109	－7.192	－7.176	0.000		0.604	－0.665	－0.377	0.003	364.795
	S_{dm0407}	5.123	2.252	4.665	0.000		0.710	0.501	0.245	0.012	84.614
	S_{dm0412}	9.571	3.126	3.621	0.001		0.608	0.410	0.190	0.004	270.698
	S_{dm0408}	6.348	2.482	3.236	0.002		0.671	0.372	0.170	0.005	213.678
	常量	62.219	—	1.193	0.237	0.659^c	—	—	—	—	—
	S_{dm0406}	4.225	2.217	7.601	0.000		0.718	0.680	0.542	0.060	16.718
	S_{dm0410}	－4.538	－1.546	－5.300	0.000		0.604	－0.543	－0.378	0.060	16.718

备注:Remar: [a] $F=41.183, p=0.000$; [b] $F=35.425, p=0.000$; [c] $F=64.721, p=0.000$

(1)对照树高年生长量与4月日照均值模型分析

①三因子优化模型　在排除其他因子影响下,树高年生长量与S_{dm0406}和S_{dm0401}负偏相关极显著,而与S_{dm0403}和S_{dm0405}正偏相关极显著。在优化模型中,油松对S_{dm0403}、S_{dm0401}和S_{dm0406}响应依次减弱,单位量变化系数为2.247、1.012和0.966。在各因子相互配合下,S_{dm0403}对模型影响最大,贡献57.0%;而S_{dm0406}和S_{dm0401}影响相对较小,分别贡献27.2%和15.9%。

②三因子模型　油松对S_{dm0405}响应最大,单位量变化系数为3.429;其对模型影响也最大,贡献55.1%。其次是S_{dm0406},单位量变化系数为2.688,对模型贡献43.9%;比在优化模型中显著增强。而油松对S_{dm0401}响应极弱,单位量变化系数仅为0.251,对模型贡献1.0%;与优化模型相比明显降低。1.2 RPA树高年生长量与4月日照均值模型分析

③四因子RPA优化模型　排除其它因子干扰,树高年生长量仅与S_{dm0410}负偏相关极

显著；而与 S_{dm0408}、S_{dm0412} 和 S_{dm0407} 正偏相关极显著，且依次增强。在各因子相互作用下，油松对 S_{dm0410} 响应最大，单位量变化系数达 7.192；其对模型影响也最强，贡献 61.2%。其次是 S_{dm0412}，单位量变化系数为 3.126，对模型贡献 17.0%。油松对 S_{dm0408} 和 S_{dm0407} 响应相对较弱，对模型影响相当；其单位量变化系数分别为 2.482 和 2.252，对模型贡献 10.4% 和 11.4%。

④两因子模型　树高年生长量与 S_{dm0406} 正偏相关极显著，而与 S_{dm0410} 负偏相关极显著。油松对 S_{dm0406} 响应大于对 S_{dm0410} 的响应，单位量变化系数为 2.217 和 1.546；但两因子对模型影响差异不大，分别贡献 54.6% 和 45.4%。

2. **树高年生长量与四月日照均值的模型拟合**　从树高年生长量与不同生长期 4 月日照时数均值相关性分析，油松高年生长量与当年 4 月日照时数极不相关。对照与 S_{dm0405} 相关性最强，系数为 0.657；RPA 与其相关性也相对较强，系数为 0.709；比 RPA 与 S_{dm0406} 相关系数 0.718 略低。其关系可以用 Linear－模型和 Quadratic－模型表述。

$$H_{atck} = -108.268 + 0.798S_{dm0405}$$

$(n=70, R^2=0.432, F=51.642, p=0.000; t_0=-5.883, p=0.000; t_1=7.186, p=0.000)$

$$H_{atck} = 520.757 - 6.989S_{dm0405} + 0.022S_{dm0405}^2$$

$(n=70, R^2=0.503, F=33.959, p=0.000; t_0=2.567, p=0.013; t_1=-2.778, p=0.007; t_2=3.112, p=0.003)$

$$H_{atrpa} = -153.655 + 1.142S_{dm0405}$$

$(n=70, R^2=0.502, F=68.669, p=0.000; t_0=-6.722, p=0.000; t_1=8.287, p=0.000)$

$$H_{atrpa} = -163.130 + 1.255S_{dm0405} - 3.293 \times 10^{-4}S_{dm0405}^2$$

$(n=70, R^2=0.502, F=33.831, p=0.000; t_0=-0.605, p=0.547; t_1=0.392, p=0.696; t_2=-0.035, p=0.972)$

$$H_{atck} = -114.005 + 0.843S_{dm0406}$$

$(n=70, R^2=0.345, F=35.855, p=0.000; t_0=-4.957, p=0.000; t_1=5.988, p=0.000)$

$$H_{atck} = 327.872 - 4.523S_{dm0406} + 0.016S_{dm0406}^2$$

$(n=70, R^2=0.367, F=19.419, p=0.000; t_0=1.122, p=0.266; t_1=-1.277, p=0.206; t_2=1.516, p=0.134)$

$$H_{atrpa} = -187.949 + 1.369S_{dm0406}$$

$(n=70, R^2=0.516, F=72.485, p=0.000; t_0=-7.159, p=0.000; t_1=8.514, p=0.000)$

$$H_{atrpa} = 304.090 - 4.607S_{dm0406} + 0.018S_{dm0406}^2$$

$(n=70, R^2=0.531, F=37.965, p=0.000; t_0=0.910, p=0.366; t_1=-1.138, p=0.259; t_2=1.478, p=0.144)$

直线模型显示，对照和 RPA 油松高年生长量 S_{dm0405} 模型交点在 131.6 h/m 附近，且 RPA 模型斜率大于对照，比值为 1.432。在 S_{dm0405} 范围内{136.7，202.2}，RPA 模型值大于对照，且随4月日照时数均值增加差距扩大。说明在 S_{dm0405} 相同日照条件下，RPA拌种飞播油松对日照的响应比对照油松强，单位量变化量比对照增加43.2%。其 S_{dm0406} 模型交点在140.7 h/m附近，处于 S_{dm0406} 取值范围的下限{136.7，194.3}，模型斜率比值为1.623。在油松生长的1～14年，只有1组数据小于交点值。分析结果与 S_{dm0405} 基本相同，但在 S_{dm0406} 条件下，RPA油松对日照影响更强，其单位量变化量比对照增加62.3%。

Quadratic－模型有极小值。对照和RPA的 S_{dm0406} 模型极值点分别发生在140.7 h/m和128.7 h/m附近，极小值为9.6cm/a和7.6 cm/a。对照只有一组数据处于极值点左侧，RPA均处于极值点右侧。说明在 S_{dm0406} 取值范围内{136.7，194.3}，油松高年生长量均与 S_{dm0406} 正相关，对照和RPA油松高年生长量分别以 $-4.523+0.032S_{dm0406}$ 和 $-4.607+0.036S_{dm0406}$ 速率变化。RPA油松对日照反应强度明显大于对照。

三、树高生长年增量与四月日照时数均值指标的关系

1. **树高生长年增量与四月日照均值的向后剔除法逐步回归模型**　经过8次向后逐步回归，组建了对照油松高年增量各生长期4月日照均值优化模型；而经过6次向后逐步回归，组成RPA油松高年增量优化模型(表11－19)。

表10－19　汉中油松高年增量与4月日照均值指标逐步向后回归模型

Tab.10－19 The backward stepwise regression model of mean sunshine hours in April and annual height growth acceleration of *Pinus tabulaeformi*

处理 Treat	日照因子 S_{dm04}	模型 Model Coefficients 非标准 Unstandard	标准 Standard	T－检验 (T-test) t	p	R^2	相关系数 Correlations r_0	$r_{partial}$	r_{part}	共线性统计量 Collinearity statistics 容差 Tolerance	方差膨胀因子 VIF
R_{ahtck}	常量	41.858	—	0.453	0.652	0.404 (F=8.693, p=0.000)	—	—	—	—	—
	S_{dm04}	−0.357	−0.574	−3.391	0.001		0.030	−0.390	−0.327	0.324	3.083
	S_{dm0402}	0.778	0.876	4.425	0.000		0.327	0.484	0.427	0.238	4.207
	S_{dm0407}	3.142	1.459	2.210	0.031		0.180	0.266	0.213	0.021	46.854
	S_{dm0410}	−22.241	−8.008	−4.587	0.000		0.159	−0.497	−0.442	0.003	327.605
	S_{dm0413}	18.465	6.305	3.981	0.000		0.182	0.446	0.384	0.004	269.513
R_{ahtrpa}	常量	11.003	—	0.087	0.931	0.677 (F=18.601, p=0.000)	—	—	—	—	—
	S_{dm04}	−0.642	−0.570	−4.043	0.000		−0.040	−0.457	−0.292	0.262	3.816
	S_{dm0402}	1.060	0.658	4.049	0.000		0.120	0.457	0.292	0.197	5.073
	S_{dm0406}	−4.604	−1.408	−1.764	0.083		0.126	−0.219	−0.127	0.008	122.382
	S_{dm0407}	7.842	2.008	1.983	0.052		0.171	0.244	0.143	0.005	197.149
	S_{dm0409}	23.484	4.963	5.603	0.000		0.175	0.580	0.404	0.007	150.798
	S_{dm0410}	−57.286	−11.371	−7.122	0.000		0.110	−0.671	−0.514	0.002	489.897
	$S_{dm04138}$	30.175	5.679	3.501	0.001		0.139	0.406	0.253	0.002	505.901

(1)对照树高生长年增量与4月日照均值模型分析　在控制其他因子作用下，对照树高

生长年增量与 S_{dm0410} 和 S_{dm04} 负偏相关极显著；而与 S_{dm0407} 正偏相关显著（$r_{partial}=0.266, p=0.031$），与 S_{dm0413} 和 S_{dm0402} 正偏相关极显著。各因子配合下，S_{dm0410} 和 S_{dm0413} 对油松高年增量起着决定性作用，其单位量变化系数达 8.008 和 6.305，对模型贡献 53.5% 和 39.7%。S_{dm0407} 对油松高年增量也起一定作用，单位量变化系数为 1.459，贡献 4.1%。而 S_{dm0402} 和 S_{dm04} 作用极弱，单位量变化系数仅为 0.876 和 0.574，对模型仅贡献 1.9% 和 0.7%。

（2）RPA 树高生长年增量与 4 月日照均值模型分析　排除其他因子干扰下，树高生长年增量与 S_{dm0410} 和 S_{dm04} 负偏相关极显著，与 S_{dm0407} 负偏相关不显著（$r_{partial}=-0.219$）；而与 S_{dm0402}、S_{dm0409} 和 S_{dm0413} 正偏相关极显著，与 S_{dm0407} 正偏相关不显著（$r_{partial}=0.244$）。在各因子相互作用下，S_{dm0410} 对油松高年增量作用最强，单位量变化系数达 11.371；其对模型影响也最大，贡献 56.4%；比对照略有增强。其次是 S_{dm0413} 和 S_{dm0409}，单位量变化系数为 5.679 和 4.963，对模型分别贡献 17.9% 和 20.1%。而 S_{dm0407}、S_{dm0406}、S_{dm0402} 和 S_{dm04} 对树高生长年增量作用很小，单位量变化系数依次为 2.008、1.408、0.658 和 0.570；其对模型影响也相对很小，分别为 2.9%、1.5%、0.8% 和 0.5%。与对照相比，S_{dm0413} 作用明显减弱。

2. **树高生长年增量与四月日照均值的逐步回归模型**　RPA 油松高生长年增量与各生长期 4 月平均日照时数线性关系比较疏远，没有组成有效模型。而在对照组成的 5 组有效模型中，S_{dm0403}、S_{dm0411} 和 S_{dm0413} 构建了其优化模型。同时，S_{dm0403}、S_{dm0410} 和 S_{dm0411} 组合也可诠释各生长期 3 月平均日照时间对其油松高年增量的作用（表 10－20）。

表 10－20　汉中油松高年增量与 4 月日照均值指标逐步回归模型

Tab. 10－20 The stepwise regression model of mean sunshine hours in April and annual height growth acceleration of *Pinus tabulaeformi*

处理 Treat	日照因子 S_{dm04}	模型 Model Coefficients		T－检验 (T-test)		R^2	相关系数 Correlations			共线性统计量 Collinearity statistics	
		非标准 Unstandard	标准 Standard	t	p		r_0	$r_{partial}$	r_{part}	容差 Tolerance	方差膨胀因子 VIF
R_{ahtck}	常量	82.251	—	1.133	0.261	0.412^a	—	—	—	—	—
	S_{dm0403}	0.598	0.551	2.132	0.037		0.330	0.254	0.201	0.134	7.485
	S_{dm0411}	19.476	6.774	4.554	0.000		0.201	0.489	0.430	0.004	248.264
	S_{dm0412}	-20.567	-7.099	-5.090	0.000		0.159	-0.531	-0.481	0.005	218.222
	常量	72.209	—	0.926	0.358	0.340^b	—	—	—	—	—
	S_{dm0403}	0.946	0.871	3.347	0.001		0.330	0.381	0.335	0.147	6.782
	S_{dm0410}	-11.893	-4.282	-3.998	0.000		0.159	-0.442	-0.400	0.009	114.810
	S_{dm0411}	10.524	3.660	3.269	0.002		0.201	0.373	0.327	0.008	125.488

备注：Remark：[a] $F=15.396, p=0.000$；[b] $F=11.357, p=0.000$

从其优化模型分析，树高年增量与 S_{dm0412} 负偏相关极显著；而与 S_{dm0403} 正偏相关显著

($r_{partial}=0.254$,$p=0.037$),与 S_{dm0411} 正偏相关极显著。三因子配合下,油松对 S_{dm0412} 和 S_{dm0411} 响应极强,单位量变化系数达 7.099 和 6.774;其对模型起着决定作用,分别贡献 53.0% 和 46.2%。而对 S_{dm0403} 响应极弱,单位量变化系数仅为 0.551;其对模型影响也很小,仅贡献 0.8%。

另一模型显示,树高年增量与 S_{dm0410} 负偏相关极显著,而与 S_{dm0403} 和 S_{dm0411} 正偏相关极显著。油松对 S_{dm0410} 和 S_{dm0411} 响应极强,其单位量变化系数为 4.382 和 3.660,对模型分别贡献 54.9% 和 41.0%。同样,油松对 S_{dm0403} 响应极弱,单位量变化系数仅为 0.871,对模型贡献 4.0%;作用比优化模型明显增强。

3. **树高生长年增量与四月日照均值的模型拟合** 树高生长年增量与当年 4 月日照时数极不相关($r_0=0.030$、-0.040),而与其它因子均有一定正相关性。其中,对照与 S_{dm0402} 和 S_{dm0403} 相关极显著($r_0=0.327$、0.330,$p=0.003$),与 S_{dm0401}、S_{dm0404}、S_{dm0405} 和 S_{dm0411} 相关显著($r_0=0.226$、0.212、0.226、0.201,$p=0.030$、0.039、0.030、0.048);而 RPA 仅与 S_{dm0403} 和 S_{dm0405} 相关显著($r_0=0.227$、0.205,$p=0.029$、0.044)。对其进行模型拟合,RPA 与 S_{dm04} 关系,以及对照与 S_{dm04}、S_{dm0402}、S_{dm0403} 和 S_{dm0405} 关系均可用 Quadratic - 模型分析;另外,对照与 S_{dm0402} 和 S_{dm0403} 关系也可用 Linear - 模型分析。

(1)Linear - 模型分析 模型 $b>0$,表明树高年增量与 S_{dm0402} 和 S_{dm0403} 成正比。

$$R_{ahtck}=-35.824+0.291S_{dm0402}$$

$$(n=70, R^2=0.107, F=8.160, p=0.006; t_0=-2.051, p=0.044; t_1=2.857, p=0.006)$$

$$R_{ahtck}=-47.433+0.358S_{dm0403}$$

$$(n=70, R^2=0.109, F=8.306, p=0.005; t_0=-2.231, p=0.029; t_1=2.882, p=0.005)$$

(2)Quadratic - 模型分析 RPA 和对照 S_{dm04} 模型,$a>0$、RPA > 对照,$b<0$、RPA < 对照,$c>0$、RPA > 对照,极值分别出现在 195.9 h/m 和 190.8 h/m 附近;极值点左侧各有 11 组数据。表明在当地日照条件下,当年 4 月日照时数(S_{dm04})< 195.9 h/m 和 190.8 h/m 时,油松高生长年增量有随 S_{dm04} 延长下降的趋势,但降幅以 0.019 S_{dm04} 和 0.007 S_{dm04} 递减;极值点变化为零;超过极值点,油松高年增量有随 S_{dm04} 延长提高的趋势,且增幅以 0.019 S_{dm04} 和 0.007 S_{dm04} 递增。RPA 和对照模型交点位于 144.4 h/m 和 252.9 h/m 附近,交点区间分布有 6 组数据,其 RPA 模型值小于对照,模型最大差距出现在 190.8 h/m 附近。交点区间外分布有 8 组数据,其 RPA 模型值大于对照,距离交点区间越远,RPA 和对照油松高生长年增量差异越明显。对照 S_{dm0402} 的 Quadratic - 模型 $a<0$、$b>0$、$c<0$,极大值出现在 208.8 h/m 附近,其左侧有 11 组数据,其油松高生长年增量有随近 3 年 4 月平均日照时数(S_{dm0402})增加而提高趋势,但增幅以 0.013 S_{dm0402} 递减。对照 S_{dm0403} 和 S_{dm0405} 的 Quadratic - 模型 $a>0$、$b<0$、$c>0$;极小值分别出现在 147.0 h/m 和 164.9 h/m 附近;其左侧分别有 4 组和 9 组数据。极值点左侧,油松高年增量随 S_{dm0403} 和 S_{dm0405} 增加有降低趋势,而右侧有提高的趋势。

$$R_{ahtrpa}=354.585-3.803S_{dm04}+0.010S_{dm04}^2$$

($n=70$, $R^2=0.247$, $F=10.961$, $p=0.000$; $t_0=4.853$, $p=0.000$; $t_1=-4.672$, $p=0.000$; $t_2=4.667$, $p=0.000$)

$$R_{ahtck}=123.331-1.287S_{dm04}+3.374\times10^{-3}S_{dm04}^2$$

($n=70$, $R^2=0.098$, $F=3.651$, $p=0.031$; $t_0=2.799$, $p=0.007$; $t_1=-2.622$, $p=0.011$; $t_2=2.690$, $p=0.009$)

$$R_{\mathrm{ahtck}}=-250.421+2.720\mathrm{S}_{\mathrm{dm0402}}-6.512\times10^{-3}S_{\mathrm{dm0402}}^2$$

($n=70$, $R^2=0.160$, $F=6.404$, $p=0.003$; $t_0=-2.376$, $p=0.020$; $t_1=2.302$, $p=0.024$; $t_2=-2.063$, $p=0.043$)

$$R_{ahtck}=113.679-1.470S_{dm0403}+5.000\times10^{-3}S_{dm0403}^2$$

($n=70$, $R^2=0.123$, $F=4.715$, $p=0.012$; $t_0=0.736$, $p=0.464$; $t_1=-0.845$, $p=0.401$; $t_2=1.053$, $p=0.296$)

$$R_{ahtck}=740.021-8.985S_{dm0405}+0.027S_{dm0405}^2$$

($n=70$, $R^2=0.122$, $F=4.650$, $p=0.013$; $t_0=2.183$, $p=0.033$; $t_1=-2.233$, $p=0.029$; $t_2=2.321$, $p=0.023$)

第六节　五月日照对树高生长的均值效应

【内容提要】逐步回归模型显示，与4月日照相同，模型中除RPA油松与当年5月日照时数相关不显著外，其余均极显著，其中与近5年5月平均日照时数性关性最强($r_0=0.815$、0.804, $p=0.000$)。对照油松对近14年和近11年的5月平均日照时数(S_{dm0513}和S_{dm0510})响应较强，其在优化模型和7因子模型中的单位量变化系数分别为3.584、3.362和3.790、3.756，对模型分别贡献43.2%、36.3%和42.8%、35.0%。RPA油松对S_{dm0513}和S_{dm0510}响应也较强，其在优化模型和6因子模型中的单位量变化系数分别为5.587、3.574和3.903、2.730，对模型分别贡献44.5%、20.8%和55.7%、32.8%；在其优化模型中近12年5月平均日照时数(S_{dm0511})对模型影响也较大，其单位量变化系数为2.419，贡献15.0%。

5月日照均值与树高年生长量性关性变化规律与4月日照类似，对照与近4年5月日照均值(S_{dm0503})相关性最强($p=0.702$)，RPA与近5年均值(S_{dm0504})相关度最大($p=0.695$)，但两者与近6年5月月均日照(S_{dm0505})相关性均较强($p=0.628$、0.664)。与其它日照均值指标相同，其关系均也可用Linear－模型和Quadratic－模型分析。逐步回归分析证明，近12年、近11年、近14年和近7年5月日照均值(S_{dm0511}、S_{dm0510}、S_{dm0513}和S_{dm0506})组成了对照优化模型，其中，前2个因子对油松影响较大，单位量变化系数为7.474和5.611，对模型贡献53.6%和38.9%。近4年、近12年和近11年5月日照均值(S_{dm0503}、S_{dm0511}和S_{dm0510})因子模型中，S_{dm0511}和S_{dm0510}对油松高年生长量影响较大，单位量变化系数依次为4.449和4.405,对模型分别贡献51.5%和45.5%。近4年、近6年和近12年5月日照均值(S_{dm0503}、S_{dm05}和S_{dm0511})因子模型中,S_{dm0503}和S_{dm0511}对树高年生长量影响较大,单位量变化系数为1.213和0.447,对模型,贡献72.7%和21.7%。而近13年、近9年、近3年、近7年和近4年5月日照均值(S_{dm0513}、S_{dm0508}、S_{dm0502}、S_{dm0506}和S_{dm0503})构建了RPA优化模型,其中,前3个因子对油松影响较大,单位量变化系数为1.584、1.572和1.205,对模型分别贡献41.4%、21.8%和19.5%。其3因子模型中,近3年、近4年和近5年5月日照均值(S_{dm0502}、S_{dm0503}和S_{dm0404})对油松的影响依次减弱,单位量变化系数为0.999、0.776和0.711,对模型分别贡献47.1%、22.5%和30.4%。

对照树高年增量与近2年至近14年5月日照均值($S_{dm0501} \sim S_{dm0513}$)正相关;其中,与$S_{dm0502}$和$S_{dm0503}$相关极显著($p<0.01$),与$S_{dm0501}$和$S_{dm0505} \sim S_{dm0509}$相关显著($p<0.05$)。RPA与$S_{dm0502} \sim S_{dm0513}$均呈正相关,但仅与$S_{dm0503}$相关显著($r_0=0.240, p=0.023$)。向后剔除法逐步回归分析结果显示,可用$S_{dm0511}$、$S_{dm0510}$、$S_{dm0513}$、$S_{dm0509}$和$S_{dm0508}$因子组成的对照模型,由$S_{dm0510}$、$S_{dm0511}$、$S_{dm0509}$、$S_{dm0513}$和$S_{dm0508}$因子构成的RPA模型,分析5月日照对汉中飞播油松高生长年增量的均值效应。对照模型中,油松对S_{dm0511}、S_{dm0510}和S_{dm0513}响应较强,其单位量变化系数为9.474、6.839和4.292,对模型贡献47.2%、24.2%和17.7%。RPA模型中,油松对S_{dm0510}、S_{dm0511}和S_{dm0509}响应较大,其单位量变化系数为10.918、9.860和7.027,对模型贡献36.0%、33.8%和17.7%;而S_{dm0513}的影响比对照明显降低(系数3.429,贡献7.9%)。

【关 键 词】多效抗旱驱鼠剂,飞播造林,油松,树高生长,5月日照均值,逐步回归模型

一、树高与五月日照时数均值指标的关系

在不同生长期5月日照时数均值指标组合成了8组对照和12组RPA油松高有效模型,S_{dm0504}、S_{dm0506}、S_{dm0513}、S_{dm0510}、S_{dm0509}和S_{dm0507}构成了对照油松高5月日照时数均值指标优化模型,另外S_{dm0504}、S_{dm0501}、S_{dm0506}、S_{dm0513}、S_{dm0510}、S_{dm0509}和S_{dm0507}组合也能较好诠释对照树高与不同生长期5月日照时数均值的关系;S_{dm0504}、S_{dm0513}、S_{dm0507}、S_{dm0511}、S_{dm0506}、S_{dm0510}、S_{dm0509}、S_{dm0502}、S_{dm0505}和S_{dm05}组建了RPA油松优化模型,同时S_{dm0504}、S_{dm0501}、S_{dm0513}、S_{dm0507}、S_{dm0511}和S_{dm0506}组合也能反映不同生长期5月日照时数均值对RPA油松高的影响(表10-21)。

1. 对照树高五月日照时数均值模型分析

(1)树高五月月均日照优化模型　树高与模型中不同生长期5月日照时数均值正相关十分显著。在控制其他因子影响下,油松高与S_{dm0513}、S_{dm0507}和S_{dm0509}负偏相关依次减弱,而与S_{dm0504}、S_{dm0506}和S_{dm0510}正偏相关依次增强,且均极显著。在各因子相互作用下,油松对S_{dm0513}和S_{dm0510}响应较强,单位量变化系数为3.584和3.362,其对模型起着主导作用,分别贡献43.2%和36.3%;其次是S_{dm0506},变化系数为1.548,对模型贡献12.2%;而油松对S_{dm0504}、S_{dm0507}和S_{dm0509}响应较弱,单位量变化系数依次为0.583、0.657和0.462,其对模型影响也相应较小,分别贡献3.3%、3.1%和1.9%。

表 10－21　汉中油松高与 5 月日照时数均值逐步回归模型

Tab. 10－21 The stepwise regression model of relationship between the average sunshine durations in May and *Pinus tabulaeformi* height

处理 Treat	日照因子 S_{dm05}	模型 Model Coefficients 非标准 Unstandard	标准 Standard	T－检验 (T-test) t	p	R^2	相关系数 Correlations r_0	$r_{partial}$	r_{part}	共线性统计量 Collinearity statistics 容差 Tolerance	方差膨胀因子 VIF
	常量	－69.949	—	－2.274	0.026		—	—	—	—	—
	S_{dm0504}	2.802	0.583	8.006	0.000	0.989	0.815	0.710	0.106	0.033	30.118
	S_{dm0506}	8.992	1.548	12.814	0.000	(F =	0.762	0.850	0.170	0.012	82.891
H_{tck}	S_{dm0513}	－28.422	－3.584	－35.091	0.000	936.648,	0.700	－0.975	－0.465	0.017	59.293
	S_{dm0510}	24.177	3.362	26.342	0.000	p=0.000)	0.802	0.957	0.349	0.011	92.575
	S_{dm0509}	－3.094	－0.462	－3.440	0.001		0.788	－0.398	－0.046	0.010	102.648
	S_{dm0507}	－3.906	－0.657	－4.517	0.000		0.742	－0.495	－0.060	0.008	120.250
	常量	－46.302	—	－1.346	0.183		—	—	—	—	—
	S_{dm0504}	3.007	0.625	8.057	0.000	0.989	0.815	0.715	0.106	0.029	34.874
	S_{dm0501}	.216	0.091	1.481	0.144	(F =	0.035	0.185	0.019	0.046	21.642
H_{ahtck}	S_{dm0506}	9.894	1.703	10.704	0.000	818.349,	0.762	0.806	0.141	0.007	146.526
	S_{dm0513}	－30.112	－3.798	－21.578	0.000	p=0.000)	0.700	－0.939	－0.284	0.006	179.357
	S_{dm0510}	27.012	3.756	12.745	0.000		0.802	0.851	0.167	0.002	503.006
	S_{dm0509}	－3.756	－0.561	－3.768	0.000		0.788	－0.432	－0.050	0.008	128.489
	S_{dm0507}	－5.865	－0.987	－3.722	0.000		0.742	－0.427	－0.049	0.002	406.875
	常量	73.349	—	1.205	0.233		—	—	—	—	—
	S_{dm0504}	3.930	0.599	5.244	0.000		0.804	0.564	0.067	0.013	78.803
	S_{dm0513}	－60.464	－5.587	－18.925	0.000		0.686	－0.927	－0.243	0.002	526.776
	S_{dm0507}	－13.119	－1.617	－4.124	0.000	0.990	0.728	－0.473	－0.053	0.001	928.977
	S_{dm0511}	25.226	2.419	8.614	0.000	(F =	0.754	0.746	0.111	0.002	476.574
	S_{dm0506}	13.693	1.727	8.001	0.000	598.636,	0.746	0.721	0.103	0.004	281.524
	S_{dm0510}	35.085	3.574	8.464	0.000	p=0.000)	0.787	0.741	0.109	0.001	1078.071
	S_{dm0509}	－9.322	－1.021	－3.922	0.000		0.765	－0.455	－0.050	0.002	409.411
H_{trpa}	S_{dm0502}	1.336	0.310	3.707	0.000		0.314	0.435	0.048	0.024	42.371
	S_{dm0505}	2.858	0.381	2.701	0.009		0.768	0.332	0.035	0.008	120.399
	S_{dm05}	.412	0.155	2.625	0.011		－0.093	0.323	0.034	0.048	21.052
	常量	－203.209	—	－2.992	0.004		—	—	—	—	—
	S_{dm0504}	3.410	0.520	4.653	0.000	0.973	0.804	0.506	0.096	0.034	29.464
	S_{dm0501}	－1.052	－0.323	－6.003	0.000	(F =	0.023	－0.603	－0.123	0.146	6.860
	S_{dm0513}	－42.243	－3.903	－13.745	0.000	383.499,	0.686	－0.866	－0.283	0.005	190.610
	S_{dm0507}	5.784	0.713	2.324	0.023	p=0.000)	0.728	0.281	0.048	0.004	222.285
	S_{dm0511}	28.473	2.730	9.100	0.000		0.754	0.754	0.187	0.005	212.760
	S_{dm0506}	7.062	0.890	4.224	0.000		0.746	0.470	0.087	0.010	105.079

(2)树高7因子五月月均日照模型　优化模型中引入S_{dm0501}，树高除与S_{dm0501}相关性较差外($r_0=0.035$)，与其他各因子正相关也十分显著。在消除其他因子干扰下，油松与与S_{dm0513}、S_{dm0509}和S_{dm0507}负偏相关依次减弱，且极显著；而与S_{dm0501}、S_{dm0504}、S_{dm0506}和S_{dm0510}正偏相关依次增强，其中除与S_{dm0501}相关不显著($r_{partial}=0.185$)外，其余均极显著。树高对S_{dm0513}和S_{dm0510}响应也较强，单位量变化系数为3.790和3.756，对模型分别贡献42.8%和35.0%；其次也是S_{dm0506}，变化系数为1.703，对模型贡献12.4%；树高对S_{dm0507}、S_{dm0504}和S_{dm0509}响应相对较弱，变化系数为0.907、0.625和0.561，对模型分别贡献3.9%、3.4%和2.5%。分析结果与优化模型基本一致。而树高对S_{dm0501}响应极弱，单位量变化系数仅为0.091，其对模型影响也很小，仅贡献0.1%。

2. RPA **树高五月日照时数均值模型分析**

(1)树高五月月均日照优化模型　除S_{dm0501}与树高无相关性($r_0=-0.093$)外，其余各因子与树高正相关非常明显。在控制其他因子影响下，油松高也与S_{dm0513}、S_{dm0507}和S_{dm0509}负偏相关依次减弱，且极显著；而与S_{dm05}、S_{dm0505}、S_{dm0502}、S_{dm0504}、S_{dm0506}、S_{dm0510}和S_{dm0511}正偏相关依次增强，其中除与S_{dm05}相关不大极显著水平($r_{partial}=0.323, p=0.011$)外，其余均极显著。油松对$S_{dm0513}$响应最大，单位量变化系数为5.587，其对模型影响也最大，贡献44.5%；其次是S_{dm0510}和S_{dm0511}，变化系数为3.574和2.419，对模型分别贡献20.8%和15.0%；树高对S_{dm0506}、S_{dm0507}和S_{dm0509}响应相对较小，系数依次为1.727、1.617和1.021，对模型分别贡献8.1%、5.0%和3.4%；而树高对S_{dm0504}、S_{dm0505}、S_{dm0502}和S_{dm05}响应更弱，变化系数依次为0.599、0.381、0.310和0.155，其对模型影响也很小，分别贡献1.9%、0.8%、0.5%和0.1%。

(2)树高6因子五月月均日照模型　树高与S_{dm0513}和S_{dm0501}负偏相关极显著，而与S_{dm0507}、S_{dm0506}、S_{dm0504}和S_{dm0511}正偏相关依次增强，其中与前1因子相关显著($r_{partial}=0.281, p=0.023$)，与后3因子相关极显著。油松也对$S_{dm0513}$反应最大，单位量变化系数为3.903，对模型贡献55.7%；S_{dm0511}的单位量变化系数为2.730，对模型贡献32.8%；而S_{dm0506}、S_{dm0504}、S_{dm0507}和S_{dm0501}对树高影响较小，其变化系数依次为0.890、0.520、0.713和0.323，对模型分别贡献5.2%、2.8%、2.5%和1.0%。

二、树高年生长量与五月日照时数均值指标的关系

1. **树高年生长量与五月日照均值的逐步回归模型**　在对照组成的7组有效模型中，S_{dm0511}、S_{dm0510}、S_{dm0506}和S_{dm0513}组建了对照油松优化模型；另外，S_{dm0503}、S_{dm0511}和S_{dm0510}组合，S_{dm0503}、S_{dm05}和S_{dm0511}组合也可诠释对照树高年生长量与不同生长期5月日照时数均值的关系。而在组成的7组RPA有效模型中，S_{dm0502}、S_{dm0503}、S_{dm0506}、S_{dm0513}和S_{dm0508}构建了RPA优化模型；同时S_{dm0504}、S_{dm0502}和S_{dm0503}组合也能较好反映不同生长期5月日照时数对RPA油松高年生长量的影响(表10－22)。

(1)对照树高年生长量与 5 月日照均值模型分析

①四因子优化模型 在控制其他因子影响下,树高年生长量与 S_{dm0511} 负偏相关极显著,与 S_{dm0513} 负偏相关显著($r_{\text{partial}} = -0.297, p = 0.015$),而与 S_{dm0510} 正偏相关明显优于 S_{dm0506},但均极显著。各因子配合下,油松对 S_{dm0511} 和 S_{dm0510} 响应较强,单位量变化系数为 7.474 和 5.611;其对模型起着主导作用,分别贡献 53.6% 和 38.9%。而油松对 S_{dm0513} 和 S_{dm0506} 响应很弱,单位量变化系数仅为 1.372 和 1.101;其对模型影响也很小,仅贡献 4.0% 和 3.5%。

表 10-22 汉中油松高年生长量与 5 月日照时数均值逐步回归模型

Tab. 10-22 The stepwise regression model of relationship between the average sunshine durations in May and annual height increment of *Pinus tabulaeformi*

处理 Treat	日照因子 S_{dm05}	模型 Model Coefficients 非标准 Unstandard	标准 Standard	T-检验 (T-test) t	p	R^2	相关系数 Correlations r_0	r_{partial}	r_{part}	共线性统计量 Collinearity statistics 容差 Tolerance	方差膨胀因子 VIF
	常量	-13.928	—	-0.450	0.654	0.785	—	—	—	—	—
	S_{dm0511}	-14.914	-7.474	-9.471	0.000	(F =	0.537	-0.761	-0.545	0.005	188.294
	S_{dm0510}	10.538	5.611	10.061	0.000	59.336,	0.599	0.780	0.579	0.011	94.046
	S_{dm0506}	1.670	1.101	3.937	0.000		0.616	0.439	0.226	0.042	23.630
	S_{dm0513}	2.841	1.372	2.503	0.015	p=0.000)	0.555	0.297	0.144	0.011	90.828
	常量	-10.051	—	-0.342	0.733		—	—	—	—	—
H_{atck}	S_{dm0503}	0.716	0.671	3.910	0.000	0.719[a]	0.702	0.434	0.255	0.145	6.920
	S_{dm0511}	-8.877	-4.449	-7.052	0.000		0.537	-0.656	-0.460	0.011	93.446
	S_{dm0510}	8.272	4.405	6.404	0.000		0.599	0.619	0.418	0.009	111.099
	常量	-32.846	—	-0.971	0.335		—	—	—	—	—
	S_{dm0503}	1.293	1.213	6.890	0.000	0.625[b]	0.702	0.647	0.519	0.183	5.455
	S_{dm05}	-0.156	-0.306	-3.770	0.000		-0.044	-0.421	-0.284	0.865	1.157
	S_{dm0511}	-0.892	-0.447	-2.524	0.014		0.537	-0.297	-0.190	0.181	5.523
	常量	-87.216	—	-2.021	0.047		—	—	—	—	—
	S_{dm0502}	-1.318	-1.205	-10.049	0.000	0.807	0.218	-0.782	-0.552	0.210	4.772
	S_{dm0503}	1.029	0.727	2.913	0.005	(F =	0.562	0.342	0.160	0.048	20.682
	S_{dm0506}	1.861	0.924	2.627	0.011	53.574,	0.650	0.312	0.144	0.024	41.062
	S_{dm0513}	-4.354	-1.584	-5.056	0.000	p=0.000)	0.596	-0.534	-0.278	0.031	32.554
H_{atrpa}	S_{dm0508}	3.388	1.572	3.048	0.003		0.639	0.356	0.167	0.011	88.328
	常量	-185.692	—	-8.790	0.000		—	—	—	—	—
	S_{dm0504}	1.186	0.711	3.138	0.003	0.713[c]	0.695	0.360	0.207	0.085	11.822
	S_{dm0502}	-1.093	-0.999	-6.062	0.000		0.218	-0.598	-0.400	0.160	6.253
	S_{dm0503}	1.099	0.776	2.415	0.019		0.562	0.285	0.159	0.042	23.780

备注:Remark: [a] $F = 56.273, p = 0.000$; [b] $F = 36.672, p = 0.000$; [c] $F = 54.715, p = 0.000$

②三因子模型 从 S_{dm0503}、S_{dm0511} 和 S_{dm0510} 因子模型分析,树高年生长量也与 S_{dm0511} 负

偏相关极显著；而与 S_{dm0503} 和 S_{dm0510} 正偏相关极显著。油松对 S_{dm0511} 和 S_{dm0510} 响应远大于 S_{dm0503}；其单位量变化系数依次为 4.449、4.405 和 0.671，对模型分别贡献 51.5%、45.5% 和 2.9%。S_{dm0503}、S_{dm05} 和 S_{dm0511} 因子模型显示，树高年生长量与与 S_{dm05} 负偏相关极显著，与 S_{dm0511} 负偏相关显著（$r_{partial}=-0.297, p=0.014$）；而与 S_{dm0503} 正偏相关极显著。3 因子配合下，油松对 S_{dm0503} 响应最强，单位量变化系数为 1.213；其对模型影响也最大，贡献 72.7%。其次是 S_{dm0511}，单位量变化系数为 0.447，对模型贡献 21.7%。而油松对 S_{dm05} 响应较弱，单位量变化系数仅为 0.306，对模型仅贡献 5.6%。

（2）RPA 树高年生长量与 5 月日照均值模型分析

①五因子优化模型　在排除模型其他因子影响下，树高年生长量与 S_{dm0502} 和 S_{dm0513} 负偏相关极显著；而与 S_{dm0506} 正偏相关显著（$r_{partial}=0.312, p=0.011$），与 S_{dm0503} 和 S_{dm0508} 正偏相关极显著；但 3 因子相关度相对较小，差异不大。在各因子相互作用下，油松对 S_{dm0513} 和 S_{dm0508} 响应较强，单位量变化系数为 1.584 和 1.572；其对模型影响也较大，分别贡献 41.4% 和 21.8%。而对 S_{dm0502}、S_{dm0506} 和 S_{dm0503} 响应较弱，其单位量变化系数依次为 1.205、0.924 和 0.727，对模型分别贡献 19.5%、10.6% 和 6.7%。

②三因子模型　树高年生长量与 S_{dm0502} 负偏相关极显著；而与 S_{dm0503} 正偏相关显著（$r_{partial}=0.285, p=0.019$），与 S_{dm0504} 正偏相关极显著（$r_{partial}=0.360, p=0.003$）。三因子协同作用下，油松对 S_{dm0502}、S_{dm0503} 和 S_{dm0404} 响应依次减弱，但差异较小，单位量变化系数为 0.999、0.776 和 0.711。S_{dm0502} 对模型影响最大，贡献 47.1%；而 S_{dm0504} 对模型影响大于 S_{dm0503}，分别贡献 30.4% 和 22.5%。

2. 树高年生长量与五月日照均值的模型拟合　从相关性分析可知，对照与 S_{dm0503} 相关性最强，系数为 0.702，RPA 与 S_{dm0504} 相关度最大，系数 0.695。但两者与 S_{dm0505} 相关性均较强，系数分别为 0.628 和 0.664。对其进行模型拟合，对照和 RPA 油松高年生长量与其关系均与 Linear – 模型和 Quadratic – 模型具有很强的拟合度。

$$H_{atck}=-116.980+0.718S_{dm0503}$$

（$n=70, R^2=0.493, F=66.119, p=0.000; t_0=-6.744, p=0.000; t_1=8.131, p=0.000$）

$$H_{atck}=279.830-3.453S_{dm0505}+0.011S_{0503}^2$$

（$n=70, R^2=0.571, F=44.596, p=0.000; t_0=2.438, p=0.018; t_1=-2.859, p=0.006; t_2=3.488, p=0.001$）

$$H_{atrpa}=-114.547+0.796S_{dm0503}$$

（$n=70, R^2=0.316, F=31.447, p=0.000; t_0=-4.283, p=0.000; t_1=5.608, p=0.000$）

$$H_{atrpa}=-208.186+1.787S_{dm0503}-0.003S_{dm0503}^2$$

（$n=70, R^2=0.319, F=15.669, p=0.000; t_0=-1.083, p=0.283; t_1=0.885, p=0.380; t_2=-0.492, p=0.624$）

$$H_{atck}=-118.245+0.764S_{dm0504}$$

$(n=70, R^2=0.361, F=39.911, p=0.000; t_0=-5.262, p=0.000; t_1=6.318, p=0.000)$

$$H_{atck}=278.062-0.575S_{dm0504}+0.012S_{dm0504}^2$$

$(n=70, R^2=0.416, F=23.859, p=0.000; t_0=1.601, p=0.114; t_1=-1.891, p=0.063; t_2=2.300, p=0.025)$

$$H_{atrpa}=-179.835+1.158S_{dm0504}$$

$(n=70, R^2=0.483, F=63.450, p=0.000; t_0=-6.652, p=0.000; t_1=7.966, p=0.000)$

$$H_{atrpa}=62.267-1.492S_{dm0504}+0.007S_{dm0504}^2$$

$(n=70, R^2=0.492, F=32.504, p=0.000; t_0=0.290, p=0.773; t_1=-0.638, p=0.526; t_2=1.135, p=0.260)$

$$H_{atck}=-141.318+0.902S_{dm0505}$$

$(n=70, R^2=0.395, F=44.384, p=0.000; t_0=-5.707, p=0.000; t_1=6.662, p=0.000)$

$$H_{atck}=362.713-7.717S_{dm0505}+0.015S_{dm0505}^2$$

$(n=70, R^2=0.452, F=27.597, p=0.000; t_0=1.881, p=0.064; t_1=-2.207, p=0.031; t_2=2.634, p=0.010)$

$$H_{atck}=-196.010+1.264S_{dm0505}$$

$(n=70, R^2=0.440, F=53.520, p=0.000; t_0=-6.199, p=0.000; t_1=7.316, p=0.000)$

$$H_{atrpa}=31.053-1.267S_{dm0505}+0.007S_{dm0505}^2$$

$(n=70, R^2=0.447, F=27.074, p=0.000; t_0=0.121, p=0.904; t_1=-0.445, p=0.658; t_2=890, p=0.377)$

从 Linear－模型分析，对照和 RPA 的 S_{dm0503} 模型交点在 －51.316 h/m 附近，远在生长期 S_{dm0503} 取值范围{145.2,234.4}下限以外，且对照模型斜率小于 RPA 模型。说明在研究期限内，RPA 模型值大于对照，且随 S_{dm0503} 增大差距有扩大的趋势。S_{dm0504} 模型交点在 156.1 h/m 附近，试验期内，只有 2 组数据小于交点值；S_{dm0505} 模型交点在 150.9 h/m 附近，只有 1 组数据小于交点值；且 RPA 模型斜率均大于对照斜率。与 S_{dm0503} Linear－模型分析结果一样，在月日照时数均值范围内，RPA 模型值大于对照，且两者差距有随生长期月日照时数均值增加扩大的趋势。

从 Quadratic－模型分析，对照 S_{dm0503} 模型有极小值，极值点在 158.1 h/m 附近；试验期内，仅有 2 组数据处于极值点左侧。而 RPAS_{dm0503} 模型有极大值，极值出现在 346.9 h/m 附近，远超出试验期内 S_{dm0503} 取值范围{145.2,234.4}上线。试验期内，RPA 模型值也大于对照。两者 S_{dm0504} 模型和 S_{dm0505} 模型有极小值。对照模型极小值分别出现在 152.6h/m 和 150.9h/m 附近，RPA 模型分别发生在 104.3 h/m 和 90.8 h/m 左右。试验期内，对照仅有 1 组数据小于极点值，而 RPA 极点值小于试验期 S_{dm0504} 和 S_{dm0505} 取值范围{145.2,221.4}和{145.2,213.7}的下限。由于对照模型二次项系数小于 RPA，试验期内 RPA 模型值均大于对照，且差距月日照时数均值增加扩大。与 Linear－模型分析结果基本一致。

三、树高生长年增量与五月日照时数均值指标的关系

1. **树高生长年增量与五月日照均值的向后剔除法逐步回归模型** 对树高年增量（R_{aht}）与各生长期5月日照均值指标（S_{dm05}）进行向后剔除法逐步回归模型分析，经过9次向后逐步回归，组建了RPA和对照油松高年增量各生长期5月日照均值优化模型，两模型组成因子和决定系数相同（表10－23）。

（1）对照树高生长年增量与5月日照均值模型分析 在控制其他因子影响下，对照树高生长年增量与S_{dm0511}负偏相关极显著，与S_{dm0509}负偏相关显著（$r_{partial}=-0.283$，$p=0.021$）；而与S_{dm0510}和S_{dm0513}正偏相关极显著，与S_{dm0508}正偏相关显著（$r_{partial}=0.278$，$p=0.021$）。各因子配合下，S_{dm0511}对其树高生长年增量作用最强，单位量变化系数达9.474；其对模型影响也最大，贡献47.2%。其次是S_{dm0510}和S_{dm0513}，单位量变化系数为6.839和4.292，对模型分别贡献24.2%和17.7%。而S_{dm0509}和S_{dm0508}对树高生长年增量作用较弱，单位量变化系数为3.456和2.010；其对模型影响也相对较小，仅贡献7.1%和3.8%。

（2）RPA树高生长年增量与5月日照均值模型分析 与对照相比，RPA树高生长年增量与S_{dm0511}和S_{dm0509}负偏相关均极显著，与S_{dm0508}、S_{dm0513}和S_{dm0510}正偏相关也均极显著。S_{dm0510}对树高年增量作用明显增强，而S_{dm0511}影响显著减弱，其单位量变化系数为10.918和9.860，对模型分别贡献36.0%和33.8%。S_{dm0509}的作用也明显提高，单位量变化系数为7.027，贡献17.7%；占据了对照模型中S_{dm0513}的地位。而S_{dm0513}和S_{dm0508}对树高作用较弱，单位量变化系数为3.429和2.719，对模型分别贡献7.9%和4.5%；其中，S_{dm0513}的作用明显消弱，S_{dm0508}的影响相对稳定。

2. **树高生长年增量与五月日照均值的逐步回归模型** 对其进行逐步回归模型分析，对照油松仅与S_{dm0502}线性关系紧密，RPA也只与S_{dm0503}相关性较强，分别组成了各自的有效模型。

$$R_{ahtck}=-57.694+0.377S_{dm0502}$$

$$R_{ahtck}=0.364S_{dm0502}$$

（$n=70$，$R^2=0.133$，$F=10.407$，$p=0.002$；$r_0=0.364$；$t_0=-2.600$，$p=0.011$；$t_1=3.226$，$p=0.002$）

$$R_{ahtrpa}=-88.601+0.583S_{dm0503}$$

$$R_{ahtrpa}=0.240S_{dm0503}$$

（$n=70$，$R^2=0.058$，$F=4.151$，$p=0.045$；$r_0=0.240$；$t_0=-1.644$，$p=0.105$；$t_1=2.037$，$p=0.045$）

模型显示，对照油松高年增量与S_{dm0502}正相关极显著，RPA与S_{dm0503}正相关显著。

表 10-23　汉中油松高年增量与 5 月日照均值指标逐步向后回归模型

Tab. 10-23 The backward stepwise regression model of mean sunshine hours in May and annual height growth acceleration of *Pinus tabulaeformi*

处理 Treat	日照因子 S_{dm05}	模型 Model Coefficients 非标准 Unstandard	标准 Standard	T-检验 (T-test) t	p	R^2	相关系数 Correlations r_0	$r_{partial}$	r_{part}	共线性统计量 Collinearity statistics 容差 Tolerance	方差膨胀因子 VIF
R_{ahtck}	常量	-1.508	—	-0.025	0.980	0.431 (F = 9.702, p = 0.000)	—	—	—	—	—
	S_{dm0508}	4.099	2.010	2.316	0.024		0.232	0.278	0.218	0.012	84.791
	S_{dm0509}	-7.587	-3.456	-2.357	0.021		0.215	-0.283	-0.222	0.004	241.840
	S_{dm0510}	16.136	6.839	4.062	0.000		0.185	0.453	0.383	0.003	318.975
	S_{dm0511}	-23.752	-9.474	-6.051	0.000		0.149	-0.603	-0.570	0.004	275.875
	S_{dm0513}	11.166	4.292	4.401	0.000		0.199	0.482	0.415	0.009	106.998
R_{ahtrpa}	常量	-11.093	—	-0.100	0.920	0.431 (F = 9.705, p = 0.000)	—	—	—	—	—
	S_{dm0508}	10.055	2.719	3.132	0.003		0.169	0.365	0.295	0.012	84.791
	S_{dm0509}	-27.990	-7.027	-4.794	0.000		0.165	-0.514	-0.452	0.004	241.840
	S_{dm0510}	46.731	10.918	6.485	0.000		0.179	0.630	0.611	0.003	318.975
	S_{dm0511}	-44.844	-9.860	-6.297	0.000		0.138	-0.619	-0.594	0.004	275.875
	S_{dm0513}	16.184	3.429	3.517	0.001		0.154	0.402	0.332	0.009	106.998

3. **树高生长年增量与五月日照均值的模型拟合**　从相关性分析，对照树高年增量与当年 5 月日照时数极不相关($r_0=0.060$)，与 $S_{dm0501}\sim S_{dm0513}$ 均呈正相关；其中与 S_{dm0502} 和 S_{dm0503} 相关极显著($r_0=0.364$、0.341，$p=0.001$、0.002)，与 S_{dm0501} 和 $S_{dm0505}\sim S_{dm0509}$ 相关显著($r_0=0.275$、0.226、0.226、0.225、0.232、0.215，$p=0.011$、0.030、0.030、0.030、0.027、0.037)。RPA 与 S_{dm05} 和 S_{dm0501} 相关度极低($r_0=-0.069$、0.060)，与 $S_{dm0502}\sim S_{dm0513}$ 均呈正相关，但仅与 S_{dm0503} 相关显著($r_0=0.240$，$p=0.023$)。对其进行模型拟合，RPA 与 S_{dm05} 和 S_{dm0502} 关系符合 Quadratic-模型分析条件，与 S_{dm0503} 关系满足 Linear-模型要求；对照与 S_{dm0501} 关系遵从 Linear-模型和 Inverse-模型，与 S_{dm0502} 和 S_{dm0503} 关系可用 Linear-模型和 Quadratic-模型分析。

$$R_{ahtrpa}=338.251-6.160S_{dm05}+7.855\times10^{-3}S_{dm05}^2$$

($n=70$, $R^2=0.188$, $F=7.769$, $p=0.001$; $t_0=4.140$, $p=0.000$; $t_1=-3.942$, $p=0.000$; $t_2=3.890$, $p=0.000$)

$$R_{ahtck}=-27.092+0.215S_{dm0501}$$

($n=70$, $R^2=0.076$, $F=5.557$, $p=0.021$; $t_0=-1.558$, $p=0.124$; $t_1=2.357$, $p=0.021$)

$$R_{ahtck}=62.574-\frac{8794.392}{S_{dm0501}}$$

($n=70$, $R^2=0.099$, $F=7.486$, $p=0.008$; $t_0=3.364$, $p=0.001$; $t_1=-2.736$, $p=0.008$)

$$R_{athtrpa} = -604.105 + 6.160S_{dm0502} - 0.015S_{dm0502}^2$$

$(n=70, R^2=0.102, F=3.801, p=0.027; t_0=-2.600, p=0.011; t_1=2.629, p=0.011; t_2=-2.540, p=0.013)$

$$R_{ahtck} = -57.694 + 0.377S_{dm0502}$$

$(n=70, R^2=0.133, F=10.407, p=0.002; t_0=-2.600, p=0.011; t_1=3.226, p=0.002)$

$$R_{ahtck} = -250.511 + 2.345S_{dm0502} - 4.860\times10^{-3}S_{dm0505}^2$$

$(n=70, R^2=0.164, F=6.577, p=0.002; t_0=-2.028, p=0.047; t_1=1.882, p=0.064; t_2=-1.586, p=0.117)$

$$R_{ahtrpa} = -88.601 + 0.583S_{dm0503}$$

$(n=70, R^2=0.058, F=4.151, p=0.045; t_0=-1.644, p=0.105; t_1=2.037, p=0.045)$

$$R_{ahtck} = -72.371 + 0.456S_{dm0503}$$

$(n=70, R^2=0.116, F=8.927, p=0.004; t_0=-2.515, p=0.014; t_1=2.988, p=0.004)$

$$R_{ahtck} = 347.77 - 3.992S_{dm0503} + 0.012S_{dm0503}^2$$

$(n=70, R^2=0.171, F=6.929, p=0.002; t_0=1.734, p=0.088; t_1=-1.893, p=0.063; t_2=2.115, p=0.038)$

(1)Linear－模型分析　模型决定系数 R^2 较小，$b>0$；表明油松高与 5 月日照均值成正比，但线性关系比较松散，重复间变异较大。RPA 和对照 S_{dm0503} 的 Linear－模型 b 比值为 1.277，$a<0$、RPA＜对照，模型在 128.3 h/m 附近相交；交点在 S_{dm0503} 取值范围下限左侧{145.3，234.4}。表明在当地日照条件下，RPA 油松高年增量大于对照，且两者差异有随近 4 年 5 月平均日照时数(S_{dm0503})增加扩大的趋势。

(2)Quadratic－模型分析　模型变化较大。RPA 的 S_{dm05} 模型 $a>0$、$b<0$、$c>0$，模型极小值出现在 209.7 h/m 附近；极值点左侧有 10 组数据。当年 5 月日照时数(S_{dm05})＜209.7 h/m 时，树高年增量与 S_{dm05} 成反比，降幅以 0.016 S_{dm05} 递减，发生频度 0.714。RPA 和对照的 S_{dm0502} 模型 $a<0$、RPA＜对照，$b>0$、RPA＞对照，$c<0$、RPA＜对照，极大值分别发生在 210.4 h/m 和 241.3 h/m 附近；极值点左侧各有 12 组数据，其油松高生长年增量与近 3 年 5 月平均日照时间成正比，但增幅分别以 0.029 S_{dm0502} 和 0.010 S_{dm0502} 递减。两模型在 151.1 h/m 和 238.7 h/m 附近相交，交点间分布 10 组数据；其 RPA 油松高生长年增量大于对照，模型最大差距为 18.6 cm/a^2，出现在 195.1 h/m 附近。对照的 S_{dm0503} 模型变化规律与其 S_{dm0502} 模型相反，其 $a>0$、$b<0$、$c>0$，极小值出现在 172.7 h/m 附近；极值点左侧有 5 组数据，其油松高生长年增量与 S_{dm0503} 成反比；而极值点右侧树高年增量与成正比，发生频度 0.643；但增减幅度均以 0.023S_{dm0503} 变化。

第七节　六月日照对树高生长的均值效应

【内容提要】 逐步回归模型显示，与 4 月和 5 月日照相同，模型中除 RPA 油松与当年

5 月日照时数相关不显著外，其余均极显著，但显著性明显降低，与近 5 年 6 月平均日照时数性关性最强，相关系数也仅为 0.640 和 0.652($p=0.000$)。

近 12 年和近 14 年 6 月日照均值(S_{dm0611}和 S_{dm0613})对树高影响较大，其在对照和 RPA 优化模型中的单位量变化系数为 17.839、17.239 和 19.094、18.178，对模型分别贡献 50.5%、46.1%和 50.3%、47.2%。

飞播油松高年生长量与 6 月日照时数均值相关性变化规律与 5 月相似，但相关度有所降低。对照与近 4 年均值(S_{dm0603})相关性最强($r=0.585$)，RPA 与近 5 年均值(S_{dm0604})相关度最高($r=0.579$)。可用 S_{dm0603}和 S_{dm0604}的 Linear－模型和 Quadratic－模型分析 6 月日照对油松高年生长量的均值效应。逐步回归模型显示，对照油松对近 13 年和 12 年均值(S_{dm0612}和 S_{dm0611})响应强，其单位量变化系数 21.596 和 19.970，对模型分别贡献49.3%和44.6%。RPA 油松对近12 年和整个生长期6 月日照时数均值(S_{dm0611}和 S_{dm0613})响应很强，其系数达 20.271 和 19.884，对模型分别贡献 50.6%和48.7%。

树高生长年增量与6 月日照均值相关性较弱。其中，对照与近4 年6 月均值(S_{dm0603})相关极显著($r_0=0.306, p=0.005$)，与近 2 年、近 3 年和近 4 年均值(S_{dm0601}、S_{dm0602}和 S_{dm0604})相关显著($p<0.05$)；而 RPA 与 S_{dm0603}相关性最大($r_0=0.193, p=0.055$)。可用 S_{dm0603}的 Linear－模型和 Quadratic－模型分析 6 月日照均值与对照油松高生长年增量的关系。向后剔除法逐步回归分析结果显示，可用 S_{dm0609}、S_{dm0610}和 S_{dm0613}因子组成的对照模型，S_{dm0607}、S_{dm0608}、S_{dm0609}、S_{dm0610}和 S_{dm0613}因子构成的 RPA 模型，分析 6 月日照对油松高生长年增量的均值效应。对照模型中，油松对 S_{dm0610}和 S_{dm0613}影响较大，其单位量变化系数达 5.651 和 4.143，对模型贡献 54.3%和 37.2%。RPA 模型中，油松对 S_{dm0610}、S_{dm0609}、S_{dm0608}和 S_{dm0613}响应较强，其单位量变化系数为 4.391、3.446、2.450 和 1.182，分别贡献 40.1%、27.5%、13.6%和 13.3%。逐步回归分析证明，在对照逐步向后回归模型中引入 S_{dm0603}，也能较好诠释对照油松高生长年增量与 6 月日照均值的关系。

【关 键 词】多效抗旱驱鼠剂，飞播造林，油松，树高生长，6 月日照均值，逐步回归模型

一、树高与六月日照时数均值指标的关系

对树高(H_t)与 6 月日照时数均值指标(S_{dm06})进行逐步回归模型分析，S_{dm0604}、S_{dm0611}、S_{dm0613}和 S_{dm0602}与油松高关系密切，首先依次进入对照和 RPA 油松高 6 月日照时数均值指标优化模型；接着 S_{dm0608}、S_{dm06}、S_{dm0610}和 S_{dm0607}依次进入对照模型，S_{dm0607}、S_{dm06}、S_{dm0606}和 S_{dm0605}分别进入 RPA 模型(表 10－24)。对照和 RPA 的模型决定系数 R^2为 0.986 和0.982 ($p=0.000$)，证明树高与各因子线性关系很强。树高与当年 6 月日照时数(S_{dm06})极不相关($r_0=-0.029$、-0.026)；而与其他因子正相关明显，且相关性随着均值统计年限延长有增强的趋势。

1. **对照树高六月日照时数均值模型分析** 在控制其他因子影响下，对照油松高与 S_{dm0611} 和 S_{dm0610} 呈极显著的负偏相关；而与 S_{dm0607}、S_{dm0608}、S_{dm06}、S_{dm0604}、S_{dm0602} 和 S_{dm0613} 正偏相关依次增强，其除与 S_{dm0607} 相关不达极显著水平外（$r_{partial}=0.301, p=0.016$），与其他因子相关极显著。在各因子相互作用下，$S_{dm0611}$ 和 S_{dm0613} 对模型起着主导作用，油松对其响应的单位量变化系数高达17.839和17.239，对模型分别贡献50.5%和46.1%；而 S_{dm0608}、S_{dm0610}、S_{dm0604}、S_{dm0602}、S_{dm0607} 和 S_{dm06} 对模型影响很小，且依次减弱；其单位量变化系数依次为0.754、0.695、0.421、0.361、0.245和0.155，对模型分别贡献1.2%、0.9%、0.6%、0.4%、0.2%和0.1%。

2. **RPA树高六月日照时数均值模型分析** RPA油松高与 S_{dm0611} 和 S_{dm0606} 呈极显著的负偏相关；而与 S_{dm0605}、S_{dm0604}、S_{dm06}、S_{dm0607}、S_{dm0602} 和 S_{dm0613} 正偏相关依次增强，且均极显著。在各因子协同作用下，树高也是对 S_{dm0611} 和 S_{dm0613} 响应最强，单位量变化系数达19.094和18.178，其对模型起主导作用，分别贡献50.3%和47.2%。而树高对 S_{dm0607}、S_{dm0606}、S_{dm0602}、S_{dm0604}、S_{dm0605} 和 S_{dm06} 响应很弱，单位量变化系数依次为0.924、0.500、0.348、0.293、0.313和0.172；其对模型影响也极小，仅贡献1.3%、0.4%、0.3%、0.2%、0.2%和0.1%。

表10－24 汉中油松高与6月日照时数均值逐步回归模型

Tab. 10－24 The stepwise regression model of relationship between the average sunshine durations in June and *Pinus tabulaeformi* height

处理 Treat	日照因子 S_{dm06}	模型 Model Coefficients 非标准 Unstandard	标准 Standard	T－检验（T-test） t	p	R^2	相关系数 Correlations r_0	$r_{partial}$	r_{part}	共线性统计量 Collinearity statistics 容差 Tolerance	方差膨胀因子 VIF
H_{tck}	常量	201.654	—	8.594	0.000	0.986（$F=607.340, p=0.000$）	—	—	—	—	—
	S_{dm0604}	1.942	0.421	8.156	0.000		0.652	0.722	0.116	0.076	13.082
	S_{dm0611}	−142.457	−17.839	−15.612	0.000		0.347	−0.894	−0.223	0.000	6423.383
	S_{dm0613}	136.657	17.239	12.621	0.000		0.376	0.850	0.180	0.000	9178.604
	S_{dm0602}	1.296	0.361	8.501	0.000		0.308	0.736	0.121	0.113	8.865
	S_{dm0608}	5.147	0.754	5.707	0.000		0.598	0.590	0.081	0.012	85.867
	S_{dm06}	0.380	0.155	6.192	0.000		−0.029	0.621	0.088	0.326	3.065
	S_{dm0610}	−5.439	−0.695	−3.484	0.001		0.421	−0.407	−0.050	0.005	195.925
	S_{dm0607}	1.497	0.245	2.467	0.016		0.634	0.301	0.035	0.021	48.369
H_{trpa}	常量	247.408	—	6.886	0.000	0.982（$F=485.053, p=0.000$）	—	—	—	—	—
	S_{dm0604}	1.848	0.293	3.648	0.001		0.640	0.423	0.058	0.039	25.447
	S_{dm0611}	−208.126	−19.094	−23.885	0.000		0.345	−0.950	−0.380	0.000	2518.822
	S_{dm0613}	196.687	18.178	21.711	0.000		0.375	0.941	0.346	0.000	2763.074
	S_{dm0602}	1.708	0.348	7.328	0.000		0.288	0.684	0.117	0.112	8.902
	S_{dm0607}	7.720	0.924	6.675	0.000		0.627	0.650	0.106	0.013	75.585
	S_{dm06}	.579	0.172	5.548	0.000		−0.026	0.579	0.088	0.263	3.808
	S_{dm0606}	−3.752	−0.500	−3.595	0.001		0.619	−0.418	−0.057	0.013	76.347
	S_{dm0605}	2.149	0.313	2.664	0.010		0.638	0.323	0.042	0.018	54.430

二、树高年生长量与六月日照时数均值指标的关系

1. **树高年生长量与六月日照均值的逐步回归模型** 对树高年生长量(H_{at})与6月日照时数均值指标(S_{dm06})进行逐步回归模型分析,在对照组成的5组有效模型中,S_{dm0603}、S_{dm0611}、S_{dm0612}、S_{dm0610}和S_{dm0607}组建了对照油松优化模型。而在组成的4组RPA有效模型中,S_{dm0604}、S_{dm0611}、S_{dm0613}和S_{dm0601}构建了RPA优化模型(表10-25)。

(1)对照树高年生长量与6月日照均值模型分析 在控制其他因子影响下,树高年生长量与模型各因子偏相关极显著,其中与S_{dm0611}和S_{dm0610}负相关依次减弱,与S_{dm0607}、S_{dm0603}和S_{dm0612}正相关依次增强。各因子相互作用下,油松对S_{dm0612}和S_{dm0611}响应强,单位量变化系数达21.596和19.970,其对模型分别贡献49.3%和44.6%。S_{dm0610}对模型也有一定影响,其单位量变化系数为2.442,贡献4.8%。而油松对S_{dm0607}和S_{dm0603}响应很弱,单位量变化系数仅为0.674和0.576;其对模型影响也极小,仅贡献0.7%和0.6%。

(2)RPA树高年生长量与6月日照均值模型分析 树高年生长量仅与S_{dm0611}负偏相关极显著;而与S_{dm0601}、S_{dm0604}和S_{dm0613}正偏相关极显著,且依次增强。各因子配合下,油松对S_{dm0611}和S_{dm0613}响应很强,单位量变化系数达20.271和19.884,其对模型分别贡献50.6%和48.7%;而油松对S_{dm0604}和S_{dm0601}响应极弱,其单位量变化系数仅为0.578和0.340,对模型仅贡献0.5%和0.2%。

表10-25 汉中油松高年生长量与6月日照时数均值逐步回归模型

Tab. 10-25 The stepwise regression model of relationship between the average sunshine durations in June and annual height increment of *Pinus tabulaeformi*

处理 Treat	日照因子 S_{dm06}	模型 Model Coefficients 非标准 Unstandard	标准 Standard	T-检验 (T-test) t	p	R^2	相关系数 Correlations r_0	$r_{partial}$	r_{part}	共线性统计量 Collinearity statistics 容差 Tolerance	方差膨胀因子 VIF
H_{atck}	常量	29.576	—	1.181	0.242	0.775 (F=44.026, p=0.000)	—	—	—	—	—
	S_{dm0603}	0.621	0.576	4.268	0.000		0.585	0.471	0.253	0.193	5.172
	S_{dm0611}	-41.647	-19.970	-5.771	0.000		0.309	-0.585	-0.342	0.000	3402.671
	S_{dm0612}	44.824	21.596	6.011	0.000		0.322	0.601	0.357	0.000	3667.364
	S_{dm0610}	-4.987	-2.442	-4.943	0.000		0.273	-0.526	-0.293	0.014	69.320
	S_{dm0607}	1.077	0.674	2.843	0.006		0.493	0.335	0.169	0.063	15.983
H_{atrpa}	常量	46.540	—	1.514	0.135	0.809 (F=68.947, p=0.000)	—	—	—	—	—
	S_{dm0604}	0.925	0.578	4.103	0.000		0.579	0.454	0.222	0.148	6.760
	S_{dm0611}	-56.126	-20.271	-9.778	0.000		0.322	-0.772	-0.530	0.001	1464.596
	S_{dm0613}	54.652	19.884	9.484	0.000		0.350	0.762	0.514	0.001	1497.848
	S_{dm0601}	0.351	0.340	3.274	0.002		0.119	0.376	0.177	0.272	3.682

2. **树高年生长量与六月日照均值的模型拟合** 从相关性分析，树高年生长量与不同生长期6月日照时数均值相关性变化规律与5月相似，但相关度有所降低。对照与 S_{dm0603} 相关性最强，相关系数也仅为0.585；RPA 与 S_{dm0604} 相关度最高，系数为0.579。另外对照与 S_{dm0604} 相关性也相对较好，系数为0.558。对其进行模型拟合，树高年生长量与 S_{dm0603} 和 S_{dm0604} 关系均满足 Linear－模型和 Quadratic－模型要求。

$$H_{atck} = -94.185 + 0.632S_{dm0603}$$

$(n = 70, R^2 = 0.343, F = 35.462, p = 0.000; t_0 = -4.752, p = 0.000; t_1 = 5.955, p = 0.000)$

$$H_{atck} = 307.209 - 3.779S_{dm0603} + 0.012S_{dm0603}^2$$

$(n = 70, R^2 = 0.400, F = 22.293, p = 0.000; t_0 = 1.913, p = 0.060; t_1 = -2.154, p = 0.035; t_2 = 2.518, p = 0.014)$

$$H_{atck} = -101.299 + 0.673S_{dm0604}$$

$(n = 70, R^2 = 0.311, F = 30.753, p = 0.000; t_0 = -4.494, p = 0.000; t_1 = 5.546, p = 0.000)$

$$H_{atck} = 732.827 - 8.540S_{dm0604} + 0.025S_{dm0604}^2$$

$(n = 70, R^2 = 0.403, F = 22.660, p = 0.000; t_0 = 2.816, p = 0.006; t_1 = -2.970, p = 0.004; t_2 = 3.216, p = 0.002)$

$$H_{atrpa} = -136.982 + 0.928S_{dm0604}$$

$(n = 70, R^2 = 0.336, F = 34.367, p = 0.000; t_0 = -4.661, p = 0.000; t_1 = 5.862, p = 0.000)$

$$H_{atrpa} = 162.952 - 2.355S_{dm0604} + 0.009S_{dm0604}^2$$

$(n = 70, R^2 = 0.342, F = 17.449, p = 0.000; t_0 = 0.449, p = 0.655; t_1 = -0.597, p = 0.553; t_2 = 0.830, p = 0.410)$

从直线模型分析，对照和 RPA 的 S_{dm0604} 模型交点在 140.0 h/m 附近，小于生长期 S_{dm0604} 取值范围{155.2，214.0}下限。研究期内，RPA 模型值大于对照，且随 S_{dm0604} 增加差距扩大。Quadratic－模型有极小值。对照的 S_{dm0603} 模型极值点在 158.8 h/m 附近，试验期内，有 4 组数据处于极值点的左侧；S_{dm0604} 模型极值点在 170.4 h/m 附近，有 5 组数据落在左侧。而 RPA 的 S_{dm0604} 模型极值点在 132.3 h/m 附近，小于生长期内 S_{dm0604} 取值范围下限。说明生长期 6 月日照时数均值较短时，能对对照油松高年生长量有一定的拟制作用；而 RPA 油松高年生长量与 6 月日照时数均值均呈正增长。

三、树高生长年增量与六月日照时数均值指标的关系

1. **树高生长年增量与六月日照均值的向后剔除法逐步回归模型** 经过 10 次向后逐步回归，组建了 S_{dm0609}、S_{dm0610} 和 S_{dm0613} 为因子的对照油松高年增量各生长期 6 月日照均值优化模型；经过 8 次向后逐步回归，组建了 S_{dm0607}、S_{dm0608}、S_{dm0609}、S_{dm0610} 和 S_{dm0613} 为因子的 RPA 油松高年增量优化模型（表 10－26）。

表 10－26　汉中油松高年增量与 6 月日照均值指标逐步向后回归模型

Tab. 10－26 The backward stepwise regression model of mean sunshine hours in June and annual height growth acceleration of *Pinus tabulaeformi*

处理 Treat	日照因子 S_{dm06}	模型 Model Coefficients 非标准 Unstandard	标准 Standard	T－检验 (T-test) t	p	R^2	相关系数 Correlations r_0	$r_{partial}$	r_{part}	共线性统计量 Collinearity statistics 容差 Tolerance	方差膨胀因子 VIF
R_{ahtck}	常量	－14.509	—	－0.319	0.751	0.431*	—	—	—	—	—
	S_{dm0609}	3.879	1.600	3.029	0.004		0.085	0.349	0.296	0.034	29.189
	S_{dm0610}	－14.502	－5.651	－6.112	0.000		0.031	－0.601	－0.598	0.011	89.424
	S_{dm0613}	10.776	4.143	5.424	0.000		0.098	0.555	0.530	0.016	61.046
R_{ahtrpa}	常量	35.775	—	0.380	0.706	0.300 (F = 5.493, p = 0.000)	—	—	—	—	—
	S_{dm0607}	4.811	1.321	2.296	0.025		0.134	0.276	0.240	0.033	30.276
	S_{dm0608}	－9.953	－2.450	－2.807	0.007		0.101	－0.331	－0.293	0.014	69.679
	S_{dm0609}	15.157	3.446	3.947	0.000		0.118	0.442	0.413	0.014	69.702
	S_{dm0610}	－20.441	－4.391	－4.371	0.000		0.052	－0.479	－0.457	0.011	92.292
	S_{dm0613}	10.296	2.182	2.659	0.010		0.087	0.315	0.278	0.016	61.588

备注：Remark：* $F = 12.873, p = 0.000$

（1）对照树高生长年增量与 6 月日照均值模型分析　在控制其他因子影响下，对照树高生长年增量与 S_{dm0610} 负偏相关极显著，而与 S_{dm0609} 和 S_{dm0613} 正偏相关极显著。各因子配合下，S_{dm0610} 和 S_{dm0613} 对油松高生长年增量起着决定作用，单位量变化系数达 5.651 和 4.143；其对模型影响也很大，分别贡献 54.3% 和 37.2%。S_{dm0609} 对油松高生长年增量作用相对较小，单位量变化系数仅为 1.600，对模型贡献 8.5%。

（2）RPA 树高生长年增量与 6 月日照均值模型分析　树高生长年增量也与 S_{dm0610} 负偏相关极显著，但与 S_{dm0608} 负偏相关也极显著（$r_{partial} = -0.331, p = 0.007$）；而与 S_{dm0609} 正偏相关极显著，与 S_{dm0607} 和 S_{dm0613} 正偏相关显著（$r_{partial} = 0.276$、0.278，$p = 0.025$、0.010）。各因子相互作用下，S_{dm0610} 对油松高生长年增量作用也最强，单位量变化系数为 4.391，对模型贡献 40.1%。其次是 S_{dm0609}，单位量变化系数为 3.446，对模型贡献 27.5%；比对照明显增强。S_{dm0608} 和 S_{dm0613} 对树高生长年增量作用也相对较强，单位量变化系数为 2.450 和 1.182，对模型分别贡献 13.6% 和 13.3%；与对照相比，S_{dm0613} 作用显著减弱。而 S_{dm0607} 对树高作用相对较弱，单位量变化系数为 1.321，对模型仅贡献 5.5%。

2. **树高生长年增量与六月日照均值的逐步回归模型**　RPA 油松高生长年增量与各

生长期6月平均日照时数线性关系疏远,没能组成有效模型。而在组成5组对照有效模型中,S_{dm0610}、S_{dm0613}和S_{dm0609}构成了其优化模型,同时其引入S_{dm0603}因子也能较好诠释不同生长期6月平均日照时间对其树高生长年增量的影响(表10-27)。

对照优化模型与向后剔除法模型相同。其引进S_{dm0603}因子后,树高年增量也与S_{dm0610}负偏相关极显著,与S_{dm0609}和S_{dm0613}正偏相关极显著,而与S_{dm0603}正偏相关不显著($r_{partial}$ = 0.193)。各因子配合下,油松也对S_{dm0610}相应最强,其单位量变化系数达4.947,对模型贡献57.9%;比优化模型略高。其次是S_{dm0613}和S_{dm0609},单位量变化系数为3.311和1.476,对模型分别贡献30.9%和10.4%;其S_{dm0613}作用比优化模型明显降低,而S_{dm0609}略有提高。而油松对$_{dm0604}$相应极弱,单位量变化系数仅为0.307;其对模型影响也很小,仅贡献0.7%。

3. 树高生长年增量与六月日照均值的模型拟合 从相关性分析,树高年增量与各生长期6月平均日照时数相关性明显低于5月。其与当年6月日照相关性极小(r_0 = 0.088、-0.015),与其他因子均呈正相关。其中,对照与S_{dm0603}相关极显著(r_0 = 0.306, p = 0.005),与S_{dm0601}、S_{dm0602}和S_{dm0604}相关显著(r_0 = 0.236、0.275、0.209, p = 0.025、0.011、0.041);而RPA与S_{dm0603}相关度最大,但相关性未达显著水平(r_0 = 0.193, p = 0.055)。对其进行模型拟合,对照与S_{dm0601}和S_{dm0602}关系近符合Linear-模型,与S_{dm0603}关系可用Linear-模型和Quadratic-模型分析,而与S_{dm0604}和S_{dm0606}关系仅Quadratic-模型显著。

表10-27 汉中油松高年增量与6月日照均值指标逐步回归模型

Tab. 10-27 The stepwise regression model of mean sunshine hours in June and annual height growth acceleration of *Pinus tabulaeformi*

处理 Treat	日照因子 S_{dm06}	模型 Model Coefficients 非标准 Unstandard	标准 Standard	T-检验 (T-test) t	p	R^2	相关系数 Correlations r_0	$r_{partial}$	r_{part}	共线性统计量 Collinearity statistics 容差 Tolerance	方差膨胀因子 VIF
R_{ahtck}	常量	-14.509	—	-0.319	0.751	0.369*	—	—	—	—	—
	S_{dm0610}	-14.502	-5.651	-6.112	0.000		0.031	-0.601	-0.598	0.011	89.424
	S_{dm0613}	10.776	4.143	5.424	0.000		0.098	0.555	0.530	0.016	61.046
	S_{dm0609}	3.879	1.600	3.029	0.004		0.085	0.349	0.296	0.034	29.189
	常量	23.808	—	0.466	0.643	0.0.393 (F = 12.873, p = 0.000)	—	—	—	—	—
	S_{dm0603}	0.417	0.307	1.586	0.118		0.306	0.193	0.153	0.249	4.021
	S_{dm0610}	-12.696	-4.947	-4.869	0.000		0.031	-0.517	-0.471	0.009	110.495
	S_{dm0613}	8.611	3.311	3.600	0.001		0.098	0.408	0.348	0.011	90.537
	S_{dm0609}	3.580	1.476	2.796	0.007		0.085	0.328	0.270	0.034	29.836

备注:Remark: * F = 12.873, p = 0.000

（1）Linear－模型分析　与5月类似，树高生长年增量与各生长期6月平均日照时数Linear－模型的决定系数 R^2 也很小，$b>0$；表明油松树高与6月平均日照时数具有正相关的趋势。

$$R_{ahtck}=-29.289+0.230S_{dm0601}$$

$(n=70, R^2=0.056, F=3.999, p=0.050; t_0=-1.368, p=0.176; t_1=2.000, p=0.050)$

$$R_{ahtck}=-47.092+0.324S_{dm0602}$$

$(n=70, R^2=0.075, F=5.553, p=0.021; t_0=-1.830, p=0.072; t_1=2.356, p=0.021)$

$$R_{ahtck}=-64.017+0.415S_{dm0603}$$

$(n=70, R^2=0.094, F=7.031, p=0.010; t_0=-2.189, p=0.032; t_1=2.652, p=0.010)$

（2）Quadratic－模型分析　其 S_{dm0603}、S_{dm0604} 和 S_{dm0606} 的Quadratic－模型 $a>0$、$b<0$、$c>0$，模型极小值依次出现在167.7 h/m、177.8 h/m 和178.3 h/m 附近；极值点左侧分别有4组、5组和6组数据。在其小于各自极值点值时，油松高生长年增量与其呈负相关，但降幅分别以0.023 S_{dm0603}、0.053 S_{dm0604} 和0.110 S_{dm0604} 递减。极值点降幅为零。其大于各自极值点值时，树高生长年增量与其呈正相关，且增幅以相同的速度递增；其发生的频度分别为0.714、0.643和0.571。

$$R_{ahtck}=332.107-3.938S_{dm0603}+0.012S_{dm0603}^2$$

$(n=70, R^2=0.129, F=4.951, p=0.010; t_0=1.367, p=0.176; t_1=-1.483, p=0.143;$
$t_2=1.642, p=0.105)$

$$R_{ahtck}=832.298-9.379S_{dm0604}+0.026S_{dm0604}^2$$

$(n=70, R^2=0.108, F=4.067, p=0.022; t_0=2.082, p=0.041; t_1=-2.130, p=0.037;$
$t_2=2.203, p=0.031)$

$$R_{ahtck}=1\,744.579-19.646S_{dm0606}+0.055S_{dm0606}^2$$

$(n=70, R^2=0.114, F=4.305, p=0.017; t_0=2.472, p=0.016; t_1=-2.496, p=0.015;$
$t_2=2.496, p=0.014)$

第八节　七月日照对树高生长的均值效应

【内容提要】树高与各生长期7月日照时数均值相关度较低，对照与近10年均值（S_{dm0709}）相关度最高，相关系数也仅为0.345（$p=0.002$）；RPA树高与当年7月日照时数（S_{dm07}）和近2年7月平均日照时数（S_{dm0701}）负相关极显著（$r_0=-0.328$、-0.269，$p=0.003$、0.012），与其余因子正相关，与 S_{dm0709} 相关性最大（$r_0=0.320$，$p=0.003$）。油松对近13年7月日照均值（S_{dm0712}）响应最大，其在对照和RPA各种2个有效模型中的单位量变化系数分别为13.044、10.113和14.467、4.272，对模型分别贡献54.8%、54.6%和54.3%、57.0%；在对照9因子模型中，树高对近11年7月日照均值（S_{dm0710}）响应也极大，单位量变化系数4.640，贡献26.4%；在RPA4因子模型中，树高对近11年和近10年的7月平均日照时数（S_{dm0710}和S_{dm0709}）也有一定的响应，其系数为2.832和1.702，对模型贡献27.8%和15.3%；而当年7月日照时数对模型的贡献接近于零。

飞播油松高年生长量与7月日照时数均值相关性较低。对照与近9年均值相关性最强（$r=0.392, p=0.000$）；RPA与当年7月日照时数（S_{dm07}）和近2年7月日照均值（S_{dm0701}）负相关显著（$p=0.000$、0.013），与近4年至14年均值（$S_{dm0703} \sim S_{dm0713}$）呈一定的正相关，其中与仅11年均值（$S_{dm0710}$）相关性显著（$r=0.271, p=0.012$）。对照逐步回归优化模型中，近13年、近11年、近12年和近9年7月日照均值（S_{dm0712}、S_{dm0710}、S_{dm0711}和S_{dm0708}）对树高年生长量有效较大，单位量变化系数为3.5.3、3.332、2.720和2.141，对模型贡献25.6%、32.7%、17.3%和19.8%。RPA优化模型和5因子模型中，S_{dm0712}和S_{dm0710}对油松影响较大，单位量变化系数分别为6.658、4.462和5.865、4.289，对模型贡献52.7%、34.7%和53.0%、37.8%；而在其4因子模型中，油松对近8年和近13年均值（S_{dm0707}和S_{dm0712}）响应较强，单位量变化系数分别为1.575和0.769，对模型贡献64.5%和21.0%。

对照油松高生长年增量与7月日照均值正相关，其中与近2年和近4年均值（S_{dm0701}和S_{dm0703}）相关极显著（$r_0=0.334$、0.323，$P<0.01$），与近6年、近8年和近9年均值（S_{dm0705}、S_{dm0707}和S_{dm0708}）相关显著（$r_0=0.240$、0.200、0.239，$P<0.05$）。RPA与当年7月日照（S_{dm07}）显著负相关（$r_0=-0.209, p=0.041$），与其余均值因子相关不显著。可用S_{dm0701}的Linear－模型和Quadratic－模型分析7月日照对对照油松高生长年增量的均值效应。向后剔除法逐步回归分析结果显示，可用S_{dm0708}、S_{dm0710}、S_{dm0711}和S_{dm0713}因子组成的对照优化模型，S_{dm0702}、S_{dm0703}、S_{dm0706}、S_{dm0810}和S_{dm0711}因子组建的RPA优化模型，分析油松高生长年增量与7月日照均值的关系。对照模型中，油松对S_{dm0711}影响最大，单位量变化系数为4.888，对模型贡献64.8%。RPA模型中，油松对S_{dm0711}和S_{dm0710}响应很强，单位量变化系数为3.982和3.069，对模型分别贡献53.6%和36.6%。

【关 键 词】多效抗旱驱鼠剂，飞播造林，油松，树高生长，7月日照均值，逐步回归模型

一、树高与七月日照时数均值指标的关系

在组成了11组油松高有效模型中，S_{dm0712}、S_{dm0710}、S_{dm0707}、S_{dm0704}、S_{dm0706}、S_{dm0708}、S_{dm0702}、S_{dm0713}和S_{dm0705}构成了对照油松高7月日照时数均值指标优化模型；另外，S_{dm0709}、S_{dm0712}、S_{dm0710}、S_{dm0707}、S_{dm0704}、S_{dm0706}、S_{dm0708}、S_{dm0702}和S_{dm0713}组合也能诠释对照油松与不同生长期7月日照时数均值的关系。S_{dm0709}、S_{dm0712}、S_{dm0710}、S_{dm0707}、S_{dm0706}、S_{dm0704}、S_{dm0708}、S_{dm0713}和S_{dm0701}构建了RPA树高优化模型；同时，S_{dm07}、S_{dm0709}、S_{dm0712}和S_{dm0710}组合也能较好反映不

同生长期7月日照时数均值对RPA油松的影响(表10－28)。

表10－28 汉中油松高与7月日照时数均值逐步回归模型

Tab. 10－28 The stepwise regression model of relationship between the average sunshine durations in July and *Pinus tabulaeformi* height

处理 Treat	日照因子 S_{dm07}	模型 Model Coefficients 非标准 Unstandard	标准 Standard	T－检验 (T-test) t	p	R^2	相关系数 Correlations r_0	$r_{partial}$	r_{part}	共线性统计量 Collinearity statistics 容差 Tolerance	方差膨胀因子 VIF
H_{tck}	常量	28.794	—	0.751	0.456	0.980 (F = 319.981, p = 0.000)	—	—	—	—	—
	S_{dm0712}	－130.617	－13.044	－14.212	0.000		0.183	－0.878	－0.262	0.000	2475.908
	S_{dm0710}	42.993	4.347	20.268	0.000		0.322	0.934	0.374	0.007	135.200
	S_{dm0707}	2.243	0.253	1.934	0.058		0.192	0.242	0.036	0.020	50.472
	S_{dm0704}	4.349	0.503	7.811	0.000		0.217	0.710	0.144	0.082	12.182
	S_{dm0706}	9.628	1.037	9.610	0.000		0.220	0.779	0.177	0.029	34.208
	S_{dm0708}	12.950	1.422	12.444	0.000		0.280	0.849	0.230	0.026	38.385
	S_{dm0702}	1.252	0.227	5.456	0.000		－0.015	0.576	0.101	0.196	5.102
	S_{dm0713}	54.242	5.401	5.180	0.000		0.208	0.556	0.096	0.000	3194.416
	S_{dm0705}	2.902	0.330	3.751	0.000		0.183	0.436	0.069	0.044	22.767
	常量	2.639	—	0.064	0.949	0.976 (F = 294.907, p = 0.000)	—	—	—	—	—
	S_{dm0709}	2.136	0.225	1.507	0.137		0.345	0.191	0.030	0.018	55.107
	S_{dm0712}	－101.263	－10.113	－14.414	0.000		0.183	－0.881	－0.290	0.001	1216.160
	S_{dm0710}	45.891	4.640	20.957	0.000		0.322	0.938	0.422	0.008	121.127
	S_{dm0707}	2.605	0.294	2.034	0.046		0.192	0.254	0.041	0.019	51.751
	S_{dm0704}	5.232	0.605	9.666	0.000		0.217	0.780	0.194	0.103	9.678
	S_{dm0706}	11.114	1.197	11.278	0.000		0.220	0.824	0.227	0.036	27.821
	S_{dm0708}	11.077	1.216	9.429	0.000		0.280	0.773	0.190	0.024	41.119
	S_{dm0702}	0.944	0.171	3.529	0.001		－0.015	0.415	0.071	0.172	5.824
	S_{dm0713}	22.359	2.226	2.818	0.007		0.208	0.342	0.057	0.001	1542.373
H_{trpa}	常量	9.164	—	0.154	0.878	0.975 (F = 260.947, p = 0.000)	—	—	—	—	—
	S_{dm0709}	3.127	0.241	1.723	0.090		0.320	0.217	0.035	0.021	47.311
	S_{dm0712}	－197.728	－14.467	－16.716	0.000		0.162	－0.907	－0.341	0.001	1804.074
	S_{dm0710}	54.428	4.032	17.626	0.000		0.303	0.915	0.359	0.008	126.030
	S_{dm0707}	7.551	0.625	4.878	0.000		0.167	0.533	0.099	0.025	39.552
	S_{dm0706}	12.939	1.021	10.533	0.000		0.208	0.806	0.215	0.044	22.621
	S_{dm0704}	7.295	0.618	8.031	0.000		0.187	0.720	0.164	0.070	14.263
	S_{dm0708}	11.528	0.927	6.641	0.000		0.246	0.651	0.135	0.021	46.973
	S_{dm0713}	100.215	7.310	8.187	0.000		0.190	0.726	0.167	0.001	1920.323
	S_{dm0701}	0.737	0.135	2.560	0.013		－0.269	0.314	0.052	0.148	6.737
	常量	－262.212	—	－1.421	0.160	0.714 (F = 40.559, p=0.000)	—	—	—	—	—
	S_{dm07}	－0.023	－0.007	－0.066	0.948		－0.328	－0.008	－0.004	0.409	2.446
	S_{dm0709}	22.044	1.702	4.803	0.000		0.320	0.512	0.319	0.035	28.547
	S_{dm0712}	－58.394	－4.272	－8.475	0.000		0.162	－0.725	－0.562	0.017	57.753
	S_{dm0710}	38.231	2.832	5.142	0.000		0.303	0.538	0.341	0.015	68.921

1. 对照树高七月日照时数均值模型分析

(1)树高七月月均日照优化模型　树高与各生长期7月日照时数均值相关度较低,与近11年均值(S_{dm0710})相关度最高,相关系数也仅为0.322($p=0.003$)。在控制其他因子影响下,树高仅与S_{dm0712}负偏相关极显著($r_{partial}=-0.878, p=0.000$);而与$S_{dm0707}$正偏相关未达显著水平($r_{partial}=0.242, p=0.058$),与$S_{dm0705}$、$S_{dm0713}$、$S_{dm0702}$、$S_{dm0704}$、$S_{dm0706}$、$S_{dm0708}$和$S_{dm0710}$正偏相关极显著,且依次增强。油松对$S_{dm0712}$响应最大,单位量变化系数达13.044,其对模型贡献达54.8%;其次是S_{dm0710}和S_{dm0713},变化系数为4.347和5.401,对模型分别贡献19.2%和14.4%;对S_{dm0708}和S_{dm0707}响应相对较小,系数为1.422和1.038,贡献5.3%和3.6%;而对S_{dm0704}、S_{dm0705}、S_{dm0702}和S_{dm0707}响应很小,单位量变化系数依次为0.503、0.330、0.227和0.253;其对模型影响也很小,仅贡献1.5%、0.6%、0.4%和0.3%。

(2)树高9因子七月月均日照模型　模型因子与树高的相关性也较低,与S_{dm0709}相关性最好,系数也仅为0.345($p=0.002$)。与优化模型相同,油松也仅与S_{dm0712}负偏相关极显著($r_{partial}=-0.881, p=0.000$);而与$S_{dm0709}$正偏相关不显著($r_{partial}=0.191$),与$S_{dm0707}$正偏相关显著($r_{partial}=0.254, p=0.046$),与$S_{dm0713}$、$S_{dm0702}$、$S_{dm0708}$、$S_{dm0704}$、$S_{dm0706}$和$S_{dm0710}$正偏相关极显著,且依次增强。油松也是对$S_{dm0712}$响应最大,系数达10.113,贡献54.6%;而$S_{dm0710}$对模型影响也较大,系数为4.640,贡献26.4%。S_{dm0706}、S_{dm0708}、S_{dm0713}和S_{dm0704}对模型影响相对较小,单位量变化系数依次为1.197、1.216、2.226和0.605,分别贡献5.6%、5.3%、4.7%和2.5;而油松对S_{dm0707}、S_{dm0709}和S_{dm0702}响应很小,单位量变化系数仅为0.294、0.225和0.177,其对模型影响也极小,仅贡献0.4%、0.3%和0.2%。

2. RPA树高七月日照时数均值模型分析

(1)树高七月月均日照优化模型　树高与近2年7月日照时数均值(S_{dm0701})呈显著负相关($r_0=-0.269, p=0.012$);而与其他因子呈正相关,但相关性也相对较低,与S_{dm0709}相关性最大,其相关系数也仅为0.320($p=0.003$)。消除模型中其它因子干扰,树高也仅与S_{dm0712}负偏相关极显著($r_{partial}=-0.907, p=0.000$);而与$S_{dm0709}$正偏相关不显著($r_{partial}=0.217$),与$S_{dm0701}$正偏相关显著($r_{partial}=0.314, p=0.013$),与$S_{dm0707}$、$S_{dm0708}$、$S_{dm0704}$、$S_{dm0713}$、$S_{dm0706}$和$S_{dm0710}$正偏相关极显著,且依次增强。各因子相互作用下,油松也是对S_{dm0712}响应最强,单位量变化系数达14.467,对模型关系54.3%;其次是S_{dm0713}和S_{dm0710},变化系数为7.310和4.032,对模型分别贡献22.0%和15.1%;S_{dm0706}、S_{dm0708}、S_{dm0704}和S_{dm0707}对油松影响相对较小,系数为1.021、0.927、0.618和0.625,对模型分别贡献3.2%、2.3%、1.6%和1.2%;而油松对S_{dm0709}和S_{dm0701}响应很弱,单位量变化系数仅为0.241和0.135;其对模型影响也很小,分别贡献0.2%和0.1%。

(2)树高4因子七月月均日照模型　树高与当年7月日照时数(S_{dm07})负相关极显著($r_0=-0.328, p=0.003$),与其他因子呈正相关。在控制其他因子影响下,油松也与S_{dm0712}负偏相关极显著($r_{partial}=-0.725, p=0.000$),而与$S_{dm07}$偏相关极不显著($r_{partial}=$

−0.008）；与 S_{dm0709} 和 S_{dm0710} 正偏相关极显著。树高也是对 S_{dm0712} 响应最大，系数 4.272，贡献 57.0%；对 S_{dm0710} 和 S_{dm0709} 响应相对较小，系数为 2.832 和 1.702，对模型分别贡献 27.8% 和 15.3%；而对 S_{dm07} 响应极弱，单位量变化系数仅为 0.007，对模型影响极小，仅贡献 0.002‰，可忽略。

二、树高年生长量与七月日照时数均值指标的关系

1. 树高年生长量与七月日照均值的逐步回归模型　在对照组成的 6 组有效模型中，S_{dm0708}、S_{dm0712}、S_{dm0710}、S_{dm0705}、S_{dm0711} 和 S_{dm0706} 构建了对照油松优化模型。而在组成的 10 组 RPA 有效模型中，S_{dm0712}、S_{dm0710}、S_{dm0706} 和 S_{dm0708} 组建了 RPA 油松优化模型；同时 S_{dm07}、S_{dm0707}、S_{dm0712}、S_{dm0710} 和 S_{dm0706} 组合，S_{dm07}、S_{dm0707}、S_{dm0701} 和 S_{dm0712} 组合也能很好诠释不同生长期 7 月日照时数均值对 RPA 油松高年生长量的影响（表 10－29）。

表 10－29　汉中油松高年生长量与 7 月日照时数均值逐步回归模型

Tab. 10－29 The stepwise regression model of relationship between the average sunshine durations in July and annual height increment of *Pinus tabulaeformi*

处理 Treat	日照因子 S_{dm07}	模型 Model Coefficients 非标准 Unstandard	标准 Standard	T－检验 (T-test) t	p	R^2	相关系数 Correlations r_0	$r_{partial}$	r_{part}	共线性统计量 Collinearity statistics 容差 Tolerance	方差膨胀因子 VIF
H_{atck}	常量	−8.815	—	−0.297	0.767	0.790	—	—	—	—	—
	S_{dm0708}	5.090	2.141	8.524	0.000		0.392	0.732	0.492	0.053	18.913
	S_{dm0712}	−9.243	−3.535	−4.900	0.000	（F =	0.243	−0.525	−0.283	0.006	156.093
	S_{dm0710}	8.607	3.332	8.157	0.000	39.487，	0.302	0.717	0.471	0.020	50.055
	S_{dm0705}	1.280	0.558	2.541	0.014	p =	0.347	0.305	0.147	0.069	14.453
	S_{dm0711}	−7.156	−2.720	−4.078	0.000	0.000）	0.202	−0.457	−0.235	0.007	133.459
	S_{dm0706}	1.516	0.625	2.654	0.010		0.256	0.317	0.153	0.060	16.631
	常量	−12.636	—	−0.344	0.732	0.807	—	—	—	—	—
	S_{dm0712}	−23.115	−6.658	−15.165	0.000	（F =	0.131	−0.883	−0.825	0.015	65.063
	S_{dm0710}	15.199	4.432	15.062	0.000	96.138，	0.271	0.882	0.820	0.034	29.233
	S_{dm0706}	4.039	1.254	6.272	0.000		0.181	0.614	0.341	0.074	13.502
	S_{dm0708}	4.013	1.271	5.823	0.000	p = 0.000）	0.198	0.586	0.317	0.062	16.082
H_{atrpa}	常量	−49.811	—	−1.201	0.234	0.782	—	—	—	—	—
	S_{dm07}	−0.219	−0.258	−2.615	0.011		−0.407	−0.311	−0.152	0.350	2.855
	S_{dm0707}	4.094	1.334	4.630	0.000	（F =	0.123	0.501	0.270	0.041	24.428
	S_{dm0712}	−20.362	−5.865	−10.653	0.000	46.034，	0.131	−0.800	−0.621	0.011	89.161
	S_{dm0710}	14.708	4.289	10.196	0.000	p = 0.000）	0.271	0.787	0.594	0.019	52.058
	S_{dm0706}	2.127	0.661	2.627	0.011		0.181	0.312	0.153	0.054	18.598
	常量	−162.826	—	−2.613	0.011	0.483	—	—	—	—	—
	S_{dm07}	−0.587	−0.691	−5.129	0.000	（F =	−0.407	−0.537	−0.458	0.439	2.280
	S_{dm0707}	4.834	1.575	4.110	0.000		0.123	0.454	0.367	0.054	18.453
	S_{dm0701}	−0.562	−0.406	−2.780	0.007	15.153，	−0.265	−0.326	−0.248	0.372	2.686
	S_{dm0712}	−2.671	−0.769	−2.247	0.028	p = 0.000）	0.131	−0.268	−0.200	0.068	14.727

(1)对照树高年生长量与7月日照均值模型分析　在控制其他因子影响下,油松高年生长量与S_{dm0712}和S_{dm0711}负偏相关极显著;而与S_{dm0705}正偏相关显著($r_{partial}=0.305, p=0.014$),与$S_{dm0706}$、$S_{dm0710}$和$S_{dm0708}$正偏相关极显著。各因子配合下,油松对$S_{dm0712}$和$S_{dm0710}$响应较强,单位量变化系数为3.5.3和3.332;其对模型影响也较大,分别贡献25.6%和32.7%。其次是S_{dm0711}和S_{dm0708},其单位量变化系数为2.720和2.141,对模型贡献17.3%和19.8%。而油松对S_{dm0706}和S_{dm0705}响应较弱,单位量变化系数仅为0.625和0.558;其对模型影响也较小,仅贡献2.6%和2.1%。

(2)RPA树高年生长量与7月日照均值模型分析

①四因子优化模型　在排除其他因子干扰下,油松高年生长量仅与S_{dm0711}负偏相关极显著;而与S_{dm0708}、S_{dm0706}和S_{dm0710}正偏相关极显著。油松对S_{dm0712}和S_{dm0710}响应强,单位量变化系数为6.658和4.462;其对模型起着决定作用,分别贡献52.7%和34.7%。而油松对S_{dm0708}和S_{dm0706}响应弱,单位量变化系数为1.271和1.254;其对模型影响也很小,仅贡献6.1%和6.5%。

②五因子模型分析　树高也与S_{dm0711}负偏相关极显著,与S_{dm07}负偏相关显著($r_{partial}=-0.311, p=0.011$);而与$S_{dm0706}$正偏相关显著($r_{partial}=0.312, p=0.011$),与$S_{dm0707}$和$S_{dm0710}$正偏相关极显著。各因子配合下,油松也对$S_{dm0712}$和$S_{dm0710}$响应强,其单位量变化系数为5.865和4.289,对模型贡献53.0%和37.8%;与有效模型作用相当。S_{dm0707}和S_{dm0706}对模型也有一定影响,其单位量变化系数为1.334和0.661,对模型贡献6.7%和2.2%。而油松对S_{dm07}响应极弱,其单位量变化系数仅为0.258,对模型仅贡献0.2%。

③四因子模型分析　在控制其他因子影响下,树高年生长量与S_{dm07}、S_{dm0701}和S_{dm0712}呈负偏相关,其中与前2因子相关极显著,与S_{dm0712}相关显著($r_{partial}=-0.268, p=0.028$);而与$S_{dm0707}$正偏相关极显著。各因子相互作用下,油松对$S_{dm0707}$响应较强,单位量变化系数为1.575;其对模型影响也最大,贡献64.5%。其次是S_{dm0712},单位量变化系数为0.769,对模型贡献21.0%;而油松对S_{dm07}和S_{dm0701}响应较弱,其单位量变化系数仅为0.691和0.406,对模型仅贡献9.1%和5.4%。

2. 树高年生长量与七月日照均值的模型拟合　树高年生长量与各生长期7月日照时数均值的相关性较差。对照与S_{dm0708}相关性最强,其相关系数仅为0.392($p=0.000$)。而RPA与当年7月日照时数(S_{dm07})负相关极显著($r_0=-0.407, p=0.000$),与S_{dm0701}和S_{dm0702}也呈一定的负相关($r_0=-0.265$、-0.153);而与其余因子呈一定正相关,但相关性较低,与S_{dm0710}相关性最大,其相关系数仅为0.271($p=0.012$)。模型拟合没有产生有效模型。

三、树高生长年增量与七月日照时数均值指标的关系

1. 树高生长年增量与七月日照均值的向后剔除法逐步回归模型　对树高生长年增量(R_{aht})与各生长期7月日照均值指标(S_{dm07})进行向后剔除法逐步回归模型分析,经过

10 次向后逐步回归，组建了 S_{dm0708}、S_{dm0710}、S_{dm0711} 和 S_{dm0713} 为因子的对照优化模型；经过 9 次向后逐步回归，组建了 S_{dm0702}、S_{dm0703}、S_{dm0706}、S_{dm0810} 和 S_{dm0711} 为因子的 RPA 优化模型（表 10－30）。

（1）对照树高生长年增量与 7 月日照均值模型分析　在控制其他因子影响下，树高生长年增量与 S_{dm0711} 负偏相关极显著，而与 S_{dm0713}、S_{dm0710} 和 S_{dm0708} 正偏相关依次增强，且显著（$r_{partial}=0.241$、0.266、0.303，$p=0.049$、0.030、0.013）。各因子配合下，S_{dm0711} 对树高作用最强，单位量变化系数为 4.888；其对模型影响也最大，贡献 64.8%。S_{dm0713} 对树高作用也相对较强，变化系数为 2.632，对模型贡献 17.4%。而 S_{dm0710} 和 S_{dm0708} 对树高作用相对较弱，单位量变化系数为 1.369 和 1.036；其对模型影响也较小，分别贡献 9.9% 和 7.9%。

（2）RPA 树高生长年增量与 7 月日照均值模型分析　与对照相比，油松高生长年增量也与 S_{dm0711} 负偏相关极显著，与 S_{dm0702} 负偏相关不显著（$r_{partial}=-0.233$）；而与 S_{dm0703} 正偏相关显著（$r_{partial}=0.271$，$p=0.028$），与 S_{dm0710} 和 S_{dm0706} 正偏相关极显著。各因子相互协调下，S_{dm0711} 和 S_{dm0710} 对树高生长年增量起着决定作用，单位量变化系数为3.982和 3.069；其对模型影响很大，分别贡献53.6% 和36.6%。S_{dm0706}、S_{dm0703} 和 S_{dm0702} 对树高生长年增量作用极弱，单位量变化系数仅为 0.885、0.478 和 0.359；其对模型影响也很小，分别贡献 6.4%、2.3% 和 1.1%。

2. **树高生长年增量与七月日照均值的逐步回归模型**　对其进行逐步回归模型分析，只有 S_{dm0701} 与对照油松高生长生长年增量线性关系紧密，组成了其逐步回归有效模型。

$$R_{ahtck}=-70.635+0.437S_{dm0701}$$

$$R_{ahtck}=0.334S_{dm0701}$$

$$(n=70, R^2=0.112, F=8.536, p=0.005; r_0=0.334; t_0=-2.450, p=0.017; t_1=2.922, p=0.005)$$

表 10－30　汉中油松高年增量与 7 月日照均值指标逐步向后回归模型

Tab. 10－30 The backward stepwise regression model of mean sunshine hours in July and annual height growth acceleration of *Pinus tabulaeformi*

处理 Treat	日照因子 S_{dm07}	模型 Model Coefficients 非标准 Unstandard	标准 Standard	T－检验 (T-test) t	p	R^2	相关系数 Correlations r_0	$r_{partial}$	r_{part}	共线性统计量 Collinearity statistics 容差 Tolerance	方差膨胀因子 VIF
R_{ahtck}	常量	−0.245	—	−0.004	0.997	0.419 (F = 11.728, p = 0.000)	—	—	—	—	—
	S_{dm0708}	3.095	1.036	2.561	0.013		0.239	0.303	0.242	0.055	18.313
	S_{dm0710}	4.443	1.369	2.221	0.030		0.126	0.266	0.210	0.024	42.533
	S_{dm0711}	−16.156	−4.888	−4.422	0.000		0.065	−0.481	−0.418	0.007	136.737
	S_{dm0713}	8.672	2.632	2.004	0.049		0.120	0.241	0.189	0.005	193.025

续表 10－30

处理 Treat	日照因子 S_{dm07}	模型 Model Coefficients 非标准 Unstandard	标准 Standard	T－检验 (T-test) t	p	R^2	相关系数 Correlations r_0	$r_{partial}$	r_{part}	共线性统计量 Collinearity statistics 容差 Tolerance	方差膨胀因子 VIF
R_{ahtrpa}	常量	15.677	—	0.141	0.888	0.428 ($F=$ 9.570, $p=0.000$)	—	—	—	—	—
	S_{dm0702}	－1.178	－0.359	－1.918	0.060		－0.071	－0.233	－0.181	0.255	3.926
	S_{dm0703}	2.040	0.478	2.253	0.028		0.176	0.271	0.213	0.198	5.039
	S_{dm0706}	4.893	0.885	2.704	0.009		0.051	0.320	0.256	0.083	11.986
	S_{dm0710}	18.064	3.069	4.634	0.000		0.103	0.501	0.438	0.020	49.047
	S_{dm0711}	－23.875	－3.982	－5.362	0.000		0.011	－0.557	－0.507	0.016	61.680

3. **树高生长年增量与七月日照均值的模型拟合** 从相关性分析，对照与当年 7 月日照时数（S_{dm07}）极不相关（$r_0=0.088$），而与其余指标均呈正相关。其中，与 S_{dm0701} 和 S_{dm0703} 相关极显著（$r_0=0.334$、0.323，$p=0.002$、0.003），与 S_{dm0705}、S_{dm0707} 和 S_{dm0708} 相关显著（$r_0=0.240$、0.200、0.239，$p=0.023$、0.049、0.023）。而 RPA 与当年 7 月日照时数负相关显著（$r_0=-0.209$，$p=0.041$），与其它因子相关性很小。模型拟合显示，RPA 树高生长年增量与 S_{dm07} 和 S_{dm0702} 关系与 Quadratic－模型拟合性较强。对照与 S_{dm07} 和 S_{dm0702} 关系也仅符合 Quadratic－模型，与 S_{dm0701} 和 S_{dm0703} 关系可用 Linear－模型和 Quadratic－模型分析，与 S_{dm0705} 和 S_{dm0708} 关系仅与 Linear－模型回归显著。

（1）Linear－模型分析 模型 $b>0$，模型决定系数 R^2 较小；表明油松高生长年增量与各生长期 7 月平均日照时数呈正相关，但重复间差异较大，数据比较分散，很难进行定量研究；只能做趋势预测。

$$R_{ahtck}=-70.635+0.437S_{dm0701}$$

$$(n=70, R^2=0.112, F=8.536, p=0.005; t_0=-2.450, p=0.017; t_1=2.922, p=0.005)$$

$$R_{ahtck}=-119.492+0.693S_{dm0705}$$

$$(n=70, R^2=0.058, F=4.167, p=0.045; t_0=-1.840, p=0.070; t_1=2.041, p=0.045)$$

$$R_{ahtck}=-122.873+0.713S_{dm0708}$$

$$(n=70, R^2=0.057, F=4.104, p=0.047; t_0=-1.831, p=0.071; t_1=2.026, p=0.047)$$

（2）Quadratic－模型分析 各因子 Quadratic－模型变化趋势一致，模型 R^2 相对较大，承载了各生长期 7 月平均日照时数与油松生长高生长年增量关系的更多信息。其 $a<0$、$b>0$、$c<0$，模型有极大值。RPA 和对照的 S_{dm07} 模型极大值出现在 171.0 h/m 和 183.6 h/m附近，极值点左侧均有 5 组数据；极值点右侧油松高生长年增量与各生长期 7 月平均日照时数成反比，发生频度 0.643。两模型交点位于 101.5 h/m 和 217.5 h/m 附近，在当年 7 月日照时数范围内{112.5,242.4}，分布在交点区间的数据有 10 组；其 RPA

油松高生长年增量大于对照，发生频度为 0.714；模型最大差距发生在 159.5 h/m 附近。从 RPA 和对照的 S_{dm0702} 模型分析，极大值出现在 191.6 h/m 和 197.4 h/m 附近；极值点左侧分别有 6 组和 9 组数据。两模型交点位于 166.2 h/m 和 210.4 h/m 附近，在近 3 年 7 月平均日照时数（S_{dm0702}）取值范围内{165.6，223.4}，交点区间分布有 10 组数据；与其 S_{dm07} 模型结果一致。交点区间，RPA 模型值大于对照，模型最大差距出现在 188.3 h/m 附近。对照 S_{dm0701} 和 S_{dm0703} 的 Quadratic－模型极大值分别出现在 196.7 h/m 和 229.9 h/m 附近；极值点左侧分别有 7 组和 14 组数据。

$$R_{ahtrpa} = -466.677 + 6.128S_{dm07} - 0.018S_{dm07}^2$$

$(n=70, R^2=0.220, F=9.423, p=0.000; t_0=-3.258, p=0.002; t_1=3.685, p=0.000; t_2=-3.886, p=0.000)$

$$R_{ahtck} = -259.593 + 3.135S_{dm07} - 8.535 \cdot 10^{-3}S_{dm07}^2$$

$(n=70, R^2=0.139, F=5.411, p=0.007; t_0=-3.130, p=0.003; t_1=3.256, p=0.002; t_2=-3.197, p=0.002)$

$$R_{ahtck} = -531.320 + 5.635S_{dm0701} - 0.014S_{dm0701}^2$$

$(n=70, R^2=0.206, F=8.697, p=0.000; t_0=-2.213, p=0.002; t_1=3.053, p=0.003; t_2=-2.825, p=0.006)$

$$R_{ahtrpa} = -3553.098 + 37.662S_{dm0702} - 0.098S_{dm0702}^2$$

$(n=70, R^2=0.221, F=9.499, p=0.000; t_0=-4.217, p=0.000; t_1=4.279, p=0.000; t_2=-4.309, p=0.000)$

$$R_{ahtck} = -1359.467 + 14.038S_{dm0701} - 0.036S_{dm0701}^2$$

$(n=70, R^2=0.126, F=4.840, p=0.011; t_0=-2.746, p=0.007; t_1=2.732, p=0.008; t_2=-2.670, p=0.010)$

$$R_{ahtck} = -465.464 + 4.293S_{dm0703} - 9.336 \cdot 10^{-3}S_{dm0703}^2$$

$(n=70, R^2=0.107, F=3.995, p=0.023; t_0=-0.544, p=0.588; t_1=0.473, p=0.638; t_2=-0.389, p=0.698)$

第九节　八月日照对树高生长的均值效应

【内容提要】与年和 1～7 月日照时数均值指标不同，汉中飞播油松高与 8 月日照时数均值指标，除与当年 8 月日照时数（S_{dm08}）负相关不显著外（$r_0=-0.182$、-0.144），与其余日照均值指标均极显著。油松对整个生长期 8 月日照均值（S_{dm0813}）响应最强，其在对照和 RPA 各自 2 个模型中的单位量变化系数为 3.920、4.037 和 5.958、9.081，对模型贡献 37.8%、43.1% 和 59.8%、63.6%。另外，近 12 年、近 11 年、近 8 年和近 13 年的 8 月平均日照时数（S_{dm0811} 和 S_{dm0810}，S_{dm0807} 和 S_{dm0812}）对树高影响也较大，对对照模型依次贡献

26.5%、16.3%、10.2%、8.9%和29.6%、11.0%、9.8%、6.0%，对RPA模型分别贡献13.8%、7.8%、8.0%、10.4%和14.3%、3.8%、9.2%、8.8%。而当年8月日照时数对油松影响很小，其对对照和RPA模型均仅贡献0.3%和0.2%。

8月日照均值与飞播油松高年生长量呈负相关。其中，对照与近7年9月日照时数均值(S_{dm0806})相关性最强($r=-0.589, p=0.000$)，RPA与近10年均值(S_{dm0809})相关系度最大($r=-0.698, p=0.000$)。树高年生长量与近7年至近14年均值($S_{dm0806} \sim S_{dm0813}$)的关系可用Linear－模型和Quadratic－模型分析。逐步回归模型显示，油松对近13年和近14年均值(S_{dm0812}和S_{dm0813})响应较强，在对照和RPA模型中的单位量变化系数达12.420、8.289和2.019、2.937，对模型分别贡献55.0%、37.3%和34.7%、60.5%。

汉中飞播油松高生长年增量与8月日照均值呈负相关。其中，对照仅与近5年和近7年均值(S_{dm0804}和S_{dm0806})相关显著($r_0=-0.207$、$-0.220, p<0.05$)，RPA也仅与近5年均值(S_{dm0804})相关显著($r_0=-0.202, p=0.047$)。向后剔除法逐步回归分析结果证明，可用近2年均值(S_{dm0801})和近5年至近8年均值($S_{dm0804} \sim S_{dm0807}$)因子组成的对照模型，$S_{dm0801}$、和近4年～近10年均值($S_{dm0803} \sim S_{dm0809}$)、近12和近14年均值($S_{dm0811} \sim S_{dm0813}$)因子构建的RPA模型，分析8月日照均值对油松高生长年增量的影响。模型中，S_{dm0808}对油松影响最大，单位量变化系数为8.072和15.416，对模型贡献39.1%和30.5%；S_{dm0807}和S_{dm0806}对对照影响也较大，单位量变化系数为6.324和4.931，对模型分别贡献24.8%和23.3%；S_{dm0811}、S_{dm0806}、S_{dm0807}和S_{dm0813}对RPA影响也较大，单位量变化系数为13.948、6.761、7.66和7.099，对模型分别贡献22.7%、9.5%、8.9%和7.4%。

【关 键 词】多效抗旱驱鼠剂，飞播造林，油松，树高生长，8月日照均值，逐步回归模型

一、树高与八月日照时数均值指标的关系

对树高(H_t)与8月日照时数均值指标(S_{dm08})进行逐步回归模型分析。在组成的有效模型中，S_{dm0813}、S_{dm0811}、S_{dm0807}、S_{dm0810}、S_{dm08}和S_{dm0812}构建了对照油松优化模型，而S_{dm0813}、S_{dm0812}、S_{dm0807}、S_{dm0811}、S_{dm08}和S_{dm0810}构建了RPA油松优化模型，同时其优化模型引入S_{dm0808}也能很好诠释8月日照时数均值对RPA和对照油松的影响(表10－31)。

1. 对照树高八月日照时数均值模型分析

(1)树高八月月均日照优化模型　油松高与各生长期8月日照时数除与当年8月日照时数(S_{dm08})负相关不显著外($r_0=-0.182$)，其余均极显著。在控制模型中其它因子影响下，各因子与树高偏相关极显著，其中与S_{dm0807}、S_{dm0811}和S_{dm0810}负相关依次减弱，而与S_{dm0812}、S_{dm08}和S_{dm0813}正相关依次增强。各因子相互作用下，油松对S_{dm0813}反应最强，单位量变化系数为3.920，其对模型影响也最大，贡献37.8%；其次是S_{dm0811}和S_{dm0810}，系数为2.926和2.150，对模型分别贡献26.5%和16.3%；对S_{dm0807}和S_{dm0812}反应相对较弱，变化

系数为 1.357 和 1.715，对模型贡献 10.2% 和 8.9%；而对 S_{dm08} 反应极弱，单位量变化系数仅为 0.096，对模型仅贡献 0.3%。

表 10－31　汉中油松高与 8 月日照时数均值逐步回归模型

Tab. 10－31 The stepwise regression model of relationship between the average sunshine durations in August and *Pinus tabulaeformi* height

处理 Treat	日照因子 S_{dm08}	模型 Model Coefficients 非标准 Unstandard	标准 Standard	T－检验 (T-test) t	p	R^2	相关系数 Correlations r_0	$r_{partial}$	r_{part}	共线性统计量 Collinearity statistics 容差 Tolerance	方差膨胀因子 VIF
H_{tck}	常量	312.183	—	13.149	0.000	0.990 (F = 1050.991, p = 0.000)	—	—	—	—	—
	S_{dm0813}	24.727	3.920	11.776	0.000		-0.682	0.829	0.148	0.001	705.571
	S_{dm0811}	-17.786	-2.926	-11.032	0.000		-0.734	-0.812	-0.138	0.002	448.130
	S_{dm0807}	-6.767	-1.357	-12.418	0.000		-0.804	-0.843	-0.156	0.013	76.045
	S_{dm0810}	-12.537	-2.150	-7.985	0.000		-0.770	-0.709	-0.100	0.002	461.943
	S_{dm08}	0.280	0.096	5.135	0.000		-0.182	0.543	0.064	0.448	2.232
	S_{dm0812}	10.634	1.715	4.075	0.000		-0.707	0.457	0.051	0.001	1127.522
H_{tck}	常量	307.343	—	12.423	0.000	0.990 (F = 894.218, p = 0.000)	—	—	—	—	—
	S_{dm0808}	-1.071	-0.203	-0.729	0.469		-0.815	-0.092	-0.009	0.002	492.071
	S_{dm0813}	25.468	4.037	10.882	0.000		-0.682	0.810	0.137	0.001	870.173
	S_{dm0811}	-17.616	-2.898	-10.775	0.000		-0.734	-0.807	-0.136	0.002	457.440
	S_{dm0807}	-6.430	-1.289	-8.980	0.000		-0.804	-0.752	-0.113	0.008	130.324
	S_{dm0810}	-11.054	-1.896	-4.294	0.000		-0.770	-0.479	-0.054	0.001	1232.550
	S_{dm08}	0.254	0.087	3.904	0.000		-0.182	0.444	0.049	0.316	3.160
	S_{dm0812}	9.022	1.455	2.632	0.011		-0.707	0.317	0.033	0.001	1931.682
H_{trpa}	常量	410.732	—	10.458	0.000	0.984 (F = 712.217, p = 0.000)	—	—	—	—	—
	S_{dm0813}	51.302	5.958	14.770	0.000		-0.671	0.881	0.224	0.001	705.571
	S_{dm0812}	-15.051	-1.778	-3.487	0.001		-0.701	-0.402	-0.053	0.001	1127.522
	S_{dm0807}	-9.924	-1.458	-11.009	0.000		-0.790	-0.811	-0.167	0.013	76.045
	S_{dm0811}	-16.833	-2.029	-6.312	0.000		-0.722	-0.622	-0.096	0.002	448.130
	S_{dm08}	0.447	0.113	4.960	0.000		-0.144	0.530	0.075	0.448	2.232
	S_{dm0810}	-11.851	-1.489	-4.562	0.000		-0.762	-0.498	-0.069	0.002	461.943
	常量	403.803	—	9.857	0.000	0.984 (F = 604.683, p = 0.000)	—	—	—	—	—
	S_{dm0808}	-1.533	-0.213	-0.630	0.531		-0.801	-0.080	-0.010	0.002	492.071
	S_{dm0813}	52.364	6.081	13.510	0.000		-0.671	0.864	0.206	0.001	870.173
	S_{dm0812}	-17.359	-2.050	-3.057	0.003		-0.701	-0.362	-0.047	0.001	1931.682
	S_{dm0807}	-9.442	-1.387	-7.963	0.000		-0.790	-0.711	-0.122	0.008	130.324
	S_{dm0811}	-16.590	-2.000	-6.127	0.000		-0.722	-0.614	-0.094	0.002	457.440
	S_{dm08}	0.410	0.103	3.807	0.000		-0.144	0.435	0.058	0.316	3.160
	S_{dm0810}	-9.727	-1.222	-2.282	0.026		-0.762	-0.278	-0.035	0.001	1232.550

（2）树高 7 因子八月月均日照模型　引入 S_{dm0808}，树高与 S_{dm0811}、S_{dm0807}、S_{dm0810} 和

S_{dm0808}负相关依次减弱，其中与前3因子相关极显著，与后1因子相关极不显著（$r_{partial}=-0.092$）；与S_{dm0812}、S_{dm08}和S_{dm0813}正相关也依次增强，但其中与前1因子相关显著（$r_{partial}=0.317, p=0.011$），与后2因子相关极显著。在各因子协同作用下，树高也是对S_{dm0813}反应最大，系数4.037，贡献43.1%；其次是S_{dm0811}，系数2.898，对模型贡献29.6%；树高对S_{dm0810}、S_{dm0807}和S_{dm0812}反应相对较小，系数1.896、1.286和1.455，其对模型作用也较小，分别贡献11.0%、9.8%和6.0%；而树高对S_{dm08}和S_{dm0808}反应很小，系数仅为0.087和0.203，对模型贡献均为0.2%。

2. **RPA 树高八月日照时数均值模型分析**

（1）树高八月月均日照优化模型　树高与各因子也呈负相关，其中也与S_{dm08}相关不显著外（$r_0=-0.144$），而与其余相关极显著。在控制其他因子影响下，树高与模型中各因子偏相关极显著，其中与S_{dm0807}、S_{dm0811}、S_{dm0810}和S_{dm0812}负相关依次减弱，与S_{dm08}和S_{dm0813}正相关依次增强。油松也对S_{dm0813}响应最大，单位量变化系数为5.958，对模型贡献59.8%，大于对照的影响。其次是S_{dm0811}、S_{dm0807}、S_{dm0812}和S_{dm0810}，其单位量变化系数依次为2.029、1.458、1.778和1.489，对模型分别贡献13.8%、10.4%、8.0%和7.8%。而油松对S_{dm08}响应最弱，系数仅为0.113，对模型仅贡献0.3%。

（2）树高9因子八月月均日照模型　模型中引入S_{dm0808}，树高与S_{dm0807}、S_{dm0811}、S_{dm0812}、S_{dm0810}和S_{dm0808}负相关依次减弱，其中与前3因子相关极显著，与S_{dm0810}相关显著（$r_{partial}=-0.278, p=0.026$），与$S_{dm0808}$相关极不显著（$r_{partial}=-0.080$）；而与$S_{dm08}$和$S_{dm0813}$正相关也极显著。油松也是对$S_{dm0813}$响应最大，系数为9.081，贡献63.6%；$S_{dm0811}$、$S_{dm0807}$、$S_{dm0812}$和$S_{dm0810}$的单位量变化系数依次为2.000、1.387、2.050和1.222，其对模型分别贡献14.3%、9.2%8.8%和3.8%；而油松也对S_{dm08}和S_{dm0808}响应极弱，其变化系数为0.103和0.213，对模型均贡献0.2%。

二、树高年生长量与八月日照时数均值指标的关系

1. **树高年生长量与九月日照均值的逐步回归模型**　对照组成了4组有效模型，其中S_{dm0812}、S_{dm0813}、S_{dm0809}和S_{dm0811}构建了对照油松优化模型。RPA组成了3组有效模型中，S_{dm0813}、S_{dm0811}和S_{dm0804}构成了RPA优化模型（表10-32）。

（1）对照树高年生长量与8月日照均值模型分析　从对照分析，在控制其他因子影响下，树高年生长量仅与S_{dm0812}正偏相关极显著；而与S_{dm0811}负偏相关显著（$r_{partial}=-0.273, p=0.025$），与$S_{dm0813}$和$S_{dm0809}$负偏相关极显著。各因子配合下，油松对$S_{dm0812}$和$S_{dm0813}$响应较强，单位量变化系数达12.420和8.289；其对模型起着决定作用，分别贡献55.0%和37.3%。而油松对S_{dm0811}和S_{dm0809}响应较弱，其单位量变化系数为2.330和1.266，对模型贡献3.9%和3.8%。

（2）RPA树高年生长量与8月日照均值模型分析　从RPA分析，树高S_{dm0813}正偏相关极显著，而与S_{dm0811}和S_{dm0804}负偏相关极显著。油松也对S_{dm0812}和S_{dm0813}响应较强，变化

系数为2.019 和2.937,其对模型贡献34.7%和60.5%;而对 S_{dm0804} 响应很弱,变化系数仅为0.236,对模型贡献4.8%。

表10-32　汉中油松高年生长量与8月日照时数均值逐步回归模型

Tab.10-32 The stepwise regression model of relationship between the average sunshine durations in August and annual height increment of *Pinus tabulaeformi*

处理 Treat	日照因子 S_{dm08}	模型 Model Coefficients 非标准 Unstandard	标准 Standard	T-检验 (T-test) t	p	R^2	相关系数 Correlations r_0	$r_{partial}$	r_{part}	共线性统计量 Collinearity statistics 容差 Tolerance	方差膨胀因子 VIF
H_{atck}	常量	-1.810	—	-0.422	0.674	0.791 (F = 61.436, p=0.000)	—	—	—	—	—
	S_{dm0812}	0.548	12.420	9.298	0.000		0.630	0.756	0.527	0.002	554.435
	S_{dm0813}	-0.352	-8.289	-10.257	0.000		0.595	-0.786	-0.582	0.005	202.964
	S_{dm0809}	-0.072	-1.266	-3.963	0.000		0.532	-0.441	-0.225	0.032	31.684
	S_{dm0811}	-0.109	-2.330	-2.287	0.025		0.610	-0.273	-0.130	0.003	322.584
H_{atrpa}	常量	8.838	—	1.094	0.278	0.786 (F=80.822, p=0.000)	—	—	—	—	—
	S_{dm0813}	0.166	2.937	7.829	0.000		0.794	0.694	0.446	0.023	43.404
	S_{dm0811}	-0.125	-2.019	-5.268	0.000		0.731	-0.544	-0.300	0.022	45.321
	S_{dm0804}	-0.045	-0.236	-3.159	0.002		0.294	-0.362	-0.180	0.579	1.728

2. **树高年生长量与8月日照均值的模型拟合**　从相关性变化分析,树高年生长量与8月日照指标均呈一定的负相关。其中,对照与 S_{dm0806} 相关系数为 -0.589,(p=0.000),RPA 与 S_{dm0809} 相关系数达 -0.698(p=0.000)。可用其 S_{dm0806} ~ S_{dm0813} 的 Linear-模型和 Quadratic-模型分析8月日照均值对树高年生长量的影响。

$$H_{atck} = 158.631 - 0.756S_{dm0812}$$

($n=70, R^2=0.218, F=18.949, p=0.000; t_0=5.061, p=0.000; t_1=-4.353, p=0.000$)

$$H_{atck} = 747.035 - 7.109S_{dm0812} + 0.017S_{dm0812}^2$$

($n=70, R^2=0.248, F=11.019, p=0.000; t_0=2.053, p=0.044; t_1=-1.815, p=0.074; t_2=1.623, p=0.109$)

$$H_{atrpa} = 271.682 - 1.323S_{dm0812}$$

($n=70, R^2=0.378, F=41.363, p=0.000; t_0=7.322, p=0.000; t_1=-6.431, p=0.000$)

$$H_{atrpa} = 1950.604 - 19.450S_{dm0812} + 0.048S_{dm0812}^2$$

($n=70, R^2=0.515, F=35.557, p=0.000; t_0=5.029, p=0.000; t_1=-4.657, p=0.000; t_2=4.345, p=0.000$)

$$H_{atck} = 165.996 - 0.796S_{dm0813}$$

($n=70, R^2=0.233, F=20.698, p=0.000; t_0=5.251, p=0.000; t_1=-4.549, p=0.000$)

$$H_{atck} = 1\,007.464 - 9.854S_{dm0813} + 0.024S_{dm0813}^2$$

$(n=70, R^2=0.288, F=13.573, p=0.000; t_0=2.715, p=0.008; t_1=-2.473, p=0.016; t_2=2.275, p=0.026)$

$$H_{atrpa} = 265.450 - 1.286S_{dm0813}$$

$(n=70, R^2=0.336, F=35.902, p=0.000; t_0=6.845, p=0.000; t_1=-5.992, p=0.000)$

$$H_{atrpa} = 1\,763.383 - 17.411S_{dm0813} + 0.043S_{dm0813}^2$$

$(n=70, R^2=0.444, F=26.793, p=0.000; t_0=4.050, p=0.000; t_1=-3.724, p=0.000; t_2=3.452, p=0.001)$

Linear－模型斜率小于零，证明油松高年生长量有随生长期8月日照时数均值增大变缓的趋势，说明8月长时间的强日照射不利于油松高生长。对照和RPA的S_{dm0812}模型的交点在199.6 h/m附近，S_{dm0813}模型交点在203.0 h/m附近。在试验期S_{dm0812}｛161.8，219.0｝和S_{dm0813}｛165.9，219.0｝范围内，仅有一组数据位于交点右侧，证明RPA模型值大于对照；但由于RPA模型斜率小于对照，两者差距会随生长期8月平均日照时数增加而缩小。

Quadratic－模型有极小值。对照和RPA的S_{dm0812}模型极值点分别出现在209.3 h/m和200.7 h/m附近，极小值为3.16 cm/a和－0.81 cm/a；S_{dm0813}模型极值点分别出现在204.0 h/m和202.5 h/m附近，极小值为2.30 cm/a和0.66 cm/a。试验期S_{dm0812}和S_{dm0813}范围内只有一组数据位于极值点右侧，加之RPA模型常数项大于对照，而一次项和二次项系数大于对照。说明研究期内，RPA油松高年生长量随生长期8月平均日照时数增加降低比对照明显，但降低程度会随日照时间延长而减弱。同时也证明RPA模型值大于对照模型，但差距也会随平均日照时数增加而缩小。结果与直线模型分析一致。

三、树高生长年增量与八月日照时数均值指标的关系

1．树高生长年增量与八月日照均值的向后剔除法逐步回归模型　对树高生长年增量（R_{aht}）与各生长期8月日照均值指标（S_{dm08}）进行向后剔除法逐步回归模型分析，经过8次向后逐步回归，组建了对照值化模型，经过4次向后逐步回归，产生了RPA优化模型（表10－33）。而对其进行逐步回归模型分析，没能产生有效模型。

（1）对照树高生长年增量与8月日照均值模型分析　在控制其他因子影响下，对照树高生长年增量与S_{dm0806}、S_{dm0807}和S_{dm0801}负偏相关依次减弱，其中与前2个因子相关极显著，与S_{dm0801}相关显著（$r_{\text{partial}}=-0.317, p=0.010$）；而与$S_{dm0804}$、$S_{dm0805}$和$S_{dm0808}$正偏相关依次增强，其中与$S_{dm0804}$相关不显著（$r_{\text{partial}}=0.208$），与后2个因子相关极显著。各因子相互作用下，$S_{dm0808}$对油松作用最强，单位量变化系数达8.072；其对模型影响也最大，贡献39.1%。其次是S_{dm0807}和S_{dm0806}，单位量变化系数为6.324和4.931，对模型分别贡献24.8%和23.3%。S_{dm0805}对油松也有一定作用，单位量变化系数为2.295，贡献8.0%。而S_{dm0804}和S_{dm0801}对油松高年增量作用较弱，单位量变化系数为1.486和0.887，对模型仅贡

献2.8%和2.1%。

(2)RPA树高生长年增量与8月日照均值模型分析　排除其他因子干扰,油松高生长年增量与$_{dm0801}$、S_{dm0806}、S_{dm0807}、S_{dm0811}和S_{dm0805}负偏相关依次减弱,其中与前4个因子相关极显著,与S_{dm0805}相关显著($r_{partial}=-0.262$,$p=0.041$);而与$_{dm0813}$、S_{dm0804}、S_{dm0809}、S_{dm0803}和S_{dm0808}正偏相关依次增强,其中与前2个因子相关显著($r_{partial}=0.292$、0.320,$p=0.022$、0.012),与后3个因子相关极显著。各因子配合下,S_{dm0808}和S_{dm0811}对油松高生长年增量作用强,单位量变化系数达15.416和13.948;其对模型影响也很大,分别贡献30.5%和22.7%。其次是S_{dm0806}、S_{dm0807}和S_{dm0813},单位量变化系数为6.761、7.66和7.099,对模型分别贡献9.5%、8.9%和7.4%。S_{dm0809}和$S_{dm08053}$对油松作用也相对较强,单位量变化系数为4.314和4.187,对模型贡献6.7%和5.7%。而S_{dm0804}、S_{dm0805}和S_{dm0801}对树高生长年增量作用相对较弱,单位量变化系数依次为3.325、3.701和2.319;其对模型影响也较小,分别贡献3.0%、2.8%和2.8%。

表10-33　汉中油松高年增量与8月日照均值指标逐步向后回归模型

Tab.10-33 The backward stepwise regression model of mean sunshine hours in August and annual height growth acceleration of *Pinus tabulaeformi*

处理 Treat	日照因子 S_{dm08}	模型 Model Coefficients 非标准 Unstandard	标准 Standard	T-检验 (T-test) t	p	R^2	相关系数 Correlations r_0	$r_{partial}$	r_{part}	共线性统计量 Collinearity statistics 容差 Tolerance	方差膨胀因子 VIF
R_{ahtck}	常量	-65.267	—	-1.448	0.153	0.408 (F = 7.249, p=0.000)	—	—	—	—	—
	S_{dm0801}	-1.114	-0.887	-2.654	0.010		-0.060	-0.317	-0.257	0.084	11.901
	S_{dm0804}	2.196	1.486	1.692	0.096		-0.207	0.208	0.164	0.012	82.146
	S_{dm0805}	3.478	2.295	3.270	0.002		-0.151	0.381	0.317	0.019	52.427
	S_{dm0806}	-7.833	-4.931	-4.442	0.000		-0.220	-0.488	-0.430	0.008	131.266
	S_{dm0807}	-10.348	-6.324	-3.371	0.001		-0.172	-0.391	-0.327	0.003	374.813
	S_{dm0808}	13.954	8.072	4.040	0.000		-0.144	0.454	0.392	0.002	425.013
H_{ahtrpa}	常量	68.577	—	0.446	0.657	0.611 (F = 9.256, p=0.000)	—	—	—	—	—
	S_{dm0801}	-5.281	-2.319	-4.683	0.000		-0.103	-0.521	-0.380	0.027	37.178
	S_{dm0803}	10.709	4.187	4.501	0.000		-0.057	0.506	0.366	0.008	131.153
	S_{dm0804}	8.913	3.325	2.596	0.012		-0.202	0.320	0.211	0.004	248.511
	S_{dm0805}	-10.177	-3.701	-2.084	0.041		-0.132	-0.262	-0.169	0.002	477.944
	S_{dm0806}	-19.482	-6.761	-3.920	0.000		-0.195	-0.455	-0.318	0.002	450.791
	S_{dm0807}	-20.083	-6.766	-3.472	0.001		-0.190	-0.412	-0.282	0.002	575.683
	S_{dm0808}	48.345	15.416	5.506	0.000		-0.162	0.583	0.447	0.001	1188.019
	S_{dm0809}	14.262	4.314	3.663	0.001		-0.182	0.430	0.298	0.005	210.269
	S_{dm0811}	-50.452	-13.948	-3.452	0.001		-0.175	-0.410	-0.280	0.000	2474.366
	S_{dm0813}	22.900	6.099	2.346	0.022		-0.157	0.292	0.191	0.001	1024.182

2. **树高生长年增量与八月日照均值的模型拟合** 从相关性分析，油松高生长年增量与各生长期 8 月平均日照时数均有一定的负相关；但相关度很小。其中，对照仅与 S_{dm0804} 和 S_{dm0806} 相关显著（$r_0 = -0.207$、-0.220，$p = 0.043$、0.034），RPA 也只与 S_{dm0804} 相关显著（$r_0 = -0.202$，$p = 0.047$）。对其进行模型拟合，Linear – 模型 $b < 0$，但模型回归关系不显著。只有对照与 S_{dm0806} 的 Inverse – 模型和 Quadratic – 模型拟合性相对较强，模型回归显著，但决定系数 R^2 也较小。

$$R_{ahtck} = -56.894 + \frac{11\,978.926}{S_{dm0806}}$$

（$n = 70$，$R^2 = 0.058$，$F = 4.159$，$p = 0.045$；$t_0 = -1.653$，$p = 0.103$；$t_1 = 2.039$，$p = 0.045$）

$$R_{ahtck} = 592.650 - 6.206 S_{dm0806} + 0.016 S_{dm0806}^2$$

（$n = 70$，$R^2 = 0.086$，$F = 3.146$，$p = 0.049$；$t_0 = 1.883$，$p = 0.064$；$t_1 = -1.754$，$p = 0.084$；$t_2 = 1.658$，$p = 0.102$）

在 S_{dm0806} 取值范围内｛150.3，219.0｝，Inverse – 模型与 S_{dm0806} 成反比，但降幅以 $11979.926/S_{dm0806}^2$ 缩减。其 Quadratic – 模型极小值出现在 190.7 h/m 附近，极值点左侧有 10 组数据，其油松高年增量与 S_{dm0806} 呈负相关，但降幅以 0.033 S_{dm0806} 递减；发生频度 0.714。

第十节　九月日照对树高生长的均值效应

【内容提要】 树高与 9 月日照时数均值均呈负相关，且相关性有随生长期 9 月日照时数均值统计年限延长而增强的趋势。

对照油松对整个生长期和近 11 年 9 月日照时数均值（S_{dm0913} 和 S_{dm0910}）响应极强，其在优化模型和 6 因子模型中的单位量变化系数分别为 3.464、4.594 和 3.501、4.504，对模型贡献 54.6%、45.0% 和 35.5%、64.1%。RPA 油松对整个生长期和近 12 年 9 月日照时数均值（S_{dm0913} 和 S_{dm0911}）响应最强，其在 2 模型中的单位量变化系数分别为 8.196、6.311 和 8.125、6.159，对模型贡献 84.6%、12.0% 和 72.3%、24.5%。

与 8 月日照类似，9 月日照均值也与飞播油松高年生长量呈负相关。其中，对照与近 9 年均值（S_{dm0908}）、RPA 与近 10 年均值（S_{dm0909}）相关性最大（$r = -0.496$、-0.549，$p = 0.000$）。可用其 Linear – 模型和 Quadratic – 模型分析 9 月日照对油松高年生长量的均值效应，评价 RPA 拌种对油松高生长的促进作用。逐步回归模型分析显示，用 S_{dm0912}、S_{dm0913}、S_{dm0910}、S_{dm0908} 和 S_{dm0906} 因子模型可诠释对照飞播油松高年生长量与 9 月日照均值的关系；其中，前 3 个因子对油松影响最大，单位量变化系数依次为 12.603、6.186 和 4.996，对模型贡献 57.0%、19.0% 和 20.6%。而 S_{dm0911}、S_{dm0912}、S_{dm0903} 和 S_{dm09} 因子构成了 RPA 油松高年生长量优化模型；其中，前 2 个因子的单位量变化系数为 6.736 和 5.595，对模型贡献 55.0% 和 41.9%；用 S_{dm0909} 取代优化模型中的 S_{dm09} 因子，也是 S_{dm0911} 和 S_{dm0912} 对油松影响较大，单位量变化系数为 6.931 和 4.853，对模型贡献 59.7% 和 34.5%。

油松高生长年增量与的生长期9月平均日照时数相关性也较弱，且多呈一定负相关。对其进行逐步回归模型分析和模型拟合，没有产生有效模型。向后剔除法逐步回归模型显示，对照油松对 S_{dm0913} 和 S_{dm0908} 响应较大，单位量变化系数达8.898和5.812，对模型分别贡献57.1%和33.3%。RPA油松对 S_{dm0908}、S_{dm0909} 和 S_{dm0907} 响应较强，单位量变化系数为6.802、6.536和4.787，对模型贡献31.0%、26.8%和18.5%。

【关 键 词】多效抗旱驱鼠剂，飞播造林，油松，树高生长，9月日照均值，逐步回归模型

一、树高与九月日照时数均值指标的关系

在各生长期8月日照时数均值组成的7组对照油松高有效模型中，S_{dm0913}、S_{dm0910}、S_{dm0901}、S_{dm09} 和 S_{dm0904} 构建其油松优化模型，其引入 S_{dm0909} 也能诠释对照油松与9月日照时数均值的关系。而在组成的11组RPA有效模型中，S_{dm0913}、S_{dm0911}、S_{dm0902}、S_{dm0908}、S_{dm0907}、S_{dm0904}、S_{dm0905} 和 S_{dm09} 构建了RPA油松优化模型，其引进 S_{dm0909} 也可反映各生长量9月日照时数均值对RPA油松的影响（表10－34）。

表10－34　汉中油松高与9月日照时数均值逐步回归模型

Tab. 10－34 The stepwise regression model of relationship between the average sunshine durations in September and *Pinus tabulaeformi* height

处理 Treat	日照因子 S_{dm09}	模型 Model Coefficients 非标准 Unstandard	标准 Standard	T－检验（T-test）t	p	R^2	相关系数 Correlations r_0	$r_{partial}$	r_{part}	共线性统计量 Collinearity statistics 容差 Tolerance	方差膨胀因子 VIF
H_{tck}	常量	366.802	—	27.870	0.000	0.990（F＝1243.903，p＝0.000）	—	—	—	—	—
	S_{dm0913}	20.032	3.464	25.572	0.000		－0.523	0.954	0.323	0.009	115.289
	S_{dm0910}	－24.947	－4.594	－42.301	0.000		－0.640	－0.983	－0.534	0.013	74.102
	S_{dm0901}	0.994	0.283	10.087	0.000		－0.189	0.783	0.127	0.202	4.946
	S_{dm09}	0.409	0.138	6.015	0.000		－0.122	0.601	0.076	0.303	3.298
	S_{dm0904}	1.345	0.302	6.787	0.000		－0.230	0.647	0.086	0.080	12.470
	常量	361.239	—	22.600	0.000	0.990（F＝1026.674，p＝0.000）	—	—	—	—	—
	S_{dm0909}	－0.572	－0.108	－0.620	0.538		－0.664	－0.078	－0.008	0.005	189.902
	S_{dm0913}	20.247	3.501	23.537	0.000		－0.523	0.948	0.298	0.007	137.683
	S_{dm0910}	－24.460	－4.504	－24.846	0.000		－0.640	－0.953	－0.315	0.005	204.500
	S_{dm0901}	0.964	0.275	8.762	0.000		－0.189	0.741	0.111	0.164	6.108
	S_{dm09}	0.410	0.138	6.003	0.000		－0.122	0.603	0.076	0.303	3.302
	S_{dm0904}	1.277	0.287	5.627	0.000		－0.230	0.578	0.071	0.062	16.208

续表 10－34

处理 Treat	日照因子 S_{dm09}	模型 Model Coefficients 非标准 Unstandard	模型 Model Coefficients 标准 Standard	T－检验 (T-test) t	T－检验 (T-test) p	R^2	相关系数 Correlations r_0	相关系数 Correlations $r_{partial}$	相关系数 Correlations r_{part}	共线性统计量 Collinearity statistics 容差 Tolerance	共线性统计量 Collinearity statistics 方差膨胀因子 VIF
	常量	188.445	—	3.950	0.000		—	—	—	—	—
	S_{dm0913}	64.694	8.196	18.983	0.000		−0.510	0.925	0.263	0.001	973.099
	S_{dm0911}	−47.990	−6.311	−34.400	0.000	0.988 (F = 644.949, p = 0.000)	−0.592	−0.975	−0.476	0.006	175.682
	S_{dm0902}	1.772	0.343	5.496	0.000		−0.174	0.575	0.076	0.049	20.343
	S_{dm0908}	−11.831	−1.654	−8.960	0.000		−0.614	−0.754	−0.124	0.006	177.934
	S_{dm0907}	−6.156	−0.876	−5.746	0.000		−0.542	−0.593	−0.080	0.008	121.298
	S_{dm0904}	−4.557	−0.751	−6.589	0.000		−0.220	−0.645	−0.091	0.015	67.774
	S_{dm0905}	3.371	0.523	5.059	0.000		−0.330	0.544	0.070	0.018	55.878
	S_{dm09}	−0.394	−0.097	−3.646	0.001		−0.079	−0.423	−0.050	0.269	3.721
H_{trpa}	常量	186.201	—	3.874	0.000		—	—	—	—	—
	S_{dm0909}	−1.052	−0.146	−0.632	0.530		−0.651	−0.081	−0.009	0.004	275.622
	S_{dm0913}	64.131	8.125	18.122	0.000		−0.510	0.920	0.252	0.001	1039.006
	S_{dm0911}	−46.835	−6.159	−20.317	0.000	0.988 (F = 567.684, p = 0.000)	−0.592	−0.934	−0.283	0.002	474.939
	S_{dm0902}	1.669	0.323	4.607	0.000		−0.174	0.511	0.064	0.039	25.446
	S_{dm0908}	−11.367	−1.589	−7.491	0.000		−0.614	−0.695	−0.104	0.004	232.651
	S_{dm0907}	−6.010	−0.855	−5.459	0.000		−0.542	−0.576	−0.076	0.008	126.857
	S_{dm0904}	−4.307	−0.709	−5.381	0.000		−0.220	−0.571	−0.075	0.011	89.846
	S_{dm0905}	3.055	0.474	3.655	0.001		−0.330	0.427	0.051	0.011	87.063
	S_{dm09}	−0.361	−0.089	−3.008	0.004		−0.079	−0.362	−0.042	0.219	4.556

1. 对照树高九月日照时数均值模型分析

(1)树高九月月均日照优化模型　树高与模型各因子均呈负相关，且相关性有随生长期 9 月日照时数均值统计年限延长而增强的趋势；其中与 S_{dm09} 和 S_{dm0901} 相关不显著（r_0 = −0.122、−0.189），与 S_{dm0904} 相关显著（r_0 = −0.230，p = 0.028），与 S_{dm0913} 和 S_{dm0910} 相关极显著（r_0 = −0.523、−0.664，p = 0.000）。在控制其他变量影响下，油松高仅与 S_{dm0910} 负偏相关极显著（$r_{partial}$ = −0.983，p = 0.000），而与 S_{dm09}、S_{dm0904}、S_{dm0901} 和 S_{dm0913} 正偏相关极显著，且依次增强。各因子相互作用下，油松对 S_{dm0913} 和 S_{dm0910} 响应极强，单位量变化系数为 3.464 和 4.594；其对模型发挥主导作用，分别贡献 54.6% 和45.0%。而对 S_{dm0904}、S_{dm0901} 和 S_{dm09} 响应极弱，变化系数为 0.302、0.283 和 0.138，其对模型关系仅为 0.3%、0.1% 和 0.02%。

(2)树高 6 因子九月月均日照模型　在模型中引入 S_{dm0909}，树高与 S_{dm0909} 偏相关不显著（$r_{partial}$ = −0.078）。其它因子与树高模型关系不变，但系数发生改变。油松对 S_{dm0913} 的响应油松降低，而对 S_{dm0910} 的响应油松增强，两者单位量变化系数为 3.501 和 4.504，对模型关系分别达 35.5% 和 64.1%。而油松对 S_{dm0904}、S_{dm0909}、S_{dm0901} 和 S_{dm09} 响应很弱，其单位量变化系数依次为 0.287、0.108、0.275 和 0.138，对模型仅贡献 0.2%、0.1%、0.1% 和

0.01%。

2. RPA 树高九月日照时数均值模型分析

(1)树高九月月均日照优化模型 油松与当年9月日照时数(S_{dm09})极不相关(r_0 = −0.097),与 S_{dm0902} 负相关不显著(r_0 = −0.174),与 S_{dm0904} 负相关显著(r_0 = −0.220,p =0.034),而与 S_{dm0905}、S_{dm0913}、S_{dm0907}、S_{dm0911} 和 S_{dm0908} 负相关极显著。消除其他因子干扰,油松与各因子偏相关极显著;其中与 S_{dm0911}、S_{dm0908}、S_{dm0904}、S_{dm0907} 和 S_{dm09} 负相关依次减弱,与 S_{dm0905}、S_{dm0902} 和 S_{dm0913} 正相关依次加强。树高对 S_{dm0913} 响应极强,单位量变化系数达 8.196,其对模型起着决定作用,贡献 84.6%;其次是 S_{dm0911},变化系数为 6.311,对模型贡献 12.0%;S_{dm0908} 对模型影响相对较小,系数为 1.654,对模型贡献 2.3%。油松对 S_{dm0907}、S_{dm0904}、S_{dm0905}、S_{dm0902} 和 S_{dm09} 响应极弱,其单位量变化系数为 0.876、0.751、0.523、0.343 和 0.097,对模型仅贡献 0.6%、0.3%、0.1%、0.03% 和 0.01‰。

(2)树高 9 因子九月月均日照模型 模型中引入 S_{dm0909},模型中其它因子关系不变,树高也与 S_{dm0909} 偏相关不显著($r_{partial}$ = −0.081)。油松对 S_{dm0913} 响应油松减弱,对 S_{dm0911} 响应油松增强,系数分别为 8.125 和 6.159,对模型分别贡献 72.3% 和 24.5%。

二、树高年生长量与九月日照时数均值指标的关系

1. 树高年生长量与九月日照均值的逐步回归模型 在对照组成的 5 组有效模型,S_{dm0908}、S_{dm0912}、S_{dm0910}、S_{dm0913} 和 S_{dm0906} 构建了对照油松优化模型。在 RPA 组成的 6 组有效模型中,S_{dm0903}、S_{dm0911}、S_{dm0912} 和 S_{dm09} 构成了 RPA 优化模型;同时,S_{dm0909}、S_{dm0903}、S_{dm0911} 和 S_{dm0912} 组合也能较好诠释不同生长期 9 月日照时数均值对 RPA 油松高年生长量的影响(表 10−35)。

(1)对照树高年生长量与 9 月日照均值模型分析 优化模型显示,在控制其他因子影响下,油松高年生长量仅与 S_{dm0912} 正偏相关极显著;而与 S_{dm0908} 和 S_{dm0906} 负偏相关显著($r_{partial}$ = −0.312、−0.288,p =0.011、0.019),与 S_{dm0910} 和 S_{dm0913} 负偏相关极显著。各因子相互作用下,油松对 S_{dm0912} 响应最强,单位量变化系数达 12.603;其对模型影响也最大,贡献 57.0%。其次是 S_{dm0913} 和 S_{dm0910},单位量变化系数为 6.186 和 4.996,对模型分别贡献 19.0% 和 20.6%。而油松对 S_{dm0908} 和 S_{dm0906} 响应很弱,单位量变化系数仅为 1.165 和 0.718;其对模型影响也很小,仅贡献 2.2% 和 1.2%。

(2)RPA 树高年生长量与 9 月日照均值模型分析

①四因子优化模型 树高仅与 S_{dm0911} 负偏相关极显著;而与 S_{dm09}、S_{dm0903} 和 S_{dm0912} 负偏相关极显著,且依次减弱。各因子配合下,油松对 S_{dm0911} 和 S_{dm0912} 响应较强,单位量变化系数为 6.736 和 5.595;其对模型起着决定作用,分别贡献 55.0% 和 41.9%。而对 S_{dm0903} 和 S_{dm09} 响应很弱,变化系数仅为 0.577 和 0.291;其对模型影响也极小,仅贡献 2.3% 和0.8%。

②四因子模型 用 S_{dm0909} 代替优化模型中的 S_{dm09} 分析,树高年生长量也仅与 S_{dm0911} 负

偏相关极显著；与 S_{dm0909} 正偏相关不显著（$r_{partial}=0.169, p=0.171$），与 S_{dm0903} 和 S_{dm0912} 正偏相关及显著。油松也对 S_{dm0911} 和 S_{dm0912} 响应较强，其变化系数为6.931和4.853，对模型贡献59.7%和34.5%；与优化模型比较，S_{dm0911} 影响有所增强，而 S_{dm0912} 影响明显降低。油松对 S_{dm0903} 和 S_{dm0909} 响应很弱，变化系数仅为0.918和0.809，其对模型仅贡献4.2%和1.6%；其中 S_{dm0903} 影响比优化模型略有增强。

表 10－35　汉中油松高年生长量与9月日照时数均值逐步回归模型

Tab. 10－35 The stepwise regression model of relationship between the average sunshine durations in September and annual height increment of *Pinus tabulaeformi*

处理 Treat	日照因子 S_{dm09}	模型 Model Coefficients 非标准 Unstandard	标准 Standard	T－检验 (T-test) t	p	R^2	相关系数 Correlations r_0	$r_{partial}$	r_{part}	共线性统计量 Collinearity statistics 容差 Tolerance	方差膨胀因子 VIF
H_{atck}	常量	21.723	—	1.457	0.150	0.792 (F = 48.599, P=0.000)	—	—	—	—	—
	S_{dm0908}	−1.594	−1.165	−2.624	0.011		−0.496	−0.312	−0.150	0.017	60.524
	S_{dm0912}	18.855	12.603	7.042	0.000		−0.356	0.661	0.402	0.001	983.310
	S_{dm0910}	−7.086	−4.996	−6.716	0.000		−0.436	−0.643	−0.383	0.006	169.931
	S_{dm0913}	−9.342	−6.186	−3.955	0.000		−0.366	−0.443	−0.226	0.001	751.193
	S_{dm0906}	−0.934	−0.718	−2.409	0.019		−0.362	−0.288	−0.138	0.037	27.244
H_{atrpa}	常量	132.480	—	8.374	0.000	0.829 (F = 78.866, p=0.000)	—	—	—	—	—
	S_{dm0903}	0.830	0.577	4.872	0.000		−0.113	0.517	0.250	0.187	5.345
	S_{dm0911}	−13.012	−6.736	−9.640	0.000		−0.515	−0.767	−0.494	0.005	185.750
	S_{dm0912}	11.113	5.595	7.517	0.000		−0.462	0.682	0.385	0.005	210.737
	S_{dm09}	0.299	0.291	4.602	0.000		0.034	0.496	0.236	0.658	1.521
	常量	157.407	—	6.814	0.000	0.780 (F = 57.608, p=0.000)	—	—	—	—	—
	S_{dm0909}	1.483	0.809	1.384	0.171		−0.549	0.169	0.081	0.010	100.975
	S_{dm0903}	1.320	0.918	4.923	0.000		−0.113	0.521	0.286	0.097	10.267
	S_{dm0911}	−13.390	−6.931	−7.896	0.000		−0.515	−0.700	−0.459	0.004	227.672
	S_{dm0912}	9.640	4.853	5.419	0.000		−0.462	0.558	0.315	0.004	236.926

2. **树高年生长量与九月日照均值的模型拟合**　从油松高年生长量与不同生长期9月日照时数均值相关性分析，两者均呈负相关，但相关程性较低。对照与 S_{dm0908} 相关性最强，但相关系数仅为－0.496；RPA 与 S_{dm0909} 相关性最大，相关系数为－0.549；其与 S_{dm0908} 相关性也相对较大，系数为－0.534。对其进行模型拟合，与8月类似，树高年生长量与 S_{dm0908} 和 S_{dm0909} 关系遵从 Linear－模型和 Quadratic－模型规律。

$$H_{atck} = 108.774 - 0.679S_{dm0908}$$

$$(n=70, R^2=0.246, F=22.230, p=0.000; t_0=5.892, p=0.000; t_1=-4.715, p=0.000)$$

$$H_{atck} = 963.583 - 13.451S_{dm0908} + 0.046S_{dm0908}^2$$

$(n = 70, R^2 = 0.457, F = 28.183, p = 0.000; t_0 = 5.720, p = 0.000; t_1 = -5.361, p = 0.000; t_2 = 5.096, p = 0.000)$

$$H_{atrpa} = 156.952 - 0.971S_{dm0908}$$

$(n = 70, R^2 = 0.285, F = 27.159, p = 0.000; t_0 = 6.576, p = 0.000; t_1 = -5.211, p = 0.000)$

$$H_{atrpa} = 963.070 - 13.525S_{dm0908} + 0.044S_{dm0908}^2$$

$(n = 70, R^2 = 0.392, F = 21.587, p = 0.000; t_0 = 4.074, p = 0.000; t_1 = -3.696, p = 0.000; t_2 = 3.425, p = 0.001)$

$$H_{atck} = 101.853 - 0.623S_{dm0909}$$

$(n = 70, R^2 = 0.203, F = 17.356, p = 0.000; t_0 = 5.303, p = 0.000; t_1 = -4.166, p = 0.000)$

$$H_{atck} = 581.178 - 7.783S_{dm0909} + 0.026S_{dm0909}^2$$

$(n = 70, R^2 = 0.274, F = 12.664, p = 0.000; t_0 = 3.059, p = 0.003; t_1 = -2.449, p = 0.007; t_2 = 2.560, p = 0.013)$

$$H_{atrpa} = 161.964 - 1.007S_{dm0909}$$

$(n = 70, R^2 = 0.302, F = 29.390, p = 0.000; t_0 = 6.785, p = 0.000; t_1 = -5.421, p = 0.000)$

$$H_{atrpa} = 1\,049.361 - 14.263S_{dm0909} + 0.048S_{dm0909}^2$$

$(n = 70, R^2 = 0.404, F = 26.302, p = 0.000; t_0 = 4.782, p = 0.000; t_1 = -4.366, p = 0.000; t_2 = 4.063, p = 0.001)$

Linear－模型模型斜率小于零，说明油松高年生长量与生长期9月平均日照时间呈负相关。而对照模型斜率绝对值小于RPA，证明RPA油松对生长期9月日照时数均值响应相对较大。对照和RPA的S_{dm0908}模型交点在165.3 h/m附近，在生长期S_{dm0908}｛107.3，169.7｝取值范围内，只有1组数据分布在交点右侧；而S_{dm0909}模型交点在1156.4 h/m附近，生长期S_{dm0909}｛109.1，169.7｝取值范围内，有2组数据在交点右侧；加之RPA模型常数项大于对照；表明在当地9月日照时数条件下，RPA拌种飞播油松高年生长量高于对照，但随日照时间的延长，两者间差距有缩小的趋势。其结果与8月日照时数均值作用相似。

对照和RPA树高年生长量S_{dm0908}与S_{dm0909}的Quadratic－模型极小值点分别出现在144.7 h/m、148.5 h/m和149.4 h/m、147.9 h/m附近；在其取值范围内，各有3组数据分布在极值点右侧。其月均日照时数均值小于极值点值时，油松高年生长量与其呈负相关；而大于极值点值时，两者呈正相关；且RPA模型值大于对照，但两者差距有随日照时间延长缩小的趋势。

三、树高生长年增量与九月日照时数均值指标的关系

对树高生长年增量与9月日照均值的向后剔除法逐步回归模型，经过7次向后逐步回归，组建了对照优化模型；通过5次向后逐步回归，组建产生了RPA油松高年增量优化模型（表10－36）。从相关性分析，与8月日照类似，油松高生长年增量与的生长期9月

平均日照时数相关性也较弱，且多呈一定负相关。对其进行逐步回归模型分析和模型拟合，没有产生有效模型。

表 10－36　汉中油松高年增量与 9 月日照均值指标逐步向后回归模型

Tab. 10－36 The backward stepwise regression model of mean sunshine hours in September and annual height growth acceleration of *Pinus tabulaeformi*

处理 Treat	日照因子 S_{dm09}	模型 Model Coefficients 非标准 Unstandard	标准 Standard	T－检验（T-test） t	p	R^2	相关系数 Correlations r_0	$r_{partial}$	r_{part}	共线性统计量 Collinearity statistics 容差 Tolerance	方差膨胀因子 VIF
H_{ahtck}	常量	－226.155	—	－4.061	0.000	0.371（F＝6.183，p＝0.000）	—	—	—	—	—
	S_{dm09}	－0.321	－0.330	－1.769	0.082		－0.035	－0.218	－0.177	0.286	3.493
	S_{dm0901}	－0.743	－0.645	－2.337	0.023		0.002	－0.282	－0.234	0.131	7.635
	S_{dm0904}	－2.289	－1.568	－3.347	0.001		－0.069	－0.389	－0.335	0.046	21.978
	S_{dm0906}	－2.120	－1.297	－1.958	0.055		－0.148	－0.239	－0.196	0.023	43.905
	S_{dm0908}	－9.992	－5.812	－5.514	0.000		－0.188	－0.571	－0.551	0.009	111.222
	S_{dm0913}	16.883	8.898	5.468	0.000		－0.116	0.567	0.547	0.004	265.088
H_{ahtrpa}	常量	119.261	—	3.256	0.002	0.611（F＝11.996，p＝0.000）	—	—	—	—	—
	S_{dm0903}	2.528	1.024	2.800	0.007		－0.017	0.337	0.223	0.048	20.991
	S_{dm0904}	－4.046	－1.528	－2.553	0.013		－0.061	－0.311	－0.204	0.018	56.247
	S_{dm0905}	5.259	1.872	2.599	0.012		－0.087	0.316	0.207	0.012	81.482
	S_{dm0906}	－7.733	－2.607	－3.539	0.001		－0.139	－0.413	－0.282	0.012	85.218
	S_{dm0907}	14.668	4.787	5.630	0.000		－0.116	0.585	0.449	0.009	113.473
	S_{dm0908}	－21.213	－6.802	－7.163	0.000		－0.177	－0.676	－0.572	0.007	141.530
	S_{dm0909}	20.564	6.536	5.885	0.000		－0.120	0.602	0.470	0.005	193.587
	S_{dm0910}	－10.731	－3.320	－3.187	0.002		－0.142	－0.378	－0.254	0.006	170.375

1. **对照树高生长年增量与九月日照均值模型分析**　在控制其他因子影响下，对照树高生长年增量仅与 S_{dm0913} 正偏相关极显著；而与 S_{dm0908} 和 S_{dm0904} 负偏相关极显著，与 S_{dm0901} 负偏相关显著（$r_{partial}$ ＝ －0.282，p＝0.023），与 S_{dm0906} 和 S_{dm09} 负偏相关不显著（$r_{partial}$ ＝ －0.239、－0.218）。各因子配合下，S_{dm0913} 和 S_{dm0908} 对油松高生长年增量起着决定作用，单位量变化系数达 8.898 和 5.812；其对模型影响也很大，分别贡献57.1% 和 33.3%。S_{dm0904} 和 S_{dm0906} 对油松也起一定作用，单位量变化系数 1.568 和 1.297，对模型贡献 5.1% 和 2.9%。而 S_{dm0901} 和 S_{dm09} 对油松高年增量作用极弱，单位量变化系数仅为 0.645 和 0.330；其对模型影响也很小，仅贡献 1.2% 和 0.4%。

2. **RPA 树高生长年增量与 9 月日照均值模型分析**　在排除其他因子干扰下，树高生长年增量与 S_{dm0908}、S_{dm0906}、S_{dm0910} 和 S_{dm0904} 负偏相关依次减弱，其中与前 3 个因子相关极显著，与 S_{dm0904} 相关显著（$r_{partial}$ ＝ －0.311，p＝0.013）；而与 S_{dm0905}、S_{dm0903}、S_{dm0907} 和 S_{dm0909} 正偏相关依次增强，其中与 S_{dm0905} 相关显著（$r_{partial}$＝0.316，p＝0.012），与后 3 个因子相关极显著。各因子相互作用下，S_{dm0908} 和 S_{dm0909} 对油松作用较强，单位量变化系数达 6.802 和

6.536，对模型贡献31.0%和26.8%。S_{dm0907}对油松作用也相对较强，变化系数为4.787，对模型贡献18.5%。S_{dm0910}和S_{dm0906}对油松也有一定作用，单位量变化系数为3.320和2.607，对模型贡献8.8%和6.9%。而S_{dm0905}、S_{dm0904}和S_{dm0903}对油松高生长年增量作用较弱，单位量变化系数依次为1.872、1.528和1.024，对模型分别贡献3.6%、2.7%和1.8%。

第十一节　十月日照对树高生长的均值效应

【内容提要】树高与10月日照时数均值指标性关性较低，对照与近10～近14年的10月平均日照时数负相关明显，与近4年的正相关显著（$r_0=0.212, p=0.039$）；RPA与10月日照均值多呈一定程度的负相关。对照优化模型和8因子模型中，油松对整个生长期10月平均日照时数（S_{dm1013}）响应最大，其单位量变化系数为16.842和16.906，对模型分别贡献53.6%和55.3%；对近13年、近12年和近10年的10月平均日照时数（S_{dm1012}、S_{dm1011}和S_{dm1010}）响应也较大，其对模型分别贡献16.7%、12.5%、14.8%和14.4%、14.2%、12.7%。而在其5因子模型中，油松对S_{dm1011}和S_{dm1013}响应较大，其单位量变化系数为9.474和9.852，对模型分别贡献48.3%和47.9%。RPA油松也对S_{dm1013}响应最大，2模型中的单位量变化系数为16.999和12.830，对模型分别贡献51.3%和50.5%。

树高年生长量与10月日照均值相关性较差，且变化较大。逐步回归分析结果显示，近13年、近12年、近11年和近2年10月日照均值（S_{dm1012}、S_{dm1011}、S_{dm1010}和S_{dm1001}）因子构成了对照油松高年生长量优化模型，用近4年10月日照均值（S_{dm1003}）取代模型的S_{dm1001}因子，也能较好反映10月日照对树高年生长量的均值效应。其中，油松对前3个因子响应较强，其单位量变化系数为11.538、7.214、4.743和7.080、4.201、3.514，对模型贡献55.6%、25.3%、18.4%和53.7%、21.0%和22.7%。近14年、近12年、近10年和近2年10月日照均值（S_{dm1013}、S_{dm1011}、S_{dm1009}和S_{dm1001}）因子组成了RPA油松优化模型，用S_{dm1004}代替其中的S_{dm1009}因子，也能较好分析10月日照均值对其油松高年生长量的影响。模型中，前2个因子对树高年生长量因子较大，单位量变化系数为10.678、9.686和7.663、8.370，对模型贡献49.4%、47.0%和45.7%、52.8%。

油松高生长年增量与的生长期10月日照均值相关性也较弱，且变化较大。对其进行逐步回归模型分析和模型拟合，也没有产生有效模型。向后剔除法逐步回归模型显示，油松对S_{dm1013}、S_{dm1010}和S_{dm1008}响应较强，其在对照和RPA模型中的单位量变化系数为11.687、7.020、4.052和14.307、12.688、8.287，对模型贡献46.0%、28.6%、12.3%和28.3%、29.2%、16.2%；另外，S_{dm1009}对RPA油松影响也较大，单位量变化系数为7.287，贡献13.7%。

【关 键 词】多效抗旱驱鼠剂，飞播造林，油松，树高生长，10月日照均值，逐步回归模型

一、树高与十月日照时数均值指标的关系

在逐步回归分析产生的13组对照油松高有效模型中，S_{dm1011}、S_{dm1013}、S_{dm1009}、S_{dm1012}、S_{dm1007}、S_{dm1010}、S_{dm1001}、S_{dm1006}和S_{dm1003}构成了其优化模型，同时S_{dm1011}、S_{dm1013}、S_{dm1002}、S_{dm1009}、S_{dm1012}、S_{dm1007}、S_{dm1010}和S_{dm1001}组合，S_{dm1011}、S_{dm1004}、S_{dm1013}、S_{dm1002}和S_{dm1009}组合也能较好诠释对照树高与各生长期10月日照时数均值的关系。而在组成的8组RPA有效模型中，S_{dm1011}、S_{dm1013}、S_{dm1002}、S_{dm1012}、S_{dm1009}和S_{dm1007}构建了RPA优化模型；同时，也可以用S_{dm1011}、S_{dm1004}、S_{dm1013}、S_{dm1002}、S_{dm1012}和S_{dm1009}组合分析各生长期10月日照时数均值对RPA油松的影响(表10－37)。

表10－37 汉中油松高与10月日照时数均值逐步回归模型

Tab. 10－37 The stepwise regression model of relationship between the average sunshine durations in October and *Pinus tabulaeformi* height

处理 Treat	日照因子 S_{dm10}	模型 Model Coefficients 非标准 Unstandard	标准 Standard	T－检验 (T-test) t	p	R^2	相关系数 Correlations r_0	$r_{partial}$	r_{part}	共线性统计量 Collinearity statistics 容差 Tolerance	方差膨胀因子 VIF
	常量	170.909	—	15.327	0.000	0.993 (F = 844.170, p = 0.000)	—	—	—	—	—
	S_{dm1011}	－34.662	－4.826	－9.994	0.000		－0.286	－0.790	－0.114	0.001	1785.387
	S_{dm1013}	122.350	16.842	26.171	0.000		－0.210	0.959	0.299	0.000	3171.323
	S_{dm1009}	－6.216	－0.859	－2.489	0.016		－0.233	－0.306	－0.028	0.001	911.750
	S_{dm1012}	－42.008	－5.811	－13.690	0.000		－0.243	－0.870	－0.156	0.001	1379.960
	S_{dm1007}	－3.742	－0.541	－4.385	0.000		－0.090	－0.493	－0.050	0.009	116.421
	S_{dm1010}	－37.283	－5.187	－13.957	0.000		－0.284	－0.874	－0.159	0.001	1057.679
	S_{dm1001}	1.239	0.360	11.394	0.000		－0.022	0.827	0.130	0.131	7.631
	S_{dm1006}	－1.443	－0.222	－2.763	0.008		0.012	－0.336	－0.032	0.020	49.379
	S_{dm1003}	0.565	0.113	2.408	0.019		0.212	0.297	0.028	0.059	16.938
	常量	167.466	—	14.467	0.000	0.991 (F = 815.953, p = 0.000)	—	—	—	—	—
	S_{dm1011}	－38.857	－5.410	－9.623	0.000		－0.286	－0.776	－0.119	0.000	2082.264
H_{tck}	S_{dm1013}	122.814	16.906	24.974	0.000		－0.210	0.954	0.308	0.000	3019.284
	S_{dm1002}	0.149	0.035	0.567	0.573		0.046	0.072	0.007	0.039	25.518
	S_{dm1009}	－7.566	－1.045	－2.998	0.004		－0.233	－0.358	－0.037	0.001	801.016
	S_{dm1012}	－37.340	－5.166	－11.072	0.000		－0.243	－0.817	－0.136	0.001	1434.187
	S_{dm1007}	－5.409	－0.782	－7.351	0.000		－0.090	－0.685	－0.091	0.013	74.472
	S_{dm1010}	－36.173	－5.033	－8.881	0.000		－0.284	－0.751	－0.109	0.000	2115.537
	S_{dm1001}	1.208	0.351	6.978	0.000		－0.022	0.666	0.086	0.060	16.626
	常量	235.353	—	12.646	0.000	0.968 (F = 384.944, p = 0.000)	—	—	—	—	—
	S_{dm1011}	－68.052	－9.474	－22.037	0.000		－0.286	－0.940	－0.494	0.003	367.588
	S_{dm1004}	0.765	0.137	1.607	0.113		0.239	0.197	0.036	0.069	14.539
	S_{dm1013}	71.565	9.852	14.924	0.000		－0.210	0.881	0.335	0.001	866.572
	S_{dm1002}	2.306	0.546	8.719	0.000		0.046	0.737	0.196	0.128	7.805
	S_{dm1009}	－8.303	－1.147	－3.390	0.001		－0.233	－0.390	－0.076	0.004	227.730

续表 10－37

处理 Treat	日照因子 S_{dm10}	模型 Model Coefficients 非标准 Unstandard	标准 Standard	T－检验 (T-test) t	p	R^2	相关系数 Correlations r_0	$r_{partial}$	r_{part}	共线性统计量 Collinearity statistics 容差 Tolerance	方差膨胀因子 VIF
H_{trpa}	常量	241.309	—	9.904	0.000	0.977 (F = 441.016, p = 0.000)	—	—	—	—	—
	S_{dm1011}	－83.911	－8.559	－24.354	0.000		－0.275	－0.951	－0.468	0.003	334.584
	S_{dm1013}	168.558	16.999	16.566	0.000		－0.198	0.902	0.318	0.000	2852.564
	S_{dm1002}	2.568	0.445	7.536	0.000		0.036	0.689	0.145	0.106	9.468
	S_{dm1012}	－56.763	－5.753	－10.023	0.000		－0.237	－0.784	－0.193	0.001	892.486
	S_{dm1009}	－25.799	－2.612	－6.204	0.000		－0.214	－0.616	－0.119	0.002	480.080
	S_{dm1007}	－6.384	－0.676	－4.200	0.000		－0.078	－0.468	－0.081	0.014	70.139
	常量	299.743	—	11.875	0.000	0.971 (F = 345.585, p = 0.000)	—	—	—	—	—
	S_{dm1011}	－75.245	－7.675	－17.963	0.000		－0.275	－0.915	－0.389	0.003	390.015
	S_{dm1004}	.556	0.073	0.772	0.443		0.257	0.097	0.017	0.052	19.190
	S_{dm1013}	127.217	12.830	12.373	0.000		－0.198	0.842	0.268	0.000	2297.325
	S_{dm1002}	3.283	0.570	9.409	0.000		0.036	0.764	0.204	0.128	7.829
	S_{dm1012}	－45.345	－4.596	－6.666	0.000		－0.237	－0.643	－0.144	0.001	1015.515
	S_{dm1009}	－12.644	－1.280	－3.362	0.001		－0.214	－0.390	－0.073	0.003	309.658

1. 对照树高十月日照时数均值模型分析

(1)树高十月月均日照优化模型　各生长量 10 月日照时数均值与油松高关系相对复杂。树高与 S_{dm1003} 正相关显著($r_0=0.212, p=0.039$)，与 S_{dm1006}、S_{dm1001} 和 S_{dm1007} 相关性极低($r_0=0.012$、-0.022、-0.090)；而与 S_{dm1011}、S_{dm1010}、S_{dm1012}、S_{dm1009} 和 S_{dm1013} 负相关依次减弱，其中与前 2 因子相关极显著，与后 3 因子相关显著。在控制其他因子作用下，油松高与 S_{dm1010}、S_{dm1012}、S_{dm1011}、S_{dm1007}、S_{dm1006} 和 S_{dm1009} 负偏相关依次减弱，其中除与 S_{dm1009} 相关未达极显著外($r_{partial}=-0.306, p=0.016$)，其余极显著；而与 S_{dm1003}、S_{dm1001} 和 S_{dm1013} 正偏相关依次增强，其中与 S_{dm1003} 相关显著($r_{partial}=-0.297, p=0.019$)，与另 2 因子相关极显著。各因子协同作用下，油松对 S_{dm1013} 反应最大，单位量变化系数达 16.842，其对模型贡献 53.6%；对 S_{dm1012}、S_{dm1010} 和 S_{dm1011} 反应相对较小，系数分别为 5.811、5.187 和 4.826，其对模型影响也相对较小，分别贡献 16.7%、14.8% 和12.5%。而对 S_{dm1009}、S_{dm1007}、S_{dm1001}、S_{dm1006} 和 S_{dm1004} 反应极小，其对模型分别贡献 0.9%、0.8%、0.5%、0.2% 和 0.1%。

(2)树高 8 因子十月月均日照模型　各因子与树高相关贡献不变。在控制其它因子影响下，油松与 S_{dm1002} 偏相关极不显著($r_{partial}=0.072$)，与 S_{dm1001} 和 S_{dm1013} 正偏相关极显著；而与 S_{dm1012}、S_{dm1011}、S_{dm1010}、S_{dm1006} 和 S_{dm1009} 负偏相关依次减弱，但均极显著。与优化模型相同，油松对 S_{dm1013} 反应最大，系数为 16.906，对模型贡献 55.3%，也是对 S_{dm1012}、S_{dm1011} 和 S_{dm1010} 反应相对较小，系数 5.166、5.410 和 5.033，对模型分别贡献14.4%、14.2% 和 12.7%；油松对 S_{dm1007}、S_{dm1009} 和 S_{dm1001} 反应很小，系数为 0.702、1.045 和 0.546，对模型贡献 1.8%、1.3% 和 0.4%；而对 S_{dm1002} 反应反应极小，系数仅为 0.035，对模型贡献为 0.005%。

(3) 五因子十月月均日照模型　树高与 S_{dm1011} 和 S_{dm1009} 负偏相关极显著，而与 S_{dm1004} 正偏相关不显著（$r_{partial}=0.197$），与 S_{dm1002} 和 S_{dm1013} 正偏相关极显著。S_{dm1011} 和 S_{dm1013} 是模型的主导因子，其单位量变化系数为 9.474 和 9.852，对模型分别贡献 48.3% 和 47.9%。S_{dm1009} 和 S_{dm1002} 对模型也有一定影响，但变化系数为 1.147 和 0.546，分别贡献 2.4% 和 1.3%。S_{dm1004} 对模型影响极小，其变化系数仅为 0.137，对模型贡献仅为 0.1%。

2. **RPA 树高十月日照时数均值模型分析**

(1) 树高十月月均日照优化模型　S_{dm1002} 和 S_{dm1007} 与油松相关度很低，其相关系数仅为 0.036 和 -0.078；而其余因子与油松具有一定负相关性，但相关性较小，与 S_{dm1011} 相关性最好，其相关系数也仅为 -0.275（$p=0.011$）。在控制其它因子影响下，树高与 S_{dm1011}、S_{dm1012} 和 S_{dm1009} 负偏相关依次减弱，而与 S_{dm1007}、S_{dm1002} 和 S_{dm1013} 正偏相关依次增强，且均极显著。各因子相互作用下，油松对 S_{dm1013} 响应最强，单位量变化系数达 16.999，其对模型影响也最大，贡献 51.3%。其次是 S_{dm1012}、S_{dm1009} 和 S_{dm1007}，其变化系数依次为 8.559、5.753和 2.612，对模型分别贡献 26.8%、15.0% 和 5.3%。而油松对 S_{dm1007} 和 S_{dm1002} 反应很小，其单位量变化系数分别为 0.676 和 0.445，对模型仅贡献 1.0% 和 0.6%。

(2) 树高 6 因子十月月均日照模型　用 S_{dm1004} 取代优化模型中的 S_{dm1007} 因子，树高与 S_{dm1004} 偏相关极不显著（$r_{partial}=0.097$），与 S_{dm1013} 和 S_{dm1002} 正偏相关极显著，而与 S_{dm1011}、S_{dm1012} 和 S_{dm1009} 负偏相关极显著。油松也对 S_{dm1013} 响应最强，系数为 12.830，贡献 50.5%；其次是 S_{dm1011} 和 S_{dm1012}，其单位量变化系数为 7.675 和 4.596，对模型分别贡献 32.3 和 15.7%；对 S_{dm1009} 和 S_{dm1002} 响应很小，系数为 1.280 和 0.570，对模型分别贡献2.3% 和 1.2%；而对 S_{dm1004} 响应极小，其单位量变化系数仅 0.073，对模型仅贡献 0.03%。

二、树高年生长量与十月日照时数均值指标的关系

1. 树高年生长量与十月日照均值的逐步回归模型

对树高年生长量（H_{at}）与 10 月日照时数均值指标（S_{dm10}）进行逐步回归模型分析，对照组成了 6 组有效模型，其中 S_{dm1010}、S_{dm1012}、S_{dm1011} 和 S_{dm1001} 构建了对照油松优化模型；同时用 S_{dm1003} 因子代替其 S_{dm1001} 因子，也能较好反映对照油松高年生长量与不同生长期 10

月日照时数均值的关系。而在组成的6组RPA有效模型中，S_{dm1011}、S_{dm1013}、S_{dm1001}和S_{dm1009}构成了RPA油松优化模型；另外，用S_{dm1004}因子代替其S_{dm1009}因子，也可较好诠释不同生长期10月平均日照时间对RPA油松高年生长量的影响(表10-38)。

(1)对照树高年生长量与10月日照均值模型分析

①四因子优化模型　在控制模型中其他因子影响下，树高年生长量与S_{dm1010}和S_{dm1011}负偏相关极显著，与S_{dm1001}和S_{dm1012}正偏相关极显著。各因子配合下，油松均对S_{dm1012}响应最大，单位量变化系数为11.538；其对模型影响也最大，贡献55.6%。其次是S_{dm1011}和S_{dm1010}，其单位量变化系数为7.214和4.743，对模型贡献25.3%和18.4%；而油松对S_{dm1001}响应极弱，单位量变化系数为0.417；其对模型影响也很小，贡献0.6%。

②四因子模型　用S_{dm1003}代替优化模型的S_{dm1001}分析，树高年生长量与S_{dm1010}和S_{dm1011}负偏相关极显著，与S_{dm1003}和S_{dm1012}正偏相关极显著。油松也对S_{dm1012}响应最大，其单位量变化系数为7.080，对模型贡献53.7%；其次是S_{dm1011}和S_{dm1010}，其单位量变化系数为4.201和3.514，对模型贡献21.0%和22.7%；而油松对S_{dm1003}响应极弱，单位量变化系数为0.595；其对模型影响也很小，贡献2.6%。

表10-38　汉中油松高年生长量与10月日照时数均值逐步回归模型

Tab. 10-38 The stepwise regression model of relationship between the average sunshine durations in October and annual height increment of *Pinus tabulaeformi*

处理 Treat	日照因子 S_{dm10}	模型 Model Coefficients 非标准 Unstandard	标准 Standard	T-检验 (T-test) t	p	R^2	相关系数 Correlations r_0	$r_{partial}$	r_{part}	共线性统计量 Collinearity statistics 容差 Tolerance	方差膨胀因子 VIF
H_{atck}	常量	43.513	—	3.769	0.000	0.779 (F=57.309, p=0.000)	—	—	—	—	—
	S_{dm1010}	-8.903	-4.743	-7.511	0.000		-0.210	-0.682	-0.438	0.009	117.346
	S_{dm1012}	21.780	11.538	12.365	0.000		-0.125	0.838	0.721	0.004	256.176
	S_{dm1011}	-13.533	-7.214	-6.287	0.000		-0.168	-0.615	-0.367	0.003	387.412
	S_{dm1001}	0.375	0.417	5.471	0.000		0.024	0.562	0.319	0.585	1.710
	常量	49.806	—	3.997	0.000	0.755 (F=50.067, p=0.000)	—	—	—	—	—
	S_{dm1003}	0.776	0.595	4.537	0.000		0.327	0.490	0.279	0.219	4.564
	S_{dm1010}	-6.596	-3.514	-4.813	0.000		-0.210	-0.513	-0.296	0.007	141.389
	S_{dm1012}	13.366	7.080	5.986	0.000		-0.125	0.596	0.368	0.003	371.096
	S_{dm1011}	-7.881	-4.201	-3.494	0.001		-0.168	-0.398	-0.215	0.003	383.516

续表 10－38

处理 Treat	日照因子 S_{dm10}	模型 Model Coefficients 非标准 Unstandard	标准 Standard	T－检验 (T-test) t	p	R^2	相关系数 Correlations r_0	$r_{partial}$	r_{part}	共线性统计量 Collinearity statistics 容差 Tolerance	方差膨胀因子 VIF
H_{atrpa}	常量	57.395	—	4.260	0.000	0.834 (F = 81.769, p = 0.000)	—	—	—	—	—
	S_{dm1011}	－24.124	－9.686	－17.326	0.000		－0.223	－0.907	－0.875	0.008	122.551
	S_{dm1013}	26.895	10.678	12.995	0.000		－0.150	0.850	0.656	0.004	264.719
	S_{dm1001}	0.575	0.482	6.629	0.000		0.083	0.635	0.335	0.483	2.069
	S_{dm1009}	－3.720	－1.483	－2.945	0.004		－0.160	－0.343	－0.149	0.010	99.330
	常量	67.615	—	4.720	0.000	0.820 (F = 73.987, p = 0.000)	—	—	—	—	—
	S_{dm1004}	0.508	0.263	1.681	0.098		0.240	0.204	0.088	0.113	8.852
	S_{dm1011}	－20.845	－8.370	－10.027	0.000		－0.223	－0.779	－0.528	0.004	251.476
	S_{dm1013}	19.301	7.663	8.465	0.000		－0.150	0.724	0.446	0.003	295.823
	S_{dm1001}	0.587	0.491	5.821	0.000		0.083	0.585	0.306	0.389	2.571

（2）RPA 树高年生长量与 10 月日照均值模型分析

①四因子优化模型 在控制其它因子影响下，油松高年生长量与 S_{dm1011} 和 S_{dm1009} 负偏相关极显著，而与 S_{dm1001} 和 S_{dm1013} 正偏相关极显著。各因子相互作用下，油松对 S_{dm1013} 和 S_{dm1011} 响应较强，单位量变化系数达 10.678 和 9.686；其对模型起着决定作用，分别贡献 49.4% 和 47.0%。而油松对 S_{dm1009} 和 S_{dm1001} 响应极弱，其单位量变化系数仅为 1.483 和 0.482，对模型仅贡献 2.7% 和 0.8%。

②四因子模型 用 S_{dm1004} 代替优化模型的 S_{dm1009} 分析，树高年生长量仅与 S_{dm1011} 负偏相关极显著；而与 S_{dm1009} 正偏相关不显著（$r_{partial}=0.204$），与 S_{dm1001} 和 S_{dm1013} 正偏相关极显著。在各因子配合下，油松对 S_{dm1011} 响应最强，单位量变化系数为 8.370；其对模型影响也最大，贡献 52.8%；与优化模型比较明显增强。其次是 S_{dm1013}，单位量变化系数为 7.663，对模型贡献 45.7%，比优化模型略有降低。而油松对 S_{dm1001} 和 S_{dm1004} 响应极弱，其单位量变化系数仅为 0.491 和 0.263，对模型仅贡献 1.1% 和 0.3%。

2. **树高年生长量与十月日照均值的模型拟合** 从相关性变化分析，油松高年生长量与各生长期 10 月平均日照时间相关性较差。其中对照与 S_{dm10}、S_{dm1001} 和 $S_{dm1005} \sim S_{dm1007}$，RPA 与 $S_{dm10} \sim S_{dm1002}$ 和 $S_{dm1005} \sim S_{dm1007}$ 极不相关（$-0.1 < r_0 < 0.1$）。对照与 S_{dm1002} 正相关显著（$r_0=0.209$，$p=0.042$），与 S_{dm1003} 正相关极显著（$r_0=0.327$，$p=0.003$）；RPA 与 S_{dm1003} 和 S_{dm1004} 正相关显著（$r_0=0.208$、0.240，$p=0.042$、0.022）。而对照与 S_{dm1010} 负相关显著（$r_0=-0.210$，$p=0.041$），RPA 与 S_{dm1010} 和 S_{dm1011} 负相关显著（$r_0=-0.201$、-0.223，$p=0.048$、0.032）。对照与 S_{dm1003} 关系和 RPA 与 S_{dm1004} 关系可用 Quadratic－模型进行分析。

$$H_{atck} = -154.230 + 2.990S_{dm1003} - 0.012S_{dm1003}^2$$

($n=70, R^2=0.133, F=5.128, p=0.008; t_0=-1.628, p=0.108; t_1=1.647, p=0.104; t_2=-1.417, p=0.161$)

$$H_{atrpa} = -385.765 + 7.602S_{dm1003} - 0.033S_{dm1003}^2$$

($n=70, R^2=0.175, F=7.092, p=0.002; t_0=-3.146, p=0.002; t_1=3.267, p=0.002; t_2=-3.081, p=0.003$)

模型决定系数 R^2 均较小，线性关系比较松散。对照和 RPA 模型极大值分别位于 125.2 h/m 和 114.2h/m 附近。其右侧分布 4 组和 5 组数据；其月均日照时数小于极值时，树高年生长量与其月均日照时数呈正相关，而大于极值时，两者有负相关的趋势。变化规律与 8 月和 9 月相反。

三、树高生长年增量与十月日照时数均值指标的关系

对树高生长年增量(R_{aht})与各生长期 10 月日照均值指标(S_{dm10})进行向后剔除法逐步回归模型分析，经过 5 次向后逐步回归，组建了对照油松高年增量各生长期 10 月日照均值优化模型；经过 4 次向后逐步回归，组建了 RPA 油松高年增量优化模型(表 10－39)。树高生长年增量与各生长期 10 月平均日照时数相关性变化较大，但整体相关度较小，只有对照与 S_{dm1003} 正相关显著($r_0=0.208, p=0.042$)。与 9 月日照相同，其逐步回归模型分析和模型拟合均没有产生有效模型。

表 10－39　汉中油松高年增量与 10 月日照均值指标逐步向后回归模型

Tab. 10－39 The backward stepwise regression model of mean sunshine hours in October and annual height growth acceleration of *Pinus tabulaeformi*

处理 Treat	日照因子 S_{dm10}	模型 Model Coefficients 非标准 Unstandard	标准 Standard	T－检验 (T-test) t	p	R^2	相关系数 Correlations r_0	$r_{partial}$	r_{part}	共线性统计量 Collinearity statistics 容差 Tolerance	方差膨胀因子 VIF
R_{ahtck}	常量	－8.313	—	－0.269	0.789	0.413 ($F=5.364$, $p=0.000$)	—	—	—	—	—
	S_{dm10}	－0.347	－0.395	－2.103	0.040		－0.024	－0.260	－0.206	0.272	3.671
	S_{dm1001}	0.719	0.636	2.028	0.047		0.076	0.251	0.199	0.098	10.215
	S_{dm1002}	－1.607	－1.160	－2.577	0.012		0.165	－0.313	－0.253	0.048	21.047
	S_{dm1003}	1.875	1.145	2.678	0.010		0.208	0.324	0.263	0.053	19.011
	S_{dm1004}	－2.241	－1.226	－3.655	0.001		－0.010	－0.424	－0.359	0.086	11.691
	S_{dm1008}	－9.613	－4.052	－1.844	0.070		－0.071	－0.230	－0.181	0.002	501.591
	S_{dm1010}	－16.555	－7.020	－2.567	0.013		－0.080	－0.312	－0.252	0.001	777.056
	S_{dm1013}	27.853	11.687	2.424	0.018		－0.047	0.296	0.238	0.000	2414.478

续表 10－39

处理 Treat	日照因子 S_{dm10}	模型 Model Coefficients 非标准 Unstandard	标准 Standard	T－检验 (T-test) t	p	R^2	相关系数 Correlations r_0	$r_{partial}$	r_{part}	共线性统计量 Collinearity statistics 容差 Tolerance	方差膨胀因子 VIF
H_{ahtrpa}	常量	－30.015	—	－0.602	0.549	0.552 (F = 8.201, p = 0.000)	—	—	—	—	—
	S_{dm10}	－1.702	－1.069	－3.743	0.000		0.001	－0.435	－0.324	0.092	10.907
	S_{dm1001}	3.421	1.668	4.892	0.000		0.041	0.534	0.423	0.064	15.553
	S_{dm1002}	－5.433	－2.162	－5.444	0.000		－0.011	－0.575	－0.471	0.047	21.104
	S_{dm1003}	4.758	1.602	4.173	0.000		0.167	0.474	0.361	0.051	19.720
	S_{dm1004}	－4.484	－1.353	－4.546	0.000		－0.001	－0.506	－0.393	0.084	11.847
	S_{dm1008}	－35.324	－8.207	－3.137	0.003		－0.055	－0.375	－0.271	0.001	915.703
	S_{dm1009}	31.386	7.287	2.987	0.004		－0.063	0.360	0.258	0.001	796.399
	S_{dm1010}	－54.279	－12.688	－3.811	0.000		－0.073	－0.441	－0.329	0.001	1483.158
	S_{dm1013}	61.856	14.307	3.132	0.003		－0.051	0.375	0.271	0.000	2791.387

1. **对照树高生长年增量与十月日照均值模型分析**　树高生长年增量与模型各因子偏相关性相对较弱；其中与 S_{dm1004} 负偏相关极显著，与 S_{dm1002}、S_{dm1010} 和 S_{dm10} 负偏相关显著（$r_{partial}$ = －0.313、－0.312、－0.260，p = 0.012、0.013、0.040），与 S_{dm1008} 负偏相关不显著（$r_{partial}$ = －0.230）；而与 S_{dm1001}、S_{dm1013} 和 S_{dm1003} 正偏相关显著（$r_{partial}$ = 0.251、0.296、0.324，p = 0.047、0.018、0.010）。在各因子相互作用下，S_{dm1013} 对油松作用最强，单位量变化系数达 11.687；其对模型影响也最大，贡献 46.0%。S_{dm1010} 和 S_{dm1008} 对油松作用也较强，单位量变化系数为 7.020 和 4.052，对模型分别贡献 28.6% 和 12.3%。S_{dm1004}、S_{dm1003} 和 S_{dm1002} 对油松作用相对较弱，单位量变化系数为 1.226、1.145 和 1.160，对模型分别贡献 5.3%、3.5% 和 2.9%。而 S_{dm1001} 和 S_{dm10} 对油松作用极弱，单位量变化系数仅为 0.636 和 0.395；其对模型影响也很小，仅贡献 1.0% 和 0.4%。

2. **RPA 树高生长年增量与十月日照均值模型分析**　在控制其他因子影响下，RPA 树高生长年增量与模型中各因子偏相关均极显著，其中与 S_{dm1002}、S_{dm1004}、S_{dm1010}、S_{dm10} 和 S_{dm1008} 负偏相关依次减弱，而与 S_{dm1009}、S_{dm1013}、S_{dm1003} 和 S_{dm1001} 正偏相关依次增强。在各因子相互作用下，S_{dm1013} 和 S_{dm1010} 对树高生长年增量作用较强，单位量变化系数为 14.307 和 12.688，对模型贡献 28.3% 和 29.2%。S_{dm1008} 和 S_{dm1009} 对树高作用相对也较大，单位量变化系数 8.287 和 7.287，对模型贡献分别 16.2% 和 13.7%。而 S_{dm1002}、S_{dm1004}、S_{dm1003} 和 S_{dm1001} 对油松作用相对较弱，单位量变化系数依次为 2.162、1.353、1.602 和 1.668，对模型分别贡献 3.8%、2.8%、2.8% 和 2.2%。而 S_{dm10} 对油松作用极弱，单位量变化系数为 1.069，对模型仅贡献 0.9%。

第十二节　十一月日照对树高生长的均值效应

【内容提要】逐步回归模型分析显示，汉中飞播油松高与11月日照时数均值指标均除对照与当年11月日照时数(S_{dm11})正相关不显著外($r_0=0.108$)，与其余各指标正相关均极显著。对照和RPA优化模型中，油松对整个生长期和近13年11月平均日照时数(S_{dm1113}和S_{dm1112})响应较强，其单位量变化系数为8.252、7.601和14.503、11.566，对模型分别贡献35.7%、24.3%和52.7%、33.6%。而在其5因子模型中，油松对整个生长期和近9年11月平均日照时数(S_{dm1113}和S_{dm1108})响应较大，单位量变化系数为3.048、2.635和3.810、2.796，贡献56.5%、39.0%和57.0%、26.9%。

飞播油松高年生长量与11月日照均值指标呈正相关，且RPA相关度明显大于对照。其中，对照油松高年生长量与近4年11月日照均值(S_{dm1103})关性系数为0.682，RPA与近5年均值(S_{dm1104})相关系数为0.739。用Linear－模型和Quadratic－模型可分析11月日照对飞播油松高生长的均值效应。对照逐步回归优化模型中，油松对S_{dm1110}、S_{dm1108}和S_{dm1112}响应较大，其单位量变化系数达7.727、4.047和3.336，对模型贡献52.7%、20.4%和12.9%；用S_{dm1103}因子取代模型中的S_{dm1112}因子，油松对S_{dm1108}响应增强(系数4.014，贡献42.6%)，而对S_{dm1110}响应减弱(系数3.693，贡献37.4%)。RPA模型中，S_{dm1113}和S_{dm1109}对油松影响较大，单位量变化系数为1.981和1.636，贡献57.4%和31.1%。

与8～10月日照不同，11月日照均值与油松高生长年增量呈正相关。其中，对照油松仅与近3年和近4年11月日照均值(S_{dm1102}和S_{dm1103})相关极显著($r_0=0.310$、0.295，$P<0.01$)，RPA仅与S_{dm1103}相关显著($r_0=0.234$，$p=0.026$)。可用S_{dm1103}的Linear－模型和Quadratic－模型分析11月日照对汉中飞播油松高生长年增量的影响。向后剔除法逐步回归模型显示，油松对S_{dm1110}和S_{dm1113}响应较大，其在对照和RPA模型中的单位量变化系数为7.959、6.343和9.928、7.719，对模型贡献52.0%、41.9%和52.7%、41.4%。逐步回归模型显示，对照油松对S_{dm1110}和S_{dm1111}响应很强，在两个3因子模型中分别贡献52.4%、43.0%和51.1%、48.4%，4因子模型中贡献54.4%和40.7%。

【关 键 词】多效抗旱驱鼠剂，飞播造林，油松，树高，11月日照均值，逐步回归模型

一、树高与十一月日照时数均值指标的关系

逐步回归模型证明，各生长期11月日照时数均值指标组合成了9组对照和RPA油松高有效模型。其中，S_{dm1113}、S_{dm1108}、S_{dm11}、S_{dm1107}、S_{dm1106}、S_{dm1110}和S_{dm1112}依次进入对照优化模型，而S_{dm1113}、S_{dm1109}、S_{dm1108}、S_{dm1101}、S_{dm1112}、S_{dm1106}和S_{dm1103}先后被引入RPA优化模型。同时，S_{dm1104}、S_{dm1113}、S_{dm1108}、S_{dm11}和S_{dm1107}组合也能较好诠释不同生长期11月日照时数均值与对照油松高的关系，S_{dm1104}、S_{dm1113}、S_{dm1109}、S_{dm1108}和S_{dm1103}组合也能较好反映RPA油

松与各生长期11月日照时数均值的关系（表10－40）。

1. 对照树高十一月日照时数均值模型分析

（1）树高十一月月均日照优化模型　油松高与各生长期11月日照时数均值均除与S_{dm11}正相关不显著外（$r_0=0.108$），与其余各指标正相关均极显著。在控制其他因子作用下，树高与S_{dm1113}、S_{dm1110}和S_{dm1106}负偏相关依次减弱，与S_{dm1112}、S_{dm1107}、S_{dm11}和S_{dm1108}正偏相关依次增强，且极显著。在各因子相互作用下，油松对S_{dm1113}和S_{dm1112}反应较大，单位量变化系数分别为8.252和7.601，其对模型作用也较大，分别贡献35.7%和24.3%；对S_{dm1108}、S_{dm1110}和S_{dm1107}反应相对较小，变化系数依次为2.814、3.266和2.750，其对模型影响也相对较小，分别贡献14.1%、12.1%和10.3%；而对S_{dm1106}和S_{dm11}反应极小，系数为1.175和0.555，对模型仅贡献2.8%和0.7%。

（2）树高5因子十一月月均日照模型　其5因子模型各指标与油松均呈极显著的正相关。在消除其他因子干扰下，油松仅与S_{dm1113}负偏相关极显著，而与S_{dm1104}偏相关不显著（$r_{partial}=0.158$），与S_{dm1107}正偏相关显著（$r_{partial}=0.262, p=0.034$），与$S_{dm11}$和$S_{dm1108}$正偏相关极显著。油松对$S_{dm1113}$和$S_{dm1108}$反应较大，系数3.048和2.635，对模型分别贡献56.5%和39.0%；而对S_{dm1107}、S_{dm11}和S_{dm1104}反应较小，其变化系数为0.715、0.309和0.298，对模型分别贡献3.2%、0.8%和0.5%。

表10－40　汉中油松高与11月日照时数均值逐步回归模型

Tab. 10－40 The stepwise regression model of relationship between the average sunshine durations in November and *Pinus tabulaeformi* height

处理 Treat	日照因子 S_{dm11}	模型 Model Coefficients 非标准 Unstandard	标准 Standard	T－检验（T-test） t	p	R^2	相关系数 Correlations r_0	$r_{partial}$	r_{part}	共线性统计量 Collinearity statistics 容差 Tolerance	方差膨胀因子 VIF
H_{ahtck}	常量	231.090	—	5.737	0.000	0.966 (F = 252.837, p = 0.000)	—	—	—	—	—
	S_{dm1113}	−94.085	−8.252	−6.210	0.000		0.638	−0.619	−0.145	0.000	3234.386
	S_{dm1108}	25.994	2.814	13.586	0.000		0.777	0.865	0.317	0.013	78.595
	S_{dm11}	1.226	0.555	11.042	0.000		0.108	0.814	0.258	0.216	4.623
	S_{dm1107}	22.130	2.750	8.609	0.000		0.777	0.738	0.201	0.005	186.927
	S_{dm1106}	−7.983	−1.175	−5.099	0.000		0.779	−0.544	−0.119	0.010	97.316
	S_{dm1110}	−35.578	−3.266	−5.249	0.000		0.670	−0.555	−0.123	0.001	708.979
	S_{dm1112}	85.832	7.601	4.101	0.000		0.651	0.462	0.096	0.000	6292.462
H_{tck}	常量	239.267	—	4.981	0.000	0.946 (F = 224.712, p = 0.000)	—	—	—	—	—
	S_{dm1104}	1.447	0.298	1.279	0.206		0.846	0.158	0.037	0.016	64.334
	S_{dm1113}	−34.748	−3.048	−10.478	0.000		0.638	−0.795	−0.304	0.010	100.472
	S_{dm1108}	24.340	2.635	9.581	0.000		0.777	0.768	0.278	0.011	89.822
	S_{dm11}	0.684	0.309	4.560	0.000		0.108	0.495	0.132	0.183	5.462
	S_{dm1107}	5.754	0.715	2.171	0.034		0.777	0.262	0.063	0.008	128.853

续表 10－40

处理 Treat	日照因子 S_{dm011}	模型 Model Coefficients 非标准 Unstandard	标准 Standard	T－检验 (T-test) t	p	R^2	相关系数 Correlations r_0	$r_{partial}$	r_{part}	共线性统计量 Collinearity statistics 容差 Tolerance	方差膨胀因子 VIF
H_{trpa}	常量	257.586	—	4.807	0.000	0.965 (p = 246.059, p = 0.000)	—	—	—	—	—
	S_{dm1113}	−225.696	−14.503	−7.656	0.000		0.638	−0.697	−0.181	0.000	6402.743
	S_{dm1109}	14.004	1.031	4.195	0.000		0.742	0.470	0.099	0.009	107.793
	S_{dm1108}	35.496	2.815	8.108	0.000		0.771	0.717	0.192	0.005	215.096
	S_{dm1101}	1.621	0.438	5.815	0.000		0.232	0.594	0.138	0.099	10.123
	S_{dm1112}	178.266	11.566	5.344	0.000		0.654	0.562	0.126	0.000	8359.329
	S_{dm1106}	−10.017	−1.080	−4.914	0.000		0.784	−0.529	−0.116	0.012	86.235
	S_{dm1103}	3.690	0.647	3.950	0.000		0.721	0.448	0.094	0.021	47.849
	常量	287.830	—	4.344	0.000	0.944 (F = 214.804, p = 0.000)	—	—	—	—	—
	S_{dm1104}	0.810	0.122	0.520	0.605		0.846	0.065	0.015	0.016	62.865
	S_{dm1113}	−59.290	−3.810	−9.486	0.000		0.638	−0.764	−0.281	0.005	183.564
	S_{dm1109}	18.750	1.380	6.575	0.000		0.742	0.635	0.195	0.020	50.168
	S_{dm1108}	35.257	2.796	5.925	0.000		0.771	0.595	0.176	0.004	253.442
	S_{dm1101}	1.489	0.402	4.173	0.000		0.232	0.462	0.124	0.095	10.578

2. RPA 树高十一月日照时数均值模型分析

（1）树高十一月月均日照优化模型　树高与模型中各因子正相关非常明显。在控制其它因子影响下，油松与模型各因子偏相关极显著，其中与 S_{dm1113} 和 S_{dm1106} 负相关，与 S_{dm1103}、S_{dm1109}、S_{dm1112}、S_{dm1101} 和 S_{dm1108} 正相关依次增强。与对照优化模型相似，油松也对 S_{dm1113} 和 S_{dm1112} 反应较大，单位量变化系数为 14.503 和 11.566，对模型分别贡献 52.7% 和 33.6%；而对 S_{dm1108}、S_{dm1109} 和 S_{dm1106} 反应相对较小，其变化系数依次为 2.815、1.031 和 1.080，对模型分别贡献 8.7%、2.2% 和 1.9%；而对 S_{dm1103} 和 S_{dm1101} 反应很小，其系数仅为 0.647 和 0.438，对模型仅贡献 0.6% 和 0.3%。

（2）树高 5 因子十一月月均日照模型　树高也仅与 S_{dm1113} 负偏相关极显著，与 S_{dm1104} 偏相关不显著（$r_{partial}$ = 0.0.065）；而与 S_{dm1101}、S_{dm1108} 和 S_{dm1109} 正偏相关极显著。在各因子协同作用下，油松也是对 S_{dm1113} 反应最强，其单位量变化系数为 3.810，对模型贡献 57.0%；S_{dm1108} 和 S_{dm1109} 对模型影响也较大，其变化系数为 2.796 和 1.308，对模型分别贡献 26.9% 和 15.2%。而油松对 S_{dm1101} 和 S_{dm1104} 反应极弱，单位量变化系数仅为 0.402 和 0.122；其对模型影响也很小，仅贡献 0.9% 和 0.1%。

二、树高年生长量与十一月日照时数均值指标的关系

1. **树高年生长量与十一月日照均值的逐步回归模型** 在对照组成的8组有效模型中，S_{dm1110}、S_{dm1106}、S_{dm1112}、S_{dm1107}、S_{dm1101}和S_{dm1108}构建了对照油松优化模型；同时用S_{dm1103}因子代替其S_{dm1111}因子，也能较好反映两者的关系。而在组成的RPA3组有效模型中，S_{dm1113}、S_{dm1109}和S_{dm1104}构成了其优化模型(表10－41)。

表10－41 汉中油松高年生长量与11月日照时数均值逐步回归模型

Tab. 10－41 The stepwise regression model of relationship between the average sunshine durations in November and annual height increment of *Pinus tabulaeformi*

处理 Treat	日照因子 S_{dm11}	模型 Model Coefficients 非标准 Unstandard	标准 Standard	T－检验 (T-test) t	p	R^2	相关系数 Correlations r_0	$r_{partial}$	r_{part}	共线性统计量 Collinearity statistics 容差 Tolerance	方差膨胀因子 VIF
H_{atck}	常量	40.604	—	1.670	0.100	0.801 (F＝42.351, p＝0.000)	—	—	—	—	—
	S_{dm1110}	－21.984	－7.727	－8.237	0.000		0.430	－0.720	－0.463	0.004	279.053
	S_{dm1108}	9.762	4.047	6.256	0.000		0.538	0.619	0.351	0.008	132.667
	S_{dm1106}	－3.191	－1.799	－4.214	0.000		0.515	－0.469	－0.237	0.017	57.795
	S_{dm1101}	0.481	0.680	5.549	0.000		0.254	0.573	0.312	0.210	4.761
	S_{dm1107}	4.709	2.241	4.375	0.000		0.534	0.483	0.246	0.012	83.167
	S_{dm1112}	9.836	3.336	3.413	0.001		0.451	0.395	0.192	0.003	302.865
	常量	62.827	—	2.584	0.012	0.779 (F＝37.012, p＝0.000)	—	—	—	—	—
	S_{dm1103}	0.683	0.626	2.027	0.047		0.682	0.247	0.120	0.037	27.192
	S_{dm1110}	－10.506	－3.693	－5.282	0.000		0.430	－0.554	－0.313	0.007	139.344
	S_{dm1108}	9.683	4.014	4.815	0.000		0.538	0.519	0.285	0.005	198.123
	S_{dm1106}	－3.426	－1.931	－4.319	0.000		0.515	－0.478	－0.256	0.018	57.011
	S_{dm1101}	0.394	0.557	2.801	0.007		0.254	0.333	0.166	0.089	11.260
	S_{dm1107}	2.493	1.186	2.228	0.029		0.534	0.270	0.132	0.012	80.848
H_{atrpa}	常量	54.175	—	1.592	0.116	0.722 (F＝57.111, p＝0.000)	—	—	—	—	—
	S_{dm1104}	1.708	1.014	4.732	0.000		0.739	0.503	0.307	0.092	10.897
	S_{dm1113}	－7.833	－1.981	－6.097	0.000		0.559	－0.600	－0.396	0.040	25.067
	S_{dm1109}	5.643	1.636	4.045	0.000		0.660	0.446	0.263	0.026	38.802

(1)对照树高年生长量与11月日照均值模型分析

①六因子优化模型 在控制其他因子影响下，树高年生长量与S_{dm1110}和S_{dm1106}负偏相关极显著，而与S_{dm1112}、S_{dm1107}、S_{dm1101}和S_{dm1108}正偏相关极显著，且依次增强。在各因子相互作用下，油松对S_{dm1110}响应最强，单位量变化系数达7.727；其对模型影响也最大，贡献52.7%。其次是S_{dm1108}和S_{dm1112}，单位量变化系数为4.047和3.336，对模型分别贡献

20.4% 和 12.9%。S_{dm1107} 和 S_{dm1106} 对模型也有一定影响，其单位量变化系数分别为 2.241 和 1.799，对模型贡献 7.8% 和 5.2%。而油松对 S_{dm1101} 响应很弱，单位量变化系数仅为 0.680，其对模型仅贡献 1.0%。

②六因子模型　用 S_{dm1103} 因子代替其优化模型 S_{dm1112} 因子，树高年生长量也与 S_{dm1110} 和 S_{dm1106} 负偏相关极显著，而与 S_{dm1103} 和 S_{dm1107} 正偏相关显著（$r_{partial}=0.247$、0.270，$p=0.047$、0.029），与 S_{dm1101} 和 S_{dm1108} 正偏相关极显著。各因子配合下，油松对 S_{dm1108} 和 S_{dm1110} 响应较大，其单位量变化系数为 4.014 和 3.693，对模型分别贡献 42.6% 和 37.4%；与优化模型比较，S_{dm1110} 的影响显著降低，而 S_{dm1108} 作用明显增强。其次是 S_{dm1106} 和 S_{dm1107}，变化系数为 1.931 和 1.186，对模型贡献 12.5% 和 5.1%；与优化模型相比，S_{dm1106} 作用增强，S_{dm1107} 影响略有降低。油松对 S_{dm1103} 和 S_{dm1101} 响应极弱，其单位量变化系数仅为 0.626 和 0.557，对模型仅贡献 1.4% 和 1.1%。

（2）RPA 树高年生长量与 11 月日照均值模型分析　树高年生长量与 S_{dm1113} 负偏相关极显著，而与 S_{dm1109} 和 S_{dm1104} 正偏相关极显著。S_{dm1113} 对模型影响最大，其单位量变化系数为 1.981，贡献 57.4%。其次是 S_{dm1109}，单位量变化系数为 1.636，贡献 31.1%。而 S_{dm1104} 单位量变化系数为 1.014，对模型贡献 11.5%。

2. 树高年生长量与十一月日照均值的模型拟合　从相关性变化分析，油松高年生长量与其月均日照时间呈正相关，且 RPA 的相关性明显优于对照。其中，对照与 S_{dm1103} 相关性最强，系数为 0.682；RPA 与 S_{dm1104} 相关度最大，系数为 0.739。两者关系可用 Linear－模型和 Quadratic－模型表述，其中 S_{dm1103} 和 S_{dm1104} 的模型拟合度最高。

$$H_{atck}=-46.209+0.744S_{dm1103}$$

（$n=70$，$R^2=0.465$，$F=59.121$，$p=0.000$；$t_0=-3.893$，$p=0.000$；$t_1=6.729$，$p=0.000$）

$$H_{atck}=164.753-3.673S_{dm1103}+0.022S_{dm1103}^2$$

（$n=70$，$R^2=0.575$，$F=45.243$，$p=0.000$；$t_0=3.200$，$p=0.002$；$t_1=-3.441$，$p=0.001$；$t_2=4.153$，$p=0.000$）

$$H_{atrpa}=-50.852+0.916S_{dm1103}$$

（$n=70$，$R^2=0.400$，$F=45.284$，$p=0.000$；$t_0=-3.893$，$p=0.000$；$t_1=6.729$，$p=0.000$）

$$H_{atrpa}=-133.122+2.639S_{dm1103}-0.008S_{dm1103}^2$$

（$n=70$，$R^2=0.409$，$F=23.201$，$p=0.000$；$t_0=-1.653$，$p=0.103$；$t_1=1.580$，$p=0.119$；$t_2=-1.035$，$p=0.304$）

$$H_{atck}=-43.565+0.728S_{dm1104}$$

（$n=70$，$R^2=0.329$，$F=33.318$，$p=0.000$；$t_0=-3.691$，$p=0.000$；$t_1=5.772$，$p=0.000$）

$$H_{atck}=84.247-2.040S_{dm1104}+0.014S_{dm1104}^2$$

（$n=70$，$R^2=0.346$，$F=17.748$，$p=0.000$；$t_0=0.875$，$p=0.384$；$t_1=-0.984$，$p=0.328$；$t_2=1.338$，$p=0.185$）

$$H_{atrpa} = -79.377 + 1.244S_{dm1104}$$

($n=70, R^2=0.545, F=81.600, p=0.000; t_0=-6.155, p=0.000; t_1=9.033, p=0.000$)

$$H_{atrpa} = 242.535 - 5.725S_{dm1104} + 0.036S_{dm1104}^2$$

($n=70, R^2=0.608, F=52.028, p=0.000; t_0=2.452, p=0.017; t_1=-2.689, p=0.009; t_2=3.279, p=0.002$)

Linear－模型斜率大于零,树高年生长量与 S_{dm1103} 和 S_{dm1104} 成正比。RPA 和对照 S_{dm1103} 模型斜率比为 1.231,两模型交点值为 27.0 h/m,远小于 S_{dm1103} 取值范围{66.4,136.9}的下限;S_{dm1104} 模型斜率比为 1.710,两模型在 69.3 h/m 附近相交,交点左侧仅有 1 组数据分布。表明在研究期内,RPA 模型值大于对照,且随 S_{dm1103} 增加差距扩大。

从 Quadratic－模型分析,对照 S_{dm1103} 模型极小值在 85.2 h/m 附近,极值点右侧分布有 6 组数据。当 S_{dm1103} 小于极值时,对照油松高年生长量与 S_{dm1103} 成反比;小于极值时,年生长量与 S_{dm1103} 成正比。RPA 的 S_{dm1103} 模型极大值在 156.9 h/m 附近,超过了 S_{dm1103} 取值范围{66.4,136.9}的上限;表明试验期内 RPA 油松高年生长量均与 S_{dm1103} 成正比。对照和 RPA 的 S_{dm1104} 模型极小值分别在 71.8 h/m 和 80.0 h/m 附近,加之 RPA 模型常数项和二次项系数均大于对照,表明 S_{dm1104} 取值范围{66.4,124.5}内,RPA 模型值大于对照。

三、树高生长年增量与十一月日照时数均值指标的关系

1. 树高生长年增量与十一月日照均值的向后剔除法逐步回归模型 对树高年增量(R_{aht})与各生长期 11 月日照均值指标(S_{dm11})进行向后剔除法逐步回归模型分析,经过 10 次向后逐步回归,组建了对照油松高年增量各生长期 11 月日照均值优化模型;经过 7 次向后逐步回归,组建了 RPA 优化模型(表 10－42)。

(1)对照树高生长年增量与 11 月日照均值模型分析　树高年增量与 S_{dm1110} 负偏相关极显著,与 S_{dm1107} 和 S_{dm1113} 正偏相关极显著。各因子配合下,S_{dm1110} 和 S_{dm1113} 对油松高年增量起着极其重要的作用,单位量变化系数为 7.959 和 6.343,对模型贡献 52.0% 和 41.9%。而 S_{dm1107} 对油松高年增量作用相对较弱,单位量变化系数为 1.766,对模型贡献6.1%。

(2)RPA 树高生长年增量与 11 月日照均值模型分析　在控制其他因子影响下,RPA 树高生长年增量与 S_{dm1110} 和 S_{dm1102} 负偏相关极显著;而也与 S_{dm1113} 和 S_{dm1107} 正偏相关极显著,但与 S_{dm1101} 和 S_{dm1105} 正偏相关不显著($r_{partial}=0.231$、0.221)。各因子相互作用下,S_{dm1110} 和 S_{dm1113} 也对油松高生长年增量起着决定作用,单位量变化系数达9.928和 7.719,对模型贡献 52.7% 和 41.4%;与对照相近。S_{dm1107} 对油松高生长年增量也有一定作用,单位量变化系数为 1.985,贡献 4.0%。而 S_{dm1102}、S_{dm1105} 和 S_{dm1101} 对树高生长年增量作用很弱,单位量变化系数仅为 0.597、0.523 和 0.441;其对模型影响也较小,仅贡献 0.9%、0.8%和0.2%。

表 10－42　汉中油松高年增量与 11 月日照均值指标逐步向后回归模型

Tab. 10－42 The backward stepwise regression model of mean sunshine hours in November and annual height growth acceleration of *Pinus tabulaeformi*

处理 Treat	日照因子 S_{dm11}	模型 Model Coefficients 非标准 Unstandard	标准 Standard	T－检验 (T-test) t	p	R^2	相关系数 Correlations r_0	$r_{partial}$	r_{part}	共线性统计量 Collinearity statistics 容差 Tolerance	方差膨胀因子 VIF
R_{ahtck}	常量	14.560	—	0.369	0.713	0.420*	—	—	—	—	—
	S_{dm1107}	4.663	1.766	4.040	0.000		0.122	0.445	0.379	0.046	21.743
	S_{dm1110}	－28.447	－7.959	－6.778	0.000		0.075	－0.641	－0.636	0.006	156.842
	S_{dm1113}	23.728	6.343	6.450	0.000		0.126	0.622	0.605	0.009	110.043
R_{ahtrpa}	常量	72.113	—	0.801	0.426	0.471 (F＝9.351, p＝0.000)	—	—	—	—	—
	S_{dm1101}	0.712	0.441	1.883	0.064		0.064	0.231	0.173	0.153	6.531
	S_{dm1102}	－1.828	－0.897	－3.046	0.003		0.125	－0.358	－0.279	0.097	10.331
	S_{dm1105}	2.866	0.823	1.802	0.076		0.142	0.221	0.165	0.040	24.836
	S_{dm1107}	9.507	1.985	2.797	0.007		0.121	0.332	0.256	0.017	59.968
	S_{dm1110}	－64.370	－9.928	－7.177	0.000		0.070	－0.671	－0.658	0.004	227.910
	S_{dm1113}	52.381	7.719	6.809	0.000		0.116	0.651	0.624	0.007	153.061

备注:Remark: * $F=15.920, p=0.000$

2. **树高生长年增量与十一月日照均值的逐步回归模型**　对其进行逐步回归模型分析,RPA 油松高年增量与各生长期 11 月平均日照时数线性关系比较疏远,没能产生有效模型。而在组成的 5 组对照油松高生长年增量有效模型中,S_{dm1110}、S_{dm1111} 和 S_{dm1107} 组合构建了其优化模型;同时,其引入 S_{dm1102} 因子,或用 S_{dm1102} 因子替代其 S_{dm1107} 因子也能较好诠释两者的关系(表 10－43)。

表 10－43　汉中油松高年增量与 11 月日照均值指标逐步回归模型

Tab. 10－43 The stepwise regression model of mean sunshine hours in November and annual height growth acceleration of *Pinus tabulaeformi*

处理 Treat	日照因子 S_{dm11}	模型 Model Coefficients 非标准 Unstandard	标准 Standard	T－检验 (T-test) t	p	R^2	相关系数 Correlations r_0	$r_{partial}$	r_{part}	共线性统计量 Collinearity statistics 容差 Tolerance	方差膨胀因子 VIF
H_{ahtck}	常量	8.741	—	0.219	0.827	0.410^a	—	—	—	—	—
	S_{dm1110}	－20.357	－5.695	－6.532	0.000		0.075	－0.627	－0.618	0.012	85.045
	S_{dm1111}	17.111	4.605	6.310	0.000		0.149	0.613	0.597	0.017	59.594
	S_{dm1107}	3.262	1.236	2.904	0.005		0.122	0.337	0.275	0.049	20.256

续表 10－43

处理 Treat	日照因子 S_{dm11}	模型 Model Coefficients 非标准 Unstandard	标准 Standard	T－检验（T-test） t	p	R^2	相关系数 Correlations r_0	$r_{partial}$	r_{part}	共线性统计量 Collinearity statistics 容差 Tolerance	方差膨胀因子 VIF
R_{ahtck}	常量	35.220	—	0.799	0.427	0.427（F = 12.091，p = 0.000）	—	—	—	—	—
	S_{dm1102}	0.246	0.219	1.372	0.175		0.310	0.168	0.129	0.345	2.896
	S_{dm1110}	－18.995	－5.315	－5.843	0.000		0.075	－0.587	－0.549	0.011	93.785
	S_{dm1111}	15.423	4.151	5.208	0.000		0.149	0.543	0.489	0.014	72.020
	S_{dm1107}	2.999	1.136	2.649	0.010		0.122	0.312	0.249	0.048	20.854
	常量	－24.618	—	－0.622	0.536	0.365[b]	—	—	—	—	—
	S_{dm1102}	0.327	0.291	1.768	0.082		0.310	0.213	0.173	0.355	2.813
	S_{dm1110}	－14.086	－3.941	－5.049	0.000		0.075	－0.528	－0.495	0.016	63.291
	S_{dm1111}	14.221	3.828	4.652	0.000		0.149	0.497	0.456	0.014	70.329

备注：Remark：[a] $F=15.290, p=0.000$；[b] $F=12.632, p=0.000$

从优化模型分析，树高生长年增量仅与 S_{dm1110} 负偏相关极显著，而与 S_{dm1111} 和 S_{dm1107} 正偏相关极显著。三因子共同作用下，油松对其响应依次减弱，单位量变化系数为 5.695、4.605 和 1.236。S_{dm1110} 和 S_{dm1111} 对模型起着决定作用，分别贡献 52.4% 和 43.0%；而 S_{dm1107} 对模型影响较小，仅贡献 4.6%。

另一个 3 因子模型显示，树高生长年增量也仅与 S_{dm1110} 负偏相关极显著，与 S_{dm1111} 呈极显著正偏相关，而与 S_{dm1102} 正偏相关不显著（$r_{partial}=0.213$）。与优化模型相同，S_{dm1110} 和 S_{dm1111} 也对油松高生长年增量起着决定作用，其单位量变化系数为 3.941 和 3.828，对模型分别贡献 51.1% 和 48.4%。而油松对 S_{dm1102} 响应极弱，其单位量变化系数仅为 0.291，对模型仅贡献 0.5%。

从其 4 因子模型分析，树高生长年增量仍仅与 S_{dm1110} 负偏相关极显著，与 S_{dm1111} 正偏相关极显著，而与 S_{dm1107} 正偏相关显著（$r_{partial}=0.312, p=0.010$），与 S_{dm1102} 正偏相关不显著（$r_{partial}=0.168$）。各因子配合下，油松也对 S_{dm1110} 和 S_{dm1111} 响应很强，单位量变化系数为 5.315 和 4.151，对模型分别贡献 54.4% 和 40.7%。S_{dm1107} 对油松高生长年增量也有一定作用，单位量变化系数为 1.136，贡献 4.7%；与优化模型相当。而油松对 S_{dm1102} 响应也最弱，单位量变化系数 0.219，对模型仅贡献 0.2%。

3. 树高生长年增量与十一月日照均值的模型拟合 与 8～10 月不同，各生长期 11 月平均日照时数与油松高年增量呈一定正相关，但相关性也较低。其中，对照油松仅与 S_{dm1102} 和 S_{dm1103} 相关极显著（$r_0=0.310$、0.295，$p=0.005$、0.007），与其余因子相关均不显著；RPA 仅与 S_{dm1103} 相关显著（$r_0=0.234, p=0.026$）。对其进行模型拟合，RPA 与 S_{dm11} 和 S_{dm1101} 关系符合 Quadratic－模型和 Cubic－模型，与 S_{dm1103} 关系符合 Linear－模型和 Quadratic

－模型；而对照与 S_{dm1102} 和 S_{dm1103} 的关系也满足 Linear－模型和 Quadratic－模型分析条件。

$$R_{ahtrpa} = 143.701 - 2.485S_{dm11} + 0.010S_{dm11}^2$$

$(n=70, R^2=0.092, F=3.404, p=0.039; t_0=2.842, p=0.006; t_1=-2.555, p=0.013; t_2=2.606, p=0.011)$

$$R_{ahtrpa} = 408.726 - 11.414S_{dm11} + 0.099S_{dm11}^2 - 2.579\times10^{-4}S_{dm11}^3$$

$(n=70, R^2=0.137, F=3.495, p=0.020; t_0=2.698, p=0.009; t_1=-2.322, p=0.023; t_2=2.050, p=0.044; t_3=-1.852, p=0.069)$

$$R_{ahtrpa} = 183.119 - 3.253S_{dm1101} + 0.014S_{dm1101}^2$$

$(n=70, R^2=0.127, F=4.884, p=0.010; t_0=3.107, p=0.003; t_1=-2.939, p=0.005; t_2=3.075, p=0.003)$

$$R_{ahtrpa} = -113.558 + 5.403S_{dm1101} - 0.063S_{dm1101}^2 + 2.068\times10^{-4}S_{dm1101}^3$$

$(n=70, R^2=0.176, F=4.712, p=0.005; t_0=-0.709, p=0.481; t_1=1.202, p=0.234; t_2=-1.621, p=0.110; t_3=1.985, p=0.051)$

$$R_{ahtck} = -19.290 + 0.348S_{dm1102}$$

$(n=70, R^2=0.096, F=7.211, p=0.009; t_0=-1.533, p=0.130; t_1=2.685, p=0.009)$

$$R_{ahtck} = -70.718 + 1.376S_{dm1102} - 4.603\times10^{-3}S_{dm1102}^2$$

$(n=70, R^2=0.105, F=3.942, p=0.024; t_0=-1.130, p=0.263; t_1=1.116, p=0.268; t_2=-0.839, p=0.405)$

$$R_{ahtrpa} = -33.674 + 0.581S_{dm1103}$$

$(n=70, R^2=0.055, F=3.930, p=0.051; t_0=-1.197, p=0.236; t_1=1.982, p=0.051)$

$$R_{ahtrpa} = 297.030 - 6.344S_{dm1103} + 0.034S_{dm1103}^2$$

$(n=70, R^2=0.106, F=3.990, p=0.023; t_0=1.747, p=0.085; t_1=-1.799, p=0.076; t_2=1.971, p=0.053)$

$$R_{ahtck} = -24.685 + 0.405S_{dm1103}$$

$(n=70, R^2=0.087, F=6.486, p=0.013; t_0=-1.619, p=0.110; t_1=2.547, p=0.013)$

$$R_{ahtck} = 270.838 - 5.784S_{dm1103} + 0.030S_{dm1103}^2$$

$(n=70, R^2=0.233, F=9.626, p=0.000; t_0=3.099, p=0.003; t_1=-3.192, p=0.002; t_2=3.427, p=0.001)$

（1）Linear－模型分析　模型决定系数 R^2 较小，$b>0$；表明油松高年增量与各生长期 11 月平均日照时数成正比，但重复间变异较大，数据较分散，很难准确进行定量分析，只能进行趋势预测。RPA 和对照的 S_{dm1103} 模型 b 比值为 1.437；$a<0$、RPA＜对照；两模型交点出现在 50.8 h/m 附近；交点在 S_{dm1103} 取值下限以外{66.4，136.9}。说明在当地日照条件下，RPA 油松高年增量大于对照，且近 4 年 11 月平均日照时间（S_{dm1103}）越长，两者差异越明显。

(2)Quadratic－模型分析 模型变化较大。RPA 的 S_{dm11} 和 S_{dm1101} 模型 $a>0$、$b<0$、$c>0$,极小值出现在 126.1 h/m 和 118.7 h/m 附近;极值点右侧只有 2 组和 3 组数据。表明当年 11 月日照时数(S_{dm11})以及近 2 年 11 月平均日照时数(S_{dm1101})小于极值点值时,油松高生长年增量与其呈负相关,但降幅以 0.020 S_{dm11} 和 0.027 S_{dm1101} 递减;发生频度 0.857 和 0.786。对照的 S_{dm1102} 模型 $a<0$、$b>0$、$c<0$,极大值出现在 149.4 h/m 附近;极值点右侧也只有 2 组数据。表明近 3 年 11 月平均日照时数(S_{dm1102})小于其极值点值时,树高生长年增量与其呈正相关,但增幅以 $9.206\times10^{-3}S_{dm1102}$ 递减;变化与 S_{dm11} 和 S_{dm1101} 模型相反。从 RPA 和对照的 S_{dm1103} 模型分析,$a>0$、RPA > 对照,$b<0$、RPA < 对照,$c>0$、RPA > 对照,模型极小值分别出现在 93.8 h/m 和 95.7 h/m 附近;极值点左侧各有 8 组和 9 组数据。RPA 模型值大于对照,两模型没有相交点,最小差距出现在 77.6 h/m 附近;正好将数据分为数量相等的两组。近 4 年 11 月平均日照时数(S_{dm1103})小于或大于 77.6 h/m 时,对照和 RPA 差异有扩大的趋势。

第十三节 十二月日照对树高生长的均值效应

【内容提要】与 11 月日照相同,12 月日照时数均值也与飞播油松高具有显著的正相关。对照模型中,整个生长期、近 12 年和近 8 年 12 月平均日照时数(S_{dm1213}、S_{dm1211} 和 S_{dm1207})对树高影响较大,在 2 模型中的单位量变化系数为 5.622、4.732、1.406 和 3.325、2.346、1.390,对模型分别贡献 53.8%、36.3%、9.0% 和 57.4%、25.1%、15.7%。RPA 优化模型中,近 11 年和近 8 年 12 月平均日照时数(S_{dm1210} 和 S_{dm1207})对油松作用较大,单位量变化系数为 2.096 和 1.925,对模型分别贡献 55.6% 和 33.4%;在近 5 年、近 8 年和近 11 年 12 月日照时数均值指标(S_{dm1204}、S_{dm1207} 和 S_{dm1210})组合中,树高对 S_{dm1207} 和 S_{dm1210} 响应较大,对模型分别贡献 47.5% 和 50.5%;在 S_{dm1204}、S_{dm1213} 和 S_{dm1207} 组合中,S_{dm1207} 和 S_{dm1213} 对油松作用较大,分别贡献 50.8% 和 4.07%;而在 S_{dm1204}、S_{dm1202} 和 S_{dm1213} 组合中,油松对 S_{dm1204} 响应最大,其对模型贡献 71.8%,比上述模型影响明显最强。

与 11 月日照类似,树高年生长量与 12 月日照均值指标也呈正相关。其中,对照与近 4 年均值(S_{dm1203})相关性最强($r=0.665$),RPA 与近 5 年均值(S_{dm1204})相关性最高($r=0.773$)。用其 Linear－模型和 Quadratic－模型也可分析 12 月日照均值指标对飞播油松高年生长量的影响。逐步回归模型分析,S_{dm1211}、S_{dm1212} 和 S_{dm1202} 构成了对照优化模型,其前 2 个因子对油松影响很大,单位量变化系数为 10.047 和 10.005,对模型分别贡献 49.4% 和 49.8%;用 S_{dm1203} 取代 S_{dm1202},也是前 2 个因子影响较大,对模型分别贡献46.7% 和 51.4%。而在其 S_{dm1203}、S_{dm1209} 和 S_{dm1211} 模型中,S_{dm1209} 和 S_{dm1211} 对油松影响较大,分别贡献 50.9% 和 36.1%。S_{dm1210}、S_{dm1211}、S_{dm1206} 和 S_{dm1204} 因子组建了 RPA 优化模型,其前 2 个因子的单位量变化系数分别为 4.426 和 3.165,对模型贡献 57.5% 和 32.6%;而其 S_{dm1204}、

S_{dm1210}和S_{dm1202}模型中，前2个因子对模型贡献70.4%和23.6%。

油松高生长年增量也与各生长期12月日照均值相关性变化与11月相同，但相关性较低。向后剔除法逐步回归分析结果证明，可用近10年均值(S_{dm1202})和近12年～近14年均值(S_{dm1211}～S_{dm1213})组建的对照模型，当年12月日照时数(S_{dm12})、近2年～近10年均值(S_{dm1201}～S_{dm1209})和近14年均值(S_{dm1213})构建的RPA模型，分析12月日照对油松高生长年增量的均值效应。对照模型中，S_{dm1212}、S_{dm1213}和S_{dm1211}对油松高生长年增量影响较大，单位量变化系数为15.598、7.904和5.639，对模型贡献57.6%、25.5%和14.1%。RPA模型中，S_{dm1209}、S_{dm1206}和S_{dm1213}影响较大，单位量变化系数为13.058、9.954和9.711，对模型分别贡献29.2%、17.4%和20.3%。逐步回归分析结果显示，可用S_{dm1205}和S_{dm1203}因子模型分析其与对照油松的关系，其单位量变化系数为1.231和1.397，对模型分别贡献50.7%和49.3%。引入S_{dm12}因子，S_{dm1205}和S_{dm1203}的单位量变化系数为1.492和1.233，对模型贡献50.9和47.5%。再用S_{dm1202}取代S_{dm1203}因子，对照油松对S_{dm1202}和S_{dm1205}响应较强，单位量变化系数为0.785和0.394，对模型贡献61.0%和27.4%。

【关 键 词】多效抗旱驱鼠剂，飞播造林，油松，树高生长，12月日照均值，逐步回归模型

一、树高与十二月日照时数均值指标的关系

对树高(H_t)与12月日照时数均值指标(S_{dm12})进行逐步回归模型分析，各生长期12月日照时数均值指标组合成了8组对照油松高有效模型。其中，S_{dm1213}、S_{dm1207}、S_{dm1211}和S_{dm1202}构成了对照油松高12月日照时数均值指标优化模型；同时，S_{dm1204}、S_{dm1213}、S_{dm1207}和S_{dm1211}组合也能较好反映油松与不同生长期12月日照时数均值的关系。而在RPA9组有效模型中，S_{dm1207}、S_{dm1210}和S_{dm1206}组建了RPA油松优化模型；另外，S_{dm1204}、S_{dm1207}和S_{dm1210}组合，S_{dm1204}、S_{dm1213}和S_{dm1207}组合以及S_{dm1204}、S_{dm1202}和S_{dm1213}组合也能较好诠释不同生长期12月日照时数均值对RPA油松的影响(表10－44)。

1. 对照树高十二月日照时数均值模型分析

(1)树高十二月月均日照优化模型　树高与各生长期12月日照时数均值正相关十分显著。在控制模型中其他因子作用下，油松高与S_{dm1213}负偏相关极显著，而与S_{dm1202}、S_{dm1211}和S_{dm1207}正偏相关极显著，且依次增强。在各因子综合作用下，S_{dm1213}和S_{dm1211}对模型起着决定作用，其单位量变化系数为5.622和4.732，对模型分别贡献53.8%和36.3%；S_{dm1207}对模型也有一定影响，其变化系数为1.406，贡献9.0%；油松对S_{dm1202}响应最弱，其单位量变化系数仅为0.345，对模型也仅贡献0.9%。

(2)树高4因子十二月月均日照模型　S_{dm1204}也与树高呈极显著正相关，用其代替优化模型中的S_{dm1202}，在消除其他因子干扰下，树高也仅与S_{dm1213}负偏相关极显著，而与S_{dm1204}、S_{dm1211}和S_{dm1207}正偏相关极显著，且依次增强。与优化模型相同，油松对S_{dm1213}响应

最强，其单位量变化系数为 3.325，对模型贡献达 57.4%；其次是 S_{dm1211} 和 S_{dm1207}，变化系数为2.346 和1.390，分别贡献25.1% 和15.7%；油松对 S_{dm1204} 响应最弱，其单位量变化系数仅为 0.406，对模型仅贡献 1.8%。

表 10－44　汉中油松高与 12 月日照时数均值逐步回归模型

Tab. 10－44 The stepwise regression model of relationship between the average sunshine durations in Dcember and *Pinus tabulaeformi* height

处理 Treat	日照因子 S_{dm12}	模型 Model Coefficients		T－检验 (T-test)		R^2	相关系数 Correlations			共线性统计量 Collinearity statistics	
		非标准 Unstandard	标准 Standard	t	p		r_0	$r_{partial}$	r_{part}	容差 Tolerance	方差膨胀因子 VIF
H_{tck}	常量	－8.986		－0.227	0.821	0.946 (F＝283.651，p＝0.000)	—	—	—	—	—
	S_{dm1213}	－60.709	－5.622	－9.049	0.000		0.741	－0.747	－0.261	0.002	463.051
	S_{dm1207}	11.279	1.406	6.870	0.000		0.866	0.649	0.198	0.020	50.243
	S_{dm1211}	48.824	4.732	6.408	0.000		0.781	0.622	0.185	0.002	654.344
	S_{dm1202}	1.278	0.345	5.372	0.000		0.578	0.555	0.155	0.202	4.960
	常量	－60.827		－1.335	0.187	0.929 (F＝231.822，p＝0.000)	—	—	—	—	—
	S_{dm1204}	1.958	0.406	2.669	0.010		0.881	0.314	0.088	0.047	21.352
	S_{dm1213}	－35.903	－3.325	－6.363	0.000		0.741	－0.620	－0.210	0.004	251.661
	S_{dm1207}	11.153	1.390	5.008	0.000		0.866	0.528	0.165	0.014	71.038
	S_{dm1211}	24.203	2.346	3.522	0.001		0.781	0.400	0.116	0.002	408.996
H_{trpa}	常量	－75.710		－1.661	0.101	0.946[a]	—	—	—	—	—
	S_{dm1207}	21.186	1.935	7.927	0.000		0.867	0.698	0.227	0.014	72.896
	S_{dm1210}	－28.945	－2.096	－14.832	0.000		0.765	－0.877	－0.424	0.041	24.435
	S_{dm1206}	9.461	0.995	4.792	0.000		0.875	0.508	0.137	0.019	52.725
	常量	－74.166		－1.281	0.205	0.935[b]	—	—	—	—	—
	S_{dm1204}	2.636	0.401	2.789	0.007		0.879	0.325	0.088	0.048	20.942
	S_{dm1207}	26.635	2.432	10.791	0.000		0.867	0.799	0.339	0.019	51.567
	S_{dm1210}	－27.580	－1.997	－12.732	0.000		0.765	－0.843	－0.400	0.040	24.969
	常量	－61.667		－0.994	0.324	0.928[c]	—	—	—	—	—
	S_{dm1204}	2.060	0.313	2.045	0.045		0.879	0.244	0.068	0.047	21.339
	S_{dm1213}	－23.869	－1.619	－11.774	0.000		0.739	－0.823	－0.390	0.058	17.219
	S_{dm1207}	23.339	2.131	9.601	0.000		0.867	0.763	0.318	0.022	44.873
	常量	－69.208		－0.803	0.425	0.868[d]	—	—	—	—	—
	S_{dm1204}	10.635	1.617	12.535	0.000		0.879	0.839	0.562	0.121	8.287
	S_{dm1202}	－1.829	－0.362	－4.533	0.000		0.561	－0.487	－0.203	0.314	3.181
	S_{dm1213}	－7.002	－0.475	－3.626	0.001		0.739	－0.408	－0.162	0.117	8.548

备注：Remark：[a] $F=385.879, p=0.000$；[b] $F=316.266, p=0.000$；[c] $F=281.452, p=0.000$；[d] $F=144.038, p=0.000$

2．RPA 树高十二月日照时数均值模型分析

（1）树高十二月月均日照优化模型　树高也与各生长量 12 月日照时数均值正相关非

常明显。优化模型中，油松与 S_{dm1210} 负偏相关极显著，与 S_{dm1206} 和 S_{dm1207} 呈极显著正偏相关。三因子协同作用下，S_{dm1210} 对模型作用最大，S_{dm1206} 最小，其单位量变化系数依次为 2.096、1.925 和 0.995，对模型分别贡献 55.6%、33.4% 和 11.0%。

（2）树高 3 因子十二月月均日照模型　在 S_{dm1204}、S_{dm1207} 和 S_{dm1210} 组合中，树高也仅与 S_{dm1210} 呈极显著负偏相关，而与 S_{dm1204} 和 S_{dm1207} 呈极显著正偏相关。树高对 S_{dm1207} 和 S_{dm1210} 响应明显大于对 S_{dm1204} 响应，其单位量变化系数依次为 2.432、1.997 和 0.401，对模型分别贡献 47.5%、50.5% 和 2.0%。与优化模型比较，S_{dm1207} 对模型作用明显增强，而 S_{dm1210} 作用有所减弱。从 S_{dm1204}、S_{dm1213} 和 S_{dm1207} 组合分析，树高仅与 S_{dm1213} 负偏相关极显著，而与 S_{dm1204} 正偏相关显著（$r_{partial}=0.244, p=0.045$），与 S_{dm1207} 正偏相关极显著。油松对 S_{dm1207} 和 S_{dm1213} 响应较大，其单位量变化系数为 2.131 和 1.619；但 S_{dm1213} 对模型影响略大于 S_{dm1207}，分别贡献 50.8% 和 4.07%；而油松对 S_{dm1204} 响应也很弱，系数仅为 0.313，对模型仅贡献 1.4%。S_{dm1204}、S_{dm1202} 和 S_{dm1213} 组合显示，树高与 S_{dm1202} 和 S_{dm1213} 负偏相关极显著，而仅与 S_{dm1204} 呈极显著正偏相关。油松对 S_{dm1204} 响应最大，其单位量变化系数为 1.617，对模型贡献达 71.8%；与上述模型比较，S_{dm1204} 对模型影响增加十分明显。其次 S_{dm1213} 对模型影响也较大，其变化系数为 0.475，对模型贡献 20.8%。油松对 S_{dm1213} 响应相对较弱，其单位量变化系数仅为 0.362，对模型仅贡献 7.4%。

二、树高年生长量与十二月日照时数均值指标的关系

1. 树高年生长量与十二月日照均值的逐步回归模型　在对照组成的 7 组有效模型中，S_{dm1211}、S_{dm1212} 和 S_{dm1202} 构建了对照油松优化模型；同时用 S_{dm1203}、S_{dm1211} 和 S_{dm1212} 组合，S_{dm1203}、S_{dm1209} 和 S_{dm1211} 组合也能诠释对照两者的关系。而在组成的 6 组 RPA 有效模型中，S_{dm1204}、S_{dm1210}、S_{dm1211} 和 S_{dm1206} 组成了 RPA 优化模型；另外也可用 S_{dm1204}、S_{dm1202} 和 S_{dm1210} 组合分析日照对 RPA 油松高年生长量的影响（表 10－45）。

表 10－45　油松高年生长量与 12 月日照时数均值逐步回归模型

Tab10－45 The stepwise regression model of relationship between the average sunshine durations in December and annual height increment of *Pinus tabulaeformi*

处理 Treat	日照因子 S_{dm12}	模型 Model Coefficients 非标准 Unstandard	标准 Standard	T－检验 (T-test) t	p	R^2	相关系数 Correlations r_0	$r_{partial}$	r_{part}	共线性统计量 Collinearity statistics 容差 Tolerance	方差膨胀因子 VIF
H_{atck}	常量	4.526	—	0.267	0.790	0.737[a]	—	—	—	—	—
	S_{dm1211}	27.072	10.047	10.159	0.000		0.521	0.781	0.641	0.004	245.495
	S_{dm1212}	−27.530	−10.005	−10.022	0.000		0.482	−0.777	−0.633	0.004	250.117
	S_{dm1202}	0.559	0.579	5.536	0.000		0.569	0.563	0.349	0.364	2.744

续表 10-45

处理 Treat	日照因子 S_{dm12}	模型 Model Coefficients 非标准 Unstandard	标准 Standard	T-检验 (T-test) t	p	R^2	相关系数 Correlations r_0	$r_{partial}$	r_{part}	共线性统计量 Collinearity statistics 容差 Tolerance	方差膨胀因子 VIF
H_{atck}	常量	24.372	—	1.166	0.248	0.715[b]	—	—	—	—	—
	S_{dm1203}	0.905	0.812	4.823	0.000		0.665	0.511	0.317	0.152	6.562
	S_{dm1211}	20.257	7.518	6.719	0.000		0.521	0.637	0.441	0.003	290.177
	S_{dm1212}	-21.338	-7.755	-7.266	0.000		0.482	-0.667	-0.477	0.004	264.021
	常量	-7.030	—	-0.287	0.775	0.715[c]	—	—	—	—	—
	S_{dm1203}	1.514	1.357	7.173	0.000		0.665	0.662	0.537	0.157	6.386
	S_{dm1209}	-8.268	-3.349	-5.041	0.000		0.487	-0.527	-0.377	0.013	78.744
	S_{dm1211}	7.025	2.607	4.021	0.000		0.521	0.444	0.301	0.013	74.993
H_{atrpa}	常量	0.680	—	0.025	0.980	0.790 (F = 61.255, p = 0.000)	—	—	—	—	—
	S_{dm1204}	0.927	0.555	1.812	0.075		0.773	0.219	0.103	0.034	29.066
	S_{dm1210}	-15.526	-4.426	-6.336	0.000		0.652	-0.618	-0.360	0.007	151.288
	S_{dm1211}	11.324	3.165	4.428	0.000		0.680	0.481	0.251	0.006	158.423
	S_{dm1206}	3.476	1.439	3.458	0.001		0.763	0.394	0.196	0.019	53.664
	常量	6.424	—	0.198	0.844	0.702[d]	—	—	—	—	—
	S_{dm1204}	2.743	1.642	7.643	0.000		0.773	0.685	0.514	0.098	10.218
	S_{dm1202}	-0.458	-0.357	-2.983	0.004		0.472	-0.345	-0.200	0.315	3.175
	S_{dm1210}	-2.142	-0.611	-2.770	0.007		0.652	-0.323	-0.186	0.093	10.768

备注:Remark: [a] $F=61.654, p=0.000$; [b] $F=55.266, p=0.000$; [c] $F=37.451, p=0.000$; [d] $F=51.808, p=0.000$

(1)对照树高年生长量与12月日照均值模型分析

①三因子优化模型　在排除其它因子影响下,树高年生长量与 S_{dm1212} 负偏相关极显著,而与 S_{dm1211} 和 S_{dm1202} 正偏相关极显著。3因子配合下,油松对 S_{dm1211} 和 S_{dm1212} 反应极大,单位量变化系数为10.047和10.005;其对模型起着主导作用,分别贡献49.4%和49.8%。而对 S_{dm1202} 反应极小,单位量变化系数仅为0.579;其对模型影响也极小,仅贡献0.8%。

②三因子模型　从 S_{dm1203}、S_{dm1211} 和 S_{dm1212} 组合分析,树高年生长量均与 S_{dm1211} 和 S_{dm1203} 正偏相关极显著;而分别与 S_{dm1212} 和 S_{dm1209} 负偏相关极显著。与优化模型相同,油松高年生长量也对 S_{dm1211} 和 S_{dm1212} 反应很大,其单位量变化系数为7.518和7.755,对模型分别贡献46.7%和51.4%。而油松对 S_{dm1203} 反应很小,单位量变化系数仅为0.812,对模型仅贡献1.9%。而 S_{dm1203}、S_{dm1209} 和 S_{dm1211} 组合模型显示,油松对 S_{dm1209} 反应最强,单位量变

化系数为 3.349；其对模型影响也最大，贡献 50.9%。其次是 S_{dm1211}，变化系数为 2.607，对模型贡献 36.1%。而油松对 S_{dm1203} 反应相对较弱，其单位量变化系数为 1.357，对模型贡献 13.0%。

（2）RPA 树高年生长量与 12 月日照均值模型分析

①四因子优化模型　在控制其它因子作用下，树高年生长量仅与 S_{dm1210} 负偏相关极显著；而与 S_{dm1204} 正偏相关不显著（$r_{partial}=0.219$），与 S_{dm1206} 和 S_{dm1211} 正偏相关极显著。各因子配合下，油松对 S_{dm1210}、S_{dm1211}、S_{dm1206} 和 S_{dm1204} 响应依次减弱，单位量变化系数分别为 4.426、3.165、1.439 和 0.555；其对模型影响也依次降低，分别贡献 57.5%、32.6%、8.6% 和 1.3%。

②三因子因子模型　树高仅与 S_{dm1204} 正偏相关极显著；而与 S_{dm1202} 和 S_{dm1210} 负偏相关极显著，但相关度较低。各因子相互作用下，油松对 S_{dm1204} 响应最强，单位量变化系数为 1.642；其对模型影响也最大，贡献 70.4%。其次为 S_{dm1210}，单位量变化系数为 0.611，对模型贡献 23.6%。而 S_{dm1202} 对模型影响很小，其单位量变化系数为 0.357，仅贡献 6.0%。

2. 树高年生长量与十二月日照均值的模型拟合　从相关性变化分析，除对照与当年 12 月日照时数极不相关外（$r_0=0.060$），油松高年生长量与各生长期 12 月平均日照时间正相关均极为显著。其中对照与 S_{dm1203} 相关性最强，相关系数为 0.665；RPA 与 S_{dm1204} 相关度最高，系数达 0.773。油松高年生长量与系均可用 Linear－模型和 Quadratic－模型表述，其中与 S_{dm1203} 和 S_{dm1204} 模型拟合度较高。

$$H_{atck}=-42.339+0.741S_{dm1203}$$

（$n=70, R^2=0.442, F=53.837, p=0.000; t_0=-4.599, p=0.000; t_1=7.337, p=0.000$）

$$H_{atck}=113.391-2.764S_{dm1203}+0.018S_{dm1203}^2$$

（$n=70, R^2=0.527, F=37.366, p=0.000; t_0=2.488, p=0.015; t_1=-2.731, p=0.008; t_2=3.479, p=0.001$）

$$H_{atrpa}=-52.976+0.991S_{dm1203}$$

（$n=70, R^2=0.448, F=55.158, p=0.000; t_0=-4.357, p=0.000; t_1=7.427, p=0.000$）

$$H_{atrpa}=-97.434+1.992S_{dm1203}-0.005S_{dm1203}^2$$

（$n=70, R^2=0.452, F=27.610, p=0.000; t_0=-1.495, p=0.139; t_1=1.377, p=0.173; t_2=-0.695, p=0.490$）

$$H_{atck}=-40.565+0.734S_{dm1204}$$

（$n=70, R^2=0.340, F=35.036, p=0.000; t_0=-3.678, p=0.000; t_1=5.919, p=0.000$）

$$H_{atck}=48.850-1.328S_{dm1204}+0.011S_{dm1204}^2$$

（$n=70, R^2=0.358, F=18.649, p=0.000; t_0=0.730, p=0.468; t_1=-0.869, p=0.388; t_2=1.354, p=0.180$）

$$H_{atrpa}=-77.420+1.292S_{dm1204}$$

$(n=70, R^2=0.598, F=100.960, p=0.000; t_0=-6.771, p=0.000; t_1=10.048, p=0.000)$

$$H_{atrpa} = 167.622 - 4.358S_{dm1204} + 0.031S_{dm1204}^2$$

$(n=70, R^2=0.672, F=68.755, p=0.000; t_0=2.640, p=0.010; t_1=-3.008, p=0.004;$
$t_2=3.912, p=0.000)$

从 Linear－模型分析，模型斜率大于零，且 RPA 模型斜率大于对照模型，其 S_{dm1203} 和 S_{dm1204} 模型交点分别在 42.6 h/m 和 66.1 h/m 附近。其中，S_{dm1203} 模型交点值小于 S_{dm1203} 取值{57.4，147.3}下限，在 S_{dm1204} 取值范围内{57.4，132.9}，处于交点值右侧的仅有 2 组数据。表明在当地日照条件下，油松高年生长量与各生长期其月均日照时数呈正比，RPA 模型值大于对照，且随 12 月日照时间增加两者差距有扩大的趋势。结果与 11 月日照分析一致。

其 Quadratic－模型的变化规律也与 11 月相同，极值点分别出现在 75.4 h/m 和 190.4 h/m附近；对照分布在极值点左右的数据均为 7 组，RPA 模型极值点值远大于 S_{dm1203} 取值{57.4，147.3}上限。其 S_{dm1204} 模型分别出现在 59.3 h/m 和 71.1 h/m 附近；对照处于极值点左侧仅有 1 组数据，RPA 有 5 组数据。证明 S_{dm1104} 取值范围{66.4，124.5}内，RPA 模型值大于对照；同时也说明 12 月短日照不利于油松高年生长量。

三、树高生长年增量与十二月日照时数均值指标的关系

1. 树高生长年增量与十二月日照均值的向后剔除法逐步回归模型 经过 10 次向后逐步回归，组建了对照油松高年增量 12 月日照均值优化模型；经过 3 次向后逐步回归，组建了 RPA 优化模型（表 10－46）。

表 10－46 汉中油松高年增量与 12 月日照均值指标逐步向后回归模型

Tab. 10－46 The backward stepwise regression model of mean sunshine hours in December and annual height growth acceleration of *Pinus tabulaeformi*

处理 Treat	日照因子 S_{dm12}	模型 Model Coefficients 非标准 Unstandard	标准 Standard	T－检验 (T-test) t	p	R^2	相关系数 Correlations r_0	$r_{partial}$	r_{part}	共线性统计量 Collinearity statistics 容差 Tolerance	方差膨胀因子 VIF
H_{ahtck}	常量	11.694	—	0.305	0.761	0.426 (F = 12.055, p = 0.000)	—	—	—	—	—
	S_{dm1209}	6.787	2.188	1.963	0.054		0.099	0.237	0.184	0.007	140.740
	S_{dm1211}	19.090	5.639	3.726	0.000		0.127	0.420	0.350	0.004	259.395
	S_{dm1212}	−53.920	−15.598	−6.213	0.000		0.099	−0.610	−0.584	0.001	713.591
	S_{dm1213}	28.005	7.904	4.917	0.000		0.131	0.521	0.462	0.003	292.521

续表 10-46

处理 Treat	日照因子 S_{dm12}	模型 Model Coefficients 非标准 Unstandard	标准 Standard	T-检验 (T-test) t	p	R^2	相关系数 Correlations r_0	$r_{partial}$	r_{part}	共线性统计量 Collinearity statistics 容差 Tolerance	方差膨胀因子 VIF
H_{ahtrpa}	常量	-5.093	—	-0.086	0.932	0.734 (F= 14.514, p=0.000)	—	—	—	—	—
	S_{dm12}	1.046	0.668	2.693	0.009		0.008	0.333	0.183	0.075	13.377
	S_{dm1201}	-2.016	-1.092	-2.638	0.011		0.061	-0.327	-0.179	0.027	37.311
	S_{dm1202}	5.146	2.337	4.444	0.000		0.143	0.504	0.301	0.017	60.211
	S_{dm1203}	-7.845	-3.086	-4.847	0.000		0.191	-0.537	-0.329	0.011	88.235
	S_{dm1204}	14.141	4.930	6.599	0.000		0.167	0.655	0.447	0.008	121.505
	S_{dm1205}	-18.482	-5.396	-7.405	0.000		0.116	-0.697	-0.502	0.009	115.568
	S_{dm1206}	41.281	9.954	8.065	0.000		0.150	0.727	0.547	0.003	331.522
	S_{dm1207}	-32.556	-6.819	-7.657	0.000		0.117	-0.709	-0.519	0.006	172.585
	S_{dm1208}	12.094	2.293	1.901	0.062		0.148	0.242	0.129	0.003	316.699
	S_{dm1209}	-73.467	-13.058	-7.646	0.000		0.098	-0.709	-0.518	0.002	634.810
	S_{dm1213}	60.896	9.711	5.747	0.000		0.113	0.602	0.390	0.002	621.508

(1)对照树高生长年增量与12月日照均值模型分析　从对照分析,树高生长年增量与S_{dm1212}负偏相关极显著,而与S_{dm1211}和S_{dm1213}正偏相关极显著,与S_{dm1209}正偏相关不显著($r_{partial}$=0.237)。各因子配合下,S_{dm1212}对油松高生长年增量作用最强,单位量变化系数达15.598;其对模型影响也最大,贡献57.6%。其次是S_{dm1213}和S_{dm1211},单位量变化系数为7.904和5.639,对模型分别贡献25.5%和14.1%。而S_{dm1209}对油松作用很弱,单位量变化系数为2.188,对模型仅贡献2.8%。

(2)RPA树高生长年增量与12月日照均值模型分析　在排除其它因子干扰下,RPA油松高生长年增量与S_{dm1207}、S_{dm1209}、S_{dm1205}、S_{dm1203}和S_{dm1201}负偏相关依次减弱,而与S_{dm1208}、S_{dm12}、S_{dm1202}、S_{dm1212}、S_{dm1204}和S_{dm1206}正偏相关依次增强;其中,与S_{dm1208}相关不显著($r_{partial}$=0.242),与S_{dm1201}相关显著($r_{partial}$ = -0.327,p=0.011),与其余因子相关极显著。各因子相互作用下,S_{dm1209}对油松高是年增量作用最强,单位量变化系数达13.058;其对模型影响也最大,贡献29.2%;比对照显著增强。其次是S_{dm1206}和S_{dm1213},单位量变化系数为9.954和9.711,对模型分别贡献17.4%和20.3%。S_{dm1207}和S_{dm1205}对油松作用也相对较强,单位量变化系数为6.819和5.396,对模型贡献13.2%和7.7%。S_{dm1204}、S_{dm1203}、S_{dm1208}和S_{dm1202}对油松作用相对较弱,单位量变化系数依次为4.930、3.086、2.293和2.337,对模型分别贡献5.6%、2.6%、1.7%和1.6%。而S_{dm1201}和S_{dm12}对油松高生长年增量作用极弱,单位量变化系数仅为1.092和0.668;其对模型影响也很小,仅贡献0.4%和0.2%。

2. **树高生长年增量与十二月日照均值的逐步回归模型**　与11月相同,RPA油松高生长年增量与各生长期12月平均日照时数线性关系比较疏远,也没有产生有效模型。而在产生的6组对照油松高生长年增量有效模型中,S_{dm1205}和S_{dm1203}组成了其优化模型;同时,S_{dm12}、S_{dm1205}和S_{dm1203}组合以及S_{dm1202}、S_{dm12}和S_{dm1205}组合也能较好反映各生长期12月平均日照时间对油松高生长年增量的影响(表10-47)。

从其优化模型分析,对照树高生长年增量与S_{dm1205}负偏相关极显著,与S_{dm1203}正偏相关极显著。油松对两因子响应差异不大,单位量变化系数为1.231和1.397,对模型分别贡献50.7%和49.3%。

从第一个3因子模型分析,树高生长年增量也与S_{dm1205}负偏相关极显著,与S_{dm1203}正偏相关极显著,而与S_{dm12}负偏相关不显著($r_{partial}$ = -0.191)。三因子配合下,S_{dm1203}和S_{dm1205}对模型起着决定作用,单位量变化系数为1.492和1.233,对模型贡献50.9和47.5%。而S_{dm12}对模型影响极小,单位量变化系数仅为0.190,贡献1.5%。另一3因子模型显示,油松高生长年增量与S_{dm12}和S_{dm1205}负偏相关显著($r_{partial}$ = -0.274、-0.259,p=0.024、0.033),而与S_{dm1202}正偏相关极显著。油松对S_{dm1202}响应最强,单位量变化系数为0.785,对模型贡献61.0%,其次是S_{dm1205},单位量变化系数为0.394,对模型贡献27.4%。而油松对S_{dm12}响应最弱,单位量变化系数为0.322,对模型贡献11.6%。

表10-47 油松高年增量与12月日照均值指标逐步回归模型

Tab.10-47 The stepwise regression model of mean sunshine hours in December and annual height growth acceleration of *Pinus tabulaeformi*

处理 Treat	日照因子 S_{dm12}	模型 Model Coefficients 非标准 Unstandard	标准 Standard	T-检验 (T-test) t	p	R^2	相关系数 Correlations r_0	$r_{partial}$	r_{part}	共线性统计量 Collinearity statistics 容差 Tolerance	方差膨胀因子 VIF
R_{ahtck}	常量	36.276	—	1.909	0.061	0.241^a	—	—	—	—	—
	S_{dm1205}	-2.325	-1.231	-4.013	0.000		0.079	-0.440	-0.427	0.120	8.311
	S_{dm1203}	1.958	1.397	4.555	0.000		0.243	0.486	0.485	0.120	8.311
	常量	39.691	—	2.098	0.040	0.269^b	—	—	—	—	—
	S_{dm12}	-0.164	-0.190	-1.578	0.119		-0.025	-0.191	-0.166	0.761	1.314
	S_{dm1205}	-2.327	-1.233	-4.062	0.000		0.079	-0.447	-0.428	0.120	8.311
	S_{dm1203}	2.090	1.492	4.823	0.000		0.243	0.511	0.508	0.116	8.634
	常量	16.565	—	0.900	0.372	0.194^c	—	—	—	—	—
	S_{dm1102}	0.952	0.785	3.873	0.000		0.277	0.430	0.428	0.297	3.363
	S_{dm12}	-0.278	-0.322	-2.313	0.024		-0.025	-0.274	-0.256	0.628	1.591
	S_{dm1205}	-0.744	-0.394	-2.178	0.033		0.079	-0.259	-0.241	0.373	2.679

备注:Remark: ^{a} F=10.650,p=0.000; ^{b} F=8.089,p=0.000; ^{c} F=5.304,p=0.000

3. 树高生长年增量与十二月日照均值的模型拟合 与11月相同,油松高生长年增量也与各生长期12月平均日照时数有一定正相关性,但相关度较低。其中,仅对照与

S_{dm1202}和S_{dm1203}相关显著($r_0=0.277$、0.243,$p=0.010$、0.022);RPA 与S_{dm1203}相关性最高,相关系数也仅为0.191($p=0.057$)。对其进行模型拟合,RPA 油松高年增量仅与S_{dm1201}关系符合 Quadratic – 模型和 Cubic – 模型;对照与S_{dm1202}的 Linear – 模型显著,与S_{dm1203}关系的 Linear – 模型和 Quadratic – 模型拟合度较高。

$$R_{ahtrpa} = 185.190 - 3.506S_{dm1201} + 0.016S_{dm1201}^2$$

($n=70$,$R^2=0.078$,$F=2.846$,$p=0.065$;$t_0=2.379$,$p=0.020$;$t_1=-2.234$,$p=0.029$;$t_2=2.329$,$p=0.023$)

$$R_{ahtrpa} = -457.020 + 15.839S_{dm1201} - 0.164S_{dm1201}^2 + 5.231\times10^{-4}S_{dm1201}^3$$

($n=70$,$R^2=0.173$,$F=4.597$,$p=0.006$;$t_0=-1.863$,$p=0.067$;$t_1=2.200$,$p=0.031$;$t_2=-2.487$,$p=0.015$;$t_3=2.746$,$p=0.008$)

$$R_{ahtck} = -16.780 + 0.336S_{dm1202}$$

($n=70$,$R^2=0.077$,$F=5.649$,$p=0.020$;$t_0=-1.284$,$p=0.203$;$t_1=2.377$,$p=0.020$)

$$R_{ahtck} = -17.033 + 0.340S_{dm1203}$$

($n=70$,$R^2=0.059$,$F=4.250$,$p=0.043$;$t_0=-1.134$,$p=0.261$;$t_1=2.062$,$p=0.043$)

$$R_{ahtck} = 158.081 - 3.602S_{dm1203} + 0.021S_{dm1203}^2$$

($n=70$,$R^2=0.127$,$F=4.884$,$p=0.010$;$t_0=2.032$,$p=0.046$;$t_1=-2.085$,$p=0.041$;$t_2=2.292$,$p=0.025$)

Linear – 模型$b>0$,决定系数R^2很小。RPA 油松高年增量S_{dm1201}的 Quadratic – 模型极小值为-4.3 cm/a^2,出现在 108.1 h/m 附近;极值点左侧有 11 组数据,其油松高年增量与S_{dm1201}呈负相关,降幅以 0.032 S_{dm1201}递减;发生频度 0.786。结果与当年和前 1 年 11 月平均日照时数(S_{dm1101})分析结论一致。对照S_{dm1203}的 Quadratic – 模型极小值为 0.7 cm/a^2,发生在 87.4 h/m 附近;极值点左侧有 9 组数据,发生频度 0.643。

第十一章　日照对飞播油松高生长的累积效应

第一节　年日照时数对树高生长的累积效应

【内容提要】汉中飞播油松高与各生长期年累积日照正相关极显著，且相关性随着累积日照时数统计年限的增加而增强。对照逐步回归优化模型显示，油松对近13年、近8年和近12年的累积日照时数（S_{cda12}、S_{cda07}和S_{cda11}）响应较大，其单位量变化系数依次为2.365、0.589和1.026，对模型分别贡献49.3%、18.8%和13.2%；其六因子模型中，油松对S_{cda12}、近10年和近14年的累积日照时数（S_{cda09}和S_{cda13}）响应较大，其单位量变化系数为1.384、1.278和1.035，对模型分别贡献25.4%、47.8%和16.6%。RPA模型中，油松对S_{cda13}和S_{cda12}响应较强，单位量变化系数分别为3.390和1.361，对模型分别贡献69.2%和14.9%。模型拟合证明，树高与各生长期年累积日照时数的关系符合Exponential－模型要求，用近5年累积日照时数（S_{cda04}）可以分析年累积日照时数对飞播油松高的影响。

汉中飞播油松高年生长量与年累积日照指标正相关。对照与近2年～近14年累积日照（S_{cda01}～S_{cda13}）正相关极显著，其中，近4年和近13年累积日照（S_{cda03}和S_{cda12}）的相关性较强（$r_0=0.583$、0.647）；RPA与S_{cda01}正相关显著（$r_0=0.227$，$p=0.029$），与S_{cda02}～S_{cda13}正相关极显著，与近5年累积日照（S_{cda04}）相关性较强（$r_0=0.640$），与S_{cda13}相关性最强（$r_0=0.815$）。可用S_{cda03}、S_{cda04}、S_{cda12}和S_{cda13}的Linear－模型和Quadratic－模型分析年日照对飞播油松高生长的累积效应。逐步回归模型显示，对照油松对S_{cda12}和S_{cda13}响应较强，其单位量变化系数为14.253和11.212，对模型分别贡献52.4%和39.0%；RPA油松对S_{cda11}和S_{cda10}响应较强，其系数为8.834和6.551，对模型贡献45.1%和30.2%。

汉中飞播油松高生长年增量与年累积日照时数正相关，但仅有对照与近2年至近4年累积日照时数（S_{cda01}～S_{cda03}）相关显著（$r_0=0.203$、278、0.226，$p<0.05$）。可用S_{cda02}的Linear－模型和Quadratic－模型分析年累积日照时数对油松高生长年增量的累积效应。向后剔除法逐步回归分析结果显示，可用近12年～近14年累积日照（S_{cda11}～S_{cda13}）因子

组建的对照模型，当年日照时数(S_{cda})、近7年、近8年和近11年至近14年累积日照(S_{cda06}、S_{cda07}、S_{cda010}、S_{cda11}、S_{cda12}和S_{cda13})因子构建的RPA模型，分析年累积日照时数对油松高生长年增量的影响。对照油松对S_{cda12}和S_{cda13}响应很强，其单位量变化系数达15.785和11.400，对模型贡献51.4%和40.4%。RPA油松对S_{cda11}、S_{cda10}和S_{cda12}响应较强，单位量变化系数为19.311、18.407和13.032，对模型分别贡献33.8%、27.0%和16.5%。

【关 键 词】多效抗旱驱鼠剂，飞播造林，油松，树高生长，年累积日照时数，逐步回归模型

一、树高与年累积日照指标的关系

1. ***树高与各生长期年累积日照时数的逐步回归模型***　对树高(H_t)与各生长期累积年日照指标(S_{cda})进行逐步回归模型分析，在对照8组有效模型中，S_{cda13}、S_{cda09}、S_{cda01}、S_{cda12}、S_{cda07}和S_{cda11}组成了对照油松高各生长期累积年日照指标优化模型；另外，S_{cda13}、S_{cda09}、S_{cda05}、S_{cda01}和S_{cda12}组合也能较好反映各生长期累积年日照时数对对照油松的影响。而在组成的5组RPA有效模型中S_{cda13}、S_{cda09}、S_{cda03}、S_{cda07}和S_{cda12}构成了RPA油松高优化模型(表11-1)。

(1)对照树高年累积日照时数模型分析

①六因子优化模型　在控制模型中其他因子影响下，树高与S_{cda07}、S_{cda01}、S_{cda09}和S_{cda11}负偏相关极显著，但依次减弱；而与S_{cda13}正偏相关显著($r_{partial}=0.312, p=0.011$)，与$S_{cda12}$正偏相关极显著。各因子相互作用下，油松对$S_{cda12}$反应最强，单位量变化系数为2.365；其对模型影响也最大，贡献49.3%。S_{cda07}和S_{cda11}对模型影响也较大，其变化系数为0.589和1.026，对模型分别贡献18.8%和13.2%。S_{cda13}和S_{cda09}对模型作用相当，其系数为0.656和0.480，对模型贡献7.7%和7.2%。而油松对S_{cda01}应最弱，单位量变化系数仅为0.098，其对模型仅贡献3.8%。

②五因子模型　树高与各因子偏相关极显著，其中与S_{cda09}、S_{cda05}和S_{cda01}负偏相关依次减弱，而与S_{cda12}正偏相关性强于S_{cda13}。与优化模型不同，油松对S_{cda12}和S_{cda09}反应较大，单位量变化系数为1.384和1.278；但S_{cda09}对模型影响远大于S_{cda12}，分别贡献47.8%和25.4%。其次是S_{cda13}，系数为1.035，对模型贡献16.6%。而油松对S_{cda05}和S_{cda01}反应较小，变化系数仅为0.224和0.082；其对模型影响也较小，分别贡献7.1%和3.0%。

表 11 -1 汉中油松高与年日照时数累积值逐步回归模型

Tab. 11 -1 The stepwise regression model of relationship between cumulative annual sunshine durations and *Pinus tabulaeformi* height

处理 Treat	日照因子 S_{cda}	模型 Model Coefficients 非标准 Unstandard	标准 Standard	T-检验 (T-test) t	p	R^2	相关系数 Correlations r_0	$r_{partial}$	r_{part}	共线性统计量 Collinearity statistics 容差 Tolerance	方差膨胀因子 VIF
	常量	20.919	—	2.755	0.008		—	—	—	—	—
	S_{cda13}	0.011	0.656	2.607	0.011	0.990	0.932	0.312	0.033	0.003	385.047
	S_{cda09}	-0.010	-0.480	-2.939	0.005		0.832	-0.347	-0.038	0.006	161.898
	S_{cda01}	-0.012	-0.098	-4.655	0.000	(F =	0.256	-0.506	-0.060	0.369	2.708
	S_{cda12}	0.040	2.365	5.192	0.000	1003.129,	0.919	0.547	0.067	0.001	1261.993
	S_{cda07}	-0.016	-0.589	-6.646	0.000	p=0.000)	0.772	-0.642	-0.085	0.021	47.731
H_{tck}	S_{cda11}	-0.018	-1.026	-2.764	0.007		0.894	-0.329	-0.035	0.001	838.269
	常量	21.222	—	2.965	0.004		—	—	—	—	—
	S_{cda13}	0.017	1.035	3.659	0.001	0.985	0.932	0.416	0.054	0.003	363.338
	S_{cda09}	-0.027	-1.278	-12.360	0.000	(F =	0.832	-0.839	-0.183	0.021	48.537
	S_{cda05}	-0.008	-0.224	-4.946	0.000	895.420,	0.744	-0.526	-0.073	0.107	9.310
	S_{cda01}	-0.010	-0.082	-4.318	0.000	p=0.000)	0.256	-0.475	-0.064	0.610	1.639
	S_{cda12}	0.023	1.384	4.234	0.000		0.919	0.468	0.063	0.002	485.083
	常量	5.023	—	0.557	0.580		—	—	—	—	—
	S_{cda13}	0.075	3.390	11.756	0.000	0.986	0.926	0.827	0.173	0.003	384.662
	S_{cda09}	-0.019	-0.680	-4.173	0.000	(F =	0.822	-0.463	-0.061	0.008	122.716
H_{trpa}	S_{cda03}	-0.007	-0.089	-2.621	0.011	912.616,	0.685	-0.311	-0.039	0.189	5.280
	S_{cda07}	-0.014	-0.392	-3.915	0.000	p=0.000)	0.761	-0.440	-0.058	0.022	46.285
	S_{cda12}	-0.031	-1.361	-3.851	0.000		0.907	-0.434	-0.057	0.002	578.164

(2)RPA 树高年累积日照时数模型分析 从 RPA5 因子优化模型分析，树高与 S_{cda09}、S_{cda07}、S_{cda12} 和 S_{cda03} 负偏相关依次减弱，其中除与 S_{cda03} 相关未达极显著外（$r_{partial}$ = -0.311，p=0.011），其余相关极显著；而与 S_{cda13} 正偏相关极显著。油松对 S_{cda13}、S_{cda12}、S_{cda09}、S_{cda07} 和 S_{cda03} 响应依次降低，单位量变化系数分别为 3.390、1.361、0.680、0.392 和 0.089；其对模型的影响也依次减弱，分别贡献 69.2%、14.9%、9.0%、5.7% 和 1.3%。

2. **树高与各生长期年累积日照时数的模型拟合** 由于树高与不同生长期累积年日照时数正相关有随统计年限延长增强的趋势，且初期增强速度很快。初期，近 5 年累积日照时数（S_{cda04}）与对照和 RPA 油松高相关度相对较高，相关系数分别为 0.756 和 0.746（p=0.000），而整个生长期累积年日照时数与油松相关性最强，相关系数达 0.932 和 0.926（p=0.000）。对其与相应树高进行模型模拟分析，1～14 年油松高（H_t）与累积年日照时数（S_{cda}）对 Exponential－函数拟合度最高，其模型如下：

$$H_{tck} = 2.051e^{0.0005S_{cda04}}$$

$$(n=70, R^2=0.862; F=423.900, p=0.000; t_0=5.850, p=0.000, t_1=20.591, p=0.000)$$

$$H_{trpa} = 2.561e^{0.001S_{cda04}}$$

$$(n=70, R^2=0.846; F=374.742, p=0.000; t_0=5.447, p=0.000, t_1=19.358, p=0.000)$$

$$H_{tck} = 7.075e^{0.0002S_{cda13}}$$

$$(n=70, R^2=0.974; F=2547.167, p=0.000; t_0=20.942, p=0.000, t_1=50.49, p=0.000)$$

$$H_{trpa} = 8.768e^{0.0002S_{cda13}}$$

$$(n=70, R^2=0.977; F=2856.677, p=0.000; t_0=21.737, p=0.000, t_1=53.448, p=0.000)$$

从模型分析，RPA 模型值明显大于对照模型，前者是后者的 1.24～1.25 倍。说明 RPA 拌种飞播对油松高有明显的促进作用，在相同日照条件下，RPA 油松高比对照平均高 24%～25%。

二、树高年生长量与年累积日照指标的关系

1. **树高年生长量与年累积日照时数的逐步回归模型**　对树高年生长量（H_{at}）与年累积日照时数（S_{cda}）进行逐步回归模型分析，在对照 4 组有效模型中，S_{cda12}、S_{cda13}、S_{cda09} 和 S_{cda02} 组成了其优化模型；而在组成的 5 组 RPA 有效模型中，S_{cda13}、S_{cda11}、S_{cda05}、S_{cda10}、S_{cda09} 和 S_{cda12} 组成了 RPA 优化模型（表 11－2）。

表 11－2　汉中油松高年生长量与年累积日照时数逐步回归模型

Tab. 11－2 The stepwise regression model of relationship between cumulative annual sunshine durations and annual height increment of *Pinus tabulaeformi*

处理 Treat	日照因子 S_{cda}	模型 Model Coefficients 非标准 Unstandard	标准 Standard	T－检验 (T-test) t	p	R^2	相关系数 Correlations r_0	$r_{partial}$	r_{part}	共线性统计量 Collinearity statistics 容差 Tolerance	方差膨胀因子 VIF
H_{atck}	常量	13.645	—	1.995	0.050	0.777	—	—	—	—	—
	S_{cda12}	0.062	14.253	10.302	0.000	($F=$	0.647	0.787	0.603	0.002	558.564
	S_{cda13}	−0.047	−11.212	−9.365	0.000	56.700,	0.620	−0.758	−0.548	0.002	418.242
	S_{cda09}	−0.012	−2.297	−6.997	0.000		0.597	−0.655	−0.410	0.032	31.453
	S_{cda02}	−0.005	−0.229	−2.316	0.024	$p=0.000$)	0.535	−0.276	−0.136	0.350	2.858
H_{atrpa}	常量	5.943	—	0.961	0.340	0.848	—	—	—	—	—
	S_{cda13}	0.014	2.454	2.647	0.010	($F=$	0.815	0.316	0.130	0.003	357.386
	S_{cda11}	−0.054	−8.834	−5.499	0.000	58.788,	0.769	−0.570	−0.270	0.001	1072.591
	S_{cda05}	−0.004	−0.319	−2.110	0.039	$p=0.000$)	0.633	−0.257	−0.103	0.105	9.491
	S_{cda10}	0.043	6.551	4.504	0.000		0.753	0.493	0.221	0.001	879.463
	S_{cda09}	−0.018	−2.509	−3.174	0.002		0.723	−0.371	−0.156	0.004	259.740
	S_{cda12}	0.020	3.421	2.159	0.035		0.797	0.262	0.106	0.001	1043.792

(1)对照树高年生长量与年累积日照时数模型分析　在控制其它因子影响下,树高年生长量仅与 S_{cda12} 正偏相关极显著;而与 S_{cda02} 负偏相关显著($r_{\text{partial}} = -0.276, p = 0.024$),与 S_{cda09} 和 S_{cda13} 负偏相关极显著。各因子配合下,油松对 S_{cda12} 和 S_{cda13} 响应较强,单位量变化系数为 14.253 和 11.212;其对模型影响也较大,分别贡献 52.4% 和 39.0%。其次是 S_{cda09},变化系数为 2.297,对模型贡献 8.0%。而油松对 S_{cda02} 响应较弱,单位量变化系数仅为 0.229,对模型贡献 0.6%。

(2)RPA 树高年生长量与年累积日照时数模型分析　在消除其他因子干扰下,树高年生长量与 S_{cda11}、S_{cda09} 和 S_{cda05} 负偏相关依次减弱,其中与前 2 因子相关极显著,与 S_{cda05} 相关显著($r_{\text{partial}} = -0.257, p = 0.039$);而与 S_{cda12}、S_{cda13} 和 S_{cda10} 正偏相关依次增强,其中与 S_{cda12} 相关未达极显著($r_{\text{partial}} = 0.262, p = 0.035$),其余极显著。在各因子相互作用下,油松对 S_{cda11} 和 S_{cda10} 响应较强,单位量变化系数为 8.834 和 6.551;其对模型影响也较大,分别贡献45.1% 和 30.2%。其次是 S_{cda12}、S_{cda09} 和 S_{cda13},系数为 3.421、2.509 和 2.454,对模型贡献 7.8%、9.2% 和 6.6%。而油松对 S_{cda05} 响应较弱,变化系数仅为 0.319;其对模型影响也很小,仅贡献 1.1%。

2. 高年生长量与年累积日照时数的模型拟合　从树高年生长量与各生长期年累积日照时数相关分析,飞播油松高年生长量与当年日照时数(S_{cda00})极不相关;对照与 $S_{cda01} \sim S_{cda13}$ 正相关极显著,其中与 S_{cda03} 和 S_{cda12} 出现峰值,相关系数分别为 0.583 和 0.647。RPA 与 S_{cda01} 正相关显著($r_0 = 0.227, p = 0.029$),与 $S_{cda02} \sim S_{cda13}$ 正相关极显著;初期与 S_{cda04} 相关性较强,相关系数为 0.640,S_{cda05} 之后相关性随统计年限延长逐渐增强,与 S_{cda13} 相关度最高,系数达 0.815。对其进行模型拟合分析,油松高年生长量与 $S_{cda02} \sim S_{cda13}$ 对 Linear-模型和 Quadratic-模型均有较好的拟合性。其中,对照与 S_{cda03} 的 Quadratic-模型线性关系最紧密,与 S_{cda12} 的 Linear-模型相关性最强;而 RPA 与 S_{cda13} 的 Linear-模型和 Quadratic-模型拟合度均最强。但用 S_{cda03}、S_{cda04}、S_{cda12} 和 S_{cda13} 的模型均可对不同生长期年日照时数的累积效应进行分析。

(1)Linear-模型分析　模型斜率 $b > 0$,树高年生长量与年累积日照时数成正比。RPA 和对照 S_{cda03} 模型斜率比为 1.312,交点在 1738.2 h/a 附近,小于近 4 年累积日照时数(S_{cda03})取值范围下限{1952.3,8054.4}。表明研究期内,RPA 模型值 > 对照,且差距与其年累积日照时数成正比。S_{cda04} 和 S_{cda12} 模型斜率比为 1.643 和 1.637,交点在 3934.6 h/a和 4975.0 h/a 附近,其左侧均分布有 2 组数据。S_{cda13} 模型斜率比为 1.747,交点在 5615.4 h/a 附近,其左侧分布有 3 组数据。交点左侧,RPA 模型值小于对照,右侧大于对照,两者差距也与年累积日照时数成正比。

$$H_{atck} = -29.477 + 0.009 S_{cda03}$$

$$(n = 70, R^2 = 0.339, F = 34.921, p = 0.000; t_0 = -3.192, p = 0.002; t_1 = 5.909, p = 0.000)$$

$$H_{atrpa} = -34.487 + 0.012 S_{cda03}$$

$(n=70, R^2=0.331, F=33.682, p=0.000; t_0=-2.795, p=0.007; t_1=5.804, p=0.000)$

$$H_{atck}=-19.454+0.006S_{cda04}$$

$(n=70, R^2=0.267, F=24.813, p=0.000; t_0=-2.178, p=0.033; t_1=4.981, p=0.000)$

$$H_{atrpa}=-35.313+0.010S_{cda04}$$

$(n=70, R^2=0.409, F=47.115, p=0.000; t_0=-3.317, p=0.001; t_1=6.864, p=0.000)$

$$H_{atck}=-8.941+0.003S_{cda12}$$

$(n=70, R^2=0.415, F=48.151, p=0.000; t_0=-1.714, p=0.091; t_1=6.939, p=0.000)$

$$H_{atrpa}=-17.867+0.005S_{cda12}$$

$(n=70, R^2=0.630, F=115.985, p=0.000; t_0=-3.248, p=0.005; t_1=10.770, p=0.000)$

$$H_{atck}=-7.041+0.003S_{cda13}$$

$(n=70, R^2=0.380, F=28.034, p=0.000; t_0=-1.331, p=0.188; t_1=6.459, p=0.000)$

$$H_{atrpa}=-18.027+0.005S_{cda13}$$

$(n=70, R^2=0.746, F=98.338, p=0.000; t_0=1.580, p=0.119; t_1=-1.706, p=0.093; t_2=4.806, p=0.000)$

（2）Quadratic－模型分析　从 Quadratic－模型分析，RPA 和对照 S_{cda03}模型极小值分别在3585.2 h/a 和2679.0 h/a 附近。极值点左侧 RPA 和对照各分布 1 组和 2 组数据，对照 2 组数据油松高年生长量分别为 6.2 cm/a 和 4.7 cm/a，小于 RPA 相应的 8.7 cm/a 和 13.2 cm/a。加之对照模型的一次项大于 RPA，在 S_{cda03}取值范围内，对照模型值降低速度高于 RPA；使得研究期内，RPA 油松高年生长量整体大于对照，且差距有随年累积日照时间增加而扩大的趋势。分析结果与其 Linear－模型一致。S_{cda04}和 S_{cda12}和模型的变化规律与 S_{cda03}模型相似。对照模型的极小值在 3974.5 h/a 和 3310.1 h/a 附近，RPA 分别出现在 4096.1 h/a 和 4292.3 h/a 附近，极值点左侧均有 2 组数据。RPA 极值点左侧的组数据的油松高年生长量均值也大于对照的相应均值。对照 S_{cda13}模型的一次项和二次项系数均大于零，且极小；在 S_{cda13}取值范围内｛1952.3，21780.2｝，油松高年生长量与年累积日照时间成正比。而 RPA 的 S_{cda13}模型与其他模型一样，极值点在 4320.8 附近 h/a，左侧也至分布有 2 组数据。

$$H_{atck}=41.182-0.023S_{cda03}+3.246\times10^{-6}S_{cda03}^2$$

$(n=70, R^2=0.547, F=40.475, p=0.000; t_0=2.766, p=0.007; t_1=-3.875, p=0.000; t_2=5.545, p=0.000)$

$$H_{atrpa}=22.151-0.014S_{cda03}+2.602\times10^{-6}S_{cda03}^2$$

$(n=70, R^2=0.407, F=22.993, p=0.000; t_0=0.979, p=0.331; t_1=-1.527, p=0.131; t_2=2.926, p=0.005)$

$$H_{atck}=28.487-0.014S_{cda04}+1.783\times10^{-6}S_{cda04}^2$$

$(n=70, R^2=0.393, F=21.680, p=0.000; t_0=1.866, p=0.066; t_1=-2.525, p=0.014;$

$t_2=3.722, p=0.000$)

$$H_{atrpa} = 49.309 - 0.026S_{cda04} + 3.147 \times 10^{-6}S_{cda04}^2$$

($n=70, R^2=0.631, F=57.336, p=0.000; t_0=3.122, p=0.003; t_1=-4.440, p=0.000;$
$t_2=6.349, p=0.000$)

$$H_{atck} = 7.238 - 0.001S_{cda12} + 1.715 \times 10^{-7}S_{cda12}^2$$

($n=70, R^2=0.456, F=28.034, p=0.000; t_0=0.822, p=0.414; t_1=-0.630, p=0.531;$
$t_2=2.247, p=0.028$)

$$H_{atrpa} = 12.221 - 0.003S_{cda12} + 3.190 \times 10^{-7}S_{cda12}^2$$

($n=70, R^2=0.711, F=82.379, p=0.000; t_0=1.435, p=0.156; t_1=-1.571, p=0.121;$
$t_2=4.319, p=0.000$)

$$H_{atck} = -0.976 + 0.001S_{cda13} + 6.075 \times 10^{-8}S_{cda13}^2$$

($n=70, R^2=0.386, F=21.101, p=0.000; t_0=-0.107, p=0.915; t_1=0.655, p=0.515;$
$t_2=0.822, p=0.414$)

$$H_{atrpa} = 12.269 - 0.003S_{cda13} + 3.035 \times 10^{-7}S_{cda13}^2$$

($n=70, R^2=0.746, F=98.338, p=0.000; t_0=1.580, p=0.119; t_1=-1.706, p=0.093;$
$t_2=4.806, p=0.000$)

三、树高生长年增量与年累积日照指标的关系

1. ***树高生长年增量与年累积日照时数的向后剔除法逐步回归模型*** 对树高生长年增量(R_{aht})与各生长期年累积日照指标(S_{cda})进行向后剔除法逐步回归模型分析，经过了11次向后逐步回归，组建了以S_{cda11}、S_{cda12}和S_{cda13}为因子的对照油松高年增量年累积日照指标优化模型。而经过7逐步向后回归，构建了以S_{cda}、S_{cda06}、S_{cda07}、S_{cda010}、S_{cda11}、S_{cda12}和S_{cda13}为因子的RPA油松高优化模型（表11－3）。

表11－3 汉中油松高年增量与年累积日照指标逐步向后回归模型

Tab. 11－3 The backward stepwise regression model of cumulative annual sunshine hours and annual height growth acceleration of *Pinus tabulaeformi*

处理 Treat	日照因子 S_{cda}	模型 Model Coefficients		T－检验 (T-test)		R^2	相关系数 Correlations			共线性统计量 Collinearity statistics	
		非标准 Unstandard	标准 Standard	t	p		r_0	$r_{partial}$	r_{part}	容差 Tolerance	方差膨胀因子 VIF
R_{ahtck}	常量	－0.733	—	－0.102	0.919	0.403*	—	—	—	—	—
	S_{cda11}	－0.024	－4.245	－2.757	0.008		0.177	－0.321	－0.262	0.004	261.889
	S_{cda12}	0.086	15.785	5.444	0.000		0.173	0.557	0.518	0.001	928.743
	S_{cda13}	－0.061	－11.400	－6.382	0.000		0.138	－0.618	－0.607	0.003	352.598

续表 11－3

处理 Treat	日照因子 S_{cda}	模型 Model Coefficients		T－检验 (T-test)		R^2	相关系数 Correlations			共线性统计量 Collinearity statistics	
		非标准 Unstandard	标准 Standard	t	p		r_0	$r_{partial}$	r_{part}	容差 Tolerance	方差膨胀因子 VIF
	常量	204.194	—	3.040	0.003		—	—	—	—	—
	S_{cda}	－0.127	－0.893	－3.118	0.003		0.027	－0.368	－0.293	0.107	9.313
	S_{cda06}	0.037	1.992	2.094	0.040	0.454	0.162	0.257	0.197	0.010	102.662
R_{ahtrpa}	S_{cda07}	－0.101	－6.304	－3.231	0.002	(F=	0.164	－0.380	－0.303	0.002	432.021
	S_{cda10}	0.206	18.407	4.301	0.000	7.353,	0.189	0.479	0.404	0.000	2078.041
	S_{cda11}	－0.201	－19.311	－5.846	0.000	p=0.000)	0.181	－0.596	－0.549	0.001	1238.158
	S_{cda12}	0.129	13.032	3.898	0.000		0.195	0.444	0.366	0.001	1268.481
	S_{cda13}	－0.072	－7.510	－4.237	0.000		0.178	－0.474	－0.398	0.003	356.522

备注:Remark: * $F=14.830, p=0.000$

(1)对照树高生长年增量与年累积日照时数的模型分析　控制模型中其他因子影响,对照树高年增量与 S_{cda13} 和 S_{cda11} 负偏相关极显著,而与 S_{cda12} 正偏相关极显著。三因子配合下,S_{cda12} 和 S_{cda13} 对油松高年增量起着决定作用,单位量变化系数达 15.785 和 11.400;其对模型影响也很大,贡献 51.4% 和 40.4%。而 S_{cda11} 对油松作用相对较弱,单位量变化系数仅为 4.245,对模型贡献 8.2%。

(2)RPA 树高生长年增量与年累积日照时数的模型分析　从 RPA 分析,排除其他因子干扰,树高年增量与 S_{cda011}、S_{cda13}、S_{cda07} 和 S_{cda} 负偏相关极显著,且依次减弱;而与 S_{cda10} 和 S_{cda12} 正偏相关极显著,与 S_{cda06} 正偏相关显著($r_{partial}=0.257, p=0.040$)。各因子相互作用下,$S_{cda11}$、$S_{cda10}$ 和 S_{cda12} 对油松高年增量作用较强,单位量变化系数为 19.311、18.407 和 13.032;其对模型影响也较大,分别贡献 33.8%、27.0% 和 16.5%。S_{cda13} 和 S_{cda07} 对油松作用也相对较强,单位量变化系数为 7.510 和 6.304,对模型贡献 9.9% 和 8.9%。而 S_{cda06} 和 S_{cda} 对油松高年增量作用较弱,单位量变化系数为 1.992 和 0.893,对模型仅贡献 2.1% 和 1.8%。

2. **树高生长年增量与年累积日照时数的逐步回归模型**　对其进行逐步回归模型分析,只有对照油松高生长年增量与近 3 年累积日照时数(S_{cda02})线性关系紧密,组成了有效模型。

$$R_{ahtck} = -20.772 + 0.008 S_{cda02}$$

$$R_{ahtck} = 0.278 S_{cda02}$$

($n=70, R^2=0.077, F=5.698, p=0.020; r_0=0.278; t_0=-1.421, p=0.160;$
$t_1=2.387, p=0.020$)

3. **树高生长年增量与年累积日照时数的模型拟合** 油松高生长年增量与各生长期年累积日照时数均呈正相关,但相关度较小。其中,对照与 S_{cda01}、S_{cda02} 和 S_{cda03} 相关性相对较强,相关系数为 0.203($p=0.046$)、0.278($p=0.010$)和 0.226($p=0.030$);RPA 与 S_{cda12} 相关性较大,相关系数也仅为 0.195($p=0.053$)。对其进行模型拟合,只有对照与 S_{cda02} 符合 Linear－模型和 Quadratic－模型,与 S_{cda03} 仅符合 Quadratic－模型;而 RPA 没有产生有效模型。

$$R_{ahtck} = -20.772 + 0.008S_{cda02}$$

($n=70, R^2=0.077, F=5.698, p=0.020; t_0=-1.421, p=0.160; t_1=2.387, p=0.020$)

$$R_{ahtck} = 14.338 - 0.010S_{cda02} + 2.030\times10^{-6}S_{cda02}^2$$

($n=70, R^2=0.098, F=3.627, p=0.032; t_0=0.447, p=0.656; t_1=-0.379, p=0.499; t_2=1.230, p=0.223$)

$$R_{ahtck} = 34.593 - 0.017S_{cda03} + 2.168\times10^{-6}S_{cda03}^2$$

($n=70, R^2=0.110, F=4.126, p=0.020; t_0=1.319, p=0.192; t_1=-1.627, p=0.108; t_2=2.102, p=0.039$)

(1)Linear－模型分析 模型 $b>0$,R^2 很小。表明油松高生长年增量与近 3 年累积日照时数有正相关的趋势,但重复间变异较大,数据比较松散。

(2)Quadratic－模型分析 模型 $a>0$、$b<0$、$c>0$,模型极小值分别出现在2454.3 h/m 和 3972.0 h/m 附近;极值点右侧分别有 13 组和 12 组数据,其油松高年增量与 S_{cda02} 和 S_{cda03} 有正相关的趋势,增幅梯度为($-0.010+4.059\times10^{-6}$)$S_{cda02}$ 和($-0.017+4.337\times10^{-6}$)$S_{cda03}$,增幅相对稳定。

第二节 一月日照时数对树高生长的累积效应

【内容提要】与年累积日照指标相同,飞播油松高也与各生长期 1 月累积日照正相关极显著,且相关性随着累积日照时数统计年限的增加而增强。逐步回归分析证明,近 12 年、近 10 年和近 14 年 1 月累积日照时数($S_{cdm0111}$、$S_{cdm1209}$ 和 $S_{cdm1213}$)对对照树高影响较大,其单位量变化系数分别为 3.103、2.405 和 1.384,对模型贡献为 35.2%、32.1% 和 10.4%;而 $S_{cdm0113}$、仅 13 年 1 月累积日照时数($S_{cdm0112}$)、$S_{cdm0111}$ 和 $S_{cdm1209}$ 对 RPA 树高影响较大,单位量变化系数依次为 3.877、3.727、2.807 和 1.730,对模型影分别贡献 32.8%、26.5%、20.5% 和 16.5%。而树高对当年 1 月日照时数(S_{cdm01})响应均很弱,其对照和 RPA 模型中的单位量变化系数分别为 0.078 和 0.089,对模型贡献 0.7% 和 0.5%。模型拟合证明,树高与各生长期 1 月累积日照时数的关系也符合 Exponential－模型要求,可以用近 5 年累积日照时数($S_{cdm0104}$)和整个生长期 1 月累积日照时数分析 1 月累积日照时数

($S_{cdm0113}$)与飞播油松高的关系。

树高年生长量与1月累积日照时数也呈正相关,且相关性更强。其中,对照与近3年1月累积日照($S_{cdm0102}$相关性最强)($r_0=0.684$),RPA与近5年1月累积日照($S_{cdm0104}$)出现一个峰值($r_0=0.751$),与整个生长期1月累积日照($S_{cdm0113}$)相关度最高($r_0=0.833$)。两者关系可以用Linear-模型和Quadratic-模型进行分析。逐步回归分析,近3年和近2年1月累积日照($S_{cdm0102}$和$S_{cdm0101}$)因子构成了对照油松高年生长量优化模型。其中,油松对$S_{cdm0102}$响应大于$S_{cdm0101}$,单位量变化系数为1.154和0.591,对模型分别贡献76.5%和23.5%。而整个生长期、近12年和近2年1月累积日照($S_{cdm0113}$、$S_{cdm0111}$和S_{cdm01})因子组建了RPA油松优化模型。其中,前2个因子对树高年生长量影响较大,单位量变化系数为4.734和3.979,对模型分别贡献55.0%%和43.6%。

油松高生长年增量与1月累积日照时数正相关性比其与年累积日照时数有所增强。其中,对照与近3年1月累积日照($S_{cdm0102}$)相关极显著($r_0=0.366, p=0.001$),与近4年累积值($S_{cdm0103}$)相关显著($r_0=0.222, p=0.032$);RPA与当年1月日照时数(S_{cdm01})相关性最强($r_0=0.243, p=0.018$),与近3年、近4年、近7年、近9年近11年和近13年1月累积日照($S_{cdm0102}$、$S_{cdm0103}$、$S_{cdm0106}$、$S_{cdm0108}$、$S_{cdm0110}$和$S_{cdm0112}$)相关也显著($p<0.05$)。向后剔除法逐步回归分析结果显示,可用$S_{cdm0101}$、$S_{cdm0109}$、$S_{cdm0110}$和$S_{cdm0113}$组建的对照模型,S_{cdm01}、$S_{cdm0101}$、$S_{cdm0108}$、$S_{cdm0109}$、$S_{cdm0110}$和$S_{cdm0113}$组成的RPA模型,分析1月累积日照对油松高生长年增量的影响。油松对$S_{cdm0110}$和$S_{cdm0109}$响应较强,两模型中其单位量变化系数为12.683、7.872和12.043、11.876,对模型贡献53.2%、28.6%和43.4%、41.6%。逐步回归模型显示,也可用$S_{cdm0102}$和于$S_{cdm0104}$因子模型诠释1月日照对对照油松高生长年增量的累积效应。模型中,油松对$S_{cdm0102}$的响应明显强于$S_{cdm0104}$,单位量变化系数为0.794和0.518,对模型分别贡献59.2%和40.8%。

【关 键 词】多效抗旱驱鼠剂,飞播造林,油松,树高生长,1月积日照时数,逐步回归模型

一、树高与一月累积日照指标的关系

1. ***树高与一月累积日照时数的逐步回归模型*** 对树高(H_t)与各生长期1月累积日照指标(S_{cdm01})进行逐步回归模型分析,在对照组成的9组有效模型中,$S_{cdm0113}$、$S_{cdm0109}$、$S_{cdm0101}$、$S_{cdm0111}$、$S_{cdm0105}$、S_{cdm01}、$S_{cdm0103}$、$S_{cdm0107}$和$S_{cdm0112}$构建了其优化模型。而在组成的7组RPA有效模型中,$S_{cdm0113}$、$S_{cdm0109}$、$S_{cdm0105}$、$S_{cdm0112}$、$S_{cdm0111}$、$S_{cdm0101}$和S_{cdm01}构成了RPA油松高优化模型(表11-4)。

表 11 -4　汉中油松高与 1 月累积日照时数逐步回归模型

Tab. 11 -4 The stepwise regression model of relationship between cumulative sunshine durations in January and *Pinus tabulaeformi* height

处理 Treat	日照因子 S_{cdm01}	模型 Model Coefficients 非标准 Unstandard	标准 Standard	T-检验 (T-test) t	p	R^2	相关系数 Correlations r_0	$r_{partial}$	r_{part}	共线性统计量 Collinearity statistics 容差 Tolerance	方差膨胀因子 VIF
	常量	9.150	—	1.633	0.108		—	—	—	—	—
	$S_{cdm0113}$	0.400	1.384	5.020	0.000		0.940	0.544	0.058	0.002	572.577
	$S_{cdm0109}$	-0.865	-2.405	-12.763	0.000		0.872	-0.855	-0.147	0.004	267.779
	$S_{cdm0101}$	-0.335	-0.214	-9.212	0.000	0.992	0.381	-0.765	-0.106	0.247	4.051
H_{tck}	$S_{cdm0111}$	0.953	3.103	10.118	0.000	(F =	0.917	0.794	0.117	0.001	709.148
	$S_{cdm0105}$	-0.337	-0.562	-6.395	0.000	831.036,	0.821	-0.637	-0.074	0.017	58.289
	S_{cdm01}	0.189	0.078	4.488	0.000	p = 0.000)	0.184	0.501	0.052	0.438	2.284
	$S_{cdm0103}$	0.187	0.208	4.044	0.000		0.854	0.463	0.047	0.050	20.021
	$S_{cdm0107}$	0.206	0.466	3.249	0.002		0.859	0.387	0.037	0.006	154.957
	$S_{cdm0112}$	-0.352	-1.188	-2.943	0.005		0.932	-0.355	-0.034	0.001	1228.344
	常量	16.183	—	2.005	0.049		—	—	—	—	—
	$S_{cdm0113}$	1.530	3.877	10.815	0.000		0.937	0.808	0.168	0.002	531.931
	$S_{cdm0109}$	-0.849	-1.730	-10.527	0.000	0.985	0.866	-0.801	-0.164	0.009	111.791
H_{trpa}	$S_{cdm0105}$	-0.211	-0.258	-3.920	0.000	(F =	0.813	-0.446	-0.061	0.056	17.970
	$S_{cdm0112}$	-1.508	-3.727	-7.111	0.000	582.628,	0.924	-0.670	-0.111	0.001	1137.268
	$S_{cdm0111}$	1.177	2.807	7.144	0.000	p = 0.000)	0.909	0.672	0.111	0.002	639.232
	$S_{cdm0101}$	-0.356	-0.166	-5.539	0.000		0.403	-0.575	-0.086	0.268	3.736
	S_{cdm01}	0.292	0.089	3.856	0.000		0.219	0.440	0.060	0.458	2.182

(1)对照树高 1 月累积日照时数模型分析　在控制模型中其他因子影响下，树高与 1 月累积日照指标偏相关极显著；其中与 $S_{cdm0109}$、$S_{cdm0101}$、$S_{cdm0105}$ 和 S_{cdm12} 负相关依次减弱，而与 $S_{cdm0107}$、$S_{cdm0103}$、S_{cdm01}、$S_{cdm0113}$ 和 $S_{cdm0111}$ 正相关依次增强。各因子相互作用下，$S_{cdm0111}$、$S_{cdm1209}$ 和 $S_{cdm1213}$ 对树高影响较大，其单位量变化系数为 3.103、2.405 和 1.384，对模型贡献 35.2%、32.1% 和 10.4%。$S_{cdm0105}$、$S_{cdm0112}$、$S_{cdm0101}$、$S_{cdm0107}$ 和 $S_{cdm0103}$ 对树高影响相对较小，其单位量变化系数依次为 0.532、1.188、0.214、0.466 和 0.208，对模型贡献 7.0%、5.9%、3.4%、3.1% 和 2.2%。而 S_{cdm01} 对树高影响极小，变化系数仅为 0.078，对模型仅贡献 0.7%。

(2)RPA 树高 1 月累积日照时数模型分析　从模型分析，油松高与各因子也呈正相关，其变化规律与对照相同。消除其他因子干扰，树高也与各生长期 1 月累积日照时数偏相关极显著；其中与 $S_{cdm0109}$、$S_{cdm0112}$、$S_{cdm0101}$ 和 $S_{cdm1205}$ 负相关依次减弱，而与 S_{cdm01}、$S_{cdm0111}$ 和 $S_{cdm0113}$ 正相关依次增强。油松对 $S_{cdm0113}$、$S_{cdm0112}$、$S_{cdm0111}$ 和 $S_{cdm1209}$ 响应较大，单位量变化系数依次为 3.877、3.727、2.807 和 1.730；其对模型影响也相对较强，分别贡献 32.8%、26.5%、20.5% 和 16.5%。而树高对 $S_{cdm0105}$、$S_{cdm0101}$ 和 S_{cdm01} 响应很小，系数为 0.251、0.166和0.089；其对模型影响相对也很弱，仅贡献 1.7%、1.5% 和 0.5%。

2. **树高与各生长期一月累积日照时数的模型拟合** 与年日照时数累积效应相似，油松高也与不同生长期 1 月累积日照时数呈正相关，且相关性也有随统计年限延长而增强的趋势。其中除当年 1 月日照时数与树高相关不显著外（$r_0=0.184$），其他因子相关极显著。对其进行模型拟合，树高与近 5 年 1 月累积日照时数（$S_{cdm0104}$）以及近 14 年 1 月累积日照时数（$S_{cdm0113}$）关系也符合 Exponential 函数要求，且关系极为密切。

$$H_{tck} = 3.306e^{0.008S_{cdm0104}}$$

$$(n=70, R^2=0.923; F=809.762, p=0.000; t_0=9.226, p=0.000, t_1=28.456, p=0.000)$$

$$H_{trpa} = 4.025e^{0.008S_{cdm0104}}$$

$$(n=70, R^2=0.927; F=859.172, p=0.000; t_0=9.307, p=0.000, t_1=29.312, p=0.000)$$

$$H_{tck} = 8.418e^{0.003S_{cdm0113}}$$

$$(n=70, R^2=0.954; F=1\,400.701, p=0.000; t_0=16.608, p=0.000, t_1=37.426, p=0.000)$$

$$H_{trpa} = 10.424e^{0.003S_{cdm0113}}$$

$$(n=70, R^2=0.961; F=1\,654.642, p=0.000; t_0=17.654, p=0.000, t_1=40.677, p=0.000)$$

从模型分析，RPA 模型值约是对照的 1.22～1.24 倍。说明 RPA 拌种飞播对油松高有明显的促进作用，在相同日照条件下，RPA 油松高比对照平均高 22%～24%。与年日照时数累积效应分析结果基本一致。

二、树高年生长量与一月累积日照指标的关系

1. **高年生长量与一月累积日照时数的逐步回归模型** $S_{cdm0102}$和 $S_{cdm0101}$构建了对照油松高年生长量优化模型，$S_{cdm0113}$、$S_{cdm0111}$和 S_{cdm01}组成了 RPA 优化模型（表 11－5）。

（1）对照树高年生长量与 1 月累积日照时数模型分析 树高年生长量与 $S_{cdm0101}$负偏相关极显著，而与 $S_{cdm0102}$正偏相关极显著。两因子共同作用下，油松对 $S_{cdm0102}$响应大于 $S_{cdm0101}$，单位量变化系数为 1.154 和 0.591，对模型分别贡献 76.5% 和 23.5%。

（2）RPA 树高年生长量与 1 月累积日照时数模型分析 在控制模型中其他因子影响下，树高与 $S_{cdm0111}$负偏相关极显著，而与 S_{cdm13}和 S_{cdm01}正偏相关极显著。各因子配合下，油松对 $S_{cdm0113}$和 $S_{cdm0111}$响应较强，单位量变化系数为 4.734 和 3.979；其对模型影响也较大，分别贡献 55.0%% 和 43.6%。而油松对 S_{cdm01}响应极弱，变化系数仅为 0.187；其对模型影响也较小，仅贡献 1.4%。

表 11－5　汉中油松高年生长量与 1 月累积日照时数逐步回归模型

Tab. 11－5 The stepwise regression model of relationship between cumulative sunshine durations in January and annual height increment of *Pinus tabulaeformi*

处理 Treat	日照因子 S_{cdm01}	模型 Model Coefficients 非标准 Unstandard	标准 Standard	T－检验 (T-test) t	p	R^2	相关系数 Correlations r_0	$r_{partial}$	r_{part}	共线性统计量 Collinearity statistics 容差 Tolerance	方差膨胀因子 VIF
H_{atck}	常量	－23.949	—	－3.807	0.000	0.597^a	—	—	—	—	—
	$S_{cdm0102}$	0.362	1.154	9.044	0.000		0.684	0.741	0.701	0.369	2.708
	$S_{cdm0101}$	－0.242	－0.591	－4.631	0.000		0.325	－0.492	－0.359	0.369	2.708
H_{atrpa}	常量	－14.255	—	－3.038	0.003	0.820^b	—	—	—	—	—
	$S_{cdm0113}$	0.472	4.734	8.075	0.000		0.833	0.705	0.421	0.008	126.299
	$S_{cdm0111}$	－0.425	－3.979	－6.720	0.000		0.800	－0.637	－0.351	0.008	128.864
	S_{cdm01}	0.157	0.187	3.215	0.002		0.330	0.368	0.168	0.805	1.242

备注：Remar：^{a} $F=49.706, p=0.000$；^{b} $F=100.488, p=0.000$

2. **高年生长量与一月累积日照时数的模型拟合**　树高年生长量与 1 月累积日照时数相关性变化与年累积日照时数类似，但相关性更强。其中对照与 $S_{cdm0102}$ 相关性最强（$r_0=0.684$）；RPA 与 $S_{cdm0104}$ 出现一个峰值，相关系数为 0.751，与 $S_{cdm0113}$ 相关性最强（$r_0=0.833$）。油松高年生长量与 $S_{cdm0102}\sim S_{cdm0113}$ 关系可以用 Linear－模型和 Quadratic－模型进行分析。

（1）Linear－模型分析　与年累积日照时数相同，油松高年生长量 1 月累积日照时数模型斜率 $b>0$，树高年生长量与其也成正相关。RPA 和对照 $S_{cdm0102}$ 模型斜率近乎相同，比值为 0.999。两模型交点在 81 616.2 h/m 附近，远超出 $S_{cdm0102}$ 取值上限{81.5，404.1}。在研究期限内，RPA 模型值大于对照，且相对稳定，平均增加 11.3 cm/a。$S_{cdm0103}$、$S_{cdm0112}$ 和 $S_{cdm0113}$ 模型斜率比均为 1.532，两模型交点在 170.9 h/m、258.7 h/m 和 282.9 h/m 附近，交点左侧均分布有 2 组数据，且对照 2 组数据油松高年生长量均值分别为 6.2 cm/a 和 4.7 cm/a，明显小于 RPA 相应的 8.7 cm/a 和 13.2 cm/a。表明当地 1 月日照条件下，RPA 拌种飞播油松高年生长量大于对照，且两者的差距有随各生长期 1 月累积日照时数增加扩大的趋势。

$$H_{atck}=-28.773+0.215S_{cdm0102}$$

$$(n=70, R^2=0.468, F=59.939, p=0.000; t_0=-4.067, p=0.000; t_1=7.742, p=0.000)$$

$$H_{atrpa}=-17.455+0.215S_{cdm0102}$$

$$(n=70, R^2=0.265, F=24.571, p=0.000; t_0=-1.581, p=0.119; t_1=4.957, p=0.000)$$

$$H_{atck} = -24.454 + 0.152S_{cdm0103}$$

$(n=70, R^2=0.417, F=48.458, p=0.000; t_0=-3.384, p=0.001; t_1=6.969, p=0.000)$

$$H_{atrpa} = -38.311 + 0.233S_{cdm0103}$$

$(n=70, R^2=0.555, F=84.804, p=0.000; t_0=-4.572, p=0.000; t_1=9.209, p=0.000)$

$$H_{atck} = -6.753 + 0.050S_{cdm0112}$$

$(n=70, R^2=0.422, F=49.547, p=0.000; t_0=-1.383, p=0.171; t_1=7.039, p=0.000)$

$$H_{atrpa} = -15.536 + 0.084S_{cdm0112}$$

$(n=70, R^2=0.675, F=140.944, p=0.000; t_0=-3.196, p=0.002; t_1=11.872, p=0.000)$

$$H_{atck} = -5.293 + 0.047S_{cdm0113}$$

$(n=70, R^2=0.393, F=73.962, p=0.000; t_0=-1.070, p=0.288; t_1=6.630, p=0.000)$

$$H_{atrpa} = -15.478 + 0.083S_{cdm0113}$$

$(n=70, R^2=0.694, F=154.100, p=0.000; t_0=-3.320, p=0.001; t_1=12.414, p=0.000)$

（2）Quadratic－模型分析　RPA 的 $S_{cdm0102}$模型一次项系数 $b>0$、二次项系数 $c<0$，模型有极大值；极值点位于 1248.0 h/*m* 附近，远超出 $S_{cdm0102}$取值范围上限；研究期限内，油松高年生长量随各生长期 1 月累积日照时间延长而提高，但提高速度以 $2.164\times10^{-4}S_{cdm0102}$递减。对照的 $S_{cdm0102}$模型 $b<0$、$c>0$，模型有极小值；极值出现在 74.7 h/*m* 附近，小于 $S_{cdm0102}$取值范围下限；$S_{cdm0102}$取值范围内，对照油松高年生长量也随 1 月累积日照时间延长而提高，且提高速度以 $1.184\times10^{-3}S_{cdm0102}$递增。但由于增减幅度很小，研究期内，与其 Linear－模型一样，RPA 模型值也大于对照，但两者差距有随月累积日照时间延长扩大的趋势。RPA 和对照的 $S_{cdm0103}$模型 $b<0$、$c>0$。极小值分别发生在 179.6 h/*m* 和 151.4 h/*m*附近，其模型值分别为 3.7 cm/*a* 和 4.0 cm/*a*；与其 Linear－模型相同，极值点左侧也分布 2 组数据。对照的 $S_{cdm0112}$和 $S_{cdm0113}$模型的 $b>0$，$c>0$，有极小值；极值分别出现在 －4.7 h/*m* 和 －1645.7 h/*m* 附近，远低于 $S_{cdm0112}$和 $S_{cdm0113}$取值范围的下限。而 RPA 的 $S_{cdm0112}$和 $S_{cdm0113}$模型与其 $S_{cdm0103}$模型相同，极小值分别发生在 204.6 h/*m* 和 194.4 h/*m* 附近，极值点左侧也分布 2 组数据。RPA 分布在极值点左侧的 2 组数据油松高年生长量均值均大于对照相应油松的均值。研究期内，油松高年生长量均与其 1 月累积日照时数成正比，且提高速度以 $b+2c\ S_{cdm02}$递增。由于 RPA 模型的二次项系数大于对照，所以两者差距也与月累积日照时数成正比。

$$H_{atck} = 5.492 - 0.088S_{cdm0102} + 5.919\times10^{-4}S^2_{cdm0102}$$

$(n=70, R^2=0.509, F=34.718, p=0.000; t_0=0.341, p=0.734; t_1=-0.670, p=0.505;$
$t_2=2.349, p=0.022)$

$$H_{atrpa} = -23.718 + 0.270S_{cdm0102} - 1.082\times10^{-4}S^2_{cdm0102}$$

$(n=70, R^2=0.266, F=12.153, p=0.000; t_0=-0.907, p=0.368; t_1=1.262, p=0.211;$

$t_2 = -0.265, p = 0.792$)

$$H_{atck} = 24.120 - 0.227S_{cdm0103} + 6.326 \times 10^{-4}S_{cdm0103}^2$$

($n = 70, R^2 = 0.545, F = 40.141, p = 0.000; t_0 = 1.872, p = 0.066; t_1 = -2.541, p = 0.013;$
$t_2 = 4.349, p = 0.000$)

$$H_{atrpa} = 21.987 - 0.238S_{cdm0103} + 7.852 \times 10^{-4}S_{cdm0103}^2$$

($n = 70, R^2 = 0.667, F = 67.128, p = 0.000; t_0 = 1.503, p = 0.138; t_1 = -2.342, p = 0.022;$
$t_2 = 4.755, p = 0.000$)

$$H_{atck} = 3.973 + 3.661 \cdot 10^{-4}S_{cdm0112} + 3.930 \times 10^{-5}S_{cdm0112}^2$$

($n = 70, R^2 = 0.442, F = 26.559, p = 0.000; t_0 = 0.476, p = 0.635; t_1 = 0.011, p = 0.991;$
$t_2 = 1.577, p = 0.119$)

$$H_{atrpa} = 11.626 - 0.040S_{cdm0112} + 9.840 \times 10^{-5}S_{cdm0112}^2$$

($n = 70, R^2 = 0.748, F = 99.560, p = 0.000; t_0 = 1.522, p = 0.133; t_1 = -1.401, p = 0.166;$
$t_2 = 4.428, p = 0.000$)

$$H_{atck} = -2.355 + 0.034S_{cdm0113} + 1.026 \times 10^{-5}S_{cdm0113}^2$$

($n = 70, R^2 = 0.394, F = 21.809, p = 0.000; t_0 = -0.278, p = 0.782; t_1 = 1.064, p = 0.293;$
$t_2 = 0.428, p = 0.670$)

$$H_{atrpa} = 10.785 - 0.036S_{cdm0113} + 9.176 \times 10^{-5}S_{cdm0113}^2$$

($n = 70, R^2 = 0.769, F = 111.468, p = 0.000; t_0 = 1.551, p = 0.126; t_1 = -1.366, p = 0.176;$
$t_2 = 4.666, p = 0.000$)

三、树高生长年增量与一月累积日照指标的关系

1. **树高生长年增量与一月累积日照时数的向后剔除法逐步回归模型** 对树高生长年增量(R_{aht})与1月日照累积指标(S_{cdm01})进行向后剔除法逐步回归模型分析，在组成的10组对照和RPA油松高年增量有效模型中，$S_{cdm0101}$、$S_{cdm0109}$、$S_{cdm0110}$和$S_{cdm0113}$组建了对照优化模型；而S_{cdm01}、$S_{cdm0101}$、$S_{cdm0108}$、$S_{cdm0109}$、$S_{cdm0110}$和$S_{cdm0113}$组成了RPA优化模型(表11－6)。

(1)对照树高生长年增量与1月累积日照时数的模型分析 在控制其他因子作用下，对照树高生长年增量与$S_{cdm0113}$、$S_{cdm0109}$和$S_{cdm0101}$负偏相关极显著，且依次减弱；而与$S_{cdm0110}$正偏相关极显著。各因子相互作用下，$S_{cdm0110}$对油松高生长年增量作用最强，单位量变化系数达12.683；其对模型影响也最大，贡献53.2%。$S_{cdm0109}$和$S_{cdm0113}$对高年生长增量作用也相对较强，单位量变化系数为7.872和4.395，对模型分别贡献28.6%和17.8%。而$S_{cdm0101}$对油松作用极弱，单位量变化系数仅为0.471，其对模型影响也极小，仅贡献0.3%。

表 11-6 汉中油松高年增量与 1 月日照均值指标逐步向后回归模型

Tab. 11-6 The backward stepwise regression model of cumulative sunshine hours in January and annual height growth acceleration of *Pinus tabulaeformi*

处理 Treat	日照因子 S_{cdm01}	模型 Model Coefficients		T-检验 (T-test)		R^2	相关系数 Correlations			共线性统计量 Collinearity statistics	
		非标准 Unstandard	标准 Standard	t	p		r_0	$r_{partial}$	r_{part}	容差 Tolerance	方差膨胀因子 VIF
R_{ahtck}	常量	31.135	—	2.893	0.005	0.403 (F = 10.991, p = 0.000)	—	—	—	—	—
	$S_{cdm0101}$	-0.242	-0.471	-3.040	0.003		0.172	-0.353	-0.291	0.382	2.620
	$S_{cdm0109}$	-0.931	-7.872	-5.324	0.000		0.167	-0.551	-0.510	0.004	238.275
	$S_{cdm0110}$	1.375	12.683	6.243	0.000		0.190	0.612	0.598	0.002	449.777
	$S_{cdm0113}$	-0.415	-4.395	-5.428	0.000		0.140	-0.558	-0.520	0.014	71.429
R_{ahtrpa}	常量	36.883	—	1.744	0.086	0.490 (F = 10.106, p = 0.000)	—	—	—	—	—
	S_{cdm01}	0.322	0.224	1.745	0.086		0.250	0.215	0.157	0.491	2.038
	$S_{cdm0101}$	-0.566	-0.606	-3.670	0.001		0.071	-0.420	-0.330	0.297	3.372
	$S_{cdm0108}$	0.789	3.341	2.870	0.006		0.199	0.340	0.258	0.006	167.519
	$S_{cdm0109}$	-2.548	-11.876	-6.195	0.000		0.180	-0.615	-0.557	0.002	454.361
	$S_{cdm0110}$	2.368	12.043	6.121	0.000		0.209	0.611	0.550	0.002	478.623
	$S_{cdm0113}$	-0.521	-3.046	-3.847	0.000		0.187	-0.436	-0.346	0.013	77.500

(2) RPA 树高生长年增量与 1 月累积日照时数的模型分析　从 RPA 分析，树高年增量也与 $S_{cdm0109}$、$S_{cdm0113}$ 和 $S_{cdm0101}$ 负偏相关极显著，但依次减弱；而与 S_{cdm01}、$S_{cdm0108}$ 和 $S_{cdm0110}$ 正偏相关依次增强，其中与 S_{cdm01} 相关不显著($r_{partial}=0.215$)，与后两因子相关极显著。各因子配合下，也是 $S_{cdm0110}$ 和 $S_{cdm0109}$ 对油松高年增量作用很强，单位量变化系数达 12.043 和 11.876，对模型贡献 43.4% 和 41.6%；与对照比较，$S_{cdm0110}$ 的影响明显降低，而 $S_{cdm0109}$ 影响显著增强。$S_{cdm0108}$ 和 $S_{cdm0113}$ 对树高年增量也有一定作用，单位量变化系数 3.341 和 3.046，对模型分别贡献 6.2% 和 8.3%；其中 $S_{cdm0113}$ 作用比对照明显消弱。而 $S_{cdm0101}$ 和 S_{cdm01} 对油松作用很弱，单位量变化系数仅为 0.606 和 0.224，对模型仅贡献 0.4% 和 4.3‰。

2. **树高生长年增量与一月累积日照时数的逐步回归模型**　对其进行逐步回归模型分析，对照油松高年增量仅与 $S_{cdm0102}$ 和 $S_{cdm0104}$ 线性关系密切，RPA 只与 S_{cdm01} 相关性较强，组成了各自油松高年增量有效模型。

(1) 对照树高生长年增量与 1 月累积日照时数的逐步回归模型分析　模型显示，对照油松高年增量与 $S_{cdm0102}$ 正相关极显著，而与 $S_{cdm0104}$ 负相关极显著。油松高年增量对 $S_{cdm0102}$ 的响应明显强于 $S_{cdm0104}$，单位量变化系数为 0.794 和 0.518；$S_{cdm0102}$ 对模型影响也大于 $S_{cdm0104}$，对模型分别贡献 59.2% 和 40.8%。

$$R_{ahtck} = -17.967 + 0.313\ S_{cdm0102} - 0.122\ S_{cdm0104}$$

$$R_{ahtck} = 0.794\ S_{cdm0102} - 0.518\ S_{cdm0104}$$

$(n=70, R^2=0.220, F=9.429, p=0.000; r_0=0.366、0.137; r_{partial}=0.452、-0.314; r_{part}=0.448、-0.292; t_0=-1.642, p=0.105; t_1=4.152, p=0.000; t_2=-2.710, p=0.009$;容差均为0.318)

(2)RPA树高生长年增量与1月累积日照时数的逐步回归模型分析　RPA油松仅与S_{cdm01}正相关显著($r_{partial}=0.250, p=0.037$)。

$$R_{ahtrpa}=-10.677+0.359\,S_{cdm01}$$

$$R_{ahtrpa}=0.250\,S_{cdm01}$$

$(n=70, R^2=0.063, F=4.535, p=0.037; r_0=0.250; t_0=-0.659, p=0.512; t_1=2.130, p=0.037)$

3. **树高生长年增量与一月累积日照时数的模型拟合**　油松高年增量与各生长期1月累积日照时数均呈正相关,其相关度比年累积日照时数有所增强。其中,对照与$S_{cdm0102}$相关极显著($r_0=0.366, p=0.001$),与$S_{cdm0103}$相关显著($r_0=0.222, p=0.032$),而与其它因子相关不显著;RPA与S_{cdm01}相关性最强,系数为0.250($p=0.018$),与$S_{cdm0102}$、$S_{cdm0103}$、$S_{cdm0106}$、$S_{cdm0108}$、$S_{cdm0110}$和$S_{cdm0112}$相关也显著,相关系数依次为0.243($p=0.021$)、0.247($p=0.020$)、0.202($p=0.046$)、0.199($p=0.049$)、0.209($p=0.041$)和0.205($p=0.044$),与其他因子相关度低于显著水平。对其进行模型拟合,对照树高年增量仅与$S_{cdm0102}$的Linear－模型和Quadratic－模型回归显著;RPA与S_{cdm01}和$S_{cdm0102}$的Linear－模型显著,与$S_{cdm0103}$的Linear－模型和Quadratic－模型回归显著。

(1)Linear－模型分析　模型$b>0$,决定系数R^2相对较小;树高年增量与各生长期1月累积日照时数有正相关趋势。RPA和对照的$S_{cdm0102}$模型截距$a<0$,且RPA＜对照;其b比值为1.204,相交于－11.3 h/m附近,交点模型值－23.5 cm/a^2;交点值远小于$S_{cdm0102}$取值下限{81.5,404.1}。在当地日照条件下,RPA油松高年增量大于对照,两者差距有随当年和前2年1月累积日照时数($S_{cdm0102}$)增加扩大的趋势。

$$R_{ahtrpa}=-10.677+0.359S_{cdm01}$$

$(n=70, R^2=0.063, F=4.535, p=0.037; t_0=-0.659, p=0.512; t_1=2.130, p=0.037)$

$$R_{ahtrpa}=-21.505+0.174S_{cdm0102}$$

$(n=70, R^2=0.059, F=4.269, p=0.043; t_0=-1.002, p=0.320; t_1=2.066, p=0.043)$

$$R_{ahtck}=-21.836+0.144S_{cdm0102}$$

$(n=70, R^2=0.134, F=10.533, p=0.002; t_0=-1.925, p=0.058; t_1=3.245, p=0.002)$

$$R_{ahtrpa}=-21.009+0.133S_{cdm0103}$$

$(n=70, R^2=0.061, F=4.425, p=0.039; t_0=-1.006, p=0.318; t_1=2.104, p=0.039)$

(2)Quadratic－模型分析　对照$S_{cdm0102}$和RPA$S_{cdm0103}$模型$a>0, b<0, c>0$;极小值为1.9 cm/a^2和1.4 cm/a^2,分别出现在138.6 h/m和232.1 h/m附近;极值点右侧分别有13组和12组数据。油松树高年增量变化趋势与其年累积日照时数分析结果一致。

$$R_{ahtck} = 13.719 - 0.170S_{cdm0102} + 6.142 \times 10^{-6}S_{cdm0102}^2$$

($n = 70$, $R^2 = 0.162$, $F = 6.462$, $p = 0.003$; $t_0 = 0.519$, $p = 0.606$; $t_1 = -0.787$, $p = 0.434$; $t_2 = 1.485$, $p = 0.142$)

$$R_{ahtrpa} = 54.096 - 0.454S_{cdm0103} + 9.781 \times 10^{-4}S_{cdm0103}^2$$

($n = 70$, $R^2 = 0.120$, $F = 4.578$, $p = 0.014$; $t_0 = 1.325$, $p = 0.190$; $t_1 = -1.602$, $p = 0.114$; $t_2 = 2.122$, $p = 0.038$)

第三节　二月日照时数对树高生长的累积效应

【内容提要】与年和1月累积日照指标一样，飞播油松高也与各生长期2月累积日照正相关极显著，且相关性随着累积日照时数统计年限的增加而增强。逐步回归模型显示，近10年和近11年2月累积日照时数（$S_{cdm0209}$和$S_{cdm0210}$）对对照油松影响较大，单位量变化系数为4.637和3.804，对模型分别贡献39.8%和34.9%；而整个生长期和近13年2月累积日照时数对RPA油松影响较大，单位量变化系数为4.178和3.469对模型分别贡献39.3%和25.7%。模型拟合证明，也可以用树高与近5年2月累积日照时数（$S_{cdm0204}$），或者与整个生长期2月累积日照时数（$S_{cdm0213}$）的Exponential－模型，分析2月日照时数对飞播油松高的累积效应。

汉中飞播油松高年生长量与2月累积日照时数的相关性变化规律与1月日照相似，与近3年至近14年1月累计日照（$S_{cdm0202} \sim S_{cdm0213}$）正相关极显著。其中，对照与近4年和近13年1月累积日照（$S_{cdm0203}$和$S_{cdm0212}$）相关性较强（$r_0 = 0.616$、0.646），RPA相关性与累积日照时间统计年限成正比，与$S_{cdm0213}$的相关系数达0.808。两者的关系也可用Linear－模型和Quadratic－模型分析。逐步回归分析结果显示，用$S_{cdm0213}$、$S_{cdm0210}$、$S_{cdm0212}$、$S_{cdm0208}$和S_{cdm02}因子模型可以分析2月日照对油松高生长的累积效应。其中，$S_{cdm0213}$对油松高年生长量影响最大，其单位量变化系数为8.041，对模型贡献40.7%。$S_{cdm0213}$、$S_{cdm0212}$、$S_{cdm0203}$、$S_{cdm0204}$和$S_{cdm0202}$因子组成了RPA油松高年生长量优化模型，另外用$S_{cdm0211}$取代模型中的$S_{cdm0212}$因子也能较好诠释2月日照对油松高生长的累积效应。与对照相同，也是$S_{cdm0213}$对油松影响最大，其单位量变化系数为5.023和3.290，对模型贡献33.0%和30.9%。

油松高生长年增量与2月累积日照相关性较弱。其中，对照仅与近3年2月累积日照（$S_{cdm0202}$）正相关极显著（$r_0 = 0.312$, $p = 0.004$），与近2年、近4年和近6年2月累积日照（$S_{cdm0201}$、$S_{cdm0203}$和$S_{cdm0205}$）正相关显著（$r_0 = 0.242$、0.270、0.205, $p < 0.05$）；RPA仅与近4年2月累积日照（$S_{cdm0203}$）相关显著（$r_0 = 0.221$, $p = 0.033$）。向后剔除法逐步回归分析结果证明，对照油松对$S_{cdm0210}$、$S_{cdm0213}$、$S_{cdm0204}$和$S_{cdm0203}$响应较强，其单位量变化系数依次为3.436、2.728、2.108和1.718，对模型分别贡献26.9%、18.1%、28.3%和23.5%。RPA油松对$S_{cdm0210}$、$S_{cdm0212}$、$S_{cdm0208}$、$S_{cdm0203}$和$S_{cdm0204}$响应较大，其单位量变化系数为12.219、

7.926、5.200、3.833 和 3.776，对模型贡献 27.3%、16.4%、10.3%、21.9% 和 15.4%。

【关 键 词】多效抗旱驱鼠剂，飞播造林，油松，树高，2 月积日照时数，逐步回归模型

一、树高与二月累积日照指标的关系

1. 树高与各生长期二月累积日照时数的逐步回归模型 对树高(H_t)与 2 月日照时数累积指标(S_{cdm02})进行逐步回归模型分析，不同生长期 2 月累积日照时数组成了 7 组对照油松高有效模型，其中 $S_{cdm0213}$、$S_{cdm0208}$、$S_{cdm0201}$、$S_{cdm0210}$、$S_{cdm0209}$、$S_{cdm0206}$ 和 $S_{cdm0202}$ 构建了其优化模型。而在 5 组 RPA 有效模型中，$S_{cdm0213}$、$S_{cdm0209}$、$S_{cdm0204}$、$S_{cdm0212}$ 和 $S_{cdm0211}$ 组成了 RPA 优化模型(表 11-7)。

表 11-7 汉中油松高与 2 月日照时数累积值逐步回归模型

Tab. 11-7 The stepwise regression model of relationship between cumulative sunshine durations in February and *Pinus tabulaeformi* height

处理 Treat	日照因子 S_{cdm02}	模型 Model Coefficients 非标准 Unstandard	标准 Standard	T-检验 (T-test) t	p	R^2	相关系数 Correlations r_0	$r_{partial}$	r_{part}	共线性统计量 Collinearity statistics 容差 Tolerance	方差膨胀因子 VIF
H_{tck}	常量	21.367	—	4.479	0.000	0.991 (F = 1024.983, p=0.000)	—	—	—	—	—
	$S_{cdm0213}$	0.246	1.018	5.523	0.000		0.926	0.574	0.065	0.004	245.886
	$S_{cdm0208}$	0.455	1.418	2.949	0.004		0.822	0.351	0.035	0.001	1672.557
	$S_{cdm0201}$	-0.278	-0.231	-9.705	0.000		0.138	-0.777	-0.114	0.245	4.088
	$S_{cdm0210}$	1.016	3.804	7.378	0.000		0.877	0.684	0.087	0.001	1923.483
	$S_{cdm0209}$	-1.344	-4.637	-6.086	0.000		0.845	-0.612	-0.072	0.000	4200.093
	$S_{cdm0206}$	-0.281	-0.680	-5.927	0.000		0.795	-0.601	-0.070	0.010	95.274
	$S_{cdm0202}$	0.081	0.089	2.731	0.008		0.443	0.328	0.032	0.131	7.609
H_{trpa}	常量	9.797	—	1.564	0.123	0.987 (F = 993.940, p=0.000)	—	—	—	—	—
	$S_{cdm0213}$	1.378	4.178	11.773	0.000		0.920	0.827	0.166	0.002	634.027
	$S_{cdm0209}$	-0.688	-1.740	-11.503	0.000		0.834	-0.821	-0.162	0.009	115.122
	$S_{cdm0204}$	-0.234	-0.298	-6.399	0.000		0.758	-0.625	-0.090	0.091	10.944
	$S_{cdm0212}$	-1.166	-3.469	-6.741	0.000		0.906	-0.644	-0.095	0.001	1333.186
	$S_{cdm0211}$	0.757	2.199	5.158	0.000		0.893	0.542	0.073	0.001	914.765

(1)对照树高 2 月累积日照时数模型分析　在控制其他因子影响下，油松高与各因子偏相关极显著，其中与 $S_{cdm0201}$、$S_{cdm0209}$ 和 $S_{cdm0206}$ 负相关依次减弱，而与 $S_{cdm0202}$、$S_{cdm0208}$、$S_{cdm0213}$ 和 $S_{cdm0210}$ 正相关依次增强。各因子相互作用下，油松对 $S_{cdm0209}$ 和 $S_{cdm0210}$ 响应较大，单位量变化系数为 4.637 和 3.804；其对模型影响也较大，分别贡献 39.8% 和 34.9%。其次是 $S_{cdm0208}$、$S_{cdm0213}$ 和 $S_{cdm0206}$，其变化系数分别为 1.418、1.018 和 0.680，对模型贡献 7.4%、7.4% 和 6.8%。而油松对 $S_{cdm0201}$ 和 $S_{cdm0202}$ 响应很小，单位量变化系数仅为 0.231

和0.089，其对模型作用也很小，仅贡献3.1%和0.6%。

（2）RPA树高2月累积日照时数模型分析 树高也与各因子正相关非常显著。在控制其它因子作用下，油松高与$S_{cdm0209}$、$S_{cdm0212}$和$S_{cdm0204}$负偏相关依次减弱，而与$S_{cdm0211}$正偏相关优于与$S_{cdm0213}$，但均极显著。在各因子协同作用下，油松对$S_{cdm0213}$、$S_{cdm0212}$、$S_{cdm0211}$、$S_{cdm0209}$和$S_{cdm0204}$响应依次降低，其单位量变化系数分别为4.178、3.469、2.199、1.740和0.298。其中，$S_{cdm0213}$对模型影响最大，贡献39.3%；其次是$S_{cdm0212}$、$S_{cdm0209}$和$S_{cdm0211}$，分别贡献25.7%、18.0%和13.9%；$S_{cdm0204}$对模型影响最小，仅贡献3.1%。

2. 树高与各生长期二月累积日照时数的模型拟合 与1月累积日照指标一样，树高与2月累积日照指标也呈正相关。其中S_{cdm02}相关不显著外（$r_0=0.138$），与其余因子相关极显著（$p=0.000$）。树高与近5年5月累积日照时数（$S_{cdm0204}$）以及近14年2月累积日照时数（$S_{cdm0213}$）关系也符合Exponential函数要求，关系也极为密切；但$S_{cdm0204}$的模型决定系数R^2明显小于1月，而$S_{cdm0213}$的略大于1月。

$$H_{tck}=3.968e^{0.006S_{cdm0204}}$$

$$(n=70,R^2=0.885;F=523.802,p=0.000;t_0=7.874,p=0.000,t_1=22.887,p=0.000)$$

$$H_{trpa}=4.940e^{0.006S_{cdm0204}}$$

$$(n=70,R^2=0.877;F=485.204,p=0.000;t_0=7.475,p=0.000,t_1=22.027,p=0.000)$$

$$H_{tck}=8.614e^{0.003S_{cdm0213}}$$

$$(n=70,R^2=0.964;F=1795.137,p=0.000;t_0=18.940,p=0.000,t_1=42.360,p=0.000)$$

$$H_{trpa}=10.707e^{0.003S_{cdm0313}}$$

$$(n=70,R^2=0.967;F=2004.654,p=0.000;t_0=19.608,p=0.000,t_1=44.773,p=0.000)$$

从模型分析，RPA模型值约是对照的1.24倍。说明RPA拌种飞播对油松高有明显的促进作用，在相同日照条件下，RPA油松高比对照平均高24%。与年日照时数累积效应分析结果基本一致。

二、树高年生长量与二月累积日照指标的关系

1. 高年生长量与二月累积日照时数的逐步回归模型 在组成的5组对照有效逐步回归模型中，$S_{cdm0212}$、$S_{cdm0213}$、$S_{cdm0208}$、S_{cdm02}和$S_{cdm0210}$构成了油松高年生长量优化模型。在组成的7组RPA有效模型中，$S_{cdm0213}$、$S_{cdm0204}$、$S_{cdm0203}$、$S_{cdm0202}$和$S_{cdm0212}$组建了其优化模型；另外，用$S_{cdm0211}$代替其优化模型中的$S_{cdm0212}$因子，也能较好全是RPA树高年生长量与2月累积日照时数的关系（表11-8）。

（1）对照树高年生长量与2月累积日照时数模型分析 在控制其他因子影响下，树高年生长量与$S_{cdm0213}$、$S_{cdm0208}$和S_{cdm02}净负相关极显著，且依次减弱；而与$S_{cdm0212}$净正相关显著（$r_{\mathrm{partial}}=0.255,p=0.039$），与$S_{cdm0210}$净正相关极显著。各因子相互作用下，油松对$S_{cdm0213}$响应最强，单位量变化系数为8.041；其对模型影响也最大，贡献40.7%。其次是$S_{cdm0210}$、

$S_{cdm0212}$和$S_{cdm0208}$，单位量变化系数为6.019、5.799和3.094，对模型分别贡献24.3%、15.5%和17.4%。而油松对S_{cdm02}响应最弱，其单位量变化系数仅为0.388，对模型仅贡献2.1%。

（2）RPA树高年生长量与2月累积日照时数模型分析

①五因子优化模型　排除其他因子干扰，树高年生长量与$S_{cdm0204}$、$S_{cdm0202}$和$S_{cdm0212}$偏负相关依次减弱，其中与前2因子相关极显著，与$S_{cdm0212}$相关显著（$r_{partial}=-0.296, p=0.016$）；而与$S_{cdm0213}$和$S_{cdm0203}$偏正相关极显著。各因子配合下，油松对$S_{cdm0213}$响应相对较强，单位量变化系数为5.023，对模型贡献33.0%。其次是$S_{cdm0212}$、$S_{cdm0203}$和$S_{cdm0204}$，单位量变化系数为3.772、1.477和1.405，对模型贡献19.4%、20.8%和19.1%。而油松对$S_{cdm0202}$响应相对较弱，其单位量变化系数仅为0.641，对模型贡献7.7%。

②五因子模型　用$S_{cdm0211}$代替优化模型中的$S_{cdm0212}$分析，在控制其他因子作用下，树高与$S_{cdm0204}$和$S_{cdm0202}$偏负相关极显著，与$S_{cdm0211}$偏负相关不显著（$r_{partial}=-0.203$）；而与$S_{cdm0213}$和$S_{cdm0203}$偏正相关极显著。各因子协同作用下，油松也对$S_{cdm0213}$响应相对较强，变化系数为3.290，对模型贡献30.9%；与优化模型比较作用明显降低。其次是$S_{cdm0211}$，单位量变化系数为2.093；但其对模型影响较小，贡献12.8%。$S_{cdm0203}$和$S_{cdm0204}$对模型影响也较大，其单位量变化系数为1.212和1.162，对模型贡献24.4%和24.0%；其影响比优化模型显著增强。而油松对$S_{cdm0202}$响应相对较弱，单位量变化系数仅为0.556，对模型仅贡献7.9%。

表11－8　汉中油松高年生长量与2月累积日照时数逐步回归模型

Tab.11－8 The stepwise regression model of relationship between cumulative sunshine duration in February and annual height increment of *Pinus tabulaeformi*

处理 Treat	日照因子 S_{cdm02}	模型 Model Coefficients 非标准 Unstandard	标准 Standard	T－检验 (T-test) t	p	R^2	相关系数 Correlations r_0	$r_{partial}$	r_{part}	共线性统计量 Collinearity statistics 容差 Tolerance	方差膨胀因子 VIF
H_{atck}	常量	16.978	—	3.040	0.003	0.725 (F = 33.666, p = 0.000)	—	—	—	—	—
	$S_{cdm0212}$	0.371	5.799	2.113	0.039		0.646	0.255	0.139	0.001	1750.342
	$S_{cdm0213}$	−0.505	−8.041	−4.499	0.000		0.629	−0.490	−0.295	0.001	742.130
	$S_{cdm0208}$	−0.259	−3.094	−4.203	0.000		0.599	−0.465	−0.276	0.008	125.841
	S_{cdm02}	−0.205	−0.388	−3.962	0.000		−0.076	−0.444	−0.260	0.448	2.231
	$S_{cdm0210}$	0.420	6.019	3.174	0.002		0.640	0.369	0.208	0.001	835.538
H_{atrpa}	常量	7.449	—	1.308	0.196	0.844 (F = 68.992, p = 0.000)	—	—	—	—	—
	$S_{cdm0213}$	0.419	5.023	3.307	0.002		0.808	0.382	0.164	0.001	943.216
	$S_{cdm0204}$	−0.280	−1.405	−5.115	0.000		0.636	−0.539	−0.253	0.032	30.849
	$S_{cdm0203}$	0.367	1.477	4.988	0.000		0.594	0.529	0.247	0.028	35.860
	$S_{cdm0202}$	−0.203	−0.642	−4.155	0.000		0.310	−0.461	−0.205	0.102	9.776
	$S_{cdm0212}$	−0.321	−3.772	−2.475	0.016		0.795	−0.296	−0.122	0.001	949.775

续表 11－8

处理 Treat	日照因子 S_{cdm02}	模型 Model Coefficients 非标准 Unstandard	标准 Standard	*T*－检验 (*T*-test) *t*	*p*	R^2	相关系数 Correlations r_0	$r_{partial}$	r_{part}	共线性统计量 Collinearity statistics 容差 Tolerance	方差膨胀因子 VIF
H_{atrpa}	常量	7.000	—	1.139	0.259	0.836 (F= 65.059, p=0.000)	—	—	—	—	—
	$S_{cdm0213}$	0.274	3.290	2.698	0.009		0.808	0.320	0.137	0.002	578.568
	$S_{cdm0211}$	−0.183	−2.093	−1.660	0.102		0.779	−0.203	−0.084	0.002	619.193
	$S_{cdm0204}$	−0.231	−1.162	−4.358	0.000		0.636	−0.478	−0.221	0.036	27.663
	$S_{cdm0203}$	0.301	1.212	3.941	0.000		0.594	0.442	0.200	0.027	36.836
	$S_{cdm0202}$	−0.176	−0.556	−2.686	0.009		0.310	−0.318	−0.136	0.060	16.668

2. 高年生长量与二月累积日照时数的模型拟合　从相关性变化分析，油松高年生长量与当年 2 月日照时数极不相关，与 $S_{cdm0202} \sim S_{cdm0213}$ 正相关极显著。其中，对照与 $S_{cdm0203}$ 和 $S_{cdm0212}$ 出现峰值，相关系数分别为 0.616 和 0.646；而 RPA 相关性与各生长期月累积日照时间统计年限成正比，与 $S_{cdm0213}$ 相关性最强，系数为 0.808。油松与 $S_{cdm0202} \sim S_{cdm0213}$ 的关系可以用 Linear－模型和 Quadratic－模型表述。

(1) Linear－模型分析　与 1 月日照相同，2 月累积日照时数 Linear－模型斜率也大于零，油松高年生长量与月累积日照时数成正比。RPA 和对照 $S_{cdm0203}$ 模型斜率比为 1.281，交点在 16.2 h/m 附近，交点累积日照时数小于 $S_{cdm0203}$ 取值范围下限{81.5，489.2}。$S_{cdm0212}$ 模型斜率比 1.632，交点月累积日照时数为 263.4 h/m，交点左侧分布有 3 组数据，其对照 3 组数据油松高年生长量均值分别为 6.2 cm/a、4.7 cm/a 和 6.9 cm/a，RPA 分别为 8.7 cm/a、4.5 cm/a 和 8.8 cm/a，RPA 仅与 1 组数据均值小于对照。表明在当地 2 月日照条件下，RPA 油松高年生长量大于对照，且两者差距随月累积日照时间增加而扩大。

$$H_{atck} = -19.238 + 0.115S_{cdm0203}$$

$$(n=70, R^2=0.380, F=41.591, p=0.000; t_0=-2.745, p=0.008; t_1=6.449, p=0.000)$$

$$H_{atrpa} = -19.762 + 0.148S_{cdm0203}$$

$$(n=70, R^2=0.353, F=37.153, p=0.000; t_0=-2.080, p=0.041; t_1=6.095, p=0.000)$$

$$H_{atck} = -5.965 + 0.041S_{cdm0212}$$

$$(n=70, R^2=0.418, F=48.811, p=0.000; t_0=-1.239, p=0.220; t_1=6.987, p=0.000)$$

$$H_{atrpa} = -12.855 + 0.068S_{cdm0212}$$

$$(n=70, R^2=0.632, F=116.608, p=0.000; t_0=-2.527, p=0.014; t_1=10.798, p=0.000)$$

(2) Quadratic－模型分析　模型 $b<0, c>0$，有极小值。RPA 和对照 $S_{cdm0203}$ 模型极值分别出现在 39.4 h/m 和 173.3 h/m 附近，极值点左侧仅对照分布有两组数据。$S_{cdm0212}$ 模型出现在 185.7 h/m 和 108.6 h/m 附近，极值点左侧 RPA 有 2 组数据，对照有 1 组数据。

月累积日照时数大于极值时,油松高年生长量与其月累积日照时数成正比,且增幅以($b + 2c\ S_{cdm02}$)速率递增。研究期内,RPA 和对照差距有随月累积日照时数增加而扩大;但 $S_{cdm0203}$ 模型表现不明显,甚至有缩小的趋势。

$$H_{atck} = 13.178 - 0.122S_{cdm0203} + 3.513 \times 10^{-4}S^2_{cdm0203}$$

($n = 70, R^2 = 0.499, F = 33.316, p = 0.000; t_0 = 1.278, p = 0.206; t_1 = -1.977, p = 0.052; t_2 = 3.990, p = 0.000$)

$$H_{atrpa} = 3.017 - 0.020S_{cdm0203} + 2.478 \times 10^{-4}S^2_{cdm0203}$$

($n = 70, R^2 = 0.387, F = 21.145, p = 0.000; t_0 = 0.205, p = 0.838; t_1 = -0.216, p = 0.830; t_2 = 1.917, p = 0.059$)

$$H_{atck} = 5.664 - 0.007S_{cdm0212} + 3.353 \times 10^{-5}S^2_{cdm0212}$$

($n = 70, R^2 = 0.450, F = 27.358, p = 0.000; t_0 = 0.748, p = 0.457; t_1 = -0.286, p = 0.776; t_2 = 1.963, p = 0.054$)

$$H_{atrpa} = 8.836 - 0.023S_{cdm0212} + 6.253 \times 10^{-5}S^2_{cdm0212}$$

($n = 70, R^2 = 0.694, F = 76.035, p = 0.000; t_0 = 1.179, p = 0.243; t_1 = -0.922, p = 0.360; t_2 = 3.701, p = 0.000$)

三、树高生长年增量与二月累积日照指标的关系

1. **树高生长年增量与二月累积日照时数的向后剔除法逐步回归模型** 在组成的 8 组对照和 RPA 油松高年增量有效模型中,S_{cdm02}、$S_{cdm0203}$、$S_{cdm0204}$、$S_{cdm0210}$ 和 $S_{cdm0213}$ 构成了对照优化模型;而 $S_{cdm0201}$、$S_{cdm0202}$、$S_{cdm0203}$、$S_{cdm0206}$、$S_{cdm0208}$、$S_{cdm0210}$ 和 $S_{cdm0212}$ 组建了 RPA 优化模型(表 11-9)。

表 11-9 油松高年增量与 2 月日照均值指标逐步向后回归模型

Tab. 11-9 The backward stepwise regression model of cumulative sunshine hours in February and annual height growth acceleration of *Pinus tabulaeformi*

处理 Treat	日照因子 S_{cdm02}	模型 Model Coefficients		T-检验 (T-test)		R^2	相关系数 Correlations			共线性统计量 Collinearity statistics	
		非标准 Unstandard	标准 Standard	t	p		r_0	$r_{partial}$	r_{part}	容差 Tolerance	方差膨胀因子 VIF
R_{ahtck}	常量	11.611	—	1.019	0.312		—	—	—	—	—
	S_{cdm02}	-0.257	-0.388	-3.105	0.003	0.399	-0.004	-0.362	-0.301	0.601	1.663
	$S_{cdm0203}$	0.404	1.718	4.009	0.000	(F =	0.270	0.448	0.389	0.051	19.542
	$S_{cdm0204}$	-0.397	-2.108	-4.178	0.000	8.486,	0.153	-0.463	-0.405	0.037	27.096
	$S_{cdm0210}$	0.301	3.436	3.227	0.002	p = 0.000)	0.193	0.374	0.313	0.008	120.630
	$S_{cdm0213}$	-0.215	-2.728	-2.859	0.006		0.149	-0.337	-0.277	0.010	96.871

续表 11-9

处理 Treat	日照因子 S_{cdm02}	模型 Model Coefficients 非标准 Unstandard	标准 Standard	T-检验 (T-test) t	p	R^2	相关系数 Correlations r_0	$r_{partial}$	r_{part}	共线性统计量 Collinearity statistics 容差 Tolerance	方差膨胀因子 VIF
R_{ahtrpa}	常量	43.594	—	1.912	0.061	0.541 (F = 9.002, p = 0.000)	—	—	—	—	—
	$S_{cdm0201}$	-0.328	-0.457	-1.677	0.099		0.054	-0.210	-0.145	0.101	9.878
	$S_{cdm0202}$	-0.704	-1.299	-3.564	0.001		0.111	-0.415	-0.309	0.057	17.675
	$S_{cdm0203}$	1.635	3.833	7.241	0.000		0.221	0.680	0.628	0.027	37.261
	$S_{cdm0204}$	-1.290	-3.776	-4.663	0.000		0.115	-0.513	-0.404	0.011	87.219
	$S_{cdm0206}$	0.582	2.361	1.755	0.084		0.153	0.219	0.152	0.004	240.895
	$S_{cdm0208}$	-0.993	-5.200	-2.566	0.013		0.173	-0.312	-0.223	0.002	546.097
	$S_{cdm0210}$	1.944	12.219	3.293	0.002		0.186	0.388	0.286	0.001	1831.576
	$S_{cdm0212}$	-1.156	-7.926	-3.190	0.002		0.181	-0.378	-0.277	0.001	820.988

（1）对照树高生长年增量与2月累积日照时数的模型分析　排除其他因子干扰，树高生长年增量与模型各因子偏相关极显著，其中与 $S_{cdm0204}$、S_{cdm02} 和 $S_{cdm0213}$ 负相关依次减弱，而 $S_{cdm0203}$ 正相关性略优于 $S_{cdm0210}$。各因子相互作用下，$S_{cdm0210}$、$S_{cdm0213}$、$S_{cdm0204}$ 和 $S_{cdm0203}$ 对油松高生长年增量作用较强，单位量变化系数依次为3.436、2.728、2.108和1.718；其对模型影响也相对较大，分别贡献26.9%、18.1%、28.3%和23.5%。而 S_{cdm02} 对油松高生长年增量作用极弱，单位量比年系数仅为0.388，对模型贡献3.2%。

（2）RPA 树高生长年增量与2月累积日照时数的模型分析　在控制其他因子作用下，RPA 树高生长年增量与 $S_{cdm0204}$、$S_{cdm0202}$、$S_{cdm0212}$、$S_{cdm0208}$ 和 $S_{cdm0201}$ 负偏相关依次减弱，而与 $S_{cdm0206}$、$S_{cdm0210}$ 和 $S_{cdm0203}$ 正偏相关依次增强；其中与 $S_{cdm0201}$ 和 $S_{cdm0206}$ 相关不显著（$r_{partial} = -0.210$、0.219），与 $S_{cdm0208}$ 相关显著（$r_{partial} = -0.312, p = 0.013$），与其余因子相关极显著。各因子配合下，$S_{cdm0210}$ 对油松高生长年增量作用最强，单位量变化系数达12.219；其对模型影响也最大，贡献27.3%；与对照模型很接近。其次是 $S_{cdm0212}$、$S_{cdm0208}$、$S_{cdm0203}$ 和 $S_{cdm0204}$，单位量变化系数为7.926、5.200、3.833和3.776，对模型分别贡献16.4%、10.3%、21.9%和15.4%。$S_{cdm0206}$ 和 $S_{cdm0202}$ 对树高生长年增量也有一定作用，单位量变化系数为2.361和1.299，对模型分别贡献3.7%和4.4%。而 $S_{cdm0201}$ 对油松作用极弱，单位量变化系数仅为0.457，对模型仅贡献0.7%。与对照相比，$S_{cdm0204}$ 作用显著消弱。

2. 树高生长年增量与二月累积日照时数的逐步回归模型　对其进行逐步回归模型分析，只有对照油松高年增量与近3年2月累积日照时数线性关系相对紧密，组成了有效模型。

$$R_{ahtck} = -13.412 + 0.093\ S_{cdm0202}$$

$$R_{ahtck} = 0.312\ S_{cdm0202}$$

$(n = 70, R^2 = 0.097, F = 7.343, p = 0.009; r_0 = 0.312; t_0 = -1.285, p = 0.203; t_1 = 2.710, p = 0.009)$

3. **树高生长年增量与二月累积日照时数的模型拟合** 油松高生长年增量除与当年2月日照时数(S_{cdm02})极不相关($r_0 = -0.004$、-0.093)外,与其余各因子均呈一定正相关。其中,对照与$S_{cdm0202}$相关极显著($r_0 = 0.312, p = 0.004$),与$S_{cdm0201}$、$S_{cdm0203}$和$S_{cdm0205}$相关显著($r_0 = 0.242$、0.270、0.205, $p = 0.022$、0.012、0.045);而RPA仅与$S_{cdm0203}$相关显著($r_0 = 0.221, p = 0.033$)。模型拟合显示,与其各生长期2月平均日照分析结果一样,树高生长年增量与当年2月日照时数的Inverse-模型和Quadratic-模型具有较高拟合度。同时,对照油松与$S_{cdm0201}$关系可用Linear-模型表述,与$S_{cdm0202}$和$S_{cdm0203}$关系的Linear-模型和Quadratic-模型回归相关性较好。

(1)当年2月日照时数模型分析 从树高生长年增量与当年2月日照时数(S_{cdm02})模型分析,RPA和对照Quadratic-模型,$a > 0$、RPA > 对照,$b < 0$、RPA < 对照,$c > 0$、RPA > 对照,极小值分别出现在129.0 h/m和124.9 h/m附近;极值点左侧分布有11组数据。$S_{cdm02} < 129.0$ h/m和124.9 h/m时,油松高年增量随S_{cdm02}增加有降低的趋势,而$S_{cdm02} > 129.0$ h/m和124.9 h/m时,有上升的趋势。RPA和对照模型交点出现在78.0 h/m和184.8 h/m附近,交点区间包含5组数据。交点区间内,RPA模型值大于对照,最大差距出现在131.4 h/m附近。也就是说当年2月日照时数在78.0h/m ~ 184.8 h/m之间,对照油松高生长年增量有大于RPA的可能,其发生几率为0.357(5/14)。而在两交点区间之外,RPA模型值大于对照,发生几率0.643。从其Inverse-模型分析,在S_{cdm02}取值范围内{24.4,219.1},树高生长年增量与S_{cdm02}呈负相关。RPA与对照模型在98.2 h/m附近相交,交点左侧有9组数据,RPA模型值大于对照;交点右侧有5组数据,RPA模型值小于对照;且距交点越远,两者差异越明显。分析结论与其Quadratic-模型结果基本一致。

$$R_{ahtrpa} = -27.201 + \frac{3\,472.513}{S_{cdm02}}$$

$(n = 70, R^2 = 0.239, F = 21.396, p = 0.000; t_0 = -2.239, p = 0.028; t_1 = 4.626, p = 0.000)$

$$R_{ahtrpa} = 188.761 - 3.337S_{cdm02} + 0.013S_{cdm02}^2$$

$(n = 70, R^2 = 0.410, F = 23.237, p = 0.000; t_0 = 7.128, p = 0.000; t_1 = -6.792, p = 0.000; t_2 = 6.745, p = 0.000)$

$$R_{ahtck} = -5.489 + \frac{1\,340.548}{S_{cdm02}}$$

$(n = 70, R^2 = 0.117, F = 90.43, p = 0.004; t_0 = -0.761, p = 0.444; t_1 = 3.007, p = 0.004)$

$$R_{ahtck} = 71.857 - 1.2006S_{cdm02} + 4.828 \times 10^{-3}S_{cdm02}^2$$

$(n = 70, R^2 = 0.184, F = 7.540, p = 0.000; t_0 = 4.186, p = 0.000; t_1 = -3.787, p = 0.000; t_2 = 3.883, p = 0.000)$

(2)对照模型分析　对照 $S_{cdm0201}$、$S_{cdm0202}$ 和 $S_{cdm0203}$ 的 Linear－模型 $b>0$，决定系数 R^2 很小。表明树高年增量与其呈正相关；但重复间变异较大，数据相对分散，只能证明有正相关的趋势。从其 Quadratic－模型分析，$S_{cdm0202}$ 模型 $a<0$、$b>0$、$c>0$，极小值出现在 -404.6 h/m附近；极值点在取值下限{58.7,514.8}以外。表明在当地日照条件下，油松高年增量与近3年2月累积日照时数($S_{cdm0202}$)成正比，且增幅以 1.334×10^{-4} $S_{cdm0202}$ 递增。其 $S_{cdm0203}$ 模型 $a>0$、$b<0$、$c>0$；极小值出现在 239.0 h/m 附近，极值点右侧有 12 组数据，其油松高生长年增量与 $S_{cdm0203}$ 成正比，增幅以 6.445×10^{-4} $S_{cdm0203}$ 递增；发生频度 0.857。

$$R_{ahtck}=-5.423+0.096S_{cdm0201}$$

$(n=70, R^2=0.059, F=4.234, p=0.043; t_0=-0.558, p=0.579; t_1=2.058, p=0.043)$

$$R_{ahtck}=-13.412+0.093S_{cdm0202}$$

$(n=70, R^2=0.097, F=7.343, p=0.009; t_0=-1.285, p=0.203; t_1=2.710, p=0.009)$

$$R_{ahtck}=-8.492+0.054S_{cdm0202}+6.671\times10^{-5}S_{cdm0202}^2$$

$(n=70, R^2=0.099, F=3.669, p=0.031; t_0=-0.440, p=0.662; t_1=0.403, p=0.688;$
$t_2=0.304, p=0.762)$

$$R_{ahtck}=-10.314+0.063S_{cdm0203}$$

$(n=70, R^2=0.073, F=5.344, p=0.024; t_0=-0.958, p=0.341; t_1=2.312, p=0.024)$

$$R_{ahtck}=19.422-0.154S_{cdm0203}+3.222\times10^{-4}S_{cdm0203}^2$$

$(n=70, R^2=0.163, F=5.290, p=0.007; t_0=1.142, p=0.257; t_1=-1.516, p=0.134;$
$t_2=1.516, p=0.134)$

第四节　三月日照时数对树高生长的累积效应

【内容提要】与冬季1月和2月日照相同，飞播油松高与3月累积日照指标正相关也极显著，且相关性也随着日照累积指标统计年限的增加而增强。对照逐步回归模型显示，油松对近13年和近8年3月累积日照时数响应较强，在其优化模型和4因子模型中的单位量变化系数为2.223、1.400和2.627、1.256，对模型分别贡献57.1%、37.9%和48.1%、46.4%。而在RPA模型中，整个生长期和近9年3月累积日照时数($S_{cdm0313}$和 $S_{cdm0308}$)对树高影响较大，其单位量变化系数为2.432和1.413，分别贡献61.0%和35.8%。模型拟合证明，也可以用树高与近5年3月累积日照时数($S_{cdm0304}$)，或与整个生长期3月累积日照时数($S_{cdm0313}$)的 Exponential－模型，分析3月日照时数对飞播油松高的累积效应以及对照与RPA飞播油松高的差异。

树高年生长量与当年3月累积日照呈正相关。其中，与当年3月日照时数(S_{cdm03})相关显著，与其他累积指标相关极显著。对照与近4年和近13年3月累积日照($S_{cdm0303}$和

$S_{cdm0312}$)相关性较强($r_0=0.627$、0.640)。RPA 相关性与月累积日照时数统计年限成正比。油松高年生长量与 $S_{cdm0301}\sim S_{cdm0213}$ 的关系符合 Linear - 模型和 Quadratic - 模型规律,可用其 $S_{cdm0303}$、$S_{cdm0304}$ 和 $S_{cdm0312}$ 模型分析 3 月累积日照对汉中飞播油松高生长的影响,评价 RPA 拌种对树高年生长量的促进作用。逐步回归模型显示,对照油松对 $S_{cdm0312}$ 和 $S_{cdm0313}$ 响应较强,单位量变化系数达 27.973 和 20.951,对模型贡献 52.0% 和 37.8%。在 RPA 优化模型中,油松对 $S_{cdm0311}$、$S_{cdm0312}$ 和 $S_{cdm03101}$ 响应较强,单位量变化系数为 16.934、10.991 和 10.129,对模型分别贡献 44.3%、30.4% 和 20.9%;在其 4 因子模型中,油松对 $S_{cdm0311}$、$S_{cdm0313}$ 和 $S_{cdm0310}$ 响应较强,系数为 8.259、6.082 和 3.575,对模型贡献 41.8%、43.4% 和 11.4%。

汉中飞播油松高生长年增量与 3 月日照均值正相关。其中,对照仅与近 2 年至近 4 年 3 月累积日照($S_{cdm0301}\sim S_{cdm0303}$)相关显著($r_0=0.211$、0.251、0.254,$p<0.05$),RPA 只与 $S_{cdm0303}$ 相关显著($r_0=0.212$,$p=0.039$)。向后剔除法逐步回归分析结果证明,可用 $S_{cdm0308}$、$_{cdm0307}$、$S_{cdm0303}$、$S_{cdm0313}$、$S_{cdm0302}$、$S_{cdm0304}$、$S_{cdm0301}$ 和 S_{cdm03} 因子构成的对照模型,$S_{cdm0307}$、$S_{cdm0308}$、$S_{cdm0303}$、$S_{cdm0306}$、$S_{cdm0302}$、$S_{cdm0304}$、$S_{cdm0301}$、$S_{cdm0313}$ 和 S_{cdm03} 对因子组成的 RPA 模型,分析 3 月日照对树高生长年增量的累积效应。模型中各因子对树高生长年增量影响依次降低;其中,前 4 个因子对对照模型贡献 85.5%,对 RPA 模型贡献 75.3%。逐步回归模型显示,也可用 $S_{cdm0303}$ 和 $S_{cdm0304}$ 因子组成的模型分析对照树高生长年增量与 3 月累积日照的关系。油松对两因子响应相近,其单位变化系数为 1.943 和 1.729,对模型贡献 51.0% 和 49.0%。

【关 键 词】多效抗旱驱鼠剂,飞播造林,油松,树高生长,3 月积日照时数,逐步回归模型

一、树高与三月累积日照指标的关系

1. 树高与各生长期三月累积日照时数的逐步回归模型 对树高(H_t)与 3 月日照时数累积指标(S_{cdm03})进行逐步回归模型分析,各生长期 3 月累积日照时数组成了 6 组对照油松高有效模型;其中,$S_{cdm0307}$、$S_{cdm0301}$、$S_{cdm0312}$ 和 $S_{cdm0304}$ 构成了对照优化模型;另外,$S_{cdm0313}$、$S_{cdm0307}$、$S_{cdm0301}$ 和 $S_{cdm0312}$ 组合也能诠释 3 月累积日照时数对对照油松的影响。而在组成的 3 组 RPA 有效模型中 $S_{cdm0313}$、$S_{cdm0308}$ 和 $S_{cdm0302}$ 组建了 RPA 油松优化模型(表 11 - 10)。

(1)对照树高 3 月累积日照时数模型分析

①四因子优化模型 排除其他因子干扰,树高与 $S_{cdm0307}$ 和 $S_{cdm0301}$ 负偏相关极显著,而与 $S_{cdm0304}$ 正偏相关显著($r_{partial}=0.286$,$p=0.019$),与 $S_{cdm0312}$ 正偏相关极显著。在模型因子相互作用下,油松对 $S_{cdm0312}$ 和 $S_{cdm0307}$ 响应大,单位量变化系数为 2.223 和 1.400;其对模型作用也强,分别贡献 57.1% 和 37.9%;而油松对 $S_{cdm0305}$ 和 $S_{cdm0302}$ 响应极小,单位量变化

系数仅为0.163和0.126，其对模型影响也极小，仅贡献1.7%和3.2%。

②四因子模型　用$S_{cdm0313}$代替优化模型中的$S_{cdm0304}$分析，树高与$S_{cdm0307}$和$S_{cdm0301}$负偏相关也极显著，与$S_{cdm0313}$偏相关极不显著（$r_{partial}=-0.097$）；而与$S_{cdm0312}$正偏相关极显著。油松也对$S_{cdm0312}$和$S_{cdm0307}$响应大，系数2.627和1.256，对模型分别贡献48.1%和46.4%；对$S_{cdm0313}$和$S_{cdm0301}$响应极小，相关系数0.386和0.126，对模型仅贡献1.3%和4.1%。

③RPA树高3月累积日照时数模型分析　模型显示，各因子也与树高正相关非常显著。油松高与$S_{cdm0313}$正偏相关极显著，而与$S_{cdm0302}$和$S_{cdm0308}$呈极显著负偏相关。油松对$S_{cdm0313}$响应最强，其单位量变化系数为2.432，对模型贡献61.0%；比对照模型显著增强。$S_{cdm0308}$对模型影响也较大，其单位量变化系数为1.413，贡献35.8%。而油松对$S_{cdm0302}$响应最弱，其单位量变化系数仅为0.148，对模型仅贡献3.1%。

表11-10　汉中油松高与3月日照时数累积值逐步回归模型

Tab. 11-10 The stepwise regression model of relationship between cumulative sunshine durations in March and *Pinus tabulaeformi* height

处理 Treat	日照因子 S_{cdm03}	模型 Model Coefficients		T-检验 (T-test)		R^2	相关系数 Correlations			共线性统计量 Collinearity statistics	
		非标准 Unstandard	标准 Standard	t	p		r_0	$r_{partial}$	r_{part}	容差 Tolerance	方差膨胀因子 VIF
H_{tck}	常量	9.709	—	2.234	0.029	0.990[a]	—	—	—	—	—
	$S_{cdm0307}$	-0.343	-1.400	-14.247	0.000		0.830	-0.870	-0.174	0.016	64.459
	$S_{cdm0301}$	-0.127	-0.126	-5.909	0.000		0.410	-0.591	-0.072	0.328	3.045
	$S_{cdm0312}$	0.390	2.223	36.086	0.000		0.932	0.976	0.442	0.039	25.334
	$S_{cdm0304}$	0.064	0.163	2.407	0.019		0.810	0.286	0.029	0.033	30.529
	常量	16.720	—	4.415	0.000	0.989[b]	—	—	—	—	—
	$S_{cdm0313}$	-0.067	-0.389	-0.785	0.435		0.938	-0.097	-0.010	0.001	1 519.481
	$S_{cdm0307}$	-0.308	-1.256	-16.110	0.000		0.830	-0.894	-0.205	0.027	37.614
	$S_{cdm0301}$	-0.127	-0.126	-5.573	0.000		0.410	-0.569	-0.071	0.314	3.187
	$S_{cdm0312}$	0.461	2.627	4.963	0.000		0.932	0.524	0.063	0.001	1 733.716
H_{trpa}	常量	10.910	—	1.966	0.054	0.987[c]	—	—	—	—	—
	$S_{cdm0313}$	0.574	2.432	27.919	0.000		0.931	0.960	0.384	0.025	40.037
	$S_{cdm0308}$	-0.423	-1.413	-13.497	0.000		0.847	-0.857	-0.186	0.017	57.814
	$S_{cdm0302}$	-0.139	-0.148	-4.584	0.000		0.540	-0.491	-0.063	0.182	5.481

备注：Remark：[a] $F=1652.557, p=0.000$；[b] $F=1530.476, p=0.000$；[c] $F=1736.429, p=0.000$

2. **树高与各生长期三月累积日照时数的模型拟合**　从其相关系数变化分析，$S_{cdm0301}$~$S_{cdm0304}$相关性变化较快，树高与$S_{cdm0304}$相关性在初期较强，对照和RPA相关系数为0.810和0.797；$S_{cdm0305}$~$S_{cdm0306}$相关性相对平稳，略有降低；之后相关性随统计年限延长有所增强，与$S_{cdm0313}$相关性最强，相关系数分别为0.938和0.931。对油松高与$S_{cdm0304}$和$S_{cdm0313}$进行模型拟合，两者关系符合Exponential模型要求。

$$H_{tck} = 4.384e^{0.004S_{cdm0304}}$$

$(n=70, R^2=0.953; F=1385.969, p=0.000; t_0=13.145, p=0.000, t_1=37.229, p=0.000)$

$$H_{trpa} = 5.468e^{0.004S_{cdm0304}}$$

$(n=70, R^2=0.944; F=1152.353, p=0.000; t_0=11.821, p=0.000, t_1=33.946, p=0.000)$

$$H_{tck} = 9.530e^{0.002S_{cdm0313}}$$

$(n=70, R^2=0.962; F=1720.610, p=0.000; t_0=19.283, p=0.000, t_1=41.480, p=0.000)$

$$H_{trpa} = 11.846e^{0.002S_{cdm0313}}$$

$(n=70, R^2=0.966; F=1940.448, p=0.000; t_0=20.057, p=0.000, t_1=44.051, p=0.000)$

从模型分析，RPA 和对照 $S_{cdm0304}$ 模型值之比为 1.25，$S_{cdm0313}$ 模型值之比为 1.24。说明 RPA 拌种提高油松树高，在相同日照条件下，RPA 拌种飞播油松高比对照油松增加 25%左右，促长作用十分明显。

二、树高年生长量与三月累积日照指标的关系

1. 高年生长量与三月累积日照时数的逐步回归模型 对树高年生长量（H_{at}）与 3 月累积日照时数（S_{cdm03}）进行逐步回归模型分析，只有 $S_{cdm0312}$、$S_{cdm0313}$ 和 $S_{cdm0310}$ 进入了对照优化模型。而在组成的 7 组 RPA 有效模型中，$S_{cdm0311}$、$S_{cdm0304}$、$S_{cdm0310}$、$S_{cdm0312}$ 和 $S_{cdm0309}$ 组成了 RPA 优化模型；同时也可以用 $S_{cdm0313}$、$S_{cdm0311}$、$S_{cdm0304}$ 和 $S_{cdm0310}$ 组合诠释 3 月累积日照时数对 RPA 油松高年生长量的作用（表 11－11）。

（1）对照树高年生长量与 3 月累积日照时数模型分析　模型显示，在控制其他因子影响下，树高年生长量与 $S_{cdm0313}$ 和 $S_{cdm0310}$ 净负相关极显著，而与 $S_{cdm0311}$ 净正相关极显著。各因子配合下，油松对 $S_{cdm0312}$ 和 $S_{cdm0313}$ 响应较强，单位量变化系数达 27.973 和 20.951；其对模型影响也较大，贡献 52.0% 和 37.8%。而对 $S_{cdm0310}$ 响应较弱，其单位量变化系数为 6.409，贡献 10.2%。

表 11－11　汉中油松高年生长量与 3 月累积日照时数逐步回归模型

Tab. 11－11 The stepwise regression model of relationship between cumulative sunshine durations in March and annual height increment of *Pinus tabulaeformi*

处理 Treat	日照因子 S_{cdm03}	模型 Model Coefficients 非标准 Unstandard	标准 Standard	T－检验 (T-test) t	p	R^2	相关系数 Correlations r_0	$r_{partial}$	r_{part}	共线性统计量 Collinearity statistics 容差 Tolerance	方差膨胀因子 VIF
H_{atck}	常量	－0.364	—	－0.111	0.912	0.768*	—	—	—	—	—
	$S_{cdm0312}$	1.278	27.973	10.297	0.000		0.640	0.785	0.611	0.000	2095.298
	$S_{cdm0313}$	－0.943	－20.951	－9.774	0.000		0.626	－0.769	－0.580	0.001	1304.610
	$S_{cdm0310}$	－0.314	－6.409	－6.857	0.000		0.628	－0.645	－0.407	0.004	248.013

续表 11-11

处理 Treat	日照因子 S_{cm03}	模型 Model Coefficients 非标准 Unstandard	标准 Standard	T-检验 (T-test) t	p	R^2	相关系数 Correlations r_0	$r_{partial}$	r_{part}	共线性统计量 Collinearity statistics 容差 Tolerance	方差膨胀因子 VIF
H_{atrpa}	常量	7.193	—	1.289	0.202	0.838 (F=66.432, p=0.000)	—	—	—	—	—
	$S_{cdm0311}$	-1.057	-16.934	-5.749	0.000		0.798	-0.584	-0.289	0.000	3437.565
	$S_{cdm0304}$	-0.065	-0.478	-2.137	0.036		0.693	-0.258	-0.107	0.050	19.849
	$S_{cdm0310}$	0.659	10.129	4.044	0.000		0.791	0.451	0.203	0.000	2 485.465
	$S_{cdm0312}$	0.667	10.991	6.438	0.000		0.812	0.627	0.323	0.001	1 154.691
	$S_{cdm0309}$	-0.202	-2.924	-2.156	0.035		0.774	-0.260	-0.108	0.001	728.524
	常量	7.411	—	1.226	0.225	0.806 (F=67.698, p=0.000)	—	—	—	—	—
	$S_{cdm0313}$	0.363	6.082	6.030	0.000		0.820	0.599	0.329	0.003	341.670
	$S_{cdm0311}$	-0.516	-8.259	-3.665	0.000		0.798	-0.414	-0.200	0.001	1 704.822
	$S_{cdm0304}$	-0.083	-0.611	-2.760	0.007		0.693	-0.324	-0.151	0.061	16.464
	$S_{cdm0310}$	0.232	3.575	2.121	0.038		0.791	0.254	0.116	0.001	953.643

备注:Remark: * $F=72.640, p=0.000$

(2)RPA 树高年生长量与 3 月累积日照时数模型分析

①五因子优化模型 消除其他因子干扰,油松高年生长量与 $S_{cdm0311}$ 偏负相关极显著,与 $S_{cdm0313}$ 和 $S_{cdm0304}$ 偏负相关显著($r_{partial}=-0.260$、-0.258, $p=0.035$、0.036);而与 $S_{cdm0310}$ 和 $S_{cdm0312}$ 偏正相关极显著。在各因子相互作用下,油松对 $S_{cdm0311}$ 响应最强,单位量变化系数为 16.934;其对模型影响也最大,贡献 44.3%。其次是 $S_{cdm0312}$ 和 $S_{cdm0310}$,单位量变化系数为 10.991 和 10.129,对模型分别贡献 30.4% 和 20.9%。而油松对 $S_{cdm0309}$ 和 $S_{cdm0304}$ 响应相对较弱,其单位量变化系数仅为 2.924 和 0.478,对模型贡献 3.6% 和 0.8%。

②四因子模型 在控制其他因子作用下,树高年生长量与 $S_{cdm0311}$ 和 $S_{cdm0304}$ 偏负相关极显著;而与 $S_{cdm0310}$ 偏正相关显著($r_{partial}=0.254$, $p=0.038$),$S_{cdm0313}$ 偏正相关极显著。在各因子协同作用下,油松对 $S_{cdm0311}$ 和 $S_{cdm0313}$ 响应较强,单位量变化系数为 8.259 和 6.082;其对模型起着决定作用,贡献 41.8% 和 43.4%。而对 $S_{cdm0310}$ 和 $S_{cdm0304}$ 响应较弱,单位量变化系数为 3.575 和 0.611,贡献 11.4% 和 3.4%。

2. **高年生长量与三月累积日照时数的模型拟合** 树高年生长量与当年 3 月日照时数(S_{cdm03})正相关显著($r_0=0.202$、0.207, $p=0.047$、0.043),与 $S_{cdm0301}\sim S_{cdm0313}$ 正相关极显著。其中,对照与 $S_{cdm0303}$ 和 $S_{cdm0312}$ 出现峰值,相关系数为 0.627 和 0.640;RPA 相关性与

月累积日照时数统计年限成正比，但初期变化较大；与 $S_{cdm0304}$ 的相关系数就达 0.696，与 $S_{cdm0313}$ 相关系数最大，为 0.820。油松与 $S_{cdm0301} \sim S_{cdm0213}$ 的关系可以用 Linear – 模型和 Quadratic – 模型表述。从模型决定系数 R^2 分析，用 $S_{cdm0303}$、$S_{cdm0304}$ 和 $S_{cdm0312}$ 进行模型分析较为适合。

（1）Linear – 模型分析　模型 $b>0$，且 RPA > 对照；其 $S_{cdm0303}$、$S_{cdm0304}$ 和 $S_{cdm0312}$ 模型斜率比依次为 1.308、1.599 和 1.684。RPA 和对照模型分别在 42.6 h/m、263.5 h/m 和 354.9 h/m 附近相交，$S_{cdm0303}$ 交点累积日照时数小于其取值范围下限｛77.8，770.2｝；$S_{cdm0304}$ 和 $S_{cdm0312}$ 模型交点左侧均分布 3 组数据。与 2 月日照相同，对照 3 组数据树高年生长量均值仅有 1 组略大于 RPA。上述分析表明，在当地日照条件下，油松高年生长量与其不同生长期 3 月累积日照时数成正比，且 RPA 大于对照，两者差距也与月累积日照时数成正比。

$$H_{atck} = -17.314 + 0.082 S_{cdm0303}$$

$$(n=70, R^2=0.393, F=44.009, p=0.000; t_0=-2.639, p=0.010; t_1=6.634, p=0.000)$$

$$H_{atrpa} = -18.385 + 0.107 S_{cdm0303}$$

$$(n=70, R^2=0.381, F=41.936, p=0.000; t_0=-2.091, p=0.040; t_1=6.476, p=0.000)$$

$$H_{atck} = -11.528 + 0.059 S_{cdm0304}$$

$$(n=70, R^2=0.331, F=33.603, p=0.000; t_0=-1.774, p=0.081; t_1=5.797, p=0.000)$$

$$H_{atrpa} = -20.796 + 0.094 S_{cdm0304}$$

$$(n=70, R^2=0.480, F=62.720, p=0.000; t_0=-2.734, p=0.008; t_1=7.920, p=0.000)$$

$$H_{atck} = -4.089 + 0.029 S_{cdm0312}$$

$$(n=70, R^2=0.410, F=47.176, p=0.000; t_0=-0.879, p=0.381; t_1=6.868, p=0.000)$$

$$H_{atrpa} = -11.191 + 0.049 S_{cdm0312}$$

$$(n=70, R^2=0.659, F=131.554, p=0.000; t_0=-2.384, p=0.020; t_1=11.470, p=0.000)$$

（2）Quadratic – 模型分析　Quadratic – 模型有极小值。RPA 和对照 $S_{cdm0303}$ 模型极值分别出现在 151.5 h/m 和 291.3 h/m 附近；其左侧 RPA 有 1 组数据，对照有 3 组数据。月累积日照时数大于极值时，树高与月累积日照时数成正比。$S_{cdm0303}$ 取值范围内｛77.8，770.2｝，两模型在 159.7 h/m 附近相交，交点左侧只有 1 组数据；交点右侧 RPA 模型值大于对照，初期随月累积日照时间增大差距扩大，但随着月累积日照时数进一步增加两者差距又有收窄的趋势。RPA 和对照 $S_{cdm0304}$ 模型极值分别发生在 328.7 h/m 和 327.0 h/m 附近，其左侧均分布 3 组数据。在 $S_{cdm0304}$ 取值范围内｛77.8，898.5｝，模型有两个交点，交点区间｛197.4，465.3｝有 2 组数据，左侧也有两组数据，对照该 4 组数据油松高年生长量均值分别为 6.2 cm/a、4.7 cm/a、6.9 cm/a 和 5.4 cm/a，RPA 依次为 8.7 cm/a、4.5 cm/a、8.8 cm/a 和 7.5 cm/a。RPA 年生长量整体比对照高，呈波动变化，与月累积日照时数相关性不强。交点区间右侧的10组数据，RPA树高年生长量均值明显高于对照，且年生长量及其两者间差距均与月累积日照时数成正比。RPA和对照$S_{cdm0312}$模型极值分别出现在301.6 h/m和-97.0 h/m附近；RPA极值点左侧也分布有3组数据，而对照极值点月累积日照时数远小于$S_{cdm0312}$取值范围下限{77.8，1737.6}。两模型在$S_{cdm0312}$取值范围只有1个交点，出现在197.9 h/m附近，交点左侧也分布4组数据。与$S_{cdm0304}$模型分析结果一致，交点左侧的4组数据呈现小幅波动，与月累积日照时数相关性较差；而交点右侧，RPA模型值明显大于对照，树高年生长量及其两者差距也与月累积日照时数成正比。

$$H_{atck} = 23.272 - 0.161S_{cdm0303} + 2.756 \times 10^{-4}S_{cdm0303}^2$$

($n=70, R^2=0.600, F=50.185, p=0.000; t_0=2.662, p=0.010; t_1=-3.7900, p=0.000; t_2=5.883, p=0.000$)

$$H_{atrpa} = 8.922 - 0.056S_{cdm0303} + 1.856 \times 10^{-4}S_{cdm0303}^2$$

($n=70, R^2=0.435, F=25.746, p=0.000; t_0=0.647, p=0.520; t_1=-0.841, p=0.404; t_2=2.508, p=0.015$)

$$H_{atck} = 18.003 - 0.106S_{cdm0304} + 1.617 \times 10^{-4}S_{cdm0304}^2$$

($n=70, R^2=0.463, F=28.894, p=0.000; t_0=1.928, p=0.058; t_1=-2.549, p=0.013; t_2=4.064, p=0.000$)

$$H_{atrpa} = 26.880 - 0.172S_{cdm0304} + 2.611 \times 10^{-4}S_{cdm0304}^2$$

($n=70, R^2=0.676, F=69.742, p=0.000; t_0=2.789, p=0.007; t_1=-4.008, p=0.000; t_2=6.357, p=0.000$)

$$H_{atck} = 3.969 + 0.003S_{cdm0312} + 1.369 \times 10^{-5}S_{cdm0312}^2$$

($n=70, R^2=0.429, F=25.202, p=0.000; t_0=0.565, p=0.574; t_1=0.148, p=0.883; t_2=1.522, p=0.133$)

$$H_{atrpa} = 10.472 - 0.022S_{cdm0312} + 3.681 \times 10^{-5}S_{cdm0312}^2$$

($n=70, R^2=0.0.740, F=95.384, p=0.000; t_0=1.665, p=0.101; t_1=-1.379, p=0.172; t_2=4.565, p=0.000$)

三、树高生长年增量与三月累积日照指标的关系

1. 树高生长年增量与三月累积日照时数的向后剔除法逐步回归模型 对树高年增量(R_{aht})与各生长期3月日照累积指标(S_{cdm03})进行向后剔除法逐步回归模型分析，经过3次向后逐步回归，组建了对照油松高生长年增量3月累积日照指标优化模型；而通过2次向后逐步回归也组建了RPA优化模型(表11-12)。

表 11－12　汉中油松高年增量与 3 月日照均值指标逐步向后回归模型

Tab. 11－12 The backward stepwise regression model of cumulative sunshine hours in March and annual height growth acceleration of *Pinus tabulaeformi*

处理 Treat	日照因子 S_{cdm03}	模型 Model Coefficients 非标准 Unstandard	标准 Standard	*T*－检验（*T*-test） *t*	*p*	R^2	相关系数 Correlations r_0	$r_{partial}$	r_{part}	共线性统计量 Collinearity statistics 容差 Tolerance	方差膨胀因子 VIF
H_{ahtck}	常量	10.949	—	0.902	0.371	0.416（*F*＝5.437，*p*＝0.000）	—	—	—	—	—
	S_{cdm03}	－0.530	－0.829	－3.031	0.004		0.118	－0.362	－0.296	0.128	7.813
	$S_{cdm0301}$	0.589	1.781	3.129	0.003		0.211	0.372	0.306	0.030	33.842
	$S_{cdm0302}$	－0.627	－2.821	－3.525	0.001		0.251	－0.411	－0.345	0.015	66.924
	$S_{cdm0303}$	0.673	4.111	4.182	0.000		0.254	0.472	0.409	0.010	100.994
	$S_{cdm0304}$	－0.322	－2.507	－2.447	0.017		0.169	－0.299	－0.239	0.009	109.727
	$S_{cdm0307}$	－0.520	－6.474	－2.382	0.020		0.183	－0.292	－0.233	0.001	772.124
	$S_{cdm0308}$	0.697	9.711	3.172	0.002		0.188	0.376	0.310	0.001	979.702
	$S_{cdm0313}$	－0.168	－2.972	－3.273	0.002		0.140	－0.387	－0.320	0.012	86.140
R_{ahtrpa}	常量	39.913	—	1.781	0.080	0.460（*F*＝5.672，*p*＝0.000）	—	—	—	—	—
	S_{cdm03}	－1.568	－1.352	－4.371	0.000		0.073	－0.491	－0.415	0.094	10.633
	$S_{cdm0301}$	1.875	3.127	5.385	0.000		0.145	0.571	0.511	0.027	37.439
	$S_{cdm0302}$	－1.935	－4.800	－6.141	0.000		0.143	－0.621	－0.583	0.015	67.847
	$S_{cdm0303}$	1.538	5.182	5.408	0.000		0.212	0.572	0.513	0.010	101.983
	$S_{cdm0304}$	－0.795	－3.418	－3.002	0.004		0.176	－0.361	－0.285	0.007	143.964
	$S_{cdm0306}$	0.803	4.832	2.110	0.039		0.177	0.263	0.200	0.002	582.311
	$S_{cdm0307}$	－1.795	－12.329	－3.059	0.003		0.180	－0.367	－0.290	0.001	1 804.276
	$S_{cdm0308}$	1.442	11.078	3.395	0.001		0.188	0.401	0.322	0.001	1 182.588
	$S_{cdm0313}$	－0.244	－2.384	－2.691	0.009		0.181	－0.328	－0.255	0.011	87.163

（1）对照树高生长年增量与 3 月累积日照时数的模型分析　控制其他因子影响下，对照树高生长年增量与 $S_{cdm0302}$、$S_{cdm0313}$、S_{cdm03}、$S_{cdm0304}$ 和 $S_{cdm0307}$ 负偏相关依次减弱，与 $S_{cdm0301}$、$S_{cdm0308}$ 和 $S_{cdm0303}$ 正偏相关依次增强；其中与 $S_{cdm0304}$ 和 $S_{cdm0307}$ 负相关显著（$r_{partial}$ ＝ －0.299、－0.292，p＝0.017、0.020），与其余因子相关极显著。在各因子相互作用下，$S_{cdm0308}$ 对树高年增量作用最强，单位量变化系数达 9.711；其对模型影响也最大，贡献 39.7%。其次是 $S_{cdm0307}$、$S_{cdm0303}$ 和 $S_{cdm0313}$，单位量变化系数为 6.474、4.111 和 2.972，对模型分别贡献 19.3%、12.5% 和 14.0%。$S_{cdm0302}$、$S_{cdm0304}$ 和 $S_{cdm0301}$ 对油松高生长年增量也有一定作用，单位量变化系数为 2.821、2.507 和 1.781，对模型贡献 5.8%、5.8% 和 2.3%。而 S_{cdm03} 对油松作用极弱，单位量变化系数仅为 0.829；其对模型影响也很小，仅贡献 0.5%。

（2）RPA 树高生长年增量与 3 月累积日照时数的模型分析　与对照相比，RPA 树高年增量与 $S_{cdm0302}$、S_{cdm03}、$S_{cdm0307}$、$S_{cdm0304}$ 和 $S_{cdm0313}$ 负偏相关依次减弱，且极显著；而与 $S_{cdm0306}$、$S_{cdm0308}$、$S_{cdm0301}$ 和 $S_{cdm0303}$ 正偏相关依次增强，其中与 $S_{cdm0306}$ 相关显著（$r_{partial}$ ＝

0.263, $p=0.039$)，与其余因子相关极显著。各因子配合下，$S_{cdm0307}$ 和 $S_{cdm0308}$ 对油松树高生长年增量作用也很强，单位量变化系数达 12.329 和 11.078；其对模型影响也很大，分别贡献 27.7% 和 28.9%；其中，前者作用比对照明显增强，而后者显著消弱。其次是 $S_{cdm0303}$、$S_{cdm0306}$ 和 $S_{cdm0302}$，单位量变化系数依次为 5.182、4.832 和 4.800，对模型分别贡献 11.5%、7.2% 和 9.0%；与对照相比，$S_{cdm0303}$ 作用略有降低，而 $S_{cdm0302}$ 影响显著提高。$S_{cdm0304}$、$S_{cdm0301}$ 和 $S_{cdm0313}$ 对树高年增量也有一定作用，单位量变化系数为 3.418、3.127 和 2.384，对模型贡献 5.7%、3.7% 和 5.7%；其中，$S_{cdm0313}$ 作用比对照模型减弱。与对照一样，S_{cdm03} 对树高生长年增量作用最弱，单位量变化系数仅为 1.352，对模型贡献 0.7%。

2. **树高生长年增量与三月累积日照时数的逐步回归模型**　对油松高年增量与各生长期 3 月累积日照时间进行逐步回归模型分析，RPA 与各因子线性关系疏远，没有产业有效模型；而对照也仅与 $S_{cdm0303}$ 和 $S_{cdm0304}$ 相关性较强，组成了其有效模型。

$$R_{ahtck} = -13.728 + 0.318\ S_{cdm0303} - 0.222\ S_{cdm0304}$$

$$R_{ahtck} = 1.943\ S_{cdm0303} - 1.729\ S_{cdm0304}$$

($n=70$, $R^2=0.201$, $F=8.402$, $p=0.001$; $r_0=0.254$、0.169; $r_{\text{partial}}=0.421$、-0.381; $r_{\text{part}}=0.415$、-0.369; $t_0=-1.415$, $p=0.162$; $t_1=3.796$, $p=0.000$; $t_2=-3.378$, $p=0.001$；容差均为 0.046)

模型显示，对照树高年增量与 $S_{cdm0303}$ 正偏相关极显著，而与 $S_{cdm0304}$ 负偏相关极显著。油松对两者响应差异不大，其单位变化系数为 1.943 和 1.729，对模型分别贡献 51.0% 和 49.0%。

3. **树高生长年增量与三月累积日照时数的模型拟合**　树高生长年增量与不同生长期 3 月累积日照指标均呈正相关，但相关度较低。其中，对照仅与 $S_{cdm0301}$、$S_{cdm0302}$ 和 $S_{cdm0303}$ 达到了显著水平($r_0=0.211$、0.251、0.254, $p=0.040$、0.018、0.017)，RPA 只与 $S_{cdm0303}$ 相关显著($r_0=0.212$, $p=0.039$)。模型拟合显示，只有对照油松高年增量与 $S_{cdm0302}$ 的 Linear－模型显著，与 $S_{cdm0303}$ 的 Linear－模型和 Quadratic－模型符合分析要求。

$$R_{ahtck} = -8.538 + 0.056 S_{cdm0302}$$

($n=70$, $R^2=0.063$, $F=4.579$, $p=0.036$; $t_0=-0.794$, $p=0.430$; $t_1=2.140$, $p=0.036$)

$$R_{ahtck} = -7.568 + 0.042 S_{cdm0303}$$

($n=70$, $R^2=0.064$, $F=4.677$, $p=0.034$; $t_0=-0.740$, $p=0.462$; $t_1=2.163$, $p=0.034$)

$$R_{ahtck} = 23.309 - 0.143 S_{cdm0303} + 2.099 \times 10^{-4} S_{cdm0303}^2$$

($n=70$, $R^2=0.140$, $F=5.462$, $p=0.006$; $t_0=1.448$, $p=0.152$; $t_1=-1.830$, $p=0.072$; $t_2=2.431$, $p=0.018$)

与 1 月和 2 月相同，其 Linear－模型 $b>0$，决定系数 R^2 很小。其 $S_{cdm0303}$ 的 Quadratic－模型的极小值出现在 340.4 h/m 附近。在 $S_{cdm0303}$ 取值范围内{77.8, 770.2}，极值点右侧分布 11 组数据，其油松高生长年增量与近 4 年 3 月累积日照时数呈正相关，且增幅以

$4.198 \times 10^{-4} S_{cdm0303}$递增;发生频度 0.786。分析结果与其 Linear - 模型基本相同。

第五节　四月日照时数对树高生长的累积效应

【内容提要】与 1 ~3 月日照相同,汉中飞播油松高与 4 月累积日照指标也呈极显著的正相关,其相关性也随日照指标统计年限增加而增强。对照优化模型和 5 因子模型中,近 13 年和近 11 年 4 月累积日照时数($S_{cdm0412}$和 $S_{cdm0410}$)对树高影响较大,单位量变化系数分别为 2.146、1.546 和 2.520、1.412,对模型贡献 41.9%、34.2% 和 53.9%、24.9%。而在 RPA 模型中,整个生长期和近 13 年 4 月累积日照时数对树高作用较大,单位量变化系数分别为 4.550 和 3.064,对模型贡献 53.3% 和 26.6%。同样也可以用树高与近 5 年 4 月累积日照时数($S_{cdm0304}$),或与整个生长期 4 月累积日照时数($S_{cdm0413}$)的 Exponential - 模型,分析 4 月日照时数对飞播油松高的影响以及 RPA 飞播油松高的促进作用。

与 3 月日照相同,4 月累积日照也与树高年生长量正相关,其中与近 3 年至近 14 年 4 月累积日照($S_{cdm0402} \sim S_{cdm0413}$)正相关极显著。其中,对照与 $S_{cdm0403}$、$S_{cdm0411}$和 $S_{cdm0412}$相关性较强($r_0 = 0.586$、0.648、0.648);而 RPA 相关性与累积日照统计年限成正比。飞播油松高年生长量与 $S_{cdm0402} \sim S_{cdm0413}$ 关系符合 Linear - 模型和 Quadratic - 模型要求,可用其 $S_{cdm0303}$和 $S_{cdm0312}$模型分析 4 月日照对油松高生长的累积效应。逐步回归模型显示,对照油松对 $S_{cdm0412}$和 $S_{cdm0413}$效应较大,单位量变化系数为 16.417 和 12.350. 对模型贡献 52.5% 和 37.8%。RPA 油松对 $S_{cdm0413}$、$S_{cdm0411}$、$S_{cdm0403}$和 $S_{cdm0404}$响应较强,单位量变化系数依次为 3.144、1.914、1.451 和 1.424,对模型分别贡献 33.7%、12.8%、22.8% 和 24.6%。

油松高年增量与 4 月累积日照相关性变化规律与 3 月相同。向后剔除法逐步回归分析结果显示,对照油松对 $S_{cdm0412}$和 $S_{cdm0413}$效应极强,其单位量变化系数达 13.169 和 12.110,对模型贡献 51.3% 和 46.9%。RPA 油松对 $S_{cdm0409}$、$S_{cdm0412}$、$S_{cdm0410}$、$S_{cdm0411}$、$S_{cdm0407}$、$S_{cdm0413}$、$S_{cdm0406}$、$S_{cdm0405}$、$S_{cdm0404}$、$S_{cdm0403}$、$S_{cdm0402}$、$S_{cdm0401}$和 S_{cdm04}效应依次减弱;其中,前 6 个因子对模型贡献 72.7%。

【关 键 词】多效抗旱驱鼠剂,飞播造林,油松,树高生长,4 月积日照时数,逐步回归模型

一、树高与四月累积日照指标的关系

1. **树高与各生长期四月累积日照时数的逐步回归模型**　对树高(H_t)与 4 月日照时数累积指标(S_{cdm04})进行逐步回归模型分析,不同生长期 4 月累积日照时数组成了 9 组对照油松高有效模型;其中,$S_{cdm0413}$、$S_{cdm0412}$、$S_{cdm0410}$、$S_{cdm0406}$和 S_{cdm04}组合构成了对照油松优化模型;同时,$S_{cdm0413}$、$S_{cdm0409}$、$S_{cdm0404}$、$S_{cdm0412}$和 $S_{cdm0409}$组合也能较好反应各生长期 4 月累积

日照时数与对照油松的关系。而 6 组 RPA 有效模型中，$S_{cdm0413}$、$S_{cdm0409}$、$S_{cdm0404}$、$S_{cdm0412}$、$S_{cdm0408}$和 S_{cdm04}组合构建了 RPA 油松高优化模型(表 11 – 13)。

表 11 – 13　汉中油松高与 4 月日照时数累积值逐步回归模型

Tab. 11 – 13 The stepwise regression model of relationship between cumulative sunshine durations in April and *Pinus tabulaeformi* height

处理 Treat	日照因子 S_{cm04}	模型 Model Coefficients 非标准 Unstandard	标准 Standard	T – 检验 (T-test) t	p	R^2	相关系数 Correlations r_0	$r_{partial}$	r_{part}	共线性统计量 Collinearity statistics 容差 Tolerance	方差膨胀因子 VIF
H_{tck}	常量	13.394	—	1.493	0.140		—	—	—	—	—
	$S_{cdm0413}$	0.117	0.788	2.417	0.019	0.987	0.928	0.289	0.034	0.002	540.883
	$S_{cdm0412}$	0.325	2.146	5.062	0.000	(F =	0.918	0.535	0.071	0.001	914.415
	$S_{cdm0410}$	−0.260	−1.546	−5.541	0.000	1004.953,	0.861	−0.569	−0.078	0.003	396.034
	$S_{cdm0406}$	−0.126	−0.468	−6.273	0.000	p = 0.000)	0.791	−0.617	−0.088	0.035	28.351
	$S_{cdm0401}$	−0.077	−0.078	−2.366	0.021		0.146	−0.284	−0.033	0.181	5.536
	常量	−0.204	—	−0.034	0.973		—	—	—	—	—
	$S_{cdm0413}$	0.099	0.667	1.915	0.060	0.986	0.928	0.233	0.029	0.002	536.414
	$S_{cdm0409}$	−0.128	−0.692	−2.942	0.005	(F =	0.834	−0.345	−0.044	0.004	244.841
	$S_{cdm0404}$	−0.080	−0.204	−4.231	0.000	871.149,	0.750	−0.468	−0.064	0.097	10.313
	$S_{cdm0412}$	0.381	2.520	5.617	0.000	p = 0.000)	0.918	0.575	0.084	0.001	889.688
	$S_{cdm0410}$	−0.238	−1.412	−3.974	0.000		0.861	−0.445	−0.060	0.002	557.525
H_{trpa}	常量	51.176	—	3.279	0.002		—	—	—	—	—
	$S_{cdm0413}$	0.918	4.550	13.273	0.000	0.988	0.922	0.858	0.185	0.002	603.737
	$S_{cdm0409}$	0.276	1.099	2.142	0.036	(F =	0.824	0.261	0.030	0.001	1 352.677
	$S_{cdm0404}$	−0.134	−0.253	−5.363	0.000	845.759,	0.734	−0.560	−0.075	0.088	11.389
	$S_{cdm0412}$	−0.633	−3.064	−6.389	0.000	p = 0.000)	0.906	−0.627	−0.089	0.001	1 181.518
	$S_{cdm0408}$	−0.403	−1.437	−4.505	0.000		0.804	−0.494	−0.063	0.002	522.875
	S_{cdm04}	−0.286	−0.111	−3.282	0.002		−0.031	−0.382	−0.046	0.171	5.834

(1)对照树高 4 月累积日照时数模型分析

①五因子优化模型　在控制模型中其他因子影响下，树高与 $S_{cdm0406}$、$S_{cdm0410}$和 $S_{cdm0401}$负偏相关依次减弱，其与前两者相关极显著，与后 1 因子相关显著($r_{partial} = -0.289, p = 0.021$)；而与 $S_{cdm0413}$正偏相关显著($r_{partial} = 0.289, p = 0.019$)，与 $S_{cdm0412}$正偏相关极显著。各因子相互作用下，油松对 $S_{cdm0412}$和 $S_{cdm0410}$响应较强，单位量变化系数为 2.146 和 1.546，其对模型起着主导作用，分别贡献 41.9% 和 34.2%。$S_{cdm0406}$和 $S_{cdm0411}$对模型也有一定作用，其单位量变化系数为 0.468 和 0.788，对模型贡献 14.3% 和 8.2%。而树高对 $S_{cdm0401}$响应极弱，其单位量变化系数仅为 0.078，对模型仅贡献 1.4%。

②五因子模型　油松高与 $S_{cdm0404}$、$S_{cdm0410}$和 $S_{cdm0409}$负偏相关极显著，且依次减弱；而与 $S_{cdm0413}$正偏相关不显著($r_{partial} = 0.233$)，与 $S_{cdm0412}$正偏相关极显著。与优化模型比较，

$S_{cdm0412}$对模型影响增强，而$S_{cdm0410}$影响降低，其单位量变化系数为2.520和1.412，对模型分别贡献53.9%和24.9%；仍然对模型起着主导作用。而油松对$S_{cdm0409}$、$S_{cdm0413}$和$S_{cdm0404}$响应较弱，系数依次为0.692、0.667和0.204；对模型分别贡献9.9%、5.7%和5.6%；与优化模型相比$S_{cdm0413}$对模型影响也有所减弱。

(2)RPA树高4月累积日照时数模型分析　从六因子优化模型分析，排除其它因子干扰，油松高与$S_{cdm0412}$、$S_{cdm0404}$、$S_{cdm0408}$和S_{cdm04}负偏相关极显著，且依次减弱；而与$S_{cdm0409}$正偏相关显著($r_{\text{partial}}=0.261$，$p=0.036$)，与$S_{cdm0413}$正偏相关极显著。与对照不同，油松对$S_{cdm0413}$响应也最大，其单位量变化系数为4.550，对模型贡献53.3%；其次是$S_{cdm0412}$，其单位量变化系数为3.064，对模型贡献26.6%；两者也对模型起着决定作用。$S_{cdm0408}$也对模型有着重要影响，其单位量变化系数为1.437，贡献11.6%。油松对$S_{cdm0409}$、$S_{cdm0404}$和S_{cdm04}响应较小，系数为1.099、0.253和0.111；其对模型影响也相对较小，分别贡献4.4%、3.1%和1.0%。

2. **树高与各生长期四月累积日照时数的模型拟合**　从树高与各生长期4月累积日照时数相关性分析，$S_{cdm04}\sim S_{cdm0404}$正相关性增加幅度较大，之后变缓。树高与$S_{cdm0413}$相关性最强，对照和RPA相关系数分别为0.928和0.922。其树高与$S_{cdm0404}$和$S_{cdm0413}$的关系也满足Exponential模型条件。

$$H_{tck} = 2.693e^{0.004S_{cdm0404}}$$

$$(n=70, R^2=0.884; F=519.644, p=0.000; t_0=6.977, p=0.000, t_1=22.796, p=0.000)$$

$$H_{trpa} = 3.376e^{0.004S_{cdm0404}}$$

$$(n=70, R^2=0.869; F=451.810, p=0.000; t_0=6.440, p=0.000, t_1=21.256, p=0.000)$$

$$H_{tck} = 7.686e^{0.002S_{cdm0413}}$$

$$(n=70, R^2=0.970; F=2196.870, p=0.000; t_0=20.057, p=0.000, t_1=46.871, p=0.000)$$

$$H_{trpa} = 9.537e^{0.002S_{cdm0413}}$$

$$(n=70, R^2=0.973; F=2453.097, p=0.000; t_0=20.770, p=0.000, t_1=49.529, p=0.000)$$

从模型分析，与3月累积日照时数结果一致，RPA和对照$S_{cdm0404}$模型值之比为1.25，$S_{cdm0413}$模型值之比为1.24。说明RPA拌种提高油松树高，在相同日照条件下，RPA拌种飞播油松高比对照油松增加24%～25%左右，促长作用十分明显。由于4月累积日照时数大于3月，所以与3月相比，对照和RPA$S_{cdm0404}$模型树高随累积日照时数单位量增长速度降低38.6%和38.3%，$S_{cdm0413}$模型降低了19.4%和19.6%。

二、树高年生长量与四月累积日照指标的关系

1. **高年生长量与四月累积日照时数的逐步回归模型**　对树高年生长量(H_{at})与4月累积日照时数(S_{cdm04})进行逐步回归模型分析，与3月相同，也只有$S_{cdm0412}$、$S_{cdm0413}$和$S_{cdm0410}$进入了对照优化模型。而在5组RPA有效模型中，$S_{cdm0413}$、$S_{cdm0411}$、$S_{cdm0404}$、$S_{cdm0403}$和

$S_{cdm0402}$组成了其优化模型(表 11－14)。

(1)对照树高年生长量与 4 月累积日照时数模型分析　在控制模型中其他因子影响下,油松高年生长量与 $S_{cdm0413}$ 和 $S_{cdm0410}$ 负偏相关极显著;而与 $S_{cdm0412}$ 正偏相关极显著。$S_{cdm0412}$ 和 $S_{cdm0413}$ 对模型起着决定作用,其单位量变化系数达 16.417 和 12.350,对模型贡献 52.5% 和 37.8%。而 $S_{cdm0410}$ 对模型影响较小,其单位量变化系数为 3.467,仅贡献 9.7%。

表 11－14　汉中油松高年生长量与 4 月累积日照时数逐步回归模型

Tab. 11－14 The stepwise regression model of relationship between cumulative sunshine durations in April and annual height increment of *Pinus tabulaeformi*

处理 Treat	日照因子 S_{cdm04}	模型 Model Coefficients 非标准 Unstandard	标准 Standard	T－检验 (T-test) t	p	R^2	相关系数 Correlations r_0	$r_{partial}$	r_{part}	共线性统计量 Collinearity statistics 容差 Tolerance	方差膨胀因子 VIF
H_{atck}	常量	－2.917	—	－0.776	0.441	0.743*	—	—	—	—	—
	$S_{cdm0412}$	0.646	16.417	9.489	0.000		0.648	0.760	0.592	0.001	770.114
	$S_{cdm0413}$	－0.475	－12.350	－8.843	0.000		0.626	－0.736	－0.551	0.002	501.889
	$S_{cdm0410}$	－0.153	－3.467	－6.435	0.000		0.623	－0.621	－0.401	0.013	74.696
H_{atrpa}	常量	8.300	—	0.980	0.331	0.822 (F＝58.980, p＝0.000)	—	—	—	—	—
	$S_{cdm0413}$	0.161	3.144	3.998	0.000		0.811	0.447	0.211	0.005	221.932
	$S_{cdm0411}$	－0.105	－1.914	－2.229	0.029		0.768	－0.268	－0.118	0.004	264.736
	$S_{cdm0404}$	－0.192	－1.424	－4.046	0.000		0.621	－0.451	－0.214	0.022	44.477
	$S_{cdm0403}$	0.253	1.451	3.283	0.002		0.553	0.380	0.173	0.014	70.142
	$S_{cdm0402}$	－0.126	－0.536	－2.207	0.031		0.330	－0.266	－0.116	0.047	21.203

备注:Remark: * F＝63.767,p＝0.000

(2)RPA 树高年生长量与 4 月累积日照时数模型分析　油松与 $S_{cdm0404}$ 负偏相关极显著,与 $S_{cdm0411}$ 和 $S_{cdm0402}$ 负偏相关显著($r_{partial}$ ＝ －0.268、－0.266,p＝0.029、0.031);而与 $S_{cdm0403}$ 和 $S_{cdm0412}$ 正偏相关极显著。在各因子相互作用下,油松对 $S_{cdm0413}$ 响应最强,单位量变化系数为 3.144;其对模型影响也最大,贡献 33.7%。其次是 $S_{cdm0411}$、$S_{cdm0403}$ 和 $S_{cdm0404}$,单位量变化系数为 1.914、1.451 和 1.424,对模型分别贡献 12.8%、22.8% 和 24.6%。而油松对 $S_{cdm0402}$ 响应较弱,其单位量变化系数仅为 0.536,对模型贡献 6.1%。

2. **高年生长量与四月累积日照时数的模型拟合**　从相关性变化规律分析,树高年生长量与 4 月累积日照时数关系变化规律与 3 月基本相同。但其与当年 4 月日照时数极不相关,而与 $S_{cdm0402}$ ～ $S_{cdm0413}$ 正相关极显著。其中,对照与 $S_{cdm0403}$、$S_{cdm0411}$ 和 $S_{cdm0412}$ 出现峰值,相关系数分别为 0.586、0.648 和 0.648;而 RPA 相关性随各生长期月累积日照时间统计年限成正比,与 $S_{cdm0413}$ 相关性最强,系数为 0.811。树高与 $S_{cdm0402}$ ～ $S_{cdm0413}$ 关系符合 Linear－模型和 Quadratic－模型条件,但从模型决定系数 R^2 分析,用 $S_{cdm0303}$ 和 $S_{cdm0312}$ 进行模型分析较为适合。

(1) Linear－模型分析　与3月日照一样，其模型模型 $b>0$，且 RPA＞对照。RPA 和对照 $S_{cdm0403}$ 模型斜率比为1.254，模型在31.3 h/m 附近相交，交点值远小于 $S_{cdm0403}$ 取值下限{136.7，938.0}。表明在当地日照条件下，RPA 油松模型值大于对照，且两者差距随其月累积日照时数增加而扩大。$S_{cdm0412}$ 模型斜率比值为1.631，两模型在495.9 h/m 附近交汇，交点左侧也分布3组数据。与3月日照分析结果相同。

$$H_{atck} = -24.039 + 0.077S_{cdm0403}$$

$(n=70, R^2=0.343, F=35.496, p=0.000; t_0=-2.898, p=0.005; t_1=5.958, p=0.000)$

$$H_{atrpa} = -24.650 + 0.107S_{cdm0403}$$

$(n=70, R^2=0.306, F=29.984, p=0.000; t_0=-2.478, p=0.033; t_1=5.476, p=0.000)$

$$H_{atck} = -7.749 + 0.010S_{cdm0412}$$

$(n=70, R^2=0.420, F=49.250, p=0.000; t_0=-1.545, p=0.127; t_1=7.018, p=0.000)$

$$H_{atrpa} = -15.740 + 0.024S_{cdm0412}$$

$(n=70, R^2=0.634, F=117.921, p=0.000; t_0=-2.976, p=0.004; t_1=10.859, p=0.000)$

(2) Quadratic－模型分析　模型也有极小值。RPA 和对照 $S_{cdm0403}$ 模型极值分别出现在47.2 h/m 和280.9 h/m 附近；RPA 极值点值远小于 $S_{cdm0403}$ 取值下限，对照模型在极值点左侧仅分布1组数据。两模型在 $S_{cdm0403}$ 取值范围内只有一个交点，出现在201.7 h/m 附近，交点左侧也仅有1组数据。与3月日照一样，交点右侧 RPA 模型值大于对照，初期随月累积日照时间增大差距扩大，但随着月累积日照时数进一步增加两者差距又有收窄的趋势。$S_{cdm0412}$ 模型极小值分别出现在448.1 h/m 和339.1 h/m 附近；RPA 和对照在极值点左侧分别有3组和2组数据。在 $S_{cdm0412}$ 取值范围内，两模型不相交。RPA 模型值大于对照，在 RPA 模型极值点左右两侧，距离越远，RPA 和对照差距越大。

$$H_{atck} = 12.926 - 0.078S_{cdm0403} + 1.384\times10^{-4}S^2_{cdm0403}$$

$(n=70, R^2=0.429, F=25.212, p=0.000; t_0=0.925, p=0.358; t_1=-1.554, p=0.125;$
$t_2=3.186, p=0.002)$

$$H_{atrpa} = 0.529 - 8.899\times10^{-3}S_{cdm0403} + 1.384\times10^{-4}S^2_{cdm0403}$$

$(n=70, R^2=0.329, F=16.408, p=0.000; t_0=0.026, p=0.979; t_1=-0.124, p=0.902;$
$t_2=1.507, p=0.136)$

$$H_{atck} = 7.223 - 0.010S_{cdm0412} + 1.424\times10^{-5}S^2_{cdm0412}$$

$(n=70, R^2=0.459, F=28.383, p=0.000; t_0=0.859, p=0.394; t_1=-0.586, p=0.560;$
$t_2=2.186, p=0.032)$

$$H_{atrpa} = 12.069 - 0.024S_{cdm0412} + 2.646\times10^{-5}S^2_{cdm0412}$$

$(n=70, R^2=0.710, F=81.946, p=0.000; t_0=1.476, p=0.145; t_1=-1.480, p=0.143;$
$t_2=4.177, p=0.000)$

三、树高生长年增量与四月累积日照指标的关系

1. ***树高生长年增量与四月累积日照时数的向后剔除法逐步回归模型***　对树高年增量(R_{aht})与各生长期4月日照累积指标(S_{cdm04})进行向后剔除法逐步回归模型分析,经过12次向后逐步回归,组建了对照优化模型;而通过1次向后剔除法逐步回归,各生长期4月累积日照指标均进入了RPA优化模型(表11-15)。

(1)对照树高生长年增量与4月累积日照时数的模型分析　从对照分析,树高生长年增量与$S_{cdm0412}$正偏相关极显著,而与$S_{cdm0413}$负偏相关极显著,与$S_{cdm0408}$负偏相关显著($r_{partial}=-0.244, p=0.045$)。三因子配合下,$S_{cdm0412}$和$S_{cdm0413}$对树高生长年增量起着决定作用,单位量变化系数达13.169和12.110,对模型贡献51.3%和46.9%。而$S_{cdm0408}$对树高生长年增量作用极弱,单位量变化系数仅为0.926;其对模型影响也极小,仅贡献1.8%。

(2)RPA树高生长年增量与4月累积日照时数的模型分析　RPA油松高生长年增量是各生长期4月累积日照时数综合作用的结果。在控制其它因子作用下,树高年增量与$S_{cdm0406}$、$S_{cdm0408}$、$S_{cdm0404}$、S_{cdm04}、$S_{cdm0412}$、$S_{cdm0402}$和$S_{cdm0410}$负偏相关极显著,且依次减弱;而与$S_{cdm0411}$、$S_{cdm0413}$、$S_{cdm0403}$、$S_{cdm0401}$、$S_{cdm0405}$、$S_{cdm0409}$和$S_{cdm0407}$正偏相关依次增强,其中除与$S_{cdm0411}$相关显著外($r_{partial}=0.302, p=0.023$),与其它因子相关极显著。在各因子综合作用下,$S_{cdm0409}$对油松高生长年增量作用最强,单位量变化系数达31.127;其对模型作用也最大,贡献19.8%。其次是$S_{cdm0408}$、$S_{cdm0412}$、$S_{cdm0410}$、$S_{cdm0411}$和$S_{cdm0407}$,单位量变化系数依次为24.761、23.753、21.049、18.346和16.268,对模型分别贡献16.8%、9.5%、8.7%、6.1%和11.8%。$S_{cdm0413}$、$S_{cdm0406}$、$S_{cdm0405}$和$S_{cdm0404}$对模型也有一定作用,单位量变化系数为12.163、11.628、6.528和4.616,对模型分别贡献4.5%、9.2%、4.8%和3.4%。而$S_{cdm0403}$、$S_{cdm0402}$、$S_{cdm0401}$和S_{cdm04}对模型作用很弱,单位量变化系数仅为2.898、2.150、1.497和1.296;其对模型影响也很小,分别贡献1.9%、1.5%、1.0%和1.0%。

表11-15　汉中油松高年增量与4月日照均值指标逐步向后回归模型

Tab. 11-15 The backward stepwise regression model of cumulative sunshine hours in April and annual height growth acceleration of *Pinus tabulaeformi*

处理 Treat	日照因子 S_{cdm04}	模型 Model Coefficients 非标准 Unstandard	标准 Standard	T-检验 (T-test) t	p	R^2	相关系数 Correlations r_0	$r_{partial}$	r_{part}	共线性统计量 Collinearity statistics 容差 Tolerance	方差膨胀因子 VIF
R_{ahtck}	常量	5.301	—	0.617	0.539	0.368*	—	—	—	—	—
	$S_{cdm0408}$	-0.062	-0.926	-2.043	0.045		0.175	-0.244	-0.200	0.047	21.486
	$S_{cdm0412}$	0.651	13.169	5.862	0.000		0.174	0.585	0.574	0.002	527.019
	$S_{cdm0413}$	-0.585	-12.110	-5.933	0.000		0.146	-0.590	-0.581	0.002	435.133

续表 11－15

处理 Treat	日照因子 S_{cdm04}	模型 Model Coefficients 非标准 Unstandard	模型 Model Coefficients 标准 Standard	T－检验 (T-test) t	T－检验 (T-test) p	R^2	相关系数 Correlations r_0	相关系数 Correlations r_{partial}	相关系数 Correlations r_{part}	共线性统计量 Collinearity statistics 容差 Tolerance	共线性统计量 Collinearity statistics 方差膨胀因子 VIF
	常量	156.079	—	2.573	0.013		—	—	—	—	—
	S_{cdm04}	－1.461	－1.296	－3.286	0.002		－0.040	－0.405	－0.282	0.047	21.155
	$S_{cdm0401}$	0.884	1.497	2.907	0.005		0.066	0.365	0.249	0.028	36.084
	$S_{cdm0402}$	－0.868	－2.150	－2.887	0.006		0.133	－0.363	－0.247	0.013	75.527
	$S_{cdm0403}$	0.867	2.898	2.873	0.006		0.199	0.361	0.246	0.007	138.492
	$S_{cdm0404}$	－1.071	－4.616	－3.577	0.001		0.150	－0.434	－0.307	0.004	226.717
	$S_{cdm0405}$	1.240	6.528	3.883	0.000	0.596 (F = 5.794, p = 0.000)	0.183	0.464	0.333	0.003	384.766
R_{ahtrpa}	$S_{cdm0406}$	－1.861	－11.628	－4.786	0.000		0.160	－0.542	－0.410	0.001	803.540
	$S_{cdm0407}$	2.257	16.268	4.619	0.000		0.176	0.529	0.396	0.001	1 688.203
	$S_{cdm0408}$	－3.023	－24.761	－4.645	0.000		0.172	－0.531	－0.398	0.000	3 868.627
	$S_{cdm0409}$	3.411	31.127	4.586	0.000		0.183	0.526	0.393	0.000	6 269.584
	$S_{cdm0410}$	－2.110	－21.049	－2.863	0.006		0.183	－0.360	－0.245	0.000	7 357.357
	$S_{cdm0411}$	1.722	18.346	2.347	0.023		0.187	0.302	0.201	0.000	8 317.036
	$S_{cdm0412}$	－2.132	－23.753	－2.974	0.004		0.191	－0.372	－0.255	0.000	8 680.626
	$S_{cdm0413}$	1.067	12.163	2.744	0.008		0.178	0.347	0.235	0.000	2 674.424

备注：Remark：* $F = 12.813, p = 0.000$

2. 树高生长年增量与四月累积日照时数的逐步回归模型 对其进行逐步回归模型分析，只有对照油松树高生长年增量与近 3 年 4 月累积日照时数（$S_{cdm0402}$）线性关系紧密，组成了有效模型。

$$R_{ahtck} = -17.535 + 0.064\ S_{cdm0402}$$

$$R_{ahtck} = 0.290\ S_{cdm0402}$$

（$n = 70, R^2 = 0.084, F = 6.231, p = 0.015; r_0 = 0.290; t_0 = -1.372, p = 0.175;$
$t_1 = 2.496, p = 0.015$）

3. 树高生长年增量与四月累积日照时数的模型拟合 油松高年增量与当年 4 月日照时数（S_{cdm04}）极不相关（$r_0 = 0.030$、-0.040），而与其他因子均具有一定的正相关性。其中，对照与 $S_{cdm0402}$ 相关极显著（$r_0 = 0.290, p = 0.007$），与 $S_{cdm0401}$ 和 $S_{cdm0403}$ 相关显著（$r_0 = 0.218$、$0.263, p = 0.035$、0.014）；而 RPA 仅与 $S_{cdm0403}$ 相关显著（$r_0 = 0.199, p = 0.049$）。模型拟合显示，RPA 和对照油松高年增量与当年 4 月日照时数 Quadratic－模型显著，对照与 $S_{cdm0402}$ 和 $S_{cdm0403}$ 关系符合 Linear－模型和 Quadratic－模型条件。

(1) Linear－模型分析　模型 $b>0$，决定系数 R^2 很小。

$$R_{ahtck} = -17.535 + 0.064S_{cdm0402}$$

$(n=70, R^2=0.084, F=6.231, p=0.015; t_0=-1.372, p=0.175; t_1=2.496, p=0.015)$

$$R_{ahtck} = -13.584 + 0.043S_{cdm0403}$$

$(n=70, R^2=0.069, F=5.047, p=0.028; t_0=-1.095, p=0.277; t_1=2.247, p=0.028)$

(2) Quadratic－模型分析 模型变化较大。RPA 和对照 S_{cdm04} 的 Quadratic－模型显示，$a>0$、RPA＞对照，$b<0$、RPA＜对照，$c>0$、RPA＞对照，模型极小值分别出现在 195.9 h/m 和 190.8 h/m 附近；极值点左侧均有 11 组数据。表明在当地日照条件下，当年 4 月日照时数(S_{dm04})＜195.9 h/m 和 190.8 h/m 时，油松高生长年增量有随 S_{cdm04} 延长下降的趋势，但降幅以 0.019 S_{cdm04} 和 0.007 S_{cdm04} 递减；极值点变化为零；超过极值点，油松高年增量有随 S_{cdm04} 延长提高的趋势，且增幅以 0.019 S_{cdm04} 和 0.007 S_{cdm04} 递增。RPA 和对照模型交点位于 144.4 h/m 和 252.9 h/m 附近，交点区间分布有 6 组数据，其 RPA 模型值小于对照，模型最大差距出现在 190.8 h/m 附近。交点区间外分布有 8 组数据，其 RPA 模型值大于对照，距离交点区间越远，RPA 和对照油松高年增量差异越明显。对照 $S_{cdm0402}$ 的 Quadratic－模型 $a<0$、$b<0$、$c>0$，最小值出现在 41.3 h/m 附近，极值点在 $S_{cdm0402}$ 取值下限{136.7,738.9}以外。在当地日照条件下，树高生长年增量与近 3 年 4 月累积日照时数($S_{cdm0402}$)成正比，且涨幅以 $1.508\times10^{-4}S_{cdm0402}$ 递增。其 $S_{cdm0403}$ 的 Quadratic－模型 $a>0$、$b<0$、$c>0$，极小值出现在 390.1 h/m 附近；极值点右侧分布 12 组数据，其油松高年增量与近 4 年 4 月累积日照时数($S_{cdm0403}$)也成正比，且增幅以 $2.570\times10^{-4}S_{cdm0403}$ 递增；发生频度 0.857。

$$R_{ahtrpa} = 354.585 - 3.803S_{cdm04} + 0.010S_{cdm04}^2$$

$(n=70, R^2=0.247, F=10.961, p=0.000; t_0=4.853, p=0.000; t_1=-4.672, p=0.000; t_2=4.667, p=0.000)$

$$R_{ahtck} = 123.331 - 1.287S_{cdm04} + 3.374\times10^{-3}S_{cdm04}^2$$

$(n=70, R^2=0.098, F=3.651, p=0.031; t_0=2.799, p=0.007; t_1=-2.622, p=0.011; t_2=2.690, p=0.009)$

$$R_{ahtck} = -2.714 - 6.227\times10^{-3}S_{cdm0402} + 7.538\times10^{-5}S_{cdm0402}^2$$

$(n=70, R^2=0.089, F=3.289, p=0.043; t_0=-0.102, p=0.919; t_1=-0.054, p=0.957; t_2=0.623, p=0.529)$

$$R_{ahtck} = 20.750 - 0.100S_{cdm0403} + 1.285\times10^{-4}S_{cdm0403}^2$$

$(n=70, R^2=0.116, F=4.414, p=0.016; t_0=0.950, p=0.346; t_1=-1.282, p=0.204; t_2=1.893, p=0.063)$

第六节　五月日照时数对树高生长的累积效应

【内容提要】汉中飞播油松高除与当年 5 月日照时数负相关外，与其余日照指标也呈极显著的正相关，且其相关性也随日照指标统计年限增加而增强。对照逐步回归模型中，树高对近13年、近12年、近14年和近8年5月累积日照时数（$S_{cdm0512}$、$S_{cdm0511}$、$S_{cdm0513}$和$S_{cdm0507}$）响应较大，其单位量变化系数依次为1.808、1.438、1.356和0.847，对模型贡献分别为27.3%、18.9%、23.5%和28.2%；而RPA模型中，整个生长期和近10年5月累积日照时数对树高影响较大，单位量变化系数为2.580和1.554，对模型分别贡献58.7%和37.1%。与1~4月相同，也可以用树高与各生长期5月累积日照时数的Exponential－模型，分析4月日照对飞播油松高的累积效应；其RPA与对照树高Exponential－模型值之比介于1.24~1.25之间，证明RPA拌种，对飞播后油松高生长有着明显的促进作用。

树高年生长量与5月累积日照相关性变化与4月相同，可用近4年和近13年5月累积日照时数（$S_{cdm0503}$和$S_{cdm0512}$）的Linear－模型和Quadratic－模型诠释5月累积日照时数对飞播油松高年生长量的影响。逐步回归分析结果证明，对照油松对$S_{cdm0512}$和$S_{cdm0513}$响应较强，其单位量变化系数为14.558和11.496，对模型贡献53.1%和39.5%。RPA油松对$S_{cdm0511}$、$S_{cdm0510}$、$S_{cdm0513}$和$S_{cdm0509}$响应较强，单位量变化系数为7.149、7.064、4.250和3.147，对模型贡献33.5%、33.1%、20.6%和11.9%。

汉中飞播油松高生长年增量与5月累积日照时数相关性变化规律与4月日照类似，但相关度有所降低。向后剔除法逐步回归分析结果显示，$S_{cdm0510}$对树高生长年增量影响最大，其在对照和RPA模型中的单位量变化系数为15.699和37.050，对模型分别贡献47.8%和51.9%；$S_{cdm0513}$和$S_{cdm0508}$对对照油松影响也较大，其单位量变化系数为9.847和6.075，对模型贡献28.6%和18.2%；$S_{cdm0512}$、$S_{cdm0513}$和$S_{cdm0508}$对RPA油松影响也较大，单位量变化系数为13.595、11.066和10.971对模型分别贡献12.0%、12.2%和12.3%。

【关 键 词】多效抗旱驱鼠剂，飞播造林，油松，树高陕西，5月积日照时数，逐步回归模型

一、树高与五月累积日照指标的关系

1. 树高与各生长期五月累积日照时数的逐步回归模型 对树高（H_t）与5月日照时数累积指标（S_{cdm05}）进行逐步回归模型分析，在各同生长期5月累积日照时数组成的5组对照油松高有效模型中，$S_{cdm0513}$、$S_{cdm0507}$、S_{cdm05}、$S_{cdm0512}$和$S_{cdm0511}$组合构成了对照油松优化模型。而在3组RPA有效模型中，$S_{cdm0513}$、$S_{cdm0509}$和$S_{cdm0503}$组建了RPA优化模型（表11－16）。

表 11－16　汉中油松高与 5 月日照时数累积值逐步回归模型

Tab. 11－16 The stepwise regression model of relationship between cumulative sunshine durations in May and *Pinus tabulaeformi* height

处理 Treat	日照因子 S_{cdm05}	模型 Model Coefficients 非标准 Unstandard	标准 Standard	T－检验（T-test） t	p	R^2	相关系数 Correlations r_0	$r_{partial}$	r_{part}	共线性统计量 Collinearity statistics 容差 Tolerance	方差膨胀因子 VIF
H_{tck}	常量	18.196	—	2.931	0.005	0.990（F＝1305.345，p＝0.000）	—	—	—	—	—
	$S_{cdm0513}$	0.179	1.356	5.734	0.000		0.922	0.583	0.071	0.003	368.697
	$S_{cdm0507}$	−0.174	−0.847	−14.986	0.000		0.746	−0.882	−0.185	0.047	21.073
	S_{cdm05}	−0.143	−0.073	−4.199	0.000		−0.122	−0.465	−0.052	0.498	2.009
	$S_{cdm0512}$	0.245	1.808	4.706	0.000		0.909	0.507	0.058	0.001	972.455
	$S_{cdm0511}$	−0.202	−1.438	−3.903	0.000		0.890	−0.438	−0.048	0.001	894.595
H_{trpa}	常量	12.844	—	1.643	0.105	0.985*	—	—	—	—	—
	$S_{cdm0513}$	0.466	2.580	34.461	0.000		0.914	0.973	0.511	0.039	25.490
	$S_{cdm0509}$	−0.343	−1.554	−17.831	0.000		0.816	−0.910	−0.264	0.029	34.540
	$S_{cdm0503}$	−0.116	−0.176	−5.469	0.000		0.598	−0.558	−0.081	0.213	4.705

备注：Remark：* F＝1494.406，p＝0.000

（1）对照树高 5 月累积日照时数模型分析　在控制模型中其它因子影响下，油松高与 $S_{cdm0507}$、S_{cdm05} 和 $S_{cdm0511}$ 负偏相关极显著，且依次减弱；而与 $S_{cdm0513}$ 正偏相关强于 $S_{cdm0512}$，但也极显著。各因子协同作用下，油松对 $S_{cdm0512}$、$S_{cdm0511}$、$S_{cdm0513}$、$S_{cdm0507}$ 和 S_{cdm05} 响应依次降低，其单位量变化系数 1.808、1.438、1.356、0.847 和 0.073。但 $S_{cdm0507}$ 和 $S_{cdm0512}$ 对模型影响较大，分别贡献 28.2% 和 27.3%；其次是 $S_{cdm0513}$ 和 $S_{cdm0511}$，贡献 23.5% 和 18.9%；而 S_{cdm05} 对模型影响很小，仅贡献 2.0%。

（2）RPA 树高 5 月累积日照时数模型分析　模型中各因子与树高正相关非常明显。排除因子间干扰，树高与 $S_{cdm0509}$ 和 $S_{cdm0503}$ 呈极显著负偏相关，而与 $S_{cdm0513}$ 正偏相关极显著。油松对 $S_{cdm0513}$ 响应最强，单位量变化系数为 2.580；其对模型影响也最大，贡献 58.7%。其次是 $S_{cdm0509}$，变化系数 1.554，贡献 37.1%。而油松对 $S_{cdm0503}$ 响应最弱，系数 0.176；其对模型影响也很小，仅贡献 4.2%。

2. **树高与各生长期五月累积日照时数的模型拟合**　从树高与各生长期 5 月累积日照时数相关性分析，树高与 S_{cdm05} 有一定的负相关性（r_0 ＝ −0.122），而与其它各因子呈极显著的正相关，且相关性随统计年限延长增强。其中 $S_{cdm0501}$ ~ $S_{cdm0504}$ 间增强速度较大，之后增加速度趋于平稳，与 $S_{cdm0513}$ 相关性最强，对照和 RPA 相关系数分别为0.914和 0.922。树高与 $S_{cdm0503}$ ~ $S_{cdm0513}$ 的关系均满足 Exponential 模型条件，且模型决定系数 R^2 随统计年限延长而增大。

$$H_{tck} = 2.664e^{0.004S_{cdm0504}}$$

$(n=70, R^2=0.828; F=328.477, p=0.000; t_0=5.550, p=0.000, t_1=18.124, p=0.000)$

$$H_{trpa} = 3.336e^{0.004S_{cdm0504}}$$

$(n=70, R^2=0.815; F=299.593, p=0.000; t_0=5.246, p=0.000, t_1=17.309, p=0.000)$

$$H_{tck} = 7.051e^{0.002S_{cdm0513}}$$

$(n=70, R^2=0.978; F=3009.740, p=0.000; t_0=23.242, p=0.000, t_1=54.361, p=0.000)$

$$H_{trpa} = 9.309e^{0.002S_{cdm0513}}$$

$(n=70, R^2=0.980; F=3393.297, p=0.000; t_0=24.195, p=0.000, t_1=58.252, p=0.000)$

从模型分析，与 4 月累积日照时数结果一致，RPA 和对照 $S_{cdm0504}$ 模型值之比为 1.25，$S_{cdm0513}$ 模型值之比为 1.24。由于 5 月日照时间长于 4 月，所以模型系数较小。

二、树高年生长量与五月累积日照指标的关系

1. 高年生长量与五月累积日照时数的逐步回归模型 对树高年生长量(H_{at})与 5 月累积日照时数(S_{cdm05})进行逐步回归模型分析，$S_{cdm0512}$、$S_{cdm0513}$、$S_{cdm0509}$ 和 $S_{cdm0501}$ 组建了对照优化模型，$S_{cdm0513}$、$S_{cdm0511}$、$S_{cdm0504}$、$S_{cdm0510}$ 和 $S_{cdm0509}$ 组成了 RPA 优化模型(表 11-17)。

表 11-17 汉中油松高年生长量与 5 月累积日照时数逐步回归模型

Tab. 11-17 The stepwise regression model of relationship between cumulative sunshine durations in May and annual height increment of *Pinus tabulaeformi*

处理 Treat	日照因子 S_{cdm05}	模型 Model Coefficients		T-检验 (T-test)		R^2	相关系数 Correlations			共线性统计量 Collinearity statistics	
		非标准 Unstandard	标准 Standard	t	p		r_0	$r_{partial}$	r_{part}	容差 Tolerance	方差膨胀因子 VIF
H_{atck}	常量	12.143	—	1.764	0.082	0.748 ($F=$ 48.302, $p=0.000$)	—	—	—	—	—
	$S_{cdm0512}$	0.515	14.558	9.632	0.000		0.646	0.767	0.599	0.002	589.885
	$S_{cdm0513}$	-0.396	-11.496	-8.712	0.000		0.622	-0.734	-0.542	0.002	449.603
	$S_{cdm0509}$	-0.101	-2.389	-5.279	0.000		0.610	-0.548	-0.329	0.019	52.863
	$S_{cdm0501}$	-0.050	-0.186	-2.006	0.049		0.298	-0.241	-0.125	0.452	2.213
H_{atrpa}	常量	7.405	—	1.240	0.219	0.852 ($F=$ 73.463, $p=0.000$)	—	—	—	—	—
	$S_{cdm0513}$	0.194	4.250	5.658	0.000		0.803	0.577	0.272	0.004	243.429
	$S_{cdm0511}$	-0.347	-7.149	-5.112	0.000		0.765	-0.538	-0.246	0.001	843.787
	$S_{cdm0504}$	-0.035	-0.275	-2.117	0.038		0.559	-0.256	-0.102	0.137	7.289
	$S_{cdm0510}$	0.364	7.064	4.870	0.000		0.752	0.520	0.234	0.001	907.412
	$S_{cdm0509}$	-0.176	-3.147	-3.496	0.001		0.713	-0.400	-0.168	0.003	349.419

(1)对照树高年生长量与 5 月累积日照时数模型分析　在控制模型中其它因子影响下，对照树高年生长量与 $S_{cdm0513}$、$S_{cdm0509}$ 和 $S_{cdm0501}$ 负偏相关依次减弱，其中与前 2 因子相关极显著，与 $S_{cdm0501}$ 相关显著($r_{partial}=-0.241, p=0.049$)；而与 $S_{cdm0512}$ 正偏相关极显著。各因子相互作用下，油松对 $S_{cdm0512}$ 和 $S_{cdm0513}$ 响应较强，单位量变化系数为 14.558 和 11.496；

其对模型起着决定作用，贡献53.1%和39.5%。$S_{cdm0509}$对模型也有一定影响，其单位量变化系数为2.389，贡献6.9%。而油松对$S_{cdm0501}$响应极弱，单位量变化系数仅为0.186；其对模型影响也极小，仅贡献0.4%。

(2)RPA树高年生长量与5月累积日照时数模型分析　消除其它因子干扰，树高年生长量与$S_{cdm0511}$、$S_{cdm0509}$和$S_{cdm0504}$负偏相关依次减弱，其中与前2因子相关极显著，与$S_{cdm0504}$相关显著($r_{\text{partial}} = -0.256, p = 0.038$)；而与$S_{cdm0510}$和$S_{cdm0513}$正偏相关极显著。各因子配合下，油松对$S_{cdm0511}$和$S_{cdm0510}$响应较强，单位量变化系数为7.149和7.064，对模型贡献33.5%和33.1%。其次是$S_{cdm0513}$和$S_{cdm0509}$，单位量变化系数为4.250和3.147，对模型贡献20.6%和11.9%。而$S_{cdm0504}$对模型影响很小，其单位量变化系数仅为0.275，贡献1.0%。

2. 高年生长量与五月累积日照时数的模型拟合　相关性变化与4月相同。对照与$S_{cdm0503}$和$S_{cdm0512}$峰值相关系数为0.531和0.646；RPA也与$S_{cdm0513}$相关性最强，相关系数为0.803。对其进行模型拟合分析，树高年生长量与$S_{cdm0502}$ ~ $S_{cdm0513}$关系可用Linear－模型和Quadratic－模型分析；但用$S_{cdm0503}$和$S_{cdm0512}$模型分析更能诠释树高年生长量与其月累积日照时数的关系。

(1)Linear－模型分析　模型斜率大于零，RPA模型斜率对于对照。$S_{cdm0503}$模型斜率比为1.255，两模型在15.9 h/m附近相交，交点值远小于$S_{cdm0503}$取值范围下限值{172.6, 937.7}。$S_{cdm0512}$模型斜率比为1.612，模型在538.0 h/m附近交汇，其左侧有3组数据。分析结果与4月日照相同，在当地日照条件下，树高年生长量与其月累积日照时数成正比，且RPA模型值大于对照，两者差距也与月累积日照时间成正比。

$$H_{atck} = -22.528 + 0.067S_{cdm0503}$$
$$(n=70, R^2=0.282, F=26.756, p=0.000; t_0=-2.452, p=0.017; t_1=5.173, p=0.000)$$
$$H_{atrpa} = -22.799 + 0.084S_{cdm0503}$$
$$(n=70, R^2=0.252, F=22.949, p=0.000; t_0=-1.831, p=0.072; t_1=4.790, p=0.000)$$
$$H_{atck} = -7.959 + 0.023S_{cdm0512}$$
$$(n=70, R^2=0.418, F=48.812, p=0.000; t_0=-1.572, p=0.120; t_1=6.987, p=0.000)$$
$$H_{atrpa} = -15.479 + 0.037S_{cdm0512}$$
$$(n=70, R^2=0.616, F=109.014, p=0.000; t_0=-2.835, p=0.006; t_1=10.441, p=0.000)$$

(2)Quadratic－模型分析　模型有极小值。RPA和对照$S_{cdm0503}$模型极值分别出现在341.5 h/m和438.3 h/m附近。在$S_{cdm0503}$取值范围内，RPA与对照模型只有一个交点，出现在132.6 h/m附近，交点右侧RPA模型值大于对照，在交点至对照极值点之间，两者差距逐渐扩大；月累积日照时数超过对照极值点后，两者间差距随月累积日照时数增加有缩小的趋势。与4月日照$S_{cdm0403}$模型分析结果一致。而从$S_{cdm0512}$模型分析，两模型极值点分别在516.2 h/m和506.4 h/m附近。与4月日照$S_{cdm0412}$模型一样，RPA和对照$S_{cdm0512}$模型也没有交汇。$S_{cdm0412}$值大于RPA极值点月累积日照时数时，RPA与对照油松高年生

长量与 $S_{cdm0412}$ 成正比。

$$H_{atck} = 47.292 - 0.243 S_{cdm0503} + 2.755 \times 10^{-4} S^2_{cdm0503}$$

$(n = 70, R^2 = 0.526, F = 37.250, p = 0.000; t_0 = 3.364, p = 0.001; t_1 = -4.521, p = 0.000; t_2 = 5.877, p = 0.000)$

$$H_{atrpa} = 25.778 - 0.132 S_{cdm0503} + 1.931 \times 10^{-4} S^2_{cdm0503}$$

$(n = 70, R^2 = 0.319, F = 15.719, p = 0.000; t_0 = 1.152, p = 0.252; t_1 = -1.540, p = 0.128; t_2 = 2.569, p = 0.012)$

$$H_{atck} = 8.856 - 0.014 S_{cdm0512} + 1.347 \times 10^{-5} S^2_{cdm0512}$$

$(n = 70, R^2 = 0.475, F = 30.330, p = 0.000; t_0 = 1.124, p = 0.265; t_1 = -0.985, p = 0.328; t_2 = 2.705, p = 0.009)$

$$H_{atrpa} = 11.939 - 0.023 S_{cdm0512} + 2.196 \times 10^{-5} S^2_{cdm0512}$$

$(n = 70, R^2 = 0.702, F = 79.019, p = 0.000; t_0 = 1.515, p = 0.134; t_1 = -1.637, p = 0.106; t_2 = 4.410, p = 0.000)$

三、树高生长年增量与五月累积日照指标的关系

1. **树高生长年增量与五月累积日照时数的向后剔除法逐步回归模型** 对树高年增量(R_{aht})与各生长期5月日照累积指标(S_{cdm05})进行向后剔除法逐步回归模型分析，经过10次向后逐步回归，组建了对照优化模型；而通过7次向后剔除法逐步回归，构建了RPA优化模型(表11－18)。

(1)对照树高生长年增量与5月累积日照时数的模型分析 排除其他因子干扰，树高生长年增量与 $S_{cdm0513}$、$S_{cdm0508}$ 和 S_{cdm05} 负偏相关极显著，且依次减弱；而与 $S_{cdm0510}$ 正偏相关极显著，与 $S_{cdm0503}$ 正偏相关显著($r_{partial} = 0.260, p = 0.035$)。各因子配合下，油松对 $S_{cdm0510}$ 响应最强，单位量变化系数达15.699；其对模型影响也最大，贡献47.8%。油松对 $S_{cdm0513}$ 和 $S_{cdm0508}$ 响应也较强，其单位量变化系数为9.847和6.075，对模型分别贡献28.6%和18.2%。而油松对 S_{cdm05} 和 $S_{cdm0503}$ 响应极弱，单位量变化系数仅为0.840和0.495；其对模型影响也很小，仅贡献4.2%和1.2%。

(2)RPA树高生长年增量与5月累积日照时数的模型分析 与对照相比，RPA树高生长年增量与 $S_{cdm0513}$、S_{cdm05}、$S_{cdm0501}$、$S_{cdm0508}$、$S_{cdm0512}$ 和 $S_{cdm0507}$ 负偏相关依次减弱，其中与前5个因子相关极显著，与 $S_{cdm0507}$ 相关不显著($r_{partial} = -0.226$)；而与 $S_{cdm0503}$ 和 $S_{cdm0510}$ 正偏相关极显著。各因子相互作用下，油松也对 $S_{cdm0510}$ 响应最强，单位量变化系数达37.050，对模型贡献51.9%；比对照模型增强。$S_{cdm0512}$、$S_{cdm0513}$ 和 $S_{cdm0508}$ 对油松作用也较强，单位量变化系数为13.595、11.066和10.971；其对模型影响也相对较大，分别贡献12.0%、12.2%和12.3%；其中 $S_{cdm0513}$ 和 $S_{cdm0508}$ 作用比对照降低明显。而油松对 $S_{cdm0507}$、$S_{cdm0503}$、$S_{cdm0501}$ 和 S_{cdm05} 响应较弱，单位量变化系数依次为2.671、2.361、1.413和1.167；其对模型

影响也较小，分别贡献1.5%、4.8%、3.0%和2.5%；其中，$S_{cdm0503}$和S_{cdm05}作用比对照略有提高。

2. **树高生长年增量与五月累积日照时数的逐步回归模型**　对其进行逐步回归模型分析，与4月日照相同，也仅有对照与近3年5月累积日照时数（$S_{cdm0502}$）线性关系紧密，组成了其有效模型。

$$R_{ahtck} = -20.479 + 0.063\ S_{cdm0502}$$

$$R_{ahtck} = 0.284\ S_{cdm0502}$$

（$n=70, R^2=0.081, F=5.957, p=0.017; r_0=0.284; t_0=-1.442, p=0.154; t_1=2.441, p=0.017$）

表11－18　汉中油松高年增量与5月日照均值指标逐步向后回归模型

Tab. 11－18 The backward stepwise regression model of cumulative sunshine hours in May and annual height growth acceleration of *Pinus tabulaeformi*

处理 Treat	日照因子 S_{cdm05}	模型 Model Coefficients 非标准 Unstandard	标准 Standard	T－检验（T-test） t	p	R^2	相关系数 Correlations r_0	$r_{partial}$	r_{part}	共线性统计量 Collinearity statistics 容差 Tolerance	方差膨胀因子 VIF
H_{ahtck}	常量	72.514	—	3.525	0.001	0.381 (F= 7.867, p=0.000)	—	—	—	—	—
	S_{cdm05}	−0.537	−0.840	−4.774	0.000		0.060	−0.512	−0.470	0.313	3.199
	$S_{cdm0503}$	0.078	0.495	2.156	0.035		0.225	0.260	0.212	0.184	5.445
	$S_{cdm0508}$	−0.359	−6.075	−4.787	0.000		0.193	−0.514	−0.471	0.006	166.418
	$S_{cdm0510}$	0.766	15.699	5.660	0.000		0.186	0.578	0.557	0.001	794.983
	$S_{cdm0513}$	−0.426	−9.847	−5.836	0.000		0.146	−0.589	−0.574	0.003	294.154
R_{ahtrpa}	常量	289.100	—	6.665	0.000	0.545 (F= 9.122, p=0.000)	—	—	—	—	—
	S_{cdm05}	−1.354	−1.167	−5.372	0.000		−0.069	−0.567	−0.464	0.158	6.326
	$S_{cdm0501}$	−0.864	−1.413	−4.933	0.000		0.075	−0.534	−0.426	0.091	10.996
	$S_{cdm0503}$	0.677	2.361	5.556	0.000		0.176	0.580	0.480	0.041	24.198
	$S_{cdm0507}$	−0.326	−2.671	−1.812	0.075		0.166	−0.226	−0.157	0.003	291.206
	$S_{cdm0508}$	−1.176	−10.971	−4.398	0.000		0.179	−0.491	−0.380	0.001	833.613
	$S_{cdm0510}$	3.278	37.050	7.274	0.000		0.192	0.682	0.628	0.000	3 476.079
	$S_{cdm0512}$	−1.095	−13.595	−3.954	0.000		0.191	−0.452	−0.342	0.001	1 584.127
	$S_{cdm0513}$	−0.869	−11.066	−5.461	0.000		0.177	−0.573	−0.472	0.002	550.082

3. **树高生长年增量与五月累积日照时数的模型拟合**　树高生长年增量与各生长期5月累积日照时数相关性变化规律，与4月日照类似，但相关度有所降低。其中，对照与$S_{cdm0502}$相关极显著（$r_0=0.284, p=0.007$），与$S_{cdm0501}$和$S_{cdm0503}$相关显著（$r_0=0.261$、$0.225, p=0.015$、0.031）；RPA与$S_{cdm0510}$相关系数最大，但未达显著水平（$r_0=0.192$）。模型拟合证明，对照与$S_{cdm0501}$的Linear－模型显著，与$S_{cdm0502}$的Linear－模型和Quadratic－模型拟合度较高，与$S_{cdm0502}$的Quadratic－模型显著。RPA只与S_{cdm05}的Quadratic－模型相

关性较强。

(1) Linear－模型分析　与4月日照相同,油松高生长年增量的5月累积日照时数Linear－模型的 $b>0$,模型决定系数 R^2 也很小。表明油松高生长年增量与各生长期5月累积日照时数也有正相关的趋势。

$$R_{ahtck} = -18.710 + 0.088S_{cdm0501}$$

($n=70, R^2=0.068, F=4.955, p=0.029; t_0=-1.272, p=0.208; t_1=2.226, p=0.029$)

$$R_{ahtck} = -20.479 + 0.063S_{cdm0502}$$

($n=70, R^2=0.081, F=5.957, p=0.017; t_0=-1.442, p=0.154; t_1=2.441, p=0.017$)

(2) Quadratic－模型分析　模型 $a>0$、$b<0$、$c>0$,有极小值。RPA 的 S_{cdm05} 模型极小值出现在 209.7 h/m 附近;极值点左侧有 10 组数据。当年5月日照时数(S_{cdm05}) <209.7 h/m 时,树高年增量与 S_{cdm05} 成反比,降幅以 0.016 S_{cdm05} 递减,发生频度 0.714。对照的 $S_{cdm0502}$ 和 $S_{cdm0503}$ 模型极小值分别出现在 281.7 h/m 和 472.6 h/m 附近;极值点右侧分别有13组和12组数据,其油松高生长年增量与 $S_{cdm0502}$ 和 $S_{cdm0503}$ 呈正相关,且增幅以 $3.166\times10^{-4}S_{cdm0502}$ 和 $4.121\times10^{-4}S_{cdm0502}$ 递增;发生频度 0.929 和 0.857。

$$R_{ahtrpa} = 338.251 - 6.160S_{cdm05} + 7.855\times10^{-3}S_{cdm05}^2$$

($n=70, R^2=0.188, F=7.769, p=0.001; t_0=4.140, p=0.000; t_1=-3.942, p=0.000; t_2=3.890, p=0.000$)

$$R_{ahtck} = 12.233 - 0.089S_{cdm0502} + 1.583\times10^{-4}S_{cdm0502}^2$$

($n=70, R^2=0.105, F=3.911, p=0.025; t_0=0.434, p=0.666; t_1=-0.400, p=0.447; t_2=1.340, p=0.185$)

$$R_{ahtck} = 40.589 - 0.195S_{cdm0503} + 2.060\times10^{-4}S_{cdm0503}^2$$

($n=70, R^2=0.136, F=5.261, p=0.008; t_0=1.701, p=0.094; t_1=-2.132, p=0.037; t_2=2.571, p=0.012$)

第七节　六月日照时数对树高生长的累积效应

【内容提要】逐步回归显示,模型中各6月日照累积指标与树高呈极显著的正相关。对照优化模型中,近13年、近12年、近14年、近10年和近7年6月累积日照时数($S_{cdm0612}$、$S_{cdm0611}$、$S_{cdm0613}$、$S_{cdm0609}$ 和 $S_{cdm0606}$)对树高影响依次降低,单位量变化系数分别为 3.221、2.181、0.948、0.793、0.312 和 0.312,对模型贡献 44.8%、31.5%、8.5%、10.8% 和 4.4%。用近8年6月累积日照时数代替模型中的 $S_{cdm0606}$ 因子,模型中原有的4个因子与树高的关系基本不变。用近11年和近8年6月累积日照时数($S_{cdm0610}$ 和 $S_{cdm0607}$)代替优化模型中的 $S_{cdm0609}$ 和 $S_{cdm0606}$ 因子,也是 $S_{cdm0612}$ 对树高影响最大;但 $S_{cdm0613}$ 的影响显著增强,$S_{cdm0611}$ 影响模型减弱。RPA 模型中,油松对 $S_{cdm0613}$ 和 $S_{cdm0611}$ 响应较强,其单位量变化系数为3.076和1.339,对模型分别贡献64.7%和22.7%。树高与近3年至近14年6月日照累积指标($S_{cdm0602}$ ~ $S_{cdm0613}$)关系也可用Exponential表述,且模型决定系数R^2随统计年限延长而增大。

汉中飞播油松高年生长量与6月累积日照时数相关性其5月日照相同,两者关系也符合Linear-模型和Quadratic-模型分析要求。可用近4年、近13年和近14年5月累积日照($S_{cdm0603}$、$S_{cdm0612}$和$S_{cdm0613}$)模型诠释6月累积日照对树高年生长量的影响。逐步回归模型分析显示,用$S_{cdm0612}$、$S_{cdm0613}$和$S_{cdm0610}$因子模型分析6月累积日照与对照油松的关系;模型中各因子的单位量变化系数依次为12.294、8.356和3.335,对模型分别贡献53.7%、33.3%和13.0%。而对$S_{cdm0613}$和$S_{cdm0611}$因子模型反映了RPA油松高年生长量与6月累积日照的关系;其中,油松对$S_{cdm0613}$响应大于$S_{cdm0611}$,其单位量变化系数为3.595和2.805,对模型分别贡献58.6%和41.4%。

油松高生长年增量与6月累积日照时数相关性变化规律与4月和5月日照类似,但相关性更弱。向后剔除法逐步回归分析结果显示,用当年6月、近2年~近5年6月、近7年、近8年、近10年、近12年和近14年6月累积日照(S_{cdm06}、$S_{cdm0601}$ ~ $S_{cdm0604}$、$S_{cdm0606}$、S_{cdm07}、S_{cdm09}、$S_{cdm0611}$和$S_{cdm0613}$)因子组成的对照模型,当年6月日照时数(S_{cdm06})和近2年至近14年6月累积日照($S_{cdm0601}$ ~ $S_{cdm0613}$)因子构成的RPA模型,可分析6月日照对汉中飞播油松高生长年增量的累积效应,说明油松高生长年增量是各生长期6月累积日照综合作用的结果。对照模型中,$S_{cdm0613}$、$S_{cdm0611}$、$S_{cdm0609}$、$S_{cdm0607}$、$S_{cdm0606}$和$S_{cdm0602}$对油松作用较强,且依次减弱;其单位量变化系数介于16.003~4.126之间,对模型总贡献81.3%。RPA模型13个因子中,$S_{cdm0613}$、$S_{cdm0611}$、$S_{cdm0610}$、$S_{cdm0607}$、$S_{cdm0609}$、$S_{cdm0604}$和$S_{cdm0602}$对油松高生长年增量影响较大,也依次减弱,其系数在21.607~7.988之间,对模型累计贡献73.5%。

【关 键 词】多效抗旱驱鼠剂,飞播造林,油松,树高,6月积日照时数,逐步回归模型

一、树高与六月累积日照指标的关系

1. 树高与各生长期六月累积日照时数的逐步回归模型 在9组对照油松高有效模型中,$S_{cdm0613}$、$S_{cdm0612}$、$S_{cdm0611}$、$S_{cdm0609}$和$S_{cdm0606}$组合构成了其优化模型;同时,$S_{cdm0613}$、$S_{cdm0607}$、$S_{cdm0612}$、$S_{cdm0611}$和$S_{cdm0609}$组合,$S_{cdm0613}$、$S_{cdm0610}$、$S_{cdm0607}$、$S_{cdm0612}$和$S_{cdm0611}$组合也能较好诠释各生长期6月累积日照时数对对照油松的影响。而在组成的4组RPA油松高有效模型中,$S_{cdm0613}$、$S_{cdm0608}$、$S_{cdm0611}$和$S_{cdm0606}$组合构建了RPA油松优化模型(表11-19)。

(1)对照树高6月累积日照时数模型分析

①五因子优化模型 模型中各因子与树高正相关极显著。在控制其他因子影响下,油松高与$S_{cdm0611}$、$S_{cdm0609}$和$S_{cdm0606}$负偏相关依次减弱,而与$S_{cdm0613}$和$S_{cdm0612}$正相关依次增强,且均极显著。各因子相互作用下,油松对$S_{cdm0612}$和$S_{cdm0611}$响应较大,单位量变化系数为3.221和2.181,其对模型影响也较大,分别贡献44.8%和31.5%;而油松对$S_{cdm0613}$、

$S_{cdm0609}$和$S_{cdm0606}$响应较小，系数依次为0.948、0.793和0.312，其对模型影响也较小，分别贡献8.5%、10.8%和4.4%。

②五因子因子模型　用$S_{cdm0607}$代替优化模型中的$S_{cdm0606}$分析，模型的各因子也与树高正相关极为明显。在控制其它因子影响下，$S_{cdm0611}$、$S_{cdm0609}$和$S_{cdm0607}$负偏相关极显著，且依次减弱；与优化模型相同，与$S_{cdm0612}$正相关性也强于$S_{cdm0613}$。油松对$S_{cdm0612}$、$S_{cdm0611}$、$S_{cdm0613}$、$S_{cdm0609}$和$S_{cdm0607}$响应依次减弱，单位量变化系数为3.148、2.161、1.035、0.758和0.377；其对模型的影响也依次降低，分别贡献44.0%、31.6%、10.0%、9.7%和4.7%。

用$S_{cdm0610}$和$S_{cdm0607}$代替优化模型中的$S_{cdm0606}$和$S_{cdm0609}$分析，树高与$_{cdm0607}$、$S_{cdm0610}$和$S_{cdm0612}$负偏相关依次减弱，而也与$S_{cdm0613}$和$S_{cdm0612}$正相关依次增强，且均极显著。在各因子协同作用下，油松也对$S_{cdm0612}$响应最强，其单位量变化系数为2.247，对模型贡献34.1%；与优化模型比较，对模型作用明显降低。其次是$S_{cdm0613}$，其变化系数为1.448，贡献23.2%；比优化模型显著增强。而油松对$S_{cdm0611}$、$S_{cdm0610}$和$S_{cdm0607}$响应相对较弱，单位量变化系数依次为1.125、1.176和0.507；其对模型影响也相对较小，分别贡献11.5%、19.4%和11.8%。与优化模型比较，$S_{cdm0611}$对模型影响下降非常大，而$S_{cdm0607}$影响有所提高。说明引入$S_{cdm0610}$对模型各因子关系影响较大。

表11-19　汉中油松高与6月日照时数累积值逐步回归模型

Tab. 11-19 The stepwise regression model of relationship between cumulative sunshine durations in June and *Pinus tabulaeformi* height

处理 Treat	日照因子 S_{cdm06}	模型 Model Coefficients 非标准 Unstandard	标准 Standard	T-检验 (T-test) t	p	R^2	相关系数 Correlations r_0	$r_{partial}$	r_{part}	共线性统计量 Collinearity statistics 容差 Tolerance	方差膨胀因子 VIF
H_{tck}	常量	-5.102	—	-1.417	0.161	0.993 (F = 1719.424, p=0.000)	—	—	—	—	—
	$S_{cdm0613}$	0.129	0.948	4.701	0.000		0.929	0.507	0.051	0.003	352.105
	$S_{cdm0612}$	0.453	3.221	9.722	0.000		0.916	0.772	0.104	0.001	950.553
	$S_{cdm0611}$	-0.322	-2.181	-9.970	0.000		0.887	-0.780	-0.107	0.002	414.421
	$S_{cdm0609}$	-0.135	-0.793	-7.324	0.000		0.841	-0.675	-0.079	0.010	101.527
	$S_{cdm0606}$	-0.078	-0.312	-5.601	0.000		0.762	-0.574	-0.060	0.037	26.823
	常量	-8.923	—	-2.634	0.011	0.992 (F = 1603.630, p=0.000)	—	—	—	—	—
	$S_{cdm0613}$	0.141	1.035	5.007	0.000		0.929	0.531	0.056	0.003	345.643
	$S_{cdm0607}$	-0.081	-0.377	-4.999	0.000		0.794	-0.530	-0.056	0.022	46.017
	$S_{cdm0612}$	0.442	3.148	9.168	0.000		0.916	0.753	0.102	0.001	952.851
	$S_{cdm0611}$	-0.319	-2.161	-9.518	0.000		0.887	-0.766	-0.106	0.002	416.615
	$S_{cdm0609}$	-0.129	-0.758	-6.288	0.000		0.841	-0.618	-0.070	0.009	117.604
	常量	-8.839	—	-2.520	0.014	0.992 (F = 1496.356, p=0.000)	—	—	—	—	—
	$S_{cdm0613}$	0.198	1.448	6.203	0.000		0.929	0.613	0.071	0.002	411.122
	$S_{cdm0610}$	-0.185	-1.176	-5.715	0.000		0.861	-0.581	-0.066	0.003	319.281
	$S_{cdm0607}$	-0.109	-0.507	-7.680	0.000		0.794	-0.693	-0.088	0.030	32.931
	$S_{cdm0613}$	0.316	2.247	5.562	0.000		0.916	0.571	0.064	0.001	1 231.924
	$S_{cdm0612}$	-0.166	-1.125	-3.228	0.002		0.887	-0.374	-0.037	0.001	916.512

续表 11-19

处理 Treat	日照因子 S_{cdm06}	模型 Model Coefficients 非标准 Unstandard	标准 Standard	T-检验 (T-test) t	p	R^2	相关系数 Correlations r_0	$r_{partial}$	r_{part}	共线性统计量 Collinearity statistics 容差 Tolerance	方差膨胀因子 VIF
H_{trpa}	常量	-6.226	—	-1.085	0.282	0.990*	—	—	—	—	—
	$S_{cdm0613}$	0.573	3.076	27.115	0.000		0.922	0.959	0.343	0.012	80.512
	$S_{cdm0608}$	-0.153	-0.593	-5.298	0.000		0.806	-0.549	-0.067	0.013	78.505
	$S_{cdm0611}$	-0.270	-1.339	-8.767	0.000		0.874	-0.736	-0.111	0.007	145.971
	$S_{cdm0606}$	-0.092	-0.266	-3.567	0.001		0.748	-0.405	-0.045	0.029	34.910

备注：Remark：* $F=1548.129, p=0.000$

(2)RPA 树高 6 月累积日照时数模型分析　从 RPA 四因子模型分析,模型中各因子也与树高正相关十分显著。在控制其他因子作用下,油松高仅与 $S_{cdm0613}$ 正偏相关极为显著,而与 $S_{cdm0606}$、$S_{cdm0611}$ 和 $S_{cdm0608}$ 负偏相关极显著,且依次增强。各因子相互配合下,$S_{cdm0613}$ 对模型作用最大,其单位量变化系数为 3.076,对模型贡献 64.7%;其次是 $S_{cdm0611}$,其变化系数为 1.339,贡献 22.7%;而 $S_{cdm0608}$ 和 $S_{cdm0606}$ 对模型影响较小,单位量变化系数分别为 0.593 和 0.266,对模型贡献 9.4% 和 3.3%。与对照模型比较,$S_{cdm0613}$ 对模型影响显著增强。

2. **树高与各生长期六月累积日照时数的模型拟合**　从树高与 6 月累积日照时数相关性分析,与当年 6 月日照时数极不相关($r_0=-0.029$、-0.026);与 $S_{cdm0601}$ 正相关显著($r_0=0.256$、$0.246, p=0.016$、0.020),与 $S_{cdm0602}$ 和 $S_{cdm0613}$ 正相关极显著,且相关度随统计年限延长而增大。其中与 $S_{cdm0613}$ 相关性最强,对照和 RPA 相关系数分别为 0.929 和 0.922。油松高与 $S_{cdm0602} \sim S_{cdm0613}$ 关系满足 Exponential 模型要求,且模型决定系数 R^2 随统计年限延长而增大。

$$H_{tck} = 1.999e^{0.004S_{cdm0604}}$$

$$(n=70, R^2=0.898; F=597.342, p=0.000; t_0=6.882, p=0.000, t_1=24.441, p=0.000)$$

$$H_{trpa} = 2.491e^{0.004S_{cdm0604}}$$

$$(n=70, R^2=0.884; F=519.101, p=0.000; t_0=6.345, p=0.000, t_1=22.784, p=0.000)$$

$$H_{tck} = 7.396e^{0.002S_{cdm0613}}$$

$$(n=70, R^2=0.973; F=2409.302, p=0.000; t_0=20.702, p=0.000, t_1=49.085, p=0.000)$$

$$H_{trpa} = 9.168e^{0.002S_{cdm0613}}$$

$$(n=70, R^2=0.976; F=2737.210, p=0.000; t_0=21.623, p=0.000, t_1=53.318, p=0.000)$$

从模型分析,与 5 月累积日照时数结果一致,RPA 和对照 $S_{cdm0604}$ 模型值之比为 1.25,$S_{cdm0613}$ 模型值之比为 1.24。但与 5 月比较,模型系数较小。对照和 RPA$S_{cdm0604}$ 模型系数分别降低了25.0%和25.3%，而$S_{cdm0613}$模型仅分别降低了1.4%和1.5%。说明两者近5年月累积日照时数对油松高影响差异较大，而近14年月累积日照时数对油松高影响差异很小。

二、树高年生长量与六月累积日照指标的关系

1. **高年生长量与六月累积日照时数的逐步回归模型** 对树高年生长量(H_{at})与6月累积日照时数(S_{cdm06})进行逐步回归模型分析，$S_{cdm0612}$、$S_{cdm0613}$和$S_{cdm0610}$组建了对照油松高年生长量优化模型；而RPA油松高年生长量只与$S_{cdm0613}$和$S_{cdm0611}$关系紧密(表11－20)。

表11－20 汉中油松高年生长量与6月累积日照时数逐步回归模型

Tab. 11－20 The stepwise regression model of relationship between cumulative sunshine durations in June and annual height increment of *Pinus tabulaeformi*

处理 Treat	日照因子 S_{cdm06}	模型 Model Coefficients		T－检验 (T-test)		R^2	相关系数 Correlations			共线性统计量 Collinearity statistics	
		非标准 Unstandard	标准 Standard	t	p		r_0	$r_{partial}$	r_{part}	容差 Tolerance	方差膨胀因子 VIF
H_{atck}	常量	－2.601	—	－0.704	0.484	0.764*	—	—	—	—	—
	$S_{cdm0612}$	0.450	12.294	10.252	0.000		0.650	0.784	0.612	0.002	402.936
	$S_{cdm0613}$	－0.297	－8.356	－8.627	0.000		0.623	－0.728	－0.515	0.004	262.855
	$S_{cdm0610}$	－0.137	－3.335	－7.043	0.000		0.608	－0.655	－0.421	0.016	62.824
H_{atrpa}	常量	－6.964	—	－1.562	0.123	0.780**	—	—	—	—	—
	$S_{cdm0613}$	0.170	3.595	7.762	0.000		0.812	0.688	0.445	0.015	65.253
	$S_{cdm0611}$	－0.143	－2.805	－6.056	0.000		0.763	－0.595	－0.347	0.015	65.253

备注:Remark：* $F=71.397, p=0.000$；** $F=118.607, p=0.000$

(1)对照树高年生长量与6月累积日照时数模型分析 在控制模型中其它因子影响下，对照树高年生长量与$S_{cdm0613}$和$S_{cdm0610}$负偏相关极显著，与$S_{cdm0612}$正偏相关极显著。油松对$S_{cdm0612}$、$S_{cdm0613}$和$S_{cdm0610}$响应依次减弱，单位量变化系数分别为12.294、8.356和3.335；其对模型影响也依次降低，分别贡献53.7%、33.3%和13.0%。

(2)RPA树高年生长量与6月累积日照时数模型分析 RPA油松高年生长量与$S_{cdm0611}$负偏相关极显著，与$S_{cdm0613}$正偏相关极显著。油松对$S_{cdm0613}$响应大于$S_{cdm0611}$，其单位量变化系数为3.595和2.805，对模型分别贡献58.6%和41.4%。

2. **高年生长量与六月累积日照时数的模型拟合** 从相关性变化分析，油松树高年生长量除与当年6月日照时数相关极不显著外，与其余6月累积日照指标正相关极为显著。与5月日照一样，对照与$S_{cdm0603}$和$S_{cdm0612}$相关性出现峰值，相关系数分别为0.565和0.650；RPA相关性与月累积日照统计年限成正比，其中与$S_{cdm0613}$相关性最强，系数达

0.812。树高年生长量与各生长期6月累积日照指标关系满足 Linear－模型和 Quadratic－模型分析要求，但从模型决定系数 R^2 分析，可用 $S_{cdm0603}$、$S_{cdm0612}$ 和 $S_{cdm0613}$ 模型分析各生长期6月累积时数对树高年生长量的影响。

（1）Linear－模型分析　模型 $b>0$，且 RPA > 对照。树高年生长量与各生长期7月累积日照时间呈正相关。RPA 和对照的 $S_{cdm0603}$ 模型斜率比1.254，交点月累积日照时数96.2 h/m，远小于 $S_{cdm0603}$ 取值下限{197.2,898.0}。当地日照条件下，RPA 模型值大于对照，且 $S_{cdm0603}$ 越大两者差异越明显。$S_{cdm0612}$ 和 $S_{cdm0613}$ 模型斜率比分别为1.619和1.731，分别在548.8 h/m 和631.5 h/m 附近相交，其左侧分别有3组和4组数据。交点左侧的树高年生长量均值随月累积日照时数小幅波动上升；而右侧 RPA 模型值大于对照，且两者差距随月累积日照时间增加逐渐扩大。分析结果与5月日照结论一致。

$$H_{atck} = -29.146 + 0.079S_{cdm0603}$$

$$(n=70, R^2=0.319, F=31.831, p=0.000; t_0=-3.038, p=0.003; t_1=5.642, p=0.000)$$

$$H_{atrpa} = -31.073 + 0.099S_{cdm0603}$$

$$(n=70, R^2=0.285, F=27.057, p=0.000; t_0=-2.381, p=0.020; t_1=5.202, p=0.000)$$

$$H_{atck} = -8.525 + 0.015S_{cdm0612}$$

$$(n=70, R^2=0.423, F=49.877, p=0.000; t_0=-1.677, p=0.098; t_1=7.062, p=0.000)$$

$$H_{atrpa} = -16.622 + 0.039S_{cdm0612}$$

$$(n=70, R^2=0.629, F=115.445, p=0.000; t_0=-3.071, p=0.003; t_1=10.745, p=0.000)$$

$$H_{atck} = -6.660 + 0.022S_{cdm0613}$$

$$(n=70, R^2=0.388, F=43.097, p=0.000; t_0=-1.289, p=0.202; t_1=6.565, p=0.000)$$

$$H_{atrpa} = -16.886 + 0.038S_{cdm0613}$$

$$(n=70, R^2=0.659, F=131.533, p=0.000; t_0=-3.299, p=0.002; t_1=11.465, p=0.000)$$

（2）Quadratic－模型分析　RPA 和对照的 $S_{cdm0603}$ 和 $S_{cdm0612}$ 模型变化规律与其 $S_{cdm0503}$ 和 $S_{cdm0512}$ 模型基本相同。RPA 和对照的 $S_{cdm0603}$ 模型极小值分别出现在267.0 h/m 和412.5 h/m附近，其左侧分别分布1组和2组数据。在 $S_{cdm0603}$ 取值范围内，两模型只有1个交点，出现在269.3 h/m 附近。$S_{cdm0612}$ 模型极小值分别发生在561.4 h/m 和524.6 h/m 附近，其左侧均有3组数据。在 $S_{cdm0612}$ 取值范围内{197.2,2397.3}，两模型不相交，RPA 模型值大于对照。RPA 和对照的 $S_{cdm0613}$ 模型极小值分别出现在574.7 h/m 和－617.6 h/m附近，RPA 在极值点左侧有3组数据，而对照极值点月累积日照时数远小于 $S_{cdm0613}$ 取值下限{197.2,2537.1}。两模型在 $S_{cdm0613}$ 取值范围内有2个交点，分别发生在601.7 h/m 和1235.2 h/m 附近。两交点间，RPA 模型值小于对照；两交点外，RPA 模型值大于对照，且距交点越远，RPA 和对照油松高年生长量差异越明显。

$$H_{atck} = 39.874 - 0.198S_{cdm0603} + 2.397 \times 10^{-4}S_{cdm0603}^2$$

$(n=70, R^2=0.468, F=29.420, p=0.000; t_0=2.203, p=0.031; t_1=-3.038, p=0.003; t_2=4.326, p=0.000)$

$$H_{atrpa}=14.838-0.085S_{cdm0603}+1.595\times10^{-4}S_{cdm0603}^2$$

$(n=70, R^2=0.322, F=15.719, p=0.000; t_0=0.547, p=0.586; t_1=-0.873, p=0.386; t_2=1.921, p=0.059)$

$$H_{atck}=9.732-0.015S_{cdm0612}+1.460\times10^{-5}S_{cdm0612}^2$$

$(n=70, R^2=0.475, F=30.324, p=0.000; t_0=1.131, p=0.262; t_1=-0.986, p=0.328; t_2=2.576, p=0.012)$

$$H_{atrpa}=14.336-0.028S_{cdm0612}+2.476\times10^{-5}S_{cdm0612}^2$$

$(n=70, R^2=0.714, F=83.682, p=0.000; t_0=1.700, p=0.094; t_1=-1.826, p=0.072; t_2=4.458, p=0.000)$

$$H_{atck}=0.674+6.853\times10^{-3}S_{cdm0613}+5.548\times10^{-6}S_{cdm0613}^2$$

$(n=70, R^2=0.396, F=22.057, p=0.000; t_0=0.075, p=0.940; t_1=0.439, p=0.662; t_2=1.005, p=0.318)$

$$H_{atrpa}=14.612-0.027S_{cdm0613}+2.383\times10^{-5}S_{cdm0613}^2$$

$(n=70, R^2=0.754, F=102.884, p=0.000; t_0=1.929, p=0.058; t_1=-2.072, p=0.042; t_2=5.095, p=0.000)$

三、树高生长年增量与六月累积日照指标的关系

1. ***树高生长年增量与六月累积日照时数的向后剔除法逐步回归模型*** 对树高生长年增量(R_{aht})与6月日照累积指标(S_{cdm06})进行向后剔除法逐步回归模型分析，经过4次向后逐步回归产生了对照优化模型，而通过2次向后逐步回归，仅剔除了$S_{cdm0608}$和$S_{cdm0612}$因子，其余因子均引入了RPA优化模型（表11－21）。

（1）对照树高生长年增量与6月累积日照时数的模型分析　在控制其他因子影响下，对照油松高生长年增量与模型各因子偏相关极显著，其中与$S_{cdm0613}$、S_{cdm06}、$S_{cdm0602}$、$S_{cdm0607}$和$S_{cdm0604}$负相关依次减弱，与$S_{cdm0603}$、$S_{cdm0606}$、$S_{cdm0609}$、$S_{cdm0601}$和$S_{cdm0611}$正相关依次增强。各因子相互作用下，$S_{cdm0613}$和$S_{cdm0611}$对树高生长年增量作用很强，单位量变化系数达16.003和14.643；对模分别贡献23.1%和22.6%。其次是$S_{cdm0609}$、$S_{cdm0607}$、$S_{cdm0606}$和$S_{cdm0602}$，单位量变化系数依次为6.804、6.428、4.832和4.126，对模型分别贡献7.8%、8.6%、6.6%和12.6%。而$S_{cdm0604}$、S_{cdm06}、$S_{cdm0603}$和$S_{cdm0601}$对树高生长年增量作用相对较弱，单位量变化系数为2.657、1.956、1.941和1.551；其对模型影响相应也较小，分别贡献4.5%、6.5%、3.2%和4.5%。

表 11－21　汉中油松高生长年增量与 6 月日照均值指标逐步向后回归模型

Tab. 11－21 The backward stepwise regression model of cumulative sunshine hours in June and annual height growth acceleration of *Pinus tabulaeformi*

处理 Treat	日照因子 S_{cdm06}	模型 Model Coefficients 非标准 Unstandard	标准 Standard	T－检验 (T-test) t	p	R^2	相关系数 Correlations r_0	r_{partial}	r_{part}	共线性统计量 Collinearity statistics 容差 Tolerance	方差膨胀因子 VIF
	常量	340.182	—	4.584	0.000		—	—	—	—	—
	S_{cdm06}	－1.577	－1.956	－4.815	0.000		0.088	－0.531	－0.479	0.060	16.648
	$S_{cdm0601}$	0.647	1.551	4.026	0.000		0.235	0.464	0.401	0.067	14.978
	$S_{cdm0602}$	－1.081	－4.126	－4.807	0.000		0.252	－0.531	－0.479	0.013	74.330
	$S_{cdm0603}$	0.340	1.941	2.747	0.008		0.243	0.337	0.273	0.020	50.371
H_{ahtck}	$S_{cdm0604}$	－0.339	－2.657	－3.284	0.002	0.415 (F = 4.191, p = 0.000)	0.190	－0.393	－0.327	0.015	66.036
	$S_{cdm0606}$	0.398	4.832	3.247	0.002		0.182	0.389	0.323	0.004	223.502
	$S_{cdm0607}$	－0.453	－6.428	－3.440	0.001		0.180	－0.409	－0.342	0.003	352.328
	$S_{cdm0609}$	0.380	6.804	3.320	0.002		0.171	0.397	0.331	0.002	423.761
	$S_{cdm0611}$	0.709	14.643	5.466	0.000		0.183	0.580	0.544	0.001	724.224
	$S_{cdm0613}$	－0.715	－16.003	－5.296	0.000		0.142	－0.568	－0.527	0.001	921.298
	常量	1058.800	—	6.931	0.000		—	—	—	—	—
	S_{cdm06}	－4.984	－3.407	－7.309	0.000		－0.015	－0.696	－0.671	0.039	25.785
	$S_{cdm0601}$	2.200	2.906	6.300	0.000		0.128	0.641	0.578	0.040	25.246
	$S_{cdm0602}$	－3.797	－7.988	－6.901	0.000		0.139	－0.675	－0.634	0.006	158.963
	$S_{cdm0603}$	1.708	5.376	4.769	0.000		0.183	0.534	0.438	0.007	150.751
	$S_{cdm0604}$	－1.900	－8.208	－4.755	0.000		0.173	－0.533	－0.436	0.003	353.669
R_{ahtrpa}	$S_{cdm0605}$	0.853	4.698	2.630	0.011	0.520 (F = 5.138, p = 0.000)	0.162	0.329	0.241	0.003	378.703
	$S_{cdm0606}$	0.737	4.928	2.637	0.011		0.175	0.330	0.242	0.002	414.398
	$S_{cdm0607}$	－1.231	－9.634	－5.190	0.000		0.175	－0.567	－0.476	0.002	408.851
	$S_{cdm0609}$	0.900	8.879	4.568	0.000		0.185	0.518	0.419	0.002	448.225
	$S_{cdm0610}$	0.939	10.046	3.597	0.001		0.182	0.430	0.330	0.001	925.423
	$S_{cdm0611}$	1.013	11.543	4.597	0.000		0.182	0.520	0.422	0.001	748.028
	$S_{cdm0613}$	－1.752	－21.607	－6.661	0.000		0.179	－0.662	－0.612	0.001	1248.326

（2）RPA 树高生长年增量与 6 月累积日照时数的模型分析　与对照相比，RPA 树高生长年增量与 S_{cdm06}、$S_{cdm0602}$、$S_{cdm0613}$、$S_{cdm0607}$ 和 $S_{cdm0604}$ 负偏相关极显著，且依次减弱；而与 $S_{cdm0605}$、$S_{cdm0606}$、$S_{cdm0610}$、$S_{cdm0609}$、$S_{cdm0611}$、$S_{cdm0603}$ 和 $S_{cdm0601}$ 正相关依次增强，其中与 $S_{cdm0605}$ 和 $S_{cdm0606}$ 相关显著（r_{partial} = 0.329、0.330，p = 0.011、0.011），与其余因子相关极显著。在各因子相互作用下，也是 $S_{cdm0613}$ 对油松高生长年增量影响最强，单位量变化系数达 21.607，对模型贡献 18.4%；对油松作用比对照明显增强，而对模型影响有所降低。其次是 $S_{cdm0611}$、$S_{cdm0610}$、$S_{cdm0607}$、$S_{cdm0609}$、$S_{cdm0604}$ 和 $S_{cdm0602}$，单位量变化系数依次为 11.543、10.046、9.634、8.879、8.208 和 7.988，对模型分别贡献 8.1%、6.0%、9.0%、6.7%、9.6% 和

15.7%；其中，$S_{cdm0611}$作用比对照明显减弱，$S_{cdm0602}$和$S_{cdm0604}$作用显著增强。而$S_{cdm0603}$、$S_{cdm0606}$、$S_{cdm0605}$、S_{cdm06}和$S_{cdm0601}$对油松作用相对较弱，单位量变化系数为5.376、4.928、4.698、3.407和2.906；其对模型影响也相对较小，分别贡献7.2%、2.9%、3.0%、7.5%和5.9%；其中，$S_{cdm0606}$作用比对照显著降低，而$S_{cdm0603}$作用增强显著，S_{cdm06}和$S_{cdm0601}$作用有所增强。

2. 树高生长年增量与六月累积日照时数的逐步回归模型 与4月和5月日照相同，也只是对照油松高生长年增量与近3年6月累积日照时数（$S_{cdm0602}$）线性关系相对紧密；但模型决定系数R^2较小。

$$R_{ahtck} = -21.006 + 0.066\ S_{cdm0602}$$

$$R_{ahtck} = 0.252\ S_{cdm0602}$$

（$n=70, R^2=0.063, F=4.595, p=0.036; r_0=0.252; t_0=-1.291, p=0.201; t_1=2.144, p=0.036$）

3. 树高生长年增量与六月累积日照时数的模型拟合 油松高生长年增量与6月累积日照时数相关性变化规律与4月和5月日照类似，但相关性更弱。其中，对照仅与$S_{cdm0501}$、$S_{cdm0602}$和$S_{cdm0503}$相关显著（$r_0=0.235$、0.252、0.243，$p=0.025$、0.018、0.021），而RPA与$S_{cdm0612}$相关性最好，也未达显著水平（$r_0=0.197, p=0.051$）。模型拟合，对照与$S_{cdm0601}$和$S_{cdm0602}$关系仅与Linear－模型回归显著，与$S_{cdm0603}$关系与Linear－模型和Quadratic－模型拟合性较强；而RPA没有产生有效模型。

（1）Linear－模型分析 模型$b>0$，决定系数R^2极小；表明树高生长年增量与$S_{cdm0601}$、$S_{cdm0602}$和$S_{cdm0603}$具有正相关的趋势，但数据比较松散，模型拟合性较低。

$$R_{ahtck} = -21.743 + 0.098S_{cdm0601}$$

（$n=70, R^2=0.055, F=3.973, p=0.050; t_0=-1.222, p=0.226; t_1=1.993, p=0.050$）

$$R_{ahtck} = -21.006 + 0.066S_{cdm0602}$$

（$n=70, R^2=0.063, F=4.595, p=0.036; t_0=-1.291, p=0.201; t_1=2.144, p=0.036$）

$$R_{ahtck} = -15.525 + 0.043S_{cdm0603}$$

（$n=70, R^2=0.059, F=4.267, p=0.043; t_0=-1.077, p=0.285; t_1=2.066, p=0.043$）

（2）Quadratic－模型分析　$S_{cdm0603}$的Quadratic－模型极小值出现在461.5 h/m附近；极值点右侧分布12组数据，其油松树高生长年增量与成正比，且增幅以3.697×10^{-4} $S_{cdm0603}$递增；发生频度0.857。变化趋势与其Linear－模型基本一致。

$$R_{ahtck} = 37.961 - 0.171S_{cdm0602} + 1.848\times10^{-4}S^2_{cdm0602}$$

（$n=70, R^2=0.115, F=4.356, p=0.017; t_0=1.295, p=0.200; t_1=-1.618, p=0.110; t_2=2.059, p=0.043$）

第八节　七月日照时数对树高生长的累积效应

【内容提要】 树高与当年7月日照时数（S_{cdm07}）负相关极显著，与近2年的累积日照时数($S_{cdm0701}$)相关不显著,与近3年至近14年7月累积日照时数正相关显著,且相关性随统计年限延长增强。逐步回归模型显示,对照油松对近13年7月日照时数($S_{cdm0712}$)的响应大于对近14年7月累积日照时数($S_{cdm0713}$)的响应,其单位量变化系数为1.782和1.496,对模型分别贡献32.5%和28.7%。而RPA油松对$S_{cdm0713}$的响应大于$S_{cdm0712}$的响应,其在优化模型和5因子模型中的单位量变化系数分别为3.111、1.179和3.116、1.377,对模型分别贡献67.7%、15.8%和68.9%、20.8%。模型拟合,树高与S_{cdm07}关系符合Quadratic模型条件,与$S_{cdm0703}$ ~ $S_{cdm0713}$关系符合Exponential模型要求,且线性关系随统计年限增加逐渐增强。

油松高年生长量与7月累积日照指标的相关性与2月和4月的相关性变化比较接近,而比5月和6月的相关性明显降低。对照与近2年至近14年7月累积日照($S_{cdm0701}$ ~ $S_{cdm0713}$)正相关极显著,其中与$S_{cdm0703}$和$S_{cdm0712}$的相关性较强($r_0=0.385$、0.643);RPA与当年7月日照时数(S_{cdm07})负相关极显著($r_0=-0.407$,$p=0.000$),而与$S_{cdm0703}$ ~ $S_{cdm0713}$正相关极显著,且依次增强。模型拟合证明,RPA油松高年生长量与当年7月日照时数关系具有Linear－模型和Inverse－模型属性。对照与$S_{cdm0701}$ ~ $S_{cdm0713}$和RPA与$S_{cdm0703}$ ~ $S_{cdm0713}$关系可用Linear－模型和Quadratic－模型表述;同时也采用Exponential－模型诠释各生长期7月累积日照时数对RPA油松高年生长量的影响。逐步回归分析结果证明,可用$S_{cdm0712}$、$S_{cdm0713}$和$S_{cdm0709}$模型分析7月累积日照与对照油松高年生长量的关系,其油松对各因子响应依次减弱,单位量变化系数为11.931、8.787和2.573,对模型分别贡献52.8%、36.3%和10.9%。而在RPA优化模型中,油松对$S_{cdm0711}$、$S_{cdm0710}$、$S_{cdm0713}$和$S_{cdm0709}$响应较强,单位量变化系数为5.351、5.259、3.555和2.525,分别贡献2.1%、31.4%、23.4%和12.1%。

汉中对照飞播油松高生长年增量仅与近2年7月累计日照($S_{cdm0701}$)相关极显著($r_0=0.302$,$p=0.005$),RPA仅与当年7月日照时数(S_{cdm07})负相关显著($r_0=-0.209$,$p=0.041$)。向后剔除法逐步回归分析结果显示,可用近10年、近13年和近14年($S_{cdm0709}$、$S_{cdm0712}$和$S_{cdm0713}$)因子组建的对照模型,当年、近2年、近5年至近7年、近8年、近11年、近13年和近14年累积日照(S_{cdm07}、$S_{cdm0701}$、$S_{cdm0704}$、$S_{cdm0705}$、$S_{cdm0706}$、$S_{cdm0708}$、$S_{cdm0710}$、$S_{cdm0712}$和$S_{cdm0713}$)因子构成的RPA模型诠释7月累积日照对油松高生长年增量的作用。对照模型中,油松对$S_{cdm0712}$和$S_{cdm0713}$影响很强,其单位量变化系数达11.270和9.633,对模型分别贡献51.6%和440.3%。RPA模型中,油松对$S_{cdm0713}$和$S_{cdm0710}$响应较强,其单位量变化系数达15.685和14.344,对模型贡献27.1%和23.2%。

【关 键 词】多效抗旱驱鼠剂,飞播造林,油松,树高,7月积日照时数,逐步回归模型

一、树高与七月累积日照指标的关系

1. **树高与各生长期七月累积日照时数的逐步回归模型**　对树高(H_t)与7月日照时

数累积指标(S_{cdm07})进行逐步回归模型分析,在各同生长期7月累积日照时数组成的6组对照油松高有效模型中,$S_{cdm0713}$、$S_{cdm0707}$、$S_{cdm0711}$、$S_{cdm0712}$、$S_{cdm0710}$和$S_{cdm0702}$组合构成了对照油松优化模型。在组成的7组RPA油松高有效模型中,$S_{cdm0713}$、$S_{cdm0702}$、$S_{cdm0712}$、$S_{cdm0707}$和$S_{cdm0709}$组合构建了RPA优化模型;同时,$S_{cdm0713}$、$S_{cdm0708}$、$S_{cdm0702}$、$S_{cdm0712}$和$S_{cdm0707}$组合也能较好诠释不同生长期7月累积日照时数对RPA油松高的影响(表11-22)。

表11-22 汉中油松高与7月日照时数累积值逐步回归模型

Tab.11-22 The stepwise regression model of relationship between cumulative sunshine durations in July and *Pinus tabulaeformi* height

处理 Treat	日照因子 S_{cdm07}	模型 Model Coefficients 非标准 Unstandard	标准 Standard	T-检验 (T-test) t	p	R^2	相关系数 Correlations r_0	$r_{partial}$	r_{part}	共线性统计量 Collinearity statistics 容差 Tolerance	方差膨胀因子 VIF
H_{tck}	常量	4.651	—	0.832	0.409		—	—	—	—	—
	$S_{cdm0713}$	0.198	1.496	8.080	0.000	0.993	0.913	0.713	0.088	0.003	288.488
	$S_{cdm0707}$	-0.126	-0.594	-9.157	0.000	(F=	0.674	-0.756	-0.100	0.028	35.458
	$S_{cdm0711}$	-0.168	-1.188	-4.482	0.000	1392.749,	0.871	-0.492	-0.049	0.002	591.958
	$S_{cdm0712}$	0.242	1.782	7.055	0.000	p=0.000)	0.896	0.664	0.077	0.002	536.893
	$S_{cdm0710}$	-0.094	-0.623	-2.820	0.006		0.840	-0.335	-0.031	0.002	411.388
	$S_{cdm0702}$	-0.035	-0.041	-2.188	0.032		0.270	-0.266	-0.024	0.344	2.907
H_{trpa}	常量	14.692	—	2.004	0.049		—	—	—	—	—
	$S_{cdm0713}$	0.561	3.111	17.504	0.000	0.993	0.904	0.910	0.186	0.004	280.867
	$S_{cdm0702}$	-0.080	-0.069	-3.863	0.000	(F=	0.232	-0.435	-0.041	0.349	2.869
	$S_{cdm0712}$	-0.219	-1.179	-5.283	0.000	1765.374,	0.879	-0.551	-0.056	0.002	442.782
	$S_{cdm0707}$	-0.129	-0.446	-5.210	0.000	p=0.000)	0.659	-0.546	-0.055	0.015	65.157
	$S_{cdm0709}$	-0.136	-0.604	-3.974	0.000		0.781	-0.445	-0.042	0.005	205.701
	常量	15.994	—	2.024	0.047		—	—	—	—	—
	$S_{cdm0713}$	0.562	3.116	15.928	0.000	0.992	0.904	0.894	0.180	0.003	300.375
	$S_{cdm0708}$	-0.112	-0.445	-2.540	0.014	(F=	0.724	-0.303	-0.029	0.004	241.170
	$S_{cdm0702}$	-0.078	-0.067	-3.426	0.001	1557.226,	0.232	-0.394	-0.039	0.332	3.013
	$S_{cdm0712}$	-0.256	-1.377	-6.004	0.000	p=0.000)	0.879	-0.600	-0.068	0.002	413.058
	$S_{cdm0707}$	-0.121	-0.417	-3.031	0.004		0.659	-0.354	-0.034	0.007	148.656

(1)对照树高7月累积日照时数模型分析　在控制模型中其他因子影响下,树高与$S_{cdm0707}$、$S_{cdm0711}$、$S_{cdm0710}$和$S_{cdm0702}$负偏相关依次减弱,其中除与$S_{cdm0702}$相关显著外($r_{partial}$=0.266,p=0.032),与其余因子相关极显著;而与$S_{cdm0713}$正偏相关性优于$S_{cdm0712}$,且极显著。油松对$S_{cdm0712}$、$S_{cdm0713}$和$S_{cdm0711}$响应较强,其单位量变化系数为1.784、1.496和1.188;对$S_{cdm0710}$和$S_{cdm0707}$响应相对较弱,变化系数为0.623和0.594;而对$S_{cdm0702}$响应极

弱,其变化系数仅为0.041。各因子相互作用下,$S_{cdm0712}$和$S_{cdm0713}$对模型影响相对较大,分别贡献32.5%和28.7%;其次是$S_{cdm0708}$和$S_{cdm0711}$,分别贡献16.4%和15.6%;而$S_{cdm0710}$对模型影响相对较小,贡献6.1%;$S_{cdm0710}$对模型影响极小,仅贡献0.7%。

(2)RPA树高7月累积日照时数模型分析

①五因子优化模型 排除其他干扰下,树高与各因子偏相关极显著,其中仅与$S_{cdm0713}$正相关,而与$S_{cdm0712}$、$S_{cdm0707}$、$S_{cdm0709}$和$S_{cdm0702}$负偏相关依次减弱。油松对$S_{cdm0713}$响应最强,单位量变化系数为3.111;其对模型影响也最大,贡献67.7%;其次是$S_{cdm0712}$,单位量变化系数1.179,贡献15.8%;$S_{cdm0709}$和$S_{cdm0707}$对模型影响相对较小,其单位量变化系数为0.604和0.446,分别贡献7.3%和7.5%;而油松对也对$S_{cdm0702}$响应极弱,变化系数仅为0.069;其对模型影响也最小,仅贡献1.7%。

②五因子模型 用$S_{cdm0708}$取代优化模型中的$S_{cdm0709}$分析,树高也仅与$S_{cdm0713}$正偏相关极显著;而与$S_{cdm0712}$、$S_{cdm0702}$、$S_{cdm0707}$和$S_{cdm0708}$负偏相关依次减弱,其中与前3因子相关极显著,与后1因子相关显著($r_{\text{partial}}=0.305$,$p=0.014$)。与优化模型相同,油松对$S_{cdm0713}$响应最强,单位量弯化系数为3.116,贡献68.9%。其次也是$S_{cdm0712}$,变化系数1.377,贡献20.8%;比优化模型模型增强。$S_{cdm0709}$和$S_{cdm0708}$对模型影响相对较小,其单位量变化系数为0.445和0.417,分别贡献4.0%和4.7%;与优化模型比较$S_{cdm0708}$影响有所降低。而油松也是对$S_{cdm0702}$响应最弱,系数为0.067,对模型仅贡献1.6%。

2. 树高与各生长期七月累积日照时数的模型拟合 从树高与不同生长期7月累积日照时数相关性分析,对照和RPA油松与S_{cdm07}负相关极显著($r_0=-0.300$、-0.328,$p=0.006$、0.003),与$S_{cdm0701}$不相关($r_0=0.049$、-0.002),与$S_{cdm0702}$正相关显著($r_0=0.270$、0.232,$p=0.012$、0.026),而与$S_{cdm0703}\sim S_{cdm0713}$正相关极显著,且随统计年限延长相关性增强。对其进行模型拟合分析,树高与S_{cdm07}关系符合Quadratic模型条件,与$S_{cdm0703}\sim S_{cdm0713}$关系符合Exponential模型要求,且线性关系随统计年限增加而更加密切。

$$H_{tck}=551.569-8.284S_{cdm07}+0.021S_{cdm07}^2$$

($n=70$,$R^2=0.176$;$F=7.157$,$p=0.002$;$t_0=3.565$,$p=0.001$,$t_1=-2.886$,$p=0.005$,$t_2=2.641$,$p=0.010$)

$$H_{trpa}=1351.160-12.989S_{cdm07}+0.033S_{cdm07}^2$$

($n=70$,$R^2=0.222$;$F=9.556$,$p=0.000$;$t_0=4.119$,$p=0.000$,$t_1=-3.411$,$p=0.001$,$t_2=3.317$,$p=0.003$)

$$H_{tck}=2.752e^{0.004S_{cdm0704}}$$

($n=70$,$R^2=0.659$;$F=131.446$,$p=0.000$;$t_0=3.586$,$p=0.001$,$t_1=11.465$,$p=0.000$)

$$H_{trpa}=3.526e^{0.004S_{cdm0704}}$$

($n=70$,$R^2=0.639$;$F=120.237$,$p=0.000$;$t_0=3.419$,$p=0.001$,$t_1=10.965$,$p=0.000$)

$$H_{tck} = 6.678e^{0.002S_{cdm0713}}$$

$(n = 70, R^2 = 0.985; F = 4608.693, p = 0.000; t_0 = 27.553, p = 0.000, t_1 = 67.887, p = 0.000)$

$$H_{trpa} = 8.290e^{0.002S_{cdm0713}}$$

$(n = 70, R^2 = 0.986; F = 4658.871, p = 0.000; t_0 = 27.159, p = 0.000, t_1 = 68.256, p = 0.000)$

从模型分析，树高与当年7月日照时数 Quadratic 模型决定系数 R^2 较小，树高与 S_{cdm07} 关系相对疏远。因为一次项系数大于零，对照和 RPA 模型极小值分别出现在7月累积日照时数为197.0h 和196.0 h 附近。RPA 和对照 $S_{cdm0704}$ 模型值之比为1.28，$S_{cdm0713}$ 模型值之比为1.24。其 Exponential 模型与上述各月比较当年和前4年模型决定系数明显减小，线性关系拟合度降低。

二、树高年生长量与七月累积日照指标的关系

1. 高年生长量与七月累积日照时数的逐步回归模型 对照油松高年生长量只与 $S_{cdm0712}$、$S_{cdm0713}$ 和 $S_{cdm0709}$ 关系密切；而在组成的5组 RPA 油松高年生长量有效模型中，$S_{cdm0713}$、$S_{cdm0711}$、$S_{cdm0704}$、$S_{cdm0710}$ 和 $S_{cdm0709}$ 构成其优化模型(表11-24)。

(1)对照树高年生长量与7月累积日照时数模型分析 控制模型中其他因子作用，对照树高年生长量仅与 $S_{cdm0712}$ 正偏相关极显著，而与 $S_{cdm0713}$ 和 $S_{cdm0709}$ 负偏相关极显著。油松对 $S_{cdm0712}$、$S_{cdm0713}$ 和 $S_{cdm0709}$ 响应依次减弱，单位量变化系数分别为11.931、8.787 和2.573；其对模型影响也依次降低，分别贡献52.8%、36.3%和10.9%。

(2)RPA 树高年生长量与7月累积日照时数模型分析 RPA 油松高年生长量与 $S_{cdm0710}$ 和 $S_{cdm0713}$ 正偏相关极显著；而与 $S_{cdm0711}$ 和 $S_{cdm0709}$ 负偏相关极显著，与 $S_{cdm0704}$ 负偏相关显著($r_{partial} = -0.255, p = 0.039$)。各因子配合下，油松对 $S_{cdm0711}$ 和 $S_{cdm0710}$ 响应较强，单位量变化系数为5.351 和5.259；其对模型影响也较大，分别贡献32.1%和31.4%。其次是 $S_{cdm0713}$ 和 $S_{cdm0709}$，单位量变化系数为3.555 和2.525，其对模型贡献23.4%和12.1%。而油松对 $S_{cdm0704}$ 响应最弱，其单位量变化系数仅为0.229，对模型仅贡献1.1%。

2. 高年生长量与七月累积日照时数的模型拟合 从相关性变化分析，RPA 与当年7月日照时数呈极显著负相关($r_0 = -0.407, p = 0.000$)，而对照与其基本不相关($r_0 = -0.046$)；RPA 与 $S_{cdm0701}$ 相关性很小($r_0 = -0.048$)，与 $S_{cdm0702}$ 正相关不显著($r_0 = 0.183$，$p = 0.065$)，而与 $S_{cdm0703} \sim S_{cdm0713}$ 正相关极显著，且依次增强。对照与 $S_{cdm0701} \sim S_{cdm0713}$ 正相关极显著，其中与 $S_{cdm0703}$ 和 $S_{cdm0712}$ 出现峰值，相关系数分别为0.385 和0.643。与5月和6月相比，相关性明显降低，而与2月和4月相关性变化比较接近。对其关系进行模型拟合分析，RPA 油松高年生长量与当年7月日照时数关系具有 Linear-模型和 Inverse-模型属性。对照与 $S_{cdm0701} \sim S_{cdm0713}$ 和 RPA 与 $S_{cdm0703} \sim S_{cdm0713}$ 关系可用 Linear-模型和 Quadratic-模型表述；同时也采用 Exponential-模型诠释各生长期7月累积日照时数对 RPA 油松高年生长量的影响。

表 11 - 24 汉中油松高年生长量与 7 月累积日照时数逐步回归模型

Tab. 11 - 24 The stepwise regression model of relationship between cumulative sunshine durations in July and annual height increment of *Pinus tabulaeformi*

处理 Treat	日照因子 S_{cdm07}	模型 Model Coefficients		T - 检验 (T-test)		R^2	相关系数 Correlations			共线性统计量 Collinearity statistics	
		非标准 Unstandard	标准 Standard	t	p		r_0	$r_{partial}$	r_{part}	容差 Tolerance	方差膨胀因子 VIF
H_{atck}	常量	0.695	—	0.170	0.865	0.753 *	—	—	—	—	—
	$S_{cdm0712}$	0.424	11.931	9.979	0.000		0.643	0.776	0.611	0.003	381.377
	$S_{cdm0713}$	-0.303	-8.787	-8.884	0.000		0.615	-0.738	-0.544	0.004	260.977
	$S_{cdm0709}$	-0.110	-2.573	-7.228	0.000		0.590	-0.665	-0.443	0.030	33.794
H_{atrpa}	常量	7.428	—	1.208	0.232	0.851 (F = 73.273, p = 0.000)	—	—	—	—	—
	$S_{cdm0713}$	0.163	3.555	5.996	0.000		0.791	0.600	0.289	0.007	151.256
	$S_{cdm0711}$	-0.263	-5.351	-4.919	0.000		0.745	-0.524	-0.237	0.002	509.312
	$S_{cdm0704}$	-0.031	-0.229	-2.110	0.039		0.397	-0.255	-0.102	0.197	5.068
	$S_{cdm0710}$	0.275	5.259	4.658	0.000		0.729	0.503	0.225	0.002	548.706
	$S_{cdm0709}$	-0.144	-2.525	-3.340	0.001		0.680	-0.385	-0.161	0.004	245.889

备注:Remark: * $F=66.936, p=0.000$

(2) Linear - 模型分析　从 RPA 的 S_{cdm07} 模型分析,模型决定系数 R^2 较小,线性关系比较松散。模型斜率小于零,树高年生长量与 S_{cdm07} 成反比。从 $S_{cdm0712}$ 和 $S_{cdm0713}$ 模型分析,RPA 和对照模型斜率大于零,比值为 1.586 和 1.707;分别在 573.0 h/m 和 678.7 h/m 附近相交,其左侧各有 3 组数据。

$$H_{atck} = 98.918 - 0.346S_{cdm07}$$

$$(n=70, R^2=0.166, F=13.492, p=0.000; t_0=5.465, p=0.003; t_1=-3.673, p=0.000)$$

$$H_{atck} = -9.582 + 0.023S_{cdm0712}$$

$$(n=70, R^2=0.414, F=48.047, p=0.000; t_0=-1.807, p=0.075; t_1=6.932, p=0.000)$$

$$H_{atrpa} = -17.265 + 0.036S_{cdm0712}$$

$$(n=70, R^2=0.591, F=98.241, p=0.000; t_0=-2.936, p=0.005; t_1=9.912, p=0.000)$$

$$H_{atck} = -7.604 + 0.021S_{cdm0713}$$

$$(n=70, R^2=0.378, F=41.405, p=0.000; t_0=-1.412, p=0.162; t_1=6.435, p=0.000)$$

$$H_{atrpa} = -17.791 + 0.036S_{cdm0713}$$

$$(n=70, R^2=0.625, F=113.525, p=0.000; t_0=-3.206, p=0.002; t_1=10.655, p=0.000)$$

(2) Quadratic - 模型分析　$S_{cdm0712}$ 的 Quadratic - 模型极值分别出现在 633.7 h/m 和 682.0 h/m 附近,极值点左侧各有 3 组数据;两模型不相交,RPA 模型值大于对照。$S_{cdm0713}$ 的 Quadratic - 模型极小值分别发生在 660.2 h/m 和 98.0 h/m 附近;对照极值点月累积日照时数小于 $S_{cdm0713}$ 取值下限{209.8,2625.9},RPA 在极值点右侧分布 3 组数据。在

$S_{cdm0713}$取值范围内，RPA 和对照模型有两个交点，分别出现在 561.5 h/m 和 1296.3 h/m 附近。其树高年生长量与月累积日照时数关系变化与 6 月 $S_{cdm0612}$和 $S_{cdm0613}$的 Quadratic – 模型分析结果类似。

$$H_{atck} = 12.155 - 0.022S_{cdm0712} + 1.632 \times 10^{-5} S^2_{cdm0712}$$

($n=70, R^2=0.705, F=33.143, p=0.000; t_0=1.485, p=0.142; t_1=-1.602, p=0.114; t_2=3.332, p=0.001$)

$$H_{atrpa} = 14.995 - 0.031S_{cdm0712} + 2.422 \times 10^{-5} S^2_{cdm0712}$$

($n=70, R^2=0.695, F=76.345, p=0.000; t_0=1.771, p=0.081; t_1=-2.137, p=0.036; t_2=4.782, p=0.000$)

$$H_{atck} = 3.714 - 1.568 \times 10^{-3} S_{cdm0713} + 8.006 \times 10^{-6} S^2_{cdm0713}$$

($n=70, R^2=0.403, F=22.569, p=0.000; t_0=0.427, p=0.671; t_1=-0.110, p=0.913; t_2=1.643, p=0.105$)

$$H_{atrpa} = 15.744 - 0.031S_{cdm0713} + 2.372 \times 10^{-5} S^2_{cdm0713}$$

($n=70, R^2=0.754, F=97.993, p=0.000; t_0=2.086, p=0.041; t_1=-2.533, p=0.014; t_2=5.614, p=0.000$)

三、树高生长年增量与七月累积日照指标的关系

1. **树高生长年增量与七月累积日照时数的向后剔除法逐步回归模型** 对树高年增量(R_{aht})与各生长期 7 月日照累积指标(S_{cdm07})进行向后剔除法逐步回归模型分析，经过 11 次向后逐步回归，组建了以 $S_{cdm0709}$、$S_{cdm0712}$和 $S_{cdm0713}$为因子的对照油松高年增量各生长期 7 月累积日照指标优化模型；而通过 5 次向后剔除法逐步回归，构建了以 S_{cdm07}、$S_{cdm0701}$、$S_{cdm0704}$、$S_{cdm0705}$、$S_{cdm0706}$、$S_{cdm0708}$、$S_{cdm0710}$、$S_{cdm0712}$和 $S_{cdm0713}$为因子的 RPA 油松高年增量优化模型(表 11 – 24)。

表 11 – 24 汉中油松高年增量与 7 月日照均值指标逐步向后回归模型

Tab. 11 – 24 The backward stepwise regression model of cumulative sunshine hours in July and annual height growth acceleration of *Pinus tabulaeformi*

处理 Treat	日照因子 S_{cdm07}	模型 Model Coefficients 非标准 Unstandard	标准 Standard	T – 检验 (T-test) t	p	R^2	相关系数 Correlations r_0	$r_{partial}$	r_{part}	共线性统计量 Collinearity statistics 容差 Tolerance	方差膨胀因子 VIF
R_{ahtck}	常量	4.475	—	0.555	0.580	0.390*	—	—	—	—	—
	$S_{cdm0709}$	−0.081	−1.508	−2.697	0.009		0.185	−0.315	−0.259	0.030	33.794
	$S_{cdm0712}$	0.503	11.270	6.002	0.000		0.182	0.594	0.577	0.003	381.377
	$S_{cdm0713}$	−0.418	−9.633	−6.202	0.000		0.144	−0.607	−0.596	0.004	260.977

续表 11－24

处理 Treat	日照因子 S_{cdm07}	模型 Model Coefficients 非标准 Unstandard	标准 Standard	T－检验 (T-test) t	p	R^2	相关系数 Correlations r_0	$r_{partial}$	r_{part}	共线性统计量 Collinearity statistics 容差 Tolerance	方差膨胀因子 VIF
R_{ahtrpa}	常量	410.877	—	4.457	0.000	0.415 (F = 4.731, p = 0.000)	—	—	—	—	—
	S_{cdm07}	－1.328	－0.910	－5.134	0.000		－0.209	－0.552	－0.507	0.310	3.225
	$S_{cdm0701}$	－1.111	－1.209	－3.234	0.002		0.137	－0.385	－0.319	0.070	14.327
	$S_{cdm0704}$	0.602	2.564	2.487	0.016		0.094	0.306	0.246	0.009	109.042
	$S_{cdm0705}$	0.785	4.305	3.447	0.001		0.140	0.407	0.340	0.006	160.045
	$S_{cdm0706}$	－1.160	－7.790	－3.630	0.001		0.142	－0.424	－0.358	0.002	472.381
	$S_{cdm0708}$	－0.434	－3.956	－2.460	0.017		0.177	－0.303	－0.243	0.004	265.364
	$S_{cdm0710}$	1.288	14.344	3.969	0.000		0.192	0.456	0.392	0.001	1 340.062
	$S_{cdm0712}$	0.571	7.046	2.752	0.008		0.193	0.335	0.272	0.001	672.569
	$S_{cdm0713}$	－1.234	－15.685	－4.790	0.000		0.175	－0.526	－0.473	0.001	1 099.856

备注：Remark：* F = 14.055，p = 0.000

（1）对照树高生长年增量与 7 月累积日照时数的模型分析　在控制其他因子影响下，对照油松高生长年增量仅与 $S_{cdm0712}$ 正净相关极显著，而与 $S_{cdm0713}$ 的负净相关优于 $S_{cdm0708}$，且均极显著。三因子配合下，$S_{cdm0712}$ 和 $S_{cdm0713}$ 对树高生长年增量起着决定作用，单位量变化系数达 11.270 和 9.633；其对模型也发挥着主导作用，分别贡献 51.6% 和 440.3%。而 $S_{cdm0708}$ 对树高生长年增量作用很弱，单位量变化系数仅为 1.508；其对模型影响也很小，仅贡献 4.1%。

（2）RPA 树高生长年增量与 7 月累积日照时数的模型分析　与对照相比，在控制其他因子影响下，树高生长年增量与 S_{cdm07}、$S_{cdm0713}$、$S_{cdm0706}$、$S_{cdm0701}$ 和 $S_{cdm0708}$ 负净相关依次减弱，而与 $S_{cdm0704}$、$S_{cdm0712}$、$S_{cdm0705}$ 和 $S_{cdm0710}$ 正净相关依次增强；其中与 $S_{cdm0708}$ 和 $S_{cdm0704}$ 相关显著（$r_{partial}$ = －0.303、0.306，p = 0.017、0.016），与其余因子相关极显著。在各因子相互作用下，$S_{cdm0713}$ 和 $S_{cdm0710}$ 对油松高生长年增量作用极强，单位量变化系数达 15.685 和 14.344；其对模型影响也很大，贡献 27.1% 和 23.2%；但 $S_{cdm0713}$ 的作用比对照明显降低。其次是 $S_{cdm0706}$、$S_{cdm0712}$ 和 $S_{cdm0705}$，单位量变化系数为 7.790、7.046 和 4.305，对模型贡献 15.2%、7.9% 和 8.8%；其中 $S_{cdm0712}$ 作用比对照消弱十分明显。而 $S_{cdm0708}$、$S_{cdm0704}$、$S_{cdm0701}$ 和 S_{cdm07} 对油松高生长年增量作用较弱，单位量变化系数为 3.956、2.564、1.209 和 0.910；其对模型影响也较小，分别贡献 4.7%、4.4%、4.6% 和 4.0%。

2. **树高生长年增量与七月累积日照时数的逐步回归模型**　对其进行逐步回归模型分析，只有对照油松高生长年增量与近 2 年 7 月累积日照时数（$S_{cdm0701}$）线性关系较为密切，但模型决定系数 R^2 也很小。

$$R_{ahtck} = -43.454 + 0.153\ S_{cdm0701}$$

$$R_{ahtck}=0.302\ S_{cdm0701}$$

($n=70, R^2=0.091, F=6.842, p=0.011; r_0=0.302; t_0=-1.987, p=0.051; t_1=2.616, p=0.011$)

3. 树高生长年增量与七月累积日照时数的模型拟合 对照树高生长年增量与当年7月日照时数(S_{cdm07})极不相关($r_0=0.088$),RPA与其呈显著负相关($r_0=-0.209, p=0.041$)。而对照和RPA油松高生长年增量与其余因子均呈一定的正相关;其中对照仅与$S_{cdm0701}$相关极显著($r_0=0.302, p=0.005$);RPA与$S_{cdm0712}$相关系数最大,但未达显著水平($r_0=0.193, p=0.055$)。对其进行模型拟合,RPA和对照油松高年增量与当年7月日照时数(S_{cdm07})的Quadratic-模型相关性较强。另外,对照与$S_{cdm0701}$的Linear-模型和Quadratic-模型线性关系也比较紧密,与$S_{cdm0701}$的Quadratic-模型拟合度也较高。

(1)当年7月日照时数模型分析 RPA和对照S_{cdm07}的Quadratic-模型,$a<0$、$b>0$、$c<0$,极大值分别出现在171.0 h/m和183.6 h/m附近;极值点左侧均有5组数据;极值点右侧油松高生长年增量与各生长期7月平均日照时数成反比,发生频度0.643。两模型交点位于101.5 h/m和217.5 h/m附近,在当年7月日照时数范围内{112.5,242.4},分布在交点区间的数据有10组;其RPA油松高生长年增量大于对照,发生频度为0.714;模型最大差距发生在159.5 h/m附近。

$$R_{ahtrpa}=-466.677+6.128S_{cdm07}-0.018S_{cdm07}^2$$

($n=70, R^2=0.220, F=9.423, p=0.000; t_0=-3.258, p=0.002; t_1=3.685, p=0.000; t_2=-3.886, p=0.000$)

$$R_{ahtck}=-259.593+3.135S_{cdm07}-8.535\cdot10^{-3}S_{cdm07}^2$$

($n=70, R^2=0.139, F=5.411, p=0.007; t_0=-3.130, p=0.003; t_1=3.256, p=0.002; t_2=-3.197, p=0.002$)

(2)近2年至近4年7月累积日照时数模型分析 对照$S_{cdm0701}$的Linear-模型$b>0$,$R^2=0.091$;树高生长年增量与其有正相关的趋势。其Quadratic-模型变化规律与其S_{cdm07}的Quadratic-模型类似。极大值出现在719.4 h/m附近,极值点超出了$S_{cdm0701}$取值上限{209.8,449.0};在当地日照条件下,油松高年增量与近2年7月累积日照时数成正比,但增幅以$4.013\times10^{-4}S_{cdm0701}$递减;因为递减量极小,在$S_{cdm0701}$取值范围内,油松高生长年增量变化趋势与其Linear-模型基本一致。从其$S_{cdm0703}$的Quadratic-模型分析,$a>0$、$b<0$、$c>0$,极小值发生在489.5 h/m附近;极值点右侧分别有12组数据,其油松树高生长年增量也与近4年7月累积日照时数($S_{cdm0703}$)呈正相关,且增幅以$6.304\times10^{-4}S_{cdm0703}$递增;发生频度0.857。

$$R_{ahtck}=-43.454+0.153S_{cdm0701}$$

($n=70, R^2=0.091, F=6.842, p=0.011; t_0=-1.987, p=0.051; t_1=2.616, p=0.011$)

$$R_{ahtck}=-65.221+0.289S_{cdm0701}+2.006\times10^{-4}S_{cdm0701}^2$$

$(n=70, R^2=0.092, F=3.405, p=0.039; t_0=-0.728, p=0.469; t_1=0.531, p=0.597; t_2=-0.251, p=0.803)$

$$R_{ahtck} = 64.752 - 0.309S_{cdm0703} + 3.152 \times 10^{-4} S_{cdm0703}^2$$

$(n=70, R^2=0.101, F=3.779, p=0.028; t_0=1.771, p=0.081; t_1=-2.003, p=0.049; t_2=2.239, p=0.028)$

第九节　八月日照时数对树高生长的累积效应

【内容提要】树高与8月累积日照时数的相关性变化规律与7月类似，但相关性较低。对照逐步回归优化模型和7因子模型显示，油松对近13、近12年和近14年8月累积日照时数（$S_{cdm0812}$、$S_{cdm0811}$和$S_{cdm0813}$）响应较强，单位量变化系数分别为1.850、1.353、1.33和1.773、1.220、1.121，对模型贡献33.9%、24.8%、20.1%和22.7%、12.9%、9.5%；而其4因子模型中，整个生长期8月累积日照时数（$S_{cdm0813}$）对油松影响最大，单位量变化系数为1.840，对模型贡献76.1%。RPA模型显示，也是$S_{cdm0813}$对油松影响最大，系数为2.436，对模型贡献66.0%。模型拟合，树高与S_{cdm08} ~ $S_{cdm0802}$关系符合Quadratic模型和Cubic模型条件，与$S_{cdm0803}$符合S－曲线，与$S_{cdm0804}$ ~ $S_{cdm0805}$遵从Power模型变化，与$S_{cdm0806}$关系更符合Exponential模型，与$S_{cdm0807}$关系S－曲线拟合度最高，而与$S_{cdm0808}$ ~ $S_{cdm0813}$关系最能满足Exponential模型要求。且模型决定系数R^2随统计年限延长逐渐提高。

汉中飞播油松高年生长量与8月累积日照相关性变化规律与7月累积日照相似，其与近6年至近14年8月累积日照（$S_{cdm0805}$ ~ $S_{cdm0813}$）符合Linear－模型和Quadratic－模型条件，其中用$S_{cdm0812}$和$S_{cdm0813}$模型可分析8月日照对树高年生长量的累积效应。逐步回归结果显示，对照油松对$S_{cdm0812}$和$S_{cdm0813}$响应较强，其单位量变化系数为12.009和8.096，对模型分别贡献55.4%和37.9%；RPA油松对$S_{cdm0811}$和$S_{cdm0810}$响应较强，其单位量变化系数为4.811和4.345，对模型分别贡献30.5%和28.4%。

树高生长年增量与8月累积日照相关不显著。向后剔除法逐步回归分析结果显示，对照油松对$S_{cdm0810}$、$S_{cdm0811}$、$S_{cdm0806}$和$S_{cdm0807}$响应较强，其单位量变化系数为12.132、7.000、5.681、4.855和3.710，对模型贡献33.6%、17.5%、13.4%、15.7%和8.8%。RPA油松对$S_{cdm0810}$、$S_{cdm0811}$和$S_{cdm0809}$响应较大，其单位量变化系数为16.661、11.192和8.398，对模型贡献40.6%、21.8%和18.3%。

【关 键 词】多效抗旱驱鼠剂，飞播造林，油松，树高，8月积日照时数，逐步回归模型

一、树高与八月累积日照指标的关系

1. **树高与各生长期八月累积日照时数的逐步回归模型**　对树高（H_t）与8月日照时

数累积指标(S_{cdm08})进行逐步回归模型分析,在组成的 10 组对照油松高有效模型中,$S_{cdm0813}$、$S_{cdm0809}$、$S_{cdm0806}$、$S_{cdm0812}$、$S_{cdm0811}$和 S_{cdm08}组合构成了对照油松优化模型;另外其引入 $S_{cdm0801}$或者采用 $S_{cdm0813}$、$S_{cdm0808}$、$S_{cdm0801}$和 $S_{cdm0809}$组合也能较好反映不同生长期 8 月累积日照时数与对照油松高的关系。而在组成的 4 组 RPA 油松有效模型中,$S_{cdm0813}$、$S_{cdm0809}$、$S_{cdm0805}$和 $S_{cdm0811}$组合诠释了各生长期 8 月累积日照时数对其油松高的影响(表 11 -25)。

表 11 -25 汉中油松高与 8 月日照时数累积值逐步回归模型

Tab. 11 -25 The stepwise regression model of relationship between cumulative sunshine durations in August and *Pinus tabulaeformi* height

处理 Treat	日照因子 S_{cdm08}	模型 Model Coefficients 非标准 Unstandard	标准 Standard	T-检验 (T-test) t	p	R^2	相关系数 Correlations r_0	$r_{partial}$	r_{part}	共线性统计量 Collinearity statistics 容差 Tolerance	方差膨胀因子 VIF
	常量	25.121	—	2.398	0.019	0.992 (F = 1350.709, p = 0.000)	—	—	—	—	—
	$S_{cdm0813}$	0.184	1.133	6.923	0.000		0.912	0.657	0.077	0.005	218.743
	$S_{cdm0809}$	-0.117	-0.535	-6.228	0.000		0.730	-0.617	-0.069	0.017	60.347
	$S_{cdm0806}$	-0.105	-0.300	-9.212	0.000		0.517	-0.758	-0.102	0.115	8.667
	$S_{cdm0812}$	0.312	1.850	6.956	0.000		0.894	0.659	0.077	0.002	577.542
	$S_{cdm0811}$	-0.242	-1.353	-6.550	0.000		0.854	-0.636	-0.072	0.003	348.691
	S_{cdm08}	-0.134	-0.046	-3.249	0.002		-0.182	-0.379	-0.036	0.607	1.647
	常量	33.682	—	2.891	0.005	0.993 (F = 1186.693, p = 0.000)	—	—	—	—	—
	$S_{cdm0813}$	0.182	1.121	6.930	0.000		0.912	0.661	0.076	0.005	219.172
H_{tck}	$S_{cdm0801}$	-0.038	-0.020	-1.598	0.115		-0.052	-0.199	-0.017	0.766	1.305
	$S_{cdm0809}$	-0.129	-0.590	-6.445	0.000		0.730	-0.633	-0.070	0.014	70.141
	$S_{cdm0806}$	-0.101	-0.289	-8.783	0.000		0.517	-0.745	-0.096	0.110	9.065
	$S_{cdm0812}$	0.299	1.773	6.639	0.000		0.894	0.645	0.073	0.002	596.830
	$S_{cdm0811}$	-0.218	-1.220	-5.536	0.000		0.854	-0.575	-0.061	0.002	406.707
	S_{cdm08}	-0.116	-0.040	-2.718	0.009		-0.182	-0.326	-0.030	0.561	1.783
	常量	18.923	—	1.468	0.147		—	—	—	—	—
	$S_{cdm0813}$	0.299	1.840	30.155	0.000		0.912	0.966	0.523	0.081	12.366
	$S_{cdm0808}$	-0.137	-0.546	-4.077	0.000	0.980*	0.657	-0.451	-0.071	0.017	59.593
	$S_{cdm0801}$	-0.107	-0.056	-3.152	0.002		-0.052	-0.364	-0.055	0.962	1.039
	$S_{cdm0809}$	-0.102	-0.467	-2.733	0.008		0.730	-0.321	-0.047	0.010	96.979
	常量	-1.113	—	-0.163	0.871		—	—	—	—	—
	$S_{cdm0813}$	0.541	2.436	21.834	0.000		0.906	0.938	0.293	0.014	68.999
H_{trpa}	$S_{cdm0809}$	-0.181	-0.607	-7.007	0.000	0.988**	0.720	-0.656	-0.094	0.024	41.599
	$S_{cdm0805}$	-0.118	-0.201	-8.311	0.000		0.430	-0.718	-0.112	0.308	3.242
	$S_{cdm0811}$	-0.202	-0.826	-4.894	0.000		0.842	-0.519	-0.066	0.006	157.776

备注:Remark:* F = 1369.555, p = 0.000;** F = 814.458, p = 0.000,

(1)对照树高 8 月累积日照时数模型分析

①六因子优化模型 在控制其它因子影响下，树高与各因子偏相关极显著，其中与 $S_{cdm0806}$、$S_{cdm0811}$、$S_{cdm0809}$ 和 S_{cdm08} 负相关依次减弱，而与 $S_{cdm0813}$ 和 $S_{cdm0812}$ 正相关依次增强。各因子相互配合下，油松对 $S_{cdm0812}$ 响应最强，单位量变化系数为 1.850；其对模型影响也最大，贡献 33.9%。其次是 $S_{cdm0811}$ 和 $S_{cdm0813}$，其单位量变化系数为 1.353 和 1.33，对模型分别贡献 24.8% 和 20.1%；油松对 $S_{cdm0809}$ 和 $S_{cdm0806}$ 响应相对较弱，变化系数为 0.533 和 0.300；其对模型作用也相对降低，分别贡献 10.7% 和 9.4%。而油松对 S_{cdm08} 响应最弱，单位量变化系数仅为 0.046；其对模型影响也极小，仅贡献 1.1%。

②七因子模型 优化模型引入 $S_{cdm0801}$ 因子分析，在排除其它因子干扰下，树高与优化模型中原有因子偏相关关系不变，而与 $S_{cdm0801}$ 负偏相关不显著($r_{partial} = -0.199$)。油松也对 $S_{cdm0812}$ 响应最强，其系数为 1.773，贡献 22.7%；其次也是 $S_{cdm0811}$ 和 $S_{cdm0813}$，系数为 1.220 和 1.121，分别贡献 21.5% 和 21.3%；油松也对 $S_{cdm0809}$ 和 $S_{cdm0806}$ 响应相对较弱，系数为 0.590 和 0.289，贡献 12.9% 和 9.5%；变化规律与优化模型相同。而油松对 S_{cdm08} 和 $S_{cdm0801}$ 响应极弱，单位量变化系数仅为 0.040 和 0.020；其对模型影响也极小，仅贡献 0.9% 和 0.3%。

③四因子因子模型 树高也与 $S_{cdm0813}$ 正偏相关极显著；而与 $S_{cdm0808}$、$S_{cdm0801}$ 和 $S_{cdm0809}$ 负相关依次减弱，且极显著。油松对 $S_{cdm0813}$ 响应最强，单位量变化系数为 1.840，对模型贡献 76.1%。而油松对 $S_{cdm0808}$、$S_{cdm0809}$ 和 $S_{cdm0801}$ 响应较弱，且依次降低，系数为0.546、0.467 和 0.054；其对模型影响也相对较小，也依次降低，分别贡献 13.6%、7.7% 和 2.5%。与上述模型比较，$S_{cdm0813}$、$S_{cdm0809}$ 和 $S_{cdm0801}$ 与树高的关系保持稳定。

(2) RPA 树高 8 月累积日照时数模型分析 在控制模型各因子相互干扰下，与对照模型相同，树高也与 $S_{cdm0813}$ 正偏相关极显著；而与 $S_{cdm0805}$、$S_{cdm0809}$ 和 $S_{cdm0811}$ 负偏相关极显著，且依次减弱。油松也对 $S_{cdm0813}$ 响应最强，单位量变化系数为 2.436，对模型贡献 66.0%；而 $S_{cdm0809}$ 和 $S_{cdm0811}$ 对模型影响也较大，其单位量变化系数为 0.607 和 0.826，对模型分别贡献 13.8% 和 13.2%；而油松对 $S_{cdm0805}$ 响应较弱，其变化系数仅为 0.201，对模型贡献 7.0%。

2. **树高与各生长期八月累积日照时数的模型拟合** 从树高与不同生长期月累积日照时数相关性分析，8 月日照时数相关性变化规律与 7 月类似，但相关度明显降低。树高与 $S_{cdm08} \sim S_{cdm0802}$ 关系也符合 Quadratic 模型和 Cubic 模型条件，与 $S_{cdm0803}$ 关系与 S－曲线拟合度最好，与 $S_{cdm0804} \sim S_{cdm0805}$ 关系遵从 Power 模型变化，与 $S_{cdm0806}$ 关系更符合 Exponential 模型，与 $S_{cdm0807}$ 关系 S－曲线拟合度最高，而与 $S_{cdm0808} \sim S_{cdm0813}$ 关系最能满足 Exponential 模型要求。且模型决定系数 R^2 随统计年限延长逐渐提高。

二、树高年生长量与八月累积日照指标的关系

1. **高年生长量与八月累积日照时数的逐步回归模型** 对树高年生长量(H_{at})与 8 月累积日照时数(S_{cdm08})进行逐步回归模型分析，对照油松高年生长量只与 $S_{cdm0812}$、$S_{cdm0813}$、

$S_{cdm0809}$和 $S_{cdm0811}$ 关系密切；而在组成的 5 组 RPA 油松高年生长量有效模型中，$S_{cdm0813}$、$S_{cdm0811}$、$S_{cdm0804}$、$S_{cdm0810}$和 $S_{cdm0809}$构成了 RPA 油松高年生长量各生长期 8 月累积日照时数优化模型。与 7 月比较，优化模型关系基本不变，只是对照模型中引入了 $S_{cdm0811}$因子（表 11 – 26）。

（1）对照树高年生长量与 8 月累积日照时数模型分析 控制模型中其他因子作用，与 7 月一样，对照树高年生长量也仅与 $S_{cdm0712}$正偏相关极显著，与 $S_{cdm0813}$和 $S_{cdm0809}$负偏相关极显著；而与 $S_{cdm0811}$负偏相关显著（$r_{partial} = -0.258, p = 0.035$）。各因子配合下，油松对 $S_{cdm0812}$和 $S_{cdm0813}$响应也较强，单位量变化系数为 12.009 和 8.096；其对模型起着决定作用，分别贡献 55.4% 和 37.9%；作用比 7 月日照略有增强。而油松对 $S_{cdm0811}$和 $S_{cdm0809}$响应较弱，其单位量变化系数为 2.122 和 1.255，对模型仅贡献 3.2% 和 3.9%；与 7 月日照相比，$S_{cdm0809}$对模型影响显著降低。

（2）RPA 树高年生长量与 8 月累积日照时数模型分析　RPA 树高年生长量也与 $S_{cdm0810}$和 $S_{cdm0812}$正偏相关极显著，而与 $S_{cdm0811}$和 $S_{cdm0809}$负偏相关极显著，与 $S_{cdm0804}$负偏相关显著（$r_{partial} = -0.294, p = 0.017$）。在各因子相互作用下，油松也对 $S_{cdm0811}$和 $S_{cdm0810}$相应较强，单位量变化系数为 4.811 和 4.345；其对模型影响也较大，分别贡献 30.5% 和 28.4%；与 7 月日照相比，其对模型作用略有下降。其次是 $S_{cdm0813}$，单位量变化系数为 3.038，对模型贡献 27.1%；比 7 月显著。$S_{cdm0809}$对模型也有一定影响，其单位量变化系数为 2.308，对模型贡献 12.1%；与 7 月日照基本相当。与 7 月日照相同，油松对 $S_{cdm0804}$相应也极弱；其单位量变化系数仅为 0.167，对模型仅贡献 1.0%。

表 11 – 26　汉中油松高年生长量与 8 月累积日照时数逐步回归模型

Tab. 11 – 26 The stepwise regression model of relationship between cumulative sunshine durations in August and annual height increment of *Pinus tabulaeformi*

处理 Treat	日照因子 S_{cdm08}	模型 Model Coefficients 非标准 Unstandard	标准 Standard	T – 检验 (T-test) t	p	R^2	相关系数 Correlations r_0	$r_{partial}$	r_{part}	共线性统计量 Collinearity statistics 容差 Tolerance	方差膨胀因子 VIF
H_{atck}	常量	-1.857	—	-0.432	0.667	0.790	—	—	—	—	—
	$S_{cdm0812}$	0.529	12.009	9.395	0.000	(F =	0.632	0.759	0.534	0.002	505.518
	$S_{cdm0813}$	-0.344	-8.095	-10.150	0.000		0.598	-0.783	-0.577	0.005	196.784
	$S_{cdm0809}$	-0.072	-1.255	-3.909	0.000	61.098,	0.532	-0.436	-0.222	0.031	31.871
	$S_{cdm0811}$	-0.099	-2.122	-2.149	0.035	p = 0.000)	0.610	-0.258	-0.122	0.003	301.723
H_{atrpa}	常量	8.076	—	1.175	0.244	0.851	—	—	—	—	—
	$S_{cdm0813}$	0.189	3.359	8.188	0.000		0.796	0.715	0.395	0.014	72.497
	$S_{cdm0811}$	-0.299	-4.811	-5.584	0.000	(F =	0.731	-0.572	-0.269	0.003	319.666
	$S_{cdm0804}$	-0.032	-0.167	-2.459	0.017	73.328,	0.292	-0.294	-0.118	0.500	1.998
	$S_{cdm0810}$	0.295	4.345	4.814	0.000		0.696	0.516	0.232	0.003	350.810
	$S_{cdm0809}$	-0.155	-2.038	-4.239	0.000	p = 0.000)	0.629	-0.468	-0.204	0.010	99.520

2. **高年生长量与八月累积日照时数的模型拟合**　油松高年生长量与各生长期 8 月累积日照指标相关性变化与 7 月日照变化基本相同。对照与当年 8 月日照时数负相关显

著（$r_0 = -0.202, p = 0.047$），与 $S_{cdm0804}$ 正相关显著（$r_0 = 0.210, p = 0.041$），与 $S_{cdm0805}$ ~ $S_{cdm08013}$ 正相关极显著，其中与 $S_{cdm0812}$ 相关性最强（$r_0 = 0.632$）。而 RPA 与 $S_{cdm0803}$ 正相关显著（$r_0 = 0.253, p = 0.017$），与 S_{cdm04} ~ $S_{cdm0813}$ 正相关极显著，且依次增强，其中与 $S_{cdm0813}$ 相关性最高，相关系数达 0.796。树高年生长量与 $S_{cdm0805}$ ~ $S_{cdm0813}$ 关系也可用 Linear - 模型和 Quadratic - 模型分析，其中 $S_{cdm0812}$ 和 $S_{cdm0813}$ 模型分析较好。

（1）Linear - 模型分析　斜率大于零，RPA 和对照的 $S_{cdm0812}$ 和 $S_{cdm0813}$ 模型斜率比值为 1.623 和 1.769，分别在 624.6 h/m 和 712.5 h/m 附近相交，其左侧各有 3 组数据。在当地日照条件下，RPA 树高年生长量大于对照，且随月累积日照时间的增加两者差异更明显。

$$H_{atck} = -12.727 + 0.028S_{cdm0812}$$

$$(n = 70, R^2 = 0.339, F = 45.224, p = 0.000; t_0 = -2.175, p = 0.033; t_1 = 6.725, p = 0.000)$$

$$H_{atrpa} = -23.553 + 0.045S_{cdm0812}$$

$$(n = 70, R^2 = 0.597, F = 100.604, p = 0.000; t_0 = -3.694, p = 0.000; t_1 = 10.030, p = 0.000)$$

$$H_{atck} = -9.978 + 0.025S_{cdm0813}$$

$$(n = 70, R^2 = 0.357, F = 37.799, p = 0.000; t_0 = -1.679, p = 0.098; t_1 = 6.148, p = 0.000)$$

$$H_{atrpa} = -23.870 + 0.045S_{cdm0813}$$

$$(n = 70, R^2 = 0.634, F = 117.784, p = 0.000; t_0 = -4.010, p = 0.000; t_1 = 10.853, p = 0.000)$$

（2）Quadratic - 模型分析　RPA 和对照的 $S_{cdm0812}$ 模型极小值分别出现在 643.9 h/m 和 597.5 h/m 附近；极值点左侧分别分布 3 组和 2 组数据。在 $S_{cdm0812}$ 取值范围内{219.0, 2154.0}，两模型有两个交点，分别发生在 597.6 h/m 和 679.1 h/m 附近。$S_{cdm0813}$ 模型极小值分别出现在 627.7 h/m 和 -294.0 h/m 附近；两模型交点位于 577.9 h/m 和 1306.2 h/m 附近。结果与 7 月 $S_{cdm0313}$ Quadratic - 模型分析结果类似，两交点间，RPA 模型值小于对照；两交点外，RPA 模型值大于对照，且距交点越远，RPA 和对照油松高年生长量差异越明显。

$$H_{atck} = 12.261 - 0.026S_{cdm0812} + 2.188 \times 10^{-5}S^2_{cdm0812}$$

$$(n = 70, R^2 = 0.475, F = 30.258, p = 0.000; t_0 = 1.254, p = 0.214; t_1 = -1.463, p = 0.148; t_2 = 3.096, p = 0.003)$$

$$H_{atrpa} = 20.192 - 0.049S_{cdm0812} + 3.830 \times 10^{-5}S^2_{cdm0812}$$

$$(n = 70, R^2 = 0.727, F = 89.372, p = 0.000; t_0 = 2.159, p = 0.034; t_1 = -2.887, p = 0.005; t_2 = 5.667, p = 0.000)$$

$$H_{atck} = -0.061 + 4.739 \times 10^{-3}S_{cdm0813} + 8.061 \times 10^{-6}S^2_{cdm0813}$$

$$(n = 70, R^2 = 0.370, F = 19.700, p = 0.000; t_0 = -0.006, p = 0.995; t_1 = 0.263, p = 0.793; t_2 = 1.177, p = 0.243)$$

$$H_{atrpa} = 18.474 - 0.043S_{cdm0813} + 3.442 \times 10^{-5}S^2_{cdm0813}$$

$$(n = 70, R^2 = 0.769, F = 111.328, p = 0.000; t_0 = 2.229, p = 0.029; t_1 = -2.983, p = 0.004;$$

$t_2=6.247, p=0.000$)

三、树高生长年增量与八月累积日照指标的关系

从相关性分析，树高年增量与各生长期 8 月累积日照时数相关性明显减小。其中，对照与 $S_{cdm0810}$ 相关性最强，相关系数也仅为 0.190($p=0.057$)；RPA 与 $S_{cdm0812}$ 相关系数较大，但相关性也不显著($r_0=0.197, p=0.051$)。对其进行逐步回归模型分析和模型拟合，均没有产生有效模型。

对树高年增量(R_{aht})与各生长期 8 月日照累积指标(S_{cdm08})进行向后剔除法逐步回归模型分析，经过 5 次向后逐步回归，组建对照和 RPA 油松高年增量各生长期 8 月累积日照指标优化模型(表 11－27)。

表 11－27　油松高年增量与 8 月日照均值指标逐步向后回归模型

Tab. 11－27 The backward stepwise regression model of cumulative sunshine hours in August and annual height growth acceleration of *Pinus tabulaeformi*

处理 Treat	日照因子 S_{cdm08}	模型 Model Coefficients 非标准 Unstandard	模型 Model Coefficients 标准 Standard	T－检验 (T-test) t	T－检验 (T-test) p	R^2	相关系数 Correlations r_0	相关系数 Correlations $r_{partial}$	相关系数 Correlations r_{part}	共线性统计量 Collinearity statistics 容差 Tolerance	共线性统计量 Collinearity statistics 方差膨胀因子 VIF
R_{ahtck}	常量	212.179	—	4.818	0.000	0.432 ($F=5.071$, $p=0.000$)	—	—	—	—	—
	S_{cdm08}	−0.758	−0.794	−4.787	0.000		−0.081	−0.526	−0.466	0.344	2.904
	$S_{cdm0801}$	−0.341	−0.541	−2.927	0.005		−0.004	−0.353	−0.285	0.277	3.605
	$S_{cdm0802}$	0.239	0.653	2.797	0.007		0.070	0.340	0.272	0.173	5.767
	$S_{cdm0805}$	0.167	1.173	1.931	0.058		0.097	0.242	0.188	0.026	39.001
	$S_{cdm0806}$	−0.560	−4.855	−4.333	0.000		0.090	−0.488	−0.422	0.008	132.650
	$S_{cdm0807}$	0.358	3.710	3.268	0.002		0.134	0.389	0.318	0.007	136.132
	$S_{cdm0809}$	−0.504	−7.000	−4.263	0.000		0.168	−0.482	−0.415	0.004	284.832
	$S_{cdm0810}$	0.779	12.132	5.399	0.000		0.190	0.572	0.525	0.002	533.490
	$S_{cdm0811}$	−0.334	−5.681	−4.638	0.000		0.173	−0.514	−0.451	0.006	158.493
R_{ahtrpa}	常量	379.197	—	5.080	0.000	0.501 ($F=6.687$, $p=0.000$)	—	—	—	—	—
	S_{cdm08}	−1.334	−0.770	−4.688	0.000		−0.063	−0.518	−0.428	0.309	3.238
	$S_{cdm0801}$	−0.697	−0.609	−3.539	0.001		−0.050	−0.416	−0.323	0.281	3.564
	$S_{cdm0802}$	0.540	0.815	3.992	0.000		0.011	0.458	0.364	0.200	5.004
	$S_{cdm0806}$	−0.574	−2.740	−3.357	0.001		0.103	−0.398	−0.306	0.012	80.048
	$S_{cdm0807}$	0.475	2.709	2.445	0.017		0.123	0.301	0.223	0.007	147.561
	$S_{cdm0809}$	−1.096	−8.398	−5.528	0.000		0.156	−0.581	−0.504	0.004	277.394
	$S_{cdm0810}$	1.941	16.661	7.446	0.000		0.190	0.693	0.679	0.002	601.722
	$S_{cdm0811}$	−1.193	−11.192	−5.600	0.000		0.170	−0.586	−0.511	0.002	480.037
	$S_{cdm0813}$	0.229	2.367	2.659	0.010		0.172	0.325	0.243	0.011	95.203

1. **对照树高生长年增量与八月累积日照时数的模型分析**　从对照分析，排除其它因

子干扰，树高生长年增量与 S_{cdm08}、$S_{cdm0811}$、$S_{cdm0806}$、$S_{cdm0809}$ 和 $S_{cdm0801}$ 负偏相关依次减弱，且极显著；而与 $S_{cdm0805}$、$S_{cdm0802}$、$S_{cdm0807}$ 和 $S_{cdm0810}$ 正偏相关依次增强，但其与前 1 个因子相关性不显著（$r_{partial}=0.242$），与后 3 个因子相关极显著。各因子配合下，$S_{cdm0810}$ 对油松高生长年增量作用最强，单位量变化系数达 12.132；其对模型影响也最大，贡献 33.6%。其次是 $S_{cdm0809}$、$S_{cdm0811}$、$S_{cdm0806}$ 和 $S_{cdm0807}$，单位量变化系数为 7.000、5.681、4.855 和 3.710，对模型分别贡献 17.5%、13.4%、15.7% 和 8.8%。而 $S_{cdm0805}$、S_{cdm08}、$S_{cdm0802}$ 和 $S_{cdm0801}$ 对树高生长年增量作用相对较弱，单位量变化系数为 1.173、0.794、0.653 和 0.541；其对模型影响也较小，分别贡献 2.1%、4.1%、2.4% 和 2.4%。

2. RPA **树高生长年增量与八月累积日照时数的模型分析**　RPA 树高生长年增量与 $S_{cdm0811}$、$S_{cdm0809}$、S_{cdm08}、$S_{cdm0801}$ 和 $S_{cdm0806}$ 负偏相关依次减弱，且极显著；而与 $S_{cdm0802}$ 和 $S_{cdm0810}$ 正偏相关极显著，与 $S_{cdm0807}$ 和 $S_{cdm0813}$ 正偏相关显著（$r_{partial}=0.301$、0.325，$p=0.017$、0.010）。各因子相互作用下，也是 $S_{cdm0810}$ 对油松高生长年增量作用最强，单位量变化系数达 16.661，对模型贡献 40.6%；比对照显著增强。其次是 $S_{cdm0811}$ 和 $S_{cdm0809}$，单位量变化系数为 11.192 和 8.398，对模型贡献 21.8% 和 18.3%；其中，$S_{cdm0811}$ 作用比对照明显提高，而 $S_{cdm0809}$ 影响略有增强。$S_{cdm0806}$、$S_{cdm0807}$ 和 $S_{cdm0813}$ 对树高生长年增量相对较弱，单位量变化系数为 2.740、2.409 和 2.367，对模型分别贡献 5.2%、3.6% 和 2.4%；其中，$S_{cdm0806}$ 和 $S_{cdm0807}$ 对油松作用明显减弱。而 $S_{cdm0802}$、S_{cdm08} 和 $S_{cdm0801}$ 对油松作用极弱，单位量变化系数仅为 0.815、0.770 和 0.609；其对模型影响也较小，贡献 2.9%、2.9% 和 2.3%；其中，S_{cdm08} 作用比对照明显减弱。

第十节　九月日照时数对树高生长的累积效应

【内容提要】树高与 9 月累积日照时数相关性变化规律与 8 月基本相同。其树高与当年 9 月日照时数（S_{cdm09}）负相关不显著，与近 2 年 9 月累积日照时数（$S_{cdm0901}$）不相关，与近 3 年的（$S_{cdm0902}$）正相关不显著；而与近 4 年～近 14 年 9 月累积日照时数（$S_{cdm0904}$～$S_{cdm0913}$）正相关极显著，且随统计年限延长而增强。对照逐步回归优化模型中，$S_{cdm0912}$、$S_{cdm0910}$ 和 $S_{cdm0913}$ 对树高影响较大，单位量变化系数依次为 1.258、0.984 和 1.049，对模型分别贡献 32.%、28.6% 和 25.8%。用 $S_{cdm0911}$ 取代模型的 $S_{cdm0910}$ 因子，$S_{cdm0911}$ 代替了模型中原 $S_{cdm0910}$ 的角色，单位量变化系数为 1.405，对模型贡献 25.8%；而 $S_{cdm0913}$ 的影响显著角度（系数为 0.406，贡献 2.4%），$S_{cdm0909}$ 影响显著提高（系数 0.597，贡献 18.1%）。模型中引入 $S_{cdm0911}$ 因子，$S_{cdm0912}$ 对树高作用最显著（系数 2.350，贡献 56.0%），$S_{cdm0910}$ 在模型中的地位明显降低（系数 0.357，贡献 2.8%）。RPA 优化模型中，$S_{cdm0913}$、$S_{cdm0911}$、$S_{cdm0908}$ 和 $S_{cdm0905}$ 对树高影响依次降低，单位量变化系数依次为 2.456、1.063、0.447 和 0.114，对模型分别贡献 62.3%、23.8%、11.6% 和 2.3%。用 $S_{cdm0909}$ 代替模型中的 $S_{cdm0908}$，油松对

$S_{cdm0913}$、$S_{cdm0909}$、$S_{cdm0911}$和$S_{cdm0905}$响应依次减弱，其单位量变化系数依次为2.313、0.603、0.713和0.158，贡献66.1%、16.2%、12.9%和4.8%。模型中引入$S_{cdm0909}$因子，$S_{cdm0913}$对模型作用明显增强（系数2.393，贡献72.6%），而$S_{cdm0908}$和$S_{cdm0909}$的影响明显降低（系数0.279、0.257，贡献3.5%、2.0%）。模型拟合与8月累积日照指标结果相同。

树高年生长量相关性变化规律与7月和8月累积日照基本相似，但与当年9月日照时数（S_{cdm09}）和近2年9月累积日照（$S_{cdm0901}$）相关性减弱，与近3年至近14年9月累积日照（$S_{cdm0902}$～$S_{cdm0913}$）相关性有所增强。油松高年生长量与$S_{cdm0903}$～$S_{cdm0913}$满足Linear－模型和Quadratic－模型分析要求。逐步回归模型显示，$S_{cdm0912}$和$S_{cdm0913}$对对照树高年生长量影响较大，单位量变化系数为9.962和7.218，对模型分别贡献54.0%和36.3%。RPA优化模型中，$S_{cdm0912}$和$S_{cdm0911}$对树高年生长量影响较大，单位量变化系数为4.218和3.420，对模型贡献55.1%和42.5%；3因子模型中，$S_{cdm0913}$和$S_{cdm0911}$对模型分别贡献60.0%和36.6%，4因子模型中，油松对$S_{cdm0911}$和$S_{cdm0912}$响应很强，单位量变化系数为3.078和3.156，对模型贡献60.9和31.8%。

汉中飞播油松高生长年增量与9月累积日照时数相关性变化与8月日照相似，但仅RPA与近13年9月累积日照（$S_{cdm0912}$）相关度相对较高（$r_0=0.203$，$p=0.046$）。模型拟合和逐步回归分析均无有效模型。向后剔除法逐步回归分析结果显示，当年至近11年9月累积日照（S_{cdm09}～$S_{cdm0910}$）因子构建了对照模型，其引入进14年9月累积日照（$S_{cdm0913}$）因子组成了RPA模型。照模型中，$S_{cdm0908}$、$S_{cdm0909}$、$S_{cdm0907}$、$S_{cdm0906}$、$S_{cdm0905}$和$S_{cdm0904}$对油松高生长年增量影响较大，且依次减弱，其在对照和RPA模型中的单位量变化系数在16.119～8.038和19.457～9.338之间，对模型总贡献分别为85.3%和82.2%。

【关 键 词】多效抗旱驱鼠剂，飞播造林，油松，树高生长，9月积日照时数，逐步回归模型

一、树高与九月累积日照指标的关系

1. **树高与各生长期九月累积日照时数的逐步回归模型**　对树高（H_t）与9月日照时数累积指标（S_{cdm09}）进行逐步回归模型分析，$S_{cdm0913}$、$S_{cdm0909}$和$S_{cdm0905}$首先进入对照油松高模型，其引入$S_{cdm0910}$和$S_{cdm0912}$构成了对照油松高优化模型；同时其引入$S_{cdm0912}$和$S_{cdm0911}$，或者引入$S_{cdm0910}$、$S_{cdm0912}$和$S_{cdm0911}$也能较好反映对照树高与各生长期9月累积日照时数的关系。而在组成的6组RPA优化模型中，$S_{cdm0913}$、$S_{cdm0905}$、$S_{cdm0911}$和$S_{cdm0908}$构建了RPA有身高优化模型；另外，$S_{cdm0913}$、$S_{cdm0909}$、$S_{cdm0905}$和$S_{cdm0911}$组合，$S_{cdm0913}$、$S_{cdm0909}$、$S_{cdm0905}$、$S_{cdm0911}$和$S_{cdm0908}$组合也能诠释各生长期9月累积日照时数对RPA油松高的作用（表11－10）。

（1）对照树高9月累积日照时数模型分析

表 11－28　汉中油松高与 9 月日照时数累积值逐步回归模型

Tab. 11－28 The stepwise regression model of relationship between cumulative sunshine durations in September and *Pinus tabulaeformi* height

处理 Treat	日照因子 S_{cdm09}	模型 Model Coefficients 非标准 Unstandard	标准 Standard	T－检验 (T-test) t	p	R^2	相关系数 Correlations r_0	$r_{partial}$	r_{part}	共线性统计量 Collinearity statistics 容差 Tolerance	方差膨胀因子 VIF
	常量	−7.910	—	−1.306	0.196	0.987	—	—	—	—	—
	$S_{cdm0913}$	0.241	1.049	5.635	0.000		0.925	0.576	0.079	0.006	176.147
	$S_{cdm0909}$	−0.115	−0.357	−3.147	0.003	(F =	0.744	−0.366	−0.044	0.015	65.489
	$S_{cdm0905}$	−0.096	−0.150	−5.794	0.000	1003.767,	0.637	−0.587	−0.081	0.292	3.420
	$S_{cdm0910}$	−0.278	−0.984	−5.951	0.000	p = 0.000)	0.801	−0.597	−0.083	0.007	138.934
	$S_{cdm0912}$	0.307	1.285	5.528	0.000		0.908	0.568	0.078	0.004	274.616
	常量	−6.557	—	−1.142	0.258	0.989	—	—	—	—	—
	$S_{cdm0913}$	0.093	0.406	1.847	0.069		0.925	0.225	0.025	0.004	269.089
	$S_{cdm0909}$	−0.221	−0.687	−10.778	0.000	(F =	0.744	−0.803	−0.144	0.044	22.704
H_{tck}	$S_{cdm0905}$	−0.093	−0.146	−5.904	0.000	1103.924,	0.637	−0.594	−0.079	0.292	3.422
	$S_{cdm0912}$	0.638	2.671	7.391	0.000	p = 0.000)	0.908	0.679	0.099	0.001	729.477
	$S_{cdm0911}$	−0.360	−1.405	−6.723	0.000		0.859	−0.643	−0.090	0.004	243.770
	常量	−7.402	—	−1.288	0.202		—	—	—	—	—
	$S_{cdm0913}$	0.128	0.558	2.260	0.027	0.989	0.925	0.274	0.030	0.003	343.939
	$S_{cdm0909}$	−0.174	−0.543	−4.315	0.000		0.744	−0.478	−0.057	0.011	89.585
	$S_{cdm0905}$	−0.094	−0.147	−5.981	0.000	(F =	0.637	−0.602	−0.080	0.292	3.426
	$S_{cdm0910}$	−0.101	−0.357	−1.322	0.191	930.976,	0.801	−0.164	−0.018	0.002	412.005
	$S_{cdm0912}$	0.562	2.350	5.417	0.000	p = 0.000)	0.908	0.564	0.072	0.001	1063.181
	$S_{cdm0911}$	−0.262	−1.020	−2.851	0.006		0.859	−0.338	−0.038	0.001	722.891
	常量	−9.645	—	−1.090	0.280		—	—	—	—	—
	$S_{cdm0913}$	0.773	2.465	29.812	0.000		0.921	0.965	0.451	0.033	29.933
	$S_{cdm0905}$	−0.099	−0.114	−3.863	0.000	0.985[a]	0.629	−0.432	−0.058	0.263	3.803
	$S_{cdm0911}$	−0.372	−1.063	−10.603	0.000		0.844	−0.796	−0.160	0.023	43.965
	$S_{cdm0908}$	−0.226	−0.447	−8.933	0.000		0.707	−0.742	−0.135	0.091	10.943
	常量	−9.971	—	−1.100	0.275		—	—	—	—	—
	$S_{cdm0913}$	0.725	2.313	25.629	0.000		0.921	0.954	0.397	0.029	33.940
H_{trpa}	$S_{cdm0909}$	−0.264	−0.603	−8.538	0.000	0.984[b]	0.736	−0.727	−0.132	0.048	20.763
	$S_{cdm0905}$	−0.138	−0.158	−5.520	0.000		0.629	−0.565	−0.085	0.292	3.420
	$S_{cdm0911}$	−0.249	−0.713	−5.465	0.000		0.844	−0.561	−0.085	0.014	70.855
	常量	−9.100	—	−1.041	0.302		—	—	—	—	—
	$S_{cdm0913}$	0.750	2.393	25.777	0.000		0.921	0.955	0.385	0.026	38.705
	$S_{cdm0909}$	−0.113	−0.257	−1.645	0.105		0.736	−0.201	−0.025	0.009	109.538
	$S_{cdm0905}$	−0.111	−0.128	−4.215	0.000	0.986[c]	0.629	−0.466	−0.063	0.243	4.114
	$S_{cdm0911}$	−0.311	−0.889	−6.146	0.000		0.844	−0.609	−0.092	0.011	94.000
	$S_{cdm0908}$	−0.141	−0.279	−2.459	0.017		0.707	−0.294	−0.037	0.017	57.730

备注：Remark：[a] F = 1078.0458，p = 0.000；[b] F = 1025.882，p = 0.000；[c] F = 885.627，p = 0.000

①五因子对照优化模型　在控制其它因子影响下，树高与各因子偏相关极显著，其中

与 $S_{cdm0910}$、$S_{cdm0905}$ 和 $S_{cdm0909}$ 负相关依次减弱，与 $S_{cdm0912}$ 和 $S_{cdm0913}$ 正相关依次增强。油松对 $S_{cdm0912}$、$S_{cdm0910}$ 和 $S_{cdm0913}$ 反应较强，单位量变化系数依次为 1.258、0.984 和 1.049；其对模型分别贡献 32.%、28.6% 和 25.8%。而油松对 $S_{cdm0909}$ 和 $S_{cdm0905}$ 反应较弱，变化系数为 0.357和 0.150；其对模型影响也相对较小，贡献 6.9% 和 6.7%。

②五因子模型　用 $S_{cdm0911}$ 代替优化模型中的 $S_{cdm0910}$ 分析，树高也与 $S_{cdm0912}$ 和 $S_{cdm0913}$ 呈正偏相关，但前者相关极显著，后者相关不显著（$r_{partial}=0.225$）；而与 $S_{cdm0909}$、$S_{cdm0911}$ 和 $S_{cdm0905}$ 负偏相关极显著，且依次减弱。与优化模型相同，油松对 $S_{cdm0912}$ 反应最强，单位量变化系数为 2.671；其对模型影响也最大，贡献 49.5%；比优化模型影响明显增强。其次是 $S_{cdm0911}$ 和 $S_{cdm0909}$，单位量变化系数为 1.405 和 0.597，贡献 25.8% 和 18.1%；$S_{cdm0909}$ 影响比优化模型显著提高。而油松对 $S_{cdm0913}$ 和 $S_{cdm0905}$ 反应较弱，系数为 0.406 和 0.146；其对模型影响也较小，仅贡献 2.4% 和 4.1%；与优化模型比较，$S_{cdm0913}$ 的影响下降十分明显，$S_{cdm0905}$ 的影响也油松降低。

③六因子模型　在优化模型中引入 $S_{cdm0911}$ 分析，消除其它因子影响，树高与 $S_{cdm0905}$、$S_{cdm0909}$、$S_{cdm0911}$ 和 $S_{cdm0910}$ 负偏相关依次减弱，其与前 3 者相关极显著，与后者相关不显著（$r_{partial}=-0.164$）；而与 $S_{cdm0912}$ 正偏相关极显著，与 $S_{cdm0913}$ 正偏相关显著（$r_{partial}=0.274$，$p=0.027$）。各因子相互配合下，油松也对 $S_{cdm0912}$ 反应最强，系数为 2.350，对模型贡献 56.0%。其次是 $S_{cdm0911}$ 和 $S_{cdm0909}$，系数为 1.020 和 0.543，对模型分别贡献 15.2% 和 13.2%。$S_{cdm0905}$、$S_{cdm0913}$ 和 $S_{cdm0910}$ 对模型影响较小，其单位量变化系数依次为 0.147、0.558 和 0.357，对模型分别贡献 6.5%、6.3% 和 2.8%。与 5 因子模型比较，$S_{cdm0912}$ 对树高作用显著最强，$S_{cdm0910}$ 在模型中的地位明显降低。

（2）RPA 树高 9 月累积日照时数模型分析

①四因子优化模型　排除其他因子干扰，树高仅与 $S_{cdm0913}$ 正偏相关极显著；而与 $S_{cdm0911}$、$S_{cdm0908}$ 和 $S_{cdm0905}$ 负偏相关极显著，且依次减弱。油松对各因子反应强度随统计年限延长而增强，单位量变化系数依次为 2.456、1.063、0.447 和 0.114；其对模型影响也依次增大，分别贡献 62.3%、23.8%、11.6% 和 2.3%。

②四因子模型　用 $S_{cdm0909}$ 代替优化模型中的 $S_{cdm0908}$ 分析，树高也仅与 $S_{cdm0913}$ 正偏相关极显著；而与 $S_{cdm0909}$、$S_{cdm0905}$ 和 $S_{cdm0911}$ 负偏相关极显著，且依次减弱。各因子协同作用下，油松也对 $S_{cdm0913}$ 反应最强，单位量变化系数为 2.313，对模型贡献 66.1%。其次是 $S_{cdm0909}$ 和 $S_{cdm0911}$，变化系数为 0.603 和 0.713，对模型贡献 16.2% 和 12.9%。油松也对 $S_{cdm0905}$ 反应最弱，系数为 0.158，贡献 4.8%。

③五因子模型　在优化模型中引入 $S_{cdm0909}$ 分析，树高也仅与 $S_{cdm0913}$ 正偏相关极显著；而与 $S_{cdm0911}$、$S_{cdm0905}$、$S_{cdm0908}$ 和 $S_{cdm0909}$ 负偏相关依次减弱，其与前 2 着相关极显著，与 $S_{cdm0908}$ 相关显著（$r_{partial}=-0.294$，$p=0.017$），与 $S_{cdm0909}$ 相关不显著（$r_{partial}=-0.201$）。各因子相互作用下，$S_{cdm0913}$ 对模型作用明显增强，其单位量变化系数为 2.393，对模型贡献 72.6%。其次是 $S_{cdm0911}$，系数为 0.889，贡献 18.5%。而 $S_{cdm0908}$、$S_{cdm0905}$ 和 $S_{cdm0909}$ 对模型影

响较小,系数为 0.279、0.128 和 0.257,对模型分别贡献 3.5%、3.4% 和 2.0%;与上述模型比较,$S_{cdm0908}$ 和 $S_{cdm0909}$ 的影响明显降低。

2. 树高与各生长期九月累积日照时数的模型拟合　从树高与不同生长期月累积日照时数相关性分析,9 月累积日照时数相关性变化规律与 8 月基本相同。但树高与当年 9 月日照时数(S_{cdm09})负相关不显著,与 $S_{cdm0901}$ 极不相关,与 $S_{cdm0902}$ 正相关不显著;而与 $S_{cdm0903}$ ~ $S_{cdm0913}$ 正相关极显著,且随统计年限延长而增强。树高与各生长期 9 月累积日照时数指标关系的模型拟合分析结果与 8 月相同。对照树高与 S_{cdm09} 关系符合 Cubic 模型条件,对照和 RPA 树高与 $S_{cdm0901}$ ~ $S_{cdm0902}$ 关系更能符合 Quadratic 模型要求,与 $S_{cdm0903}$ 关系也与 S－曲线拟合度最好,而与 $S_{cdm0904}$ 关系遵从 Power 模型变化,与 $S_{cdm0805}$ ~ $S_{cdm0813}$ 关系最能满足 Exponential 模型要求。其模型决定系数 R^2 也与不同生长期月累积日照时数统计年限正相关。

二、树高年生长量与九月累积日照指标的关系

1. 高年生长量与九月累积日照时数的逐步回归模型　对树高年生长量(H_{at})与 9 月累积日照时数(S_{cdm09})进行逐步回归模型分析,对照油松高年生长量只与 $S_{cdm0912}$、$S_{cdm0913}$、$S_{cdm0910}$ 和 $S_{cdm0906}$ 关系密切;而在组成的 5 组 RPA 油松高年生长量有效模型中,$S_{cdm0911}$、S_{cdm09} 和 $S_{cdm0912}$ 构成了 RPA 数优化模型;同时,$S_{cdm0913}$、$S_{cdm0911}$ 和 S_{cdm09} 组合,$S_{cdm0913}$、S_{cdm11}、S_{cdm09} 和 $S_{cdm0912}$ 组合也能较好诠释各生长期 9 月累积日照时间对 RPA 油松高年生长量的影响(表 11－29)。

(1)对照树高年生长量与 9 月累积日照时数模型分析　从对照分析,在控制模型其它因子影响下,树高年生长量与 $S_{cdm0912}$ 正偏相关极显著,而与 $S_{cdm0913}$ 和 $S_{cdm0910}$ 负偏相关极显著,与 $S_{cdm0906}$ 负偏相关显著($r_{\text{partial}} = -0.259, p = 0.034$)。各因子配合下,油松对 $S_{cdm0912}$ 和 $S_{cdm0913}$ 响应较强,单位量变化系数为 9.962 和 7.218;其对模型起着决定作用,分别贡献 54.0% 和 36.3%;与 7 月和 8 月作用接近。$S_{cdm0910}$ 对模型也有一定影响,其单位量变化系数为 1.938,贡献 8.9%。而油松对 $S_{cdm0906}$ 影响极弱,其单位量变化系数仅为 0.271,对模型仅贡献 0.8%。

(2)RPA 树高年生长量与 9 月累积日照时数模型分析

①三因子优化模型　在控制其他因子作用下,树高年生长量仅与 $S_{cdm0711}$ 负偏相关极显著,而与 S_{cdm09} 和 $S_{cdm0912}$ 正偏相关极显著。油松对 $S_{cdm0912}$ 和 $S_{cdm0911}$ 响应很强,单位量变化系数为 4.218 和 3.420;其对模型起着主导作用,分别贡献 55.1% 和 42.5%。而对 S_{cdm09} 响应很弱,其单位量变化系数仅为 0.205,对模型仅贡献 2.4%。

②三因子模型　从 $S_{cdm0913}$、$S_{cdm0911}$ 和 S_{cdm09} 因子模型分析,树高年生长量也仅与 $S_{cdm0711}$ 负偏相关极显著,而与 S_{cdm09} 和 $S_{cdm0913}$ 正偏相关极显著。3 因子配合下,$S_{cdm0913}$ 和 $S_{cdm0911}$ 对模型起着主导作用,其单位量变化系数为 2.624 和 1.815,分别贡献 60.0% 和 36.6%。而

S_{cdm09}对模型影响也很小，其单位量变化系数仅为0.177，对模型贡献3.4%。

③四因子模型　树高年生长量也仅与$S_{cdm0711}$负偏相关极显著；而与S_{cdm09}正偏相关极显著，与$S_{cdm0912}$正偏相关显著（$r_{partial}=0.291$，$p=0.017$），与$S_{cdm0913}$正偏相关不显著（$r_{partial}=0.108$）。各因子相互作用下，油松对$S_{cdm0911}$和$S_{cdm0912}$响应很强，单位量变化系数为3.078和3.156；其对模型发挥着主导作用，分别贡献60.9和31.8%。而油松对$S_{cdm0913}$和S_{cdm09}响应极弱，其单位量变化系数仅为0.724和0.199，对模型分别贡献2.6%和4.7%。

表11-29　汉中油松高年生长量与9月累积日照时数逐步回归模型

Tab. 11-29 The stepwise regression model of relationship between cumulative sunshine durations in September and annual height increment of *Pinus tabulaeformi*

处理 Treat	日照因子 S_{cdm09}	模型 Model Coefficients 非标准 Unstandard	标准 Standard	T-检验 (T-test) t	p	R^2	相关系数 Correlations r_0	$r_{partial}$	r_{part}	共线性统计量 Collinearity statistics 容差 Tolerance	方差膨胀因子 VIF
	常量	-38.081	—	-4.498	0.000	0.818*	—	—	—	—	—
	$S_{cdm0912}$	-0.304	-3.420	-7.814	0.000		0.734	-0.693	-0.410	0.014	69.469
	$S_{cdm0913}$	0.211	0.205	3.841	0.000		0.034	0.427	0.202	0.965	1.036
	$S_{cdm0906}$	0.348	4.218	9.621	0.000		0.788	0.764	0.505	0.014	69.712
H_{atrpa}	常量	-36.151	—	-4.099	0.000	0.803**	—	—	—	—	—
	$S_{cdm0911}$	0.208	2.624	8.990	0.000		0.812	0.742	0.491	0.035	28.616
	S_{cdm09}	-0.161	-1.815	-6.223	0.000		0.734	-0.608	-0.340	0.035	28.569
	$S_{cdm0912}$	0.182	0.177	3.201	0.002		0.034	0.367	0.175	0.972	1.029
	常量	-37.402	—	-4.392	0.000	0.820 (F=74.118, p=0.000)	—	—	—	—	—
	$S_{cdm0913}$	0.057	0.724	0.879	0.383		0.812	0.108	0.046	0.004	244.908
	$S_{cdm0911}$	-0.274	-3.078	-5.253	0.000		0.734	-0.546	-0.276	0.008	124.104
	S_{cdm09}	0.204	0.199	3.676	0.000		0.034	0.415	0.193	0.947	1.056
	$S_{cdm0912}$	0.260	3.156	2.457	0.017		0.788	0.291	0.129	0.002	596.617
H_{atck}	常量	3.307	—	0.565	0.574	0.787 (F=60.032, p=0.000)	—	—	—	—	—
	$S_{cdm0912}$	0.619	9.962	10.918	0.000		0.647	0.804	0.625	0.004	254.036
	$S_{cdm0913}$	-0.431	-7.218	-9.602	0.000		0.611	-0.766	-0.550	0.006	172.446
	$S_{cdm0910}$	-0.143	-1.938	-6.253	0.000		0.584	-0.613	-0.358	0.034	29.302
	$S_{cdm0906}$	-0.037	-0.271	-2.163	0.034		0.451	-0.259	-0.124	0.209	4.782

备注：Remark：* $F=98.906$，$p=0.000$；** $F=89.950$，$p=0.000$

2. **高年生长量与九月累积日照时数的模型拟合**　从相关性分析，油松高年生长量与各生长期9月累积日照指标相关性变化规律与7月和8月基本相似。但与S_{cdm09}和$S_{cdm0901}$相关性更弱，而与$S_{cdm0902}\sim S_{cdm0913}$相关性有所增强。相关性整体表现为与其统计年限成正比；其中，对照与$S_{cdm0912}$相关性最强（$r_0=0.647$），RPA与$S_{cdm0913}$相关性最大（$r_0=$

0.812)。油松高年生长量与 $S_{cdm0903} \sim S_{cdm0913}$ 关系也可用 Linear – 模型和 Quadratic – 模型分析。

(1) Linear – 模型分析　模型斜率大于零,树高年生长量与各生长期 9 月累积日照时数成正比。RPA 和对照的 $S_{cdm0912}$ 模型斜率比为 1.615,相交于 447.0 h/m 附近,交点左侧有 2 组数据。对照两组数据油松高年生长量均值分别为 6.2 cm/a 和 4.7 cm/a,相应 RPA 的均值为 8.7 cm/a 和 4.5 cm/a。$S_{cdm0913}$ 模型斜率比为 1.765,相交于 510.1 h/m 附近,交点左侧有 3 组数据。当地日照条件下,RPA 油松高年生长量大于对照,月累积日照时间越长,两者差异越明显。

$$H_{atck} = -13.541 + 0.040S_{cdm0912}$$

$(n = 70, R^2 = 0.419, F = 49.047, p = 0.000; t_0 = -2.352, p = 0.022; t_1 = 7.003, p = 0.000)$

$$H_{atrpa} = -24.608 + 0.065S_{cdm0912}$$

$(n = 70, R^2 = 0.620, F = 111.123, p = 0.000; t_0 = -3.983, p = 0.000; t_1 = 10.542, p = 0.000)$

$$H_{atck} = -10.589 + 0.036S_{cdm0913}$$

$(n = 70, R^2 = 0.373, F = 40.425, p = 0.000; t_0 = -1.808, p = 0.075; t_1 = 6.358, p = 0.000)$

$$H_{atrpa} = -24.831 + 0.064S_{cdm0913}$$

$(n = 70, R^2 = 0.659, F = 131.384, p = 0.000; t_0 = -4.331, p = 0.000; t_1 = 11.462, p = 0.000)$

(2) Quadratic – 模型分析 模型有极小值。RPA 和对照的 $S_{cdm0912}$ 模型极值分别为 5.6 cm/a和 5.1 cm/a,出现在 428.2 h/m 和 416.1 h/m 附近;极值点左侧各有 2 组数据。模型常数项(a) >0,一次项系数(b) <0,二次项系数(c) >0,且其绝对值 RPA 模型大于对照,两模型没有交集。表明 RPA 模型值大于对照,且在两个极值点之间{416.1, 428.2},模型值差距较小,距两极值点越远,RPA 和对照油松树高年生长量差异越显著。$S_{cdm0913}$模型极值分别出现在 428.0 h/m 和 –482.4 h/m 附近;对照模型极值点月累积日照时数远小于 $S_{cdm0913}$ 取值下限{161.9, 1655.5};RPA 模型极值点左侧有 3 组数据。在 $S_{cdm0913}$取值范围内,两模型交点间{426.3, 884.9} RPA 模型值小于对照;两交点之外,RPA 模型值大于对照,且距离交点越远,两者差距越大。

$$H_{atck} = 12.292 - 0.034S_{cdm0912} + 4.141 \times 10^{-5}S_{cdm0912}^2$$

$(n = 70, R^2 = 0.483, F = 31.291, p = 0.000; t_0 = 1.169, p = 0.246; t_1 = -1.299, p = 0.198;$
$t_2 = 2.878, p = 0.005)$

$$H_{atrpa} = 18.189 - 0.059S_{cdm0912} + 6.861 \times 10^{-5}S_{cdm0912}^2$$

$(n = 70, R^2 = 0.720, F = 86.098, p = 0.000; t_0 = 1.771, p = 0.081; t_1 = -2.267, p = 0.027;$
$t_2 = 4.879, p = 0.000)$

$$H_{atck} = -1.987 + 0.012S_{cdm0913} + 1.288 \times 10^{-5}S_{cdm0913}^2$$

$(n = 70, R^2 = 0.381, F = 20.590, p = 0.000; t_0 = -0.180, p = 0.858; t_1 = 0.464, p = 0.644;$

$t_2 = 0.920, p = 0.361$)

$$H_{atrpa} = 17.640 - 0.054 S_{cdm0913} + 6.358 \times 10^{-5} S^2_{cdm0913}$$

($n = 70, R^2 = 0.767, F = 110.400, p = 0.000; t_0 = 1.964, p = 0.054; t_1 = -2.497, p = 0.015;$ $t_2 = 5.582, p = 0.000$)

三、树高生长年增量与九月累积日照指标的关系

树高年增量与各生长期9月累积日照时数相关性变化规律与8月日照类似，但相关性略强。其中，对照与 $S_{cdm0911}$ 相关性相对较强（$r_0 = 0.197, p = 0.051$），RPA与 $S_{cdm0912}$ 正相关显著（$r_0 = 0.203, p = 0.046$）。对其进行逐步回归模型分析和模型拟合，与8月日照相同，均没有产生有效模型。

对树高生长年增量（R_{aht}）与各生长期9月日照累积指标（S_{cdm09}）进行向后剔除法逐步回归模型分析，经过3次向后逐步回归，组建对照优化模型；而经过2次向后剔除法逐步回归构建了RPA优化模型（表11-30）。

1. **对照树高生长年增量与九月累积日照时数的模型分析** 在控制其他因子影响下，对照树高生长年增量与 $S_{cdm0908}$、$S_{cdm0904}$、S_{cdm09}、$S_{cdm0906}$、$S_{cdm0902}$ 和 $S_{cdm0910}$ 负偏相关依次减弱，而与 $S_{cdm0901}$、$S_{cdm0903}$、$S_{cdm0905}$、$S_{cdm0907}$ 和 $S_{cdm0909}$ 正偏相关依次增强，且均极显著。各因子配合下，油松对 $S_{cdm0908}$ 和 $S_{cdm0909}$ 响应强，单位量变化系数达16.119和15.110；其对模型影响也很大，贡献19.4%和16.1%。油松对 $S_{cdm0907}$、$S_{cdm0906}$、$S_{cdm0905}$ 和 $S_{cdm0904}$ 响应也相对较强，其单位量变化系数为10.002、9.088、8.113和8.038，对模型分别贡献11.9%、11.5%、11.4%和113.0%。油松对 $S_{cdm0903}$、$S_{cdm0910}$、$S_{cdm0902}$ 和 S_{cdm09} 响应相对较弱，单位量变化系数为4.356、3.457、2.190和2.145，对模型分别贡献6.7%、2.3%、2.9%和2.8%。而油松对 $S_{cdm0901}$ 响应最弱，其单位量变化系数仅为1.492，对模型仅贡献1.8%。

2. **RPA树高生长年增量与九月累积日照时数的模型分析** 与对照相比，RPA油松高生长年增量与 $S_{cdm0908}$、$S_{cdm0906}$、$S_{cdm0904}$、S_{cdm09}、$S_{cdm0902}$ 和 $S_{cdm0910}$ 负偏相关依次减弱，且极显著；而与 $S_{cdm0913}$、$S_{cdm0901}$、$S_{cdm0903}$、$S_{cdm0905}$、$S_{cdm0909}$ 和 $S_{cdm0907}$ 正偏相关依次增强，其中除与 $S_{cdm0913}$ 相关显著外（$r_{\text{partial}} = 0.253, p = 0.050$），与其他因子相关极显著。在各因子相互作用下，油松也是对 $S_{cdm0908}$ 和 $S_{cdm0909}$ 响应强，单位量变化系数达19.457和19.022，对模型分别贡献18.1%和15.3%；其对油松作用比对照明显增强，但对模型影响有所下降。其次是 $S_{cdm0907}$、$S_{cdm0906}$、$S_{cdm0905}$ 和 $S_{cdm0904}$，单位量变化系数为13.192、11.192、10.141和9.338，对模型分别贡献13.2%、12.4%、11.4%和11.6%；其中，$S_{cdm0907}$ 和 $S_{cdm0906}$ 作用比对照有所增强，$S_{cdm0904}$ 影响有所消弱。油松对 $S_{cdm0910}$、$S_{cdm0903}$、$S_{cdm0902}$、S_{cdm09} 和 $S_{cdm0901}$ 响应相对较弱，单位量变化系数为6.613、5.367、2.946、2.188和1.845；其对模型影响也相对较小，分别贡献3.7%、6.8%、3.4%、2.1%和1.8%。而油松对 $S_{cdm0913}$ 响应最弱，单位量变化系数仅

为0.945，对模型仅贡献0.2%。

表11－30　汉中油松高年增量与9月日照均值指标逐步向后回归模型

Tab. 11－30 The backward stepwise regression model of cumulative sunshine hours in September and annual height growth acceleration of *Pinus tabulaeformi*

处理 Treat	日照因子 S_{cdm09}	模型 Model Coefficients 非标准 Unstandard	标准 Standard	T－检验 (T-test) t	p	R^2	相关系数 Correlations r_0	$r_{partial}$	r_{part}	共线性统计量 Collinearity statistics 容差 Tolerance	方差膨胀因子 VIF
R_{ahtck}	常量	319.876	—	4.817	0.000	0.429 (F=3.962, p=0.000)	—	—	—	—	—
	S_{cdm09}	−2.086	−2.145	−4.753	0.000		−0.035	−0.529	−0.472	0.048	20.693
	$S_{cdm0901}$	0.886	1.492	3.373	0.001		0.041	0.405	0.335	0.050	19.865
	$S_{cdm0902}$	−0.953	−2.190	−3.340	0.001		0.191	−0.402	−0.331	0.023	43.675
	$S_{cdm0903}$	1.444	4.356	4.290	0.000		0.134	0.491	0.426	0.010	104.765
	$S_{cdm0904}$	−2.107	−8.038	−4.921	0.000		0.121	−0.543	−0.488	0.004	271.064
	$S_{cdm0905}$	1.699	8.113	4.595	0.000		0.119	0.517	0.456	0.003	316.652
	$S_{cdm0906}$	−1.560	−9.088	−4.487	0.000		0.122	−0.508	−0.445	0.002	416.629
	$S_{cdm0907}$	1.427	10.002	4.763	0.000		0.139	0.530	0.473	0.002	447.938
	$S_{cdm0908}$	−1.955	−16.119	−5.538	0.000		0.134	−0.588	−0.549	0.001	860.527
	$S_{cdm0909}$	1.590	15.110	5.224	0.000		0.176	0.566	0.518	0.001	850.000
	$S_{cdm0910}$	−0.320	−3.457	−3.198	0.002		0.186	−0.387	−0.317	0.008	118.703
R_{ahtrpa}	常量	568.366	—	5.031	0.000	0.518 (F=5.096, p=0.000)	—	—	—	—	—
	S_{cdm09}	−3.861	−2.188	−5.048	0.000		0.047	−0.556	−0.464	0.045	22.200
	$S_{cdm0901}$	1.988	1.845	4.259	0.000		−0.028	0.491	0.392	0.045	22.183
	$S_{cdm0902}$	−2.325	−2.946	−4.786	0.000		0.112	−0.535	−0.440	0.022	44.767
	$S_{cdm0903}$	3.227	5.367	5.624	0.000		0.119	0.597	0.517	0.009	107.612
	$S_{cdm0904}$	−4.441	−9.338	−5.923	0.000		0.124	−0.617	−0.545	0.003	293.596
	$S_{cdm0905}$	3.852	10.141	5.812	0.000		0.135	0.610	0.535	0.003	359.763
	$S_{cdm0906}$	−3.696	−11.869	−6.060	0.000		0.130	−0.626	−0.558	0.002	453.209
	$S_{cdm0907}$	3.414	13.192	6.634	0.000		0.162	0.660	0.610	0.002	467.107
	$S_{cdm0908}$	−4.280	−19.457	−6.906	0.000		0.143	−0.675	−0.635	0.001	937.861
	$S_{cdm0909}$	3.631	19.022	6.221	0.000		0.177	0.636	0.572	0.001	1104.566
	$S_{cdm0910}$	−1.111	−6.613	−4.069	0.000		0.180	−0.474	−0.374	0.003	311.994
	$S_{cdm0913}$	0.129	0.945	1.972	0.053		0.177	0.253	0.181	0.037	27.145

第十一节　十月日照时数对树高生长的累积效应

【内容提要】树高与当年10月日照时数(S_{cdm10})和近2年10月累积日照时数($S_{cdm1001}$)相关不显著，与近3年至近14年10月累积日照时数($S_{cdm1002}$ ~ $S_{cdm1013}$)正相关极显著，其中与$S_{cdm1004}$相关性较强，对照和RPA相关系数分别为0.785和0.783(p = 0.000)。对照逐步回归模型显示，油松对$S_{cdm1012}$、$S_{cdm1013}$和$S_{cdm1011}$响应较强，单位量变化系数依次为1.883、1.402和1.123；其对模型影响也较大，分别贡献35.7%、30.1%和16.6%。RPA优化模型中，油松对$S_{cdm1013}$、$S_{cdm1011}$、$S_{cdm1009}$、$S_{cdm1007}$和$S_{cdm1005}$响应依次减弱，单位量变化系数分别为2.752、1.044、0.486、0.224和0.119，对模型贡献69.9%、19.5%、6.9%、2.4%和1.3%。用$S_{cdm1010}$代替模型中的$S_{cdm1005}$因子，油松也对$S_{cdm1013}$和$S_{cdm1011}$响应较大，其系数为2.777和1.165，贡献71.0%和18.0%。模型拟合，树高与$S_{cdm1002}$ ~ $S_{cdm1013}$的关系符合Exponential模型变化。其中可以用$S_{cdm1004}$的Exponential模型分析10月累积日照时数对汉中飞播油松高的作用。

树高年生长量与当年10日照时数(S_{cdm10})和近2年10月累积日照($S_{cdm1001}$)相关性差，与近3年~近14年10月累积日照($S_{cdm1002}$ ~ $S_{cdm1013}$)正相关极显著。其中，对照与$S_{cdm1003}$和$S_{cdm1012}$相关性较强(r_0 = 0.629、0.655)，RPA与$S_{cdm1004}$和$S_{cdm1013}$相关系数较大(r_0 = 0.673、0.820)。油松高年生长量与$S_{cdm1002}$ ~ $S_{cdm1013}$符合Linear－模型和Quadratic－模型要求，可用于分析10月日照对飞播油松高年生长量的累积效应。逐步回归模型显示，$S_{cdm1012}$、$S_{cdm1013}$和$S_{cdm1010}$对对照油松影响依次降低，其单位量变化系数分别为9.500、6.369和2.535，对模型分别贡献54.3%、32.7%和13.1%。而$S_{cdm1011}$、$S_{cdm1013}$、$S_{cdm1012}$和$S_{cdm1001}$对RPA油松作用依次减弱，其单位量变化系数为3.793、2.090、2.418和0.197，对模型贡献61.3%、19.0%、16.5%和3.2%。

树高生长年增量与10月累积日照相关性比其与9月日照有所增强。其中，对照与近4年累积值($S_{cdm1003}$)正相关极显著(r_0 = 0.289，p = 0.008)，与近3年的($S_{cdm1002}$)正相关显著(r_0 = 0.249，p = 0.019)；RPA与近4年和近13年累积值($S_{cdm1003}$和$S_{cdm1012}$)正相关显著(r_0 = 0.253、0.205，p < 0.05)。向后剔除法逐步回归分析结果显示，对照油松对$S_{cdm1012}$和$S_{cdm1013}$响应较强，其单位量变化系数达11.295和8.212，对模型贡献52.0%和40.0%。RPA油松对$S_{cdm1012}$、$S_{cdm1011}$、$S_{cdm1013}$和$S_{cdm1010}$响应较强，其单位量变化系数依次为18.572、14.135、10.454和9.163，对模型分别贡献35.8%、26.9%、18.1%和14.6%。逐步回归模型证明，对照油松对$S_{cdm1003}$的响应明显强于$S_{cdm1004}$。其单位量变化系数分别为1.030和0.810，对模型贡献63.5%和36.5%。RPA油松对$S_{cdm1003}$、$S_{cdm1004}$和$S_{cdm1002}$响应依次减弱，其单位量变化系数为1.522、0.845和0.604，分别贡献59.2%、22.3%和18.5%。

【关 键 词】多效抗旱驱鼠剂，飞播造林，油松，树高生长，10月积日照时数，逐步回归模型

一、树高与十月累积日照指标的关系

1. **树高与各生长期十月累积日照时数的逐步回归模型** 对树高(H_t)与10月日照时数累积指标(S_{cdm10})进行逐步回归模型分析，在组成的6组对照有效模型中，$S_{cdm1013}$、$S_{cdm1010}$、$S_{cdm1006}$、$S_{cdm1012}$、$S_{cdm1011}$和$S_{cdm1009}$构成了对照油松高优化模型。而在组合的7组RPA有效模型中，$S_{cdm1013}$、$S_{cdm1007}$、$S_{cdm1011}$、$S_{cdm1009}$和$S_{cdm1005}$构建了RPA油松高优化模型。同时，$S_{cdm1013}$、$S_{cdm1010}$、$S_{cdm1007}$、$S_{cdm1011}$和$S_{cdm1009}$组合也能较好诠释不同生长期10月累积日照时数对RPA油松高的影响(表11－31)。

(1)对照树高10月累积日照时数模型分析　在控制模型中其他因子影响下，树高与$S_{cdm1006}$、$S_{cdm1011}$、$S_{cdm1010}$和$S_{cdm1009}$负偏相关依次减弱，其与前3因子相关极显著，与$S_{cdm1009}$相关显著($r_{\text{partial}}=-0.270, p=0.030$)；而与$S_{cdm1012}$和$S_{cdm1013}$正偏相关极显著，且依次增强。各因子配合下，油松对$S_{cdm1012}$、$S_{cdm1013}$和$S_{cdm1011}$响应较强，单位量变化系数依次为1.883、1.402和1.123；其对模型影响也较大，分别贡献35.7%、30.1%和16.6%。而油松对$S_{cdm1010}$、$S_{cdm1009}$和$S_{cdm1006}$响应相对较弱，变化系数为0.696、0.341和0.241；其对模型影响也相对降低，分别贡献8.2%、3.6%和5.7%。

(2)RPA树高10月累积日照时数模型分析

①五因子优化模型　排除其他因子干扰下，树高仅与$S_{cdm1013}$正偏相关极显著；而与$S_{cdm1011}$和$S_{cdm1009}$负偏相关极显著，与$S_{cdm1007}$和$S_{cdm1005}$负偏相关显著($r_{\text{partial}}=-0.293$、$-0.251, p=0.017$、$0.042$)。在各因子相互作用下，油松对各因子响应随不同生长期月累积日照时数统计年限延长而增强，单位量变化系数依次为2.752、1.044、0.486、0.224和0.119；其对模型影响也依次增大，分别贡献69.9%、19.5%、6.9%、2.4%和1.3%。

②五因子模型　用$S_{cdm1010}$代替优化模型中的$S_{cdm1005}$分析，树高也与$S_{cdm1013}$正偏相关极显著，与$S_{cdm1010}$偏相关极不显著($r_{\text{partial}}=0.056$)；而与$S_{cdm1011}$、$S_{cdm1007}$和$S_{cdm1009}$负偏相关依次减弱，但均达到极显著水平。与优化模型一样，油松也对$S_{cdm1013}$响应最强，其单位量变化系数为2.777，对模型贡献71.0%。其次是$S_{cdm1011}$，系数1.165，贡献18.0%。而油松对$S_{cdm1009}$、$S_{cdm1007}$和$S_{cdm1010}$响应较弱，单位量变化系数为0.540、0.314和0.125；其对模型影响也较小，分别贡献5.8%、5.0%和0.2%。

表 11-31 汉中油松高与 10 月日照时数累积值逐步回归模型

Tab. 11-31 The stepwise regression model of relationship between cumulative sunshine durations in October and *Pinus tabulaeformi* height

处理 Treat	日照因子 S_{cdm10}	模型 Model Coefficients 非标准 Unstandard	标准 Standard	T-检验 T-test t	p	R^2	相关系数 Correlations r_0	$r_{partial}$	r_{part}	共线性统计量 Collinearity statistics 容差 Tolerance	方差膨胀因子 VIF
H_{tck}	常量	-10.465	—	-1.927	0.058	0.987 (F = 801.823, p = 0.000)	—	—	—	—	—
	$S_{cdm1013}$	0.363	1.402	6.800	0.000		0.933	0.651	0.097	0.005	209.509
	$S_{cdm1010}$	-0.215	-0.696	-2.694	0.009		0.845	-0.321	-0.038	0.003	329.177
	$S_{cdm1006}$	-0.126	-0.241	-4.411	0.000		0.783	-0.486	-0.063	0.068	14.697
	$S_{cdm1012}$	0.507	1.883	5.358	0.000		0.916	0.559	0.076	0.002	609.038
	$S_{cdm1011}$	-0.321	-1.123	-3.686	0.000		0.878	-0.421	-0.053	0.002	457.586
	$S_{cdm1009}$	-0.116	-0.341	-2.226	0.030		0.827	-0.270	-0.032	0.009	115.351
H_{trpa}	常量	-8.739	—	-0.949	0.346	0.984 (F = 793.096, p = 0.000)	—	—	—	—	—
	$S_{cdm1013}$	0.973	2.752	26.961	0.000		0.928	0.959	0.425	0.024	41.991
	$S_{cdm1007}$	-0.136	-0.224	-2.455	0.017		0.786	-0.293	-0.039	0.030	33.550
	$S_{cdm1011}$	-0.407	-1.044	-7.056	0.000		0.867	-0.661	-0.111	0.011	88.221
	$S_{cdm1009}$	-0.227	-0.486	-4.089	0.000		0.820	-0.455	-0.064	0.018	56.982
	$S_{cdm1005}$	-0.103	-0.119	-2.073	0.042		0.761	-0.251	-0.033	0.076	13.224
	常量	-19.879	—	-2.602	0.011	0.983 (F = 744.797, p = 0.000)	—	—	—	—	—
	$S_{cdm1013}$	0.981	2.777	25.807	0.000		0.928	0.955	0.419	0.023	43.865
	$S_{cdm1010}$	0.053	0.125	0.451	0.653		0.841	0.056	0.007	0.003	289.466
	$S_{cdm1007}$	-0.190	-0.314	-3.815	0.000		0.786	-0.430	-0.062	0.039	25.625
	$S_{cdm1011}$	-0.454	-1.165	-5.182	0.000		0.867	-0.544	-0.084	0.005	191.496
	$S_{cdm1009}$	-0.252	-0.540	-2.887	0.005		0.820	-0.339	-0.047	0.008	132.245

2. **树高与各生长期十月累积日照时数的模型拟合** 从相关性分析，树高与当年 10 月日照时数(S_{cdm10})不相关(r_0 = -0.014、0.016)，与 $S_{cdm1001}$ 有一定的相关性(r_0 = 0.147、0.181)；而与 $S_{cdm1002}$ ~ $S_{cdm1013}$ 正相关极显著，其中初期与 $S_{cdm1004}$ 相关性较强，对照和 RPA 相关系数分别为 0.785 和 0.783。树高与各生长期月累积日照时数关系模拟分析显示，与 S_{cdm10} 和 $S_{cdm1001}$ 线性关系松散，各种模型关系不显著。而与 $S_{cdm1002}$ ~ $S_{cdm1013}$ 的关系可以用 Exponential 模型分析。其中，初期与 $S_{cdm1004}$ 的 Exponential 模型拟合度较高，但与其他月相同，也是与 $S_{cdm1013}$ 的拟合度最好。

$$H_{tck} = 1.464e^{0.008S_{cdm1004}}$$

$$(n=70, R^2=0.876; F=478.794, p=0.000; t_0=5.692, p=0.000, t_1=21.881, p=0.000)$$

$$H_{trpa} = 1.789e^{0.008S_{cdm1004}}$$

$$(n=70, R^2=0.869; F=453.024, p=0.000; t_0=5.454, p=0.000, t_1=21.284, p=0.000)$$

$$H_{tck} = 6.625e^{0.003S_{cdm1013}}$$

$$(n=70, R^2=0.965; F=1856.949, p=0.000; t_0=17.486, p=0.000, t_1=43.092, p=0.000)$$

$$H_{trpa} = 8.180e^{0.003S_{cdm1013}}$$

$$(n=70, R^2=0.969; F=2156.182, p=0.000; t_0=18.448, p=0.000, t_1=46.441, p=0.000)$$

从模型分析，与其他月累积日照时数结果一致，RPA 和对照 $S_{cdm1004}$ 模型值之比为 1.22，$S_{cdm1313}$ 模型值之比为 1.23，RPA 模型值明显大于对照。在相同日照条件下，RPA 拌种飞播油松对 10 月累积日照时数单位量变化系数增加 22.3% ~23.5%。

二、树高年生长量与十月累积日照指标的关系

1. 高年生长量与十月累积日照时数的逐步回归模型　对树高年生长量(H_{at})与 10 月累积日照时数(S_{cdm10})进行逐步回归模型分析，对照油松高年生长量只与 $S_{cdm1012}$、$S_{cdm1013}$ 和 $S_{cdm1010}$ 关系密切；而 RPA 油松高年生长量也只有 $S_{cdm1013}$、$S_{cdm1011}$、$S_{cdm1001}$ 和 $S_{cdm1012}$ 进入了 RPA 数优化模型（表 11-32）。

(1) 对照树高年生长量与 10 月累积日照时数模型分析　其优化模型组成因子与 6 月日照完全相同。在控制其他因子影响下，树高年生长量也只与 $S_{cdm1012}$ 正偏相关极显著，与 $S_{cdm1013}$ 和 $S_{cdm1010}$ 负偏相关极显著。各因子相互作用下，油松对 3 因子影响依次减弱，单位量变化系数分别为 9.500、6.369 和 2.535；其对模型影响也依次降低，分别贡献 54.3%、32.7% 和 13.1%。

(2) RPA 树高年生长量与 10 月累积日照时数模型分析 在控制模型中其他因子影响下，树高年生长量仅与 $S_{cdm1011}$ 负偏相关极显著，而与 $S_{cdm1013}$ 和 $S_{cdm1001}$ 正偏相关极显著，($r_{\text{partial}}=0.335$、0.331，$p=0.001$、0.004)，与 $S_{cdm1012}$ 正偏相关显著($r_{\text{partial}}=0.244$，$p=0.046$)。各因子配合下，油松对 $S_{cdm1011}$ 响应最强，单位量变化系数为 3.793；其对模型影响也最大，贡献 61.3%。其次是 $S_{cdm1013}$ 和 $S_{cdm1012}$，单位量变化系数为 2.090 和 2.418，对模型分别贡献 19.0% 和 16.5%。而油松对 $S_{cdm1001}$ 响应极弱，其单位量变化系数仅为 0.197，对模型仅贡献 3.2%。

表 11－32 汉中油松高年生长量与 10 月累积日照时数逐步回归模型

Tab. 11－32 The stepwise regression model of relationship between cumulative sunshine durations in October and annual height increment of *Pinus tabulaeformi*

处理 Treat	日照因子 S_{Cdm10}	模型 Model Coefficients 非标准 Unstandard	标准 Standard	T－检验 T-test t	p	R^2	相关系数 Correlations r_0	$r_{partial}$	r_{part}	共线性统计量 Collinearity statistics 容差 Tolerance	方差膨胀因子 VIF
H_{atck}	常量	－3.941	—	－1.002	0.320	0.765*	—	—	—	—	—
	$S_{cdm1012}$	0.664	9.500	10.338	0.000		0.655	0.786	0.617	0.004	237.030
	$S_{cdm1013}$	－0.429	－6.369	－8.497	0.000		0.619	－0.723	－0.507	0.006	157.734
	$S_{cdm1010}$	－0.205	－2.535	－6.954	0.000		0.597	－0.650	－0.415	0.027	37.316
H_{atrpa}	常量	－24.573	—	－3.432	0.001	0.814 (F＝70.926, p＝0.000)	—	—	—	—	—
	$S_{cdm1013}$	0.187	2.090	2.865	0.006		0.820	0.335	0.153	0.005	185.514
	$S_{cdm1011}$	－0.376	－3.793	－5.407	0.000		0.756	－0.557	－0.290	0.006	171.571
	$S_{cdm1001}$	0.123	0.197	2.833	0.006		0.213	0.331	0.152	0.596	1.679
	$S_{cdm1012}$	0.225	2.418	2.033	0.046		0.797	0.244	0.109	0.002	493.400

备注:Remark: * F＝71.579,p＝0.000

2. **高年生长量与十月累积日照时数的模型拟合** 从相关性变化分析,油松树高年生长量与 S_{cdm10} 相关度很低(r_0 ＝ －0.057、0.069);对照与 $S_{cdm1001}$ 相关性也较弱(r_0 ＝0.135),而 RPA 与其正相关显著(r_0 ＝0.213,p ＝0.038);而两者与 $S_{cdm1002}$ ~ $S_{cdm1013}$ 正相关均极显著。与 8 月和 9 月不同,对照在 $S_{cdm1003}$ 和 $S_{cdm1012}$ 有峰值,相关系数分别为 0.629 和 0.655;初期 RPA 与 $S_{cdm1004}$ 相关性也相对较强,系数为 0.673;但其也与 $S_{cdm1013}$ 相关性最大,系数 0.820。对其进行模型拟合,油松高年生长量与 $S_{cdm1002}$ ~ $S_{cdm1013}$ 关系满足 Linear－模型和 Quadratic－模型条件。

(1)Linear－模型分析 模型常数项小于零,且对照大于 RPA;而模型斜率大于零,RPA 大于对照。表明 RPA 和对照模型相交。交点左侧 RPA 模型值小于对照,而右侧 RPA 大于对照,且距交点越远,RPA 和对照差异越显著。RPA 和对照的 $S_{cdm1003}$ 模型斜率比为 1.256,与其它各月基本一致。模型交点在 106.0 h/m 附近,交点累积日照时数小于 $S_{cdm1003}$ 取值下限{143.3,520.7}。表明在当地日照条件下,RPA 油松高年生长量大于对照,且月累积日照时间越长,两者差异越明显。其 $S_{cdm1004}$ 模型斜率比为 1.717,表明 RPA 与对照油松对 $S_{cdm1004}$ 影响差异比 $S_{cdm1003}$ 大。两模型交点 $S_{cdm1004}$ 约为 287.4 h/m,交点左侧只有 2 组数据。其 $S_{cdm1010}$、$S_{cdm1011}$、$S_{cdm1012}$ 和 $S_{cdm1013}$ 模型斜率比依次为 1.664、1.583、1.617 和 1.759,分别在 338.8 h/m、304.8 h/m、332.3 h/m 和 385.3 h/m 附近相交,其左侧分别有 3 组、2 组、3 组和 4 组数据。对照该 4 组数据的油松高年生长量均值分别为 6.2 cm/a、4.7 cm/a、6.9 cm/a 和 5.4 cm/a,RPA 相应的均值为 8.7 cm/a、4.5 cm/a、8.8 cm/a 和 7.5 cm/a;RPA 油松高年生长量比对照略高,呈现小幅波动;整体与月累积日照时数成反比，但相关极不显著。交点右侧，RPA 模型值大于对照，两者差距随月累积日照时间增加扩大。

$$H_{atck} = -39.558 + 0.172S_{cdm1003}$$

$(n=70, R^2=0.395, F=44.477, p=0.000; t_0=-4.083, p=0.000; t_1=6.669, p=0.000)$

$$H_{atrpa} = -44.208 + 0.216S_{cdm1003}$$

$(n=70, R^2=0.354, F=37.212, p=0.000; t_0=-3.324, p=0.001; t_1=6.100, p=0.000)$

$$H_{atck} = -23.598 + 0.107S_{cdm1004}$$

$(n=70, R^2=0.271, F=25.272, p=0.000; t_0=-2.448, p=0.017; t_1=5.027, p=0.000)$

$$H_{atrpa} = -45.511 + 0.183S_{cdm1004}$$

$(n=70, R^2=0.453, F=56.295, p=0.000; t_0=-4.107, p=0.000; t_1=7.503, p=0.000)$

$$H_{atck} = -10.519 + 0.048S_{cdm1010}$$

$(n=70, R^2=0.356, F=37.622, p=0.000; t_0=-1.744, p=0.086; t_1=6.134, p=0.000)$

$$H_{atrpa} = -21.356 + 0.080S_{cdm1010}$$

$(n=70, R^2=0.560, F=86.463, p=0.000; t_0=-3.224, p=0.002; t_1=9.299, p=0.000)$

$$H_{atck} = -11.002 + 0.047S_{cdm1011}$$

$(n=70, R^2=0.402, F=45.769, p=0.000; t_0=-1.965, p=0.054; t_1=6.765, p=0.000)$

$$H_{atrpa} = -19.412 + 0.075S_{cdm1011}$$

$(n=70, R^2=0.572, F=90.853, p=0.000; t_0=-3.085, p=0.003; t_1=9.532, p=0.000)$

$$H_{atck} = -10.738 + 0.046S_{cdm1012}$$

$(n=70, R^2=0.428, F=50.974, p=0.000; t_0=-2.022, p=0.047; t_1=7.140, p=0.000)$

$$H_{atrpa} = -20.118 + 0.074S_{cdm1012}$$

$(n=70, R^2=0.635, F=118.407, p=0.000; t_0=-3.572, p=0.001; t_1=10.882, p=0.000)$

$$H_{atck} = -8.133 + 0.042S_{cdm1013}$$

$(n=70, R^2=0.383, F=42.155, p=0.000; t_0=-1.502, p=0.138; t_1=6.493, p=0.000)$

$$H_{atrpa} = -20.323 + 0.073S_{cdm1013}$$

$(n=70, R^2=0.672, F=139.356, p=0.000; t_0=-3.879, p=0.000; t_1=11.805, p=0.000)$

（2）Quadratic－模型分析　RPA 和对照的 $S_{cdm1003}$ 模型 $a>0$，且 RPA < 对照；$b<0$，且 RPA > 对照；$c>0$，且 RPA < 对照。模型极小值分别出现在 146.4 h/m 和 232.9 h/m 附近，极值为 4.0 cm/a 和 3.1 cm/a；模型极值左侧各有 1 组数据。两模型在 $S_{cdm1003}$ 取值范围内有 1 个交点，出现在 185.9 h/m 附近；交点右侧，RPA 模型值大于对照，初期两者差距随月累积日照时数增加扩大明显，随着月累积日照时间的不断增加，差距扩大幅度逐渐收窄，最终有缩小的趋势。$S_{cdm1004}$ 模型 $a>0$，且 RPA > 对照；$b<0$，且 RPA < 对照；$c>0$，且 RPA > 对照。极小值出现在 264.9 h/m 和 220.2 h/m 附近；极值点左侧分别有 2 组和 1 组数据。模型在 $S_{cdm1004}$ 取值范围内{143.3，601.6}有 2 个交点；交点区间{219.8，370.2}

RPA 模型值小于对照；其区间右侧，RPA 油松模型值大于对照，且距其区间上限越远，差距越大。$S_{cdm1010}$模型 $a>0$，且 RPA > 对照；$b<0$，且 RPA < 对照；$c>0$，且 RPA > 对照。模型变化规律与 $S_{cdm1004}$模型相同。极值为 5.9 cm/a 和 4.5 cm/a，分别出现在 320.2 h/m 和 166.2 h/m 附近，极值点左侧分别分布 3 组和 1 组数据。模型在 $S_{cdm1010}$ 取值范围内{143.3，1155.9} 2 个交点分别出现在 369.7 h/m 和 519.1 h/m 附近。$S_{cdm1011}$模型 $a>0$，且 RPA < 对照；$b<0$，且 RPA < 对照；$c>0$，且 RPA > 对照。模型极小值分别出现在 228.6 h/m和 301.6 h/m 附近，极值点左侧各有 1 组和 2 组数据。$S_{cdm1011}$ 模取值范围内{143.3，1222.4}模型只有 1 个交点，出现在 195.7 h/m 附近；交点右侧 RPA 模型值大于对照，且距交点越远，两者差异越明显。$S_{cdm1012}$模型 $a>0$，且 RPA > 对照；$b<0$，且 RPA < 对照；$c>0$，且 RPA > 对照。极值分别出现在 324.5 h/m 和 319.2 h/m 附近，极值点左侧各有 3 组数据。在 $S_{cdm1012}$模取值范围内{143.3，1306.6} RPA 模型值大于对照；其中在极值点区间{319.2，324.5}，两模型差距较小；其区间右侧，两者差距与月累积日照时间成正比。$S_{cdm1013}$模型，对照 $a<0$、$b>0$、$c>0$，RPA $a>0$、$b<0$、$c>0$；极显著分别出现在 334.1 h/m和 − 924.3 h/m 附近。对照极值点远在 $S_{cdm1013}$ 模取值下限以外{143.3，1398.6}，RPA 极值点左侧有 4 组数据。两模型有 2 个交点，分别出现在 378.3 h/m 和 725.6 h/m 附近。与 $S_{cdm1004}$ 和 $S_{cdm1010}$模型分析结果一样，交点区间{378.3，725.6} RPA 模型值小于对照；其区间右侧，RPA 油松模型值大于对照，且距其区间上限越远，差距越大。

$$H_{atck} = 42.929 - 0.342S_{cdm1003} + 7.333 \times 10^{-4}S_{cdm1003}^2$$

($n=70, R^2=0.516, F=35.719, p=0.000; t_0=1.952, p=0.055; t_1=-2.674, p=0.009; t_2=4.086, p=0.000$)

$$H_{atrpa} = 15.337 - 0.155S_{cdm1003} + 5.294 \times 10^{-4}S_{cdm1003}^2$$

($n=70, R^2=0.389, F=21.358, p=0.000; t_0=0.468, p=0.642; t_1=-0.813, p=0.419; t_2=1.978, p=0.052$)

$$H_{atck} = 18.246 - 0.131S_{cdm1004} + 2.986 \times 10^{-4}S_{cdm1004}^2$$

($n=70, R^2=0.318, F=15.605, p=0.000; t_0=0.843, p=0.402; t_1=-1.165, p=0.248; t_2=2.145, p=0.036$)

$$H_{atrpa} = 50.279 - 0.362S_{cdm1004} + 6.837 \times 10^{-4}S_{cdm1004}^2$$

($n=70, R^2=0.592, F=48.656, p=0.000; t_0=2.262, p=0.027; t_1=-3.125, p=0.003; t_2=4.785, p=0.000$)

$$H_{atck} = 10.780 - 0.034S_{cdm1011} + 5.696 \times 10^{-5}S_{cdm1011}^2$$

($n=70, R^2=0.379, F=20.403, p=0.000; t_0=0.477, p=0.635; t_1=-0.374, p=0.709; t_2=1.551, p=0.126$)

$$H_{atrpa} = 17.444 - 0.072S_{cdm1010} + 1.124 \times 10^{-4}S_{cdm1010}^2$$

$(n=70, R^2=0.632, F=57.457, p=0.000; t_0=1.414, p=0.162; t_1=-1.682, p=0.097; t_2=3.617, p=0.001)$

$$H_{atck}=10.780-0.034S_{cdm1011}+5.696\times10^{-5}S_{cdm1011}^2$$

$(n=70, R^2=0.447, F=27.046, p=0.000; t_0=0.994, p=0.324; t_1=-0.958, p=0.342; t_2=2.319, p=0.023)$

$$H_{atrpa}=9.927-0.035S_{cdm1011}+7.672\times10^{-5}S_{cdm1011}^2$$

$(n=70, R^2=0.618, F=54.111, p=0.000; t_0=0.829, p=0.410; t_1=-0.887, p=0.378; t_2=2.830, p=0.006)$

$$H_{atck}=11.300-0.034S_{cdm1012}+5.256\times10^{-5}S_{cdm1012}^2$$

$(n=70, R^2=0.479, F=30.850, p=0.000; t_0=1.129, p=0.263; t_1=-1.062, p=0.292; t_2=2.561, p=0.013)$

$$H_{atrpa}=15.954-0.056S_{cdm1012}+8.603\times10^{-5}S_{cdm1012}^2$$

$(n=70, R^2=0.713, F=83.089, p=0.000; t_0=1.617, p=0.111; t_1=-1.792, p=0.078; t_2=4.250, p=0.000)$

$$H_{atck}=-2.673+0.023S_{cdm1013}+1.221\times10^{-5}S_{cdm1013}^2$$

$(n=70, R^2=0.386, F=21.076, p=0.000; t_0=-0.257, p=0.798; t_1=0.715, p=0.477; t_2=0.617, p=0.539)$

$$H_{atrpa}=16.330-0.055S_{cdm1013}+8.197\times10^{-5}S_{cdm1013}^2$$

$(n=70, R^2=0.761, F=106.841, p=0.000; t_0=1.899, p=0.062; t_1=-2.095, p=0.040; t_2=5.005, p=0.000)$

三、树高生长年增量与十月累积日照指标的关系

1. **树高生长年增量与是月累积日照时数的向后剔除法逐步回归模型** 对树高生长年增量（R_{aht}）与10月累积日照指标（S_{cdm10}）进行向后剔除法逐步回归模型分析，经过11次向后逐步回归，组建对照油优化模型；而经过7次向后剔除法逐步回归构建了RPA优化模型（表11－33）。

（1）对照树高生长年增量与10月累积日照时数的模型分析 在控制其他因子影响下，对照树高生长年增量与 $S_{cdm1013}$ 和 $S_{cdm1011}$ 负偏相关极显著，但前者相关度明显高于后者；而与 $S_{cdm1012}$ 正偏相关极显著。三因子配合下，$S_{cdm1012}$ 和 $S_{cdm1013}$ 对油松高生长年增量起着决定作用，单位量变化系数达11.295和8.212，其对模型贡献52.0%和40.0%；而 $S_{cdm1011}$ 对树高作用较弱，单位量变化系数为2.944，对模型仅贡献8.0%。

（2）RPA树高生长年增量与10月累积日照时数的模型分析 从RPA分析，树高生长年增量与 $S_{cdm1011}$、$S_{cdm1013}$、$S_{cdm1008}$ 和 S_{cdm10} 负偏相关极显著，但前2个因子的相关性明显优

于后两因子；而与 $S_{cdm1012}$ 和 $S_{cdm1010}$ 正偏相关极显著，与 $S_{cdm1003}$ 正偏相关显著（$r_{partial}$ = 0.260，p = 0.032）。各因子相互作用下，$S_{cdm1012}$、$S_{cdm1011}$、$S_{cdm1013}$ 和 $S_{cdm1010}$ 对树高生长年增量作用较强，单位量变化系数达 18.572、14.135、10.454 和 9.163；其对模型因子也相对较大，分别贡献 35.8%、26.9%、18.1% 和 14.6%；与对照相比，$S_{cdm1012}$ 和 $S_{cdm1013}$ 对油松高生长年增量作用明显增强，而对模型影响显著降低；$S_{cdm1011}$ 的作用和影响均显著增强。$S_{cdm1008}$ 对油松高生长年增量也有一定作用，单位量变化系数为 2.498，对模型贡献 3.3%。而 $S_{cdm1003}$ 和 S_{cdm10} 对油松作用极弱，单位量变化系数仅为 0.524 和 0.460；其对模型影响也很小，均贡献 0.7%。

2. **树高生长年增量与十月累积日照时数的逐步回归模型** 对其进行逐步回归模型分析，对照油松高生长年增量与 $S_{cdm1003}$ 和 $S_{cdm1004}$ 线性关系密切，依次进入其模型；而 RPA 与 $S_{cdm1003}$、$S_{cdm1002}$ 和 $S_{cdm1004}$ 相关性较强，先后进入其模型（表 11－34）。

（1）对照树高生长年增量与 10 月累积日照时数的逐步回归模型分析 对照树高生长年增量与 $S_{cdm1004}$ 负偏相关极显著，而与 $S_{cdm1003}$ 正偏相关极显著。油松对 $S_{cdm1003}$ 的响应明显强于 $S_{cdm1004}$。两因子单位量变化系数分别为 1.030 和 0.810，对模型贡献 63.5% 和 36.5%。

表 11－33 油松高年增量与 10 月日照均值指标逐步向后回归模型

Tab. 11－33 The backward stepwise regression model of cumulative sunshine hours in October and annual height growth acceleration of *Pinus tabulaeformi*

处理 Treat	日照因子 S_{cdm10}	模型 Model Coefficients 非标准 Unstandard	标准 Standard	T－检验 T-test t	p	R^2	相关系数 Correlations r_0	$r_{partial}$	r_{part}	共线性统计量 Collinearity statistics 容差 Tolerance	方差膨胀因子 VIF
H_{ahtck}	常量	－1.271	—	－0.170	0.866	0.397*	—	—	—	—	—
	$S_{cdm1011}$	－0.276	－2.944	－2.756	0.008		0.184	－0.321	－0.263	0.008	124.964
	$S_{cdm1012}$	0.992	11.295	5.571	0.000		0.182	0.566	0.532	0.002	450.202
	$S_{cdm1013}$	－0.695	－8.212	－6.311	0.000		0.137	－0.613	－0.603	0.005	185.454
R_{ahtrpa}	常量	148.451	—	3.027	0.004	0.559（F = 11.212，p = 0.000）	—	—	—	—	—
	S_{cdm10}	－0.732	－0.460	－3.332	0.001		0.001	－0.390	－0.281	0.374	2.674
	$S_{cdm1003}$	－0.326	－0.524	－2.194	0.032		0.253	－0.268	－0.185	0.125	8.019
	$S_{cdm1008}$	－0.575	－2.498	－3.413	0.001		0.177	－0.398	－0.288	0.013	75.243
	$S_{cdm1010}$	1.685	9.163	5.086	0.000		0.184	0.543	0.429	0.002	455.968
	$S_{cdm1011}$	－2.403	－14.135	－7.291	0.000		0.177	－0.679	－0.615	0.002	528.003
	$S_{cdm1012}$	2.960	18.572	8.096	0.000		0.205	0.717	0.683	0.001	739.379
	$S_{cdm1013}$	－1.604	－10.454	－6.892	0.000		0.178	－0.659	－0.582	0.003	323.184

备注：Remark：* F = 14.508，p = 0.000

（2）RPA 树高生长年增量与 10 月累积日照时数的逐步回归模型分析 与对照比较，

RPA 树高生长年增量也与 $S_{cdm1003}$ 正偏相关极显著；而与 $S_{cdm1002}$ 和 $S_{cdm1004}$ 负偏相关性极显著。三因子配合下，油松对也是对 $S_{cdm1003}$ 响应最强，其单位量变化系数为 1.522，对模型贡献 59.2%；其作用比对照略有增强，而对模型影响略有降低。而油松对 $S_{cdm1004}$ 和 $S_{cdm1002}$ 响应相对较弱，单位量变化系数仅为 0.845 和 0.604，对模型分别贡献 22.3% 和 18.5%。其中，$S_{cdm1004}$ 对油松高生长年增量作用略有增强，但对模型影响显著降低。

表 11-34　汉中油松高年增量与 10 月日照均值指标逐步回归模型

Tab15-34 The stepwise regression model of cumulative sunshine hours in October and annual height growth acceleration of *Pinus tabulaeformi*

处理 Treat	日照因子 S_{cdm10}	模型 Model Coefficients 非标准 Unstandard	标准 Standard	T-检验 T-test t	p	R^2	相关系数 Correlations r_0	$r_{partial}$	r_{part}	共线性统计量 Collinearity statistics 容差 Tolerance	方差膨胀因子 VIF
H_{ahtck}	常量	-24.822	—	-1.748	0.085	0.190[a]	—	—	—	—	—
	$S_{cdm1003}$	0.353	1.030	3.778	0.000		0.289	0.419	0.415	0.163	6.150
	$S_{cdm1004}$	-0.208	-0.810	-2.970	0.004		0.133	-0.341	-0.327	0.163	6.150
R_{ahtrpa}	常量	-10.492	—	-0.387	0.700	0.226[b]	—	—	—	—	—
	$S_{cdm1003}$	0.947	1.522	4.194	0.000		0.253	0.459	0.454	0.089	11.233
	$S_{cdm1002}$	-0.505	-0.604	-3.015	0.004		0.072	-0.348	-0.327	0.293	3.418
	S_{cdm104}	-0.394	-0.845	-2.993	0.004		0.136	-0.346	-0.324	0.147	6.793

备注：Remark：[a] $F=7.866, p=0.001$；[b] $F=7.866, p=0.001$

3. 树高生长年增量与十月累积日照时数的模型拟合　与 9 月日照相比，树高生长年增量与各生长期 10 月累积日照时数相关性有所增强。其中，对照与 $S_{cdm1003}$ 正相关极显著（$r_0=0.289, p=0.008$），与 $S_{cdm1002}$ 正相关显著（$r_0=0.249, p=0.019$）；RPA 与 $S_{cdm1003}$ 和 $S_{cdm1012}$ 正相关显著（$r_0=0.253$、0.205，$p=0.017$、0.046）。对其进行模型拟合，RPA 与 $S_{cdm1001}$ 符合 Quadratic-模型，对照与 $S_{cdm1002}$ 的 Linear-模型回归显著；而 RPA 和对照油松高年增量与 $S_{cdm1003}$ 关系满足 Linear-模型和 Quadratic-模型分析要求。

（1）Linear-模型分析 模型斜率 $b>0$，决定系数 R^2 极小。RPA 和对照的 $S_{cdm1003}$ 模型 b 比值为 1.585，截距 $a<0$，且 RPA > 对照；两模型在 235.6 h/m 附近相交，交点右侧有 13 组数据处理，其 RPA 模型值大于对照，且两者差距与近 4 年 10 月累积日照时数（$S_{cdm1003}$）呈正相关的趋势；发生频度 0.929。

$$R_{ahtck} = -19.427 + 0.115S_{cdm1002}$$

$$(n=70, R^2=0.062, F=4.503, p=0.037; t_0=-1.237, p=0.220; t_1=2.122, p=0.037)$$

$$R_{ahtrpa} = -36.844 + 0.157S_{cdm1003}$$

$$(n=70, R^2=0.064, F=4.633, p=0.035; t_0=-1.341, p=0.184; t_1=2.152, p=0.035)$$

$$R_{ahtck} = -23.175 + 0.099S_{cdm1003}$$

（$n=70, R^2=0.084, F=6.197, p=0.015; t_0=-1.546, p=0.127; t_1=2.489, p=0.015$）

（2）Quadratic－模型分析　模型 $a>0$、$b<0$、$c>0$，模型有极大值。RPA 的 $S_{cdm1001}$ 模型极大值出现在 229.9 h/m 附近。在 $S_{cdm1001}$ 取值范围内{131.9，350.6}，极值点左侧有 11 组数据，其油松高生长年增量与近 2 年 10 月累积日照时数（$S_{cdm1001}$）有正相关趋势，但降幅以 0.013 $S_{cdm1001}$ 递减；发生频度 0.786。RPA 和对照的 $S_{cdm1003}$ 模型极小值分别发生在 283.3 h/m 和 281.1 h/m 附近；极值点右侧均有 12 组数据，其树高年增量与 $S_{cdm1003}$ 呈正相关，增幅分别以 $2.356\times10^{-3}S_{cdm1003}$ 和 $1.436\times10^{-3}S_{cdm1003}$ 递增；发生频度 0.875。模型 a 值 RPA＞对照、b 值 RPA＜对照、c 值 RPA＜对照；两模型不相交；RPA 模型值＞对照，最小差距出现在 286.7h/m 附近；$S_{cdm1003}$ 大于或小于 286.7 h/m 时，RPA 和对照差异有增强的趋势。

$$R_{ahtrpa} = 336.375 - 3.015S_{cdm1001} + 6.558\times10^{-3}S_{cdm1001}^2$$

（$n=70, R^2=0.161, F=6.405, p=0.003; t_0=3.447, p=0.001; t_1=-3.389, p=0.001;$ $t_2=3.514, p=0.001$）

$$R_{ahtrpa} = 95.650 - 0.667S_{cdm1003} + 1.178\times10^{-3}S_{cdm1003}^2$$

（$n=70, R^2=0.124, F=4.728, p=0.012; t_0=1.418, p=0.161; t_1=-1.703, p=0.093;$ $t_2=2.140, p=0.036$）

$$R_{ahck} = 57.749 - 0.404S_{cdm1003} + 7.194\times10^{-4}S_{cdm1003}^2$$

（$n=70, R^2=0.157, F=6.242, p=0.003; t_0=1.583, p=0.118; t_1=-1.909, p=0.060;$ $t_2=2.418, p=0.018$）

第十二节　十一月日照时数对树高生长的累积效应

【内容提要】对照逐步回归模型中，$S_{cdm1110}$、$S_{cdm1111}$、$S_{cdm1109}$、$S_{cdm1113}$ 和 $S_{cdm1108}$ 对树高影响较大，单位量变化系数依次为 5.518、4.174、4.042、2.856 和 2.650，对模型分别贡献 29.0%、19.1%、18.5%、11.8% 和 11.3%。RPA 模型中，$S_{cdm1113}$ 和 $S_{cdm1112}$ 对树高影响较强，单位量变化系数为 5.878 和 5.417，对模型分别贡献 45.7% 和 33.6%，其次是 $S_{cdm1111}$，系数为 2.363，贡献 11.3%。树高与 11 月累积日照时数性关性变化与年累积日照时数变化先相似，但整体正相关性显著增强。模型拟合，树高与 $S_{cdm1101}$ 和 $S_{cdm1102}$ 符合 Power－模型，与 $S_{cdm1103}\sim S_{cdm1113}$ 最适合 Exponential－模型。可以用 $S_{cdm1104}$ 和 $S_{cdm1113}$ 的 Exponential－模型分析 11 月累积日照对汉中飞播油松高的影响。

汉中飞播油松高年生长量与各生长期 11 月累积日照时数正相关。其中，对照与近 4

年、近9年和近12年($S_{cdm1103}$、$S_{cdm1108}$和$S_{cdm1111}$)相关性较强($r_0=0.675$、0.620、0.653),RPA相关性与累积日照统计年限正相关。可采用Linear－模型和Quadratic－模型分析两者的关系。逐步回归分析证明,对照优化模型中,$S_{cdm1112}$和$S_{cdm1113}$对树高年生长量影响较大,单位量变化系数为15.846和11.890,对模型贡献52.9%和37.5%。引入$S_{cdm1104}$因子,$S_{cdm1112}$和$S_{cdm1113}$对树高年生长量影响基本稳定,对模型分别贡献53.5%和37.6%。用S_{cdm11}取代4因子模型中的$S_{cdm1110}$因子,$S_{cdm1113}$作用明显增强,贡献44.1%。再用$S_{cdm1103}$因子取代4因子模型中的$S_{cdm1113}$因子,$S_{cdm1104}$和$S_{cdm1103}$对树高年生长量影响较大,单位量变化系数为1.786和1.426,对模型贡献41.7%和38.9%;而$S_{cdm1112}$的影响显著减弱,近贡献16.0%。RPA2因子优化模型中,$S_{cdm1113}$对树高年生长量影响大于$S_{cdm1112}$,单位量变化系数分别为3.533和2.725,其对模型分别贡献59.4%和40.6%。

油松高生长年增量与11月累积日照时数的正相关性比其与10月日照的略有增强。其中,对照与近3年11月累积日照($S_{cdm1102}$)相关极显著($r_0=0.302$,$p=0.006$),与近4年的($S_{cdm1103}$)相关显著($r_0=0.274$,$p=0.011$);而RPA仅与$S_{cdm1103}$相关显著($r_0=0.227$,$p=0.029$)。向后剔除法逐步回归分析结果显示,对照9因子模型中,油松对$S_{cdm1111}$、$S_{cdm1113}$、$S_{cdm1103}$、$S_{cdm1104}$和$S_{cdm1102}$响应较强,但依次减弱;其单位量变化系数介于10.225～3.488之间,对模型累计贡献80.6%。RPA 10因子模型中,油松对$S_{cdm1107}$、$S_{cdm1104}$、$S_{cdm1103}$、$S_{cdm1110}$和$S_{cdm1102}$响应较强,单位量变化系数为7.369、6.949、6.714、6.231和5.684,对模型总计贡献75.2%。

【关 键 词】多效抗旱驱鼠剂,飞播造林,油松,树高生长,11月积日照时数,逐步回归模型

一、树高与十一月累积日照指标的关系

1. 树高与各生长期十一月累积日照时数的逐步回归模型 在组成的9组对照有效模型中,$S_{cdm1113}$、$S_{cdm1110}$、$S_{cdm1111}$、$S_{cdm1106}$、$S_{cdm1109}$、$S_{cdm1108}$、S_{cdm11}、$S_{cdm1112}$和$S_{cdm1107}$构成了对照油松高优化模型。而在组成的6组RPA油松有效模型中,$S_{cdm1113}$、$S_{cdm1110}$、$S_{cdm1112}$、$S_{cdm1111}$、$S_{cdm1107}$和$S_{cdm1101}$组合很好诠释了不同生长期11月累积日照时数对RPA油松高的影响(表11－35)。

表 11－35　汉中油松高与 11 月日照时数累积值逐步回归模型

Tab. 11－35 The stepwise regression model of relationship between cumulative sunshine durations in November and *Pinus tabulaeformi* height

处理 Treat	日照因子 S_{cdm10}	模型 Model Coefficients 非标准 Unstandard	标准 Standard	T－检验 T-test t	p	R^2	相关系数 Correlations r_0	$r_{partial}$	r_{part}	共线性统计量 Collinearity statistics 容差 Tolerance	方差膨胀因子 VIF
H_{tck}	常量	13.577	—	1.899	0.062	0.991 (F = 704.146, p = 0.000)	—	—	—	—	—
	$S_{cdm1113}$	0.762	2.856	6.239	0.000		0.940	0.627	0.078	0.001	1 341.105
	$S_{cdm1110}$	－1.680	－5.518	－8.425	0.000		0.885	－0.736	－0.105	0.000	2 743.914
	$S_{cdm1111}$	1.193	4.174	6.890	0.000		0.909	0.665	0.086	0.000	2 347.856
	$S_{cdm1106}$	－0.306	－0.656	－4.056	0.000		0.844	－0.464	－0.051	0.006	167.403
	$S_{cdm1109}$	1.334	4.042	6.016	0.000		0.877	0.613	0.075	0.000	2 887.427
	$S_{cdm1108}$	－0.976	－2.660	－4.901	0.000		0.869	－0.535	－0.061	0.001	1 884.392
	S_{cdm11}	－0.223	－0.101	－3.043	0.003		0.108	－0.366	－0.038	0.143	7.011
	$S_{cdm1112}$	－0.593	－2.169	－3.013	0.004		0.931	－0.362	－0.038	0.000	3 317.156
	$S_{cdm1107}$	0.359	0.872	2.348	0.022		0.854	0.290	0.029	0.001	883.227
H_{trpa}	常量	3.887	—	0.406	0.686	0.985 (F = 695.332, p = 0.000)	—	—	—	—	—
	$S_{cdm1113}$	2.140	5.878	10.911	0.000		0.936	0.809	0.168	0.001	1 229.003
	$S_{cdm1110}$	－0.493	－1.185	－3.007	0.004		0.879	－0.354	－0.046	0.002	657.669
	$S_{cdm1112}$	－2.021	－5.417	－6.526	0.000		0.922	－0.635	－0.100	0.000	2 918.260
	$S_{cdm1111}$	0.922	2.363	4.456	0.000		0.897	0.490	0.068	0.001	1 191.269
	$S_{cdm1107}$	－0.385	－0.684	－5.125	0.000		0.845	－0.542	－0.079	0.013	75.536
	$S_{cdm1101}$	－0.147	－0.084	－2.480	0.016		0.281	－0.298	－0.038	0.204	4.903

（1）对照树高 11 月累积日照时数模型分析　在排除模型其他因子干扰下，树高与 $S_{cdm1110}$、$S_{cdm1109}$、$S_{cdm1106}$、S_{cdm11} 和 $S_{cdm1112}$ 负偏相关极显著，且依次减弱；而与 $S_{cdm1107}$、$S_{cdm1109}$、$S_{cdm1113}$ 和 $S_{cdm1111}$ 正偏相关依次增强，其中除与 $S_{cdm1107}$ 相关显著外（$r_{partial}$ = 0. 290，p = 0.022），与其余因子相关极显著。各因子相互作用下，油松对 $S_{cdm1110}$ 响应最强，单位量变化系数为 5.518；其对模型影响也最大，贡献 29.0%。其次是 $S_{cdm1111}$ 和 $S_{cdm1109}$，变化系数为 4.174 和 4.042，对模型分别贡献 19.1% 和 18.5%。$S_{cdm1113}$ 和 $S_{cdm1108}$ 对模型作用相当，其单位量变化系数为 2.856 和 2.650，对模型分别贡献 11.8% 和 11.3%。油松对 $S_{cdm1112}$、$S_{cdm1107}$ 和 $S_{cdm1106}$ 响应相对较小，单位量变化系数依次为 2.169、0.872 和 0.656；其对模型影响也相对较小，分别贡献 5.3%、2.1% 和 2.7%。而油松对 S_{cdm11} 响应极小，变化系数仅为 0.101；其对模型影响也很小，仅贡献 0.3%。

(2)RPA 树高 11 月累积日照时数模型分析　在控制模型中其他因子影响下,树高与 $S_{cdm1112}$、$S_{cdm1107}$、$S_{cdm1110}$ 和 $S_{cdm1101}$ 负偏相关依次减弱,其与前 3 因子相关极显著,与后 1 因子相关显著($r_{\text{partial}} = -0.298, p = 0.016$);与 $S_{cdm1113}$ 正偏相关性明显优于 $S_{cdm1112}$,但均极显著。在各因子协同作用下,油松对 $S_{cdm1113}$ 和 $S_{cdm1112}$ 响应较强,单位量变化系数为 5.878 和 5.417;其对模型影响也较大,分别贡献 45.7% 和 33.6%。其次是 $S_{cdm1111}$,变化系数为 2.363,对模型贡献 11.3%。$S_{cdm1110}$ 和 $S_{cdm1107}$ 对模型作用较小,影响相当;其单位量变化系数为 1.185 和 0.684,对模型分别贡献 4.4% 和 4.5%。而油松对 $S_{cdm1101}$ 响应极弱,变化系数仅为 0.084;其对模型影响也很小,仅贡献 0.3%;与对照模型 S_{cdm11} 影响相当。

2. **树高与各生长期十一月累积日照时数的模型拟合**　从相关性分析,树高与不同生长期 11 月累积日照时数指标均呈正相关,其变化规律与年累积日照时数变化规律类似,但整体相关性明显增强。初期与 $S_{cdm1104}$ 的相关性也相对较强,对照和 RPA 相关系数分别为 0.866 和 0.859;但整体也是与 $S_{cdm1113}$ 相关性最强,相关系数分别达 0.940 和 0.936。模型拟合分析显示,树高与 S_{cdm11} 关系松散,不满足各种模型条件。与 $S_{cdm1101}$ 和 $S_{cdm1102}$ 关系更贴近 Power - 模型;而与 $S_{cdm1103} \sim S_{cdm1113}$ 关系最符合 Exponential - 模型变化。且模型决定系数 R^2 随月累积日照时数统计年限延长而增强。

$$H_{tck} = 3.703e^{0.007S_{cdm1104}}$$

$$(n = 70, R^2 = 0.902; F = 786.354, p = 0.000; t_0 = 9.414, p = 0.000, t_1 = 28.042, p = 0.000)$$

$$H_{trpa} = 4.595e^{0.007S_{cdm1104}}$$

$$(n = 70, R^2 = 0.914; F = 718.626, p = 0.000; t_0 = 8.866, p = 0.000, t_1 = 26.807, p = 0.000)$$

$$H_{tck} = 8.564e^{0.003S_{cdm1113}}$$

$$(n = 70, R^2 = 0.948; F = 1234.219, p = 0.000; t_0 = 15.705, p = 0.000, t_1 = 35.131, p = 0.000)$$

$$H_{trpa} = 10.628e^{0.003S_{cdm1113}}$$

$$(n = 70, R^2 = 0.953; F = 1371.060, p = 0.000; t_0 = 16.204, p = 0.000, t_1 = 37.028, p = 0.000)$$

从模型分析,与其他月累积日照时数结果一致,RPA 和对照 $S_{cdm1104}$ 模型值之比为 1.24,$S_{cdm1113}$ 模型值之比也为 1.24,RPA 模型值明显大于对照。在相同日照条件下,RPA 拌种飞播油松对 11 月累积日照时数单位量变化系数增加 224.1%。与 10 月比较,$S_{cdm1104}$ 模型决定系数显著增大,模型拟合度大幅提高。

二、树高年生长量与十一月累积日照指标的关系

1. **高年生长量与十一月累积日照时数的逐步回归模型**　对树高年生长量(H_{at})与 11 月累积日照时数(S_{cdm11})进行逐步回归模型分析,RPA 油松高年生长量只与 $S_{cdm1113}$ 和 $S_{cdm1111}$ 关系密切。而在组成的 9 组对照油松高年生长量有效模型中,$S_{cdm1112}$、$S_{cdm1113}$ 和 $S_{cdm1110}$ 构成了对照油松高年生长量优化模型;同时,$S_{cdm1104}$、$S_{cdm1112}$、$S_{cdm1113}$ 和 $S_{cdm1110}$ 组合,

S_{cdm11}、$S_{cdm1104}$、$S_{cdm1112}$和 $S_{cdm1113}$组合，$S_{cdm1103}$、S_{cdm11}、$S_{cdm1104}$和 $S_{cdm1112}$组合也能较好诠释对照油松与各生长期 11 月累积日照时数的关系（表 11－36）。

（1）对照树高年生长量与 11 月累积日照时数模型分析

①三因子优化模型　模型组成因子与 6 月和 10 月日照完全相同。在控制其他因子影响下，树高年生长量也与 $S_{cdm1112}$正偏相关极显著，而与 $S_{cdm1113}$和 $S_{cdm1110}$负偏相关极显著。3 因子配合下，油松对其响应依次减弱，单位量变化系数为 15.846、11.890 和 3.349；其对模型影响也依次降低，分别贡献 52.9%、37.5%和 9.6%。

②四因子模型　从 $S_{cdm1104}$、$S_{cdm1112}$、$S_{cdm1113}$和 $S_{cdm1110}$组合分析，在控制其他因子影响下，树高年生长量也仅与 $S_{cdm1112}$正偏相关极显著，而与 $S_{cdm1113}$和 $S_{cdm1110}$负偏相关极显著，与 $S_{cdm1104}$负偏相关不显著（$r_{partial}=-0.140$）。各因子相互作用下，油松对 $S_{cdm1112}$和 $S_{cdm1113}$响应较强，单位量变化系数为 15.918 和 11.890；其对模型起着主导作用，分别贡献 53.5%和 37.6%。其次是 $S_{cdm1110}$，单位量变化系数为 3.177，对模型贡献 8.7%。而油松对 $S_{cdm1104}$响应很弱，其单位量变化系数仅为 0.278，对模型仅贡献 0.2%。

S_{cdm11}、$S_{cdm1104}$、$S_{cdm1112}$和 $S_{cdm1113}$模型也显示，树高仅与 $S_{cdm1112}$正偏相关极显著，而与 $S_{cdm1113}$和 S_{cdm11}负偏相关极显著，与 $S_{cdm1104}$负偏相关显著（$r_{partial}=-0.264, p=0.031$）。各因子相互作用下，油松也是对 $S_{cdm1112}$和 $S_{cdm1113}$响应较强，单位量变化系数为 10.949 和 9.659，对模型分别贡献 53.4%和 44.1%；与优化模型比较，$S_{cdm1113}$作用明显增强，而油松对 $S_{cdm1104}$和 S_{cdm11}响应极弱，其单位量变化系数仅为 0.592 和 0.263，对模型分别贡献 1.6%和 0.9%；与第一个 4 因子模型比较，$S_{cdm1104}$的影响有所降低。

但从 $S_{cdm1103}$、S_{cdm11}、$S_{cdm1104}$和 $S_{cdm1112}$因子模型分析，在控制其他因子影响下，树高年生长量与 $S_{cdm1104}$和 S_{cdm11}负偏相关极显著，而与 $S_{cdm1112}$和 $S_{cdm1103}$正偏相关极显著。在各因子协同作用下，油松对 $S_{cdm1104}$和 $S_{cdm1103}$响应较强，单位量变化系数为 1.786 和 1.426，对模型贡献 41.7%和 38.9%；$S_{cdm1112}$对模型也有一定影响，其单位量变化系数为 1.132，贡献 16.0%。而油松对 S_{cdm11}响应极弱，单位量变化系数仅为 0.248，对模型仅贡献 3.4%。与上述两 4 因子模型比较，$S_{cdm1104}$作用显著增强，而 $S_{cdm1112}$对模型的影响明显减弱。

（2）RPA 树高年生长量与 11 月累积日照时数模型分析 RPA 树高年生长量与 $S_{cdm1113}$正偏相关极显著，与 $S_{cdm1112}$负偏相关极显著。两因子对模型作用差异不大，其单位量变化系数分别为 3.533 和 2.725，其对模型分别贡献 59.4%和 40.6%。

表 11-36 汉中油松高年生长量与 11 月累积日照时数逐步回归模型

Tab. 11-36 The stepwise regression model of relationship between cumulative sunshine durations in November and annual height increment of *Pinus tabulaeformi*

处理 Treat	日照因子 S_{cdm10}	模型 Model Coefficients 非标准 Unstandard	标准 Standard	T-检验 T-test t	p	R^2	相关系数 Correlations r_0	$r_{partial}$	r_{part}	共线性统计量 Collinearity statistics 容差 Tolerance	方差膨胀因子 VIF
	常量	-2.250	—	-0.633	0.529		—	—	—	—	—
	$S_{cdm1112}$	1.124	15.846	10.051	0.000	0.760*	0.649	0.778	0.606	0.001	684.142
	$S_{cdm1113}$	-0.824	-11.890	-9.105	0.000		0.627	-0.746	-0.549	0.002	469.422
	$S_{cdm1110}$	-0.266	-3.349	-6.533	0.000		0.619	-0.627	-0.394	0.014	72.330
	常量	3.146	—	0.531	0.597	0.765	—	—	—	—	—
	$S_{cdm1104}$	-0.046	-0.278	-1.136	0.260	($F=$	0.593	-0.140	-0.068	0.060	16.576
	$S_{cdm1112}$	1.129	15.918	10.110	0.000	52.865,	0.649	0.782	0.608	0.001	685.239
	$S_{cdm1113}$	-0.822	-11.863	-9.103	0.000	$p=$	0.627	-0.749	-0.547	0.002	469.577
	$S_{cdm1110}$	-0.253	-3.177	-5.956	0.000	0.000)	0.619	-0.594	-0.358	0.013	78.648
H_{atck}	常量	10.693	—	1.514	0.135	0.697	—	—	—	—	—
	S_{cdm11}	-0.152	-0.263	-3.600	0.001	($F=$	0.020	-0.408	-0.246	0.872	1.147
	$S_{cdm1104}$	-0.097	-0.592	-2.209	0.031	37.376,	0.593	-0.264	-0.151	0.065	15.408
	$S_{cdm1112}$	0.777	10.949	7.647	0.000	$p=$	0.649	0.688	0.522	0.002	439.698
	$S_{cdm1113}$	-0.669	-9.659	-6.982	0.000	0.000)	0.627	-0.655	-0.477	0.002	410.507
	常量	4.151	—	0.529	0.599	0.632	—	—	—	—	—
	$S_{cdm1103}$	0.289	1.426	5.365	0.000	($F=$	0.675	0.554	0.403	0.080	12.494
	S_{cdm11}	-0.143	-0.248	-3.085	0.003	27.964,	0.020	-0.357	-0.232	0.874	1.145
	$S_{cdm1104}$	-0.292	-1.786	-4.611	0.000	$p=$	0.593	-0.497	-0.347	0.038	26.521
	$S_{cdm1112}$	0.080	1.132	3.873	0.000	0.000)	0.649	0.433	0.291	0.066	15.100
	常量	-6.367	—	-1.499	0.138		—	—	—	—	—
H_{atrpa}	$S_{cdm1113}$	0.325	3.533	7.059	0.000	0.779**	0.825	0.653	0.405	0.013	75.912
	$S_{cdm1111}$	-0.270	-2.725	-5.446	0.000		0.784	-0.554	-0.313	0.013	75.912

备注:Remark: * $F=69.748, p=0.000$; ** $F=118.060, p=0.000$;

2. **高年生长量与十一月累积日照时数的模型拟合** 从相关性分析,树高年生长量与各生长期 11 月累积日照时数均呈正相关。其中,对照与当年 11 月日照时数相关不显著($r_0=0.020$);而与 $S_{cdm1101}\sim S_{cdm1113}$正相关极显著,其中与 $S_{cdm1103}$、$S_{cdm1108}$和 $S_{cdm1111}$出现峰值,相关系数分别为 0.675、0.620 和 0.653。RPA 与 $S_{cdm1101}$正相关显著($r_0=0.259, p=0.015$),与 $S_{cdm1102}\sim S_{cdm1113}$正相关极显著;其中与 $S_{cdm1113}$相关性最强,系数为0.825。模型拟合分析显示,油松高年生长量与 $S_{cdm1101}\sim S_{cdm1113}$关系可用 Linear-模型和 Quadratic-模型分析。

(1) Linear-模型分析 模型斜率 $b>0$、RPA > 对照,常数项 $a<0$、RPA < 对照。RPA

与对照模型相交,月累积日照时数大于交点值时,RPA 模型值大于对照,且差距与月累积日照时数成正比。RPA 和对照的 $S_{cdm1103}$ 模型 b 的比值为 1.318,交点位于 75.6 h/m 附近,模型值为 -12.7 cm/a;交点月累积日照时数值小于 $S_{cdm1103}$ 取值下限{76.4,547.4}。其 $S_{cdm1108}$ 模型 b 的比为 1.612,交点在 246.7 h/m 附近,模型值 4.3 cm/a;交点左侧有 3 组数据。$S_{cdm1111}$ 模型 b 的比为 1.594,交点月累积日照时数约为 232.1 h/m,模型值为 3.8 cm/a;左侧有 2 组数据。$S_{cdm1113}$ 模型 b 的比 1.747,交点在 293.8 h/m 附近,模型值为 7.8 cm/a;左侧有 4 组数据。与 10 月结果相同,对照该 4 组数据 RPA 油松高年生长量比对照略高,呈现小幅波动;整体与月累积日照时数成反比,但相关极不显著。

$$H_{atck} = -23.042 + 0.137S_{cdm1103}$$

$$(n=70, R^2=0.455, F=56.805, p=0.000; t_0=-3.521, p=0.001; t_1=7.537, p=0.000)$$

$$H_{atrpa} = -26.332 + 0.180S_{cdm1103}$$

$$(n=70, R^2=0.449, F=55.322, p=0.000; t_0=-3.013, p=0.004; t_1=7.438, p=0.000)$$

$$H_{atck} = -10.331 + 0.059S_{cdm1108}$$

$$(n=70, R^2=0.384, F=42.455, p=0.000; t_0=-1.814, p=0.074; t_1=6.516, p=0.000)$$

$$H_{atrpa} = -19.295 + 0.096S_{cdm1108}$$

$$(n=70, R^2=0.566, F=88.799, p=0.000; t_0=-3.040, p=0.003; t_1=9.423, p=0.000)$$

$$H_{atck} = -7.537 + 0.049S_{cdm1111}$$

$$(n=70, R^2=0.427, F=50.577, p=0.000; t_0=-1.528, p=0.131; t_1=7.112, p=0.000)$$

$$H_{atrpa} = -14.250 + 0.078S_{cdm1111}$$

$$(n=70, R^2=0.615, F=108.422, p=0.000; t_0=-2.653, p=0.010; t_1=10.413, p=0.000)$$

$$H_{atck} = -5.082 + 0.043S_{cdm1113}$$

$$(n=70, R^2=0.393, F=44.062, p=0.000; t_0=-1.034, p=0.305; t_1=6.638, p=0.000)$$

$$H_{atrpa} = -14.621 + 0.076S_{cdm1113}$$

$$(n=70, R^2=0.681, F=145.243, p=0.000; t_0=-3.091, p=0.003; t_1=12.052, p=0.000)$$

(2)Quadratic-模型分析　油松高年生长量与当年和前 3 年 11 月累积日照时数关系变化规律与其他各月类似。RPA 和对照的 $S_{cdm1103}$ 模型极值分别出现在 -153.3 h/m 和 179.0 h/m 附近,极值点模型值分别为 -12.3 cm/a 和 5.4 cm/a。RPA 极值点月累积日照时数值远小于 $S_{cdm1103}$ 取值下限{76.4,547.4},对照极值点左侧仅有 1 组数据。在 $S_{cdm1103}$ 取值范围内,两模型只有 1 个交点,出现在 168.5 h/m 附近。交点右侧 RPA 模型值大于对照,差距与月累积日照时数成正比,但速度逐渐降低。其 $S_{cdm1108}$ 模型极小值分别为 4.9 cm/a 和 4.7 cm/a,分别位于 272.9 h/m 和 260.4 h/m 附近;极值点左侧各有 3 组数据。两模型在 RPA 极值点右侧附近相互靠近,但不相交;RPA 模型值大于对照,极值点区间{260.4,272.9}右侧{260.4,272.9},距其区间越远,两者差异越明显。RPA 和对照的 $S_{cdm1111}$ 模型与其 $S_{cdm1011}$ 模型变化规律相同。极小值分别为 5.8 cm/a 和 6.0 cm/a,分别出现在 102.1 h/m 和 183.3 h/m 附近;极值点左侧各有 1 组数据。在 $S_{cdm1011}$ 取值范围内{76.4,1145.1},两模型只有 1 个交点,出现在 188.9 h/m 附近。交点右侧 RPA 模型值大于对照,且逐渐扩大。其 $S_{cdm1113}$ 模型变化规律与其它各月相似。极值分别发生在 197.7 h/m和 −1782.9 h/m 附近,模型值为7.6 cm/a 和 −30.0 cm/a。对照极值点月累积日照时数值远小于 $S_{cdm1113}$ 取值下限{76.4,1286.1},RPA 在极值点左侧有组数据。两模型交点位于 326.5 h/m 和 579.2 h/m 附近。交点区间,RPA 模型值小于对照;区间右侧,RPA 油松模型值大于对照,且距其上限越远,差异越显著。

$$H_{atck} = 18.595 - 0.148S_{cdm1103} + 4.130 \times 10^{-4}S_{cdm1103}^2$$

($n=70, R^2=0.553, F=41.433, p=0.000; t_0=1.499, p=0.139; t_1=-1.941, p=0.056; t_2=3.828, p=0.000$)

$$H_{atrpa} = -8.084 + 0.055S_{cdm1103} + 1.810 \times 10^{-4}S_{cdm1103}^2$$

($n=70, R^2=0.459, F=28.451, p=0.000; t_0=-0.446, p=0.657; t_1=0.499, p=0.619; t_2=1.149, p=0.255$)

$$H_{atck} = 12.017 - 0.056S_{cdm1108} + 1.075 \times 10^{-4}S_{cdm1108}^2$$

($n=70, R^2=0.447, F=27.032, p=0.000; t_0=1.227, p=0.224; t_1=-1.304, p=0.197; t_2=2.744, p=0.008$)

$$H_{atrpa} = 18.428 - 0.099S_{cdm1108} + 1.814 \times 10^{-4}S_{cdm1108}^2$$

($n=70, R^2=0.667, F=67.062, p=0.000; t_0=1.827, p=0.072; t_1=-2.239, p=0.028; t_2=4.497, p=0.000$)

$$H_{atck} = 7.729 - 0.019S_{cdm1111} + 5.176 \times 10^{-4}S_{cdm1111}^2$$

($n=70, R^2=0.463, F=28.910, p=0.000; t_0=0.898, p=0.372; t_1=-0.587, p=0.559; t_2=2.140, p=0.036$)

$$H_{atrpa} = 6.501 - 0.014S_{cdm1111} + 7.035 \times 10^{-4}S_{cdm1111}^2$$

($n=70, R^2=0.653, F=63.046, p=0.000; t_0=0.708, p=0.481; t_1=-0.416, p=0.679; t_2=2.725, p=0.008$)

$$H_{atck} = -2.170 + 0.031S_{cdm1113} + 8.751 \times 10^{-6}S_{cdm1113}^2$$

($n=70, R^2=0.395, F=21.846, p=0.000; t_0=-0.251, p=0.803; t_1=1.022, p=0.310; t_2=0.411, p=0.683$)

$$H_{atrpa} = 10.575 - 0.030S_{cdm1113} + 7.569 \times 10^{-5}S_{cdm1113}^2$$

($n=70, R^2=0.746, F=98.254, p=0.000; t_0=1.421, p=0.160; t_1=-1.139, p=0.259; t_2=4.127, p=0.000$)

三、树高生长年增量与十一月累积日照指标的关系

1. 树高生长年增量与十一月累积日照时数的向后剔除法逐步回归模型　对树高生

长年增量(R_{aht})与各生长期 11 月日照累积指标(S_{cdm11})进行向后剔除法逐步回归模型分析,经过 4 次向后逐步回归,组建对照油松高生长年增量各生长期 11 月累积日照指标优化模型;而经过 3 次向后剔除法逐步回归构建了 RPA 油松高生长年增量标优化模型(表 11 -37)。

表 11 -37 油松高年增量与 11 月日照均值指标逐步向后回归模型

Tab. 11 -37 The backward stepwise regression model of cumulative sunshine hours in November and annual height growth acceleration of *Pinus tabulaeformi*

处理 Treat	日照因子 S_{cdm10}	模型 Model Coefficients 非标准 Unstandard	标准 Standard	T-检验 T-test t	p	R^2	相关系数 Correlations r_0	$r_{partial}$	r_{part}	共线性统计量 Collinearity statistics 容差 Tolerance	方差膨胀因子 VIF
R_{ahtck}	常量	52.847	—	2.770	0.007	0.436 (F = 5.148, p = 0.000)	—	—	—	—	—
	S_{cdm11}	-0.717	-0.988	-3.408	0.001		0.013	-0.403	-0.330	0.112	8.943
	$S_{cdm1101}$	0.769	1.831	3.154	0.003		0.186	0.377	0.306	0.028	35.843
	$S_{cdm1102}$	-1.122	-3.488	-3.938	0.000		0.302	-0.453	-0.382	0.012	83.400
	$S_{cdm1103}$	0.910	3.573	4.069	0.000		0.274	0.465	0.395	0.012	81.990
	$S_{cdm1104}$	-0.727	-3.536	-3.031	0.004		0.155	-0.364	-0.294	0.007	144.724
	$S_{cdm1105}$	0.419	2.372	2.319	0.024		0.157	0.287	0.225	0.009	111.221
	$S_{cdm1107}$	-0.389	-2.884	-2.943	0.005		0.172	-0.355	-0.285	0.010	102.091
	$S_{cdm1111}$	0.958	10.225	4.070	0.000		0.185	0.465	0.395	0.001	671.291
	$S_{cdm1113}$	-0.645	-7.416	-3.971	0.000		0.140	-0.456	-0.385	0.003	370.785
R_{ahtrpa}	常量	128.408	—	3.005	0.004	0.520 (F = 6.383, p = 0.000)	—	—	—	—	—
	S_{cdm11}	-2.573	-1.955	-5.553	0.000		0.014	-0.586	-0.501	0.066	15.230
	$S_{cdm1101}$	2.569	3.373	5.751	0.000		0.073	0.599	0.519	0.024	42.257
	$S_{cdm1102}$	-3.318	-5.684	-6.645	0.000		0.144	-0.654	-0.600	0.011	89.861
	$S_{cdm1103}$	3.101	6.714	7.397	0.000		0.227	0.694	0.667	0.010	101.187
	$S_{cdm1104}$	-2.592	-6.949	-6.102	0.000		0.163	-0.622	-0.551	0.006	159.255
	$S_{cdm1105}$	1.505	4.697	4.584	0.000		0.169	0.512	0.414	0.008	128.969
	$S_{cdm1107}$	-1.805	-7.369	-4.698	0.000		0.170	-0.522	-0.424	0.003	302.178
	$S_{cdm1108}$	0.843	3.861	2.391	0.020		0.183	0.297	0.216	0.003	320.261
	$S_{cdm1110}$	1.129	6.231	1.980	0.052		0.175	0.250	0.179	0.001	1 216.573
	$S_{cdm1113}$	-0.550	-3.481	-2.095	0.040		0.177	-0.263	-0.189	0.003	339.048

(1)对照树高生长年增量与 11 月累积日照时数的模型分析　在控制其他因子影响下,对照树高生长年增量与 $S_{cdm1113}$、$S_{cdm1102}$、S_{cdm11}、$S_{cdm1104}$ 和 $S_{cdm1107}$ 负偏相关依次减弱,且极显著;而与 $S_{cdm1105}$、$S_{cdm1101}$、$S_{cdm1103}$ 和 $S_{cdm1111}$ 正偏相关依次增强,其中与 $S_{cdm1105}$ 相关显著($r_{partial}$ =0.287,p =0.024),与后 3 个因子相关极显著。各因子配合下,$S_{cdm1111}$ 和 $S_{cdm1113}$ 对油松高生长年增量作用很强,单位量变化系数达 10.225 和 7.416;其对模型影响也很大,分别贡献 26.4 和 18.0%。其次是 $S_{cdm1103}$、$S_{cdm1104}$ 和 $S_{cdm1102}$,单位量变化系数为 3.573、

3.536和3.488，对模型分别贡献13.5%、10.0%和12.6%。$S_{cdm1107}$、$S_{cdm1105}$和$S_{cdm1101}$对油松作用相对较弱，单位量变化系数为2.884、2.372和1.831；其对模型影响也相对较小，分别贡献6.9%、5.1%和4.9%。而S_{cdm11}对油松作用最弱，单位量变化系数仅为0.988，对模型贡献2.5%。

（2）RPA树高生长年增量与11月累积日照时数的模型分析　与对照相比，RPA树高年增量与$S_{cdm1102}$、$S_{cdm1104}$、S_{cdm11}、$S_{cdm1107}$和$S_{cdm1113}$负偏相关依次减弱，其与前3个因子相关极显著，与$S_{cdm1113}$相关显著（$r_{partial} = -0.263, p = 0.040$）；而与$S_{cdm1110}$、$S_{cdm1108}$、$S_{cdm1105}$、$S_{cdm1101}$和$S_{cdm1103}$正偏相关依次增强，其与$S_{cdm1110}$相关不显著（$r_{partial} = 0.250$），与$S_{cdm1108}$相关显著（$r_{partial} = 0.297, p = 0.020$），与后3个因子相关极显著。各因子相互作用下，油松对$S_{cdm1107}$、$S_{cdm1104}$、$S_{cdm1103}$、$S_{cdm1110}$和$S_{cdm1102}$响应较强，单位量变化系数为7.369、6.949、6.714、6.231和5.684；其作用比对照明显增强。$S_{cdm1105}$、$S_{cdm1108}$、$S_{cdm1113}$和$S_{cdm1101}$对油松高生长年增量也有一定作用，单位量变化系数为4.697、3.861、3.481和3.373；其中，$S_{cdm1113}$作用消弱十分明显。而油松也对S_{cdm11}影响最弱，单位量变化系数为1.955；但比对照略有增强。从对模型影响分析，$S_{cdm1103}$影响最大，贡献20.2%；比对照显著提高。其次是$S_{cdm1104}$、$S_{cdm1102}$和$S_{cdm1107}$，分别贡献17.9%、15.7%和13.8%；影响比对照明显增强。$S_{cdm1105}$和$S_{cdm1101}$模型影响也相对较大，贡献9.6%和7.6%；比对照油松提高。而$S_{cdm1110}$、$S_{cdm1108}$、S_{cdm11}和$S_{cdm1113}$对模型影响较小，分别贡献4.8%、3.9%、3.9%和2.6%；其中，S_{cdm11}影响略有较大，而$S_{cdm1113}$影响下降十分明显。

2. **树高生长年增量与十一月累积日照时数的逐步回归模型**　对其进行逐步回归模型分析，只有对照油松高生长年增量与近3年11月累积日照时数线性关系密切，组成了有效模型；但模型决定系数R^2较小。

$$R_{ahtck} = -12.376 + 0.097\ S_{cdm1102}$$

$$R_{ahtck} = 0.302\ S_{cdm1102}$$

$$(n = 70, R^2 = 0.091, F = 6.828, p = 0.011; r_0 = 0.302; t_0 = -1.189, p = 0.239;$$
$$t_1 = 2.613, p = 0.011)$$

3. **树高生长年增量与十一月累积日照时数的模型拟合**　油松高生长年增量与各生长期11月累积日照时数均有一定正相关性，变化规律与10月日照类似；但相关性略高。其中，对照与$S_{cdm1102}$相关极显著（$r_0 = 0.302, p = 0.006$），与$S_{cdm1103}$相关显著（$r_0 = 0.274, p = 0.011$）；而RPA仅与$S_{cdm1103}$相关显著（$r_0 = 0.227, p = 0.029$）。模型拟合，RPA仅与S_{cdm11}符合Quadratic－模型要求，对照与$S_{cdm1102}$和$S_{cdm1103}$的Linear－模型和Quadratic－模型拟合性较强。

（1）Linear－模型分析　与10月日照相同，树高生长年增量与各生长期11月累积日照时数的Linear－模型$b > 0$，决定系数R^2较小。油松高生长年增量与$S_{cdm1102}$和$S_{cdm1103}$有正相关的趋势。

$$R_{ahtck} = -12.376 + 0.097S_{cdm1102}$$

$(n=70, R^2=0.091, F=6.828, p=0.011; t_0=-1.189, p=0.239; t_1=2.613, p=0.011)$

$$R_{ahtck} = -10.535 + 0.070S_{cdm1103}$$

$(n=70, R^2=0.075, F=5.505, p=0.022; t_0=-0.983, p=0.329; t_1=2.346, p=0.022)$

(2)Quadratic－模型分析　模型变化较大，RPA 的 S_{cdm11} 模型 $a>0$、$b<0$、$c>0$，极大值出现在 126.1 h/m 附近；极值点左侧只有 12 组数据，其油松树高年增量与 S_{cdm11} 有负相关趋势，但降幅以 0.020 S_{cdm11} 递减；发生频度 0.857。对照的 $S_{cdm1102}$ 模型 $a<0$、$b>0$、$c>0$，极小值发生在－315.5 h/m 附近；极值点远在取值下限外{76.4，479.0}。表明在当地日照条件下，油松高年增量与近 3 年 11 月累积日照时数($S_{cdm1102}$)有正相关的趋势，且增幅以 $1.576\times10^{-4}S_{cdm1102}$ 递增。其 $S_{cdm1103}$ 模型 $a>0$、$b<0$、$c>0$；极大值出现在 254.8 h/m 附近；极值点左侧分别 11 组数据，其油松高年增量与近 4 年 11 月累积日照时数($S_{cdm1103}$)也有正相关的趋势，且增幅以 $7.759\times10^{-4}S_{cdm1103}$ 递增；发生频度 0.786。

$$R_{ahtrpa} = 143.701 - 2.485S_{cdm11} + 0.010S_{cdm11}^2$$

$(n=70, R^2=0.092, F=3.404, p=0.039; t_0=2.842, p=0.006; t_1=-2.555, p=0.013;$
$t_2=2.606, p=0.011)$

$$R_{ahtck} = -6.241 + 0.050S_{cdm1102} + 7.878\times10^{-5}S_{cdm1102}^2$$

$(n=70, R^2=0.092, F=3.403, p=0.039; t_0=-0.248, p=0.805; t_1=0.274, p=0.785;$
$t_2=0.268, p=0.790)$

$$R_{ahtck} = 28.582 - 0.198S_{cdm1103} + 3.880\times10^{-4}S_{cdm1103}^2$$

$(n=70, R^2=0.130, F=4.987, p=0.010; t_0=1.314, p=0.193; t_1=-1.481, p=0.143;$
$t_2=2.052, p=0.044)$

第十三节　十二月日照时数对树高生长的累积效应

【内容提要】树高与 12 月累积日照时数正相关极为显著。树高与 S_{cdm12} 符合 Quadratic－模型变化，与 $S_{cdm1203}$ ~ $S_{cdm1213}$ 均遵从 Exponential－模型，且模型决定系数 R^2 随不同生长期月累积日照时数统计年限增大。对照逐步回归优化模型中，$S_{cdm1213}$ 和 $S_{cdm1212}$ 对油松影响较大，单位变化系数为 6.935 和 6.772，对模型贡献 32.2% 和 27.7%；$S_{cdm1209}$、$S_{cdm1211}$ 和 $S_{cdm1208}$ 的单位变化系数为 3.011、2.810 和 2.263，对模型贡献 14.0%、10.0% 和 9.5%；引入 $S_{cdm1205}$ 因子，模型中原因子的作用和地位基本不变；引入 $S_{cdm1206}$ 因子，$S_{cdm1213}$ 和 $S_{cdm1209}$ 影响明显降低(单位量变化系数 0.668、1.487，贡献 1.9%、6.2%)。$S_{cdm1213}$ 和 $S_{cdm1212}$ 对 RPA

油松影响较大，且稳定；其在优化模型和8因子模型中的单位量变化系数为6.935、6.772和6.315、6.294，对模型贡献32.2%、27.7%和33.2%、30.2%。树高与S_{cdm12}符合Quadratic－模型变化，与$S_{cdm1203}$～$S_{cdm1213}$均遵从Exponential－模型，且模型决定系数R^2随不同生长期月累积日照时数统计年限增大。可用$S_{cdm1204}$和$S_{cdm1213}$的Exponential－模型分析12月日照对汉中飞播油松高的影响以及评价RPA拌种对油松高生长的促进作用。

与11月相同，油松高年生长量与各生长期12月累积日照也呈正相关。其中，对照与近4年和近12年12月累计日照（$S_{cdm1203}$和$S_{cdm1211}$）相关性较强（$r_0=0.634$、0.642），RPA与近5年和近14年12月累计日照（$S_{cdm1204}$和$S_{cdm1213}$）相关度较大（$r_0=0.743$、0.828）。也可用Linear－模型和Quadratic－模型分析12月累计日照对汉中飞播油松高年生长量的影响。对照逐步回归优化模型中，$S_{cdm1212}$、$S_{cdm1213}$和$S_{cdm1209}$对油松影响依次减弱，单位量变化系数为17.457、14.527和2.341对模型分别贡献52.3%、41.5%和6.2%。用$S_{cdm1211}$取代$S_{cdm1212}$，$S_{cdm1211}$对油松影响最大，单位量变化系数为9.676，对模型贡献54.1%；$S_{cdm1209}$影响增强（贡献24.2%），$S_{cdm1213}$影响显著降低（贡献21.7%）。引入$S_{cdm1211}$，$S_{cdm1212}$和$S_{cdm1213}$对树高生长量起着决定作用，其单位量变化系数为15.757和13.772，对模型分别贡献42.4%和49.2%；而$S_{cdm1211}$作用显著下降（贡献0.4%）。RPA有和模型中，$S_{cdm1213}$和$S_{cdm1211}$影响较大，单位量变化系数为4.038和2.766，对模型分别贡献63.0%和32.8%。

树高生长年增量与12月累积日照时数正相关性比其与11月日照降低，近对照与近3年和近4年12月累积日照相关显著（$r_0=0.260$、0.225，$p<0.05$）。向后剔除法逐步回归分析结果显示，对照油松对$S_{cdm1209}$、$S_{cdm1210}$和$S_{cdm1208}$响应较强，其单位量变化系数依次为15.337、12.089和9.071，对模型分别贡献40.9%、34.0%和19.2%。RPA油松对$S_{cdm1209}$和$S_{cdm1210}$响应较强，单位量变化系数达25.946和21.066，对模型分别贡献28.9%和28.8%。

【关 键 词】多效抗旱驱鼠剂，飞播造林，油松，树高生长，12月积日照时数，逐步回归模型

一、树高与十二月累积日照指标的关系

1. 树高与各生长期十二月累积日照时数的逐步回归模型 对树高（H_t）与12月日照时数累积指标（S_{cdm12}）进行逐步回归模型分析，在组成的10组对照和RPA有效模型中，$S_{cdm1213}$、$S_{cdm1209}$、$S_{cdm1208}$、$S_{cdm1211}$、$S_{cdm1207}$、$S_{cdm1210}$和$S_{cdm1204}$构成了对照油松高优化模型；同时其引入$S_{cdm1206}$或$S_{cdm1205}$也能加反应对照油松高与不同生长期12月累积日照时数的关系。而$S_{cdm1213}$、$S_{cdm1207}$、$S_{cdm1203}$、$S_{cdm1211}$、$S_{cdm1212}$、$S_{cdm1208}$、$S_{cdm1209}$和$S_{cdm1202}$构建了RPA油松高优化模型；另外，将其$S_{cdm1202}$替换为$S_{cdm1210}$也能较好诠释不同生长期12月累积日照时数对RPA油松高的影响（表11－38）。

表 11－38　汉中油松高与 12 月日照时数累积值逐步回归模型

Tab. 11－38 The stepwise regression model of relationship between cumulative sunshine durations in November and *Pinus tabulaeformi* height

处理 Treat	日照因子 S_{cdm10}	模型 Model Coefficients 非标准 Unstandard	标准 Standard	T－检验 T-test t	p	R^2	相关系数 Correlations r_0	$r_{partial}$	r_{part}	共线性统计量 Collinearity statistics 容差 Tolerance	方差膨胀因子 VIF
	常量	－0.772	—	－0.190	0.850		—	—	—	—	—
	$S_{cdm\,1213}$	0.293	1.067	3.752	0.000	0.993 (F = 1208245, p = 0.000)	0.943	0.430	0.041	0.001	689.231
	$S_{cdm\,1209}$	－0.740	－2.179	－4.616	0.000		0.869	－0.506	－0.050	0.001	1 898.222
	$S_{cdm\,1208}$	0.808	2.140	7.518	0.000		0.862	0.691	0.081	0.001	690.453
	$S_{cdm\,1211}$	1.016	3.495	4.918	0.000		0.921	0.530	0.053	0.000	4 303.225
	$S_{cdm\,1207}$	－0.481	－1.132	－7.336	0.000		0.859	－0.682	－0.079	0.005	202.829
	$S_{cdm\,1210}$	－0.742	－2.376	－3.127	0.003		0.891	－0.369	－0.034	0.000	4 917.699
	$S_{cdm\,1204}$	－0.071	－0.111	－2.711	0.009		0.860	－0.326	－0.029	0.070	14.354
	常量	0.984	—	0.243	0.809		—	—	—	—	—
	$S_{cdm\,1213}$	0.183	0.668	1.963	0.054		0.943	0.244	0.021	0.001	1 036.633
	$S_{cdm\,1209}$	－0.505	－1.487	－2.592	0.012	0.993 (F = 1110.566, p = 0.000)	0.869	－0.315	－0.027	0.000	2 943.559
	$S_{cdm\,1208}$	0.884	2.340	7.937	0.000		0.862	0.713	0.084	0.001	777.475
H_{tck}	$S_{cdm\,1211}$	1.359	4.674	5.161	0.000		0.921	0.551	0.055	0.000	7 334.788
	$S_{cdm\,1207}$	－0.771	－1.815	－4.911	0.000		0.859	－0.532	－0.052	0.001	1 222.503
	$S_{cdm\,1210}$	－1.161	－3.718	－3.739	0.000		0.891	－0.432	－0.040	0.000	8 845.527
	$S_{cdm\,1204}$	－0.131	－0.207	－3.342	0.001		0.860	－0.393	－0.035	0.029	34.156
	$S_{cdm\,1206}$	0.215	0.447	2.025	0.047		0.854	0.251	0.021	0.002	435.451
	常量	0.938	—	0.226	0.822		—	—	—	—	—
	$S_{cdm\,1213}$	0.264	0.961	3.327	0.001		0.943	0.392	0.036	0.001	728.594
	$S_{cdm\,1209}$	－0.779	－2.292	－4.857	0.000	0.993 (F = 1182.871, p = 0.000)	0.869	－0.528	－0.052	0.001	1943.073
	$S_{cdm\,1205}$	0.138	0.251	1.577	0.120		0.854	0.198	0.017	0.005	221.396
	$S_{cdm\,1208}$	0.934	2.474	7.029	0.000		0.862	0.669	0.075	0.001	1 080.718
	$S_{cdm\,1211}$	1.096	3.769	5.209	0.000		0.921	0.555	0.056	0.000	4 567.335
	$S_{cdm\,1207}$	－0.620	－1.459	－5.668	0.000		0.859	－0.587	－0.061	0.002	577.994
	$S_{cdm\,1210}$	－0.792	－2.537	－3.348	0.001		0.891	－0.394	－0.036	0.000	5 008.754
	$S_{cdm\,1204}$	－0.168	－0.265	－2.511	0.015		0.860	－0.306	－0.027	0.010	96.839

续表 11－38

处理 Treat	日照因子 S_{cdm10}	模型 Model Coefficients 非标准 Unstandard	标准 Standard	T－检验 T-test t	p	R^2	相关系数 Correlations r_0	$r_{partial}$	r_{part}	共线性统计量 Collinearity statistics 容差 Tolerance	方差膨胀因子 VIF
H_{trpa}	常量	－1.712	—	－0.259	0.796	0.993（F = 1053.644，p = 0.000）	—	—	—	—	—
	$S_{cdm1213}$	2.598	6.935	14.630	0.000		0.940	0.882	0.159	0.001	1 907.485
	$S_{cdm1207}$	－0.701	－1.208	－7.926	0.000		0.852	－0.712	－0.086	0.005	197.313
	$S_{cdm1203}$	－0.201	－0.186	－3.663	0.001		0.783	－0.425	－0.040	0.046	21.902
	$S_{cdm1211}$	1.115	2.810	6.758	0.000		0.911	0.654	0.073	0.001	1 467.689
	$S_{cdm1212}$	－2.590	－6.772	－9.308	0.000		0.929	－0.766	－0.101	0.000	4 494.453
	$S_{cdm1208}$	1.167	2.263	7.028	0.000		0.857	0.669	0.076	0.001	880.452
	$S_{cdm1209}$	－1.397	－3.011	－9.801	0.000		0.866	－0.782	－0.106	0.001	801.487
	$S_{cdm1202}$	0.126	0.089	2.158	0.035		0.560	0.266	0.023	0.070	14.355
	常量	3.342	—	0.523	0.603	0.992（F = 981.705，p = 0.000）	—	—	—	—	—
	$S_{cdm1213}$	2.366	6.315	10.179	0.000		0.940	0.793	0.114	0.000	3 046.215
	$S_{cdm1210}$	－0.162	－0.381	－0.453	0.652		0.882	－0.058	－0.005	0.000	5 602.152
	$S_{cdm1207}$	－0.718	－1.238	－7.826	0.000		0.852	－0.708	－0.088	0.005	198.075
	$S_{cdm1203}$	－0.110	－0.102	－2.903	0.005		0.783	－0.348	－0.033	0.102	9.816
	$S_{cdm1211}$	1.221	3.076	4.160	0.000		0.911	0.470	0.047	0.000	4 327.705
	$S_{cdm1212}$	－2.407	－6.294	－7.996	0.000		0.929	－0.715	－0.090	0.000	4 904.711
	$S_{cdm1208}$	1.051	2.039	5.970	0.000		0.857	0.607	0.067	0.001	923.192
	$S_{cdm1209}$	－1.165	－2.512	－4.286	0.000		0.866	－0.481	－0.048	0.000	2 718.438

（1）对照树高 12 月累积日照时数模型分析

①七因子优化模型　在控制其他因子影响下，树高与各因子偏相关极显著，其中与 $S_{cdm1207}$、$S_{cdm1209}$、$S_{cdm1210}$和 $S_{cdm1204}$负相关依次减弱，而与 $S_{cdm1213}$、$S_{cdm1211}$和 $S_{cdm1208}$正相关依次增强。各因子相互配合下，油松对 $S_{cdm1211}$响应最强，单位量变化系数为 3.495；其次是 $S_{cdm1210}$、$S_{cdm1209}$和 $S_{cdm1208}$，单位量变化系数依次为 2.376、2.179 和 2.140；油松对 $S_{cdm1207}$和 $S_{cdm12013}$响应相对较弱，变化系数为 1.132 和 1.067；而对 $S_{cdm12004}$响应最弱，其单位量变化系数仅为 0.111。从模型系数、各生长期 12 月累积日照时数均值和偏相关系数综合分析，$S_{cdm1211}$和 $S_{cdm12008}$对模型影响较大，贡献 26.0% 和 24.0%。其次是 $S_{cdm1209}$、$S_{cdm1207}$和 $S_{cdm1211}$，分别贡献 16.9%、13.3% 和 12.8%。$S_{cdm12013}$对模型影响较小，贡献 6.2%。而 $S_{cdm12004}$对模型影响最小，仅贡献 0.7%。

②八因子模型　将 $S_{cdm1206}$引入优化模型分析，在控制模型其他因子作用下，对照树高与 $S_{cdm1207}$、$S_{cdm1210}$、$S_{cdm1204}$和 $S_{cdm1209}$负偏相关依次减弱，其与前 3 因子相关极显著，与 $S_{cdm1209}$相关未达极显著（$r_{partial}$ = －0.315，p =0.012）；而与 $S_{cdm12013}$正偏相关不显著（$r_{partial}$ = 0.244），与 $S_{cdm12006}$正偏相关显著（$r_{partial}$ =0.251，p =0.047），与 $S_{cdm1211}$和 $S_{cdm1208}$正偏相关

极显著。各因子相互作用下，油松也对 $S_{cdm1211}$ 响应最强，单位量变化系数为 3.495，对模型贡献 31.1%；比优化模型有所增强。其次是 $S_{cdm1210}$ 和 $S_{cdm1208}$，变化系数为 3.718 和 2.340，对模型分别贡献 20.2% 和 23.3%；$S_{cdm1210}$ 影响影响显著提高。油松对 $S_{cdm1207}$ 和 $S_{cdm1209}$ 响应相对较弱，变化系数为 1.815 和 1.487，对模型分别贡献 14.3% 和6.2%；与优化模型比较，$S_{cdm1209}$ 作用明显降低，而 $S_{cdm1207}$ 影响略有增大。而油松对 $S_{cdm1213}$、$S_{cdm1206}$ 和 $S_{cdm1204}$ 响应极弱，单位量变化系数为 0.668、0.447 和 0.207；其对模型影响也很小，仅贡献 1.9%、1.7% 和 1.4%；$S_{cdm1213}$ 影响较优化模型明显降低。

在优化模型中引入 $S_{cdm1205}$ 因子，在排除其他因子干扰下，优化模型原有因子与树高偏相关关系相对稳定，而树高 $S_{cdm1205}$ 正偏相关未达显著水平（$r_{partial}=0.198$）。各因子协同作用下，油松对优化模型原有因子响应强度次序未变，其对模型影响大小也基本相同，依次贡献 26.3%、24.0%、16.6%、13.2%、13.1%4.6% 和 1.4%。而油松对 $S_{cdm1205}$ 响应最弱，其单位量变化系数仅为 0.251，与 $S_{cdm1204}$ 的 0.265 接近；其对模型影响也最小，仅贡献 0.8%。

（2）RPA 树高 12 月累积日照时数模型分析

①八因子 RPA 优化模型　在控制其他因子影响下，树高与 $S_{cdm1209}$、$S_{cdm1212}$、$S_{cdm1207}$ 和 $S_{cdm1203}$ 负偏相关极显著，且依次减弱；而与 $S_{cdm1202}$、$S_{cdm1211}$、$S_{cdm1208}$ 和 $S_{cdm1213}$ 正偏相关依次增强，其中与 $S_{cdm1202}$ 相关显著（$r_{partial}=0.266, p=0.035$），与后 3 因子相关极显著。各因子协同作用下，油松对 $S_{cdm1213}$ 和 $S_{cdm1212}$ 响应较强，单位量变化系数为 6.935 和 6.772；其对模型影响也较大，分别贡献 32.2% 和 27.7%。其次是 $S_{cdm1209}$、$S_{cdm1211}$、$S_{cdm1208}$ 和 $S_{cdm1207}$，变化系数依次为 3.011、2.810、2.263 和 1.208；对模型分别贡献 14.0%、10.0%、9.5% 和 5.8%。而油松对 $S_{cdm1203}$ 和 $S_{cdm1202}$ 响应极弱，单位量变化系数仅为 0.186 和 0.089；其对模型影响也很小，仅贡献 0.6% 和 0.2%。

②八因子 RPA 模型　将优化模型中 $S_{cdm1202}$ 因子替换为 $S_{cdm1210}$，树高与 $S_{cdm1210}$ 偏相关极不显著（$r_{partial}=-0.058$）；而与 $S_{cdm1212}$、$S_{cdm1207}$、$S_{cdm1209}$ 和 $S_{cdm1203}$ 负偏相关极显著，且依次减弱；与 $S_{cdm1211}$、$S_{cdm1208}$ 和 $S_{cdm1213}$ 正偏相关依次增强，且极显著。各因子相互配合下，油松也对 $S_{cdm1213}$ 和 $S_{cdm1212}$ 响应较强，其变化系数为 6.315 和 6.294，对模型分别贡献 33.2% 和 30.2%；比优化模型油松增强。其次是 $S_{cdm1211}$、$S_{cdm1208}$、$S_{cdm1209}$ 和 $S_{cdm1207}$，其单位量变化系数为 3.076、2.039、2.512 和 1.238，对模型分别贡献 9.9%、9.8%、9.0% 和 7.4%；其中 $S_{cdm1209}$ 作用明显降低。而油松对 $S_{cdm1210}$ 和 $S_{cdm1203}$ 响应很弱，单位量变化系数仅为 0.381 和 0.102；其对模型影响也极小，仅贡献 0.2% 和 0.4%。

2. 树高与各生长期十二月累积日照时数的模型拟合　从相关性分析，树高与不同生长期 12 月累积日照时数正相关非常显著。树高与 S_{cdm12} 符合 Quadratic－模型变化，与 $S_{cdm1201}$ 与 S－曲线拟合性最优，与 $S_{cdm1202}$ 最符合 Power－模型规律；但模型决定系数较小，关系松散。与 $S_{cdm1203}\sim S_{cdm1213}$ 均遵从 Exponential－模型，且模型决定系数 R^2 随不同生长期月累积日照时数统计年限增大。

$$H_{tck} = 4.053e^{0.007S_{cdm1204}}$$

$(n=70, R^2=0.910; F=691.349, p=0.000; t_0=9.087, p=0.000, t_1=26.294, p=0.000)$

$$H_{trpa} = 5.033e^{0.007S_{cdm1204}}$$

$(n=70, R^2=0.904; F=640.790, p=0.000; t_0=8.618, p=0.000, t_1=25.314, p=0.000)$

$$H_{tck} = 8.704e^{0.003S_{cdm1213}}$$

$(n=70, R^2=0.954; F=1422.137, p=0.000; t_0=16.947, p=0.000, t_1=37.711, p=0.000)$

$$H_{trpa} = 10.801e^{0.003S_{cdm1213}}$$

$(n=70, R^2=0.960; F=1628.398, p=0.000; t_0=17.748, p=0.000, t_1=40.353, p=0.000)$

从模型分析，与 11 月累积日照时数结果一致，RPA 和对照的 $S_{cdm1204}$ 模型值和 $S_{cdm1313}$ 模型值之比均为 1.24，且 RPA 模型值明显大于对照。

二、树高年生长量与十二月累积日照指标的关系

1. **高年生长量与十二月累积日照时数的逐步回归模型**　对树高年生长量(H_{at})与 12 月累积日照时数(S_{cdm11})进行逐步回归模型分析，RPA 油松高年生长量只与 $S_{cdm1213}$、$S_{cdm1211}$ 和 $S_{cdm1205}$ 关系密切。而在组成的 5 组对照油松高年生长量有效模型中，$S_{cdm1209}$、$S_{cdm1213}$ 和 $S_{cdm1212}$ 构成了对照油松高年生长量优化模型；同时，$S_{cdm1211}$、$S_{cdm1209}$ 和 $S_{cdm1213}$ 组合，$S_{cdm1211}$、$S_{cdm1209}$、$S_{cdm1213}$ 和 $S_{cdm1212}$ 组合也能较好诠释对照油松与各生长期 12 月累积日照时数的关系(表 11-39)。

(1)对照树高年生长量与 12 月累积日照时数模型分析　从优化模型分析，在控制其他因子影响下，树高年生长量与 $S_{cdm1212}$ 正偏相关极显著；而与 $S_{cdm1213}$ 和 $S_{cdm1209}$ 负偏相关极显著。各因子配合下，油松对其响应依次减弱，单位量变化系数分别为 17.457、14.527 和 2.341；其对模型影响也依次降低，分别贡献 52.3%、41.5% 和 6.2%。用 $S_{cdm1211}$ 取代模型中的 $S_{cdm1212}$，树高年生长量与 $S_{cdm1211}$ 正偏相关极显著；而与 $S_{cdm1213}$ 和 $S_{cdm1209}$ 负偏相关极显著。油松对其影响也依次降低，单位量变化系数为 9.676、5.210 和 3.881，对模型分别贡献 54.1%、24.2% 和 21.7%。与优化模型相比，$S_{cdm1213}$ 影响显著降低。将 $S_{cdm1211}$ 引入优化模型，在控制其他因子影响下，树高年生长量与 $S_{cdm1213}$ 和 $S_{cdm1209}$ 负偏相关极显著；而与 $S_{cdm1212}$ 正偏相关极显著，与 $S_{cdm1211}$ 偏相关不显著($r_{\text{partial}}=0.061$)。各因子相互作用下，$S_{cdm1212}$ 和 $S_{cdm1213}$ 对模型起着决定作用，其单位量变化系数为 15.757 和 13.772，对模型分别贡献 42.4% 和 49.2%。$S_{cdm1209}$ 对模型也起一定作用，单位量变化系数为 2.581，对模型贡献 7.9%。而 $S_{cdm1211}$ 对模型影响极小，其单位量变化系数为 1.184，贡献 0.4%。与 3 因子模型比较，$S_{cdm1211}$ 作用显著下降。

(2)RPA 树高年生长量与 12 月累积日照时数模型分析　在控制其它因子影响下，RPA 树高年生长量仅与 $S_{cdm1213}$ 正偏相关极显著；而与 $S_{cdm1211}$ 负偏相关极显著，与 $S_{cdm1205}$ 负偏相关显著($r_{\text{partial}}=-0.256, p=0.035$)。各因子相互作用下，油松对 $S_{cdm1213}$ 响应最强，单

位量变化系数为 4.038；其对模型影响也最大，贡献 63.0%。其次是 $S_{cdm1211}$，单位量变化系数 2.766，贡献 32.8%。而油松对 $S_{cdm1205}$ 响应很弱，其变化系数仅为 0.473，对模型仅贡献 4.2%。

表 11－39　汉中油松高年生长量与 12 月累积日照时数逐步回归模型

Tab. 11－39 The stepwise regression model of relationship between cumulative sunshine durations in Dcember and annual height increment of *Pinus tabulaeformi*

处理 Treat	日照因子 S_{cdm10}	模型 Model Coefficients 非标准 Unstandard	标准 Standard	T－检验 T-test t	p	R^2	相关系数 Correlations r_0	$r_{partial}$	r_{part}	共线性统计量 Collinearity statistics 容差 Tolerance	方差膨胀因子 VIF
	常量	0.789	—	0.201	0.841	0.0.740[a]	—	—	—	—	—
	$S_{cdm1209}$	−0.208	−2.341	−6.024	0.000		0.596	−0.596	−0.378	0.026	38.293
	$S_{cdm1213}$	−1.040	−14.527	−8.735	0.000		0.619	−0.732	−0.549	0.001	701.193
	$S_{cdm1212}$	1.275	17.457	9.461	0.000		0.638	0.759	0.594	0.001	863.299
H_{atck}	常量	3.645	—	0.821	0.415	0.676[b]					
	$S_{cdm1211}$	0.737	9.676	7.666	0.000		0.642	0.686	0.537	0.003	324.084
	$S_{cdm1209}$	−0.345	−3.881	−6.570	0.000		0.596	−0.629	−0.461	0.014	70.964
	$S_{cdm1213}$	−0.373	−5.210	−5.951	0.000		0.619	−0.591	−0.417	0.006	155.931
	常量	1.222	—	0.302	0.764	0.741 (F = 46.414, p = 0.000)	—	—	—	—	—
	$S_{cdm1211}$	0.090	1.184	0.496	0.622		0.642	0.061	0.031	0.001	1 431.748
	$S_{cdm1209}$	−0.230	−2.581	−4.150	0.000		0.596	−0.458	−0.262	0.010	96.924
	$S_{cdm1213}$	−0.986	−13.772	−6.089	0.000		0.619	−0.603	−0.385	0.001	1 282.167
	$S_{cdm1212}$	1.151	15.757	4.039	0.000		0.638	0.448	0.255	0.000	3 813.912
H_{atrpa}	常量	4.458	—	0.683	0.497	0.790[c]	—	—	—	—	—
	$S_{cdm1213}$	0.384	4.038	6.508	0.000		0.828	0.625	0.367	0.008	120.782
	$S_{cdm1211}$	−0.280	−2.766	−4.173	0.000		0.798	−0.457	−0.236	0.007	137.857
	$S_{cdm1205}$	−0.090	−0.473	−2.152	0.035		0.736	−0.256	−0.122	0.066	15.158

备注：Remark：[a] $F=62.518$，$p=0.000$；[b] $F=45.814$，$p=0.000$；[c] $F=82.563$，$p=0.000$

2. **高年生长量与十二月累积日照时数的模型拟合**　从相关性分析，油松高年生长量与各生长期 12 月累积日照时间均呈正相关，且仅对照与当年 12 月日照时数相关不显著（$r_0=0.060$）外，其余均极显著。其中，对照与 $S_{cdm1203}$ 和 $S_{cdm1211}$ 出现峰值，相关系数为 0.634 和 0.642；RPA 与 $S_{cdm1204}$ 出现峰值，系数为 0.743；但与 $S_{cdm1213}$ 相关性最高，系数达 0.828。模型拟合结果显示，树高年生长量与 $S_{cdm1201}$ ~ $S_{cdm1113}$ 关系满足 Linear－模型和 Quadratic－模型要求。

（1）Linear－模型分析　模型 $b>0$，且 RPA > 对照，模型有交点。交点右侧 RPA 模型值大于对照，距交点越远，差异越明显。RPA 和对照的 $S_{cdm1201}$ 模型线性关系虽然极显著，但其决定系数 R^2 仅为 0.121 和 0.100，模型拟合度相对较低，数据较分散，模型参考价值较低;整体反映了近2年12月累积日照时数对油松高年生长量影响的变化趋势。模型 b 比值为1.461,交点位于 −33.6 h/m 附近,交点远离 $S_{cdm1201}$ 取值下限{57.4,349.5}。$S_{cdm1202}$ 模型 R^2 为0.314和0.245,较 $S_{cdm1201}$ 模型拟合度显著提高;其 b 比值为1.174,交点出现在 −179.5 h/m 附近,也远离其取值下限{57.4,441.9}。$S_{cdm1203}$ ~ $S_{cdm1205}$ 和 $S_{cdm1211}$ ~ $S_{cdm1213}$ 模型斜率比值依次为1.391、1.700、1.750、1.649、1.703和1.776,交点分别位于102.5 h/m、215.1 h/m、241.0 h/m、245.7 h/m、267.3 h/m 和288.1 h/m 附近;除 $S_{cdm1213}$ 模型交点左侧分布3组数据外,其余左侧均分布2组数据。

$$H_{atck} = 2.306 + 0.119S_{cdm1201}$$
$$(n=70, R^2=0.100, F=7.552, p=0.008; t_0=0.286, p=0.776; t_1=2.748, p=0.008)$$
$$H_{atrpa} = 4.147 + 0.174S_{cdm1201}$$
$$(n=70, R^2=0.121, F=9.368, p=0.003; t_0=0.391, p=0.697; t_1=3.061, p=0.003)$$
$$H_{atck} = -14.922 + 0.150S_{cdm1202}$$
$$(n=70, R^2=0.314, F=31.068, p=0.000; t_0=-2.047, p=0.045; t_1=5.574, p=0.000)$$
$$H_{atrpa} = -10.212 + 0.177S_{cdm1202}$$
$$(n=70, R^2=0.245, F=22.110, p=0.000; t_0=-1.003, p=0.318; t_1=4.702, p=0.000)$$
$$H_{atck} = -19.551 + 0.131S_{cdm1203}$$
$$(n=70, R^2=0.402, F=45.685, p=0.000; t_0=-2.893, p=0.005; t_1=6.759, p=0.000)$$
$$H_{atrpa} = -24.812 + 0.183S_{cdm1203}$$
$$(n=70, R^2=0.441, F=53.652, p=0.000; t_0=-2.861, p=0.006; t_1=7.325, p=0.000)$$
$$H_{atck} = -14.194 + 0.097S_{cdm1204}$$
$$(n=70, R^2=0.377, F=34.513, p=0.000; t_0=-2.076, p=0.042; t_1=5.875, p=0.000)$$
$$H_{atrpa} = -28.775 + 0.165S_{cdm1204}$$
$$(n=70, R^2=0.552, F=83.692, p=0.000; t_0=-3.856, p=0.000; t_1=9.148, p=0.000)$$
$$H_{atck} = -11.645 + 0.080S_{cdm1205}$$
$$(n=70, R^2=0.312, F=30.863, p=0.000; t_0=-1.721, p=0.090; t_1=5.555, p=0.000)$$
$$H_{atrpa} = -26.170 + 0.141S_{cdm1205}$$
$$(n=70, R^2=0.542, F=80.555, p=0.000; t_0=-3.570, p=0.001; t_1=8.975, p=0.000)$$
$$H_{atck} = -6.634 + 0.049S_{cdm1211}$$
$$(n=70, R^2=0.413, F=47.781, p=0.000; t_0=-1.342, p=0.184; t_1=6.912, p=0.000)$$
$$H_{atrpa} = -14.432 + 0.081S_{cdm1211}$$
$$(n=70, R^2=0.636, F=119.048, p=0.000; t_0=-2.795, p=0.007; t_1=10.911, p=0.000)$$
$$H_{atck} = -5.705 + 0.047S_{cdm1212}$$
$$(n=70, R^2=0.407, F=46.589, p=0.000; t_0=-1.169, p=0.246; t_1=6.826, p=0.000)$$
$$H_{atrpa} = -14.465 + 0.079S_{cdm1212}$$

$(n=70, R^2=0.670, F=137.782, p=0.000; t_0=-2.993, p=0.004; t_1=11.738, p=0.000)$

$$H_{atck}=-4.534+0.044S_{cdm1213}$$

$(n=70, R^2=0.383, F=42.291, p=0.000; t_0=-0.920, p=0.361; t_1=6.503, p=0.000)$

$$H_{atrpa}=-14.442+0.079S_{cdm1213}$$

$(n=70, R^2=0.686, F=148.659, p=0.000; t_0=-3.094, p=0.003; t_1=12.193, p=0.000)$

（2）Quadratic－模型分析　RPA 和对照的 $S_{cdm1201}$ 模型 $a<0$、RPA＜对照，$b>0$、RPA＞对照，$c<0$、RPA＜对照，模型有极大值。极值分别出现在 627.2 h/m 和 634.6 h/m 附近，极值点远超出了 $S_{cdm1201}$ 取值上限{57.4,349.5}；两模型 2 个交点分别发生在 8.2 h/m 和 1207.6 h/m 附近，远超出了 $S_{cdm1201}$ 取值范围。在两交点之间，RPA 模型值大于对照。表明，在 $S_{cdm1201}$ 取值范围内，RPA 油松高年生长量大于对照，且随着月累积日照时间增加，两者差异月明显。其 $S_{cdm1202}$ 模型，$a<0$、RPA＜对照。$b>0$、RPA＞对照，对照 $c>0$、RPA $c<0$、RPA＜对照，RPA 模型有极大值，对照有极小值。极值点分别发生在 660.4 h/m 和－220.0 h/m 附近；极值点均在 $S_{cdm1202}$ 取值范围{57.4,441.9}以外；模型两个交点分别出现在 97.8 h/m 和 613.6 h/m 附近。月累积日照时数大于交点区间范围内，RPA 模型值大于对照，两者差距与月累积日照时数成正比，但增加幅度逐渐降低。RPA 和对照的 $S_{cdm1203}$ 模型，$a>0$、RPA＞对照，$b<0$、RPA＞对照，$c>0$、RPA＜对照，模型有极小值。极小值分别出现在 19.3 h/m 和 166.3 h/m 附近；RPA 极值点在 $S_{cdm1203}$ 取值下限{57.4,531.5}以外，对照极值点左侧有 2 组数据。模型两个交点分别出现在 178.8 h/m 和 745.2 h/m 附近，交点区间下限外仅分布 2 组数据。在当地日照条件下，RPA 油松高年生长量大于对照，且随月累积日照时数增加差异逐渐增强，最终趋于稳定。其 $S_{cdm1204}$ 模型，$a>0$、RPA＞对照，$b<0$、RPA＜对照，$c>0$、RPA＞对照；模型极小值分别出现在 180.7 h/m 和 136.4 h/m 附近；极值点左侧各有 2 组和 1 组数据。交点位于 163.2 h/m 和 287.3 h/m 附近，交点区间上限以外，RPA 模型值大于对照，且距上限越远，差异越明显。RPA 和对照的 $S_{cdm1205}$ 模型变化规律与 $S_{cdm1204}$ 模型一致。其极值分别发生在 205.8 h/m 和 102.8 h/m 附近，其左侧各有 2 组数据；交点位于 198.6 h/m 和 374.3 h/m 附近。RPA 和对照的 $S_{cdm1211}$ 和 $S_{cdm1212}$ 模型系数变化规律与其 $S_{cdm1205}$ 和 $S_{cdm1204}$ 模型相同，但 RPA 与对照模型不相交；RPA 模型值大于对照。其 $S_{cdm1211}$ 模型极值分别出现在 156.4 h/m 和 41.2 h/m 附近；对照极值点位于 $S_{cdm1211}$ 取值下限{57.4,1110.7}外，RPA 极值点左侧有 2 组数据。而其 $S_{cdm1212}$ 模型极小值出现在 176.7 h/m 和－308.5 h/m 附近；对照极值点也在 $S_{cdm1212}$ 取值下限{57.4,1203.6}外，RPA 极值点左侧也只有 2 组数据。RPA 和对照的 $S_{cdm1213}$ 模型 $a>0$、RPA＞对照，RPA $b<0$、对照 $b>0$，RPA $c>0$、对照 $c<0$；模型分别出现在 167.9 h/m 和－5389.8 h/m附近；对照极值点远小于 $S_{cdm1213}$ 取值下限{57.4,1261.0}，RPA 极值点左侧也有 2 组数据。模型交点位于 298.7 h/m 和 590.0 h/m 附近。

$$H_{atck}=-2.861+0.177S_{cdm1201}-1.395\times10^{-4}S_{cdm1201}^2$$

($n=70, R^2=0.101, F=3.765, p=0.028; t_0=-0.144, p=0.886; t_1=0.845, p=0.401; t_2=-0.284, p=0.777$)

$$H_{atrpa} = -3.537 + 0.260S_{cdm1201} - 2.074 \times 10^{-4}S^2_{cdm1201}$$

($n=70, R^2=0.122, F=4.674, p=0.013; t_0=-0.135, p=0.893; t_1=0.947, p=0.347; t_2=-0.322, p=0.748$)

$$H_{atck} = -5.344 + 0.068S_{cdm1202} + 1.535 \times 10^{-4}S^2_{cdm1202}$$

($n=70, R^2=0.319, F=15.724, p=0.000; t_0=-0.366, p=0.716; t_1=0.599, p=0.551; t_2=0.758, p=0.451$)

$$H_{atrpa} = -24.330 + 0.299S_{cdm1202} - 2.263 \times 10^{-4}S^2_{cdm1202}$$

($n=70, R^2=0.253, F=11.319, p=0.000; t_0=-1.198, p=0.235; t_1=1.906, p=0.061; t_2=-0.803, p=0.425$)

$$H_{atck} = 16.755 - 0.146S_{cdm1203} + 4.394 \times 10^{-4}S^2_{cdm1203}$$

($n=70, R^2=0.509, F=34.739, p=0.000; t_0=1.480, p=0.143; t_1=-1.957, p=0.055; t_2=3.825, p=0.000$)

$$H_{atrpa} = 0.650 - 0.012S_{cdm1203} + 3.082 \times 10^{-4}S^2_{cdm1203}$$

($n=70, R^2=0.471, F=29.821, p=0.000; t_0=0.042, p=0.967; t_1=-0.116, p=0.908; t_2=1.947, p=0.056$)

$$H_{atck} = 8.349 - 0.058S_{cdm1204} + 2.128 \times 10^{-4}S^2_{cdm1204}$$

($n=70, R^2=0.388, F=21.283, p=0.000; t_0=0.723, p=0.472; t_1=-0.867, p=0.389; t_2=2.383, p=0.020$)

$$H_{atrpa} = 18.806 - 0.162S_{cdm1204} + 4.491 \times 10^{-4}S^2_{cdm1204}$$

($n=70, R^2=0.683, F=72.082, p=0.000; t_0=1.704, p=0.093; t_1=-2.536, p=0.014; t_2=5.259, p=0.000$)

$$H_{atck} = 5.121 - 0.028S_{cdm1205} + 1.350 \times 10^{-4}S^2_{cdm1205}$$

($n=70, R^2=0.347, F=17.789, p=0.000; t_0=0.461, p=0.646; t_1=-0.470, p=0.640; t_2=1.886, p=0.064$)

$$H_{atrpa} = 18.704 - 0.149S_{cdm1205} + 3.612 \times 10^{-4}S^2_{cdm1205}$$

($n=70, R^2=0.683, F=75.214, p=0.000; t_0=1.822, p=0.073; t_1=-2.732, p=0.008; t_2=5.475, p=0.000$)

$$H_{atck} = 4.632 - 3.412 \times 10^{-3}S_{cdm1211} + 4.139 \times 10^{-5}S^2_{cdm1211}$$

($n=70, R^2=0.436, F=25.910, p=0.000; t_0=0.556, p=0.580; t_1=-0.106, p=0.916; t_2=1.669, p=0.100$)

$$H_{atrpa} = 8.641 - 0.027S_{cdm1211} + 8.476 \times 10^{-5}S_{cdm1211}^2$$

$(n=70, R^2=0.692, F=75.347, p=0.000; t_0=1.058, p=0.294; t_1=-0.841, p=0.403; t_2=3.484, p=0.001)$

$$H_{atck} = 1.349 + 0.015S_{cdm1212} + 2.411 \times 10^{-5}S_{cdm1212}^2$$

$(n=70, R^2=0.416, F=23.903, p=0.000; t_0=0.164, p=0.870; t_1=0.486, p=0.628; t_2=1.062, p=0.292)$

$$H_{atrpa} = 9.691 - 0.029S_{cdm1212} + 8.275 \times 10^{-5}S_{cdm1212}^2$$

$(n=70, R^2=0.735, F=92.881, p=0.000; t_0=1.315, p=0.193; t_1=-1.066, p=0.290; t_2=4.065, p=0.000)$

$$H_{atck} = -3.419 + 0.039S_{cdm1213} + 3.656 \times 10^{-6}S_{cdm1213}^2$$

$(n=70, R^2=0.384, F=20.858, p=0.000; t_0=-0.412, p=0.681; t_1=1.312, p=0.194; t_2=0.168, p=0.867)$

$$H_{atrpa} = 9.386 - 0.026S_{cdm1213} + 7.816 \times 10^{-5}S_{cdm1213}^2$$

$(n=70, R^2=0.753, F=102.318, p=0.000; t_0=1.348, p=0.182; t_1=-1.040, p=0.302; t_2=4.273, p=0.000)$

三、树高生长年增量与十二月累积日照指标的关系

1. **树高生长年增量与十二月累积日照时数的向后剔除法逐步回归模型** 对树高生长年增量(R_{aht})与各生长期12月日照累积指标(S_{cdm12})进行向后剔除法逐步回归模型分析，经过9次向后逐步回归，组建对照油松高生长年增量各生长期12月累积日照指标优化模型；而经过7次向后剔除法逐步回归构建了RPA油松高生长年增量指标优化模型(表11-40)。

表11-40 汉中油松高年增量与12月日照均值指标逐步向后回归模型

Tab. 11-40 The backward stepwise regression model of cumulative sunshine hours in December and annual height growth acceleration of *Pinus tabulaeformi*

处理 Treat	日照因子 S_{cdm10}	模型 Model Coefficients 非标准 Unstandard	标准 Standard	T-检验 T-test t	p	R^2	相关系数 Correlations r_0	$r_{partial}$	r_{part}	共线性统计量 Collinearity statistics 容差 Tolerance	方差膨胀因子 VIF
R_{ahtck}	常量	5.083	—	0.542	0.590	0.437 (F = 9.942, p = 0.000)	—	—	—	—	—
	$S_{cdm1207}$	-0.385	-2.755	-2.278	0.026		0.145	-0.274	-0.214	0.006	166.240
	$S_{cdm1208}$	1.128	9.071	3.809	0.000		0.158	0.430	0.357	0.002	644.763
	$S_{cdm1209}$	-1.715	-15.337	-5.609	0.000		0.155	-0.574	-0.526	0.001	850.102
	$S_{cdm1210}$	1.242	12.089	6.587	0.000		0.179	0.636	0.618	0.003	383.047
	$S_{cdm1213}$	-0.264	-2.935	-4.577	0.000		0.130	-0.497	-0.429	0.021	46.761

续表 11 - 40

处理 Treat	日照因子 S_{cdm10}	模型 Model Coefficients 非标准 Unstandard	标准 Standard	T - 检验 T-test t	p	R^2	相关系数 Correlations r_0	$r_{partial}$	r_{part}	共线性统计量 Collinearity statistics 容差 Tolerance	方差膨胀因子 VIF
R_{ahtrpa}	常量	0.678	—	0.041	0.967	0.557 (F = 11.157, p = 0.000)	—	—	—	—	—
	$S_{cdm1206}$	0.698	2.419	2.508	0.015		0.172	0.303	0.212	0.008	130.335
	$S_{cdm1207}$	−2.651	−10.444	−5.454	0.000		0.159	−0.569	−0.461	0.002	513.820
	$S_{cdm1208}$	4.753	21.066	7.740	0.000		0.181	0.701	0.654	0.001	1 037.760
	$S_{cdm1209}$	−5.263	−25.946	−5.981	0.000		0.167	−0.605	−0.505	0.000	2 636.425
	$S_{cdm1210}$	3.344	17.945	4.224	0.000		0.185	0.473	0.357	0.000	2 528.730
	$S_{cdm1212}$	−2.688	−16.148	−2.576	0.012		0.183	−0.311	−0.218	0.000	5 504.940
	$S_{cdm1213}$	1.844	11.302	2.387	0.020		0.173	0.290	0.202	0.000	3 139.894

(1)对照树高生长年增量与 12 月累积日照时数的模型分析 在控制其他因子影响下,对照树高生长年增量与 $S_{cdm1209}$ 和 $S_{cdm1213}$ 负偏相关极显著,与 $S_{cdm1207}$ 负偏相关显著($r_{partial}$ = −0.274,p = 0.026);而与 $S_{cdm1208}$ 和 $S_{cdm1210}$ 正偏相关极显著。各因子配合下,油松对 $S_{cdm1209}$、$S_{cdm1210}$ 和 $S_{cdm1208}$ 响应较强,单位量变化系数达 15.337、12.089 和 9.071;其对模型影响也较大,分别贡献 40.9%、34.0% 和 19.2%。而油松对 $S_{cdm1213}$ 和 $S_{cdm1207}$ 响应较弱,单位量变化系数为 2.935 和 2.755;其对模型影响也较小,分别贡献 6.0% 和 3.9%。

(2)RPA 树高生长年增量与 512 月累积日照时数的模型分析 与对照比较,RPA 树高生长年增量与 $S_{cdm1209}$ 和 $S_{cdm1207}$ 负偏相关极显著,与 $S_{cdm1212}$ 负偏相关显著($r_{partial}$ = −0.311,p = 0.012);而也与 $S_{cdm1208}$ 和 $S_{cdm1210}$ 正偏相关极显著,与 $S_{cdm1213}$ 和 $S_{cdm1206}$ 正偏相关显著($r_{partial}$ = 0.290、0.303,p = 0.020、0.015)。各因子相互作用下,油松对 $S_{cdm1209}$ 和 $S_{cdm1210}$ 响应较强,单位量变化系数达 25.946 和 21.066,对模型分别贡献 28.9% 和 28.8%;其对油松高生长年增量的作用显著增强,而对模型影响降低非常明显。其次是 $S_{cdm1210}$、$S_{cdm1212}$、$S_{cdm1213}$ 和 $S_{cdm1207}$,单位量变化系数依次为 17.945、16.148、11.302 和 10.444,其对模型分别贡献 14.9%、8.2%、5.3% 和 12.3%;其作用比对照均有所增强,但对模型影响变化较大;其中,$S_{cdm1210}$ 影响降低明显,$S_{cdm1213}$ 略有降低,而 $S_{cdm1207}$ 明显提高。而油松对 $S_{cdm1206}$ 响应最弱,单位量变化系数为 2.419,对模型贡献 1.6%。

2. **树高生长年增量与十二月累积日照时数的逐步回归模型** 对其进行逐步回归模型分析,与 11 月日照相同。也只有对照油松高生长年增量与近 3 年 12 月累积日照时数($S_{cdm1202}$)线性关系相对密切,组成了其有效模型;但其决定系数更小。

$$R_{ahtck} = -9.179 + 0.088\ S_{cdm1202}$$

$$R_{ahtck} = 0.260\ S_{cdm1202}$$

(n = 70,R^2 = 0.068,F = 4.932,p = 0.030;r_0 = 0.260;t_0 = −0.860,p = 0.393;

$t_1 = 2.221, p = 0.030$）

3. 树高生长年增量与十二月累积日照时数的模型拟合 树高年增量与的生长期12月累积日照时数相关性变化规律与11月日照类似，但相关度有所降低。其中，对照仅与$S_{cdm1202}$和$S_{cdm1203}$相关显著（$r_0 = 0.260$、0.225，$p = 0.015$、0.031），RPA与$S_{cdm1203}$相关系数最大，但未达到显著水平（$r_0 = 0.186$）。对其进行模型拟合，仅有对照油松高生长年增量与近3年12月累积日照时数（$S_{cdm1202}$）Linear－模型回归显著，其模型与其逐步回归模型相同。

第四部分　多效抗旱驱鼠剂（RPA）拌种飞播油松高生物量与主要气象因子的关系

第十二章　降水量与飞播油松林分生物量的关联分析

第一节　汉中飞播油松林分生物量与降水量的关系

【内容提要】相关分析显示,汉中飞播油松生物量与年降水量有正相关的趋势,而与各月降水量相关性变化较大。其中,3 月降水量(P_{m03})与 RPA 油松林分生物量(B_f)及其年生物量(B_{af})正相关极显著($p<0.01$),与对照的显著($p<0.05$);两者关系可用 Linear－模型和 Quadratic－模型分析。逐步回归分析证明,3 月降水是影响汉中飞播油松的关键降水因子;在引入树龄因子,5 月降水量(P_{m05})对对照年生物量(B_{af})也有影响,在树龄因素作用下,其对模型贡献 42.6%。

【关 键 词】多效抗旱驱鼠剂,飞播造林,油松,生物量,降水因子,相关性分析,模型拟合

一、汉中飞播油松林分生物量与降水量的相关性

相关分析显示,飞播油松林分生物量(Forest biomass,B_f)及其年生物量(Annual forest biomass,B_{af})均与年降水量年降水量(Annual precipitation,P_a)呈一定程度的正相关性,但相关性不显著(表 12－1)。

从月降水量(Monthly precipitation,P_m)分析,林分生物量与 1 月降水量(P_{m01})和 12 月降水量(P_{m12})具有一定的负相关性,但相关均不显著;而与 2 月、3 月、7 月和 8 月降水量均有不同程度的正相关性;其中,对照与 3 月降水量(P_{m03})相关显著($r=0.663$,$p=0.013$),RPA 相关极显著($r=0.687$,$p=0.009$);而与其余月份降水量相关性极小。林分年生物量与 1 月、6 月、9 月、10 月和 12 月降水量具有一定的负相关性,但相关性较低;与 2～4 月和 7～8 月降水量具有一定程度在正相关性,其中对照与 3 月降水量相关显著($r=0.665$,$p=0.013$),RPA 相关极显著($r=0.795$,$p=0.001$)。

表 12－1 降水量与油松林分生物量相关分析

Tab. 12－1 The correlation analysis between the precipitation and the forest biomass of *Pinus tabulaeformis*

指标 Index	处理 Teat.	降水量 precipitation												
		年 Annual	1月 Jan.	2月 Feb.	3月 March	4月 April	5月 May	6月 June	7月 July	8月 Aug.	9月 Sep.	10月 Oct.	11月 Nov.	12月 Dec.
生物量 B_f	RPA	0.299	－0.202	0.225	0.687**	－0.062	－0.102	－0.096	0.293	0.252	0.008	－0.045	0.086	－0.298
	p	0.321	0.508	0.460	0.009	0.842	0.739	0.755	0.331	0.405	0.980	0.884	0.781	0.323
	CK	0.287	－0.243	0.213	0.663*	－0.060	－0.082	－0.078	0.278	0.235	0.029	－0.065	0.062	－0.289
	p	0.341	0.424	0.485	0.013	0.846	0.791	0.801	0.358	0.439	0.926	0.833	0.840	0.338
年生物量 B_{af}	RPA	0.470	－0.145	0.179	0.795**	0.244	0.036	－0.205	0.520	0.349	－0.156	－0.140	－0.023	－0.256
	p	0.105	0.636	0.558	0.001	0.423	0.906	0.502	0.068	0.243	0.611	0.647	0.940	0.399
	CK	0.477	－0.296	0.077	0.665*	0.228	0.203	－0.129	0.434	0.329	－0.026	－0.123	－0.068	－0.388
	p	0.100	0.325	0.801	0.013	0.455	0.506	0.675	0.138	0.273	0.934	0.690	0.826	0.190

备注：* 在 0.05 水平（双侧）上显著相关，** 在 0.01 水平（双侧）上显著相关。

Remarks: * Correlation is significant at the 0.05 level (2－tailed). ** Correlation is significant at the 0.01 level (2－tailed).

二、汉中飞播油松林分年生物量与降水量的模型拟合

对汉中油松林分年生物量（B_{af}）与年降水量（P_a）及月降水量（P_m）进行模型分析，油松林分生物量与 3 月降水量关系符合 Linear－模型和 Quadratic－模型规律。

$$B_{afck} = -40.078 + 7.513P_{m03}$$
$$(n = 13, R^2 = 0.422, F = 8.717, p = 0.013)$$
$$B_{afck} = 74.262 - 7.839P_{m03} + 0.353P_{m03}^2$$
$$(n = 13, R^2 = 0.593, F = 7.287, p = 0.011)$$
$$B_{afrpa} = -164.179 + 22.820P_{m03}$$
$$(n = 13, R^2 = 0.632, F = 18.921, p = 0.001)$$
$$B_{afck} = 161.965 - 20.972P_{m03} + 1.006P_{m03}^2$$
$$(n = 13, R^2 = 0.823, F = 23.213, p = 0.000)$$

1. **Linear－模型分析** 对照和 RPA 油松林分年生物量均与 3 月降水量呈正相关，对照相关显著（$r = 0.665, p = 0.011$），RPA 相关极显著（$r = 0.795, p = 0.001$）。RPA 模型斜率大于对照，说明 RPA 油松林分年生物量随降水量变化较快，对降水量反应灵敏。两模型在降水量为 8.1 mm/m 附近相交，在试验期月降水量范围内{0.4，43.0}，发生 3 月降水量小于 8.1 mm/m 的只有 2 年。说明在正常年份中，RPA 油松林分年生物量均高于对照，

而且随着3月降水量增加，两者差距有扩大趋势。

2. Quadratic－**模型分析** 对照和RPA的Quadratic－模型极小值分别出现在11.1 mm/*m*和10.4 mm/*m*附近，降水量小于极值时，随着月降水量增加，对照与RPA油松林分年生物量逐渐靠近，在两个极值点间两者差距最小；月降水量超过极值后，两者差距随降水量增加迅速扩大（图12－1）。

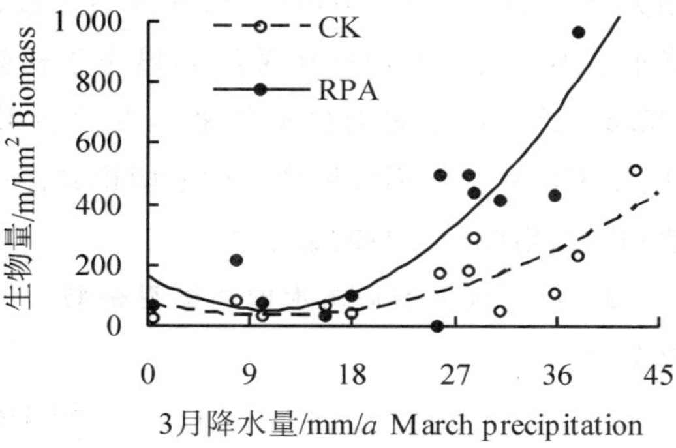

图12－1 降水量与油松年生物量的关系

Fig. 12－1 Relation between precipitation and annual forest biomass of *Pinus tabulaeformis*

三、汉中飞播油松林分年生物量与降水量的逐步回归模型

对油松林分年生物量指标与降水量指标进行逐步回归模型分析，对照和RPA油松林分年生物量均与3月降水量线性关系密切，其模型与上述分析结果相同。

1. **树龄的影响** 引入树龄因子后，树龄和5月降水指标先后进入对照年生物量模型；而RPA模型保持不变，只有3月降水量与年生物量关系紧密（图12－2）。

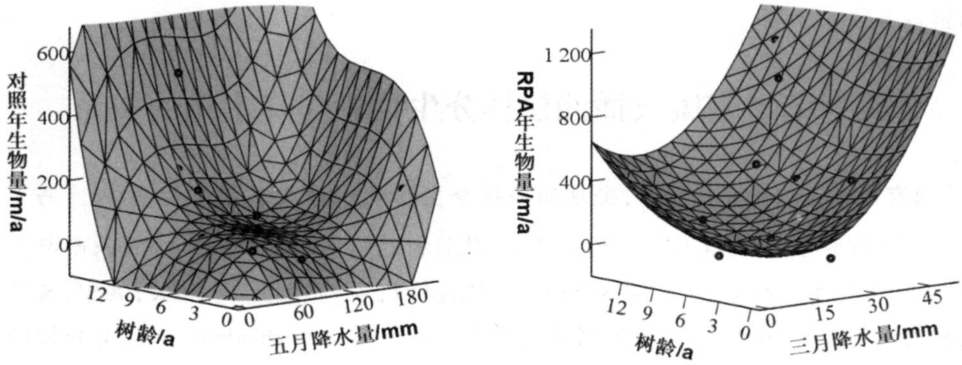

图12－2 汉中飞播油松生物量与降水量关系

Fig. 12－2 The relationship between precipitation and annual forest biomass of *Pinus tabulaeformis* for aerial seeding in Hanzhong city

$$B_{afck} = -44.392 + 26.012t$$

$$(n = 13, R^2 = 0.507, r_t = 0.712, F = 11.323, p = 0.006)$$

$$B_{afck} = -218.657 + 30.709t - 1.640P_{m05}$$

$$(n = 13, R^2 = 0.507, r_{m05} = 0.203, F = 11.323, p = 0.006)$$

分析结果进一步证明了3月降水量对油松林分年生物量的重要作用。同时也说明在控制树龄因素干扰下，5月降水量（P_{m05}）与对照油松年生物量线性相关性较强，呈显著正

相关($r=0.608, p=0.036$)。从其模型参数、复相关系数和月降水指标量总和分析,5 月降水量与油松年生物量相关度明显小于树龄相关度,但在试验期降水量范围内{43.1, 192.6},5 月降水量对模型值平均贡献率 42.6%。说明作用强度与相关性没有直接关联,相关性只与作用效果稳定性密切相关,而决定降水量作用大小主要是模型中降水量参数和降水指标值本身的数量级。

2. **树龄权重下的逐步回归模型分析** 以树龄为权重分析,模型性质不变,但模型参数发生了变化:

$$B_{afck} = -54.043 + 8.934P_{dm03}$$

$$(n=13, R^2=0.482, r_{m03}=0.694, F=10.220, p=0.009)$$

$$B_{afrpa} = -205.800 + 26.112P_{dm03}$$

$$(n=13, R^2=0.705, r_{m03}=0.840, F=26.297, p=0.000)$$

两模型在 8.8 mm/m 附近相交,交汇点相应推后;但模型斜率比值为 3.0。说明随着降水量增加,两者差距扩大程度不变。也进一步说明 RPA 油松对林地降水利用率较高,对油松林分年生物量有着明显的促进作用。同时也充分确立了 3 月降水量在油松林分年生物量的重要作用和不可替代的地位。

3. **年降水量权重下的逐步回归模型分析** 以年降水量为权重分析,其模型与降水指标逐步回归模型分析结果一致。说明在消除树龄因素作用下,5 月降水量对对照油松年生物量也有较大影响。

第二节 安康飞播油松林分生物量与降水量的关系

【内容提要】相关分析显示,安康油松林分生物量(B_f)及其年生物量(B_{af})与 1 月、2 月、6 月、10 月和 12 降水量(P_{m01}、P_{m02}、P_{m06}、P_{m10}和 P_{m12})呈不显著的负相关;而与年降水量(P_a)和 3 月、4 月和 7~9 月降水量(P_{m03}、P_{m04}和 $P_{m07} \sim P_{m09}$)呈正相关,其中,与 7 月降水量相关均极显著($p<0.01$)。可用 P_{m07}的 Linear-模型和 Quadratic-模型分析降水对安康飞播油松林分生物量的影响。逐步回归模型分析证明,7 月降水量是影响安康飞播油松生物量的关键降水因子,3 月、4 月和 8 月降水量也有较大影响。在当地降水条件下,RPA 模型值大于对照,且两者差距有随着降水量增加扩大的趋势。说明降水对油松生物量的影响主要是通过月降水分布实现的;同时也说明 RPA 拌种处理可以明显提高飞播后油松对土壤水分利用率,促进油松生长,增加林分生物量。

【关 键 词】多效抗旱驱鼠剂,飞播造林,油松,生物量,降水因子,相关性分析,模型拟合

一、安康飞播油松林分生物量与降水量的相关性

安康油松林分生物量(B_f)及其年生物量(B_{af})均与 P_a 和 P_{m03}、P_{m04}、7 月降水量(P_{m07})~9 月降水量(P_{m09})具有一定正相关性。其中,B_f 与 P_a 相关显著($r=0.653$、0.649,$p=0.012$、0.011),与 P_{m07} 相关极显著($r=0.840$、0.831,$p=0.000$、0.001);RPA 林分年生物量(B_{afrpa})与 P_a 和 P_{m03} 相关显著($r=0.635$、0.614,$p=0.015$、0.026),对照和 RPA 油松年生物量均与 P_{m07} 呈极显著正相关($r=0.823$、0.718,$p=0.001$、0.006)。而生物量与 1~2 月、6 月和 10~12 月降水量具有不同程度负相关性,但相关均不显著(表 12-2)。

表 12-2 1997 年~2010 年安康降水量变异与油松林分生物量相关分析

Tab. 12-2 From 1997 to 2010, correlation analysis between rainfall variation and forest biomass of *Pinus tabulaeformis* in Ankang city

指标 Index	降水量/mm Precipitation			比率/% Rate	变异系数/% Coefficient of variation	相关系数(r) Pearson correlations			
						生物量 B_f		年生物量 B_{af}	
	平均 Mean	最大 Max.	最小 Min.			RPA	CK	RPA	CK
年 Annual	840.2±55.8	1 231.9	525.8	100.0	25.7	0.649*	0.653*	0.635*	0.413
1 月 Jan.	2.8±0.7	8.8	0.0	0.3	94.0	-0.362	-0.382	-0.225	-0.310
2 月 Feb.	13.0±2.8	33.7	1.0	1.5	80.9	-0.107	-0.126	0.087	-0.135
3 月 March	29.1±4.1	57.2	8.5	3.5	52.8	0.389	0.395	0.614*	0.494
4 月 April	50.6±5.9	88.6	15.6	6.0	43.8	0.207	0.283	0.203	0.499
5 月 May	98.5±7.6	140.0	36.7	11.7	28.8	-0.034	0.019	-0.082	0.080
6 月 June	100.5±18.9	297.9	19.7	12.0	70.4	-0.259	-0.265	-0.264	-0.307
7 月 July	171.5±28.7	455.0	43.7	20.4	62.5	0.840**	0.831**	0.823**	0.718**
8 月 Aug	147.7±23.6	284.0	6.9	17.6	59.8	0.386	0.390	0.432	0.407
9 月 Sep.	93.8±15.8	224.9	22.7	11.2	62.9	0.155	0.160	0.139	0.163
10 月 Oct.	79.0±10.3	169.6	29.7	9.4	48.8	-0.274	-0.294	-0.399	-0.327
11 月 Nov.	22.5±3.9	47.4	0.3	2.7	65.7	0.031	0.010	-0.280	-0.158
12 月 Dec.	8.5±1.9	25.6	0.0	1.0	83.4	-0.375	-0.349	-0.307	-0.371

备注:* 在 0.05 水平(双侧)上显著相关,** 在 0.01 水平(双侧)上显著相关。

Remarks: * Correlation is significant at the 0.05 level (2-tailed). ** Correlation is significant at the 0.01 level (2-tailed).

从试验期安康降水量变化分析,林分生物量及其年生物量和月降水量相关性与降水量大小、分布比率和均值变异程度密切相关。降水量愈大,均值变异适中,年间月降水量

差异不大，生物量与其降水量有正相关性的趋势；而降水量越小，均值变异越大，生物量与其降水量负相关的可能性越高。

二、安康飞播油松林分年生物量与降水量模型拟合

1. **年降水量模型** 对安康油松林分年生物量与年降水量和月降水量进行模型分析，对照油松林分年生物量(B_{afck})与年降水量(P_a)符合 Cubic－模型，RPA 具有 Cubic－模型属性。

$$B_{afck}=313.950-0.001P_a^2+1.069\times10^{-6}P_a^3$$

$$(n=13, R^2=0.476, F=4.547, p=0.039)$$

$$B_{afrpa}=461.606-0.002P_a^2+1.528\times10^{-6}P_a^3$$

$$(n=13, R^2=0.385, F=3.131, p=0.088)$$

从模型分析，在试验期年降水量范围内{525.8 mm/a，1231.9 mm/a}，油松林分年生物量有随降水量增加的趋势。RPA 模型值大于对照模型值，且随降水量增加两者差距扩大的趋向（图 6－3）。从模型参数分析，RPA 油松林分年生物量对降水量反应比较灵敏，随降水量变化的速度较快。说明 RPA 油松对降水利用率相对较高，比对照单位降水量油松林分年生物量大，生产率高。

2. **3 月降水量模型** 对照油松年生物量与 3 月降水量符合 Cubic－模型，具有 Linear－模型特征；RPA 油松遵从 Linear－模型和 S－模型规律，具有 Cubic－模型属性：

$$B_{afck}=0.056+4.486P_{m03}$$

$$(n=13, R^2=0.244, F=3.552, p=0.086)$$

$$B_{afck}=-375.016+61.495P_{m03}-2.279P_{m03}^2+0.026P_{m03}^3$$

$$(n=13, R^2=0.649, F=5.556, p=0.020)$$

$$B_{afrpa}=-22.146+12.621P_{m03}$$

$$(n=13, R^2=0.377, F=6.651, p=0.026)$$

$$B_{afrpa}=-730.813+112.931P_{m03}-3.784P_{m03}^2+0.025P_{m03}^3$$

$$(n=13, R^2=0.535, F=3.451, p=0.056)$$

$$B_{afrpa}=e^{6.397-\frac{22.128}{P_{m03}}}$$

$$(n=13, R^2=0.363, F=6.349, p=0.028)$$

Linear－模型相交点在 0.4 mm/m 附近，低于试验期 3 月降水量范围{1.0，33.7}下限，RPA 和对照模型斜率比值为 2.8。试验期内，RPA 油松年生物量模型值大于对照，随着降水量增加模型值差距扩大；与年降水量作用性质相似，但比年降水量与油松年生物量关系密切，对油松年生物量作用相对较强（图 12－3）。

3. **7 月降水量模型** 对照和 RPA 油松林分年生物量与 7 月降水量均满足 Linear－模型和 Quadratic－模型条件，且相关性较高。

$$B_{afck} = -29.151 + 0.906P_{m07}$$
$$(n = 13, R^2 = 0.516, F = 11.737, p = 0.006)$$
$$B_{afck} = 121.394 - 0.817P_{m07} + 0.004P_{m07}^2$$
$$(n = 13, R^2 = 0.642, F = 8.951, p = 0.006)$$
$$B_{afrpa} = -70.244 + 0.2.350P_{m07}$$
$$(n = 13, R^2 = 0.677, F = 23.092, p = 0.001)$$
$$B_{afrpa} = 134.966 + 0.002P_{m07} + 0.005P_{m07}^2$$
$$(n = 13, R^2 = 0.723, F = 13.036, p = 0.002)$$

直线模型交汇点在降水量 0.0 mm/m 附近，远远低于试验期 7 月降水量范围{43.7，455.0}下限，RPA 模型斜率大于对照，比值为 2.6。与年降水量和 3 月降水量作用类似，在试验期内，RPA 油松年生物量大于对照，随着降水量增加，两者差距有扩大的趋势，但扩大程度低于年降水量和 3 月降水量程度（图 12 - 3）。从 Quadratic - 模型分析，对照和 RPA 模型极值分别在 115.4 mm/m 和 -0.2 mm/m 附近。在试验期 7 月降水量范围内，降水量在极值附近年份，对照油松年生物量随降水量起伏不大；而 RPA 油松年生物量随降水量增加持续提高，两者差距渐趋扩大。

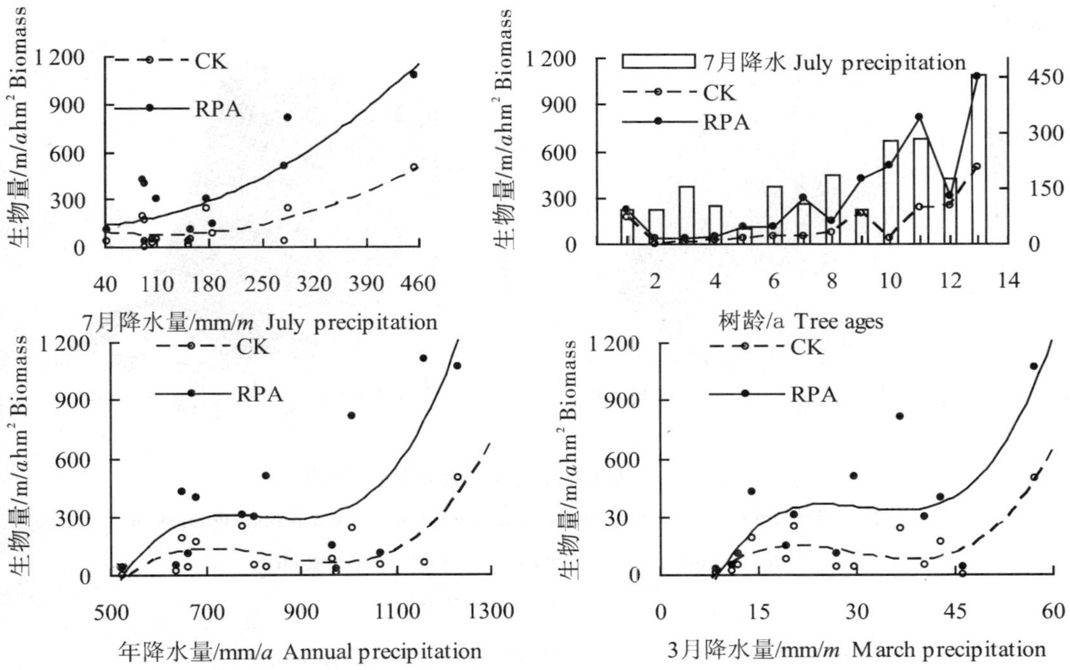

图 12 - 3　降水量与油松年生物量的关系

Fig. 12 - 3 Relation between precipitation and annual forest biomass of *Pinus tabulaeformis*

三、安康飞播油松林分年生物量与降水指标的逐步回归模型

对油松林分年生物量指标与降水指标进行逐步回归模型分析，P_{m07}首先进入油松年生物量模型，接着P_{m04}进入对照油松模型，而其余降水指标被剔除，引入树龄因素后分析结果不变。其一元线性模型与上述分析相同，二元线性模型如下：

$$B_{afck} = -187.399 + 0.916P_{m07} + 3.151P_{m04}$$

$$(n=13, R^2=0.776, r_{m07}=0.718, r_{m04}=0.499, F=17.345, p=0.001)$$

在控制7月降水量作用下，4月降水量与对照油松年生物量呈极显著的线性关系（$r=0.733, p=0.007$），相应7月降水量与油松年生物量也呈极显著正相关（$r=0.838, p=0.001$）。从模型参数、复相关系数和降水指标量综合分析，7月降水量与年生物量相关程度明显高于4月，但4月降水量对模型值平均贡献率为50.0%，与7月降水量相当。说明4月降水量与安康飞播油松年生物量相关度相对较低，作用不稳定；但作用强度相对较大。

在树龄权重下，P_{m07}首先进入对照和RPA油松年生物量模型，接着P_{m04}和P_{m08}分别进入对照和RPA模型。对照模型性质没有发生改变，而RPA模型中增添了8月降水因子（图12-4）。

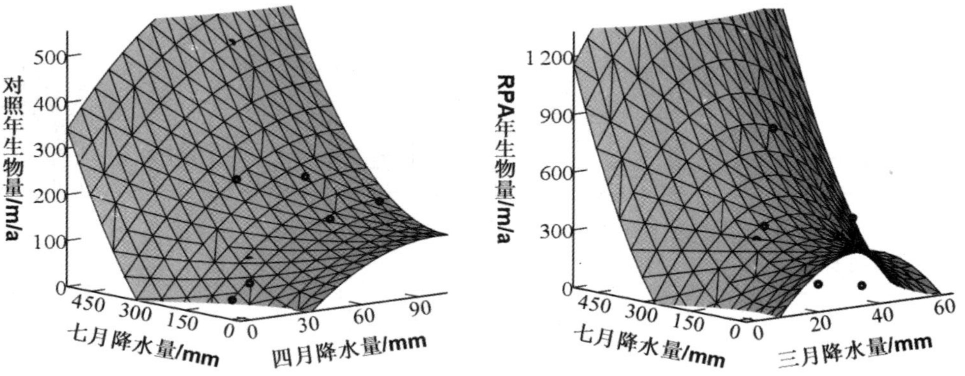

图12-4 安康飞播油松生物量与降水量关系

Fig. 12-4 The relationship between precipitation and annual forest biomass of *Pinus tabulaeformis* for aerial seeding in Ankang city

$$B_{afck} = -31.865 + 0.975P_{m07}$$

$$(n=13, R^2=0.581, r_{m07}=0.763, F=15.282, p=0.002)$$

$$B_{afck} = -207.592 + 0.957P_{m07} + 3.849P_{m04}$$

$$(n=13, R^2=0.843, r_{m04}=0.533, F=26.945, p=0.000)$$

$$B_{afrpa} = -70.851 + 2.442P_{m07}$$

$$(n=13, R^2=0.775, r_{m07}=0.880, F=37.798, p=0.000)$$

$$B_{afrpa} = 45.347 + 3.550P_{m07} - 2.105P_{m08}$$

$$(n = 13, R^2 = 0.887, r_{m04} = 0.457, F = 39.434, p = 0.000)$$

模型显示，在树龄权重下，排除 7 月降水量干扰时，4 月降水量与对照油松年生物量呈极显著正相关($r = 0.791, p = 0.002$)，而 8 月降水量与 RPA 油松年生物量呈显著负相关($r = -708, p = 0.010$)。从 RPA 模型分析，7 月降水量与油松年生物量相关性高，对模型值平均贡献率为 78.4%，远大于 8 月降水量的 21.6%；而对照，7 月降水量对模型值平均贡献率为 48.6%，略低于 4 月降水量的 51.4%；与上述分析结论基本一致。

以年降水量为权重分析，对照模型性质不变，参数发生改变；而 7 月和 3 月降水量指标依次进入 RPA 油松年生物量模型。引入树龄分析，结论相同。

$$B_{afck} = -51.402 + 1.024P_{m07}$$

$$(n = 13, R^2 = 0.616, r_{m07} = 0.785, F = 17.666, p = 0.001)$$

$$B_{afck} = -190.029 + 0.968P_{m07} + 2.964P_{m04}$$

$$(n = 13, R^2 = 0.898, r_{m04} = 0.499, F = 20.847, p = 0.000)$$

$$B_{afrpa} = -103.975 + 2.487P_{m07}$$

$$(n = 13, R^2 = 0.736, r_{m07} = 0.858, F = 30.706, p = 0.000)$$

$$B_{afrpa} = -216.007 + 1.881P_{m07} + 8.0155P_{m03}$$

$$(n = 13, R^2 = 0.830, r_{m04} = 0.737, F = 24.440, p = 0.000)$$

从二元线性模型分析，在年降水量权重下，剔除 7 月降水因素干扰，4 月降水量与对照油松年生物量线性关系紧密($r = 0.704, p = 0.011$)，相应 7 月降水量正相关极显著($r = 0.862, p = 0.000$)，与上述结论一致；而 3 月降水量与 RPA 油松年生物量也呈显著正相关($r = 0.597, p = 0.041$)从模型参数、复相关系数和降水指标量总和分析，7 月降水量对对照和 RPA 模型值平均贡献率分别为 53.0% 和 58.9%，而 4 月降水量对对照模型贡献率为 47.0%，略低于上述分析结果；3 月降水量对 RPA 模型值贡献率为 41.1%，小于 7 月降水量对 RPA 油松年生物量的作用强度(图 12－4)。

以上分析，明确了 7 月降水量对安康油松林分生物量的主要作用和不可替代的地位。也证明了 3 月、4 月和 8 月降水量对油松生物量的重要影响。说明降水量对油松林分生物量作用强度主要是通过降水量月分布决定。同时也证明 RPA 拌种处理，可以明显提高飞播后油松对土壤水分利用率，促进油松生长，增加林分生物量。

第三节　商州飞播油松林分生物量与降水量的关系

【内容提要】相关分析显示，商州飞播油松林分生物量(B_f)及其年生物量(B_{af})与年降水量(P_a)相关不显著。生物量与 3 月、7 月和 11 月降水量有较强的正相关性，其中与 3 月降水量相关性最强($p < 0.01$)；而与 6 月、10 月和 12 月降水量有负相关的趋势。可用 3

月降水量的 Linear－模型和 Quadratic－模型分析其对飞播油松生物量的影响。逐步回归模型分析证明,3 月降水是影响商州油松林分生物量的关键降水指标,RPA 拌种处理对飞播后油松林分对土壤水分利用率有着显著的作用,其单位降水量林分年生物量增量是对照的 2.7～2.9 倍。同时也证明 3 月和 7 月充足降水量对油松林分生物量有着促进作用,而 10～12 月降水量过大会对油松林分生物量产生一定的抑制作用。

【关 键 词】多效抗旱驱鼠剂,飞播造林,油松,生物量,降水因子,相关性分析,模型拟合

商州 1～2 月和 11～12 月降水较少,尤其是 1 月和 12 月降水量更少,且年间差异较大。降水主要集中在 7～8 月,试验期内占全年降水量的 38.5%(表 12－3)。

表 12－3　1998～2010 年商州水量变异与油松林分生物量相关分析

Tab. 12－3 From 1998 to 2010, correlation analysis between rainfall variation and forest biomass of *Pinus tabulaeformis* in Shangzhou city

指标 Index	降水量/mm Precipitation			比率/% Rate	变异系数/% Coefficient of variation	相关系数(r) Pearson correlations			
						生物量 B_f		年生物量 B_{af}	
	平均 Mean	最大 Max.	最小 Min.			RPA	CK	RPA	CK
年 Annual	673.8±35.0	950.5	437.1	100.0	19.5	0.090	0.134	0.089	0.198
1 月 Jan.	6.6± 1.8	19.9	0.0	1.0	101.1	−0.167	−0.149	−0.054	0.147
2 月 Feb.	12.3± 2.2	26.1	0.1	1.8	67.0	0.193	0.177	0.214	0.008
3 月 March	23.3± 3.5	43.8	2.6	3.5	56.2	0.690**	0.666*	0.741**	0.539
4 月 April	40.3± 5.6	74.8	3.1	6.0	52.5	−0.169	−0.099	−0.165	0.124
5 月 May	72.0±11.8	156.7	25.5	10.7	61.2	0.175	0.197	0.251	0.299
6 月 June	75.6±10.8	183.0	24.6	11.2	53.2	−0.230	−0.220	−0.351	−0.268
7 月 July	129.6±14.3	270.1	43.3	19.2	41.3	0.529	0.481	0.605*	0.200
8 月 Aug	130.1±19.0	285.1	10.6	19.3	54.5	−0.179	−0.139	−0.153	0.073
9 月 Sep.	92.2±16.4	233.4	27.5	13.7	66.3	−0.022	0.020	−0.053	0.062
10 月 Oct.	62.0± 9.2	140.5	25.3	9.2	55.8	−0.397	−0.383	−0.598*	−0.354
11 月 Nov.	17.9± 5.9	85.8	0.4	2.7	122.3	0.406	0.385	0.298	0.213
12 月 Dec.	8.1± 2.1	25.6	0.0	1.2	97.0	−0.266	−0.304	−0.174	−0.433

备注:* 在 0.05 水平(双侧)上显著相关,** 在 0.01 水平(双侧)上显著相关。

Remarks: * Correlation is significant at the 0.05 level (2－tailed). ** Correlation is significant at the 0.01 level (2－tailed).

一、商州飞播油松林分生物量与降水量的相关性

相关分析显示,油松林分生物量与年降水量相关性较低,呈极小的正相关。从降水量时间分布分析,油松林分生物量与6月、10月和12月降水量具有一定程度负相关性,但相关不显著;而与3月、7月和11月降水量具有一定程度的正相关,其中3月降水量与对照正相关显著($r=0.666, p=0.013$),与RPA相关极显著($r=0.690, p=0.009$);而与其余与降水量相关性及其微小。6月和10月降水量与油松林分年生物量具有一定程度的负相关性,其中10月降水量与RPA油松负相关显著($r=-0.598, p=0.031$);而3月、5月、7月和11月降水量与油松年生物量呈一定正相关性,其中RPA油松与3月降水量正相关极显著($r=0.741, p=0.004$),与7月降水量正相关显著($r=0.605, p=0.028$;表12-3)。

二、商州飞播油松林分年生物量与降水量模型拟合

1. 3月降水量模型 对商州油松林分年生物量与降水指标进行模型分析,3月降水量与对照油松年生物量关系符合Cubic-模型,同时也与Linear-模型和Quadratic-模型具有较高的符合度;与RPA油松年生物量关系可以用Linear-模型、Quadratic-模型和Cubic-模型表述。

$$B_{afck}=-3.366+4.824P_{m03}$$
$$(n=13, R^2=0.291, F=4.514, p=0.057)$$
$$B_{afck}=94.190-9.271P_{m03}+0.326P_{m03}^2$$
$$(n=13, R^2=0.449, F=4.072, p=0.051)$$
$$B_{afck}=-23.647+20.675P_{m03}-1.251P_{m03}^2+0.023P_{m03}^3$$
$$(n=13, R^2=0.576, F=4.073, p=0.044)$$
$$B_{afrpa}=-30.007+13.995P_{m03}$$
$$(n=13, R^2=0.549, F=13.365, p=0.004)$$
$$B_{afrpa}=123.692-8.212P_{m03}+0.513P_{m03}^2$$
$$(n=13, R^2=0.636, F=8.747, p=0.006)$$
$$B_{afck}=94.496-0.792P_{m03}+0.123P_{m03}^2+0.006P_{m03}^3$$
$$(n=13, R^2=0.638, F=5.288, p=0.022)$$

Linear-模型交点在2.9 mm/m附近,在试验期3月降水量范围内{2.6,43.8},3月降水量在2.9 mm/m附近的年份只有2年,出现在2000年和2001年,降水量为3.1 mm/m和2.6 mm/m;多数年份3月降水量远大于该值。RPA模型斜率大于对照模型,斜率比值为2.9,比安康比值2.6高。试验期内,RPA模型值大于对照,两者差距随降水量增大渐趋扩大。RPA油松单位降水量增加的生物量大于对照油松,证明RPA拌种可以增强飞播后油松林分对土壤水分的利用功能,提高林分生产力。年生物量Quadratic-模型顶点分

别出现在 14.2 mm/m 和 8.0 mm/m 附近，模型导数为$\partial B_{af}/\partial P_m = b + 2aP_m$，导函数中，$b$ 为模型中一次项参数，a 为二次项参数。说明随降水量增加，RPA 和对照模型值增加速度差距逐渐扩大，差异愈加显著；试验期内，Cubic－模型变化规律与 Quadratic－模型基本一致（图 12－5）。

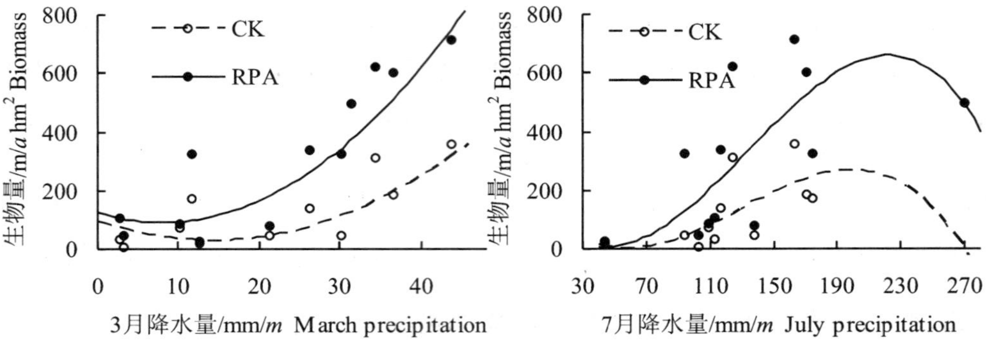

图 12－5　商州降水量与油松年生物量的关系

Fig. 12－5 Relation between precipitation and annual forest biomass of *Pinus tabulaeformis* in Shangzhou

2. **7 月降水量模型**　对照和 RPA 油松年生物量与 7 月降水量关系具有 Cubic－模型属性，但 RPA 油松更符合 Linear－模型和 Logarithmic－模型要求（图 12－5）。同时 RPA 油松年生物量与 10 月降水量关系也遵从 Linear－模型和 Logarithmic－模型规律。

$$B_{afck} = 180.320 - 6.781P_{m07} + 0.075P_{m07}^2 - 1.929 \times 10^{-4}P_{m07}^3$$
$$(n = 13, R^2 = 0.513, F = 3.156, p = 0.079)$$
$$B_{afrpa} = -75.982 + 2.774P_{m07}$$
$$(n = 13, R^2 = 0.366, F = 6.256, p = 0.028)$$
$$\ln B_{afrpa} = -1466.387 + 365.959\ln P_{m07}$$
$$(n = 13, R^2 = 0.395, F = 7.196, p = 0.021)$$
$$B_{afck} = 154.688 - 0.077P_{m07} + 0.094P_{m07}^2 - 2.355 \times 10^{-4}P_{m07}^3$$
$$(n = 13, R^2 = 0.490, F = 2.887, p = 0.095)$$
$$B_{afrpa} = 575.221 - 4.432P_{m10}$$
$$(n = 13, R^2 = 0.357, F = 6.111, p = 0.031)$$
$$\ln B_{afrpa} = 1541.560 - 309.487\ln P_{m10}$$
$$(n = 13, R^2 = 0.379, F = 6.708, p = 0.025)$$

三、商州飞播油松林分年生物量与降水指标的逐步回归模型

对油松年生物量指标与降水指标进行逐步回归模型分析，只有 RPA 油松年生物量与 3 月降水量线性关系密切，模型与上述分析相同。

1. **树龄影响**　引入树龄因素后，树龄首先进入对照和 RPA 油松年生物量模型，接着

10 月降水量进入 RPA 油松模型,其余降水指标均被剔除。

$$B_{afrpa}=178.695+44.724t-3.144P_{m10}$$

$$(n=13, R^2=0.797, r_t=0.793, r_{m10}=-0.598, F=19.577, p=0.000)$$

模型显示,在排除树龄作用下,10 月降水量与 RPA 油松年生物量呈显著负相关($r=-0.598, p=0.017$)。从模型参数、复相关系数和降水指标量分析,10 月降水量对模型值贡献率均值为 34.6%,低于树龄对模型值的贡献率。

2. **树龄权重下的逐步回归模型** 以树龄为权重,3 月降水量首先进入对照和 RPA 油松模型,接着 12 月降水量也进入对照油松模型,而其它降水指标被排除。

$$B_{afck}=-11.828+6.039P_{m03}$$

$$(n=13, R^2=0.362, r_{m03}=0.602, F=6.250, p=0.030)$$

$$B_{afck}=71.286+5.316P_{m03}-8.324P_{m12}$$

$$(n=13, R^2=0.584, r_{m12}=-0.590, F=7.027, p=0.024)$$

$$B_{afrpa}=-41.434+16.437P_{m03}$$

$$(n=13, R^2=0.736, r_{m03}=0.858, F=30.589, p=0.000)$$

从 3 月降水量模型分析,两模型交汇点在 2.8 mm/m 附近,RPA 和对照模型斜率比值为 2.7,比模型拟合结果 2.9 小。说明在排除树龄因素干扰下,RPA 与对照油松单位降水量年生物量增量差距有所收窄;但两者差距仍然随降水量增加有扩大的趋势。从 3 月和 12 月降水量模型分析,在控制模型中其他因子作用下,12 月降水量与对照油松年生物量呈显著负相关($r=-0.590, p=0.043$),3 月降水量呈显著正相关($r=0.631, p=0.028$);3 月降水量对模型值贡献率均值为 65.5%,高于 12 月降水量的 35.5%。

3. **年降水量权重下的逐步回归模型** 在年降水量权重下,只有 3 月降水量与对照和 RPA 油松年生物量线性关系紧密。引入时间变量后,树龄首先进入年生物量模型,接着 10 月降水量进入 RPA 模型;模型性质与上述结论相同,但模型参数有所改变。

$$B_{afck}=-2.396+4.960P_{m03}$$

$$(n=13, R^2=0.317, r_{m3}=0.563, F=5.111, p=0.045)$$

$$B_{afrpa}=-30.936+14.236P_{m03}$$

$$(n=13, R^2=0.572, r_{m3}=0.757, F=14.729, p=0.003)$$

$$B_{afrpa}=209.788+42.585t-3.368P_{m10}$$

$$(n=13, R^2=803, r_t=0.776, r_t=-0.627, F=20.319, p=0.000)$$

RPA 与对照油松年生物量 3 月降水量模型在 3.1 mm/m 附近相较,斜率比值为 2.9,与降水指标模型拟合结果一致。进一步证明 RPA 对提高油松林分对土壤水分利用率的重要作用;同时也说明 3 月降水量对商州飞播油松林分生物量的重要性和关键地位。

第四节　淳化飞播油松林分生物量与降水量的关系

【内容提要】 淳化飞播油松林分生物量(B_f)及其年生物量(B_{af})与降水的相关性较低。其中,与2月、3月和8月降水呈正相关相对较高,与6月、10月和12月降水负相关性相对较强。逐步回归模型分析说明,降水对淳化飞播油松生物量作用主要体现在降水的时间分布上,降水对油松生物量影响是各月降水量协同作用的结果;其中4月降水量在淳化油松生物量增长中扮演着关键角色,9月、10月和12月降水对油松生物量影响较大。

【关 键 词】 多效抗旱驱鼠剂,飞播造林,油松,生物量,降水因子,相关性分析,模型拟合

淳化在4个试验区中降水量最小,试验期内平均年降水量为(504.6±36.7)mm,主要集中在7~9月,占年降水量52.1%(表12-4)。

一、淳化飞播油松林分生物量与降水量的相关性

相关分析显示,油松生物量指标与降水指标关系较松散,相关性较低,总体相关不显著($p>0.05$)。油松林分生物量与年降水量和2月、3月、8月、11月降水量具有一定程度正相关,其中2月、3月和8月相关度相对较高;而与1月、5月、6月、10月和12月降水量呈负相关,其中10月相关度较高。年生物量与2~4月和7~8月降水量呈正相关,与5~6月、10月和12月降水量呈负相关,其中10月相关性较高(表12-4)。

表12-4　1998~2010年淳化水量变异与油松林分生物量相关分析

Tab.12-4 From 1998 to 2010, correlation analysis between rainfall variation and forest biomass of *Pinus tabulaeformis* in Chunhua city

指标 Index	降水量/mm Precipitation			比率/% Rate	变异系数/% Coefficient of variation	相关系数(r) Pearson correlations			
						生物量 B_f		年生物量 B_{af}	
	平均 Mean	最大 Max.	最小 Min.			RPA	CK	RPA	CK
年 Annual	504.6±36.7	799.5	302.2	100.0	27.2	0.145	0.112	0.091	-0.071
1月 Jan.	6.5±1.7	19.9	0.0	1.3	98.2	-0.105	-0.125	0.020	0.037
2月 Feb.	10.9±2.1	24.0	0.1	2.2	72.3	0.303	0.325	0.263	0.325
3月 March	18.8±3.9	50.5	0.2	3.7	77.4	0.442	0.381	0.453	0.195
4月 April	31.2±4.5	52.9	3.0	6.2	53.4	0.048	0.091	0.244	0.340
5月 May	48.9±9.4	120.4	7.8	9.7	71.7	-0.178	-0.135	-0.171	-0.010

续表 12-4

指标 Index	降水量/mm Precipitation			比率/% Rate	变异系数/% Coefficient of variation	相关系数(r) Pearson correlations			
	平均 Mean	最大 Max.	最小 Min.			生物量 B_f		年生物量 B_{af}	
						RPA	CK	RPA	CK
6 月 June	50.9 ± 7.4	89.0	8.9	10.1	54.3	-0.172	-0.200	-0.225	-0.202
7 月 July	90.6 ± 18.0	283.5	20.0	17.9	74.5	0.076	0.027	0.126	-0.147
8 月 Aug	91.8 ± 18.7	269.9	4.7	18.2	76.3	0.408	0.369	0.356	0.117
9 月 Sep.	80.7 ± 10.2	194.9	27.6	16.0	47.5	-0.055	-0.027	-0.175	-0.011
10 月 Oct.	53.0 ± 7.2	113.3	16.1	10.5	51.2	-0.415	-0.420	-0.477	-0.444
11 月 Nov.	15.3 ± 3.6	43.1	0.4	3.0	88.3	0.110	0.135	-0.099	0.096
12 月 Dec.	5.9 ± 1.6	16.6	0.0	1.2	101.4	-0.216	-0.222	-0.266	-0.348

备注：* 在 0.05 水平(双侧)上显著相关，** 在 0.01 水平(双侧)上显著相关。

Remarks: * Correlation is significant at the 0.05 level (2-tailed). ** Correlation is significant at the 0.01 level (2-tailed).

二、淳化飞播油松林分年生物量与降水量模型拟合

对油松年生物量与降水指标进行模型拟合，对照油松与年降水量关系满足 Quadratic-模型和 Cubic-模型条件。

$$B_{afck} = -2977.311 + 10.825P_a - 0.009P_a^2$$

$$(n = 13, R^2 = 0.493, F = 4.853, p = 0.034)$$

$$B_{afck} = -1\,060.302 + 0.011P_a^2 - 1.151 \times 10^{-5}P_a^3$$

$$(n = 13, R^2 = 0.507, F = 5.155, p = 0.029)$$

Quadratic-模型极值在 613.6 mm/a 附近，超过了当地年均降水量。试验期内，只有 2003 年和 2007 年降水量为 799.5 mm/a 和 798.9 mm/a，超过了极值。正常年份，对照油松年生物量有随年降水量增加的趋势。剔除极端降水量的影响，对照油松年生物量与年降水量关系符合 Linear-模型和 Exponential-模型，RPA 油松具有 Linear-模型属性。

$$B_{afck} = -1\,116.107 + 2.692P_a$$

$$(n = 11, R^2 = 0.490, F = 8.632, p = 0.017)$$

$$B_{afck} = -7.158e^{0.025P_a}$$

$$(n = 11, R^2 = 0.596, F = 13.287, p = 0.005)$$

$$B_{afrpa} = -1\,726.376 + 4.326P_a$$

$$(n = 11, R^2 = 0.303, F = 3.908, p = 0.079)$$

RPA 和对照直线模型交汇点降水量为 373.6 mm/a，低于当地年降水量极小值；RPA 与对照模型斜率比值为 1.6。说明 RPA 油松年生物量模型值大于对照，单位降水量 RPA

油松年生物量增量大于对照，两者差距随降水量增加有扩大的趋势（图 12－6）。

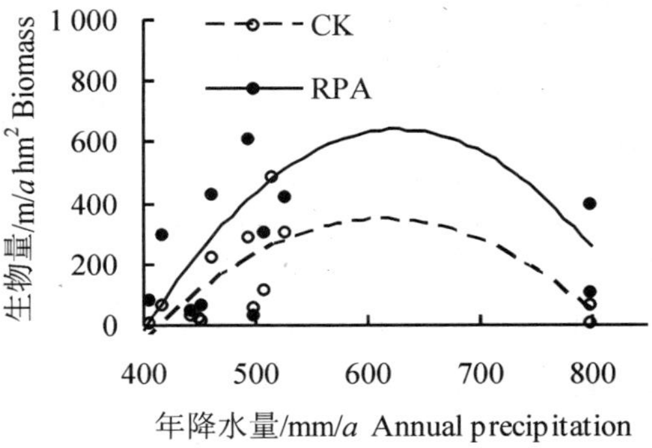

图 12－6　年降水量与油松年生物量的关系

Fig. 12－6 Relation between Annual precipitation and annual forest biomass of *Pinus tabulaeformis*

三、淳化飞播油松林分年生物量与降水指标的逐步回归模型

1. **树龄影响**　油松林分年生物量与降水量指标逐步回归模型分析显示，生物量与降水指标线性关系松散，模型不成立。引入时间变量后，树龄和 4 月、10 月、12 月和 9 月降水量依次进入对照油松模型，树龄和 4 月、9 月降水量先后进入 RPA 油松模型（图 12－7）。

$$B_{afckch} = -64.781 + 27.968t$$
$$(n = 13, R^2 = 0.529, r_t = 0.728, F = 12.375, p = 0.005)$$
$$B_{afckch} = -234.146 + 32.119t + 4.717P_{m04}$$
$$(n = 13, R^2 = 0.783, r_{m04} = 0.340, F = 18.075, p = 0.000)$$
$$B_{afckch} = -98.059 + 27.830t + 5.891P_{m04} - 2.525P_{m10}$$
$$(n = 13, R^2 = 0.940, r_{m10} = -0.444, F = 47.279, p = 0.000)$$
$$B_{afckch} = 2.077 + 25.705t + 4.987P_{m04} - 2.909P_{m10} - 5.803P_{m12}$$
$$(n = 13, R^2 = 0.977, r_{m12} = -0.348, F = 84.295, p = 0.000)$$
$$B_{afckch} = 72.729 + 21.550t + 4.047P_{m04} - 3.831P_{m10} - 9.831P_{m12} + 0.790P_{m09}$$
$$(n = 13, R^2 = 0.988, r_{m09} = -0.011, F = 114.437, p = 0.000)$$
$$B_{afrpach} = -101.623 + 56.858t$$
$$(n = 13, R^2 = 0.546, r_t = 0.739, F = 13.216, p = 0.004)$$
$$B_{afrpach} = -376.332 + 63.592t + 7.650P_{m04}$$
$$(n = 13, R^2 = 0.712, r_{m04} = 0.244, F = 12.383, p = 0.002)$$
$$B_{afckch} = -231.093 + 70.262t + 10.275P_{m04} - 3.362P_{m09}$$
$$(n = 13, R^2 = 0.889, r_{m10} = -0.175, F = 24.136, p = 0.000)$$

从树龄模型分析，RPA 和对照在 1.3 年时相交，斜率比值为 2.0。试验期内 RPA 模型值大于对照，差距随树龄增加而扩大。树龄与 4 月降水量模型显示，在控制树龄干扰下，4 月降水量与对照油松年生物量呈极显著正相关（$r = 0.735, p = 0.007$），与 RPA 油松呈显著正相关（$r = 0.606, p = 0.037$）；在树龄因子协同下，4 月降水量对对照模型值贡献率均值为 40.2%，大于对 RPA 贡献的 35.5%（图 12－7）。

对照树龄和 4 月、10 月模型显示，在控制模型其它变量作用下，油松年生物量与 4 月降水量正相关极显著（$r=0.926$，$p=0.000$），而与 10 月降水量负相关极显著（$r=-0.851$，$p=0.001$）；从模型参数、复相关系数和降水指标量综合分析，10 月降水量与年生物量相关度较高，但对模型值平均贡献率均为 28.4%，小于 4 月降水量的 35.2%。模型引入 12 月降水指标后，在排除其他变量作用下，10 月和 12 月降水量与对照油松年生物量呈极显著负相关（$r=-0.944$、-0.782，$p=0.000$、0.008），而 4 月降水量呈极显著正相关（$r=0.970$，$p=0.000$）；对模型值平均贡献率 10 月为 31.6%，4 月为 28.8%，12 月仅为 7.2%。加入 9 月降水指标后，在剔除模型其他变量作用下，9 月降水量与油松年生物量呈显著相关（$r=0.692$，$p=0.039$）其他降水指标与年生物量关系性质不变。但从复相关系数分析，9 月降水量为 -0.011，与油松年生物量关系不紧密。从模型参数和降水指标量分析，4 月、10 月、12 月和 9 月降水量对模型值平均贡献率依次为 20.1%、35.6%、10.4% 和 10.6%，树龄对模型值贡献率为 20.1%，与 4 月降水量贡献率相当（图 12.7）。

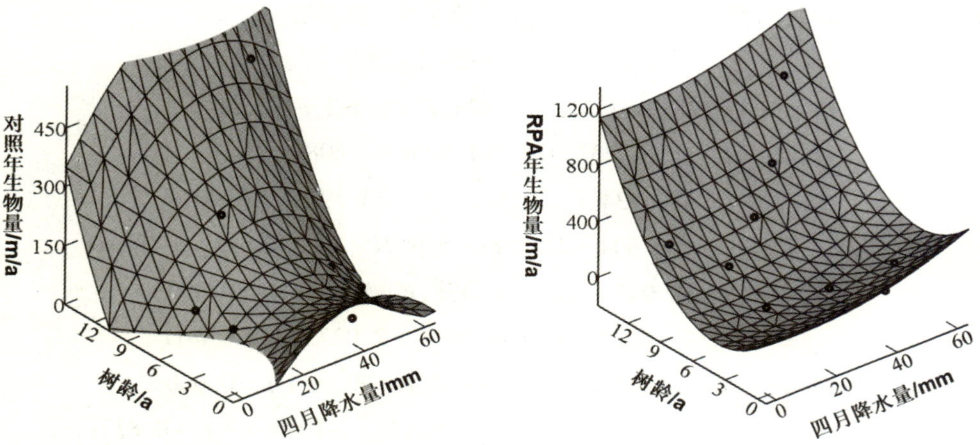

图 12－7　淳化飞播油松生物量与降水量关系

Fig. 12－7 The relationship between precipitation and annual forest biomass of *Pinus tabulaeformis* for aerial seeding in Chunhua county

从 RPA 油松树龄和 4 月与 9 月模型分析，在控制模型其他变量作用下，9 月降水量与 RPA 油松年生物量呈极显著的负相关（$r=-0.782$，$p=0.004$）。但降水指标的复相关系数均较低，对油松年生物量作用效果不稳定。从模型参数和降水指标量综合分析，4 月和 10 月降水量对模型值平均贡献率为 29.6% 和 26.2%，小于树龄对模型值的 44.2%。

2. **树龄权重下的逐步回归模型**　以树龄为权重分析，4 月、10 月和 12 月降水量依次进入对照油松模型，而 RPA 油松模型不成立。

$$B_{afckch}=30.079+5.605P_{m04}$$

$$(n=13, R^2=0.313, r_{m04}=0.559, F=5.003, p=0.047)$$

$$B_{afckch}=211.250+6.858P_{m04}-4.190P_{m10}$$

$$(n=13, R^2=0.696, r_{m10}=-0.496, F=11.450, p=0.003)$$

$$B_{afckch}=403.051+4.829P_{m04}-5.003P_{m10}-15.044P_{m12}$$

$$(n=13, R^2=0.862, r_{m12}=-0.454, F=18.789, p=0.000)$$

在树龄权重下，排除模型中其它降水指标作用，4 月降水量与对照油松年生物量正相关极显著（$r=0.773$、0.753，$p=0.003$、0.007），而 10 月和 12 月降水量呈极显著负相关（$r=-0.886$、-0.740，$p=0.000$、0.009）。在 4 月和 10 月降水量协同下，各自对模型值平均贡献率分别为 46.6% 和 53.4%；4 月、10 月和 12 月降水量共同作用下，各自对模型贡献率依次为 27.7%、53.9% 和 18.5%。其复相关系数差异不大，对油松年生物量影响作用相对稳定，但 10 月降水量作用强度明显高于 4 月和 12 月降水量。与上述分析结论一致。

3. **年降水量权重下的逐步回归模型** 在年降水量权重下，油松年生物量与降水指标关系松散，模型不成立。引入时间变量，树龄和 4 月、10 月、12 月和 9 月降水量进入对照模型，而 RPA 油松仅与树龄关系密切。模型性质不变，参数相应改变。

$$B_{afckch}=-61.192+26.267t$$

$$(n=13, R^2=0.457, r_t=0.676, F=9.242, p=0.011)$$

$$B_{afckch}=-237.910+31.723t+4.608P_{m04}$$

$$(n=13, R^2=0.734, r_{m04}=0.335, F=13.796, p=0.001)$$

$$B_{afckch}=-86.604+27.188t+5.992P_{m04}-2.719P_{m10}$$

$$(n=13, R^2=0.943, r_{m10}=-0.458, F=50.035, p=0.000)$$

$$B_{afckch}=-7.392+25.590t+5.271P_{m04}-2.927P_{m10}-5.481P_{m12}$$

$$(n=13, R^2=0.975, r_{m12}=-0.343, F=78.653, p=0.000)$$

$$B_{afckch}=77.442+21.319t+4.038P_{m04}-3.921P_{m10}-10.041P_{m12}+0.832P_{m09}$$

$$(n=13, R^2=0.989, r_{m09}=-0.026, F=125.861, p=0.000)$$

第十三章 温度与飞播油松林分生物量的关联分析

第一节 汉中飞播油松林分生物量与气温的关系

【内容提要】相关分析显示,汉中飞播油松生物量与年均温和月均温因子相关性较差;但1~8年和9~13油松生物量与温度相关性存在差异。1~8年油松年生物量有随1月均温提高呈下降趋势,其中对照Linear-模型和Iinverse-模型显著(R^2=0.680、0.786,p=0.012、0.002);9~13油松生物量与其符合Quadratic-模型。1~8年油松与4月均温正相关,9~13油松呈负相关。逐步回归模型分析证明,4月、8月、9月、12月均温和年均温对对照9~13年油松年生物量影响较大,1月和5月均温对其1~8年油松影响较大。

【关 键 词】多效抗旱驱鼠剂,飞播造林,油松,生物量,温度因子,相关性分析,模型拟合

一、汉中飞播油松林分生物量与温度的相关性

气温是林木生长的重要生态因子之一,对树木生长、发育以及生理代谢活动有重要的影响。

1. *汉中月均温度的变化* 汉中气温冬春季节年间变异较大,夏季变异较小。月均温度偏度系数(Coefficient of skewness,)为(-0.129±0.637),峰度系数(Coefficient of kurtosis)为(-1.527±1.232),均值变异变异系数(Coefficient of variation)的偏度系数为(1.021±0.637),峰度系数为(0.003±1.232)。月均温度($\bar{T}_m$)和均值变异系数(C_{vtm})与月份(m)遵从Quadratic-模型和Cubic-模型变化规律(图13-1,表13-1):

$$\bar{T}_m = -9.230 + 9.788m - 0.724m^2$$

$$(n = 156, R^2 = 0.945, F = 77.054, p = 0.000)$$

$$\bar{T}_m = -3.992 + 5.740m + 0.024m^2 - 0.038m^3$$

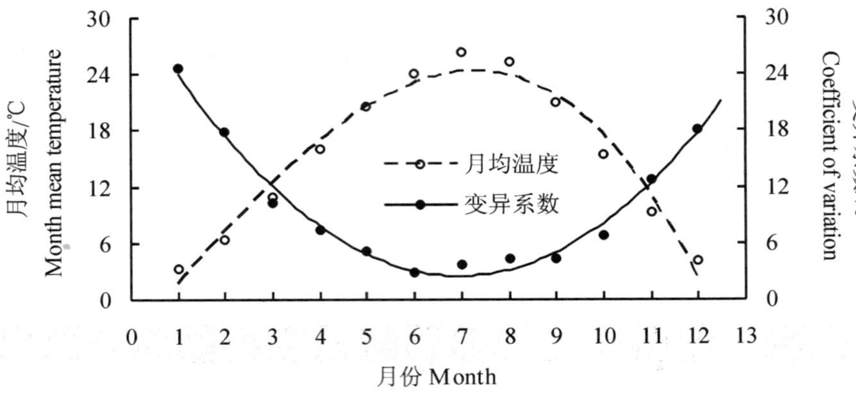

图 13－1　汉中月均温度与均值变异系数

Fig. 13－1 Monthly mean temperature and coefficient of variation in Hanzhong city

$$(n=156, R^2=0.967, F=78.651, p=0.000)$$

$$C_{vtm}=31.839-8.434m+0.606m^2$$

$$(n=156, R^2=0.984, F=286.709, p=0.000)$$

$$C_{vtm}=32.668-9.075m+0.724m^2-0.006m^3$$

$$(n=156, R^2=0.984, F=167.353, p=0.000)$$

2. ***油松林分生物量与温度指标的相关性***　油松林分生物量与温度指标关系相对松散，相关性整体不显著。相关性与月均温度及其变异程度关联不密切。与年均温度（$\bar{T}_a$）具有一定程度的正相关性。与1月极端最低温度（T_{min}）和7月极端最高温度（T_{max}）具有一定程度负相关性，但相关性很低。从月均温度分析，生物量与3月、8月～10月和12月均温呈正相关，其中9月和12月相关度相对较高，但也不显著。对照油松与4月和11月均温具有微弱的负相关（表13－1）。

表 13－1　1998～2010 年汉中气温变异与油松林分生物量相关分析

Tab. 13－1 From 1998 to 2010, correlation analysis between atmospheric temperature variation and forest biomass of *Pinus tabulaeformis* in Hanzhong city

指标 Index	温度/℃ Temperature			变异系数/% Coefficient of variation	相关系数(r) Pearson correlations			
					生物量 B_f		年生物量 B_{af}	
	平均 Mean	最低 Min.	最高 Max.		RPA	CK	RPA	CK
年 Annual	15.2±0.1	14.7	15.8	1.7	0.210	0.173	0.271	0.180
极端 最高 Max.	36.3±0.4	33.5	39.5	4.5	-0.113	-0.061	-0.276	-0.129
极端 最低 Min.	-4.8±0.2	-5.9	-3.0	16.5	-0.178	-0.133	-0.196	-0.043

续表 13-1

指标 Index	温度/℃ Temperature			变异系数/% Coefficient of variation	相关系数(r) Pearson correlations			
	平均 Mean	最低 Min.	最高 Max.		生物量 B_f		年生物量 B_{af}	
					RPA	CK	RPA	CK
1月 Jan.	3.2±0.2	1.5	4.8	24.6	0.095	0.183	-0.075	0.142
2月 Feb.	6.3±0.3	4.3	7.9	17.9	-0.036	-0.001	-0.244	-0.069
3月 March	10.9±0.3	8.8	12.4	10.3	0.155	0.105	0.025	-0.091
4月 April	16.1±0.3	14.6	18.4	7.3	-0.181	-0.226	0.025	-0.138
5月 May	20.6±0.3	19.1	22.7	5.2	0.088	0.027	0.061	-0.174
6月 June	24.0±0.2	23.1	25.1	2.8	-0.038	-0.053	-0.063	-0.016
7月 July	26.2±0.2	24.8	28.0	3.6	-0.081	-0.086	-0.120	-0.098
8月 Aug	25.2±0.3	23.4	26.9	4.4	0.141	0.144	0.223	0.126
9月 Sep.	20.9±0.2	19.0	22.3	4.4	0.287	0.318	0.290	0.435
10月 Oct.	15.4±0.3	13.9	17.1	6.8	0.147	0.134	0.159	0.269
11月 Nov.	9.2±0.3	7.1	10.9	12.8	-0.133	-0.157	0.175	-0.042
12月 Dec.	4.1±0.2	2.7	5.1	18.0	0.340	0.322	0.441	0.393

备注：* 在 0.05 水平(双侧)上显著相关，** 在 0.01 水平(双侧)上显著相关。

Remarks: * Correlation is significant at the 0.05 level (2-tailed). ** Correlation is significant at the 0.01 level (2-tailed).

二、汉中飞播油松林分年生物量与气温指标的模型拟合

1. 1月均温模型

(1)1~13 年油松年生物量模型　对其油松年生物量与温度指标进行模型拟合，油松生物量与 1 月均温关系满足 Quadratic-模型和 Cubic-模型条件：

$$B_{afck}=961.652-596.729\bar{T}_{m01}+96.882\bar{T}_{m01}^2$$
$$(n=65, R^2=0.460, F=4.260, p=0.046)$$

$$B_{afck}=-1\ 032.220+1\ 646.551\bar{T}_{m01}-664.167\bar{T}_{m01}^2+80.536\bar{T}_{m01}^3$$
$$(n=65, R^2=0.677, F=6.296, p=0.014)$$

$$B_{afrpa}=3\ 213.493-1\ 881.774\bar{T}_{m01}+293.010\bar{T}_{m01}^2$$
$$(n=65, R^2=0.629, F=8.491, p=0.007)$$

$$B_{afrpa}=297.383+1\ 384.480\bar{T}_{m01}-819.905\bar{T}_{m01}^2+117.787\bar{T}_{m01}^3$$

$(n=65, R^2=0.701, F=7.048, p=0.010)$

从 Quadratic－模型分析，对照和 RPA 模型极小值分别出现在在 3.0℃/m 和 3.2℃/m 附近；试验期 1 月均温范围内{1.5，4.8 }，低于极值点均温的年份占 6/13。

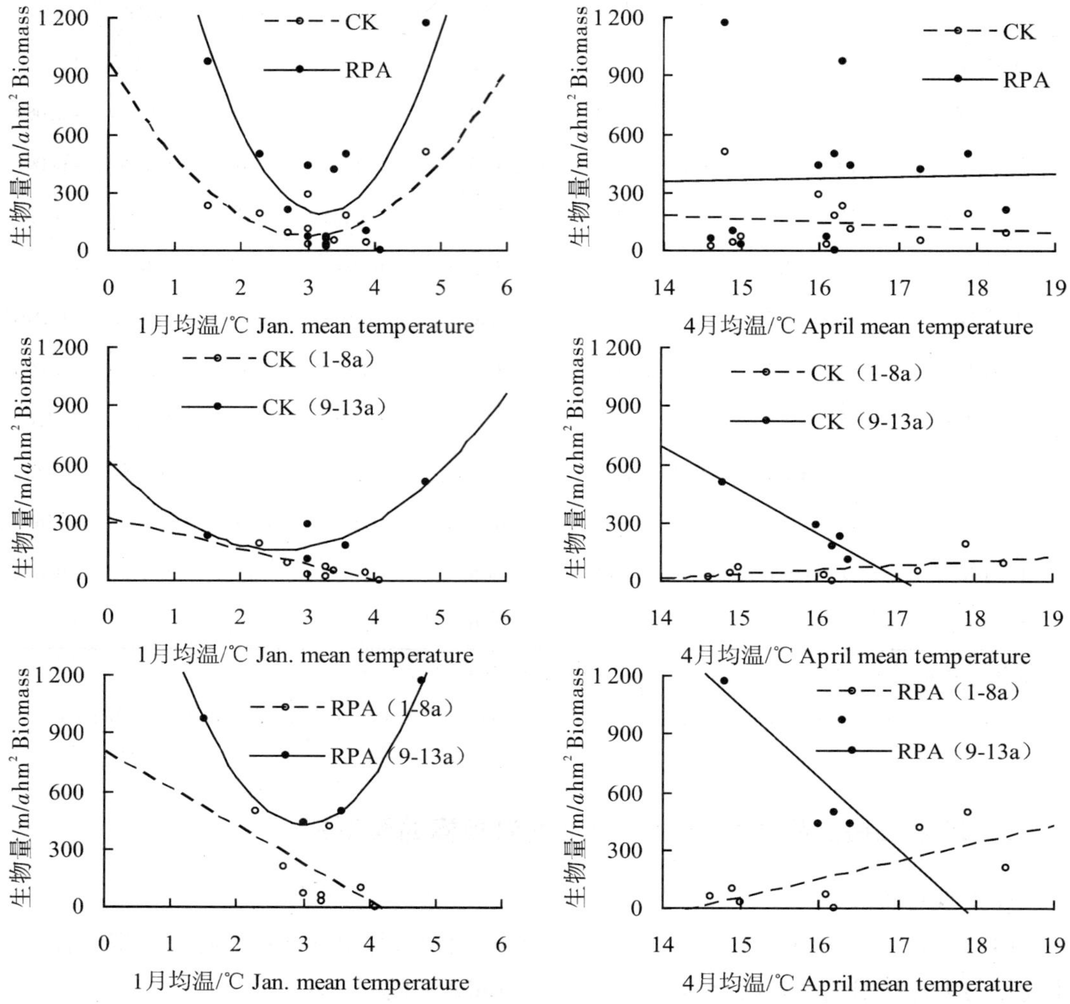

图 13－2　月均温与油松年生物量的关系

Fig. 13－2 Relation between monthly mean temperature and annual forest biomass of *Pinus tabulaeformis*

1.2 **不同树龄的差异**　油松不同生长阶段，林分年生物量与温度的关系存在差异(图 13－2)，1～8 年油松与 1 月均温关系呈现 Linear－模型和 Iinverse－模型变化，9～13 年 RPA 油松完全遵从 Quadratic－模型规律。

$$B_{afck(1-8a)} = 319.994 - 80.002\bar{T}_{m01}$$

$(n=40, R^2=0.680, \mathrm{F}=12.768, p=0.012)$

$$B_{afck(1-8a)} = -199.796 + \frac{818.544}{\bar{T}_{m01}}$$

$$(n=40, R^2=0.786, F=21.975, p=0.003)$$

$$B_{afrpa(1-8a)} = 799.652 - 192.789\bar{T}_{m01}$$

$$(n=40, R^2=0.379, F=3.662, p=0.104)$$

$$B_{afrpa(1-8a)} = -453.140 + \frac{1\,973.140}{\bar{T}_{m01}}$$

$$(n=40, R^2=0.438, F=43675, p=0.074)$$

$$B_{afrpa(9-13a)} = 2557.925 - 1407.899\bar{T}_{m01} + 232.826\bar{T}^2_{m01}$$

$$(n=25, R^2=0.999, F=1\,865.033, p=0.001)$$

从模型分析,1～8 年油松年生物量有随 1 月均温提高下降趋势;其中,对照油松相关显著,RPA 油松相关不显著。对照 9～13 年与均温相关线性关系比较松散,呈一定正相关性($r=0.359$);而 RPA9～13 年油松受峰值与谷值年影响,小于模型极值3.0℃/m年份,油松生物量随月均温增加有降低趋势;而大于极值年份,生物量随均温升高而大幅度提高(图 13－2)

2. 4 月均温模型 4 月均温与油松生物量整体相关不显著,线性模型不成立。但与 1 月均温一样,存在树龄差异。1～8 年油松年生物量与均温关系呈正相关,对照相关显著,RPA 相关不显著;对照 9～13 年油松年生物量与均温呈显著负相关,RPA 油松负相关不显著(图 13－2)。

$$B_{afck(1-8a)} = -309.617 + 22.675\bar{T}_{m04}$$

$$(n=40, R^2=0.326, F=2.903, p=0.139)$$

$$B_{afrpa(1-8a)} = -1\,327.565 + 92.065\bar{T}_{m04}$$

$$(n=40, R^2=0.516, F=6.391, p=0.045)$$

$$B_{afck(9-13a)} = 3\,844.181 - 224.728\bar{T}_{m04}$$

$$(n=25, R^2=0.0.917, F=33.360, p=0.010)$$

$$B_{afrpa(9-13a)} = 6\,545.505 - 366.776\bar{T}_{m04}$$

$$(n=25, R^2=0.488, F=2.857, p=0.190)$$

$$B_{afrpa(9-13a)} = -4\,907.406 + \frac{89257.021}{\bar{T}_{m04}}$$

$$(n=25, R^2=0.496, F=2.953, p=0.184)$$

三、汉中飞播油松林分年生物量与气温指标的逐步回归模型

油松林分年生物量与温度指标逐步回归模型分析显示,1～13 年油松生物量与温度

指标线性关系相对疏远,模型关系不成立。对照9~13年油松与4月、8月、9月和年均温关系密切,1~8年油松与1月和5月均温关系紧密,指标依次进入模型。而RPA油松,只有1~8年生物量与4月均温相关性较高(表13-2)。

从对照1~8年油松年生物量模型分析,1月均温与油松年生物量呈显著负相关($r=-0.825,p=0.012$);在控制1月均温作用下,5月均温与年生物量呈极显著负相关($r=-0.920,p=0.003$)。从模型参数和月均温综合分析,1月均温对油松年生物量作用稳定,但对模型值贡献率为26.4%,明显小于5月均温贡献的73.6%。从对照9~13年油松模型分析,4月均温与油松年生物量负相关显著($r=-0.928,p=0.010$)。在排除其干扰下,8月均温与生物量也呈显著负相关($r=-0.967,p=0.033$)。两者协同作用下,4月均温对油松年生物量作用稳定,对模型值贡献为79.8%,远大于8月均温的20.2%。模型中引入9月均温后,在控制模型其它温度指标作用下,4月、8月和9月均温均与油松年生物量呈显著负相关($p<0.05$);但从复相关系数分析,9月均温与油松年生物量呈极显著正相关($r=0.921,p=0.007$);在消除其他作用下,9月均温与年生物量部分相关系数极小,为-0.073。三者共同作用下,各自对模型值贡献率依次为66.9%、19.9%和13.2%。模型引入年均温时,在控制模型其它变量干扰下,油松年生物量与年均温线性关系极显著,但部分相关系数极小,仅为0.006。各自对模型贡献率为66.1%、19.8%、12.5%和1.7%。从RPA模型分析,4月均温与1~8年油松年生物量呈显著正相关($r=0.718,p=0.045$)。

1. 树龄的影响 引入时间变量分析,只有树龄因子进入1~13年油松模型,温度指标被剔除。而4月、8月、9月均温和树龄依次进入9~13年对照油松模型,1月和5月均温分别进入1~8年对照油松模型,4月均温进入了RPA1~8年油松模型。模型与上述分析结果一致,只是在9~13年对照油松模型中剔除了年均温,引入了树龄因子。

$$B_{afck(9-13a)}=6612.315-270.741\bar{T}_{m04}-52.778\bar{T}_{m08}-29.121\bar{T}_{m09}-7.003t$$
$$(n=25,R^2=0.1017,r_t=0.871,F=11.323,p=0.007)$$

2. 树龄权重下的逐步回归模型 在树龄权重下,9月均温进入对照油松年生物量模型,4月和8月均温依次进入9~13年对照油松模型,1月和5月均温与1~8年对照油松关系密切;RPA油松与温度指标关系疏远,模型不成立。

$$B_{afck}=-2\,115.399+109.957\bar{T}_{m09}$$
$$(n=65,R^2=0.381,r_{m09}=0.712,F=6.773,p=0.025)$$

$$B_{afck(9-13a)}=-3\,793.128-221.369\bar{T}_{m04}$$
$$(n=25,R^2=0.925,r_{m04}=-0.962,F=37.264,p=0.009)$$

$$B_{afck(9-13a)}=4\,718.757-221.230\bar{T}_{m04}-36.415\bar{T}_{m08}$$
$$(n=25,R^2=0.996,r_{m08}=-0.267,F=222.209,p=0.004)$$

$$B_{afck(1-8a)}=232.216-54.104\bar{T}_{m01}$$

$$(n=40, R^2=0.545, r_{m01}=-0.738, F=7.192, p=0.036)$$

$$B_{afck(1-8a)}=996.618-79.326\bar{T}_{m01}-33.622\bar{T}_{m05}$$

$$(n=40, R^2=0.861, r_{m05}=-0.094, F=15.521, p=0.007)$$

表 13－2　汉中飞播油松生物量与温度指标逐步回归模型分析

Tab. 13－2 The stepwise regression model analysis between the temperature index and the annual forest biomass of *Pinus tabulaeformis* after aerial seeding in Hanzhong City

处理 Treat	模型 Model		T－检验(T－test)		R^2	相关系数 Correlations			F－检验(F－test)	
	变量 Variable	系数 Coefficients	t	p		r_0	$r_{p\,artial}$	$r_{p\,art}$	F	p
CK 9～13a	常数项 Constant	3844.181	6.194	0.008	0.917	—	—	—	33.360	0.010
	$\bar{T}_{m04}$	-224.728	-5.776	0.010		-0.958	-0.958	-0.958		
	常数项 Constant	4713.896	18.694	0.003	0.995	—	—	—	186.209	0.005
	$\bar{T}_{m04}$	-221.171	-18.214	0.003		-0.958	-0.997	-0.941		
	$\bar{T}_{m08}$	-36.244	-5.375	0.033		-0.330	-0.967	-0.278		
	常数项 Constant	6851.332	40.245	0.016	1.000	—	—	—	10171.478	0.007
	$\bar{T}_{m04}$	-274.277	-62.566	0.010		-0.958	-1.000	-0.358		
	$\bar{T}_{m08}$	-52.561	-35.426	0.018		-0.330	-1.000	-0.203		
	$\bar{T}_{m09}$	-41.812	-12.728	0.050		0.921	-0.997	-0.073		
	常数项 Constant	6690.774	—	—	1.000	—	—	—	—	—
	$\bar{T}_{m04}$	-273.387	—	—		-0.958	-1.000	-0.350		
	$\bar{T}_{m08}$	-52.897	—	—		-0.330	-1.000	-0.199		
	$\bar{T}_{m09}$	-39.800	—	—		0.921	-1.000	-0.059		
	$\bar{T}_a$	7.342	—	—		-0.704	1.000	0.006		
CK 1～8a	常数项 Constant	319.994	4.335	0.005	0.680	—	—	—	12.765	0.012
	$\bar{T}_{m01}$	-80.002	-3.573	0.012		-0.825	-0.825	-0.825		
	常数项 Constant	1064.070	7.319	0.001	0.951	—	—	—	48.330	0.001
	$\bar{T}_{m01}$	-83.125	-8.624	0.000		-0.825	-0.968	-0.855		
	$\bar{T}_{m05}$	-36.288	-5.245	0.003		-0.468	-0.920	-0.520		
RPA 1～8a	常数项 Constant	-1327.565	-2.229	0.067	0.516	—	—	—	6.391	0.045
	$\bar{T}_{m04}$	92.065	2.528	0.045		0.718	0.718	0.718		

模型显示，在树龄协同下，9 月均温与对照油松呈显著正相关（$r = 0.712, p = 0.025$）。控制模型中其它因素作用，4 月均温与对照 9～13 年油松线性关系较为密切，负相关极显著（$r = -0.998, p = 0.002$），8 月均温呈显著负相关（$r = -0.969, p = 0.031$），4 月均温对油松生物量作用效果稳定，贡献率为 79.7%，高于 8 月均温的 20.3%；结论与上述分析结果基本一致。1 月均温对 1～8 年对照油松年生物量作用较大，呈显著负相关（$r = -0.738, p = 0.036$）；在控制 1 月均温干扰下，5 月均温与对照 1～8 年油松也呈显著负相关（$r = -0.834, p = 0.036$）；但其复相关系数为 -0.094，对油松生物量作用不稳定。两者共同作用下，各自对模型贡献率分别为 27.0% 和 73.0%，5 月均温对油松生物量作用强度远大于 1 月。

3. **年均温权重下的逐步回归模型** 以年均温权重分析，1～13 年油松与温度指标关系不密切。4 月、8 月、9 月和 12 月先后进入 9～13 年对照油松模型，1 月和 5 月均温与 1～8 年对照油松年生物量关系紧密，4 月均温与 RPA1～8 年油松年生物量相关性较好（表 13－3）。

表 13－3 汉中飞播油松生物量与温度指标逐步回归模型分析（年均温权重）

Tab. 13－3 The stepwise regression model analysis between the temperature index and the annual forest biomass of *Pinus tabulaeformis* after aerial seeding in Hanzhong City（Weights of annual mean temperature）

处理 Treat	模型 Model		T－检验（T－test）		R^2	相关系数 Correlations			F－检验（F－test）	
	变量 Variable	系数 Coefficients	t	p		r_0	$r_{partial}$	r_{part}	F	p
CK 9～13a	常数项 Constant	3851.340	6.164	0.009	0.917	—	—	—	33.070	0.010
	$\bar{T}_{m04}$	-225.199	-5.751	0.010		-0.958	-0.958	-0.958		
	常数项 Constant	4712.274	18.572	0.003	0.995	—	—	—	182.433	0.005
	$\bar{T}_{m04}$	-221.173	-17.978	0.003		-0.958	-0.997	-0.939		
	$\bar{T}_{m08}$	-36.178	-5.340	0.033		-0.337	-0.967	-0.279		
	常数项 Constant	6853.217	40.467	0.016	1.000	—	—	—	10105.703	0.007
	$\bar{T}_{m04}$	-274.325	-62.888	0.010		-0.958	-1.000	-0.361		
	$\bar{T}_{m08}$	-52.574	-35.511	0.018		-0.337	-1.000	-0.204		
	$\bar{T}_{m09}$	-41.850	-12.817	0.050		0.920	-0.997	-0.074		
	常数项 Constant	6378.283	—	—	1.000	—	—	—	—	—
	$\bar{T}_{m04}$	-260.361	—	—		-0.958	-1.000	-0.102		
	$\bar{T}_{m08}$	-49.643	—	—		-0.337	-1.000	-0.087		
	$\bar{T}_{m09}$	-31.933	—	—		0.920	-1.000	-0.018		
	$\bar{T}_{m12}$	-6.629	—	—		-0.215	-1.000	-0.006		

续表 13－3

处理 Treat	模型 Model 变量 Variable	模型 Model 系数 Coefficients	T－检验(T－test) t	T－检验(T－test) p	R^2	相关系数 Correlations r_0	相关系数 Correlations $r_{\text{p artial}}$	相关系数 Correlations $r_{\text{p art}}$	F－检验(F－test) F	F－检验(F－test) p
CK 1～8a	常数项 Constant	320.551	4.352	0.005	0.682	—	—	—	12.864	0.012
	$\bar{T}_{m01}$	－80.118	－3.587	0.012		－0.826	－0.826	－0.826		
	常数项 Constant	1064.941	7.393	0.001	0.952	—	—	—	49.427	0.001
	$\bar{T}_{m01}$	－83.155	－8.719	0.000		－0.826	－0.969	－0.856		
	$\bar{T}_{m05}$	－36.328	－5.295	0.003		－0.469	－0.921	－0.520		
RPA 1～8a	常数项 Constant	－1328.866	－2.227	0.068	0.516	—	—	—	6.389	0.045
	$\bar{T}_{m04}$	92.177	2.528	0.045		0.718	0.718	0.718		

与上述逐步回归模型分析结果比较，4 月、8 月和 9 月均温与对照 9～13 年油松年生物量关系性质和作用规律均没有发生改变，只是在模型中新引入了 12 月均温。1～8 年油松，对照与 1 月和 5 月均温和 RPA 与 4 月均温的关系性质与上述分析完全相同，只是模型参数发生了改变。引入时间变量分析，只有树龄因子与 1～13 年油松年生物量关系密切，其它模型保持不变。说明各温度指标与油松关系相对稳定，在各种条件下作用规律基本一致。

第二节　安康飞播油松林分生物量与气温的关系

【内容提要】与汉中一样，安康飞播油松生物量与温度指标整体相关度也较差。逐步回归模型分析说明，1 月最低温度是影响安康油松幼林生物量关键温度指标。在树龄协同下，4 月、9 月和 11 月均温也对 6～13 年油松生物量有着重要作用。

【关 键 词】多效抗旱驱鼠剂，飞播造林，油松，生物量，温度因子，相关性分析，模型拟合

一、安康飞播油松林分生物量与温度的相关性

1. *安康月均温度的变化*　安康月均温时序偏度系数和峰度系数分别为(－0.101±0.637)和(－1.522±1.232)，均值变异系数偏度系数和峰度系数为(0.637±0.637)和(0.580±1.232)。冬春季节月均温变异程度相对较大，夏季变异程度较低，峰值低于正态分布(表 13－4)。对其月均温及其变异系数与月份进行分析，两者间关系遵从 Quadratic－模型和 Cubic－模型规律：

$$\bar{T}_m = -8.832 + 9.919m - 0.731m^2$$
$$(n = 156, R^2 = 0.936, F = 68.903, p = 0.000)$$

$$\bar{T}_m = -3.073 + 5.468m + 0.092m^2 - 0.042m^3$$
$$(n = 156, R^2 = 0.965, F = 73.354, p = 0.000)$$
$$C_{vtm} = 32.261 - 8.047m + 0.554m^2$$
$$(n = 156, R^2 = 0.945, F = 77.882, p = 0.000)$$
$$C_{vtm} = 35.342 - 10.429m + 0.994m^2 - 0.023m^3$$
$$(n = 156, R^2 = 0.956, F = 58.335, p = 0.000)$$

2. **油松林分生物量与温度指标的相关性** 相关分析显示，油松生物量与温度指标整体相关度较低。油松年生物量与4月和11月均温呈一定程度负相关，而与10月和12月均温具有正相关特性；年生物量与1月、2月和4月均温呈负相关，与8～12月均温呈正相关；但相关均不显著（表13－4）。

表13－4 1998～2010年安康气温变异与油松林分生物量相关分析

Tab. 13－4 From 1998 to 2010, correlation analysis between atmospheric temperature variation and forest biomass of *Pinus tabulaeformis* in Ankang city

指标 Index		温度/℃ Temperature			变异系数/% Coefficient of variation	相关系数(r) Pearson correlations			
						生物量 B_f		年生物量 B_{af}	
		平均 Mean	最低 Min.	最高 Max.		RPA	CK	RPA	CK
年 Annual		16.1±0.1	14.9	16.6	2.8	－0.057	－0.055	0.091	0.005
极端 Extreme	最高 Max.	38.6±0.4	35.0	40.9	4.2	0.097	0.144	0.032	0.163
	最低 Min.	－4.8±0.3	－6.3	－3.4	19.6	－0.014	0.028	0.170	0.231
1月 Jan.		3.9 ±0.3	2.0	5.7	24.7	－0.113	－0.043	－0.192	－0.108
2月 Feb.		7.0 ±0.4	3.9	8.9	21.5	－0.112	－0.099	－0.192	－0.189
3月 March		11.5±0.3	9.8	13.5	10.5	0.078	0.008	0.008	－0.149
4月 April		16.7±0.3	15.3	18.5	7.1	－0.317	－0.358	－0.179	－0.298
5月 May		21.1±0.3	19.5	23.7	6.2	0.056	－0.030	0.100	－0.244
6月 June		25.1±0.2	24.1	26.4	2.6	－0.045	－0.015	－0.075	0.087
7月 July		27.4±0.3	25.5	29.4	4.1	－0.094	－0.035	－0.072	0.164
8月 Aug		26.3±0.4	23.4	29.0	5.5	0.087	0.114	0.224	0.137
9月 Sep.		22.1±0.3	21.1	24.7	4.5	－0.007	0.049	0.035	0.173
10月 Oct.		16.4±0.3	14.4	18.2	7.1	0.150	0.164	0.165	0.301
11月 Nov.		10.1±0.3	7.7	12.5	11.6	－0.215	－0.211	0.240	0.045
12月 Dec.		5.0±0.2	3.6	6.1	14.3	0.233	0.207	0.393	0.287

备注：* 在0.05水平（双侧）上显著相关，** 在0.01水平（双侧）上显著相关。

Remarks: * Correlation is significant at the 0.05 level (2－tailed). ** Correlation is significant at the 0.01 level (2－tailed).

二、安康飞播油松林分年生物量与气温指标的模型拟合

1. **极端最低温度模型**　对油松年生物量与温度指标进行模型拟合，油松生物量与 1 月极端最低温度整体相关不显著，但 6～13 年油松年生物量与极端最低温度关系遵从 Linear－模型和 Iinverse－模型变化（图 13－3）。

$$B_{afck(6-13a)} = 1\,029.290 + 162.426T_{\min}$$
$$(n=40, R^2=0.552, F=7.388, p=0.035)$$

$$B_{afck(6-13a)} = -688.921 - \frac{4\,467.346}{T_{\min}}$$
$$(n=40, R^2=0.577, F=10.562, p=0.017)$$

$$B_{afrpa(6-13a)} = 2\,323.309 + 353.731T_{\min}$$
$$(n=40, R^2=0.576, F=8.167, p=0.029)$$

$$B_{afck(6-13a)} = -1\,387.755 - \frac{9\,569.327}{T_{\min}}$$
$$(n=40, R^2=0.645, F=10.876, p=0.016)$$

模型显示，6～13 年油松年生物量与 1 月极端最低温度呈显著正相关。说明冬季持续极端低温对油松幼林期林分年生物量有着一定的抑制作用。对照与 RPA 油松 Linear－模型相交在 －6.8℃附近，低于试验期极端最低范围｛－6.3℃，－3.4℃｝，模型斜率比值为 2.2；试验期内，RPA 油松模型值大于对照，两者差距有随 1 月最低温度提高扩大趋势（图 13－3）。

2. **3 月均温模型**　1～5 年油松年生物量与 3 月均温关系可以用 Quadratic－模型分析。

$$B_{afck(1-5a)} = 11\,389.403 - 1\,980.854\bar{T}_{m03} + 85.247\bar{T}_{m03}^2$$
$$(n=25, R^2=0.955, F=21.128, p=0.045)$$

$$B_{afrpa(1-5a)} = 25\,265.283 - 4\,383.811\bar{T}_{m03} + 188.364\bar{T}_{m03}^2$$
$$(n=25, R^2=0.979, F=45.959, p=0.021)$$

模型顶点均出现值 11.6℃附近，模型有极小值。说明安康 3 月均温低于顶点温度对 1～5 年油松生长不利，高于顶点温度可以促进油松生长，提高年生物量。而 RPA 油松模型值大于对照油松模型，一次项和二次项参数也大于对照模型（图 13－3）。证明 RPA 油松年生物量相对较大，对 3 月温度反应灵敏，热能利用率相对较高。4 月均温与 1～5 年油松年生物量也有这样的规律，但 Quadratic－模型不显著（$R^2=0.854, F=5.831, p=0.146$；$R^2=0.820, F=4.561, p=0.180$）。

3. **9 月均温模型**　9 月均温与 6～13 年对照油松年生物量关系密切，两者关系符合 Linear－模型和 Quadratic－模型规律，与 RPA 的 6～13 年油松关系具有 Quadratic－模型

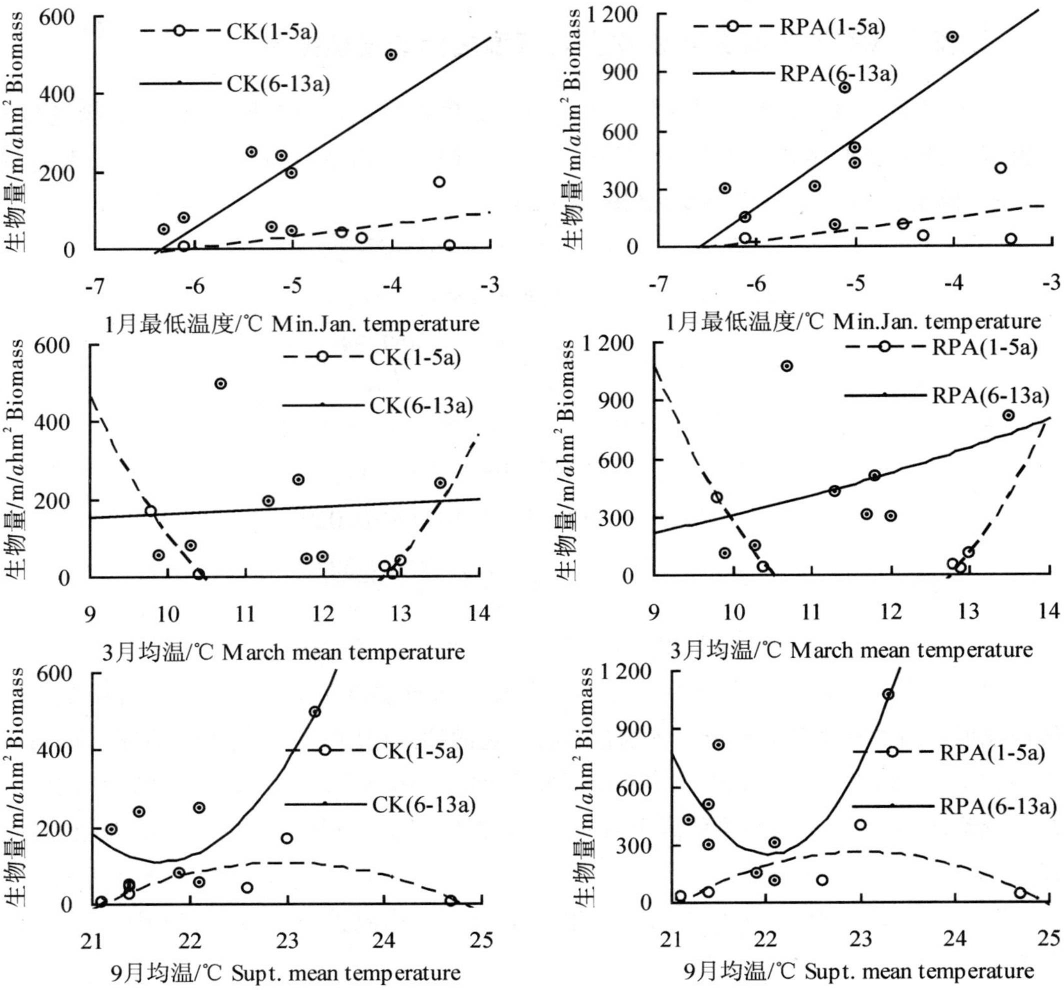

图 13－3 温度与油松年生物量的关系

Fig. 13－3 Relation between temperature and annual forest biomass of *Pinus tabulaeformis*

特性,相关性较差。与 1～13 年油松关系具有 Quadratic－模型属性,但模型相关不显著(图 13－3)。

$$B_{afck(9-13a)} = -3\ 482.539 + 167.276\bar{T}_{m09}$$

$$(n = 25, R^2 = 0.523, F = 6.573, p = 0.043)$$

$$B_{afck(9-13a)} = 70\ 288.465 - 6\ 471.281\bar{T}_{m09} + 149.184\bar{T}^2_{m09}$$

$$(n = 25, R^2 = 0.707, F = 6.037, p = 0.046)$$

$$B_{afrpa(9-13a)} = 241\ 088.860 - 21\ 866.632\bar{T}_{m09} + 496.340\bar{T}^2_{m09}$$

$$(n = 25, R^2 = 0.649, F = 4.620, p = 0.073)$$

对照和 RPA 的 6～13 年油松 Quadratic－模型极值点在 21.5℃和 22.0℃附近。月均温度超过极值值,油松年生物量有所增加;而月均温度超过23.0℃以后,1～5年油松年生物量有降低趋势(图13－3)。油松年生物量与6～8月月均温度关系均具有这样的性质,但模型相关度较低。说明对于5年生以上油松,生物量有随6月～9月均温提高增加的趋势;而6～9月持续高温,对于1～5年油松生长有一定抑制效应。其最适温度范围有待进一步研究。

4. 10～12 **月月均温模型** 油松年生物量与10～12月均温关系变化类似。1～5年油松年生物量与月均温关系比较紧密,与10月均温关系符合Quadratic－模型和Exponential－模型,与11月均温具有Linear－模型和Quadratic－模型特性,与12月均温呈Quadratic－模型变化。而6～13年油松年生物量与均温线性关系比较松散,模型不成立(图13－4)。

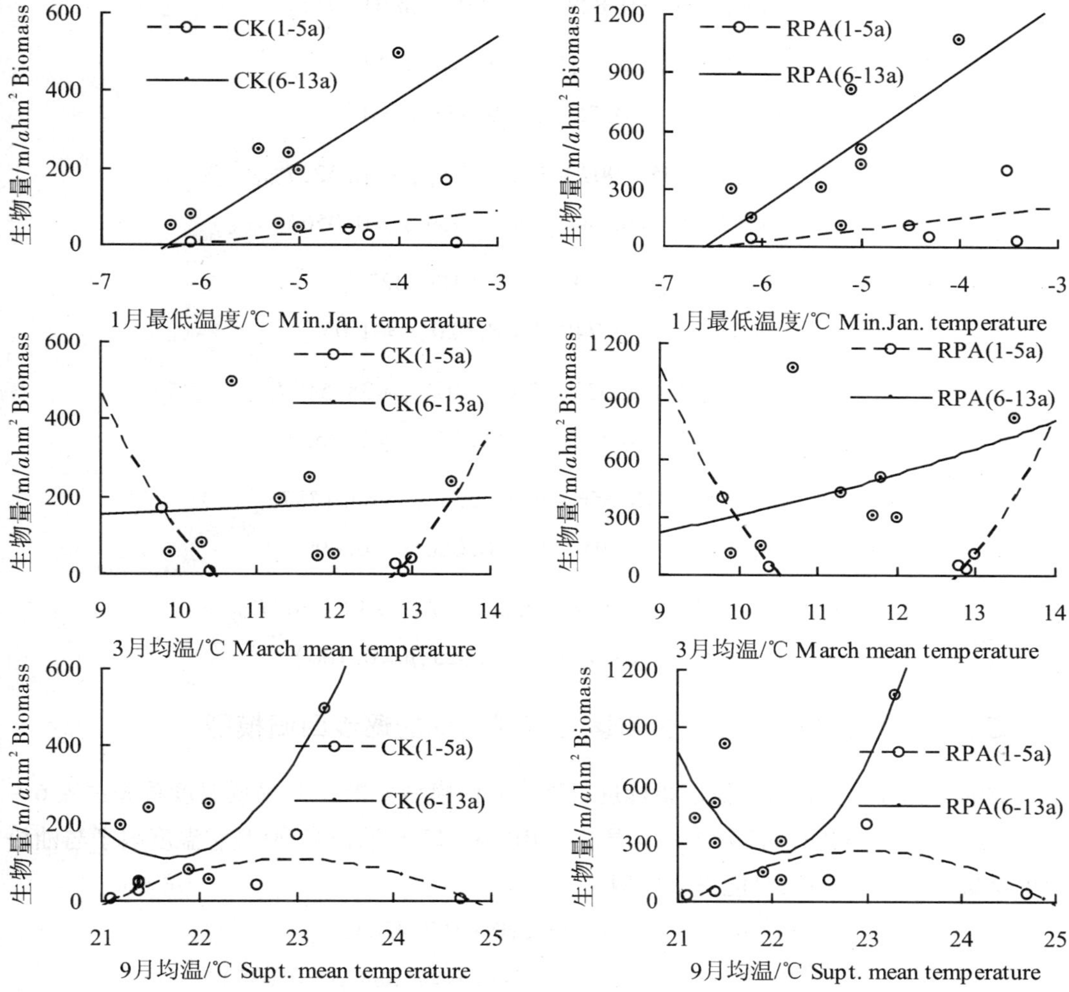

图 13－4 10～12 月均温与油松年生物量的关系

Fig. 13－4 October to December relation between monthly average temperature and annual forest biomass of *Pinus tabulaeformis*

$$B_{afck(1-5a)} = 10\ 690.739 - 1\ 324.190\bar{T}_{m10} + 40.988\bar{T}^2_{m10}$$
$$(n = 25, R^2 = 0.996, F = 257.939, p = 0.004)$$

$$B_{afck(1-5a)} = -20.992e^{1.432\bar{T}_{m10}}$$
$$(n = 25, R^2 = 0.978, F = 131.875, p = 0.001)$$

$$B_{afrpa(1-5a)} = 27\ 664.802 - 3\ 404.630\bar{T}_{m10} + 104.755\bar{T}^2_{m10}$$
$$(n = 25, R^2 = 0.996, F = 272.493, p = 0.004)$$

$$B_{afrpa(1-5a)} = -10.394e^{0.879\bar{T}_{m10}}$$
$$(n = 25, R^2 = 0.829, F = 14.543, p = 0.032)$$

$$B_{afck(1-5a)} = -415.472 + 44.472\bar{T}_{m11}$$
$$(n = 25, R^2 = 0.767, F = 9.851, p = 0.052)$$

$$B_{afck(1-5a)} = 1453.907 - 308.657\bar{T}_{m11} + 16.522\bar{T}^2_{m11}$$
$$(n = 25, R^2 = 0.944, F = 16.909, p = 0.056)$$

$$B_{afrpa(1-5a)} = -922.512 + 100.327\bar{T}_{m11}$$
$$(n = 25, R^2 = 0.748, F = 8.920, p = 0.058)$$

$$B_{afrpa(1-5a)} = 3\ 454.522 - 726.320\bar{T}_{m11} + 38.510\bar{T}^2_{m11}$$
$$(n = 25, R^2 = 0.935, F = 14.387, p = 0.065)$$

$$B_{afck(1-5a)} = 1\ 310.556 - 585.725\bar{T}_{m12} + 65.178\bar{T}^2_{m12}$$
$$(n = 25, R^2 = 0.910, F = 10.066, p = 0.090)$$

$$B_{afrpa(1-5a)} = 2\ 794.877 - 1\ 252.002\bar{T}_{m12} + 140.467\bar{T}^2_{m12}$$
$$(n = 25, R^2 = 0.910, F = 9.025, p = 0.100)$$

三、安康飞播油松林分年生物量与气温指标的逐步回归模型

对油松林分年生物量与温度指标进行逐步回归模型分析，1 月最低温度首先进入 6 ~ 13 年油松年生物量模型，接着 4 月均温进入 RPA6 ~ 13 年油松模型；其它温度因子与油松年生物量线性关系疏远，没能进入模型。

$$B_{afck(6-13a)} = 1\ 029.290 + 162.426T_{\min}$$
$$(n = 40, R^2 = 0.743, r_{\min} = 0.743, F = 7.388, p = 0.035)$$
$$B_{afrpa(6-13a)} = 2\ 323.309 + 353.731T_{\min}$$
$$(n = 40, R^2 = 0.576, r_{\min} = 0.759, F = 8.167, p = 0.029)$$

$$B_{afrpa(6-13a)} = -212.575 + 645.961T_{\min} + 246.148\bar{T}_{m04}$$

$$(n=40, R^2=0.850, r_{m04}=-0.249, F=14.141, p=0.009)$$

最低温度模型与模型拟合结论一致，与6~13年油松年生物量呈显著正相关。在控制最低温度干扰下，4月均温与6~13年RPA油松年生物量呈显著正相关（$r=0.803, p=0.030$）。从模型参数和温度指标量总和分析，最低温度和4月均温对RPA模型贡献率为43.2%和56.8%，4月均温对油松年生物量作用程度大于最低温度。但从复相关系数分析，4月均温的为-0.249，小于最低温度的0.759；说明最低温度与年生物量关系紧密，作用效果相对稳定。

1. **树龄对逐步回归模型的影响** 引入时间变量分析，树龄因子首先进入1~13年和6~13年油松年生物量模型，其次11月均温进入1~13年RPA油松模型，其他温度指标被剔除。

$$B_{afrpa}=-1\,420.230+68.943t+125.251\bar{T}_{m11}$$
$$(n=40, R^2=0.712, r_t=0.710, r_{m11}=0.240, F=12.373, p=0.002)$$

模型显示，树龄与油松林分年生物量关系紧密，呈明显正相关。在排除树龄干扰下，仅11月均温与1~13年RPA油松线性关系显著（$r=0.647, p=0.023$）。在树龄因素协同下，11月均温对模型值贡献率为73.8%，远大于树龄的26.2%。说明11月均温对RPA油松年生物量作用强度较大。

2. **树龄权重下的逐步回归模型** 以树龄为权重分析，9月均温进入6~13年对照油松模型，1月最低温度和4月均温进入6~13年RPA油松模型，其他温度指标未能进入油松年生物量模型。

$$B_{afck(6-13a)}=-3\,709.115+178.389\bar{T}_{m09}$$
$$(n=40, R^2=0.663, r_{m09}=0.796, F=10.3546, p=0.018)$$
$$B_{afrpa(6-13a)}=-2\,535.048+390.484T_{\min}$$
$$(n=40, R^2=0.664, r_{\min}=0.815, F=11.872, p=0.014)$$
$$B_{afrpa(6-13a)}=-53.841+644.599T_{\min}+236.294\bar{T}_{m04}$$
$$(n=40, R^2=0.860, r_{m07}=-0.342, F=15.407, p=0.007)$$

树龄权重下，9月均温与6~13年对照油松呈显著正相关，而1月最低温度与6~13年RPA油松呈正相关。在控制最低温度作用下，4月均温与RPA油松正相关显著（$r=0.0.764, p=0.045$）。最低温度与4月均温对模型值贡献率为44.2%和55.%，与上述分析结论基本一致。按照年均温和年积温权重分析，模型性质与温度指标分析结果相同。

第三节 商州飞播油松林分生物量与气温的关系

【内容提要】与汉中和安康相同，商州飞播油松生物量与温度指标相关性也较差；但与年均温、7月最高温度和4月、7月均温负相关性较强。逐步回归模型分析证明，不同树龄油松对温度指标反应程度有所差异。7月极端高温、9月、11月和12月均温对油松生物量影响较大。其中，7月极端高温对油松生物量有显著的抑制效应，而秋末和初冬温度与油松生物量呈明显正相关。

【关 键 词】多效抗旱驱鼠剂，飞播造林，油松，生物量，温度因子，相关性分析，模型拟合

一、商州飞播油松林分生物量与温度的相关性

1. ***商州月均温度的变化*** 试验期内，商州12月至来年2月月均温度变异程度高，尤其是1月均温变异程度极大，年间差异十分明显，暖冬和寒冬发生频繁。夏季，尤其是6月，月均温度相对稳定，均值变异程度较低。月均温度时序偏度系数和峰度系数分别为(-0.133 ± 0.637)和(-1.492 ± 1.232)，均值变异系数偏度系数和峰度系数为(3.132 ± 0.637)和(10.220 ± 1.232)；月均温度属于负偏分布，峰值低于正态分布；均值变异系数属于典型正偏分布，峰值远高于正态分布（表13－5，图13－5）。对其月均温度与月份进行模型拟合，两者关系符合Quadratic－模型。

$$\bar{T}_m = -11.959 + 10.012m - 0.739m^2$$

$$(n = 156, R^2 = 0.949, F = 83.098, p = 0.000)$$

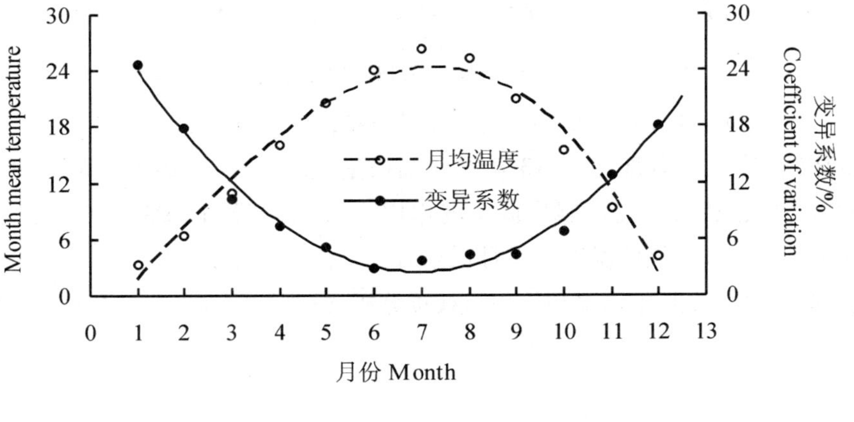

图13－5 商州月均温度与均值变异系数

Fig. 13－5 Monthly mean temperature and coefficient of variation in Shangzhou city

对月均温度均值变异系数与月份关系分析，两者具有 Iinverse－模型，剔除1月极端值的干扰，也符合 Quadratic－模型，去除冬季3个月均值变异系数 Quadratic－模型拟合度更高：

$$C_{vtm} = -23.104 + \frac{212.120}{m}$$

$$(n = 156, R^2 = 0.809, F = 42.359, p = 0.000)$$

$$C_{vtm} = 72.918 - 21.525m + 0.1.561m^2$$

$$(n = 143, R^2 = 0.854, F = 23.349, p = 0.000)$$

$$C_{vtm} = 37.416 - 9.977m + 0.719m^2$$

$$(n = 117, R^2 = 0.935, F = 43.234, p = 0.000)$$

2. **油松林分年生物量与温度指标的相关分析** 油松生物量与年均温度和7月极端最高温度具有一定负相关性。从月均温度分析，RPA 油松林分生物量与1～4月、6～7月、9月和11月均温呈负相关性，对照与1～7月、9月和11月均温呈负相关性；其中与4月、7月和11月相关性相对较高。RPA 油松林分年生物量与1～4月、6～7月和9月呈负相关，而与8月和10～12月均温呈正相关，其中与1月、4月、6～7月、9～10月和12月相关性相对较好；对照油松年生物量与1～6月均温呈负相关性，与7～12月均温呈正相关，其中与1～2月、4～5月、10月和12月相关性较好。但相关均不显著（表13－5）。

表13－5 1998～2010年商州气温变异与油松林分生物量相关分析

Tab. 13－5 From 1998 to 2010, correlation analysis between atmospheric temperature variation and forest biomass of *Pinus tabulaeformis* in Shangzhou city

指标 Index	温度/℃ Temperature			变异系数/% Coefficient of variation	相关系数(r) Pearson correlations			
					生物量 B_f		年生物量 B_{af}	
	平均 Mean	最低 Min.	最高 Max.		RPA	CK	RPA	CK
年 Annual	13.1±0.1	12.5	13.6	2.6	－0.338	－0.344	－0.221	－0.365
极端 最高 Max.	37.4±0.4	35.3	40.7	4.3	－0.229	－0.218	－0.156	－0.179
极端 最低 Min.	－10.3±0.4	－12.3	－8.4	12.8	－0.028	－0.018	0.108	－0.026
1月 Jan.	0.6±0.4	－2.2	3.0	223.1	－0.166	－0.147	－0.353	－0.384
2月 Feb.	3.9±0.4	0.7	6.0	41.7	－0.114	－0.151	－0.066	－0.428
3月 March	8.6±0.3	6.7	10.2	13.7	－0.091	－0.111	－0.127	－0.114
4月 April	14.3±0.3	12.6	16.3	8.4	－0.398	－0.424	－0.280	－0.365
5月 May	18.5±0.3	16.7	21.0	6.9	0.042	－0.019	0.041	－0.212
6月 June	22.6±0.2	21.7	23.8	2.9	－0.191	－0.183	－0.229	－0.178
7月 July	24.5±0.2	22.7	25.5	3.1	－0.309	－0.239	－0.294	0.049

续表 13－5

指标 Index	温度/℃ Temperature			变异系数/% Coefficient of variation	相关系数(r) Pearson correlations			
	平均 Mean	最低 Min.	最高 Max.		生物量 B_f		年生物量 B_{af}	
					RPA	CK	RPA	CK
8 月 Aug	22.9 ±0.3	21.6	25.4	4.5	0.088	0.098	0.196	0.055
9 月 Sep.	18.6 ±0.3	17.1	20.5	5.1	−0.095	−0.059	−0.218	0.029
10 月 Oct.	13.3 ±0.3	11.9	15.1	7.4	0.153	0.180	0.241	0.343
11 月 Nov.	7.3 ±0.3	4.9	9.6	16.2	−0.225	−0.211	0.002	0.032
12 月 Dec.	2.1 ±0.3	0.6	4.4	48.0	0.063	0.072	0.332	0.286

二、商州飞播油松林分年生物量与气温指标的模型拟合

1. ***7 月极端最高温度模型*** 温度对对油松年生物量影响与树龄有关(图 13－6)。7 月极端最高温度与 9～13 年对照油松年生物量关系具有 Quadratic－模型特征，与 RPA 油松关系可用 Linear－模型和 Exponential－模型表述；与 1～8 年油松年生物量关系相对松散，线性模型不显著。

$$B_{afck(6-13a)} = 64\ 000.242 - 3\ 322.861T_{\max} + 43.044T_{\max}^2$$
$$(n = 25, R^2 = 0.902, F = 9.234, p = 0.098)$$
$$B_{afrpa(6-13a)} = 3\ 125.024 - 69.086T_{\max}$$
$$(n = 25, R^2 = 0.917, F = 33.217, p = 0.010)$$
$$B_{afrpa(6-13a)} = 118\ 180.300e^{-0.145T_{\max}}$$
$$(n = 25, R^2 = 0.957, F = 67.411, p = 0.004)$$

对照 Quadratic－模型极值在 38.6℃附近，试验期 7 月极端最高温度范围内{35.3，40.7}，只有 2006 年 7 月极端温度达 40.7℃，超过了极值温度。说明多数年份对照 9～13 年油松年生物量随极端最高温有降低趋势。RPA 的 9～13 年油松年生物量随极端高温升高逐渐降低，但整体年生物量明显高于对照。1～8 年油松对 7 与极端温度反应比较复杂，35.0℃～37.0℃之间有增加趋势，37.6℃～38.6℃之间涨跌交替，没有明显规律。油松生物量与年均温度也表现出类似规律，9～13 年油松年生物量随年均温度上升而降低；年均温度超过 13.0℃左右，1～8 年油松年生物量也随年均温度升高有下降趋势(图 13－6)。

2. ***9 月均温模型*** 9 月均温与对照 9～13 年油松年生物量有较高程度的正相关，而与 RPA 的 9～13 年油松正相关极显著，两者关系可用 Linear－模型分析。

$$B_{afck(6-13a)} = -1\ 832.534 + 112.314\bar{T}_{m09}$$
$$(n = 5, R^2 = 0.479, F = 2.757, p = 0.195)$$

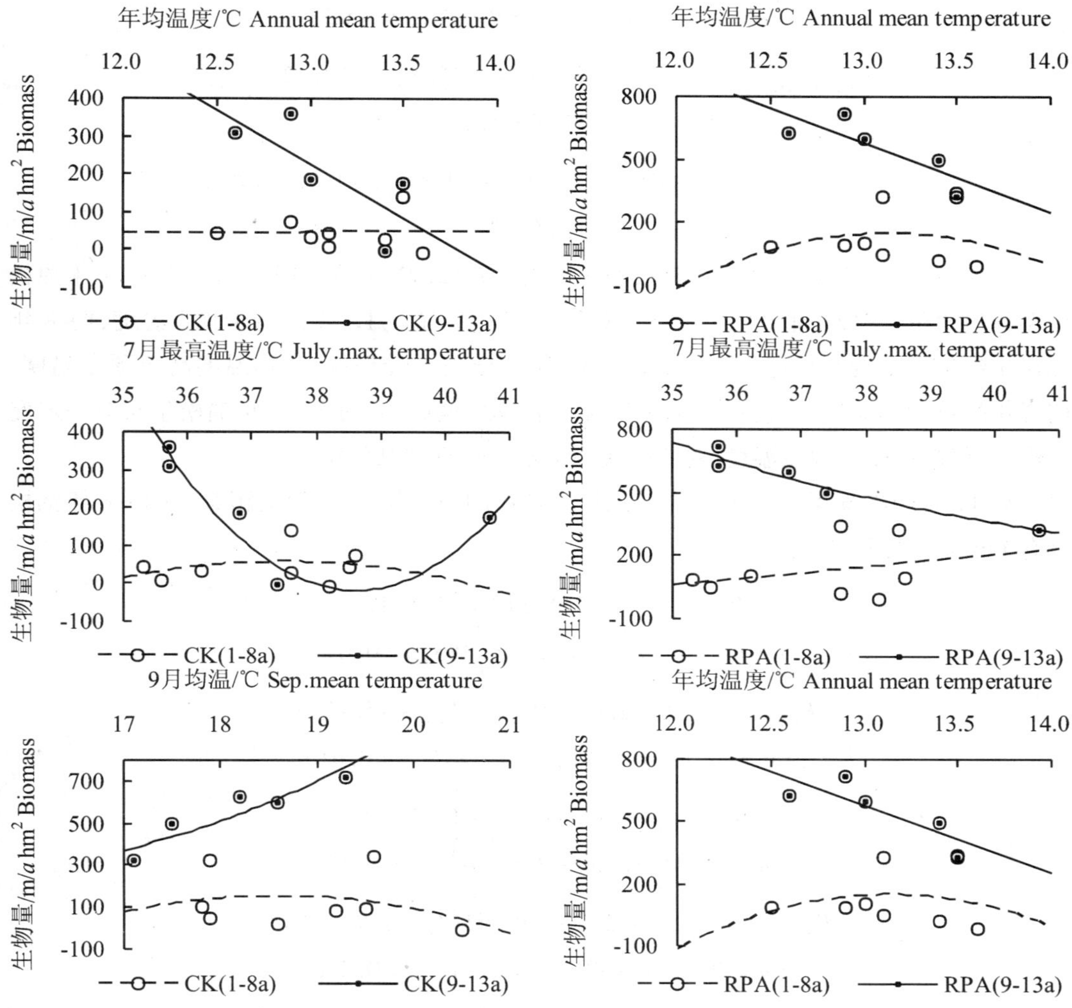

图 13－6 温度与油松年生物量的关系

Fig. 13－6 Relation between temperature and annual forest biomass of *Pinus tabulaeformis*

$$B_{afrpa(6-13a)} = -2\,347.027 + 159.752\bar{T}_{m09}$$

$$(n = 5, R^2 = 0.884, F = 22.905, p = 0.017)$$

7 月和 8 月也有类似规律，但油松年生物量与均温呈不显著的 Quadratic－模型变化，模型开口向下，有极大值(图 13－6)。

3. 10 **月均温模型** 10 月均温与 1～8 年油松和 9～13 年油松关系均呈 Quadratic－模型变化，前者模型显著，后者相关性较差。

$$B_{afck(1-8a)} = 6\,749.601 - 1\,043.502\bar{T}_{m10} + 40.422\bar{T}^2_{m10}$$

$$(n = 40, R^2 = 0.794, F = 5.959, p = 0.047)$$

$$B_{afrpa(1-8a)} = 25\,402.170 - 3\,873.008\bar{T}_{m10} + 147.719\bar{T}^2_{m10}$$

$$(n=40,R^2=0.792,F=9.528,p=0.020)$$

$$B_{afck(9-13a)}=-35\ 347.388+5\ 145.898\bar{T}_{m10}-185.207\bar{T}_{m10}^2$$
$$(n=25,R^2=0.537,F=1.159,p=0.463)$$

$$B_{afrpa(9-13a)}=-30\ 615.056+4\ 580.938\bar{T}_{m10}-167.411\bar{T}_{m10}^2$$
$$(n=25,R^2=0.672,F=2.045,p=0.328)$$

1～8 年油松模型开口向上，有极小值，顶点在 12.9℃和 13.1℃附近。9～13 年油松模型开口向下，有极小值，顶点在 13.9℃和 13.7℃左右。月均温度低于顶点温度，1～8 年油松生物量随温度升高有下降趋势，9～13 年油松呈上升趋势；月均温度高于顶点温度，前者年生物量随温度升高提高，后者降低。秋季持续高温，对 1～8 年油松生长有一定促进作用；但超过模型顶点温度，对 9～13 年油松生长有抑制作用。

4. 11 **月均温模型** 11 月均温与油松生物量的关系与 10 月均温相似，且 1～8 年油松具有 Linear－模型规律。

$$B_{afck(1-8a)}=-161.313+27.504\bar{T}_{m11}$$
$$(n=40,R^2=0.516,F=6.386,p=0.045)$$

$$B_{afck(1-8a)}=705.250-204.171\bar{T}_{m10}+15.156\bar{T}_{m11}^2$$
$$(n=40,R^2=0.812,F=10.816,p=0.015)$$

$$B_{afrpa(1-8a)}=-347.215+62.892\bar{T}_{m11}$$
$$(n=40,R^2=0.306,F=2.648,p=0.155)$$

$$B_{afrpa(1-8a)}=1\ 154.273-338.531\bar{T}_{m11}+26.260\bar{T}_{m11}^2$$
$$(n=40,R^2=0.407,F=1.718,p=0.270)$$

$$B_{afck(9-13a)}=-3\ 682.361+1\ 271.148\bar{T}_{m11}-98.393\bar{T}_{m11}^2$$
$$(n=25,R^2=0.580,F=1.382,p=0.420)$$

$$B_{afrpa(9-13a)}=-3\ 222.514+1\ 272.928\bar{T}_{m11}-100.717\bar{T}_{m11}^2$$
$$(n=25,R^2=0.697,F=2.297,p=0.303)$$

三、商州飞播油松林分年生物量与气温指标的逐步回归模型

年生物量与温度指标逐步回归模型分析显示，11 月均温与对照 1～8 年油松年生物量关系密切，7 月极端高温和 9 月均温与 RPA 的 9～13 年油松年生物量相关紧密。一元线性模型与上述分析结论相同。1～8 年油松年生物量与 11 月均温呈显著正相关（$r=0.718,p=0.045$）；7 月极端高温对 9～13 年 RPA 油松生长不利，两者呈显著负相关（$r=-0.958,p=0.010$），排除极端高温干扰，9 月均温与 9～13 年 RPA 油松年生物量正相关极显著（$r=0.995,p=0.005$），其逐步回归模型如下：

$$B_{afrpa(9-13a)}=601.353-41.163T_{\max}+81.768\bar{T}_{m09}$$

$$(n=25, R^2=0.999, r_{\max}=-0.958, r_{m09}=0.940, F=1216.507, p=0.001)$$

从模型参数、复相关系数和温度指标值综合分析，油松年生物量对极端高温和9月均温依赖程度差异不明显，两者对模型值贡献率分别为50.2%和49.8%，对年生物量作用程度基本相同。

1. **树龄对逐步回归模型的影响**　引入时间变量分析，树龄首先进入1~13年油松年生物量模型，接着12月均温进入1~13年RPA油松年生物量模型，其余温度指标被剔除。而1~8年和9~13年油松模型不变。

$$B_{afrpa}=-372.799+57.868t+118.724\bar{T}_{m12}$$

$$(n=40, R^2=0.869, r_t=0.793, r_{m12}=0.332, F=33.116, p=0.000)$$

模型显示，在控制树龄作用下，12月均温与油松年生物量呈极显著正相关（$r=0.804, p=0.002$）。在树龄共同作用下，12月均温对模型值贡献率为40.4%，小于树龄的59.6%。

2. **树龄权重下的逐步回归模型**　以树龄为权重分析，只有7月极端高温和9月均温先后进入9~13年RPA油松年生物量模型，而其他温度因子与年生物量模型不显著。

$$B_{afrpa(9-13a)}=598.914-41.208T_{\max}+81.990\bar{T}_{m09}$$

$$(n=25, R^2=0.999, r_{\max}=-0.953, r_{m09}=0.941, F=1\,033.832, p=0.001)$$

极端高温和9月均温共同作用下，各自对模型贡献率分别为50.2%和49.8%，与其他分析结果完全一致。年均温度和年积温权重下分析结果与油松年生物量与温度指标分析结论相近，模型性质未变，只是参数略有变化。

第四节　淳化飞播油松林分生物量与气温的关系

【内容提要】与陕南三地相同，淳化飞播油松生物量与温度指标相关性也较差；但与1月、2月和4月均温负相关性较强。逐步回归模型分析证明，不同树龄油松对温度指标反应程度有所差异。7月极端高温、9月、11月和12月均温对油松生物量影响较大。其中，7月极端高温对油松生物量有显著的抑制效应，而秋末和初冬温度与油松生物量呈明显正相关。逐步回归模型分析说明，3月和4月均温是影响淳化油松年生物量的重要因子；在树龄的协同下，5月、12月、2月均温和1月极端最低温度对对照油松生物量也有影响，而RPA油松仅与12月和5月均温相关。

【关 键 词】多效抗旱驱鼠剂，飞播造林，油松，生物量，温度因子，相关性分析，模型拟合

一、淳化飞播油松林分生物量与温度的相关性

1. ***淳化月均温度的变化*** 淳化1月和12月均温差异大，均值变异系数达142.8%和230.2%，暖冬和寒冬交替发生。月均温度的偏度系数和峰度系数时序分别为(-0.118±0.637)和(-1.482±1.232)，属负偏分布，峰值低于正态分布；均值变异系数的偏度系数和峰度系数为(2.228±0.637)和(4.395±1.232)，属典型正偏分布，峰值高于正态分布(表13-6，图13-7)。年间温度变化明显大于汉中、安康和淳化。

模拟分析显示，月均温度及其均值变异系数与月份关系遵从Quadratic-模型规律。

$$\bar{T}_m = -15.223 + 11.621m - 0.863m^2$$

$$(n = 156, R^2 = 0.949, F = 84.358, p = 0.000)$$

$$C_{vtm} = 188.130 - 67.331m + 5.364m^2$$

$$(n = 156, R^2 = 0.697, F = 10.362, p = 0.005)$$

表13-6 1998~2010年淳化气温变异与油松林分生物量相关分析

Tab. 13-6 From 1998 to 2010, correlation analysis between atmospheric temperature variation and forest biomass of *Pinus tabulaeformis* in Chunhua county

指标 Index	温度/℃ Temperature			变异系数/% Coefficient of variation	相关系数(r) Pearson correlations			
	平均 Mean	最低 Min.	最高 Max.		生物量 B_f		年生物量 B_{af}	
					RPA	CK	RPA	CK
年 Annual	13.6±0.1	13.0	14.0	2.2	-0.120	-0.123	0.034	-0.087
极端 最高 Max.	39.2±0.4	38.0	41.7	3.4	-0.108	-0.075	-0.023	0.076
极端 最低 Min.	-13.0±0.8	-18.5	-8.1	22.8	0.051	0.064	-0.032	-0.098
1月 Jan.	-0.9±0.3	-3.4	2.0	142.8	-0.312	-0.290	-0.283	-0.370
2月 Feb.	3.4±0.4	0.1	5.3	47.6	-0.133	-0.126	-0.106	-0.227
3月 March	8.9±0.3	7.2	10.6	11.3	0.030	-0.001	-0.079	-0.039
4月 April	14.7±0.3	12.7	16.3	8.0	-0.204	-0.226	-0.226	-0.183
5月 May	19.9±0.3	17.9	22.2	5.7	0.136	0.077	0.019	-0.161
6月 June	25.3±0.2	23.7	26.6	3.4	0.104	0.129	-0.031	0.126
7月 July	26.7±0.3	24.3	28.1	3.9	-0.076	-0.011	-0.117	0.149
8月 Aug	24.6±0.3	22.5	27.6	5.1	0.001	-0.022	0.139	-0.036
9月 Sep.	19.8±0.3	18.6	21.5	4.9	-0.052	-0.018	0.038	0.112
10月 Oct.	13.5±0.3	12.1	15.5	7.9	0.211	0.241	0.207	0.390

续表 13－6

指标 Index	温度/℃ Temperature			变异系数/% Coefficient of variation	相关系数(r) Pearson correlations			
	平均 Mean	最低 Min.	最高 Max.		生物量 B_f		年生物量 B_{af}	
					RPA	CK	RPA	CK
11 月 Nov.	6.2±0.4	3.4	7.7	21.7	－0.053	－0.082	0.190	－0.023
12 月 Dec.	0.5±0.3	－1.6	2.4	230.2	0.077	0.065	0.396	0.197

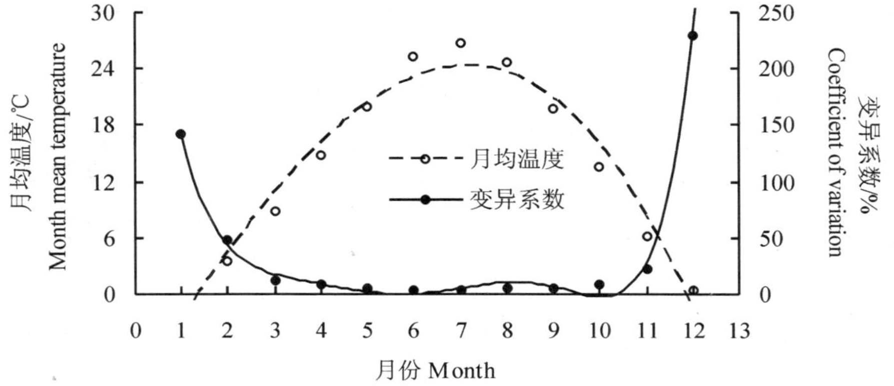

图 13－7 淳化月均温度与均值变异系数

Fig. 13－7 Monthly mean temperature and coefficient of variation in Chunhua county

2. ***油松林分生物量与温度的相关分析*** 油松生物量与月均温的相关性与月均温度指标量呈负相关，其中与 RPA 油松年生物量相关显著($r=-0.636, p=0.026$)；而油松生物量与月均温的相关性和月均温度变异系数呈正相关，其中与 RPA 油松年生物量相关极显著($r=0.910, p=0.000$)。

二、淳化飞播油松林分年生物量与气温指标的模型拟合

1. ***3 月均温模型*** 油松对温度的反应随树龄变化，1～8 年对照油松年生物量与 3 月均温关系遵从 Linear－模型、Logarithmic－模型和 Inverse－模型规律，9～13 年 RPA 油松具有 Quadratic－模型特征。1～8 年 RPA 油松与 3 月均温呈不显著的负相关($r=-0.358$)，9～13 年对照油松也具有 Quadratic－模型属性，但模型相关程度低($r=0.598$，图 13－8)。

$$B_{afck(1-8a)}=240.579-21.905\bar{T}_{m03}$$
$$(n=40, R^2=0.518, F=6.405, p=0.045)$$

$$\ln B_{afck(1-8a)}=469.916-194.769\ln\bar{T}_{m03}$$
$$(n=40, R^2=0.540, F=7.034, p=0.038)$$

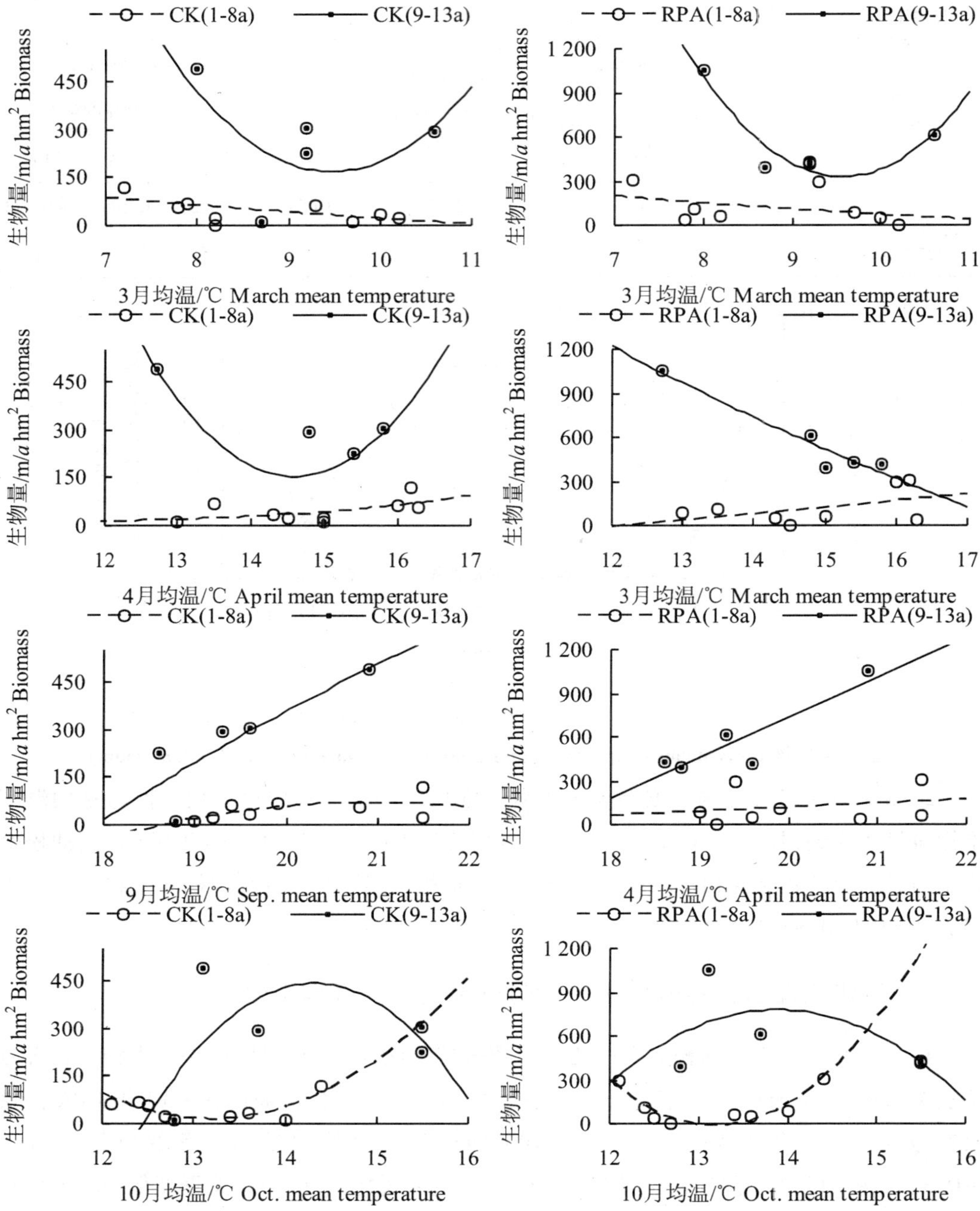

图 13-8 温度与油松年生物量的关系

Fig. 13-8 Relation between temperature and annual forest biomass of Pinus tabulaeformis

$$B_{afck(1-8a)} = -150.140 + \frac{1\ 715.527}{\bar{T}_{m03}}$$

$$(n = 40, R^2 = 0.564, F = 7.756, p = 0.032)$$

$$B_{afrpa(9-13a)}=25\ 792.220-5\ 322.524\bar{T}_{m03}+278.151\bar{T}_{m03}^{2}$$

$$(n=25, R^2=0.908, F=9.829, p=0.092)$$

2. **4 月均温模型**　4 月均温与 9 ~ 13 年 RPA 油松年生物量关系符合 Linear – 模型、Logarithmic – 模型和 Inverse – 模型，而与对照油松具有以上 3 种模型的属性；而与 1 ~ 8 年油松均呈一定正相关(图 13 – 8)。

$$B_{afrpa(9-13a)}=3\ 862.446-222.486\bar{T}_{m04}$$

$$(n=25, R^2=0.923, F=35.870, p=0.009)$$

$$\ln B_{afrpa(9-16a)}=9\ 033.550-3\ 144.120\ln\bar{T}_{m04}$$

$$(n=40, R^2=0.930, F=39.569, p=0.008)$$

$$B_{afrpa(9-13a)}=-2\ 433.551+\frac{44\ 204.947}{\bar{T}_{m04}}$$

$$(n=40, R^2=0.935, F=42.874, p=0.007)$$

3. **9 月均温模型**　9 ~ 13 年油松与 9 月均温呈正相关，其中与 RPA 油松相关显著；9 月均温与对照 1 ~ 8 年油松也呈一定正相关不显著($r=0.503$)，而与 RPA1 ~ 8 年油松关联性极小($r=0.049$；图 13 – 8)。

$$B_{afck(9-13a)}=-2\ 717.777+158.509\bar{T}_{m09}$$

$$(n=25, R^2=0.705, F=7.154, p=0.075)$$

$$B_{afrpa(9-13a)}=-4\ 794.888+276.640\bar{T}_{m09}$$

$$(n=25, R^2=0.814, F=12.866, p=0.037)$$

从模型分析，两模型在 16.7℃附近相交，低于试验期 9 月均温{18.6，21.5}最小值，模型斜率比值为 1.70；在 9 月均温范围内，RPA 模型值大于对照，两者差距随均温扩大。说明 RPA 油松对热能利用率较高，单位热量产生生物量较多。

4. **10 月均温模型**　1 ~ 8 年油松与 10 月均温呈典型 Quadratic – 模型变化，而 9 ~ 13 年油松模型关系不显著：

$$B_{afck(1-8a)}=9\ 831.981-1\ 488.062\bar{T}_{m10}+56.383\bar{T}_{m10}^{2}$$

$$(n=40, R^2=0.643, F=4.504, p=0.076)$$

$$B_{afrpa(1-8a)}=38\ 235.740-5\ 802.082\bar{T}_{m10}+220.082\bar{T}_{m10}^{2}$$

$$(n=40, R^2=0.847, F=13.804, p=0.009)$$

两模型曲线开口向上，有极小值，极值均在 13.2℃附近，与试验期 9 月份年平均温度接近；说明 10 月均温对 1 ~ 8 年油松可能有一个阈值，低于或高于阈值，油松年生物量均会增加；而接近该值，年生物量就会受到一定抑制。而 9 ~ 13 年油松模型开口向下，有极大值；9 ~ 13 年油松有最适温度范围，高于或低于该范围，油松生物量均会有所下降(图 13 – 8)。

三、淳化飞播油松林分年生物量与气温指标的逐步回归模型

年生物量与温度指标逐步回归模型分析显示，只有 3 月均温和 4 月均温指标分别进入对照 1 ~ 8 年油松和 RPA 的 9 ~ 13 年油松年生物量模型，其余温度指标均被排除。模型与上述分析结果相同。充分说明了 3 月和 4 月均温对淳化油松年生物量的重要作用。

1. **树龄对逐步回归模型分析的影响** 引入时间变量，树龄变量首先进入油松年生物量模型，接着 5 月、12 月、2 月均温和 1 月极端最低温度依次进入对照油松模型，而 12 月和 5 月均温先后进入 RPA 油松模型（图 13 -9）。对于 1 ~ 8 年和 9 ~ 13 年油松，分析结果没有发生变化，也是 3 月均温和 4 月均温分别进入对照 1 ~ 8 年油松和 RPA9 ~ 13 年油松年生物量模型。

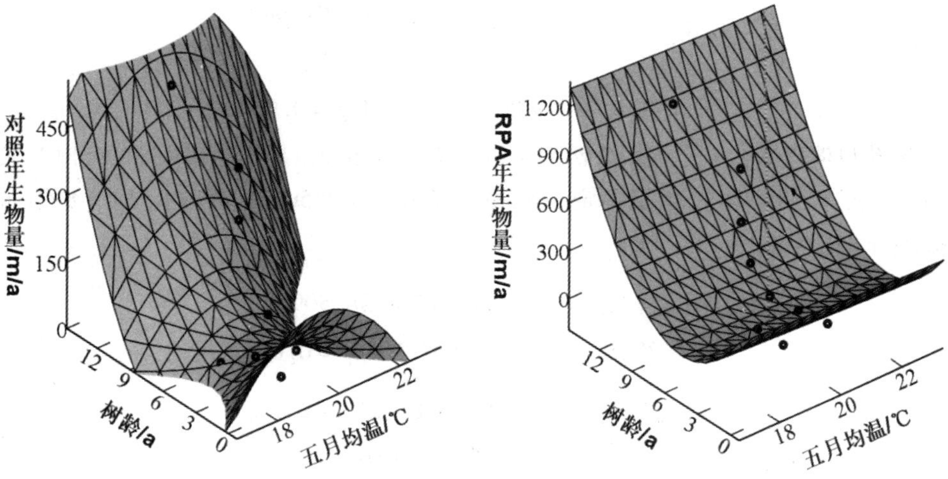

图 13 -9 飞播油松年生物量与气温关系

Fig. 13 -9 The relationship between atmospheric temperature and annual forest biomass of *Pinus tabulaeformis*

$$B_{afck} = 1\,093.950 + 34.347t - 60.472\bar{T}_{m05}$$
$$(n = 65, R^2 = 0.726, r_t = 0.728, r_{m05} = -0.161, F = 13.265, p = 0.002)$$

$$B_{afck} = 1\,163.547 + 36.727t - 65.954\bar{T}_{m05} + 44.319\bar{T}_{m12}$$
$$(n = 65, R^2 = 0.848, r_{m12} = 0.197, F = 16.722, p = 0.001)$$

$$B_{afck} = 1\,527.427 + 36.226t - 79.397\bar{T}_{m05} + 46.180\bar{T}_{m12} - 27.102\bar{T}_{m02}$$
$$(n = 65, R^2 = 0.927, r_{m02} = -0.277, F = 25.258, p = 0.000)$$

$$B_{afck} = 2\,196.259 + 38.084t - 104.330\bar{T}_{m05} + 43.514\bar{T}_{m12} - 29.944\bar{T}_{m02} + 13.341T_{min}$$
$$(n = 65, R^2 = 0.969, r_{min} = -0.098, F = 44.144, p = 0.000)$$

$$B_{afrpa} = -202.270 + 61.974t + 125.809\bar{T}_{m12}$$

$$(n=65, R^2=0.794, r_t=0.739, r_{m12}=0.396, F=19.215, p=0.000)$$

$$B_{afrpa}=1\ 451.438+71.493t+135.007\bar{T}_{m12}-86.688\bar{T}_{m05}$$

$$(n=65, R^2=0.893, r_{m05}=0.019, F=25.061, p=0.000)$$

模型显示，在控制树龄作用下，5 月均温与对照油松呈显著负相关($r=-0.647, p=0.023$)，而 12 月均温与 RPA 油松呈极显著正相关($r=0.739, p=0.006$)。在树龄主导下，5 月均温对对照模型贡献率为 83.4%，远大于树龄贡献的 15.6%；而 12 月均温对 RPA 油松模型贡献率为 13.9%，远小于树龄的 86.1%。从复相关系数分析，8 月均温与对照油松年生物量关系相对疏远，而 12 月均温与 RPA 油松关系相对密切。说明 12 月均温对 RPA 油松年生物量作用效果相对稳定，但作用强度较小；而 5 月均温对对照油松年生物量作用效果不太稳定，但作用强度较大。从树龄和 5 月与 12 月模型分析，在控制模型中其它变量作用前提时，12 月均温与对照油松正相关显著($r=0.667, p=0.025$)，而 5 月均温与 RPA 油松负相关显著($r=-0.694, p=0.018$)。从复相关系数分析，12 月均温对油松年生物量作用稳定性高于 5 月均温；从模型参数和指标量总和分析，5 月和 12 月均温对对照模型值贡献率分别为 83.4% 和 1.7%，对 RPA 油松模型贡献率为 76.4% 和 3.1%；5 月均温对油松年生物量影响程度远大于 12 月均温。

从对照油松 4 变量模型分析，排除模型中其他变量干扰，5 月均温与油松呈极显著负相关($r=-0.896, p=0.000$)，2 月呈显著负相关($r=-0.719, p=0.019$)，而 12 月正相关极显著($r=0.801, p=0.005$)。从复相关系数分析，对油松年生物量作用重要性依次为 2 月、12 月和 5 月，对模型贡献率分别为 4.9%、1.2% 和 81.7%。5 月均温对油松年生物量作用强度远大于 2 月和 12 月。5 变量模型显示，在控制其它变量作用下，5 月和 2 月均温与油松年生物量线性关系及其紧密，呈极显著负相关($r=-0.953$、-0.868，$p=0.000$、0.002)，而 12 月均温正相关极显著($r=0.889, p=0.001$)，1 月极端低温呈显著正相关($r=0.762, p=0.017$)。但复相关系数相对较小，尤其是 1 月最低温度，仅为 -0.098，对油松年生物量作用效果不稳定。

以树龄为权重分析，12 月均温与 RPA 油松年生物量关系密切，4 月均温与 RPA 的 9～13年油松年生物量相关极显著。

$$B_{afrpa}=336.018+170.673\bar{T}_{m12}$$

$$(n=65, R^2=0.307, r_{m12}=0.554, F=4.881, p=0.049)$$

$$B_{afrpa(9-13a)}=3\ 854.849-221.649\bar{T}_{m04}$$

$$(n=25, R^2=0.933, r_{m4}=-0.966, F=41.997, p=0.007)$$

模型显示，树龄权重下，12 月均温与 RPA 油松年生物量呈显著正相关，而 4 月均温与 RPA 的 9～13 年油松年生物量负相关极显著。以年积温权重分析，分析结果与温度指标逐步回归模型分析结论一致。

第十四章　日照与飞播油松林分生物量的关联分析

第一节　汉中飞播油松林分生物量与日照的关系

【内容提要】相关分析显示，汉中飞播油松生物量与日照指标的相关性也较弱。其中与7月日照时数的负相关性和与11月、12月日照时数的正相关性相对较强，但均不显著。聚类分析可将1～13年油松生物量1～9年油松和10～13年油松2类。逐步回归模型分析证明，11月和7月日照时数对对照1～9年对照油松年生物量影响较大，4月、5月、10月和12月日照时数与1～9年RPA油松年生物量线性关系紧密。

【关 键 词】多效抗旱驱鼠剂，飞播造林，油松，生物量，日照时数，相关性分析，模型拟合

一、汉中飞播油松林分生物量与日照的相关性

汉中日照时数秋季和冬季较短，年间差异较大；春夏季日照相对充足，年间差异相对较小。油松生物量与1月、3月、11月和12月日照时数呈正相关，对照与4月、5月和7月呈负相关，RPA与5月和7月呈负相关。油松年生物量，对照与2月、4月、5月和7月负相关，而与9～12月日照时数正相关；RPA油松年生物量仅与7月日照时数呈负相关，与其它日照指标均呈一定正相关性。但整体相关不显著（表14－1）。

表 14－1 1998～2010 年汉中日照时数变异与油松林分生物量相关分析

Tab. 14－1 From 1998 to 2010, correlation analysis between sunshine variation and forest biomass of *Pinus tabulaeformis* in Hanzhong city

指标 Index	日照时数/h Sunshine duration			变异系数/% Coefficient of variation	相关系数(r) Pearson correlations			
	平均 Mean	最低 Min.	最高 Max.		生物量 B_f		年生物量 B_{af}	
					RPA	CK	RPA	CK
年 Annual	1555.7±120.3	1069.9	2590.1	28.9	0.071	0.045	0.130	0.008
1 月 Jan.	85.9±11.9	35.3	211.2	51.8	0.172	0.168	0.063	0.017
2 月 Feb.	97.8±14.2	24.4	219.1	54.4	−0.056	−0.092	0.101	−0.181
3 月 March	136.0±14.8	70.0	279.7	40.6	0.149	0.125	0.105	0.026
4 月 April	165.2±15.2	89.5	283.8	34.4	−0.073	−0.108	0.141	−0.116
5 月 May	184.2±14.7	110.1	299.8	30.0	−0.116	−0.156	−0.081	−0.312
6 月 June	181.2±11.7	91.3	280.5	24.1	−0.002	−0.026	0.123	−0.003
7 月 July	187.6±11.7	112.5	242.4	23.4	−0.262	−0.327	−0.194	−0.488
8 月 Aug.	165.9±9.9	90.6	219.0	22.3	−0.033	−0.051	0.055	−0.087
9 月 Sep.	118.3±9.7	45.2	177.5	30.7	−0.006	−0.007	0.188	0.144
10 月 Oct.	99.9±10.7	61.0	203.7	40.2	0.093	0.094	0.198	0.130
11 月 Nov.	91.9±13.0	45.8	202.8	53.0	0.123	0.106	0.260	0.125
12 月 Dec.	90.1±10.9	45.0	178.4	45.4	0.243	0.231	0.314	0.214

二、汉中年生物量与日照时数聚类分析

从油松年生物量与日照时数(D)关系聚类图分析，油松幼林期不同阶段对光照反应差异很大，聚类分析将 1～13 年油松生物量分为 2 大类，1～9 年油松为 1 类，10～13 年油松为 1 类，9 年油松是转折年(图 14－1)。

三、汉中飞播油松林分年生物量与日照指标的模型拟合

1．4 月日照时数模型 4 月日照时数(D_{sm04})与 1～9 年和 9～13 年对照油松年生物量关系具有 Linear－模型属性，与 1～9 年 RPA 油松满足 Linear－模型和 Quadratic－模型条件，与9～13 年 RPA 油松关系具有 Quadratic－模型特征。

$$B_{afck(1-9a)} = -96.461 + 1.011D_{sm04}$$

$$(n=45, R^2=0.296, F=2.519, p=0.164)$$

$$B_{afrpa(1-9a)} = -662.517 + 5.399D_{sm04}$$

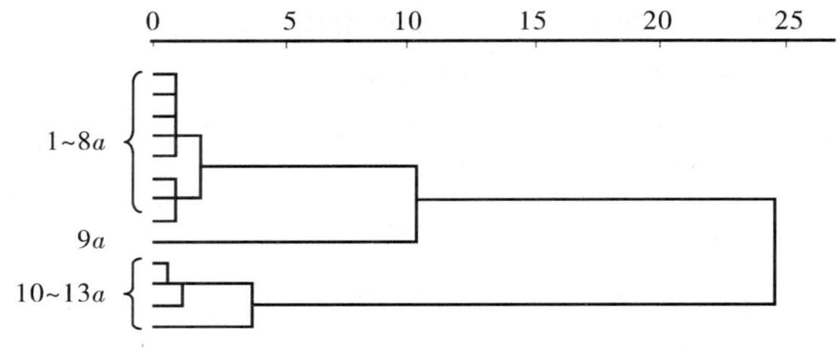

图 14－1 油松生物量与日照时数聚类图

Fig. 14－1 The dendrogram of *Pinus tabulaeformis* using average linkage

$$(n=45, R^2=0.809, F=25.470, p=0.002)$$

$$B_{afrpa(1-9a)}=1\ 224.823-19.298D_{sm04}+0.078D_{sm04}^2$$

$$(n=45, R^2=0.888, F=19.847, p=0.004)$$

$$B_{afckhz(9-13a)}=495.588-1.245D_{sm4}$$

$$(n=45, R^2=0.511, F=3.131, p=0.175)$$

$$B_{afrpa(9-13a)}=-1\ 335.368+27.320D_{sm04}-0.075D_{sm04}^2$$

$$(n=45, R^2=0.838, F=5.175, p=0.162)$$

模型显示,4 月日照时数与 1～9 年对照油松年生物量呈正相关,与 9～13 年对照油松呈负相关;4 月日照时数与 1～9 年 RPA 油松年生物量呈极显著正相关。1～9 年对照与 RPA 油松年生物量 Linear－模型在日照时数 129.0 h/m 时交汇,模型斜率比值为 5.3。试验期 4 月日照时数范围内{89.5,283.8},月日照时数超过交汇点年份占 76.9%,大多数年份 RPA 模型值大于对照,且两者差距有随 4 月日照时数延长扩大之势(图 14－2)。说明 RPA 拌种可提高飞播油松幼林光能利用率,增强油松光合能力,增加林分生物量积累。

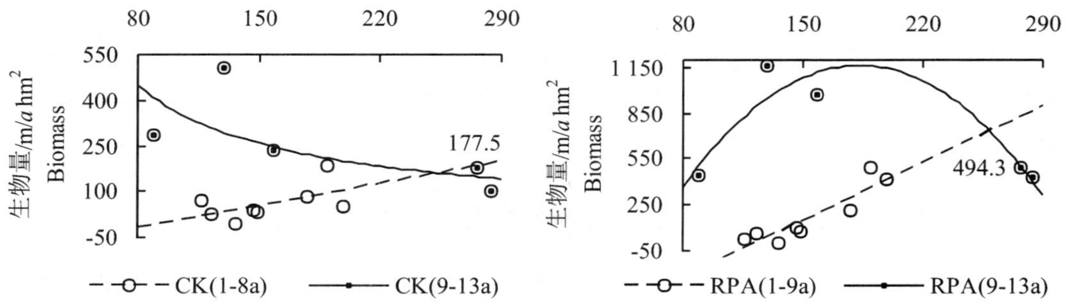

图 14－2 4 月日照时数与油松年生物量的关系

Fig. 14－2 Relation between April sunshine duration and annual forest biomass of Pinus tabulaeformis

2. 5 **月日照时数模型** 5 月日照时数与 1～9 年油松年生物量关系遵从 Quadratic－模型变化,与 9～13 年对照油松关系具有 Linear－模型和 Exponential－模型属性,与 RPA 油松关系具有 Quadratic－模型特征。

$$B_{afck(1-9a)} = 924.837 - 8.987D_{sm05} + 0.022D_{sm05}^2$$
$$(n = 45, R^2 = 0.692, F = 6.747, p = 0.029)$$
$$B_{afrpa(1-9a)} = 2\ 462.092 - 24.068D_{sm05} + 0.060D_{sm05}^2$$
$$(n = 45, R^2 = 0.692, F = 6.747, p = 0.029)$$
$$B_{afrpa(9-13a)} = 558.527 - 1.434D_{sm05}$$
$$(n = 25, R^2 = 0.653, F = 5.569, p = 0.099)$$
$$B_{afck(9-13a)} = 6.654e^{-0.006D_{sm05}}$$
$$(n = 25, R^2 = 0.759, F = 45.465, p = 0.054)$$
$$B_{afrpa(9-13a)} = -1\ 215.534 + 24.065D_{sm05} - 0.063D_{sm05}^2$$
$$(n = 25, R^2 = 0.626, F = 1.675, p = 0.374)$$

对照与 RPA 的 1 ~9 年油松年生物量 Quadratic – 模型顶点分别位于 200.0 h/*m* 和 200.5 h/*m* 附近。飞播后 1 ~9 年内,5 月日照时数超过顶点日照时数年份只有 2 年;大部分年份,1 ~9 年油松年生物量随 5 月日照延长而降低,但两者差距随日照时数延长有缩小趋势(图 14 –3)。

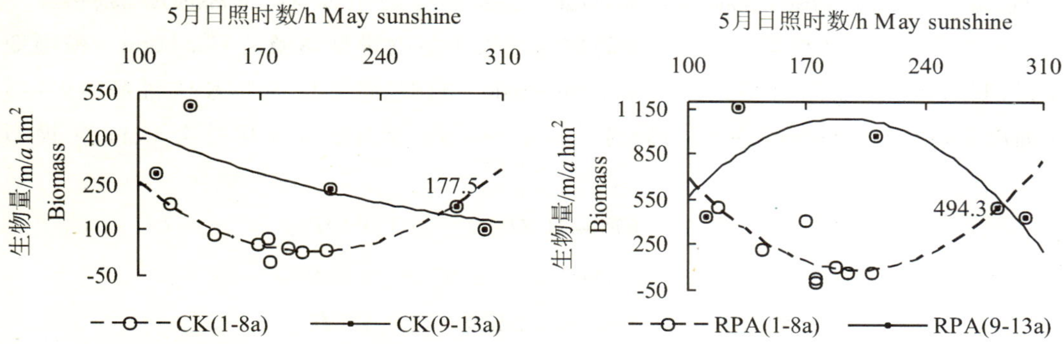

图 14 –3　5 月日照时数与油松年生物量的关系

Fig. 14 –3 Relation between May sunshine duration and annual forest biomass of *Pinus tabulaeformis*

3. **6 月日照时数模型**　1 ~9 年油松年生物量与 6 月日照时数呈正相关,其中对照相关显著,RPA 相关不显著;9 ~13 年对照油松与 6 月日照时数关系具有 Inverse – 模型和 Quadratic – 模型特征。

$$B_{afck(1-9a)} = -109.671 + 1.007D_{sm06}$$
$$(n = 45, R^2 = 0.576, F = 45.505, p = 0.018)$$
$$B_{afrpa(1-9a)} = -236.069 + 2.451D_{sm06}$$
$$(n = 45, R^2 = 0.363, F = 3.995, p = 0.086)$$
$$B_{afck(9-13a)} = -202.109 + \frac{8\ 546.891}{D_{sm06}}$$
$$(n = 25, R^2 = 0.703, F = 7.098, p = 0.076)$$
$$B_{afrpa(9-13a)} = 2001.760 - 15.777D_{sm06} + 0.033D_{sm06}^2$$

$$(n=25, R^2=0.831, F=4.903, p=0.169)$$

对照与 RPA1 ~9 年油松模型在 87.5 h/*m* 处左右相交,模型斜率比值为 2.6。在试验期 6 月日照时数范围内{91.3,280.5},对照模型值小于 RPA 模型,差距随日照时数延长扩大(图 14 -4)。说明 RPA 油松光能转化率高于对照油松,单位日照时数林分生物量年增量高于对照。

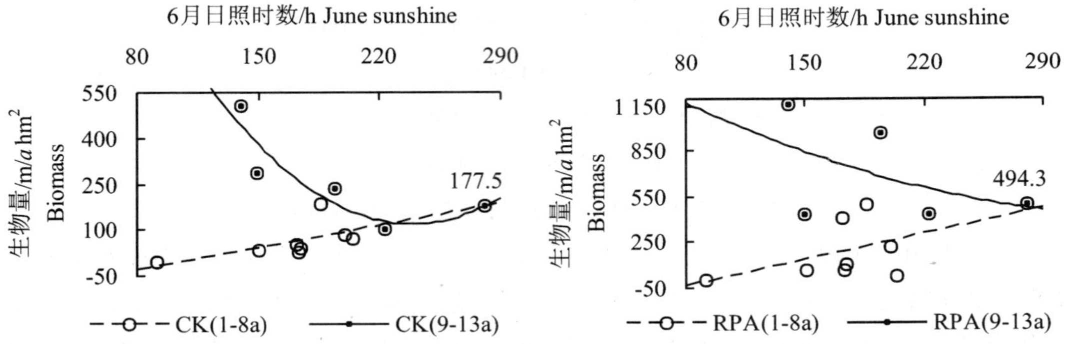

图 14 -4 6 月日照时数与油松年生物量的关系

Fig. 14 -4 Relation between June sunshine duration and annual forest biomass of *Pinus tabulaeformis*

4.7 月日照时数模型 7 月日照时数与油松年生物量整体遵从 Quadratic - 模型变化,与 1 ~9 年对照油松年生物量也符合 Quadratic - 模型,而与 1 ~9 年 RPA 油松和 9 ~13 年油松关系具有 Quadratic - 模型属性。其中,9 ~13 年对照油松更符合 Cubic - 模型规律:

$$B_{afck}=2\,129.674-21.699D_{sm07}+0.056D_{sm07}^2$$

$$(n=65, R^2=0.603, F=7.587, p=0.010)$$

$$B_{afrpa}=5\,485.661-58.522D_{sm07}+0.158D_{sm07}^2$$

$$(n=65, R^2=0.489, F=4.785, p=0.035)$$

$$B_{afck(1-9a)}=1\,432.419-15.108D_{sm07}+0.040D_{sm07}^2$$

$$(n=45, R^2=0.729, F=40.087, p=0.020)$$

$$B_{afrpa(1-9a)}=3\,787.746-41.192D_{sm07}+0.112D_{sm07}^2$$

$$(n=45, R^2=0.543, F=3.569, p=0.095)$$

$$B_{afck(9-13a)}=2075.293-19.150D_{sm07}+0.047D_{sm07}^2$$

$$(n=25, R^2=0.946, F=17.436, p=0.054)$$

$$B_{afck(9-13a)}=1\,650.517-11.214D_{sm07}+8.973\times10^{-5}D_{sm07}^3$$

$$(n=25, R^2=0.851, F=19.268, p=0.049)$$

$$B_{afrpa(9-13a)}=4\,961.386-48.696D_{sm07}+0.129D_{sm07}^2$$

$$(n=25, R^2=0.646, F=1.822, p=0.354)$$

对照和 RPA 油松模型顶点出现在 193.6 h/*m* 和 184.8 h/*m* 附近,1 ~9 年油松模型顶点值为 188.8 h/m 和 183.3 h/m,9 ~ 13 年油松模型顶点发生在 202.8 h/m 和 188.2 h/m 左右,模型有极小值。试验期 7 月日照时数范围内{112.5,242.4},对照与 RPA 油松模型顶点值区域内,RPA 模型值小于等于对照模型值,模型顶点值区间以外,RPA 模型值大于对照。低于模型顶点值区域下限,油松年生物量随 7 月日照时数延长降低,两者差距依次缩小,高于模型顶点值上限,油松年生物量随日照时数延长提高,两模型值差距逐渐扩大(图 14-5)。

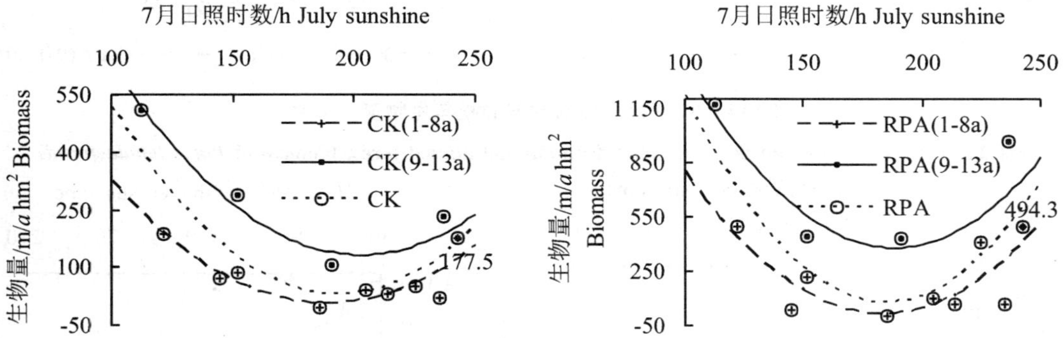

图 14-5　7 月日照时数与油松年生物量的关系

Fig. 14-5 Relation between July sunshine duration and annual forest biomass of *Pinus tabulaeformis*

5. **9 月日照时数模型**　1 ~ 9 年对照油松年生物量与 9 月日照时数关系符合 Linear - 模型和 Quadratic - 模型规律,RPA 油松具有 Linear - 模型和 Quadratic - 模型变化趋势。

$$B_{afck(1-9a)} = -82.472 + 1.375D_{sm09}$$

$$(n = 45, R^2 = 0.566, F = 45.147, p = 0.019)$$

$$B_{afck(1-9a)} = 57.718 - 1.401D_{sm09} + 0.012D_{sm09}^2$$

$$(n = 45, R^2 = 0.685, F = 6.511, p = 0.031)$$

$$B_{afrpa(1-9a)} = -172.099 + 3.368D_{sm09}$$

$$(n = 45, R^2 = 0.362, F = 3.967, p = 0.087)$$

$$B_{afrpa(1-9a)} = 171.898 - 3.445D_{sm09} + 0.031D_{sm09}^2$$

$$(n = 45, R^2 = 0.437, F = 2.332, p = 0.178)$$

RPA 和对照 Linear - 模型在 45.0 h/m 附近相交,低于试验期 9 月日照时数下限{45.2,177.5},模型斜率比值为 2.4,小于 4 月日照时数的 5.3,与 6 月的 2.6 差异不大,试验期内 RPA 模型值大于对照。Quadratic - 模型顶点分别在 56.4 h/m 和 56.3 h/m 附近,试验期内 RPA 模型值大于对照,年生物量与日照时数呈正相关,随着日照时数延长,RPA 和对照油松生物量差距逐渐扩大(图 14-6)。与 Linear - 模型规律一致。

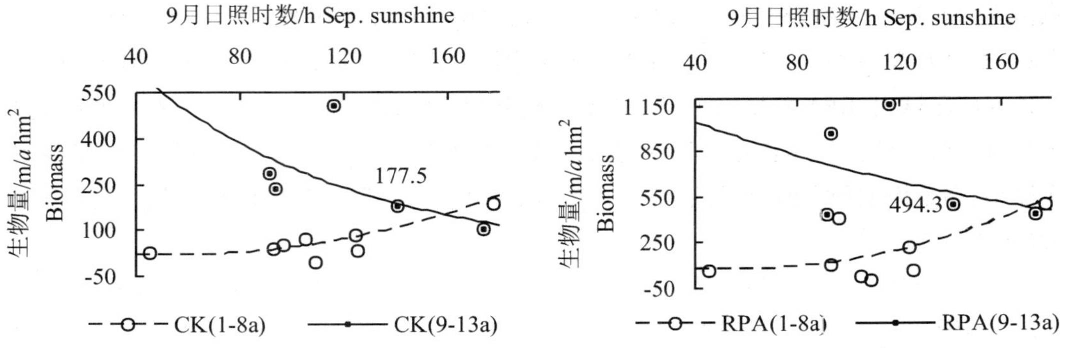

图 14-6　9 月日照时数与油松年生物量的关系

Fig. 14-6 Relation between Sep. sunshine duration and annual forest biomass of *Pinus tabulaeformis*

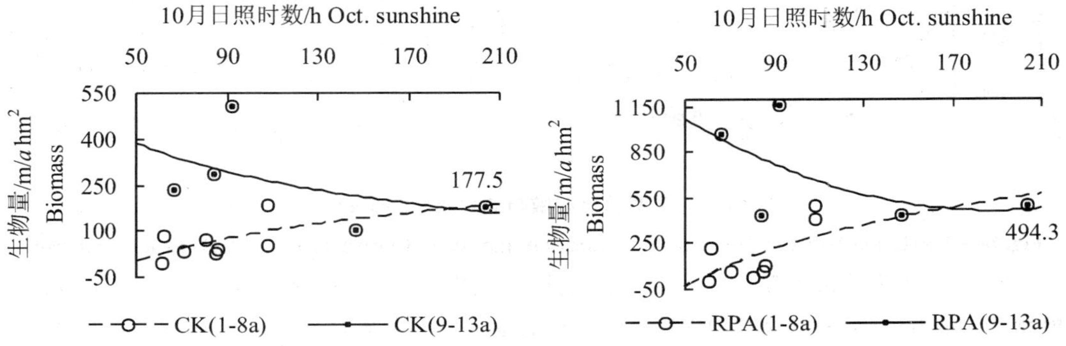

图 14-7　10 月日照时数与油松年生物量的关系

Fig. 14-7 Relation between Oct. sunshine duration and annual forest biomass of *Pinus tabulaeformis*

6. **10 月日照时数模型**　10 月日照时数与 1～9 年油松年生物量关系遵从 Linear－模型和 Logarithmic－模型变化，9～13 年油松模型关系不成立（图 14-7）。

$$B_{afck(1-9a)} = -30.731 + 1.079D_{sm10}$$

$$(n = 45, R^2 = 0.507, F = 7.209, p = 0.031)$$

$$\ln B_{afck(1-9a)} = -506.034 + 128.774\ln D_{sm10}$$

$$(n = 45, R^2 = 0.517, F = 7.504, p = 0.029)$$

$$B_{afrpa(1-9a)} = -121.226 + 3.431D_{sm10}$$

$$(n = 45, R^2 = 0.546, F = 40.423, p = 0.023)$$

$$\ln B_{afrpa(1-9a)} = -1\,705.755 + 425.748\ln D_{sm10}$$

$$(n = 45, R^2 = 0.602, F = 50.587, p = 0.014)$$

Linear－模型在 38.5 处交汇，小于 10 月日照时数下限 61.0 h/m；斜率比值为 3.2，介于 4 月和 9 月之间。

7. **11 月日照时数模型**　11 月日照时数与 1～9 年油松年生物量呈显著正相关，两者关系可以用 Linear－模型、Logarithmic－模型和 Quadratic－模型表述；而 9～13 年油松模型关系不成立（图 14-8）。

$$B_{af(1-9a)} = -22.779 + 1.088 D_{sm11}$$
$$(n = 45, R^2 = 0.615, F = 11.183, p = 0.012)$$
$$\ln B_{af(1-9a)} = -452.350 + 120.008 \ln D_{sm11}$$
$$(n = 45, R^2 = 0.655, F = 13.262, p = 0.008)$$
$$B_{af(1-9a)} = -106.524 + 2.792 D_{sm11} - 0.007 D_{sm11}^2$$
$$(n = 45, R^2 = 0.664, F = 5.932, p = 0.038)$$
$$B_{afrpa(1-9a)} = -60.005 + 3.052 D_{sm11}$$
$$(n = 45, R^2 = 0.515, F = 7.436, p = 0.029)$$
$$\ln B_{afrpa(1-9a)} = -1\,294.309 + 343.327 \ln D_{sm11}$$
$$(n = 45, R^2 = 0.570, F = 45.288, p = 0.019)$$
$$B_{afrpa(1-9a)} = -357.821 + 9.111 D_{sm11} - 0.024 D_{sm11}^2$$
$$(n = 45, R^2 = 0.581, F = 4.163, p = 0.073)$$

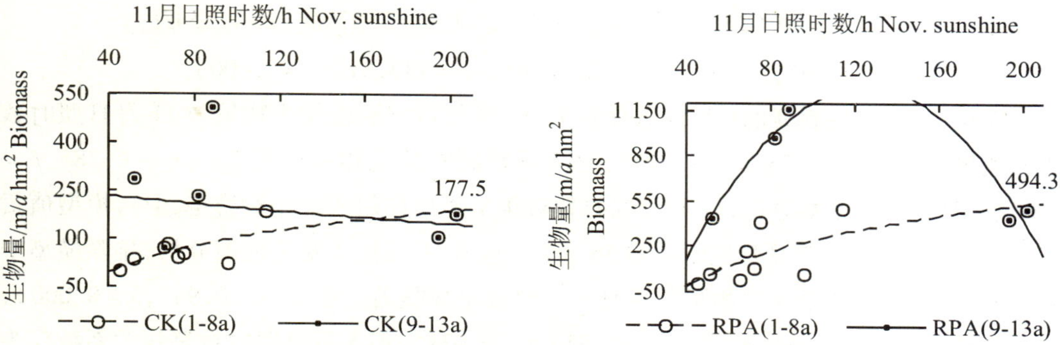

图 14-8　11 月日照时数与油松年生物量的关系

Fig. 14-8 Relation between Nov. sunshine duration and annual forest biomass of *Pinus tabulaeformis*

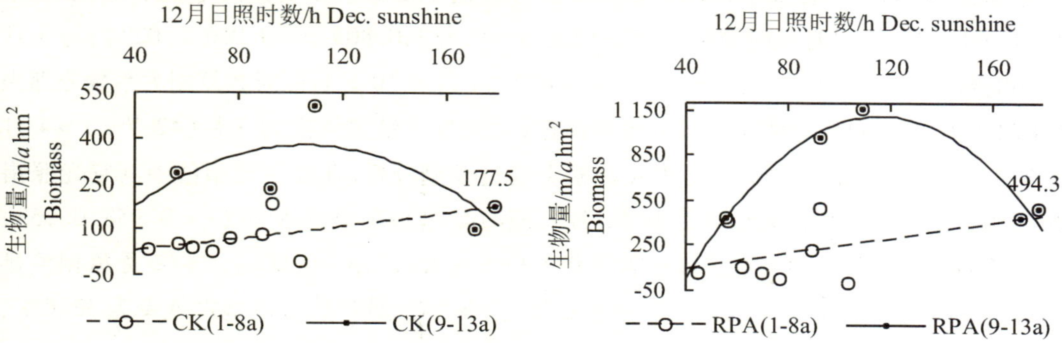

图 14-9　12 月日照时数与油松年生物量的关系

Fig. 14-9 Relation between Dec. sunshine duration and annual forest biomass of *Pinus tabulaeformis*

8. 12 **月日照时数模型**　1～9 年油松年生物量与 12 月日照时呈正相关，但相关性未达到显著水平（$r = 0.627$、0.483），9～13 年油松与其关系具有 Quadratic－模型属性，但模型关系不显著($R^2=0.528$、0.937;图 14-9)。

四、汉中飞播油松林分年生物量与气温指标的逐步回归模型

1~9 年对照油松年生物量与 11 月和 7 月日照时数关系密切,其 1~9 年 RPA 油松年生物量与 4 月、5 月、10 月和 12 月日照时数关系密切。其一元线性模型与模型拟合结果相同,其余逐步回归模型如下:

$$B_{afck(1-9a)}=124.899+1.328D_{sm11}-0.881D_{sm07}$$

$$(n=45,R^2=0.916,r_{sm11}=0.784,r_{sm07}=-0.288,F=32.875,p=0.001)$$

$$B_{afrpa(1-9a)}=-181.941+4.315D_{sm04}-1.825D_{sm05}$$

$$(n=45,R^2=0.896,r_{sm04}=0.872,r_{sm05}=0.060,F=32.875,p=0.001)$$

$$B_{afrpa(1-9a)}=29.892+2.434D_{sm04}-2.843D_{sm05}+3.036D_{sm10}$$

$$(n=45,R^2=0.964,r_{sm10}=0.739,F=44.789,p=0.000)$$

$$B_{afrpa(1-9a)}=19.924+2.743D_{sm04}-2.721D_{sm05}+3.575D_{sm10}-1.354D_{sm12}$$

$$(n=45,R^2=0.991,r_{sm12}=0.483,F=113.511,p=0.000)$$

模型显示,在控制其他日照时数作用下,1~9 年对照油松年生物量与 11 月日照时数正相关极显著($r=0.953,p=0.000$),与 7 月日照时数负相关极显著($r=-0.885,p=0.004$)。从复相关系数分析,11 月日照时数对年生物量作用效果相对稳定,但对模型值贡献率为 43.7%,小于 7 月日照时数的 56.3%。从 RPA 油松 2 变量模型分析,排除模型中其它变量干扰下,油松年生物量与 4 月日照时数呈极显著正相关($r=0.947,p=0.000$),与 5 月日照时数呈显著负相关($r=-0.753,p=0.031$);但 5 月日照时数复相关系数仅为 0.060,对模型值作用极不稳定;从模型参数和日照时数指标量分析,4 月日照时数对模型贡献率为 68.5%,明显大于 5 月的 31.5%。在控制 3 变量模型变量间干扰下,油松年生物量与 4 月和 10 月日照时数呈显著正相关($r=0.833$、0.809,$p=0.020$、0.028),与 5 月日照时数负相关极显著($r=-0.922,p=0.003$);4 月和 10 月日照时数复相关系数分别为 0.872 和 0.739,对模型值作用效果相对稳定;对模型贡献率依次为 5 月(42.7%)>4 月(33.6%)>10 月(23.6%)。从 RPA 油松 4 变量模型分析,在控制模型值中其它光照指标作用下,油松年生物量与 4 月和 10 月日照时数呈极显著正相关($r=0.958$、0.953,$p=0.003$),与 5 月日照时数呈极显著负相关($r=-0.977,p=0.001$),与 12 月负相关显著($r=-0.870,p=0.024$);依模型中变量次序,各月日照时数对模型贡献率为 32.6%、35.1%、23.9%和 8.4%。

1. 树龄对逐步回归模型的影响 引入时间因素分析,树龄变量首先进入对照和 RPA 油松年生物量模型,接着 7 月日照时数进入对照油松模型;1~9 年和 9~13 年油松分析结果不变。

$$B_{afck}=216.678+24.678t-1.356D_{sm07}$$

$$(n=13, R^2=0.691, r_t=0.784, r_{sm07}=0.784, F=11.197, p=0.003)$$

在控制树龄影响下,7 月日照时数对对照油松年生物量作用显著($r=-0.611, p=0.035$);在树龄和 7 月日照时数协同作用下,7 月日照时数对模型贡献率为 61.8%,高于树龄的 38.2%。

2. **树龄权重下的逐步回归模型**　以树龄为权重分析,只有 7 月日照时数进入对照油松模型,其它光照指标均被剔除。而 1 ~9 年对照油松与 6 月和 9 月日照时数关系密切,RPA 油松与 4 月日照时数相关性较高:

$$B_{afck}=549.145-1.955D_{sm07}$$

$$(n=13, R^2=0.327, r_{sm07}=-0.572, F=5.345, p=0.041)$$

$$B_{afck(1-9a)}=-138.927+1.102D_{sm06}$$

$$(n=45, R^2=0.844, r_{sm06}=0.919, F=37.889, p=0.000)$$

$$B_{afck(1-9a)}=-177.160+0.865D_{sm06}+0.769D_{sm09}$$

$$(n=45, R^2=0.948, r_{sm09}=0.755, F=54.450, p=0.000)$$

$$B_{afrpa(1-9a)}=--329.298+3.133D_{sm04}$$

$$(n=45, R^2=0.865, r_{sm04}=0.930, F=45.038, p=0.000)$$

模型显示,树龄权重下,对照油松年生物量与 7 月日照时数呈显著负相关($r=-0.572, p=0.041$);1 ~9 年油松,对照与 6 月日照时数正相关极显著($r=0.919, p=0.000$),RPA 与 4 月日照时数正相关也极显著($r=0.930, p=0.000$)。在控制 6 月日照时数干扰下,9 月日照时数也与 1 ~9 年对照油松呈显著正相关($r=0.816, p=0.014$);6 月和 9 月光照指标共同作用下,两者对模型值贡献分别为 63.6% 和 36.4%。

3. **年日照时数权重下的逐步回归模型**　以年日照时数权重分析,结果和年生物量与光照指标逐步回归模型分析一致。引入时间变量,只有树龄因素进入油松年生物量模型,光照指标均被剔除。1 ~9 年油松分析结论与上述各逐步回归模型分析结论相同。

第二节　安康飞播油松林分生物量与日照的关系

【内容提要】相关分析显示,安康飞播油松生物量与日照指标的相关性也较差。主成分分析可将 1 ~13 年油松对日照的响应分为 1 ~8 年油松和 9 ~13 年油松 2 类。逐步回归模型分析证明,10 月、12 月和 5 月日照时数与 1 ~8 年对照油松年生物量关系紧密,8 月、2 月、6 月、4 月和年日照时数对 9 ~13 年 RPA 油松年生物量影响较大。引入树龄因子,11 月、10 月、12 月和 8 月日照时数与 1 ~13 年对照油松线性关系较强,11 月日照时数对 RPA 影响较大;1 ~8 年对照油松与 10 月、12 月和 6 月日照时数关系紧密,9 ~13 年对照油松只与树龄有关,8 月、2 月、6 月、4 月和年日照时数先后进入 9 ~13 年 RPA 油松模型。

【关 键 词】多效抗旱驱鼠剂，飞播造林，油松，生物量，日照时数，相关性分析，模型拟合

一、安康飞播油松林分生物量与日照的相关性

安康日照时数秋冬季较短，初春季节、夏季和初秋日照时数相对较长，其中7月日照时数最长。试验期内，年间均值变异程度比汉中低；2月和12月均值变异相对较大，6月均值变异全年最低。月日照时序偏度系数和峰度系数为(0.096 ±0.637)和 -(1.874 ±1.232)，均值变异系数偏度系数和峰度系数为(0.674 ±0.637)和(0.124 ±1.232)，属偏正态分布，均值峰值低于正态分布，变异系数峰值与正态分布接近(表14 -2)。

表14 -2　1998年~2010年安康日照时数变异与油松林分生物量相关分析

Tab. 14 -2 From 1998 to 2010, correlation analysis between sunshine variation and forest biomass of *Pinus tabulaeformis* in Ankang city

指标 Index	日照时数/h Sunshine duration			变异系数/% Coefficient of variation	相关系数(r) Pearson correlations			
	平均 Mean	最低 Min.	最高 Max.		生物量 B_f		年生物量 B_{af}	
					RPA	CK	RPA	CK
年 Annual	1 722.2 ±41.9	1361.8	1926.6	8.1	-0.200	-0.192	-0.005	0.034
1月 Jan.	93.4 ± 6.3	55.7	138.6	17.1	0.181	0.218	0.112	0.146
2月 Feb.	100.2 ±12.2	37.6	188.4	24.3	-0.230	-0.292	-0.001	-0.266
3月 March	150.4 ± 9.5	95.6	221.7	16.0	0.080	0.077	-0.044	0.079
4月 April	177.1 ± 8.3	131.7	234.3	13.3	-0.188	-0.177	-0.005	0.006
5月 May	191.1 ±10.1	131.2	249.9	15.1	-0.187	-0.265	-0.151	-0.381
6月 June	190.7 ± 7.6	129.4	231.9	12.3	-0.009	0.019	-0.019	0.198
7月 July	212.4 ±13.4	108.0	297.1	16.8	-0.429	-0.431	-0.390	-0.325
8月 Aug.	190.0 ±12.5	133.0	303.6	15.4	-0.029	0.004	0.029	0.008
9月 Sep.	134.6 ±10.1	86.3	210.2	17.9	-0.321	-0.290	-0.144	-0.062
10月 Oct.	102.0 ± 9.3	32.0	178.3	19.5	-0.165	-0.100	-0.022	0.247
11月 Nov.	93.0 ± 7.6	65.4	152.8	18.5	0.196	0.220	0.491	0.400
12月 Dec.	87.3 ± 9.3	36.5	151.2	23.1	0.506	0.519	0.387	0.530

相关分析显示，油松林分生物量与年日照时数和2月、4月、5月、7月、9月和10月日照时数具有一定负相关性，而与1月、11月和12月日照时数具有一定正相关性，其中与12月相关度相对较强。对照油松年生物量与2月、5月和7月日照时数呈负相关，与1月、6月和10~12月日照时数呈正相关，其中与11月和12月相关度较高；RPA油松年生

物量与5月、7月和9月日照时数呈负相关性，与1月、11月和12月日照时数呈正相关，其中与11月相关度较高。但整体差异均未达到显著水平（表14－2）。

二、安康油松林分年生物量与日照时数主成分分析

从油松年生物量与日照时数散点图分析，油松对光照反应具有树龄差异。对油松生物量指标与日照时数指标进行主成分分析，前两个主分量累积贡献率达99.1%，完全满足生物统计75%要求。

从各主成分因子载荷分析，第1主分量表现了不同树龄油松生物量信息，反应了整个样本83.2%信息量。第2主分量主要反映了油松幼林期不同生长阶段年生物量信息，从其因子载荷分析，1～7年油松生物量与第2主分量呈负相关，8～13年油松生物量与第2主分量呈正相关。但8年生林分因子载荷仅为0.032，具有过渡性质（表14－3）。

表14－3　安康飞播油生物量与日照时数主成分分析

Tab. 14－3 Principal components analysis of biomass of *Pinus tabulaeformis* for aerial seeding and sunshine duration in Ankang city

主成分 Component		F_1	F_2
特征值 Eigenvalue		10.821	2.062
贡献率/% Contribution rate		83.2	15.9
累积贡献率/% Cumulative		99.1	
因子载荷 Factor loading	1*a*	0.887	－0.413
	2*a*	0.903	－0.419
	3*a*	0.914	－0.399
	4*a*	0.918	－0.388
	5*a*	0.950	－0.311
	6*a*	0.978	－0.196
	7*a*	0.992	－0.113
	8*a*	0.996	0.032
	9*a*	0.962	0.262
	10*a*	0.882	0.464
	11*a*	0.876	0.474
	12*a*	0.815	0.568
	13*a*	0.755	0.653

用前两个主分量因子得分对1～13年油松生物量进行排序，可以将油松分为两类，1～7年油松为1类，8～13年油松为1类（图14－10）。两类之间逐渐过渡，8年生油松林分具有过渡阶段转折点的特性。

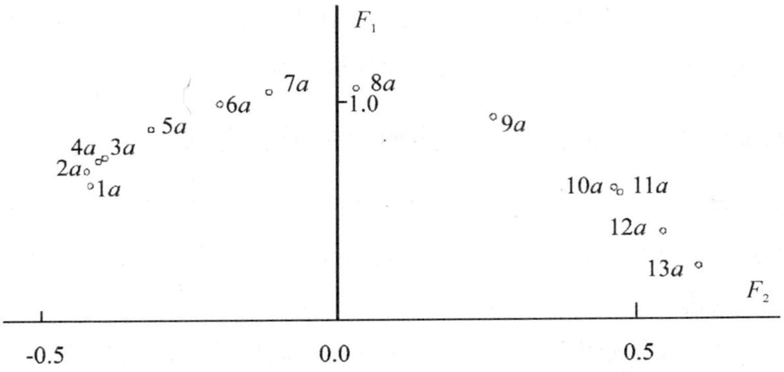

图 14－10　安康飞播油松年生物量主成分排序图

Fig. 14－10 Principal component sequence diagram of biomass of *Pinus tabulaeformis* for aerial seeding in Ankang city

三、安康油松林分年生物量与日照时数的模型拟合

1．5 月日照时数模型　模型拟合，5 月日照时数与 1～8 年对照油松年生物量关系遵从 Linear－模型和 Inverse－模型，与 RPA 油松具有 Linear－模型属性，符合 Exponential－模型；与 9～13 年油松年生物量模型关系不明显（图 14－11）。

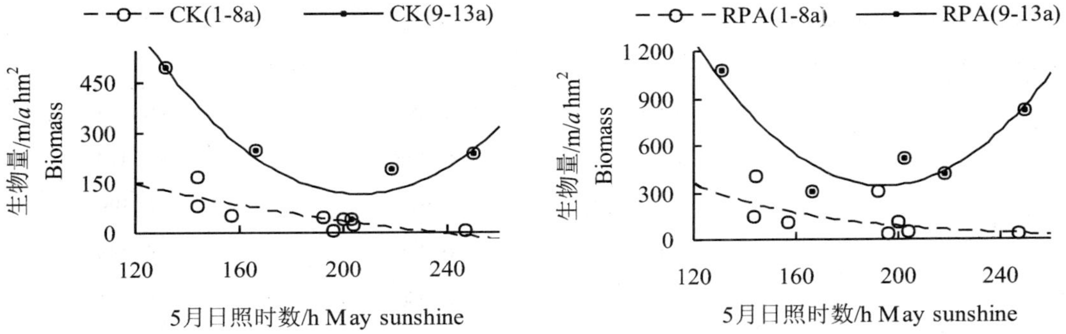

图 14－11　5 月日照时数与油松年生物量的关系

Fig. 14－11 Relation between May sunshine duration and annual forest biomass of *Pinus tabulaeformis*

$$B_{afck(1-8a)} = 263.752 - 1.136D_{sm05}$$

$$(n = 40, R^2 = 0.579, F = 40.256, p = 0.028)$$

$$B_{afck(1-8a)} = -169.768 + \frac{40\ 031.046}{D_{sm05}}$$

$$(n = 40, R^2 = 0.646, F = 50.962, p = 0.016)$$

$$B_{afrpa(1-8a)} = 555.890 - 2.193D_{sm05}$$

$$(n = 40, R^2 = 0.338, F = 3.064, p = 0.131)$$

$$B_{afck(1-8a)} = 3\ 330.631e^{-0.019D_{sm05}}$$

$$(n=40, R^2=0.508, F=6.193, p=0.047)$$

模型显示,5 月日照时数与 1 ~8 年油年生物量呈负相关。两模型在 276.3 h/m 附近交汇,交点超过了试验期 5 月日照时数上限{131.2,249.9},模型斜率比值为 1.9;试验期内,RPA 模型值大于对照,但随着 5 月日照时数延长,两者差距有缩小趋势。

2. 6 月日照时数模型　6 月日照时数与 1 ~8 年油松年生物量具有 Linear – 模型特征,与对照满足 S – 模型条件,与 RPA 更符合 Exponential – 模型;与 9 ~13 年对照油年也符合 S – 模型(图 14 –12)。

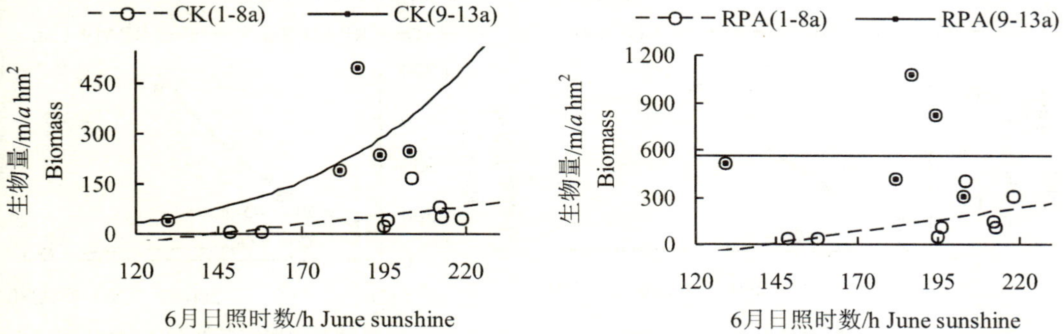

图 14 –12　6 月时数与油松年生物量的关系

Fig. 14 –12 Relation between June sunshine duration and annual forest biomass of *Pinus tabulaeformis*

$$B_{afck(1-8a)} = -165.172 + 1.130D_{sm06}$$

$$(n=40, R^2=0.309, F=2.687, p=0.152)$$

$$B_{afck(1-8a)} = e^{11.172 - \frac{1\,470.111}{D_{sm06}}}$$

$$(n=40, R^2=0.830, F=29.362, p=0.002)$$

$$B_{afrpa(1-8a)} = -445.620 + 3.081D_{sm06}$$

$$(n=40, R^2=0.360, F=3.375, p=0.116)$$

$$B_{afrpa(1-8a)} = 0.439e^{0.028D_{sm06}}$$

$$(n=40, R^2=0.628, F=50.139, p=0.019)$$

$$B_{afck(9-13a)} = e^{9.364 - \frac{719.584}{D_{sm06}}}$$

$$(n=5, R^2=0.808, F=12.636, p=0.038)$$

1 ~8 年油松 Linear – 模型在 146.3 h/m 处交汇,模型斜率比为 3.1,大于 5 月模型斜率比值。在 1 ~8 年油松 6 月日照时数范围内{148.4 h/m,218.5 h/m},RPA 模型值大于对照,两者差距有随月日照时数延长扩大趋势。

3. 8 月日照时数模型　8 月日照时数与 1 ~8 年油松年生物量关系呈 S – 模型变化,与 9 ~13 年油松关系可用 Linear – 模型表述(图 14 –13)。

$$B_{afck(1-8a)} = e^{-3.917 + \frac{1\,333.417}{D_{sm08}}}$$

$$(n=40, R^2=0.797, F=19.631, p=0.007)$$

$$B_{afrpa(1-8a)}=e^{0.724+\frac{715.776}{D_{sm08}}}$$

$$(n=40, R^2=0.422, F=3.657, p=0.114)$$

$$B_{afck(9-13a)}=-543.642+4.346D_{sm08}$$

$$(n=25, R^2=0.649, F=7.411, p=0.053)$$

$$B_{afrpa(9-13a)}=-1\ 343.417+11.105D_{sm08}$$

$$(n=25, R^2=0.893, F=33.251, p=0.004)$$

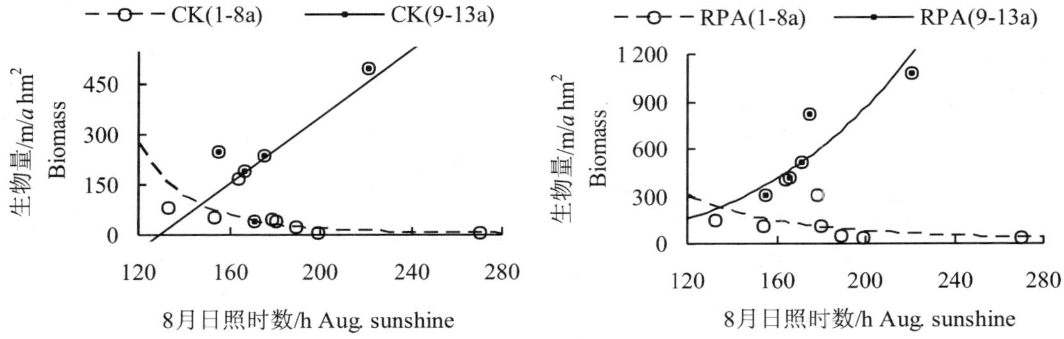

图 14-13　8 月时数与油松年生物量的关系

Fig. 14-13 Relation between Aug. sunshine duration and annual forest biomass of *Pinus tabulaeformis*

模型显示，1～8 年油松年生物量有随 8 月日照时数延长降低趋势；而 9～13 年油松与 8 月日照时数呈正相关。两 Linear－模型交汇点在 120.4 h/m 处，小于 8 月日照时数下限{133.0，270.5}，模型斜率比值为 1.3；试验期内，RPA 油松模型值大于对照，差距随 8 月日照时数延长而扩大。说明 RPA 油松对光能利用率相对比较高，单位日照时数年生物量增量较大。与 1～8 年油松年生物量对 6 月光照反应一致。

4. **9 月日照时数模型**　9 月日照时数与 1～8 年对照油松年生物量关系符合 Linear－模型和 Quadratic－模型模型，与 RPA 油松具有 Linear－模型变化特征（图 14－14）。

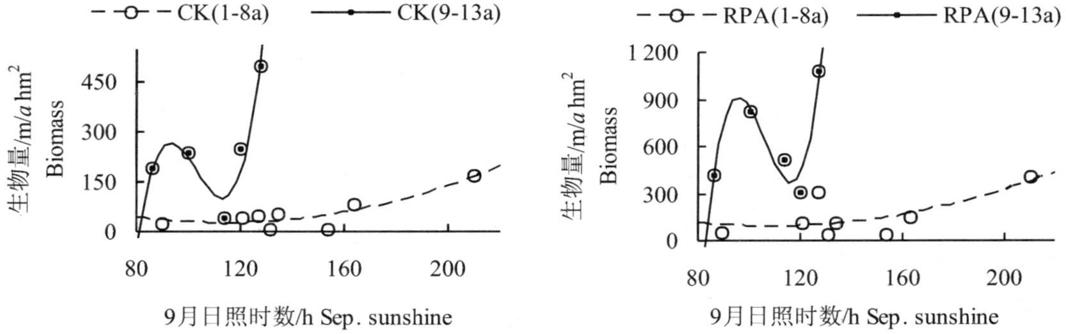

图 14-14　9 月时数与油松年生物量的关系

Fig. 14-14 Relation between Sep. sunshine duration and annual forest biomass of *Pinus tabulaeformis*

$$B_{afck(1-8a)}=-109.343+1.146D_{sm09}$$

$$(n=40, R^2=0.581, F=6.929, p=0.046)$$

$$B_{afck(1-8a)}=262.632-4.006D_{sm09}+0.017D_{sm09}^2$$

$$(n=40, R^2=0.804, F=40.208, p=0.038)$$

$$B_{afrpa(1-8a)}=-205.165+2.559D_{sm09}$$

$$(n=40, R^2=0.434, F=3.838, p=0.107)$$

1～8 年油松年生物量 Linear－模型在 67.8 h/m 附近相交，低于试验期 9 月日照时数下限{86.3 h/m，210.2 h/m }，模型斜率比值为 2.2，比 6 月比率小。

5. 10 **月日照时数模型**　1～8 年油松年生物量与 10 月日照时数关系遵从 Linear－模型和 Exponential－模型规律（图 14－15）。

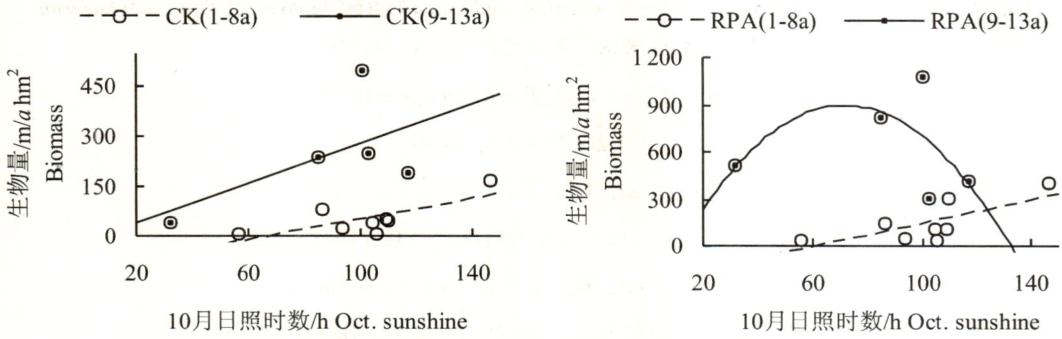

图 14－15　10 月时数与油松年生物量的关系

Fig. 14－15 Relation between Oct. sunshine duration and annual forest biomass of *Pinus tabulaeformis*

$$B_{afck(1-8a)}=-131.861+1.745D_{sm10}$$

$$(n=40, R^2=0.694, F=11.361, p=0.020)$$

$$B_{afck(1-8a)}=0.270e^{0.044D_{sm10}}$$

$$(n=40, R^2=0.772, F=16.919, p=0.009)$$

$$B_{afrpa(1-8a)}=-274.460+4.079D_{sm10}$$

$$(n=40, R^2=0.569, F=6.606, p=0.050)$$

$$B_{afrpa(1-8a)}=5.854e^{0.027D_{sm10}}$$

$$(n=40, R^2=0.537, F=5.790, p=0.061)$$

一元线性模型交点在 61.6 附近，在 1～8 年油松 10 月日照时数{56.1，146.5}范围内，小于交点值的仅有 1 年，模型斜率比值为 2.3，与 9 月差异不大。说明绝大对数情况下，RPA 模型值大于对照，两者差距也具有随日照时数延长扩大趋势。

6. 12 **月日照时数模型**　12 月日照时数与 1～13 年油松年生物量具有 Linear－模型变化特征，对照油松更符合 Quadratic－模型变化；与 9～13 年油松具有 Quadratic－模型规律，其中对照模型显著（图 14－16）。

$$B_{afck}=-62.552+2.110D_{sm12}$$

$$(n=65, R^2=0.281, F=4.302, p=0.062)$$

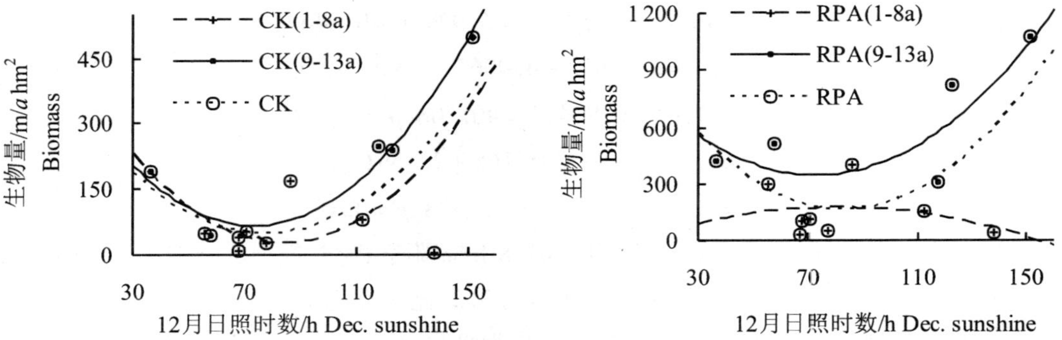

图 14－16　12 月时数与油松年生物量的关系

Fig. 14－16 Relation between Dec. sunshine duration and annual forest biomass of *Pinus tabulaeformis*

$$B_{afck}=410.838-9.329D_{sm12}+0.060D_{sm12}^2$$

$$(n=65, R^2=0.489, F=4.781, p=0.035)$$

$$B_{afrpa}=20.668+3.486D_{sm12}$$

$$(n=65, R^2=0.150, F=1.936, p=0.192)$$

$$B_{afck}=1\ 157.923-23.994D_{sm12}+0.144D_{sm12}^2$$

$$(n=65, R^2=0.383, F=3.109, p=0.089)$$

$$B_{afck(9-13)}=545.827-13.298D_{sm12}+0.087D_{sm12}^2$$

$$(n=25, R^2=0.921, F=17.596, p=0.022)$$

$$B_{afrpa(9-13)}=1\ 284.652-26.599D_{sm12}+0.166D_{sm12}^2$$

$$(n=25, R^2=0.618, F=2.424, p=0.236)$$

模型显示，油松年生物量与 12 月日照时数整体呈正相关性。

四、安康油松林分年生物量与日照时数的逐步回归模型

10 月、12 月和 5 月日照时数依次进入 1～8 年对照油松年生物量模型，8 月、2 月、6 月、4 月和年日照时数先后进入 9～13 年 RPA 油松年生物量模型，其他日照指标被剔除。一元线性模型与上述分析一致，其他模型如下：

$$B_{afck(1-8a)}=-320.535+2.562D_{sm10}+1.291D_{sm12}$$

$$(n=40, R^2=0.935, r_{sm10}=0.833, r_{sm12}=-0.135, F=28.768, p=0.004)$$

$$B_{afck(1-8a)}=-456.807+2.293D_{sm10}+1.609D_{sm12}+0.729D_{sm06}$$

$$(n=40, R^2=0.992, r_{sm06}=0.530, F=131.610, p=0.001)$$

$$B_{afrpa(9-13a)}=-1\ 368.879+10.201D_{sm08}+2.100D_{sm02}$$

$$(n=25, R^2=0.997, r_{sm8}=0.945, r_{sm2}=0.533, F=540.853, p=0.004)$$

$$B_{afrpa(9-13a)}=-1\ 516.087+10.394D_{sm08}+2.066D_{sm02}+0.636D_{sm06}$$

$$(n=25, R^2=1.000, r_{sm06}=-0.182, F=40\ 735.673, p=0.000)$$

$$B_{afrpa(9-13a)} = -1\ 500.624 + 10.354D_{sm08} + 2.067D_{sm02} + 0.715D_{sm06} - 0.132D_{sm04}$$

$$(n = 5, R^2 = 1.000, r_{sm04} = -0.370, F = 759\ 040.613, p = 0.000)$$

$$B_{afrpa(9-13a)} = -1\ 503.437 + 10.326D_{sm08} + 2.046D_{sm02} + 0.663D_{sm06} - 0.133D_{sm04} + 0.012D_{sa}$$

$$(n = 25, R^2 = 1.000, r_{sa} = 0.518, F = \infty, p = 0.000)$$

从1～8年对照油松年生物量3变量模型分析，在控制模型中其他因子作用下，各因子与油松年生物量均呈正相关性。其中，10月和12月相关极显著（$r = 0.994$、0.988，$p = 0.001$、0.002），6月相关显著（$r = 0.940$，$p = 0.017$）；从模型复相关系数分析，10月日照时数对模型作用效果相对稳定，而12月日照时数作用效果稳定性相对较差。从模型参数和月日照时数指标量综合分析，10月日照时数对模型关系率为45.7%，明显大于12月和6月日照时数的26.7%和27.6%。从9～13年RPA油松年生物量4变量模型分析，排除模型中其它变量干扰时，8月、2月和6月日照时数与油松年生物量呈极显著正相关（$r = 1.000$，$p = 0.000$、0.001、0.008），而4月日照时数呈显著负相关（$r = -0.998$，$p = 0.042$）。从复相关系数分析，8月日照时数对年生物量作用效果相对稳定，而6月日照时数作用效果稳定性相对较差。8月日照时数对模型贡献率为79.0%，2月、6月和4月日照时数对模型值贡献率依次为14.5%、5.5%和1.0%，远远小于8月日照时数贡献率。

1. ***树龄对逐步回归模型的影响***　引入时间变量分析，树龄因子首先进入油松年生物量模型，接着11月、10月、12月和8月日照时数依次进入对照油松模型，11月日照时数进入RPA油松模型（图14－17）。1～8年对照油松与10月、12月和6月日照时数关系紧密，9～13年对照油松只与树龄有关，8月、2月、6月、4月和年日照时数先后进入9～13年RPA油松模型。模型与未引入时间变量相同。

$$B_{afck} = -242.421 + 25.328t + 2.046D_{sm11}$$

$$(n = 65, R^2 = 0.650, r_t = 0.684, r_{sm11} = 0.400, F = 45.281, p = 0.005)$$

$$B_{afck} = -419.429 + 28.424t + 1.786D_{sm11} + 1.870D_{sm10}$$

$$(n = 65, R^2 = 0.779, r_{sm10} = 0.247, F = 50.563, p = 0.003)$$

$$B_{afck} = -550.756 + 25.114t + 1.532D_{sm11} + 2.211D_{sm10} + 1.626D_{sm12}$$

$$(n = 65, R^2 = 0.929, r_{sm12} = 0.530, F = 26.563, p = 0.000)$$

$$B_{afck} = -771.082 + 29.569t + 1.446D_{sm11} + 2.685D_{sm10} + 1.151D_{sm12} + 1.071D_{sm08}$$

$$(n = 65, R^2 = 0.968, r_{sm08} = 0.530, F = 41.962, p = 0.000)$$

$$B_{afck} = -613.693 + 59.834t + 5.643D_{sm11}$$

$$(n = 65, R^2 = 0.775, r_t = 0.710, r_{sm11} = 0.491, F = 17.237, p = 0.001)$$

模型显示，在控制树龄干扰下，11月日照时数与对照呈显著正相关（$r = 0.585$，$p = 0.046$），与RPA正相关极显著（$r = 0.739$，$p = 0.006$）。在树龄共同作用下，11月日照时数对对照和RPA模型值贡献率分别为57.8%和61.6%，高于树龄对模型的贡献。从对照5变量模型分析，在控制模型中其他因子作用前提下，11月和10月日照时数与油松年生物量呈极显著正相关（$r=0.854$、0.962，$p=0.003$、0.000），12 月和 8 月正相关显著（$r=0.798$、0.740，$p=0.010$、0.023）；从复相关系数分析，11 月和 12 月日照时数与生物量贡献紧密，作用相对稳定；而 10 月和 8 月，尤其是 8 月日照时数与生物量关系相对疏远，作用不稳定。从模型参数和日照时数指标量综合分析，对生物量作用程度 10 月和 8 月相对较大，贡献率分别为 30.3% 和 22.8%，大于树龄的 19.1%；而 11 月和 12 月作用强度相对较小，贡献率为 15.8% 和 12.1%，小于树龄贡献率。

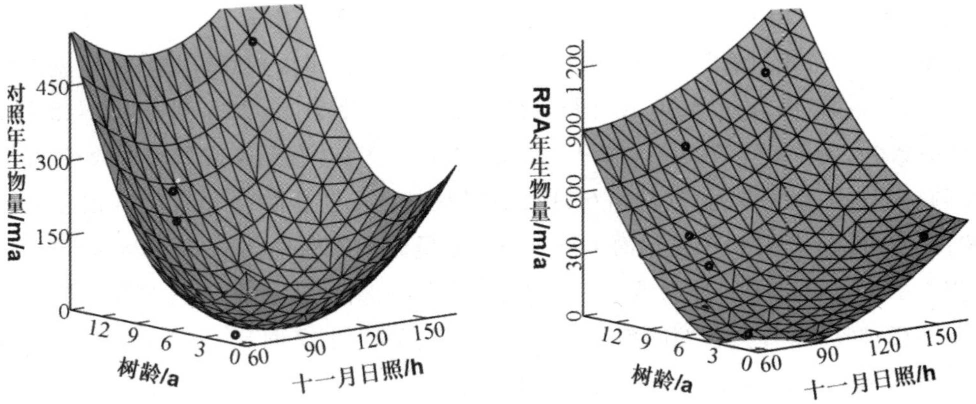

图 14-17　油松年生物量与日照关系

Fig. 14-17 The relationship between sunshine duration and annual forest biomass of *Pinus tabulaeformis*

2. **树龄权重下的逐步回归模型**　以树龄权重分析，对照油松年生物量与 12 月日照时数关系密切，而 RPA 与 11 月日照时数关系紧密。1～8 年对照油松与 10 月日照时数相关显著，RPA 油松与 4 月和 5 月相关明显。9～13 年对照油松模型中引入了 8 月和 6 月日照时数，而 RPA 油松模型保持不变。

$$B_{afck} = -104.714 + 2.978D_{sm12}$$

$$(n=65, R^2=0.511, r_{sm12}=0.715, F=40.653, p=0.006)$$

$$B_{afrpa} = -335.150 + 8.444D_{sm11}$$

$$(n=65, R^2=0.440, r_{sm11}=0.664, F=40.653, p=0.013)$$

$$B_{afck(1-8a)} = -105.265 + 1.412D_{sm10}$$

$$(n=40, R^2=0.583, r_{sm10}=0.764, F=6.997, p=0.046)$$

$$B_{afrpa(1-8a)} = -273.490 + 2.327D_{sm04}$$

$$(n=40, R^2=0.592, r_{sm04}=0.769, F=7.247, p=0.043)$$

$$B_{afrpa(1-8a)} = 148.818 + 2.893D_{sm04} - 2.725D_{sm05}$$

$$(n=40, R^2=0.977, r_{sm05}=-0.372, F=404.386, p=0.001)$$

$$B_{afck(9-13a)} = -562.645 + 4.600D_{sm08}$$

$$(n=25, R^2=0.675, r_{sm08}=0.822, F=40.311, p=0.045)$$

$$B_{afck(9-13a)} = -1\ 287.914 + 5.294D_{sm08} + 3.280D_{sm06}$$
$$(n=25, R^2=0.965, r_{sm06}=0.340, F=41.138, p=0.007)$$

树龄权重下,1～13 年油松对 12 月和 11 月光照反应凸显,对照与 12 月日照时数正相关极显著($r=0.715, p=0.006$),RPA 与 11 月日照时数正相关显著($r=0.664, p=0.013$)。而 1～8 年对照油松模型中剔除了 12 月和 6 月日照时数的作用,凸显了 10 月日照时数与油松年生物量的关系;同时反映了 4 月和 5 月日照时数与 RPA 油松的关系,在控制模型中其它光照指标作用下,4 月日照时数与 1～8 年 RPA 油松呈极显著正相关($r=0.986, p=0.000$),而 5 月呈极显著负相关($r=-0.971, p=0.001$)。两者协同作用下,各自对油松生物量作用强度为 59.7% 和 40.3%。9～13 年对照油松模型中引入了 8 月和 6 月日照时数,树龄权重下,油松年生物量与 8 月日照时数正相关极显著($r=0.980, p=0.003$),与 6 月呈显著正相关($r=0.944, p=0.016$);两者对模型值贡献率分别为 63.0% 和 37.0%;而 9～13 年 RPA 油松年生物量与 8 月、2 月、6 月、4 月和年日照时数关系稳定,模型不变。充分证明了 8 月和 6 月光照对 9～13 年油松年生物量作用的稳定性和重要性。

3. 年日照时数权重下的逐步回归模型 以年日照时数为权重分析,1～8 年对照油松与 10 月、12 月和 6 月日照时数关系未变,与上述年生物量与日照时数分析一致;而 RPA 油松与 4 月和 5 月日照时数关系与树龄权重分析结果相似。9～13 年对照油松与 8 月和 6 月日照时数关系也与树龄权重结果一致,而 RPA 油松模型中 11 月日照时数代替了年日照时数的位置,但各月日照时数与油松年生物量关系性质没变。引进时间变量后,油松年生物量与与光照指标关系不变。

第三节 商州飞播油松林分生物量与日照的关系

【内容提要】与汉中和安康相比,商州飞播油松生物量与日照指标的相关性有所增强。与 2 月、4 月、5 月和 7 月日照时数负相关相对较强,与 11 月和 12 月日照时数正相关性较强,但大都未达到显著性水平。其中 RPA 油松年生物量与 11 月日照时数相关显著($r=0.622, p=0.023$)。聚类分析可将 1～13 年油松生物量 1～10 年油松和 11～13 年油松 2 类。逐步回归模型分析证明,11 月日照时数与 1～13 年与 RPA 油松年生物量关系密切,6 月、5 月、1 月、10 月和 4 月日照时数对 1～10 年对照油松影响较大,而 1～10 年 RPA 油松年生物量仅与 11 月日照时数关系紧密;9～13 年 RPA 油松只与 7 月日照时数相关。

【关 键 词】多效抗旱驱鼠剂,飞播造林,油松,生物量,日照时数,相关性分析,模型拟合

一、商州飞播油松林分生物量与日照的相关性

1. **商州月日照时数的变化** 商州日照时数与汉中和安康差异较大，3～8 月光照充足，日照时数较长。试验期峰值出现在 4 月，均值为(207.6±10.5)h/*m*。1～2 月和 9～11 月日照时间相对较短，谷值出现在 9 月，均值(142.7±11.5)h/*m*。1 月、2 月、4 月、6 月和 12 月均值变异程度较低，月日照时数年间差异较小；2 月、5 月、9 月和 11 月均值变异程度较高，年间差异较大。日照时数月变化偏度系数和峰度系数为(0.326±0.637)和(－1.515±1.232)，均值变异系数偏度系数和峰度系数为(0.425±0.637)和(－0.636±1.232)，属正偏分布，均值峰值低于正态分布(表 14－4)。

2. **商州飞播油松林分生物量与日照的性关性** 油松林分生物量与年日照时数和 2～10 月日照时数均呈一定负相关性，其中与 7 月相关度较高；与 1 月、11 月和 12 月日照时数具有一定正相关性，其中与 11 月和 12 月相关度较高；但相关均不显著。对照油松年生物量与年日照时数和 1～5 月、7～9 月日照时数呈一定负相关性，而与 10～12 月日照时数呈一定正相关性，其中与 7 月、11 月和 12 月相关度较高；但相关也不显著。RPA 油松年生物量与 2～5 月和 7～8 月日照时数具有一定负相关性，而与其余日照指标具有一定正相关性，其中与 11 月日照时数正相关显著($r=0.622$，$p=0.023$；表 14－4)。

表 14－4 1998～2010 年商州日照时数变异与油松林分生物量相关分析

Tab. 14－4 From 1998 to 2010, correlation analysis between sunshine variation and forest biomass of *Pinus tabulaeformis* in Shangzhou city

指标 Index	日照时数/h Sunshine duration			变异系数/% Coefficient of variation	相关系数(r) Pearson correlations			
	平均 Mean	最低 Min.	最高 Max.		生物量 B_f		年生物量 B_{af}	
					RPA	CK	RPA	CK
年 Annual	2096.2±78.4	1554.2	2661.7	13.5	－0.169	－0.181	0.024	－0.133
1 月 Jan.	154.1±6.7	112.0	191.2	15.6	0.196	0.183	0.048	－0.121
2 月 Feb.	151.7±14.1	60.1	213.8	33.5	－0.243	－0.273	－0.058	－0.215
3 月 March	176.9±13.4	101.0	268.4	27.4	－0.071	－0.070	－0.053	－0.013
4 月 April	207.6±10.5	163.7	269.6	18.3	－0.210	－0.230	－0.116	－0.299
5 月 May	206.3±15.3	119.3	286.5	26.8	－0.234	－0.273	－0.121	－0.283
6 月 June	204.5±10.7	134.1	289.5	18.9	－0.090	－0.064	0.010	0.028
7 月 July	196.8±11.1	140.2	277.1	20.4	－0.500	－0.508	－0.406	－0.437
8 月 Aug.	169.5±10.0	97.7	220.3	21.2	－0.255	－0.268	－0.079	－0.195
9 月 Sep.	142.7±11.5	79.0	225.9	29.0	－0.248	－0.271	0.016	－0.243

续表 14－4

指标 Index		日照时数/h Sunshine duration			变异系数/% Coefficient of variation	相关系数(r) Pearson correlations			
						生物量 B_f		年生物量 B_{af}	
		平均 Mean	最低 Min.	最高 Max.		RPA	CK	RPA	CK
10月	Oct.	154.3±10.1	102.4	244.0	23.6	－0.037	－0.009	0.160	0.146
11月	Nov.	160.0±11.5	109.1	231.5	25.8	0.430	0.429	0.622*	0.420
12月	Dec.	171.9±8.4	117.1	217.0	17.7	0.355	0.383	0.290	0.482

备注：* 在0.05水平(双侧)上显著相关。

Remarks: * Correlation is significant at the 0.05 level (2－tailed).

二、商州飞播油松林分年生物量与日照指标的聚类分析

对1～13年油松生物量与光照指标进行聚类分析(表14－5,图14－18)。

表14－5 商州油松生物量与光照指标聚类表

Tab.14－5 Agglomeration schedule of sunshine index and forest biomass of *Pinus tabulaeformis* in Shangzhou city

步骤 Stage	小类聚合 Cluster combined		系数 Coefficients	首次出现小类 Stage cluster first appears		下一步骤 Next Stage
	小类1 Cluster 1	小类2 Cluster 2		小类1 Cluster 1	小类2 Cluster 2	
1	12	13	0.999	0	0	10
2	4	5	0.997	0	0	3
3	3	4	0.996	0	2	5
4	8	9	0.994	0	0	6
5	2	3	0.992	0	3	7
6	7	8	0.989	0	4	9
7	2	6	0.988	5	0	8
8	1	2	0.977	0	7	11
9	7	10	0.966	6	0	11
10	11	12	0.957	0	1	12
11	1	7	0.936	8	9	12
12	1	11	0.643	11	10	0

油松年生物量与日照时数关系按照树龄被分为两大类,相似系数为0.643。第1类为11～13年油松,第2类为1～10年油松。第2类在相关度为0.936水平下又可分为2小类。即,7～10年油松为1小类,1～6年油松为1小类。其中,2～6年油松相似度最高,相似系数≥0.988;7～9年油松相似系数达0.989以上。从各类聚合过程分析,油松对光照

反应随树龄呈梯次变化，1～6 年油松为 1 反应类型，11～13 年油松为 1 类型，而 7～10 年油松为中间过渡类型，具有 1～6 年油松和 11～13 年油松对光照反应的共同属性。反映了飞播油松幼林不同时期对光照需求差异和整体变化规律。因此，数据分析可以将 1～10 年和 11～13 年油松资料分类分析，也可将 9 年和 10 年油松纳入 11～13 年油松资料进行分析。

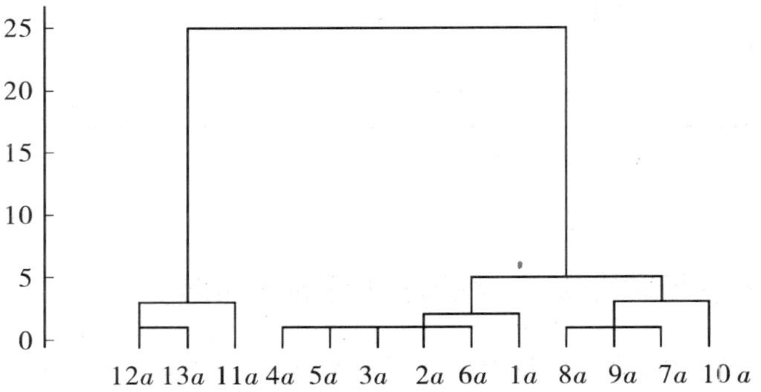

图 14－18　油松生物量与日照时数聚类图

Fig. 14－18 The dendrogram of *Pinus tabulaeformis*

三、商州飞播油松林分年生物量与日照指标的模型拟合

1. **年日照时数模型**　1～10 年 RPA 油松年生物量与年日照时数关系符合 Linear－模型和 Quadratic－模型，9～13 年 RPA 油松满足 Quadratic－模型要求，具有 Linear－模型属性（图 14－19）。

$$B_{afrpa(1-10a)} = -929.790 + 0.514D_{sa}$$

$$(n=50, R^2=0.585,\ F=11.254, p=0.010)$$

$$B_{afrpa(1-10a)} = -2\,633.783 + 2.032D_{sa} - 3.335 \times 10^{-4} D_{sa}^2$$

$$(n=50, R^2=0.596,\ F=5.175, p=0.042)$$

$$B_{afrpa(9-13a)} = -1\,089.618 - 0.248D_{sa}$$

$$(n=25, R^2=0.568,\ F=3.938, p=0.141)$$

$$B_{afrpa(9-13a)} = -1\,645.835 + 2.452D_{sa} - 6.294 \times 10^{-4} D_{sa}^2$$

$$(n=25, R^2=0.952,\ F=19.698, p=0.048)$$

模型显示，年日照时数与 1～10 年 RPA 油松年生物量呈显著正相关（$r=0.765, p=0.010$），而与 9～13 年 RPA 油松具有较好的负相关性（$r=-0.763, p=0.141$）。两模型在 2648.9 h/*a* 附近相交，在试验期年日照时数范围内{1554.2，2661.7}，模型在油松树龄为 9 年和 10 年时相互靠近。两者差幅随日照时数延长而缩小。Quadratic－模型顶点分别在 3047.3 h/*a* 和 1926.4 h/*a* 附近，1～10 年油松顶点值远超过了年日照时数的上线，油松年生物量增量随日照时数延长有降低趋势；而 9～13 年油松模型顶点在年日照时数范围下限以上，日照超过顶点值后油松年生物量增量随日照时数延长降幅有增大趋势。

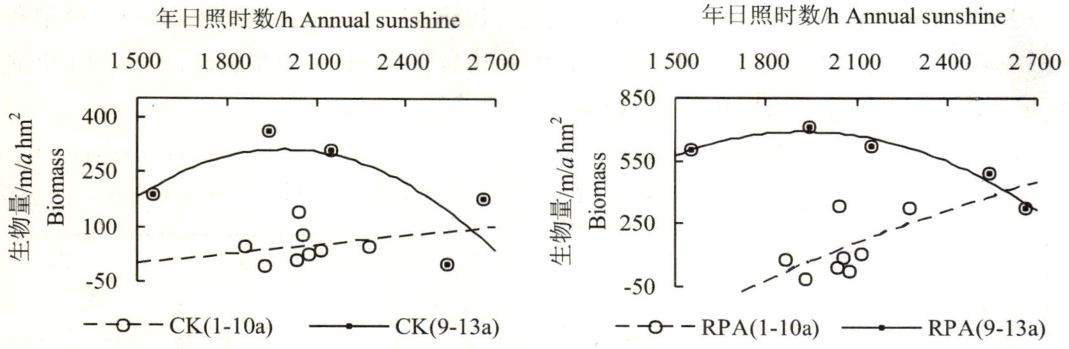

图 14－19 年日照时数与油松年生物量的关系

Fig. 14－19 Relation between annual sunshine duration and annual forest biomass of *Pinus tabulaeformis*

2．5 **月日照时数模型** 5 月日照时数与 1～13 年油松年生物量关系具有 Quadratic－模型特征，1～10 年 RPA 油松也均遵从 Quadratic－模型规律（图 14－20）。

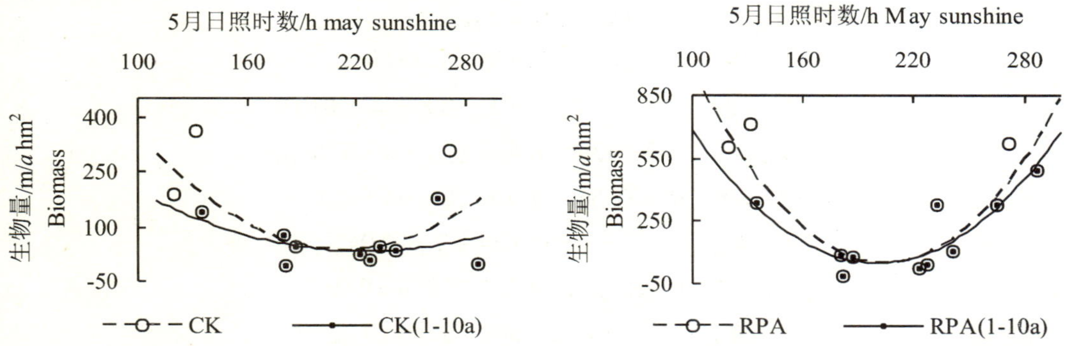

图 14－20 5 月日照时数与油松年生物量的关系

Fig. 14－20 Relation between May sunshine duration and annual forest biomass of *Pinus tabulaeformis*

$$B_{afck} = 1\ 153.650 - 10.479 D_{sm05} + 0.025 D_{sm05}^2$$
$$(n = 65, R^2 = 0.359,\ F = 2.802, p = 0.108)$$
$$B_{afrpa} = 3\ 588.469 - 34.694 D_{sm05} + 0.085 D_{sm05}^2$$
$$(n = 65, R^2 = 0.764,\ F = 2.802, p = 0.001)$$
$$B_{afrpa(1-10a)} = 2\ 572.732 - 25.204 D_{sm05} + 0.063 D_{sm05}^2$$
$$(n = 65, R^2 = 0.771,\ F = 11.787, p = 0.006)$$

从 RPA 油松模型分析，模型顶点分别位于 204.1 h/m 和 200.2 h/m 附近，接近试验期 5 月日照时数均值（206.3 ± 15.3）h/m。月日照时数短于顶点值，油松多处于谷值或谷值后 1 年份，年生物量随日照时数延长而降低，降幅依次递减；月日照时数长于顶点值，油松多处于峰值或峰值前 1 年份，年生物量与日照时数呈正相关，增幅随日照时数延长有扩大趋势。

3. 6 **月日照时数模型** 6月日照时数与1～10年对照油松关系满足Linear－模型和Quadratic－模型，与1～10年和9～13年RPA油松具有Linear－模型属性，但9～13年油松更符合Exponential－模型规律（图14－21）。

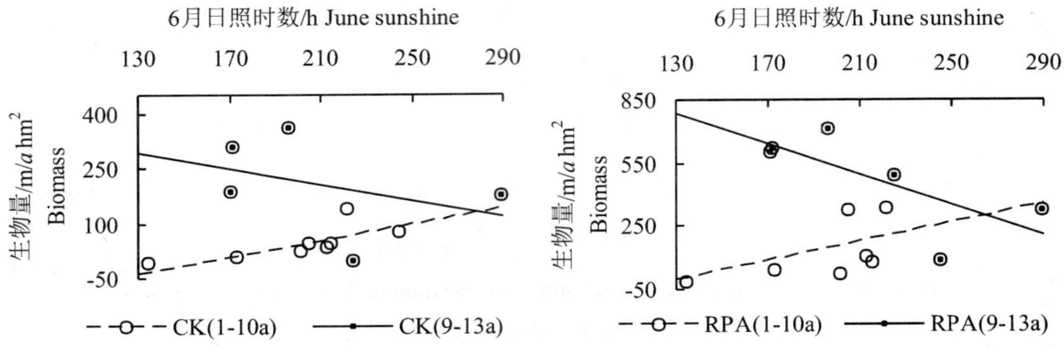

图14－21 6月日照时数与油松年生物量的关系

Fig. 14－21 Relation between June sunshine duration and annual forest biomass of *Pinus tabulaeformis*

$$B_{afck(1-10a)} = -187.748 + 1.134D_{sm06}$$

$$(n = 50, R^2 = 0.588,\ F = 11.428, p = 0.010)$$

$$B_{afck(1-10a)} = 97.139 - 1.633D_{sm06} + 0.007D_{sm06}^2$$

$$(n = 50, R^2 = 0.660,\ F = 6.786, p = 0.023)$$

$$B_{afrpa(1-10a)} = -303.034 + 2.282D_{sm06}$$

$$(n = 50, R^2 = 0.291,\ F = 3.277, p = 0.108)$$

$$B_{afrpa(9-13a)} = 1\ 105.508 - 2.635D_{sm06}$$

$$(n = 25, R^2 = 0.767,\ F = 45.898, p = 0.051)$$

$$B_{afrpa(9-13a)} = 1\ 744.891e^{-0.006D_{sm06}}$$

$$(n = 25, R^2 = 0.833,\ F = 14.950, p = 0.031)$$

从对照和RPA油松Linear－模型分析，两者在100.4 h/*m*处相交，模型斜率比值为2.0。在试验区6月日照时数范围内{134.1 h/*m*，289.5 h/*m*}，1～10年RPA油松年生物量大于对照，两者差距随日照时数提高扩大；证明RPA油松对光能利用率相对较高，单位光照年生物量增量较大。从不同树龄RPA油松Linear－模型分析，1～10年油松年生物量与日照时数呈正相关，而9～13年油松呈负相关；两模型在286.5 h/*m*附近交汇，交点趋近6月日照时数的上限。说明9～13年油松年生物量整体大于1～10年油松，但随日照时数延长两者差距缩小。对照油松也有类似规律，但9～13年油松相关性不显著（$r = -0.388$）。

4. 10 **月日照时数模型** 1～10年对照油松与10月日照时数关系符合Cubic－模型规律，RPA油松符合Linear－模型和Quadratic－模型。9～13年对照油松与10月日照时数关系具有Linear－模型属性，满足Quadratic－模型条件，而RPA油松具有鲜明的Cubic

-模型变化特征(图 14-22)。

$$B_{afck(1-10a)} = 2\,217.578 - 48.506D_{sm10} + 0.339D^2_{sm10} - 7.426\times10^{-4}D^3_{sm10}$$

$$(n=50, R^2=0.807,\ F=40.337, p=0.015)$$

$$B_{afrpa(1-10a)} = -397.894 + 3.579D_{sm10}$$

$$(n=50, R^2=0.731,\ F=21.697, p=0.002)$$

$$B_{afrpa(1-10a)} = 317.910 - 5.580D_{sm10} + 0.029D^2_{sm10}$$

$$(n=50, R^2=0.800,\ F=14.018, p=0.004)$$

$$B_{afck(9-13a)} = 448.750 - 1.667D_{sm10}$$

$$(n=25, R^2=0.498,\ F=2.975, p=0.183)$$

$$B_{afck(9-13a)} = -456.726 + 11.691D_{sm10} - 0.043D^2_{sm10}$$

$$(n=25, R^2=0.966,\ F=28.638, p=0.034)$$

$$B_{afrpa(9-13a)} = -1\,836.275 + 59.542D_{sm10} - 0.442D^2_{sm10} + 0.001D^3_{sm10}$$

$$(n=25, R^2=0.949,\ F=6.205, p=0028)$$

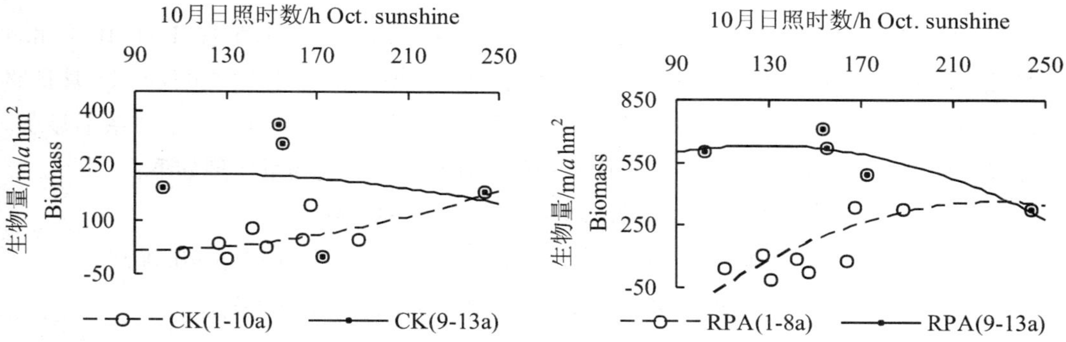

图 14-22　10 月日照时数与油松年生物量的关系

Fig. 14-22 Relation between Oct. sunshine duration and annual forest biomass of *Pinus tabulaeformis*

5. **11 月日照时数模型**　1~13 年 RPA 油松与 11 月日照时数呈显著正相关,1~10 年 RPA 油松正相关极显著,且符合 Quadratic-模型规律,而 9~13 年油松具有 Quadratic-模型变化特征。对照油松也有类似变化,但相关度较低(图 14-23)。

$$B_{afrpa} = -323.767 + 3.823D_{sm11}$$

$$(n=65, R^2=0.386,\ F=6.923, p=0.023)$$

$$B_{afrpa(1-10a)} = -449.801 + 4.018D_{sm11}$$

$$(n=50, R^2=0.857,\ F=48.093, p=0.000)$$

$$B_{afrpa(1-10a)} = 244.570 - 4.927D_{sm11} + 0.027D^2_{sm11}$$

$$(n=50, R^2=0.888,\ F=27.613, p=0.000)$$

$$B_{afrpa(9-13a)} = 5\,087.854 - 52.256D_{sm11} + 0.143D^2_{sm11}$$

$$(n=25, R^2=0.768,\ F=3.305, p=0.232)$$

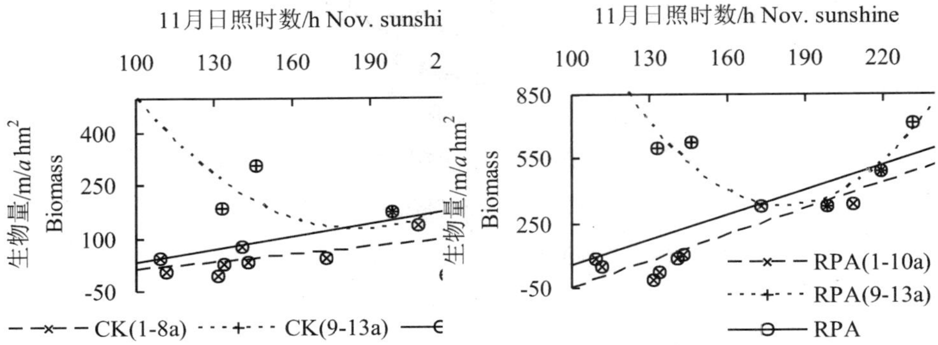

图 14－23　11 月日照时数与油松年生物量的关系

Fig. 14－23 Relation between Nov. sunshine duration and annual forest biomass of *Pinus tabulaeformis*

四、商州飞播油松林分年生物量与日照指标的逐步回归模型

1～13 年 RPA 油松年生物量与 11 月日照时数关系密切。6 月、5 月、1 月、10 月和 4 月日照时数对 1～10 年对照油松影响较大，而 1～10 年 RPA 油松年生物量仅与 11 月日照时数关系紧密；9～13 年 RPA 油松只与 7 月日照时数相关，其对照油松模型关系不显著。一元线性模型与模型拟合结果一致。其 1～10 年对照油松年生物量模型如下：

$$B_{afck(1-10a)} = -97.029 + 1.323D_{sm06} - 0.606D_{sm05}$$

$$(n=50, R^2=0.881, r_{sm06}=0.767, r_{sm05}=-0.198,\ F=12.087, p=0.005)$$

$$B_{afck(1-10a)} = 79.198 + 1.371D_{sm06} - 0.709D_{sm05} - 1.065D_{sm01}$$

$$(n=50, R^2=0.916, r_{sm01}=-0.263,\ F=21.855, p=0.001)$$

$$B_{afck(1-10a)} = 70.238 + 0.969D_{sm06} - 0.766D_{sm05} - 1.009D_{sm01} + 0.614D_{sm10}$$

$$(n=50, R^2=0.981, r_{sm10}=0.704,\ F=64.136, p=0.000)$$

$$B_{afck(1-10a)} = 117.648 + 1.044D_{sm06} - 0.666D_{sm05} - 1.187D_{sm01} + 0.641D_{sm10} - 0.285D_{sm04}$$

$$(n=50, R^2=0.994, r_{sm04}=0.223,\ F=142.892, p=0.000)$$

从模型分析，1～10 年对照油松年生物量与 6 月日照时数呈极显著正相关（$r=0.767, p=0.001$），在控制 6 月日照时数作用下，油松年生物量与 5 月日照时数线性关系密切，呈显著负相关（$r=-0.674, p=0.046$）。6 月和 5 月日照时数协调作用下，6 月日照对油松影响效果稳定，作用强度为 69.0%，5 月稳定性较差作用强度为 31.0%。控制 6 月和 5 月日照作用时，油松年生物量与 1 月日照时数负相关显著（$r=-0.792, p=0.019$）；三者共同作用下，各自对油松贡献率为 48.5%、24.6% 和 26.9%。6 月复相关系数为 0.767，明显高于 5 月和 1 月的相关系数 -0.198 和 -0.263。从 4 变量模型分析，排除其它变量干扰，油松年生物量与 10 月日照时数正相关极显著（$r=0.879, p=0.009$）；6 月和 10 月对油松作用效果相对稳定，而 5 月和 1 月与油松关系相对疏远；作用强度按模型变量次序为 33.5%、26.0%、24.9% 和 15.7%。排除上述月日照时数干扰下，油松年生物量与 4 月日照时数呈显著负相关（$r=-0.842,p=0.036$）。5 个月份日照共同作用下，6 月和 10 月作用效果相对稳定，而 5 月、1 月和 4 月作用效果稳定性较差；6 月日照时数作用强度最高，贡献率为 31.6%；4 月日照时数作用强度最低，贡献率仅为 8.7%。

1. 树龄对逐步回归模型的影响

（1）1～13 年油松年生物量模型分析　引入时间变量，树龄因子首先进入 1～13 年油松年生物量模型，接着 11 月日照时数进入 RPA 油松模型，其他日照指标被剔除。

$$B_{afrpa}=-398.970+42.808t+2.421D_{sm11}$$

$$(n=65,R^2=0.764,r_t=0.793,r_{sm11}=0.622,F=16.227,p=0.001)$$

树龄是影响油松年生物量变化的主导因子。在消除树龄因素作用下，11 月日照时数与 1～13 年 RPA 油松年生物量正相关显著（$r=0.608,p=0.037$），对模型贡献率为 57.7%，大于树龄贡献的 42.3%。证明 RPA 油松对光照反应灵敏，油松年生物量较大，比对照油松有较好的光能利用能力。

（2）1～10 年油松年生物量模型分析　在时间因子协同作用下，6 月日照时数、树龄和 10 月、12 月日照时数依次进入 1～10 年对照油松年生物量模型，而 RPA 油松只与 11 月日照指标关系密切。

$$B_{afck(1-10a)}=-187.748+1.134D_{sm06}$$

$$(n=50,R^2=0.588,r_{sm06}=0.767,F=11.428,p=0.010)$$

$$B_{afck(1-10a)}=-251.800+1.784D_{sm06}-13.422t$$

$$(n=50,R^2=0.846,r_t=-0.119,F=19.180,p=0.001)$$

$$B_{afck(1-10a)}=-269.692+1.385D_{sm06}-14.933t+0.731D_{sm10}$$

$$(n=50,R^2=0.938,r_{sm10}=0.704,F=30.071,p=0.001)$$

$$B_{afck(1-10a)}=-358.579+1.473D_{sm06}-14.150t+0.659D_{sm10}+0.434D_{sm12}$$

$$(n=50,R^2=0.975,r_{sm12}=0.020,F=47.798,p=0.000)$$

$$B_{afrpa(1-10a)}=-449.801+4.018D_{sm11}$$

$$(n=50,R^2=0.857,r_{sm11}=0.925,F=48.093,p=0.000)$$

从模型分析，6 月日照指标是影响 1～10 年对照油松年生物量的主导因子，树龄因素成为了影响油松年生物量的从属因子。在控制模型中其他变量作用前提下，对照油松与 6 月日照时数呈极显著正相关（$r=0.966,p=0.000$），与 10 月和 12 月呈显著正相关（$r=0.861$、$0.769,p=0.013$、0.043），而与树龄负相关极显著（$r=-0.956,p=0.001$）。从复相关系数分析，6 月和 10 月日照时数对油松年生物量影响效果相对稳定，树龄和 12 月日照时数影响效果不稳定，尤其是 12 月日照时数复相关系数仅为 0.020，作用极其不稳定。6 月日照时数对模型值贡献率为 56.3%，远大于树龄和 10 月、12 月日照时数的 12.5%、18.6% 和 12.7%。11 月日照是影响 1～10 年 RPA 油松年生物量主要因素，呈极显著正相关($r=0.926,p=0.000$),而树龄与生物量关系比较疏远,相关不显著。

(3)9~13 年 9~13 年油松年生物量模型分析　对照油松与树龄和日照指标关系均比较松散,模型关系不成立;而树龄和 5 月、6 月以及年日照时数先后进入 RPA 油松模型。

$$B_{afrpa(9-13a)} = -1\ 156.407 + 134.454t + 1.063D_{sm05}$$

$$(n=25, R^2=0.991, r_t=0.942, r_{sm05}=-0.610, F=114.747, p=0.009)$$

$$B_{afrpa(9-13a)} = -805.284 + 115.301t + 0.898D_{sm05} - 0.499D_{sm06}$$

$$(n=25, R^2=1.000, r_{sm06}=-0.876, F=3.687\times10^7, p=0.000)$$

$$B_{afrpa(9-13a)} = -804.444 + 115.240t + 0.896D_{sm05} - 0.502D_{sm06} + 4.014D_{sa}$$

$$(n=25, R^2=1.000, r_{sa}=-0.853, F=\infty, p=0.000)$$

从结果分析,树龄是影响 9~13 年 RPA 油松年生物量的主导因素,两者呈显著正相关($r=0.942,p=0.017$)。在控制模型中其他因素作用下,5 月和年日照时数与油松年生物量正相关极显著,而 6 月日照时数呈极显著负相关。各因子复相关系数相对较大,对油松年生物量作用效果比较稳定。树龄对油松年生物量作用强度最大,贡献率为 80.9%,远大于 5 月和 6 月日照时数贡献的 12.3% 和 6.7%;年日照时数对生物量作用强度最低,贡献率仅为 0.1%。

2. **树龄权重下的逐步回归模型**　以树龄权重分析,对照 1~13 年油松年生物量与 12 月日照时数关系密切,而 RPA 油松模型不成立。1~10 年油松年生物量,对照与 6 月日照时数关系较大,RPA 与 11 月日照时数相关度较高。9~13 年对照也与 12 月日照时数相关度较高,而 RPA 油松与日照关系疏远,模型不成立。

$$B_{afck} = -1\ 449.559 + 3.426D_{sm12}$$

$$(n=65, R^2=0.530, r_{sm12}=0.728, F=12.410, p=0.005)$$

$$B_{afck(1-10a)} = -252.127 + 1.368D_{sm06}$$

$$(n=50, R^2=0.682, r_{sm06}=0.826, F=17.153, p=0.003)$$

$$B_{afrpa(1-10a)} = -468.591 + 4.221D_{sm11}$$

$$(n=50, R^2=0.889, r_{sm11}=0.943, F=63.754, p=0.000)$$

$$B_{afck(9-13a)} = -677.672 + 4.843D_{sm12}$$

$$(n=25, R^2=0.773, r_{sm12}=0.773, F=50.188, p=0.050)$$

3. **年日照时数权重下的逐步回归模型**　以年日照时数权重分析,油松年生物量与日照指标关系不变。引入时间因子,9~13 年 RPA 油松年生物量模型发生变化,树龄和 5~7 月日照时数先后进入油松模型。而其余油松年生物量与日照指标关系不变。

$$B_{afrpa(9-13a)} = -1\ 188.145 + 136.402t + 1.106D_{sm05}$$

$$(n=25, R^2=0.993, r_t=0.946, r_{sm05}=-0.607, F=144.522, p=0.007)$$

$$B_{afrpa(9-13a)} = -805.303 + 115.302t + 0.898D_{sm05} - 0.499D_{sm06}$$

$$(n=25, R^2=1.000, r_{sm06}=-1.000, F=3.863\times10^7, p=0.000)$$

$$B_{afrpa(9-13a)} = -804.718 + 115.270t + 0.899D_{sm05} - 0.498D_{sm06} - 0.003D_{sm07}$$
$$(n = 25, R^2 = 1.000, r_{sm07} = -1.000, F = \infty, p = 0.000)$$

与其它逐步回归分析结果一样,树龄也是主导油松年生物量的重要因子。在控制模型其它变量重要下,油松年生物量与5月日照时数呈正相关,而与6月和7月日照时数呈负相关。但从模型参数和指标量综合分析,树龄对模型贡献率为81.0%,远大于5月和6月日照时数的12.3%和6.7%,而7月日照时数对模型值贡献率接近零,仅为0.03%。树龄与日照指标对油松生物量关系和作用强度与上述分析结果一致。

第四节 淳化飞播油松林分生物量与日照的关系

【内容提要】与陕南三地不同,淳化飞播油松生物量与日照指标的相关性较强。与年日照时数和2~9月日照时数负相关,与11月和12月日照时数正相关;其中,与7月日照时数负相关极显著($p<0.01$)。聚类分析可将1~13年油松生物量1~8年油松和9~13年油松2类。可用Linear-模型、Logarithmic-模型、Inverse-模型和Quadratic-模型分析7月日照时数对油松年生物量的影响。逐步回归模型分析证明,7月长时间的强日照对淳化飞播油松生物量有着显著的抑制作用,6月、1月和10月日照时数对1~8年油松年生物量关系紧密,9月、3月、7月和年日照时数与其9~13年油松线性关系显著;而RPA两类油松仅与11月日照时数相关性较大。

【关 键 词】多效抗旱驱鼠剂,飞播造林,油松,生物量,日照时数,相关性分析,模型拟合

一、淳化飞播油松林分生物量与日照的相关性

1. ***淳化月日照时数的变化*** 淳化3~8月日照充足,日照时间长,5月日照时数最长,均值为(213.5±9.4)h/*m*。1~2月和9~12月日照时间相对较短,其中10月日照时数最短,均值为(124.3±7.4)h/*m*。8月和9月日照时数均值变异较大,年间差距明显,均值变异系数分别为34.6%和34.4%;3月和5月均值变异程度相对较低,变异系数为14.0%和15.9%,月日照时数年间差异相对较低。月日照时序偏度系数和峰度系数为(0.377±0.637)和(-1.560±1.232),均值变异系数偏度系数和峰度系数为(0.433±0.637)和(-0.623±1.232),属偏正态分布,峰值低于正态分布(表14-6)。

2. ***淳化飞播油松林分生物量与日照的性关性*** 油松生物量与年日照时数和2~9月日照时数呈负相关性。其中与7月日照时数相关极显著($p<0.01$),3月日照时数与RPA油松年生物量相关也显著($r=-0.563, p=0.045$)。而与11月和12月日照时数呈正相关。其中,对照油松年生物量与12月日照时数相关显著($r=0.672, p=0.012$),RPA油松与11月相关显著($r=0.575, p=0.040$;表14-6)。

表 14 - 6　1998 ~ 2010 年淳化日照时数变异与油松林分生物量相关分析

Tab. 14 - 6 From 1998 to 2010, correlation analysis between sunshine variation and forest biomass of *Pinus tabulaeformis* in Chunhua county

指标 Index	日照时数/h Sunshine duration			变异系数/% Coefficient of variation	相关系数(r) Pearson correlations			
	平均 Mean	最低 Min.	最高 Max.		生物量 B_f		年生物量 B_{af}	
					RPA	CK	RPA	CK
年 Annual	1947.5 ±49.0	1655.4	2207.3	9.1	-0.534	-0.536	-0.286	-0.420
1 月 Jan.	135.0 ± 9.2	70.6	174.3	24.6	0.076	0.088	0.030	-0.006
2 月 Feb.	131.7 ± 9.9	69.1	199.1	27.2	-0.413	-0.443	-0.232	-0.395
3 月 March	172.6 ± 6.7	140.4	213.1	14.0	-0.433	-0.423	-0.563*	-0.482
4 月 April	192.4 ±11.8	122.5	240.5	22.1	-0.053	-0.058	-0.068	-0.151
5 月 May	213.5 ± 9.4	157.7	252.1	15.9	-0.365	-0.417	-0.269	-0.436
6 月 June	200.0 ±10.2	137.9	255.7	18.5	-0.134	-0.071	-0.037	0.110
7 月 July	198.2 ±10.4	116.4	261.0	18.8	-0.813**	-0.820**	-0.801**	-0.800**
8 月 Aug.	161.5 ±15.5	60.7	285.0	34.6	-0.447	-0.479	-0.238	-0.444
9 月 Sep.	130.2 ±12.4	63.9	223.7	34.4	-0.528	-0.551	-0.334	-0.485
10 月 Oct.	124.3 ± 7.4	78.8	161.8	21.4	-0.077	-0.022	0.052	0.104
11 月 Nov.	140.6 ± 9.0	98.2	210.5	23.0	0.244	0.261	0.575*	0.436
12 月 Dec.	147.6 ±11.8	83.4	220.4	28.8	0.497	0.515	0.517	0.672*

备注：* 在 0.05 水平(双侧)上显著相关，** 在 0.01 水平(双侧)上显著相关。

Remarks: * Correlation is significant at the 0.05 level (2 - tailed). ** Correlation is significant at the 0.01 level (2 - tailed).

二、淳化飞播油松林分年生物量与日照指标的聚类分析

对 1 ~ 13 年油松生物量指标与日照指标进行聚类分析(表 14 - 7，图 14 - 24)。从分析结果可看出在 Pearson 相关系数 0.691 时，按树龄将 1 ~ 13 年油松划分为两类。第 1 类是 1 ~ 8 年油松，第 2 类是 9 ~ 13 年油松。第 1 类油松在相关系数 0.966 是又被分为两小类，即 1 ~ 5 年和 6 ~ 8 年油松；而在 1 ~ 5 年油松小类中，1 年生飞播油松又和其他油松有所差异。说明飞播后第 1 年油松在飞播油松林中具有特殊地位，应该重点关注。第 2 类油松在相关系数 0.889 分为 9 ~ 10 年和 11 ~ 13 年两小类。从各类聚合过程分析，油松对光照反应随树龄呈梯次变化。

表 14－7　淳化油松生物量与光照指标聚类表

Tab. 14－7 Agglomeration schedule of sunshine index and forest biomass of *Pinus tabulaeformis* in Chunhua county

步骤 Stage	小类聚合 Cluster combined		相关系数 Coefficients	首次出现小类 Stage cluster first appears		下一步骤 Next Stage
	小类1 Cluster 1	小类2 Cluster 2		小类1 Cluster 1	小类2 Cluster 2	
1	4	5	0.998	0	0	3
2	2	3	0.995	0	0	3
3	2	4	0.992	2	1	7
4	6	7	0.991	0	0	5
5	6	8	0.988	4	0	10
6	12	13	0.985	0	0	9
7	1	2	0.980	0	3	10
8	9	10	0.979	0	0	11
9	11	12	0.976	0	6	11
10	1	6	0.966	7	5	12
11	9	11	0.889	8	9	12
12	1	9	0.691	10	11	0

三、淳化飞播油松林分年生物量与日照指标的模型拟合

1. **3月日照时数模型**　1～13年对照油松年生物量与3月日照时数关系具有Linear－模型和Inverse－模型属性，RPA油松符合Linear－模型和Inverse－模型规律。1～8年油松有Linear－模型变化趋势，9～13年油松呈Quadratic－模型变化，其中RPA油松满足模型要求(图14－25)。

$$B_{afck}=648.214-2.997D_{sm03}$$

$$(n=65, R^2=0.232, F=3.330, p=0.095)$$

$$B_{afck}=-425.834+\frac{94\,438.148}{D_{sm03}}$$

$$(n=65, R^2=0.255, F=1.939, p=0.079)$$

$$B_{afrpa}=1\,506.312-7.010D_{sm03}$$

$$(n=65, R^2=0.317, F=5.109, p=0.045)$$

$$B_{afrpa}=-985.802+\frac{217459.874}{D_{sm03}}$$

$$(n=65, R^2=0.337, F=5.590, p=0.079)$$

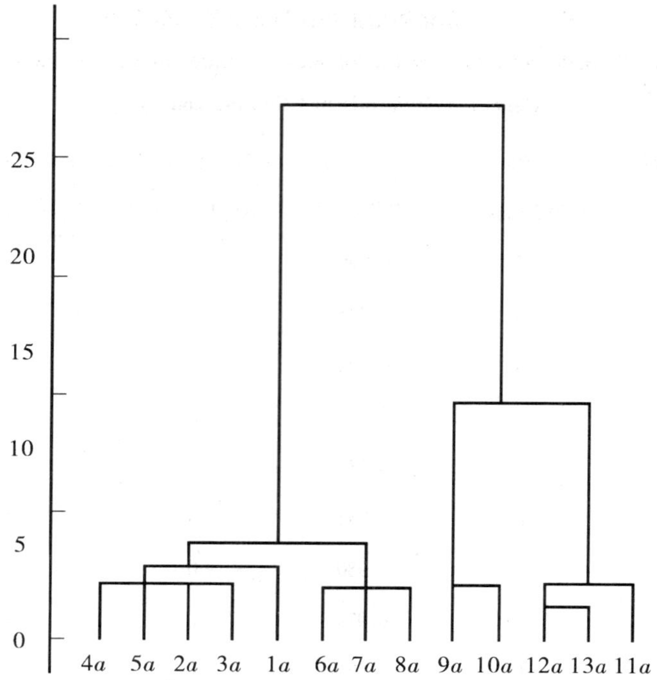

图 14－24　油松生物量与日照时数聚类图

Fig. 14－24 The dendrogram of *Pinus tabulaeformis*

$$B_{afck(1-8a)}=181.595-0.749D_{sm03}$$

$$(n=40, R^2=0.320, F=2.820, p=0.144)$$

$$B_{afrpa(1-8a)}=546.892-2.411D_{sm03}$$

$$(n=40, R^2=0.283, F=2.366, p=0.175)$$

$$B_{afck(9-13a)}=9\,381.104-105.078D_{sm03}+0.298D_{sm03}^2$$

$$(n=25, R^2=0.699, F=2.326, p=0.301)$$

$$B_{afrpa(9-13a)}=16\,663.305-183.379D_{sm03}+0.515D_{sm03}^2$$

$$(n=25, R^2=0.993, F=135.782, p=0.007)$$

从1～13年油松模型分析，年生物量与3月日照时数呈负相关，其中对照相关不显著($r=-0.482, p=0.095$)，RPA相关显著($r=-0.563, p=0.045$)。两模型在213.8 h/m附近交汇，交点值超过了试验期3月日照时数上限{140.1 h/m，213.1 h/m}，模型斜率比值为2.3。说明在试验期3月日照时数范围内，RPA油松年生物量大于对照，但随着日照时数延长，两者差幅有缩小的趋势。1～8年油松也有相同规律，但模型相关性不显著。从Quadratic－模型分析，对照和RPA 9～13年油松模型顶点分别出现在176.1 h/m和178.2 h/m附近。月日照时数短于顶点值，油松年生物量随日照时数延长降低，但越靠近顶点值降幅越小。

2.5 **月日照时数模型**　5月日照时数与1～13年油松关系符合Quadratic－模型，而

1～8 年和 9～13 年油松与 5 月日照时数关系松散,模型关系不成立。

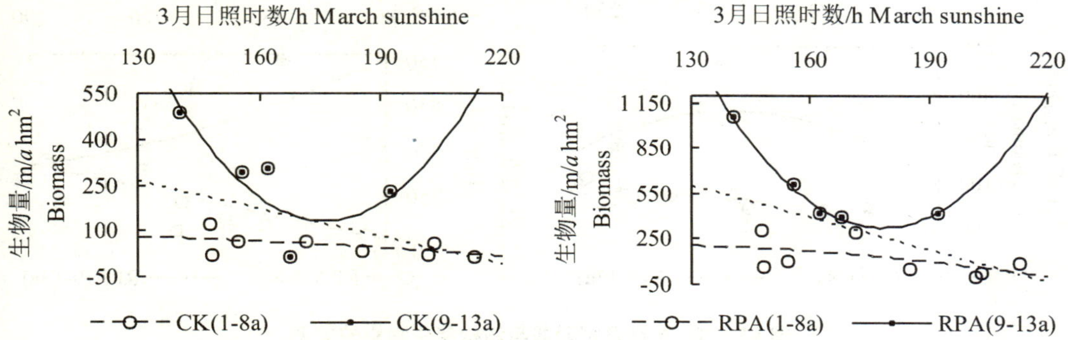

图 14－25　3 月日照时数与油松年生物量的关系

Fig. 14－25 Relation between March sunshine duration and annual forest biomass of *Pinus tabulaeformis*

$$B_{afck} = 5\,363.355 - 49.225D_{sm05} + 0.113D_{sm05}^2$$

$$(n = 65, R^2 = 0.619, F = 40.140, p = 0.008)$$

$$B_{afrpa} = 11\,152.336 - 103.900D_{sm05} + 0.243D_{sm05}^2$$

$$(n = 65, R^2 = 0.566, F = 6.513, p = 0.015)$$

$$B_{afck} = 1\,463.248 - 7.004D_{sm05}$$

$$(n = 35, R^2 = 0.710, F = 12.256, p = 0.017)$$

$$B_{afrpa} = 2\,792.177 - 13.327D_{sm05}$$

$$(n = 35, R^2 = 0.614, F = 7.961, p = 0.037)$$

模型顶点值为 217.6 h/*m* 和 213.9 h/*m*,接近试验期 5 月日照时数均值(213.5 ± 9.4)h/*m*,恰好位于 5 月日照时数中值位置。5 月日照时数低于顶点值,油松年生物量与日照时数呈负相关,遵循 Linear－模型规律;而高于顶点值,油松年生物量与日照时数关系松散,模型不成立。

3. 6 月日照时数模型　1～8 年对照油松与 6 月日照时数关系遵从 Linear－模型,RPA 油松具有 Linear－模型变化特征;而 9～13 年油松与 6 月日照时数关系不紧密(图 14－26)。

$$B_{afckch(1-8a)} = -134.919 + 0.889D_{sm6} \qquad (n = 40, R^2 = 0.730, F = 16.195, p = 0.007)$$

$$B_{afrpach(1-8a)} = -289.218 + 1.974D_{sm6} \qquad (n = 40, R^2 = 0.307, F = 2.664, p = 0.154)$$

两模型交点在 142.2 h/*m* 附近,斜率比值为 2.2。低于试验期 1～8 年 6 月日照时数下限 155.0 h/*m*,试验期内 RPA 模型值大于对照,两者差幅随日照时数延长有扩大的趋势。证明 RPA 油松对光能利用率相对较高,单位日照时间产生的生物量较多。

4. 7 月日照时数模型

(1)1～13 年油松模型　7 月日照时数与 1～13 年油松关系负相关极显著,符合 Linear－模型、Logarithmic－模型、Inverse－模型和 Quadratic－模型(图 14－27)。

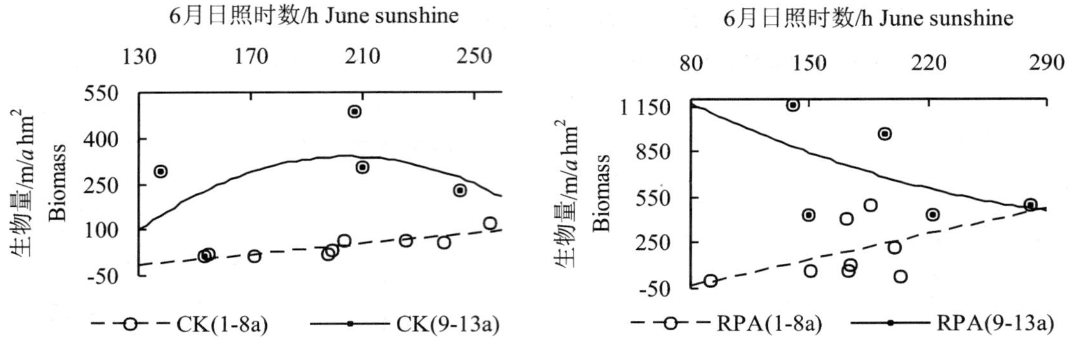

图 14－26　6 月日照时数与油松年生物量的关系

Fig. 14－26 Relation between June sunshine duration and annual forest biomass of *Pinus tabulaeformis*

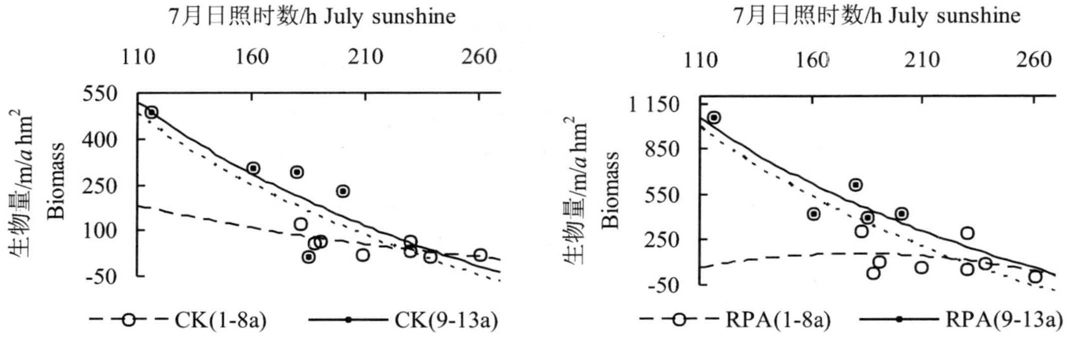

图 14－27　7 月日照时数与油松年生物量的关系

Fig. 14－27 Relation between July sunshine duration and annual forest biomass of *Pinus tabulaeformis*

$$B_{afck} = 766.543 - 3.207 D_{sm07}$$

$$(n = 65, R^2 = 0.639, F = 19.496, p = 0.001)$$

$$\ln B_{afck} = 3\ 348.409 - 610.408 \ln D_{sm07}$$

$$(n = 65, R^2 = 0.699, F = 25.492, p = 0.000)$$

$$B_{afck} = -426.851 + \frac{106\ 326.928}{D_{sm07}}$$

$$(n = 65, R^2 = 0.728, F = 29.440, p = 0.000)$$

$$B_{afck} = 1\ 667.870 - 12.981 D_{sm07} + 0.026 D^2_{sm07}$$

$$(n = 65, R^2 = 0.743, F = 14.065, p = 0.001)$$

$$B_{afrpa} = 1571.901 - 6.437 D_{sm07}$$

$$(n = 65, R^2 = 0.642, F = 19.748, p = 0.001)$$

$$\ln B_{afrpa} = 6753.837 - 1225.107 \ln D_{sm07}$$

$$(n = 65, R^2 = 0.702, F = 25.894, p = 0.000)$$

$$B_{afrpa} = -826.556 + \frac{214036.516}{D_{sm07}}$$

$$(n=65, R^2=0.736, F=30.632, p=0.000)$$

$$B_{afrpa} = 3279.468 - 24.954D_{sm07} + 0.048D_{sm07}^2$$

$$(n=65, R^2=0.735, F=13.852, p=0.001)$$

从 Linear－模型分析，两模型在 249.3 h/m 处交汇，斜率比值 2.0。在试验期 7 月日照时数范围内{116.4,261.0}，只有 2000 年 7 月日照时数(261.0 h/m)超过了交点值。试验期内，RPA 模型值大于对照，两者差距随日照时数延长有缩小趋势。Logarithmic－模型交点在 254.7 h/m 附近，斜率比值与 Linear－模型模型相同。Inverse－模型反映油松年生物量降幅呈 b/D_{sm7}^2 递减，最终趋于稳定。Quadratic－模型顶点值分别为 249.6 h/m 和 259.9 h/m，接近 7 月日照时数上限；试验期内，RPA 模型值大于对照，变化规律与 Linear－模型相似。

(2)1～8 年和 9～13 年油松模型　对照 1～8 年油松年生物量也与 7 月日照时数关系符合 Linear－模型、Logarithmic－模型和 Inverse－模型，而 9～13 年油松具有上述模型特征；RPA1～8 年油松模型关系不显著，9～13 年油松遵从 Logarithmic－模型和 Inverse－模型规律，具有 Linear－模型属性(图 14－27)。

$$B_{afck(1-8a)} = 239.562 - 0.885D_{sm07}$$

$$(n=40, R^2=0.505, F=6.131, p=0.048)$$

$$\ln B_{afck(1-8a)} = 1100.682 - 196.013\ln D_{sm07}$$

$$(n=40, R^2=0.528, F=6.714, p=0.041)$$

$$B_{afck(1-8a)} = -153.026 + \frac{42898.076}{D_{sm07}}$$

$$(n=40, R^2=0.550, F=3.319, p=0.035)$$

$$B_{afrpa(9-13a)} = 1832.571 - 7.397D_{sm07}$$

$$(n=25, R^2=0.748, F=40.911, p=0.058)$$

$$\ln B_{afrpa(9-13a)} = 6512.367 - 1159.805\ln D_{sm07}$$

$$(n=25, R^2=0.790, F=11.308, p=0.044)$$

$$B_{afrpa(9-13a)} = -496.412 + \frac{175805.463}{D_{sm07}}$$

$$(n=25, R^2=0.824, F=14.033, p=0.033)$$

从油松生物量与 7 月日照时数关系变化规律分析，1～8 年油松年生物量对日照反应灵敏度相对较低，而 9～13 年油松反应相对灵敏；RPA 油松对日照反应灵敏度高于对照油松。也就是说，树龄增加单位日照时数油松年生物量增量提高，RPA 油松单位日照时数年生物量增量大于对照。

5. 9 月日照时数模型　1～13 年油松年生物量与 9 月日照时数具有 Linear－模型特

性;1～8 年对照油松符合 Linear－模型,RPA 油松具有 Linear－模型属性;9～13 年对照油松符合 Linear－模型和 Logarithmic－模型,RPA 具有 Linear－模型和 Logarithmic－模型规律;但相关性不同(图 14－28)。

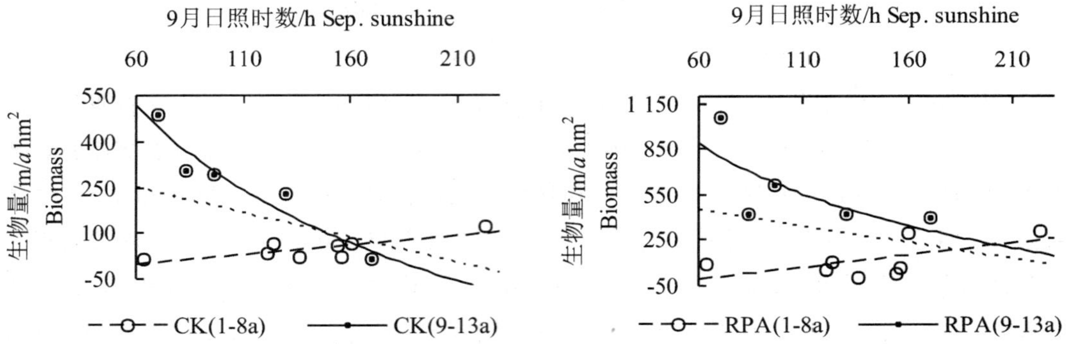

图 14－28　9 月日照时数与油松年生物量的关系

Fig. 14－28 Relation between Sep. sunshine duration and annual forest biomass of *Pinus tabulaeformis*

$$B_{afckch、、} = 342.410 - 1.624D_{sm09}$$

$$(n = 65, R^2 = 0.238, F = 3.389, p = 0.093)$$

$$B_{afrpa} = 587.620 - 2.238D_{sm09}$$

$$(n = 65, R^2 = 0.111, F = 1.380, p = 0.265)$$

$$B_{afck(1-8a)} = -40.019 + 0.618D_{sm09}$$

$$(n = 40, R^2 = 0.637, F = 50.536, p = 0.018)$$

$$B_{afrpa(1-8a)} = -102.588 + 1.542D_{sm09}$$

$$(n = 40, R^2 = 0.339, F = 3.075, p = 0.130)$$

$$B_{afck(9-13a)} = 708.198 - 4.032D_{sm09}$$

$$(n = 25, R^2 = 0.905, F = 28.581, p = 0.013)$$

$$\ln B_{afck(9-13a)} = 2\,410.459 - 461.531\ln D_{sm09}$$

$$(n = 25, R^2 = 0.881, F = 30.709, p = 0.012)$$

$$B_{afrpa(9-13a)} = 1\,078.122 - 4.490D_{sm09}$$

$$(n = 25, R^2 = 0.424, F = 2.210, p = 0.234)$$

$$\ln B_{afrpa(9-13a)} = 3\,172.112 - 556.617\ln D_{sm09}$$

$$(n = 25, R^2 = 0.501, F = 3.008, p = 0.181)$$

从模型分析,1～13 年油松年生物量与 9 月日照时数呈不显著负相关($r = -0.485$、-0.334),模型在 399.4 h/m 处汇合,斜率比值为 1.4;交点值远超过了试验期 9 月日照时数上限{63.9,223.7};试验期内,对照模型值小于 RPA 模型值,差距随日照时数延长有缩小趋势。1～8 年对照油松与 9 月日照时数正相关显著($r = 0.798$, $p = 0.018$),而 RPA 与其正相关不显著($r=0.582$)。模型交点值为67.7 h/m,斜率比为2.5,试验期内只有2001年9月日照时数小于交点值。试验期内,RPA模型值大于对照,差距随日照时数延长扩大。9～13年对照油松与9月日照时数呈显著负相关($r=-0.951,p=0.013$),RPA负相关不显著($r=-0.651$)。Linear－模型交点位于807.7 h/m附近,Logarithmic－模型交点值为3011.4 h/m,模型斜率比值分别为1.1和1.2;模型交点值远超过9月日照时数上限,试验期内RPA模型值也大于对照,两者差距有随日照时数延长缩小趋势,但趋势不明显。从模型斜率分析,1～8年油松模型斜率绝对值明显小于9～13年油松模型,但其RPA和对照模型斜率比值明显大于9～13年模型;说明9～13年油对9月日照反应比1～8年油松敏感,单位日照时数产生年生物量较大。同时也证明RPA油松比对照油松光能利用率较高,尤其在1～8年油松上表现更为显著。

6. 10 **月日照时数模型**　10月日照时数与1～8年对照油松关系满足Linear－模型和Power－模型要求,与RPA油松具有Linear－模型属性(图14－29)。

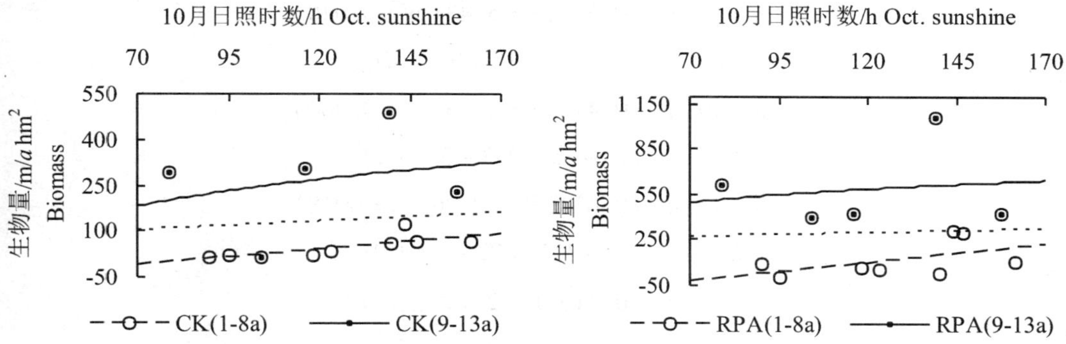

图14－29　10月日照时数与油松年生物量的关系

Fig. 14－29 Relation between Oct. sunshine duration and annual forest biomass of *Pinus tabulaeformis*

$$B_{afck(1-8a)}=-83.226+1.031D_{sm10}$$

$$(n=40,R^2=0.565,F=7.803,p=0.031)$$

$$B_{afck(1-8a)}=-3.596\times10^{-6}D_{sm10}^{3.346}$$

$$(n=40,R^2=0.789,F=22.403,p=0.003)$$

$$B_{afrpa(1-8a)}=-192.645+2.432D_{sm10}$$

$$(n=40,R^2=0.269,F=2.208,p=0.188)$$

直线模型交点在78.1附近,斜率比为2.4。交点值低于试验期10月日照时数下限值{78.8 h/m,161.8 h/m},斜率比值略小于9月的2.5。

7. 11 **月日照时数模型**　1～13年油松不同阶段年生物量与11月日照时数均呈一定正相关,其中RPA油松相关显著。两者关系可用Linear－模型表述(图14－30)。

$$B_{afck}=-152.996+2.020D_{sm11}$$

$$(n=65,R^2=0.190,F=3.389,p=0.093)$$

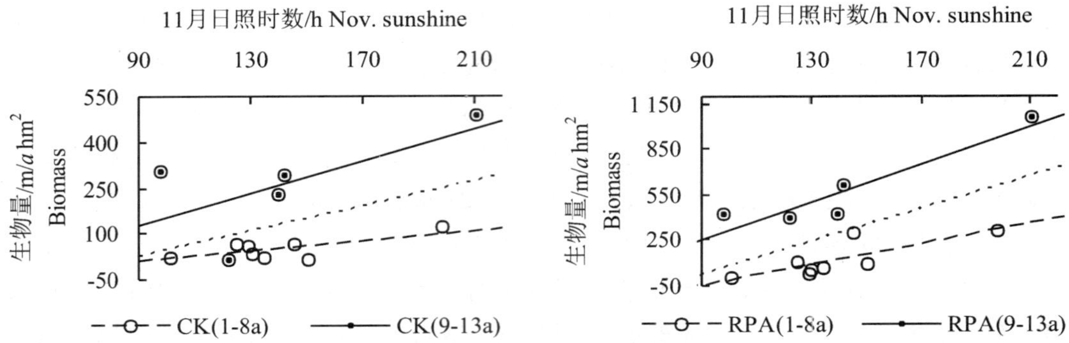

图 14－30　11 月日照时数与油松年生物量的关系

Fig. 14－30 Relation between Nov. sunshine duration and annual forest biomass of *Pinus tabulaeformis*

$$B_{afrpa} = -453.076 + 5.330D_{sm11}$$

$$(n=65, R^2=0.331, F=5.431, p=0.040)$$

$$B_{afck(1-8a)} = -70.915 + 0.854D_{sm11}$$

$$(n=40, R^2=0.471, F=5.337, p=0.060)$$

$$B_{afrpa(1-8a)} = -354.993 + 3.389D_{sm11}$$

$$(n=40, R^2=0.633, F=50.362, p=0018)$$

$$B_{afck(9-13a)} = -113.152 + 2.643D_{sm11}$$

$$(n=25, R^2=0.416, F=2.139, p=0.240)$$

$$B_{afrpa(9-13a)} = -304.660 + 6.226D_{sm11}$$

$$(n=25, R^2=0.873, F=20.610, p=0.020)$$

不同阶段对照和 RPA 模型交点值依次为 90.7 h/m、112.1 h/m 和 53.4 h/m，斜率比值为 2.6、4.0 和 2.4。试验期 9 月日照时数范围内{98.2，210.5}，RPA 模型值大于对照。说明 RPA 油松对 11 月日照反应敏感性均高于对照，两者差距随日照时数延长有扩大趋势。

8. 12 **月日照时数模型**　1～13 年对照油松与 12 月日照时数关系符合 Linear－模型，而 RPA 具有 Linear－模型属性，但两者与 12 月日照时数关系均可用 Quadratic－模型分析。1～8 年油松与 12 月日照时数关系松散，模型关系不显著。9～13 年油松具有 Linear－模型特征，其中对照符合 Logarithmic－模型和 Inverse－模型规律，RPA 可用 Exponential－模型描述（图 14－31）。

$$B_{afck} = -218.385 + 2.367D_{sm12}$$

$$(n=65, R^2=0.452, F=45.057, p=0.012)$$

$$B_{afck} = 295.013 - 4.753D_{sm12} + 0.023D_{sm12}^2$$

$$(n=65, R^2=0.519, F=5.395, p=0.026)$$

$$B_{afrpa} = -242.034 + 3.647D_{sm12}$$

$$(n = 65, R^2 = 0.267, F = 4.017, p = 0.070)$$

$$B_{afrpa} = 2\ 092.719 - 28.732D_{sm12} + 0.104D_{sm12}^2$$

$$(n = 65, R^2 = 0.615, F = 7.999, p = 0.008)$$

$$B_{afck(9-13a)} = -138.545 + 2.516D_{sm12}$$

$$(n = 25, R^2 = 0.762, F = 45.595, p = 0.053)$$

$$\ln B_{afck(9-13a)} = -1\ 627.994 + 377.479\ln D_{sm12}$$

$$(n = 25, R^2 = 0.813, F = 13.069, p = 0.036)$$

$$B_{afck(9-13a)} = 625.784 - \frac{50\ 708.530}{D_{sm12}}$$

$$(n = 25, R^2 = 0.838, F15.544, p = 0.029)$$

$$B_{afrpa(9-13a)} = 6.594 + 3.607D_{sm12}$$

$$(n = 25, R^2 = 0.591, F = 4.340, p = 0.129)$$

$$B_{afrpa(9-13a)} = 216.650e^{0.005D_{sm12}}$$

$$(n = 25, R^2 = 0.682, F = 6.426, p = 0.085)$$

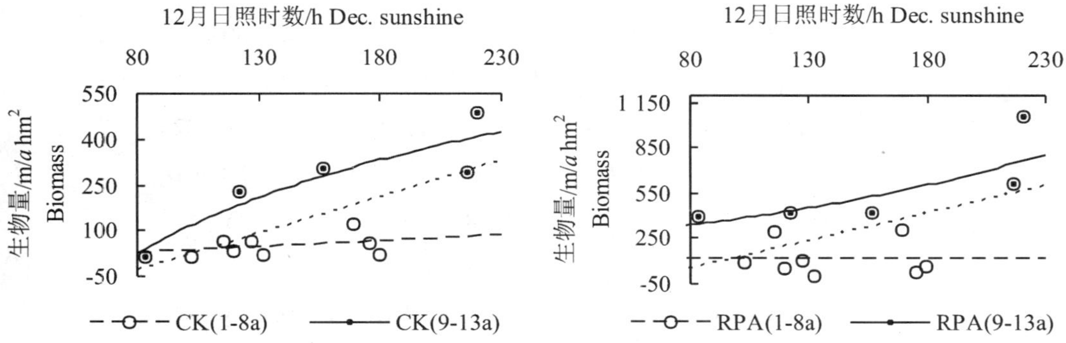

图 14－31　12 月日照时数与油松年生物量的关系

Fig. 14－31 Relation between Dec. sunshine duration and annual forest biomass of *Pinus tabulaeformis*

从模型分析，1～13 年油松年生物量与 12 月日照时数呈正相关，其中 RPA 油松相关显著（$r = 0.934, p = 0.020$）。两模型交点值为 18.5 h/m，低于试验期 12 月日照时数下限{83.4，220.4}，模型斜率比值为 1.5，比 11 月 2.6 小，与 9 月 1.4 接近。9～13 年油松年生物量也与 12 月日照时数呈正相关，但相关均不显著。两模型交点值为－133.1 h/m，远低于 12 月日照时数下限；斜率比值为 1.4，小于 11 月的 2.4。但整个试验期内，RPA 油松年生物量均大于对照油松，其变化趋势与 11 月相同。

四、淳化飞播油松林分年生物量与日照指标的逐步回归模型

1～13 年油松年生物量只与 7 月日照时数线性关系密切，其模型关系与上述分析结

果相同。6 月、1 月和 10 月日照时数依次进入 1 ~ 8 年对照油松年生物量模型，而只有 11 月日照时数与 1 ~ 8 年 RPA 油松相关度高。9 ~ 13 年油松与 9 月、年、7 月和 3 月日照时数关系紧密，而 RPA 油松与 11 月和年日照时数表现出较高相关性。引进时间因子，模型分析结果不变。

$$B_{afck(1-8a)} = -134.919 + 0.889D_{sm06}$$

$$(n = 40, R^2 = 0.730, r_{sm06} = 0.854, F = 16.195, p = 0.007)$$

$$B_{afck(1-8a)} = -219.417 + 0.870D_{sm06} + 0.633D_{sm01}$$

$$(n = 40, R^2 = 0.956, r_{sm01} = 0.508, F = 54.435, p = 0.000)$$

$$B_{afck(1-8a)} = -248.131 + 1.108D_{sm06} + 0.985D_{sm01} - 0.544D_{sm10}$$

$$(n = 40, R^2 = 0.987, r_{sm10} = 0.752, F = 501.487, p = 0.000)$$

$$B_{afrpa(1-8a)} = -354.993 + 3.389D_{sm11}$$

$$(n = 40, R^2 = 0.633, r_{sm11} = 0.796, F = 50.362, p = 0.018)$$

$$B_{afck(9-13a)} = 718.198 - 4.032D_{sm09}$$

$$(n = 25, R^2 = 0.905, r_{sm09} = -0.851, F = 28.581, p = 0.013)$$

$$B_{afck(9-13a)} = -72.695 - 5.257D_{sm09} + 0.496D_{sa}$$

$$(n = 25, R^2 = 0.992, r_{sa} = -0.465, F = 122.722, p = 0.008)$$

$$B_{afck(9-13a)} = 24.073 - 4.818D_{sm09} + 0.480D_{sa} - 0.687D_{sm07}$$

$$(n = 25, R^2 = 1.000, r_{sm07} = -0.770, F = 112\,921.414, p = 0.002)$$

$$B_{afck(9-13a)} = 24.332 - 4.813D_{sm09} + 0.478D_{sa} - 0.706D_{sm07} + 0.036D_{sm03}$$

$$(n = 5, R^2 = 1.000, r_{sm03} = -0.581, F = \infty, p = 0.000)$$

$$B_{afrpach(9-13a)} = -304.660 + 6.226D_{sm11}$$

$$(n = 5, R^2 = 0.873, r_{sm11} = 0.934, F = 20.610, p = 0.020)$$

$$B_{afrpa(9-13a)} = 920.861 + 6.757D_{sm11} - 0.704D_{sa}$$

$$(n = 5, R^2 = 0.997, r_{sa} = -0.136, F = 239.294, p = 0.003)$$

从模型分析，7 月日照对 1 ~ 13 年油松年生物量作用效果相对稳定。6 月日照时数是影响 1 ~ 8 年对照油松年生物量的关键日照指标，两者正相关极显著（$r = 0.854, p = 0.007$）。在控制 6 月日照因素作用下，1 月日照时数与 1 ~ 8 年对照油松呈极显著正相关（$r = 0.915, p = 0.004$）；在 6 月日照因素主导下，1 月日照时数对模型值贡献率为 27.8%，远小于 6 月日照的 72.2%。排除 6 月和 1 月日照因素干扰，10 月日照时数与 1 ~ 8 年对照油呈显著负相关（$r = -0.839, p = 0.037$）；3 因素协同作用下，6 月、1 月和 10 月日照时数对油松年生物量作用强度依次为 58.8%、27.7% 和 13.6%。

9 ~ 13 年对照油松模型显示，9 月日照对油松年生物量作用效果稳定。在去除其作用下，年日照时数与油松年生物量正相关显著（$r = 0.957, p = 0.043$）；两者相互作用下，各自对模型贡献率为 15.2% 和 84.8%，年日照时数作用强度远大于 9 月日照作用，但 9 月日照作用相对稳定。从其4因子模型分析，控制模型中其他因子作用下，9月和7月日照时数与油松年生物量呈负相关，年和3月日照时数与油松年生物量呈正相关。9月和7月日照作用相对稳定，而年和3月日照作用稳定性相对较差。从模型参数和指标量综合分析，年日照时数对油松年生物量作用强度为83.2%，远大于其他日照指标的作用强度。从RPA油松模型分析，11月日照是决定油松年生物量的主导日照因素，与油松年生物量呈显著正相关（$r=0.934, p=0.020$）。在控制11月日照因子作用下，年日照时数与油松年生物量呈显著负相关（$r=-0.987, p=0.013$）。11月日照对油松作用效果稳定，年日照时数与模型值关系相对松散，作用效果不稳定，但年日照时数对模型值贡献率为82.2%，远大于11月日照的17.8%。

1. **树龄权重下的逐步回归模型** 以树龄权重分析，7月日照时数首先进入1～13年油松年生物量模型，接着9月和11月日照时数分别进入对照和RPA油松模型（图14－32）。

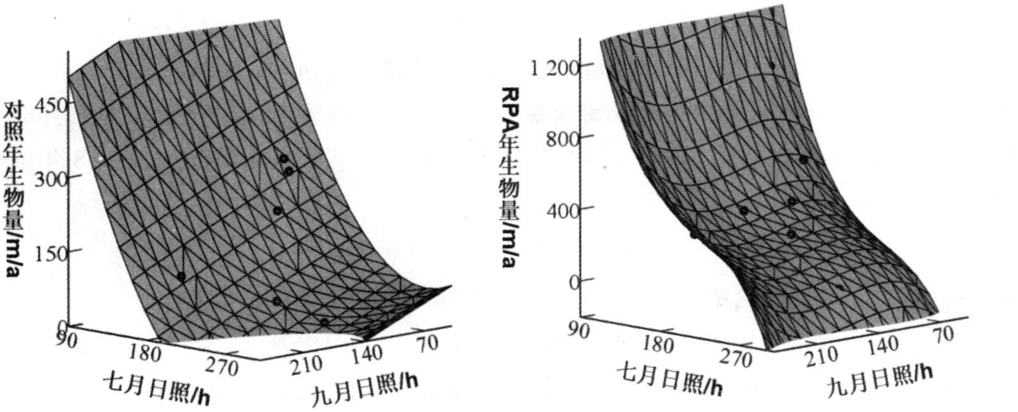

图14－32 油松年生物量与日照关系

Fig. 14－32 The relationship between sunshine duration and annual forest biomass of *Pinus tabulaeformis*

$$B_{afck}=878.374-3.734D_{sm07}$$

$$(n=65, R^2=0.700, r_{sm07}=-0.837, F=25.633, p=0.000)$$

$$B_{afck}=919.303-2.759D_{sm07}-1.971D_{sm09}$$

$$(n=65, R^2=0.832, r_{sm09}=-0.742, F=24.753, p=0.000)$$

$$B_{afrpa}=1\ 750.287-7.237D_{sm07}$$

$$(n=65, R^2=0.689, r_{sm07}=-0.830, F=24.402, p=0.000)$$

$$B_{afck}=893.525-5.458D_{sm07}+3.753D_{sm11}$$

$$(n=65, R^2=0.796, r_{sm11}=0.717, F=19.469, p=0.000)$$

模型显示，树龄权重下，7月日照对油松年生物量影响很大，在控制其干扰下，9月日照时数与对照油松呈显著负相关($r = -0.663, p = 0.019$),而11月日照时数与RPA油松呈显著正相关($r = 0.585, p = 0.046$)。从一元线性模型分析,两模型在248.9 h/m处交汇,斜率比值为1.9。与上述模型分析结果基本一致,在试验期7月日照时数范围内{116.4,261.0},RPA模型值大于对照,差距随日照时数延长有缩小趋势。从模型复相关系数分析,7月日照对油松作用相对稳定,9月和11月作用效果稳定性略低;两者协同作用下,7月日照时数对RPA和对照油松年生物量作用强度为68.9%和69.6%,大于9月和11月的31.1%和30.4%。进一步说明7月日照对油松年生物量重要性和关键作用。

树龄权重下,10月日照对1~8年对照油松年生物量作用凸显,而日照对RPA油松影响降低,模型不成立。对于9~13年油松,与日照指标关系变动不大,只是11月日照时数取代了对照模型中3月日照时数的地位,而其他日照指标关系不变。

$$B_{afck(1-8a)} = -65.551 + 0.851D_{sm10}$$

$$(n = 40, R^2 = 0.738, r_{sm10} = 0.859, F = 16.928, p = 0.006)$$

$$B_{afck(9-13a)} = 20.726 - 4.831D_{sm09} + 486D_{sa} - 0.707D_{sm07} - 0.022D_{sm11}$$

$$(n = 5, R^2 = 1.000, r_{sm11} = 0.633, F = \infty, p = 0.000)$$

2. **年日照时数权重下的逐步回归模型** 以年日照时数为权重分析,7月日照时数与1~13年油松年生物量关系不变,但1月日照时数进入了对照油松模型。1~8年油松与日照时数关系不变。

$$B_{afck} = 748.415 - 3.126D_{sm07}$$

$$(n = 65, R^2 = 0.621, r_{sm07} = -0.788, F = 18.037, p = 0.001)$$

$$B_{afck} = 1\,092.867 - 3.707D_{sm07} - 1.696D_{sm01}$$

$$(n = 65, R^2 = 0.747, r_{sm01} = -0.028, F = 14.788, p = 0.001)$$

$$B_{afrpa} = 1\,550.775 - 6.333D_{sm07}$$

$$(n = 13, R^2 = 0.628, r_{sm07} = -0.830, F = 18.536, p = 0.001)$$

对照和RPA一元线性模型交点值为250.2 h/m,斜率比值为2.0。在控制7月日照作用下,1月日照时数与对照油松负相关显著($r = -0.577, p = 0.049$)。但1月日照时数复相关系数仅为-0.028,作用效果极不稳定。

年日照时数权重下,1~8年油松年生物量与日照时数模型关系不变,但9~13年对照油松只与9月日照时数有关,RPA油松仅与11月日照时数关系密切。其模型关系与上述分析相同。引入时间变量,6月、1月日照时数和树龄进入1~8年对照油松年生物量模型,11月日照时数、树龄和7月、12月日照时数进入9~13年RPA油松模型;而其他分析结果保持不变。

$$B_{afck(1-8a)} = -135.090 + 0.891D_{sm06}$$

$$(n = 40, R^2 = 0.734, r_{sm06} = 0.857, F = 16.588, p = 0.007)$$

$$B_{afck(1-8a)} = -222.650 + 0.879D_{sm06} + 0.644D_{sm01}$$

$$(n=40, R^2=0.957, r_{sm01}=0.493, F=55.507, p=0.000)$$

$$B_{afck(1-8a)} = -211.326 + 0.926D_{sm06} + 0.580D_{sm01} - 2.717t$$

$$(n=40, R^2=0.990, r_t=-0.870, F=125.722, p=0.000)$$

$$B_{afrpa(9-13a)} = -323.598 + 6.317D_{sm11}$$

$$(n=25, R^2=0.872, r_{sm11}=0.934, F=20.390, p=0.020)$$

$$B_{afrpa(9-13a)} = -899.504 + 5.073D_{sm11} + 68.993t$$

$$(n=25, R^2=0.995, r_t=0.744, F=213.466, p=0.005)$$

$$B_{afrpa(9-13a)} = -2\,084.718 + 5.849D_{sm11} + 119.340t + 3.084D_{sm07}$$

$$(n=25, R^2=1.000, r_{sm07}=-0.874, F=236\,164.656, p=0.002)$$

$$B_{afrpa(9-13a)} = -2\,028.644 + 5.803D_{sm11} + 116.588t + 2.947D_{sm07} + 0.024D_{sm12}$$

$$(n=25, R^2=1.000, r_{sm12}=0.776, F=\infty, p=0.000)$$

模型显示，在年日照时数权重下，6 月和 1 月日照时数与 1～8 年对照油松年生物量关系不变，而模型中引入了树龄因子，在控制模型中日照因素干扰下，树龄与 1～8 年对照油松年生物量呈显著负相关（$r=-0.870, p=0.024$）。从 9～13 年 RPA 油松模型分析，11 月日照对油松年生物量作用效果稳定，在控制其作用下，树龄与油松年生物量呈正相关（$r=0.982, p=0.018$）。分析结果与商州油松结论一致。

参考文献

1. 韩崇选,王培新,韩翔,等. 林木鼠(兔)害无害化控制及效益评价研究[M]. 杨凌:西北农林科技大学出版社,2015
2. 韩崇选,杨学军,王明春,等. 中国农林啮齿动物与科学管理[M]. 杨凌:西北农林科技大学出版社,2005
3. 韩崇选,李金钢,杨学军,等. 农林啮齿动物灾害环境修复与安全诊断[M]. 杨凌:西北农林科技大学出版社,2004
4. 韩崇选. 林区害鼠综合治理技术(中英文版)[M]. 杨凌:西北农林科技大学出版社,2003
5. 李建春,张斌善,党齐域,等. 多效抗旱驱鼠剂(RPA)飞播油松成效分析[J]. 西北林学院学报,2015,30(6):119-125
6. 张斌善,李建春,孔绿玉,等. 日照因子与汉中飞播油松成苗效果关联分析[J]. 西北林学院学报,2016,31(4):140-146
7. 李建康,李建春,韩崇选,等. 降水量与安康飞播油松成苗效果关联分析[J]. 西北林学院学报,2016,31(5):121-126
8. 王蕾,李建春,孔绿玉,等. 降水量对商州飞播油松成苗效果影响析[J]. 西北林学院学报,2016,31(6)
9. 童开林,王锁怀,韩崇选,等. 气温对汉中飞播油松成苗效果的影响[J]. 西北林学院学报,2015,30(3):113-119
10. 李建春,张斌善,党齐域,等. 多效抗旱驱鼠剂对飞播油松高生长的影响[J]. 西北林学院学报,2015,30(1):137-143
11. 李建春,张斌善,党齐域,等. 多效抗旱驱鼠剂(RPA)对飞播油松高生物量的影响[J]. 西北林学院学报,2016,31(1):164-169
12. 吕宁,张斌善,王培新,等. 汉中RPA拌种飞播油松高生长与降水关系分析[J]. 西北林学院学报,2016,31(2):140-148

13. 李建春,孔绿玉,张斌善,等. 多效抗旱驱鼠剂(RPA)对飞播油松幼林空间格局影响[J]. 西北林学院学报,2015,30(2):51-58
14. 王明春,李琪,宗德禄,等. 退耕还林区抗逆袋栽植的抗旱与驱鼠(兔)作用[J]. 干旱地区农业研究,2007,25(5):40-45
15. 杨学军,韩崇选,张宏利,等. 不同抗逆配方对侧柏和油松生长的影响[J]. 西北农林科技大学学报(自然科学版),2007,35(5):127-130
16. 杨学军,王显车,吴凤霞,等. 多效抗旱驱鼠剂(RPA)的研制与应用[J]. 西北农林科技大学学报(自然科学版),2004,32(4):37-40
17. 韩崇选,杨学军,王明春,等. 多效抗旱驱鼠剂的抗旱促长作用机理研究[J]. 西北林学院学报,2003,18(4):96-99
18. 杨学军,韩崇选,李继光,等. 多效抗旱驱鼠剂在固原造林中的应用[J]. 西北林学院学报,2004,19(4):90-93
19. 韩崇选,杨学军,王明春,等. 多效抗旱驱鼠剂的抗旱促长作用研究[J]. 西北植物学报,2002,22(5):1150-1157
20. 杨学军,韩崇选,王明春,等. 多效抗旱驱鼠剂在飞播造林中的应用研究[J]. 林业科学研究,2002,15(5):609-613
21. 杨学军,韩崇选,王明春,等. 多效抗旱驱鼠剂室内促长效果研究[J]. 陕西林业科技,2002,2:14-18
22. 杨学军,郑雪莉,韩崇选,等. 多效抗旱驱鼠剂室内驱避鸟兽试验研究[J]. 陕西林业科技,2002,2:11-13,23
23. 王明春,韩崇选,闫银团,等. 多效抗旱驱鼠剂室内促长效果研究[J]. 陕西林业科技,2002,2:19-20,48
24. 韩崇选,杨学军,胡忠朗,等. 多效抗旱驱鼠剂的苗木处理方法与效果[J]. 西北林学院学报,2001,16(4):41-45
25. 杨学军,韩崇选,王明春,等. 多效抗旱驱鼠剂对落叶松生长的影响[J]. 西北农林科技大学学报(自然科学版),2003,31(增刊):29-31
26. 杨学军,韩崇选,王明春,等. 多效抗旱驱鼠剂对种苗生长影响研究[J]. 西北农业学报,2001,10(1):25-28
27. 杨学军,韩崇选,王明春,等. 多效抗旱驱鼠剂室内效果研究[J]. 西北林学院学报,1999,14(4):63-68
28. 王明春,韩崇选,杨学军,等. 多效抗旱驱鼠剂对黄豆促长作用的研究[J]. 陕西林业科技,2000,3:35-37
29. 张斌善,韩崇选,张芳宝,等. 纳米型植物抗逆剂对油松抗旱促长作用研究[J]. 西北林学院学报,2015,30(2):121-128
30. 丁学利,韩崇选,党齐域,等. 纳米型植物抗逆剂对侧柏蘸浆造林效果分析[J]. 西北

林学院学报,2015,30(4):132－141
31. 陈嘉,李建春,王培新,等. 降水量对宁强县飞播油松成苗的影响[J]. 西北林学院学报,2016,30(3):131－137
32. 朱军,王培新,张芳宝,等. 纳米型植物抗逆剂油松蘸浆造林效果分析[J]. 西北林学院学报,2015,30(1):126－131
33. 李愈善,王锁民,王恩苓,等. 飞播造林技术规程(GB/T 15162－2005)[S]. 中华人民共和国国家质量监督检验检疫总局中国国家标准化管理委员会,2005.03.23 发布,2005.09.01 实施.
34. 李国雷,刘勇,郭蓓,等. 我国飞播造林研究进展[J]. 世界林业研究,2006,19(6):45－48
35. 中国飞播造林四十年编委会. 中国飞播造林四十年[M]. 北京:中国林业出版社,1998
36. 陈芳清,卢斌. 长江飞播油松林的群落学特点[J]. 信阳师范学院学报(自然科学版),1997,10(3):42－46
37. 李国雷,刘勇,徐扬,等. 飞播油松群落种子植物区系特征研究[J]. 山西农业大学学报(自然科学版),2006,26(4):369－372
38. 刘向东,吴钦孝,侯庆春,等. 飞播油松幼苗的生态分布[J]. 水土保持通报,1983,3(6)77－82
39. 刘建军,杨澄,吴成儒. 油松飞播林空间格局分析[J]. 西北林学院学报,1991,6(2):51－54
40. 黄青平,王得祥,刘华,等. 陕西商洛油松飞播林生长规律及其影响因子分析[J]. 西北林学院学报,2013,28(1):157－162
41. 杨澄. 油松飞播林生长规律的研究[J]. 西北林学院学报,1996,11(4):24－27
42. 郭利华,张宏文,马喜明. 油松飞播林生长规律研究[J]. 河南林业科技,2002,22(3):16～17
43. 王锁民. 飞播生产若干基本技术问题的研究与思考[J]. 陕西林业科技,2012,(4):103－110
44. 章国华,张怀玉,程继先. 飞播造林成效播期的影响因素分析[J]. 黑龙江农业科学,2010,(11):92－93
45. 段永斌,窦美英,黄海英. 不同立地条件对飞播成苗的影响[J]. 陕西林业科技,2012,(3)
46. 郭天亮,李素林,白静,等. 飞播油松林抚育间伐技术的探讨[J]. 防护林科技,2004,(5):63－64
47. 陈兆先,何友军,柏方敏,等. 林分密度对马尾松飞播林生物产量及生产力的影响[J]. 中南林学院学报,2001,21(1):44－47

48. 李去惑,张合平. 飞播马尾松林与昆虫群落特征及多样性的研究[J]. 广西林业科学,2001,30(1):7-1,38
49. 周德明,陈晓萍,张建湘,等. 马尾松飞播林地土壤微生物的研究[J]. 中南林学院学报,2002,22(3):59-62
50. 漆良华,庞统,陈晓萍,等. 湖南省马尾松飞播林的养分循环研究[J]. 中南林学院学报,2003,23(2):27-32
51. 李志辉,漆良华,柏方敏,等. 马尾松飞播林土壤肥力研究[J]. 中南林学院学报,2004,24(5):32-35
52. 杨占山,李连锁. 油松飞播林油松毛虫防治指标的初步研究[J]. 河北林业科技,1994,(1):22-24
53. 罗襄生,吴国新,孔令省. 河南省飞播林防火问题的探讨. 河南林业科技,2000,20(1):24-25
54. 王树国,王庆丰. 降水过程对飞播造林油松成苗的影响[J]. 河北林果研究,2000,19(3):232-235
55. 齐长江,郊松平,王可盛. 降水对油松雨季直播造林出苗的影响[J]. 辽宁林业科技,1986,(1):34-36
56. 陈射斗. 秦巴山区降水规律与飞播造林成效关系的研究[J]. 西北林学院学报,1996,11(3): 50-53
57. 韩崇选,张浩,党齐域,等. 不同致死因素对植物抗逆剂油松蘸浆造林效果的影响[J]. 中国森林病虫,2012,31(5):28-35
58. 张芳宝,韩崇选,党齐域,等. 植物抗逆剂蘸浆造林经济效益评价(Ⅰ)—成本核算[J]. 西北林学院学报,2013,28(6):244-256
59. 石建宁,韩崇选,党齐域,等. 植物抗逆剂蘸浆造林经济效益评价(Ⅱ)—林木产值分析[J]. 西北林学院学报,2014,29(2):149-159
60. 张霞,韩崇选,党齐域,等. 植物抗逆剂蘸浆造林经济效益评价(Ⅲ)—药剂效益估算[J]. 西北林学院学报,2014,29(3):253-262
61. 石建宁,韩崇选,王培新,等. 植物抗逆剂蘸浆造林经济效益评价(Ⅳ)—投入产出分析[J]. 西北林学院学报,2014,29(4):253-261
62. 张斌善,王培新,张芳宝,等. 不同致死因素对植物抗逆剂侧柏蘸浆造林效果的影响[J]. 西北林学院学报,2014,29(4):132-138
63. 张芳宝,张斌善,韩崇选,等. 纳米型植物抗逆剂对侧柏苗抗旱促长作用研究[J]. 西北林学院学报,2014,29(5):149-159
64. 余卫东,闵庆文,李湘阁. 黄土高原地区降水资源特征及其对植被分布的可能影响[J]. 资源科学,2002,24(6):55-60
65. 蒋冲,王飞,穆兴民,等 1960~2011 年秦岭南北气温和降水变化对植被净第一性生产

力的影响研究[J]. 西北植物学报,2012,32(9):1888 - 1896
66. 何永涛,李文华,郎海鸥. 黄土高原降水资源特征与林木适宜度研究[J]. 干旱区研究,2009,26(3):406 - 412
67. 张永涛,杨吉华. 黄土高原降水资源环境容量下侧柏合理密度的研究[J]. 水土保持学报,2003,17(2):156 - 162
68. 范晓辉,郝智文,王孟本. 山西省近50年日照时数时空变化特征研究[J]. 生态环境学报 2010,19(3):605 - 609
69. 陈少勇,张康林,邢晓宾,等. 中国西北地区47a日照时数的气候变化特征[J]. 自然资源学报,2010,25(7):1142 - 1152
70. 虞海燕,刘树华,赵娜,等. 我国近59年日照时数变化特征及其与温度、风速、降水的关系[J]. 气候与环境研究,2011,16(3):389 - 398
71. 任国玉,郭军,徐铭志,等。近50年中国地面气候变化基本特征[J]. 气象学报,2005,63(6):942 - 956
72. 王海军,张勃,赵传燕,等. 中国北方近57年气温时空变化特征[J]. 地理科学进展,2009,28(4):643 - 650
73. 李庆祥,董文杰,李伟,等. 近百年中国气温变化中的不确定性估计[J]. 科学通报,2010,55(16):1544 - 1554
74. 刘学华,季致建,吴洪宝,等. 中国近40年极端气温和降水的分布特征及年代际差异[J]. 热带气象学报,2006,22(6):618 - 624
75. 廖妙婵,孙雅坤. 论极端气候事件及其影响[J]. 重庆科技学院学报(社会科学版),2011,(3):9 - 60,66
76. 李平华,胡小晖,程燕. 陕西关中地区水文气候状况对全球变暖的响应问题探讨[J]. 灾害学,2002,(2):37 - 41
77. 张立伟,延军平,刘阳. 咸阳气候变化及其对农作物气候生产力的影响[J]. 中国农业气象,2011,32(2):250 - 254
78. 胡江波,鲁学忠,苏俊辉. 近51年宁强县气候特征分析[J]. 陕西气象,2010,(10):18 - 21
79. 张翀,任志远,李小燕,等. 黄土高原植被对气温和降水的响应[J]. 中国农业科学,2012,45(20):4205 - 4215
80. 崔晓临,白红英,王涛. 秦岭地区植被NDVI海拔梯度差异及其气温响应[J]. 资源科学,2013,35(3):618 - 626
81. 李有志,黄继山,朱杰辉. 光照和温度对小叶章种子萌发及其幼苗生长的影响[J]. 湖南农业大学学报(自然科学版),2007,33(2):187 - 190
82. IPCC. Summary for policymakers of the synthesis report of the IPCC fourth assessment report [M]. Cambridge, U K: Cambridge University Press, 2007

83. Huber A, Iroumé A. Variability of annual rainfall partitioning for different sites and forest covers in Chile [J]. Journal of Hydrology, 2001, 248: 78 -92

84. Augustine C. , Nnabuchi M. N. . Relationship between global solar radiation and sunshine hours for Calabar, Port Harcourt and Enugu, Nigeria [J]. International Journal of Physical Sciences, 2009, 4(4): 182 -188

85. Ibeh G. F, Agbo G. A and Ekpe J. E, et al, Correlation between Sunshine Hours and Global Solar Radiation in Warri - Nigeria with Artificial Neural Network [J]. Journal of Chemical, Biological and Physical Sciences, 2012, 2(4): 2028 -2035

86. Brohan P, Kennedy J J, Harris I, et al. Uncertainty estimates in regional and global observed temperature changes: A new data set from 1850 [J]. J. Geophys Res, 2006, 111: D12106

87. Jones P D, Briffa K R. What can the instrumental record tell us about longer timescale paleoclimatic reconstructions? [A]. In: Jones P D, Bradley R S, Jouzel J, eds. Climatic Variations and Forcing Mechanisms of the Last 2000 Years [C]. Berlin: pringer, 1996: 625 -644